U0930291

铁路科技图书出版基金资助出版

结构分析

——经典方法与矩阵方法的统一

A. 格哈利,A. M. 内维尔,T. G. 布朗　著
郭向荣　等　译

中国铁道出版社
2008·北京

版权登记号:01-2007-1003

内 容 简 介

本书将结构理想化为梁、平面与空间框架、空间平面或桁架,与平面梁格的组合,分析了结构的经典方法与矩阵方法,分别介绍了结构建模、静定与超静定结构、力法与位移法、刚度矩阵、应变能力虚功、框架影响线、梁格模框架影响线、弯曲刚度效应、剪力墙结构等经典力学理论,并在此基础上介绍了有限差分法、有限单元法、结构动力学、计算机程序的分析与实现等内容。

本书可供大专院校本科生、研究生使用,也可供工程科技人员参考。

图书在版编目(CIP)数据

结构分析——经典方法与矩阵方法的统一/格哈利,内维尔,布朗编著;郭向荣等译.—北京:中国铁道出版社,2007.11
ISBN 978-7-113-08229-1

Ⅰ.结… Ⅱ.①布… ②郭… Ⅲ.结构分析 Ⅳ.0342

中国版本图书馆 CIP 数据核字(2007)第 171143 号

书　　名:结构分析——经典方法与矩阵方法的统一
作　　者:格哈利　内维尔　布朗　著
译　　者:郭向荣 等

责任编辑:许士杰　徐　艳　**电话**:(010)51873065　**电子信箱**:syxu99@163.com
封面设计:冯龙彬
责任校对:张玉华
责任印制:李　佳

出版发行:中国铁道出版社
地　　址:北京市宣武区右安门西街 8 号　　邮　　编:100054
网　　址:www.tdpress.com　　电子信箱:发行部:ywk@tdpress.com
总编办:zbb@tdpress.com
印　　刷:北京盛通印刷股份有限公司
版　　次:2008 年 2 月第 1 版　2008 年 2 月第 1 次印刷
开　　本:787 mm×1 092 mm　1/16　印张:40.25　字数:1002 千
印　　数:1~2 000 册
书　　号:ISBN 978-7-113-08229-1/TU·902
定　　价:100.00 元

前　言

本书主要介绍了构架结构分析的现代方法,这类结构是由长度比横截面大得多的杆件组成,典型的结构形式为梁、格栅、平面的和空间的框架或桁架,其重点放在对结构分析的整个领域的统一介绍上,把静不定结构分析的经典方法和现代方法进行了有机的结合。

矩阵代数在结构分析中特别有用,因为它可以按一系列矩阵运算使求解公式化,有利于计算机的运用,更重要的原因是应用矩阵可以使所有类型的结构通过一种一般性方法得到分析。由于矩阵的组织特性,矩阵代数的应用对手算也是有利的,因此本书广泛应用矩阵表示方法。

本书作为加拿大卡尔加里(Calgary)大学课程和研究生课程讲授了多年。前十四章包括初级课程所应涉及的基本内容,书中其余部分可以根据需要加以选用,作为高等课程。采取这样的编排结构是为了使本书不仅适用于在校学生,还能适用于那些从事实际工作、希望通过自学提高以及想得到各种类型结构分析的最便利方法的工程人员。

本书为第五版,与前四版相比,此次修订参考了各国使用者的大量评语和意见,增加和修改了部分章节、例题与习题。本书的第一作者,也是主要作者根据其在加拿大卡尔加里大学多年从事本科生与研究生教学的经验,对本书进行了不断的完善;第二作者系英国敦提大学前校长,现为土木工程顾问;编写本版次时加入的第三作者,同样是在卡尔加里大学从事本科生的教学工作。他们具有丰富的教学实践,深知学生的专业需求,因此对本书内容的把握更为合理与实用,并且不断吸收和采纳先进的方法和理论,使本书成为结构分析方面的经典著作。正是基于这种价值,我们翔实、认真地翻译了本书,希望对我国的教学与科研有所帮助。

各章介绍的分析方法,均以详细求解的例题加以说明。每一章的末尾精选了一些具有启发性与代表性的习题供读者使用,并在书后附有答案。有关的常用资料分别列于附录内,其中提供了矩阵代数的详细介绍,以便于对矩阵代数不熟悉的读者使用。

本书由中国铁道出版社组织翻译,中南大学郭向荣负责总体审校工作。参加翻译的人员有:中南大学罗晓媛(第1、2、17、18章),袁世平(第3、4章),周涛(第5、6、19、20章),王正军(第7、8章),唐志(第9、10章),汪金辉(第11、12、16章),罗浩(第13、14章);中铁工程总公司李海明(第15章);铁道出版社许士杰(第21

章及附录 A ~ 附录 J)，李丽娟(第 22 章)；兰州交通大学陈权(第 23 章)；中铁通号公司邓强(第 24 章及习题答案)；北京交通大学钟铭(附录 K 和附录 L)。

由于本书篇幅较多，时间较紧，翻译水平有限，因此不足之处在所难免，敬请读者不吝赐教，以利改正。

译 者

第五版序言

此版本内容的修订参考了各国曾使用过以前版本的教师、学生和工程师的大量评语和意见。目前本书已被译成五种语言，并在最近被译为日语。在第五版中包括了一些增加和修改的章节，以及更多的例子和习题，尤其是在前面几章中。新增部分的习题的答案，也在本书的后面给出。

本书以关于结构分析建模的新增章节作为开始。结构建模是通过将其理想化为梁、平面或空间框架、平面或空间桁架、平面梁格或者是若干有限单元的组合来实现。在新增的这一章中讨论了这些模型的适宜性、力和变形、变形图和弯矩图的描绘，并对梁、拱和桁架的内力与变形进行了比较。

之后一章是关于静定结构的分析，以便为学生后面的学习提供更好的准备。为了便于计算机的初步使用，附录 L 中给出了第一章中提到的五个网页上获得的计算机程序。它们分别用于平面和空间桁架、平面和空间框架以及平面梁格的线性分析。一些简单的可以用来进行常规矩阵运算的矩阵代数运算程序也可以由此网页下载得到，该网页的地址为：

www. sponpress. com/supportmaterial

本书最后有一个重要章节是关于结构的非线性分析，考虑了由大位移或材料特性引起的非线性问题。总览全书，三维空间结构问题是分析的重点。

部分在实际工作中运用并不广泛的结构分析方法，在第五版中被删节，以留下空间增加一些新的内容。因此，新版与前四版相比，章数相同但是在内容上有一定的增加。

在附录 L 中简单地描述了一些计算机程序，包括上面提到的网页提供的程序和四个非线性分析的程序。通过本书后面所附的订货单可以得到非线性分析的程序。这些程序可在结构工程实践中采用，也可作为结构分析学习的辅助。不过，对本书的理解并不依赖于这些程序的实用性。

文中所介绍的内容既有初等的，也有高等的，包含了结构分析的全部领域。书中把结构分析的经典方法与现代方法结合在一起进行了阐述。

本书的第一也是主要作者根据其多年在加拿大卡尔加里大学从事的本科生和研究生教学，对此书进行了不断的完善。在编写第五版时加入的第三作者，也在卡尔加里大学从事本学科的教学工作。教学实践和对学生需求的了解对本书的修订有很好的帮助，相信本书将更加易于学习。

在第 1 章到第 14 章，以及第 19 章和第 20 章中，包含了在前面两课中所应涉及的基本内容，可以通过对本书其余部分作恰当的选择来进行更深入的学习。本书在内容选择上不仅适用于学生，同时也适用于那些从事实际工作、希望得到有关各种类型结构分析的最便利方法和指导的工程人员。

在本文中所介绍的分析技巧，均通过大量的例题求解和章节后的习题加以说明，这些习题的答案，则在本书的最后给出。在例题和大部分的习题中并没有用到明确的单位制，不过，在小部分例题和习题中，采用实际的结构尺寸并明确指出作用力的大小会比较方便，对于这些问题，同时使用英制单位（在美国仍普遍使用）和国际单位。在每一个使用英制单位的问题的后面都有一个同样的使用国际单位制的问题，这样读者可以自由选择合适的单位制。

在附录中列出了相关的常用资料,其中一个提供了矩阵代数的详细介绍。矩阵符号广泛用于本书中,原因在于它可以用一种简洁的方式表示方程,以帮助读者专心于全面的运算而不至于因代数或算术细节而分散精力。

在第3章到第6章中,我们介绍了两种不同的一般性的分析方法:力法和位移法。这两种方法都包含对联系力和位移的线性联立方程组的求解。这四章的重点在于两种方法的基本概念,同时通过对构成方程所需要的系数的推导,来避免忽视分析的步骤。附录B,C和D,分别给出了施加单位力所引起的位移,相应于单位位移的力,以及各种荷载作用在直杆上时产生的固端力。对于位移法计算的详细方法的讨论推迟到第7章到第10章进行,此时,静定结构分析中这些内容的必要性就很清楚了。当读者对一些计算梁的挠度的方法有一定的认识的时候,这种介绍内容的顺序特别合适。但是,如果认为先研究位移的计算方法比较合适,则应该在第4至第6章之前学习第7至第10章,这样才不会打乱其连续性。

作为力法和位移法的应用,在第11章中提出了经典的柱比法和力矩分配法。这两种方法适用于手算,在进行初步计算及对计算机的计算结果进行复核的时候也很有效。第12章和第13章介绍的是求解梁、框架、梁格以及桁架的影响线的方法。在第14章中,讨论了框架结构中杆件刚度特性的轴向力效应,并将其用于确定连续框架结构的临界屈曲荷载。

第15章的内容主要是关于剪力墙的分析,这种剪力墙常常用于现代建筑中。本章对所介绍的知识进行了概括总结,说明了通常所采用的简化假定,并介绍了一种可以用于大多数实际情况的分析方法。

在很大程度上,有限差分法和有限单元法都是包含很大的计算量的有利工具。第16章讨论了有限差分法在对由梁单元所组成的结构进行分析时的应用,并将其过程推广到轴对称旋转壳。此外,有限差分法也可以用于板的分析。第17和18章中集中介绍了二维和三维的有限单元。第22、23、17和18这四章在以此顺序时,可以用于有限单元法基本原理的研究生课程。

现代的结构设计是建立在弹性分析和塑性分析共同考虑的基础上。塑性分析不能代替弹性分析,但是可以通过提供关于极限荷载和破坏模式的有用信息对弹性分析进行补充。第19章和第20章分别介绍了框架结构和板的塑性分析。

在第21章中介绍了结构动力学的初步知识。这是关于由机械、阵风、冲击波和地震等因素所产生的动力荷载在结构上的响应的研究。首先,讨论了单自由度体系的自由振动和强迫振动,然后利用矩阵方法的优点将问题扩展到多自由度体系。

对某些结构,比如 cable nets and fabrics,由细长杆件组成的桁架和框架,可能会具有较大的变形,因此必须考虑其实际变形后结构的平衡。这就要求用到第24章中谈到的几何非线性分析,在此将用到牛顿-拉斐逊迭代法。在这一章中还介绍了材料非线性的分析,即结构中所使用的材料的应力-应变关系为非线性时的情况。

卡尔加里大学的博士研究生 S. Youakim 和硕士生 R. Gayed 已经对各个例题的解进行了校核,并提供了图形和部分习题的答案,在此对他们以及那些对第五版的内容修订提供参考意见的读者表示感谢。

格哈利于加拿大阿尔伯特卡尔加里
内维尔于英格兰伦敦
布朗于加拿大阿尔伯特卡尔加里
2002年6月

目 录

1 结构分析建模

1.1 引 言

本书可供对基本的结构分析已较为熟悉的读者使用,也可用于对此不甚了解但已具备基础力学知识的读者。其中第一章的学习主要针对后一种读者。它对结构分析进行了整体的描述,但不可避免地,在第一章中将会用到一些在后续章节中才会详细阐述的理论。因此,读者可能需要在学习完第二章乃至第三章后再重新学习第一章,那时才能体会第一章的作用。

本书中的结构不同于飞机、轮船及其他的浮动结构,其目的在于有效地将荷载传递到地面。因此,结构可能在建造时即采用特殊方式以发挥传递荷载的功能(如楼层或者桥梁),结构的主要目的也可以是隔绝外部天气的影响(例如墙或屋顶的作用),但是即使在这种情况下,也仍需要将荷载传递至地面(如屋顶的自重和作用于结构上的风荷载等)。

在合理设计一个结构以前,必须先确定好结构的不同部分所承受的荷载。这些荷载将会确定结构构件某一给定截面上的应力及其内力,而这些应力或内力必须在预定的限度内以保证安全和避免过大的变形。为确定这些应力(单位面积上的力)的大小、方向等,就必须确定结构的几何特性和材料特性。这些特性影响着结构的自重,而此自重值或多或少都会与预先的假定值有所出入。因此,在设计阶段可能要求对结构进行反复分析,不过,对此问题的考虑是在设计文献中加以介绍的。

通常的步骤是将结构理想化为一维、二维或三维的若干单元。维数越少,分析也就越简单。这样,梁、柱以及桁架和框架结构的构件被认为是一维的,也就是说,他们都被视为直线形式。同样,长条状的板式结构也可以做一维考虑。可以看作一维结构的还有一些曲线形的结构,例如拱和索,以及某些特定的壳。而在第十七章中介绍的将结构理想化为有限元的集合的方法,在某些情况下也是必要的。

不仅单元和构件需要简化,它们与支座间的连接也需要做同样的处理。我们假定结构在支承处可以自由转动,则视此为铰结;若为完全约束的则视此为固结或刚结。实际上,由于摩擦,也由于诸如隔板之类的非结构性构件限制了自由转动,绝对的铰结几乎是不存在的。另一个极端是,完全地固结在施工或温度变化中也不是绝对的。

一旦结构分析工作完成,即需要对构件及其相关连接方式进行设计。设计者必须充分意识到理想化结构与实际结构之间的差异。

结构理想化将结构分析的问题转化为数学问题,这就使得我们可以通过计算机求解或者借助计算器进行手工计算解决问题。这种理想化的模型旨在分析荷载的作用及结构应用期间的变形,包括结构自重,施加的恒载、活载(比如说雨雪作用,移动荷载,风或地震引起的动力作用),以及温度变化的作用和材料体积变化(如混凝土收缩徐变)。本章将介绍不同结构模型所带来的不同结果。

本章将讨论的问题还有:力到支座的传递(荷载传递路径)及其产生的应力和变形;桁架单元杆件的轴力;梁的弯矩和剪力;框架结构的轴力,剪力和弯矩;拱;拱结构中的系杆;变形图和弯矩图;计算结果的人工复核。

1.2 结构形式

虽然结构有各种各样的形状和尺寸,但其基本功能都是承受荷载作用。结构的形式和形状及其单元构件的尺寸都要与此功能相适应,而结构上的力也可以由结构系统的功能来决定。在某些情况下,结构形式也因建筑要求而定。

用来跨越障碍的梁是最简单的结构形式。图 1.1 中桥梁的作用是供车辆和行人跨越河流,它将作用在桥面板上的力传递到支座处,以实现其承受荷载的作用。

图 1.1 公路桥

作为最古老的结构形式之一,拱也有相似的作用。罗马拱桥(图 1.2(a))已经历经 2000 年,现今仍在使用。除了桥梁,拱结构也用于房屋建筑的顶部支撑。拱的广泛应用原因在于使用的材料为具有足够抗压强度的石材,而这种材料原料丰富。尽管在各石料之间没有胶合剂粘结,但由于其主要内力为压力,石拱圈仍能保持稳定。我们可以从中发现其深远意义,即相对梁而言,拱跨越能力更大,并更节省材料。如今,建造了很多造型美观的混凝土拱桥(图 1.2(b))和钢拱桥。

(a)

(b)

图 1.2 拱桥

(a)石拱;(b)混凝土拱。

索是另一种简单的结构形式。索利用的是材料的抗拉性能(这与利用材料抗压性能的拱相反),因此它们较早的出现于制作天然绳索材料丰富的地区。索最早的一些使用是在南美,当地人利用它来跨越峡谷。

后来的铁链,钢丝,钢绞线的发展,使得桥梁跨越能力更大,造型更加优美,如今世界上最长的桥梁即为缆索结构(图 1.3(a),(b)和(c))。

(c)

图 1.3　索的应用

(a)悬索桥;(b)和(c)两种形式的斜拉桥。

拱和悬索结构的形式有着显著的相似性,其中一种可作为另一个的镜像。索系也用于顶部支撑,特别是以自重作为主要荷载的大跨度情况。无论是拱还是索结构中,重力荷载都导致了支承处的斜向反力(图 1.4(a)和(b))。对于拱而言,在拱脚处产生的反力使拱圈受到沿拱轴线方向(或近似于拱轴线方向)的压力。拱的基础部分受到的斜向外力则与拱脚反力大小相等,方向相反。因此,在受到向下和向外的推力作用下,两拱脚基础必须为岩体或混凝土块以抵抗其水平推力。在例 1.1 图 1.24(d)中,在两拱脚处设置系杆,从而使得支座不受水平力的作用。因此,设有系杆的拱在只有重力荷载作用时仅有竖向反力。图 1.5(a)和(b)所示系杆拱桥,分别支承通水钢管和行车道。其中管道及其内容物总重,行车道板及车辆总重均由索悬吊作用在拱上。行车道板可以起到系杆的作用。因此,结构在重力作用下仅有竖向反力。

图 1.4(a)所示的悬索在向下的荷载作用下,在两端产生切向的张力。图中的箭头表示反力的方向,这些反力是结构保持平衡所必须的。索和拱的进一步讨论将在 1.2.1 节中进行。

随着承受巨大荷载作用的铁路的应用,需要一种不同的结构形式以跨越更大的距离,因此,产生了桁架结构(图 1.6(a))。除了承载能力强,桁架结构还具有跨越能力大的优点,所以,它也可以应用于大跨度结构的顶部支承。木质桁架式屋顶结构就在房屋建筑中广泛使用。桁架是由许多杆单元组成,在理想情况下,这些杆单元之间的连接为铰接,因此杆单元只承受由桁架的构造和荷载类型所决定的拉力或压力作用。在现代的桁架结构中,各单元之间的连接通常近乎为刚性连接(虽然在分析中常以铰接考虑)。

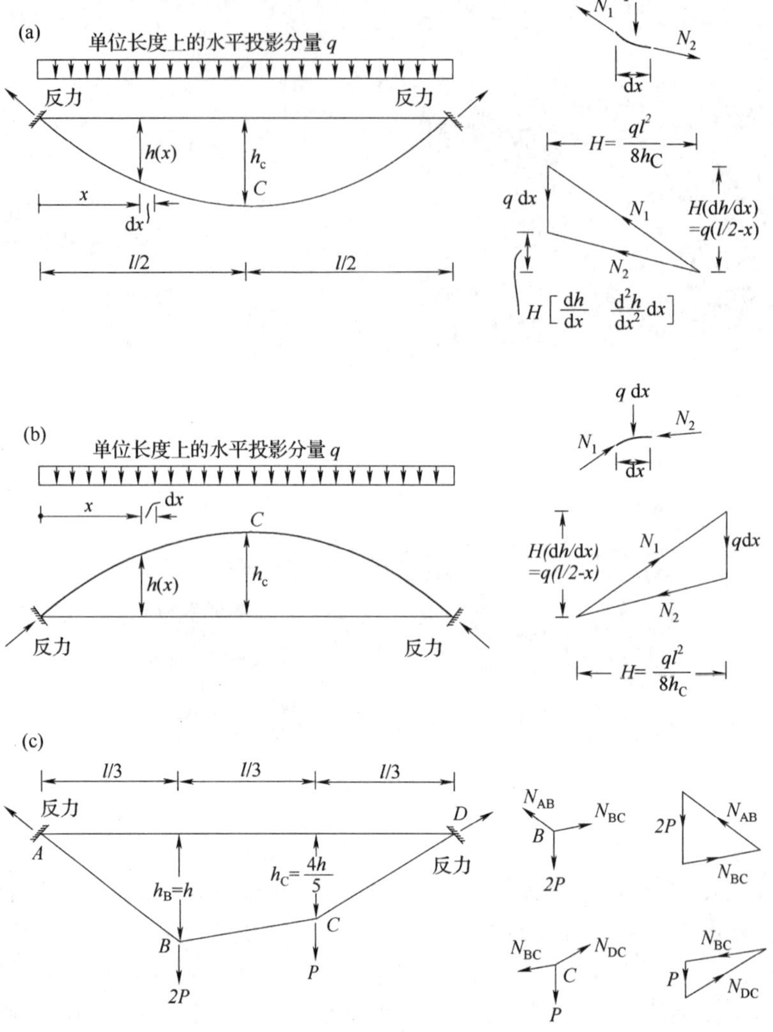

图 1.4　重力荷载作用下的结构

(a)索—内力为拉力；(b)拱—内力为压力；(c)两集中竖向荷载作用下的索道形状。

(a)

(b)

图 1.5　系杆拱

(a)承担钢管道的桥梁；(b)承担交通荷载的桥梁。

如果各单元间采用刚性连接，则称此结构为框架结构。框架同样是一种常见的结构形式，常用于高层建筑中。同桁架相似，框架结构有平面或空间各种构造形式。图 1.7(a)和(b)为一连接两单元的典型刚性结点在受力前后的形态。由于采用刚性连接，结构在荷载作用下产生变形时，结点产生平移和转动，但两单元之间的夹角保持不变。

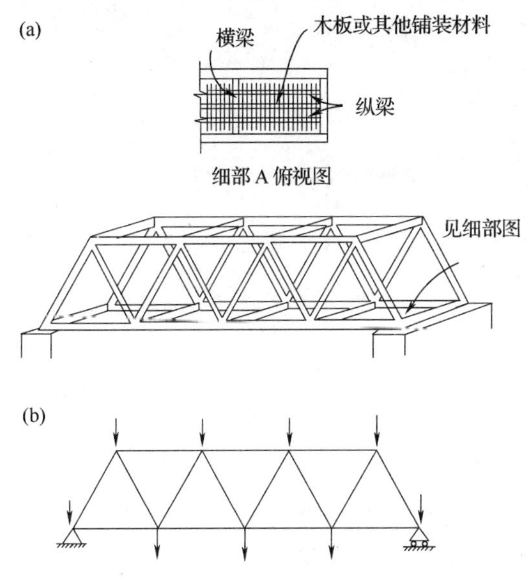

图 1.6　支撑桥面板的桁架

(a)示意图；(b)平面桁架理想图。

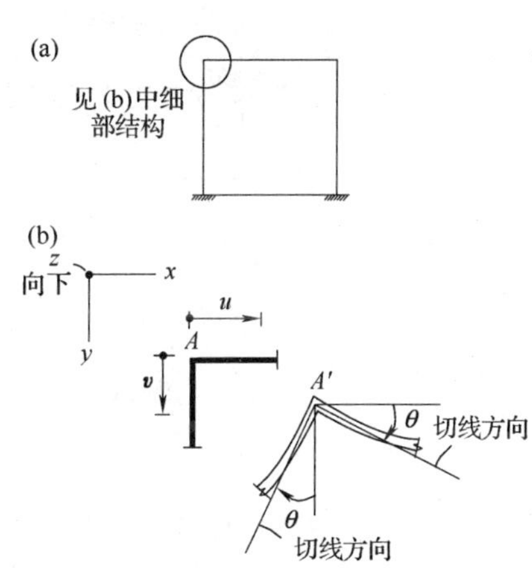

图 1.7　刚性联结点的定义：以一平面框架结点为例

(a)门式钢架；(b)变形前后结点细部图。

另一种结构类型为板和壳，它们一个共同的特征在于其长度和宽度方向的尺寸远大于其厚度尺寸。板式结构的一个例子即在办公楼、公寓和停车场中常用的由立柱支承的混凝土板。当板沿一个方向卷曲即形成圆柱壳，常见的例子有储物罐、竖井及管道。与拱相比，壳的内力主要为剪力和弯矩并位于壳平面内。

由圆弧或抛物线形弧旋转产生的轴对称圆顶在均布重力荷载作用下，壳体中面上受到薄膜压力作用。这只是圆顶边缘连续支承的情况，这时，竖向和径向的位移受限制，但转动可以是自由的，也可以是受限制的。与拱或索相似，圆顶外缘的反力沿着或接近于中面的切线方向(图 1.8(a))。为抵抗圆顶下缘反力的径向水平分量，需要采取一定措施，最常见的方法是设置一个圆环，以承担环向拉力(图 1.8(b))。

在图 1.8(c)中，将圆顶与圈梁截断以描述圆顶边缘交界处的内力。在圆顶边缘处作用沿经线方向的薄膜力，其大小是每单位长度上为 N(图 1.8(a))，则单位长度上水平分量大小为 $N \cdot \cos\theta$，沿圈梁的径向产生的环向拉力为 $r \cdot N \cdot \cos\theta$。式中 r 为圈梁的半径，θ 表示圆壳边缘经线的切线与水平线的夹角。带圈梁的圆顶结构产生的反力沿竖直方向，在外缘单位长度上的大小为 $N\sin\theta = qr/2$。除了薄膜力 N，圆顶通常还会在边缘附近承受剪力和弯矩作用(不过相对于同等覆盖面积的板而言，此作用非常小)。由于较简单，这里就不再对其剪力和弯矩做说明。

拱、索和壳能够比梁更加有效的利用建筑材料，这主要是因为在这些结构中，主要的内力为轴力或者膜力，而不是剪力和弯矩。因此，索、拱和壳广泛用于跨度较大而中间无支柱的结

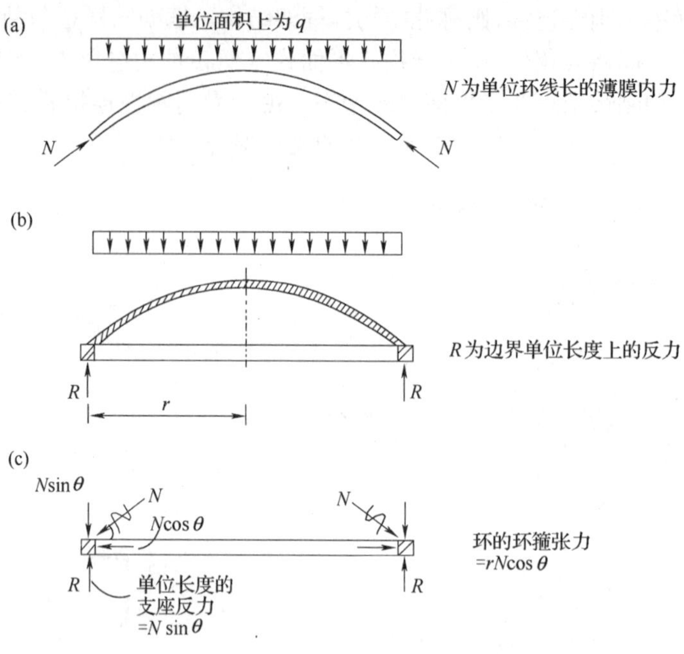

图 1.8 承受竖直向下的均布荷载作用的轴对称混凝土圆顶

(a)圆顶铰支或边缘完全固定时的反力;(b)带圈梁的圆顶;

(c)分离的圈梁以表示其内力分量和反力。

构,如大型的体育馆和运动场,图 1.9(a)和(b)即为此例。第 1.12 节的对比表明在跨度和荷载相同的情况下,同种材料和梁式结构比拱式结构需要更大的截面积。

(a)

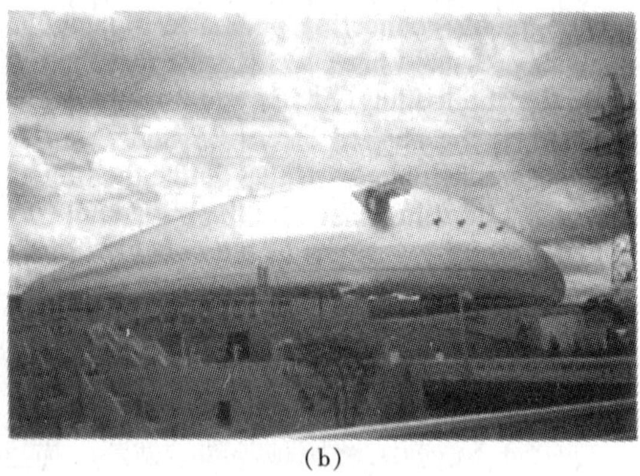

(b)

图 1.9 壳体结构

(a)鞍形圆顶,加拿大卡尔加里奥林匹克冰上运动场,

由带电缆网的预制混凝土构件组成的双曲抛物面壳;

(b)札幌圆顶,日本,不锈钢顶板的覆盖面积为 53 000 m^2,

遮盖一个可以旋进和旋出的天然草皮足球场。

1.2.1 索和拱

索在荷载作用下,产生的内力为轴向拉力,内力图的形状因荷载分布状况决定为曲线形或多边形(索道形状)。在受单位长度上集度为 q 的均布重力荷载作用时,索的形状为二次抛物线，其方程式为：

$$h(x)=h_{C}\left[\frac{4x(l-x)}{l^{2}}\right] \tag{1.1}$$

式中　h——索（或拱）与水平轴之间距离的绝对值；

h_C——h 在跨中的值。

取微元体 dx 并分析其平衡。微元体节段水平分量或竖向分量的合力均为零。因此，索任一截面上拉力的水平分量 H 的绝对值保持不变；对节段两边拉力 N_1 和 N_2 的竖向分量可以得出：

$$q\mathrm{d}x=H\left[\frac{\mathrm{d}h}{\mathrm{d}x}+\frac{\mathrm{d}^{2}h}{\mathrm{d}x^{2}}\mathrm{d}x\right]=H\left(\frac{\mathrm{d}h}{\mathrm{d}x}\right) \tag{1.2}$$

$$\frac{\mathrm{d}^{2}h}{\mathrm{d}x^{2}}=-\frac{q}{H} \tag{1.3}$$

联立二式，并设 $x=0$ 和 $x=l$ 处 $h=0$；$x=l/2$ 处 $h=h_C$。得到式 1.1 和任意截面拉力的水平分量为：

$$H=\frac{ql^{2}}{8h_{C}} \tag{1.4}$$

当单位长度荷载集度为 $\bar{q}$ 时（例如自重），索道形状满足悬链线方程，这种悬链线方程与抛物线方程有微小差别。在集中重力荷载作用下，索为折线形。图 1.4（c）描绘了当两个大小分别为 P 和 $2P$ 的集中荷载作用在三分点时的索多边形。通过绘出 B 点和 C 点的力三角形给出了拉力 N_{AB}，N_{BC} 和 N_{CD}。从这些图形中，我们可以知道 $(h_C/h_B)=4/5$，这个比值的大小由所施加荷载的大小决定。同时，我们还可以得出在等距集中荷载 P 作用下，索多边形由直线节段组成，这些节段为抛物线上的点连接而成（见例 1.9）。

在这里的简化分析中，我们假设索在加载前后的长度不发生改变，均等于 AB，BC，CD 的总长。因此，在图 1.4（c）中，决定索道形状的 h_B 和 h_C 均未知。

基于这种考虑，为保持平衡，B 点及 C 点的水平分量总量均为零。由此可以得出索的任一节段的水平分量绝对值 H 相同；则竖向分量为 H 与节段斜率的乘积。B 点与 C 点的竖向分量的总量为零，得出：

$$\begin{aligned}2P-H\left(\frac{3h_{B}}{l}\right)-H\left[\frac{3(h_{B}-h_{C})}{l}\right]&=0\\P+H\left[\frac{3(h_{B}-h_{C})}{l}\right]-H\left[\frac{3h_{C}}{l}\right]&=0\end{aligned} \tag{1.5}$$

将 H 和 h_C 以 h_B 表示，得到：

$$h_{C}=\frac{4}{5}h_{B},H=\frac{Pl}{1.8h_{B}} \tag{1.6}$$

h_B 的值可由索各节段的总长与初始长度相等求出。

图 1.4（b）为一段抛物线拱（图 1.4（a）中索的镜像）受 q（单位水平投影长度的均布荷载）作用。由所示微元体 dx 的力三角形可以看出，拱受轴向的压力作用。在任意截面上，此轴向压力的水平分量绝对值 H 为一常量，其方程满足式 1.4。

与索不同的是，拱在荷载分布发生变化时其形状不发生改变。任意不同于图 1.4（b）的荷载作用时，均产生轴力，剪力和弯矩。最有效的利用材料的方式是避免产生剪力和弯矩。因此在设计中，要选择合理的拱轴形状，使得在其主要荷载（通常为恒载）作用下，不产生剪力和弯矩。

值得一提的是，在上述的讨论中，我们并没有考虑拱在轴压力作用下的压缩量。图 1.4(b)的拱实际上会由于压缩而使剪力和弯矩值产生微小变化。

承受重力荷载的索常作预应力处理(即在两固定点之间进行张拉)。由于这种初始张力和自重作用，索会产生一定的松弛，其松弛量由初始张力和自重的大小决定。随后在任意位置施加向下的集中荷载作用时，将在作用点产生水平方向的位移 u 和竖直方向的位移 v。这些位移的计算、相关张力以及索长变化的计算，将在第 24 章中加以讨论。

1.3 荷载传递路径

如前面章节所述，任何结构的基本功能都是传递荷载，均以地面作为最后的支承。荷载通常可分为恒载和活载。恒载即是固定的或永久的荷载，即荷载在结构的使用期内不发生变化。在大多数情况下，恒载的大部分源于结构的自重。在大跨径桥梁中，恒载的相当大一部分为结构所承受的重力荷载。活载及其他瞬时荷载，则体现了运营或使用、交通、环境变化、地震以及支座位移的作用效应。

结构分析的一个目的就是确定结构不同构件的内力。这些内力产生于荷载从作用点传递至基础的过程中。了解荷载传递路径的重要性有两点：为结构分析过程中的结构理想化奠定基础，同时理解分析的结果。事实上对所有的土木工程结构而言，无论荷载作用在结构上、基础上还是某些支座上，都包含荷载传递的过程。

在不同的荷载作用下，一个确定的结构可能产生不同的荷载路径。例如，如图 1.10 所示的水箱是由 4 个竖直桁架所组成的塔架支承。水箱及其载重由四角上的支柱共同承担(图 1.10(b))，箭头方向表示通过支柱受压传递重力荷载。然而，作用在水箱上的风荷载(图 1.10(b))会产生水平力作用，这个水平力通过平行于风向的两个竖直桁架传递到支座。这将使对角线上的杆件产生力的作用，同时也会使支柱所受轴力增大或减小。与此同时，另外的两个桁架在此荷载传递中不起作用，但是当风向改变 90°时，将成为荷载传递路径。

图 1.11(a)描绘了一座斜拉桥的平面框架模型。这个框架由主梁 AB 和索塔 CD，EF 刚性连接而成。主梁由拉索支承使得跨越能力提高。图 1.11(b)表示主跨在车辆荷载作用下框架的变形。图 1.11(b)中取一段索作为自由体进行分析，箭头表示梁或塔施加在索上的力。通常拉索在施工前先进行预张拉，箭头表示由于车辆荷载作用使得拉力增加。图 1.11(c)则为车辆荷载作用在左边跨时框架的变形形状。

了解荷载传递路径能使随后的分析过程大幅度简化，这也是确定所分析的结构受力的一个重要部分。

图 1.6(a)和(b)为一个由两平行桁架支承的桥面板。此桥面板由一系列横梁和纵梁支承，并最终将荷载传递到桁架。在此，我们将解释荷载是怎样传递的以及对桥面板各部分的影响，从而对这些部分进行分析和设计。

在木质的桥面板上，板梁只能将沿其长度方向的轮载传递到由纵梁提供的支承。这些纵梁承担的荷载包括其自重、桥面板重以及传递到它上面的轮载。每根纵梁仅由两相邻的横梁支承，因此也只能将荷载传递到这些横梁，然后作用到桁架下弦的结点上。我们在进行此项分析的时候，选取的是一个荷载传递路径比较明确的系统，而当木质桥面和纵梁换成混凝土板的

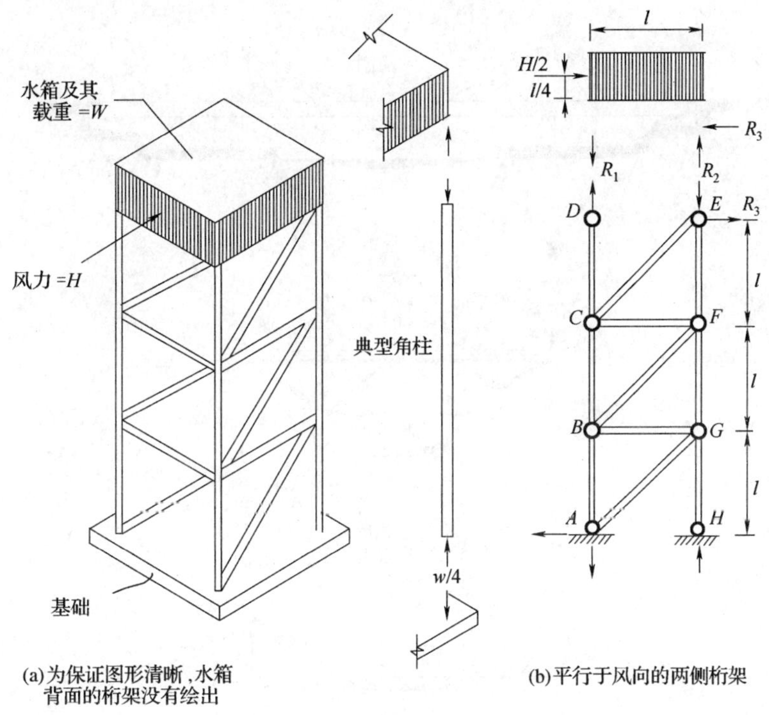

图 1.10　荷载传递路径示例

(a)水塔;(b)重力荷载和风荷载的传递路径。

时候,荷载由板传递至桁架的路径是不明确的,这时候板的自重和轮载将由两个方向传递至桁架和横梁(即为双向板作用)。尽管如此,对桁架进行分析时,这种荷载传递路径的差别通常可以忽略。

清楚荷载的传递路径在设计中至关重要。由前述章节知,图 1.4(b)中的拱所受的竖向荷载以两个斜向力的形式传递至支座。因此,基础必须有足够的强度来抵抗结构的重力荷载和向外的推力(即支反力的水平分量)。类似的,图 1.8(b)中圆顶的重力荷载在传递时会对圈梁产生水平推力和向下的力作用,其水平推力由圈梁的环向拉力平衡,故结构仅有竖向反力分量。

在一些情况下,不需要对结构进行详细分析而仅需估计其荷载传递路径即可。例如对一栋多层建筑(图 1.12),考虑如何抵抗所受的横向荷载。如图 1.12(a)所示,此建筑可以看作钢结构或混凝土结构的柱和梁规则排列的框架结构,可能与柱或楼板相连的墙体则视为非结构性单元。这些梁支承着混凝土板或者覆盖着混凝土的钢板,在两种情况中,当楼板所受荷载作用在其平面内时,都可以将楼板视为刚性的。因此,水平风荷载作用在建筑物上时,将使楼板像刚体一样产生平动,各层的支柱产生同样的偏移量。如果网格线 A 至 D 上的每一个二维框架的柱和梁都具有相同的尺寸,则所有的框架刚度相等,则任意横向风荷载将等量分配给 4 个平面框架。图 1.12(b)所示框架即进行结构分析时所需要的理想化的平面框架结构模型。

但是,若这些框架是不同的,则每一个框架所承担的风荷载大小将取决于各框架的刚度大小。例如,取相同结构,考虑两外侧框架 A 和 D 包含剪力墙时的情况(图 1.12(c))。由于平

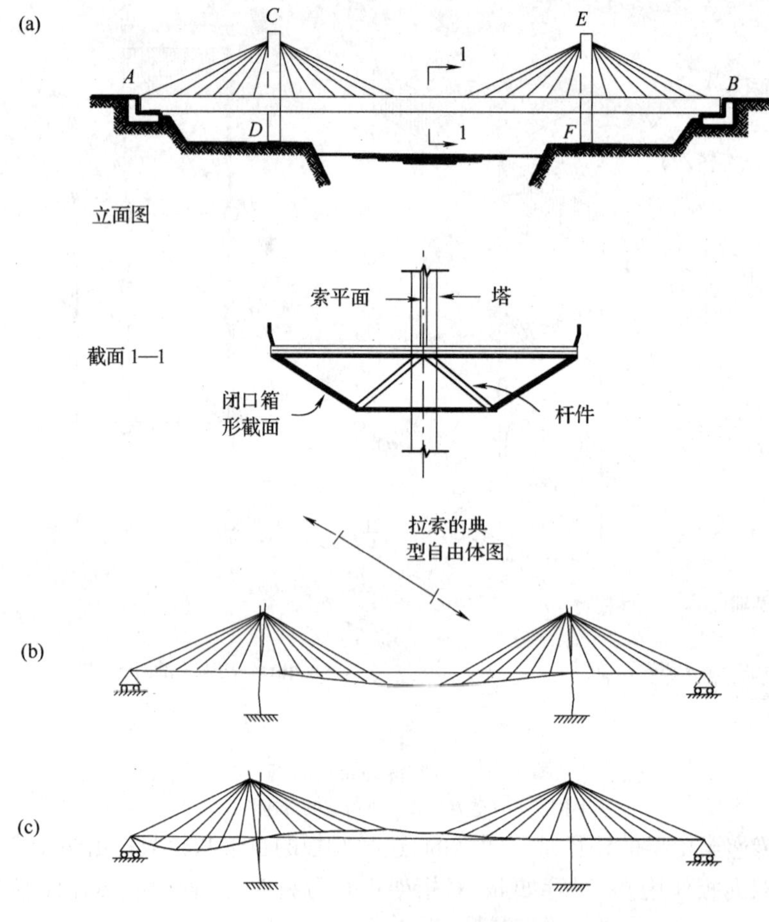

图 1.11　斜拉桥的行为

(a)理想化的平面框架立面图和桥梁横截面;

(b)车辆荷载作用在中跨时的变形和索的内力;

(c)车辆荷载作用在左边跨时的变形。

面框架 A 和 D 的刚度大于 B 和 C,刚度较大的框架将“吸引”或抵抗结构所受的大部分风荷载(参见第 15 章)。

图 1.12(b)所示的平面框架分析将得出所有单元构件的内力和支座反力。这些基础作用在柱底部的力。特别地,当支座与基础固结时,将产生竖向及水平反力和一个弯矩(图 1.12(b))。水平反力的合力为 $W/4$,即此时风荷载作用在此框架上的力。同样,所施加的力和反力对任一点的总弯矩应该为零。

然而,有个别的竖向反力是非零的:E 点和 I 点的竖向反力分别为竖直向下和竖直向上。我们从中可以得出结论,考虑荷载传递路径可以帮助我们确定:用于将实际结构理想化为结构分析模型;分析须得出的结果类型;结果所应满足的条件。关于结构理想化将在 1.5 节中进一步讨论。

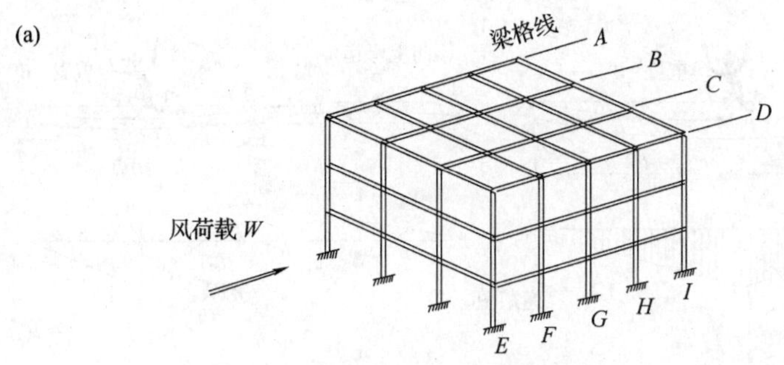

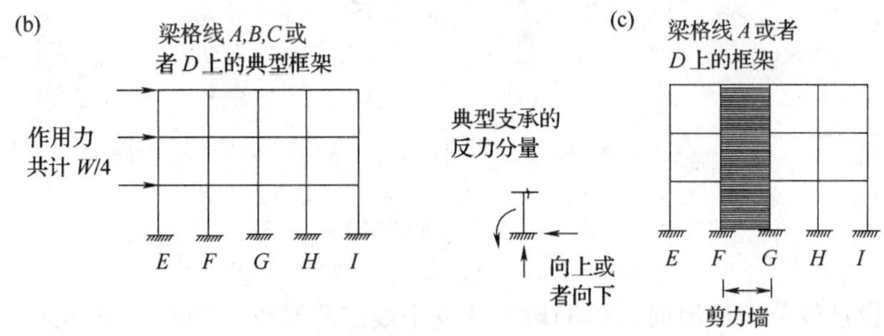

图 1.12 分析风荷载效应时建筑物的理想化模型

(a)空间框架；(b)理想化平面框架；(c)包含剪力墙的平面框架。

1.4 变　　形

正如我们在前几节中所提到的，变形对理解荷载的传递路径起着重要作用。此外，弄清变形也有助于阐明我们的分析结果。举一个简单的例子，当我们走过一块简支板时（如图 1.13(a)），我们的体重会使板产生明显的挠曲，相对而言不怎么明显的是板端部的转动，这主要是由于板的两端采用了简支，而使其转动不受限制的缘故。通常，简支梁的一端采用铰支座而另一端采用滑动支座，此滑动支座允许梁在热胀冷收缩时产生水平方向的移动。

现如果将梁延长为一个两跨连续梁 ABC（图 1.13(b)），则其变形将发生改变。在产生我们脚上所能感觉到的向下的即正的挠度的同时，相邻跨上会产生负的（即向上的）挠度。在 A 点将产生向下的反力，因此需要采取一定措施约束住板的 A 点，否则会与支座脱离。板的形变有凹形和凸形部分，其曲率变化的拐点发生在零弯矩点处，关于这些，将在 1.10 和 1.11.1 节中讨论。

在水平荷载作用下，图 1.13(c)所示的框架会产生向右的明显偏移，结点 A 和 B 也会在侧移的同时产生转动。因为结点是刚性的，梁与柱之间的夹角保持不变，因此是整个结点共同转动。梁和柱在变形时都是双曲率的，两曲线中间的点即曲线的拐点，拐点的位置与弯矩零点的位置相同。变形曲线有助于我们理解结构的性状，故在本书多处均绘出了结构的变形曲线。

需要认识到的是，结构所产生的位移相对结构本身的尺寸来说是很小的，因此我们在绘制的时候进行了夸大。结构变形前后的形状会画在一幅图中，并且用与结构本身相比大得多的

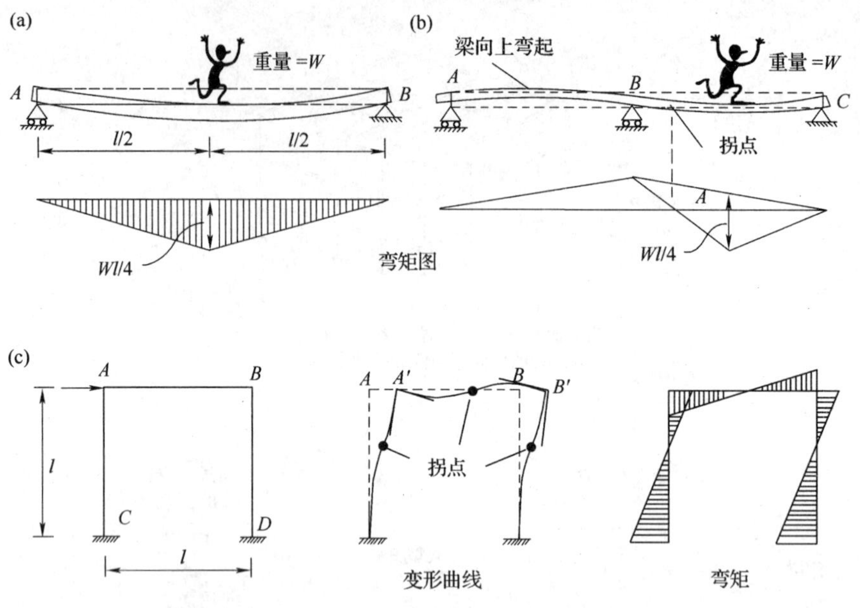

图 1.13 变形和弯矩图

(a)简支梁;(b)连续梁;(c)平面框架。

比例尺绘制。设计规范中提出简支跨的最大挠度不超过跨径的 1/300,如果超过此数值,对梁来说可能是无法承受的。关于变形的进一步讨论和示例将在 1.10 节中进行。

1.5 结构理想化

结构理想化是将实际的结构用可以进行分析的简化模型表示的过程。此模型由以结点相连的单元组成,这些单元之间的受力关系或位移关系要么已知,要么可以推导得知。对框架结构的分析来说,构件为一维杆件沿一维、二维或三维空间扩展而成。结点可以是刚接的,也可以是铰接的。对薄板,薄膜,壳和大体积结构(比如重力坝),其单元被称为有限元,这些单元可能是一维的,也可能是二维或三维的,彼此之间由位于单元边界和角点上的结点处互相连接。在任何结构的理想化过程中,荷载和支座也需建立相应的模型。

基于分析的目的考虑,我们将模型画成自由体并以箭头表示平衡力系,力系由外荷载和反力组成。截面上的内力可以用成对反向的箭头表示,每一对力的大小相等而方向相反。图 1.10(b)即为一例。

结构模型所承受的荷载会使结点产生平移和转动,这些平移和转动被视为位移。通过这些位移,可以确定内力和支座反力,这将用于结构的设计中。

1.6 框 架 结 构

所有的结构都是三维的,但是,为了便于分析,我们将许多结构型式视为由杆组成的一维、二维或三维的骨架。因此,一个理想的框架结构可以是一维的(例如梁),也可以是二维的(例如平面框架或桁架),或者是三维的(比如空间框架、桁架或格栅)。结构骨架常以单元构件的

形心轴来表示,其原因将在 1.11 节中加以说明。下面给大家介绍六种结构型式:

梁:简化结构为一条直线(以形心轴表示)。简支梁为单跨结构,一端采用铰支而另一端采用滑动支座。比较普遍的是不止一跨的连续梁,其支座为一个为铰支或者一端固定,而其余的则采用滑动支座。直线常可作为梁、板、以及梁板组合结构的简化模型。无论横截面的形状如何,桥梁上部结构通常简化为直线考虑。图 1.14(a)举例说明了在图 1.14(b)~(h)所示的任意截面形式下,梁 *AB* 均可作为结构的理想模型。对图示的每一个截面,其形心主轴已经绘出,所有的作用荷载,反力以及梁的轴线变形均发生在形心主轴平面内。如荷载作用不通过形心主轴平面,则此结构必须理想化为空间结构。

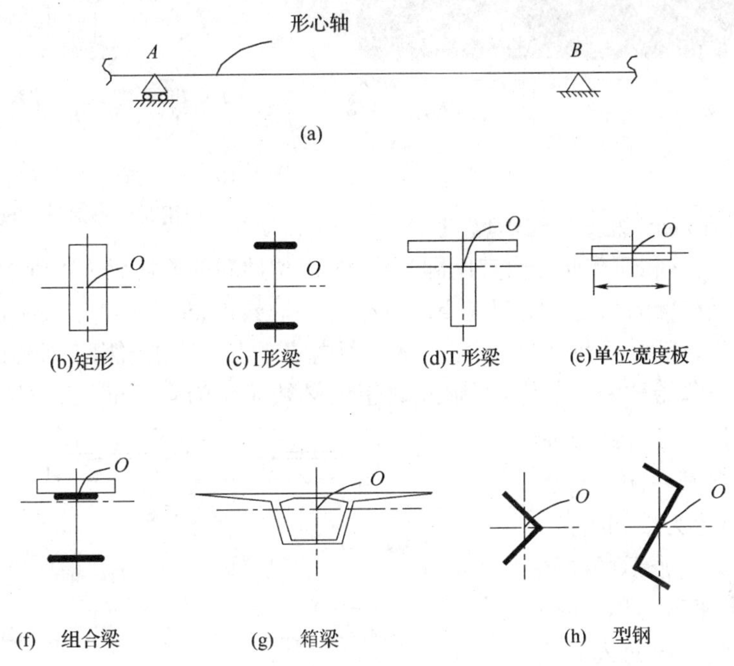

图 1.14　梁的理想化模型

(a)连续梁的中跨;(b)~(h)各种横截面。

平面框架:平面框架由相互间以刚性联结点相连的单元构件组成。同样,所有单元构件截面形心主轴均位于同一平面内,所有荷载和反力也均在此平面内。实际上简支梁和连续梁是平面框架的特殊情况。因此,计算程序 PLANEF(见附录 L)适用于平面框架和梁式结构。平面框架广泛应用于工业厂房、多层建筑、桥梁等建筑的理想化结构。图 1.11(a)、(b)和(c)为斜拉桥及其理想化平面框架结构。图 1.12(a)、(b)和(c)则为一多层建筑和分析风荷载作用时所采用的理想化平面框架模型。图 1.15 为混凝土桥与其理想化平面框架结构。

平面桁架:平面桁架与平面框架相似,不同的是平面桁架各结点均设为铰接,而荷载也常作用在结点上,但是仍在桁架平面内。图 1.6(b)和 13.9 为桥梁的平面桁架简化实例,图 1.10(b)中的塔,图 7.7 的屋顶桁架也为此类情况。通常,我们在作图时并不画出结点处的圆圈(如图 13.9),但是构件间采用铰接这一假设仍适用。另一个需要注意的地方是桁架的三角形性质,这是桁架保持稳定所必须的要求。构件间采用铰接和荷载施加在结点上的假设意味着桁架各构件仅受轴力而不受剪力和弯矩作用。

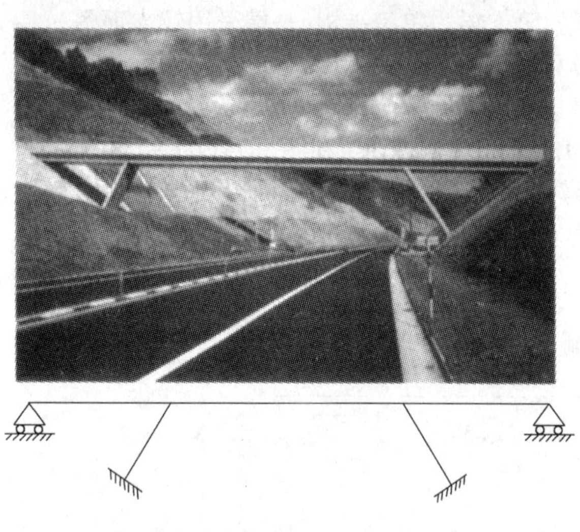

图 1.15 混凝土桥的平面框架理想化

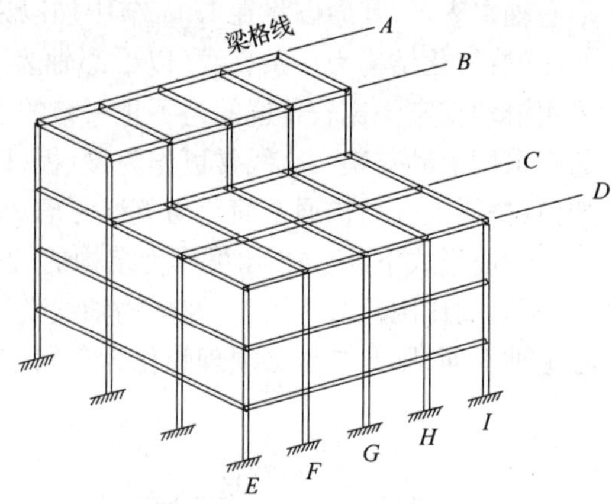

图 1.16 当分析沿图示网格方向的风荷载作用时的不对称空间框架

空间框架:构件和荷载此时为空间即三维的,而构件间的连接仍为刚性连接。大部分钢筋混凝土结构或钢结构的高层建筑都是空间框架结构。然而,许多相对简单的结构经常也需要简化为空间框架,特别是荷载作用不在一个平面内或者当构件或结构不对称的时候。例如,图 1.14(g)所示箱梁,若桥型为曲线桥,则此时箱梁必须简化为空间框架。同样的箱梁,即使为直线,在分析水平风荷载或车辆荷载仅作用在某一侧的车道上时,也必须简化为空间框架。图 1.16 与 1.12(a)所示的同样类型的楼房,由于不对称,在分析沿图示格栅线方向的风荷载作用时,必须简化为空间框架结构。

空间桁架:空间桁架同平面桁架类似,所不同的是构件和荷载为三维的,所有的结点也都是铰接。空间桁架常用于支承大跨度屋顶。

梁格:梁格实际上是空间框架的一种特殊情况,特别是所有构件均位于一个平面内而荷载作用与平面正交的情况。图 1.17(a)表示一个混凝土桥面板的俯视图和立剖面图,此桥面板由三片简支的主梁组

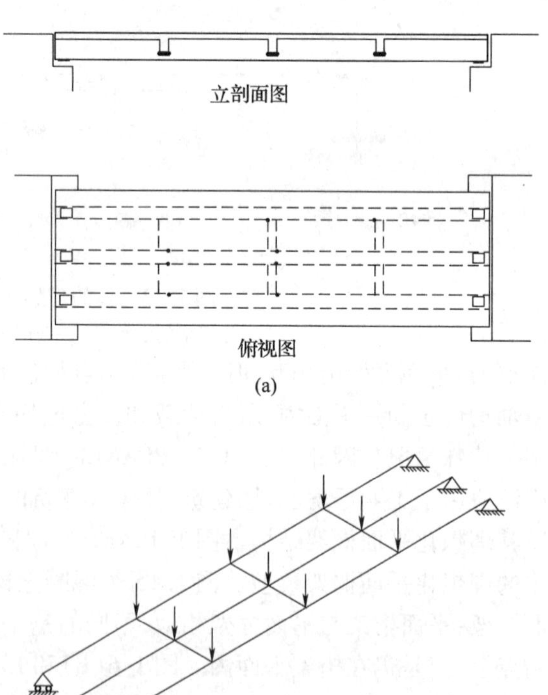

图 1.17 将桥面板理想化为梁格

(a)混凝土桥面板的平面图和剖视图;(b)梁格理想化模型。

成,并由三片中横隔梁连接成整体,车辆荷载将被传递到三片主梁的支座上。所有构件的内力均可通过图1.17(b)所示的梁格模型得到。

1.6.1 计算机程序

附录L中包含有可作为本书参考的计算机程序说明。这些程序包括PLANEF,PLANET,SPACEF,SPACET和PLANEG,分别用于平面框架、平面桁架、空间框架、空间桁架和平面格栅的分析。这五个程序在相应网站内均可查询,具体地址见附录。在学习结构分析的初期鼓励大家使用这些程序作为辅助。

1.7 非框架式或连续结构

连续体,如墙、板、壳和大体积结构可以用有限元模型来考虑(图17.1),也可以将图1.12(c)的剪力墙视为平面框架模型的一部分(见第15章)。我们已经知道如何将一条或单位宽度的单向板简化为梁来考虑(图1.14(e)),对于双向板中的弯矩和剪力也可以用平面梁格来处理,实心板及其支柱有时候也可以理想化为平面框架模型。

在第16章将采用另一种简化方式,用于梁,圆柱形壳,受平面荷载作用的板以及受弯板的分析,这就是采用近似方法来求解平衡微分方程的有限差分法。

1.8 连接和支承条件

许多将实际构件以合适的型式表现出来的过程都涉及到结构构件之间以及构件与支座或基础之间的连接。如所有结构的建模过程包含了很多近似处理一样,实际上的连接情况与我们简化的模型有着很大的差别。

大部分框架结构单元构件间的连接被视为刚性连接或铰接,刚性连接即在构件端部结点处没有相对转动,而铰接即构件在连接点处可以自由转动。这是两种极端的连接方式,在实际工程中大部分连接方式介于两者之间。

图1.18(a)和(b)分别表示混凝土结构和钢结构的2种刚性连接。图1.18(c)为一旧钢桁架的铰接部分照片。刚性结点能够传递结点所连接构件的弯矩,铰接的形式则不能。尽管在现代实际桁架杆件多为刚性连接,但我们在桁架的分析中仍假定所有的杆件均为铰接。对刚性结点而言,构件主要受轴力作用,此外的弯矩常常忽略不计,构件横截面上的应力也就不再保持不变,要考虑构件在结点处为刚性连接,则平面桁架或空间桁架就必须分别以平面框架或空间框架分析,这通常需要借助计算机计算。习题1.14的结论给出了具有同样结构外形的平面桁架与平面框架的分析结果的比较。

在结构分析中,结构与基础或者支座的连接方式也是必须理想化的。图1.19列出了梁和平面框架常见的三种支座型式以及相应的反力分量,铰支座和滑动支座(图1.19(c)和(d))亦可用于平面桁架。铰支座有时也可表示为与刚性面铰接(图1.19(c))。图1.19(a)表示一典型结点的位移分量,图1.19(b)到(d)则说明了不同的支座限制和允许的位移分量。滑动支座(图1.19(d))用于结构需满足轴向膨胀和收缩的情况。这些膨胀和收缩主要是由于热效应,也可能是收缩、徐变以及预应力作用的结果。

在许多情况下,实际的支座形式与图1.19中所示的理想模型是不一样的。例如房屋建筑

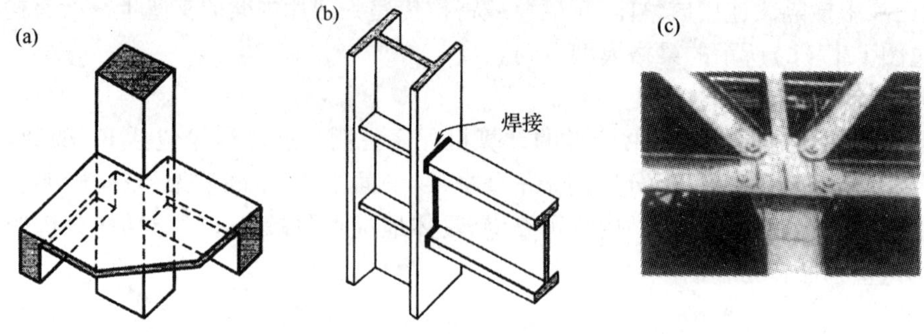

图 1.18 连 接

(a)位于混凝土建筑物中的角柱与板和边梁的刚性连接;
(b)钢结构的立柱与梁的刚性连接;(c)桁架杆件的铰接。

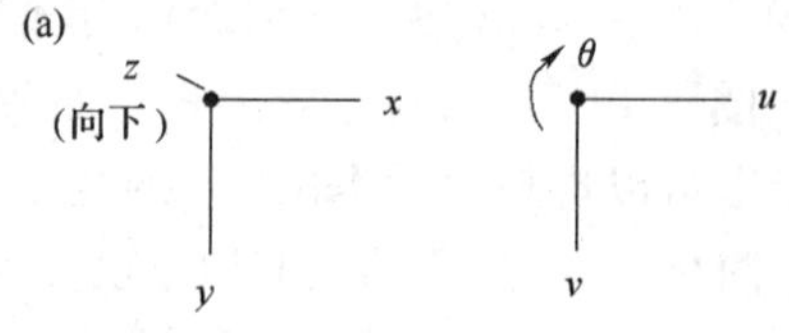

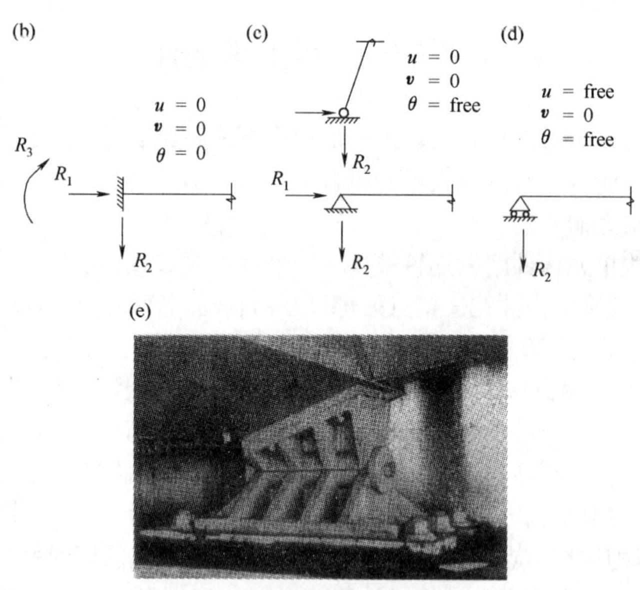

图 1.19 梁和平面框架的支座理想化

(a)结点的位移分量;(b)固定端;

(c)铰接(两种形式);(d)滑动支座;(e)桥梁铰支座。

中的小跨径梁和桁架在其端部通常没有明确的支座形式,这种端部转动和轴向位移的不明确性也在分析中当成是简支的。

在大跨径结构中,常采用一些特殊型式的支承(支座),目的在于确保其位移或转动可以像我们在分析中所假设的一样自由发生(图 1.19(e))。桥梁所使用的支座种类繁多,主要是为了满足不同大小支座反力和位移,目前已有商业化的生产。

1.9　荷载与荷载的理想化

在结构分析中,应力与变形所产生的一些原因是必须考虑的,其中,重力荷载是主要原因。重力荷载的例子有结构自重,非结构性构件比如说楼面板、隔离墙的自重,居住者、家具、设备的重量,以及车辆、积雪的作用。液体压力、土压力、颗粒材料压力以及风荷载也是荷载的不同形式。预应力也会使混凝土结构产生力的作用(参见附录 K)。

我们可以将荷载理想化为一组集中荷载。图 1.6(b)桁架结点上的箭头可以表示构件自重,桥面板重以及其承受的车辆荷载。或者在分析中也可将荷载分配到一定长度、面积或体积上,以荷载集度(力/单位长度或力/单位面积或力/单位体积)来表示。

许多情况下,温度变化产生的变形受到约束时,会产生应力、内力和反力,这将在 1.9.1 节中作简单讨论。

如果简支梁(图 1.20(a))的一个支座产生沉降,梁会像刚体一样产生转动而不会产生应力作用。但是,如果梁是两跨或多跨的连续结构,支座沉降则会产生内力和反力(附录 E)。图 E.1 为三跨连续梁的中间支座发生沉降时的挠曲形状和支座处的反力和弯矩。

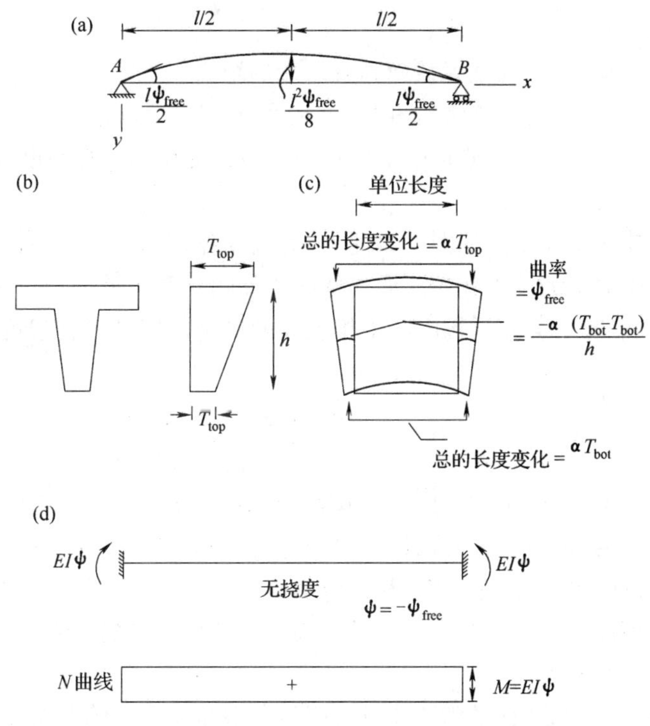

图 1.20　温度变化引起的简支梁变形

(a)挠曲线;(b)横截面和温度升高沿截面高度的变化;

(c)单位长节段形状的自由变形;(d)两端固结的梁在(b)中温度升高时的效应。

对某些材料比如混凝土,应力增量的产生和持续不仅产生直接应变而且会产生随时间而发展的附加应变,这个附加应变即徐变。同热膨胀和收缩相似,当徐变受到限制时,会产生应力和内力。关于徐变、收缩、温度作用以及裂缝的影响在此就不多加以讨论[1]。

地震中地面运动也会使结构产生动态运动，这会使结构产生巨大的惯性力。这种情况下的内力分析可通过对理想化结构在已知的地面运动下的动态计算分析进行。在动态分析中，相应规范中允许以一般作用在各楼层面上的等效横向力作静力分析进行。因为这些力表示惯性作用，其值与结构的质量成比例，这些质量一般集中在各楼层面上。

1.9.1 热 效 应

当结构不受任何约束可以自由变形时，热胀冷缩会使其产生变形，但不会产生应力。图1.20(a)为一单跨简支梁的情况，在梁的顶部和底部之间的温度升高量呈线性变化，设顶部为T_{top}，底部为T_{bot}(图1.20(b))。当$T_{top}=T_{bot}=T$时，梁将伸长且B点的滑动支座向外移动αTl。式中α为线膨胀系数，l为梁长。当$T_{top}\neq T_{bot}$，时，梁将产生自由弯曲：

$$\psi_{free}=\frac{\alpha(T_{bot}-T_{top})}{h} \tag{1.7}$$

图1.20(c)表示单位长度梁(在$T_{top}>T_{bot}$时)的变形。在长度限制范围内，两截面发生相对转动，转动角度ψ_{free}与曲率相等：

$$\psi_{free}=-\frac{d^2y}{dx^2} \tag{1.8}$$

式中：y为挠度(向下为正)；x为任意截面到梁左端的距离。

在所考虑的情况中，梁向上挠曲如图1.20(a)所示，图中所示的两端转角和跨中挠度可以通过式1.8检验。式1.8中的负号是由于坐标轴方向的选择和通常的惯例产生的，如此一来，垂度就与正的曲率相关。

当一个两跨的连续梁在受到如图1.20所示的温度作用时，因为不能向上自由挠曲，就会在中间的支座上产生向下的反力作用。梁的挠曲线如图4.2所示。

当热膨胀受到制约时，会在结构内产生相当大的应力。固端梁在温度均匀变化T时产生的应力为：

$$\sigma=-\alpha ET \tag{1.9}$$

式中：E为弹性模量。

对混凝土梁$E=40$ GPa(5.8×10^6 psi)，$\alpha=10\times10^{-6}$/℃(6×10^{-6}/℉)，$T=-15$ ℃(−27 ℉)，温度变化中的负号表示温度下降，则此时应力为$\alpha=6$ MPa(940 psi)。此拉应力会引起混凝土开裂，随后部分或全部的约束解除，热效应的应力降低。温度效应产生的开裂需要进行非线性分析。温度效应的线性分析则在第4章和第5章进行。收缩或膨胀也可以分别以热收缩或热膨胀的相同方式来对待。

我们讨论温度和收缩效应(类似于支座沉降)时，其前提是只有超静定结构(例如连续梁)才会产生内力和应力，而像简支梁这样的静定结构不会产生内力和应力。

超静定结构的问题将在3.2节中详细讨论。值得一提的是，对于简支梁，若温度变化量沿梁高方向呈非线性变化(图1.20(a))，会在整个截面内产生一组自平衡的应力，也就是说，整个截面应力的合力(即内力)为零(见6.9节)。

---

1 Ghali, A., Favre, R., Elbadry, M. (2002). Concrete Structures: Stresses and Deformations, 3rded. Spon Press, London, 608.

1.10　应力和变形

结构在力的作用下会产生变形。图 1.21(a)中所示的立柱受力 P 和 Q 作用,图 1.21(b)表示其挠曲形状。外加力会产生使结构产生内力即应力的合力,任意截面的应力合力为弯矩 M,剪力 V 和轴力 N。为表示这些内力,必须将构件截断进行分析(图 1.21(c))。图中有两个自由体,在其截断的位置标示出了其内力。注意这些内力是成对反向的,必须在两边截面都加以表示。根据平衡方程,对上方的自由体而言(AC 部分),可以得到:

$$N = -Q;V = P;M = px \tag{1.10}$$

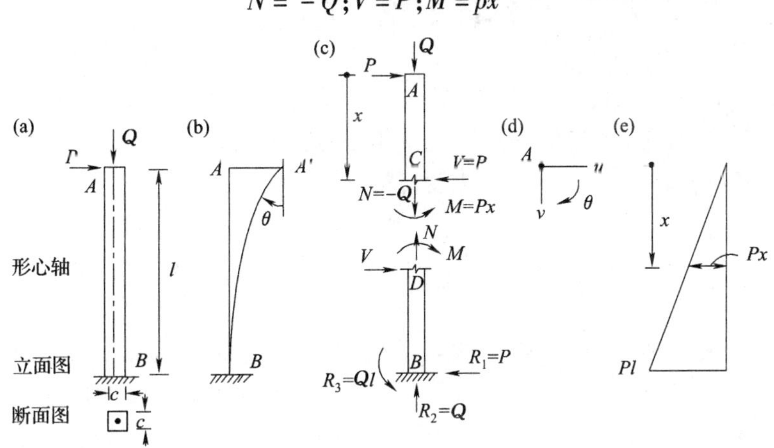

图 1.21　柱的挠曲形状和内力

(a)立面图和横截面;(b)挠曲形状;

(c)断开以表示截面上的内力;(d)末端的位移分量;(e)弯矩图。

由 DB 的平衡可以得到同样的结果,至于内力符号的规定及内力计算在 2.3 节中将有详细介绍。由上述方程可以得出,N 和 V 沿柱的长度保持不变,M 则从柱的顶部到底部呈线性变化(图 1.21(e))。这些内力是产生应变的应力合力。不同的应变会导致不同的形变,对于此例来说则为轴向压缩、剪切和弯曲(挠曲)。一般来说,相对弯曲变形而言,前面两者的变化都很小。例如,在此例中,若此柱为木柱,截面为边长 0.1 m 的正方形,长 3 m,作用的 P 和 Q 均为 1.00 kN,则柱顶的位移分量为:

$$u = 0.11\ \text{m};v = 30\times10^{-6}\ \text{m};\theta = 0.054\ \text{rad}$$

这些结果是在假定弹性模量 $E = 10$ GPa(1.145×10^{6} psi),剪切模量 $G = 4$ GPa(0.6×10^{6} psi)的基础上通过虚功法(见第 8 章)计算得来的。位移分量 v 为轴力 N 作用下的轴向压缩;u 为剪力 V 和弯矩 M 产生的柱顶横向位移(其中后者产生的影响远大于前者,在此例中,其比例约为 1200∶1);θ 为弯矩所产生的角位移。了解挠度和变形有助于我们更好地理解结构的性能。

在绘制挠曲形状图时,一般只考虑弯曲变形,并且如 1.4 节所述,挠度的比例尺要大于其结构本身。因此,变形后的 A'高度与 A 的原高度相同,表明柱长变化忽略不计(图 1.21(b))。同样,图 1.13(c)中,A 和 A'在同一水平面上,B 和 B'也一样,此外因为忽略了柱 AB 的长度变化,则$\overline{AA'}$和$\overline{BB'}$的距离相等。同样的图 1.21 中构件 AB 的长度也不发生改变,A 沿圆弧运动到

A'。但是，由于挠度相对构件而言很小，因此位移$\overline{AA'}$可以视为与AB垂直，也就是说，圆弧以垂直于原AB方向的直线AA'代替，这在7.2节中加以解释。当绘制例1.1(c)中框架的变形形状时，结点B的位移表示为与AB(向下)垂直，C点位移与CD垂直(向上)。

我们经常用图形表示M和V沿结构长度方向的变化，这种图形被称为弯矩图和剪力图。弯矩图的符号规定很重要，弯曲和挠曲会使截面的一侧产生拉力，而另一侧产生压力。由图1.21(b)不难看出，立柱左侧受拉力作用，所以将弯矩图画在受拉一侧(图1.21(e))。轴力N和弯矩M会产生法向压或拉应力。此项计算将在随后的小节中涉及。

1.11 正 应 力

图1.22(a)和(b)分别为一平面框架的单位长度节段及其横截面图。在截面形心主轴(本例中为纵向的对称轴)上选取一点O作为参考点。下面，我们可以根据轴向内力N和弯矩M得到应变ε和应力σ的分布方程。假设材料符合虎克定律

$$\sigma = E\varepsilon \tag{1.11}$$

式中E为弹性模量。应力和应变分别以受拉和伸长为正。N和M的符号规定则如图1.22(a)和(b)所示。

由Bernoulli(伯努利)假设可知，在变形后构件的截面仍保持平面，大量的实验已经证明了这一假设的正确性。因此，如图1.22(a)所示，两竖直虚线表示节段变形前的两截面，而实线表示变形后的截面。应变沿截面高度的变化情况如图1.22(c)所示，任意高度的ε值(单位长度伸长量)可以表示为：

$$\varepsilon = \varepsilon_0 + \psi y \tag{1.12}$$

任意高度的正应力：

$$\sigma = \sigma_0 + \gamma y \tag{1.13}$$

其中：

$$\sigma_0 = E\varepsilon_0 ; \gamma = E\psi \tag{1.14}$$

式中：ε_0和σ_0分别为参考点O处的应变和应力；ψ和γ为应变图和应力图的斜率。因此：

$$\psi = \frac{\mathrm{d}\varepsilon}{\mathrm{d}y} ; \gamma = \frac{\mathrm{d}\sigma}{\mathrm{d}y} \tag{1.15}$$

式中：y为任意高度到过原点O的水平轴线之间的距离。

图1.22(b)所示规定的为y的正向。注意ψ为曲率，其量纲为[长度]$^{-1}$。

合力N和M可以表示为在截面面积上对应力σ的积分：

$$N = \int \sigma \mathrm{d}a \tag{1.16}$$

$$M = \int \sigma y \mathrm{d}a \tag{1.17}$$

将式1.13代入1.16和1.17得到：

$$N = \sigma_0 a + \gamma B \tag{1.18}$$

$$M = \sigma_0 B + \gamma I \tag{1.19}$$

此处：

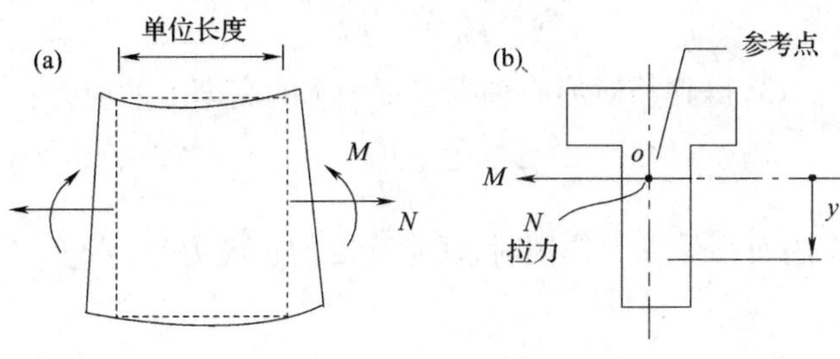

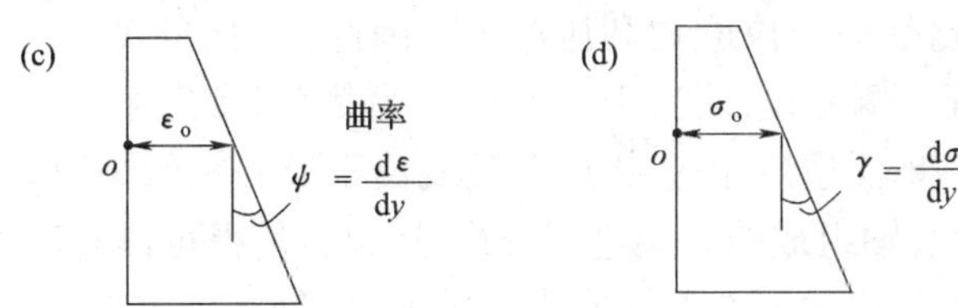

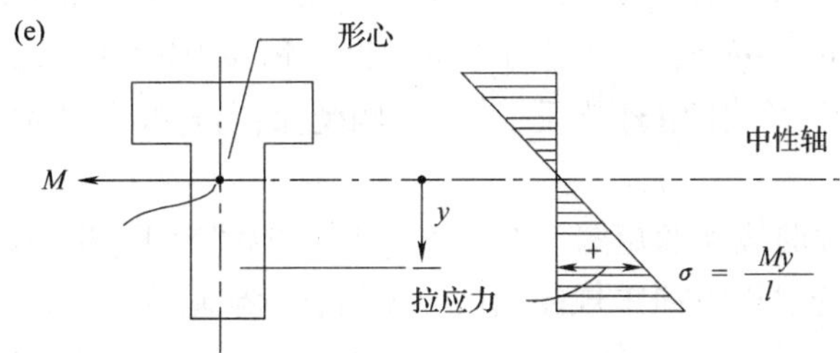

图 1.22　梁横截面的正应力和应变

(a)单位长度节段的立面图，N 和 M 以图示方向为正；

(b)横截面；(c)应变图；(d)应力图；(e)仅有 M 而无 N 的截面的应力。

$$a = \int \mathrm{d}a;B = \int y\mathrm{d}a;I = \int y^2\mathrm{d}a \tag{1.20}$$

式中：a 为横截面面积；B 为截面对过原点轴线的一阶矩；I 为截面对此轴的二阶矩（即惯性矩）。解方程 1.18 和 1.19 得到 σ_0 和 γ，代入式 1.14 得 ε_0 和 ψ，从而确定应力图和应变图：

$$\sigma_0 = \frac{IN - BM}{aI - B^2} \tag{1.21}$$

$$\gamma = \frac{-BN + aM}{aI - B^2} \tag{1.22}$$

$$\varepsilon_0 = \frac{IN - BM}{E(aI - B^2)} \tag{1.23}$$

$$\psi = \frac{-BN + aM}{E(aI - B^2)} \tag{1.24}$$

当 O 位于截面形心时，$B = 0$，则式 1.21 ~ 式 1.24 可以简化为：

$$\sigma_0 = \frac{N}{a};\gamma = \frac{M}{I} \tag{1.25}$$

$$\varepsilon_0 = \frac{N}{Ea};\psi = \frac{M}{EI} \tag{1.26}$$

将式 1.25 代入式 1.13，得到相对形心轴纵坐标为 y 的高度上的应力：

$$\sigma = \frac{N}{a} + \frac{My}{I} \tag{1.27}$$

当截面仅受弯矩作用而不受轴力作用时，任意高度的正应力为：

$$\sigma = \frac{My}{I} \tag{1.28}$$

式中：y 为到形心轴的距离，I 为截面对同一轴线的惯性矩。

形心轴的下侧和上侧分别为拉应力和压应力。因此，只有当 $N=0$ 时，中性轴即为形心轴。当 M 为正值时，截面下侧受拉，而当 M 为负时则为截面上侧受拉。

注意式 1.25 ~ 式 1.28 仅适用于过 O 点的轴线位于形心轴的情况。在前面（1.6 节）提到，框架结构是以构件形心轴组成的骨架进行分析，这也就使得可以较简单的式 1.25 和 1.26 代替式 1.21 ~ 式 1.24，当轴线的原点 O 不在形心轴上时则必须使用后者。

1.11.1 挠度曲线和弯矩图实例

曲率 ψ 为单位长度上挠曲线的斜率变化。由式 1.26 可以看出，曲率 ψ 与弯矩 M 是成比例的。图 1.23 表示分别受正负弯矩作用的单位长度节段，相应的应力分布也分别表示在图中，从中我们可以知道正弯矩作用时节段下凹，下侧受拉；负弯矩作用时节段向上凸，上侧受拉。

图 1.23(b) 为梁的挠曲线和弯矩图。在不经过计算的情况下，我们即可凭直觉绘出挠曲变形图。弯矩图则可以通过以下简单规律绘出：对于自由端、铰支或滑动支座的末端以及中间铰支处，弯矩为零；在曲线拐点，即曲线凹凸变化处，弯矩也为零；直杆在不受分布荷载作用时，弯矩图为直线，如图 1.23(b) 的 AC、CB 和 BD 以及 1.23(e) 的 BC 和 CD；在构件受均布横向荷载作用时，弯矩图为二次抛物线，如图 1.23(e) 的 AB 部分。

在本书中，绘制弯矩图时，弯矩的纵坐标方向与构件轴线垂直，并且纵坐标正向位于受拉一侧，M 图的阴影表示纵轴正向所在区域。图 1.13(a) ~ (c) 和图 1.23(b) ~ (e) 都满足这些规定。

在前面绘制挠曲变形图时，我们仅绘出弯曲变形。因此，构件的长度没有发生改变。对图 1.23(d)，支柱和梁的长度都不改变，结点 B 和 C 必须保持在同一高度和同一水平面（由于对称性），两者仅发生转动。图 1.23(e) 中的挠曲在中间铰 B 处是不连续的，因此，在铰左侧和右侧的斜率也不相等。

由于图 1.13 和 1.23 中确定 M 图的一些坐标值属于超静定问题，因此需要进行计算。这些数值在图中没有给出，而仅给出了静定情况下的值，比如 $Wl/4$ 和 $ql^2/8$，这是长度为 l 的简支梁在横向集中荷载 W 作用在跨中，或单位长度上集度为 q 的均布荷载作用下的弯矩值。

1.11.2 温度变化时的挠度曲线和弯矩图

图 1.20(a) 中的简支梁在温度升高沿梁高线性变化时，可以发生如图所示的自由挠曲，即一个连续的下凹，式 1.7 给出了 ψ_{free}，而任意截面的弯矩均为零。简支梁属于静定结构，其热膨胀和收缩均不被约束。当两端固定的梁有同样的温度变化时则会产生反力和一个不变的弯矩 $M = -EI\psi_{\text{free}}$（图 1.20(d)）。这个弯矩是正值，使得梁底部受拉，顶部受压，相应的曲率（式

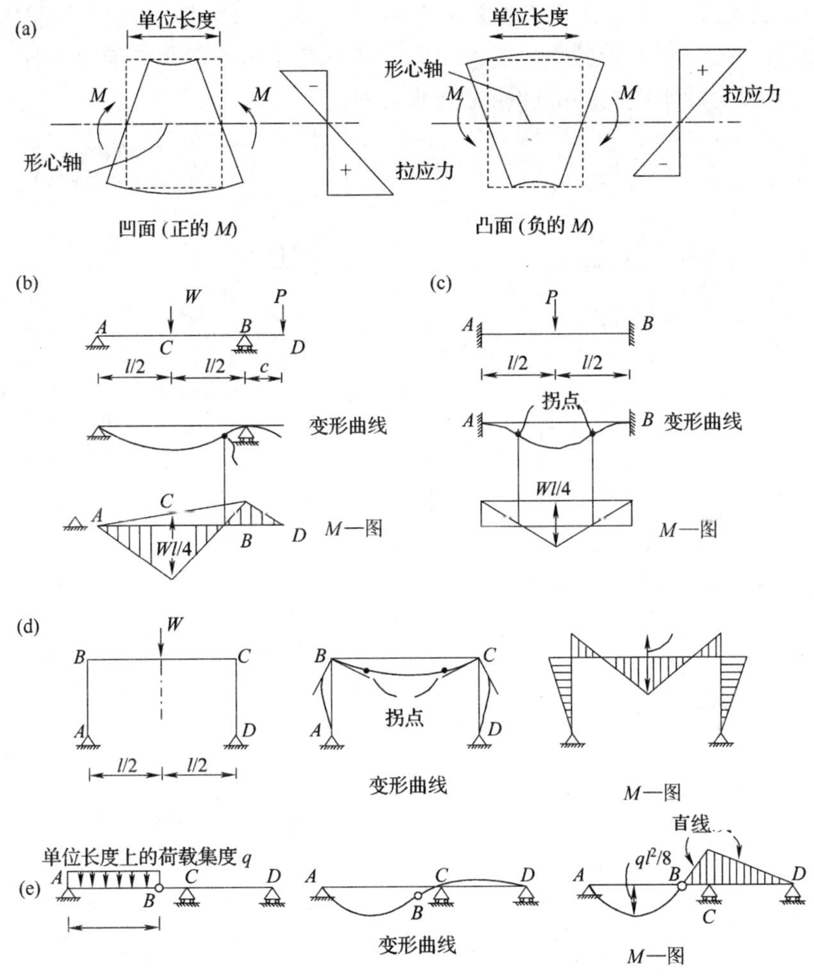

图 1.23 梁的弯曲、挠度和弯矩图

(a)弯矩引起的弯曲和应力;(b)~(e)挠曲线和弯矩图示例。

1.26)为 $\psi = M/(EI) = -\psi_{\text{free}}$。因此,其净曲率为零,梁不发生挠曲。两端完全固结的梁为超静定结构,其热膨胀和热收缩均受到制约。

由此可以得出结论,超静定结构在温度变化时的挠曲变形为热膨胀或收缩不受限制时自由挠度与约束力作用下的挠度的总和。图 4.2(c)的连续梁的挠曲变形即为图 4.2(b)中的自由挠曲和简支梁 AC 在 B 点作用有向下的力时的挠曲的总和。温度变化所产生的净挠曲线不能用来绘制弯矩图,因此,图 4.2(c)中挠曲线的曲线拐点不是弯矩的零点。

1.12 梁、拱和桁架之间的比较

下面所给出的示例对具有相同荷载、相同跨径的不同型式的平面结构(图 1.24)的性质进行了比较。这些结构包括:简支梁,不同支承情况的系杆拱和无系杆拱,简支桁架。比较的结果表明可以通过避免或减小弯矩使得结构趋于轻型化。

例 1.1 梁、拱和桁架的荷载路径比较

图 1.24(a)中的每一个结构均承受总量为 480 kN(108×10^3 lb)的均布荷载作用。此荷载理想化为如图所示的一组等距的集中荷载。5 个结构将同样的荷载传递至支座,但是却产生了不同的内力和反力。本例的目的即研究这些差别。

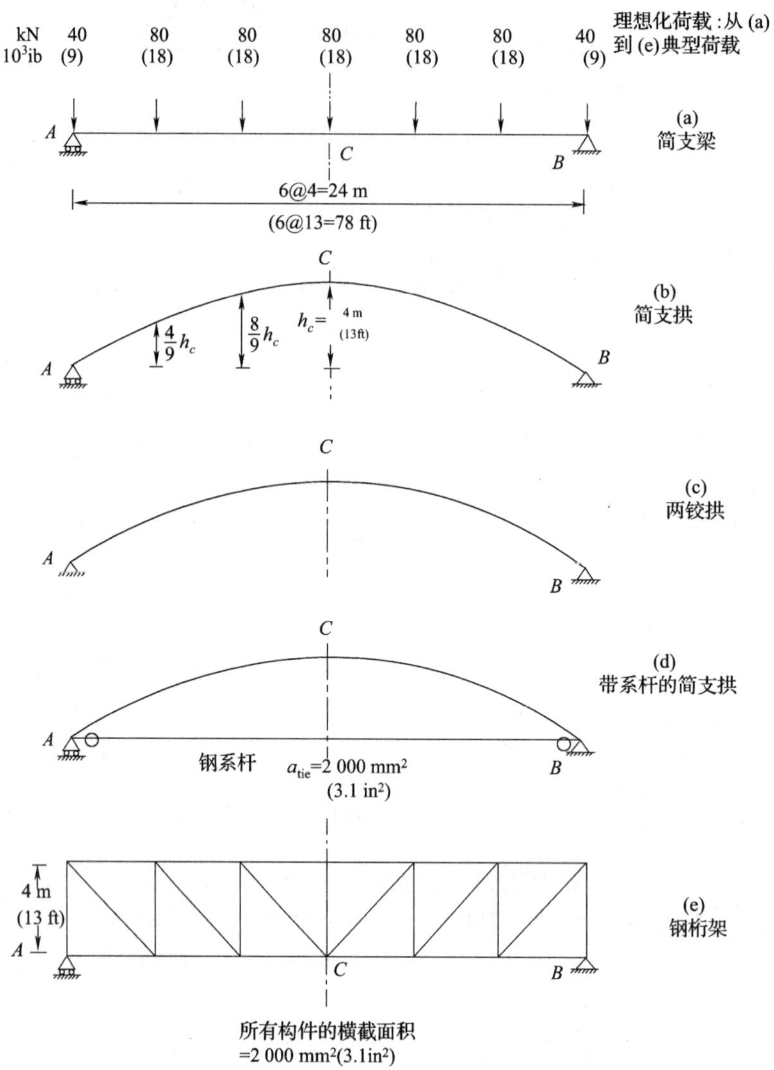

图 1.24　跨度、荷载相同的 5 种结构(例 1.1)

(a)简支梁;(b)简支拱;(c)两铰拱;(d)简支系杆拱;(e)桁架。

图 1.24(a)所示的简支梁,图 1.24(b)中的简支拱,以及图 1.24(e)中的桁架均为静定结构。但是,图 1.24(c)和(d)为一次超静定结构。第 2 章和第 3 章论述了超静定结构,说明了静定结构和超静定结构分析方法。在此,给出和比较了一些重要的分析结果,以理解这些结构体系在荷载传递路径、内力和变形方面的差别。部分分析细节将在例 2.11 和例 4.3 中给出。

这些分析可以通过使用计算机程序 PLANEF(适用于图 1.24(a) ~ (d)所示的结构)和 PLANET(适用于图 1.24(e)所示的结构)来完成,参见附录 L。鼓励在学习本书的前期使用这些程序。若使用这些程序进行计算,则需要作简单的数据准备(见附录中的说明)。

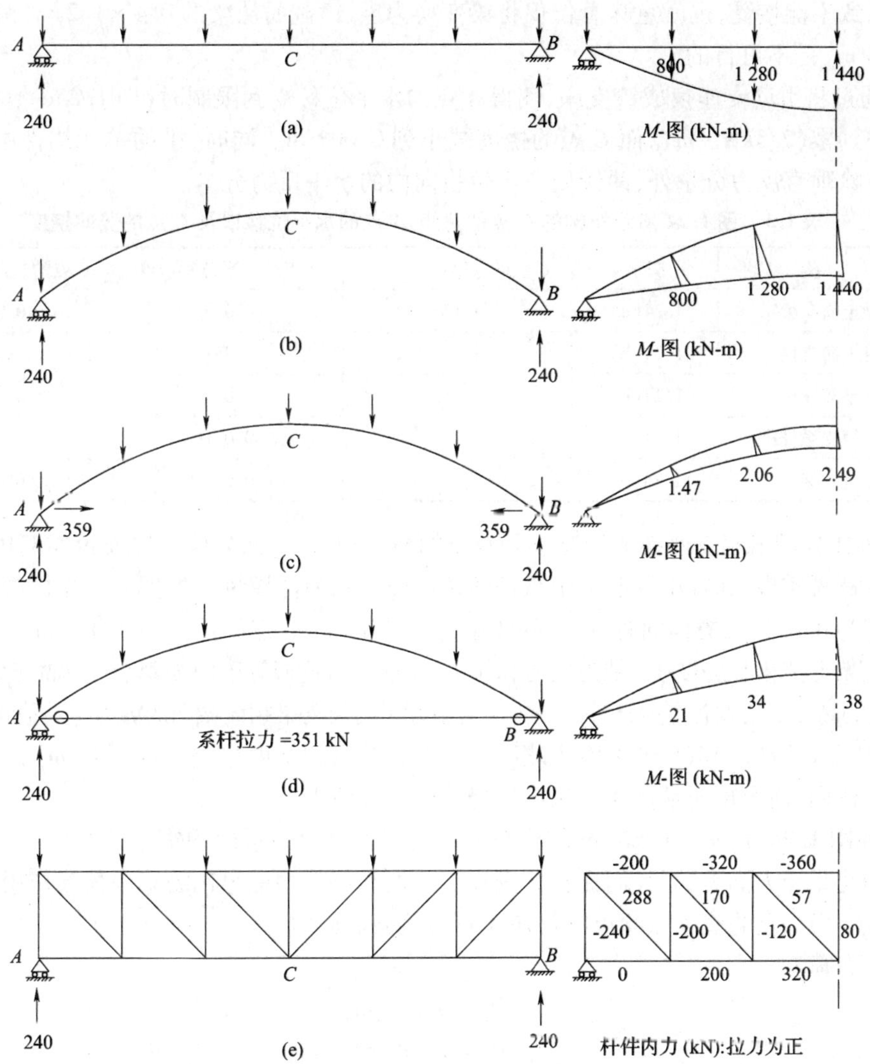

图 1.25 图 1.24 中的结构的反力和内力，总荷载为 480 kN，跨度为 24 m
(a)简支梁；(b)简支拱；(c)双铰拱；(d)简支系杆拱；(e)桁架。

图 1.24(a)所示简支梁为矩形混凝土截面，其高为 1.2 m，宽 0.4 m。图 1.24(b)、(c)和(d)中的拱的横截面为正方形，边长为 0.4 m。桁架(图 1.24(e))为钢结构，横截面面积为 2×10^{-3} m^2。混凝土和钢的弹性模量分别为 40 GPa 和 200 GPa。需要分析的问题如下：

(1)在 5 个结构中，跨中结点 C 的挠度；

(2)图 1.24(b)所示简支拱的滑动支座 A 的水平位移；

(3)简支梁和拱的左半部分(图 1.25(a)到(d))的弯矩图；

(4)桁架各杆件的内力(图 1.25(e)；图 1.25(a)～(d)画出了支座反力)。

表 1.1 给出了 C 点的弯矩值，A 点的水平位移以及 C 点的竖向挠度。

结果讨论：

1. 简支梁跨中 C 点的弯矩和挠度值分别为 1 440 kN · m 和 0.037 m。在简支拱中，跨中的弯矩也等于 1 440 kN · m，其滑动支座 A 向外移动 0.851 m，C 点的挠度为 1.02 m。这些位移过大以致不能接受，也就意味着仅仅将梁变换为拱，横截面从梁的 $0.4\times1.2\ m^2$ 减小到拱的 $0.4\times0.4\ m^2$ 是不可行的。

2. 通过将滑动支座换成铰支座，使得 A 点的水平位移受到限制时（图 1.25c），C 点的弯矩几乎减小到零（2.5kN · m），而 C 点的挠度减小到 0.002 m。同时，拱的单元构件中产生轴向的压力。除垂直反力分量外，两铰处还产生指向内的水平反力分量。

表 1.1　图 1.24 所示结构的 C 点的弯矩，A 点的水平位移以及 C 点的竖向挠度

结　构	图示	C 点的弯矩(kN · m)	A 点的水平位移(m)	C 点的竖向挠度(m)
混凝土简支梁	1.24(a)	1 440	0	0.037
混凝土简支拱	1.24(b)	1 440	0.851	1.02
混凝土双铰拱	1.24(c)	2.5	0	0.002
混凝土简支系杆拱	1.24(d)	38	0.021	0.027
钢 桁 架	1.24(e)	——	0.010	0.043

3. 将 A 处的滑动支座换成铰支座所减小的挠度和弯矩，部分也可以通过在两拱铰处设置相连的系杆来实现，其减小量取决于系杆的截面面积和弹性模量。根据所给出的数据，A 点的水平位移为 0.021 m，方向向外；C 点的弯矩为 38 kN · m；C 点的挠度为 0.027 m。

4. 桁架上弦和下弦的力分别为压力和拉力，其绝对值近似等于图 1.25(a) 中简支梁的弯矩值除以桁架的高度。桁架各竖向杆件的内力绝对值几乎与简支梁相应截面的剪力绝对值相同。

5. 与图 1.24(a) 和(b) 中的结构相比，桁架中 C 点的挠度也很小(0.043 m)，这是因为没有弯矩的作用，而弯矩通常是使结构产生挠度的最大原因。

6. 在图 1.24 中，$q=20$ kN/m 的均布荷载被理想化为一系列的集中荷载作用。为了表明这种理想化是令人满意的，我们比较分别在实际均布荷载和理想化的集中荷载作用下，简支梁（图 1.24(a)）C 点的挠度与弯矩以及在 A 点右侧截面的剪力：

对均布荷载

$$D_C=0.037\ \mathrm{m};$$
$$M_C=1\,440\ \mathrm{kN\cdot m};$$
$$V_{Ar}=240\ \mathrm{kN}$$

对集中荷载

$$D_C=0.037\mathrm{m};$$
$$M_C=1\,440\ \mathrm{kN\cdot m};$$
$$V_{Ar}=200\ \mathrm{kN}$$

从中可以看出分别在实际荷载与理想化等效荷载作用下，两者结果的差别很小，当集中荷载之间的距离减小到为零时，两者的差别消失。在以上给出的数值中，M_C 的值没有区别，D_C 的差别也没有显现出来。

例 1.2　三铰、双铰及固端拱

图 1.24(c) 和例 1.1 包含了双铰拱的数据，其反力分量在图 1.25(c) 中给出。图 1.26(a) 表示同样的拱在 C 点加设中间铰时的相应结果。类似地，图 1.26(c) 表示将同样的拱的铰支端改为完全固定端（位移转动均受限制）时的情况。图 1.26 所给出的数值是在荷载集度为 q，跨度为 l，拱在跨中的高度 $h_C=l/6$ 的情况下得出。

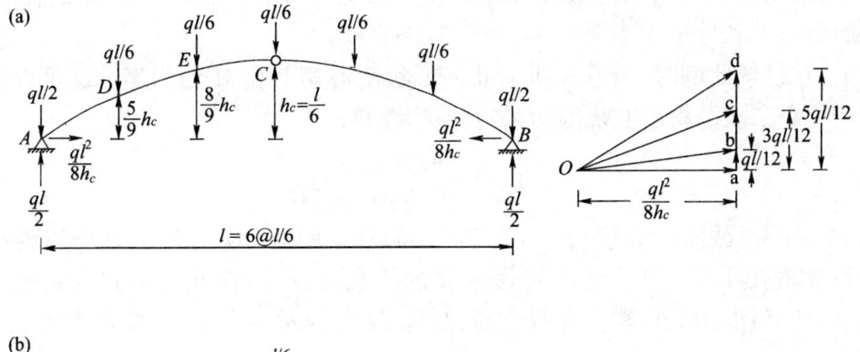

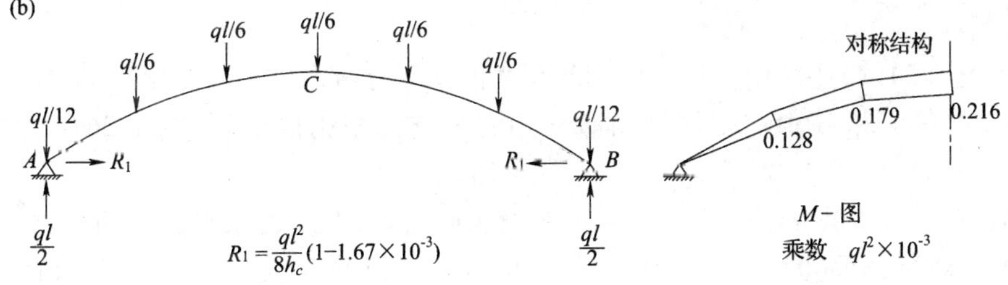

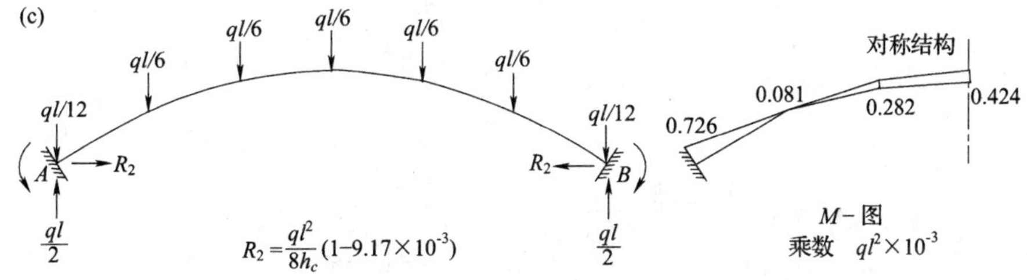

图 1.26 带中间铰和不带中间铰的拱,总荷载为(ql)

(a)在图 1.24(c)中的 C 点引进中间铰的拱;(b)两铰拱;(c)固端拱。

图 1.26(a)中的三铰拱为静定结构。这在第 2 章例 2.11 中将进行讨论,在此,我们讨论图示的分析结果。任意截面的弯矩等于截面左侧所有力对截面的矩之和。因此 A、D、E 和 C 点的弯矩为:

$$M_{\mathrm{A}}=0$$

$$M_{\mathrm{D}}=\left(\frac{ql}{2}-\frac{ql}{12}\right)\frac{1}{6}-\frac{ql^2}{8h_{\mathrm{C}}}\left(\frac{5}{9}h_{\mathrm{C}}\right)=0$$

$$M_{\mathrm{E}}=\left(\frac{ql}{2}-\frac{ql}{12}\right)\frac{1}{3}-\frac{ql}{6}\left(\frac{1}{6}h_{\mathrm{C}}\right)-\frac{ql^2}{8h_{\mathrm{C}}}\left(\frac{8}{9}h_{\mathrm{C}}\right)=0$$

$$M_{\mathrm{C}}=\left(\frac{ql}{2}-\frac{ql}{12}\right)\frac{1}{2}-\frac{ql}{6}\left(\frac{1}{3}\right)-\frac{ql}{6}\left(\frac{1}{6}\right)-\frac{ql^2}{8h_{\mathrm{C}}}\mathrm{h}_{\mathrm{C}}=0$$

计算的所有 M 值都为零,拱结构构件中的内力仅有轴力。这可以通过图 1.26(a)右侧的结构示意来验证。这是一个力多边形,$\overline{Oa}[=ql^2/(8h_c)]$表示水平反力,$\overline{ad}$,$\overline{ac}$和$\overline{ab}$分别为 D 点、E 点和 C 点左侧竖向力的合力。向量 Od,Oc 和 Ob 分别表示节段 AD,DE 和 EC 的合力,可以证明三个合力的斜率等于相应拱节段的斜率。因此,可以得出结论,拱仅受轴向压力作用,任意截面的剪力 V 和弯矩 M 都等于零。

事实上,在设置此例时,所选择拱的几何形状使得其 V 和 M 均为零。这可以通过使拱的结点均位于一个二次抛物线上来得到,二次抛物线的方程为:

$$h(x)=\frac{4x(l-x)}{l^2}h_C \tag{1.29}$$

式中 $h(x)$ 为任意截面的高度;x 为节点到 A 的水平距离;h_C 为跨中抛物线的高度。

可以证明对图 1.27 中承受总荷载为 ql 的任意三铰拱,其几何形状满足式 1.29,则任意截面的 V 和 M 值均等于零。对所有拱来说,反力的水平分量均指向拱内,其大小等于 $ql^2/(8h_C)$。

去掉图 1.24(c)中的中间铰会使两端反力的水平分量产生一点变化,V 和 M 变为非零值。然而,两铰拱的 V 和 M 值与受同样荷载作用的简支梁相比很小(与图 1.26(b)中 M 图的值 $ql^2/8$ 相比)。

类似地,去掉 C 点的铰,同时将 A 和 B 设为固定端,对反力水平分量的影响很小,并使支座反力产生弯矩分量(图 1.26(c))。同样,可以发现图 1.26(c)中的 M 图的值与简支梁(图 1.25(a))的值相比很小。图 1.26(b)和(c)给出的数据是以与例 1.1 相同的 E,l,h_C,q 值和截面面积计算出来的结果。

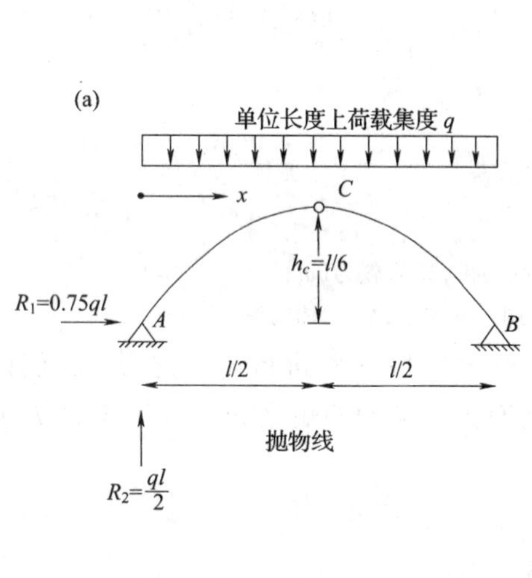

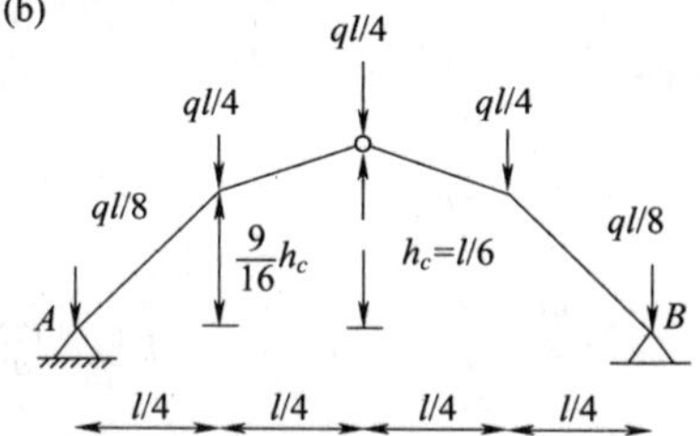

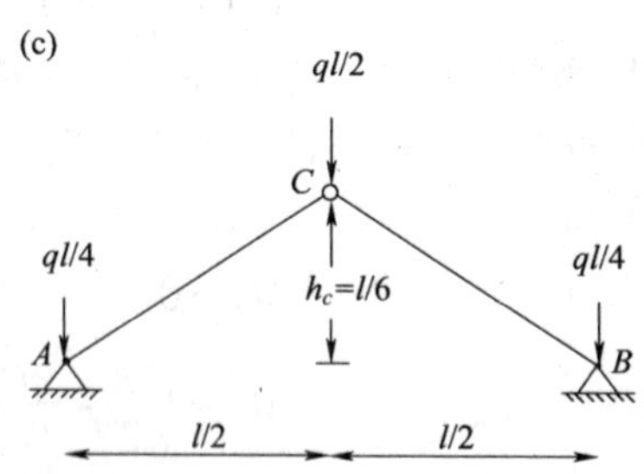

图 1.27 在总荷载 ql 作用下,几种 M 值为零的三铰拱

由以上的讨论可知,支座处的水平反作用受到约束的拱将荷载传递到支座,产生的弯矩很小或为零。因为这个原因,拱可以以比梁小的截面积跨越更大的距离。可以通过选择三铰拱的拱轴线的几何形状,使得 V 和 M 等于零。在同样的拱轴线下可以去掉中间铰(为了简化结构)仅产生很小的剪力和弯矩(远小于等跨径等荷载的梁的值)。

在此例中所考虑的拱受相同的重力荷载作用。我们已经知道可以选择拱轴线的形状,使得相同荷载下的剪力和弯矩的值很小或者为零,此荷载可为拱的主要荷载。然而,在设计中还必须考虑在其他荷载情况下,比如说对结构的一半产生压力而对另一半产生吸力的风压力,以及不同重力荷载产生的弯矩和剪力。

1.13 小结

在介绍后续理论时,必须先就上述的一些问题进行不甚详细的讨论,这涉及到后续章节中的一些问题,包括超静定结构和静定结构反力和内力的计算。第 2 章将进行静定结构的分析。学习完第 2 章后,再回过头来看第 1 章的内容并尝试求解所给出的习题会对自己大有益处。

习题

1.1 画出图示结构的挠曲线和弯矩图。在书后的答案中,忽略了轴向变形和剪切变形,

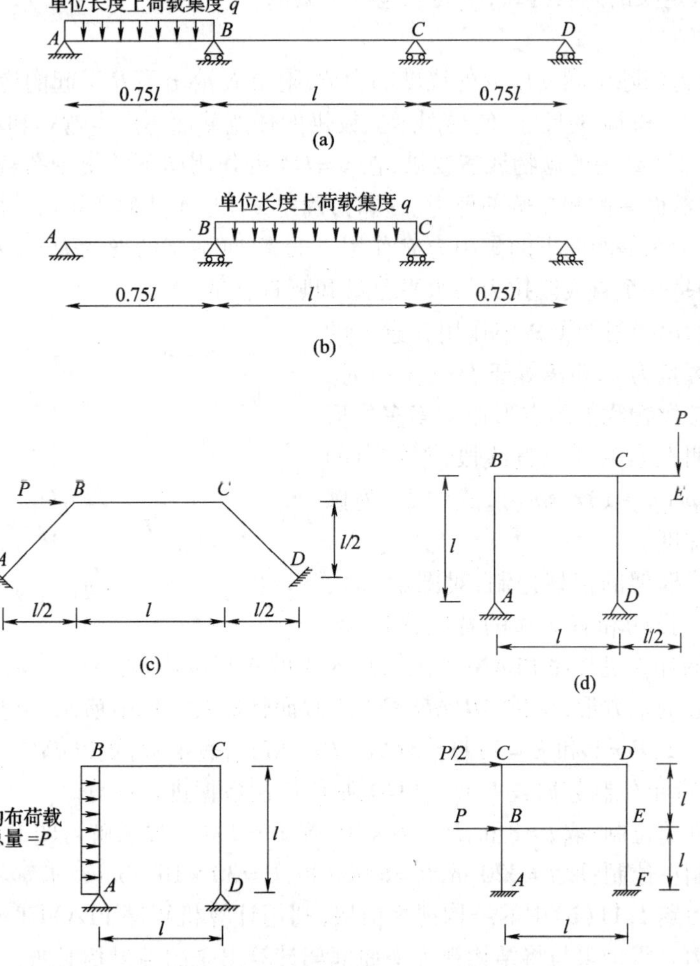

习题 1.1 图

并且假设每个结构的惯性矩 I 为一常量，转动和杆端力矩以顺时针方向为正，u 和 v 分别在水平向右和竖直向下时为正。

1.2 图 1.13(c)中的框架，其支座 D 产生向下的沉降 δ，且结构上无荷载作用时，画出其挠曲线和弯矩图。

1.3 一宽为 b、高为 h 的矩形截面，在顶部中点受轴向拉力 N 作用。利用式 1.13 求出其应力分布，参照点位于矩形上部边缘。通过将参照点移到形心轴上证明结果的正确性。

1.4 求出在风荷载 H 作用下，图 1.10(b)所示的水塔各构件所受的内力。

1.5 对图 1.20(a)中的梁，证明其跨中挠度为 $y=\psi_{free}l^2/8$，以及 A 点和 B 点的转角等于 $(dy/dx)_A=\psi_{free}l/2=-(dy/dx)_B$。其中 ψ_{free} 由式 1.7 给出。

1.6 对图 4.2 中的连续梁，求由于图示温度梯度而产生的中间支座反力。结果以式 1.7 给出的曲率 ψ_{free} 表示。假定梁的总长为 $2l$，中间支座位于梁的中点，$EI=$常数。

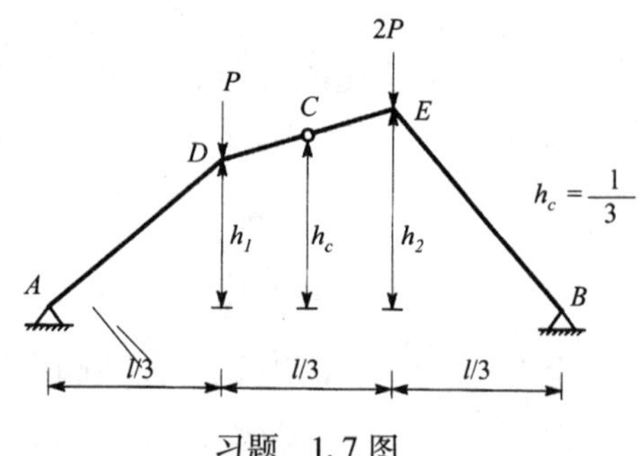

习题 1.7 图

提示：反力为消除中间支座处的挠度的力 R，附录 B 给出了 R 引起的挠度。

1.7 确定 h_1 和 h_2 的尺寸，使得图示三铰拱的任意截面不产生弯矩和剪力。

1.8 图 1.27(a)中的抛物线三铰拱，在 $x=l/4$ 处作用向下的集中荷载 P 时，计算此截面的弯矩，以及此截面右侧和左侧的剪力。同时，确定 $x=3l/4$ 处的弯矩值，并画出弯矩图。

1.9 图示为在等距向下的集中力 P 作用下的索，证明索的形状为 $h_D/h_C=0.75$ 的索多边形，并求出索的每一个直线段拉力的水平分量和竖直分量。

1.10 表示出当习题 1.9 中作用在索上的等距离的力的数量为 n，距离等于 $l/(n+1)$ 时，索的形状为连接抛物线上的点形成的索多边形(式 1.1)。表明在索的任意直线段，索拉力的水平分量等于 $pl(n+1)/(8h_C)$，式中 h_C 为抛物线在中间的深度。

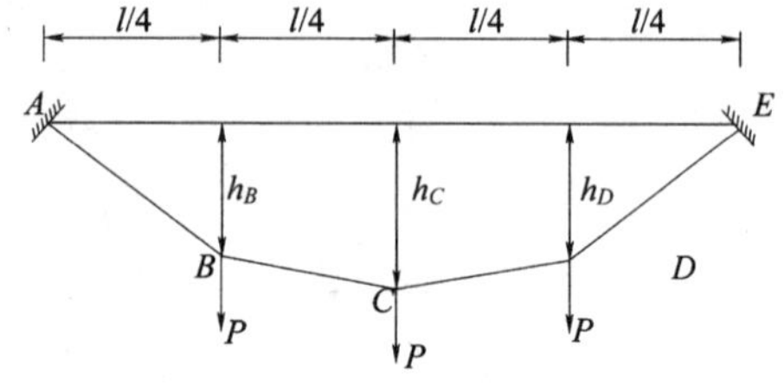

习题 1.9 图

1.11 门式框架的偏移控制：对图示(a)，(b)，(c)中无支撑的和有支撑的各门式框架，利用附录 L 中的计算机程序 PLANEF 比较其 B 点的水平位移和构件 AB 端部的弯矩。所有的构件截面为空心的正方形，构件 AB、BC、CD 的截面性状如(d)中所示，支撑构件的性状则如(e)所示。令 $l=1$，$P=1$ 和 $E=1$，将位移以 $Pl^3/(EI)_{AB}$ 表示，弯矩以 Pl 表示。可以分别以习题 1.12 中的国际单位制数据或 1.13 中的英制单位制数据进行计算。

1.12 国际单位制：取 $l=8$ m，$P=36\times10^3$ N，$E=200$ GPa 求解习题 1.11。

1.13 英制单位制：取 $l=320$ in，$P=8\ 000$ lb，$E=30\times10^6$ lb/in^2 求解习题 1.11。

1.14 将习题 1.11(b)中的结构视为桁架，利用计算机程序 PLANET 确定 B 点的水平位移和杆件的轴力。将结果与将结构视为平面框架计算出来的结果相对照：

$$B\text{ 点的水平挠度}=0.968\times10^{-3}\,Pl^3/(EI)_{AB};$$

$$\{N_{AB},N_{BC};N_{CD};N_{AC};N_{BD}\}=P\{0.411,-0.477,-0.334,0.542,-0.671\}$$

P
B
C
0.75l
A
D
l
(a)
P
B
C
0.75l
A
D
l
(b)
P
B
E
C
0.75l
A
D
l/2
l/2
(c)
l/20
l/20
壁厚 = $\frac{l}{800}$
$a=250\times10^{-6}l^2$ $I=104\times10^{-6}l^2$
(d) AB,BC 和 CD 的横截面
l/40
壁厚 = $\frac{l}{800}$
$a=250\times10^{-6}l^2$ $I=13\times10^{-9}l^4$
(e)加劲杆的横截面

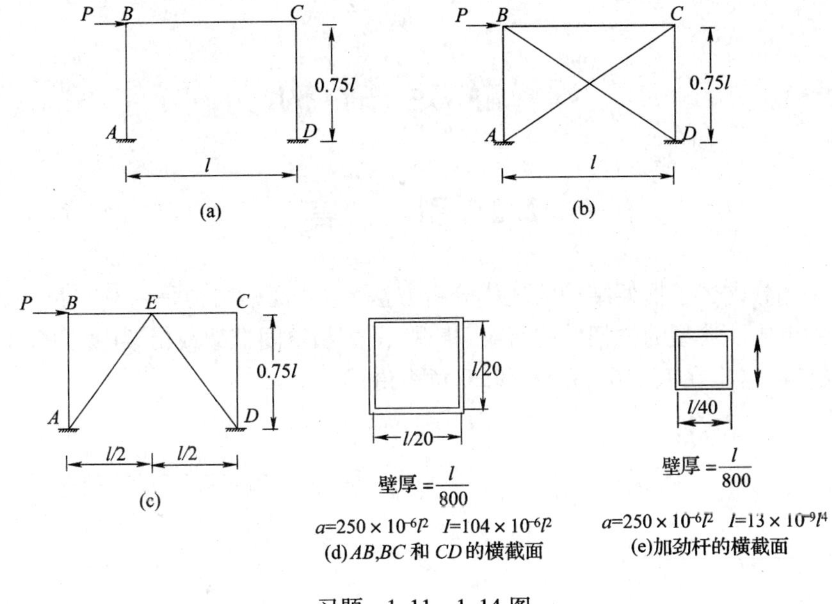

习题 1.11~1.14 图

2 静定结构

2.1 引 言

本书的大部分讲述了框架结构的现代分析方法,这种框架结构是由一些长度远大于横截面尺寸的杆件组成。典型的框架结构有梁、格栅、平面和空间框架或桁架(见图 2.1)。除此之外还有墙和板等,这将在 15、16、17、18 和 20 章中讲述。

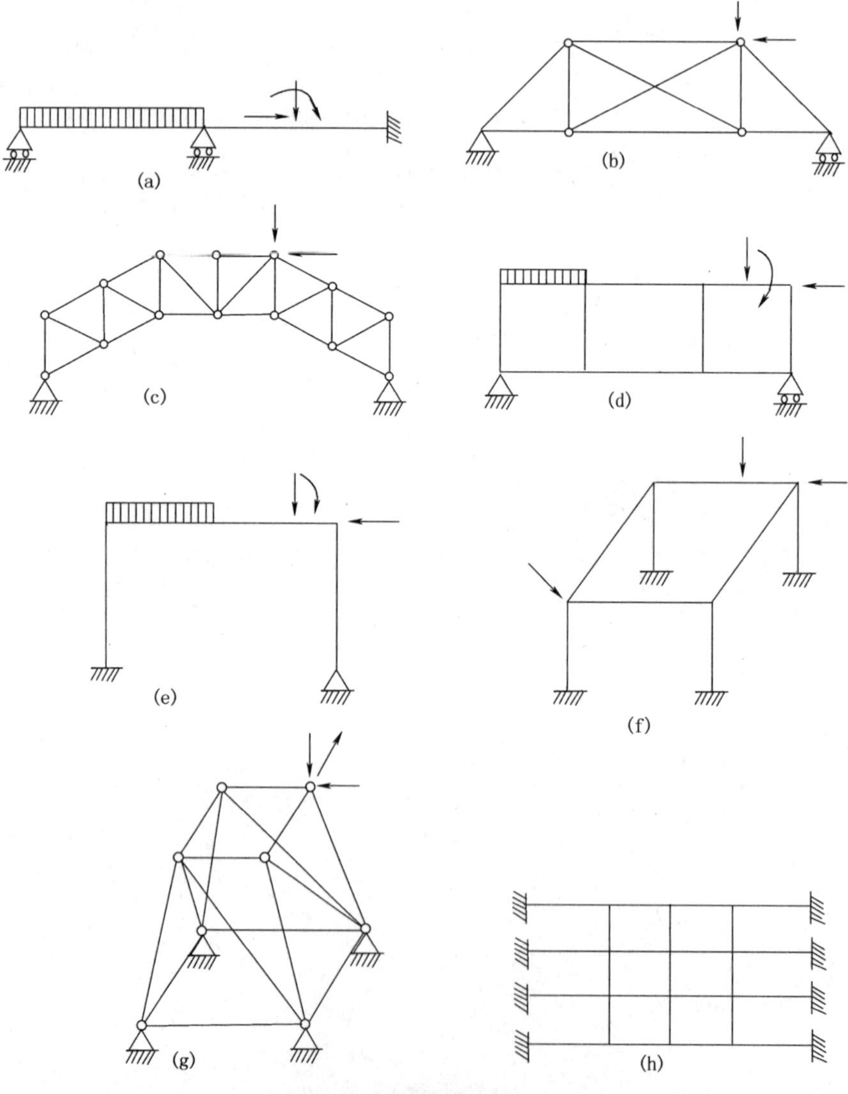

图 2.1 框架结构示例

(a)连续梁;(b)和(c)平面桁架;(d)和(e)平面框架;
(f)空间框架;(g)空间桁架;(h)竖向荷载作用下的水平格栅。

假设在所有情况下,结构在施加的荷载作用下任意截面的位移及变形或转动都是线性变化的,换句话说,位移增量总是与其作用力成比例。假定所有的变形都很小,则位移结果对结构的几何形状影响很小,因而不会改变构件中的内力。在这种情况下,在不同作用下的应力、应变和位移可以通过叠加原理进行叠加,这个问题将在3.6节中讲述。绝大多数实际结构的设计都只能承受小变形,并且这种变形是线性的,材料符合虎克定律,这些情况对于金属结构是适用的。对于混凝土结构,通常也假定变形是呈线性变化的。我们在这种情况下提到的构件在工作荷载下的受力情况,是对弹性分析而言,而塑性分析将在第19、20章中提到。

然而,由服从虎克定律的材料制成的直杆状构件,在受横向荷载荷和相当大的轴向力作用时变形有可能是非线性的,这个问题将在第14章和24章中考虑。第24章还讨论了当材料不服从虎克定律时的非线性分析。

尽管在随后的章节中会广泛涉及到超静定结构(亦即静不定结构),但在此阶段弄清静定和超静定结构的基本区别是非常重要的。在超静定结构中,仅由静力平衡方程无法求出所有的力,还必须要用到荷载作用下的几何协调条件。

超静定结构的分析通常需要求解线性联立方程,方程的数量由分析方法决定。有些方法为了减少计算量而运用迭代法或逐次修正法,从而避免了联立方程。这些方法适用于以手算或者用手持或小型计算器计算的情况。

对于大型的复杂结构,手算通常是不可行的,必须采用计算机进行计算。计算机的发展将重点由简单地解决问题转移到有效地明确表述问题上。运用矩阵和矩阵代数,能将大量的信息组织起来并以一种简洁的形式处理。正因为这个原因,在许多情况下,本书中的方程都写成矩阵形式。必要的矩阵代数运算已在附录A中列出。在本书中讨论了基本的计算机算法,但并没有给出有关编程的详细细节。

我们必须强调的一点是手算求解的方法是不能被忽略的。手算的价值不仅体现在计算机不可用的情况下,而且在初步计算和校核计算机算出的结果时也是非常有用的。

本章接下来的几节为关于静定结构分析的内容。

2.2 物体的平衡

如图2.2(a)所示,一个物体受到空间的 $F_1, F_2, \cdots, F_n$ 作用。在本文中,所说的力可以是集中力,也可以是力偶(即力矩)。在后一种情况中,力矩以双箭头表示[1]。在图2.2(b)中,一个典型力 F_i 作用在点(x_i, y_i, z_i),图中直角坐标轴 x, y, z 满足右手系[2]。F_i 在坐标轴方向上的分量为:

$$F_{ix} = F_i \lambda_{ix} \quad F_{iy} = F_i \lambda_{iy} \quad F_{iz} = F_i \lambda_{iz} \tag{2.1}$$

式中:F_i 为力的大小(绝对值);$\lambda_{ix}, \lambda_{iy}$ 和 λ_{iz} 称为 F_i 的方向余弦,其值分别等于力与 x, y, z 轴正方向之间的夹角 α, β, γ 的余弦值。注意到分量 F_{ix}, F_{iy} 和 F_{iz} 与力 F_i 的作用点无关。如果 *iD*

---

1 本书中,在平面结构中的力矩或是转动用圆弧状的箭头来表示(见图3.1和图3.3);在三维结构中力矩或转动用双箭头来表示,其方向是右手拇指指向箭头方向时其余四指的旋转方向。这一约定应当熟记。

2 在右手系中,正交的 x 轴和 y 轴的方向可以任意指定,而 z 轴的方向则是右手从 x 轴正向握向 y 轴正向时拇指所指的方向。本书用到的坐标系均符合右手系的规定。例如图2.2(a)和图2.3(a)。

的长度等于 F_i 的值，iD 在 x，y 和 z 方向的投影即表示 F_{ix}，F_{iy} 和 F_{iz} 的分量值。

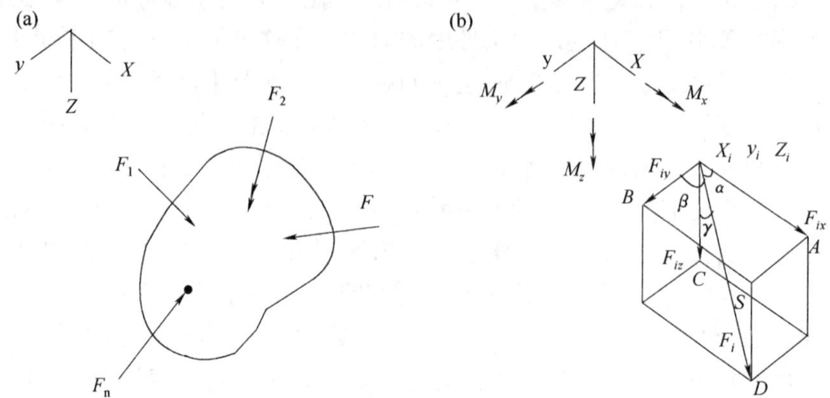

图 2.2　力系和力的分量

(a)空间受力体；(b)典型力的分量以及 M_x，M_y 和 M_z 正号的规定。

如图 2.2(b)所示，集中力 F_i 对轴 x，y 和 z 轴的矩等于分量 F_{ix}，F_{iy} 和 F_{iz} 的矩的和，因此：

$$M_{ix} = F_{iz}y_i - F_{iy}z_i \quad M_{iy} = F_{ix}z_i - F_{iz}x_i \quad M_{iz} = F_{iy}x_i - F_{ix}y_i \tag{2.2}$$

值得注意的是，力在一个轴向（比如说 x 轴）上的分量，对此轴（x 轴）没有力矩作用。式 2.2 中力矩正方向的规定如图 2.2(b)所示。通常，式 2.2 仅适用于 F_i 为集中力而非力矩的情况，当 F_i 表示力矩的时候（例如图 2.2(a)中的 F_2），式 2.1 可用来确定在 x，y 和 z 轴方向上以双箭头表示的三个力矩分量（在本图中未标出）。

空间的合成力系共有六个分量，这六个分量分别由力和力矩的合成来确定，例如：

$$F_{x合} = \sum_{i=1}^{n} F_{ix} \quad M_{x合} = \sum_{i=1}^{n} M_{ix} \tag{2.3}$$

由平衡条件知，各个力分量在 x，y 和 z 轴方向的合成必须相互抵消，于是得到下面的方程：

$$\left.\begin{array}{lll} \sum F_x = 0 & \sum F_y = 0 & \sum F_z = 0 \\ \sum M_x = 0 & \sum M_y = 0 & \sum M_z = 0 \end{array}\right\} \tag{2.4}$$

这些方程中的总和是对三个坐标轴的每一个轴线上力和力矩的分量而言的。因此对于受三维空间力作用的物体可以写出六个静力平衡方程。当所有作用在自由体上的力均位于一个平面内时，六个方程中只有三个是有意义的。例如，当所有力作用在 $x-y$ 平面时，方程为：

$$\sum F_x = 0 \quad \sum F_y = 0 \quad \sum M_z = 0 \tag{2.5}$$

当平衡结构由许多构件组成时，结构整体上要满足静力方程，对结构的每个构件单元、结点或结构的一部分也要保持平衡，并满足静力方程。

当未知力的个数不超过静力平衡方程的个数时，可以用平衡方程 2.4 和 2.5 来求解反力分量或者内力。对单元构件间采用铰接，且力全部作用在结点上的桁架，其杆件仅受轴向力作用。因此，对于桁架结点，式 2.4 和式 2.5 中矩的平衡方程作用不大，但却可以应用于局部桁架以确定杆件内力（见例 2.5）。

例 2.1　空间悬臂体的反力

图 2.3(a)所示悬臂棱柱体在悬臂端截面的平面上受力 $F_1 = P$，$F_2 = 2Pb$ 作用。O 为固定

端截面中心，求 O 点的反力分量。

假设反力分量的正向与坐标轴 x,y 和 z 的正向相同，力 F_1 的作用点的坐标为 $(3b, 0.5b, -0.75b)$，F_1 的方向余弦为

$$\{\lambda_{1x}, \lambda_{1y}, \lambda_{1z}\} = \{0, 0.5, 0.866\}$$

由式 2.1 和式 2.2 可得：

$$\{F_{1x}, F_{1y}, F_{1z}\} = P\{0, 0.5, 0.866\}$$

$$\begin{Bmatrix} M_{1x} \\ M_{1y} \\ M_{1z} \end{Bmatrix} = Pb \begin{Bmatrix} 0.866 \times 0.5 - 0.5 \times (-0.75) \\ -0.866 \times 3 \\ 0.5 \times 3 \end{Bmatrix} = Pb \begin{Bmatrix} 0.808 \\ -2.298 \\ 1.500 \end{Bmatrix}$$

所作用的矩 F_2 只有一个分量即 $M_{2y} = -2Pb$。由平衡方程 2.4 得出 O 点的反力分量：

$$\{F_{ox}, F_{oy}, F_{oz}\} = P\{0, -0.5, -0.866\}$$

$$\{M_{ox}, M_{oy}, M_{oz}\} = Pb\{-0.808, 4.598, -1.5\}$$

注意：若图 2.3(a) 双箭头所表示的力矩 F_2 位置改变而方向不变，O 点的反力不变。

例 2.2 空间桁架结点的平衡

图 2.3(b) 为一连接着五个杆件的空间桁架结点 O 的俯视图和立面图，结点受一个向下的力 $2P$ 作用。假设杆件 4 和 5 的内力为 $F_4 = 2P$，$F_5 = -P$，求其余杆件的内力。

规定杆件受拉时其轴力为正。在图 2.3(b) 中，五个杆件的内力都表示为沿正方向（背离结点），箭头表示杆件对结点的作用。结点处力的大小与方向余弦为：

力的序号	1	2	3	4	5	外力
力的大小	F_1	F_2	F_3	$2P$	$-P$	$2P$
λ_x	0	$\frac{3}{\sqrt{38}}$	$\frac{-3}{\sqrt{38}}$	-1	1	0
λ_y	$\frac{-3}{\sqrt{34}}$	$\frac{2}{\sqrt{38}}$	$\frac{2}{\sqrt{38}}$	0	0	0
λ_z	$\frac{5}{\sqrt{34}}$	$\frac{5}{\sqrt{38}}$	$\frac{5}{\sqrt{38}}$	0	0	1

任意力的方向余弦，比如说 F_3，等于从 O 到 D 的箭头在 x,y 和 z 轴方向上的投影长度与 OD 长度的比值。要注意符号的正负，例如 F_3 的 λ_x 为负的，因为力从 O 到 D 是沿 x 的负方向。

对结点 O 只可以列出三个平衡方程：

$$\sum F_x = 0 \quad \sum F_y = 0 \quad \sum M_z = 0$$

将上表中的值代入式 2.1 中，得

$$\begin{bmatrix} 0 & \frac{3}{\sqrt{38}} & -\frac{3}{\sqrt{38}} \\ -\frac{3}{\sqrt{34}} & \frac{2}{\sqrt{38}} & \frac{2}{\sqrt{38}} \\ \frac{5}{\sqrt{34}} & \frac{5}{\sqrt{38}} & \frac{5}{\sqrt{38}} \end{bmatrix} \begin{bmatrix} F_1 \\ F_2 \\ F_3 \end{bmatrix} = P \begin{Bmatrix} 3 \\ 0 \\ -2 \end{Bmatrix}$$

方程式的右边等于作用在 O 点的外力分量与已知的 F_4 和 F_5 分量的和的负值。解得：

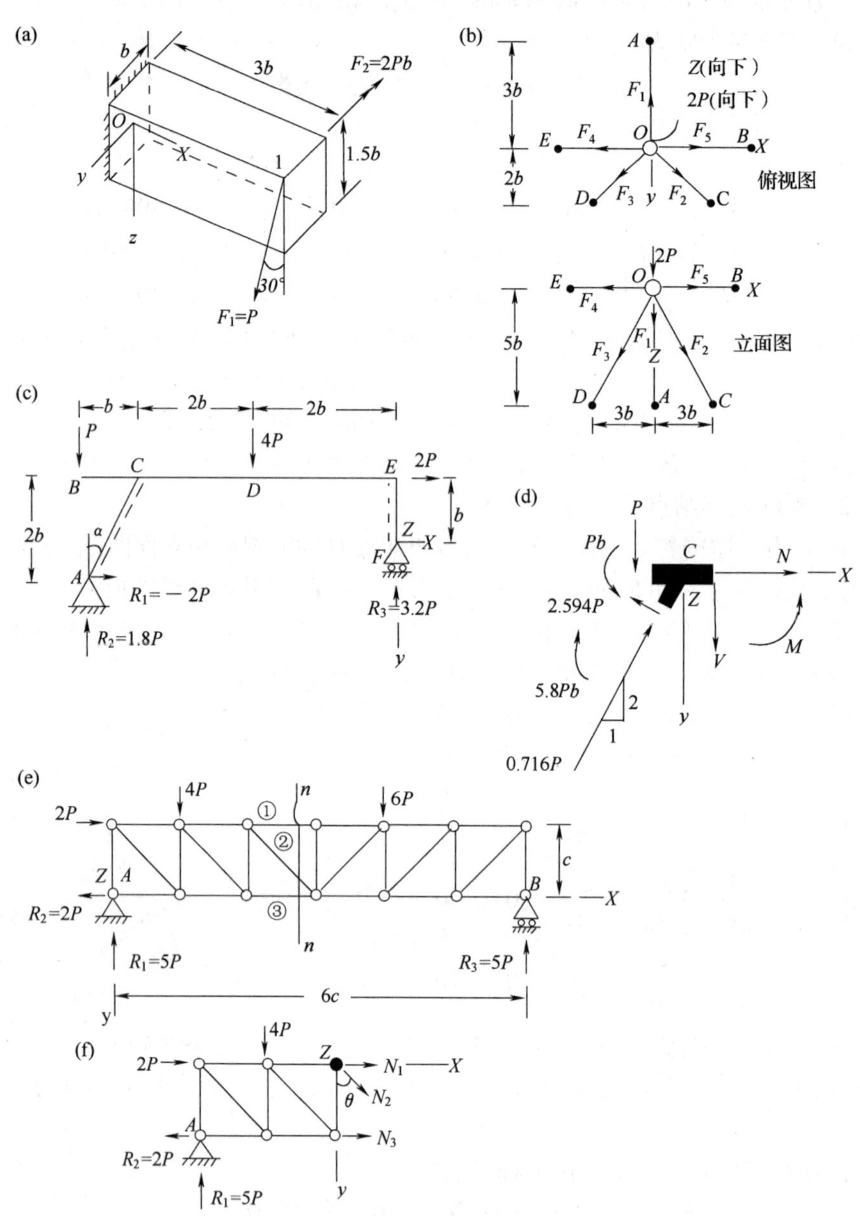

图 2.3　例 2.1 到 2.5 所用的平衡方程

(a)空间悬臂;(b)空间桁架的结点;(c)平面框架;

(d)平面框架结点;(e)平面桁架;(f)平面桁架的隔离体。

$$\{F_1,F_2,F_3\}=P\{-0.9330,2.3425,-3.8219\}$$

例 2.3　平面框架的反力

求解图 2.3(c)所示的平面框架的反力分量。

选取如图所示的 x,y 和 z 轴,并应用式 2.5 得:

$$\sum F_x = 0 \qquad R_1 + 2P = 0$$

$$\sum M_z = 0 \qquad -R_1 b + R_2(5b) - P(5b) - 4P(2b) + 2P(b) = 0$$

$$\sum F_y = 0 \qquad -R_2 - R_3 + P + 4P = 0$$

由上面三个方程中的第一个可得出 R_1 的值,将 R_1 代入第二个方程求得 R_2 的值,再将 R_2 代入第三个方程从而得出 R_3 值。答案为:$R_1 = -2P$;$R_2 = 1.8P$;$R_3 = 3.2P$。

在将这些结果用于设计和进一步分析之前,最好将结果进行校核,在此问题中,我们可以采用不同点对 z 轴的矩来检验 $\sum M_z = 0$,例如点 A。注意这不是给出第四个方程以求解第四个未知量,因为第四个方程可以由上面三个方程推出。

例 2.4 平面框架结点的平衡

图 2.3(d)表示将一个平面框架的结点作为隔离体(例如 2.3(c)中框架的 C 结点)的示意图,图中的箭头表示构件对结点的力。在结点 C 左侧截面和下侧截面上的力已给出,利用平衡方程求解 C 点右侧界面的的轴力 N、剪力 V 和弯矩 M(在 2.3 节中,将介绍用图形来表示 N,V 和 M 沿平面框架构件长度内的变化情况,而在此处我们只求出这一个截面处的内力)。

由平衡方程 2.5 得到:

$$\sum F_x = 0 \qquad N + 0.716P\left(\frac{1}{\sqrt{5}}\right) + 2.594\left(\frac{-2}{\sqrt{5}}\right) = 0$$

$$\sum F_y = 0 \qquad V + P + 2.594P\left(\frac{-1}{\sqrt{5}}\right) + 0.716P\left(\frac{-2}{\sqrt{5}}\right) = 0$$

$$\sum M_z = 0 \qquad -M + 5.8Pb - Pb = 0$$

得出:$N = 2P$;$V = 0.8P$;$M = 4.8Pb$。

例 2.5 平面桁架的杆件内力

如图 2.3(e)所示,截面 $n—n$ 将结构分为左右两部分,选其中任意一部分作隔离体应用平衡方程式 2.5,求出杆件 1、2、3 的内力。

首先,通过平衡方程 2.5,由所有外力求出结构的反力:由 $\sum F_x = 0$ 得出 $R_2 = 2P$;由 $\sum F_z = 0$得出 $R_3 = 5P$;由 $\sum F_y - 0$得出 $R_1 = 5P$。

选取截面 $n—n$ 左侧的结构作为隔离体分析其平衡(图 2.3(f))。被 $n—n$ 截面截断的杆件的轴力为 N_1、N_2 和 N_3 其方向如图所示,且与图中其余力保持平衡。由平衡方程 2.5 求 N_1、N_2 和 N_3:

$$\sum M_z = 0 \qquad -N_3 c + 5P(2c) + 2Pc - 4Pc = 0;\text{得出 } N_3 = 8P$$

$$\sum F_x = 0 \qquad N_2 \cos\theta - 5P + 4P = 0;\text{得出 } N_2 = \sqrt{2}P$$

$$\sum F_y = 0 \qquad N_1 + N_2 \sin\theta + N_3 - 2P + 2P = 0;\text{得出 } N_1 = 9P$$

我们可以通过考虑截面 $n—n$ 右侧部分的平衡得到结果,来进行校核。

2.3 内力的符号规定和内力图

如前面所述,结构分析的目的是确定支座处的反力和结构任意截面的内力(亦即应力的合力)。在梁和平面框架中,作用在结构上的力均位于一个平面内,任意截面的内力一般包括三个分量:轴力 N,剪力 V 和弯矩 M。图 2.4(a)为一水平放置的梁,由其相邻的截面截取出的

单元 *DE* 上的内力 *N*,*V* 和 *M* 的正方向在图 2.4(c)中示出。轴力以受拉为正;剪力以使单元的左侧向上,右侧向下为正;弯矩以使单元下侧受拉,节段呈凹形为正。

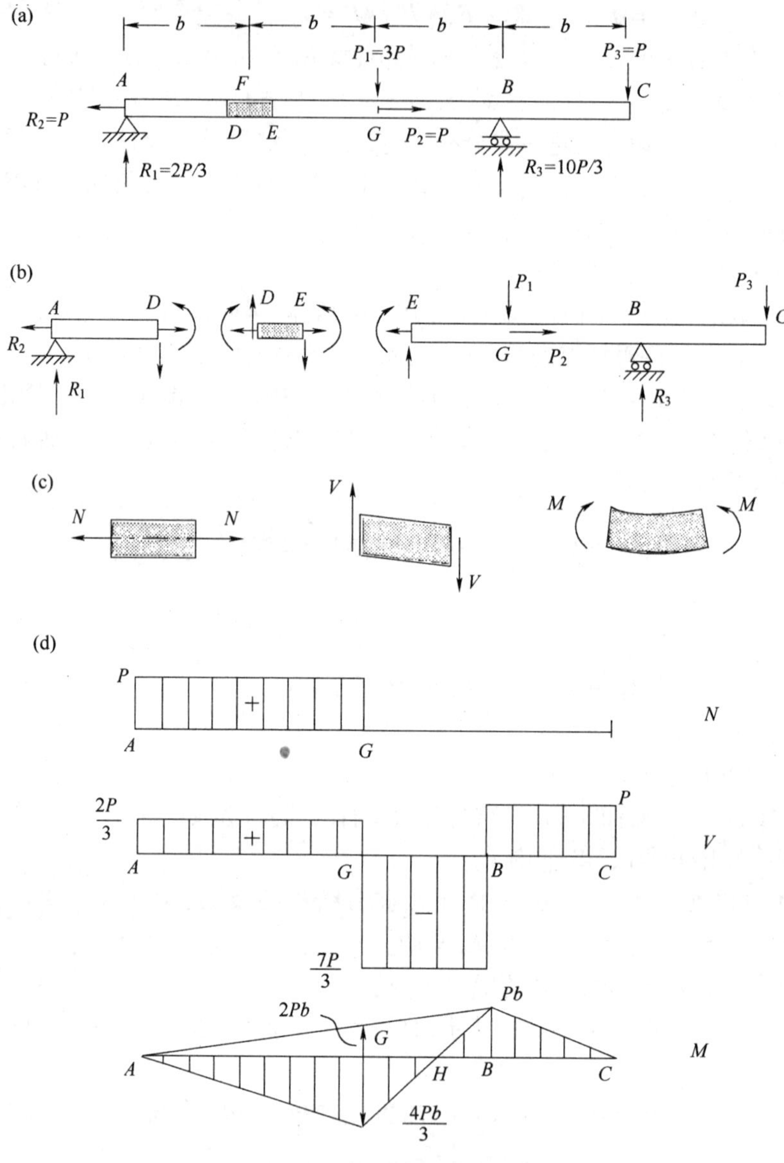

图 2.4　平面框架和梁的内力符号

(a)梁;(b)隔离体图示;(c)正的 *N*,*V*,和 *M*;

(d)轴力图,剪力图和弯矩图。

在图 2.4(b)中,*AD*,*DE* 和 *EC* 三部分均为受力平衡的隔离体。为了确定任意截面 *F*(图 2.4(a))的内力,只需考虑 *AD* 的平衡即可,因此,*F* 处的内力 *N*,*V* 和 *M* 与 R_1 和 R_2 保持平衡。同样其内力 *N*,*V* 和 *M* 也可以由与 P_1,P_2,P_3 和 R_3 的静力平衡条件求得。因此,对任意截面 *F* 的 *N*,*V* 和 *M* 值,分别等于 *F* 左侧部分的水平分量、竖向分量,以及左侧力对 *F* 的矩。此时当 *N*,*V* 和 *M* 的方向如图 2.4(b)中 *EC* 段 *E* 端所示的时候,其值为正;截面 *F* 的内力也可以通过 *F* 右侧的静力平衡求得,在这种情况下,*N*,*V* 和 *M* 的正向将如 *AD* 部分的 *D* 端所示。

图2.4(d)中分别以轴力图、剪力图和弯矩图表示内力N,V和M沿构件长度的变化情况,轴力N和剪力V以画在上侧为正,而弯矩M以画在下侧为正。在本书中,弯矩画在构件受拉的一侧,即由M所产生的应力为拉应力的一侧。如果结构为钢筋混凝土结构,抵抗弯矩的钢筋应布置在结构受拉一侧。因此,弯矩图可以为设计者指出结构的哪一侧需要加强。在图2.4(d)中可看出该结构AH段的下侧和剩余段的上侧是需要加强的。根据这样的约定,在弯矩图中就可以不标出坐标轴的符号了。

在计算图2.4(a)中梁的任意截面F的内力时,需要知道截面F的左侧或右侧隔离体的受力情况。因此当其中有反力作用时,必须先求出反力值。反力和内力的值在图2.4(a)和(d)中标明。

以上我们讨论的是水平梁。如果构件是竖直的,以框架的竖柱为例,则剪力和弯矩的绘制方向在我们从左侧或者从右侧看构件时是不同的。然而,这对轴力的符号或者绘在受拉侧而不标明符号的弯矩图都没有什么影响。另一方面,除非提示从哪个方向看构件,否则剪力图的符号也没有什么意义。这个问题将结合图2.5中的框架来讨论。

图2.5为含有三个铰的平面框架的剪力图和弯矩图的例子。联立三个平衡方程(式2.5),并由铰C处的弯矩为零可以得出反力。现在可以对结构反力值以及V图、M图进行校核。在确定非水平构件的剪力图的方向时,沿图2.5所示的底面上的虚线观察(同样可见图2.8,图2.3(c)和图2.9)。

构件BC(见图2.5(b))的剪力图的坐标值可以由下面的式子检查:

$$V_{\mathrm{Br}} = R_1 \cos\theta - R_2 \sin\theta$$

$$V_{\mathrm{Cl}} = [R_1 - q(2b)]\cos\theta - R_2 \sin\theta$$

式中:下标r指B的右侧截面,l指C的左侧截面;θ为图2.5(a)中所示的夹角。

要画出构件为直杆状的框架的内力图,只需要标出构件的端部和外力作用的截面处的内力坐标值,然后以直线将这些点连接即可。若构件长度上的一部分或者全部受均布荷载作用时,这一均布荷载作用的两端之间的弯矩图为二次抛物线(见图2.5(c)),抛物线的跨中到连接抛物线两端点的直线的距离为($qc^2/8$),其中q为荷载集度,c为均布荷载作用范围的长度。二次抛物线的绘图步骤见附录F。

在绘内力图时,要养成所画的坐标轴与构件垂直,同时标明所计算出来用于绘图的数值的习惯。

如果杆件末端的力已知,则框架结构构件任意截面的内力都可以很容易求出。图3.8(a)和(b)中是典型的平面和空间框架的构件,图中所示的作用在每一个构件上的力,即外力和杆端力形成一个平衡力系。因此,构件可以看作隔离体,对任意截面的内力,其左侧或是右侧都是静力平衡的。

在空间框架中,内力一般有六个分量:沿x^*,y^*和z^*方向各有一个力和力矩,此处x^*为构件的形心轴,y^*和z^*为横截面的形心主轴(图22.2)。

框架结构的计算机程序分析通常给出的是构件的杆端力(图3.8(a)和(b))而不是各个截面的应力合成。杆端力的符号规定通常与构件的局部坐标系相关,即沿构件的形心轴方向和和截面的形心主轴方向。在此阶段,值得注意的是构件端部的应力合成可能在数值上与构件的端部力相等,但是方向不同,因为其符号规定不同。例如在图3.8(a)的平面框架的典型构件的左端,轴力、剪力和弯矩分别为:$N=-F_1$;$V=-F_2$;$M=F_3$。右端的应力合成为$N=F_4$;$V=F_5$;$M=-F_6$,在此,构件是由水平方向观察的,N,V和M的正方向在图2.4(c)中标出。

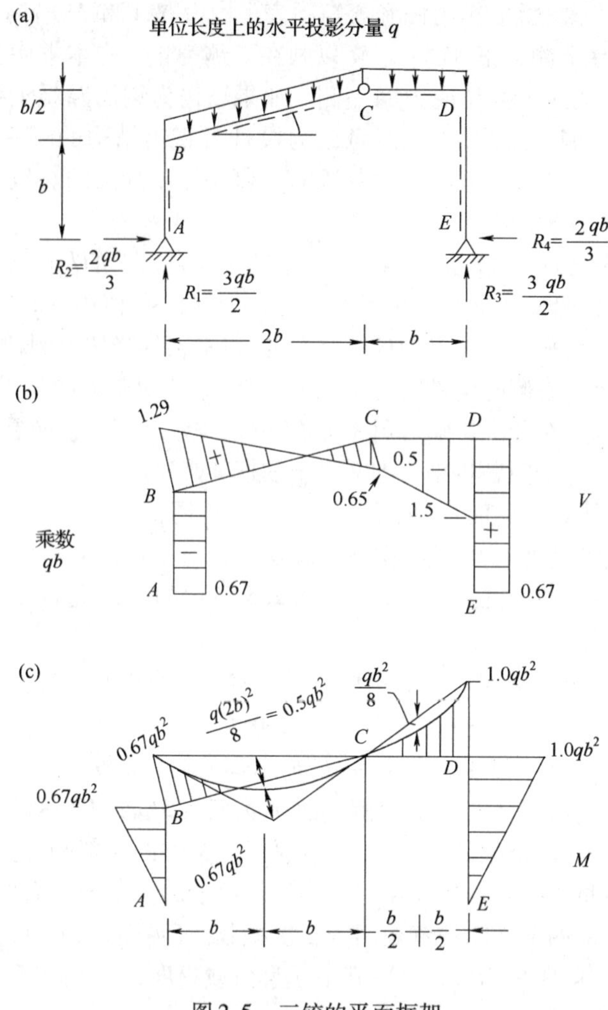

图 2.5　三铰的平面框架

(a)尺寸与荷载;(b)剪力图;(c)弯矩图。

2.4　内力的校核

在本节中,我们将讨论梁和框架结构内力计算的校核方法。为了这个目的,我们研究图 2.4(a)中梁的内力。截面 F 的 N,V 和 M 值可以由作用在截面左侧的力计算得出,此时内力的正向如图 2.4(b)中的 E 所示。我们也可以由截面右侧的力计算得出同样的 N,V 和 M,但是此时的内力的正方向则如图 2.4(b)中的 D 所示。这种选择性计算是校核其内力值的一种方法。

图 2.4(b)中,D 和 E 截面处箭头的方向相反,于是通过上述两种选择隔离体的方案计算出的 N,V 和 M 必然相等。这是因为在截面 F 的左侧和右侧,表示的是满足式 2.5 的一个平衡力系。当两种情况下计算出的 N,V 和 M 不相等时,结构上的力系不再平衡,结构中的一个或者多个力(比如反力分量)就可能是错误的。

接下来的关系式也可以用来校核构件任意截面的 V 和 M 的计算结果:

$$\frac{dV}{dx} = -q \tag{2.6}$$

$$\frac{dM}{dx} = V \tag{2.7}$$

式中的 x 为沿构件轴向(AB 方向)的距离;q 为沿 y 轴方向的横向分布荷载的集度。对平面框架,z 轴与框架平面正交,并且指向背离读者。x,y 和 z 轴满足右手法则(见本章脚注2)。因此,对于图2.4(a)中的梁,如果把 AB 方向看作 x 轴方向,则 y 轴的方向是竖直向下的。对于这片梁来说,剪力图的斜率(dV/dx)在任意截面上都为零,这是因为该梁仅受集中力作用,即 $q=0$。还是这片梁,它的弯矩图由三条直线组成,其斜率(dM/dx)可以证实与图2.4(d)中的三个剪力值相等。

作为第二个例子,我们将利用式2.6和2.7来校核图2.5框架中构件 BC 的 V 和 M 图。以 BC 方向作为 x 方向,这样 y 轴的方向将垂直于 BC 并指向页底。分布荷载沿 y 方向的分量的集度为:

$$q_{横向} = q\cos^2\theta \tag{2.8}$$

这个方程可以这样校核:作用在 BC 上的合力为一个向下的大小为 $2bq$ 的力,此合力沿 y 方向的分量为 $2bq\cos\theta$,将此值除以 BC 的长度($2b/\cos\theta$)即得到式2.8。因此,对构件 BC,$q_{横向}=0.94q$,我们可以证实它等于剪力图斜率的负值:

$$q_{横向} = 0.94q = -\left[\frac{(-0.65)-1.29}{2b/\cos\theta}\right]qb$$

图2.5(c)中标出了构件 BC 的弯矩图中抛物线末端的切线,两切线的斜率为:

$$\left(\frac{dM}{dx}\right)_B = \left[\frac{0.67-(-0.67)}{b/\cos\theta}\right]qb^2 = 1.29qb;\left(\frac{dM}{dx}\right)_C = \left[\frac{0-0.67}{b/\cos\theta}\right]qb^2 = -0.65qb$$

如式2.7所预料的,上面两个斜率值等于 B 和 C 处的剪力值(图2.5(b))。式2.7也指出了在 $V=0$ 处,弯矩图的斜率为零,M 为最小值或者最大值(如图2.5中,杆件 BC 剪力为零的点)。在集中力作用处,剪力图会有一个突变值,式2.7表明 M 图有一个斜率突变。

例2.6 平面框架构件的 V 图和 M 图

图2.6(a)所示为一平面框架构件的自由体示意图。三个杆端力已知:$F_1=0.2ql$;$F_3=-0.06ql^2$;$F_6=0.12ql^2$。求另外三个使构件可以保持平衡的杆端力,画出 V 和 M 图。

通过考虑自由体水平方向、竖直方向上的合力和对 B 点的矩,利用静力平衡方程2.5得:

$$F_1 + F_4 = 0$$

$$-F_2 l + F_3 + F_6 - \frac{ql^2}{2} = 0$$

$$F_2 + F_5 + ql = 0$$

将已知量代入并解得:

$$F_2 = -0.44ql;F_4 = -0.2ql;F_5 = -0.56ql$$

F_3 和 F_6 的值给出了弯矩在 A 点和 B 点的纵坐标值,其符号表明构件两端受拉面在构件的上层。图2.6(b)所示的 M 图画法如下:将构件两端弯矩的纵坐标以直线相连,下面"悬挂"一个受横向荷载作用的简支梁的弯矩(一条抛物线)。

力 F_2 和 F_5 给出了 V 图中两端点的纵坐标,将这两端点用一条直线相连即的到图2.6(c)所示的 V 图。

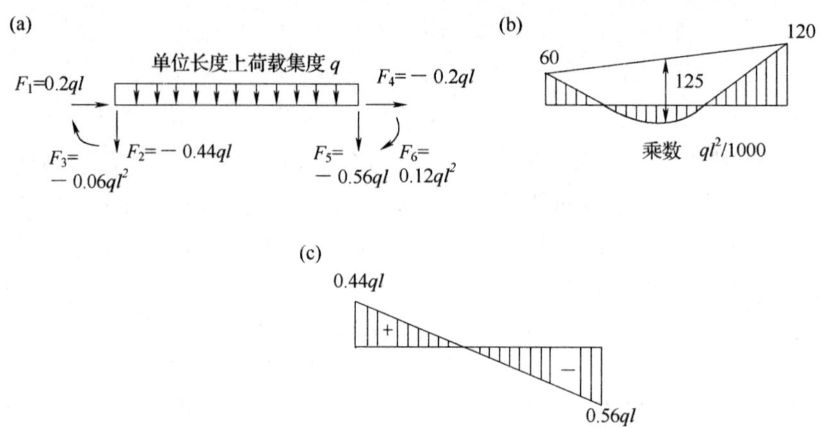

图 2.6 例 2.6 的平面框架构件的剪力图和弯矩图

(a)自由体;(b)M 图;(c)剪力图。

例 2.7 简支梁的 V 图和 M 图的校核

图 2.7(a)和(b)中的简支梁分别受横行分布荷载和末端弯矩的作用,图 2.7(c)中的简支梁受到这两种荷载的共同作用。绘出这三片梁的 V 图和 M 图。

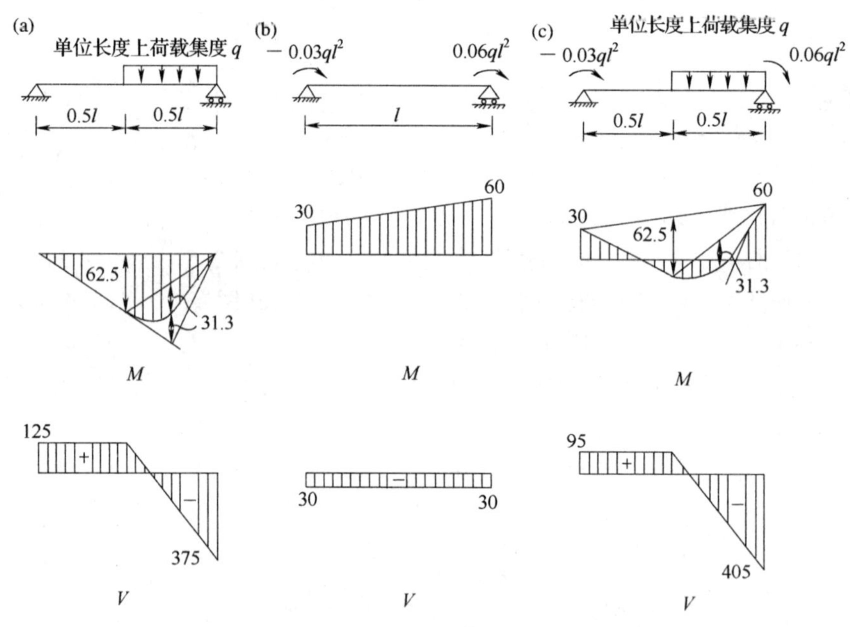

图 2.7 例 2.7 的简支梁

(a)梁受横向荷载作用;(b)梁端部受弯矩作用;

(c)梁受(a)和(b)中的荷载共同作用。M 图的系数:$ql^2/1000$,V 图的系数:$ql/1000$。

读者可以自己算出各坐标值并与图 2.7 中给出的值相比较,也可以校核 q,V 和 M 的值是否满足式 2.6 和 2.7 中的关系。也可以注意到(c)部分中的 V 和 M 图的坐标值为(a)和(b)中相应坐标值的和。因此,(c)中的图形可以看作(a)和(b)图形的叠加。

例 2.8 平面悬臂框架

确定图 2.8 中悬臂框架的轴力图、剪力图和弯矩图。

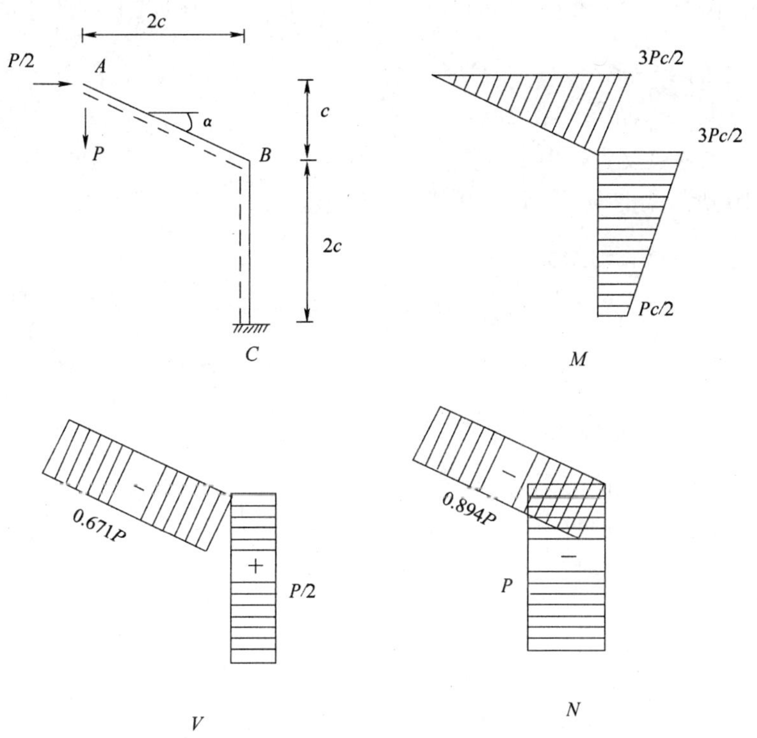

图 2.8　例 2.8 的悬臂框架：弯矩图，剪力图和轴力图

为求出悬臂任意截面的内力，取截面与悬臂自由端之间的部分进行分析。用这种方法，不必考虑反力作用。读者可自行校核 图 2.8 中的 M,V 和 N 的值。构件 AB 段任意截面的剪力和轴力的计算如下：

$$V=(P/2)\sin\alpha-P\cos\alpha=-0.671P$$

$$N=-(P/2)\cos\alpha-P\sin\alpha=-0.894P$$

例 2.9　简支平面框架

画出图 2.3(c) 中框架结构的弯矩图和剪力图，并求出每根杆件的轴力。

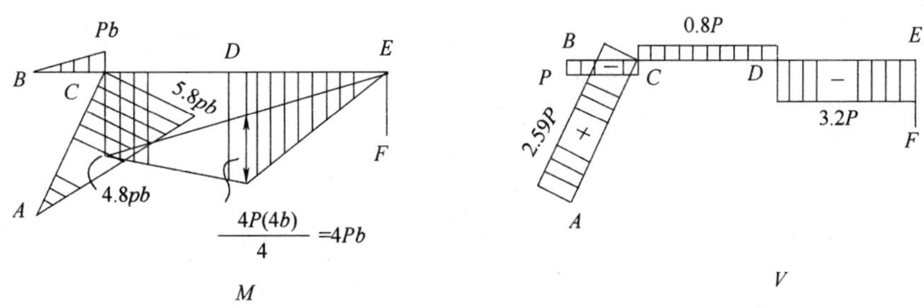

图 2.9　图 2.3(c) 中框架的弯矩图和剪力图

框架的 M 图和 V 图如图 2.9 所示。读者可自行校核图中给出的数值。同理，见例 2.4。构件的轴力为：

$$N_{AC} = -R_1\sin\alpha - R_2\cos\alpha = -(-2P)\frac{1}{\sqrt{5}} - 1.8P\left(\frac{2}{\sqrt{5}}\right) = -0.716P$$

$$N_{CE} = -R_1 = -(-2P) = 2P$$

$$N_{EF} = -R_3 = -3.2P;N_{BC} = 0$$

例 2.10　不求约束反力画出弯矩图

画出图 2.10 所示梁的 M 图,并勾画其挠曲变形图。

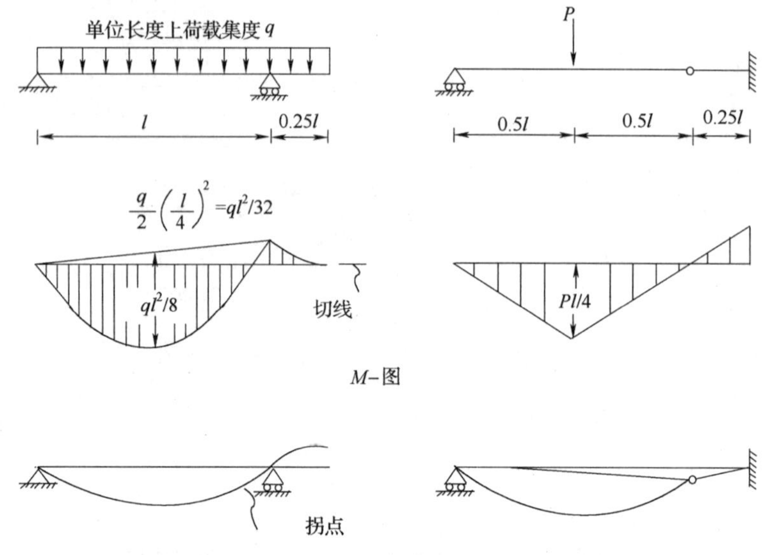

图 2.10　例 2.10 中梁的弯矩图和挠曲变形

图 2.10 所示弯矩图的坐标值也需要进行一些简单的计算,值得注意的是确定 M 图不需要求约束反力。梁的挠曲变形图显示出了梁的凹凸变形部分,其拐点,即曲率符号改变的点,与弯矩的零点相对应。

例 2.11　三铰拱

图 1.27(a)和(b)分别表示一个抛物线形和一个多边形的三铰拱,它们受到相同的向下作用的荷载 ql。验证两拱的约束反力相同。在例 1.2 中,已经得出多边形拱的所有截面的剪力 V 和弯矩 M 都为零,证明这对抛物线拱也一样成立。

两拱的约束反力:

作用在结构上所有的力对 B 点的弯矩之和为零,于是求得约束反力 $R_2 = ql/2$。由对称性也可同样求得 R_2 等于作用在结构上的总重力荷载的一半。约束反力 R_1 可以根据在 C 铰处 $M_C = 0$ 的条件求得。因此,对于 C 的左侧,所有力对 C 点的合弯矩为零。对于图 1.27(b)中的多边形三铰拱:

$$\left(\frac{ql}{2} - \frac{ql}{8}\right)\frac{l}{2} - \frac{ql}{4}\left(\frac{l}{4}\right) - R_1 h_C = 0$$

$$R_1 = 0.75ql$$

同样对于图 1.27(a)中的抛物线三铰拱:

$$\left(\frac{ql}{2}\right)\frac{l}{2}-\frac{ql}{4}\left(\frac{l}{4}\right)-R_1h_C=0$$

$$R_1=0.75ql$$

抛物线拱的内力：

选取距 A 点水平距离为 x 处的任意截面，其左侧的合力的竖直向上的分量为 $q\left(\frac{l}{2}-x\right)$，水平分量为 $R_1=0.75ql$。合力和 x 轴之间的夹角为 $\arctan\left[q\left(\frac{l}{2}-x\right)/0.75ql\right]=\arctan\left(\frac{2}{3}-\frac{4x}{3l}\right)$，在同一截面处拱的斜率为（式 1.1）：

$$\frac{\mathrm{d}h}{\mathrm{d}x}=\frac{4h_C}{l^2}(l-2x)=\frac{4(l/6)}{l^2}(l-2x)=\frac{2}{3}-\frac{4x}{3l}$$

因此，合力的作用沿拱的切线方向，表明剪力为零。与 A 点水平距离为 x 处的任意截面上的弯矩为：

$$M(x)=\frac{ql}{2}x-qx\frac{x}{2}-R_1h(x)$$

由公式 1.1 中的 $h(x)$ 和 $R_1=ql^2/8h_c$ 代入得 $M(x)=0$，因此，任意截面的剪力和弯矩为零。唯一的内力为轴力，其大小为：

$$N=-\left[(0.75ql)^2+q\left(\frac{l}{2}-x\right)^2\right]^{l/2}$$

负号表示轴力是压力。

2.5 移动荷载作用

在结构设计时，有必要分清由于永久荷载和临时荷载的作用所分别产生的内力，这些荷载分别叫恒载与活载。活载的示例有：房顶上雪的重量、楼层上家具和人的重量、桥上卡车的轮载或者行车梁上移动的起重机。在分析中，活载通常以均布荷载或者一系列的集中荷载表示。

在设计中，我们通常关心的是各个截面内力的最大值。因此，为了得到某截面内力的最大值，活载必须作用在使该截面产生内力最大值的结构的某个地方（即最不利位置）。在许多情况下，荷载的最不利位置很明显，而在其他情况下，我们可通过影响线来确定所考虑的移动荷载某截面产生最大内力值的位置，影响线将在本章 2.6 节以及 12 和 13 章中讨论。

我们现在来考虑移动荷载在简支梁上作用的效应，移动荷载在连续梁上作用的效应将在 4.8 节讨论。

2.5.1 单个荷载

如图 2.11(a)，考虑向下的单个集中力 P 在简支梁上移动时的效应。对任意截面 n，当 P 直接作用在 n 上时，截面 n 处有最大的正弯矩值。当 P 作用在截面 n 的右侧时，截面 n 处有最大的正剪力值，恰好作用在 n 的左侧时，截面 n 处有最大的负剪力值。单个集中荷载作用所产生的简支梁上最大弯矩和最大剪力可以表示为：

$$M_{n\max+}=p\frac{x(l-x)}{l} \tag{2.9}$$

$$V_{n\max+}=p\,\frac{x(l-x)}{l};V_{n\max-}=-p\,\frac{x}{l} \tag{2.10}$$

最大负剪力值表达式通常用于结构设计，在这里只表示数学意义上的最小值。

当 P 作用在截面 n 时，弯矩图和剪力图如图 2.11(b)所示。如果荷载位置改变，可以画出类似的弯矩图和剪力图，所有最大值的点形成包络图(见图 2.11(c))。此处所考虑的情况中，最大正弯矩的包络图为一抛物线(式 2.9)；对剪力而言，最大正剪力和负剪力的包络图为直线(式 2.10)。这些图又叫做最大弯矩图和最大剪力图，表明了设计中任意截面所必须能够承受的最大内力值。

2.5.2　均布荷载

如图 2.11(d)所示为单位长度上为 q 的均布荷载作用下梁的最大弯矩图和剪力图。为了使荷载对梁产生最大作用效应，将荷载布满全梁或其中最不利的部分梁段。任意截面 n 的最大弯矩发生在当 q 布满全梁时，而最大正剪力或负剪力却分别发生在 q 布满截面 n 右边部分或左边部分时。受均布荷载作用时梁的最大弯矩和最大剪力值为：

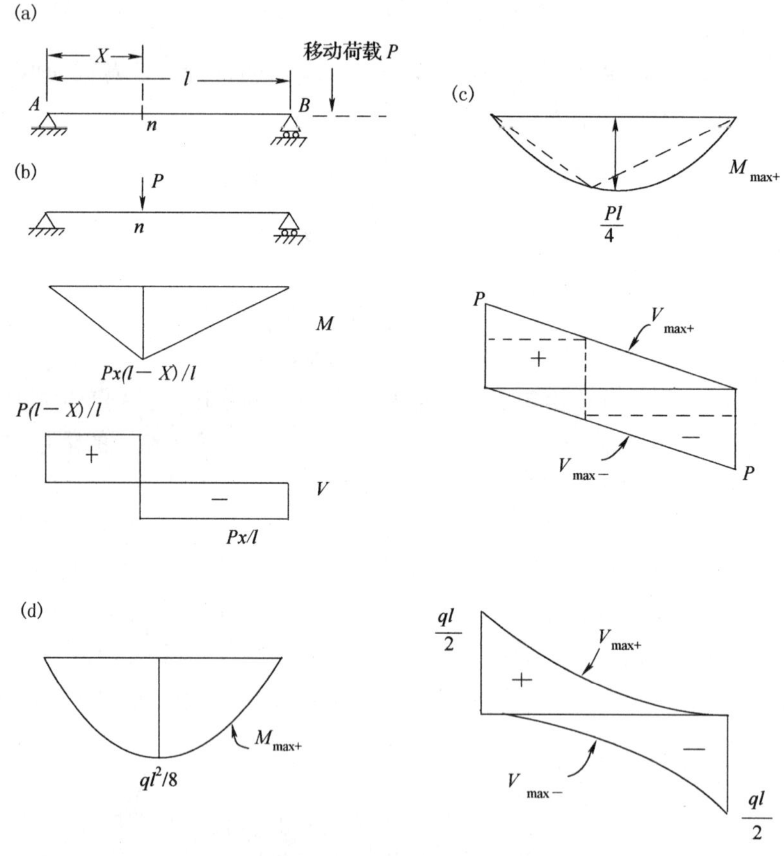

图 2.11　移动荷载对简支梁的作用效应

(a)单个集中荷载 P 作用；(b)P 直接作用在截面 n 上时的弯矩图和剪力图；

(c)、(b)中 M 和 V 的包络图：由 P 引起的 $M_{\max+}$，$V_{\max+}$ 和 $M_{\max-}$；

(d)单位长度上为 q 的均布荷载产生的最大弯矩图和最大剪力图。

$$M_{n\max +}=\frac{qx(l-x)}{2} \tag{2.11}$$

$$V_{n\max +}=q\frac{(l-x)^2}{2l};V_{n\max -}=-q\frac{x^2}{2l} \tag{2.12}$$

从上面的公式可以看出最大弯矩和剪力图都是二次抛物线。

2.5.3　两个集中荷载作用

考虑如图 2.12(a)所示的两个集中荷载 P_1 和 $P_2(P_1\geqslant P_2)$ 在简支梁上移动时的效应。对任意截面 n，当 P_1 或 P_2 直接作用在截面上时(图 2.12(b)或(c))，产生最大弯矩：

$$M_{n\max +}=\frac{x(l-x)}{l}\left(P_1+P_2\frac{l-x-s}{l-x}\right)\quad 其中\ 0\leqslant x\leqslant(l-s) \tag{2.13}$$

或者

$$M_{n\max +}=\frac{x(l-x)}{l}\left(P_2+P_1\frac{x-s}{x}\right)\quad 其中\ s\leqslant x\leqslant l \tag{2.14}$$

式中 s 为两荷载之间的距离，l 为梁的跨径

如图 2.12(d)所示，考虑第三种加载位置，P_2 作用在梁外时，n 截面处相应的最大弯矩为：

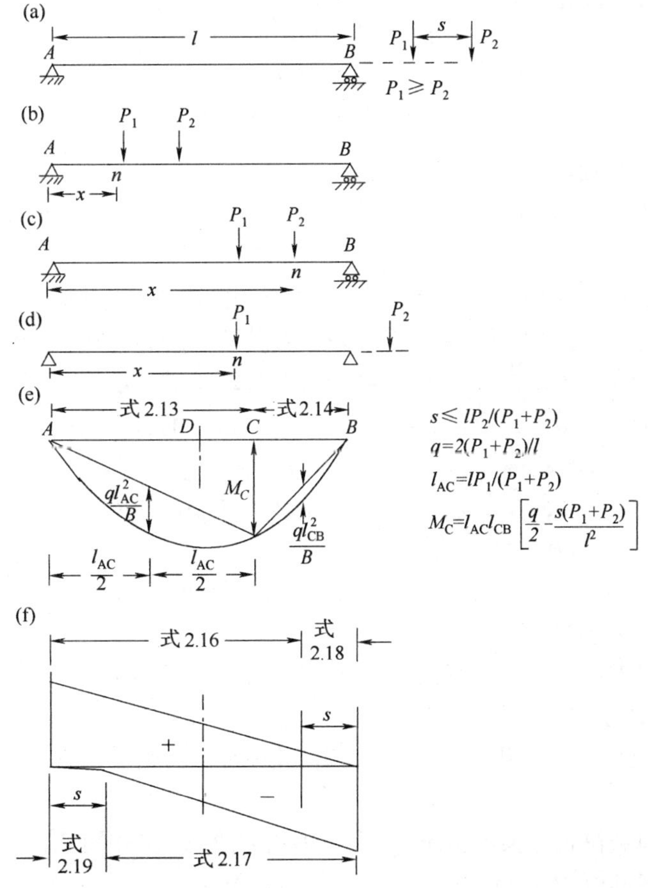

图 2.12　两个集中荷载 P_1 和 $P_2(P_1\geqslant P_2)$ 在梁上移动时的作用效应

(a)简支梁；(b)、(c)和(d)任意截面 n 的最大弯矩或最大剪力的荷载作用位置；(e)$s\leqslant lP_2/(P_1+P_2)$ 时的最大弯矩图；(f)最大剪力图。

$$M_{n\max+}=P_1\frac{x(l-x)}{l}\quad 其中(l-s)\leqslant x\leqslant l \tag{2.15}$$

由以上三个方程可知，无论那种情况弯矩值最大，其弯矩包络图都是二次抛物线。从图中可以看出，当且仅当$s>lP_2/(P_1+P_2)$时，公式2.15能够确定梁的中间部分弯矩。在这种情况下，弯矩包络图由三段抛物线组成（见习题2.7）。当$s\leqslant lP_2/(P_1+P_2)$时，弯矩包络图如图2.12(e)所示，图中标明了式2.13和式2.14所适用的范围。当$s>lP_2/(P_1+P_2)$时的情况在习题2.7中讨论，在习题中指出，受到特定移动荷载体系的简支梁的弯矩包络图与受到虚拟（不真实）静荷载系统的简支梁的弯矩包络图相同。

当荷载作用在如图2.12(b)和(c)所示的位置时，在截面n处产生最大的正负剪力的值为：

$$V_{n\max+}=P_1\frac{l-x}{l}+P_2\frac{l-x-s}{l}\quad 其中0\leqslant x\leqslant(l-s) \tag{2.16}$$

$$V_{n\max-}=-\left(P_1\frac{x-s}{l}+P_2\frac{x}{l}\right)\quad 其中s\leqslant x\leqslant l \tag{2.17}$$

当P_1或P_2单独作用在梁上并恰好在截面n的左侧或右侧时产生最大剪力：

$$V_{n\max+}=P_1\frac{l-x}{l}\quad 其中(l-s)\leqslant x\leqslant l \tag{2.18}$$

$$V_{n\max-}=-P_2\frac{x}{l}\quad 其中0\leqslant x\leqslant s \tag{2.19}$$

式中，x是从支座A到荷载P_1或P_2的距离。

由以上四个方程可知，无论那种情况梁的剪力值最大，其剪力包络图都是一条直线（图2.12）。

图2.12所示的弯矩包络图和剪力包络图为两集中力P_1和P_2共同作用产生的，其中P_1较大且位于P_2左边。如果将两力的位置互换，即将P_1位于P_2右边，则关于梁的中心线对称的任意两截面中内力的较大值为作为最大值。因此，假设图2.12中，梁的左半部分AD的值大于右半部分相应的值，DB的弯矩包络图应该为图中所示的AD部分的弯矩包络图完全镜像。

例2.12 弯矩包络图

跨径为l的简支梁，承受两移动荷载$P_1=P$和$P_2=0.8P$作用，两荷载间的距离为(a)：$s=0.3l$，(b)：$s=0.6l$，画出其弯矩包络图。

假设P_1位于P_2左边，并且顺序不会发生改变进行计算。在(a)的情况下假设荷载的位置可以调换再进行一次计算。

情况(a)下的最大弯矩值可以直接计算，因为$s<lP_2/(P_1+P_2)=l(0.8/1.8)=0.44l$，则可以用图2.12(e)中的公式计算。绘出的图形见图2.13(a)。

对于情况(b)，由式2.13到2.15可以画出三段抛物线，用作梁的每一部分的包络图曲线（图2.13(b)）。

对于(a)中两荷载位置调换的情况，最大弯矩图为曲线AD和图2.13(a)虚线所表示的曲线AD的镜像。D点的值为$0.330Pl$。

2.5.4 一组集中力作用

图2.14(a)所示的简支梁受到一组移动的集中力作用，任意截面n的最大弯矩发生在其中的一个荷载作用在该截面处时。通过反复验算和校正，可以得知哪个荷载作用在n截面处

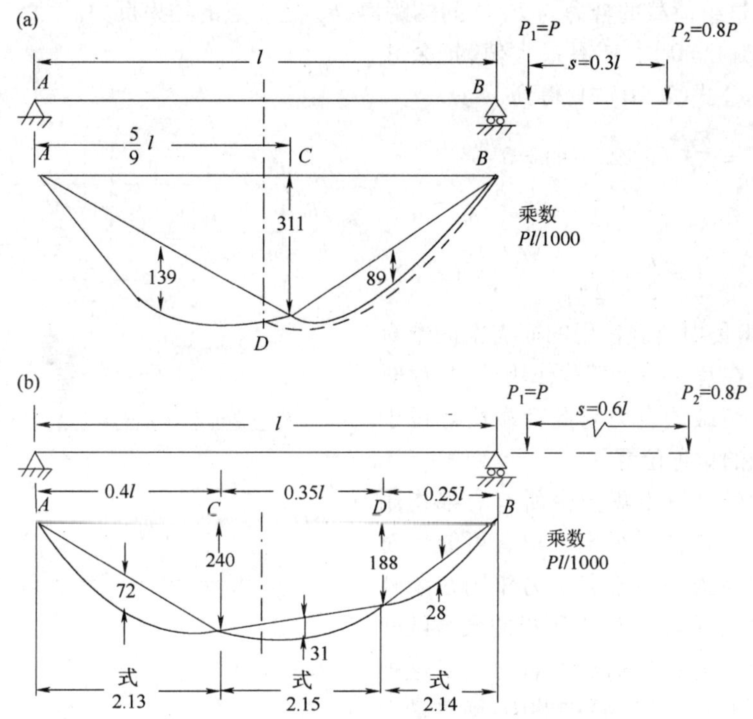

图 2.13 两移动的集中荷载作用下的最大弯矩图

（例 2.12(a) $s=0.3l$，(b)$s=0.6l$）

会使其产生 $M_{n\max+}$。截面 n 的最大正剪力发生在荷载 P_1 恰好作用在截面 n 的右侧时(图 2.14(b))；当最后一个荷载 P_m 恰好作用在截面 n 的左侧时，截面 n 产生最大的负剪力值(图 2.14(c))。当第一个或最后一个荷载相对很小时，最大的剪力也有可能发生在其余的荷载恰好作用在截面 n 的左侧或右侧时。同样，也要通过反复验算和校正才能得出在所考虑的截面处产生最大效应的荷载位置。

2.5.5 最大绝对值效应

在以上的讨论中，我们讲了移动荷载在特定截面产生最大弯矩和最大剪力时的加载位置。在设计中，我们也需要知道弯矩包络图或剪力包络图中内力的最大值和其出现的位置。产生最大效应的截面位置通常可以通过观察确定。例如，在简支梁中，绝对值最大的剪力发生在支座处，单个荷载或均布活载引起的绝对值最大的弯矩发生在跨中。

对于一组集中荷载，绝对值最大的内力一定发生在其中一个集中荷载作用处，但是哪一个力并不明确，这常常需要由反复试验和校正得出。通常，绝对值最大的弯矩发生在接近其合力的那个力作用处。

假如在图 2.14(a)中，绝对值最大的弯矩发生在荷载 P_3 作用处。这就有必要确定变量 x 的值，x 即弯矩 M_n 在 p_3 作用下达到最大值时 P_3 的荷载位置。M_n 值可以表示为：

$$M_n = R_A(x) - P_1(s_1 + s_2) - P_2 s_2 \tag{2.20}$$

其中

$$R_A = \frac{l - x - c}{l}\sum P \tag{2.21}$$

式中 c 是这组荷载的合力与 P_3 之间的距离，R_A 是 A 点的约束反力。

当 $(\mathrm{d}M_n/\mathrm{d}x)=0$ 时 M 有最大值，把公式(2.21)代入到公式(2.20)中，得到

$$\frac{\mathrm{d}M_n}{\mathrm{d}x}=\frac{\sum P}{l}(l-2x-c)=0$$

于是有

$$x=\frac{l}{2}-\frac{c}{2} \tag{2.22}$$

因此，受到一组集中荷载作用的简支梁的绝对最大弯矩发生在其中一个荷载作用处，且此时梁上所有集中荷载的合力与此荷载恰好位于梁的中点两侧的对称位置。

值得注意的是以上规律由所有力都作用在梁跨上这一假定推导得出。很有可能绝对最大弯矩发生在当一个或多个力作用在梁外时。在这种情况下，上一段中所指的合力则变为作用在梁跨上的那些荷载的合力。以这种情况为例来考虑图2.13(b)中的梁：绝对最大弯矩发生在当 P_1 作用在跨中，P_2 作用在梁外时，其弯矩值为 $0.25Pl$，发生在跨中截面。

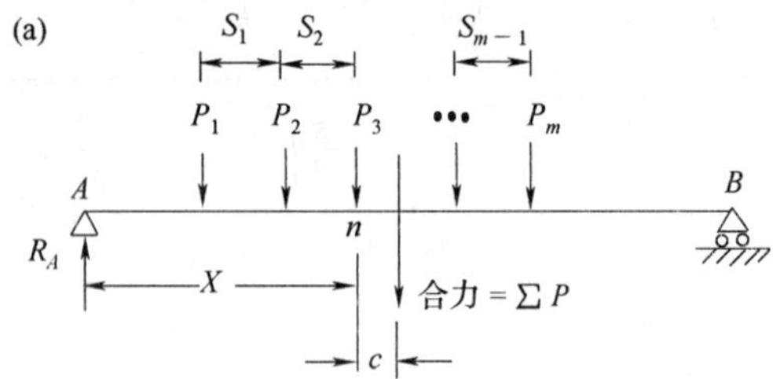

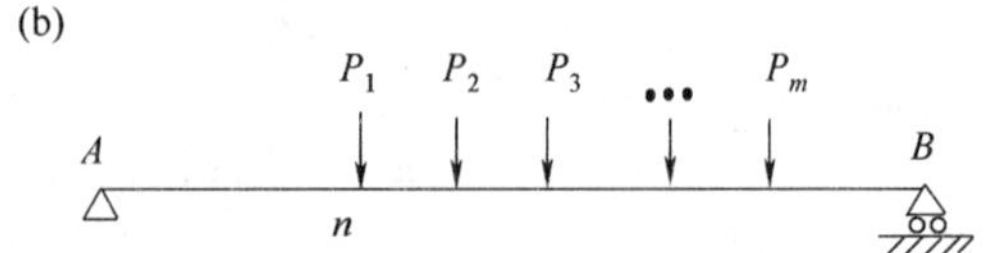

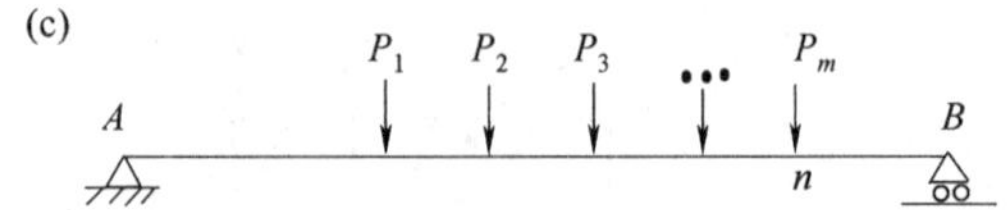

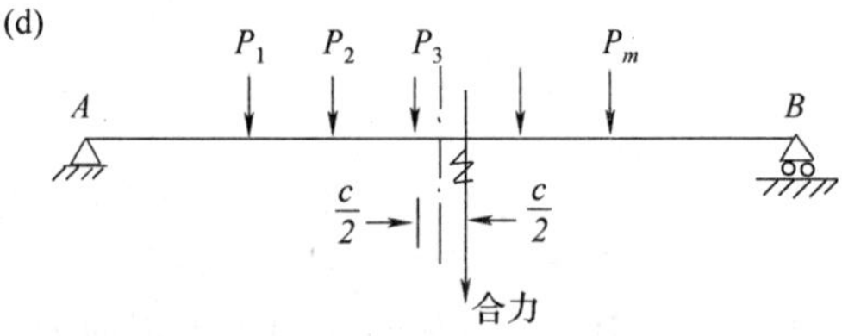

图2.14　一组移动的集中荷载作用在简支梁上的效应

(a)产生 $M_{n\max+}$ 的荷载作用位置；

(b)产生 $V_{n\max+}$ 的荷载作用位置；

(c)产生 $V_{n\max-}$ 的荷载作用位置；

(d) P_3 直接作用时产生最大弯矩的位置。

在构件横截面的设计中，通常需要考虑到两个或多个内力的共同作用。例如，在钢筋混凝土梁剪力的设计中，我们会考虑到，在任意截面上最大剪力与同荷载作用下的相应的弯矩相结合的效应。在这种情况下用到的弯矩值明显要比包络图中的值要小。

在实际中，随着计算机的广泛应用，结构设计者要验证许多加载情况，例如恒载与很可能在所选截面或一些关键截面处产生最大弯矩、轴力、剪力或扭力的活载相结合。设计者也要详细说明各加载情况结合的可能性和单个荷载的预期系数（荷载系数）。计算机可找出各荷载组合下的内力，并给出每个截面某项内力的最大正、负值及相同荷载作用下的其他内力值。这些内力将用于截面的设计。

例2.13　两移动荷载作用下的简支梁

如图2.13(a)所示，简支梁受到两个移动集中荷载作用，求其绝对最大弯矩，并求当产生最大弯矩时，绝对最大弯矩截面处的剪力是多少。

合力的大小为 $1.8P$，与 P_1 的距离为 $c=0.133l$。因此，绝对最大弯矩发生在距中心线左侧 $c/2=0.067l$ 的截面处。当 P_1 直接作用在此截面上时，约束反力 $R_A=0.78P$，则在该截面处的弯矩为绝对最大弯矩：

$$M_{abs\max}=0.78P(0.433l)=0.338Pl$$

在 P_1 左侧相应的剪力值为 $R_A=0.78P$。

2.6　简支梁和桁架的影响线

影响线这一问题将在12和13章中详细介绍。在本节中,我们仅简单地介绍简支梁某截面的剪力和弯矩影响线及简支桁架杆件的轴力影响线的做法。任一内力作用的影响线是单位荷载沿梁跨横向移动时,某指定截面上内力值的连线。

如图2.15(a)所示为简支梁任意截面 n 的剪力 V_n 和弯矩 M_n 的影响线。当单位荷载直接作用在与左边支点距离为 x 的截面时,其截面位置处对应的纵坐标值 η 即等于 V_n 和 M_n 的值。正的坐标值画在梁的下方。

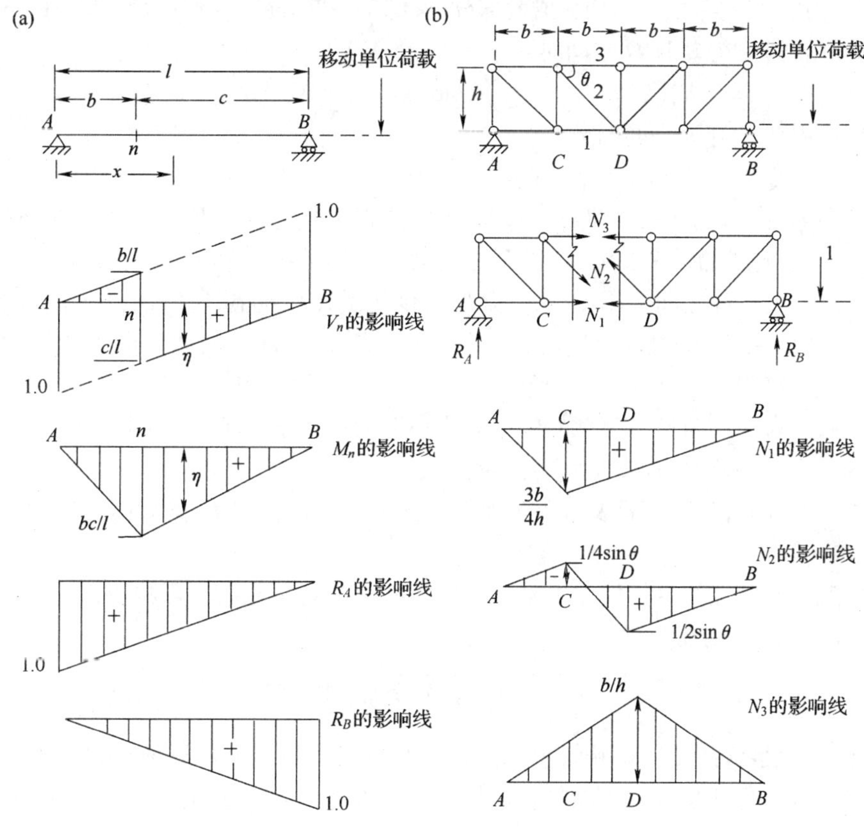

图2.15　简支结构的影响线

(a)梁;(b)桁架。

求得影响线的最有效的方法是运用12.3节中讨论的Muller-Breslau原则,它以后面章节中介绍的能量定律为基础。对此处所考虑的结构,我们也可以用简单的静力法来得到其影响线。为此,考虑约束反力 R_A 的影响线:当单位荷载作用在距支座 A 的距离为 x 处时,约束反力 $R_A=(l-X)/l$。因此,我们可表示出 R_A 影响线上点的纵坐标值:

$$\eta_{RA}=(l-x)/l$$

同理,R_B 影响线上的点的纵坐标值:

$$\eta_{RB}=x/l$$

因此约束反力的影响线为直线，如图 2.15(a)所示。当单位荷载作用在 B 和 n 之间的任意截面上时，截面 n 的剪力等于 R_A。于是我们可以用 B 和 n 之间 R_A 的影响线来表示 V_n 的影响线。类似地，当单位荷载作用在 n 和 A 之间任意位置上时，$V_n = -R_b$。因此，在 n 和 A 之间，V_n 的影响线与 $-R_B$ 的影响线相同。

当单位荷载作用在 B 和 n 之间时，弯矩 $M_n = R_A b$；当单位荷载作用在 n 和 A 之间时，$M_n = R_B c$。因此，R_A 和 R_B 影响线的坐标值分别乘以 b 和 c，可以用来构造相应部分的 M_n 的影响线。

考虑单位荷载在简支桁架下弦杆移动时的效应(图 2.15(b))，杆件 1、2、3 的轴力影响线如图所示。它们都由约束反力 R_A 和 R_B 的影响线得出，而 R_A 和 R_B 的影响线与图 2.15(a)中梁的影响线相同。用一竖向截面把桁架分成两部分，考虑每一部分的平衡，我们可写出以下方程。

当单位荷载作用在 B 和 D 之间时：

$$N_1 = R_A(b/h) \qquad N_2 = R_A \arcsin\theta \qquad N_3 = R_A(-2b/h)$$

当单位荷载作用在 C 与 A 之间时：

$$N_1 = R_B(3b/h) \qquad N_2 = -R_B \arcsin\theta \qquad N_3 = R_B(-2b/h)$$

同样，将 R_A 和 R_B 的影响线的纵坐标值乘以上述方程中括号内的值就可以得到 BD 或 CA 段 N_1，N_2 和 N_3 的影响线的纵坐标值，C 和 D 之间的影响线是将 C 和 D 对应的竖标以直线相连。因为我们通常假设杆件之间采用铰接，并且外力仅作用在结点上，所以这种方法是合理的。当单位移动荷载位于结点 C 和 D 之间时，可以用作用在 C 和 D 上的两个向下的等效静力来代替，也就是说单位荷载可以分配到 C 和 D 之上，其大小与距 C 和 D 之间的距离成反比。

利用影响线来求一组集中荷载的作用效应在下面的例子中解释(也可以参照 12.3 节)。

例 2.14　利用影响线来求 M 和 V 的最大值

求图 2.16(a)中，在给出的表示卡车轴重的三个移动力作用下，梁截面 n 上的最大弯矩和剪力。

在图 2.15 中，已经知道如何作出简支梁任意截面的弯矩和剪力影响线，M_n 的影响线如图 2.16(b)所示，荷载作用在任意位置时的弯矩 M_n 为

$$M_n = \sum_{i=1}^{3} P_i \eta_i$$

式中　η_i 为 P_i 直接作用处的影响线坐标值；M_n 的最大值由反复试算使得单个轴载与所作用处的影响线竖标乘积的总和尽可能的大而得到。卡车第一次试算的位置如图 2.16(b)所示，相应的 M_n 值为：

$$(M_n)_{\text{试算1}} = Wl[0.2(0.12) + 0.8(0.24) + 0.8(0.16)] = 0.344Wl$$

在第二次试算中，将荷载位置的次序反转，P_3 作用在 n 截面，其他两荷载位于右侧，得到 $(M_n)_{\text{试算2}} = 0.336Wl$；在第三次试算中，将 P_2 位于 n 截面，P_3 位于其左侧，得到 $(M_n)_{\text{试算3}} = 0.320Wl$。最大的值为第一次试算得到的结果，因此 $M_{\max+} = 0.344Wl$。

V_n 的影响线如图 2.16(c)所示。(d)和(e)中一个标明了为得到最大正剪力而试算的荷载位置，另一个标明了为得到最大负剪力而试算的荷载位置。由试算得到：

$$V_{n\max+} = W[0.8(0.6) + 0.8(0.4) + 0.2(0.2)] = 0.84W$$

$$V_{n\max-} = W[0.2(0) + 0.8(-0.2) + 0.8(-0.4)] = -0.48W$$

很明显，在此种情况下没有其他的加载位置能够得到更大的 V_n 值，因此，上面的值就是所

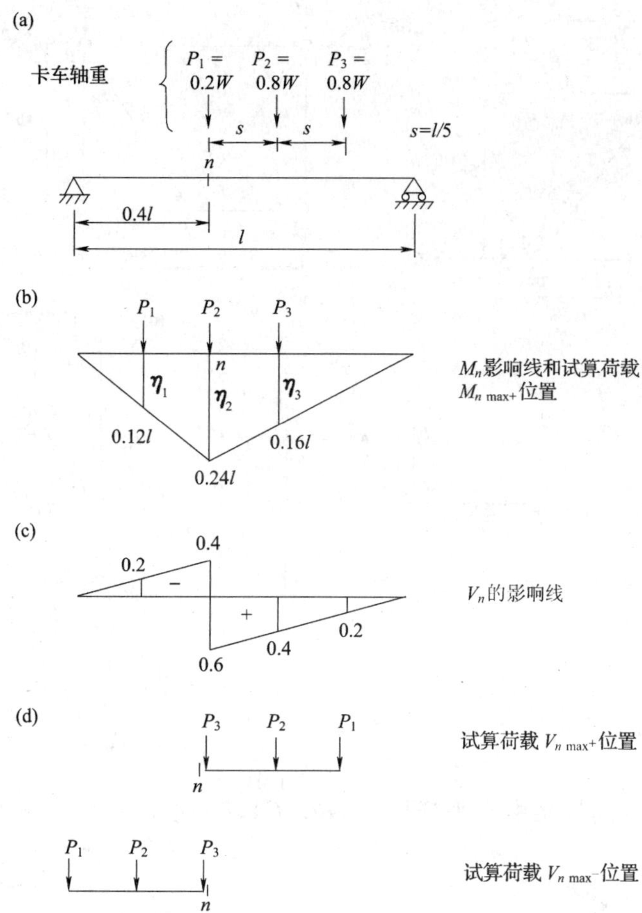

图 2.16　利用影响线确定移动荷载体系效应(例 2.14)

求的剪力最大值。

应该注意到的是,影响线给出了一个指定截面上作用的最大值,但不是绝对最大值。然而,如果以上分析是对多个截面而言,则由所得到的多个最大值可以得出包络图,由此可以看出绝对最大值。

2.7　小　　结

对于静定结构,由静力平衡方程足以求出反力和内力,实际上这也正是这类结构被称为静定结构的原因。超静定结构的分析则必须用到其他,考虑变形协调条件的附加方程。对于所有结构而言,平衡方程可用于结构整体,结构隔离体,以及结构的单个结点。当反力和内力分量的未知量数目不超过平衡方程的数目时,可以运用这些方程求出未知的反力和内力。

习　　题

2.1　求出图示的静定桁架沿 x 和 y 或沿 x,y,z 方向的杆件内力和反力分量

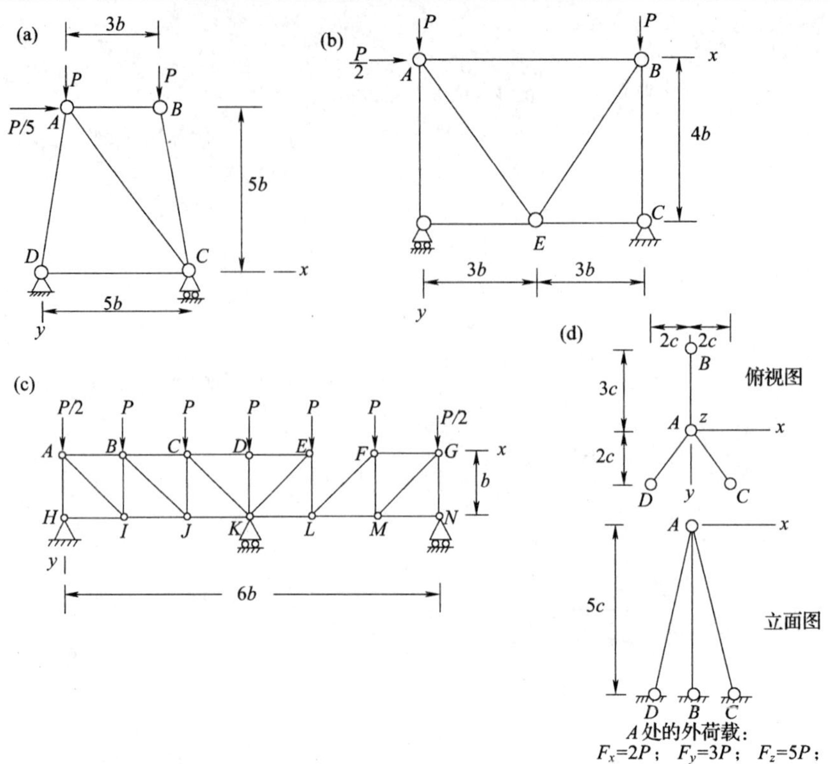

习题　2.1 图

2.2　图示的空间桁架由水平杆件AB，BC，CA以及连接A，B，C与支座结点E，F和D的

表 1　由 P 产生的反力

	R_x	R_y	R_z
在 D 点	−1.7835	0.6071	−7.3923
在 E 点	−0.7321	−0.7500	−3.0000
在 F 点	−0.4845	0.1430	1.3923

表 2　由 P 产生的杆件内力

杆件	力	杆件	力
AB	1.1585	BE	−0.0381
BC	0.1585	CE	−3.1439
CA	−0.8415	CF	−0.0381
AD	−4.6968	AF	1.5148
BD	−3.1439		

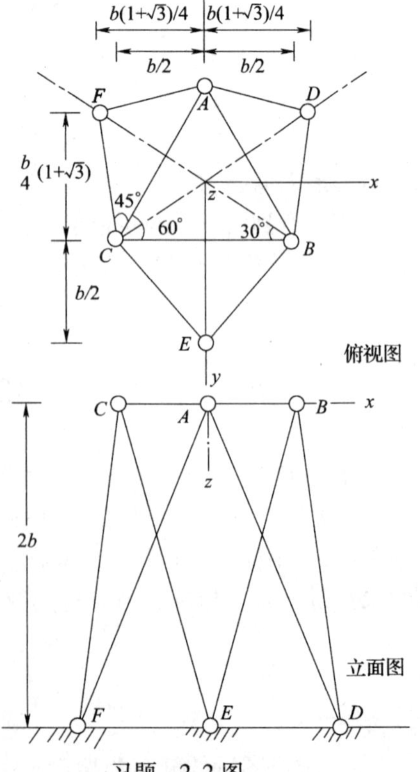

习题　2.2 图

6 根斜杆组成,结构受到作用在结点 A,B 和 C 上的力$\{F_x,F_y,F_z\}=P\{1,0,3\}$。由 x,y 和 z 方向的反力分量列出 9 个平衡方程。将下面给出的答案代入来证明这些方程。同时用给出的答案来校核 A,B 和 C 中的一个结点的平衡。

2.3 一桥面板表示为图中所示的支承在轴承支座 A,B,C 和 D 上的实体棱柱,这些支座仅提供沿 x,y 和 z 方向的 7 个反力分量(见图)。已知 $R_2=-2.5P$,求出图中施加的外力作用在 E 点时其余的反力。

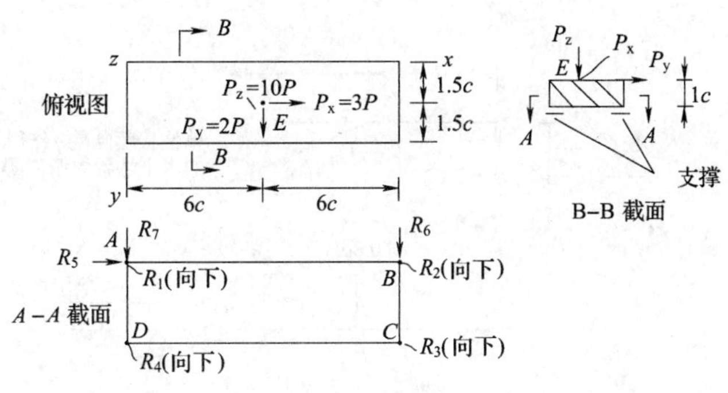

习题 2.3 图

2.4 画出图示静定梁和框架的剪力图和弯矩图。

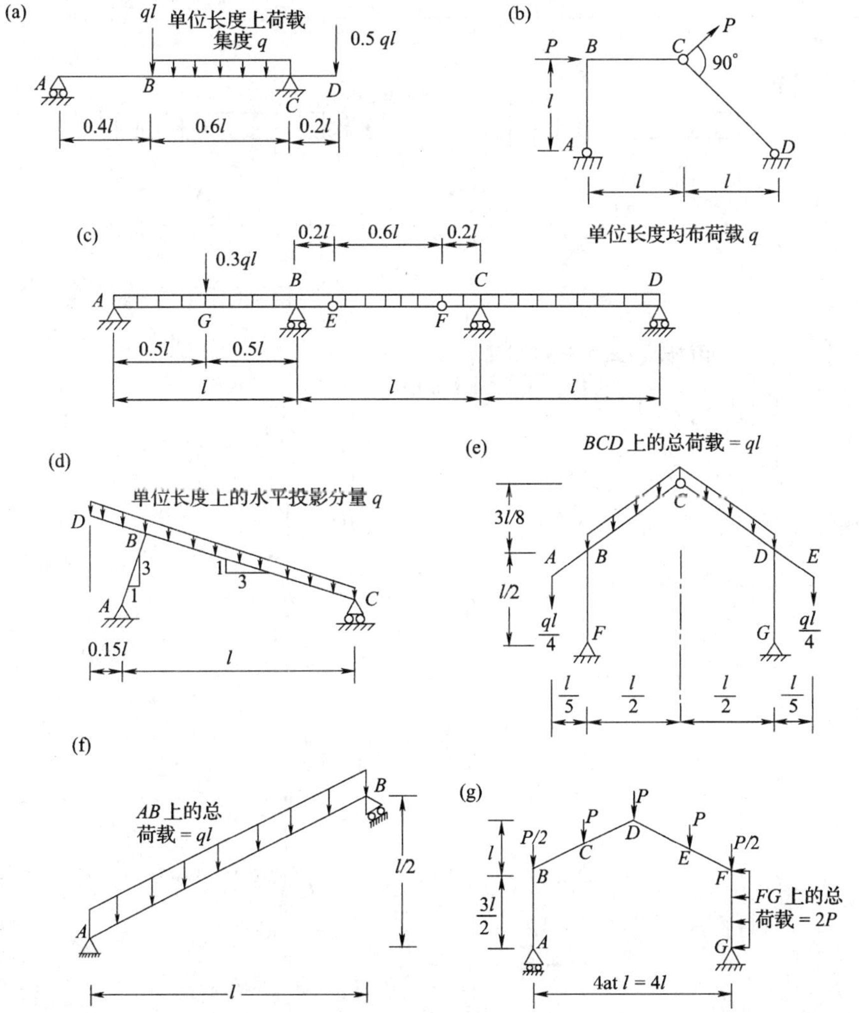

习题 2.4 图

(h)
单位长度自重 q 作用下的水平悬臂的俯视图
(i)
0.8ql
单位长度上荷载集度 q
(j)
单位长度上荷载集度 q
0.8ql
(k)
单位长度上荷载集度 q
(l)
单位长度上的水平投影分量 q
(m)
BC 长度上的水平投影分量 q
(n)
单位长度上荷载集度 q

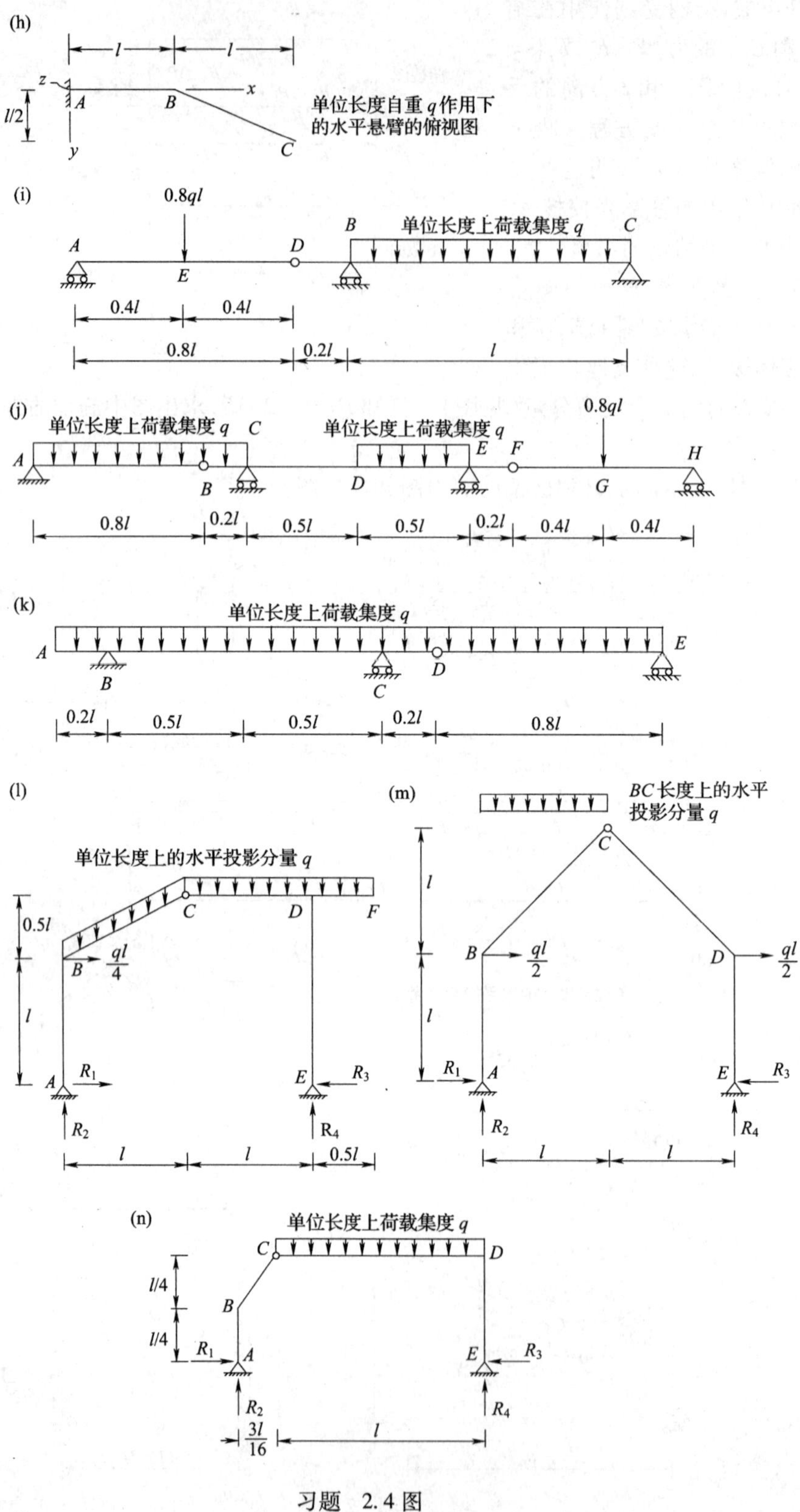

习题 2.4 图

2.5　对跨径为 l 的简支梁，在下面的移动荷载作用时，确定最大的弯矩及产生最大弯矩时的作用位置：

(a)两个间距 $s=0.2l$ 的力作用，$P_1=P_2=W$；

(b)三个力作用 $P_1=W, P_2=W, P_3=W/2$，P_1 与 P_2 的间距以及 P_2 与 P_3 的间距均为 $s=0.2l$；

(c)两个间距 $s=0.55l$ 的力作用，$P_1=P_2=W$。

2.6　例 2.13 中的简支梁(图 2.16)在卡车轴载的作用下，求出最大弯矩和剪力以及此时荷载的作用位置。

2.7　证明对图示的任意简支梁(a)中的移动荷载形成的最大弯矩图等于(b)中虚静力荷载作用下的弯矩图。

提示：对于任意截面 n，将移动荷载作用在产生最大弯矩的位置，证明移动荷载产生的 M_n 与静力荷载产生的相同。静力荷载体系出自 Wechsler, M. B. "移动荷载体系下的弯矩确定"。《结构工程》，美国土木工程协会，1985，111(6)，1401-1406。

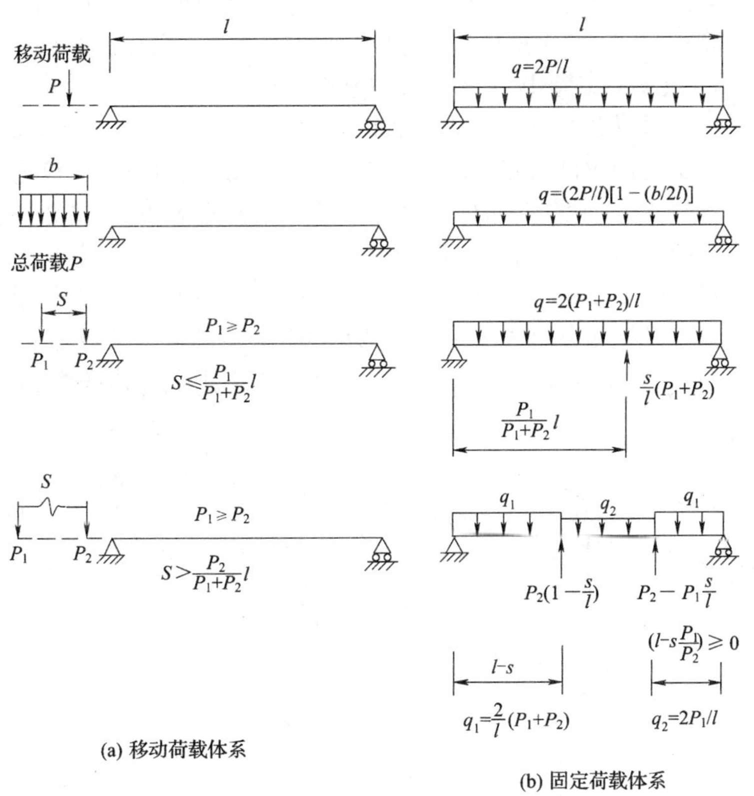

习题　2.7 图

2.8　假设在例 2.11 中，简支梁在两端各延伸一个 0.35l 的悬臂部分，同时，两荷载的位置可以调换，求最大弯矩。

2.9　跨径为 l 的简支梁两端各带一长为 0.35l 的悬臂，因此梁的总长为 1.7l。求跨上距左支座 0.25l 处的截面 n 的 M 和 V 的影响线。利用影响线求出下列情况的 $M_{n\max+}$，$V_{n\max-}$ 和 $V_{n\max+}$：

(a)两移动荷载 $P_1=P, P_2=0.8P$，间距 $s=0.3l$，假设荷载的顺序可以调换；

(b)每单位长度上为 q 的移动均布荷载(利用式 12.3)。

3　超静定结构分析介绍

3.1　引　　言

本章提出了两种结构分析的基本方法的概念：力法和位移法（在第4、5章将分别进行阐述）。

3.2　超 静 定 性

通常，结构分析在于确定支承处的反力和结构的内力。正如之前所述，如果这些力能单从静力平衡方程全部确定出来，那么该结构称为静定结构。本书主要讨论未知力个数多于方程个数的超静定结构。在实际工程中，大多数结构为超静定结构。

结构的超静定可以是外部的，也可以是内部的，还可以既是外部的，又是内部的。如果反力分量的数目超过平衡方程的数目，那么结构称为外部超静定结构。因此，一般来说，当空间结构的反力分量的数目多于6个，则为外部超静定结构。平面结构的反力分量的数目多于3个，也为外部超静定结构。图2.1(a)，(c)，(e)，(f)，(g)和(h)中的各个结构均为外部超静定的例子。图3.1(a)和(b)中每一根梁均具有4个反力分量，由于只有3个静力平衡方程，因此有一个静力平衡方程所不能求解出的未知力，所以这些梁均为外部超静定结构。我们定义超静定次数等于未知力超出静力平衡方程的数目，那么，图3.1(a)和(b)中的梁均为一次超静定结构。

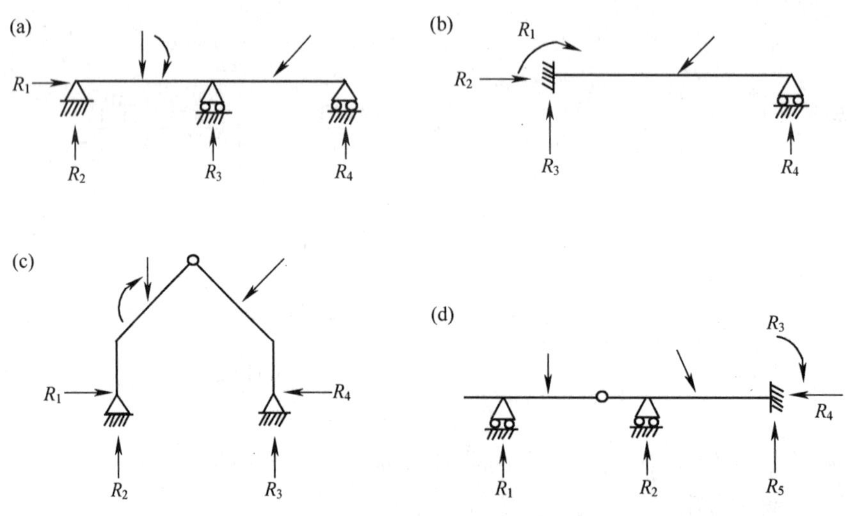

图3.1　(a)，(b)和(d)外部超静定结构；(c)静定三铰框架。

有些结构在构造上使得在指定截面处某一内力分量已知为零。这就提供了一个附加静力平衡方程，可以求解一个附加反力分量。例如，图3.1(c)中的三铰框架具有4个反力分量，但在中间铰处，弯矩必定为零。这个条件与把结构当作自由体而列出的3个平衡方程合在一起，便足以确定4个反力分量。因此，该框架是为静定结构。图3.1(d)中的连续梁具有5个反力分量和1个内部铰，所以可以写出4个平衡方程，因而该梁是一次超静定结构。

现在让我们考虑外部静定而内部超静定的结构。例如图3.2(a)中的桁架[1]，各杆中的力不能单由静力方程来确定。如果将两根对角杆之一移去(或切断)，各杆中的力才可以从静力

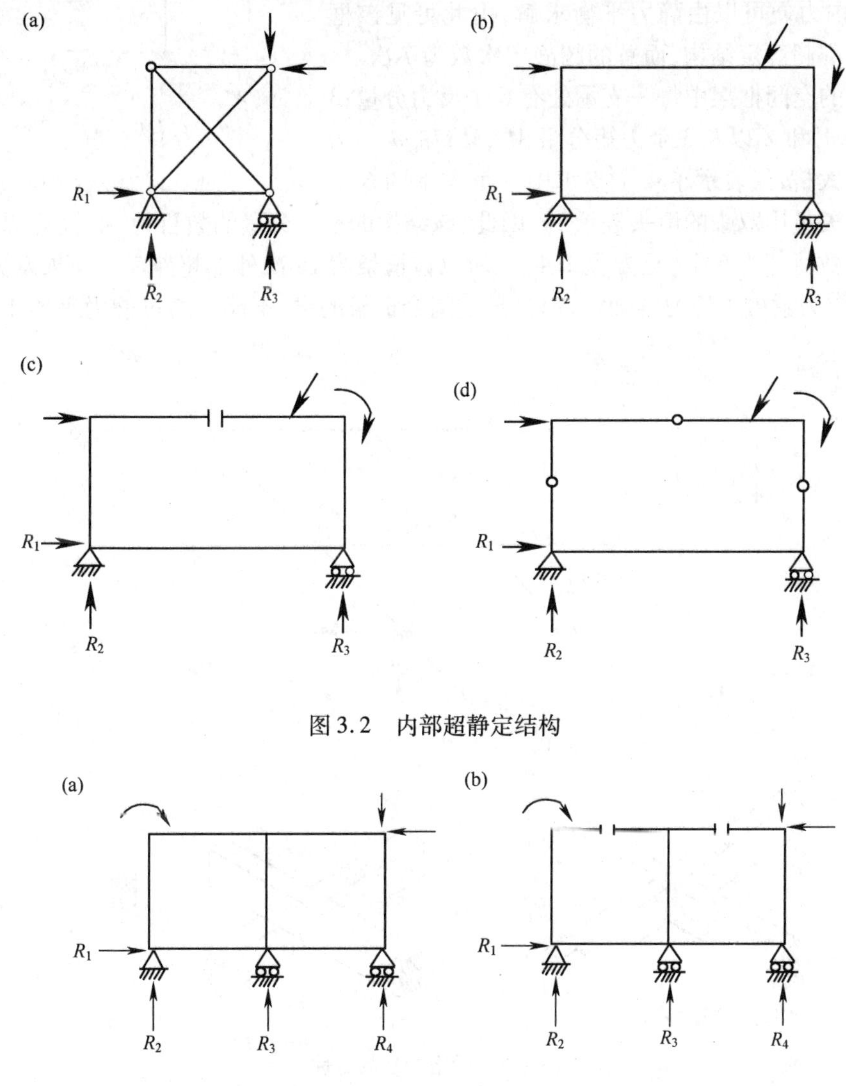

图3.2　内部超静定结构

图3.3　外部和内部均为超静定的框架

方程计算得出，因此，该桁架虽然是外部静定的，但却是一次内部超静定结构。图3.2(b)中的框架为3次内部超静定结构，如果将这些杆中的一根杆切断，它便成为静定结构(图3.2(c))。这种切断表示其轴向力、剪力和弯矩三种内力被移去或释放了，使结构成为静定结构所需要释放的约束数目代表其超静定次数。如果这种释放是由引进如图3.2(d)所示的3个铰来完成，

1　桁架为铰结，框架为刚结。

即在这3个截面处卸去了弯矩，该框架同样也成了静定结构。

结构可以是内部和外部同时超静定的结构。图3.3(a)中的框架为一次外部超静定结构，即使假设反力早已求出，其内力还是不能由静力学确定。然而，如果将框架的两个截面截开，如图3.3(b)所示，这样就释放了6个约束各内力便可以由静力平衡求解，由此可见该框架为6次内部超静定结构，而总的超静定次数为7次。

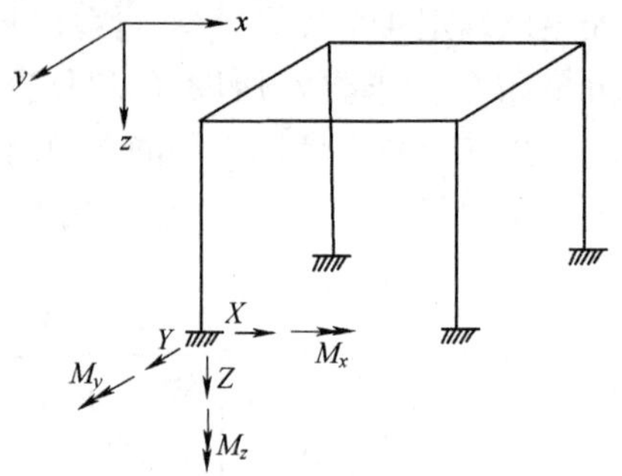

图3.4　刚结空间框架

图3.4的空间框架中每一支承处有6个反力分量:3个力分量X,Y和Z以及3个力矩分量M_x,M_y和M_z。为了避免图上太挤，仅表示了4个支承中一个支承的6个分量。力矩矢量用双头的箭头表示[1]。因此，该结构的反力分量的数目为24，而可以写出来的平衡方程的数目却为6个(见方程2.4)。所以该框架为18次外部超静定。如果反力均已知，4根柱中的内力就可由静力学确定，但是形成闭合框架的梁，不能仅通过静力平衡来分析。将这些梁其中一个截面切断，使之可以确定所有梁中的内力。在这样情况下放松的数目为6个：1个轴向力、2个沿正交方向的剪力、2个绕这两轴的弯矩和1个扭矩。因此该结构为6次内部超静定，其总的超静定次数为24。

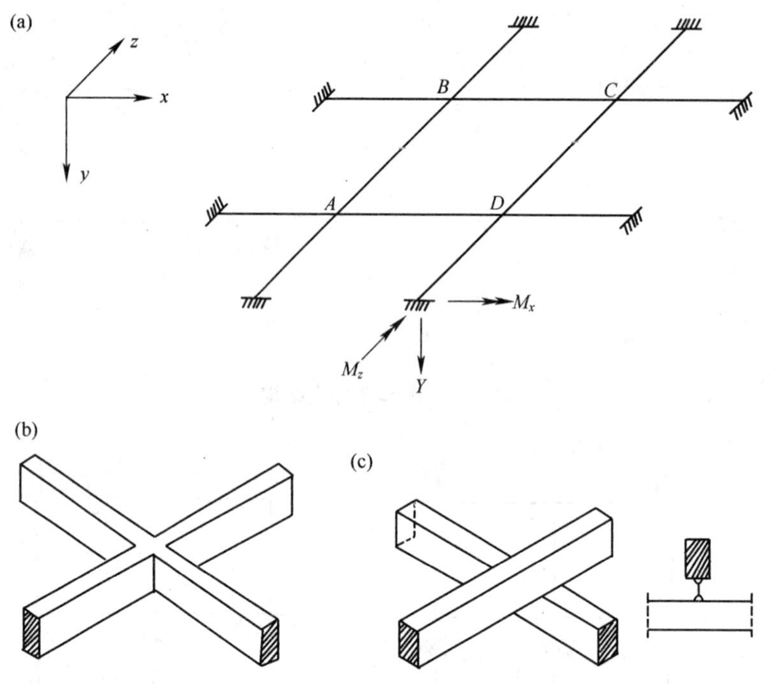

图3.5　梁格的超静定性

(a)梁格；(b)梁的刚性联结；(c)梁的铰结。

图3.5(a)中水平梁格都假设为刚性联结(如图3.5(b)中所示)，并且仅承受竖直荷载。

1　本书中所有力矩(或转动)在平面结构中用圆弧形式的箭头来表示，在空间结构中，力矩(或转动)用双头箭表示：见第二章中的译注1。

这样,梁格中所有杆的反力分量 X,Z 和 M_y 以及内力 X,Z 和 M_y 均为零。所以,能够使用的平衡方程的数目仅为 3 个。每一支承处的反力分量均为 Y、M_y 和 M_z,因而,整个结构的反力分量的数目为 $8\times3=24$,那么它为 21 次外部超静定结构。

如果各反力已知,梁格中各梁除中央内部超静定部分 $ABCD$ 外,其内力均可仅通过静力学求解。将这中央部分($ABCD$)四根梁中的任何一根在一点处切开,产生 3 个释放,使之可只由静力方程确定其内力。因而该结构是 3 次内部超静定,而总的超静定次数为 24。

如果构成梁格的各杆不承受扭转,即沿一个方向的梁格梁跨越沿另一方向的梁处采取铰结(图 3.5(c)),或者当截面的扭转刚度与其弯曲刚度相比可以忽略不计时,均属于这样的情况——扭转分量(图 3.5(a)中 M_z)变为零,该结构成为 12 次超静定。如果将梁格的固定支承移去,而只提供 4 个铰支承,为了保持稳定并成为静定结构,至少需要 4 个简支。每一个铰支撑在 y 方向有一个反力分量,而原梁格中反力分量数目为 16,所以它是 12 次外部超静定。此超静定次数就等于梁格中反力分量的数目减去上面提到的 y 方向的反力分量的数目。由于不存在内部超静定,一旦反力已确定,梁格中所有梁的内力则均能由静力学求出。

3.3　超静定次数的表达式

在第 3.2 节中,我们通过观察或从使结构变为静定而至少需要释放的约束数目来求出各种结构的超静定次数。对于某些结构,特别是对于某些杆件很多的结构,用这样的方法是困难的,而采取公式计算的方法却比较好。

考虑具有 3 个反力分量,m 根杆和 j 个铰接(销接)节点(包括铰结的支承)的平面桁架。其未知力为 3 个反力分量和每一杆中的力,亦即为 $3+m$ 个未知力。现在每一节点处可以写出 2 个平衡方程:

$$\sum F_x=0 \qquad \sum F_y=0 \tag{3.1}$$

求和号内包括交于节点处所有外力和内力的分量。因而方程的总数目为 $2j$。

对于静定结构,其静力方程的数目与未知数相同,亦即:

$$2j=m+3 \tag{3.2}$$

只要结构是稳定的,杆的数目与反力分量数目 r 之间有一些是可以互换的,此时,为了达到完全静定,必须满足下列条件:

$$2j=m+r \tag{3.3}$$

于是超静定次数为

$$i=(m+r)-2j \tag{3.4}$$

对于如图 3.6 所示的桁架,$r=4$,$m=18$,$j=10$。因此 $i=2$。

对于铰接的空间框架结构,可以写出 3 个平衡方程,即

$$\sum F_x=0,\ \sum F_y=0,\ \sum F_z=0 \tag{3.5}$$

求和号内包同样括交于节点处的所有内力和外力。方程的总数目为 $3j$,静定的条件为

$$3j=m+r \tag{3.6}$$

超静定次数为

$$i=(m+r)-3j \tag{3.7}$$

可用图 3.7 来说明这些表达式的应用。对于图 3.7(a)中的桁架,$j=4$,$m=3$ 和 $r=9$,每个

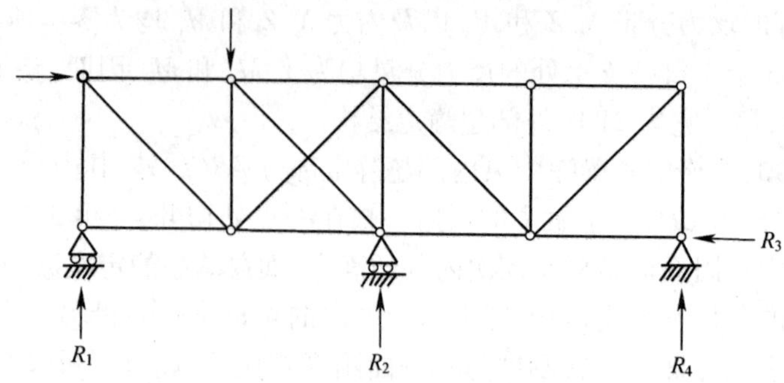

图 3.6 超静定平面桁架

支承处有 3 个反力分量。这样,式 3.6 得到满足,该桁架是静定的。

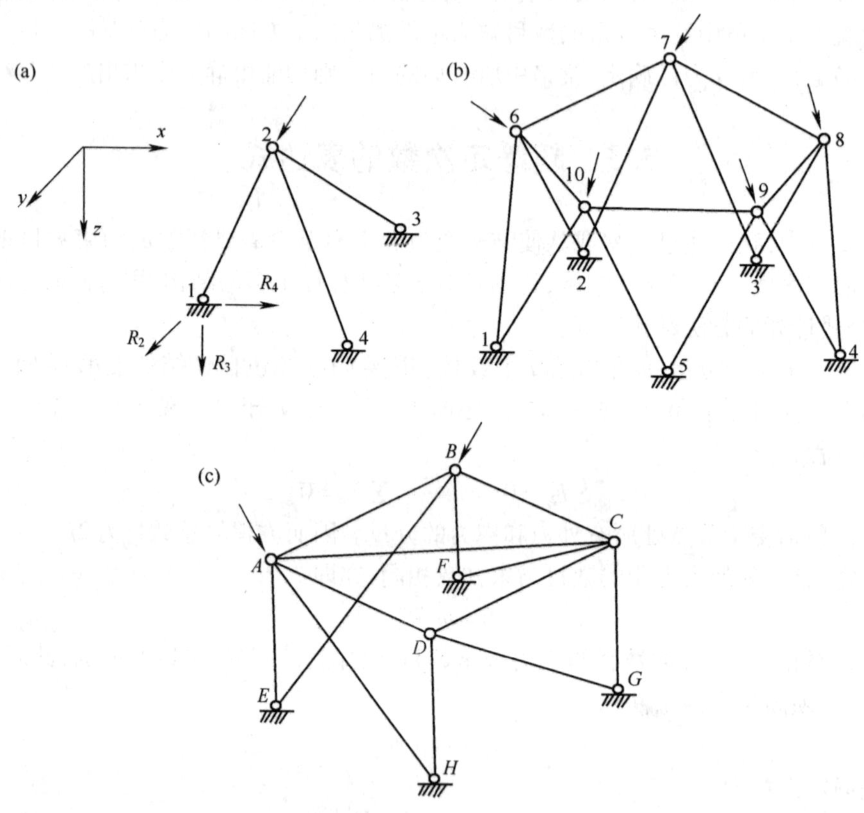

图 3.7 空间桁架

(a)和(b)静定;(c)超静定。

在图 3.7(b)的桁架中,$j=10$,$m=15$,$r=15$。因此,式 3.6 也是得到满足的。

然而,对于图 3.7(c)中的桁架,$j=8$,$m=13$,$r=12$,因此根据式 3.7,得出 $i=1$。移去杆 *AC* 会使桁架变为静定结构。

对于具有刚性节点的框架可以建立起与方程 3.4 和 3.7 相类似的表达式。在平面框架的一个刚性节点处,可以写出两个分力方程和一个力矩方程。平面框架内如果任一杆的 6 个杆端力 $F_1, F_2, \cdots, F_6$ 中任何 3 个为已知,那么该杆的内力(图 3.8(a))可以确定出来,因而每根杆件具有3个未知内力。总的未知量的数目等于未知反力分量的数目 r 与未知内力的数目之和。因此当刚结平面框架满足下式时为静定结构：

$$3j = 3m + r \tag{3.8}$$

而此类超静定结构的超静定次数可按下式计算：

$$i = (3m + r) - 3j \tag{3.9}$$

在这些方程中，j 为包括支承在内的刚性节点的总数目，m 为杆的数目。

如果用一个铰来代替框架内的一个刚性节点，则平衡方程的数目减少一个，但交于该节点处的各杆端点的弯矩也变为零，因此减少了的未知量的数目就等于交于该铰处的杆件的数目。当将式3.8和3.9用于具有混合型节点的平面框架时，必须考虑到这种修正。要注意的是，在多于两根杆件汇集的刚性节点处，并且其中一根杆件通过铰连接到该点，这样未知数的数量减少一个，而平衡方程的数量没有减少。例如，我们可以证明习题3.5中的框架为4次超静定，如果在杆件 CF 的左端（也就是端点 C 的右侧）插入一个铰，超静定次数减少为3次。

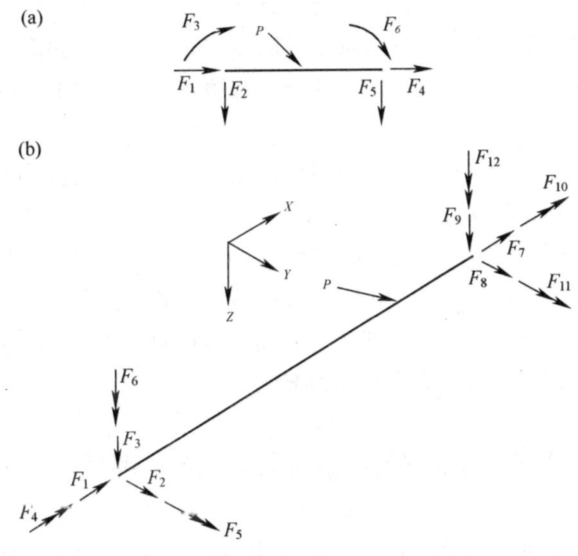

图3.8 刚结框架杆件的杆端力

(a)平面框架；(b)空间框架。

考虑图3.3(a)中的框架作为刚结的例子：$j=6$，$m=7$ 和 $r=4$。由方程3.9得出，超静定次数 $i=(3\times7+4)-3\times6=7$，这与第3.2节所得的结果相同。对于图3.1(c)中框架 $j=5$，$m=4$ 和 $r=4$，其内节点之一为铰结点，因而未知数的数目为 $(3m+r-2)=14$，平衡方程的数目为 $(3j-1)=14$。所以如前面论述的一样，该框架是为静定结构。

在空间框架的一个刚性节点处，可以写出3个分力方程和3个力矩方程。如果图3.8(b)中任一杆的12个杆端力中的6个为已知，那么，该杆的内力可以确定，这样每一根杆代表6个未知力。如果

$$6j = 6m + r \tag{3.10}$$

那么该空间框架为静定结构，否则其超静定次数为：

$$i = (6m + r) - 6j \tag{3.11}$$

将式3.11用于图3.4中的框架，已知 $m=8$，$r=24$ 和 $j=8$。则由式3.11，得 $i=24$，显然与

3.2 节中所得的结果相同。

考虑一个刚性联结的梁格(图 3.5(a)和(b))。在每一个节点处可以写出 3 个平衡方程,($\sum F_x=0,\sum M_y=0,\sum M_z=0$)。杆一端有 3 个分力,一个 y 方向的剪力,一个扭矩,一个弯矩。如果一个杆件的 6 个杆端力中有 3 个已知,任一截面处的内力就可以确定。

由刚性节点联结的梁格在满足下列条件时为静定结构:

$$3j=3m+r \tag{3.12}$$

如果这个条件不能满足,则其超静定次数为:

$$i=(3m+r)-3j \tag{3.13}$$

如果各杆件如图 3.5(c)那样铰结时,各杆件不能承受扭转,因此超静定次数为

$$i=(2m+r)-(3j+2\bar{j}) \tag{3.14}$$

尽管不存在扭转,在连接不同方向的两根或者更多杆件的节点处也可以列出 3 个平衡方程;例如图 3.5(a)中的节点 A,B,C,D,当其连接形式如图 3.5(c)所示时,3 个平衡方程为:y 方向的杆端力总和等于零,在 x,z 方向的杆端力矩分量总和等于零。式 3.14 中 j 代表可以在该点写出 3 个平衡方程的节点数量,但是对于只联结一个杆件(例如图 3.5(a)中的支点)或者联结同一方向的两根杆件的节点,只能建立两个平衡方程。式 3.14 中的 $\bar{j}$ 就是表示这种类型的节点。

式 3.13 或式 3.14 证明,在图 3.5(a)所示的梁格中,当联结形式分别为刚结或铰结时(图 3.5(b)或(c)),相应的 $i=24$ 或 12。

对于每一种类型的框架结构,如果结构是静定的,则其节点数、杆件数以及反力分量之间就满足相应的关系(例如式 3.3 或式 3.6),但这并不意味着满足相应关系的结构就是稳定的。例如,在图 3.7(b)中,移去连接节点 5 和节点 10 的杆件,而增加一根连接节点 4 和节点 5 的杆件,则结构仍满足式 3.6,但却成为不稳定结构。

3.4 超静定结构分析的一般方法

结构分析的目的在于确定外力(反力分量)和内力(内力)。所有力必须满足平衡条件,并产生与结构连续性和支承条件相协调的变形。正如我们早已看到的那样,平衡方程不足以确定超静定结构中的未知力,必须用结构变形之间的简单几何关系去加以补充。这些关系保证变形与结构几何形状的协调性,称之为几何条件或协调条件。例如在连续梁的一个中间支承处,支承两侧不可能有挠度而且其转角相同。

解决上述问题有两种常用的处理方法。第一种是力法或柔度法,这种方法以释放足够的约束使结构变为静定结构。释放约束后的结构经历不协调(不相容)的变形,然后通过施加附加力来修正这种几何上的不协调性。

第二种方法是位移法或刚度法。在这种方法中,加上约束阻止节点运动,并确定出产生这些约束所需要的力。然后允许节点处产生位移直到虚构的约束力被抵消。节点位移已知,则通过单个位移效应的叠加便可确定结构上的力。

力法和位移法都适用于分析任何结构。在力法中,是要求出恢复几何协调性所需要的力,它的分析一般包括求解数目与未知力的数目相等的联立方程,亦即其方程数目等于使结构变为静定时所需要释放的约束数目。在位移法中,未知量是可能的节点平动和转动。加在结构

上的约束力的数目等于可能的节点位移数目。这种方法代表另一类超静定,这种超静定称为动不定性,将在下节中进行讨论。力法和位移法将在第4章和第5章中作详细的研究。

3.5 动不定性

当由多根杆所组成的结构承受荷载时,其节点经历转动和平动形式的位移。在位移法分析中,节点的转动和平动均为未知量。

在一个支承处,其位移分量中的一个或多个为已知。例如,图3.9中的连续梁,C处固定,A和B为辊轴支承。C处固定阻止此端产生任何位移,而A和B处的辊轴支承阻止沿竖直方向平动,但允许转动。此处我们应注意,辊轴支承假设具有承受向下的力和向上的力的能力。

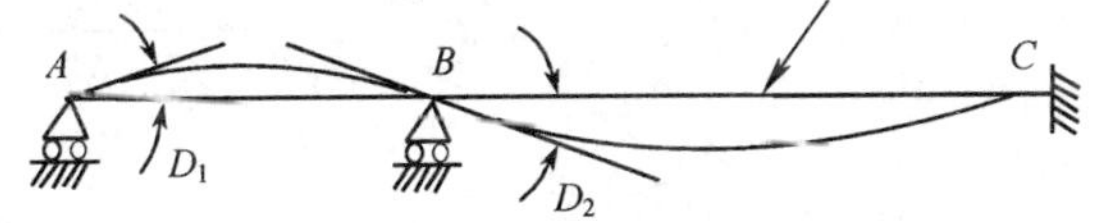

图3.9 连续梁的动不定结构

如果我们假设梁的轴向刚度大到轴向力所引起的长度变化可以忽略不计的程度,那么A和B处没有水平位移。所以,在A和B处节点仅有的未知位移分别为转动D_1和D_2(图3.9)。位移D_1和D_2彼此无关,它们可通过引进适当的力赋予任意值。

如果节点位移系中每一个位移可以任意变化而与其他位移无关,那么该节点位移系称为独立结构。例如在图3.9的结构中,转动D_1和D_2是相互独立的,因为两者中的任何一个,比如说D_2保持不变时,D_1可以改变,这可以通过在A处应用一适当大小的力偶而在B处应用另一适当大小的力偶来实现。结构中独立的节点位移数目称为动不定次数或自由度。此数目为转动自由度和平动自由度之和,平动有时称也可以为侧移的自由度。

以图3.10(a)中平面框架$ABCD$作为确定自由度数目的一个例子。如图所示,节点A和D均为固定,节点B和C分别有三个位移分量$D_1,D_2,\cdots,D_6$。如果杆因轴向力所引起长度上的变化忽略不计,那么这6个位移分量不都是独立的,因为节点B和C的平动方向是与杆的原来方向相垂直的。如果对平动位移D_1,D_2,D_4,D_5中的任何一个给定一任意值,那么其他3个值可按几何关系来确定。

例如,如果对D_1赋予一个确定的值,则D_2等于$D_1\cot\theta_1$,以满足B处合成平动方向垂直于AB的条件。一旦B'位置(发生位移后的节点B的位置)已确定,移动后的C'位置也就确定了,因为如果BC和CD的长度保持不变,它只能有一位置。节点位移的图解示于图3.10(b)中,该图中位移D_2,D_4,D_5由所给的D_1值用图表来确定。在此图中,BB'垂直于AB,$BCEB'$为一平行四边形,EC'和CC'分别垂直于BC和CD。

从上面讨论中,可以看出在所考虑的框架中各节点的平动代表一个未知数或一个自由度。

应该注意到,节点的平动与杆的长度相比是非常小的。因此,节点的平动假设为沿垂直于杆的原来方向的直线,而不是圆弧。从图3.10(c)中以较大的比例尺绘制的三角形$CC'E$上,可以确定位移D_2,D_4,D_5。这些位移也可由简单的几何关系用D_1来表达。

既然B和C处节点的转动是彼此独立的,那么,图3.10(a)中的框架具有一个侧移自由度和两个转动自由度,因而该构架的动不定次数为3。如果考虑轴向变形,那么4个平动位移是

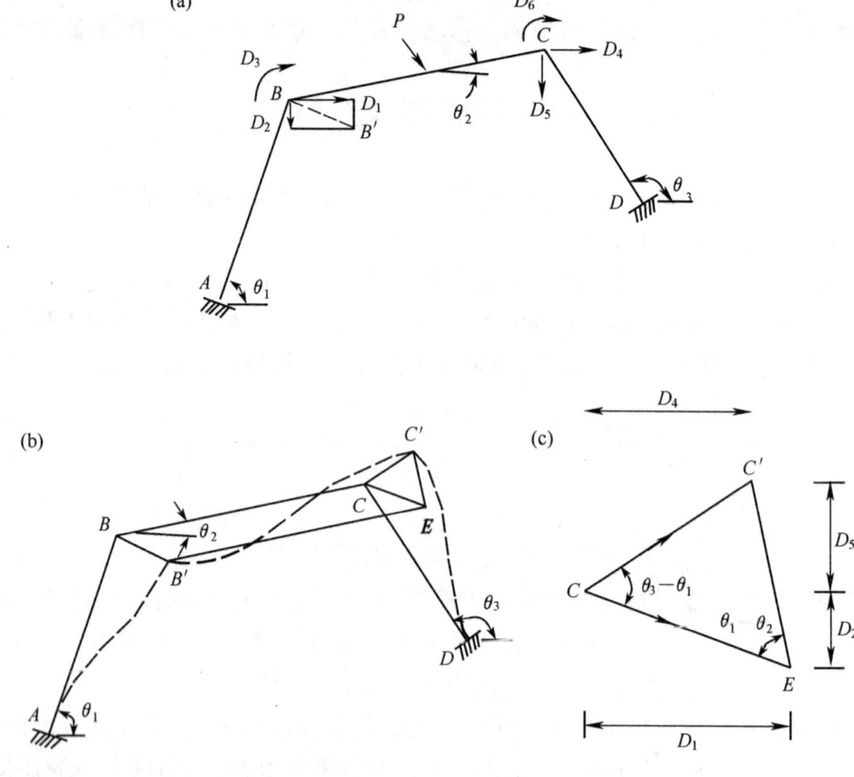

图 3.10

(a)刚接平面框架的动不定性;(b)和(c)位移图。

独立的,总的动不定次数则为6。

图3.11中的平面框架为动不定结构的另一个例子。如果轴向变形忽略不计,其动不定次数为2,未知节点位移为A和B处的转动。

我们必须强调,不应把动不定性与超静定性彼此混淆起来。譬如,图3.11中的框架具有7个反力分量,为4次超静定。如果D处的固定支承换为一个铰,超静定次数将减少一次,但同时D处变成可能转动,这样动不定性却增加一次。一般地,引进约束释放会减少超静定的次数,却增加动不定的次数。由于这个原因,超静定次数愈高,就愈适于采用位移法来分析结构。

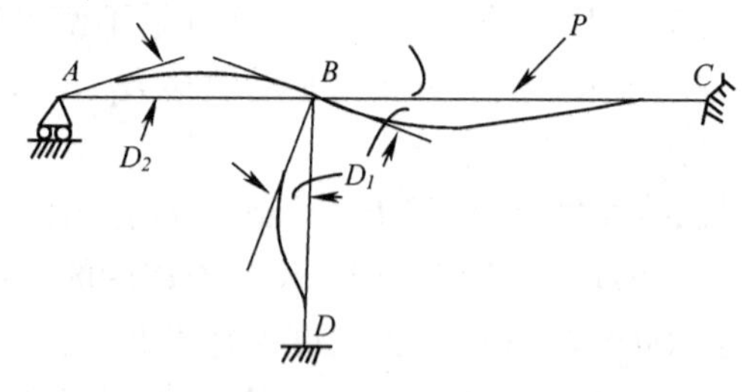

图3.11　刚结平面框架的动不定性

在所有力均作用于节点上的铰接桁架中,各杆仅承受轴向荷载(没有弯矩或剪力),所以各杆是保持平直的。如果平面桁架中每一节点处沿两个正交方向的平动分量均已确定,那么桁架变形形状便完全确定下来。除了支承外,每个节点具有两个自由度。

图3.12中的平面结构为二次动不定结构,因为仅有节点A有可以由两个正交方向的分量来定义的位移。由式3.4知,其超静定次数为3次。对该杆系加上一根一端销接于A处,而另

一端销接于支承的附加杆，不会改变其动不定次数，但是会使超静定次数增加一次。

对于荷载仅作用在节点上的铰接空间桁架，节点平动可沿任何方向发生，所以节点平动可由3个正交方向的分量来定义，因而每一个节点——除了支承——具有3个自由度。可以容易看出图3.7(a)中的桁架的动不定次数为3，图3.7(b)中桁架的动不定次数为15，图3.7(c)中桁架的动不定次数为12。

刚性联结的空间框架的每一节点一般可以有6个位移分量；3个沿3个成正交方向的平动和3个用沿3个正交方向的向量（双头箭头）来表示的转动。

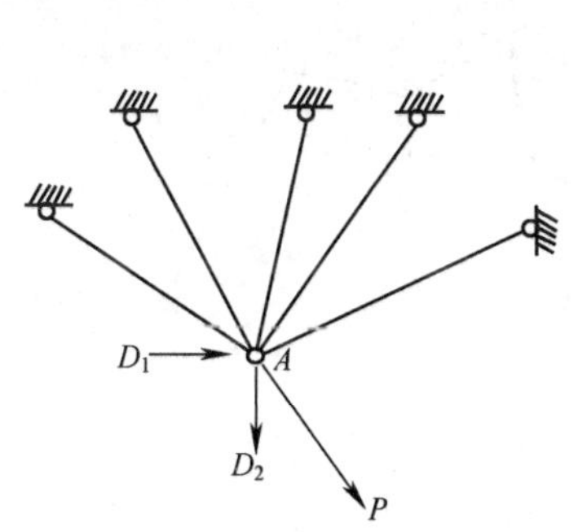

图3.12 平面桁架的动不定性

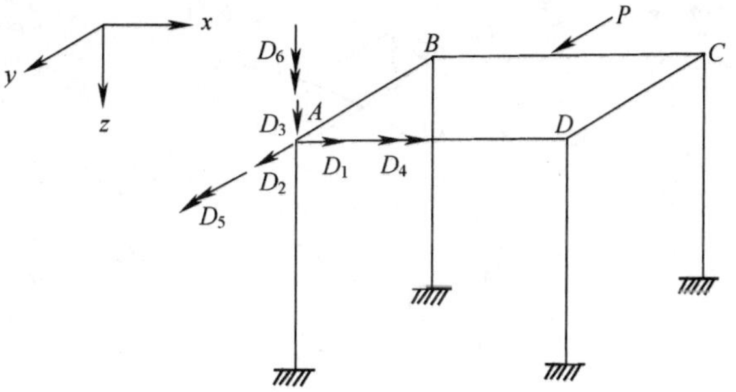

图3.13 空间刚结框架的动不定性

考虑图3.13中的空间框架。它有8个节点，其中4个是固定的。节点A,B,C,D中的每一个节点可以有6个如A点处所示的位移。所以该框架的动不定次数为$4\times6=24$。

如果轴向变形忽略不计，即4根柱的长度保持不变，那么，沿竖直方向的平动分量D_3变为零，因而未知位移减少了4个。水平杆的长度不变，节点A和节点D沿x方向的水平平动相等；节点B和节点C的水平平动也相等。类似地，节点A和节点B沿y方向的平动相等；节点C和节点D沿y方向的平动也相等。总的未知位移减少4个。所以，图3.13中的框架倘若没有轴向变形，其动不定次数为16。

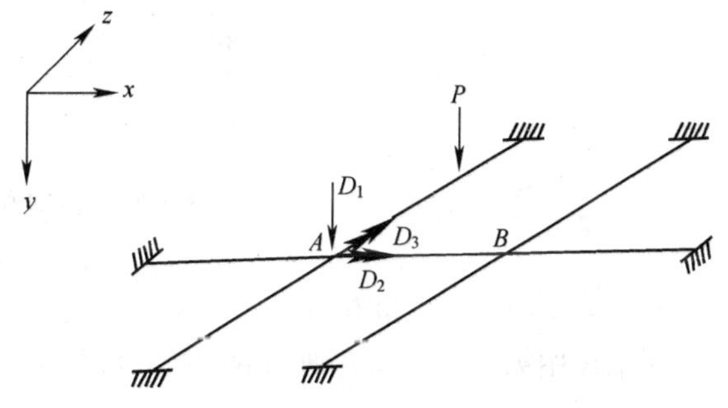

图3.14 法向荷载作用的空间梁格的动不定性

如果刚性联结的梁格仅承受方向与梁格平面相垂直的荷载，每一节点可以有3个位移分量，即垂直于梁格平面的平动和绕梁格平面内两正交轴的转动。这样，图3.14中的梁格为6次动不定。此梁格的超静定次数却为15。

如果梁格中一个方向的梁与其垂直方向的梁按图3.5(c)所示方式铰接，那么各梁不承受扭转。因此，图3.14中的具有铰接梁格的超静定次数为8次，而另一方面，其动不定次数保持不变。

3.6 叠加原理

在第2.1节中，我们提到当结构的变形与作用荷载成正比时，叠加原理是适用的。这个原理可以表述为:多个力同时作用所产生的位移等于每一个力单独作用所产生的位移之和。

在结构分析中,采用符号 D_{ij}作为力 F_j 所引起的 i 点处的位移是很方便的。因而,位移的第一个脚标表示位移发生的位置和方向,第二个脚标表示引起该位移的力的位置和方向。每一个脚标指的是代表一个力或一个位移的位置和方向的坐标,其坐标通常用结构图上的箭头来表示。

在图 3.15(a)中对这种方法进行了阐述。如果作用的力与所得位移之间的关系为线性关系,我们可以写出:

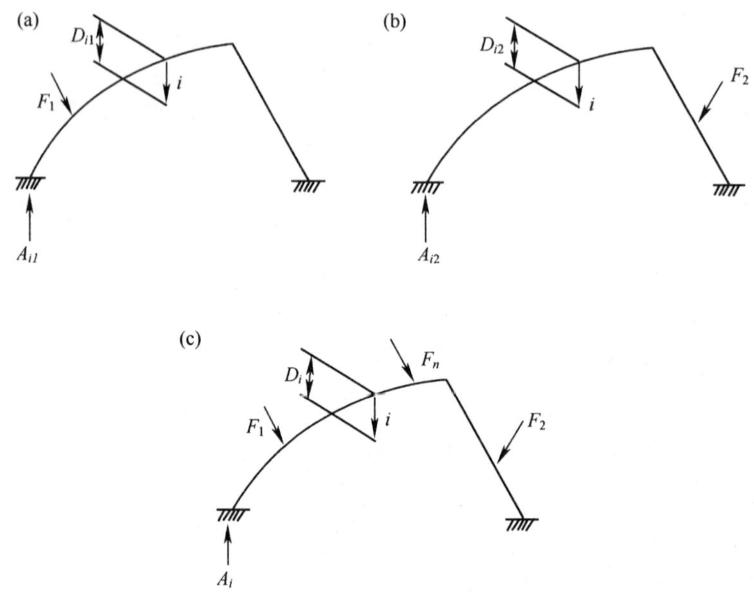

图 3.15　位移和力的叠加

$$D_{i1}=f_{i1}F_1 \tag{3.15}$$

其中f_{i1}为在 F_1 的位置和方向上作用单位力时在坐标 i 处所引起的位移。

如果作用第二个力 F_2,则引起 i 处的位移 D_{i2}(图 3.15(b))为

$$D_{i2}=f_{i2}F_2 \tag{3.16}$$

其中f_{i2}为在坐标 2 处的单位力所引起的 i 处的位移。

如果多个力 $F_1,F_2,\cdots,F_n$ 同时作用(图 3.15(c)),i 处的总位移则为

$$D_i=f_{i1}F_1+f_{i2}F_2+\cdots+f_{in}F_n \tag{3.17}$$

显然,总位移与各个荷载的作用次序无关。当然,如果材料的应力—应变关系为非线性的,这一点就不成立了。

即使结构的材料服从虎克定律,如果其几何形状由于作用荷载引起较大变化(见第 24 章),这个结构可能表现为非线性的。考虑图 3.16(a)中承受不致于大到引起屈曲的轴向力 F_1 的细长压杆,此时,该压杆将保持为直杆,任意 A 点的横向位移 $D_A=0$。现在,如果该压杆承受单独的横向荷载 F_2 的作用,点 A 处将产生横向位移 D_A(图 3.16(b))。如果同时受 F_1 和 F_2 的作用(图 3.16(c)),该压杆将承受等于 F_1 与指定截面处挠度相乘的附加弯矩。这个附加弯矩引起附加挠度,在这种情况下 A 处的位移 D'_A 将大于 D_A。

当荷载 F_1 和 F_2 分别作用时,自然就不存在这种弯矩,因而 F_1 和 F_2 的合成效应不等于它

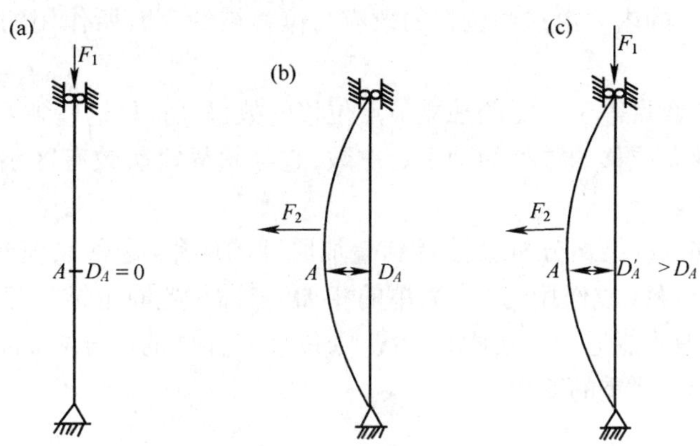

图 3.16　不能叠加的结构

们分别效应之和,叠加原理是不成立的。

当结构线性工作时,叠加原理对于力和位移都成立。这样,图 3.15(c)中结构任一截面处的内力或反力分量可通过各力 $F_1, F_2 \cdots\cdots F_n$ 分别作用时的效应叠加起来确定。

设符号 A_i 表示广义作用力,它可以是由于所有力的合成效应使任一截面处产生的反力、弯矩、剪力或推力。力的一般叠加方程可写成:

$$A_i = A_{ui1}F_1 + A_{ui2}F_2 + \cdots + A_{uin}F_n \tag{3.18}$$

式中 A_{ui1} 为在坐标 1 处单独作用单位力时作用力 A_i 的值。类似地,$A_{ui2}, \cdots, A_{uin}$ 为在坐标 2,…,n 处分别作用单位力时作用力 A_i 的值。

方程 3.18 可以写成矩阵形式:

$$A_i = [A_{ui}]_{1\times n}\{F\}_{n\times 1} \tag{3.19}$$

我们应注意,方程 3.18 中力的叠加对于静定结构是完全成立的,与材料的应力—应变关系的形状无关,只要各荷载不致引起足以使结构产生明显的几何形状变化就可以了。在这种结构中,任何作用力可以仅通过静力方程来确定,而不需要考虑位移。反之,在超静定结构中,由于内力取决于杆的变形,所以力的叠加仅在服从虎克定律时才能成立。

3.7　小　　结

现代结构中大多数是超静定结构,在应用柔度法时,需要对所给的结构确定其超静定次数,它可能是外部超静定、内部超静定,或者既是外部超静定又是内部超静定。在简单情况下,超静定次数可通过简单的观察来求得,但是在较复杂的或多跨和多层结构中,通过利用包括节点、杆件和反力分量的数目的表达式来确定其超静定次数是较好的方法。这些表达式也可以用于平面的和空间的桁架(铰结结构)和框架(刚结结构)。

结构分析的一般方法有两种。一种是力法(或柔度法),这种方法通过释放约束使结构变为静定,计算得出位移,位移的不相容性通过利用沿释放方向的附加力来修正。因此,得到一系列协调方程,对这些方程求解得出未知力。

在另一个方法即位移法(或刚度法)中引进节点约束,计算出阻止节点位移所需要的约束力,然后允许沿约束方向产生位移,直到约束力变为零,得到一系列的平衡方程,它的解就是未知的位移，于是结构上的内力由这些位移的效应与位移被约束时所作用的荷载的效应叠加起来确定。

刚度法中约束的数目等于可能的独立节点位移的数目，所以，这些独立的节点位移要在分析之前确定出来。独立位移的数目为动不定次数，它与超静定次数有区别。位移可能为转角的形式或平动的形式。

应用力法或位移法的结构分析会涉及到叠加原理的应用，这种原理允许将单个荷载（或位移）作用所产生的位移（或作用力）作简单的相加。然而，超静定结构仅当所用的材料服从虎克定律时，这个原理才能适用。在所有情况下，位移与杆件的尺寸相比必须很小，这样结构的几何形状不致于产生严重的变形。

习　　题

3.1～3.6　试求下面所示结构的超静定次数。引进足够的约束释放使每一结构变为静定结构。

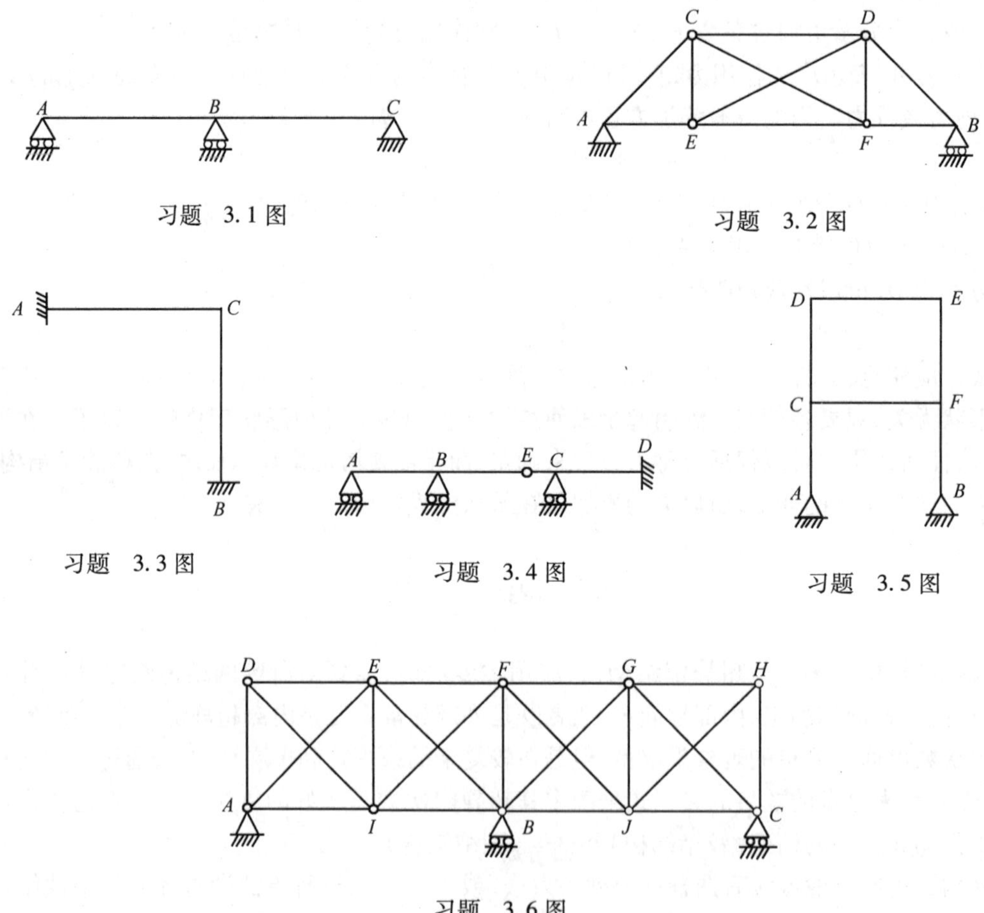

习题　3.1 图

习题　3.2 图

习题　3.3 图

习题　3.4 图

习题　3.5 图

习题　3.6 图

3.7　杆 AB，BC 和 CD 均为刚性联结，并位于同一水平面内。它们承受竖直荷载。试问其超静定次数是多少？

3.8　图中所示水平梁格仅承受竖直荷载。试问在下面情况下其超静定次数是多少：

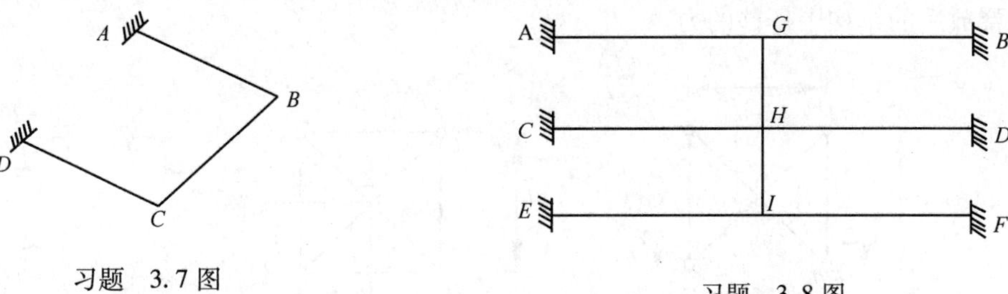

习题　3.7 图　　习题　3.8 图

(a)假设端节点处为刚性联结。

(b)假设如图 3.5(c)所示的联结形式，即无扭矩的梁格。试对每一种情况引进足够的约束释放，使结构变为静定结构。

3.9　图中表示与竖直墙上 A,B,C 和 D 处成铰结的空间桁架的透视图。试确定其超静定次数，引进足够的约束释放使结构变为静定结构。

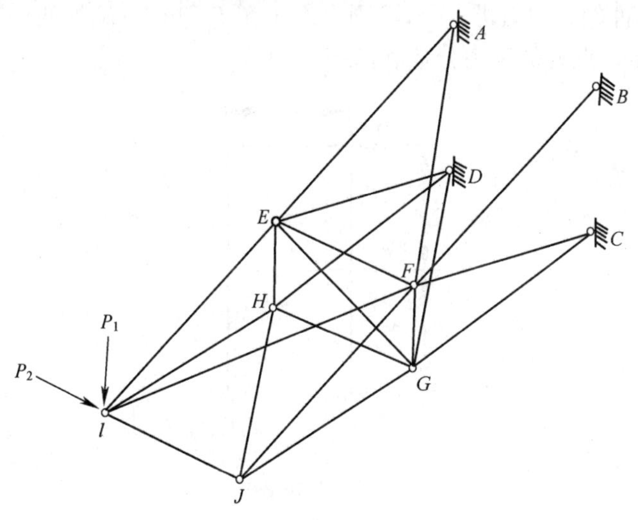

习题　3.9 图

3.10　试确定习题 3.1 中梁的动不定次数，并指出节点各位移的坐标系。如果轴向变形忽略不计，试问其动不定次是多少？

3.11　试将习题 3.10 中的问题用于习题 1.5 的框架上。

3.12　习题 3.8 中刚性联结梁格的动不定次数是多少？

3.13　对图中结构引进足够的约束释放使之变为静定结构，绘出相应弯矩图。绘出另一种释放方式下的结构弯矩图。

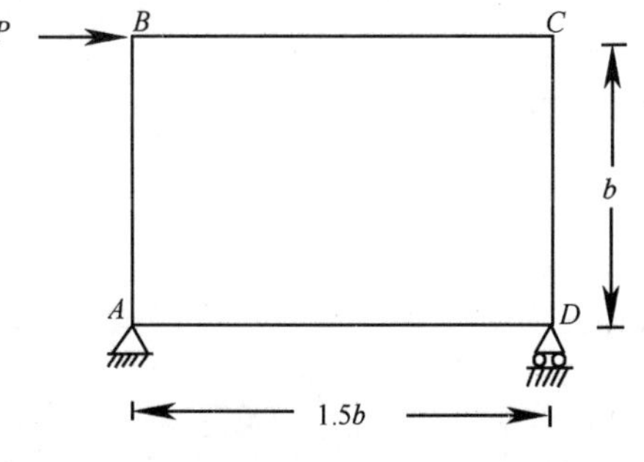

习题　3.13 图

3.14　如图所示的空间桁架有两个平面系：xz 和 yz 平面，杆件为 4 个水平杆，4 个竖直杆，加上 5 个正交平面中的每个平面中的两个对角杆。图(a)为 4 个桁架侧面中某一个面的立面图。试引进足够的约束释放使结构变成静定，同时确定由于在顶点 A 处施加两个相等的力 P，而进行约束释放后的结构中杆件的力。

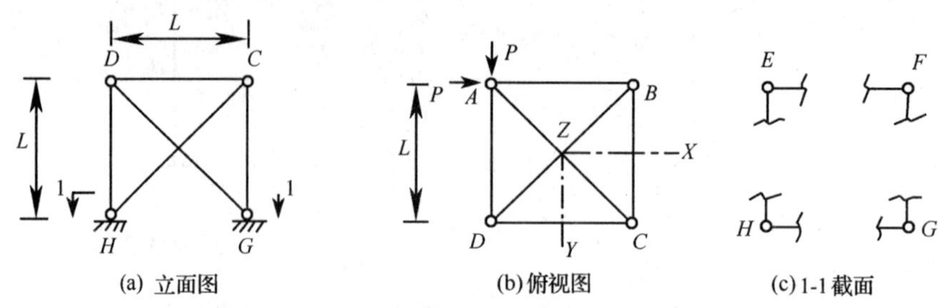

习题　3.14 图

3.15　(a) 引进足够的约束释放使图示的框架变为静定结构，通过一组坐标系表明释放情况。

(b) 在每一个杆件的中间引进一个铰，画出由于在 E 和 C 点施加两个大小为 P 的水平力引起的弯矩图。用在 A 点处的反力分量和简图来表示。

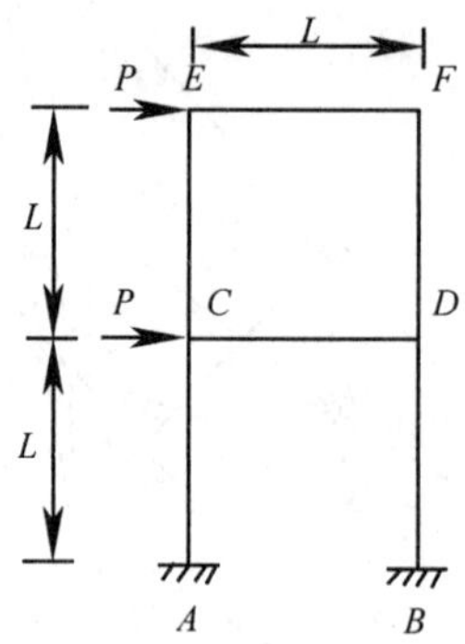

习题　3.15 图

4　力法分析

4.1　引　　言

正如第3.4节所提到的，力法是结构分析的一种基本方法。本章将介绍力法分析过程的概要，然后在第6章中将会对力法与位移法进行比较分析。

4.2　方法说明

力法包括5个步骤，这些步骤将在此作简单的介绍，但在算例中以及后面章节里将对其作进一步的阐述。

1. 首先，确定超静定次数，然后引入与超静定次数相同数目的约束释放。每一个释放是由拆去一个外力或一个内力来实现的。释放的选择必须能使释放后的结构是稳定且静定的。然而，在有些情况下，释放的数目虽少于超静定次数，但所得释放后的超静定结构更容易进行分析。在所有的情况下，释放的力（亦称赘余力）应该谨慎选择以便使得释放后的结构容易分析。

2. 在释放约束后的结构上施加指定的荷载，将会产生与实际结构不相容的位移。例如，可能会在原结构中位移必须为零的支座处产生转动或平动。在本步骤中需要确定基本结构中的这些不协调性或"差错"。换句话说，我们得计算出赘余力所对应位移的"差错"值，这些位移可能是因外部荷载作用、支座沉降或温度变化所引起。

3. 确定单位赘余力作用在基本结构上所产生的位移（如图4.1(d)和(e)）。这些位移要求与第2步中所确定"差错"位移的作用位置和方向相一致。

4. 确定消除"差错"位移所需要的赘余力值。这就要求写出叠加方程，方程中将单独赘余力的效应与基本结构的位移相叠加。

5. 然后，我们求出原来超静定结构上的力：其数值为修正力（赘余力）与作用在基本结构上的力之和。

现在用示例来简要地介绍力法的应用。

例4.1　结构的超静定次数为2

图4.1(a)所示梁ABC在C处固支，在A和B处为滚动支撑。梁在全长上承受集度为q的均布荷载。该梁的弯曲刚度为常量EI。试求出梁的反力。

(1)坐标系

第一步：该结构为二次超静定结构，因而需要去掉两个赘余力。有几种可能的选择。例如，取C处的力矩和竖直反力，或A和B处的竖直反力。对于这个例题，我们将去掉B处的竖直反力和C处的力矩。于是，基本结构为一个具有如图4.1(b)所示赘余力和位移的简支梁AC。各个赘余力与位移的位置和方向都归属于坐标系。

赘余力F_1和F_2的正方向是任意选取的，但是同一位置处的位移的正方向必须与赘余力

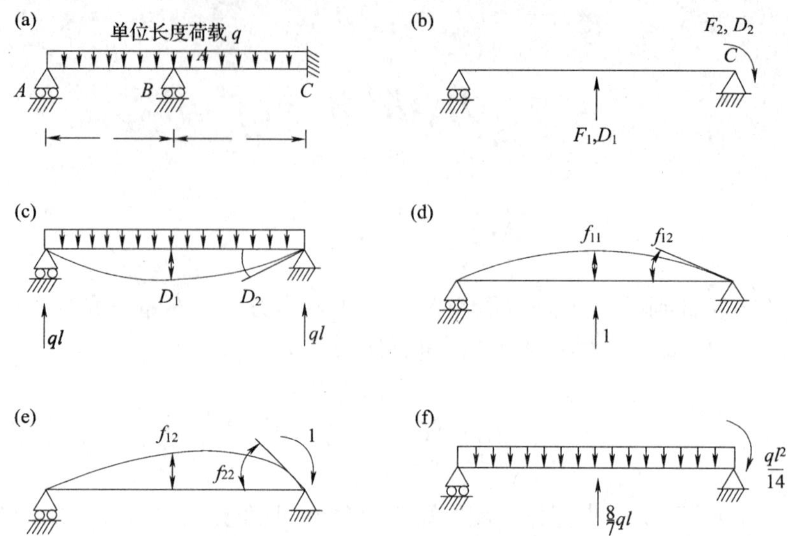

图 4.1 例题 4.1 中所考虑的连续梁

(a)超静定梁;(b)坐标系;(c)基本结构上的外荷载;

(d)$F_1=1$;(e)$F_2=1$;(f)赘余力。

的正方向相一致。图 4.1(b)中的箭头表示本例题中所选择的正方向。由于箭头表示力和位移,一般情况下,用数字 1,2…,n 来标明各坐标号是比较方便的。

第二步:根据这个体系,图 4.1(c)中 B 和 C 处的位移分别为 D_1 和 D_2。事实上,如图 4.1(a)所示,这些点处的实际位移均为零,所以 D_1 和 D_2 表示结构变形的不协调性。

D_1 和 D_2 的值可按图 4.1(c)中简支梁的变形求出。在此,我们可以应用附录 B 中的数据。这样

$$D_1=-\frac{5ql^4}{24EI}\text{和}\ D_2=-\frac{ql^3}{3EI}$$

其中负号表示这两个位移的方向与图 4.1(b)中所选择的正方向相反。

如图 4.1(b)所示在一个单独的结构图中表示出所选取的坐标系是一种比较好的方式,而不应该仅仅直接在图 4.1(a)加上箭头。可以选取任意方向上的箭头来确定力和位移的正方向,但所选取的正方向必须与整个结构分析相一致。应当注意的是,当释放一个内部力的时候,在其坐标系中必须通过一对方向相反的箭头来表示(见图 4.7)。此时相应的位移则为在该坐标系中某位置处两个截面上的相对平动或转动。

第三步:单位赘余力在基本结构上所产生的位移见图 4.1(d)和(e)。这些位移值计算如下(由附录 B 查得):

$$f_{11}=\frac{l^3}{6EI}\qquad f_{12}=\frac{l^2}{4EI}$$

$$f_{21}=\frac{l^2}{4EI}\qquad f_{22}=\frac{2l}{3EI}$$

系数 f_{ij} 表示由于单位赘余力作用于坐标 j 处时在 i 处产生的位移。

(2)几何关系(相容方程)

第四步:几何关系表示出 B 处的最终竖向位移和 C 处的转动位移均为零。最终位移是指

基本结构上外部荷载效应与赘余力效应相叠加的结果。由此，几何关系可表示为：

$$\left.\begin{aligned} D_1 + f_{11}F_1 + f_{12}F_2 = 0 \\ D_2 + f_{21}F_1 + f_{22}F_2 = 0 \end{aligned}\right\} \tag{4.1}$$

方程4.1的一个更通用的形式为：

$$\left.\begin{aligned} D_1 + f_{11}F_1 + f_{12}F_2 = \Delta 1 \\ D_2 + f_{21}F_1 + f_{22}F_2 = \Delta 2 \end{aligned}\right\} \tag{4.2}$$

其中$\Delta 1$和$\Delta 2$为实际结构在节点1和2处的已知位移。在本例题中，如果需要分析荷载q和支撑B处的沉降δ_B（如图4.1(a)）的联合效应，我们就得取$\Delta 1 = -\delta_B$，$\Delta 2 = 0$（见例题4.3，情况2）。

(3)柔度矩阵

方程组4.2可以写成矩阵的形式：

$$[f]\{F\} = \{\Delta - D\} \tag{4.3}$$

其中

$$\{D\} = \begin{Bmatrix} D_1 \\ D_2 \end{Bmatrix} \quad [f] = \begin{bmatrix} f_{11} & f_{12} \\ f_{21} & f_{22} \end{bmatrix} \text{和} \{F\} = \begin{Bmatrix} F_1 \\ F_2 \end{Bmatrix}$$

（矩阵的代数元素可由附录A查得）。

列向量$\{\Delta - D\}$取决于作用在结构上的外部荷载。矩阵$[f]$的各元素为其对应的各单位赘余力所产生的位移。所以，$[f]$取决于结构的特性，代表着基本结构的柔度。因此，$[f]$称为柔度矩阵，其各元素称为柔度系数。

我们应注意柔度矩阵中各元素的量纲不完全一样，因为他们代表由于一个单位荷载或单位力偶所引起的平动或转动。在上面的例子中，f_{11}为一个由单位集中荷载所引起的平动，所以f_{11}的单位为（长度/力）(m/N)。柔度系数f_{22}是由于一个单位力偶所引起的转动（以弧度计），所以其单位为（力·长度）$^{-1}$，f_{12}和f_{21}的单位均为（力）$^{-1}$，因为f_{12}是由于单位力偶产生的平动，f_{21}是由于一个单位荷载所产生的转动。

向量$\{F\}$的各元素均为赘余力，可求解式4.3来得到，这样

$$\{F\} = [f]^{-1}\{\Delta - D\} \tag{4.4}$$

在本算例中，矩阵$\{F\}$，$[f]$和$\{-D\}$的阶数分别为2×1，2×2，2×1。一般，如果释放约束的数目为n，那么其矩阵的阶数则分别为$n \times 1$，$n \times n$，$n \times 1$。我们应注意$[f]$为一对称矩阵。柔度矩阵的这种普遍的特性将会在6.6节中加以证明。

在本算例中，柔度矩阵及其逆矩阵为：

$$[f] = \begin{bmatrix} \dfrac{l^3}{6EI} & \dfrac{l^2}{6EI} \\ \dfrac{l^2}{4EI} & \dfrac{2l}{3EI} \end{bmatrix} \tag{4.5}$$

和

$$[f]^{-1} = \frac{12EI}{7l^3}\begin{bmatrix} 8 & -3l \\ -3l & 2l^2 \end{bmatrix} \tag{4.6}$$

位移向量为

$$\{\Delta - D\} = \frac{ql^3}{24EI}\begin{Bmatrix}5l\\8\end{Bmatrix} \tag{4.7}$$

将其代入方程4.4或求解方程4.3,我们可以得到

$$\{F\} = \frac{ql}{14}\begin{Bmatrix}16\\l\end{Bmatrix}$$

所以各赘余力为

$$F_1 = \frac{8}{7}ql \text{ 和 } F_2 = \frac{ql^2}{14}$$

其中正号表示赘余力的方向与图4.1(b)中所选择的正方向一致。

值得的注意的是柔度矩阵取决于赘余力的选择。选取不同的赘余力,同一结构将得出不同的柔度矩阵。

第五步:作用于结构上最终的力如4.1(f)中所示。结构中的任一内力可由普通静力学的方法求出。

原结构的反力和内力也可由作用在基本结构上的外荷载效应与赘余力效应的叠加来确定。这可以用叠加方程来表达:

$$A_i = A_{si} + (A_{ui1}F_1 + A_{ui2}F_2 + \cdots + A_{uin}F_n) \tag{4.8}$$

式中

A_i——任一作用力 i,可以是实际结构中任一支承处的反力或任一截面处的剪力、轴力、扭矩以及弯矩;

A_{si}——与 A_i 所表示的同样的(同一类的)作用力,但是其作用于承受外荷载的基本结构中;

$A_{ui1}, A_{ui2}, \cdots, A_{uin}$——当单位力单独作用在基本结构坐标1,2,…$n$ 处时所产生的相应作用力;

$F_1, F_2, \cdots, F_n$——作用在基本结构上的赘余力。

由方程3.18可知,方程4.8中带括号的那项代表当全部赘余力同时作用于基本结构上所产生的作用力。

通常,需要求出原结构的多个反力和内力值。这些反力和内力均可以由类似于方程4.8的方程来求得。如果需要求出 m 个作用力,那么所需要的方程组可写成矩阵形式:

$$\{A\}_{m\times1} = \{A_S\}_{m\times1} + [A_u]_{m\times n}\{F\}_{n\times1} \tag{4.9}$$

每一个矩阵的阶数都已在方程4.9中表示出来,但是在这里把矩阵写成满秩形式是有益的。即:

$$\{A\} = \begin{Bmatrix}A_1\\A_2\\\cdots\\A_m\end{Bmatrix} \quad \{A_s\} = \begin{Bmatrix}A_{s1}\\A_{s2}\\\cdots\\A_{sm}\end{Bmatrix} \quad [A_n] = \begin{bmatrix}A_{u11} & A_{u12}\cdots & A_{u1n}\\A_{u21} & A_{u22}\cdots & A_{u2n}\\\cdots & \cdots & \cdots\\A_{um1} & A_{um2}\cdots & A_{umn}\end{bmatrix}$$

4.3 基本结构和坐标系统

在力法的第一个步骤中,需要画出基本结构图和一系列编号的箭头。箭头表明了从超静定结构上所拆去的力的位置和正方向。所拆去的约束力(释放)可以是外部约束,例如反力分

量。以图4.1(b)中所示为例,拆去的反力分量用箭头1和2来表示。同时释放也可以通过拆去内部约束来实现,比如可以切断一根杆件或者引进一个铰。

当所拆去的力是一个外部约束时,它可以用单个箭头表示。但当所拆除的力是内部约束时,例如:轴力、剪立或力矩,就必须用一对方向相反的箭头来表示。其中每一对箭头代表一个标号,因此代表一个力(例如图4.4(b))

力法接下来的步骤包括计算,将使用在第一步中所定义的各坐标处的力和位移。因此,当坐标系没有确定的时候,引用或核算已计算的力和位移(尤其是它们的符号)是不可能的。出于这个原因,我们建议使用没有画出外部作用力的图形来代表基本结构和坐标系统。当拆除的力是外部约束的时候,它仅仅显示出一个基本结构和一些带有编号的单箭头;当拆除的力是内部约束的时候,则是双箭头。

4.4　关于环境影响的分析

力法可用于分析承受荷载以外的其他作用的超静定结构。这种作用能引起结构的内应力,例如支座的移动。它们可以是由于基础沉降或由于支柱因不均匀温度变化而产生。

在任何一个结构中,节点的自由运动如果受到限制,都将会产生内力。例如,两端固定的梁会由于温度改变而产生轴向力。由于温度的不均匀变化,结构也可能产生应力。

我们来分析一个例子,如图4.2(a)所示的连续梁 ABC 顶面到底面的温度升高量呈线性变化。如果拆去支座 B,梁就变为静定结构,温度上升将使它向上挠曲(见图4.2(b))。如果梁仍与支座 B 相连,则将在 B 处产生向下的力 F_B 来约束"差错" 位移 D_B。梁轴线的挠曲形状如图4.2(c)所示。

如果桁架杆件的尺寸在制造时与理论长度相比有增减,那么在安装时就需要施加力的作用,由此桁架中将产生应力。这种安装误差与杆件温度变化对结构具有相似的效应。混凝土杆件在干燥时的收缩效应也与温度下降的效应相同。

超静定结构中出现内力的另一种原因是预应力混凝土杆件中的预加应变,这一点可以参照图4.3(a)来说明。该图中的梁为一根矩形截面的静定混凝土梁,有一预应力筋置于横截面底部管道内。然后对预应力筋进行张拉并锚固于梁的端部,这样使横截面的底部受压,从而使

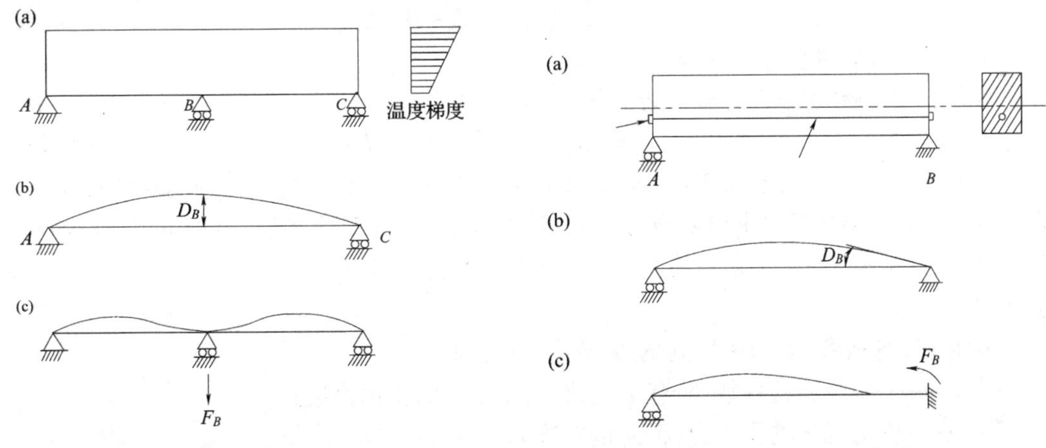

图4.2　温度沿截面不均匀升高对连续梁的影响

图4.3　预加应变对梁的影响

梁向上挠曲（如图4.3(b)）。如果梁为B端固支的超静定结构，则在B处将产生力偶以使转动D_B为零（如图4.3(c)）。

在所有情况下，式4.4都可以用来计算结构的赘余力。矩阵$\{D\}$的各元素为由于给定效应或各种效应组合作用下基本结构所产生的“差错”位移。温度、收缩、徐变和预应力对结构的影响将在6.9节~6.11节中作更详细的讨论。

我们应当注意，如果某一支承相对于该坐标产生了位移，那么矩阵$\{\Delta\}$应包括该位移，否则在某坐标处基本结构的位移对该支座的位移效应都应该包含在位移$\{D\}$计算之中，这将在例题4.4的情况(1)中作详细的阐述。

4.5　各种不同加载情况的分析

当用式4.3对所给的在一系列不同荷载作用下的结构求解赘余值时，不必重复计算柔度矩阵（及其逆矩阵）。当所加荷载的数目为p，其解可合写于一个矩阵方程之中：

$$[F]_{n\times p}=[f]_{n\times n}^{-1}[\Delta-D]_{n\times p} \tag{4.10}$$

式中　$[F]$和$[D]$的每一列都分别相应于一种荷载。

原结构中的反力或内力由类似于式4.9的方程来计算，即

$$[A]_{m\times p}=[A_u]_{m\times p}+[A_u]_{m\times n}[F]_{n\times p} \tag{4.11}$$

4.6　力法分析的五个步骤

用力法进行分析的五个步骤，可以简单的概括如下：

第一步：释放多余约束，确定坐标系。同时确定矩阵$[A]_{m\times p}$，确定所需要加的作用以及他们的正负号的规定（如果有需要的话）。

第二步：根据作用在基本结构上的荷载，确定矩阵$[D]_{n\times p}$和矩阵$[A_s]_{m\times p}$，同时写出位移矩阵$[\Delta]_{n\times p}$。

第三步：在基本结构上逐个施加单位赘余力，得到矩阵$[F]_{n\times n}$和$[A_s]_{m\times p}$

第四步：求解几何方程：

$$[f]_{n\times n}[F]_{n\times p}=[\Delta-D]_{n\times p} \tag{4.12}$$

这样可以得出赘余力矩阵$[F]_{n\times p}$。

第五步：通过叠加原理计算需要的作用力：

$$[A]_{m\times p}=[A_s]_{m\times p}+[A_u]_{m\times n}[F]_{n\times p} \tag{4.13}$$

在第三步完成后，所有对于结构分析所需要的矩阵都已经得到了。最后两步仅仅是矩阵的代数运算。如果只需要求出赘余力的作用，或是在确定了赘余力后，叠加可以通过观察来实现的时候（如例4.5），则上述的第五步可以省略。在这种情况下，矩阵$[A]$，$[A_s]$，$[A_u]$都是不需要的。

为便于快速查找，本节中用到的符号再一次定义如下：

n,m,p——赘余力的各数，荷载工况数，需要求出的作用力数；

$[A]$——需要求出的作用力（问题的答案）；

$[A_s]$——在基本结构上加载所产生的作用力的值；

$[A_u]$——在基本结构的每一坐标点处分别施加单位力所产生的作用力值；

$[D]$——荷载作用在基本结构各坐标处所产生的位移值，这些位移代表的不相容性可以通过赘余力来消除；

$[\Delta]$——在实际结构的坐标处产生的已知位移，这些代表需要保证的强制位移；

$[f]$——柔度矩阵。

例 4.2　拉杆悬臂梁

如图 4.4(a)所示一个自由端被链杆 AC 拉住的悬臂构件。试确定在 B 处由于受到图中所示的均布荷载以及在 AC 杆中温度下降 T 度的温度力联合作用时的结构的反力分量$\{R_1, R_2\}$。假设：

$$a_{AC}=30I_{AB}/l^2;\alpha T=(ql^3/EI_{AB})/40$$

其中：a_{AC}和 I_{AB}分别是 AC 的横截面面积和 AB 的惯性矩，α 是 AC 的热膨胀系数(度$^{-1}$)；E 是结构的弹性模量。

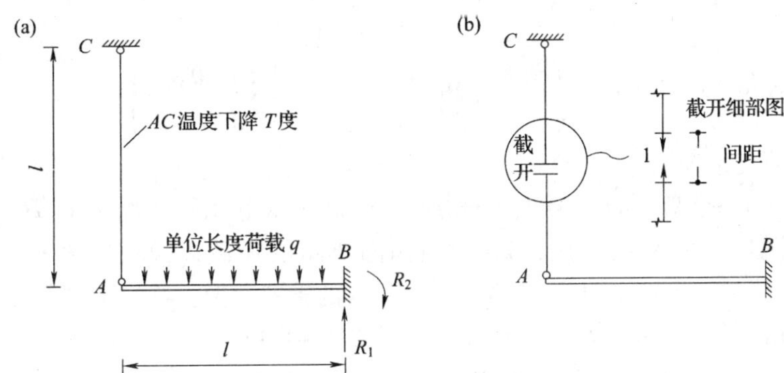

图 4.4　例 4.2 拉杆悬臂梁

(a)实际结构；(b)基本结构和坐标系。

第一步：图 4.4(b)为通过切开 AC 杆而得到的基本结构。坐标 1 代表的箭头方向是任选的，其表明当 AC 杆中的力为拉力时，F_1 为正。同样的箭头也指示了当切开截面处的开口向闭合方向运动时，D_1 为正。

所需要求出的作用力为：

$$\{A\}=\begin{Bmatrix}R_1\\R_2\end{Bmatrix}$$

第二步：施加荷载并改变温度使基本结构产生如下的位移和反力：

$$D_1=-\left(\frac{ql^4}{8EI}\right)_{AB}-(\alpha Tl)_{AC}=-0.15\frac{ql^4}{EI_{AB}}$$

$$\{A_S\}=\begin{Bmatrix}ql\\ql^2/2\end{Bmatrix}$$

荷载 q 使支座 A 处产生了一个向下的挠度(附录 B 已给出)，并使切面处的开口增大了相同的数值。同时由于 AC 杆中的温度下降也增大了切口断面间的距离。因此，在以上方程中 D_1 的两个值都是负的。

第三步：在基本结构上施加两个大小相等方向相反的力 F_1，将产生如下的位移。

$$f_{11}=\left(\frac{l^3}{3EI}\right)_{AB}+\left(\frac{l}{Ea}\right)_{AC}=\frac{11}{30}\frac{l3}{EI_{AB}}$$

$$[A_u]=\begin{bmatrix}-l\\-l\end{bmatrix}$$

在上式中f_{11}的第一项已在附录 B 中给出。

第四步：在本例题中，相容方程 4.11 表明了，在实际结构中并没有所谓的切口。因此：

$$f_{11}F_1=\Delta_1-D_1$$

$$\Delta_1=0$$

求解方程得出了消除切口所需要的力：

$$F_1=f_{11}^{-1}(\Delta_1-D_1)$$

$$F_1=\left(\frac{11}{30}\frac{l^3}{EI_{AB}}\right)^{-1}\left[0-\left(-0.15\frac{ql^4}{EI_{AB}}\right)\right]=0.409ql$$

第五步：由叠加方程 4.12 得出所需要求出的反力分量

$$\{A\}=\{A_S\}+[A_u]F_1$$

$$\{A\}=\begin{Bmatrix}ql\\ql^2/2\end{Bmatrix}+\begin{bmatrix}-l\\-l\end{bmatrix}0.409ql=\begin{Bmatrix}0.591ql\\0.091ql^2\end{Bmatrix}$$

例 4.3 简支系杆拱

图 4.5(a)为一个简支的混凝土系杆拱，试求出在以下几种情况中 C,D 和 E 处的弯矩：(1)仅受到如图所示的荷载作用；(2)受到如图所示的荷载以及仅在系杆 AB 中温度升高 $T=30℃$ 的共同作用。仅考虑拱的弯曲变形和系杆的轴向变形。给出下列数据：

对于拱 AEB：$a=0.16\text{m}^2$；$I=2.133\times10^{-3}\text{m}^4$；$E=40\text{GPa}$

对于系杆：$a=2\,000\ \text{mm}^2$；$E=200\text{GPa}$；$\alpha=10\times10^{-6}/℃$

其中，a 和 I 是横截面的面积和惯性矩，E 是弹性模量，α 是热膨胀系数。

我们按照力法解题的 5 个步骤。在第 2 步和第 3 步中需要的位移已经直接给出并不需要计算。它们的值可利用虚功原理求得，这将在 8.2 节中加以讨论。我们主要来理解力法的步骤，而不考虑计算的细节。下面用到的单位是 N 和 m。

第一步：通过切开系杆来释放多余约束。因此所拆除的是一个内部力，它以一对箭头来表示，形成坐标 1(如图 4.5(b))。图 4.5(b)中箭头的方向是随意选择的。当系杆中的力是拉力以及当缺口在切开的截面处向闭合方向运动时，F_1 和 D_1 被认为是正的。

需要的作用力为：

$$[A]=\left[\begin{Bmatrix}M_C\\M_D\\M_E\end{Bmatrix}_{\text{Case1}}\begin{Bmatrix}M_C\\M_D\\M_E\end{Bmatrix}_{\text{Case2}}\right] \tag{a}$$

我们规定弯矩 M 在拱的内表面处产生拉力时为正。

第二步：当基本结构承受荷载工况(1)和(2)时，产生下面的位移和作用力(弯矩)

$$[D_{1\ \text{Case1}}D_{1\ \text{Case2}}]=[-0.851\,09\quad-0.843\,89] \tag{b}$$

$$[A_s]=[\{A_S\}_{\text{Case1}}\{A_S\}_{\text{Case1}}]=10^3\begin{bmatrix}800&800\\1\,280&1\,280\\1\,440&1\,440\end{bmatrix}\text{N}\cdot\text{m} \tag{c}$$

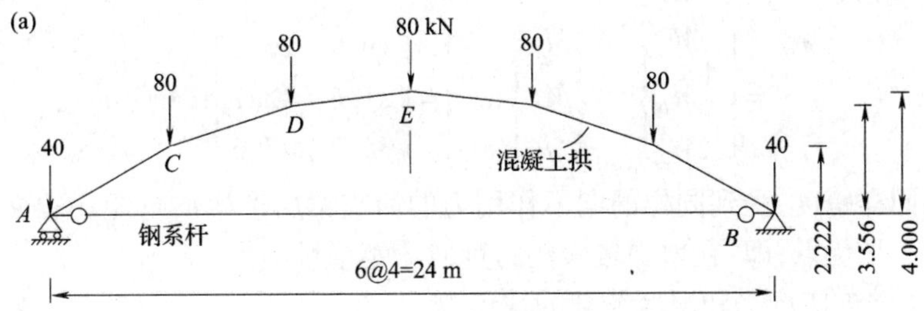

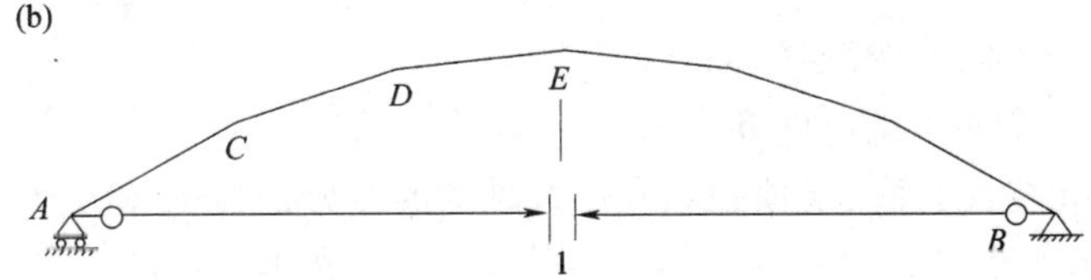

图 4.5 例题 4.3 中的系杆拱。

(a)实际结构;(b)基本结构和坐标系。

我们注意到:切开系杆但不改变温度得到的弯矩值与相同跨度的简支拱承受相同的竖向荷载所得到的弯矩值相同。作用在拱上的向下力使滚动支座 A 产生向外的位移,切面的开口增加距离 =0.851 09 m。拉杆的热膨胀使开口减少的值$(\alpha Tl)_{\text{tie}}=10\times10^{-6}(30)(24)=7.2\times10^{-3}$ m,其中 l_{tie}为拉杆的长度。

第三步:坐标 1 处反向的单位力(1N)在 C,D,和 E 处产生的弯矩为:{ -2.222, -3.556, -4.000} N · m;这些值即为矩阵$[A_u]$中的元素。同样的力使切面开口缩小的距离为:

$$[f_{11}]=[2.424\,2\times10^{-6}]\text{m/N} \qquad \text{(d)}$$

这等于在滚动支座 A 处产生的所有向内的位移的总和 $=2.364\,2\times10^{-6}$,拉杆被拉长的距离 $=(l/aE)_{\text{tie}}=24/[2\,000\times10^{-6}(200\times10^{9})]=0.060\,0\times10^{-6}$

$$[A_u]=\begin{bmatrix}2.222\\-3.556\\-4.000\end{bmatrix}\text{N}\cdot\text{m/N} \qquad \text{(e)}$$

在第二步和第三步计算位移时,在拱形结构中由于剪力和轴力引起的变形可以忽略,因为它在此结构中的影响非常小。计算在框架结构中的任何一个内力的影响,可以利用虚功原理来进行(见 8.2 节)。

第四步:本例中的相容方程 4.11 式和它的解为:

$$\begin{aligned}
&[f_{11}][(F_1)_{\text{Case1}}(F_1)_{\text{Case2}}]=[(\Delta_1-D_1)_{\text{Case1}}(\Delta_1-D_1)_{\text{Case2}}]\\
&[(F_1)_{\text{Case1}}(F_2)_{\text{Case2}}]=[f_{11}]^{-1}[(\Delta_1-D_1)_{\text{Case1}}(\Delta_1-D_1)_{\text{Case2}}]\\
&[F]=[2.424\,2\times10^{-6}]^{-1}[(0-(-0.851\,09))(0-(-0.843\,89))]\\
&[F]=[351.08\quad 348.11]10^3\ \text{N}
\end{aligned} \qquad \text{(f)}$$

在两种荷载工况下,$\Delta_1=0$,因为在坐标 1 处没有指定的初始位移。

第五步:由叠加方程 4.12 式求出了在两种荷载工况中需要的弯矩值:

$$[A]=[A_S]+[A_u][F]$$

联立方程(a),(c),(e)得出:

$$[A]=\left[\begin{Bmatrix}M_C\\M_D\\M_E\end{Bmatrix}_{\text{Case1}}\quad\begin{Bmatrix}M_C\\M_D\\M_E\end{Bmatrix}_{\text{Case2}}\right]=\begin{bmatrix}19.9 & 26.5\\31.6 & 42.1\\35.7 & 47.6\end{bmatrix}10^3\text{N}\cdot\text{m}$$

这些弯矩值比同样跨度,受到同样的向下作用力的简支梁所产生的弯矩小很多。这个例子说明拱形结构的一个优点,即:在增加较大的跨度时弯矩增量不大。

例 4.4 承受支座沉降和温度荷载的连续梁

求解例题 4.1 中的连续梁(图 4.1),在分别受到以下影响时,产生的弯矩 M_B,M_C 和反力 R_A。

(1)支座 A 处产生一个向下的沉降 δ_A;

(2)支座 B 处产生一个向下的沉降 δ_B;

(3)温度沿着梁高 h 线性升高,梁顶部和底部纤维的温度分别为 T_t 和 T_b。

第一步:我们选择在例题 4.1 和图 4.1(b)中的基本结构和坐标系统,所需要求出的作用力为:

$$[A]=\left[\begin{Bmatrix}M_B\\R_A\end{Bmatrix}_1\begin{Bmatrix}M_B\\R_A\end{Bmatrix}_2\begin{Bmatrix}M_B\\R_A\end{Bmatrix}_3\right]$$

使结构底部纤维受拉的弯矩规定为正。反力 R_A 规定以向上为正。需要的作用力 M_C 不必包含于矩阵$[A]$中,因为 $M_C=-F_2$。同时,赘余力$\{F\}$将在第四步中计算。上述方程中的下标 1,2 和 3 是指 3 种荷载工况。

第二步:对于荷载工况(1)和(2)的基本结构,分别绘制于图 4.6(a)和(b)中。3 种工况下的位移向量$\{\Delta\}$和$\{D\}$为:

$$[\Delta]=\begin{bmatrix}0 & -\delta_B & 0\\0 & 0 & 0\end{bmatrix}\quad [D]=\begin{bmatrix}-\delta_A/2 & 0 & -\Psi(2l^2)/8\\-\delta_A/(2l) & 0 & -\Psi(2l)/2\end{bmatrix}$$

其中,Ψ 是基本结构中的温度梯度(图 4.6(c)应变图的斜率)。

$$\Psi=\alpha(T_b-T_t)/h$$

其中,α 是热膨胀系数(度$^{-1}$);工况(3)中$\{D\}$的值见附录 B。

注意到:在工况(1)中,$\{\Delta\}=\{0\}$,因为实际结构在坐标 1 和 2 处的位移为零。然而基本结构在各坐标处具有需要被消除的位移:$\{D\}=\{-\delta_A/2,-\delta_A/2l\}$。

基本结构在 3 种工况作用下,其作用力的值为:

$$[A_S]=[0]_{2\times3}$$

第三步:在各坐标处施加的单位力如图 4.1(d)和(e)所示。在例 4.1 中已经得出其柔度矩阵及其逆矩阵(见式 4.5 和 4.6)。由 $F_1=1$ 或 $F_2=1$ 时,产生的作用力为:

$$[A_u]=\begin{bmatrix}-0.5l & -0.5\\-0.5 & -1/(2l)\end{bmatrix}$$

第四步:代入几何方程 4.11 得到

$$\frac{1}{EI}\begin{bmatrix}l^3/6 & l^2/4\\l^2/4 & 2l/3\end{bmatrix}\quad [F]=\begin{bmatrix}\delta_A/2 & -\delta_B & \Psi l^2/2\\\delta_A/(2l) & 0 & \Psi l\end{bmatrix}$$

解为:

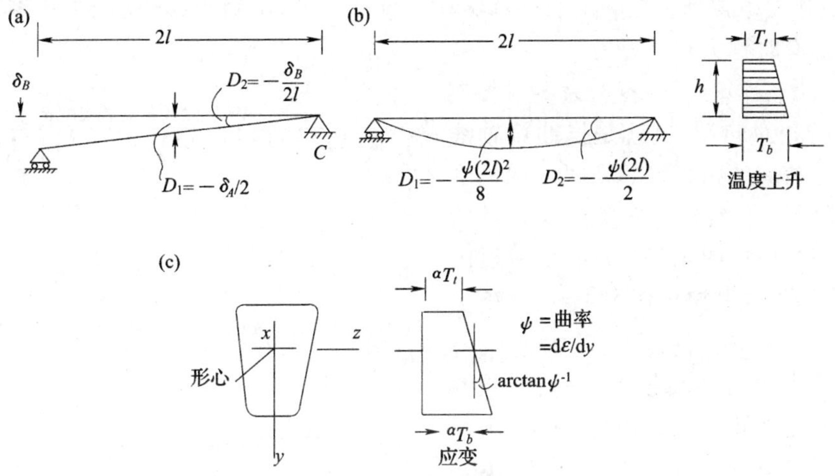

图 4.6　例题 4.4 的基本结构

(a)支座 A 沉降 δ_A；(b)温度沿梁高 h 线性升高；

(c)由于温度升高产生的应变。

$$[F]=\frac{12EI}{7l^3}\begin{bmatrix} 2.5\delta_A & -8\delta_B & \Psi l^2 \\ -0.5l\delta_A & 3l\delta_B & 0.5\Psi l^3 \end{bmatrix}$$

第五步：代入叠加方程 4.12 得到

$$[A]=\frac{12}{7}EI\begin{bmatrix} -\delta_A/l^2 & 2.5\delta_B/l^2 & -0.75\Psi \\ -\delta_A/l^3 & 2.5\delta_B/l^3 & -0.75\Psi/l \end{bmatrix}$$

矩阵$[A]$中的元素为在 3 种工况下所需要求出的值 M_B 和 R_A。F_2 改变符号后可得出相应的 M_C 的值。

$$[M_C]=\frac{12EI}{7l^3}[0.5l\delta_A \quad -3l\delta_A \quad -0.5\Psi l^3]$$

我们应该注意到 R_A，M_B，M_C 与 EI 的值是成比例的。通常情况下，在超静定结构中由于支座沉降或温度改变引起的反力和内力在线性分析中与所用的 EI 是成正比的。

在混凝土结构设计中通常是允许出现裂缝的，这就导致在裂缝截面处的惯性矩 I 减小。忽视裂缝的存在将会高估支座移动和温度变化的影响[1]。同时，使用建立在应力和应变关系上的弹性模量 E 也将会高估支座沉降和温度变化的影响。因为在此方法中忽略了徐变的影响，即在持续应力作用下结构随着时间(几个月或几年)逐渐产生的应变的作用。

例 4.5　将连续梁释放为多跨简支梁

试将图 4.7(a)中的连续梁按下列情况进行分析：(a)所有跨度上作用集度为 q 的均布荷载；(b)支承 A 处向下移动单位位移；(c)支承 B 处向下移动单位位移。梁的弯曲刚度 EI 为常量。

通过在每一中间支座上引进一个铰，亦即通过拆去每个支座处的两个大小相等而方向相

1　考虑裂缝和徐变的影响参考于：Ghali. A., Favre, R., Elbadry, M.. Concrete Sructres: Stresses and Deformations. E & FN Spon. London and New York. 3rd ed. 2002; Neville, A. M., Dilger, W. H., Brooks, J. J.. Creep of Plain and Structural Concrete(16.20 章). Longman, London and New York, 1983, 246－349。

反的力(力矩),可以得到一个静定的基本结构。这样,基本结构为多跨简支梁(图4.7(b))。被拆去的弯矩有时称为联接力矩。

基本结构中位移的不相容性为3对相连的梁的端部的相对转动,也就是挠曲梁轴线的切线和与之相应的相邻梁的切线之间的夹角(如图4.7(c))。赘余力的正方向及其所对应位移的正方向如图4.7(b)所示。因此,当梁的底面纤维产生拉伸时联接处力矩为正。

在第五步中所包含的叠加可以通过观察或简单的计算来实现。因此矩阵$[A]$,$[A_s]$,$[A_u]$是不需要求出的。第一步在图4.7(b)中完成,然而第二、三、四步按以下方式来完成。

三种工况下的求解可通过方程4.9得到。在(a)工况下,基本结构的"差错"位移可从附录B查到。在(b)和(c)情况下,支座处的位移不与赘余力相对应。所以,因基本结构的支座沉降所引起B、C和D处的相对转动均包含于矩阵$[D]$中,而矩阵$[\Delta]$为零矩阵。这些转动很容易从图4.7(d)和(e)中基本结构的几何形状得出。所有3种工况下位移的不相容性可包含于一个矩阵中,其中对每一种工况为单独一列:

$$[\Delta - D] = -[D] = -\begin{bmatrix} \dfrac{ql^3}{12EI} & \dfrac{1}{l} & -\dfrac{2}{l} \\ \dfrac{ql^3}{12EI} & 0 & -\dfrac{1}{l} \\ \dfrac{ql^3}{12EI} & 0 & 0 \end{bmatrix}$$

除了工况(c)中D_1处,所有相对转动均为正,见图4.7(e)。

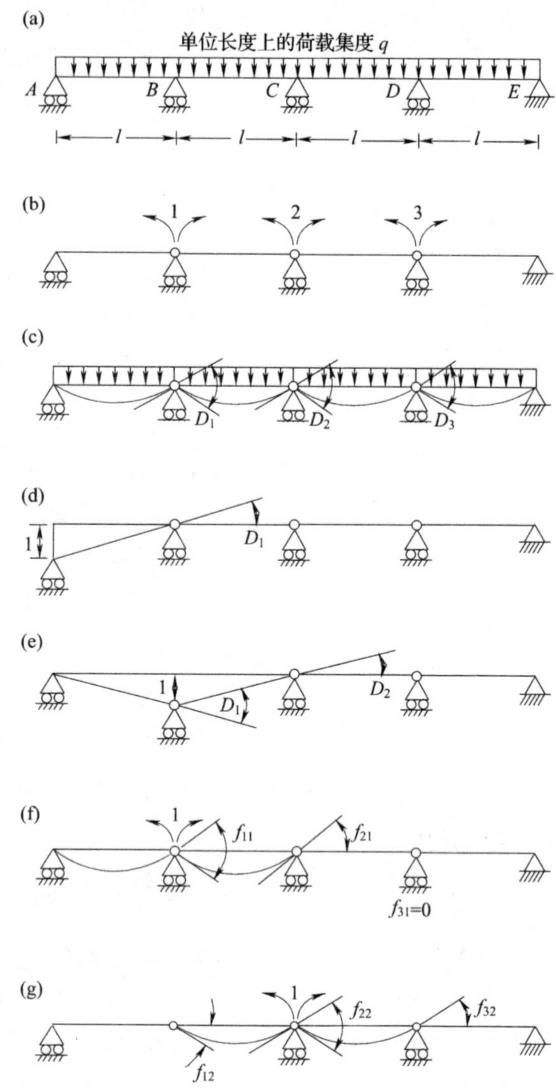

图4.7　用力法分析连续梁(例题4.5)

基本结构的柔度系数是指在B,C和D的每一赘余力处分别作用一对大小相等而方向相反的单位力矩所引起的各个梁端的相对转动。在简支梁中由于在一端作用一个力偶所产生的转动可按附录B′求得。每一单位赘余力所产生的位移分别示于图4.7(f),(g)和(h)中,这构成了柔度矩阵的三列。从这些图可以看出所有相对转动均为正。柔度矩阵及其逆矩阵为:

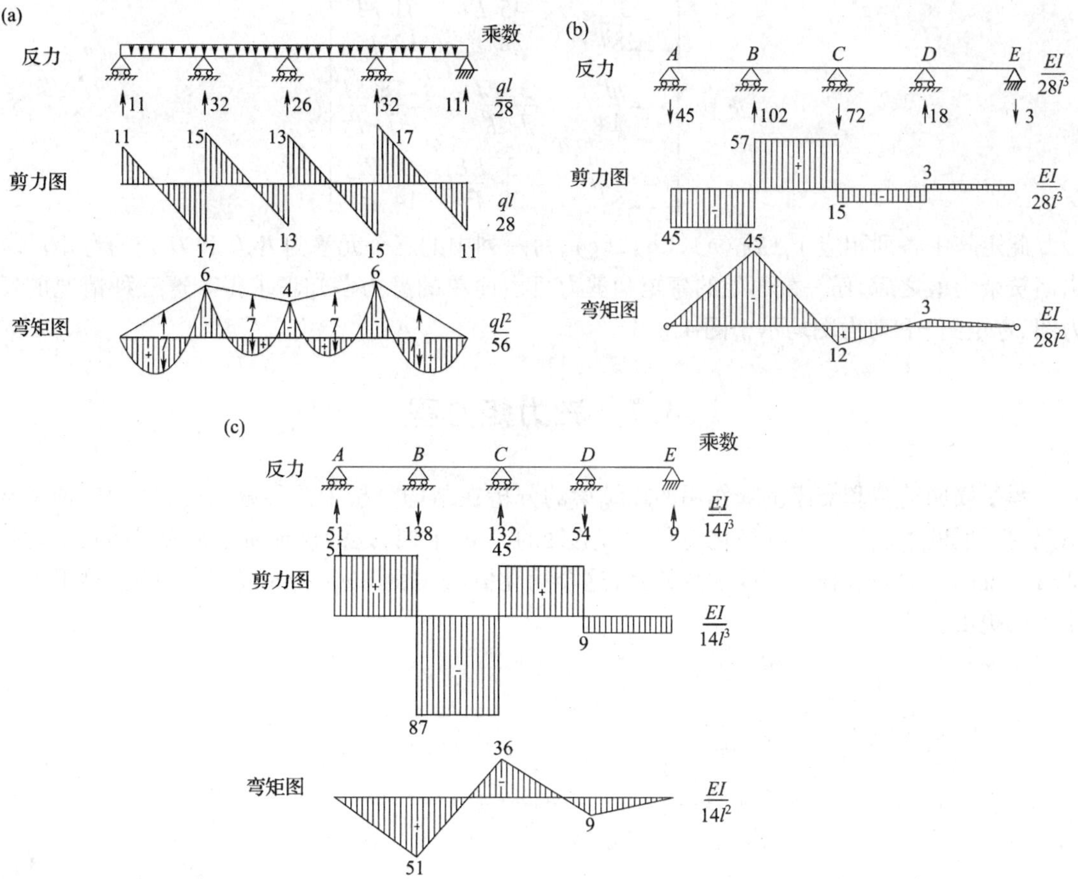

图 4.8 例题 4.5 中连续梁的弯矩图和剪力图

(a)单位长度上均布荷载 q；(b)支座 A 的位移；(c)支座 B 的位移。

$$[f]=\frac{l}{6EI}\begin{bmatrix}4&1&0\\1&4&1\\0&1&4\end{bmatrix}$$

$$[f]^{-1}=\frac{3EI}{28l}\begin{bmatrix}15&-4&1\\-4&16&-4\\1&-4&15\end{bmatrix}$$

代入式 4.9 得：

$$[F]=-\frac{3EI}{28l}\begin{bmatrix}15&-4&1\\-4&16&-4\\1&-4&15\end{bmatrix}\begin{bmatrix}\frac{ql^3}{12EI}&\frac{1}{l}&-\frac{2}{l}\\\frac{ql^3}{12EI}&0&\frac{1}{l}\\\frac{ql^3}{12EI}&0&0\end{bmatrix}$$

从而

$$[F]=\begin{bmatrix} -\frac{3}{28}ql^3 & -\frac{45}{28}\frac{EI}{l^2} & \frac{51}{14}\frac{EI}{l^2} \\ -\frac{ql^3}{14} & \frac{3}{7}\frac{EI}{l^2} & -\frac{18}{7}\frac{EI}{l^2} \\ -\frac{3}{28}ql^3 & -\frac{3}{28}\frac{EI}{l^2} & \frac{9}{14}\frac{EI}{l^2} \end{bmatrix}$$

此矩阵中各列相应于工况(a),(b),(c),每一列中的三个元素为 B,C 和 D 处的弯矩。求出诸赘余力值之后,任一截面处的弯矩和剪力可由简单的静力学知识求得。这三种情况的反力图、弯矩图[1]和剪力图均示于图 4.8 中。

4.7　三力矩方程

承受横向荷载和支座沉降作用的连续梁的分析在结构分析中是很普遍的,针对这种特定情况对一般的力法作一定的简化将是大有益处的。下面要讲述的这种简化其所得的式子就是通常所说的三力矩方程。应该了解的是,这个简化方法是由 Clapeyron 提出,其历史早于力法矩阵的提出。

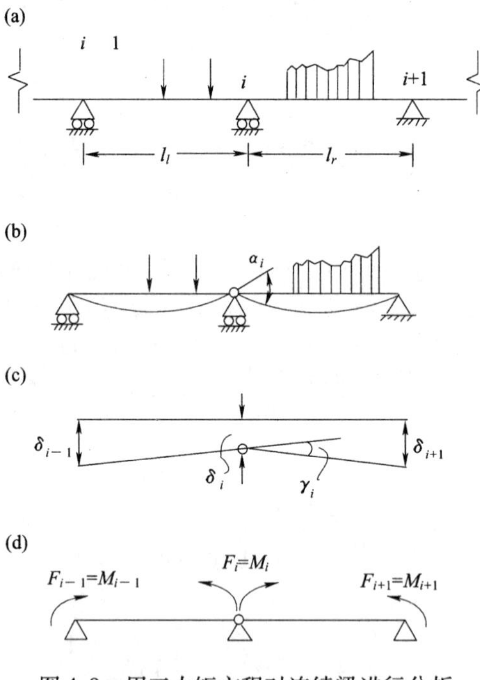

图 4.9　用三力矩方程对连续梁进行分析

(a)连续梁;(b)横向荷载引起的放松结构挠度;

(c)支承沉降引起的放松结构挠度;

(d)赘余力的正方向。

图 4.9(a)所示连续梁中的两个典型的中间跨。令连续梁中间第 i 个支座的左边跨度和

1　在本书中弯矩图均绘制于梁受拉的一侧,用纵坐标表示其弯矩值。

右边跨度的长度分别为 l_l 和 l_r，且在每一跨内具有不变的刚度分别为 El_l 和 El_r。$i-1$，i，和 $i+1$ 个支座处具有沿荷载方向的沉降分别是 δ_{i-1}，δ_i 和 δ_{i+1}。

通过在梁中的每个支座处引入一个铰即可得到静定的基本结构。这样一来，如例题 4.5 所述：每一跨将如简支梁一样变形。采用该例题中相同的正负号规则，如图 4.9(d) 所示。

如前面所述，基本结构位移的不相容性表现为两相邻梁端的相对转动。参照图 4.9(b) 和 (c)，亦即

$$D_i=\alpha_i-\gamma_i \tag{4.14}$$

我们应注意：D_i 是由于横向荷载和支座沉降二者共同作用所产生的。

在实际的连续梁结构中，赘余力 $\{F\}$ 为联结力矩 $\{M\}$，它必定是使角度非连续减小为零的量。满足 i 处连续条件的迭加方程可以写成下面形式：

$$D_i+f_{i,i-1}F_{i-1}+f_{ii}F_i+f_{i,i+1}F_{i-1}=0 \tag{4.15}$$

式中各 f 项表示基本结构的柔度系数。

在此阶段，我们来分析两端铰接且在一端承受单位力矩的简支梁的特性。图 4.10(a) 所表示的就是这种梁，图 4.10(b) 表示所对应的弯矩图。图 4.10(c) 给出了梁的挠曲形式：A 和 B 的角位移分别为 $1/3EI$ 和 $1/6EI$（见附录 B）。将这些结果用于图 4.9(d) 中的基本结构上，可以容易地看出其柔度系数为：

$$f_{i,i-l}=\frac{l_l}{6EI_l}\qquad f_{ii}=\frac{l_l}{3EI_l}+\frac{l_r}{3EI_r}$$

$$f_{i,i+l}=\frac{l_r}{6EI_r}$$

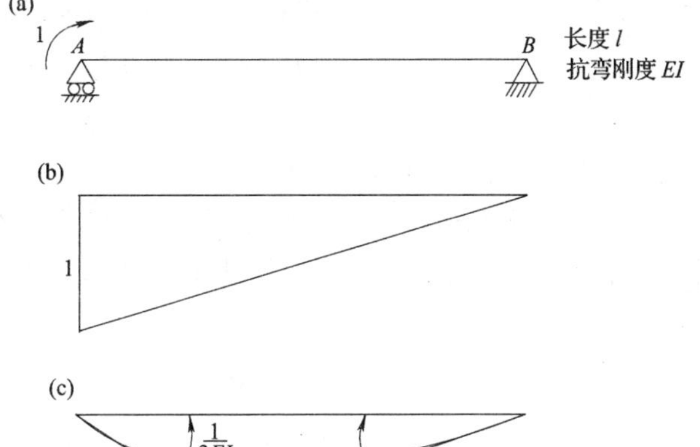

图 4.10　两端铰接梁的角位移

(a) 梁；(b) 弯矩图；(c) 挠度。

采用上述值，并应用 $\{F\}=\{M\}$ 这一性质，由式 4.15 可得出

$$M_{i-l}\frac{l_l}{EI_l}+2M_i\left[\frac{l_l}{EI_l}+\frac{l_r}{EI_r}\right]+M_{i+1}\frac{l_r}{EI_r}=-6D_i \tag{4.16}$$

其中 l 和 r 分别指 i 点的左跨和右跨。

这就是通常所说的三力矩方程。它将支座 i 处转角的不相容性与该支座处的力矩以及与 i 相邻的两支座处的相关力矩联系起来。此方程仅对于各跨弯曲刚度均为常数的连续梁成立。

对于在整个梁上的弯曲刚度 EI 为一常数的连续梁，其三力矩方程可以简化为

$$M_{i-1}l_l+2M(l_l+l_r)+M_{i+1}l_r=-6EID_i \tag{4.17}$$

对于每个弯矩未知的支座处都可写出类似的方程。这就得出一组联立方程式，可以用其求解未知力矩。事实上，这些方程也可以写成矩阵方程 4.3 的一般形式。可以注意到，所选择的这种特殊的基本结构具有能使柔度矩阵中每一行仅剩 3 个非零元素的优点。同时也可以注意到，由于实际结构在坐标 i 处没有位移（转角不连续），从而 $\Delta_i=0$。

三力矩方程中的位移 D_i 可按方程 4.14 求解。其中角 γ_i 按图 4.7(c)中的几何形状确定为

$$\gamma_i = \frac{\delta_{i-1} - \delta_i}{l_l} + \frac{\delta_{i+1} - \delta_i}{l_r} \tag{4.18}$$

角 α_i 可通过弹性荷重法算出(见第 10.4 节):

$$\alpha_i = r_{il} + r_{ir} \tag{4.19}$$

式中 r_{il}和 r_{ir}为支座 i 处的左、右边梁在横向荷载引起的简支梁弯矩除以其对应的 EI 后所得到的反力。在许多实际情况下,α_i 的值也可以直接按附录 B 确定。

例 4.6 用三力矩方程法分析例 4.5 中的连续梁

运用三力矩方程法分析例 4.5 中的连续梁,并求出在 3 个荷载工况作用下该连续梁的各联接力矩。

在梁端支座处的力矩 $M_A = M_E = 0$。在支座 B,C 和 D 处分别使用三力矩方程 4.17 得到:

$$2M_B(l+l) + M_C l = -6EID_B$$
$$M_B l + 2M_C(l+l) + M_D l = -6EID_C$$
$$M_C l + 2M_D(l+l) = -6EID_D$$

三个荷载工况作用下的位移 D_B,D_C 和 D_D 分别由式 4.14、式 4.18 和式 4.19 算出,结果见表 4.1 所示。转角位移 α 可以不用方程 4.19 计算而直接查附录 B 得到。三力矩方程组以及三种工况下所求出的结果均可表示为下面矩阵的形式:

$$\begin{bmatrix} 4 & 1 & 0 \\ 1 & 4 & 1 \\ 0 & 1 & 4 \end{bmatrix} \begin{bmatrix} \begin{Bmatrix} M_B \\ M_C \\ M_D \end{Bmatrix}_{\text{工况1}} & \begin{Bmatrix} M_B \\ M_C \\ M_D \end{Bmatrix}_{\text{工况2}} & \begin{Bmatrix} M_B \\ M_C \\ M_D \end{Bmatrix}_{\text{工况3}} \end{bmatrix} = \begin{bmatrix} -\frac{ql^2}{2} & -\frac{6EI}{l^2} & \frac{12EI}{l^2} \\ -\frac{ql^2}{2} & 0 & \frac{6EI}{l^2} \\ -\frac{ql^2}{2} & 0 & 0 \end{bmatrix}$$

$$\begin{bmatrix} \begin{Bmatrix} M_B \\ M_C \\ M_D \end{Bmatrix}_{\text{工况1}} & \begin{Bmatrix} M_B \\ M_C \\ M_D \end{Bmatrix}_{\text{工况2}} & \begin{Bmatrix} M_B \\ M_C \\ M_D \end{Bmatrix}_{\text{工况3}} \end{bmatrix} = \begin{bmatrix} -\frac{3ql^2}{28} & -\frac{45EI}{28l^2} & \frac{51EI}{14l^2} \\ -\frac{ql^2}{14} & \frac{3EI}{7l^2} & -\frac{18EI}{7l^2} \\ -\frac{3ql^2}{28} & -\frac{3EI}{28l^2} & \frac{9EI}{14l^2} \end{bmatrix}$$

表 4.1 例 4.6 在 3 种工况作用下由三力矩方程组所算出的位移 D_B,D_C 和 D_D 的值

支 座	工况 1			工况 2			工况 3		
	α	γ	D	α	γ	D	α	γ	D
B	$\frac{2ql^3}{24EI}$	0	$\frac{ql^3}{12EI}$	0	$\frac{1}{l}$	$\frac{1}{l}$	0	$-\frac{2}{l}$	$-\frac{2}{l}$
C	$\frac{2ql^3}{24EI}$	0	$\frac{ql^3}{12EI}$	0	0	0	0	$\frac{1}{l}$	$\frac{1}{l}$
D	$\frac{2ql^3}{24EI}$	0	$\frac{ql^3}{12EI}$	0	0	0	0	0	0

例 4.7 具有悬臂端的连续梁

试求出图4.11(a)中的梁在下列工况作用下所产生的弯矩图:(a)所给竖直荷载;(b)支座B和C处分别竖直沉降$b/100$和$b/200$。该梁的弯曲刚度EI为常数。

将三力矩方程用于支座A和支座B处,以求出A处和B处的未知弯矩M_1和M_2,而C处的弯矩可根据简单的静力学知识求出。当将该方程用于梁的固定端A处时,可以假设该梁在A的左侧还有一个延长的跨度。此延长段可假设其长度为无限小,也可假设其弯曲刚度为无限大。

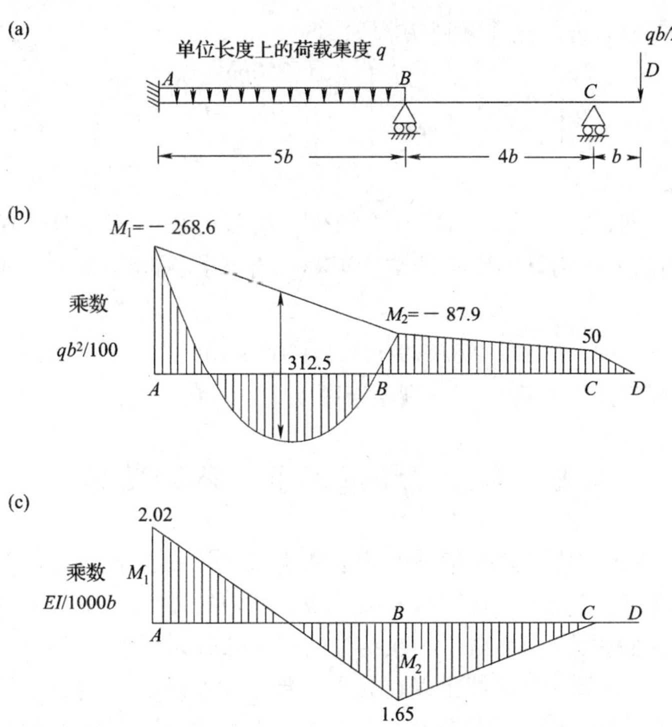

图4.11　例题4.7中具有支座沉降的连续梁

(a)连续梁的特性和荷载;(b)由于竖直荷载所引起的弯矩图;

(c)由于支座B沉降$b/100$、支座C沉降$b/200$引起的弯矩图。

通过式4.14求出$\{D\}$。注意:对于工况(a)有$\{\gamma\}=\{0\}$,而对于工况(b)有$\{\alpha\}=\{0\}$。因此,由附录B可以很容易地得出对于工况(a)作用的情况下:

$$\{D\}_a=\begin{Bmatrix}\dfrac{5.208qb^3}{EI}\\ \dfrac{5.208qb^3}{EI}\end{Bmatrix}$$

对于工况(b),按方程4.18求算γ,我们得到:

$$\{D\}_b=\begin{Bmatrix}+0.002\,00\\ -0.003\,25\end{Bmatrix}$$

对于工况(a)应用方程4.17,我们可以得到:

$$\frac{b}{EI}(10M_1+5M_2)=-6\times\frac{5.208}{EI}$$

$$\frac{b}{EI}\left(5M_1+18M_2-4\,\frac{qb^2}{2}\right)=-6\times\frac{5.208qb^3}{EI}$$

对于工况(b)得出：

$$\frac{b}{EI}(10M_1+5M_2)=-6\times0.002\,00$$

$$\frac{b}{EI}(5M_1+18_2)=+6\times0.003\,25$$

这两个方程组可以合并用一个矩阵方程表示：

$$\frac{b}{EI}\begin{bmatrix}10&5\\5&18\end{bmatrix}[M]=\begin{bmatrix}-\dfrac{31.250qb^3}{EI}-0.0120\\-\dfrac{29.250qb^3}{EI}-0.0195\end{bmatrix}$$

通过在 A 处和 B 处引入一个铰形成基本结构。按照力法中的一般步骤可以得到与此相同的方程,方程左边的方阵为基本结构的柔度矩阵。通过求解方程组得到$[M]$：

$$[M]=\begin{bmatrix}-2.686qb^2&-2.02\times10^{-3}EI/b\\-0.879qb^2&1.65\times10^{-3}EI/b\end{bmatrix}$$

对于这两种工况作用下的弯矩图分别绘于图 4.11(b)和(c)中。

4.8　连续梁和框架上的移动荷载

在结构设计中,作用在连续梁和框架上的活载通常用均布荷载来表示。均布荷载可以作用在结构的任何位置处,以便求出在结构的某一截面产生的最大内力,或在某一支座处产生的最大反力。接下来我们讨论:当活载作用在结构的哪一部分时所求值能达到最大值。

图 4.12(a)和(b)表示一个连续梁仅在其中一跨受均布荷载作用时该结构的挠曲形状以及反力、弯矩和剪力图。从图中可以看出最大负挠度值发生在加载跨的跨中,而相邻跨的挠度则小的多。在加载跨两端支座处的两个反力是向上的,而在加载跨任一相邻跨的另一个支座处所受反力的方向相反的,并且值要小的多。图中所给出的值是针对跨长 l 不变、单位长度上荷载为 q、EI 是常数的情况。

在加载跨上,跨中部分的弯矩值是正的,在支座处是负的。相邻跨的弯矩在绝大部分内是负的。图中对应的 O_1 和 O_2 点为结构挠度曲线的拐点,在该处的弯矩值为零。这些拐点在图(a)和(b)中分别为距 C 点和 D 点约 1/3 跨长距离的位置。这是因为作用在梁支座处的力偶产生了直线段的弯矩图,当梁的远端完全固定时,该弯矩将在距远端 1/3 跨长处反号。如果远端为铰结(或简支)则该梁沿全跨弯矩的符号都一致。图 4.12(a)中未加荷载的跨 BC 和 CD 以及图 4.12(b)中的跨 CD 均处于这两种极端情况之间。

绝对值最大的剪力发生在靠近加载跨支座的截面处。如图所示:在其他未加载的跨上所受剪力逐渐递减,剪力值在同一跨内保持不变,但相邻跨的剪力的符号相反。

图 4.12(a)和(b)中连续梁的加载跨分别为 AB 和 BC。从这两个图中或者其他有两跨承受均布荷载的图中,我们可以确定出何种荷载分布的形式使任一截面处产生最大的挠度、反力和内力。图 4.12(c)表示使各个截面处的产生最大值的几种典型荷载形式。

从图中可以看出,当均布荷载布满在某一跨上时或是作用在其相邻两跨上的时候,最大的挠度和最大的正弯矩值均发生在跨中截面附近处。当荷载作用在相邻的两跨上或还有一相间隔的跨上时，结构最大的负弯矩、最大的正反力以及绝对值最大的剪力均发生在靠近支座处。图4.12(c)中3,4,5三种加载工况都是为了分析在支座的左右两边截面处的情况，由下标 l 和 r 分别表示支座左边或右边。

如图4.12(c)中的第6种工况所示：在部分跨上加载可能会使某个截面产生最大的剪力，同时也可能在离中间支座的截面处（距离小于跨长的1/3）产生最大弯矩，但不会产生在支座处。当在实际工程中计算最大弯矩值时，这中偏跨加载的工况是很少考虑的。

为了确定出设计中的最大作用力，应把活载的作应效应与恒载（永久荷载）的作用效应相组合。例如图4.12(c)中的梁被设计为同时承受均布恒载 q 和均布活载 p。我们可以通过在所有跨上作用 q，与在图4.12(c)的1和5中作用 p 的工况相组合，以获得弯矩包络图。图4.13表示出了对于一个每跨跨径均为 l 的4跨连续梁受到恒载和活载联合作用下的弯矩包络图，其中 $q=p$。以上的弯矩图可以这样得出：在图表上绘制由 q 和在图4.12(c)中工况1和5中的 p 组合产生的弯矩图，再叠加上梁的挠曲线绝对值最大的部分。当 p 大于 q 时，需要考虑因 p 的作用引起最大正弯矩的情况。例如，若荷载 p 单独作用在 CD 梁上时产生 $M_{B\max+}$，当同时作用在 AB 和 DE 两梁上则产生 $M_{C\max+}$。

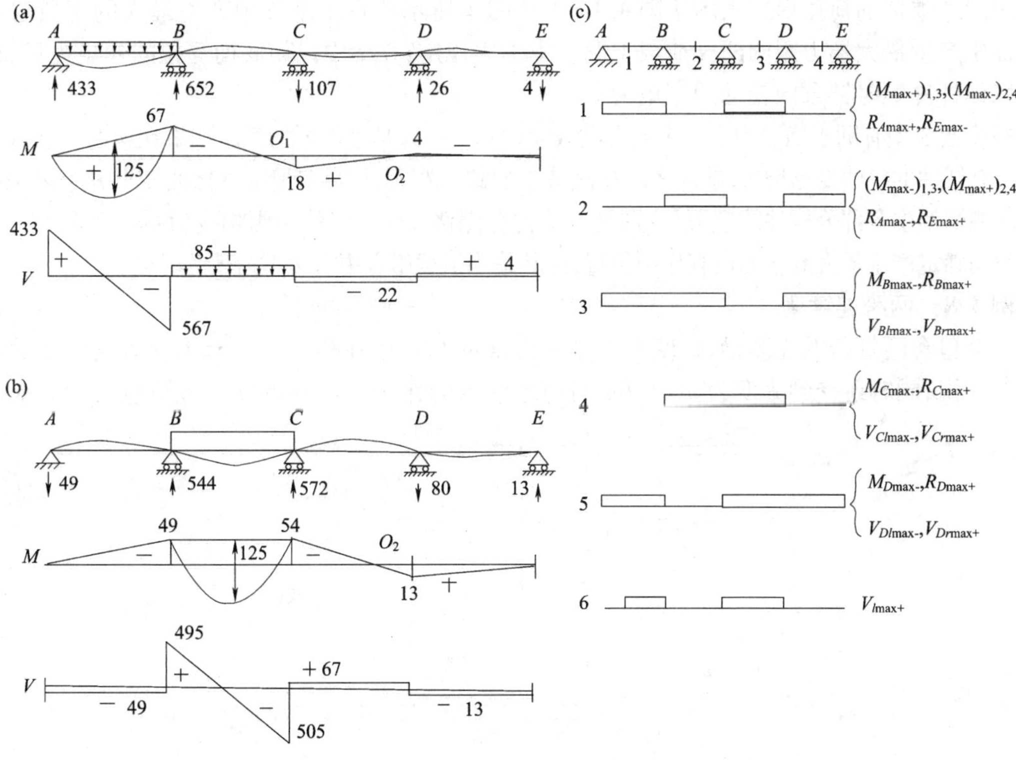

图4.12　均布活载对连续梁的影响

(a)和(b)单跨承受单位长度荷载 p 作用时的挠度、弯矩和剪力图，

图中给出的值是针对等跨 l 的情况，对于反力和剪力要乘以 $10^{-3}ql$，弯矩乘以 $10^{-3}ql^2$；

(c)产生最大作用的荷载形式。

实际情况中，当活载作用在远离需要有最大作用力的截面的跨度上时，其产生的影响是可

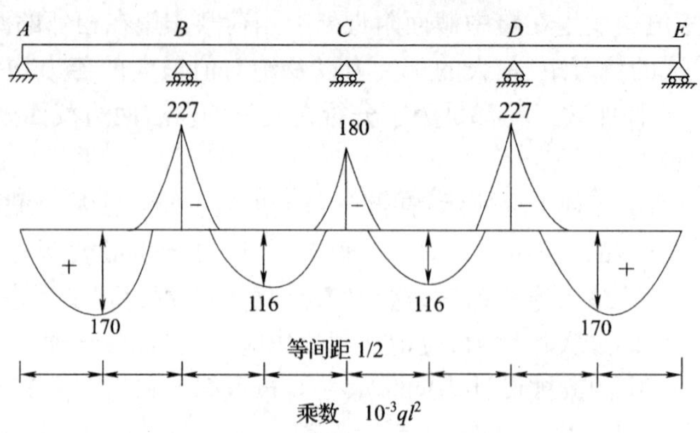

图 4.13　恒载和活载共同作用下连续梁的弯矩包络图

以忽略的。例如，我们可以认为活载仅作用在相邻跨 AB 和 BC 上而没有作用在 DE 上（见图 4.12，工况 3），支撑 B 处产生最大的负弯矩和最大的正反力。因为被忽略的荷载作用影响很小或那种荷载交替间隔满布作用在结构上的可能性不大，所以这种方法是可行的。

上面讨论的荷载交替间隔作用的工况对连续梁来说是一种典型情况，这在结构设计中经常会用到。类似的荷载形式表示于图 4.14 中。图中所示能在水平梁中产生最大的正负弯矩或在柱中产生最大端力矩的两种荷载工况。本书中规定：在梁中以使底面受拉的弯矩为正，在柱中以使杆件顺时针方向转动的弯矩为正。

挠度曲线图有助于确定为了产生最大的效应而在某一跨是否需要加载。如果在该跨处加载能够使所有杆件的挠曲变形增大，就应考虑在该跨上加载。然而，在很多情况下挠曲变形并不仅是简单的预测框架中各部分构件的变形，特别是当结构有侧移发生时。使用影响线（见第 12 和 13 章）可以帮助确定产生最大效应的荷载作用位置，尤其是当活载组合中有集中荷载的时候。

例 4.8　两跨连续梁

一个包含两等跨的连续梁，跨度为 l，刚度为常量 EI。梁在整个长度上承受集度为 q 的均布恒载作用，同时还受到集度为 $p=1.6q$ 的均布活载的作用。试确定梁的弯矩包络图。求出

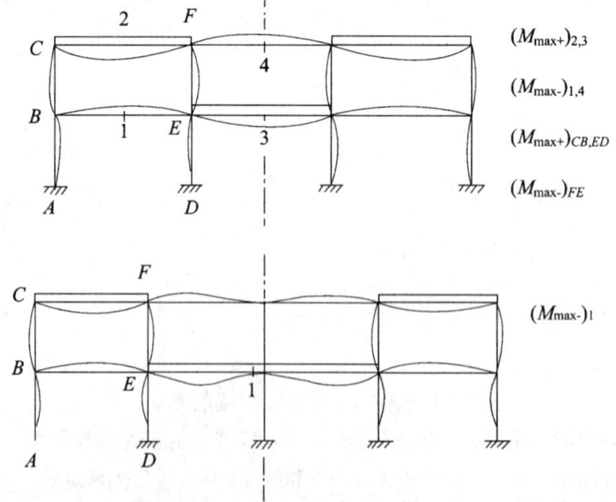

图 4.14　在平面梁的梁中产生最大弯矩或在柱中产生最大端弯矩的活载形式示例

在 A 端左侧和中间支座 B(如图 4.15)右侧截面处的最大正剪力值,以及支座 B 处的最大正向反力值 R_B。

支座 A 和 C 处的弯矩值为 $M_A = M_C = 0$。根据图 4.15(a)和 4.15(b)两种荷载工况,在支座 B 处应用三力矩方程 4.17 式。

在 a 工况下:$2M_B(l+l) = -6EI\left(\dfrac{1.6ql^3}{24EI}+\dfrac{ql^3}{24EI}\right)$

在 b 工况下:$2M_B(l+l) = -6EI\left[2\,\dfrac{1.6ql^3}{24EI}\right]$

$$(M_B)_{\text{Casea}} = -0.126\,5ql^2;(M_B)_{Caseb} = -0.2ql^2$$

这两种工况下的弯矩图(其中 b 工况可以看成是 a 工况(图 4.15(a))的一种镜像)在 AB 跨的形状绘制于图 4.15(c)中。图中用实线绘制的具有最大绝对值的曲线代表 AB 跨的弯矩包络图。而图 4.15(c)的镜像就是 BC 跨的弯矩包络图。

最大的正剪力 V_A 发生于工况(a)中,其值为:

$$V_{A\max+} = 1.6ql/2 - 0.162\,5ql^2/l = 0.637\,5ql$$

工况(b)作用时在支座 B 的右侧截面将产生最大的正剪力,且在支座 B 处产生最大的反力:

$$V_{B\max+} = 1.6ql/2 + 0.2ql^2/l = 1.0ql$$

$$R_{B\max+} = 2(1.6ql) + 2(0.2ql^2)/l = 2.0ql$$

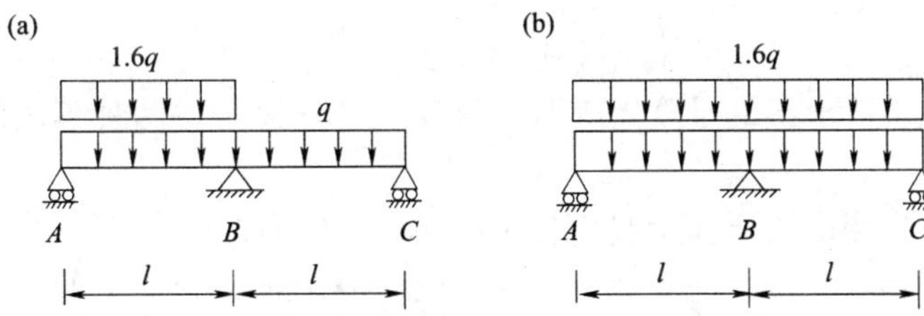

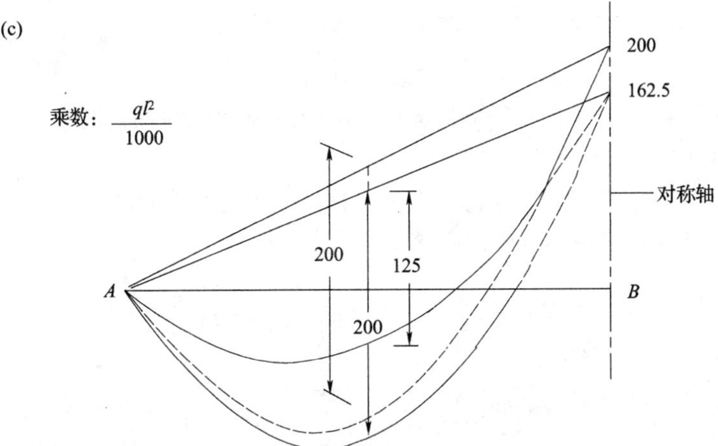

图 4.15　例题 4.8 中的连续梁

(a)和(b)需要分析的荷载工况;(c)弯矩包络图。

4.9 小　　结

力法(或柔度法)可用于承受荷载或外界效应的任何结构。求解协调方程可直接得出各个未知力。相关的方程数目等于结构赘余力的数目。对于所含赘余力个数较多的结构,采用力法计算则是不适宜的,这将在第6.3节中作进一步讨论。

习　　题

下面是关于力法应用的习题。在此阶段,可以应用附录B确定分析中所需要的位移,关键是掌握力法的解题过程与步骤,而不是位移的计算方法。这些位移的计算方法将在后面几章中进行讨论。关于力法应用的附加习题可以在第8章的末尾找到,但它们需要通过虚功法来计算位移。

4.1　写出下面所示结构上相应坐标1和2处的柔度矩阵。

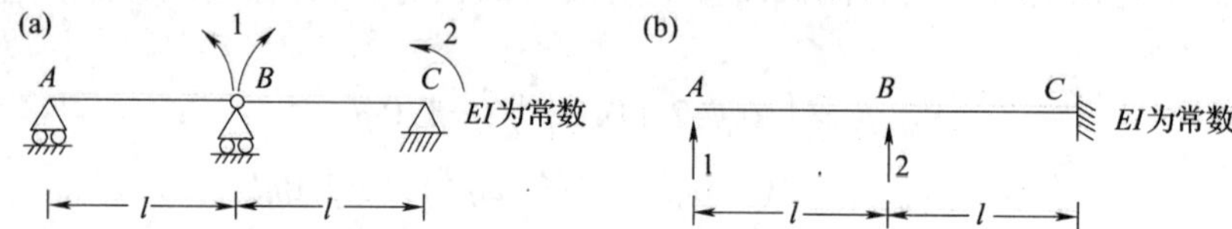

习题　4.1图

4.2　应用习题4.1所求出的柔度矩阵对例题4.1中连续梁按两种不同解法求出两组赘余力。

4.3　应用力法求出图中所示连续梁内各个中间支座处的弯矩。

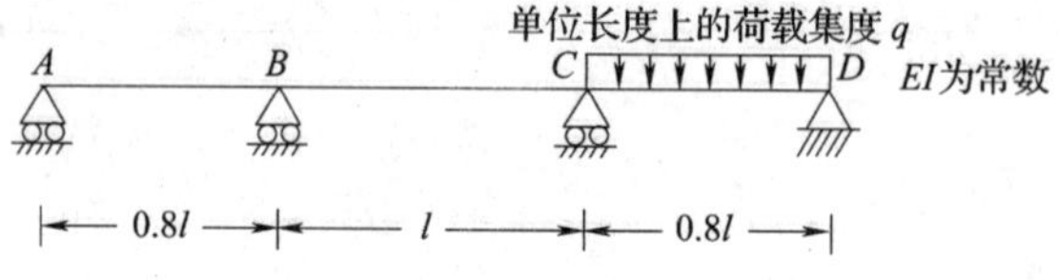

习题　4.3图

4.4　试求习题4.3中的梁当支承B竖直下沉距离为$l/1\,200$时连续梁的弯矩图(在此情况下没有分布荷载作用)。

4.5　应用力法求出置于弹性(弹簧)支承上连续梁各支座处的弯矩。该梁的弯曲刚度为常数EI,各弹性支承的刚度均为$K=20EI/l^3$。

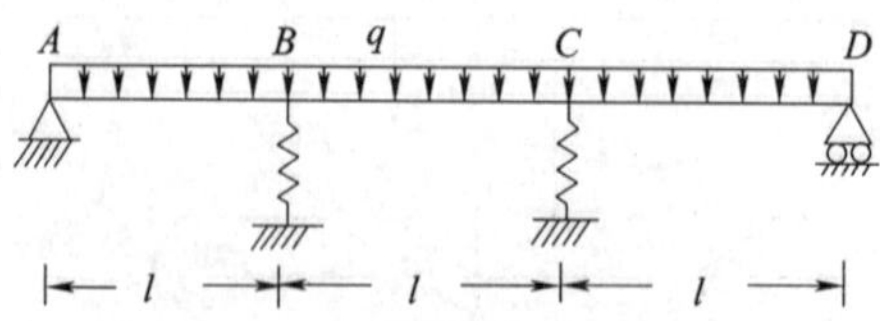

习题　4.5图

4.6　应用力法求出所示体系内A,B和C三个弹簧中的力。梁DE和FG具有的弯曲刚度为常数EI,各弹簧具有相同刚度100 EI/l^3。试问:D,E,F和G处的竖向反力是多少?

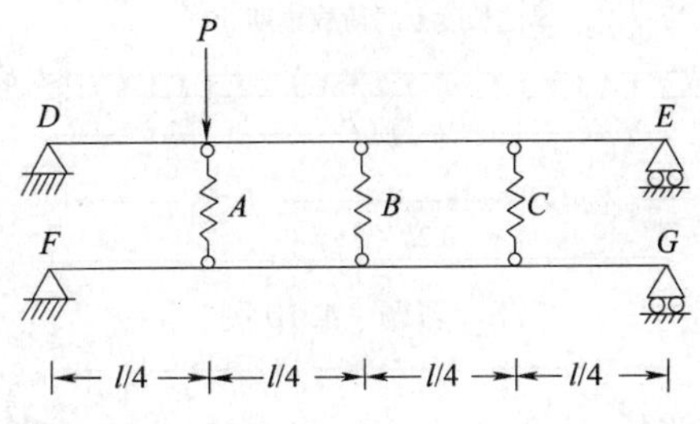

习题　4.6 图

4.7　试求所示体系内弹簧 A 和 B 中的力。假设柱 EF 为刚性，杆 GC 和 HD 的弯曲刚度 EI 为常数，弹簧 A 和 B 的刚度为 EI/l^3。注意：当柱 EF 发生偏移时，竖向力 P 将使柱绕铰 E 转动［提示：在本习题中柱的偏移会改变作用于它上面力的效应，所以叠加原理是不适用的（见第 3.6 节）。然而，如果竖向力 P 始终作用，作用于柱上的两个横向荷载效应是可以叠加的。这个概念在第 14 章作进一步讨论。对于应用力法的分析，要确定竖直荷载 P 作用下放松结构的柔度，放松结构由于荷载 Q 所引起位移的不相容性以荷载 P 来表示。

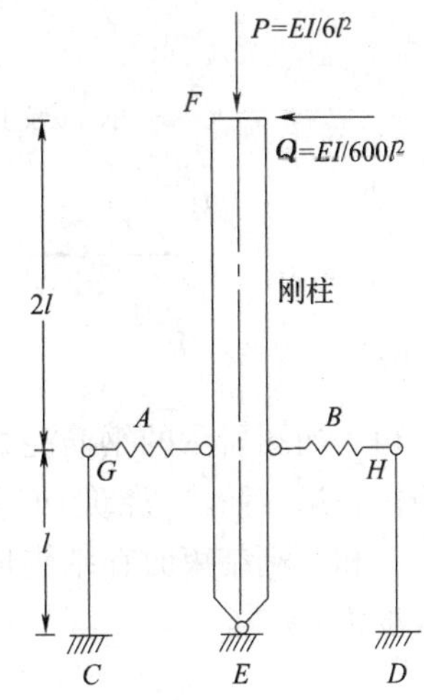

习题　4.7 图

4.8　英制单位：有一钢梁 AB 由 C 和 D 处两根钢索支持。试用力法求出由于荷载 $P=5$ kN 和两钢索温度下降 40 °F（华氏温度）时诸钢索中的拉力和 D 处的弯矩。对于该梁 $I=40\ \text{in}^4$，诸钢索 $a=0.15\ \text{in}^2$，二者的弹性模量 $E=30\times10^3$ksi，钢的热膨胀系数为 6.5×10^{-6}/°F。试用三力矩方程求出所示梁的弯矩图。

4.9　用国际单位求解：有一钢梁 AB 由 C 和 D 处两

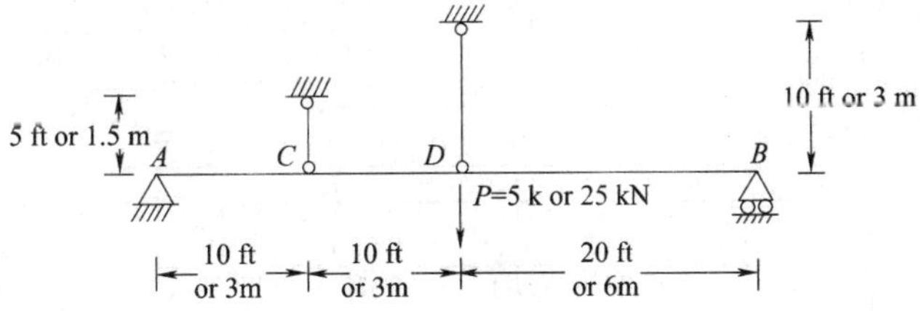

习题 4.8　（英制单位）或习题 4.9（国际单位）图

根钢索支持，试用力法求出由于荷载 $P=25$ kN 和两钢索温度下降 20℃时各钢索中的拉力和 D 点处的弯矩。梁的 $I=16\times10^6\text{mm}^4$，各钢索 $a=100\ \text{mm}^2$，二者的弹性模量相等 $E=200\text{GN/m}^2$，钢的热膨胀系数为 1×10^{-5}/℃。

4.10　利用三力矩方程求出所示连续梁的弯矩图。

4.11　利用三力矩方程求出所示连续梁的弯矩图和剪力图。

4.12　对于图 4.1(a) 中的连续梁，在无均布荷载作用的情况下，求出由于温度沿梁高 h 线性升高时连续梁各支座处的反力和梁的弯矩图。梁的顶面和底面温度升高度数分别为 T_t 和 T_b，热膨胀系数为 α/℃。

4.13　求出如图所示的梁的弯矩图和剪力图。

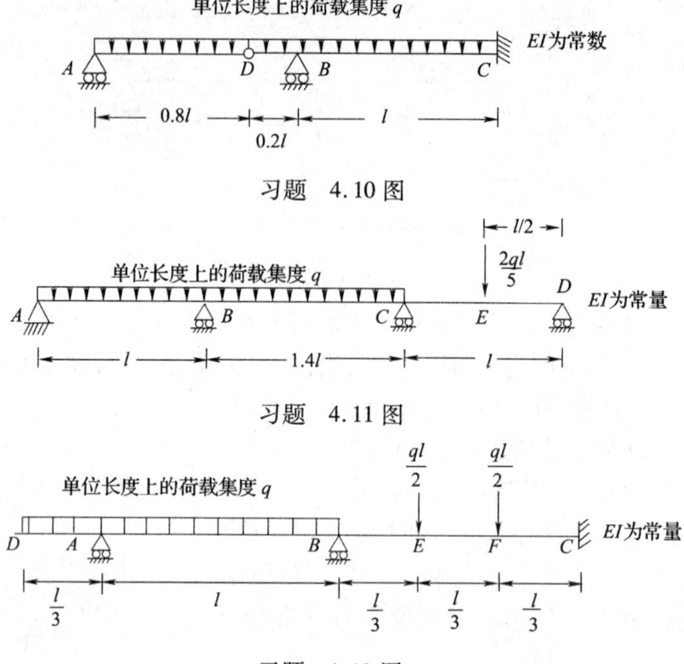

习题 4.10 图

习题 4.11 图

习题 4.13 图

4.14 如图所示的钢筋混凝土梁桥分两个阶段施工。在第一个阶段，浇筑 AD 部分并拆去模板。在第二阶段，浇筑 DC 部分并拆去模板。这样就形成了一个完整的单片连续梁。求出阶段 1 和 2 刚结束时在结构自重作用下的弯矩图和各支座处的反力，自重荷载集度的值每单位长度为 q。

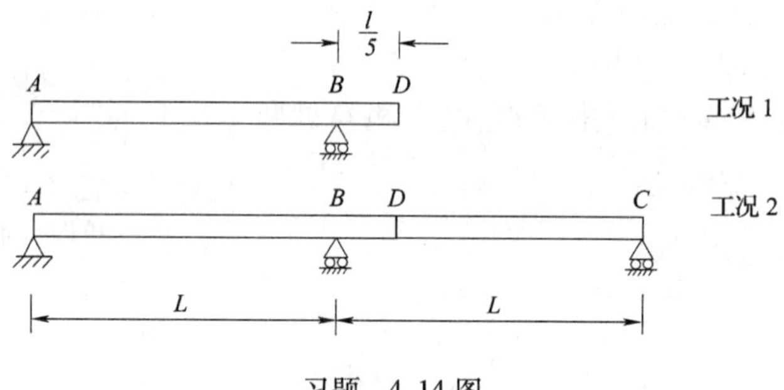

习题 4.14 图

提示：在第一阶段结束时，得到一个受到均布荷载的悬臂简支梁。在第二阶段中，又施加集度为 q/单位长度的荷载在连续梁的 DC 段。由叠加原理可以求出在第二阶段结束时想要的结果。在第一阶段中混凝土徐变对结构的作用与在第二阶段中相同（见第 4 章脚标 1 处的相关说明）。

4.15 每单跨跨径为 l 的四跨连续梁，其刚度为常数 EI。在整个长度上受到荷载集度大小为 q 的均布恒载作用，连续梁上同时作用着集度为 $p=q$ 的均布活载。求出各支座处和跨中的最大弯矩值。本题的结构图在图 4.11 中已给出。

4.16 单跨跨度为 l 的三等跨连续梁，刚度为常数 EI，在整个长度上受到荷载集度大小为 q 的均布恒载作用，同时作用着集度为 $p=q$ 的均布活载。试求：

(a) 连续梁内部支座处和中跨上的最大弯矩；

(b)结构的最大弯矩图；

(c)内部支座处的最大反力；

(d)绝对值最大的剪力值以及其发生的位置。

4.17 对于习题4.13中的连续梁，求出由于在支座B处发生单位沉降而引起结构的反力和弯矩、剪力图(本题主要的答案包括在表格E.3和附录E中。应注意：支座沉降对悬臂段DA的存在没有影响)。

4.18 对于如图所示的连续梁，试求：(a)结构的弯矩图；(b)支座B处的反力；(c)BC段中部的挠度。

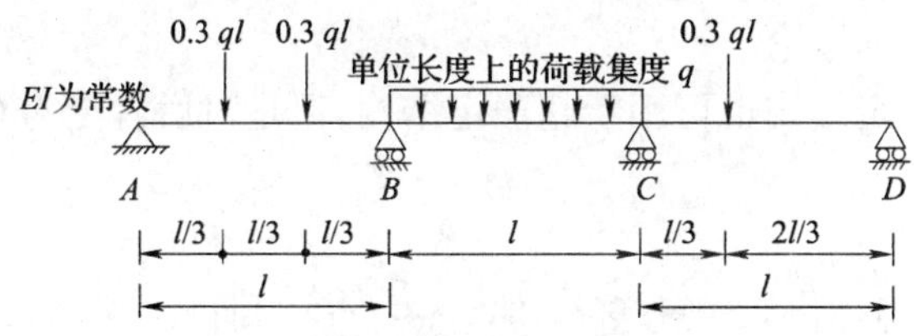

习题 4.18 图

4.19 对于如图所示的连续梁，试求其在给定荷载作用下的弯矩图，支座B处的反力和D点处的挠度，以及当支座B处产生沉降δ时在B处所产生的反力。

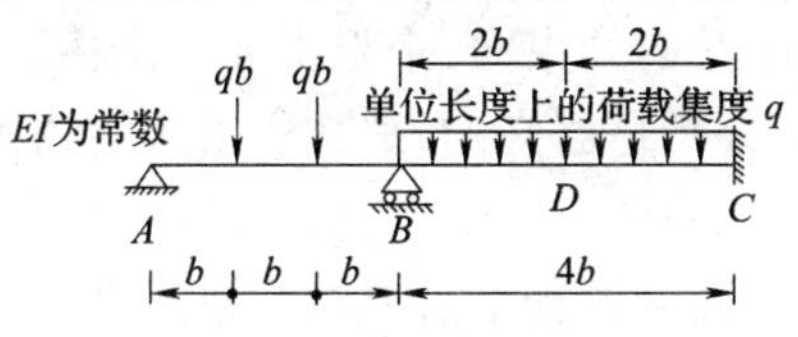

习题 4.19 图

4.20 分析图4.11中的梁。在整个长度上受到荷载集度为q的均布恒载，同时受到荷载集度为$p=q$的均布活载作用。试求：$M_{\mathrm{Bmax-}}$，$M_{\mathrm{Emax+}}$，$R_{\mathrm{Cmax+}}$。点E为AB的中点，梁的EI为常数。

5 位移法分析

5.1 引　　言

位移法与力法在列数学方程上是相似的，但是从省力的角度来说，两种方法都可以选用，这将在第 6.3 节中作详细讨论。

位移法既可用于静定结构也可用于超静定结构，但是对后者更为有用，尤其是当超静定次数很高的时候。

5.2 方 法 说 明

位移法包括以下 5 个步骤：

1. 首先，确定动不定的次数，然后建立一个坐标系，来确定节点位移的位置和方向。在各坐标处引入与动不定次数相同个数的约束力，来阻止节点位移。在有些情况下，只要约束后所得的结构分析是标准的，亦即其分析是已知的，那么所引入的约束的个数可以少于动不定的次数。（见例 5.2 中的说明）

我们应注意，与力法不同，上面的过程不需要对约束力进行选择。这就利于在结构分析通用计算机程序中位移法的应用。

2. 接下来按相交于一点处各杆固端力之和来确定约束力。对于最常用的情况，固端力可借助于标准表（附录 C 和 D）来求算。某坐标中的一个外力可以简单地用与其大小相等方向相反的力来确定约束力，该力必须叠加到总的固端力之和中。

我们应记住，约束力是阻止坐标处由于所有效应（譬如外荷载、温度变化或初始应变）产生的位移所需要的力。这些效应可以分别考虑，也可以叠加在一起考虑。

如果对结构中其中一个节点的位移效应进行分析，例如对支承的沉降，那么维持该节点处于移动后的状态在各坐标处所需要的力属于约束力。另外，还要求出在要求各节点处于约束状态下各杆的内力。

3. 现在假定结构按这样一种形式产生变形，即某一坐标处的位移为单位位移，而所有其他处位移均为零，需要确定保持结构处于这种状态所需要的力。这些力作用于表征各自由度的坐标处。确定出相应于此状态下所求位置处的内力。

分别在每一坐标处以单位位移值重复这处程序。

4. 确定在（2）中引入的约束力所需要的位移值。这就需要叠加方程，即把方程中每个位移对于约束力的效应相加起来。

5. 最后，通过将约束结构上的力与由于（4）中确定出的节点位移而产生的力相加起来得到原来结构上的力。

关于上述步骤的应用最好以一些具体情况来说明。

例 5.1　平面桁架

图5.1(a)的平面桁架由相交于节点 A 处的 m 根杆铰结而成。试求下列组合效应下所产生的各杆的受力:(1)A 处作用外荷载 P;(2)仅第 k 根杆件温度升高 T 度。

该结构的动不定次数为2,因为仅在节点 A 处可能发生位移,该节点可沿 x 和 y 方向产生平移分量 D_1 和 D_2。各位移分量和约束力的正方向都是任意选择的,如图5.1(b)所示。图中,用箭头表示的坐标用来确定位移 $\{D\}n\times1$ 和力 $\{F\}n\times1$ 的正方向。在位移法的第一步里,我们也可以确定所求的反力 $\{A\}m\times1$;在这个例子中,矩阵 $\{A\}$ 里面的各元素是各杆件在特定荷载下产生的力。

通过在节点 A 处人为引入一与 P 大小相等方向相反的力和一个沿第 k 根杆件方向上的力 $(Ea\alpha T)_k$ 来阻止节点位移。这里,E,a 和 α 分别代表弹性模量,截面面积和第 k 根杆件的温度膨胀系数。在坐标轴方向上约束力分量为:

$$F_1 = -P\cos\beta + (Fa\alpha T\cos\theta)_k$$

$$F_2 = -P\sin\beta + (Fa\alpha T\cos\theta)_k$$

式中 θ_k 为第 k 根杆件与 x 轴正方向所成的角。由于 A 节点处的位移被阻止,所以各杆件的长度变化等于零。因此,除了第 k 根杆件外,其他各杆件的轴向力等于零。因为温度的膨胀受到限制,所以在第 k 根杆件产生了一个轴向力,这个力的大小等于 $-(Ea\alpha T)_k$(负号表示杆件受压)。以 A_r 表示约束条件下杆的轴向力,我们知

$$\{A_r\} = \{0,0\cdots——(Ea\alpha T)_k,\cdots,0\}$$

矩阵中的所有列向量除了杆 k 外,其他都等于零,在第二步中我们已经确定了当荷载作用时来阻止各坐标的位移所需要的力 $\{F\}$,我们也已经知道了当人为阻止位移时在荷载作用下产生的 $\{A_r\}$

图5.1(c)表示保持结构处于 $D_1=1$ 和 $D_2=0$ 的变形状态所需要的力。按图5.1(d),A 处发生单位水平位移引起任一杆 i 缩短距离为 $\cos\theta_i$,产生压力为 $(a_iE_i/L_i)\cos\theta_i$)。所以,为了维持节点 A 位于移动后的状态,需分别沿方向1和方向2作用力 $\left[\frac{a_iE_i}{l_i}\right]\cos^2\theta_i$ 和 $\left[\frac{a_iE_i}{l_i}\right]\cos\theta_i\sin\theta_i$。维持所有杆处于发生位移后的状态所需要的力为:

$$S_{11} = \sum_{i=1}^{m}\frac{a_iE_i}{L_i}\cos^2\theta_i \quad 和 \quad S_{21} = \sum_{i=1}^{m}\frac{a_iE_i}{L_i}\cos\theta_i\sin\theta_i$$

通过类似的论证,维持节点 A 处于在 $D_1=0$ 和 $D_2=1$ 时发生位移后的状态下所需要的力(图5.1(e)和(f))为:

$$S_{12} = \sum_{i=1}^{m}\frac{a_iE_i}{L_i}\sin\theta_i\cos\theta_i$$

$$S_{22} = \sum_{i=1}^{m}\frac{a_iE_i}{L_i}\sin^2\theta_i$$

在上面各方程中,S 的第一个脚标表示约束力的坐标,第二个脚标表示具有单位值的位移分量的坐标。

在实际结构中,节点 A 产生平动 D_1 和 D_2 且不存在约束力。所以,虚构约束力与实际位移的效应相叠加必须等于零。这样,我们得到表明当位移 D_1 和 D_2 发生时,约束力为零的静力关系。这些静力关系可表达为:

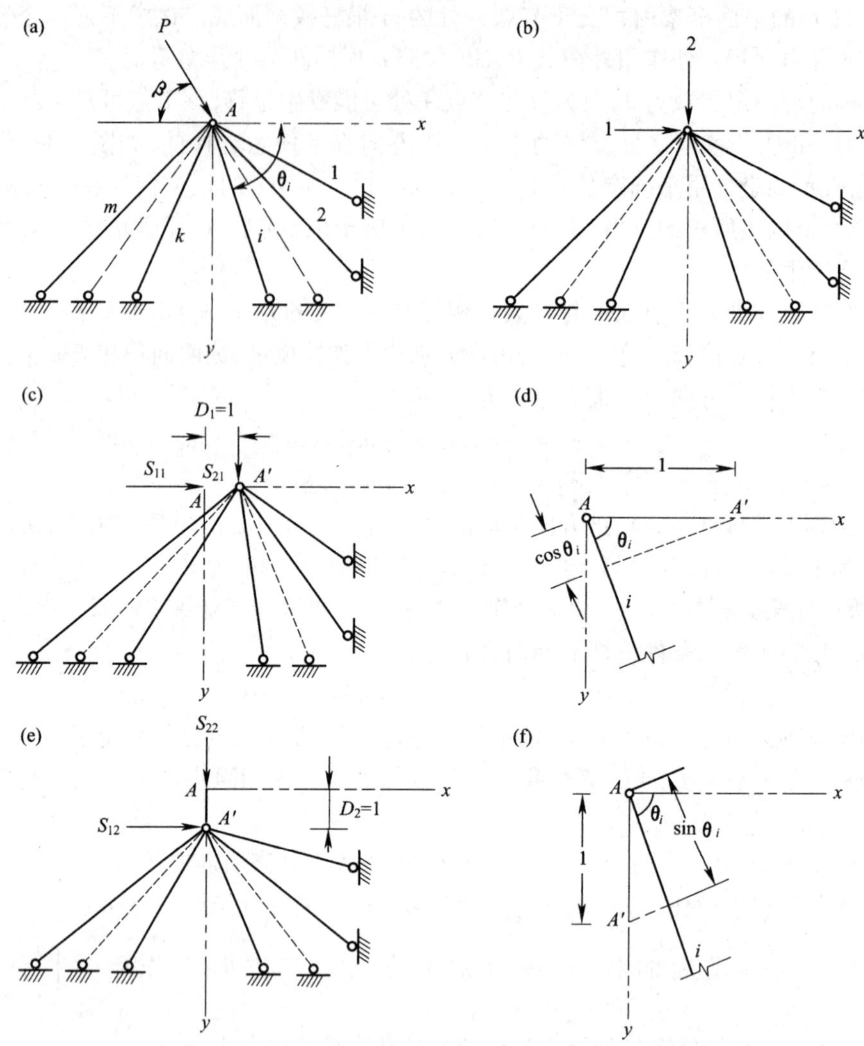

图 5.1　用位移法进行平面桁架的分析

(a)平面桁架;(b)坐标系;(c)$D_1=1$ 和 $D_2=0$;(d)由于 $D_1=1$ 所引起第 i 根杆长度的变化;

(e)$D_1=0$ 和 $D_2=0$;(f)由于 $D_2=1$ 所引起第 i 根杆长度的变化。

$$\text{和}\quad \left.\begin{aligned} F_1+S_{11}+D_1+S_{12}D_2=0\\ F_2+S_{21}+D_1+S_{22}D_2=0 \end{aligned}\right\} \tag{5.1}$$

刚度矩阵

方程 5.1 的静力关系可以写成矩阵形式

$$\{F\}_{n\times1}+\{S\}_{n\times n}\{D\}_{n\times1}=\{0\}$$

或

$$\{S\}_{n\times n}\{D\}_{n\times1}=\{-F\}_{n\times1} \tag{5.2}$$

(这个方程可以与力法分析中的几何关系方程 4.2 相比较)。

列向量{F}取决于结构上的荷载。矩阵[S]的诸元素为相应于单位位移值的力。所以,[S]取决于结构的特性,表示结构的刚度。由于这个原因,[S]称为刚度矩阵,其各元素称为刚度系数。向量{D}的各元素为未知位移,可借求解方程 5.2 来确定,亦即

$$\{D\}=[S]^{-1}\{-F\} \tag{5.3}$$

一般情况下，如果结构中所引入的约束力的个数为 n，那么矩阵$\{D\}$，$[S]$和$\{-F\}$的阶分别为$n\times1$，$n\times n$和$n\times1$。因而，刚度矩阵$[S]$为一对称矩阵。这可在上面的例题中通过比较S_{21}和S_{12}的方程看出，但是此式的证明将在第 6.6 节中给出。

在位移法的第三步中，我们要确定矩阵$[S]_{n\times n}$和矩阵$[A_u]_{m\times n}$。为了得到两个矩阵中任何一列j，我们在当各坐标的位移被阻止条件下在坐标j处引入一个单位位移$D_j=1$。那么在这n个坐标中产生的用来维持这种结构变形的力就组成了矩阵$[S]$中的第j列；相应的m个反力构成矩阵$[A_u]$中第j列。在位移法的第四步中，我们要解出静力方程 5.2（也叫做平衡方程）。这就得出了各坐标的实际位移$\{D\}_{n\times1}$。

任一杆i的最终力可借约束条件与节点位移效应的叠加来确定：

$$A_i=A_{ri}+(A_{ui1}D_1+A_{ui2}D_2+\cdots+A_{uin}D_n \tag{5.4}$$

全部杆件的叠加方程的矩阵形式为

$$\{A\}_{m\times1}=\{A_r\}_{m\times1}+[Au]_{m\times n}\{D\}_{m\times1}$$

式中$\{A\}$的诸元素为各杆的最终力，$\{A_r\}$的各元素为约束条件下的各杆力，$[A_u]$的各元素为相应于单位位移的各杆力。具体地说，$[A_u]$中第j列的各元素为相应于位移$D_j=1$而所有其他位移均为零时各杆中的力。

由于上述方程将被用于各种结构的分析，把它写成一般形式是有用的：

$$\{A\}=\{A_r\}+[A_u]\{D\} \tag{5.5}$$

式中$\{A\}$内的各元素为各杆的最终力，$\{A_r\}$的各元素为约束条件下各杆中的力，$[A_u]$内的各元素为相应于单位位移时各杆中的力。位移法的第五步通过将矩阵$\{A_r\}$，$[A_u]$和$\{D\}$代入方程 5.5 中求出所需的反力$\{A\}$，其中$\{A_r\}$，$[A_u]$和$\{D\}$已经在第二、第三和第四步中求得。

在例题 5.1 的桁架中，杆内轴向拉力考虑为正，容易得出：

$$[Au]=\begin{bmatrix} -\dfrac{a_1E_1}{l_1}\cos\theta_1 & -\dfrac{a_1E_1}{l_1}\sin\theta_1 \\ -\dfrac{a_2E_2}{l_2}\cos\theta_1 & -\dfrac{a_2E_2}{l_2}\sin\theta_2\,] \\ \cdots & \cdots \\ -\dfrac{a_mE_m}{l_m}\cos\theta_m & -\dfrac{a_mE_m}{l_m}\sin\theta_m \end{bmatrix}$$

在刚性节点的框架中，我们或许想要求出任一截面内的应力合力或各支承处的反力。由于这个原因，我们考虑一般方程 5.5 中的符号A代表任一作用力，它可以是一截面处的剪力、弯矩、扭矩、轴力或一支承处的反力。

5.3　自由度和坐标系

在位移法的第一步中，确定了独立节点的位移数n（自由度的数量，3.5 节）。因而，一个包括n个坐标的坐标系确定了。一个坐标是表示一个位移D或一个力F的位置和正方向的一个箭头。图中在节点处用n个箭头的坐标系表示了实际的结构。

接下来的位移法步骤里包括矩阵的求出和应用：$\{F\}$，$\{D\}$和$\{S\}$。这些矩阵中的各元素是坐标处的力或者位移。因此，当坐标系没有清楚确定的时候，我们没办法检验计算，特别是确定名参量的符号。由于这个原因，建议在仅描述 n 个数量箭头的图中应该标示出坐标系，而作用在结构中的力在图中不应该表示出来。

例 5.2　平面框架

图 5.2(a)中的平面框架由弯曲刚度 EI 为常量的杆刚性联结组成。试求出框架在 E 和 F 处集中荷载 P 以及节点 B 处力偶 Pl 作用下所产生的弯矩图。各杆长度的变化可以略去不计。

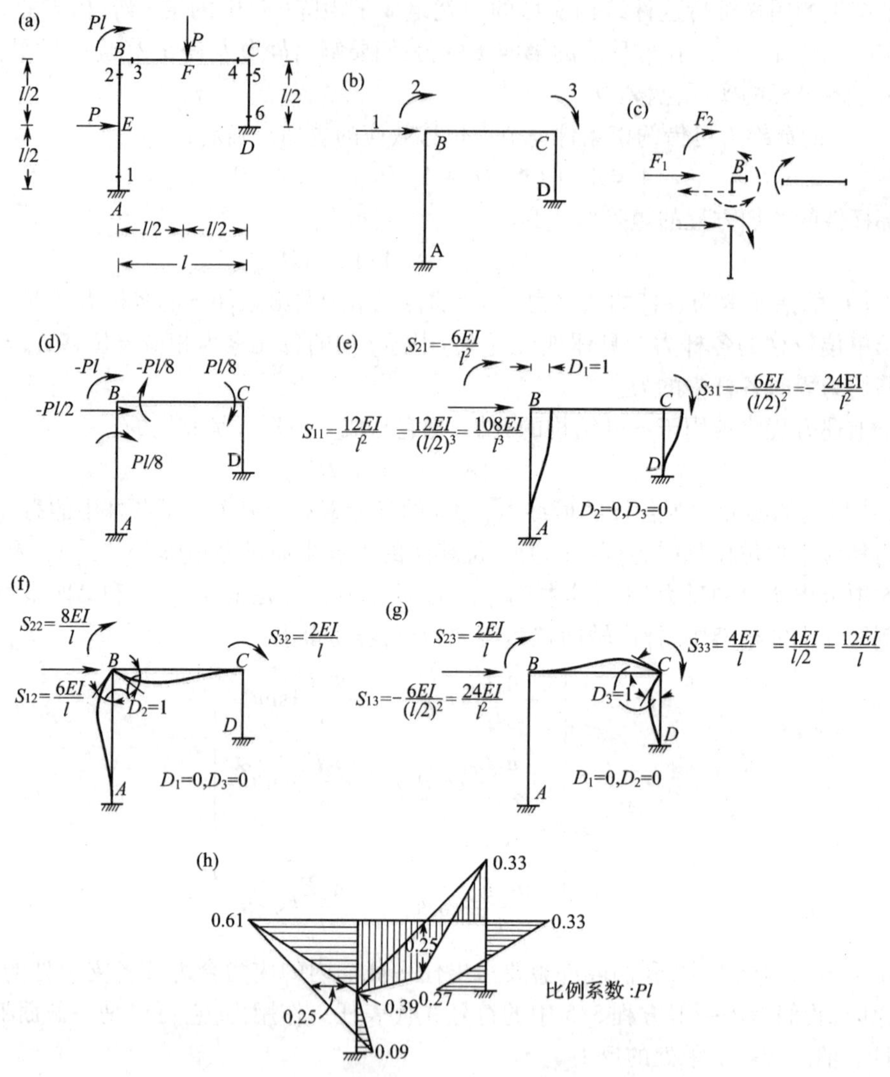

图 5.2　例题 5.2 中分析的平面框架

其动不定次数为 3，因为存在 3 个可能的节点位移，如图 5.2(b)所示，该图还标示出了所选择的坐标系，其约束力等于各节点处各杆端力之和，可借助于附录 C 求算。通常，当它们的方向与坐标一致时，考虑为正。

为了说明杆端力与约束力之间的关系，在图 5.2(c)中将节点 B 与其相联结的各杆分割开。作用于各杆端上沿坐标系方向的力用实线箭头表示。节点上作用有大小相等而方向相反的力，这些力均用虚线箭头表示。由于节点的平衡，力 F_1 和 F_2 应作用于与虚线箭头相反的方向。所以，为了得到约束力，如图 5.2(d)所示，在每一节点处将各杆端力加起来就可以了，不需要像图 5.2(c)那样去考虑各力。

作用于 B 处的外力偶需要一个大小相等而方向相反的约束力。所以

$$\{F\}=\begin{Bmatrix}-\dfrac{P}{2}\\ \dfrac{Pl}{8}-\dfrac{Pl}{8}-Pl\\ \dfrac{Pl}{8}\end{Bmatrix}=P\begin{Bmatrix}-0.5\\ -l\\ 0.0125l\end{Bmatrix} \tag{a}$$

为了绘制弯矩图，需要求出所有杆端处的力矩值，假设杆端力矩沿顺时针方向作用时为正。我们定义所求得力为杆件的端力矩，那么 $\{A\}=\{M_{AB},M_{BA},M_{BC},M_{CD},M_{DC}\}$。

在这本书中，平面框架中的杆件的顺时针方向杆端力矩取正。在图 3.8(a)中，两个顺时针杆端力矩为正。杆件的左手端顺时针力矩使杆件下侧产生拉应变；但是在右手端，其顺时针方向的力矩使杆件上侧受拉。各杆端 1，2，……，6 如图 5.2(a)所示。因此，相应约束条件下的 6 个杆端力矩的值为

$$\{A_r\}=\frac{Pl}{8}\{-1,1,-1,1,0,0\}$$

现在，刚度矩阵的各元素为保持结构处于图 5.2(e)，(f)和(g)所示变形形状下各坐标方向上和位置处所需要的力。这些力等于各杆端力之和，这些杆端力按附录 D 求出。我们应注意，由于长度 BC 保持不变，节点 B 的平动必定伴随着产生节点 C 的相等平动。其刚度矩阵为：

$$\{S\}=\frac{EI}{l}\begin{Bmatrix}\dfrac{108}{l^2} & \dfrac{6}{l} & -\dfrac{24}{l}\\ -\dfrac{6}{l} & 8 & 2\\ -\dfrac{24}{l} & 2 & 12\end{Bmatrix} \tag{b}$$

为了写出由于单位位移所产生的杆端力矩矩阵，我们按图 5.2(e)，(f)和(g)所示位移分别将杆端 1，2，…，6 处的力矩值写于第一、第二和第三列中。这样

$$\{A_u\}=\frac{EI}{l}\begin{Bmatrix}-\dfrac{6}{l} & 2 & 0\\ -\dfrac{6}{l} & 4 & 0\\ 0 & 4 & 2\\ 0 & 2 & 4\\ -\dfrac{24}{l} & 0 & 8\\ -\dfrac{24}{l} & 0 & 4\end{Bmatrix} \tag{c}$$

在如图 5.2(e)，(f)和(g)中所示的各杆件的变形和相应的杆端力矩表示在附录 D 中，它

们常用来确定向量$[A_u]$中的各元素。例如,当图5.2(g)中的BC杆件产生单位位移时其变形形状与附录D中的第二个图形一致。因此,从这个图形中取出的端位移$2EI/I$和$4EI/I$与A_{u33}以及A_{u43}分别相等。

将方程(a)和(b)代入方程5.2,对$\{D\}$求解,我们得到

$$\{D\}=\frac{Pl^2}{EI}\begin{Bmatrix}0.0087l\\0.1355\\-0.0156\end{Bmatrix} \tag{d}$$

根据方程5.5求算最终杆端力矩:

$$[A]=Pl\begin{Bmatrix}-0.125\\0.125\\-0.125\\0.125\\0\\0\end{Bmatrix}+\frac{EI}{l}\begin{Bmatrix}-\frac{6}{l} & 2 & 0\\-\frac{6}{l} & 4 & 0\\0 & 4 & 2\\0 & 2 & 4\\-\frac{24}{l} & 0 & 8\\-\frac{24}{l} & 0 & 4\end{Bmatrix}\frac{Pl^2}{EI}\begin{Bmatrix}0.0087l\\0.1355\\-0.0156\end{Bmatrix}=Pl\begin{Bmatrix}0.09\\0.61\\0.39\\0.33\\-0.33\\-0.27\end{Bmatrix} \tag{e}$$

弯矩图绘在图5.2(h)中,其纵坐标示于受拉纤维一侧。

上述方法对于带有斜杆的框架的应用将在例题5.3中说明。

注意:

(1)在上面的例题中,如果将固定端A用铰代替,那么在A端由于转动其动不定次数将会增加。不过,结构还可以只用图5.2中的3个坐标来分析,因为对于一端约束另一端完全固定的杆端力可以在附表C和D中获得。

例如,我们可以将支座A换成一个铰的情况下验证下面的矩阵来分析图5.2中的框架

$$\{F\}=(P/16)\{-11,15l,2l\};\{A_r\}=(Pl/16)\{0.3,-2,2,0,0\}$$

$$[S]=\frac{EI}{l}\begin{bmatrix}99/l^2 & \text{对} & \\ -3/l & 7 & \text{称}\\ -24/l & 2 & 12\end{bmatrix}$$

$$[A_u]^{\mathrm{T}}=\frac{EI}{l}\begin{bmatrix}0 & -3/l & 0 & 0 & -24/l & -24/l\\0 & 3 & 4 & 2 & 0 & 0\\0 & 0 & 2 & 4 & 8 & 4\end{bmatrix}$$

$$\{D\}=\frac{EI^2}{l}\{0.0058L,0.1429,-0.0227\}$$

$$\{A\}=Pl\{0,0.60,0.40,0.32,-0.32,-0.32,-0.32\}$$

(2)当用计算机对平面框架进行分析时,轴向变形通常不可忽略,且在一般节点处的未知位移为两个平动位移和一个转角。在每根杆件和端部(图22.2)通常可以确定3个力,这些力通常包括任何截面处轴向力、剪力和弯矩。可以单独对每根杆件应用叠加方程5.5,杆端的6个位移可以算出每根杆件的6个端力。这将会在第22章中对各种框架结构进行详细讨论。

5.4 各种不同加载的分析

我们早已弄清楚刚度矩阵(及其逆)是结构的特性,与所作用的荷载系无关,所以,如果有若干种不同加载要考虑,对于这些加载可全部应用方程 5.2。如果加载工况的数目为 p,自由度为 n,那么其解可合并于一个矩阵方程之中:

$$[D]_{n\times p}=[S]^{-1}_{n\times n}[-F]_{n\times p}$$

$[D]$和$[-F]$中每一列相应于一种加载。

位移法的第三步包括除了得到矩阵$[S]_{n\times n}$还要得到矩阵$[A_u]_{m\times n}$。矩阵$[A_u]$中的各列元素表示当在一个坐标处有一单位位移,而其他坐标位移被阻止时,所需要的 m 个反力的值。因此,与矩阵$[S]$类似,矩阵$[A_u]$中的各元素跟所加荷载没有关系。因此同一个矩阵$[A_u]$可以用于所有的荷载情况。当有 P 种荷载工况时,叠加方程 5.5 适用于矩阵类型:$[A]_{m\times p}$,$[A]_{m\times p}$,$[A]_{m\times n}$和$[A]_{n\times p}$。

5.5 外界效应的分析

在第 4.4 节中,我们应用力法分析了温度弯化、安装误差、收缩或预应变的单独效应或合成效应。现在,我们将要看位移法如何用于这些方面。方程 5.3 是直接可以应用的,但是在此情况下,$\{F\}$代表阻止给定效应引起的节点位移所需要的力。

当对支座移动的效应进行分析时,方程 5.3 也是能用的,只要支座的移动不与形成动不定未知位移之一相符。当支座移动与形成动不定的位移之一相符时,则方程 5.3 必须修改。这将在例题 5.5 中来说明。

5.6 位移法的 5 个步骤

应用位移法进行分析的 5 个步骤概括如下:

步骤 1 确定一个代表节点位移的坐标系,和一个所需的反力矩阵$[A]_{m\times p}$、反力大小和符号(如果有必要)。

步骤 2 当加上荷载时,算出约束力$[F]_{n\times p}$,$[A_r]_{m\times p}$。

步骤 3 分别在各坐标处引如一个单位位移,导出矩阵$[S]_{n\times n}$和$[A_u]_{m\times n}$。

步骤 4 解平衡方程

$$[S]_{n\times n}[D]_{n\times p}=-[F]_{n\times p}\quad \text{得出位移}[D]$$

步骤 5 通过迭加方程计算出所需的反力

$$[A]_{m\times p}=[A_r]_{m\times p}+[A_u]_{n\times n}[D]_{n\times p}$$

与第 4.6 节中的力法类似,当在上述第三步中已经完成了为进行分析而生成的所有所需矩阵时,那么后面的两步仅仅是矩阵的代数运算。

为了快速查找,本章中使用过的符号再次说明如下:

N,m,p——自由度个数、所需的反力个数和所加荷载工况的个数;

$[A]$——所需的反力(问题的解);

$[A_r]$——结构在荷载作用下当位移被阻止时所需要的作用力的值；

$[A_u]$——在各节点处单独引入单位位移时各作用力的值；

$[F]$——在荷载作用下为阻止位移发生的各坐标处所需的力；

$[S]$——刚度矩阵。

例 5.3 带斜杆的平面框架

试求出图 5.3(a)中平面框架在下列单独效应下的弯矩图：(1)如图所示的荷载；(2)支座 D 处产生一个向下的位移 δ_D。该框架抗弯刚度 EI 为常数，略去杆的长度变化不计。

步骤一 在图 5.3(b)中，对应 3 个独立节点位移定义 3 个坐标（见 3.5 节，动不定性）。所需的弯矩图可以通过杆端弯矩画出（顺时针为正）。

$$[A]=\left[\begin{Bmatrix} M_{AB}\\ M_{BC}\\ M_{CD}\\ M_{CD}\end{Bmatrix}_1 \begin{Bmatrix} M_{AB}\\ M_{BC}\\ M_{CD}\\ M_{CD}\end{Bmatrix}_2\right] \tag{a}$$

$M_{BA}=-M_{BC}$ 和 $M_{CD}=-M_{CD}$，因此，矩阵$[A]$可不含 M_{BA} 和 M_{CB}。

步骤二 从附录 C 和 D 可以查到各杆件的固端力，如图 5.3(c)和(e)。约束力偶 F_1 和 F_2 通过相加各固端力矩直接求得。为了求出 F_3，将相交于节点 B 和 C 处各杆端的剪力分解成沿各杆轴的分量，通过将沿坐标 3 方向的各分量相加来求得 F_3（图 5.3(d)）。另外一种求 F_3 的方法是下面将要介绍的功方程。

现在我们先写出约束力：

$$[F]=\begin{bmatrix} -0.417Pl & -6(EI/l^2)\delta_D\\ -0.6Pl & -6(EI/l^2)\delta_D\\ -2.625P & -9(EI/l^2)\delta_D\end{bmatrix} \tag{b}$$

在第一种情况下，F_3 的值等于图 5.3 中所示 B，C 节点处水平方向的分量 $0.625P$，$1.5P$ 和 $0.5P$ 之和的相反数。如对第二种情况也做一个类似的图，那么杆件 BC 的 B 端的剪力方向向上，大小等于$(12EI\delta_D/l^3)$，这个力可以用一个沿 AB 方向的分量$(15EI\delta_D/l^3)$和一个沿坐标 3 方向大小等于$(-9EI\delta_D/l^3)$分量代替。在第二种情况下，后一个分量等于 F_3。

当各坐标位移被阻止时杆端弯矩为（图 5.4(a)和图 5.3(e)）：

$$[A_r]=\begin{bmatrix} -0.0833Pl & 0\\ -0.5Pl & -6(EI/l^2)\delta_D\\ 0.1Pl & 0\\ -0.1Pl & 0\end{bmatrix} \tag{c}$$

将给出 F_3 值的功方程(b)应用到如图 5.4(b)所示的将节点引入了铰的结构。结构承受与图 5.4(a)所示的一样的外力。图 5.4(a)中的力，包括 F_3 和在节点 A，D 处没有标出来的反力一起组成一个平衡力系。当在坐标 3 处（如图 5.3(b)）引入一个单位虚位移时，将会使结构中杆件在不改变形状的情况下产生转动和移动，如图 5.4(b)所示。对于虚位移不需要做功，因此，图 5.4(a)中的合力（所有集中力或力偶）与相应的图 5.4(b)中的虚位移的乘积等于零。

$$\theta_{AB}(M_{AB}+M_{BA})+\theta_{BC}(M_{BC}+M_{CB})+\theta_{CD}(M_{CD}+M_{DC})+F_3\times 1+ \\ [P(0.625)+4P(0.375)+P(0.5)=0 \tag{5.9}$$

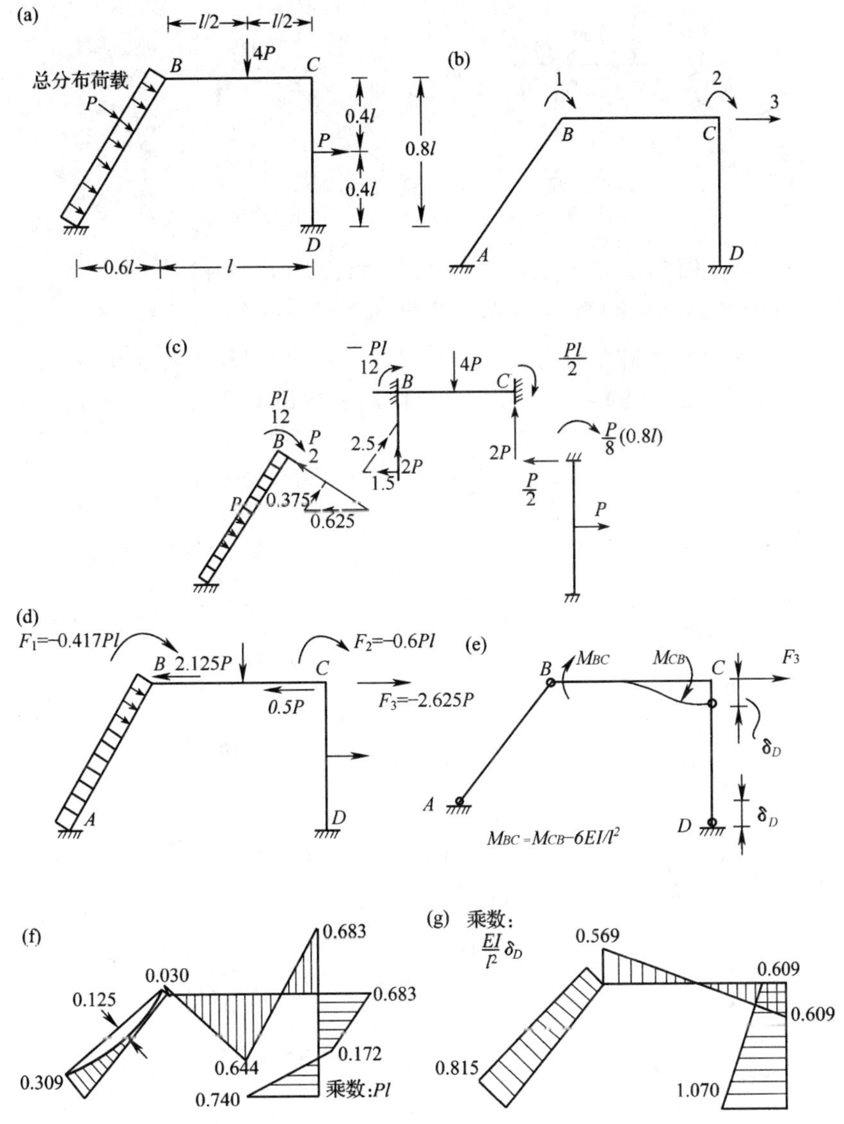

图 5.3　例题 5.3 分析的框架

(a)框架的尺寸和荷载;(b)坐标系;(c)第 1 种情况的固端力;(d)第 1 种情况的约束力{F};
(e)第 2 种情况下在坐标处约束位移时的杆端弯矩;(f)第 1 种情况下的弯矩图;(g)第 2 种情况下的弯矩图。

(根据附录 C)杆端弯矩的值为:$M_{AB} = -M_{BA} = -Pl/12$;$M_{BC} = -M_{CB} = -Pl/2$;$M_{CD} = -M_{DC} = Pl/10$;$\theta_{AB} = 1.25/l$;$\theta_{BC} = -0.75/l$;$\theta_{CD} = 1.25/l$。代入方程 5.9 得 $F = -2.625P$。同理,图 5.3(e)中的合力与图 5.4(b)中的位移的乘积等于零,对于第二种情况得出 $F_3 = -9EI\delta_D/l^3$。

步骤三　由附录 D 中可知,当分别产生单位位移 D_1,D_2 和 D_3 时,各杆端弯矩分别如图 5.5(a),(b)和(c)所示。将节点 B,C 处的杆端弯矩加起来,可以得到刚度矩阵[S]的前两列中的各元素。先将图 5.5(a),(b)和(c)中的力乘以图 5.4(b)中的各位移,然后将所得到的

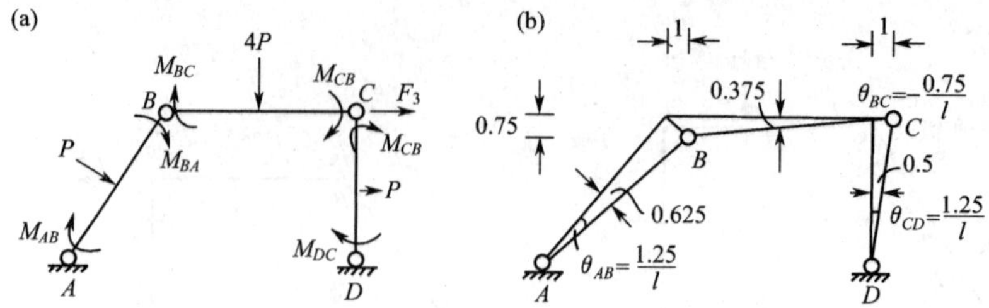

图 5.4　根据功方程对例题 5.3 的约束力 F_3 的计算

(a)杆端弯矩表示第 1 种情况下结构上作用的外力；(b)结构在(a)中的虚位移。

积求和得到功方程，该功方程将会给出 S_{31}，S_{32} 和 S_{33}。该功方程与方程 5.9 一样，但是不含方括号里的最后项；图 5.5(a)，(b)和(c)给出了各杆端的弯矩值，用同样的图形可以求得矩阵 $[A_u]$：

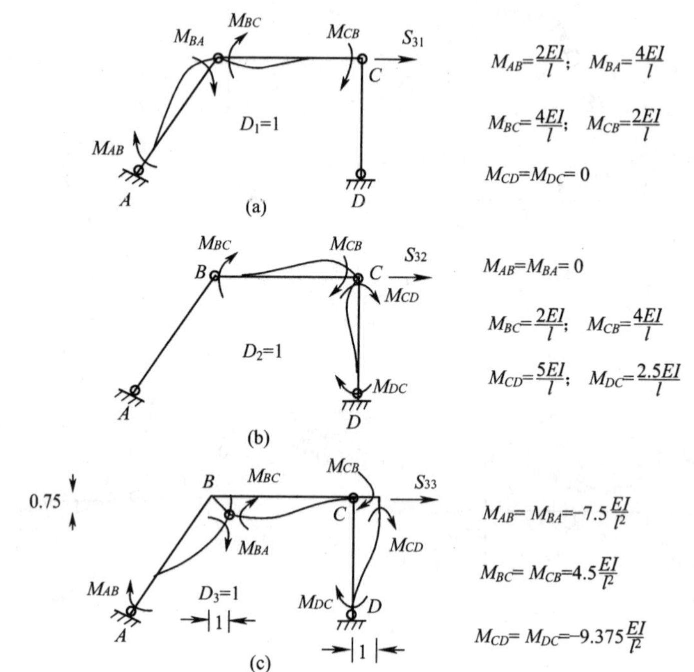

图 5.5　例题 5.3 中框架的刚度矩阵的推导(图 5.3(b))

(a)，(b)和(c)杆端弯矩分别表示当 $D_1=1$，$D_2=1$ 和 $D_3=1$ 时作用在结构上的外力。

$$[S]=EI\begin{bmatrix} 8/l & 2/l & -3/l^2 \\ 2/l & 9/l & -4.875/l^2 \\ -3/l^2 & -4.875/l^2 & 48.938/l^3 \end{bmatrix} \tag{d}$$

$$[A_u]=\begin{bmatrix} 2EI/l & 0 & -7.5EI/l^2 \\ 4EI/l & 2EI/l & 4.5EI/l^2 \\ 0 & 5EI/l & -9.375EI/l^2 \\ 0 & 2.5EI/l & -9.375EI/l^2 \end{bmatrix} \tag{e}$$

步骤四　将矩阵[S]和矩阵[F]代入方程 5.7 中且[S]的结果或逆矩阵代入方程 5.6 得到

$$[D]=\frac{10^{-3}}{EI}\begin{bmatrix}133.75l & -26.72 & 5.54l^2\\ -26.72l & 122.79l & 10.59l^2\\ 5.54l^2 & 10.59l^2 & 21.83l^3\end{bmatrix}\begin{bmatrix}0.417Pl & \frac{6EI}{l^2}\delta_D\\ -0.6Pl & \frac{6EI}{l^2}\delta_D\\ 2.265P & \frac{9EI}{l^3}\delta_D\end{bmatrix}$$

$$=\begin{bmatrix}0.0863Pl^2/EI & 0.6920\delta_D/l\\ -0.0570Pl^2/EI & 0.6717\delta_D/l\\ 0.0532Pl^3/EI & 0.2932\delta_D\end{bmatrix}\tag{f}$$

仅考虑数值时计算器可以用来对[S]求逆，$[S]^{-1}$的任一元素的符号是为[S]的相对应的元素相反符号。

步骤五　将矩阵[A_r]，[A_u]和[D]代入方程 5.8 得到：

$$[A]=\begin{bmatrix}-0.309Pl & -0.815EI\delta_D/l^2\\ -0.030Pl & -0.569EI\delta_D/l^2\\ -0.683Pl & 0.609EI\delta_D/l^2\\ -0.740Pl & -1.070EI\delta_D/l^2\end{bmatrix}$$

矩阵[A]中的各元素是用来画在荷载工况 1 和 2 两种情况下的弯矩图(图 5.3(f),(g))时的各杆端弯矩。

例 5.4　一个格栅

试求出图 5.6(a)所示水平格栅在 AC 上作用有强度为 q 的竖直均布荷载时 A 端处所产生的 3 个反力之量(竖直力、弯矩和扭矩)。格栅的所有杆都具有相同的横截面，其扭转刚度与弯曲刚度之比 $GJ/EI=0.5$。

步骤一　如图 5.6(b)中有 3 个坐标代表 3 个独立的节点位移。所需的反力和它们的正方向也如图中所示。

步骤二　由附录 C 可知 3 个坐标处的约束力为

$$\{F\}=\begin{Bmatrix}(-ql/2)_{AE}-(ql/2)_{EC}\\ 0\\ (pl^2/12)_{AE}-(ql^2/12)_{EC}\end{Bmatrix}=q\begin{Bmatrix}-\frac{1}{2}\\ 0\\ \frac{l^2}{36}\end{Bmatrix}$$

A 节点当其在坐标中的位移被阻止时的反力分量为：

$$\{A_r\}=q\{(-ql/2)_{AE},0,(-ql^2/12)_{AE}\}=q\{-l/3\quad 0\quad -l^2/27\}$$

步骤三　根据附录 D，刚度矩阵为

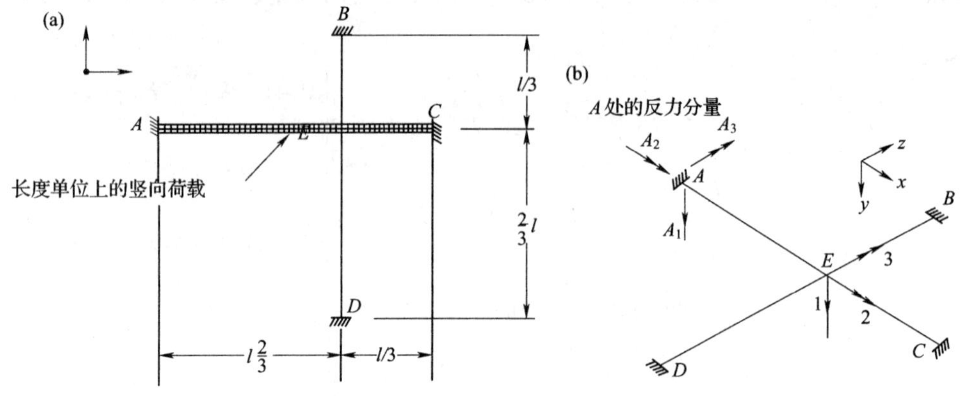

图 5.6　例题 5.4 中分析的格栅

(a)格栅平面;(b)绘图显示选择的坐标 1,2 和 3 以及 A 处反力的正方向。

$$[S]=\begin{Bmatrix} 729\dfrac{EI}{l^3} & \text{对} & \\ -40.5\dfrac{EI}{l^3} & \dfrac{20.25EI}{l} & \text{称} \\ 40.5\dfrac{EI}{l^2} & 0 & \dfrac{20.25EI}{l} \end{Bmatrix}$$

对相交于节点 E 处(图 5.6(b))的 4 根杆件求和可求得矩阵中非零元素:$S_{11}=\sum(12EI/l^3)$,$S_{21}=(6EI/l^2)_{ED}-(6EI/l^2)_{EB}$。

同样的方法,得到 $S_{31}=(6EI/l^2)_{EC}-(6EI/l^2)_{EC}$。角位移 $D_2=1$ 分别是梁 BD 和 AC 受弯和受扭,得到

$$S_{22}=(4EI/l)_{EB}+4(EI/l)_{ED}+(GJ/l)_{EC}+(GJ/l)_{EA}。$$

由结构的对称性可知,$S_{33}=S_{22}$。

在各单独单位位移的作用下节点 A 处的反力值为:

$$[A_u]=\begin{Bmatrix} (-12EI/l^3)_{AE} & 0 & (6EI/l^2)_{AE} \\ 0 & (-GJ/l)_{AE} & 0 \\ (-6EI/l^2)_{AE} & 0 & (2EI/l)_{AE} \end{Bmatrix}$$

$$=\begin{Bmatrix} -40.5\dfrac{EI}{l^3} & 0 & 13.5\dfrac{EI}{l^2} \\ 0 & -0.75\dfrac{EI}{l} & 0 \\ 13.5\dfrac{EI}{l^2} & 0 & \dfrac{3EI}{l} \end{Bmatrix}$$

步骤四　将矩阵$[S]$和$\{F\}$代入方程 5.7 解得:

$$\{D\} = \frac{10^{-3}q}{EI}\{0.9798l^4 \quad 1.960l^2 \quad -3.331l^2\}$$

步骤五 将矩阵$[A_r]$,$[A_u]$和$\{D\}$代入方程5.8得到所需的反力分量为:

$$\{A\} = \begin{Bmatrix} -\dfrac{ql}{3} \\ 0 \\ -\dfrac{ql^2}{27} \end{Bmatrix} + 10^{-3}q\begin{bmatrix} -\dfrac{40.5}{l^3} & 0 & \dfrac{13.5}{l^2} \\ 0 & -0.75 & 0 \\ -\dfrac{13.5}{l^2} & 0 & \dfrac{3}{l} \end{bmatrix}\begin{Bmatrix} 0.9798l^4 \\ 1.960l^2 \\ -3.331l^2 \end{Bmatrix}$$

$$= \begin{Bmatrix} -0.4180ql \\ -1.470(10^{-3}ql^2) \\ -60.26(10^{-3}ql^2) \end{Bmatrix}$$

5.7 坐标处位移的效应

考虑一个具有相应于n个坐标的n次动不定的结构,我们的任务是要分析结构在m个坐标处有m个强迫位移量$\Delta_1,\Delta_2\cdots,\Delta_m$的效应($m < n$)。结构将会在坐标1至坐标$m$处受到未知力$\{F^*\}m\times 1$的作用。假定没有外力作用在杆件上。

我们这样来写出其刚度矩阵,使相应于已知位移的坐标出现于前m行和前m列中,这样

$$[S] = \left[\begin{array}{cccc:ccc} S_{11} & S_{12} & \cdots & S_{lm} & S_{1(m+1)} & \cdots & S_{ln} \\ S_{21} & S_{22} & \cdots & \cdots & \cdots & & \cdots \\ \cdots & & & & \cdots & & \cdots \\ S_{ml} & S_{m2} & \cdots & S_{mm} & S_{m(m+1)} & \cdots & S_{mn} \\ \hdashline S_{(m+1)1} & \cdots & \cdots & & \cdots & & \cdots \\ \cdots & & & & & & \cdots \\ S_{nl} & S_{n2} & \cdots & & \cdots & & S_{nn} \end{array}\right] \tag{5.10}$$

这个矩阵可顺上面所示虚线分块,所以能够写成下面形式

$$[S] = \begin{bmatrix} [S_{11}] & [S_{12}] \\ [S_{21}] & [S_{22}] \end{bmatrix} \tag{5.11}$$

式中$[S_{ij}]$为分块矩阵或子矩阵。观察方程5.10,子矩阵的阶为$[S_{11}]_{m\times m}$,$[S_{12}]_{m\times(n-m)}$,$[S_{21}]_{(n-m)\times m}$,$[S_{22}]_{(n-m)\times(n-m)}$。

为了产生位移$\Delta_1,\Delta_2,\cdots,\Delta_m$,必须在坐标1至坐标$m$处作用外力$F_1^*,F_2^*,\cdots,F_m{}^*$,而在剩下的坐标处不作用外力,这样容许位移$D_{m+1},D_{m+2},\cdots,D_n$发生。各力与各位移可借下式联系起来。

$$\begin{bmatrix} [S_{11}] & [S_{12}] \\ [S_{21}] & [S_{22}] \end{bmatrix}\begin{Bmatrix} \{D^*\} \\ \{\overline{D}\} \end{Bmatrix} = \begin{Bmatrix} \{F^*\} \\ \{0\} \end{Bmatrix} \tag{5.12}$$

式中 $\{D^*\}$为已知位移Δ的向量,$\{\overline{D}\}_{m-n}$为坐标$m+1$至坐标n处的未知位移$D_{m+1},D_{m+2},\cdots,D_n$的向量,$\{F^*\}_{m\times n}$为坐标$1,2,\cdots,m$处未知力的向量。

从上面矩阵方程的第二行,我们求出

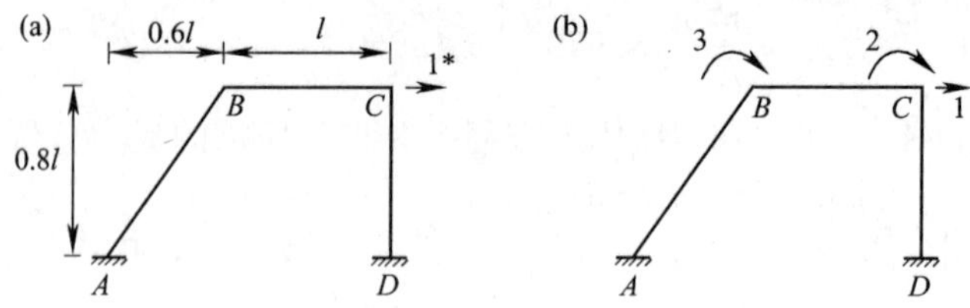

图 5.7　例题 4.5 分析的平面框架

(a)单一坐标系;(b)3 个坐标系。

$$\{\overline{D}\} = -[S_{22}]^{-1}[S_{21}]\{D^*\} \tag{5.13}$$

当所有坐标处的位移均已知,任一截面处的应力合力可借下列方程确定出来

$$\{A\} = [A_u]\{D\} \tag{5.14}$$

式中　$\{A\}$为任一作用力,$[A_u]$为仅相应于所给坐标处单位位移的相同作用力。此方程与以$\{A_r\}=\{0\}$的方程 5.5 相同,因为所需要的作用力是仅由于位移$\{D\}$的效应所产生。

如果需要求力$\{F^*\}$,它们可从方程 5.12 的第一列和方程 5.13 得到,如下:

$$\{F^*\} = [S_{11}] - [S_{12}][S_{22}]^{-1}[S_{21}]\{D^*\} \tag{5.15}$$

方程 5.15　可以重新写成下面这种形式

$$\{F^*\} = [S^*]\{D^*\} \tag{5.16}$$

式中$[S^*]$是结构与坐标 1 到坐标 m 相对应而不考虑其他坐标的缩减刚度矩阵,其值为:

$$[S^*] = [S_{11}] - [S_{12}][S_{22}]^{-1}[S_{21}]$$

例 5.5　平面框架:刚度矩阵的缩减

确定如图 5.7(a)框架结构在坐标 1* 处产生位移 $D_1^* = \Delta$ 时所需要的力,以及在节点 B,C 与之相应的转角。不计杆件的轴向变形且杆件抗弯刚度 EI = 常数。

在例题 5.3 中我们已经推导出对应如图 5.3(b)坐标系与该框架一样的刚度矩阵。在图 5.7(b)中的坐标编号已经改变,因此已知位移的坐标必须先考虑,所以与图 5.7(b)相应的坐标的刚度矩阵为:

$$[S] = EI\begin{bmatrix} 48.938/l^3 & -4.875/l^2 & -3/l^2 \\ -4.875/l^2 & 9/l & 2/l \\ -3/l^2 & 2/l & 8/l \end{bmatrix} \tag{a}$$

当交换 1、3 列然后交换 1、3 行位置后得到的矩阵与例题 5.3 中推导出来的$[S]$是一样的。与图 5.7(a)中单个坐标相对应的刚度为:

$$[S] = \left[\frac{48.938EI^3}{l^3}\right] - \left[-\frac{4.875EI}{l^2}\ \ -\frac{3EI}{l^2}\right]\begin{bmatrix} \frac{9EI}{l} & \frac{2EI}{l} \\ \frac{2EI}{l} & \frac{8EI}{L} \end{bmatrix}\begin{bmatrix} \frac{-4.875EI}{l^2} \\ \frac{-3EI}{l^2} \end{bmatrix} = [45.81EI/l^3] \tag{b}$$

将$[S^*]$和$\{D^*\}=\{\Delta\}$代入方程 5.16 得到产生位移 $D_1{}^* = \Delta$ 所需要的力 $F_1{}^*$:

$$[F^*] = [45.811(EI/l^3)\Delta] \tag{c}$$

由方程 5.13,可以得到节点 B,C 处的转角,分别为$\overline{D}_1$,$\overline{D}_2$

$$\{\overline{D}\} = -\begin{bmatrix} \frac{9EI}{l} & \frac{2EI}{l} \\ \frac{2EI}{l} & \frac{8EI}{l} \end{bmatrix}^{r}\begin{bmatrix} \frac{-4.875EI}{l^2} \\ \frac{-3EI}{l^2} \end{bmatrix}\{\Delta\} = \begin{Bmatrix} 0.485\frac{\Delta}{l} \\ 0.254\frac{\Delta}{l} \end{Bmatrix}$$

5.8　小　　结

位移法(或刚度法)可用于任何结构,但超静定次数愈高时,其省力效果就愈大。其过程为标准化,可以毫无困难地用于承受外荷载或承受给定的变形(例如支承沉降或温度变化)的桁架、框架、格栅和其他结构。位移法是非常适合于用计算机来求解的。(见第 22 和 23 章)。

习　　题

5.1　试用位移法求出所示桁架各杆的力。假设所有杆 l/aE 值均相同。

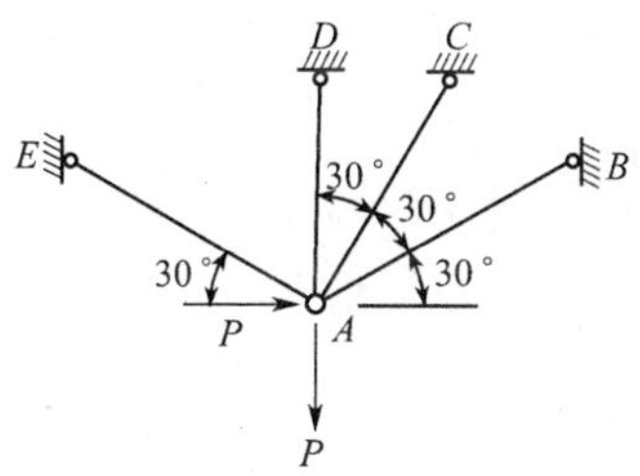

习题　5.1 图

5.2　有一刚性柱 AB,A 处为铰结,B 处是自由的,并销接了 n 根杆,图中表示出了有代表性的一根杆。假设每一根杆的 l/aE = 常数,试用位移法求出第 i 根杆的力 A。

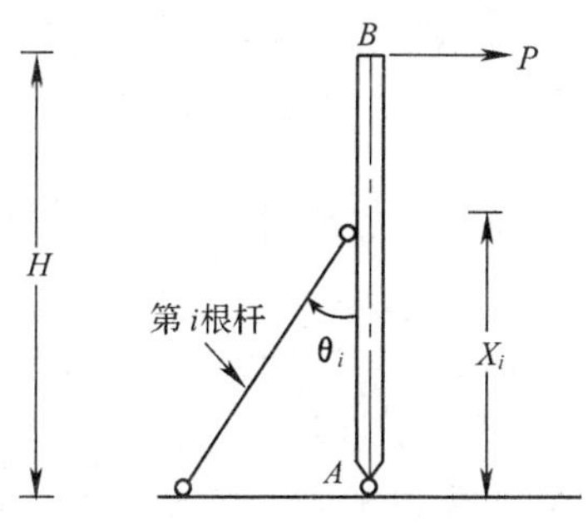

习题　5.2 图

5.3　试用位移法求解习题 4.7。

5.4　试对图中所示桁架写出相应于 4 个所示坐标的刚度矩阵。假设所有杆的 a 和 E 都相同。

5.5　求解出习题 5.4 中桁架在坐标 1 处荷载 $F_1 = -P$ 作用时各杆的力。

5.6　杆件 AB 表示一个烟囱,B 端固定,由预应力钢索 AC 和 AD 固定 A 端。试求出 B 端

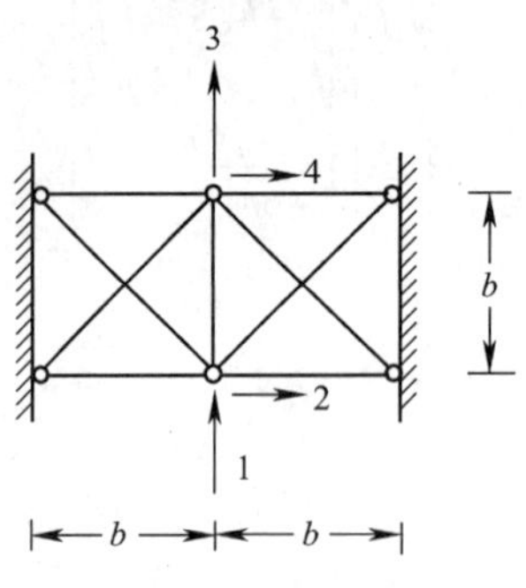

习题　5.4 图

弯矩和在 A 处作用一水平力时钢索中力的变化。假定 AB,AC 和 AD 在同一平面,且钢索在作用 P 后始终处于受拉。假设$(Ea)_{索}=10(EI/l^2)_{AB}$。只考虑杆件 AB 的弯曲变形和钢索的轴向变形。

5.7　求解习题5.6　当 AC 和 AD 换成4 根钢索 AE,AF,AG 和 AH。$(E_a)_{束}$与5.6 中一样。

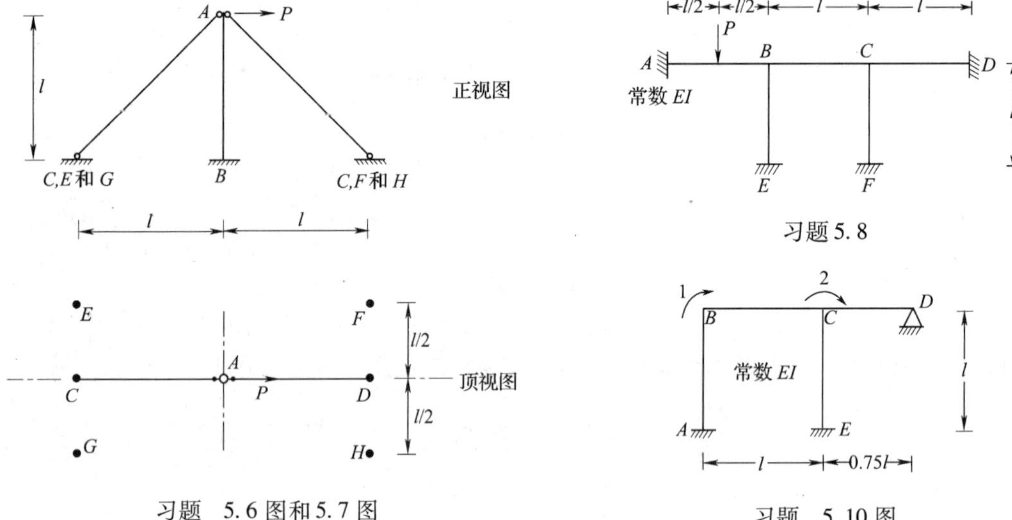

习题　5.6 图和5.7 图

习题　5.10 图

5.8　略去轴向变形不计,试求所示框架的杆端力矩 M_{BC}和 M_{CF}。当杆端处的端力矩顺时针方向作用时为正。

5.9　试求解习题5.8,假设支承 E 向下运动距离 Δ,而没有荷载 P 作用。

5.10　试写出相应于图中框架上坐标 1 和坐标 2 的刚度矩阵。且试问由于 BC 上作用均布荷载 $q=2.4$ 千磅/英尺所引起的杆端力矩 M_{BC}和 M_{CB}之值是多少,及 A 处的反力分量是多少?略去轴向变形不计。

5.11　(英制)试求出习题 5.10 中的框架仅 BD 部分升高温度 40°F 所引起的杆端力矩 M_{BC}和 M_{CBO}。假设华氏每一度的热膨胀系数 $\alpha=6.5\times10^{-6}$,并取 $EI=10^4$ 千磅·英尺^2。在这种情况下,没有荷载 q 作用。假设各杆均具有无穷大的轴向刚度。

5.12　(国际单位制)求解习题 5.11 的框架中当只有杆件 BD 温度升高 20℃时的杆端弯矩 M_{BC}和 M_{CB}。假定温度膨胀系数为 $\alpha=1\times10^{-5}/℃$,$EI=4\ 000\ \text{kNm}^2$,$L=6\ \text{m}$。杆件的轴向刚度无穷大,没有 q 荷载。

5.13 试对图中的框架写出相应于所示 6 个坐标的刚度矩阵的前三列。横截面的惯性矩和面积均示于各杆的旁侧。

5.14 写出习题 5.13 中框架的刚度矩阵,不考虑轴向变形。各坐标的编号系按下列次序:B 处顺时针的转动,C 处顺时针的转动,C 处向右的水平平动。

5.15 试用习题 5.14 的结果求出由于 B 处作用向右的水平荷载 P 和 BC 中点处作用向下的竖直荷载 $4P$ 所引起的框架弯矩图。取 $l_1=2l_2$ 和 $I_1=4I_2$。

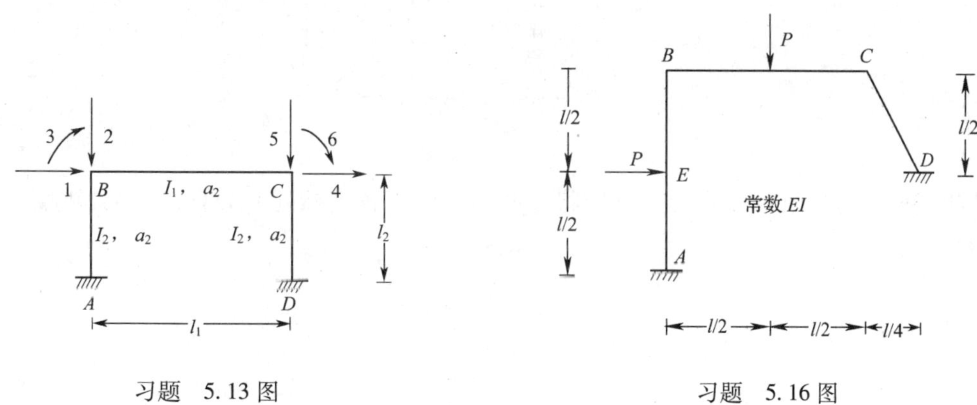

习题 5.13 图　　　　习题 5.16 图

5.16 试用位移法求出图中框架的弯矩图和剪力图。轴向变形略去不计。

5.17 试对图所示平面内格栅求算节点 B 处相应于 3 个自由度的位移。假设对于 AB 和 BC,$GJ/EI=0.8$。绘出 BC 的弯矩图。

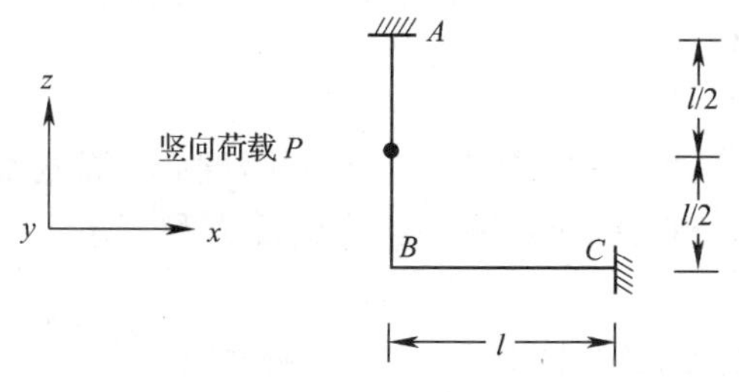

习题 5.17 图

5.18 考虑图中格栅内 I,J,K 和 L 每一节点处的三个自由度:向下的挠度和借顺 x 和 y 方向的向量表示的转动,试写出相应刚度矩阵中的前三列。12 个坐标的编号按上面所述次序,亦即 I 处为前三个编号,然后为 J 处,余此类推。所有杆取 $GJ/EI=0.5$。

5.19 试用位移法求解习题 4.5。将 B 和 C 处的竖直挠度作为未知位移,并应用附录 E。

5.20 略去扭矩不计,试求习题 5.18 中节点 I 处承受竖直荷载 P 时格栅中 BE 和 AF 梁的弯矩。将各点处的竖直位移作为未知位移,并应用附录 E。

5.21 有一水平格栅,由 n 根交于节点 A 的杆件组成,图中表示了其中一根有代表性的杆件 i。试写出相应于所示坐标 1,2 和 3 的刚度矩阵,坐标 1 表示向下的挠度,2 和 3 为转动,第 i 根杆件的长度、扭转刚度以及在通过杆的竖直平面内的弯曲刚度分别为 l_i,GJ 和 EI_i(提示:格栅的刚度矩阵可借各根杆件的刚度矩阵加起来得到。为了得出第 i 根杆件的刚度矩阵的第一列,引入单位向下位移,其杆端力矩从附录 D 求出。将这些力分解为 3 个坐标的分量。对于第二和第三列,将坐标 2 和 3 处的单位转动分解以顺梁轴和垂直梁轴的向量所代表的两个转

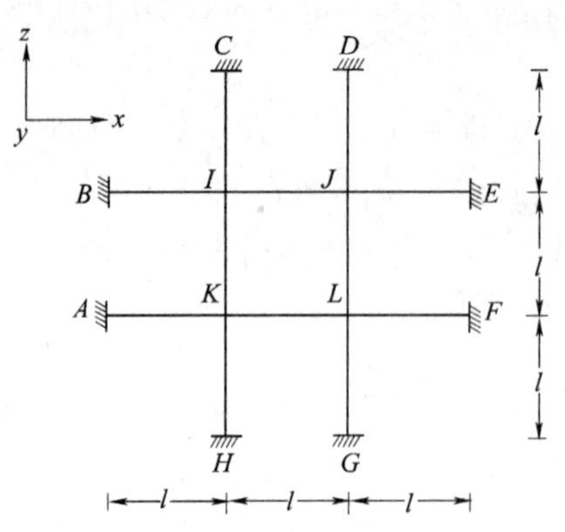

习题　5.18 图

动，其相应杆端力从附录 D 求出。然后将这些力分解为各坐标处的分量，以得到刚度矩阵的各元素)。

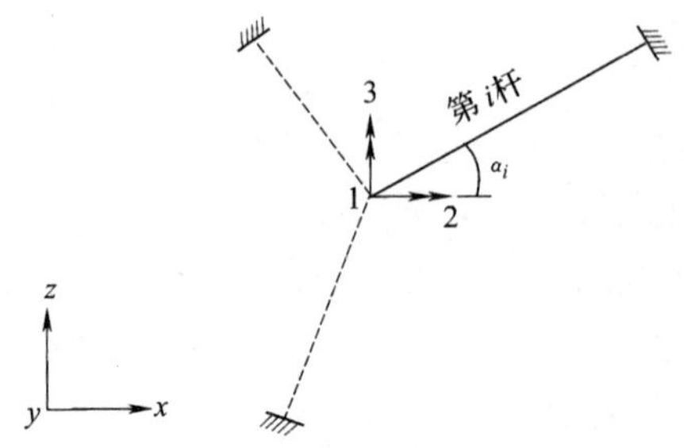

习题　5.21 图

5.22　附录 E 中图 E－1 表示一根具有 3 个相同跨度 l 的等截面连续梁在一个中间支座产生单位移动的情况。应用位移法，确定图中给出的反力和弯矩。只需要两个坐标来表示每个中间支座的转动。

5.23　当支承 A 和 D 改成铰时(图 5.2(a))，求解例题 5.2

5.24　当支承 A 改成铰时(图 5.3(a))，求解例题 5.3。只考虑第一种荷载工况。

6 柔度矩阵和刚度矩阵

6.1 引 言

在前两章中提出了两种基本的分析方法，显然这两种方法均可用于任意结构的分析。但是仍然需要弄清楚每一种方法的优点，以便对任意的特定情况都能采用相对而言更加省力的一种方法。

6.2 柔度矩阵与刚度矩阵的关系

考虑一个坐标系有 n 个坐标的结构，对其采用叠加原理（参见第 3.6 节）。在前面章节中，我们已经定义了柔度矩阵$[f]$及其各元素即柔度系数，我们还定义了刚度矩阵$[S]$及其元素即刚度系数。柔度系数f_{ij}表示坐标j处作用单位力 $F_j=1$ 而其他位置没有力作用时所引起的 i 处的位移。刚度系数 S_{ij}表示结构在j产生单位位移 $D_j=1$ 而在其他位置位移为零时所引起的 i 处的力。在同一个坐标系下，柔度矩阵和刚度矩阵的关系如下：

$$[S]=[f]^{-1} \tag{6.1}$$

$$[f]=[S]^{-1} \tag{6.2}$$

式 6.1～式 6.5 可以用于具有任意坐标数的结构。为描述的简单化，我们考虑图 6.1(a)所示的具有两个坐标($n=2$)的坐标系。位移$\{D_1,D_2\}$可以表示为力 F_1 和 F_2 分别作用时产生的位移的和（见叠加式 3.17）：

$$D_1=f_{11}F_1+f_{12}F_2$$

$$D_2=f_{21}F_1+f_{22}F_2$$

这些公式可以写成矩阵形式：

$$\{D\}=[f]\{F\} \tag{6.3}$$

力$\{F\}$可以通过求解式 6.3 以位移表示：

$$\{F\}=[f]^{-1}\{D\} \tag{6.4}$$

考虑结构在两种情况下的变形形状：$D_1=1,D_2=0$ 和 $D_1=0,D_2=1$（图 6.1(c)）。

根据式 6.4 得到：

$$\begin{bmatrix} F_{11} & F_{12} \\ F_{21} & F_{22} \end{bmatrix}=[f]^{-1}\begin{bmatrix} 1 & 0 \\ 0 & 1 \end{bmatrix}$$

式子左边矩阵中的各元素实际上就是前面已经定义了的刚度系数，式子右边最后一个矩阵是一个单位矩阵（A.2 节定义的标识矩阵）。因此，该式可以写成与式 6.1 相同的形式。将式 6.1 的两边求逆得到式 6.2，将式 6.1 代入式 6.4 得到：

$$\{F\}=[S]\{D\} \tag{6.5}$$

式 6.1 和 6.2 表明：如果在两种矩阵形式中力和位移的坐标系相同，则刚度矩阵为柔度矩阵的逆矩阵，反之亦然。

回顾在分析的力法中，我们释放约束使结构变为静定，坐标系表示这些释放的约束力的位置和方向。现在，在分析的位移法中，添加约束力以阻止节点位移，在这种情况下，坐标系表示了未知位移的位置和方向。由此得出对于同一个结构而言，两个坐标系不可能是相同的。所以，力法中采用的柔度矩阵的逆是一个以刚度系数为元素的矩阵，但是这些刚度系数不同于分析的位移法中的刚度系数。另外，我们注意到，力法中确定的柔度矩阵为基本结构的柔度矩阵，而位移法中我们使用的是实际结构的刚度矩阵。

不要将式 6.3 与力法分析中的式 $[f]\{F\}=\{-D\}$ 相混淆，在后一个式子中，我们利用会产生位移 $\{-D\}$ 的未知赘余力 $\{F\}$ 去修正基本结构 $\{D\}$ 的不相容性。

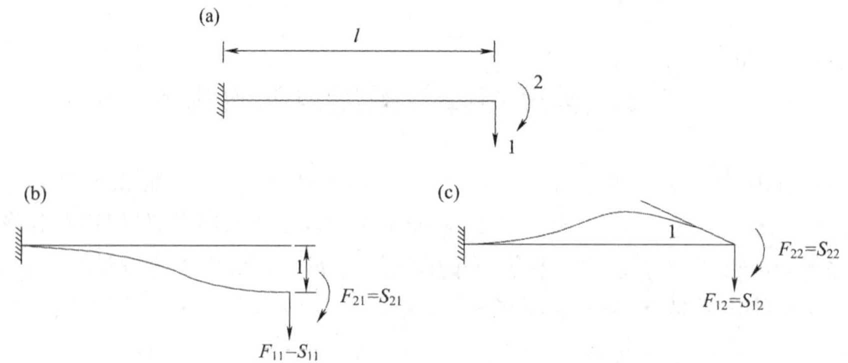

图 6.1　例 6.1 中有两个坐标的坐标系

(a) 坐标系；(b) 保持结构变形为 $D_1=1, D_2=0$ 的力；

(c) 保持结构变形为 $D_1=1, D_2=0$ 的力。

类似地，不要将式 6.5 与位移法分析中的式 $[S]\{D\}=\{-F\}$ 相混淆，在式 $[S]\{D\}=\{-F\}$ 中我们寻求适当的未知位移 $\{D\}$ 以消除人为约束力 $\{F\}$。

例 6.1　等截面杆刚度矩阵的推导

假设图 6.1(a) 中的悬臂梁抗弯刚度 EI 为常数，通过附录 B 得到与图示坐标一致的柔度矩阵 $[f]$。对 $[f]$ 求逆可以得到刚度矩阵 $[S]$。矩阵 $[S]$ 中的各元素可以与附录 D 中给出的杆端力进行比较。

在荷载 $F_1=1$ 作用下，附录 B 给出了坐标 1 和 2 处的位移，分别等于 f_{11} 和 f_{21}。类似地，在荷载 $F_2=1$ 的作用下，附录给出了位移 f_{12} 和 f_{22}。

$$[f]=\begin{bmatrix} \dfrac{l^3}{3EI} & \dfrac{l^2}{2EI} \\ \dfrac{l^2}{2EI} & \dfrac{l}{EI} \end{bmatrix}$$

$$[S]=[f]^{-1}=\begin{bmatrix} \dfrac{12EI}{l^3} & -\dfrac{6EI}{l^2} \\ -\dfrac{6EI}{l^2} & \dfrac{4EI}{l} \end{bmatrix}$$

6.3 力法或位移法的选择

在力法中,基本结构的选择会对计算量产生影响。例如,在连续梁的分析中,在中间支承上引进铰会形成由一系列简支梁组成的基本结构(见例题 4.5),因而单位赘余力的作用仅对相邻两跨产生局部效应。在连续梁外的其他结构中,则不大可能找出其赘余力仅产生局部效应的基本结构,通常情况下,赘余力分别作用时在所有坐标处都会产生位移。

在位移法中,通常不管未知位移如何选择,所有节点位移都被限制。刚度矩阵的建立通常不是难题,因为局部效应早已讨论过。一个节点的位移仅影响到交于所给点的各构件。这两个特性通常使位移法容易公式化,也因为这两个原因位移法更适合计算机程序设计。

当通过手算进行分析时,减少所求解的联立方程的数目是很重要的。因此,力法和位移法的选择可能取决于静不定次数或动不定次数哪一个更小。由于没有一般规律,因此,当一个结构为低次静不定和动不定时,两种方法可能包含相同的计算量。

当计算采用手算时,若所得的结构易于分析,在位移法中可能可以通过仅阻止部分节点的位移来减少联立方程的数目。这在例题 6.2 中说明。

例 6.2 连续梁的一个支座产生单位沉降时的反力

建立图 6.2(a)所示梁和坐标系的柔度矩阵$\{f\}$,对矩阵$[f]$求逆得到刚度矩阵$[S]$。将矩阵$[S]$中的元素与连续梁(图 6.2(c))在其中一个支座产生单位沉降时的反力负值进行比较,见附录 E 中的表 E.1。

为了写出柔度矩阵,我们得出图 6.2(b)中所示的位移(用作矩阵的第一列),它们的值从附录 B 得到。这样

$$[f]=\frac{l^3}{12EI}\begin{bmatrix}9 & 11 & 7\\ 11 & 16 & 11\\ 7 & 11 & 9\end{bmatrix}$$

要直接建立刚度矩阵,对于$[S]$的每一列需要进行超静定结构分析。例如,$[S]$中第一列的各元素为使结构处于图 6.2(c)所示变形形状时所需要的力,这就需要对 3 次超静定结构进行求解。这个练习留给读者,它的解将对通过柔度矩阵求逆所得到的刚度矩阵[1]提供校核。

$$[S]=[f]^{-1}=\frac{EI}{l^3}\begin{bmatrix}9.857 & -9.429 & 3.857\\ -9.429 & 13.714 & -9.429\\ 3.857 & -9.429 & 9.857\end{bmatrix}$$

例 6.3 忽略扭转作用的格栅的分析

图 6.3(a)中的格栅为桥面板的 4 根简支主梁(m)和一根横梁(c)构成,其抗弯刚度比为$EI_m:EI_c=3:1$,抗扭刚度忽略不计。试求竖向的集中荷载 P 作用在节点 1 处引起的横梁弯矩图。

格栅的任一节点处有 3 个自由度:竖向位移和绕格栅平面内两正交轴的转动。然而,如果

---

1 相应于此例所选择的坐标的刚度矩阵元素可用于弹性支座上的等跨连续梁或者铰接的格栅结构(无扭转格栅)的分析。这些元素等于仅有一个支座发生竖向位移时所产生的支座反力的负值。附录 E 给出 2 ~5 等跨的连续梁支座的反力和弯矩的值。

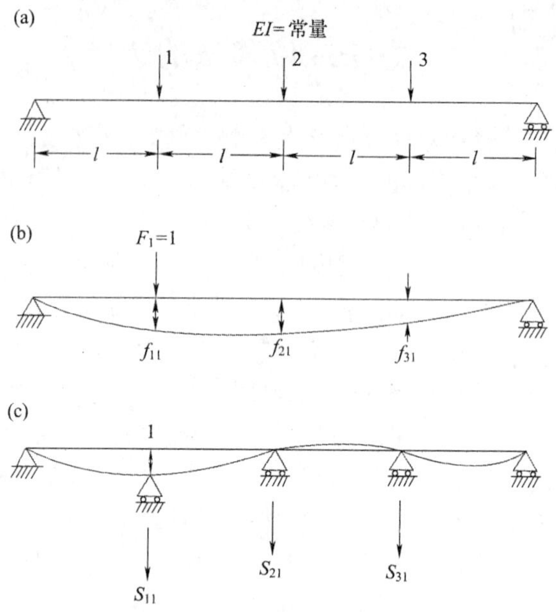

图 6.2 例 6.2 中建立[f]和[S]第一列的偏移图形

各节点的竖向位移被阻止而只允许转动,则格栅成为一个连续梁系,通过附录 E,我们不必知道转动就可以分析一个节点向下移动产生的效应。

令坐标系为 1,2,3 和 4 处的 4 个竖向挠度以向下为正。通过附录 E 中主梁的两等跨和横梁的三等跨情况下的反力值列表可以建立起刚度矩阵。格栅刚度矩阵中第一行中的元素计算如下。

位移 $D_1=1$ 和 $D_2=D_3=D_4=0$ 使主梁 A 和横梁变形,但梁 B,C 和 D 均无弯曲。各节点处可以自由转动。然后,将保持梁 A 和横梁的弯曲形状所需要的竖直力相加,我们得到:

$$S_{11}=6.0\frac{EI_m}{(3b)^3}+1.6\frac{EI_c}{b^3}=2.267\frac{EI_c}{b^3}$$

$$S_{21}=-3.6\frac{EI_c}{b^3};S_{31}=2.4\frac{EI_c}{b^3};S_{41}=-0.4\frac{EI_c}{b^3}$$

刚度矩阵中其他列的元素由类似方法确定,最后得到:

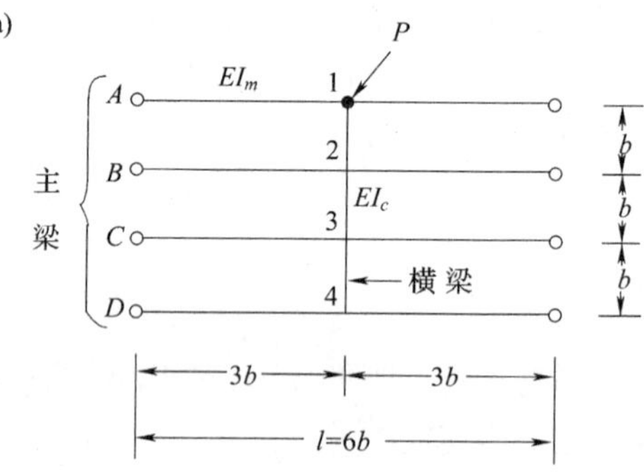

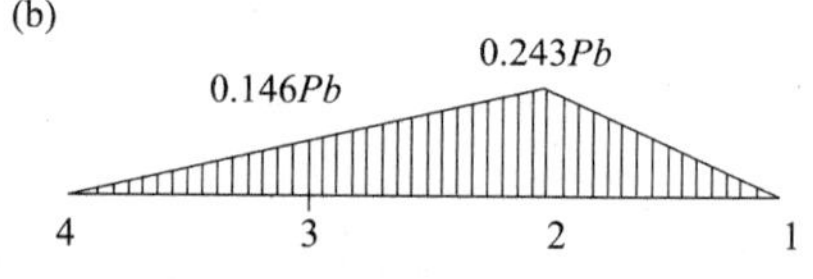

图 6.3 例 6.3 中考虑的格栅

$$[S]=\frac{EI_c}{b^3}\begin{bmatrix}2.267 & -3.600 & 2.400 & -0.400\\ -3.600 & 10.267 & -8.400 & 2.400\\ 2.400 & -8.400 & 10.267 & -3.600\\ -0.400 & 2.400 & -3.600 & 2.267\end{bmatrix}$$

当在坐标 1 处作用荷载 P,我们仅需要在此坐标处作用一个相等而相反的力以阻止节点位移,这样,$\{F\}=\{-P\}$。代入式 5.2:$[S]\{D\}=-\{F\}$中并求解位移,我们求出

$$\{D\}=\frac{pb^3}{EI_c}\begin{Bmatrix}1.133\\0.511\\0.076\\-0.221\end{Bmatrix}$$

横梁端点1和4处的弯矩为零,因而仅需确定2和3处的力矩。以底部产生拉力时弯矩为正,我们可以通过式5.5求出弯矩。在目前情况下,由于荷载P作用于坐标处,约束结构中的弯矩$\{A_r\}=\{0\}$。

矩阵$[A_u]$的元素由附录E得到,我们求出

$$[A_u]=\frac{EI_c}{b^2}\begin{bmatrix}-1.6 & 3.6 & -2.4 & 0.4\\0.4 & -2.4 & 3.6 & -1.6\end{bmatrix}$$

和

$$\{A\}=\frac{EI_c}{b^2}\begin{bmatrix}-1.6 & 3.6 & -2.4 & 0.4\\0.4 & -2.4 & 3.6 & -1.6\end{bmatrix}\frac{pb^3}{EI_c}\begin{Bmatrix}1.133\\0.511\\0.076\\-0.221\end{Bmatrix}=Pb\begin{Bmatrix}-0.243\\-0.146\end{Bmatrix}$$

因此横梁的弯矩图如图6.3(b)所示。

6.4 空间和平面框架的等截面杆件的刚度矩阵

在本章和第5章的例题中,我们已经知道,结构刚度矩阵中的元素可以由将交于一节点的各杆端力相加求得。这些杆端力为单独杆件的刚度矩阵的元素,并且可以利用附录D导出。在本节中,求出等截面构件的刚度矩阵是因为它在框架结构的分析中经常需要。我们考虑其端点处的12个坐标,表示对x,y和z三直角坐标轴的平动和转动(图6.4(a)),选定y和z轴与横截面的主轴相重合。假设梁长为l,横截面积为a,对z和y轴的惯性矩分别为I_z和I_y,材

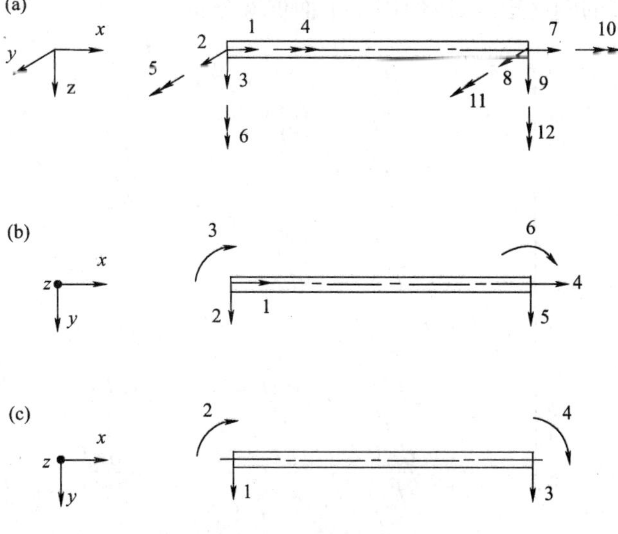

图6.4 相应于刚度矩阵的坐标系

(a)式6.6;(b)式6.7;(c)式6.8。

料的弹性模量为 E，抗扭刚度为 GJ。

如果我们忽略剪切变形和由于扭转引起的扭曲，刚度矩阵中的所有元素可从附录 D 得出，任一列 j 中的元素等于仅在 j 处有位移 $D_j=1$ 时各坐标处产生的力。所得刚度矩阵为：

$$
[S]=\begin{bmatrix}
\frac{Ea}{l} & & & & & & & & & & & \\
 & \frac{12EI_z}{l^3} & & & & & & & & & & \\
 & & \frac{12EI_z}{l^3} & & & & & & & & & \\
 & & & \frac{GJ}{l} & & & & & & & & \\
 & & \frac{6EI_y}{l^2} & & \frac{4EI_y}{l} & & & & & & & \\
 & \frac{6EI_z}{l^2} & & & & \frac{4EI_z}{l} & & & & & & \\
-\frac{Ea}{l} & & & & & & \frac{Ea}{l} & & & & & \\
 & \frac{12EI_z}{l^3} & & & & \frac{6EI_z}{l^2} & & \frac{12EI_z}{l^3} & & & & \\
 & & \frac{12EI_y}{l^3} & & \frac{6EI_y}{l^2} & & & & \frac{12EI_y}{l^3} & & & \\
 & & & -\frac{GJ}{l} & & & & & & \frac{GJ}{l} & & \\
 & & -\frac{6EI_y}{l^2} & & \frac{2EI_y}{l} & & & & \frac{6EI_y}{l^2} & & \frac{6EI_y}{l} & \\
 & \frac{6EI_z}{l^2} & & & & \frac{2EI_z}{l} & & -\frac{6EI_z}{l^2} & & & & \frac{4EI_z}{l}
\end{bmatrix}
\quad \text{对称；未标出的元素均为零}
\tag{6.6}
$$

对于 x—y 平面内框架的二维问题，刚度矩阵仅需考虑 6 个坐标：1，2，6，7，8 和 12（图 6.4（a））。删去式 6.6 矩阵内编号为 3，4，5，9，10 和 11 的列和行，得到下列相应于图 6.4（b）中 6 个坐标的等截面杆件的刚度矩阵，以便用于平面框架分析。

$$
[S]=\begin{bmatrix}
\frac{Ea}{l} & & & & & \\
 & \frac{12EI}{l^3} & & & & \\
 & \frac{6EI}{l^2} & \frac{4EI}{l} & & & \\
-\frac{Ea}{l} & & & \frac{Ea}{l} & & \\
 & -\frac{12EI}{l^3} & -\frac{6EI}{l^2} & & \frac{12EI}{l^3} & \\
 & \frac{6EI}{l^2} & \frac{2EI}{l} & & -\frac{6EI}{l^2} & \frac{4EI}{l}
\end{bmatrix}
\quad \text{对称；未标出的元素均为零}
\tag{6.7}
$$

式中　$I=I_z$。

在平面框架中，如果忽略轴向变形，则不必考虑图 6.4（b）中的坐标 1 和 4，相应于图 64

(c)中4个坐标的等截面杆件的刚度矩阵成为

$$[S]=\begin{array}{c} \\ 1 \\ 2 \\ 3 \\ 4 \end{array}\begin{bmatrix} 1 & 2 & 3 & 4 \\ \dfrac{12EI}{l^3} & & \text{对} & \\ \dfrac{6EI}{l^2} & \dfrac{4EI}{l} & & \text{称} \\ -\dfrac{12EI}{l^3} & -\dfrac{6EI}{l^2} & \dfrac{12EI}{l^3} & \\ \dfrac{6EI}{l^2} & \dfrac{2EI}{l} & -\dfrac{6EI}{l^2} & \dfrac{4EI}{l} \end{bmatrix} \tag{6.8}$$

没有忽略剪切变形的构件的刚度矩阵在第15.2节中进行推导。在偏心构件中大轴力的存在将引起附加弯矩,如果计入这种效应,那么上述刚度矩阵必须加以修改,这将在第14章中进行讨论。

上面所得出的矩阵相应于与梁轴线相重合或与其横截面主轴相重合的坐标。然而,对由沿任意方向的许多杆所组成的结构进行分析时,坐标可取为与整体坐标轴平行,这样,其坐标可能不与所给杆的主轴相重合。在这种情况下,上面所给的刚度矩阵(相应于与构件主轴相重合的坐标)将要转换为相应于另一组坐标的刚度矩阵,这种转换通过这两组坐标之间的几何关系所形成的变换矩阵来实现。这将在9.4节中作进一步讨论。

6.5　刚度矩阵的缩聚

我们已经知道刚度矩阵通过下列式把许多个坐标处的位移$\{D\}$与作用于相同坐标处的力$\{F\}$联系起来:

$$[S]\{D\}=\{F\} \tag{6.9}$$

如果这些坐标处的位移通过引进支承而被阻止,那么上式中的矩阵的排列方式为相应于这些坐标的部分位于端部,我们可将式6.9写成分块形式:

$$\begin{bmatrix} [S_{11}] & [S_{12}] \\ [S_{21}] & [S_{22}] \end{bmatrix}\begin{Bmatrix} \{D_1\} \\ \{D_2\} \end{Bmatrix}=\begin{Bmatrix} \{F_1\} \\ \{F_2\} \end{Bmatrix} \tag{6.10}$$

式中$\{D_2\}=0$代表所阻止的位移。从这个方程可以写出:

$$[S_{11}]\{D_1\}=\{F_1\} \tag{6.11}$$

和

$$[S_{21}]\{D_1\}=\{F_2\} \tag{6.12}$$

从式6.11中可以看出,如果在一些坐标处引进支撑,所得结构的刚度矩阵可简单地通过删去相应于这些坐标的列和行得到,所得结果为一较低阶的矩阵。如果位移$\{D_1\}$为已知,那么式6.12可用于计算阻止位移$\{D_2\}$的各支承处的反力。

举一个简单例子,考虑图6.4(c)中的梁,假设坐标1和3处的竖向位移如简单梁的情况一样受到阻止,相应于其他两个坐标(2和4)的刚度矩阵通过删去矩阵式6.8中编号为1和3的列和行来得到:

$$[S^*]=\begin{bmatrix}\frac{4EI}{l} & \text{对称}\\ \frac{2EI}{l} & \frac{4EI}{l}\end{bmatrix} \tag{6.13}$$

坐标 1 和 3 处的竖向反力$\{F_1,F_3\}$可通过对式 6.8 中的元素如式 6.10 所描述的那样重新整理后由式 6.12 计算得出，这样：

$$\begin{bmatrix}\frac{6FI}{l^2} & \frac{6FI}{l^2}\\ -\frac{6EI}{l^2} & -\frac{6EI}{l^2}\end{bmatrix}\begin{Bmatrix}D_2\\ D_4\end{Bmatrix}=\begin{Bmatrix}F_1\\ F_3\end{Bmatrix} \tag{6.14}$$

式中 D 和 F 的脚标指的是图 6.4(c)中的坐标。

如果已知某些坐标处的力为零，即这些坐标处的位移可以自由发生，相应于其余坐标的刚度矩阵可由分块矩阵式 6.10 得出。在这种情况下，我们认为水平虚线下的方程把力$\{F_2\}$（假设为零）与其相应坐标的位移$\{D_2\}\neq\{0\}$联系起来。将$\{F_2\}=\{0\}$代入式 6.10，可以写出

$$\left.\begin{aligned}&[S_{11}]\{D_1\}+[S_{12}]\{D_2\}=\{F_1\}\\ &\text{和}\\ &[S_{21}]\{D_1\}+[S_{22}]\{D_2\}=\{0\}\end{aligned}\right\} \tag{6.15}$$

利用第二个方程从第一个方程中消去$\{D_2\}$，我们得到

$$[[S_{11}]-[S_{12}][S_{22}]^{-1}[S_{21}]]\{D_1\}=\{F_1\} \tag{6.16}$$

它与式 5.15 相同。式 6.16 可以写成下列形式

$$[S^*]\{D_1\}=\{F_1\} \tag{6.17}$$

式中$[S^*]$是把力$\{F_1\}$与位移$\{D_1\}$联系起来的缩聚矩阵，为

$$[S^*]=[S_{11}]-[S_{12}][S_{22}]^{-1}[S_{21}] \tag{6.18}$$

缩聚矩阵$[S^*]$对应于减少了坐标 $1^*,2^*\cdots$的坐标系，删除了与分块矩阵式 6.10 中的第二列相对应的坐标。用符号$\{F^*\}\equiv\{F_1\}$和$\{D^*\}\equiv\{D_1\}$，则式 6.17 变成了与式 5.16 一样的方程：$[S^*]\{D^*\}=\{F^*\}$。类似地，式 6.18 与式 6.17 相同。

由多根构件组成的结构的刚度矩阵通常从单个构件的刚度矩阵来导出，它把所有自由度处的力与相应位移联系起来。然而，在许多情况下，实际结构的外力仅限于作用在少数坐标上，所以式 6.18 仅在导出相应于这些坐标的低阶矩阵$[S^*]$时是有效的。在附录 A 的习题 A.7 中关于矩阵代数的问题给出了一个运用式 6.18 的简单例子。

例 6.4 简支梁的端部转动刚度

图 6.4(c)中所示梁的坐标 1 和 3 的位移如简支梁一样被阻止，求支座 2 处可自由转动时，坐标 4 产生单位角位移所需的弯矩。参见附录 D 中第四幅图。

将图 6.4(c)中的梁两端简支，定义两个新的位置和方向分别与坐标 2 和 4 相同的坐标 $\overline{1}$ 和 $\overline{2}$（未标明）。式 6.13 给出了新坐标系的刚度矩阵。应用式 6.18 缩聚刚度矩阵得到一个与单个坐标一致的 1×1 的刚度矩阵。

$$S_{\overline{11}}=\frac{4EI}{l}-\frac{2EI}{l}\left(\frac{4EI}{l}\right)^{-1}\left(\frac{2EI}{l}\right)=\frac{3EI}{l}$$

$S_{\overline{11}}$为简支梁的端部转动刚度，其大小等于在梁一端产生单位转动而另一侧可以自由转动时所

需的弯矩。

6.6　柔度矩阵和刚度矩阵的特性

考虑一个力 F_i 逐步作用在结构上，因而结构质量的动能为零。令 F_i 作用位置和方向上的位移为 D_i。如果该结构为弹性，那么在加载和卸载时力—位移曲线遵循相同的轨迹，如图 6.5(a)所示。

现在假设在某一加载阶段，力 F_i 增加 ΔF_i，位移 D_i 相应增加 ΔD_i。此荷载增量所做的功为：

$$\Delta W = F_i \Delta D_i$$

这以图 6.5(a)中所示的矩形阴影表示。如果这个增量非常小，可以认为在产生位移 D_i 过程中 F_i 所做的总外功等于曲线下方 0 与 D_i 之间的面积。

当结构材料服从胡克定律时，图 6.5(a)中的曲线以一条直线代替(图 6.5(b))，F_i 所做的功则成为

$$W = \frac{1}{2} F_i D_i$$

如果结构受从零逐渐增加到其最终值的力系 $F_1, F_2, \cdots F_n$ 作用，并在力的作用位置和方向上引起位移 $D_1, D_2, \cdots D_n$，那么总外功为

$$W = \frac{1}{2}(F_1 D_1 + F_2 D_2 + \cdots + F_n D_n) = \frac{1}{2}\sum_{i=1}^{n} F_i D_i \tag{6.19}$$

此方程可以写成下列形式：

$$[W]_{1\times 1} = \frac{1}{2}\{F\}^{\mathrm{T}}_{n\times 1}\{D\}_{n\times 1} \tag{6.20}$$

式中 $\{F\}^{\mathrm{T}}$ 为表示各力的列向量{F}的转置。所做的功为一标量，其量纲为(力 × 长度)。

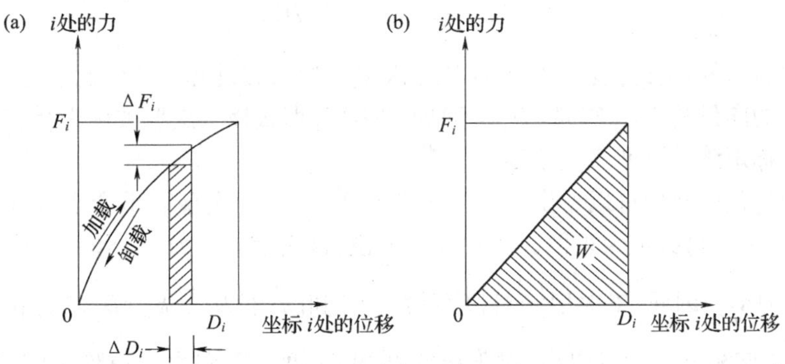

图 6.5　力—位移关系曲线

位移和力通过式 6.3 联系起来，代入式 6.20 得到

$$[W]_{1\times 1}\frac{1}{2}\{F\}^{\mathrm{T}}_{n\times 1}[f]^{\mathrm{T}}_{n\times n}\{F\}_{n\times 1} \tag{6.21}$$

两边均进行转置，方程的左边不变，右边则成为这边各矩阵转置之乘积，但次序相反(见附录 A)，所以

$$[W]_{1\times1}=\frac{1}{2}\{F\}_{n\times1}^{\mathrm{T}}[f]_{n\times n}^{\mathrm{T}}\{F\}_{n\times1}\tag{6.22}$$

从式 6.22 和 6.21 得出，柔度矩阵与其转置相等，即

$$[f]^{\mathrm{T}}=[f]\tag{6.23}$$

这意味着，对于柔度矩阵的一般元素：

$$f_{ij}=f_{ji}\tag{6.24}$$

被称为马克斯威尔(Maxwell)互易关系，换句话说，柔度矩阵是一对称矩阵。这种特性对于建立柔度矩阵时很有效，因为有些系数不必求算即可得出，或者在求算时作为校核。对称的特性也可用来减少矩阵求逆或方程求解时所需要的一部分计算量。

由式 6.1 我们知道刚度矩阵为柔度矩阵之逆。由于对称矩阵之逆也是对称的，所以刚度矩阵$[S]$也是一个对称矩阵。因而，对于一般的刚度系数：

$$S_{ij}=S_{ji}\tag{6.25}$$

这种特性与柔刚度矩阵情况具有相同的用处。

柔度矩阵和刚度矩阵的另一个重要特性是主对角线上的诸元素f_{ii}或S_{ii}必定是正的。元素f_{ii}为i处的单位力在坐标i处所引起的挠度，显然，其力和位移必定沿相同的方向，所以f_{ii}为正。元素S_{ii}为在i处产生单位位移所需要的i处的力，同样，力与位移也必定沿相同的方向，因而刚度系数S_{ii}也是正的。

但是，我们应该注意到，在不稳定结构如一根轴向力达到屈曲荷载的压杆中，其刚度系数S_{ii}可以为负，这在第 14 章中作进一步讨论。

现在回到式 6.21，以力向量和柔度矩阵表示外力做功。如果我们将式 6.9 的力向量代入式 6.20，那么功也可以用位移向量和刚度矩阵来表达，因而：

$$W=\frac{1}{2}\{F\}^{\mathrm{T}}[f]\{F\}\tag{6.26}$$

或

$$W=\frac{1}{2}\{D\}^{\mathrm{T}}[S]\{D\}\tag{6.27}$$

这些方程右边的量称为变量F或D的二次型。如果假设变量的任意非零向量均为正值，而且仅当变量的向量是零($\{F\}$或$\{D\}=0$)时才为零，那么该二次型被称为是正定的。也可以证明正定的对称矩阵的行列式大于零。

从上面的讨论中我们可以看出，式 6.26 和 6.27 中的二次型表示产生位移系的力系的外功，在稳定结构中此量必定为正值。从物理学上说，这表示一组力$\{F\}$作用下引起任一位移组$\{D\}$时所需要的功。因此，二次型$\left(\frac{1}{2}\right)\{F\}^{\mathrm{T}}[f]\{F\}$和$\left(\frac{1}{2}\right)\{D\}^{\mathrm{T}}[S]\{D\}$均为正定的，矩阵$[f]$和$[S]$被称为正定矩阵。所以得出，对于稳定结构，刚度矩阵和柔度矩阵必定是正定的，其线性方程组

$$[S]\{D\}=\{F\}$$

和

$$[f]\{F\}=\{D\}$$

都是正定的。而且，由于行列式$|S|$或$|f|$必定大于零，对于方程右边的任意非零向量，每一方程系具有一个唯一解，例如仅有一组D_i值或F_i值分别满足第一个方程组和第二个方程组。

自由(未支承)结构的刚度矩阵可以很容易地建立,例如图 6.4 中梁的式 6.6 ~ 式 6.8 那样。但是,这种矩阵是奇异矩阵,不可求逆。因此除非是为了保持平衡而引进足够多的约束力,否则无法求出柔度矩阵。

对于稳定结构刚度矩阵非奇异性的判别标准可用于屈曲荷载的确定,这将在第 14 章进行讨论。我们可以看到框架杆件的刚度受到大轴力存在的影响,仅当其刚度矩阵为正定时其行列式大于零,框架才是稳定的。如果令行列式为零,得到一个条件从而可以计算出屈曲荷载。

如果对称矩阵是正定的,它的所有子矩阵的行列式也都是正的,这对稳定结构的刚度矩阵具有其物理意义。如果坐标 i 处的位移 D_i 受到阻止,例如通过引进一个支承,这时所得结构的刚度矩阵可简单地通过在原来结构的刚度矩阵中删去第 i 行和第 i 列来得到。在稳定结构上加一支承,得出还是一个稳定的结构,因此它的刚度矩阵的行列式是正的,这个行列式即原刚度矩阵的一个子矩阵的行列式。

6.7　用力法对对称结构进行分析

在实际中,许多结构具有一个或多个对称轴或对称平面,这些对称轴或对称平面可以把结构分成若干相同的部分。此外,如果作用在结构上的力也是对称的,那么结构中的反力和内力也是对称的。这种对称性可以减少力法或位移法分析时未知赘余力或未知位移的个数。下面我们将运用力法对一些对称结构进行分析。

当所分析的结构和作用的荷载都是对称的时候,合理地选择要释放的约束使得基本结构也是对称的。在图 6.6(a) ~ (d) 中给出了一些具有垂直对称轴的平面结构的释放方式。在对称轴的两侧相等的赘余力被编上了相同的编号,比如图 6.6(a) 和 (d) 中 A 和 D 的坐标,这些图中的 1 表示 A 和 D 处的赘余力或位移。弹性系数 f_{11} 和 f_{21} 分别表示同时在 A 和 D 作用单位力时引起的坐标 1(A 和 D 处) 和 2 的位移。图 6.6(a) 和 (b) 中的两个基本结构的柔度矩阵为(附录 B):

$$[f]_{\text{图6.6(a)}}=\begin{bmatrix}\left(\dfrac{l}{3EI}\right)_{AB} & \left(\dfrac{l}{6EI}\right)_{AB}\\ \left(\dfrac{l}{6EI}\right)_{AB} & \left(\dfrac{l}{3EI}\right)_{AB}+\left(\dfrac{l}{2EI}\right)_{BC}\end{bmatrix}$$

$$[f]_{\text{图6.6(b)}}=\begin{bmatrix}\left(\dfrac{l}{3EI}\right)_{BA}+\left(\dfrac{l}{3EI}\right)_{AC} & \left(\dfrac{l}{6EI}\right)_{AC}\\ 2\left(\dfrac{l}{6EI}\right)_{AC} & 2\left(\dfrac{l}{3EI}\right)_{AC}\end{bmatrix}$$

在图 6.6(b) 的基本结构中,有两个标号为 1 的坐标而只有一个标号为 2 的坐标,这就导致 f_{21} 等于 $2f_{12}$,因此其柔度矩阵不是对称的。然而,几何方程 $[f]\{F\}=-\{D\}$ 的对称性可以通过将第二列除以 2 来恢复。

图 6.6(a) 中的基本结构在 A 处有一个滑动支座,在 D 处有一个铰支座,但是这不并影响对称性,因为在对称荷载作用下 D 处的水平反力为零。

由于对称,图 6.6(b) 中梁的变形曲线在 C 点的斜率必为水平,因此在 C 点没有转动和挠度，所以可以仅对梁的一半即 BAC 进行分析，这时端部 C 为固定端。但是，图 6.6(a) 中的梁不可以这样处理，因为在中心线处的转角为零而挠度却不为零。

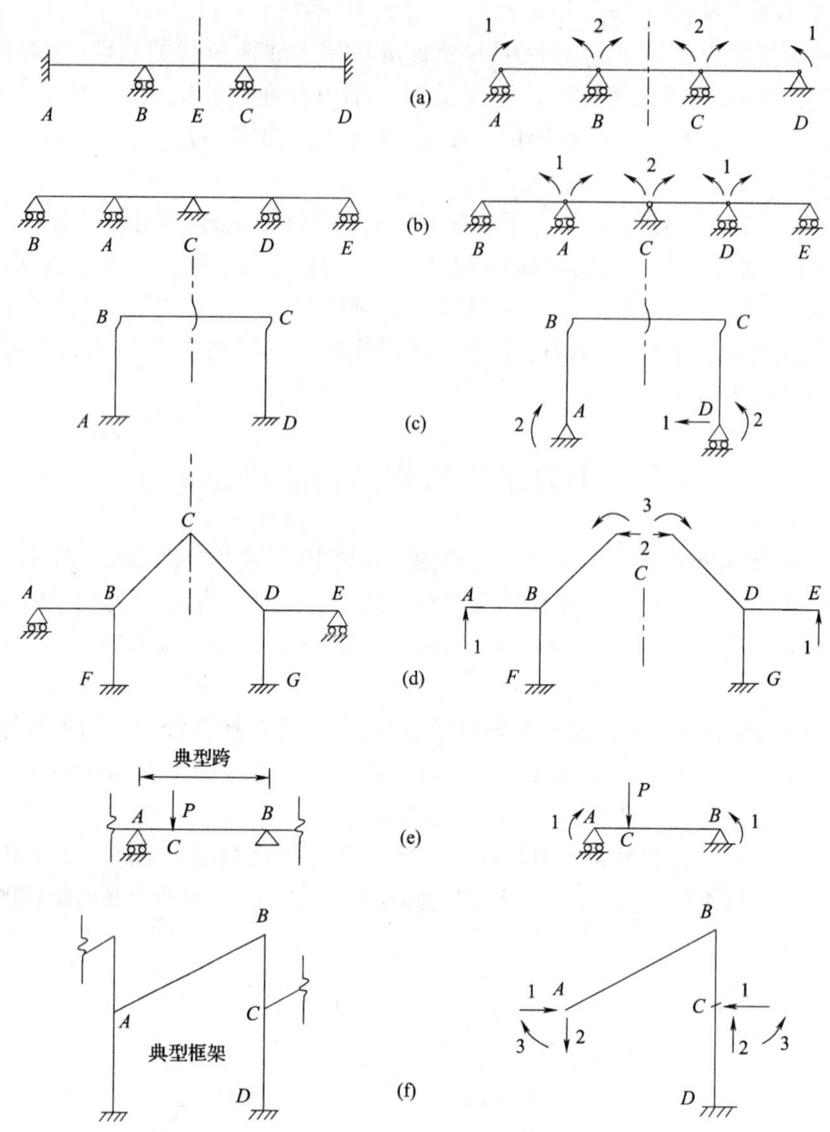

图 6.6　对称的连续梁和框架结构

在对称荷载作用下力法分析释放约束示例

图 6.6(c) 中的框架可以通过在 BC 中间截断来释放约束，这样就把结构分成了两个同样的悬臂梁。截断平面框架的一根杆件一般释放了一个轴力、一个剪力和一个弯矩。而且由于对称性，BC 中点的剪力必为零，所以分析仅需确定两个未知赘余力而不是三个。同一框架也可以通过将 A 变成铰支座、D 变成滑动支座来释放约束，这不会影响力的对称性，因为当对称荷载作用在基本结构上时，A 处的水平反力为零，而且在坐标 1 处引入任何力都会在 A 处产生一个对称的力。

图 6.6(d) 中的框架通过移除滑动支座 A 和 E 并在 C 处将框架截断来实现释放约束。由

于对称性,在 C 点处只用两个分量来表示内力,而其竖直分量为零。可以注意到该基本结构同样会有柔度系数 f_{21} 等于 $2f_{12}$。

图 6.6(e)表示连续梁的一个典型跨,此连续梁有许多跨的跨长相等且荷载相同。因此只需要对其中的一跨进行分析,以简支梁作为基本结构且只有一个表示连接弯矩的赘余力,该弯矩在杆的两端大小相等方向相反。在这里,位移 D_1 和柔度系数 f_{11} 表示简支梁 AB 两端的相对转动。

在如图 6.6(f)所示的框架由无数杆件以相同的方式重复而成。取其中一个重复单元进行分析,采用图示的基本结构和三个未知赘余力。同样,这里的位移和柔度系数表示基本结构中 A 和 C 之间的相对移动和相对转动。

6.8 运用位移法对对称结构进行分析

在运用位移法对结构进行分析时,可以利用对称性的优点来减少未知的位移分量。由于对称性,在一个坐标处的位移量等于零或者等于其他坐标处的位移。对于一个零位移来说,此坐标可以省略,任何两个位移量相等的坐标可以用同一个标号表示。图 6.7 就是表示用位移法对对称荷载作用下的对称结构进行分析的坐标系示例。

图 6.7(a)~(d)表示忽略其轴向变形的平面框架结构。在图 6.7(a)中,B 和 C 的转角相等,因此具有相同的标号 1。由于在对称荷载的作用下不产生侧向移动,所以相应的坐标可以省略。在图 6.7(b)中,B 和 F 的角位移相等,而 D 的角位移和侧位移均为零,所以这个框架只有一个未知位移分量。因为所有节点处的位移分量都为零,所以图 6.7(c)和(d)中的结构没有标出其坐标系,因此不需要对其进行分析,附录 C 中已经给出了各杆端力。

图 6.7(e)中以弹簧支撑的梁只有两个表示弹簧顶部竖向位移的未知位移分量。由于对称性,B 点不发生转动。表示 A 和 C 点转动的坐标也没有标出,因为我们已经知道一端铰支而另一端固定的梁的杆端力(附录 C 和 D)。结构的刚度矩阵为(假设等跨,跨长为 l,EI 为常数):

$$[S]=\begin{bmatrix}\dfrac{3EI}{l^3}+K & -\dfrac{3EI}{l^3}\\ -2\left(\dfrac{3EI}{l^3}\right) & 2\left(\dfrac{3EI}{l^3}\right)+K\end{bmatrix}$$

式中 K 为弹簧的刚度(假定三根弹簧相同)。元素 S_{11} 表示 A 和 C 同时产生向下的单位位移时坐标 1 处(A 和 C)的力,S_{21} 表示坐标 2 处相应的力。我们应该注意到 $S_{21}=2S_{12}$,因此,刚度矩阵是不对称的,这是因为坐标系有两个坐标的标号为 1 但是只有一个坐标的标号为 2。平衡方程 $[S]\{D\}=-\{F\}$ 的对称性可以通过对第二列除以 2 而恢复。

如果考虑轴向变形,必须使用额外的坐标。在图 6.7(a)中,将会在 B 和 C 添加一个水平方向和一个竖向的箭头。由于对称性,每两个相应的箭头的标号相同,这样未知位移的数量就变成了 3 个。图 6.7(c)和(d)中的每个框架将会有一个未知位移即 B 点的竖向移动。

图 6.7(f)和(g)所示的水平格栅至少有一个竖直的对称平面。图中所示的坐标系可以用来分析对称荷载的效应。

图 6.7(a)~(g)中的每个结构可以先将该结构沿对称轴或对称平面分开,然后只取结构

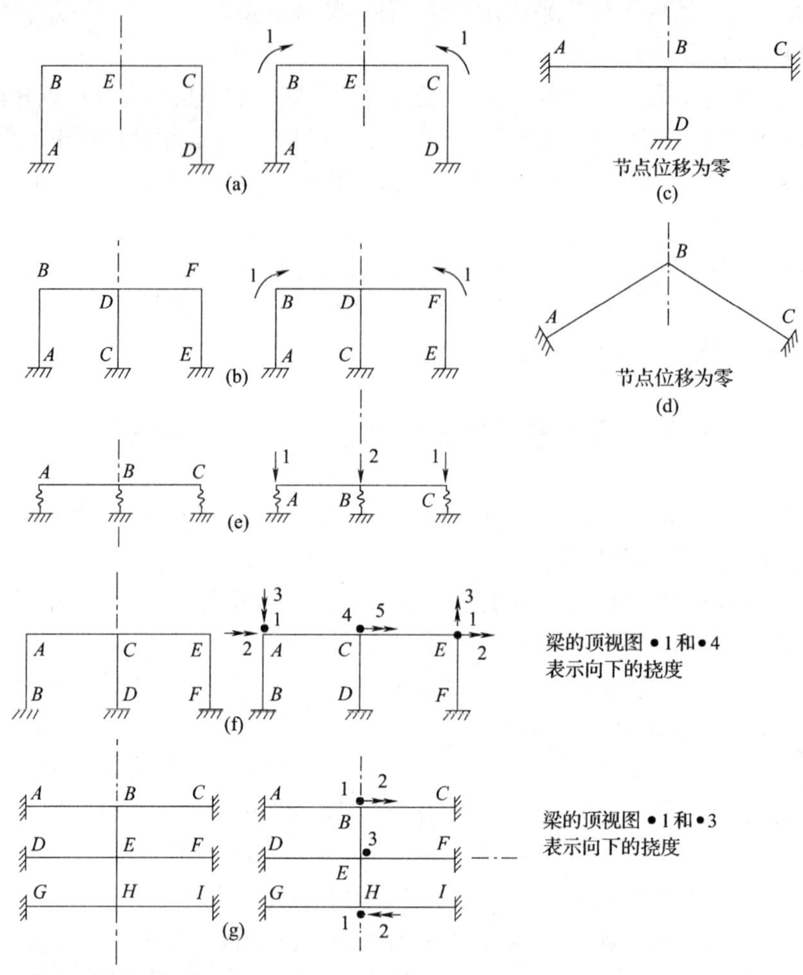

图 6.7 分析的自由度和对称平面框架和格栅

在对称荷载作用下的位移法分析示例

的一半或 1/4 进行分析。进行部分分析时，对于那些位于对称轴或对称平面上的杆件，其特性比如 a,I,J 或 K 应该取原实际结构的一半。在半结构(或 1/4 结构)中将采用相同的坐标系。图 6.7(a)所示的框架是一个例外：在 E 点截断将会导入一个新的节点，并且该节点的竖向移动是未知的，所以另外需要一个坐标。

当采用手算或计算器对小型结构进行分析并通过分析得到矩阵时，考虑半结构或 1/4 结构不能表现出什么优势。但是，在由许多杆件和节点组成的大型结构中，分析通常完全利用计算机进行，所考虑的结构部分应尽可能小并充分利用对称性的优势。这将会在第 23.4 和 23.6 节中进一步讨论。

图 6.6(f)所示的结构为一个由无数重复部分组成的平面框架的一个典型部分，这个结构以位移法进行分析，在 A,B 和 C 每一点都有 3 个自由度：水平方向和竖直方向的移动，以及一个转动。相应于 A 和 C 的 3 个位移具有相同的大小和方向，因此，此结构实际上只有 6 个未知位移。

例 6.5 对称平面框架的单独个体

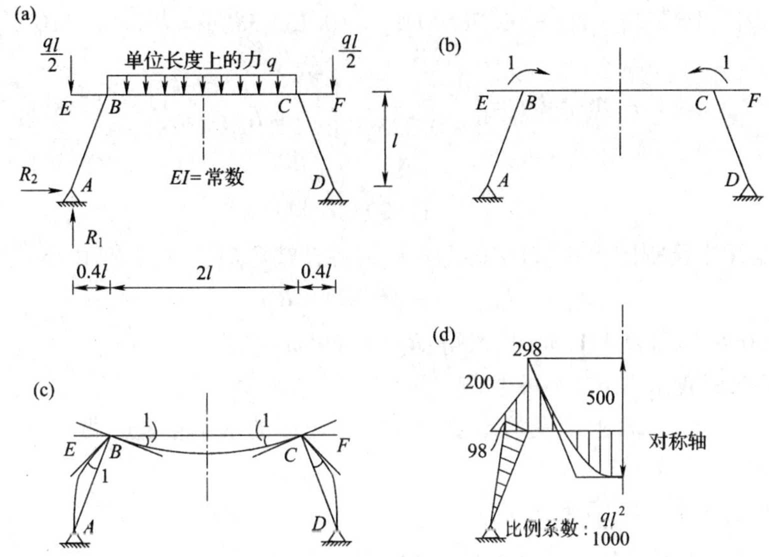

图 6.8 例 6.5 中的对称平面框架

(a)框架尺寸和荷载;(b)坐标系;(c)$D_1=1$ 时的变形曲线;(d)弯矩图。

对图 6.8(a)所示的框架结构,求其弯矩图和支座 A 的反力 R_1 和 R_2。忽略轴向变形仅考虑弯曲变形。

采用 5.6 节中位移法的 5 个步骤:

步骤 1　由于忽略其轴向变形,所以 B 和 C 处只能发生转动,图 6.8(b)中确定了一个只有一个坐标的坐标系。在所分析的步骤里 A 和 D 可以自由转动,因此不需要表示转动的坐标。此外在悬臂梁 EB 和 FC 在 B 和 C 处产生静定的力。因此,通过将这些力计入分析,可以用一个没有悬臂梁的框架结构进行分析。杆端弯矩 $M_{BE}=q\dfrac{l}{2}(0.4l)=0.2ql^2$。将未知作用定义为:

$$\{A\}=\{M_{BA},M_{BC}\}$$

上述 3 个弯矩值足以画出框架的左边部分的弯矩图。由对称性得出,反力 $R_1=1.5ql$(等于总的向下的力的一半)。反力 R_2 可以根据 M_{BA}的静定条件得到。

步骤 2　$\{F\}=\{0.2ql^2-q(2l)^2/12\}=\{-0.133\,3ql^2\}$

第一项表示抵抗由于悬臂端的荷载所引起的转动的弯矩。第二项是 BC 的固端弯矩。

$$\{A_r\}=\{0,-q(2l)^2/12\}=\{0,-0.333ql^2\}$$

步骤 3　$[S]=\left[\left(\dfrac{3EI}{l}\right)_{BA}+\left(\dfrac{2EI}{l}\right)_{BC}\right]=\left[\left(\dfrac{3}{1.077l}+\dfrac{2}{2l}\right)EI\right]=\left[3.785\dfrac{EI}{l}\right]$

$$[A_u]=\begin{bmatrix}(3EI/l)_{BA}\\(2EI/l)_{BC}\end{bmatrix}=\begin{bmatrix}2.785EI/l\\1.0EI/l\end{bmatrix}$$

当 $D_1=1$ 时,框架结构的变形如图 6.8(c)所示,在上面的计算中的$(3EI/l)_{BA}$和$(2EI/l)_{BC}$由附录 D 得出(见附录中的第四和最后一幅图)。

步骤 4 $\{D\}=[S]^{-1}\{-F\}=[3.785EI/l]^{-1}\{0.1333ql^2\}=\left\{35.22\times10^{-3}\dfrac{ql^3}{EI}\right\}$

步骤 5 $\{A\}=\{A_r\}+[A_u]\{D\}=\begin{Bmatrix}0\\-0.333ql^2\end{Bmatrix}+\begin{bmatrix}2.785EI/l\\1.0EI/l\end{bmatrix}\left\{35.22\times10^{-3}\dfrac{ql^3}{EI}\right\}$

$$\{A\}=\begin{Bmatrix}98\\-298\end{Bmatrix}\frac{ql^2}{1\,000}$$

这些值就是用来绘制图 6.8(d)中的弯矩图的各杆端弯矩。反力 R_2 由下式给出：

$$M_{BA}=-R_1(0.4l)+R_2l$$

将 $M_{BA}=0.098ql^2$ 和 $R_1=1.5ql$ 代入得：$R_2=0.698ql$。

例 6.6 竖向荷载作用下的水平格栅

图 6.9(a)表示一个 AB 上承受均布重力荷载 q 作用的水平格栅。做出杆 AB 的弯矩图。所有杆件截面相同，且 $GJ/EI=0.8$。

应用位移法的 5 个步骤(5.6 节)：

步骤 1 在 A、B 处由 3 个坐标确定了对称的位移分量(如图 6.9(b))。为了画出杆 AB 的弯矩图，我们需要确定 M_A 或 M_B 的值。当杆件下侧受拉时弯矩为正。因此，所需的反力为：

$$\{A\}=\{M_A\}$$

步骤 2 $\{F\}=\begin{Bmatrix}-ql/2\\0\\-ql^2/12\end{Bmatrix}$；$\{A_r\}=\left\{-\dfrac{ql^2}{12}\right\}$

这些向量中的元素是由附录 C 得到的固端力。

步骤 3 $[S]=\begin{bmatrix}\left(\dfrac{12EI}{l^3}\right)_{AC} & 0 & 0\\ -\left(\dfrac{6EI}{l^2}\right)_{AC} & \left(\dfrac{4EI}{l}\right)_{AC} & 0\\ 0 & 0 & \left(\dfrac{2EI}{l}\right)_{AB}+\left(\dfrac{GJ}{l}\right)_{AC}\end{bmatrix}$

$$[A_u]=\begin{bmatrix}0 & 0 & \left(\dfrac{2EI}{l}\right)_{AB}\end{bmatrix}$$

为得到[S]和[A_u]中第一列的元素，在 A 和 B 各引入一个向下的单位挠度 $D_1=1$。当 AB 作为刚体向下移动(没有变形或杆端力)时，杆件 AC 和 BD 的变形图如附录 D 中的第一个图形所示。当 $D_2=1$ 时，AB 仍然作为刚体转动，则杆件 AC 和 BD 的变形图如附录 D 中的第二个图形所示。为得到[S]和[A_u]中的第三列，使 A 和 B 处产生角位移 $D_3=1$，AB 产生如附录 D 中最后一幅图所示的挠曲，而杆件 AC 和 BD 则没有产生弯曲而产生了扭转。附录 D 中给出的杆端力可以用来确定[S]和[A_u]中的各个元素。

步骤 4 $\{D\}=[S]^{-1}\{-F\}$

将上面已经确定了的[S]和{F}代入并对矩阵求逆后相乘以后得到：

$$\{D\}=\frac{ql^3}{1\,000EI}\{20.8l,62.5,23.2\}$$

步骤 5 $\{A\}=\{A_r\}+[A_u]\{D\}$

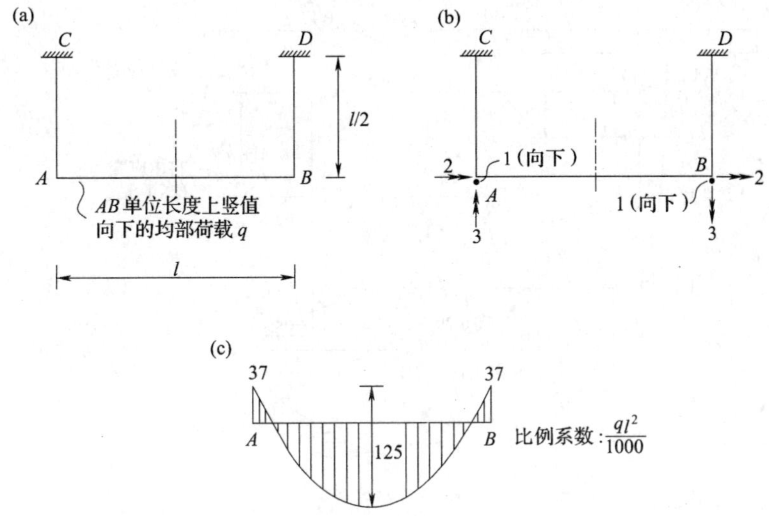

图 6.9 例 6.6 中的对称水平格栅

(a)俯视图；(b)坐标系；(c)杆件 AB 的弯矩图。

将前面步骤 2、3 和 4 中确定的矩阵代入上式得到：

$$\{A\} = -0.037ql^2$$

杆件 AB 的弯矩图如 6.9(c)所示。

6.9 非线性温度变化的效应

对结构由于温度变化或者收缩徐变产生的应力和内力的分析也可以采用同样的方法。杆件截面上的温度分布一般是非线性的，例如图 6.10(b)所示的暴露在太阳下的桥梁(图 6.10(a))的分布温度。对于由不同材料比如混凝土和钢材组成的截面，各分量由于收缩和徐变所产生的压缩或膨胀将会不一样。然而，在应力发生的地方压缩或膨胀不能自由产生和变化。接下来，我们将考虑框架结构杆件的截面由于温度变化呈非线性升高而产生的效应。假设温度上升沿杆件长度方向不变。

在一个静定的框架结构中，当温度线性变化时不产生应力，在这种情况下温度膨胀可以自由发生不受约束，这会引起杆件长度的变化或者产生弯曲，但是不会使反力或内力产生变化。但是，当温度变化为非线性时，杆件纤维受其相邻纤维约束而不能自由膨胀，这将会导致应力的产生。如果结构为静定的，这些应力在一个截面内是自平衡的。这个由静定框架截面的非线性的温度变化(或收缩)引起的自平衡应力有时被称为特征应力。

如果结构是超静定的，那么杆件的伸长和杆端转动将会受到约束或阻止。这将会使反力和内力发生变化，这些变化可以通过位移法或者力法分析得出。我们必须注意到由温度变化引起的反力表示一组处于平衡状态的力。

现在来分析静定杆件，例如由均匀材料组成的简支梁，所产生非线性温度变化时的自平衡应力。如果杆件纤维能够自由膨胀则其假定的应变为：

$$\varepsilon_f = \alpha T \tag{6.28}$$

式中 α 表示温度膨胀系数，$T = T(y)$ 为形心 O 下方距离为 y 任意纤维层的温度升高值。如

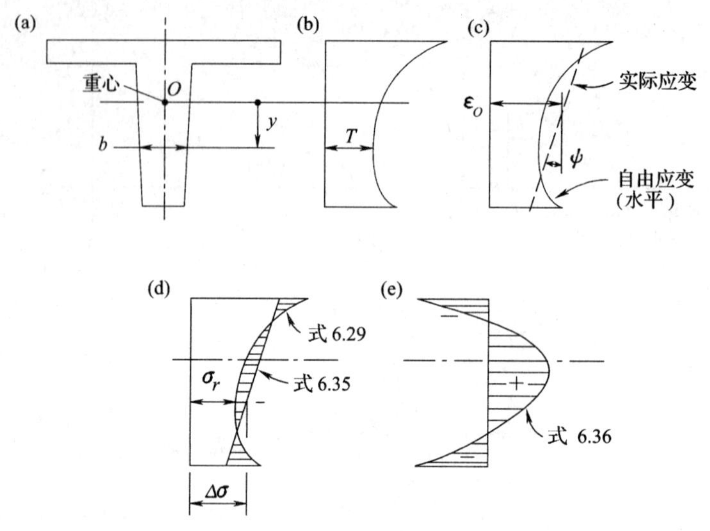

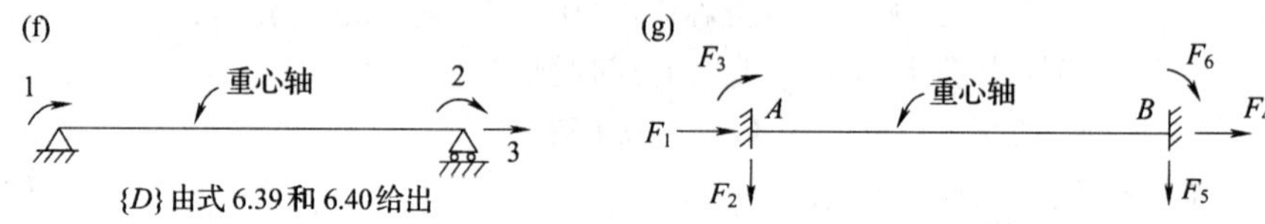

图 6.10 非线性温度变化的效应分析

(a)杆件的横截面;(b)温度升高分布;(c)应变分布;(d)应力 σ_r 和 $\Delta\sigma$;
(e)自平衡应力;(f)简支梁温度升高引起的位移;(g)温度升高引起的固端力。

果膨胀被人为的阻止,则约束条件下的应力为;

$$\sigma_r = -E\varepsilon_f \tag{6.29}$$

上式中 E 是弹性模量。以拉应力和与其相应的应变为正。

σ_r 的合力可以用一个过 O 点的法向力 N 和一个对过 O 点的水平轴的矩 M 来表示:

$$N = \int \sigma_r \mathrm{d}a \tag{6.30}$$

$$M = \int \sigma_r y \mathrm{d}a \tag{6.31}$$

式中 N 以受拉为正,M 以使杆件下侧受拉为正,相应的曲率 φ 为正。

为了消除人为的约束,用方向相反的 N 和 M,这使得 O 点的应变和曲率发生如下变化:

$$\varepsilon_0 = -\frac{N}{Ea} \tag{6.32}$$

$$\Psi = -\frac{M}{EI} \tag{6.33}$$

式中 a 和 I 分别表示截面的面积和过 O 点的水平轴的二次矩,相应的应力和应变为:

$$\varepsilon = \varepsilon_0 + y\Psi \tag{6.34}$$

$$\Delta\sigma = E(\varepsilon_0 + y\Psi) \tag{6.35}$$

将 σ_r 与 $\Delta\sigma$ 相加得出由温度变化引起的自平衡应力:

$$\sigma_s = E(-\alpha T + \varepsilon_0 + y\Psi) \tag{6.36}$$

应力 σ_s 的合力必须为零，因为它的分量 σ_r 和 $\Delta\sigma$ 的合力大小相等而方向相反。自平衡应力的分布见图 6.10(e)，该图形的坐标等于图 6.10(d)中曲线 σ_r 和直线 $\Delta\sigma$ 中间的坐标。

温度作用下轴向应变和曲率的变化可以由式 6.28 和 6.33 推导得出：

$$\varepsilon_o = \frac{\alpha}{a}\int Tb\mathrm{d}y \tag{6.37}$$

$$\Psi = \frac{\alpha}{I}\int Tby\mathrm{d}y \tag{6.38}$$

式中 $b = b(y)$ 为截面的宽度。沿截面高度的实际应变分布由图 6.10(c)中通过 $\Delta\varepsilon_o$ 和 $\Delta\Psi$ 的值所确定的虚线表示。这两个值可以用来计算图 6.10(f)中的各坐标的位移(见附录 B)：

$$D_q = -D_2 = \Psi\frac{1}{2} \tag{6.39}$$

$$D_3 = \varepsilon_0 l \tag{6.40}$$

在使用式 6.39 时要注意，根据所使用的符号习惯，图 6.10(c)中的 Ψ 为负值。

如果结构是超静定的，位移 $\{D\}$，比如上面所给出的部分，都可以在力法中用于超静定结构反力和内力的分析。

当以位移法进行分析时，ε_0 和 Ψ 的值(式 6.37 和 6.38)可以用来确定杆件在约束条件下的内力和相应的杆端力(如图 6.10(g))：

$$N = -Ea\varepsilon_0 \tag{6.41}$$

$$M = -EI\Psi \tag{6.42}$$

$$\{F\} = E\{a\varepsilon_o, 0, -I\Psi, -a\varepsilon_0, 0, I\Psi\} \tag{6.43}$$

在等截面杆件中的温度升高从杆件顶部到底部由 $T_{顶}$ 到 $T_{底}$线性变化的特殊情况下，其固端力(图 6.10(g))可以由式 6.43 计算得到，其中 $\varepsilon_0 = \alpha T_0$，$\Psi = \alpha(T_{底} - T_{顶})/h$，这里的 T_0 为截面形心的温度，h 为截面高度。

力 F_1 和 F_3 沿形心轴方向，其他的力沿杆件截面的形心主轴方向，这 6 个力是自平衡的。交汇于一个节点处的各独立杆件的杆端约束力应该转换成沿整体坐标轴方向，然后求和得出强制阻止结构的节点位移的外部约束力(端部力的组合将在第 22.9 节中进一步讨论)。在约束条件下，任意纤维的应力可以通过式 6.29 计算得到。

当温度上升沿截面变化或者杆件截面是变化的时，ε_0 和 Ψ 将沿杆件长度发生变化。式 6.41 和 6.42 可以用来计算约束条件下任意截面的变量 N 和 M，杆力可以由下式计算得到：

$$\{F\} = E\{\{a\varepsilon_0, 0, -I\Psi\}_A, \{-a\varepsilon_0, 0, I\Psi\}_B\} \tag{6.44}$$

下标 A 和 B 表示杆端(图 6.10(g))。为了保持平衡，必须存在分布的轴向荷载 p 和 a 以及横向荷载 q，其荷载集度(单位长度的力)为：

$$p = E\frac{\mathrm{d}(a\varepsilon_0)}{\mathrm{d}x} \tag{6.45}$$

$$q = E\frac{\mathrm{d}^2(I\Psi)}{\mathrm{d}x^2} \tag{6.46}$$

P 以沿 A 到 B 的方向为正，q 以向下为正，x 表示从 A 到任意截面的距离。式 6.45 和 6.46 可以通过在梁中截取一小段长为 $\mathrm{d}x$ 的部分然后考虑其平衡从而得到。

由式 6.44 ~ 式 6.46 得出的约束力表示一个平衡力系。由温度变化产生的位移可以通过考虑这些约束力沿相反的方向作用时的效应来分析。在约束条件下，所有截面的位移为零，其内力可以由式 6.41 和 6.42 给出。为了得到由于温度变化产生的总内力，必须将这些内力与相反的自平衡约束力作用时产生的内力叠加。

自平衡应力和由温度变化产生的超静定力与弹性模量 E 成比例。某些材料，比如混凝土，在持续的应力作用时存在徐变(应变增加)效应。当分析所取的弹性模量 E 是基于应力与瞬间应变的关系而忽略徐变时，往往高估了温度效应的作用(见 6.10 节)。

钢筋混凝土杆件中不可避免的裂缝会降低 a 和 I 的有效值，如果忽略裂缝对温度效应的分析中 a 和 I 值的影响，所得结果将大大偏高[1]。

例 6.7 连续梁中的温度应力

图 6.11(a)中的连续混凝土梁，温度升高沿其长度方向不变，沿杆件截面高度变化如下：

$$T = T_0 + 4.21T_{顶}\left(\frac{7}{16} - \frac{y}{h}\right) \quad -\frac{5h}{16} \leqslant y \leqslant \frac{7h}{16}$$

$$T = T_0 \qquad \frac{7h}{16} \leqslant y \leqslant \frac{11h}{16}$$

式中 T 表示温度升高度数，$T_{顶}$ 表示杆件顶部升高的温度，T_0 为常数。梁的截面如图 6.11(b)所示，面积 $a = 0.437\ 5h^2$，对中性轴的惯性矩 $I = 0.041\ 6h^4$。求支座 B 处截面由温度升高引起的应力分布。

令 $h = 1.6$ m(63in.)，$E = 30$ GPa(4350 ksi)，$a = 1 \times 10^{-5}$/℃(5/9 × 10^{-5}/℉)，$T_{顶} = 25°$(45 ℉)。

上面的方程表示在炎炎夏日里桥梁纵梁可能产生的温度分布。当温度升高为常数时，梁的长度将会自由增长而不会产生应力和挠度。因此为了解决这个问题，我们可以使 $T_0 = 0$，温度升高将发生图 6.11(c)所示的变化。

利用式 6.28 和 6.29，我们可以得到阻止温度膨胀的强制应力：

$$\sigma_\epsilon = -4.21E\alpha T_{顶}\left(\frac{7}{16} - \frac{y}{h}\right)^5$$

这个方程适用于梁截面上面 3/4 高度的部分，而其余部分 $\sigma_r = 0$。

如果结构是静定的，则任意截面的轴向应变和曲率为：

$$\begin{aligned}\varepsilon_0 &= \frac{\alpha}{0.437h^2}\left[1.75h\int_{-5h/16}^{-3h/16} 4.21T_{顶}\left(\frac{7}{16} - \frac{y}{h}\right)^5 dy + 0.25h\int_{-3h/16}^{7h/16} 4.21T_{顶}\left(\frac{7}{16} - \frac{y}{h}\right)^5 dy\right] \\ &= 0.356\alpha T_{顶}\end{aligned}$$

$$\begin{aligned}\Psi &= \frac{\alpha}{0.041\ 6h^2}\left[1.75h\int_{-5h/16}^{-3h/16} 4.21T_{顶}\left(\frac{7}{16} - \frac{y}{h}\right)^5 y dy + 0.25h\int_{-3h/16}^{7h/16} 4.21T_{顶}\left(\frac{7}{16} - \frac{y}{h}\right)^5 y dy\right] \\ &= -0.931\alpha T_{顶}\, h^{-1}\end{aligned}$$

自平衡应力(式 6.36)为：

$$\sigma_s = E\alpha T_{顶}\left[-4.21\left(\frac{7}{16} - \frac{y}{h}\right)^5 + 0.356 - 0.931\frac{y}{h}\right] \quad -\frac{5h}{16} \leqslant y \leqslant \frac{7h}{16}$$

$$\sigma_s = E\alpha T_{顶}\left(0.356 - 0.931\frac{y}{h}\right) \qquad \frac{7h}{16} \leqslant y \leqslant \frac{11h}{16}$$

---

1 见第 4 章脚注 1。

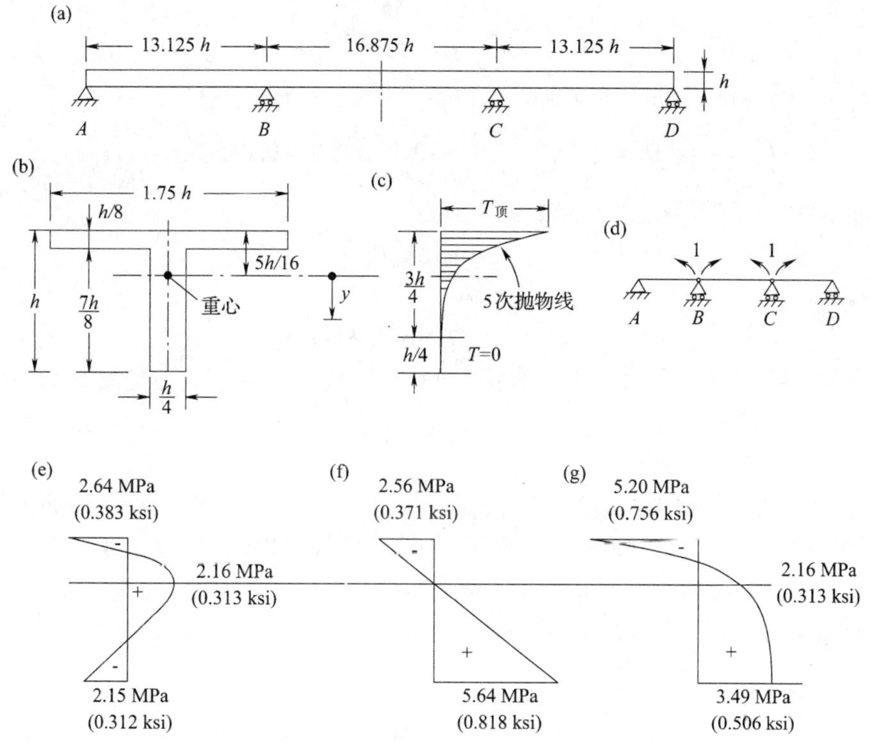

图 6.11　例 6.7 中连续梁由温度升高引起的应力

(a)梁正面图；(b)梁横截面；(c)温度升高；

(d)基本结构和坐标系；(e)自平衡应力；

(f)连续应力；(g)总应力。

将 E,α,T 和杆件顶部、形处以及底部的 y 值代入上式中可以得到图 6.11(e)所示的自平衡应力的值。这个应力图适用于所有截面。

因为结构为超静定，所以温度上升会引起反力、内力和应力。由这种不确定的力而产生的应力常被称为连续应力。我们利用力法的 5 个步骤（见 4.6 节）来确定这些连续应力：

步骤 1　利用对称性（见 6.7 节），我们选择如图 6.11(d)所示的基本结构和坐标系。所需的作用为 $A=\sigma$，B 截面任意位置的应力。

步骤 2　该基本结构的位移为梁端 B 或者 C 的相对转动。通过式 6.39 或者附录 B 得到

$$D_1=\frac{\Psi l_{AB}}{2}+\frac{\Psi l_{BC}}{2}=-\frac{0.931}{2}\alpha T_{顶}(13.125+16.875)=-13.97\alpha T_{顶}$$

在基本结构中所需的作用的值为图 6.11(e)中所示的自平衡应力，因此：

$$A_s=\sigma_S$$

步骤 3　令图 6.11(d)中的坐标 $F_1=1$，得到柔度系数（见附录 B）：

$$f_{11}=\left(\frac{l}{3EI}\right)_{AB}+\left(\frac{l}{2EI}\right)_{BC}=\frac{1}{E(0.041\,6h^4)}\left(\frac{13.125h}{3}=\frac{16.875h}{2}\right)=\frac{308}{Eh^3}$$

在这个问题中，A_u 为 $F_1=1$ 引起的截面 B 处任意纤维层的应力，即单位弯矩作用下产生的应力：

$$A_u = \frac{y}{l} = \frac{y}{0.041\ 6h^4} = 24\ \frac{y}{h^4}$$

步骤 4　赘余力(B 或 C 的连接弯矩)为:

$$F_1 = -f_{11}^{-1} D_1 = -\left(\frac{308}{Eh^3}\right)^{-1} (-13.97\alpha T_{顶}) = 0.045\ 4\alpha T_{顶}\ Eh^3$$

步骤 5　通过叠加方程得到任意纤维处的应力为:

$$A = A_s + A_u F_1$$

代入得到:

$$\sigma = \sigma_s + 1.09\alpha T_{顶}\ Ey/h$$

这个方程的第二项表示连续应力,如图 6.11(f)。截面 B 的总应力如图 6.11(g)所示,为将图 6.11(e)和(f)叠加而来。

例 6.8　门架的温度效应

如图 6.12(a)所示,框架中杆件 BC 的温度升高沿杆长不变,但是沿截面高度以图 6.12(c)所示的五次抛物线变化。杆件 BC 的截面与图 6.11(b)相同。假设柱 AB 和 CD 的截面为矩形(图 6.12(b)),且只有 BC 杆的温度升高,求此杆件任意截面相应的应力分布。考虑弯曲和轴向变形。其他求解所需的数据与例题 6.7 相同。

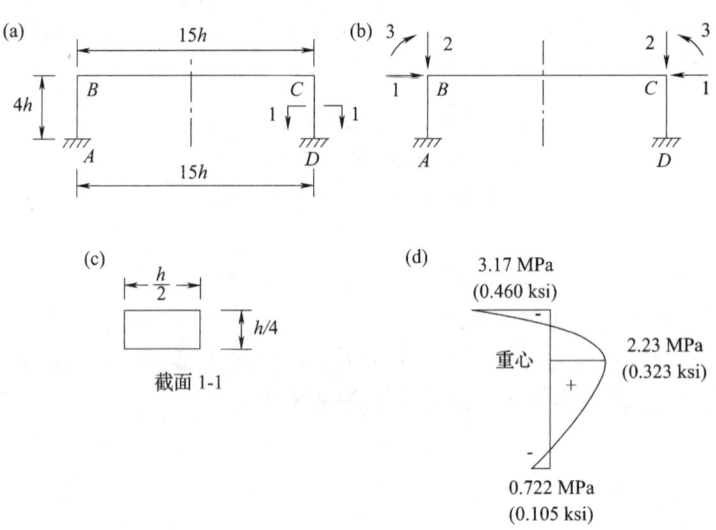

图 6.12　用位移法分析例 6.8 中
由温度升高引起的应力
(a)杆件 BC 的横截面和温度升高同图 6.11(b)和(c)的平面框架;
(b)柱 AB 和 CD 的横截面;(c)坐标系;(d)BC 任意截面的应力分布。

位移法的 5 个步骤(5.6 节)如下:

步骤 1　所确定的坐标系如图 6.12(c)所示。利用对称性,未知的节点位移数为 3。BC 任意截面上的应力分布相同,任意纤维的应力为所必需的作用,因此有 $A = \sigma$。

步骤 2　将例题 6.7 中得到的值 $\varepsilon_0 = 0.356\alpha T_{顶}$ 和 $\Psi = -0.931\alpha T_{顶}\ h^{-1}$ 用于这里的杆件 BC。式 6.43 中向量的前三个元素为 BC 左端的约束力。因为 AB 和 CD 温度不发生变化,所以这两根杆件不需要确定约束力。B 或 C 处坐标的约束力为:

$$\{F\}=E\begin{Bmatrix}0.437\,5h^2(0.356\alpha T_{顶})\\0\\-0.041\,6h^4(-0.931\alpha T_{顶}h^{-1})\end{Bmatrix}=E\alpha T_{顶}h^2\begin{Bmatrix}0.156\\0\\0.038\,7h\end{Bmatrix}$$

在节点位移被阻止的情况下，杆件 BC 任意纤维的应力与例题6.7所确定的相同。因此：

$$A_r=\sigma_r=-4.21E\alpha T_{顶}\left(\frac{7}{16}-\frac{y}{h}\right)^5\qquad -\frac{5h}{16}\leqslant y\leqslant\frac{7h}{16}$$

$$A_r=0\qquad 对其余高度$$

步骤3　由附录D得到结构的刚度矩阵：

$$[S]=\begin{bmatrix}\left(\frac{12EI}{l^3}\right)_{AB}+\left(2\frac{Ea}{l}\right)_{BC} & & 对称\\0 & \left(\frac{E}{l}\right)_{AB} & \\-\left(\frac{6EI}{l^2}\right)_{AB} & 0 & \left(\frac{4EI}{l}\right)_{AB}+\left(\frac{2EI}{l}\right)_{BC}\end{bmatrix}$$

分别代值：对于杆件 AB：$l=4h,a=0.125h^2,I=2.60\times10^{-3}h^4$

对于杆件 BC：$l=15h,a=0.437\,5h^2,I=0.041\,6h^4$。

因此

$$[S]=E\begin{bmatrix}58.82\times10^{-3}h & & 对称\\0 & 32.25\times10^{-3}h & \\-975.0\times10^{-6}h^2 & 0 & 8.147\times10^{-3}h^3\end{bmatrix}$$

坐标单位位移引起的任意纤维处的应力为：

$$[A_u]=E\left[-\left(\frac{2}{l}\right)_{BC}\quad 0\quad \left(\frac{2I}{l}\right)_{BC}\frac{y}{I_{BC}}\right]$$

$$[A_u]=E\left[-\frac{2}{15h}\quad 0\quad \frac{2y}{15h}\right]$$

步骤4　代入 $\{F\}$ 和 $[S]$，解平衡方程 $[S]\{D\}=-\{F\}$ 得到：

$$\{D\}=\alpha T_{顶}\begin{Bmatrix}-2.736h\\0\\-5.078\end{Bmatrix}$$

步骤5　通过叠加，得到任意纤维层的应力：

$$A=A_r+[A_u]\{D\}$$

代入 A_r，$[A_u]$ 和 $\{D\}$ 得到：

$$\sigma=\sigma_r+E\alpha T_{顶}\left(0.365-0.677\frac{y}{h}\right)$$

$$\sigma=E\alpha T_{顶}\left[-4.21\left(\frac{7}{16}-\frac{y}{h}\right)^5+0.365-0.677\frac{y}{h}\right]\qquad -\frac{5h}{16}\leqslant y\leqslant\frac{7h}{16}$$

$$\sigma=E\alpha T_{顶}\left(0.365-0.677\frac{y}{h}\right)\qquad \frac{7h}{16}\leqslant y\leqslant\frac{11h}{16}$$

将值 $-5h/16$，0 和 $11h/16$ 代入 y 并采用例题6.7中的数据 E，α 和 $T_{顶}$，得到如图6.12(d)

所示的应力值。

6.10 收缩和徐变效应

收缩和徐变在很多种材料中都会发生，下面我们主要讨论结构中广泛使用的混凝土材料中的收缩和徐变。

混凝土收缩是指混凝土在空气中结硬时体积缩小的现象。当温度降低时，如果体积变化受到结构不同部分收缩差异或者支座或是钢筋的约束，则会产生应力。

如果我们设想一种材料不发生徐变而只产生收缩，那么我们可以用 6.9 节中的公式分析收缩的效应，但是要以自由收缩量 ε_f 代替 αT。膨胀的效应也可以用与收缩相同的方式处理只是符号相反。膨胀发生在混凝土在水中结硬时。

在加载过程中或者加载后短时间内发生的应变常被称为瞬时应变。对于有些材料，以不变的应力长期持续作用，应变还会逐渐增长，这种在持续应变作用下随时间增加的应变称之为徐变。对于混凝土，徐变值是瞬时应变的二到四倍，这主要取决于混凝土的材料组成、外部环境的湿度和温度、所考虑构件的尺寸、受荷时混凝土的龄期以及应力持续的时间。

如果假设徐变等于瞬时应变乘以一个常系数，那么徐变对由均匀材料所组成的结构的内力和应力不会有影响。徐变会导致位移增加，这可以通过使用一个折合后的（有效的）E 计算，但这不会对反力产生影响，即使结构是超静定结构。

当一个混凝土结构是分阶段施工和加载，或者构件截面包含钢筋，或截面由混凝土与构造钢筋相连时，由于各成分中徐变不一致，所以徐变就不能自由发生。在静定结构中徐变可以在不影响反力和应力合力的情况下改变一个截面的应力分布。对超静定结构则不然，徐变对反力和内力也会产生影响。

在混凝土结构中，收缩和徐变是同时发生的，由这两种现象引起的应力变化是长期发展的，而且还将会产生与之相关的附加徐变。因此，分析时必须考虑这种逐渐增加的应力的徐变效应。钢筋混凝土和预应力混凝土中关于随时间变化的应力和变形的分析将会在关于这种问题的书中作更加详细的讨论。

在混凝土结构的温度变化随时间（小时或天数）变化时，导致的应力将会因为同时发生的徐变而减少。忽略徐变将会高估温度变化的效应。

6.11 预应力效应

在 4.4 节中，我们已经讨论了在混凝土梁中将钢铰线插入孔道然后在端部锚固来施加预应力的方法，这种方法叫做后张法。在本节中，我们将讨论采用后张法施工的非线性纵断面的钢筋束的效应。为了表述简单，我们忽略钢筋与管壁之间的摩擦阻力，因此我们假定钢筋拉力不随长度变化而变化。假设 P 表示钢筋中的力的绝对值。

如图 4.3(a)所示直线钢筋束在末端产生两个大小为 P、方向向内的水平力。这两个力表示一个平衡体系，且静定梁中的反力为零。任意截面的内力均为一个轴力 $-P$ 和一个弯矩 $-Pe$。此处的符号规定如图 2.4(c)所示。偏心距 e 自中性轴向下计量。中性轴和钢筋束之间的纵坐标表示弯矩图，其乘数为 $-P$。

通常在选择钢筋束的线形时，尽量使预应力可以部分抵消结构所承载的力的效应。只要钢筋束的方向改变，将会由钢筋束产生一个施加在构件上的横向力。图 6.13(a)所示的钢筋束在锚固端产生两个大小为 P，与钢筋曲线相切的向内的力。另外，还会在 C 点产生一个向上的力。因此图 6.13(a)中的线形可用于受一个大的向下的集中荷载作用的简支梁。

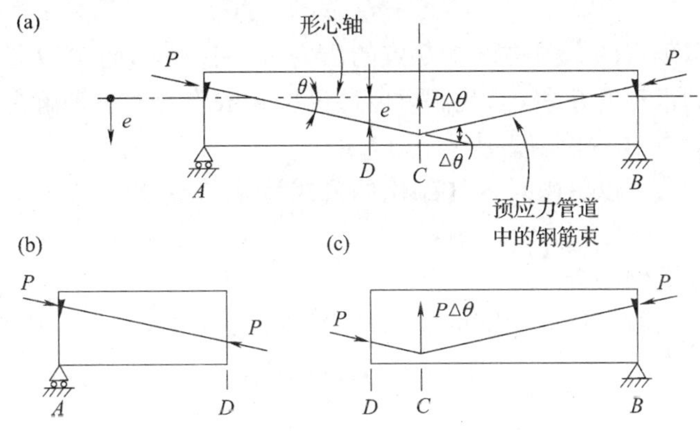

图 6.13　静定梁中由预加力引起的力

(a)以平衡力系描述预加力；(b)用自由体图表示截面 D 的应力合力。

图 6.13(a)所示的 3 个力表示一组处于平衡状态的力。在大多数实际情况中，中性轴与预应力筋之间的夹角 θ 很小，因此我们只需要考虑预应力的轴向分量 P 和垂直分量 $P\theta$。则 C 点的力等于 $P\Delta\theta$，这里 $\Delta\theta$ 表示斜率变化量的绝对值。

抛物线形的预应力筋会产生一个均匀的横向力，因此抛物线形的预应力筋适用于抵消自重和其他重力分布荷载的效应。附录 K 给出了实际结构中常用的预应力筋线形产生的力的大小和方向。图中所示的力表示预应力筋对构件其他部分的效应。由预应力筋产生的力必须组成一个平衡力系。

静定结构的预应力不会产生反力，可以知道任何截面内力的合力是一个沿预应力钢筋切线方向的力 P。这点可以从图 6.13(b)看出，图中的梁被分为两部分以表示任意截面 D 的内力。中性轴和预应力筋之间的纵坐标 e 表示弯矩坐标与其乘数 $-P$。轴力为 $-P$，剪力为 $-P\theta$。

上图中大致确定的内力称为自内力。超静定结构的预加力会产生反力，因此导致一个称为次内力的附加内力。反力也表示一个平衡力系。当结构为静定的时候，预应力钢筋任意截面的力与该截面其他成分应力的合力大小相等方向相反，因此总的应力合力等于零。而超静定结构的情况则不会如此[1]。

在分析预应力的效应时，没有必要将自内力和次内力分开。总的预应力效应可以直接通过以一个外部的自平衡力系表示来确定(见附录 K)。那么分析就可以通过常规方式以力法或者位移法来进行。

例 6.9　连续梁的后张拉

求图 6.14(a)所示的连续梁在预应力作用下的反力和弯矩图。梁每一跨的预应力束纵断面由两个二次抛物 ABC 和 DB 组成，并公切于 D(图 6.14(b))。抛物线在 B 和 C 与水平方向相切。假定预应力 P 为常数。

1　见第 4 章脚注 1。

图6.14(b)所示的轮廓线在实际中常用于连续梁的最后一跨。两抛物线在D点公切的条件可以避免斜率的突然变化,这种变化会使D点产生一个不利的横向集中荷载。在设计中,预应力筋线形的几何形状可以通过选择任意的α,c_A和c_B,然后确定β和c_D而得到:

$$\beta=\gamma\frac{c_D}{c_B-c_D}\text{和}\ c_D=c_A\frac{\beta^2}{\alpha^2}$$

这两个几何关系可以确定两个抛物线在D点的切线的斜率相同,而ACD是在C点的切线水平的抛物线。为了得到未知的β和c_D,我们可以通过反复试改的方法来解上面两个方程。必须注意到:$\alpha+\beta+\gamma=1$(牛顿-拉富生法)。

由钢筋束产生的力可以由附录K中给出的公式计算得出,并且在图6.14(c)梁的左半部分中标出。

用力法的5个步骤(4.6节)来确定超静定结构的反力:

步骤1　如图6.14(d)中的基本结构和坐标系。所需的反力为:

$$\{A\}=\{R_E,R_F,R_G\}$$

以向上的反力为正

步骤2　当图6.4(c)中的力作用在基本结构上时得到下面的位移(附录B):

$$D_1=2\frac{Phl}{24EI}\{24(0.1)^2[4-4(0.1)+(0.1)^2]$$
$$-4.73(0.9)^2[2-(0.9)^2]\}+2(0.36Ph)\frac{l}{3EI}=-0.068\frac{Phl}{EI}$$

所施加的力能够自平衡,因此这些力在基本结构中不产生反力,所以:

$$\{A_s\}=\{0\}$$

步骤3　由附录B得到的柔度系数为:

$$f_{11}=\frac{2l}{3EI}$$

单位赘余力$F_1=1$产生的反力如下:

$$[A_u]=\frac{1}{l}\begin{pmatrix}1\\-2\\1\end{pmatrix}$$

步骤4

$$f_{11}F_1=-D_1$$
$$F_1=-\left(\frac{2l}{3EI}\right)^{-1}\left(-0.068\frac{Phl}{EI}\right)=0.102Ph$$

步骤5　叠加方程得到所需的反力:

$$\{A\}=\{A_s\}+[A_u]\{F\}$$

$$\begin{Bmatrix}R_E\\R_F\\R_G\end{Bmatrix}=\{0\}+\frac{0.102Ph}{l}\begin{Bmatrix}1\\12\\1\end{Bmatrix}=\frac{Ph}{l}\begin{Bmatrix}0.102\\-0.203\\0.102\end{Bmatrix}$$

弯矩图绘在图6.14(e)中。EF跨任意截面的纵坐标可以表示为:

$$M=-Pe+0.102\frac{Phx}{l}$$

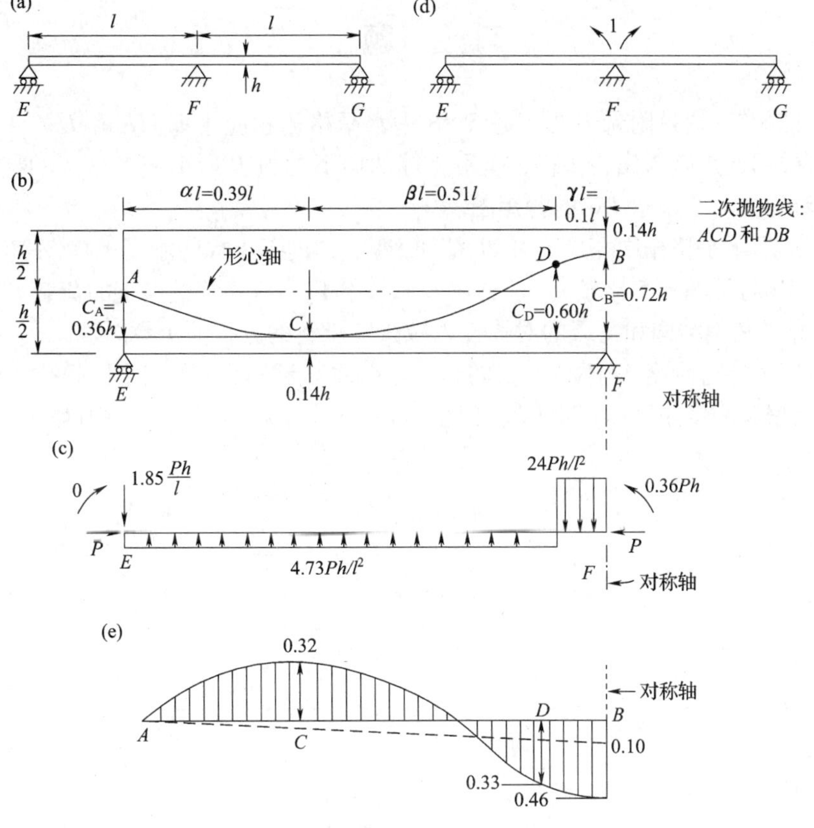

图 6.14　例 6.9 中连续梁预应力效应

(a)梁正面图;(b)半结构中预应力束轮廓;

(c)预应力引起的自平衡力;(d)基本结构和坐标系;(e)弯矩图。

式中　x 为 E 点到截面的水平距离;e 为中性轴到钢筋束的垂直距离,当钢筋束在中性轴下方时为正。根据本书所使用的符号规定,弯矩的纵坐标画在梁受拉一侧。图 6.14(e)中的虚线为预应力作用下的超静定弯矩,也称为次力矩。

6.12　小　　结

如果在形成矩阵时力和位移采用的坐标系相同,根据一个矩阵是另一个矩阵的逆这一事实,可以将刚度矩阵与柔度矩阵联系起来。然而,因为在位移法和力法分析中所选择的坐标系是不相同的,分析中所涉及的刚度矩阵与柔度矩阵之间的联系是无效的。

分析方法的选择取决于所考虑的问题,同时还取决于是否应用计算机。一般说来,位移法更适用于计算机程序设计。

本章所给的三维和二维框架中等截面杆件的刚度矩阵,对于运算标准化是有价值的。所讨论的其他一些特性在许多方面,包括第 14 章中所讨论的屈曲荷载的求算中,也很有用。

习　题

6.1　不考虑扭矩,通过附录 E 求习题 5.18 中水平格栅相应于 I,J,K 和 L 处 4 个向下坐标的刚度矩阵,并用此矩阵求出在 I 和 J 作用相等的向下的力 P 所引起各坐标的挠度。利用结构和荷载的对称性。绘出梁 DG 的弯矩图。

6.2　写出图示水平格栅中相应于 A,B,C 和 D4 点的向下坐标的刚度矩阵,不考虑扭矩作用,并应用附录 E(与习题 6.5 比较)。求出在 B 和 C 作用一对相等的向下的荷载 P 所引起梁 AD 和 BF 的弯矩。利用结构和荷载的对称性以减少需求解的方程的个数。

6.3　图中表示抗弯刚度 EI 不变的梁的 3 个坐标系。试写出相应于图(a)中的 4 个坐标的刚度矩阵。缩聚此刚度矩阵以得出相应于图(b)中 3 个坐标以及图(c)中两个坐标的刚度矩阵。

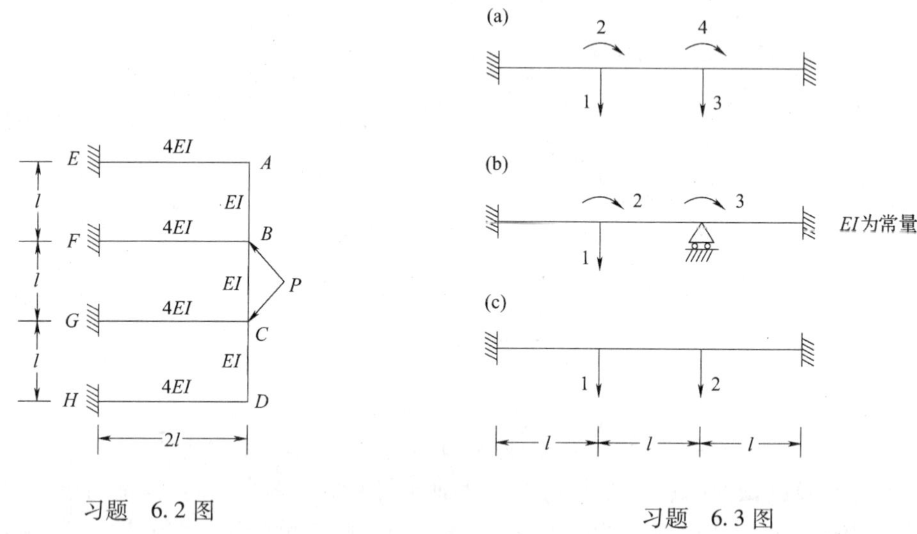

习题　6.2 图　　　　习题　6.3 图

6.4　按习题 4.3 的要求计算图中所示的杆件。

6.5　图中表示刚度为 $K_1=K_2=K_3=EI/l^3$ 的 3 个弹簧支座上的梁。利用附录 E,试推出相应于图中 3 个坐标的刚度矩阵。用此矩阵求出荷载 $\{F\}=\{3P,P,0\}$ 作用所引起 3 个坐标处的挠度。

6.6　如果习题 6.5 中任意两个弹簧支座的刚度为零,则其刚度矩阵变为奇异矩阵。试对此作证明并说明理由。

6.7　略去轴向变形,并利用附录 D,试写出图中框架相应于图(a)中 4 个坐标的刚度矩阵。缩聚此矩阵以求出相应于图(b)中各坐标的 2×2 刚度矩阵。

6.8　在习题 5.14 中,我们已推出门式框架的刚度矩阵 $[S]_{3\times3}$,试用此矩阵推出相应于图中所示单一坐标系的刚度系数 S_{11}^*。用矩阵 $[S]$ 的元素 S_{ij} 表示其答案。

6.9　试问使习题 4.7 中的结构失稳时的 P 值为多少(提示:写出以 P 表达的刚度矩阵,然后求出使其行列式为零时的 P 值)?

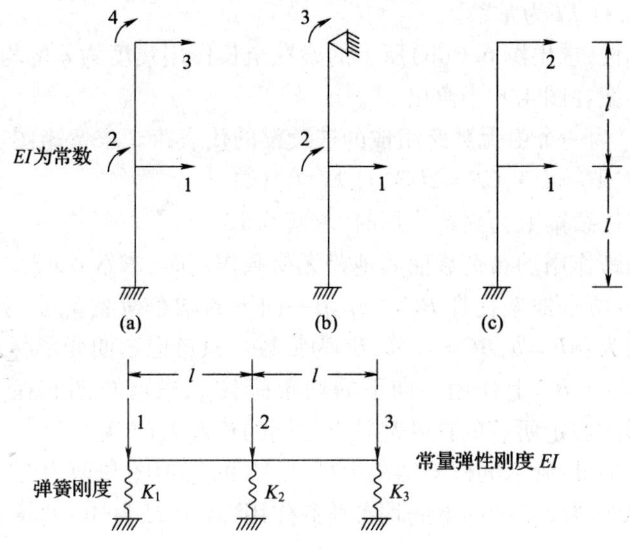

习题 6.5 图

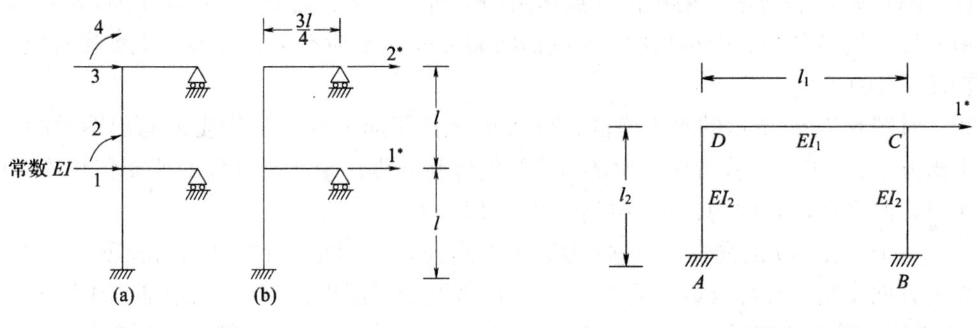

习题 6.7 图

习题 6.8 图

6.10 求出使图中体系失稳时 P 的最小值(以 Kl 表达)。杆 AB,BC 和 CD 均为刚性。见习题 4.7 和 6.9 中的提示。

6.11 如图 6.6(a),求出向下的集中力 P 作用在 BC 中点 E 时梁的弯矩图和剪力图。假

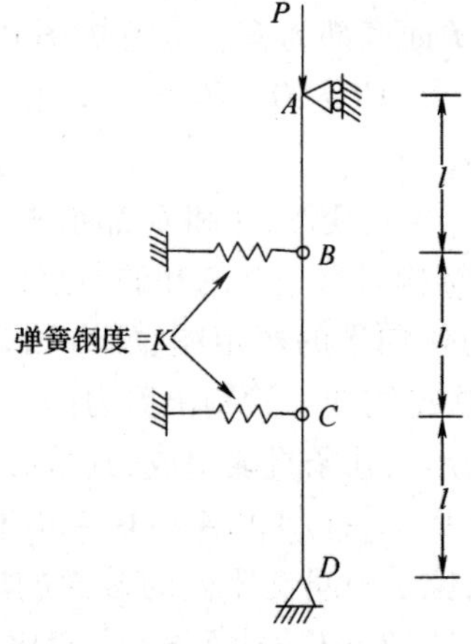

习题 6.10 图

定所有的跨长 l 相等，且 EI 为常数。

6.12　利用对称性，求出图 6.6(b)所示的梁在全长作用集度为 q 的均布荷载时 A，C 和 D 的弯矩。此问题的答案在图 4.8 中给出。

6.13　图 6.6(e)为一个由无数跨组成的连续梁的代表跨。求弯矩图、剪力图和反力。假定杆件长度为：$AB=l$，$AC=l/3$，$CB=2l/3$，且 EI 为常数。

6.14　当荷载在连续梁上为隔跨作用时，求解 6.13。

6.15　当荷载隔跨作用均布荷载而其他跨无荷载作用时，求解 6.13。

6.16　图 6.7(a)所示框架在杆 BC 上作用一向下的均布荷载 q，求弯矩图和 A 点的反力分量。假定杆件长度为：$AB=b$，$BC=1.5b$，EI 为常数。只考虑弯曲变形。

6.17　图 6.7(b)中，BF 上作用一向下的均布荷载 q，求弯矩图和在 A 和 C 处的反力分量。只考虑弯曲变形。假定所有的杆件都具有相同的长度 l，EI 为常数。

6.18　求出图 6.7(d)所示的框架结构中杆件 AB 的弯矩图和剪力图，忽略轴向变形。框架中 ACB 受一个总大小为 $2ql$ 的向下的均布荷载作用，其中 $2l$ 为 AC 的长度。假设 AB 与水平方向的夹角为 θ。

6.19　图 6.7(f)中的水平格栅在 C 点作用一个向下的集中力 P。写出图中所示的 5 个坐标的平衡方程。用参考答案中给出的$\{D\}$的值检验方程。令所有的杆件长度 l 和截面积都相等，且有 $GJ/EI=0.5$。

6.20　对图 6.7(g)所示的水平格栅，只在 DF 上作用向下的均布荷载 q，写出图示的 3 个坐标的平衡方程，并用参考答案中给出的$\{D\}$的值检验方程。令所有杆件的截面积相等，且有 $GJ/EI=0.5$。假设杆件长度为：$AB=BC=l$，$BE=EH=l/2$。

6.21　一个长度为 l 的简支梁，截面为宽为 b 高为 d 的矩形，温度升高沿长度方向不变，沿截面高度方向变化。杆件顶部升高的温度为 T，截面中间温度为零度，从顶部到中间呈线性变化，截面下半部分温度变化为零。确定在任意截面的应力分布，中性轴的长度变化以及跨中挠度。取弹性模量为 E，温度膨胀系数为 α。

6.22　如果习题 6.21 中的梁为两跨连续梁，且每跨长度为 l，一个支座为铰支座而另外两个为滑动支座。求在温度升高相同时的弯矩图、反力及中间支座处的应力分布。

6.23　图 6.7(a)中框架的 BC 杆，沿其长度方向上的温度升高不变，但沿其截面高度 d 方向上温度升高按线性变化，顶部为 T 而底部为零。求弯矩图和 A 处的反力分量。忽略轴力和剪力作用下的变形。假设杆件长度为：$AB=10d$，$BC=15d$，并且所有杆件为相同的矩形截面。截面惯性矩为 I，温度膨胀系数为 α。

提示：由于对称性和忽略轴力产生的变形，B 和 C 都水平向外平移，其大小为 $\alpha T(15d)/4$（BC 中性轴伸长量的一半）。因此结构只有一个未知的节点位移，即 B 或 C 的转角。

6.24　求出图示连续梁预应力作用下的弯矩图、反力和 AB 的跨中挠度。假设预应力 P 为常数，各跨预应力筋的线形为二次抛物线。绘制出剪力图。

6.25　假定预应力钢筋束的线形由几条直线组成，其偏心距分别为：

$\{e_A,e_E,e_B,e_F,e_C,e_G,e_D\}=h\{0,0.3,-0.4,0.4,-0.4,0.3,0\}$，解习题 6.24。

6.26　确定两跨的等跨连续梁位于中间支座处的截面的应力分布。梁的截面为矩形，温度升高 T，沿杆件截面高度 h 温度按式 $T=T_{顶}(0.5-\mu)^5$ 变化，其中 $T_{顶}$ 为顶部升高的温度，$\mu=y/h$，y 是从中性轴向下到任何纤维的距离。答案用 E，α，$T_{顶}$ 和 μ 表示，E 和 α 为材料的弹性

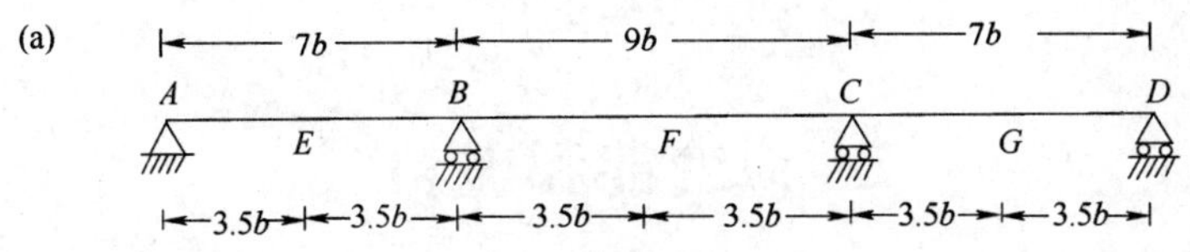

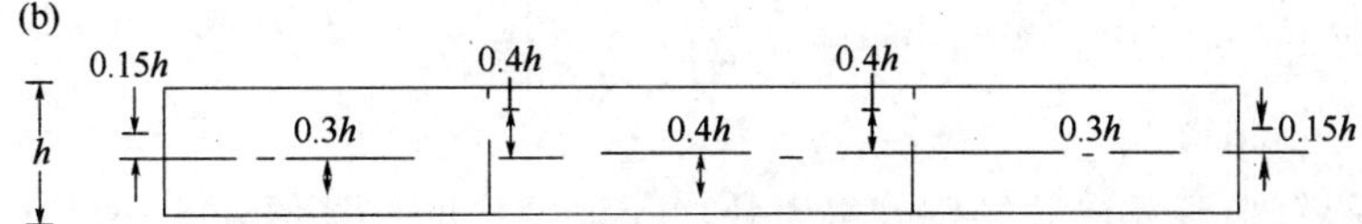

习题 6.24 图

模量和线膨胀系数。求出受拉最大的纤维的应力值。使用国际单位制，假设 $E=30$ GPa，$\alpha=10^{-5}/℃$，$T_{顶}=30$ ℃；或者使用英制单位，$E=4\ 300$ ksi，$\alpha=0.6\times10^{-5}$，$T_{顶}=50$ ℉。答案表明应力值将会达到或者超过混凝土的抗拉强度，因此会产生裂痕。

7 应变能和虚功

7.1 引 言

我们早已了解到,在超静定结构分析中必须知道结构的位移值。这一点在前两章中求由力所产生的位移以及由强加位移所引起的力的时候就已经用到。显然,结构的位移值也是设计中所关心的。事实上,有些情况中把设计荷载下的挠度值作为确定杆件尺寸的控制因素。

由于构件的材料服从虎克定律,在进行结构位移的计算时,需要知道构件的拉压弹性模量E(通常相等)以及剪切模量G值。当应力—应变关系为非线性时,必须给出由应力—应变、轴向力—拉伸量或力矩—弯曲来表达的力与位移相关联的表达式。在本书中我们主要讨论线性结构,这类结构是很常见的。

当只需要求出超静定线性结构的位移时,我们就只需要知道结构中所有横截面处的Ea,EI和GJ的相关值。对于结构所有的杆件,a为横截面面积,I为面积的二次矩,J为扭转常数,其量纲为(长度)^4。在实心或空心圆形杆的情况下,J等于其极惯性矩(对于其他横截面,见附录G)。

如果需要求位移的实际值,或需要对结构的支承沉降或温度变化效应进行分析时,则需要知道E或G的值,或二者的值都需要知道。对于有些材料的那些模量具有标准值,可以参照手册或由制造厂限制在一个适当的范围内,例如金属材料。若材料为混凝土,其弹性性能是材料本身许多变量及其周围条件的应变量;在钢筋混凝土中,钢筋的用量和种类也显然会影响到所有截面的组成成分。当构件发生开裂时,钢筋混凝土的刚度会明显降低。在这种情况下,很显然结构分析的精确度取决于截面组成以及E和G的假定值的可靠性。

有许多种方法可以用来确定结构的位移,其中最通用的是虚功法。当只需求结构少数几点处的位移时,虚功法是很适用的。然而,当需要求出整个结构的变形形状时,第10章所讨论的其他方法则更适用。

7.2 位移的几何形状

在大多数情况下,我们所研究的结构的挠度值与杆的长度相比是很小的,其角转动使节点处产生平动位移也是很小的。这种假设在如下情况是非常重要的,但是为能清楚地观察到位移,需要用较大的比例尺绘制。这样,变形结构中几何形状的失真也将会被放大。

考虑图7.1(a)的框架ABC,各杆件在B点处刚性联结。这就意味着即使杆AB和杆BC的位置、方向和形状发生了改变,在B点处BA和BC切线之间的角ABC也不会受荷载的影响。假设结构的位移很小,就使得各节点处水平位移值的求算得到简化。例如,假定我们要求出图7.1(a)中框架节点B和C由于A处在框架平面内的角位移θ(弧度)所引起移动结构的位置。节点B转动长度为$l_i\theta$的圆弧BB_1,在这里l_1为AB的长度。由于θ和BB_1的值都很小,可用垂直AB并与BB_1长度相同的直线段BB_2来代替弧BB_1。这样,杆AB仅发生了一个角位移，杆 BC 发生了一个平动位移和一转角位移。平动是指 C 点移动到 C_1 点处，使 $CC_1 = BB_2 = l_1\theta$。因为角 ABC 是不会改变的所以转角位移一定等于 θ，由其引起平动位移将为 $C_1C_2 = l_2\theta$，这里 l_2 为 BC 的长度。

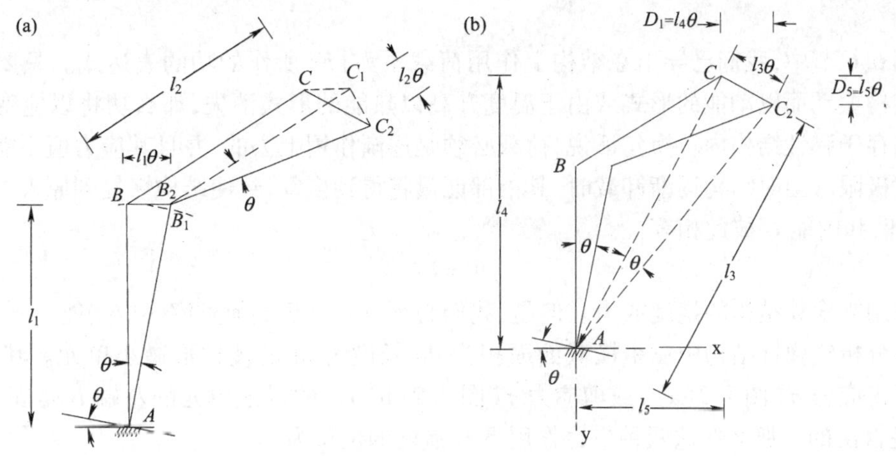

图 7.1 旋转一个微小角度引起的位移

节点 C 的全位移也可通过直接绘制出垂直于 A 和 C 的连线且长度为 $l_3\theta$ 的 CC_2 来确定（见图 7.1(b)）。换句话说就是：A 处的转动将引起整个框架发生类似于刚体的转动。如果框架中的各杆件均不发生弯曲变形，前面的结论是成立的。但是，即使它们发生弯曲变形，并且各杆件的轴线假设为一弯曲曲线，则由 A 处转动 θ 所引起节点 B 和 C 的平移值仍然可以按于上面相同方式来确定。

用沿正交轴方向的分量来表示位移往往是很方便的。从图 7.1(b) 我们可以看出位移 CC_2 的水平分量和竖直分量为：

$$D_1 = l_4\theta \qquad 和 \qquad D_2 = l_5\theta$$

式中 l_4 和 l_5 如图中所定义。两个方程也可写为：

$$D_x = -y\theta; D_y = x\theta \tag{7.1}$$

这里 D_x 和 D_y 分别是 x 和 y 方向的实际位移分量；x 和 y 是以转动中心 A 点处为原点的正交轴；θ 是按顺时针方向的转角（图 7.1(b)）。

前面所述，这种计算由 A 处转动 θ 所引起的位移的方法仅当 θ 值很小时才能成立。当存在轴向力作用时，A 处转动角度 θ 对 C 的位移的影响，仍然可以按 l_4 和 l_5 长度不变来代入上面所给表达式中来确定出。

由上面的讨论我们可以得出如下结论：在平面框架中，一截面处很小的角转动 θ 将引起任一其他截面 $l\theta$ 的相对位移，这时，l 为所分析的两截面的中心连线的原始长度。此位移为垂直于两点连线方向的平动。

因为各个位移值都很小，可以假定它们不引起结构几何形状发生严重的变形，因而，平衡方程可建于外力方向不变和各根杆件位置不变的基础之上。这在大多数结构中是属于合理的假定。但是在有些情况下，例如畸变结构的几何形状会发生明显的改变，因而此时再建立于结构原来几何形状之上的平衡条件就不再成立了。因此，即使材料的应力－应变关系是线性的，结构的变形也表现为非线性的特征。这意味着外荷载的相等增量将不总是使结构产生相等的位移增量,任何增加的位移都将取决于已作用的总荷载(见 24 章)。

7.3 应 变 能

在第 6.6 节中,我们已导出在结构上作用荷载系为 $\{F\}$ 所作的功的表达式。只要不存在功是由结构振动而以动能的形式或由于温度升高以热能的形式消失,那么功将以应变能的形式全部储存于弹性结构内。换句话说,荷载必须是逐渐作用上去的,并且其应力值不能超过材料的弹性极限。当对结构逐渐卸载时,其内部能量将得到恢复,致使结构恢复到原来形状。所以,外功 W 和内能 U 彼此相等:

$$W = U \tag{7.2}$$

此关系可用来求算结构的挠度或力。但是,我们必须首先分析如何求解内应变能。

现在分析线弹性结构中一个横截面面积为 da 长度为 dl 的棱柱形微小单元。其面积 da 可能承受正应力 σ(图 7.2(a))或剪应力 τ(图 7.2(b))。假设该单元的左端 B 是固定的,而右端 C 是自由的。那么在这两种应力作用下 C 点处的位移为:

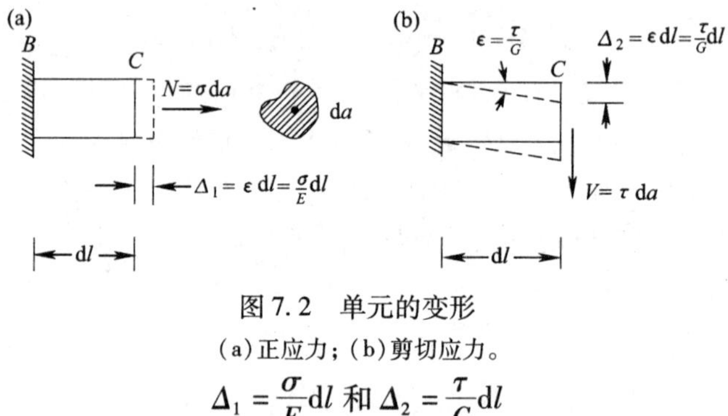

图 7.2 单元的变形

(a)正应力;(b)剪切应力。

$$\Delta_1 = \frac{\sigma}{E}\mathrm{d}l \text{ 和 } \Delta_2 = \frac{\tau}{G}\mathrm{d}l$$

式中 E 为拉压弹性模量,G 为剪切弹性模量。当在结构上逐渐作用能引起上面位移的力 σda 和 τda 的时候,这两个单元中所储存的能量为:

$$\mathrm{d}U_1 = \frac{1}{2}(\sigma\mathrm{d}a)\Delta_1 = \frac{1}{2}\frac{\sigma^2}{E}\mathrm{d}l\mathrm{d}a$$

$$\mathrm{d}U_2 = \frac{1}{2}(\tau\mathrm{d}a)\Delta_2 = \frac{1}{2}\frac{\sigma^2}{G}\mathrm{d}l\mathrm{d}a$$

采用 ε 作为应变的一般符号,则上面的方程可以表示为一般形式:

$$\mathrm{d}U = \frac{1}{2}\sigma\varepsilon\mathrm{d}v \tag{7.3}$$

式中 dv = dlda 为单元体积,σ 代表广义应力,即代表正应力或剪应力。

方程 7.3 中的应变 ε 可能是由于法向应力所引起,其值为 $\varepsilon = \sigma/E$;可能是由剪应力所引起,则 $\varepsilon = \tau/G$。G 与 E 可以由下式联系起来:

$$G = \frac{E}{2(1+\nu)} \tag{7.4}$$

式中,ν 为泊松比,因而由于剪应力引起的应变可以写成 $\varepsilon = 2(\tau/E)(1+\nu)$。

在任何体积为 dV 的弹性单元中,由于应变从 $\varepsilon = 0$ 变为 $\varepsilon = \varepsilon_f$ 时,其应变能的增加为:

$$dU = dv\int_0^{\varepsilon_f}\sigma d\varepsilon \qquad (7.5)$$

式中积分 $\int_0^{\varepsilon_f}\sigma d\varepsilon$ 称为应变能密度，等于材料应力—应变曲线在下面所围成的面积(图7.3(a))。如果材料服从虎克定律，则应力－应变曲线为一直线(图7.3(b))，应变能密变为 $\left(\frac{1}{2}\right)\sigma_f\varepsilon_f$。

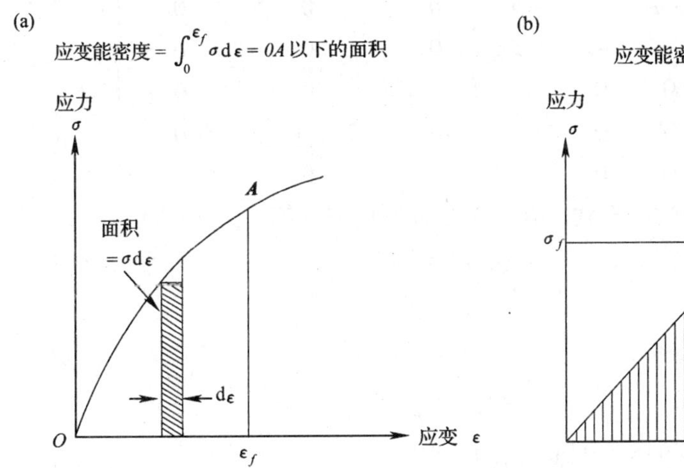

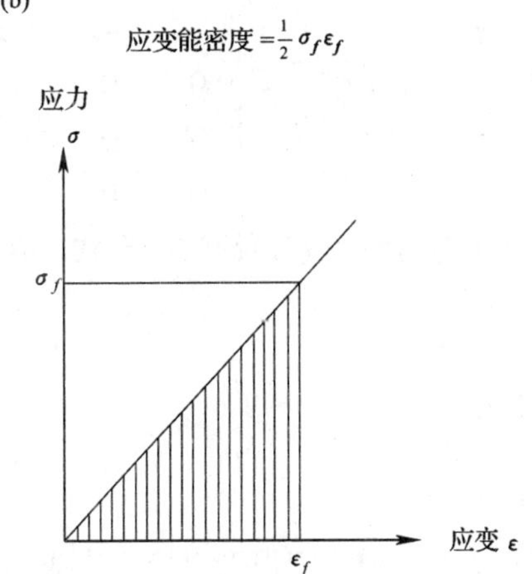

图7.3　应力—应变关系

(a)非线性;(b)线性。

任何结构可以考虑为由图7.4中所示承受法向应力 $\sigma_x,\sigma_y,\sigma_z$ 和剪应力 $\tau_{xy},\tau_{xz},\tau_{yz}$ 产生应变 $\varepsilon_x,\varepsilon_y,\varepsilon_z,\gamma_{xz}$，和 γ_{yz} 的微小单元组成。各应力和应变量的脚标 x,y 和 z 指的是直角坐标轴。于是，在线性结构中，总应变能为：

$$U = \frac{1}{2}\sum_{m=1}^{6}\int_V\sigma_m\varepsilon_m dV \qquad (7.6)$$

式中 m 是指应力和其相应应变的类型。这就意味着，其需要分别按每一种应力对结构的全部体积来进行积分。

在非线性结构中，相应于方程7.6的应变能方程可以通过对方程7.5按6个应力应变分量分别进行积分来求得：

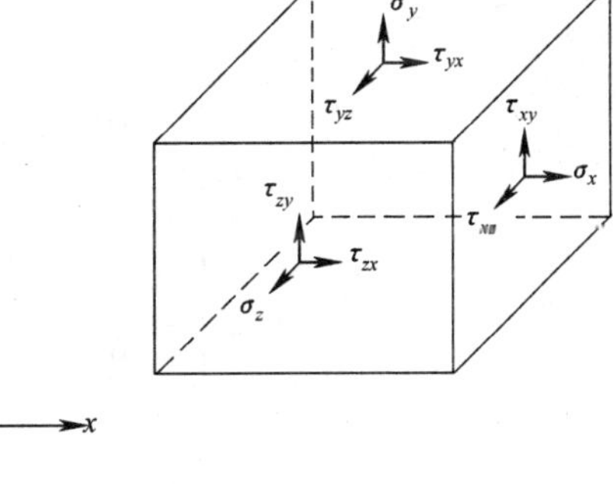

图7.4　单元应力分量(负面的应力是反方向)

$$U = \sum_{m=1}^{6}\int_{uv}\int_0^{\varepsilon_{fm}}\sigma_m d\varepsilon_m dV \qquad (7.7)$$

式中 ε_{fm} 是为每一应变分量的最终值。

对于线性材料，仅当应力垂直一个平面作用时，表达式 $\varepsilon=(\sigma/E)$ 才是适用的。一般情况下，当有6种应力作用时(图7.4)，对于各向同性且服从虎克定律且的材料，其应力—应变关系式可按矩阵形式写成：

$$\{\varepsilon\} = [e]\{\sigma\} \qquad (7.8)$$

式中$\{\varepsilon\}$为6种应变的列向量,即:

$$\{\varepsilon\}=\{\varepsilon_x,\varepsilon_y,\varepsilon_z,\gamma_{xy},\gamma_{xz},\gamma_{yz}\} \tag{7.9}$$

$\{\sigma\}$为应力向量,即

$$\{\sigma\}=\{\sigma_x,\sigma_y,\sigma_z,\tau_{xy},\tau_{xz},\tau_{yz}\} \tag{7.10}$$

$[e]$为用来表示单元柔度的对称矩阵:

$$[e]=\frac{1}{E}\begin{bmatrix} 1 & -\nu & -\nu & 0 & 0 & 0 \\ -\nu & 1 & -\nu & 0 & 0 & 0 \\ -\nu & -\nu & 1 & 0 & 0 & 0 \\ 0 & 0 & 0 & 2(1+\nu) & 0 & 0 \\ 0 & 0 & 0 & 0 & 2(1+\nu) & 0 \\ 0 & 0 & 0 & 0 & 0 & 2(1+\nu) \end{bmatrix} \tag{7.11}$$

式7.8是弹性方程最简洁的形式。在式7.8种所代表的第一个方程为:

$$\varepsilon_x=\frac{\sigma_x}{E}-\frac{\nu(\sigma_y+\sigma_z)}{E}$$

同样,第四个式为

$$\gamma_{xy}=\tau_{xy}\frac{2(1+\nu)}{E}$$

对式7.8求逆我们得到以应变来表达应力:

$$\{\sigma\}=[d]\{\varepsilon\} \tag{7.12}$$

式中$[d]=[e]^{-1}$是一个对称方阵,表示单元的刚度。

$$[d]=\frac{E}{(1+\nu)(1-2\nu)}\begin{bmatrix} (1-\nu) & \nu & \nu & 0 & 0 & 0 \\ \nu & (1-\nu) & \nu & 0 & 0 & 0 \\ \nu & \nu & (1-\nu) & 0 & 0 & 0 \\ 0 & 0 & 0 & \frac{(1-2\nu)}{2} & 0 & 0 \\ 0 & 0 & 0 & 0 & \frac{(1-2\nu)}{2} & 0 \\ 0 & 0 & 0 & 0 & 0 & \frac{(1-2\nu)}{2} \end{bmatrix} \tag{7.13}$$

使用式7.9和式7.10的记法,式7.6也可以写成矩阵形式:

$$U=\frac{1}{2}\int_V\{\sigma\}^{\mathrm{T}}\{\varepsilon\}\mathrm{d}V \tag{7.14}$$

或

$$U=\frac{1}{2}\int_V\{\varepsilon\}^{\mathrm{T}}\{\sigma\}\mathrm{d}V \tag{7.15}$$

将式7.8或式7.12代入方程7.14和7.15,分别得到:

$$U=\frac{1}{2}\int_V\{\sigma\}^{\mathrm{T}}[e]\{\sigma\}\mathrm{d}V \tag{7.16}$$

和

$$U = \frac{1}{2}\int_V \{\varepsilon\}^{\mathrm{T}}[d]\{\varepsilon\}\mathrm{d}V \tag{7.17}$$

这些方程一般适用于任何一种线性弹性结构。然而,在框架结构中,不同类型应力的作用所产生的应变能最好按下面将讨论的方分别进行计算。

7.3.1　轴向力产生的应变能

取横截面面积为 a,长度为 l,承受轴向力为 N 的杆件的微分段 $\mathrm{d}l$ 来分析(图 7.5(a))。其所受法向应力为 $\sigma = N/a$,应变为 $\varepsilon = N/Ea$,没有剪切。根据方程 7.3,总应变能为:

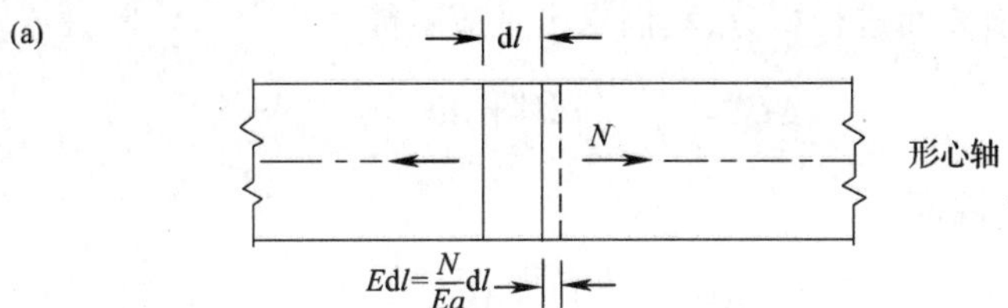

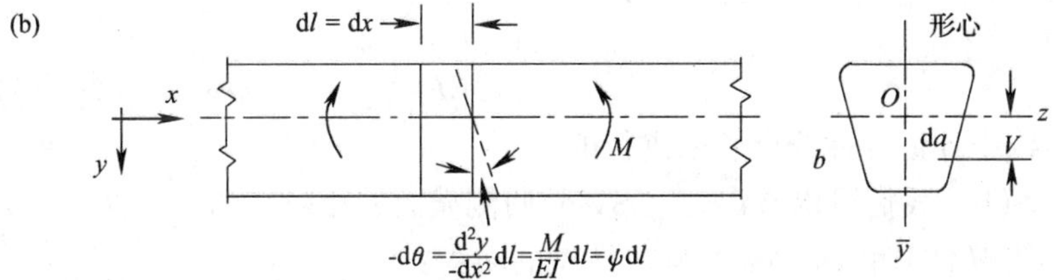

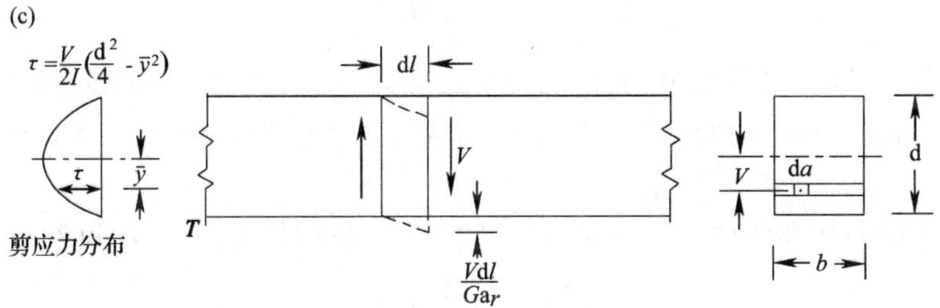

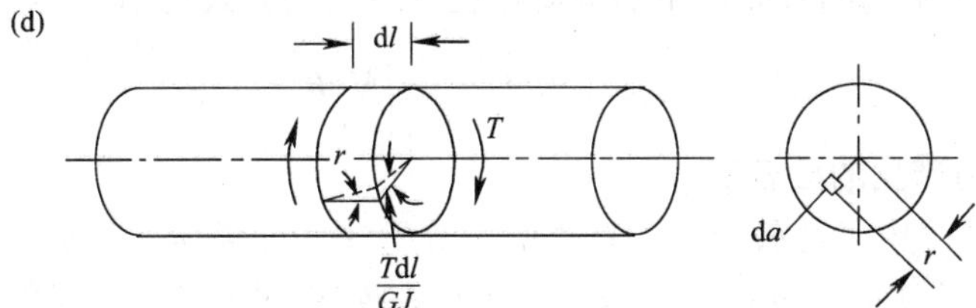

图 7.5　内力引起变形

(a)轴力;(b)弯矩;(c)剪力;(d)扭矩。

$$U = \frac{1}{2}\int_l \frac{N^2}{Ea}\mathrm{d}l \tag{7.18}$$

对于棱柱形杆件,上式可简化成为:

$$U = \frac{1}{2}\frac{N^2 l}{Ea} \tag{7.19}$$

7.3.2　弯矩产生的应变能

分析一承受绕 z 轴的弯矩 M 的杆件的一个微分段 $\mathrm{d}l$（如图 7.5(b)）。在至 z 轴距离 $\bar{y}$ 处单元 $\mathrm{d}a$ 上的法向应力为 $\sigma = M\bar{y}/I$，式中 I 为面积对 z 轴的二次矩。相应的应变为 $\varepsilon = \sigma/E = M\bar{y}/EI$。根据式 7.3，单元的应变能为：

$$\mathrm{d}U = \frac{1}{2}\frac{M^2\bar{y}^2}{EI^2}\mathrm{d}V = \frac{1}{2}\frac{M^2\bar{y}^2}{EI^2}\mathrm{d}a\mathrm{d}l$$

对杆件微分段 $\mathrm{d}l$ 的整个横截面进行积分，我们求出其应变能为：

$$\Delta U = \frac{1}{2}\frac{M^2}{EI^2}\mathrm{d}l\int_a \bar{y}^2\mathrm{d}a$$

上面方程中的积分等于 I，因而

$$\Delta U = \frac{1}{2}\int\frac{M^2}{EI}\mathrm{d}l \tag{7.20}$$

所以，整个结构因弯曲所产生的应变能为：

$$\Delta U = \frac{1}{2}\frac{M^2\mathrm{d}l}{EI} \tag{7.21}$$

其积分是按结构中各根杆件的全长来进行的。

参见图 7.5(b)，我们可以看出，微分段 $\mathrm{d}l$ 两侧截面的相对转角为 $-\mathrm{d}\theta = -\mathrm{d}^2y/\mathrm{d}x^2$ 式中 y 为下挠度。力偶 M 使其转动 $-\mathrm{d}\theta$ 角度时所做的功为：

$$\Delta W = -\frac{1}{2}M\mathrm{d}\theta \tag{7.22}$$

此方程中包括负号，因为正弯矩 M（底部纤维受拉应力）使梁的弯曲轴线的斜率 $\theta = \mathrm{d}y/\mathrm{d}x$ 减小。微分段 $\mathrm{d}x$ 右端处与左端处受弯梁的轴线切线斜率之差为 $-\mathrm{d}\theta = -(\mathrm{d}^2y/\mathrm{d}x^2)\mathrm{d}l = \psi\mathrm{d}l$；$\psi$ 是曲率。

由于杆段上的内功和外功彼此相等，即 $\Delta W = \Delta U$。我们从方程 7.20 和 7.22 求出：

$$\mathrm{d}\theta = -\frac{M}{EI}\mathrm{d}l \tag{7.23}$$

代入式 7.21，整个结构因弯曲产生的应变能也可按下列方式得出。

$$U = -\frac{1}{2}\int M\mathrm{d}\theta \tag{7.24}$$

7.3.3　剪力产生的应变能

分析图 7.5(c) 中承受剪力 V 的杆件的微分段 $\mathrm{d}l$。如果所产生的剪应力为 τ，那么在面积为 $\mathrm{d}a$ 的单元中，剪切应变可按 τ/G 得出。于是杆件微分段 $\mathrm{d}l$ 的应变能为（由方程 7.3 得）：

$$\Delta U = \frac{1}{2}\int\frac{\tau^2}{G}\mathrm{d}l\mathrm{d}a \tag{7.25}$$

其积分是对整个截面进行的。对于构件上的任一截面，距 z 轴距离为 $\bar{y}$ 处的剪应力是：

$$\tau = \frac{VQ}{Ib} \tag{7.26}$$

式中 I 为面积关于 z 轴的二次矩；b 为所分析面积处的截面宽度；Q 为位于分析位置以下部分的面积的一次矩。

将式 7.26 代入方程 7.25，注意 $da = bd\bar{y}$。我们可得：

$$\Delta U = \frac{1}{2}\frac{V^2}{Ga_r}dl \tag{7.27}$$

式中

$$a_r = I^2\left(\int \frac{Q^2}{b^2}da\right)^{-1} \tag{7.28}$$

从式 7.27 我们可以写出由于剪力使整个结构所产生的应变能为：

$$U = \frac{1}{2}\int \frac{V^2}{Ga_r}dl \tag{7.29}$$

式中是对结构中每一根杆的全长来进行积分的。

分项 a_r 为折算面积，单位为（长度）^{2}。其能够表示为 $a_r = a/\beta$，式中 a 为截面的真实面积，β 为与截面几何形状相关的系数，其值大于 1。对于矩形截面 β 取 1.2；对于圆形截面 β 取 10/9。对于压轧制的 I 形截面钢材，$a_r \cong$ 腹板面积。对于薄壁圆环形的截面 $a_r \cong a/2$。对于承受竖向剪力的薄壁矩形截面，$a_r \cong$ 两个竖边的面积之和。

我们来验证一下图 7.5（c）中宽为 b 高为 d 的矩形截面的 a_r 值。截面任意点处的 Q 值为：

$$Q = \frac{1}{2}\left(\frac{d^2}{4} - \bar{y}^2\right) \tag{7.30}$$

可见，剪应力为抛物线形分布（图 7.5（c））。将上面的方程代入方程 7.28，其中 $I = bd^3/12$ 和 $da = bd\bar{y}$，并且 $a_r = 5bd/6 = a/1.2$，计算从 $\bar{y} = -d/2$ 到 $d/2$ 的积分。

7.3.4 扭矩产生的应变能

图 7.5（d）表示承受扭矩 T 的圆形杆杆段 dl。在离中心为 r 的任一点处的剪应力为 $\tau = (Tr/J)$ 式中 J 为极惯性矩。其相应应变 $\varepsilon = (\tau/G)$。由方程 7.3 可得杆段 dl 中的应变能为：

$$\Delta U = \frac{1}{2}\int \frac{T^2r^2}{GJ^2}da\,dl = \frac{1}{2}\frac{T^2dl}{GJ^2}\int r^2da$$

积分 $\int r^2 da = J$ 为极惯性矩，所以 $\Delta U = \frac{1}{2}\left(\frac{T^2dl}{GJ}\right)$。这样，由于扭矩使整个结构产生应变能为：

$$U = \frac{1}{2}\int \frac{T^2dl}{GJ} \tag{7.31}$$

此方程可以用于非圆形横截面杆。但是，当 J 为扭转常数［量纳为（长度）^{4}］时，取决于横截面的形状。有一些结构截面 J 的表达式已给于附录 G 中。

7.3.5 总应变能

当结构同时存在上面所讨论的 4 种内力时，将式 7.18、7.21、7.29 和 7.31 所得的能量值相加起来，得出总的应变能：

$$U = \frac{1}{2}\int \frac{N^2dl}{Ea} + \frac{1}{2}\int \frac{M^2dl}{EZ} + \frac{1}{2}\int \frac{V^2dl}{Ga_r} + \frac{1}{2}\int \frac{T^2dl}{GJ} \tag{7.32}$$

式中各个积分均沿结构中每一根杆的全长来进行。我们应注意：每一个积分包括作用于杆段 dl 上的内力 N,M,V 或 T 与杆段 dl 两端横截面处的相对位移的乘积。这些位移为 $Ndl/(Ea)$，$Mdl/(EI)$，$Vdl/(Ga_r)$ 和 $Tdl/(GJ)$（见图 7.5）。

7.4　余能和余功

正如应变能那样余能的概念也是通用的,它可以用于任何一种结构中。在这里仅对只受轴力的桁架杆的余能进行研究。假设 e 和 e_t 为轴向拉力 N 以及其他外界变化(如温度、收缩等)分别引起杆的伸长量,令 $\Delta = e_t + e$。进一步假设拉力 N 与拉伸 Δ 之间的关系如图 7.6 所示。于是,对于逐渐增加直至达到最后值 N_f 的力对杆件所引起最终拉伸为 e_f。因而 $\Delta_f = e_t + e_f$,应变能为 $U = \int_0^{e_f} N\mathrm{d}e$ 它等于图 7.6 中的水平阴影线面积。

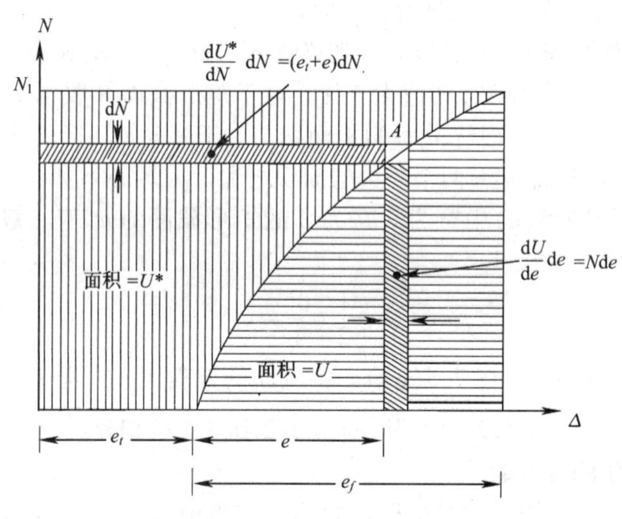

图 7.6　力—伸长量的关系

现在,我们可以用下式定义余能为:

$$U^* = \int_0^{N_f} \Delta \mathrm{d}N \tag{7.33}$$

或

$$U^* = N_f e_t + \int_0^{N_f} e\mathrm{d}N \tag{7.34}$$

其为图 7.6 中的竖直阴影部分面积。余能是没有实际的物理意义,引用余能的概念仅仅是因为这样能使结构分析变得更加方便。

从图 7.6 中显然看出余能与应变能之和等于矩形的面积 $N_f(e_t + e_f) = U + U^*$。

从图 7.6 还可以得出:如果伸长量从 e 增加到 $(e + \mathrm{d}e)$[,那么 U 的增加值为 $N\mathrm{d}e$。因而

$$\frac{\mathrm{d}U}{\mathrm{d}e} = N \tag{7.35}$$

U^* 相应于 N 的导数等于伸长量 Δ。即

$$\frac{\mathrm{d}U^*}{\mathrm{d}N} = e_t + e = \Delta \tag{7.36}$$

如果应力—应变图(σ—ε)类似于图 7.6 中所绘出的,那么曲线左边面积就为余能密度。任何结构中的余能可用于 σ 和 ε 表示为:

$$U^* = \sum_{m=1}^{6} \int_V \int_0^{\sigma_{fm}} \varepsilon_m \mathrm{d}\sigma_m \mathrm{d}V \tag{7.37}$$

这里的 m 与方程 7.9 和 7.10 中所定义的 6 种应力和应变是相关的。

如果已经绘出力—位移图(类似于图 7.6 中的力—拉伸量图)，那么曲线左边面积定义为余功 W^*。因而

$$W^* = \int_0^{F_f} D\mathrm{d}F \tag{7.38}$$

式中 F_f 为力 F 的最终值，$D = \mathrm{d}_t + \mathrm{d}$ 为总位移，d 为由于力 F 引起的位移，d_t 为由于外界影响(如温度、收缩等)引起的位移。

如果力系 $F_1, F_2, \cdots, F_n$ 逐渐地作用到结构上，而且在这些力位置和方向上由于各力和其他外界影响引起的总位移分别为 $D_1, D_2, \cdots, D_n$，那么余功为：

$$W^* = \sum_{i=1}^{n} \int_0^{F_{if}} D_i \mathrm{d}F_i \tag{7.39}$$

式中 F_{if} 为 F_i 的最终值。

如果力的值仅从 F_j 最终增加到$(F_j + \partial F_j)$，那么 W^* 增加了 $D_j \partial F_j$。所以

$$\frac{\partial W^*}{\partial F_j} = D_j \tag{7.40}$$

式中 D_j 表示在第 j 个力方向上位移的最终值。在这里以及下面的表达式中，将省略表示最终值的下标 f。所有的符号，例如 NF 和 D 都将表示力或位移的最终值。

类似于式 7.2，余功和余能也是相等的：

$$W^* = U^* \tag{7.41}$$

上面的力系 $\{F\}$ 和位移组 $\{D\}$ 可以作为实际力和实际位移。如果施加实际力之前结构已经受到作用，那么在任意坐标 j 处的虚力 Q_j 会产生额外的虚功 $Q_j D_j$。这里 D_j 是力系 $\{F\}$ 在坐标 j 处产生的实际位移。在下面的章节会进一步讨论虚功的概念。

如果所有杆的伸长量 $\{\Delta\}$ 已知，那么我们可利用方程 7.40 算出由 m 个杆组成的线性或非线性桁架在任意坐标处的位移 D_j。伸长量可能是温度变化，收缩等引起的各种外力造成的。

如果在体系中施加一个力 ∂F_j，那么 W^* 和 U^* 将增加

$$\frac{\partial W^*}{\partial F_j} = \frac{\partial U^*}{\partial F_j} \tag{7.42}$$

桁架的余能 U^* 等于每根杆的余能值 U_i^* 的和(每根的余能由方程 7.33 得出)。因此，我们可写为：

$$\frac{\partial U^*}{\partial F_j} = \sum_{i=1}^{m} \frac{\partial W^*}{\partial N_i} \frac{\partial N_i}{\partial F_j} \tag{7.43}$$

在式 7.42 中代入式 7.36 和 7.40 得

$$D_j = \sum_{i=1}^{m} \frac{\partial N_i}{\partial F_j} \Delta_i \tag{7.44}$$

设 $N_{uij} = \dfrac{\partial N_i}{\partial F_j}$，式 7.44 就写成：

$$D_j = \sum_{i=1}^{m} N_{uij} \Delta_i \tag{7.45}$$

当桁架为线弹性的且轴力只是由外荷载引起的(没有温度和收缩等的),$\Delta_i=(Nl/Ea)_i$,则式7.45变为:

$$D_j=\sum_{i=1}^{m}N_{uij}\left(\frac{Nl}{Ea}\right)_i \tag{7.45a}$$

式中lE和a分别为长度、弹性模量和横截面积。

7.5 虚功原理

虚功原理把线性或非线性结构中处于平衡的力系与其相容的位移系联系起来。原理的名称是这样得出来的:将虚构的(虚的)处于平衡的力系或微小的虚位移系作用于结构上,分别与实际位移或实际力联系起来。可以应用任何虚力系或虚位移系,但是虚力平衡条件或虚位移协调性必须得到满足。这意味着各虚位移在几何上可以是任何可能发生的无穷小的位移。在结构边界内它们必定是连续的,并且必须满足边界条件。如果适当选择虚力或虚位移,虚功原理可以用于计算结构的位移或力。

让我们考虑由于外作用力和温度变化或收缩等外界原因引起变形的结构。令任一点处实际总应变为ε,在所选择n个坐标处的相应(实际的)位移为$D_1,D_2,\cdots,D_n$。现在假定在引进这些实际荷载和实际变形之前,结构的坐标$1,2,\cdots,n$处承受了引起任一点处应力σ的虚力系$F_1,F_2,\cdots,F_n$。该虚力系处于平衡,但不需要相当于实际位移$\{D\}$。虚功原理叙述为实际位移与相应虚力的乘积(它为虚余功)等于实际内位移与相应虚内力之乘积(它为虚余能)。这样虚余功=虚余能,可以由一般形式表达:

$$\sum_{i=1}^{n}F_iD_i=\int_V\{\sigma\}^{\mathrm{T}}\{\varepsilon\}\mathrm{d}V \tag{7.46}$$

式中σ为相当于虚力F应力,ε为与真实位移$\{D\}$一致的真实应变。积分是对结构整个体积进行,求和号是对所有虚力$\{F\}$来进行。式7.46可以表述为:虚外力的余功值与虚内力沿真实位移运动的余能值相等。换句话说,

$$\sum_{i=1}^{n}(i\text{处的虚力})(i\text{处的实际位移})=\int_V(\text{虚内力})(\text{实际内位移})\mathrm{d}V$$

在第7.6节中,将这种形式的虚功原理用于从实际内功引起的应变为已知的情况下,来计算结构任一处的位移。这个原理也可以用于从内力确定结构某一处的外力。在第二种情况下,假设结构得到与任一点处的虚应变相一致的虚位移$\{D\}$,则实际外力$\{F\}$与虚位移$\{D\}$的乘积等于实际内力与同$\{D\}$一致的虚内位移的乘积。这种关系可以写为:

虚功=虚应变能

它也可由式7.46表达为:

$$\sum_{i=1}^{n}F_iD_i=\int_V\{\sigma\}^{\mathrm{T}}\{\varepsilon\}\mathrm{d}V$$

但是σ为相应于实际力$\{F\}$的实际应力,ε为与虚位移$\{D\}$一致的虚应变。在此情况下,式7.46可以表述为:当真实力沿虚位移运动时的外虚功与内虚功相同。这同一方程可以用文字写出如下:

$$\sum_{i=1}^{n}(i\text{处的实际力})(i\text{处的虚位移})=\int_V(\text{真实内力})(\text{虚内位移})\mathrm{d}V$$

当用虚功原理计算某一位移(或一力)时,其虚荷载(或虚位移)可按这样的方式来选择式7.46的右边直接给出所求的量。这分别由求算位移和力的所谓单位荷载定理或单位位移定理来完成。

相应的,对于在图5.4(a)和(b)中的实际力和虚位移,式5.9是式7.46的应用。这时,由于虚应变为0,方程7.46右边为0;在图5.4(b)中杆做刚体转动或/和平移。

7.6　单位荷载定理和单位位移定理

当虚功原理用于计算坐标j处的位移D_j时,虚力系$\{F\}$选择为仅由坐标j处一单位力组成。式7.46成为:

$$1 \times D_j = \int_V \{\sigma_{uj}\}^{\mathrm{T}} \{\varepsilon\} \mathrm{d}V$$

或

$$D_j = \int_V \{\sigma_{uj}\}^{\mathrm{T}} \{\varepsilon\} \mathrm{d}V \tag{7.47}$$

式中σ_{uj}为相应于j处单位虚力的虚应力,ε为由于实际荷载所引起的真实应变。此方程即为通常所说的单位荷载定理,它是后面对线性弹性框架结构所提出的式8.4的一般形式(不受线性的限制)。

我们应看到:当虚功原理用于单位荷载定理时达到将一个实际几何问题转化为一个虚构平衡问题。这样的好处将参见第7.7节中各例题来考察。

如果真实应力或内力的分布为已知,那么虚功原理也可用于确定坐标j处的力。假设结构坐标j处有一虚位移D_j但在所有其他力作用点处的位移保持不变,现在需要相应的内位移。真实力沿虚位移运动时的外虚功与内虚功相同。我们可从方程7.46写出:

$$F_j \times D_j = \int_V \{\sigma\}^{\mathrm{T}} \{\varepsilon\} \mathrm{d}V \tag{7.48}$$

这样,$\{\sigma\}$为由真实加载引起的真实应力分量;$\{\varepsilon\}$为与虚位移形状一致的虚应变分量。

在线性弹性结构中,任一点处应变分量ε正比于j处位移值,因而

$$\varepsilon = \varepsilon_{uj} D_j \tag{7.49}$$

式中σ_{uj}为与j处发生单位位移相一致的应变。这里在其他各力作用点处没有别的位移。方程7.48成为:

$$F_j = \int_V \{\sigma\}^{\mathrm{T}} \{\varepsilon_{uj}\} \mathrm{d}V \tag{7.50}$$

此方程称为单位位移定理。

由于式7.49的限制,单位位移定理仅对线弹性结构成立。对于单位荷载定理则没有这样的限制。因为即使材料不服从虎克定律但总是可能求出处于平衡状态下的静定虚力系,该静定虚力系将导致虚外力与虚内力之间的线性关系。

单位位移定理是有限单元法求算结构单元刚度特性的基础(见第17章)。在有限单元法中,将一个连续结构(例如一块板或一个三维物体)理想化为具有虚构边界的单元(例如三角形或四面体)。在求单元刚度的过程中,先假设出该单元内应力或位移的分布,然后,应用单位位移定理确定在相应单元上的指定坐标处发生单位位移所产生的力。

虽然单位位移定理仅适用于线弹性结构，但是它也可以用于那些引入一系列线性分析来进行重复修正的非线性有限元的分析。

7.7 虚功变换

从上面讨论中得知虚功原理可用于将一个实际的几何问题变为一个虚构的平衡问题，或将一个实际的平衡问题变为一个虚构的几何问题。

第一种变换可参照图 7.7 中由 m 个铰接杆所组成的平面桁架，其不仅承受外作用力$\{P\}$还作用着某些杆件温度改变 T 度引起的荷载。我们若要求出坐标 j 处的位移，用静力学方程可以确定任一杆中的力 N_i，从而可以计算出结构总的伸长量 $\Delta_i=\alpha T_i l_i+N_i l_i/(Ea_i)$。式中 α 为热膨胀系数，l_i 和 a_i 分别为杆的长度和横截面积。

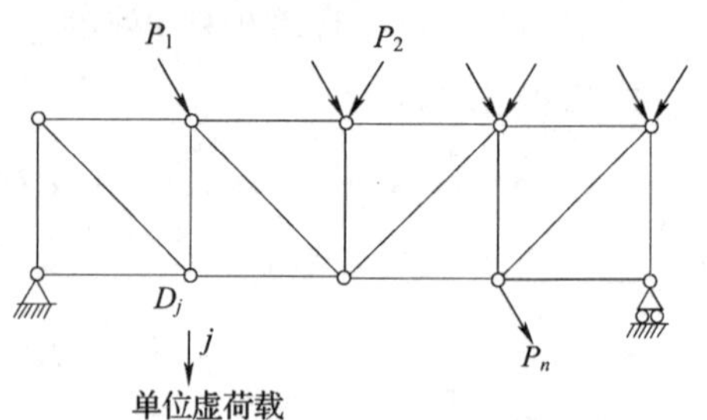

图 7.7 应用单位荷载定理确定平面桁架 j 向位移

一旦所有杆件的伸长量确定以后，各个节点的位移均可单独从几何的方法来求出。例如图解法，但是这种方法比较费力，自然也是不适用于计算机操作。借单位荷载定理可以将实际的几何问题变换为虚构的平衡问题，虚构平衡问题是比较易于求解的。该方法是在 j 点处作用一个单位虚荷载而在任一杆 i 中引起虚内力为 N_{uij}。在这种情况中虚功方程 7.47 可以以下列形式：

$$D_j = \sum_{i=1}^{m} N_{uij}\Delta_i \tag{7.51}$$

或以矩阵形式：

$$D_j=\{N_u\}_j^{\mathrm{T}}\{\Delta\} \tag{7.52}$$

式中$\{N_u\}_j=\{N_{u1j},N_{u2j},L\ N_{umj}\}$，$\{\Delta\}=\{\Delta_1,\Delta_2,\cdots,\Delta_m\}$。式 7.51 和已经在第 7.4 节中证明过的式 7.45 相同。

关于第二种变换，考虑图 7.8(a) 中所示的桥梁结构，这里需要确定反力分量 A_j 的变化。例如确定当一竖直荷载 P 沿桥面从 F 移动至 G 时，E 处的水平反力。我们将使坐标 j 处发生一个单位虚位移，并绘出框架的相应变形形状，如图 7.8(b) 所示。在绘制此图时，我们应注意 C 沿垂直 AC 方向移动至 C'，节点 C 的位移图示于图 7.8(c) 中。显然，在此静定结构中，框架的各根杆件将如刚体那样不发生应变地移动到它们的新的位置上。FG 的竖直位移以较大的比例重绘于图 7.8(d) 中。

现在考虑任一位置 i 处作用单位竖向力 P(图 7.8(a)) 与 A 处和 E 处反力分量处于平衡状态(包括 A_j)。将虚功原理(式 7.46)用于图 7.8(a) 中的真实力系和图 7.8(b) 中的虚位移，我们得到：

$$A_j\times 1-P\eta_i=0 \tag{7.53}$$

式中的 η_i 是指 i 处的位移。

通过注意到仅 A_j 和 P 做功，因为沿其余反力方向的位移均为零。该方程的右边为零容易校核，因为虚位移不引起应变。具体地说：方程 7.53 的右边为 $\int_V\{\sigma\}^{\mathrm{T}}\{\varepsilon_{uj}\}\mathrm{d}V$，其中$\{\varepsilon_{uj}\}$为相应于 j 处发生单位虚位移引起的应变，$\{\sigma\}$为实际结构由于真实荷载引起的应力，即由于在 i

处所作用荷载 P 引起的应力。即使结构是为静不定结构这个积分也为零。例如，倘若 A 和 C 处的铰接点用刚性节点代替。

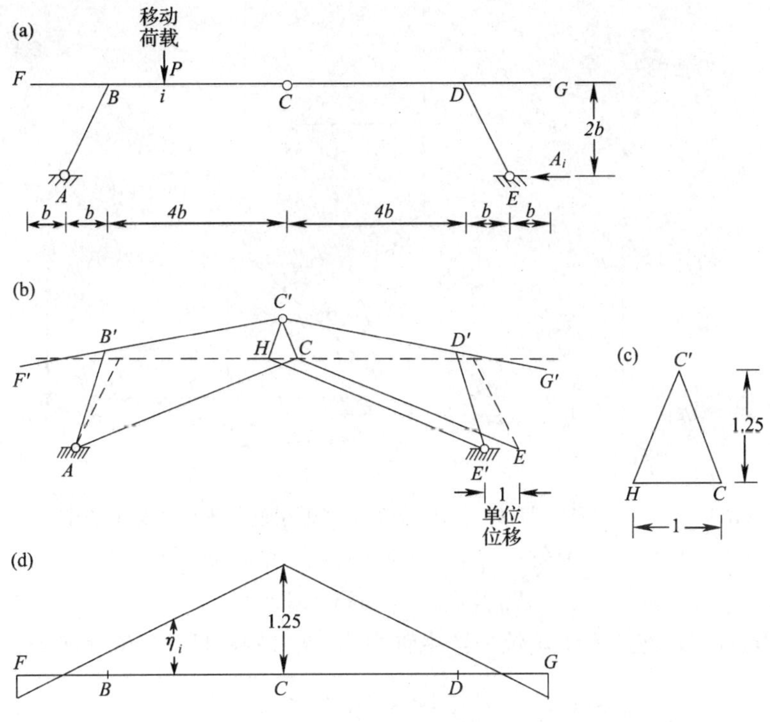

图 7.8　应用虚功原理

(a)静定结构；(b)虚位移；(c)节点 C 位移；(d)A_j 的影响线。

实际结构的位移 D_j 为零的条件可用单位荷载定理方程 7.47 写出：

$$D_j = \int_V \{\sigma_{uj}\}^{\mathrm{T}}\{\varepsilon\}\,\mathrm{d}V = 0$$

式中 $\{\sigma_{uj}\}$ 为由于 j 处的单位力所引起的应力，$\{\varepsilon\}$ 为实际结构由于荷载 P 所引起的应变。但是在线弹性结构中，应力分量 σ_{uj} 和应变分量 ε_{uj} 在结构所有点处都是互成比例的。所以，在静不定结构情况下积分 $\int_V \{\sigma\}^{\mathrm{T}}\{\varepsilon_{uj}\}\,\mathrm{d}V$ 也为零。

由式 7.53 及 $A_j = P\eta_i$ 可得出：任一 i 点处的纵坐标 ν_i 等于在 i 处作用单位竖向荷载所引起的反力分量 A_j 的值。η_i 的标绘图被称为反力分量 A_j 的影响线。框架尺寸和 A_j 的值在图 7.8 中均已给出，因而其结果可借助静力学得知识来校核。

虚功原理为将实际的平衡问题转换为虚构几何问题的进一步应用，将在影响线的推导中（第 12 章）以及在框架和板的破坏机构分析中（第 19 和 20 章）用到。

例 7.1　几何问题的转换

试求出图 7.9(a)所示的桁架在 D 点（在坐标 1 处）向下的位移，其中只 AB 和 BC 杆有 T 度的温度下降。设 $\alpha T = 0.003$，α 是热膨胀系数，并利用单位荷载定理，用几何知识验证所得出的答案。

在静定桁架中，温度的变化会引起杆的伸长或缩短，但是不引起结构内力。因此，只有杆 AB 和 BC 长度发生变化

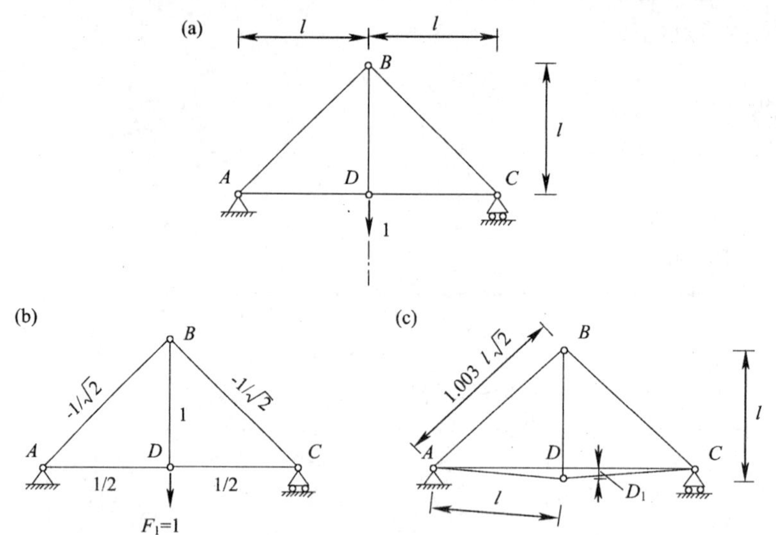

图 7.9　例题 7.1 中杆 AB 和 BC 的温度降低引起的平面桁架的挠度

(a)桁架尺寸；(b)$F_1=1$ 引起的轴向力$\{N_{u1}\}$；(c)桁架的变形形状。

$$\Delta_{AB}=\Delta_{BC}=-\alpha T(\sqrt{2}l)$$

如图 7.9(b)在坐标 1 处施加一个单位力产生轴力组$\{N_{u1}\}$；在 AB 和 BC 上的轴力为：

$$N_{uAB1}=N_{uBC1}=-1/\sqrt{2}$$

在坐标 1 处的挠度是(式 7.51)：

$$D_1=\sum N_{ui1}\Delta_i$$

$$D_1=2\left(-\frac{1}{\sqrt{2}}\right)\left(-\alpha T\sqrt{2}l\right)=2\alpha Tl=0.006\,0l$$

桁架发生位移的形状如图 7.9(c)所示。杆 AD 或 BD 的长度为 l(不变)，而 AB 的长度变为$(1.003\sqrt{2}l)$。$\angle ADB=2\sin^{-1}[AB/(2AD)]=[(\pi/2)-0.006\,0]$。因此 AD 和 DC 在水平面旋转任一角度 0.006 0 且挠度 D_1 等于 D 与线 AC 之间的垂直距离。

7.8　卡氏定理

Castigliano(卡斯提里亚诺)在 1879 年出版了一本关于静不定结构的书，包括 2 个著名的定理，我们会在第 7.81 和 7.82 小节中作讨论。因为单位荷载定理和单位位移定理以及本书中其他章节所阐述的力法和位移法更为简便，所以卡氏定理只会在这 2 节中使用。卡氏定理应用于线性弹性结构和只由外力引起形变的情况中。

7.8.1　卡氏第一定理

卡氏第一定理的定义是：若任意一个结构，沿着作用线施加外力$\{F_1,F_2,\cdots,F_n\}$引起独立位移为$\{D_1,D_2,\cdots,D_n\}$。那么应变能 U 由位移 D 表示，n 个平衡方程写成下面形式：

$$\frac{\partial U}{\partial D_j}=F_j \tag{7.54}$$

此定理通过虚功来证明如下。假设结构在 j 处有虚位移 δD_j，其他位移为 0 且外界环境条件不变。只有一个力 F_j 做功，那么在这个虚位移上作的功为：

$$\delta W = F_j \delta D_j$$

这等于结构的应变能

$$\delta U = F_j \delta D_j \tag{7.55}$$

在取极限当 $\delta D_j \to 0$，式 7.55 可得出式 7.54。

卡氏化第一定理适用于线性和非线性弹性结构。对于图 7.10 中由 m 根柱组成桁架，在节点 A 处有 2 个未知的位移 D_1 和 D_2。我们可以用 D_1 和 D_2 表示任意杆 i 的位移：

$$\Delta_i = -(D_1\cos\theta_i + D_2\sin\theta_i) \tag{7.56}$$

式中的 θ_i 是第 i 根杆与水平方向的角度。若材料满足胡克定律，杆件上的力为：

$$N_i = \frac{a_i E_i}{l_i}\Delta_i \tag{7.57}$$

式中 a_i 是柱的横截面积，l_i 是长度。结构的应变能为：

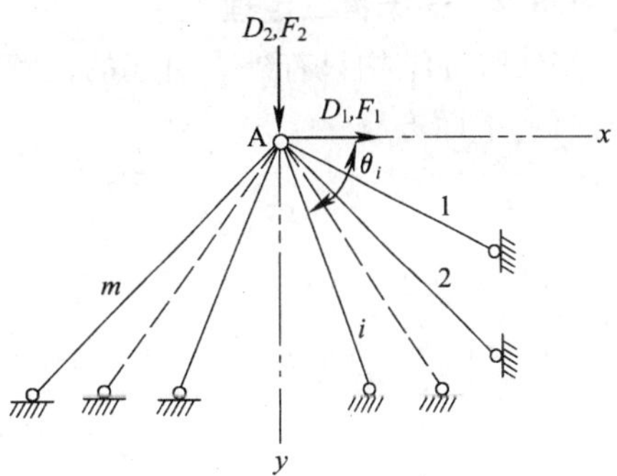

图 7.10 Castigliano 第一定理推导所用的平面桁架

$$U = \frac{1}{2}\sum_{i=1}^{m} N_i \Delta_i = \frac{1}{2}\sum_{i=1}^{m}\frac{a_i E_i}{l_i}\Delta_i^2 \tag{7.58}$$

将方程 7.56 和 7.57 代入方程 7.58 中得：

$$U = \frac{1}{2}\sum_{i=1}^{m}\frac{a_i E_i}{l_i}(D_i\cos\theta_i + D_2\sin\theta_i)^2$$

那么

$$\frac{\partial U}{\partial D_1} = \sum_{i=1}^{m}\frac{a_i E_i}{l_i}\cos\theta_i(D_1\cos\theta_i + D_2\sin\theta_i) \tag{7.59}$$

应用式 7.54，我们得到：

$$F_1 = \left(\sum_{i=1}^{m}\frac{a_i E_i}{l_i}\cos^2\theta_i\right)D_1 + \left(\sum_{i=1}^{m}\frac{a_i E_i}{l_i}\cos\theta_i\sin\theta_i\right)D_2 \tag{7.60}$$

和

$$F_2 = \left(\sum_{i=1}^{m}\frac{a_i E_i}{l_i}\cos\theta_i\sin\theta_i\right)D_1 + \left(\sum_{i=1}^{m}\frac{a_i E_i}{l_i}\sin^2\theta_i\right)D_2 \tag{7.61}$$

最后 2 个方程表示在节点 A 处的单位力的水平分量之和等于外力 F_1；虚分量和 F_2 也是一样的应用。在第 5.2 节，同样的问题是通过位移法的分析解决的。很明显：式 7.60 和 7.61 计算未知位移时所使用的静态关系是相同的。我们应该认识到在式 7.60 和 7.61 中括弧内的项是结构的刚度系数。

刚度系数 S_{jr} 一般可以通过关于式 7.54 对任一位移求偏导来得到：

$$\frac{\partial^2 U}{\partial D_r \partial D_j} = \frac{\partial F_j}{\partial D_r} \tag{7.62}$$

在线形结构中，$\frac{\partial F_j}{\partial D_r}$ 是 r 处的单位位移引起的 j 处的力。因此

$$S_{jr}=\frac{\partial^2 U}{\partial D_j \partial D_r} \tag{7.63}$$

例如,图 7.10 所示的结构的刚度系数 S_{11} 可以通过对式 7.59 求偏导来得到:

$$S_{11} = \frac{\partial^2 U}{\partial D_1^2} = \sum_{i=1}^{m} \frac{a_i E_i}{l_i}\cos^2\theta_i \tag{7.64}$$

这里和第 5.2 节所得的值相同。

7.8.2 卡氏第二定理

当线弹性结构只有外力引起的位移时,没有温度变化等,那么余能 U^* 等于应变能 U(图 7.6)且有下面方程:

$$\frac{\partial U^*}{\partial F_j}=\frac{\partial U}{\partial F_j} \tag{7.65}$$

$$D_j=\frac{\partial U}{\partial F_j} \tag{7.66}$$

$$D_j = \sum_{i=1}^{m} N_{uij}\Delta_i \tag{7.67}$$

$$D_j = \sum_{i=1}^{m} N_{uij}\left(\frac{Nl}{Ea}\right)_i \tag{7.68}$$

将式 7.65 和 7.42 代入 7.40 得到式 7.66,从而可以给出受力 $F_1,F_2,\cdots,F_n$ 时坐标 j 处的位移。为此,必须用力 $\{F\}$ 来表示出 U。式 7.66 为卡氏第二定理,它的应用和单位荷载定理相同。式 7.67 和 7.68 是方程 7.66 在桁架结构上的应用;这里 N,l,E 和 a 分别是第 i 杆的轴力、长度、弹性模量和横截面积;m 是杆件的数量;$\Delta_i=(Nl/Ea)_i$ 是各根杆件的伸长量;N_{uij} 是 $F_j=1$ 在杆上的力

$$N_{uij}=\frac{\partial N_i}{\partial F_j} \tag{7.69}$$

式 7.68 由式 7.66 导出。U 表示每根杆的应变能之和(式 7.19):

$$U = \frac{1}{2}\sum_{i=1}^{m}\left(\frac{N^2 l}{aE}\right)_i \tag{7.70}$$

图 7.11 所示的结构,施加外力和静不定多余力 $F_1,F_2,\cdots,F_n$,不考虑温度和收缩的影响。赘余力 $\{F\}$ 的大小是能使 $D_j=0$ 的值,$j=1,2,\cdots,n$。通过式 7.66 表达式 D_j 给出卡氏方程的相容条件:

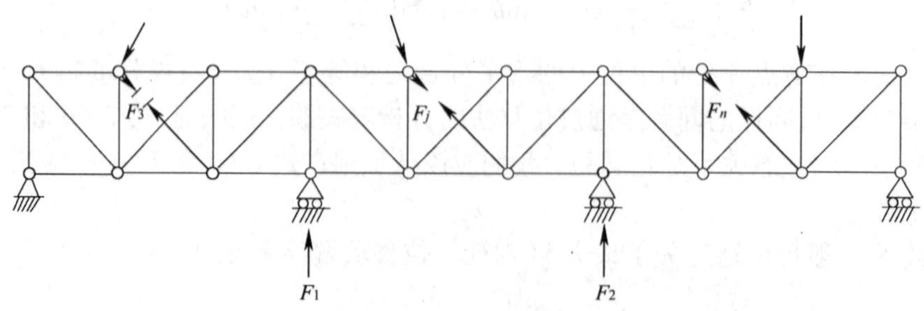

图 7.11 卡氏协调方程和最小功原理推导过程所用的静不定桁架

$$\frac{\partial U}{\partial F_j}=0 \quad j=1,2,\cdots,n \tag{7.71}$$

式中 U 是外力和多余力产生的应变能。

式 7.71 表明应变能有一个恒定值,且在后面可以证明它是最小值。这里涉及最小功原理,可以阐述如下:在线弹性静不定结构中,由外加力所引起的赘余力是内应变能的一个最小值。

为了表明 U 的值是最小值,我们分别用式 7.70 计算(取 F_j 和 F_r 时).

$$\frac{\partial U}{\partial F_i} = \sum_{i=1}^{m} \frac{\partial N_i}{\partial F_j}\left(\frac{Nl}{aE}\right)_i \tag{7.72}$$

将式 7.69 代入 7.72:

$$\frac{\partial U}{\partial F_i} = \sum_{i=1}^{m} N_{uij}\left(\frac{Nl}{aE}\right)_i \tag{7.73}$$

$$\frac{\partial^2 U}{\partial F_j \partial F_r} = \sum_{i=1}^{m} N_{uij}N_{uir}\left(\frac{l}{aE}\right)_i \tag{7.74}$$

这个方程右边部分所表示的字母是弹性系数

$$f_{jr} = \sum_{i=1}^{m} N_{uij}N_{uir}\left(\frac{l}{Ea}\right)_i \tag{7.75}$$

通过设 $r=j$,式 7.75 可得出弹性矩阵对角线的元素 f_{jj},其为正值。因此

$$\frac{\partial^2 U}{\partial F_j^2} = \sum_{i=1}^{m} N_{uij}^2\left(\frac{l}{Ea}\right)_i = f_{jj} \tag{7.76}$$

由于 2 阶导数是正的,所以 U 有最小值。

7.9 小　结

应变能的概念在结构分析中是很重要的。将任何一种应力引起的应变能用矩阵处理成一般形式表达是有用的,这样可以同时考虑由于轴向力、弯矩、剪切和扭转引起的应变能。

余能没有物理意义,但是它对帮助了解一些能量方程是作用的,余功概念也是如此。

虚功原理将任一线性或非线性结构处于平衡时的力系与相容的位移联系起来。分析中我们应用虚力或虚位移,并应用虚外力的余功以及虚内力在真实位移上的余能的相等关系。或者我们可以利用真实力沿虚位移运动的外虚功与内虚功相等的关系。单位荷载定理和单位位移定理提供了一种较为方便的公式。应该注意:第二个定理仅适用于线性结构。

我们应注意:虚功原理可以使实际的几何问题变换为虚构的平衡问题,或者使实际的平衡问题转变为虚构的几何问题,有时还可以存在所需要的各种变换情况。

8　虚功法确定位移

8.1　引　　言

在第7章中，我们采纳了虚功原理，并用它（见第7.6节）导出了单位荷载定理，这个定理可以用于任何形状的线性结构或非线性结构。在本章和下一章中，我们将来先讨论桁架，然后讨论梁和框架，进一步研究虚功法。本章还将用虚功法处理位移计算中的积分求解。

首先，我们将应用单位荷载定理计算线性构架结构上外力所引起的位移，此外我们还将介绍关于这种特殊应用的理论。

8.2　利用虚功进行位移计算

考虑图8.1中所示线弹性结构承受任一截面处引起应力合力 N、M、V 和 T 的力系 $F_1,F_2,\cdots,F_n$。其外功和内功的值是相同的，因而，根据式7.2和7.32得：

$$\frac{1}{2}\sum_{i=1}^{n}F_iD_i = \frac{1}{2}\int\frac{N^2\mathrm{d}l}{Ea}+\frac{1}{2}\int\frac{M^2\mathrm{d}l}{EI}+\frac{1}{2}\int\frac{V^2\mathrm{d}l}{Ga_r}+\frac{1}{2}\int\frac{T^2\mathrm{d}l}{GJ} \tag{8.1}$$

式中 D_i 为 F_i 位置处沿其方向上的位移，N、M、V 和 T 为由力系 $\{F\}$ 所引起的任一截面处的应力合力。

假设当各力 $\{F\}$ 作用于结构上时，已有一虚力 Q_j 作用于坐标 j 处并沿该坐标的方向（图8.1）。这个力使任一截面引起内力 N_{Qj}、M_{Qj}，V_{Qj} 和 T_{Qj}。在力系 $\{F\}$ 的作用过程中，其内功和外功值又相同，因而

$$\frac{1}{2}\sum_{i=1}^{n}F_iD_i+Q_jD_j = \frac{1}{2}\left[\int\frac{N^2}{Ea}\mathrm{d}l+\int\frac{M^2}{EI}\mathrm{d}l+\int\frac{V^2}{Ga_r}\mathrm{d}l+\int\frac{T^2}{GJ}\mathrm{d}l\right]$$
$$+\left[\int\frac{N_{Qj}N}{Ea}\mathrm{d}l+\int\frac{M_{Qj}M}{Ei}\mathrm{d}l+\int\frac{V_{Qj}V}{Ga_r}\mathrm{d}l+\int\frac{T_{Qj}T}{GJ}\mathrm{d}l\right] \tag{8.2}$$

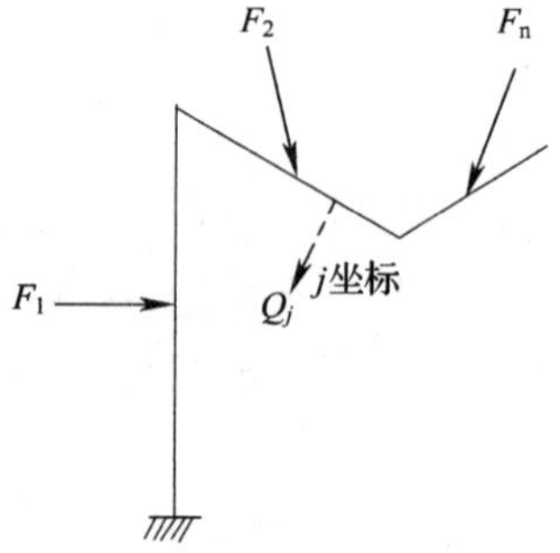

图8.1　通过虚功计算线弹性结构位移示意图

式中 D_j 为 F_j 处由于 $\{F\}$ 作用所引起沿虚力 Q_j 方向的位移。式8.2每一边的第二项均代表当 Q_j 沿 $\{F\}$ 所产生的位移运动时所做的功。按第7.4节中所解释，系数1/2不在这些项中出现，是因为荷载 Q_j 及其相应内力是以它们的全部值 $\{F\}$ 来产生全部位移的。

由式8.2减去式8.1，我们求出

$$Q_jD_j = \int\frac{N_{Qj}N}{Ea}\mathrm{d}l+\int\frac{M_{Qj}M}{EI}\mathrm{d}l+\int\frac{V_{Qj}V}{Ga_r}\mathrm{d}l+\int\frac{T_{Qj}T}{GJ}\mathrm{d}l$$

为了确定由 $\{F\}$ 所引起任一位置处沿任一方向上的挠度，我们用 Q_j 去除上式，因此，j 处的位移为：

$$D_j = \int \frac{N_{uj}N}{Ea}\mathrm{d}l + \int \frac{M_{uj}M}{EI}\mathrm{d}l + \int \frac{V_{uj}V}{Ga_r}\mathrm{d}l + \int \frac{T_{uj}T}{GJ}\mathrm{d}l \tag{8.3}$$

式中

$$N_{uj} = \frac{N_{Qj}}{Q_j}, M_{uj} = \frac{M_{Qj}}{Q_j}, V_{uj} = \frac{V_{Qj}}{Q_j} \text{和} \ T_{uj} = \frac{T_{Qj}}{Q_j}$$

这些内力值为作用在所求位移的坐标 j 处的单位虚力（$Q_j = 1$）所引起任一截面上的内力值。

回过去看式 7.47，我们可以看出实际上式 8.3 是单位荷载定理用于框架结构的一种特殊情况，只受到外力（也就是说不受环境影响）。桁架杆的唯一内力是轴向力，且在杆件各截面处是恒定的。所以，式 8.3 就和式 7.45a 一样，因此在桁架中坐标 j 处的位移

$$D_j = \sum N_{uj}\frac{Nl}{Ea} \tag{8.4}$$

式中的总和指的是桁架所有的杆；l，E 和 a 分别是长度、弹性模量和一个典型杆的横截面面积。

为了应用式 8.3 确定任一截面处的位移，需要确定下列情况下使结构所有截面处引起的内力：(i) 实际荷载，(ii) 单位虚荷载。后一种情况只是为了分析的目的而引入的虚构力或假的荷载。具体地说，如果需要的位移是一线位移，其虚荷载则为作用于求位移点处并沿其方向的一个集中单位力。如果所求的位移是一转角，那么其单位力为作用于与转角相同方向和相同位置处的一个力偶。如果所求的是两点的相对线位移，则为两个单位荷载作用于所给定的两点处并沿它们连线的相反方向。类似地，如果所求的是相对转角，则为两个单位力偶作用于两点处但方向相反。

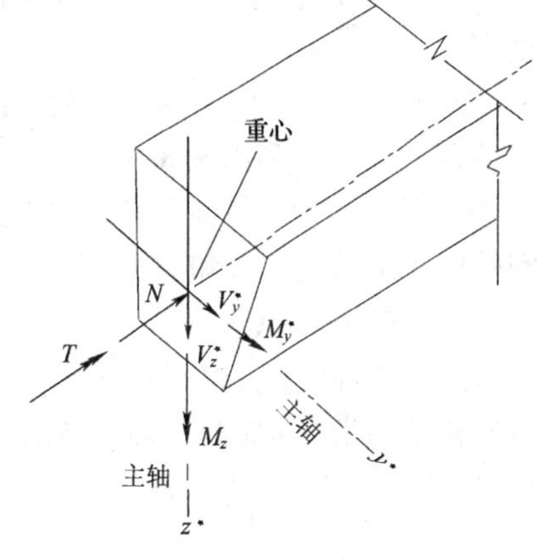

图 8.2 空间框架杆件的截面内力
（一个法向力 N，两个剪力 V_y^* 和 V_z^*，两个弯矩 M_y^* 和 M_z^*，一个扭矩 T）

内力 N_{uj}，M_{uj}，V_{uj} 和 T_{uj} 为单位虚力所产生的力。如果所求的位移为一线位移，并采用牛顿时，那么 N_{uj}，M_{uj}，V_{uj} 和 T_{uj} 的量纲分别为 N/N，Nm/N，N/N 和 Nm/N。当虚力为一力偶时，N_{uj}，M_{uj}，V_{uj} 和 T_{uj} 的量纲分别为 N/Nm，Nm/Nm，N/Nm，Nm/Nm。当用于确定线位移或转角时，对式 8.3 两边的单位进行核实容易证明上面所述。

式 8.3 内右边四项中的每一项代表各内力之一对位移 D_j 的影响。在大多数实际情况下，不是所有四种内力都存在，因而式 8.3 中有些项可以不用求出。此外，有些项与其他项相比影响非常小，因此可以略去不计。例如，在框架中杆件承受横向荷载，轴力和剪力的效应与弯矩效应相比是非常小的。然而，对于杆的高度与长度之比较大或横截面为某种形状，其剪力引起的位移在总位移中表现具有很大百分比的情况下，就不能这样了，这种情况将在例题 8.4 中说明。

空间框架结构的某部分受到的内力一般由 6 个分量组成：N，V_y^*，V_z^*，M_y^*，M_z^*，T，沿如图 8.2 所示的某曲型构件，相互正交的 x^*，y^*，z^* 轴方向。x^* 轴是过形心横截面的法线；y^*，z^* 轴是杆截面的形心主轴。对于空间框架，式 8.3 中由弯曲变形引起的第二项可以用下面 2 项

代替：

$$\int(M_{uj}M/EI)_{y^*} \text{ 和} \int(M_{uj}M/EI)_{z^*}$$

下标 y^* 和 z^* 分别表示关于主轴 y^* 和 z^* 的 M 和 I 的值。类似的，式 8.3 中由剪切变形引起的第三项可以用下面 2 项代替：

$$\int(V_{uj}V/Ga_r)_{y^*} \text{ 和} \int(V_{uj}V/Ga_r)_{z^*}$$

式 8.3 中，$(N/Ea)=\varepsilon_O$ 和$(M/EI)=4$ 分别代表横截面（图 7.5）上 N 和 M 引起的形心处法向应变和曲率。当要求 N 和 M 共同作用且发生热膨胀情形下，(N/Ea)和将(M/EI)分别被$[(N/Ea)+\varepsilon_{oT}]$和$[(M/EI)+\psi_T]$代替。式中 ε_{OT}和 ψ_T 是热膨胀引起的形心处 D_j 时应变和曲率（式 6.37 和 6.38）。若为超静定结构，N 和 M 还含有温度引起的静不定轴力和力矩（第 6.9 节）。

8.3 力法计算位移

利用力法分析超静定结构有五步（4.6 节）包括由指定荷载引起放松结构的位移计算（第 2 步）和单位冗余力引起放松结构的位移计算（柔度系数，第 3 步）。这些位移都可以用虚功来确定。

现考虑利用力法对超静定框架结构进行线性分析（4.6 节）。若冗余力的数量为 n，那么位移$\{D\}_{n\times1}$可以利用式 8.4 确定，$j=1,2,\cdots,n$；$N_{uj},M_{uj},V_{uj},T_{uj}$是 $F_j=1$ 时放松结构的内力；N,M,V,T 是指定力在放松结构上产生的内力。若有热作用，则式 8.4 中(N/Ea)和将(M/EI)分别被$[(N/Ea)+\varepsilon_{OT}]$和$[(M/EI)+\psi_T]$代替，式中 ε_{OT}和 ψ_T 是热膨胀引起的形心处应变和曲率（式 6.37 和 6.38）。

柔度矩阵$[f]_{n\times n}$中所有系数f_{ij}都可以利用式 8.4 确定。在这个应用中，f_{ij}是真实力 $F_j=1$ 时放松结构坐标 j 处的位移；相应的内力为 $N_{uj},M_{uj},V_{uj},T_{uj}$。在放松结构 i 处施加单位虚荷载 $F_i=1$，则产生内力 $N_{ui},M_{ui},V_{ui},T_{ui}$。利用式 8.4 计算柔度系数

$$f_{ij}=\int\frac{N_{ui}N_{uj}}{Ea}\mathrm{d}l+\int\frac{M_{ui}M_{uj}}{EI}\mathrm{d}l+\int\frac{V_{ui}V_{uj}}{Ga_r}\mathrm{d}l+\int\frac{T_{ui}T_{uj}}{GJ}\mathrm{d}l \tag{8.5}$$

对于平面和空间桁架，柔度系数

$$f_{ij}=\sum N_{ui}N_{uj}\frac{l}{Ea} \tag{8.6}$$

式中 求和为对桁架所有的杆；l,E 和 a 分别是典型杆件的长度、弹性模量和横截面积。

8.4 超静定结构的位移

如第 7 章指出，虚功原理可以用于任何结构，不论是静定的还是超静定的。然而，在后一种情况下，结构所有部分由真实荷载所引起的内力必须为已知，这就要求借第 4 章和第 5 章中所讨论的方法去求解超静定结构。

另外，我们须要求出由于作用在 j 处的单位虚荷载所引起的内力 N_{uj},M_{uj},V_{uj}和 T_{uj}。对于任何满足平衡条件的放松结构在 j 处的单位虚荷载下，这些力是可以确定出来的。因而，一般通过释放任意选择的赘余量所得的放松稳定静定结构可以确定 j 处单位虚荷载引起的内力。

这是因为虚功原理将实际结构的相容变形系与平衡的虚力系联系起来,其虚力系不需要相应于实际力系(见第7.5节)。

作为例子,我们可将上面的过程用于图8.3(a)中的框架,以便求出 C 处的水平位移 D_4,只需要考虑弯曲变形。该框架具有常数弯曲刚度 EI。

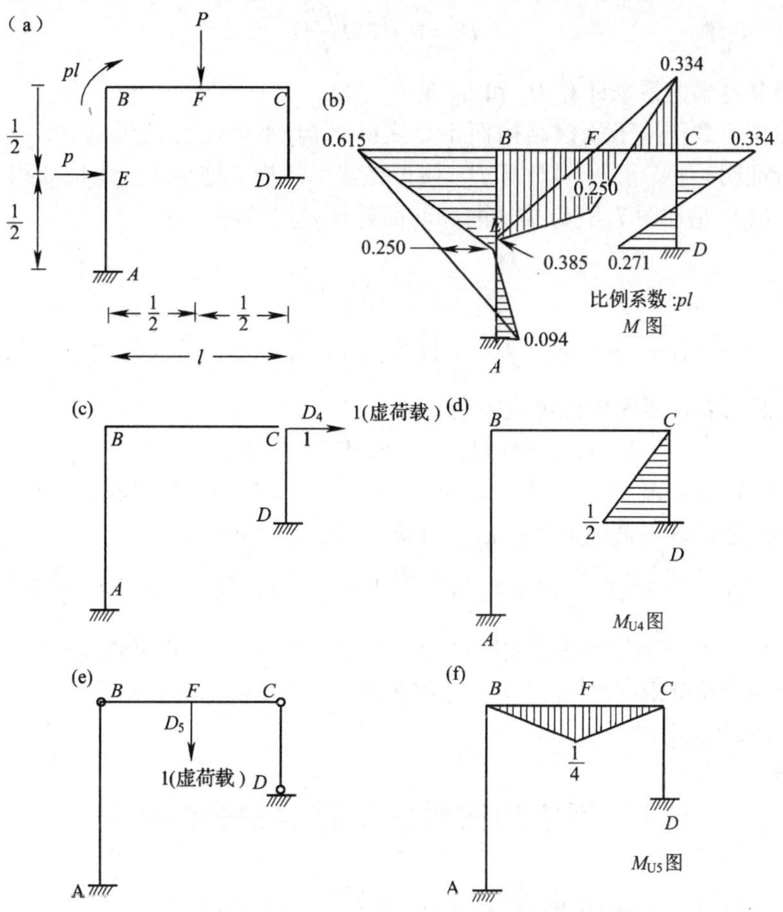

图8.3 利用虚功求超静定刚架的位移

弯矩图已在例题5.2中得到,又示于图8.3(b)中。

现在,将单位虚荷载作用于通过切开框架上 C 的正左边(这样形成两个悬臂)所得到的静定体系中坐标4处,图8.3(c),M_{u4}的弯矩图示于图8.3(d)中。

应用式8.4,并仅考虑弯曲变形:

$$D_4 = \int \frac{M_{u4}M}{EI}\mathrm{d}l \qquad \text{(a)}$$

此积分只需要对 CD 部分进行计算,因为在框架的其余部分 M_{u4} 为零。应用附录H,我们求出

$$D_4 = \frac{l}{EI}\left[\frac{1}{2}\frac{(l/2)}{6}(2\times 0.271Pl - 0.334Pl)\right] = 0.0087\frac{Pl^3}{EI}$$

现在设我们要求 F 处的竖直挠度,用 D_5 表示。我们假设虚单位荷载作用于图8.3(e)的

三铰框架上。其相应弯矩图 M_{u5} 示于图 8.3(f)中。利用求 D_4 的相同理论,我们得到

$$D_5 = \int \frac{M_{u5}M}{EI}\mathrm{d}l \tag{b}$$

该积分只需要对 BC 部分进行求算,因为别处 M_{u5} 为零,应用附录 H 中的表,我们求出

$$D_5 = 0.0240\frac{Pl^3}{EI}$$

尝试选择其他虚力系来计算 D_4 和 D_5 是有益的。

用一个单位荷载作用于放松结构而不是实际结构,不会改变结果,但大大简化了计算过程。为了进行证明,当采用式(b)计算 D_5,假设在实际结构上施加 $F_5=1$ 以获得$(M_{u5})_{替换}$来代替$(M_{u5})_s$。$(M_{u5})_s$ 是在图 7.8(f)描述的和前面计算采用的静定弯矩。

$$D_5 = \int (M_{u5})_s \frac{M}{EI}\mathrm{d}l \tag{c}$$

或

$$D_5 = \int (M_{u5})_{替换} \frac{M}{EI}\mathrm{d}l \tag{d}$$

$(M_{u5})_{替换}$的图表任意纵坐标可表示为:

$$(M_{u5})_{替换} = (M_{u5})_s + F_6M_{u6} + F_7M_{u7} + F_8M_{u8} \tag{e}$$

式中 F_6,F_7,F_8 分别是$(M_{u5})_{替换}$在 B,C,D 的纵坐标;M_{u6},M_{u7},M_{u8}分别是在放松结构 B,C,D 作用的单位力偶引起的任一截面的弯矩值。将式(e)代入式(d):

$$D_5 = \int (M_{u5})_s \frac{M}{EI}\mathrm{d}l + F_6\int M_{u6}\frac{M}{EI}\mathrm{d}l + F_7\int M_{u7}\frac{M}{EI}\mathrm{d}l + F_8\int M_{u8}\frac{M}{EI}\mathrm{d}l \tag{f}$$

由于上式后面 3 个积分表达了实际结构中与 B,C,D 点相邻的两截面的相对转角,所以上式中后面 3 个积分是 0,因为实际结构在这些位置是连续的,相对转角是零。那么由式(c)或(d)计算 D_5 结果是相等的。

8.5 用虚功法求解位移时积分的计算

在上节中,我们已经见到在虚功式中经常出现下面形式的积分:

$$\int \frac{M_{uj}M}{EI}\mathrm{d}l$$

这里,我们将研究如何计算这种特殊的积分,当然,这一类形式的其他积分可以按类似方式处理。

如果结构由 m 根杆组成,那么积分可用总和号来代替:

$$\int_1 \frac{M_{uj}M}{EI}\mathrm{d}l = \sum_{各杆}\int_l M_{uj}\frac{M}{EI}\mathrm{d}l \tag{8.7}$$

所以,实际上问题在于对一根杆求积分。

让我们考虑一根长度为 l、变截面、承受弯矩的直杆 AB(图 8.4(a))。图 8.4(a)表示由于一任意荷载所产生的弯矩图。如果我们用所在截面处的 EI 值去除这个图的每一纵坐标,我们得到图 8.4(c)中所示 $M/(EI)$图。

由于杆 AB 是直的,作用于任一坐标 j 处(不在于 A 和 B 之间)的单位虚力使 A 和 B 之间产生的弯矩 M_{uj}在图 8.4(d)中一定是直线。让 A 和 B 点的纵坐标分别为 M_{uAj}和 M_{uBj}。于是,

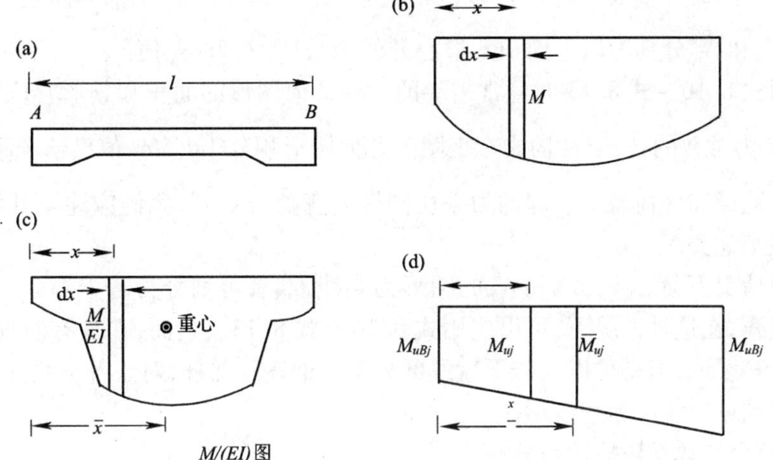

图 8.4　求积分$\int_l M_{uj}(M/EI)\mathrm{d}l$

(a)AB 杆；(b)任意实际荷载引起的弯矩图；(c) = M/EI；(d)单位虚荷载引起的弯矩图。

在至 A 距离为 x 的任一截面处，其纵坐标为

$$M_{uj} = M_{uAj} + (M_{uBj} - M_{uAj})\frac{x}{l} \tag{8.8}$$

将此 M_{uj}值代入积分，我们得到

$$\int_l M_{uj}\frac{M}{EI}\mathrm{d}l = M_{uAj}\int_0^l \frac{M}{EI}\mathrm{d}l + \left(\frac{M_{uBj} - M_{uAj}}{l}\right)\int_0^l \frac{M}{EI}x\mathrm{d}x \tag{8.9}$$

我们以 $a_M = \int_0^l (M/EI)\mathrm{d}x$ 表示 $M/(EI)$ 的面积。如果 $\bar{x}$ 为 $M(EI)$ 图中重心至左端 A 的距离，那么面积 a_M 对 A 的一次矩为$\int_0^l (M/EI)x\mathrm{d}x = a_M\bar{x}$。

代入式 8.9 中的积分

$$\int_l \frac{M_{uj}M}{EI}\mathrm{d}l = a_M\left[M_{uAj} + (M_{uBj} - M_{uAj})\frac{\bar{x}}{l}\right]$$

上式中方括号内所示项等于 M_{uj} 图上通过 M/EI 图形形心截面处的纵坐标 $\overline{M}_{uj}$（图 8.4(d)）。所以

$$\int_l \frac{M_{uj}M}{EI}\mathrm{d}l = a_M\overline{M}_{uj} \tag{8.10}$$

按同样的理论，相似类形的其他积分（例如见式 8.4）可以求算如下：

$$\int_0^l \frac{V_{uj}V}{Ga_r}\mathrm{d}x = a_V\overline{V}_{uj} \tag{8.11}$$

$$\int_0^l \frac{T_{uj}T}{GJ}\mathrm{d}x = a_T\overline{T}_{uj} \tag{8.12}$$

$$\int_0^l \frac{N_{uj}N}{Ea}\mathrm{d}x = a_N\overline{N}_{uj} \tag{8.13}$$

式 8.10 ~ 式 8.13 中，右边所用符号可以归纳如下：

a_M, a_V, a_T 和 a_N，分别为 $M/(EI)$，$V/(Ga_r)$，$T/(GJ)$ 和 $N/(Ea)$ 图形的面积；

$\overline{M}_{uj}, \overline{V}_{uj}, \overline{T}_{uj}$ 和 $\overline{N}_{uj}$ 分别为以上面积 a 形心处的 M_{uj}, V_{uj}, T_{uj} 和 N_{uj} 值。

对于应用式 8.10 ~ 式 8.13 时经常需要的一些几何图形的面积和其形心位置已列于附录 F 内。对于 EI 为常数的杆，通常构成弯矩图的几何图形积分 $\int M_u M \mathrm{d}l$ 值已给于附录 H 内。

假定真实荷载和虚荷载所引起的力采用同样的正负号规则，我们应注意其积分值与内力所用正负号规则无关。

在大多数情况下，M_{uj}, V_{uj}, T_{uj} 和 N_{uj} 的图形为直线，或者可划分为若干部分，每一部分的纵坐标图为一直线，在这种情况下，可以应用式 8.10 ~ 式 8.13。然而，在具有曲杆的结构中，这些图形则不为直线形，但是可以用若干直线部分来近似表示曲杆，对于各直线部分由于虚荷载所引起的内力图可以考虑为直线形。

8.5.1　两个函数乘积的定积分

式 8.10 ~ 8.13 可以得出一个可以计算两个函数 $y_1(x)$ 和 $y_2(x)$ 在 x_1 到 x_2 之间乘积的一般数学方程（图 8.5(a)）。在 x_1 到 x_2 之间，第一个函数 y_1 是一个任意函数，而第二个函数 y_2 则是一条直线。

$$\int_{x_1}^{x_2} y_1 y_2 \mathrm{d}x = a_{y1} \bar{y}_2 \tag{8.14}$$

式中　a_{y1} 是 x_1 到 x_2 的图线的面积；$\bar{y}_2$ 是函数 y_2 的图线对应于 a_{y1} 形心的纵坐标。在特殊情况下，当两个函数在到 x_1 到 x_2 是直线，那么积分值是

$$\int_{x_1}^{x_2} y_1 y_2 \mathrm{d}x = \frac{l}{6}(2ac + 2bd + ad + bc) \tag{8.15}$$

式中　a ~ d 是式 8.5(b) 中定义的纵坐标。

8.5.2　杆端力矩引起平面框架的位移

一个只考虑弯曲变形的平面框架，利用单位荷载定理计算它在坐标系中的位移，涉及积分的计算

$$D = \int \frac{MM_u}{EI} \mathrm{d}l \tag{8.16}$$

当所有杆件都是直线，且 M 和 M_u 沿每个杆件长度是线性变化时，D 可以用各个杆件积分值的总和来计算

$$D = \sum \left(\frac{1}{EI} \int MM_u \mathrm{d}l \right)_{杆} \tag{8.17}$$

$$\left(\frac{1}{EI} \int MM_u \mathrm{d}l \right)_{杆} = \left[\frac{1}{6EI}(2A_1 A_{u1} + 2A_2 A_{u2} - A_1 A_{u2} - A_2 A_{u1}) \right]_{杆} \tag{8.18}$$

式 8.17 的和是对所有杆件来说的；l 和 EI 分别是典型杆件的长度和抗弯刚度；A_1 和 A_2 是实际荷载下的杆端弯矩；A_{u1} 和 A_{u2} 是单位虚荷载下的杆端弯矩。全书中平面框架杆件的顺时针杆端弯矩认为是正的（图 8.5(c)）。式 8.18 是式 8.15 用 A_1，$-A_2$，A_{u1} 和 $-A_{u2}$ 分别替换 a, b, c, d 所得的。注意在杆件左端顺时针杆端弯矩产生正弯矩，但是在右端产生负弯矩。

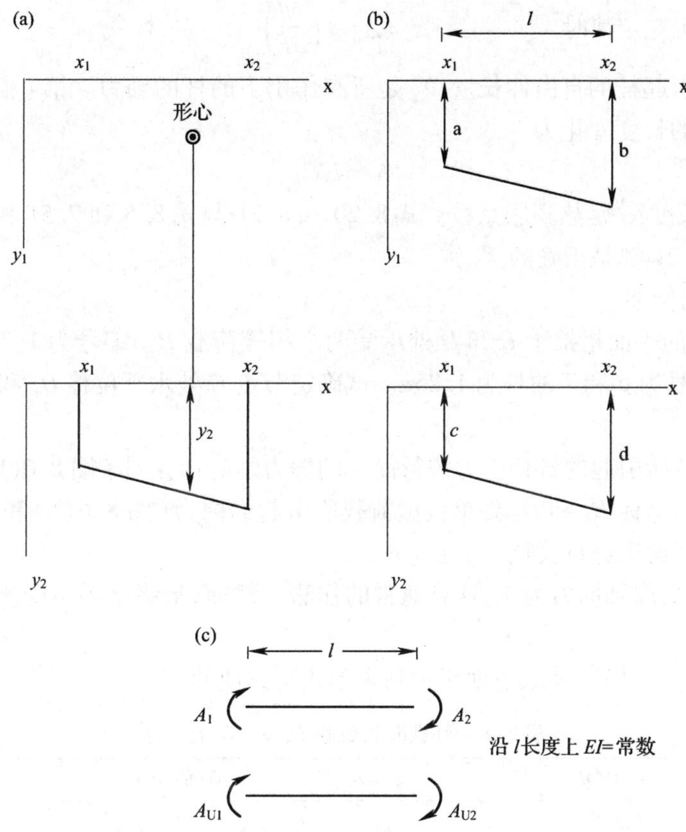

图 8.5　求两个函数 $y_1(x)$ 和 $y_2(x)$ 的乘积的积分

8.6 桁架挠度

在由 m 根铰结杆组成的平面桁架和空间桁架中，荷载只作用于节点处，其内力只是轴向的，因而式 8.4 可以写成

$$D_j = \sum_{i=1}^{m} \int_l \frac{N_{uj} N_i}{Ea} \mathrm{d}l \tag{8.19}$$

一般情况下，一些杆的横截面沿其长度为常数。所以式 7.12 可以写成

$$D_j = \sum_{i=1}^{m} \frac{N\,uij N_i}{E_i a_i} l_i \tag{8.20}$$

式中 m 为杆的根数，$N\,uij$ 为 j 处单位虚荷载所引起杆 i 中的轴向力，假设材料服从虎克定律，$N_i l_i/(E_i a_i)$ 为由于真实荷载所引起该杆的长度变化。

式 8.16 也可以写成下列形式

$$D_j = \sum_{i=1}^{m} N_{uij} \Delta_i \tag{8.21}$$

式中 Δ_{it} 为第 i 根杆由长度的真实变化。当需要求出除荷载外其他原因所引起的挠度时，可采用这种形式，例如，有些杆的温度发生变化的情况。

当材料遵循虎克定律时 $$\Delta_i = \Delta_{it} + \left(\frac{Nl}{aE}\right)_i \tag{8.22}$$

式中 Δ_{it}是温度引起杆的自由伸长量；N_i 是所有作用下的杆的轴力。第 i 根杆的温度上升或下降 T 度所引起的长度变化为

$$\Delta_i = \alpha T l_i \tag{8.23}$$

式中 l_i 是杆的长度；α 是热膨胀系数。式 8. 20 和 8. 21 与式 8. 5 和 7. 51 相同。对于线性和非线性桁架，式 8. 21 都是正确的。

例 8. 1 平面桁架

图 8. 6(a)中的平面桁架于 E 和 D 处承受两个相等荷载 P。编号为 1，2，3，4，5 的杆的截面面积为 a，而编号为 6 和 7 的杆为 1. 25a。试确定节点 C 处水平位移 D_1 和节点 B 处与 E 处的相对运动 D_2。

由于实际荷载所引起的各杆内力进行简单的静力学的计算列于图 8. 6(b)中。

然后确定由于坐标 D_1 和 D_2 处单位虚荷载所引起的内力（图 8. 6(c)和(d)）。所得的值可用考虑节点的平衡来进行校核。

当受拉时，我们取轴向力为正，这是通常的作法。然而，最终结果不受所采用的正负号规则的影响。

位移 D_1 和 D_2 的计算，采取下面所示列表形式是方便的。

表 8. 1 例题 8. 1：位移 D_1 和 D_2 的计算

杆 号	杆的特征			实际荷载	D_2 的计算		D_2 的计算	
	长度 l	横截面积 a	$\frac{l}{Ea}$	N	N_u	$\frac{N_u Nl}{Ea}$	N_u	$\frac{N_u Nl}{Ea}$
1	1	1	1	1. 167	-1	-1. 167	-0. 8	-0. 933
2	1	1	1	1. 167	-1	-1. 167	0	0
3	0. 75	1	0. 75	0	0	0	-0. 6	0
4	0. 75	1	0. 75	0	0	0	-0. 6	0
5	1	1	1	-1	0	0	-0. 8	+0. 800
6	1. 25	1. 25	1	-1. 458	0	0	0	0
7	1. 25	1. 25	1	-0. 208	0	0	1	-0. 208
乘 数	l	a	$l/(Ea)$	p	—	$Pl(Ea)$ -2. 334	—	$Pl(Ea)$ -0. 341

该表本身作了说明，等于 $N_u Nl/(Ea)$ 的位移 D_1 和 D_2 相应列中之和。这样，$D_1 = -2.334Pl/(Ea)$，$D_2 = -0.341Pl/(Ea)$。

D_1 的负号表示该位移方向与图 8. 6(c)中虚荷载的方向相反，这意味着节点 C 的水平平动向右。同样，D_2 的负号意味着 B 和 E 的相对运动与所假设的虚力方向相反，亦即是分离开的。

例 8. 2 温度引起的挠度：静定桁架

对图 8. 6(a)中的同一桁架，试求由于杆 5 和杆 6 温度上升 30°时的位移 D_2（在这种情况下，无作用荷载 P）。假设热膨胀系数 $\alpha = 0.6 \times 10^{-5}/℃$。

按图 8. 6(d)的相同方式作用单位虚力，因而该图所示各杆的力能够采用。

只有两根杆长度真实改变，根据式 8. 23：

$$\Delta_5 = 0.6 \times 10^{-5} \times 30 \times l = 18 \times 10^{-5} l$$

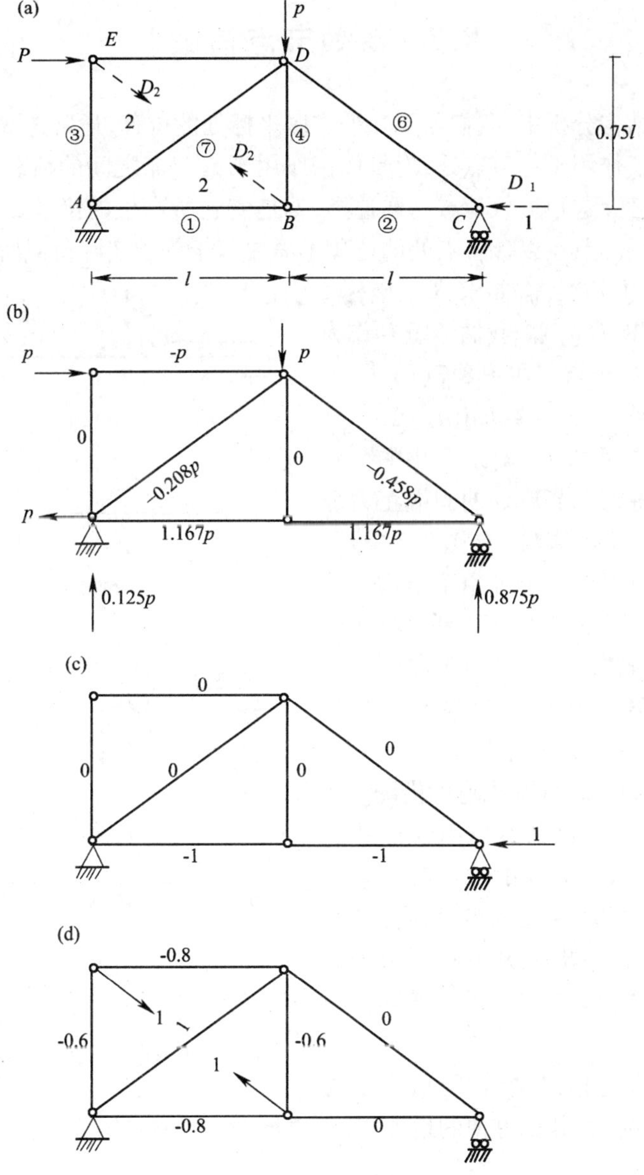

图 8.6　例题 8.1 和 8.2 中考虑的平面桁架

和
$$\Delta_6 = 0.6\times10^{-5}\times30\times1.25l = 22.5\times10^{-5}l$$

仅对杆 5 和杆 6 应用带有总和号的式 8.21：

$$\mathrm{D}_2 = \sum_{i=5,6} N_{ui2}\Delta_i$$

或
$$D_2 = -0.8(18\times10^{-5}l + 0\times(22.5\times10^{-5}l) = -14.4\times10^{-5}l$$

可以清楚地看出，如果 Δ_i 是由于任一其他原因引起，例如安装不良(见第 4.4 节)，可以采用相同的计算方法。

8.7　等效节点荷载

在采用力法的结构分析中,我们需要知道许多坐标处的位移,通常选取多种荷载作用下的节点。这要求荷载仅作用于各节点处,但是任一作用于诸节点之间的荷载可以用作用于节点处的等效荷载来代替。这种等效荷载这样选择,就是使它所产生的诸节点处的位移与实际荷载所引起的位移相同。节点以外各点处的位移不需要等于等于实际荷载所引起的位移。

考虑图 8.7(a)中的梁,需要求 B 处坐标 1 和坐标 2 的位移(图 8.7(b))。我们考虑 B 作为杆 AB 和 BC 之间的一个点。在图 8.7(c)中,节点 B 和 C 处的位移被约束,需要求出由于约束杆上实际荷载所引起的固端力。附录 C 中的公式目的在于此。然后将每一节点处的固端正力加起来,并反向作用到实际结构上,如图 8.7(d)所示。这些反向力是静力等效于作用于结构上的实际荷载,产生与实际荷载下坐标 1 和坐标 2 处相同的位移。C 处的转动也等于由于实际荷载所引起的转动,但是这对于其他节点 A 和 D 处的位移是不正确的。这一陈述可证明如下。

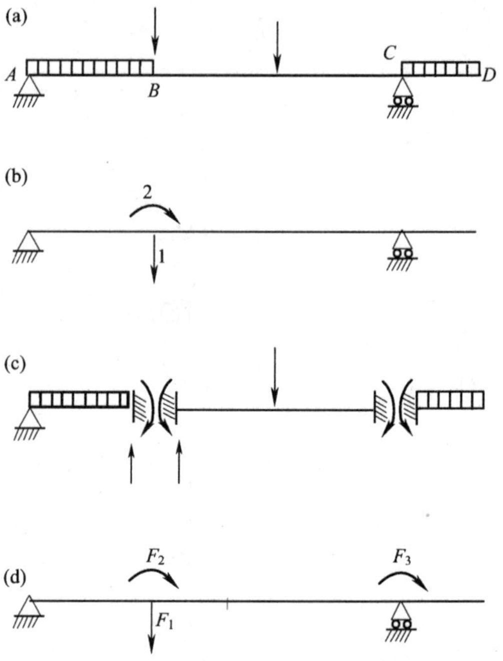

1 和 2 处的位移和 C 处的转动可借图 8.7(c)和(d)中所示条件下诸荷载所引起位移的叠加来完成。但是图 8.7(c)中的力对约束节点 B 和 C 处不产生位移。3 个约束力移去等效于图 8.7(d)中所作用的诸力,从而得出由于这些力使结构上节点 B 和 C 处产生等于实际荷载产生的位移。

图 8.7　等效节点荷载

(a)梁;(b)坐标系;(c)约束条件;

(d)反向作用于实际结构的约束力。

从上面我们可以得出,只要在待求挠度的坐标处引入约束,有时,在其他方便的地方(如上面所考虑结构中 C 处)引入附加约束,以便容易求算结构上的固端力。

显然,等效节点荷载的应用使支承处产生与实际荷载下相同的反力。当等效节点荷载所引起各杆端处的内力与实际荷载所引起的固端力加起来得出实际条件下的端力。

应用集中于诸节点处的等效荷载代替实际荷载的好处是应力合力图成为了直线。因而,式 8.4 中所涉及的积分可以按式 8.14 计算,这在例题 8.6 中来说明。

8.8　梁和框架的挠度

梁和框架中的主要内力是弯矩和剪力。轴向力和扭矩或者都不存在,或者它们对横向挠度和转动影响很小。由于这一原因,大多数情况下,当计算横向挠度和转动时式 8.4 中代表轴向力和扭矩影响的各项可以略去。由此得出,在承受弯矩和剪力的梁中,位移用下式得出

$$D_j = \int \frac{M_{uj}M}{EI}\mathrm{d}l + \int \frac{V_{uj}V}{Ga_r}\mathrm{d}l \tag{8.24}$$

另外，对于实践中一般所用的梁的横截面，剪力对挠度的影响是很小的，可以略去不计。其挠度用下式得出

$$D_j = \int \frac{M_{uj}M}{EI}\mathrm{d}l \tag{8.25}$$

根据式 7.23，梁弯曲轴线的斜率沿长度单元 dl 的变化为 $\mathrm{d}\theta = -(M/EI)\mathrm{d}l$。代入式 8.25 中

$$D_j = -\int M_{uj}\mathrm{d}\theta \text{ 或 } D_j = -\int M_{uj}\psi\mathrm{d}l \tag{8.26}$$

式中 $\psi = M/EI$ = 曲率。

角 $\theta = \mathrm{d}y/\mathrm{d}x$ 和 $\mathrm{d}\theta/\mathrm{d}x = \mathrm{d}y^2/\mathrm{d}x^2$；$y$ 是挠度。图 7.5(b)中规定了 x，y 的正方向。图 7.5(b)所示角的变化和弯矩分别为负的和正的。

当我们想求出外荷载之外其他原因(如梁顶面与底面之间的温度差)所引起的位移时，可以应用式 8.26。式 8.26 的应用将在例题 8.6 中说明。

例 8.3 带悬臂端的简支梁

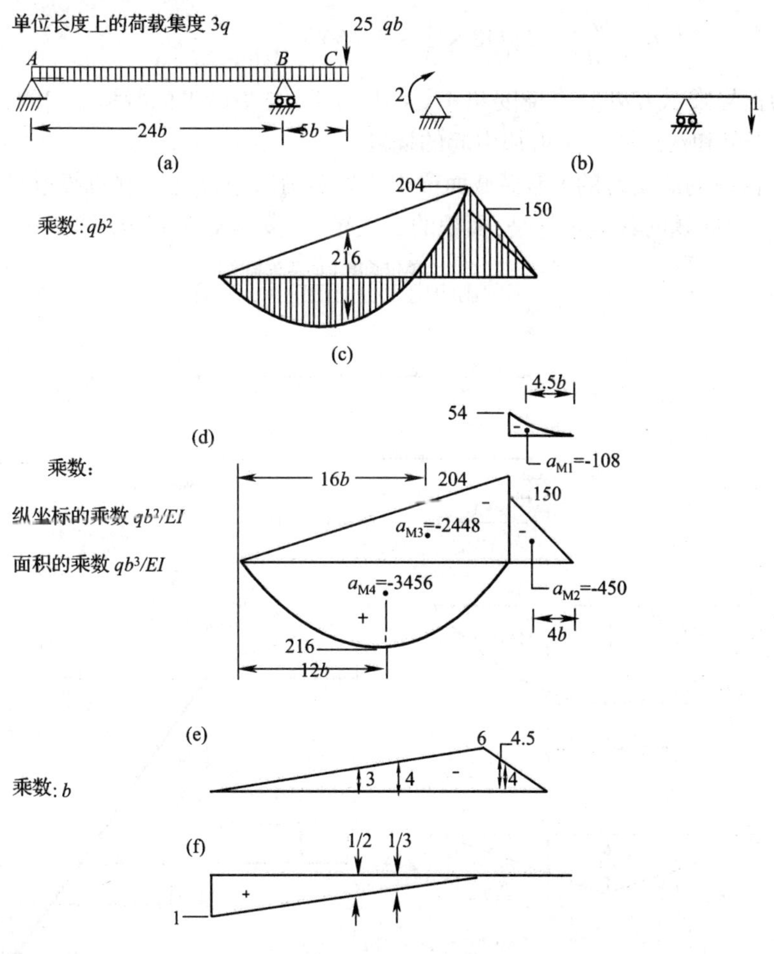

图 8.8 例题 8.3 梁的分析

(a)梁；(b)坐标系；(c)M 图；(d)面积和 M/EI 图；(e)M_{u1} 图；(f)M_{u2} 图。

图 8.8(a)表示一根带有悬臂端的梁 ABC。试求出 C 处的竖直挠度 D_1 和 A 处的转角 D_2。梁具有恒定的 EI。仅需要求出由于弯曲所引起的变形。

弯矩图示于图 8.8(c)中,其纵坐标绘于梁的受拉侧。图 8.8(e)和(f)分别说明坐标 1 处和 2 处单位竖直力和单位力矩所引起的弯矩。因为梁的面积的二次矩为常数,可以对 M 图而不对 $M/(EI)$ 图进行面积的计算和形心位置的确定并将所得的值用 EI 去除。将 M 图分成容易确定面积和形心的若干个部分,其附加条件是相应于每一部分的 M_{uj} 图为一直线。这些面积和它们的形心均已示于图 8.8(d)中(参见附录 F)。注意,对正弯矩图的面积给一正号,而且仅需要确定沿梁方向的形心的位置。

第二步,我们需要求出相应于每一面积形心处 M_{uj} 图的纵坐标(见图 8.8(e)和(f))。

利用式 8.7 给出位移 D_1 和 D_2,积分可借助式 8.10 对 M 图的各部分来求算。这样

$$D_j = \sum a_M \bar{M}_{uj}$$

式中 $\bar{M}_{uj}$ 表示弯矩图形心处的纵坐标。因此

$$D_1 = \frac{qb^4}{EI}(108 \times 4.5 + 450 \times 4 + 2,448 \times 4 - 3,456 \times 3) = \frac{1,710}{EI}qb^4$$

和
$$D_2 = \frac{qb^3}{EI}\left(-2,448 \times \frac{1}{3} + 3,456 \times \frac{1}{2}\right) = \frac{912}{EI}qb^3$$

D_1 和 D_2 的正号表示 C 处竖直挠度和 A 处沿图 8.8(b)中诸坐标所示方向的转角。

例 8.4 在深梁和浅梁中由于剪切引起的挠度

试求受均布荷载的简支跨的 I 形横截面梁中心处剪力对总挠度影响与弯矩对总挠度的影响之比(图 8.9(a))问题的其他条件是:面积的二次矩 $=I$;$a_r \approx a_w =$ 腹板面积;$G/E = 0.4$;跨度

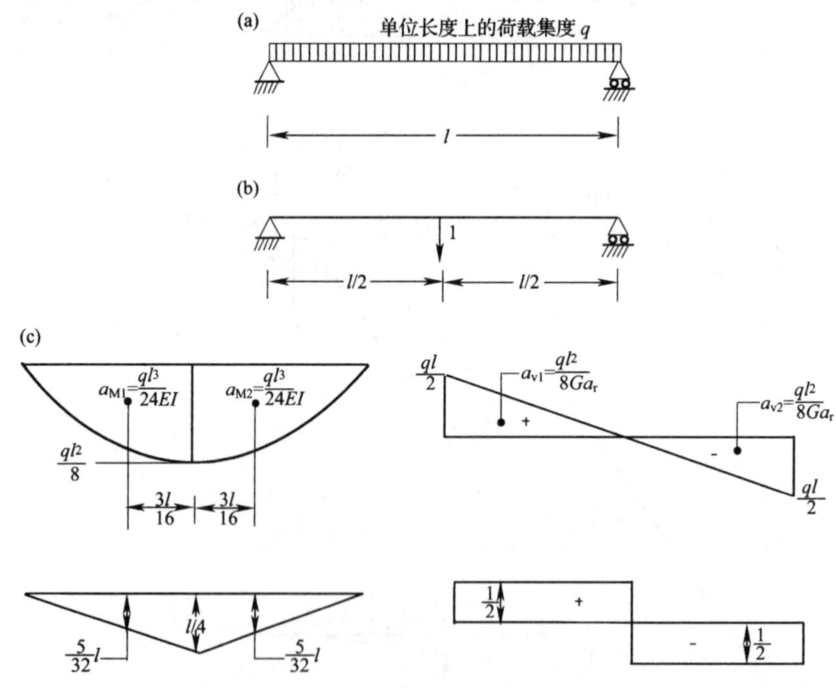

图 8.9 例题 8.4 的梁

(a)梁;(b)坐标系;(c)M 图;(d)M_{u1} 图;(e)V 图;(f)V_{u1} 图。

$=l$;荷载强度 $=q$(单位长度。)

图 8.9(c)和(e)表示由于真实荷载所引起的弯矩图和剪力图。在待求挠度的坐标 1 处作用单位虚荷载(图 8.9(b))。相应的弯矩图 M_{u1} 和剪力图 V_{u1} 示于图 8.9(d)和(f)中。

现在将 M 图和 V 图分成这样两部分,以至 M_{u1} 图和 V_{u1} 图的相应分段均为直线,然后确定相应于 M 图和 V 图中两部分形心的纵坐标 $\bar{M}_{u1}$ 和 $\bar{V}_{u1}$。

中央处的总挠度为

$$D_1 = \int \frac{M_{u1}M\mathrm{d}l}{EI} + \int \frac{V_{u1}V\mathrm{d}l}{Ga_r} \tag{8.27}$$

此式中,弯曲引起的挠度为

$$\int \frac{M_{u1}M\mathrm{d}l}{EI} = \sum a_M\bar{M}_{u1} = 2\left(\frac{ql^3}{24EI}\right)\left(\frac{5l}{32}\right) = \frac{3}{384}\frac{ql^4}{EI}$$

剪切引起的挠度为

$$\int \frac{V_{u1}V\mathrm{d}l}{Ga_r} = \sum a_V\bar{V}_{u1} = 2\left(\frac{ql^2}{8Ga_r}\right)\left(\frac{1}{2}\right) = \frac{ql^2}{8Ga_r}$$

因此

$$\frac{\text{剪切引起的挠度}}{\text{弯曲引起的挠度}} = 9.6\left(\frac{E}{G}\right)\left(\frac{I}{l^2a_r}\right) \tag{8.28}$$

此式对于承受均布荷载的任何横截面的简支梁都是成立的。在我们这种情况下,代以 $G=0.4E$ 和 $a_r=a_w$,对于 I 形截面的钢梁我们求出:

$$\frac{\text{剪切引起的挠度}}{\text{弯曲引起的挠度}} = 24\left(\frac{I}{l^2a_w}\right) = C\left(\frac{h}{l}\right)^2 \tag{8.29}$$

式中 h 为 I 形截面的高度,而

$$C = \frac{24I}{a_wh^2} \tag{8.30}$$

我们可以看出,C 值取决于截面的特性。对于梁中通常采用辊轧型钢,C 于 7 和 20 之间变化。

我们可以注意,大多数实践中,I 梁的高—跨比 h/l 介于 1/10 与 1/20 之间。对于 $G/E=0.4$,高—跨比 $h/l=1/5$,1/10 和 1/15,承受均布荷载的矩形横截面简支梁,其剪切挠度值分别为弯曲所产生挠度的百分之 9.6%,2.4% 和 1.07%。在板梁中,由于剪切引起的挠度为弯曲所引起挠度的 15% ~25%。

例 8.5 利用等效节点荷载进行挠度计算

考虑图 8.10(a)中所示承受均布荷载的简单梁 AB。在例题 8.4 中,我们用实际荷载求出了中央处的挠度。在本例中将应用等效节点荷载确定中央处的挠度和支承处的转角。由于剪力引起的挠度略去不计。

需要求位移的坐标系于图 8.10(b)中,图 8.10(c)给出上于约束梁上实际荷载所引起的固端力。这些力的合力反过来作用于实际结构上,如图 8.10(d)所示。由于反过来的荷载所引起的弯矩给于图 8.10(e)中,由于坐标 1 和 2 处单位力所引起的弯矩图绘于图 8.10(f)和(g)中。

$$D_1 = \int \frac{M_{u1}M\mathrm{d}l}{EI} = 2\left(\frac{ql^3}{96EI}\times\frac{1}{8} + \frac{ql^3}{32EI}\times\frac{1}{6}\right) = \frac{5ql^4}{384EI}$$

和

$$D_1 = \int \frac{M_{u2}M\mathrm{d}l}{EI} = 2\left(\frac{ql^3}{96EI} + \frac{ql^3}{32EI}\right)\frac{1}{2} = \frac{ql^3}{24EI}$$

显然,这些值与附录 B 中所列的值相同。

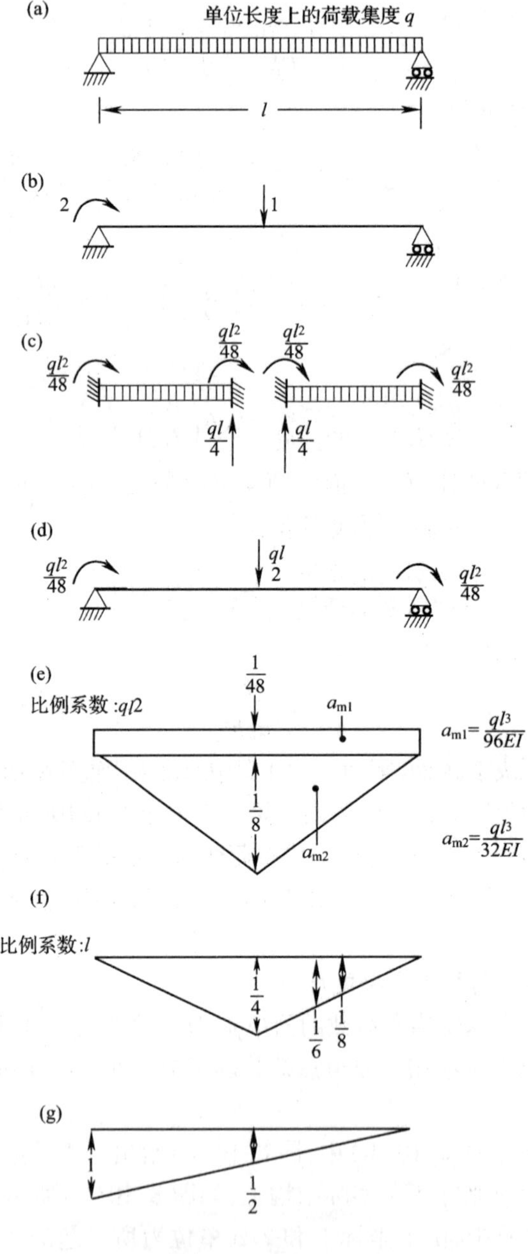

图 8.10 例题 8.5 的梁

(a)梁荷载;(b)坐标系;(c)约束情况;

(d)实际结构的约束力;(e)M 图;(f)M_{u1} 图;(g)M_{u2} 图。

例 8.6 温度变化引起的挠度

试求长度为 l,高度为 h 的简支梁(图 8.11(a))由于梁顶与梁底之间的温度成线性变化上升(图 8.11c)所引起的中央处的挠度。热膨胀系数为 α(每一度)。

考虑图 8.11(c)所示长度为 dl 的单元 $ABCD$。假设 AB 的位置固定,这样是方便的。然后温度上升将引起的 CD 移至 $C'D'$。CD 对 AB 的转角为

$$\mathrm{d}\theta = \frac{\alpha t \mathrm{d}l}{h} \tag{8.31}$$

图 8.11(d)表示在相应于跨中竖直挠度的坐标 I 处单位虚荷载(图 8.11(b))所引起的弯矩 M_{u1} 图。将式 8.31 代入式 8.26。

$$D_1 = -\frac{\alpha t}{h}\int M_{u1}\mathrm{d}l$$

积分 $\int M_{u1}\mathrm{d}l$ 为 M_{u1} 图的下面的面积,亦即

$$\int M_{u1}\mathrm{d}l = \frac{l^2}{8}$$

从而

$$D_1 = -\frac{\alpha t l^2}{8h}$$

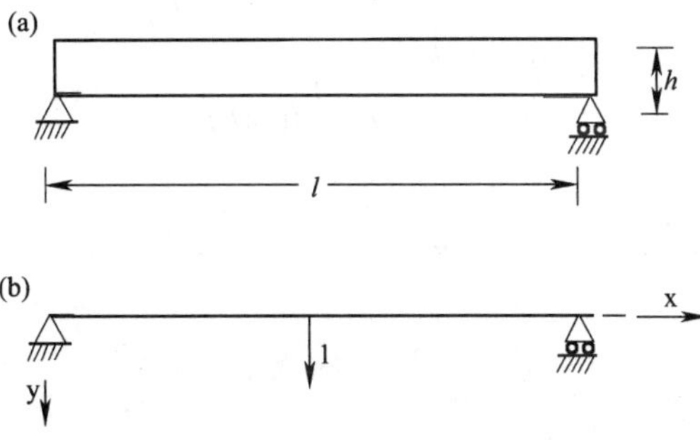

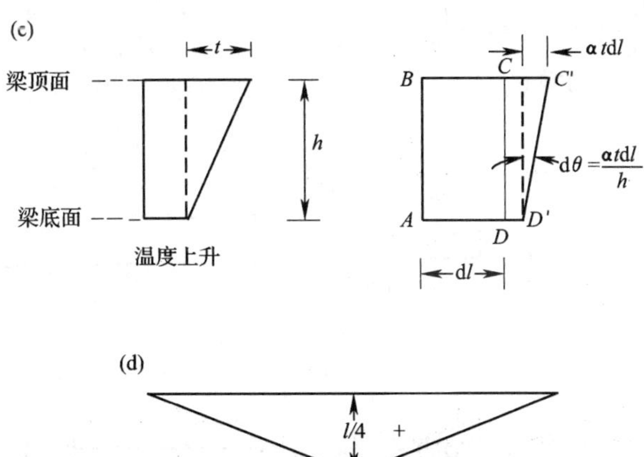

图 8.11 例题 8.6 的梁

(a)梁;(b)坐标系;(c)单元 dl 长度的变形;(d)M_{u1}图。

负号表示该挠度沿坐标 1 的相反方向，亦即向上（可以）。

例 8.7　弯扭组合效应

图 8.12（a）中所示的管 ABC 是由位于同一水平面内的 AB 和 BC 组成的悬臂结构。自由端 C 处作用竖直荷载。试求由弯曲和扭转所引起的 C 处的竖直挠度。整根管系数恒定。取 $G=0.4E$ 和 $J=2I$。

相应于真实荷载的 M 图和 T 图示于图 8.12（c）和（d）中，这些图中已示出面积和它们的形心位置。坐标 1 处作用单位虚荷载，亦即垂直于需要求挠度的 C 处。相应于虚荷载的 M_{u1} 图和 T_{u1} 图示于图 8.12（（e）和（f）中。

应用式 7.4，但是只包括弯矩项和扭矩项，我们得：

$$D_1 = \int \frac{M_{u1}M}{EI}\mathrm{d}l + \int \frac{T_{u1}T}{GJ}\mathrm{d}l$$

应用式 8.10 和式 8.12 求算 AB 部分和 BC 部分的积分，然后加起来，我们得到

$$\begin{aligned} D_1 &= \sum a_M \overline{M}_{u1} + \sum a_T \overline{T}_{u1} \\ &= \left(-\frac{4.5Pb^2}{EI}\right)(-2b) + \left(-\frac{0.5Pb^2}{EI}\right)\left(-\frac{2b}{3}\right) + \left(-\frac{3.0Pb^2}{GJ}\right)(-b) \end{aligned}$$

或

$$D_1 = 9.33\frac{Pb^3}{EI} + \frac{3.00Pb^3}{GJ}$$

现在

$$GJ = 0.8EI$$

代入，得

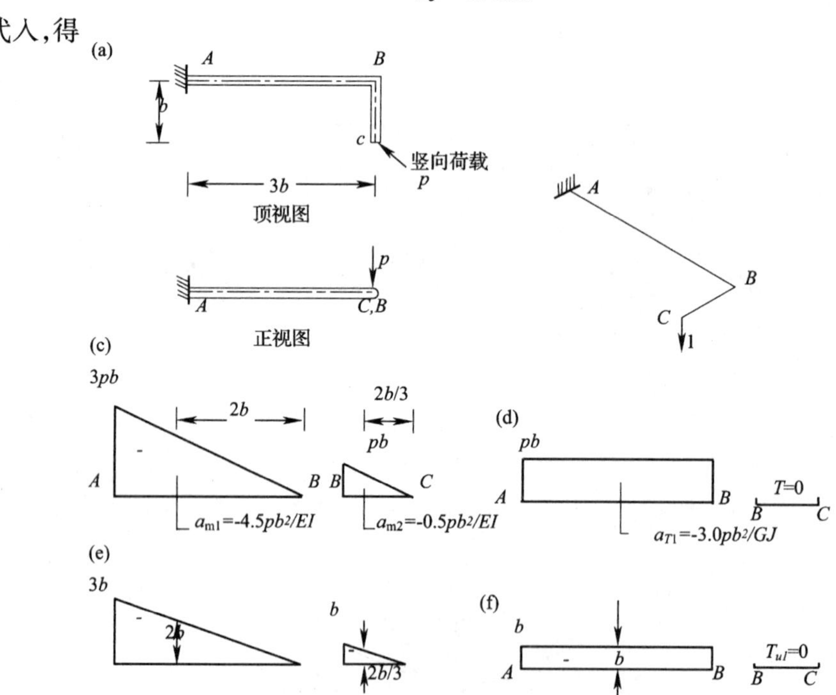

图 8.12　例题 8.7 的管

（a）管；（b）坐标系；（c）M 图；（d）T 图；（e）；M_{u1} 图；（f）T_{u1} 图。

$$D_1 = 13.08 \frac{Pb^3}{EI}$$

例 8.8 平面框架:由弯曲变形、轴向变形和剪切变形引起的位移

图8.13(a)所示的刚架结构是由如下所给尺寸的I形截面的钢材所组成的:$a = 134 \times 10^{-6} l^2$,$a_r = a_{web} = 65 \times 10^{-6} l^2$,且$I = 53 \times 10^{-9} l^4$ 同样,$G = 0.4E$。

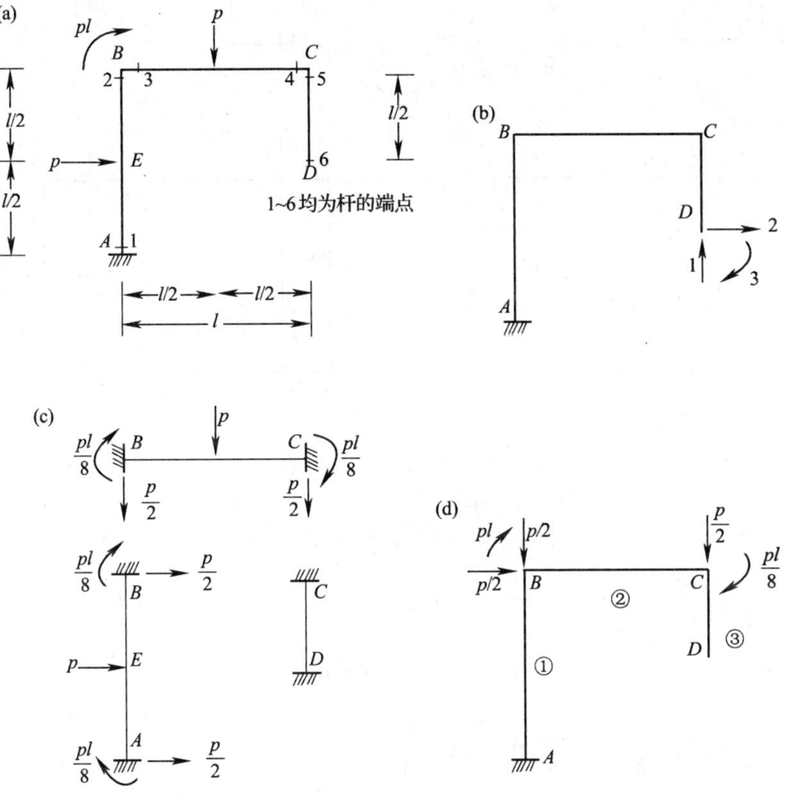

图 8.13 I形截面的刚架结构

求弯曲变形,轴力引起的变形和剪切变形对图8.13(b)的3个坐标轴向的位移的影响。

首先,我们在节点A,B,C,D处用等效荷载代替实际力。为此,约束节点(图8.13(c))且利用附录C的公式确定固端力。这些力叠加到节点处的实际力,但方向相反(例题只有力偶Pl)以获得图8.13(d)所示的等效荷载,我们进而找出等效荷载引起的位移。

利用式8.10、8.11和8.13确定3个变形分量。我们可以用等效荷载也可以用实际荷载来分析。

(a)弯曲变形弯矩图如图8.14所示。对于等效节点荷载引起的弯矩M_s是单位和由单位荷载独立的作用在各坐标引起的弯矩M_{u1}, M_{u2}, M_{u3}荷载引起的。我们利用式8.10:

$$D_j = \int M_{uj} \frac{M_s}{EI} \mathrm{d}l \qquad j = 1,2,3$$

我们应用式8.15来计算杆件AB,BC和CD积分:

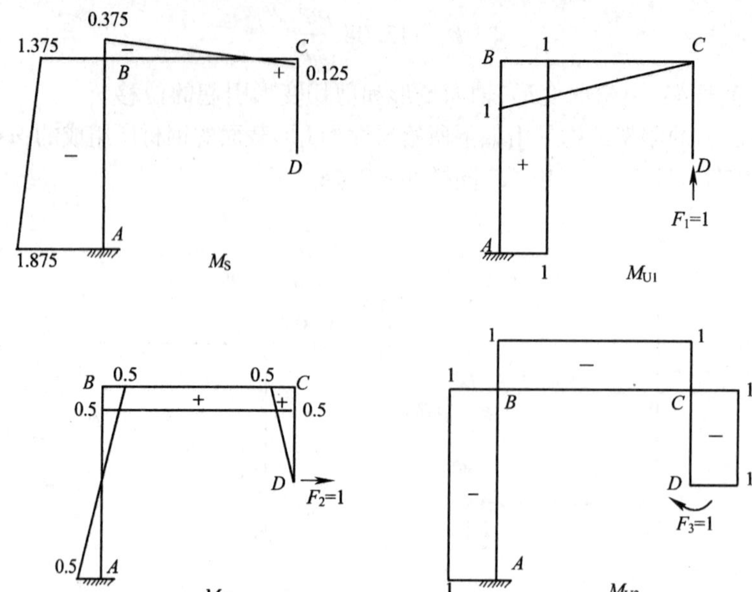

图 8.14　在图 5.2(a)中采用力法分析

(M_s 是放松结构由图 8.12(d)所示等效荷载引起的弯矩;

M_{u1}, M_{u2}, M_{u3} 是坐标 1,2,3 处由单位荷载引起的弯矩是等效荷载引起的)

$$D_1 = \frac{Pl^3}{EI}\left[\begin{array}{l}\frac{1}{6}(-2\times1.875\times0.5-2\times1.375-1.375\times1-1.875\times1)\\ +\frac{1}{6}(-2\times0.375\times1+0.125\times1)\end{array}\right]$$

$$= -1.729\frac{Pl^3}{EI} = -32.63\times10^6\frac{P}{EI}$$

$$D_2 = \frac{Pl^3}{EI}\left[\begin{array}{l}\frac{1}{6}(2\times1.875\times0.5-2\times1.375\times0.5+1.375\times0.5-1.875\times0.5)\\ +\frac{1}{6}(-2\times0.375\times0.5-0.125\times0.5-0.375\times0.5+0.25\times0.5)\end{array}\right]$$

$$= -20.83\times10^{-3}\frac{Pl^3}{EI} = -393.1\times10^3\frac{P}{EI}$$

$$D_3 = 1.75\frac{Pl^2}{EI} = 33.02\times10^6\frac{P}{EI^2}$$

因为 M_{u3} 是常数,所以 D_3 的积分就等于 M_s/EI 的最小值。

(b)轴力引起的变形。等效节点荷载在杆上引起轴力,AB 杆为 $-P$,其他杆为 0。单位荷载 $F_1=1$ 在 AB 杆产生 $+1$ 的轴力,在其他杆则为 0。因此式 8.13 就得出

$$D_1 = -\frac{Pl}{Ea} = -7.463\times10^3\frac{P}{El}$$

$$D_2 = 0$$

$$D_3 = 0$$

(c)剪切变形。等效节点荷载在杆上产生剪切力,AB 杆和 BC 杆为 $P/2$,CD 杆为 0。3 × 3

在 BC 杆中产生 -1 的剪切力,其他杆为 0。$F_2=1$ 在 AB 杆中产生 $+1$ 的剪切力,BC 杆为 0,DC 杆为 -1。$F_3=1$ 不产生剪切力。由式 8.11 得出:

$$D_1=-0.5\frac{Pl}{Ga_r}=-19.23\times10^3\frac{P}{El}$$

$$D_2=0.5\frac{Pl}{Ga_r}=19.23\times10^3\frac{P}{El}$$

$$D_3=0$$

在该例中,对 3 种变形引起的位移进行比较,弯曲引起的位移要比轴力和剪切引起的位移大的多。在大多数实际情况下都是这样的。因此轴向变形和剪切变形引起的位移常被忽略。

例 8.9 平面桁架:单位荷载定理确定柔度矩阵

确定例 8.8 中刚架如图 8.13(b)所示 3 个坐标的柔度矩阵。只考虑弯曲变形。在例题 5.2中,我们采用位移法分析图 8.13(a)这样的刚架,但 D 端被完全固定。例 8.8 的计算和该例的 1 到 3 步是采用力法解决的。通过几何式 4.11 来获得力$\{F\}$,D 处的无功分量将消除 3 个坐标方向的位移。

当只考虑弯曲变形时,柔度矩阵的单元由式 8.5 得出:

$$f_{ij}=\int\frac{M_{ui}M_{uj}}{EI}\mathrm{d}l \tag{8.32}$$

单位力产生的弯矩图如图 8.14(b)、(c)和(d)所示,我们利用式 8.32 导出 3×3 柔度矩阵下三角单元。由式 8.10 和式 8.15 或附录 H 计算积分。

$$[f]=\frac{1}{EI}\begin{bmatrix}(4/3)l^2 & 0.25l^2 & -1.5l\\ 0.25l^2 & 0.375l^2 & -0.625l\\ -1.5l & -0.625l & 2.5\end{bmatrix}$$

下面计算,对 AB 杆采用式 8.15,对 BC 和 CD 杆采用式 8.10:

$$f_{22}=\frac{l^3}{EI}\Big[\frac{1}{6}(2\times0.5\times0.5+2\times0.5\times0.5-2\times0.5\times0.5)+0.5\times0.5+\frac{1}{6}\times0.5\times0.5\Big]$$

$$=0.375\frac{l^3}{EI}$$

应用几何式 4.11 并得出结果(引用例题 8.8 得到的$\{D\}$值):

$$[f]\{F\}=-\{D\}$$

$$\frac{l}{EI}\begin{bmatrix}(4/3)l^2 & 0.25l^2 & -1.5l\\ 0.25l^2 & 0.375l^2 & -0.625l\\ -1.5l & -0.625l & 2.5\end{bmatrix}\{F\}=-\begin{Bmatrix}-1.729l\\ -20.83\times10^{-3}l\\ 1.75\end{Bmatrix}\frac{Pl^2}{EI}$$

$$\{F\}=P\{1.219,-1.208,-0.2708L\}$$

因为希望利用这些无功分量来验证例题 5.2 中位移法确定的弯矩图(图 5.2(h)),为此,注意必须使用实际荷载而不是等效节点荷载。

例 8.10 平面桁架:采用力法分析

求出图 8.15(a)所示桁架杆件上的力:(i)力 P,(ii)温度上升 T。各杆的弹性模量 E,横截面积 a 和热膨胀系数 α 都是相等的。

我们按力法的 5 个步骤(4.6 节):第一步,截断一根杆,使结构放松。第二步:利用式8.20

或 8.21 计算坐标 D_1 的位移。

$$(D_1)_i=\sum\left(\frac{N_{u1}N_s}{Ea}l\right)_i$$

$$=\frac{1}{Ea}\left[P\sqrt{2}(1)l\sqrt{2}-P\left(-\frac{1}{\sqrt{2}}\right)l\right]=2.707\frac{Pl}{Ea}$$

$$\Delta_{ti}=\alpha Tl_i$$

$$(D_1)_{ii}=\sum(N_{u1}\Delta_t)_i$$

$$=\alpha T\left[3\left(-\frac{1}{2}\right)l+2(1)\sqrt{2}l\right]=0.707\ 1\alpha Tl$$

下标 i 表示任意杆，总和针对所有杆。

第三步：确定柔度矩阵 $[f]_{1\times1}$（式 8.6）

$$f_{11}=\sum\left(N_{u1}^2\frac{l}{Ea}\right)_i=\frac{l}{Ea}\left[3\left(-\frac{1}{\sqrt{2}}\right)^2l+2(1)^2l\sqrt{2}\right]=4.328\frac{l}{Ea}$$

第四步：求解几何方程（见式 4.11）

$$[F_{1i}\quad F_{1ii}]=[f_{11}]^{-1}[-D_{1i}\quad -D_{1ii}]$$

$$[F_{1i}\quad F_{1ii}]=\left[4.328\frac{l}{Ea}\right]^{-1}\left[-2.707\frac{Pl}{Ea}\quad 0.707\ 1\alpha Tl\right]=[-0.625P\quad -0.163Ea\alpha T]$$

第五步：验证，$\{N_s\}$ 和 $(-0.625P)\{N_{u1}\}$（图 8.15c 和 d）叠加起来就得出 i 情况下实际结构的内力（图 8.14e）。对 ii 情况而言，实际结构的力就等于 $(-0.163Ea\alpha T)\{N_{u1}\}$（图 8.15（f）。

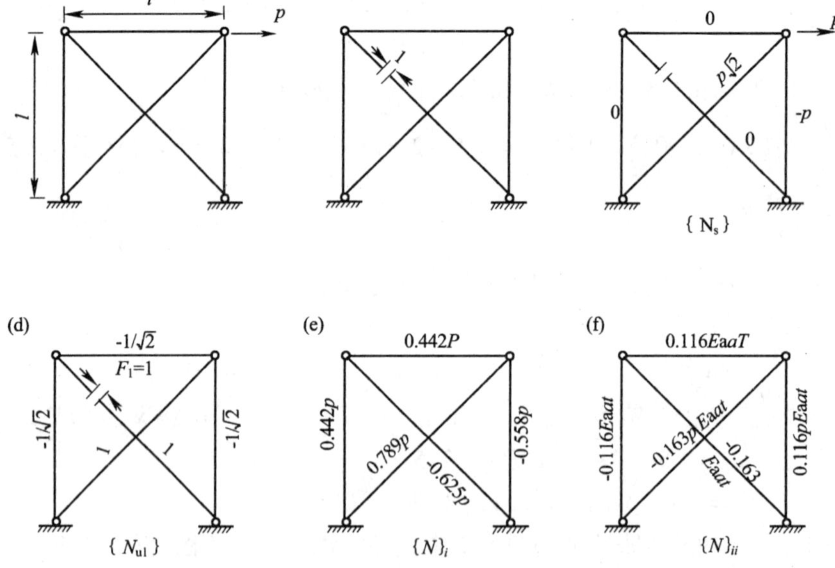

图 8.15　例题 8.10，用力法对平面桁架的分析

(a)尺寸和施加的荷载；(b)放松结构和坐标系；

(c)放松结构由给定荷载引起杆件上的力；(d)在放松结构上由 $F_1=1$ 引起杆件上的力；

(e)和(f)实际结构分别在 i 情况和 ii 情况下的轴力。

8.9　小　　结

虚功法是普遍应用的,它可以用于计算静定的或静不定的平面的和空间的结构之位移。然而,所有情况下都必须首先分析结构,确定出应力合力。该方法的基础是联系处于平衡力系与相容位移系的虚功原理。

在应用虚功法的一般情况下,有轴向力、弯矩、剪力和扭矩4种应力合力影响位移,在铰结桁架中,轴向力是惟一的影响因素。虚功表达式中包括两个函数的乘积的积分,这种积分可利用一个函数一般是线性的这一有利条件方便地求算出来。

为了在框架中应用虚功法且(框架上诸荷载常常作用于杆上任一点处),采用与真实荷载下所求位移的各节点处产生相同位移的等效节点荷载去代替实际荷载,这是方便的。

确定梁和框架挠度的过程是容易做到的。在框架中位移主要为弯矩所引起,其他内力往往略去不计。有些情况下,比如在板梁中,仍然可以证明是正确的。

本章中诸例题限于等截面的直杆结构。然而虚功法也可以用于带有曲杆和变截面的结构。这样做的一种途径是将实际结构近似地表达为由等截面直段组成的结构。

值得注意的是,虚功法可以考虑所有4种内力,而第9章中所讨论的其他方法只考虑一种或其它类型的应力合力。

习　　题

8.1　试用虚功法求图中所示桁架节点 H 的竖直挠度 D_1 和节点 O 与 B 沿 OB 方向的对平动。各杆长度的变化(英寸或厘米)已示于图中。

8.2　试求图中代表杵架节点 C 和 B 相对平动的坐标1处之位移。假设所有杆的 $l/(Ea)$ 均相同。如果加上具有与其他杆相同 $l/(Ea)$ 值的杆 CB,试问由于相同荷载所引起诸杆中的力是多少?

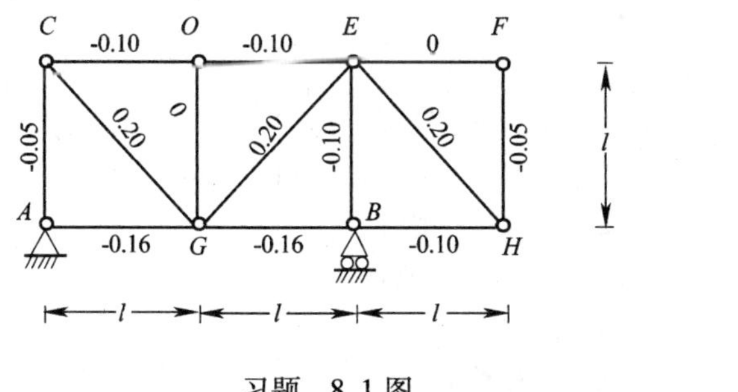

习题　8.1图

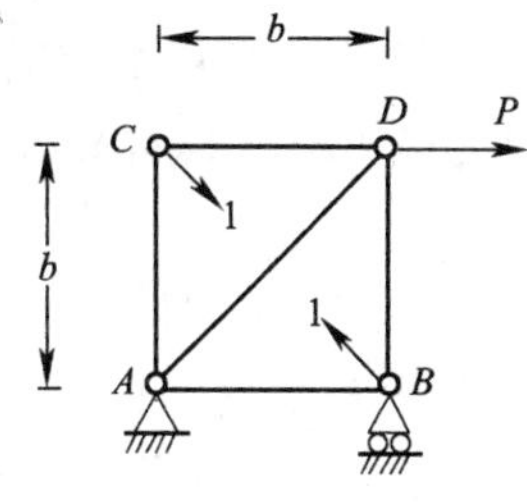

习题　8.2图

8.3　试求图中所示空间桁架沿力 P 作用线的位移。所有杆的 Ea 值均相同。

8.4　对图中所示平面桁架,试求:(a)所给荷载下 F 处产生的竖直挠度;(b)卸载桁架中如果 EF 缩短 $b/2\,000$ 时 E 处的上拱度;(c)如果在 C 和 F 之间加上一根杆,并且桁架承受所给荷载时所有杆的力。考虑所有杆的 Ea 恒定。

8.5　英制单位。对图中所示平面桁架,试求:

(a)由于荷载 P 所引起 C 处的挠度;

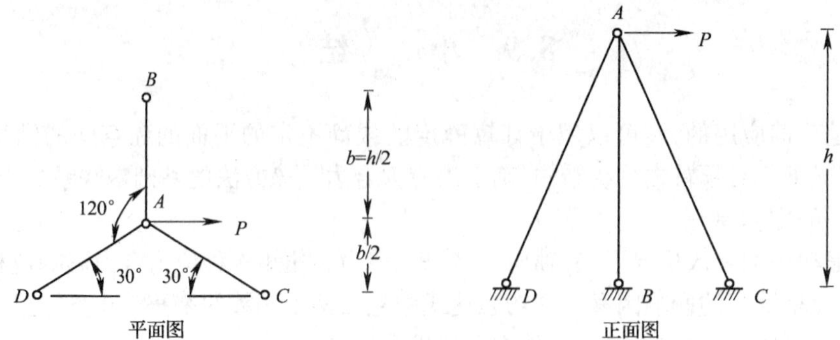

习题 8.3 图

(b)卸载桁架中如果 *DE* 和 *EC* 每一杆均缩短 1/8 英寸时 *C* 处的竖直挠度;

(c)如果在 *B* 和 *D* 之间加上一根横截面积为4(英寸)^2 的杆,并且桁架承受荷载 *P* 时所有杆力。

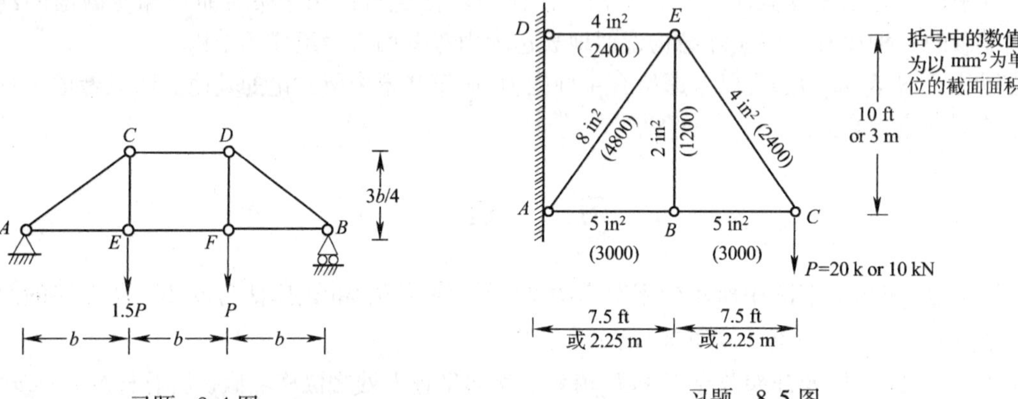

习题 8.4 图

习题 8.5 图

假设 $E=300\ 00$ 千磅,各杆的横截面积已示于图中。

8.6 国际单位。对于图示平面桁架,找出

(a)荷载 *P* 在 *C* 点引起的挠度;

(b)若杆 *DE* 和 *EC* 都缩短了 3 mm,无荷载桁架在 *C* 点的竖向挠度;

(c)若 *B*、*D* 之间加一根挠横截面为 2 400 mm^2 的杆,且桁架施加荷载 *P* 的所有杆的力,设 $E=200\ \text{GN/m}^2$。假定 $E=200\ \text{GN/m}^2$,杆的横截面面积如图所示。

8.7 试求图示桁架中全部杆的力。假设所有杆的 $l/(Ea)$ 均相同。

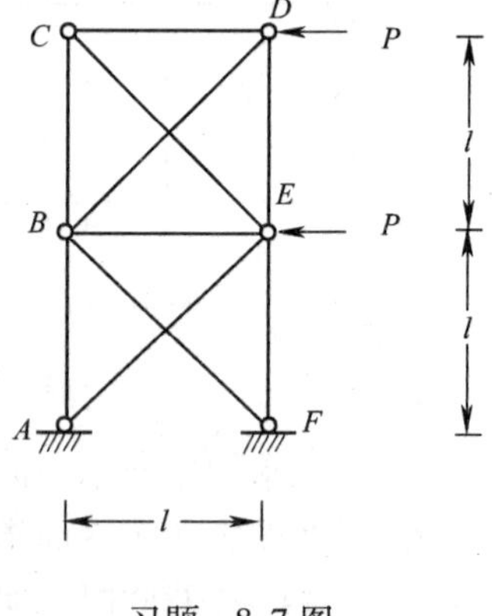

习题 8.7 图

8.8 分别确定习题2.2 的空间桁架 *A* 节点出 x,y,z 方向的位移 D_1,D_2 和 D_3,设所有杆件的 Ea = 常数。

8.9 截断 *AC*,*BD*,*AH*,*BE*,*CF* 和 *DG* 杆,使习题3.14 的静不定空间桁架放松。分别找出节点 *A* 在 x,y 方向上的位移 D_1,D_2,确定放松结构的挠度系数 f_{33}。坐标 3 表示 *AC* 杆截面的轴力或相对位移。设所有杆的 Ea 值相等。

8.10 找出所示平面桁架的力，桁架受到仅 ABC 温度下降 T 度及力 P 的联合作用，设所有杆的 Ea 为常数和 $\alpha T = P/aE$，式中 α 为热膨胀系数，只计算图中 1 ~6 杆。

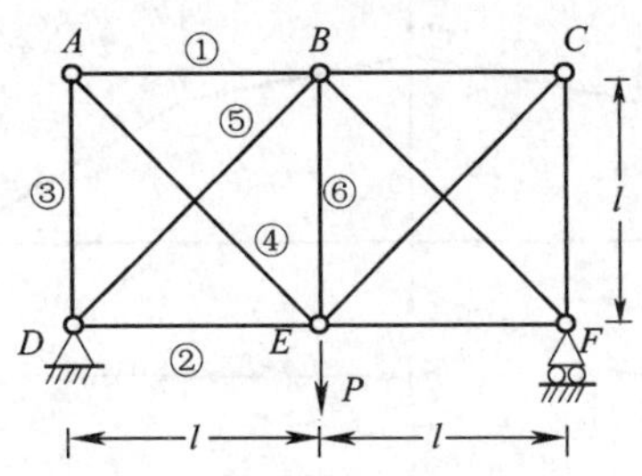

习题 8.10 图

8.11 对图示空间桁架，确定杆受到的力和节点 A 由水平力 P 引起的 y 方向的位移，设所有杆的 a 为常数。

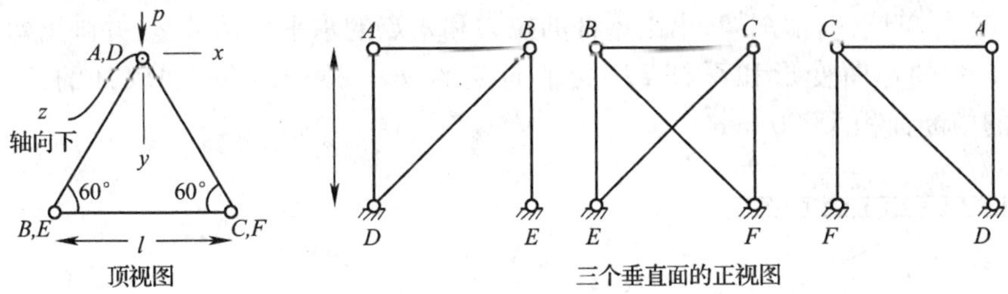

习题 8.11 图

8.12 试求所示梁的固端力矩。

8.13 试求所示梁的固端力矩。

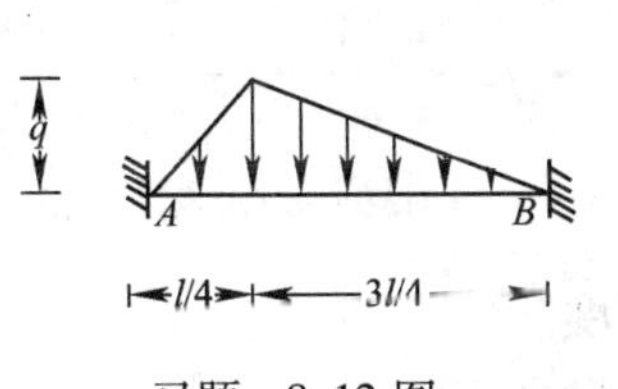

习题 8.12 图

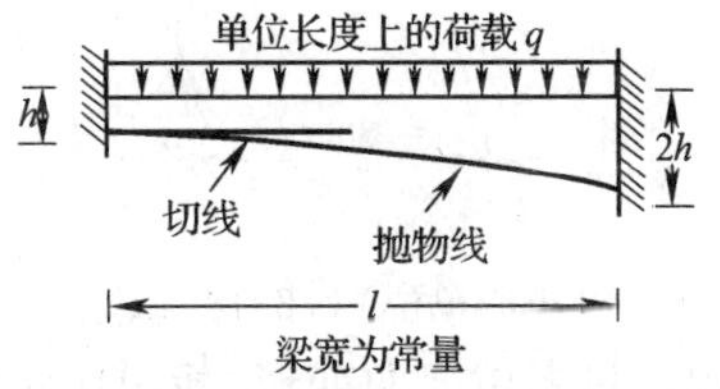

习题 8.13 图

8.14 试求相应于图中所示梁上坐标 1 和 2 的柔度矩阵，只考虑弯矩变形。应用式 8.32 来验证式 8.15 得出的积分和验证式 8.18 的答案。

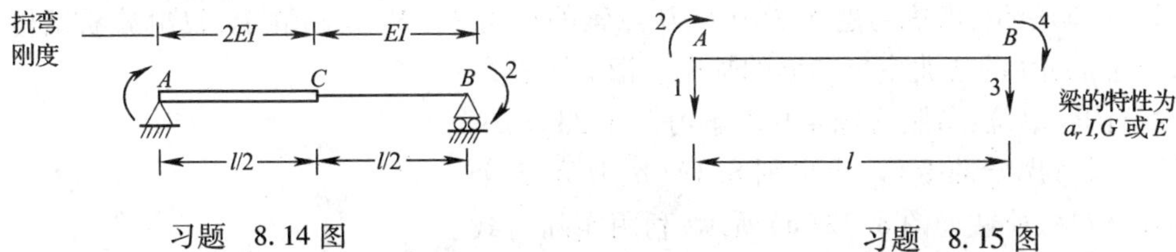

习题 8.14 图　　　　习题 8.15 图

8.15 假设梁 AB 的位移在所示诸坐标中的任何两个坐标处被约束，试求相应于另个两个坐标的柔度矩阵(考虑弯曲变形和剪切变形)。应用此矩阵去导出相应于 4 个坐标的刚度矩阵。本习题的解已示于第 15.2 节中。

8.16 试求所示系杆拱的弯矩图，仅考虑拱的弯曲变形和系杆的轴向变形。试问系杆中的力是多少（对于拱系杆 $Ea=(43/b^2)EI$）？

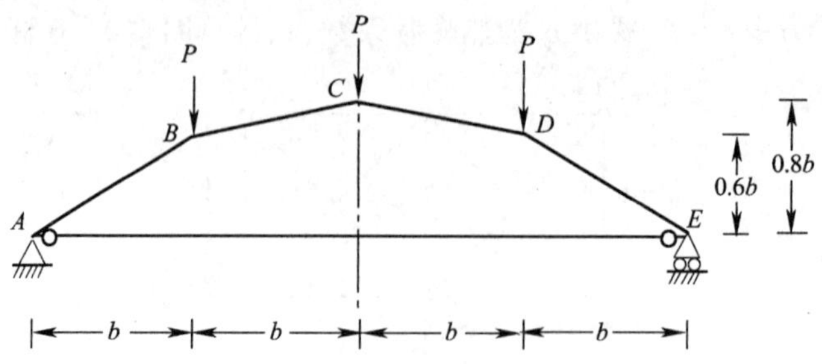

习题　8.16 图

8.17　英制单位：试用力法求图中所示拉杆中的拉力和框架 A 处的水平反力分量，并绘出弯矩图。在框架 $ABCD$ 中仅考虑弯曲变形，在拉杆 BD 中仅考虑轴向变形。$E=30,000$ ksi；对于 $ABCDE$，$I=8\ 000$ in^4；拉杆的面积 $=8$ in^2。

8.18　国际单位：图示钢架，求出系杆的拉力和 A 点的水平无功分量，并画出弯矩图，只考虑钢架 $ABCDE$ 的弯曲变形和系杆 BD 的轴向变形，$E=200$ GN/m^2，$ABCD$ 的 $I=3.1\times10^9$ mm^4，系杆的横断面积 5 000 mm^2。

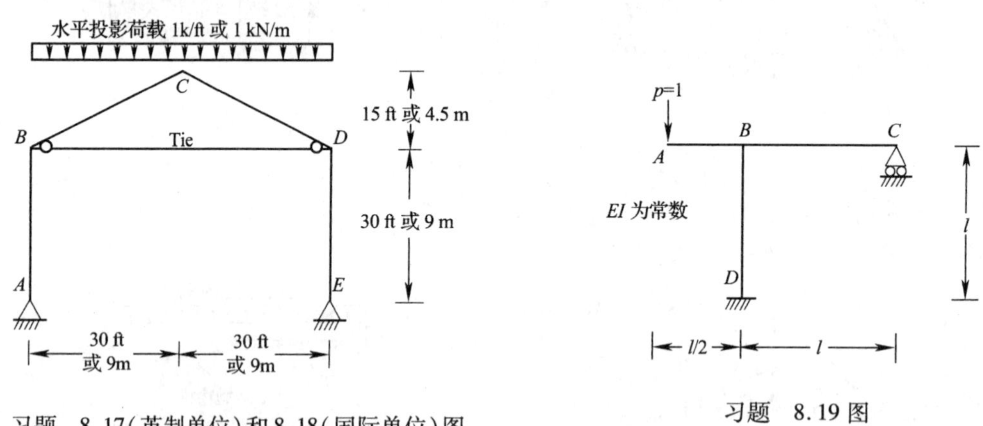

习题　8.17（英制单位）和 8.18（国际单位）图

习题　8.19 图

8.19　只考虑变曲变形，找出所示钢架 A 点的竖向挠度。

8.20　用固定铰支座代替 C 点的辊轴支座，然后解习题 8.19。

8.21　找出 D 点的竖向挠度和梁在 A 点的旋转角度，只考虑弯曲变形。

8.22　例 5.2 中刚架 B，C 点沿 EC 方向的相对位移是多少？

8.23　英制单位：考虑习题 4.8 中 C，D 点索的拉力 F_1，F_2 为超静定，找出放松结构的柔度矩阵，只考虑 AB 的弯曲变形和索的轴向变形。

8.24　国际单位：参照习题 4.9 求解习题 8.23。

8.25　只考虑弯曲变形，求出图 8.12（b）所示 3 个坐标方向的位移，荷载如图 8.12（a）所示，利用实际荷载验证例 8.8 等效节点荷载所获得的答案的相同性。

8.26　给出直杆中心挠度：$y_{中心}=(\Psi_1+10\Psi_2+\Psi_3)l^3/96$，式中 Ψ_1 和 Ψ_3 是两个端点处的曲率，l 是两个端点间的距离，Ψ_2 是中间的曲率，Ψ 的变化设为二次抛物线。

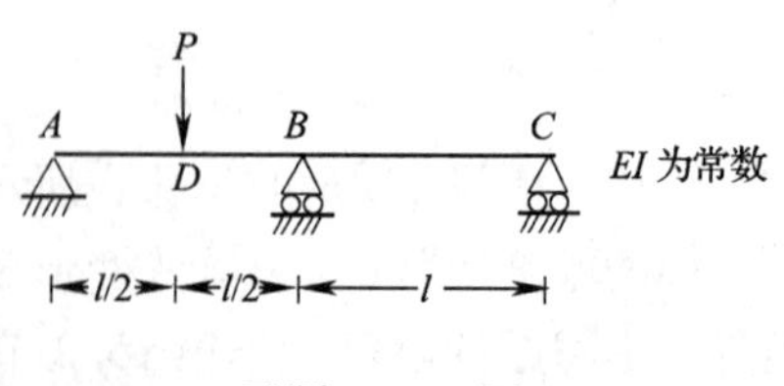

习题　8.21 图

这是 $\Psi = -\mathrm{d}^2y/\mathrm{d}x^2$ 积分后导出的几何关系，y 是挠度，x 是沿杆的距离，以左端为准，这个式由弹性荷重法更容易推出，采用等效集中荷载(图 10.11)。

在现实中，推导的式适用于连续梁和简支梁，当 Ψ 曲线变化时，梁的横截面积是常数或变化的。

8.27　图示：一根杆由两索支撑，索的拉力为 P，确定 E 点沿 x,y,z 正方向的位移 D_1, D_2, D_3，假设(a)两索都支撑；(b)只有 E 点的索支撑。考虑弯矩和扭矩引起的变形，设横截面为恒定中空圆，$EI = 1.3GJ$。

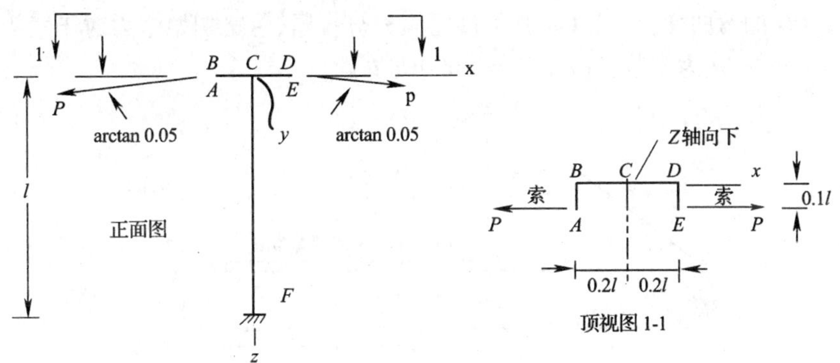

习题　8.27 图

8.28　示梁受到均匀荷载 q/单位长度，画出梁的弯矩图，梁的 EI 如图所示，A 点的竖向反力是多少？

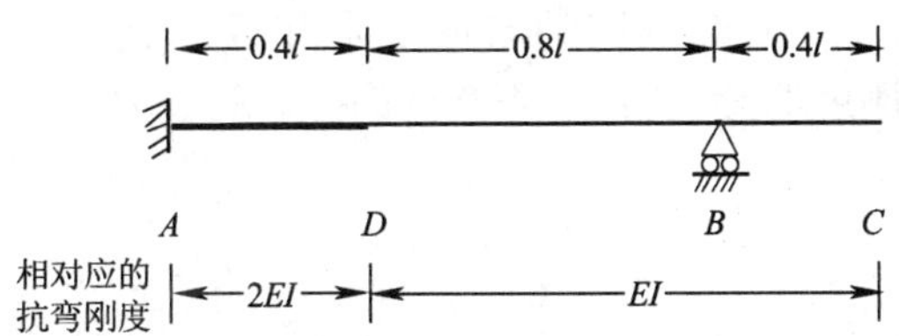

习题　8.28 图

8.29　只考虑 AB 的弯曲变形和 CD 的轴向变形，找出 B 点的无功分量，设 $(Ea)_{CD} = (20EI)_{AB}/l^2$，$A$ 点的挠度是多少？

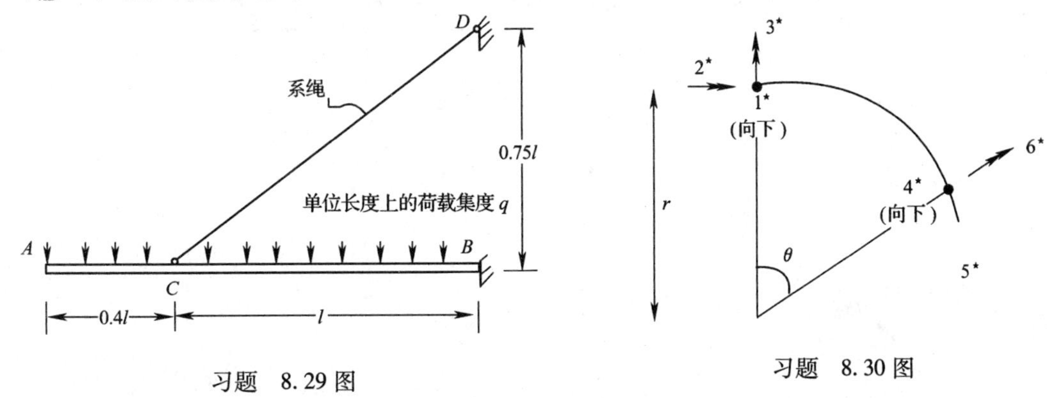

习题　8.29 图　　习题　8.30 图

8.30 图示水平格栅弧形杆的俯视图，确定杆自重引起的固端力，q/单位长度，$\theta=1$ 弧度，设横截面不变，$GJ/EI=0.8$，计算所示坐标方向的分量，只考虑弯曲变形和扭转变形。提示：中间惟一的静不定力是弯矩，由于对称性，扭矩和剪切力都为0。

8.31 图6.6(d)所示刚架受到集度为 q/单位长度的均布向下的荷载，画出其弯矩图，只考虑弯曲变形，设 EI 为常数，各杆的长度：$\{AB,BF,BC\}=l\{1.0,1.0,\sqrt{2}\}$。刚架关于过 C 点的纵向线对称，F 和 G 间距离为 $2l$。

8.32 中跨受到均匀荷载 q/单位长度，计算索力并画出 AC、BD 的弯矩图，只考虑索的轴向变形和 AC、BD 的弯曲变形，设初始张力使得索充分拉紧，忽略初始张力对于索刚度的影响，认为 AC 和 BD 杆的 EI 为常数。$(Ea)_{索}=2\,000EI/l^2$。

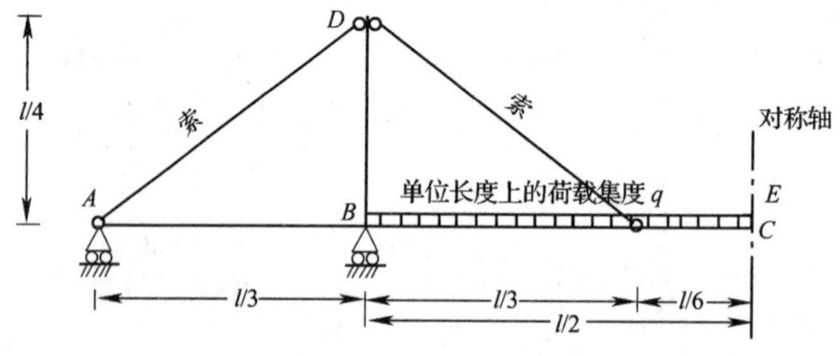

习题 8.32 图

8.33 图示一根烟囱 ABC 由索 BD，BE，BF 和 BG 拉着，找出 C 点力方向的力 P 在 A 产生的无功分量，求 C 点力方向上的位移，设变形后，索的初始张力使索充分拉紧，忽略初始张力对刚度的影响和索的自重，只考虑烟囱的弯曲变形和索的轴向变形，设 $(Ea)_{索}=(20/l^2)(EI)_{烟囱}$，初始张力对张力刚度的影响将在24章讨论（这里忽略）。

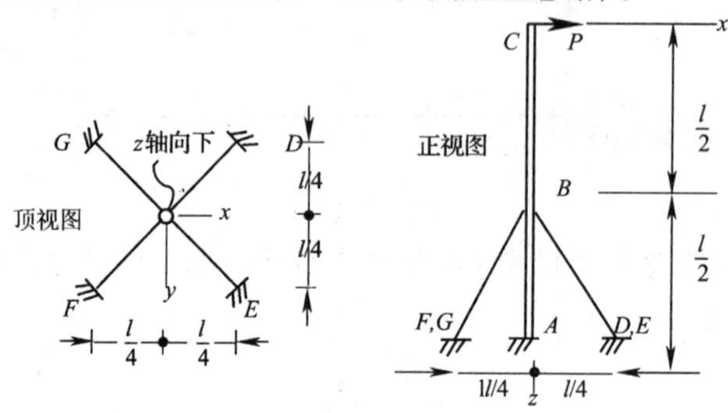

习题 8.33 图

9 更多的能量定理

9.1 引　　言

在第 7 章中为了叙述虚功原理,我们研究了应变能和余能的概念。下面对其他几个与结构分析有关的能量定理进行研究。

9.2 毕特和马克斯维尔定理

考虑任一结构,例如图 9.1(a)所示的结构,具有由 $1,2,\cdots,n,n+1,n+2,\cdots,m$ 所定义的一系列坐标。F 力系 $F_1,F_2,\cdots,F_n$ 作用于坐标 1 至坐标 n 处(图 9.1(b)),Q 力系 $Q_{n+1},Q_{n+2},\cdots,Q_m$ 作用于坐标 $n+1$ 至坐标 m 处(图 9.1(c)),令由 F 力系单独引起的位移为$\{D_{1F},D_{2F},$

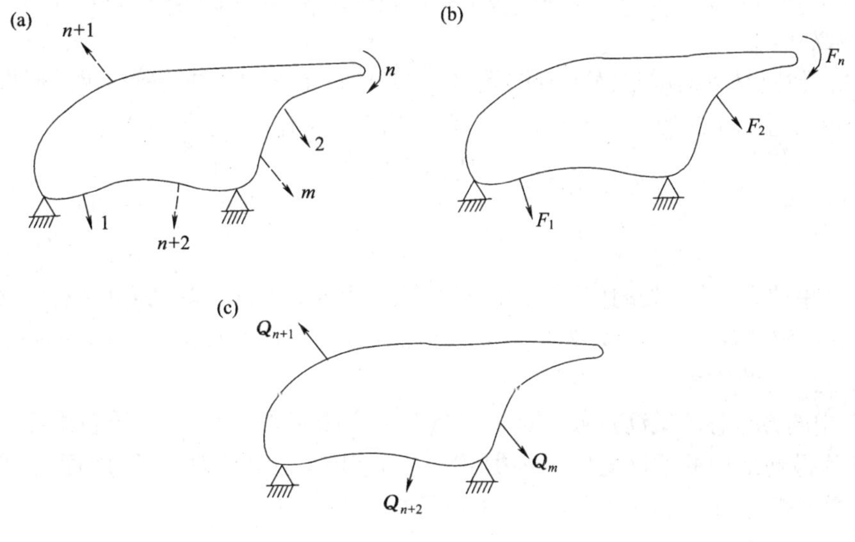

图 9.1　毕特定理

(a)坐标系:$1,2,\cdots,n,n+1,n+2,\cdots,m$。

(b)F 力系:$F_1,F_2,\cdots,F_n$ 作用于坐标 $1,2,\cdots,n$;引起位移为:$D_{1F},D_{2F}\cdots,D_{DF}$。

(c)Q 力系:$Q_{n+1},Q_{n+2},\cdots,Q_m$;作用于坐标 $n+1,n+2,\cdots,m$;引起位移为:$D_{1Q},D_{2Q},\cdots,D_{mQ}$。

$\cdots,D_{mF}\}$,由 Q 力系单独引起的位移为$\{D_{1Q},D_{2Q},\cdots,D_{mQ}\}$,假设 F 力系单独作用于结构上。内功与外功相等,因而(见式 6.19 和 7.14)

$$\frac{1}{2}\sum_{i=1}^{n}F_iD_{iF} = \frac{1}{2}\int_V\{\sigma\}_F^{\mathrm{T}}\{\varepsilon\}_F\mathrm{d}V \tag{9.1}$$

式中,$\{\sigma\}_F$ 和$\{\varepsilon\}_F$ 为 F 力系所引起的应力和应变。

设将 F 力系施加到结构上,而此时 Q 力系已经作用,那么在任一点都会产生应力 σ_Q。在

F 力系作用过程中,外功和内功又相等,因而

$$\frac{1}{2}\sum_{i=1}^{n} F_i D_{iF} + \sum_{i=n+1}^{m} Q_i D_{iF} = \frac{1}{2}\int_V \{\sigma\}_F^{\mathrm{T}}\{\varepsilon\}_F \mathrm{d}V + \int_V \{\sigma\}_Q^{\mathrm{T}}\{\varepsilon\}_F \mathrm{d}V \tag{9.2}$$

上式两边的第二项是 Q 力系沿 F 力系引起的位移运动所做的功。从式 9.1 和 9.2 得

$$\sum_{i=n+1}^{n} Q_i D_{iF} = \int_V \{\sigma\}_Q^{\mathrm{T}}\{\varepsilon\}_F \mathrm{d}V \tag{9.3}$$

式 9.1 和 9.2 是对虚功方程 7.46 的应用。同样的,上式可以认为是虚功方程的依据。

现在,如果假设首先 F 力系作用,引起应力 $\{\sigma\}_F$,接着加上 Q 力系,引起附加应力 $\{\sigma\}_Q$ 和应变 $\{\varepsilon\}_Q$,就得到:

$$\sum_{i=1}^{n} F_i D_{iQ} = \int_V \{\sigma\}_F^{\mathrm{T}}\{\varepsilon\}_Q \mathrm{d}V \tag{9.4}$$

如果结构的材料服从虎克定律,$\{\varepsilon\}_Q = [e]\{\sigma\}_Q$ 和 $\{\varepsilon\}_F = [e]\{\sigma\}_F$,其中 $[e]$ 为常数(见式 7.8 和 7.11)。因此,$\{\varepsilon\}$ 代入式 9.3 和 9.4 中,我们发现这两个式子的右边相等。因而

$$\sum_{i=1}^{n} F_i D_{iQ} = \sum_{i=n+1}^{n} Q_i D_{iF} \tag{9.5}$$

此式为毕特(Bett)定理,可表述如下:F 力系中各力与 Q 力系所引起的相应的坐标处位移乘积之和等于 Q 力系中各力与 F 力系所引起的相应的坐标处位移乘积之和。注意:此定理仅对线性结构成立。

现在我们研究马克斯威尔(Maxwell)定理,它是毕特定理的一种特殊情况。假设 F 力系中只有一个作用于坐标 i 处的力 $F_i = 1$ 和 Q 力系中只有一个作用于 j 处的力 $Q_j = 1$。由式 9.5 得

$$D_{iQ} = D_{jF} \tag{9.6}$$

式 9.6 可以写成下面形式

$$f_{ij} = f_{ji} \tag{9.7}$$

式中 f_{ij} 为 j 处单位力引起 i 处的位移,f_{ji} 为 i 处单位力引起 j 处的位移。式 9.7 称为马克斯威尔互等定理,它可叙述如下:在一线弹性结构中,坐标 j 处的单位力所起坐标 i 处的位移等于 i 处的单位力引起 j 处的位移。

式 9.7 中的各位移为柔度系数。对于一个由 m 个坐标表示的结构,用各柔度系数排列成 $m \times m$ 阶矩阵得到结构的柔度矩阵。根据式 9.7,此矩阵必定是对称的,因而,定理中有"互等"一词。柔度矩阵的对称特性在第 6.6 中以另一种方式作了证明。

9.3 毕特定理对于力和位移变换的应用

毕特定理可用于将结构上的实际力变换为各坐标处的等效力。

图 9.2(a)中的结构只需要考虑弯曲变形。此框架的动不定次数为 3(这代表独立的节点位移的数目),如图 9.2(b)中所示。如果框架的柔度矩阵为已知,那么作用的外力 $\{F\}$ 所引起的独立位移 $\{D\}$,可由式 $\{D\} = [f]\{F\}$(见式 6.3)来确定。注意:此时力和位移是在相同的 3 个坐标上。

如果框架承受一个任意力系(图 9.2(c)),首先要用节点上的等效力来代替,如第 8.7 节所讨论的那样所示。然后将固端力(见图 9.2(d))加于每一节点上,反过来得出图 9.2(e)所

示的等效力$\{F^*\}$。力$\{F^*\}$作用于非独立的坐标$\{D^*\}$处,位移$\{D^*\}$由框架变形图形的几何形状与位移$\{D\}$联系起来,这些关系可以写成下列形式:

$$\{D^*\} = [C]\{D\} \tag{9.8}$$

式中$[C]$按框架的几何形状来确定。

对于图9.2(a)所示框架,我们知

$$\{D^*\}_{6\times 1} = \begin{bmatrix} 0 & 0 & 1 \\ 0 & 0 & 0.75 \\ 1 & 0 & 0 \\ 0 & 0 & 1 \\ 0 & 0 & 0 \\ 0 & 1 & 0 \end{bmatrix}_{6\times 3} \{D\}_{3\times 1} \tag{9.9}$$

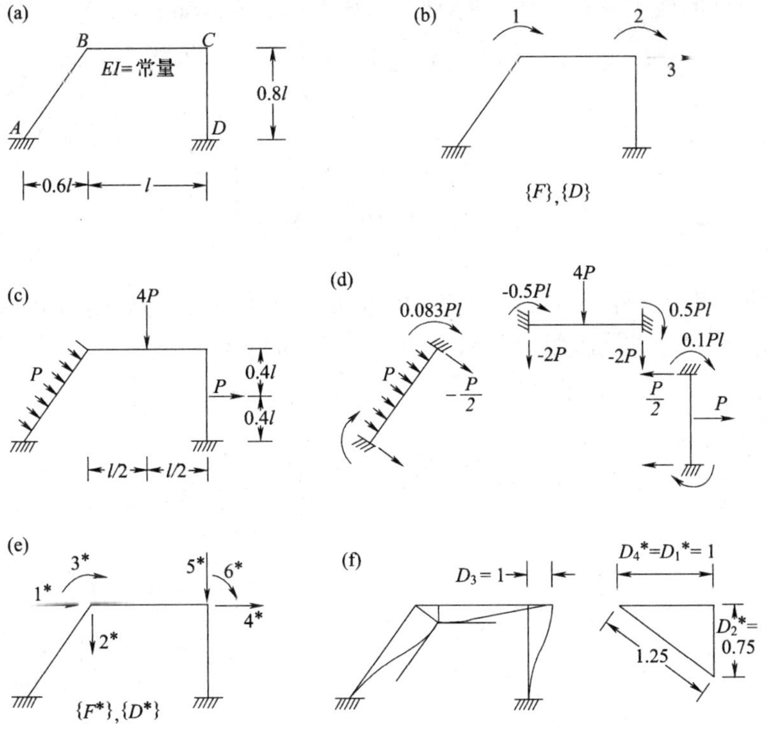

图9.2　力和位移的变换

$[D]$中每一列元素是D^*坐标上相应于某一个D坐标产生单位位移时的位移值。前两列是明显可以得到的;第三列中各元素可借助图9.2(f)中的位移图来得到(所需的几何原理在第3.5和7.2节中已讨论过)。

将毕特定理(式9.5)用于图9.2(b)和(e)中的两个力系,我们求出:

$$\sum_{i=1}^{3} F_i D_i = \sum_{i=1}^{6} F_j^* D_j^*$$

D和D^*的第二个脚标(它表示产生位移的原因)已略去,因为已知力F和F^*引起相同的节点位移。此方程的矩阵形式为

$$\{F\}^{\mathrm{T}}\{D\} = \{F^{*}\}^{\mathrm{T}}\{D\}^{*} \tag{9.10}$$

$\{D^{*}\}$根据式9.8代入,且对式9.10两边转置,我们得到

$$\{D\}^{\mathrm{T}}\{F\} = \{D\}^{\mathrm{T}}\{C\}^{\mathrm{T}}\{F^{*}\}$$

从而,力的变换方程为

$$\{F\} = [C]^{\mathrm{T}}\{F^{*}\} \tag{9.11}$$

式9.11指出,如果应用变换矩阵$[C]$(式9.8)将位移$\{D\}$变换为位移$\{D^{*}\}$,那么$\{C\}^{\mathrm{T}}$可用于将力$\{F^{*}\}$变称为$\{F\}$。式9.8中$[C]$的第j列的各元素为对应于位移$D_j=1$的位移而其他D坐标处位移均为零。所以除非各位移$\{D\}$彼此是独立的(见第3.5节),否则$[C]$不可能构成。

将图9.3(a)中框架作为式9.8和9.11应用的例子,在一般情况下,当包括轴向变形时,该框架具有3次自由度,如图所示以代表位移$\{D\}$或力$\{F\}$的坐标表示。应用式9.8,位移$\{D\}$可变换为沿杆的横截面主轴的位移$\{D^{*}\}$。在现在这种情况下,变换矩阵$[C]$为

$$[C] = \left[\frac{[t]_1}{[t]_2}\right]$$

式中

$$[t]_i = \begin{bmatrix} \cos\alpha_i & \sin\alpha_i & 0 \\ -\sin\alpha_i & \cos\alpha_i & 0 \\ 0 & 0 & 1 \end{bmatrix}$$

i代表杆的编号。这种变换将在第22章中应用于将力或位移从沿杆的横截面主轴的,坐标变换到平行整个结构共同轴组(称为总轴或一般轴)的坐标。

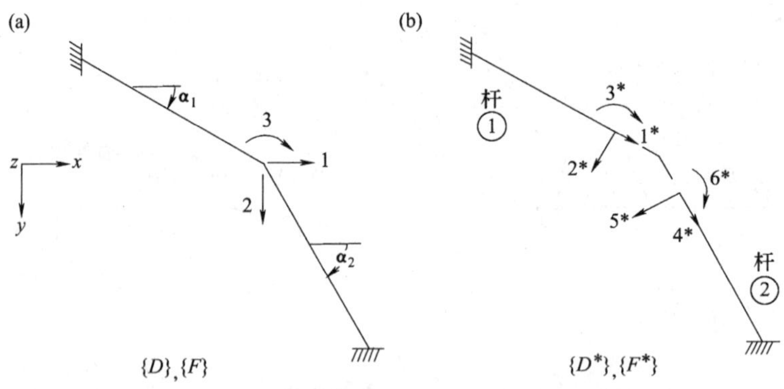

图9.3 从沿横截面主轴坐标到平行于一般轴线坐标的位移和力的变换

现在如果我们应用式9.11,将各杆端的力$\{F^{*}\}$变换为D坐标的力,如下:

$$\{F\} = \begin{bmatrix} \cos\alpha_1 & -\sin\alpha_1 & 0 & \cos\alpha_2 & -\sin\alpha_2 & 0 \\ \sin\alpha_1 & \cos\alpha_1 & 0 & \sin\alpha_2 & \cos\alpha_2 & 0 \\ 0 & 0 & 1 & 0 & 0 & 1 \end{bmatrix}\{F^{*}\}$$

此方程内矩形矩阵中第j列各元素,可以用它们是力$F^{*}=1$在图9.3各坐标处的组成部分这一事实来进行验证。

在有些情况下,总坐标处的力$\{F\}$可借下式很容易地与杆坐标中的杆端力$\{F^{*}\}$联系起

来：

$$\{F^*\} = [B]\{F\} \tag{9.12}$$

应用毕特定理,可用下列方程变换相应位移

$$\{D\} = [B]^{\mathrm{T}}\{D^*\} \tag{9.13}$$

为了应用式 9.12 和 9.13,考虑图 9.4(a)和(b)中静定框架上所标明的总坐标和杆坐标,按照简单的静力学,借下式可以求得式 9.12 中的力的变换：

$$\{F^*\} = \begin{bmatrix} \cos\alpha_1 & \sin\alpha_1 & 0 \\ -\sin\alpha_1 & \cos\alpha_1 & 0 \\ -l_2\sin\alpha_2 & l_2\cos\alpha_2 & 1 \\ -\cos\alpha_2 & -\sin\alpha_1 & 0 \\ \sin\alpha_2 & -\cos\alpha_1 & 0 \\ l_2\sin\alpha_2 & -l_2\cos\alpha_2 & -1 \end{bmatrix}\{F\} \tag{9.14}$$

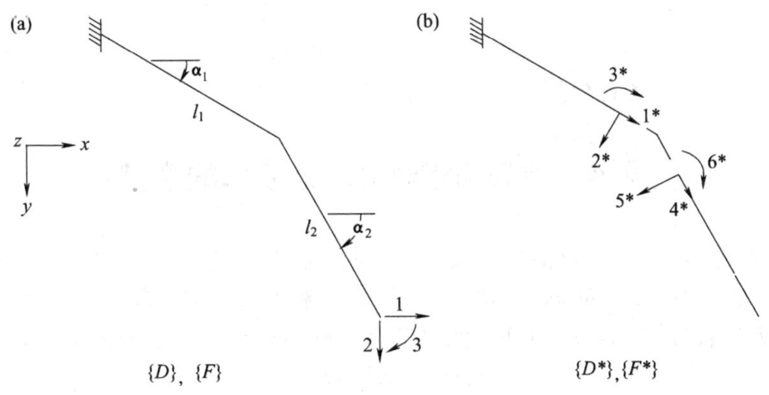

图 9.4　利用式 9.14 和式 9.15 的力和位移的变换

这个 6×3 阶矩阵方程中代表式 9.12 中的[B]。在矩阵中任一行 i 的元素都和 $F_i=1$ 引起的沿 1^* 到 6^* 方向引起的杆端力相等,其中 $i=1,2,3$(图 9.4)。应用式 9.13,我们得到

$$\{D\} = \begin{bmatrix} \cos\alpha_1 & -\sin\alpha_1 & -l_2\sin\alpha_2 & -\cos\alpha_2 & \sin\alpha_2 & l_2\sin\alpha_2 \\ \sin\alpha_1 & \cos\alpha_1 & l_2\cos\alpha_2 & -\sin\alpha_2 & -\cos\alpha_2 & -l_2\cos\alpha_2 \\ 0 & 0 & 1 & 0 & 0 & -1 \end{bmatrix}\{D^*\} \tag{9.15}$$

现在我们可以校核此方程矩形矩阵中第 j 列的各元素是否为 $i\neq j$ 时 $D_j^*=1$ 和 $D_j^*=0$ 的位移{D}。

注意:式 9.14 中矩阵[B]的任一列元素是图 9.4(a)中一个 D 坐标处单位荷载所引起的杆端力(见习题 9.2)。

例 9.1　忽略轴向变形的平面刚架

试用式 9.11 确定图 9.2(b)中施加如例题 5.3 的外荷载(见图 9.2(c))时 3 个坐标处的约束力。

各固端力(图 9.2(d))沿图 9.2(e)中坐标 1,2,…,6 的分量为

$$\{F^*\}=\begin{Bmatrix}-0.4P\\-2.3P\\-0.417PL\\-0.5P\\-2.0\\0.6PL\end{Bmatrix}$$

向量前面的三个元素是杆 AB 和 BC 的端部 B 处的内力。向量后 3 个元素可以用同样的方法计算出来。

从式 9.9 将$[C]^{\mathrm{T}}$代入式 9.11,我们得到

$$\{F\}=\begin{bmatrix}0&0&1&0&0&0\\0&0&0&0&0&1\\1&0.75&0&1&0&0\end{bmatrix}P\begin{pmatrix}-0.4\\-2.3\\-0.417l\\-0.5\\-2.0\\0.6\end{pmatrix}=P\begin{Bmatrix}-0.417l\\0.60l\\-2.625\end{Bmatrix}$$

这与例题 5.3 中沿各杆分解所计算的力相等。

9.4　刚度矩阵和柔度矩阵的变换

在线性结构上建立一个坐标系,定义力$\{F\}$和位移$\{D\}$的位置和方向,并令相应的刚度矩阵为$[S]$,柔度矩阵为$[f]$。对同一结构,用力$\{F^*\}$和位移$\{D^*\}$定义另一坐标系,并分别令$\{S^*\}$为刚度矩阵和$\{f^*\}$为柔度矩阵。如果两个坐标系处的位移或力借下式联系起来:

$$\left.\begin{aligned}\{D\}&=[H]\{D^*\}\\\{F^*\}&=[H]^{\mathrm{T}}\{F\}\end{aligned}\right\}\tag{9.16}$$

那么,刚度矩阵$[S]$可借下式变换为$[S^*]$

$$[S^*]=[H]^{\mathrm{T}}[S][H]\tag{9.17}$$

还有,在两个坐标系下力的相互关系为:

$$\left.\begin{aligned}\{F\}&=[L]\{F^*\}\\\{D^*\}&=[L]^{\mathrm{T}}\{D\}\end{aligned}\right\}\tag{9.18}$$

柔度矩阵$[f^*]$可借下式从$[f]$导出

$$[f^*]=[L]^{\mathrm{T}}[f][L]\tag{9.19}$$

注意:变换矩阵$[H]$或$[L]^{\mathrm{T}}$是借位移$\{D\}$和$\{D^*\}$构成的,因此不管各坐标处所作用的力如何,这些关系都是正确的。$\{F\}$与$\{F^*\}$两力系彼此相等效,意思是力$\{F\}$产生的位移$\{D\}$与力$\{F^*\}$所产生的$\{D^*\}$为相同量。还有,$\{F\}$和$\{F^*\}$产生位移$\{D\}$或$\{D^*\}$时做的功相同。

为了证明式 9.17,我们假设结构承受力$\{F\}$,并由式 6.27 表示这些力所做的功,即

$$W=\frac{1}{2}\{D\}^{\mathrm{T}}[S]\{D\}\tag{9.20}$$

将$\{D\}$代入式 9.16,我们得到

$$W=\frac{1}{2}\{D^*\}^{\mathrm{T}}[H]^{\mathrm{T}}[S][H]\{D^*\}$$

现在,如果假设结构承受力$\{F^*\}$并且应用式6.27,就得到

$$W=\frac{1}{2}\{D^*\}^{\mathrm{T}}[S^*]\{D^*\}$$

比较W的两个表达式就得出矩阵$[S^*]$与$[S]$之间的关系,亦即式9.17。

如果以力和柔度(方程6.26)来表示功,就可以证明方程9.19。

为了应用式9.17和9.19,图9.5中的悬臂梁:AB部分为刚性,而BC部分的弯曲刚度为EI。两个坐标系如图9.5(a)和(b)。对应于图9.5(a)中各坐标的刚度矩阵为(见附录D)

$$[S]=\begin{bmatrix}\dfrac{12EI}{c^3} & \dfrac{6EI}{c^2}\\[2mm] \dfrac{6EI}{c^2} & \dfrac{4EI}{c}\end{bmatrix}$$

根据两种坐标位移之间的几何关系,式9.16中的变换矩阵$[H]$为

$$[H]=\begin{bmatrix}1 & b\\ 0 & 1\end{bmatrix}$$

由式9.17得到

$$[S^*]=EI\begin{bmatrix}\dfrac{12}{c^3} & \text{对称}\\[2mm] \dfrac{12b}{c^3}+\dfrac{6}{c^2} & \dfrac{4}{c}+\dfrac{12b^2}{c^3}+\dfrac{12b}{c^2}\end{bmatrix}$$

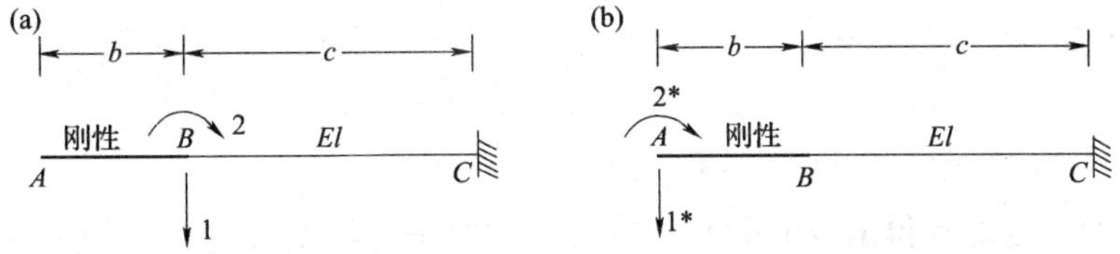

图9.5　应用式9.17和9.19图解悬臂梁

(a)参照位移$\{D\}$和力$\{F\}$的坐标系;(b)参照位移$\{D^*\}$和力$\{F^*\}$的坐标系。

为了应用式9.19,我们首先采用几何关系建立式9.18所定义的变换矩阵$[L]^{\mathrm{T}}$

$$[L]^{\mathrm{T}}=\begin{bmatrix}1 & -b\\ 0 & 1\end{bmatrix}$$

和

$$[f]=\begin{bmatrix}\dfrac{c^3}{3EI} & -\dfrac{c^2}{2EI}\\[2mm] -\dfrac{c^2}{2EI} & \dfrac{c}{EI}\end{bmatrix}$$

代入式9.19,得到

$$[f^*]=\frac{1}{EI}\begin{bmatrix}\dfrac{c^3}{3}+bc^2+b^2c & \text{对称}\\[2mm] -(c^2+bc) & c\end{bmatrix}$$

此矩阵可由计算力F_1^*和F_2^*的单位值所引起的位移D^*来导出,自然,应该得出相同的结果。

为了保证式 9.17 和 9.19 的正确，式 9.16 和 9.18 中$\{D\}$与$\{D^*\}$之间的几何关系对于力$\{F\}$和$\{F^*\}$的所有值都要是正确的，可以很容易地看出，在上面例题中这是满足的。然而，如果杆 AB 是柔性的，当作用$\{F^*\}$时几何关系不能成立，那么刚度矩阵和柔度矩阵的变换就不能进行。

9.5　装配结构的刚度矩阵

对于由杆件集合成的结构，其刚度矩阵$[S]$可以从各杆的刚度矩阵来得到。

考虑图 9.6(a)中所示的结构和图 9.6(b)中的坐标系，其内功等于结构的应变能，即 $W = U = \frac{1}{2}\{D\}^{\mathrm{T}}[S]\{D\}$，式中$[S]$是为相应于图 9.6(b)中各坐标的结构刚度矩阵。

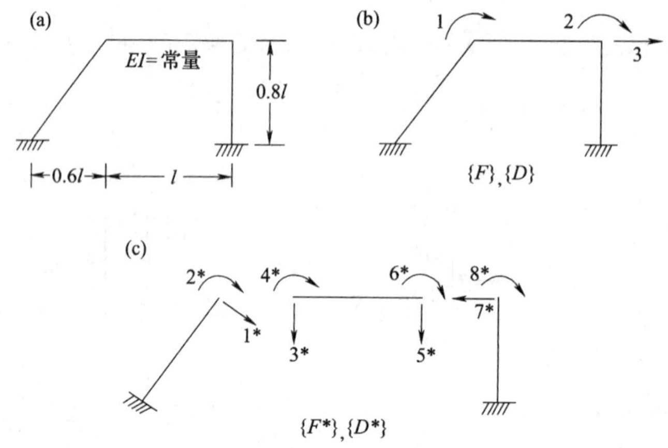

图 9.6　例题 9.2 的框架结构

从各个杆的应变能和得出，相同的应变能，此和等于各杆端力$\{F^*\}$经历图 9.6(c)中各坐标处位移$\{D^*\}$所做的功。则

$$U = \frac{1}{2}\{D^*\}^{\mathrm{T}}[S_m]\{D^*\} \tag{9.21}$$

式中$[S_m]$为未装配结构的刚度矩阵

$$[S_m] = \begin{bmatrix} [S_m]_1 & & \\ & [\cdots] & \\ & & [S_k] \end{bmatrix}$$

$[S_m]_i$ 为第 i 根杆相应于其端部处坐标$\{D^*\}$的刚度矩阵，k 为杆的数目。

位移$\{D^*\}$与$\{D\}$借几何关系联系起来，因而将方程$\{D^*\} = [C]\{D\}$代入式 9.21，我们得到：

$$U = \frac{1}{2}\{D\}^{\mathrm{T}}[C]^{\mathrm{T}}[S_m][C]\{D\} \tag{9.22}$$

对式 9.20 与 9.22 进行比较，可以看出

$$[S]_{n\times n} = [C]^{\mathrm{T}}_{p\times n}[S_m]_{p\times p}[C]_{p\times n} \tag{9.23}$$

式中 n 是位移$\{D\}$的个数，p 是位移$\{D^*\}$的个数。

此方程中各矩阵内许多元素为零。因此，应用式 9.23 的下列形式对于计算机程序设计更

为方便：

$$[S] = \sum_{i}^{k} [C]_i^{\mathrm{T}} [S_m]_i [C]_i \tag{9.24}$$

式中$[C]_i$是将第i根杆杆端处坐标$\{D^*\}$与结构坐标$\{D\}$联系起来的矩阵。

杆坐标D^*通常选择沿其两端处杆横截面的主轴，这样，杆的刚度矩阵$[S_m]$一般是容易得到的(见式6.6,6.7和6.8)。

例9.2　由杆组成的平面框架

试用式9.24求出图9.6(a)中所示框架的刚度矩阵(例题5.3中已通过不同的过程导出了相同框架的刚度矩阵)。

根据框架的几何形状，如第9.3节那样确定出$[C]$：

$$[C] = \begin{bmatrix} [C]_1 \\ [C]_2 \\ [C]_3 \end{bmatrix} = \begin{Bmatrix} 0 & 0 & 1.25 \\ 1 & 0 & 0 \\ \cdots & \cdots & \cdots \\ 0 & 0 & 0.75 \\ 1 & 0 & 0 \\ 0 & 0 & 0 \\ 0 & 1 & 0 \\ \cdots & \cdots & \cdots \\ 0 & 0 & -1 \\ 0 & 1 & 0 \end{Bmatrix}$$

于是

$$[S_m] = \begin{Bmatrix} [S_m]_1 & & \\ & [S_m]_2 & \\ & & [S_m]_3 \end{Bmatrix}$$

式中

$$[S_m]_1 = \begin{bmatrix} \frac{12EI}{l^3} & \text{对称} \\ -\frac{6EI}{l^2} & \frac{4EI}{l} \end{bmatrix}$$

$$[S_m]_2 = \begin{bmatrix} \frac{12EI}{l^3} & & \text{对} & \\ \frac{6EI}{l^2} & \frac{4EI}{l} & & \text{称} \\ -\frac{12EI}{l^3} & -\frac{6EI}{l^2} & \frac{12EI}{l^3} & \\ \frac{6EI}{l^2} & \frac{2EI}{l} & -\frac{6EI}{l^2} & \frac{4EI}{l} \end{bmatrix}$$

和

$$[S_m]_1=\begin{bmatrix}\dfrac{12EI}{(0.8l)^2} & 对称\\ \dfrac{6EI}{(0.8l)^2} & \dfrac{4EI}{0.8l}\end{bmatrix}$$

由式 9.24 得到：

$$[S]=\sum_{i=1}^{3}[C]_i^{\mathrm{T}}[S_m]_i[C]_i=EI\begin{bmatrix}\dfrac{8}{l} & 对 & \\ \dfrac{2}{l} & \dfrac{9}{l} & 称\\ \dfrac{-3}{l^2} & -\dfrac{4.875}{l^2} & \dfrac{48.938}{l^3}\end{bmatrix}$$

9.6 势　　能

考虑一个弹性结构在 n 个独立坐标处承受力 $\{F\}$，在相同各坐标处引起位移 $\{D\}$。如果我们假设初始状态中力的势能为零，那么变形状态中外力的势能定义为：

$$V=-\sum_{i=1}^{n}F_iD_i \tag{9.25}$$

外力的势能 V 与应变能 U 之和称为总势能：

$$\Phi=V+U \tag{9.26}$$

将式 9.25 和 7.7 代入上面方程，我们得到

$$\Phi=-\sum_{i=1}^{n}F_iD_i+\sum_{m=1}^{6}\int_V\int_0^{\varepsilon_{fm}}\sigma_m\mathrm{d}\varepsilon_m\mathrm{d}V \tag{9.27}$$

式中 σ_m 和 ε_m 是当各力从 $\{0\}$ 增大到它们的最终值 $\{F\}$ 时 6 种应力和应变分量的值。ε_{fm} 为应变分量的最终值（见第 7.3 节）。

现在，使结构产生与平衡状态稍微不同，但各支承处保持协调的形状，并令 $\{D\}$ 的相应变化为微小的虚位移为 $\{\overline{D}\}$，而且任一点处应变分量的相应变化为虚应变向量为 $\{\overline{\varepsilon}\}$，总势能的变化则为

$$\Delta\Phi=-\sum_{i=1}^{n}F_i\overline{D}_i+\int_V\{\sigma\}^{\mathrm{T}}\{\overline{\varepsilon}\}\mathrm{d}V \tag{9.28}$$

式中 $\{\sigma\}$ 为各应力分量的最终值。

由虚功原理（式 7.46），我们知道

$$\sum_{i=1}^{n}F_i\overline{D_i}=\int_V\{\sigma\}^{\mathrm{T}}\{\overline{\varepsilon}\}\mathrm{d}V \tag{9.29}$$

我们得出结论，式 9.28 的右边为零，因而，当结构从平衡状态到发生微小的协调位移时，势能没有变化。

当不知道结构的实际变形形状时，这个结论可以提供一个有用的用途。任一点处的实际位移（也就是应变）借一假设的位移函数以未知位移 $\{D\}$ 来表达。然后使结构在坐标 i 处产生一微小位移 ∂D_i，而其他坐标处的位移不变。由于总势能的相应变化为零。我们可以得出：

$$\frac{\partial\Phi}{\partial D_i}=0 \tag{9.30}$$

代入 $i=1,2,\cdots,n$ 可以写出一个方程系,从它可以计算出位移 $\{D\}$。实际上,式 9.30 是一个与卡斯提格里阿诺方程 7.54 相同的平衡方程。换句话说,应用势能概念可以得出与卡斯提格里阿诺定理第 I 部分相同的方程,两种方法仅在形式上不同。

式 9.30 是势能平稳值原理,可以叙述如下:在与支承条件相协调的所有变形形状中满足平衡条件的一种变形形状对应于一个势能平稳值。应该注意,此定理对线性和非线性结构都能成立。

可以证明对于稳定结构势能的平稳值为最小值,如果结构是不稳定的,则为最大值,所以该定理可以用于推导临界荷载[1]。

在线性结构的特定情况下,势能平稳值原理(式 9.30)、卡斯提格里阿诺定理第 I 部分(式 7.54)以及单位位移原理(式 7.50),全部导出相同的平衡方程。我们通过线性结构的应变能式 7.14 或 7.17 对 j 处位移的最终值 D_j 进行微分来证明这一点。我们得到

$$\frac{\partial U}{\partial D_j} = \int_V \{\sigma\}^{\mathrm{T}} \frac{\partial}{\partial D_j}\{\varepsilon\}\,\mathrm{d}V \tag{9.31}$$

式中 $\{\varepsilon\}$ 是为最终应变分量。从线性条件,我们知道

$$\frac{\partial}{\partial D_i}\{\varepsilon\} = \{\varepsilon_{uj}\} \tag{9.32}$$

式中 $\{\varepsilon_{uj}\}$ 是为任一点处相应于 j 处单位虚位移的应变分量。将式 9.32 代入式 9.31 且将结果代入式 7.54 得出式 7.50。

9.7 小　　结

能量原理是建立在能量守恒定律的基础上的,它要求作用于弹性结构上的外力所做的功以能量形式储存起来,当荷载移去时,则全部复原。由此原理导出毕特定理,适用于线性结构,对于由一种给定条件的形式变换为另一种形式起了重要的作用。第 9.3,9.4 和 9.5 节中所推导的方程为变换方程的例子,它们在结构分析中是有用的。

在其他各节中所介绍的能量定理,对于线性结构的情况可导出与前几章中不同的方程。例如,恩塞尔的方程 7.54 和稳定式势能原理方程 9.30 与分析的位移法中所用的协调方程相同。所以看出能量原量不仅是计算位移的方法,而且它们可以构成推导满足平衡和协调要求的方程的基础。

推导出的一些能量方程,对于线性和非线性结构都能成立,这在每一种情况中已经指出了。在非线性结构分析中,由于应力—应变关系的形式导致了一些数学难点。

习　　题

9.1　试从静力平衡考虑导出式 $\{F^*\} = [B]\{F\}$ 中的用以联系图中(a)内各力与图中(b)内各相应杆端力的矩阵 $[B]$。然后写出 $\{D\} = [B]^{\mathrm{T}}\{D^*\}$,并借几何关系校核 $[B]^{\mathrm{T}}$ 中的第 6,

1　N. J. Hoff. The Analysis of structures. Wiley, New York, 1956。还见 S. P. Timoshenko, J. M. Gere. Theory of Elastic Stability. McGraw－Hill, New York. 第 2 版. 1961, 第 2.8 节.

9,10 和 11 列。

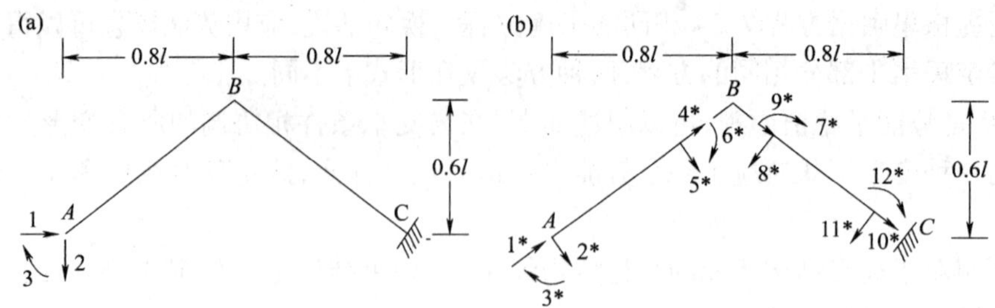

习题 9.1 图

(a)力{F}和位移{D};(b)杆端力{F^*}和位移{D^*}。

9.2 试仅考虑坐标 3^*,6^*,9^* 和 12^* 求解习题 9.1。然后略去剪切变形和轴向变形,应用式 8.32 导出对应于图(a)内各坐标的柔度矩阵,并应用式 8.18 对结果进行分析评估。

9.3 试按习题 9.2 中所用的方法导出图中所示结构相应所示各坐标的柔度矩阵。不考虑轴向变形和剪切变形,假设 EI 为常数。

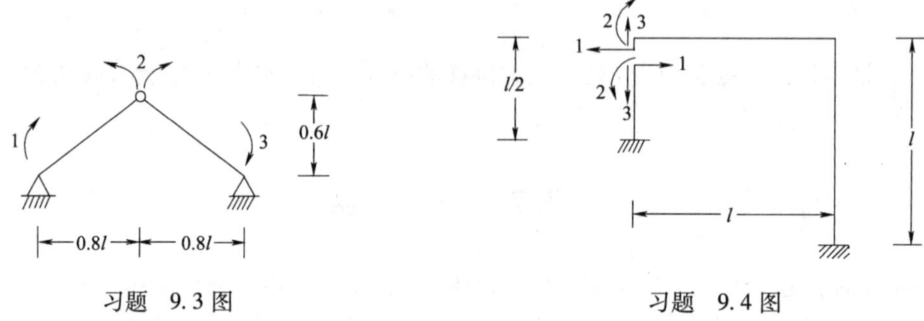

习题 9.3 图　　　　习题 9.4 图

9.4 试将习题 9.3 的要求用于图中的结构。坐标 1,2 和 3 代表左边柱顶在处切割面两侧的相对位移。

9.5 试写出方程{D^*} = [C]{D}中的变换矩阵[C],然后应用式 9.24 导出相应于图中所示各坐标 D 的刚度矩阵。仅考虑弯曲变形,并假设 EI 为常数。

9.6 如果习题 9.5 中的结构承受水平投影上单位长度的均匀荷载 q,试用式 9.11 导出阻止节点位移所必需的约束力{F}。

9.7 应用式 9.24 求解习题 5.21。

9.8 图中所示格栅由长度为 l,弯曲刚度为 EI,扭转刚度为 GJ 的各个相似杆组成。试用式 9.24 给出推导格栅刚度矩阵所需要的矩阵。各杆按图中所

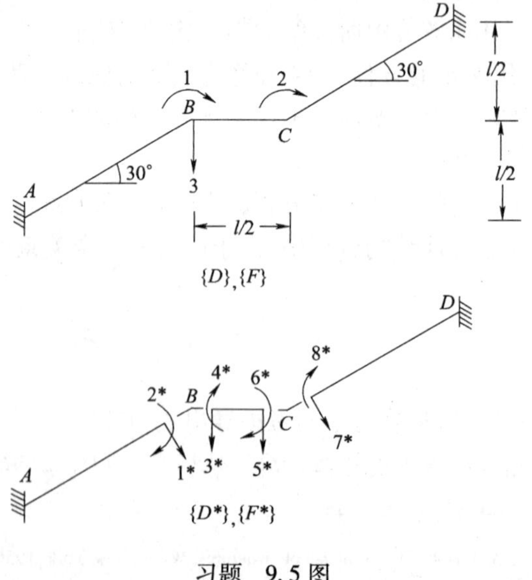

习题 9.5 图

示次序编号，并取杆 3 的坐标与图中所示的结构坐标相同。对于其他杆，杆的坐标编号与杆 3 的次序相同。

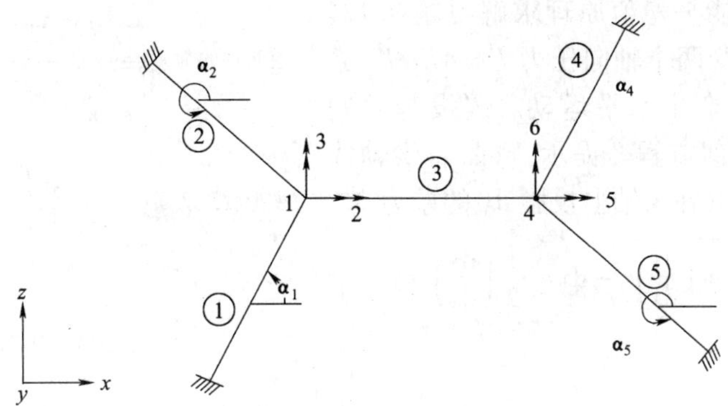

习题　9.8 图

9.9　试将梁 AB 相应于图中(a)内所示各坐标的刚度矩阵$[S]$变换为相应于(b)内所示各坐标的刚度矩阵$[S^*]$。该梁为等截面梁，其弯曲刚度为 EI，横截面面积为 a。剪切变形略去不计。在图(b)部分内，AC 和 AD 为两个刚臂。

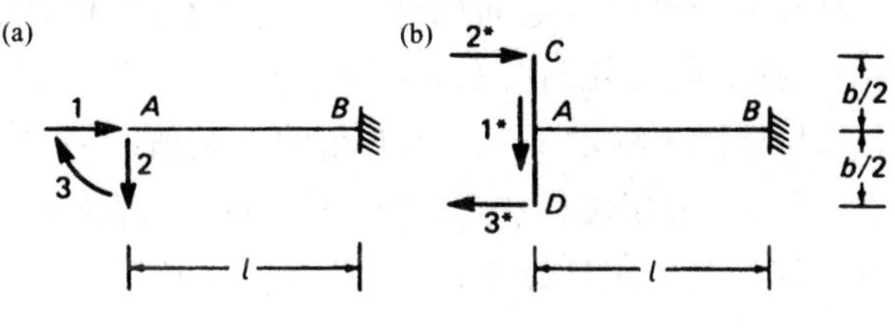

习题　9.9 图

(a)表示$\{D\}$和$\{F\}$的坐标系；(b)表示$\{D^*\}$和$\{F^*\}$的坐标系。

9.10　试用式 9.19 将习题 9.9 中的柔度矩阵$[f]$变换为$[f^*]$。

9.11　试写出相应于图中(a)内所示坐标的刚度矩阵$[S]$，然后用式 9.17 将此矩阵变换成相应于图中(b)内各坐标的刚度矩阵$[S^*]$。仅考虑弯曲变形，取梁的弯曲刚度为 EI。

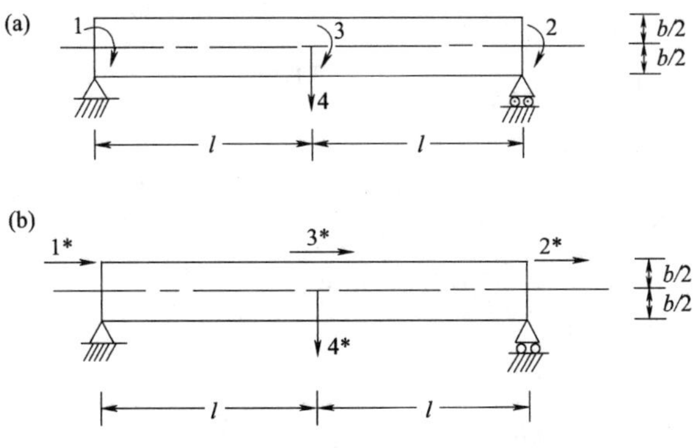

习题　9.11 图

(a)表示$\{D\}$和$\{F\}$的坐标系；(b)表示$\{D^*\}$和$\{F^*\}$的坐标系。

9.12　试用卡斯提格里阿诺定理的第Ⅰ部分求出以图中梁上位移 D_1 表达的 F_1。假设挠度的近似方程为：

$$y = -\frac{D_1}{2}\sin\frac{\pi x}{l}$$

9.13 试用势能平稳值原理求解习题 9.12，假设该梁两端处承受两个轴向压力 $P = 4EI/l^2$，并且 A 端允许自由地产生水平运动。假设与习题 9.12 相同的挠度近似方程。提示：弯曲后梁轴线上单元 ds 的长度与其在 x 轴上投影 dx 的差为

$$ds - dx = dx\sqrt{1+\left(\frac{dy}{dx}\right)^2} - dx \approx \frac{1}{2}\left(\frac{dy}{dx}\right)^2 dx$$

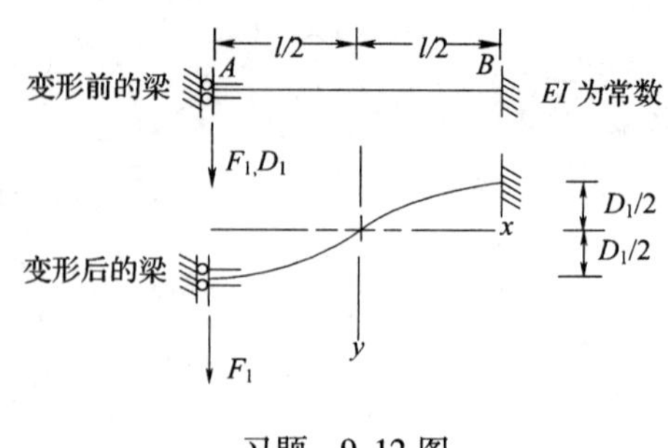

习题 9.12 图

A 的水平位移为

$$D_2 = \frac{1}{2}\int_{-l/2}^{l/2}\int\left(\frac{dy}{dx}\right)^2 dx$$

9.14 试用卡斯提格里阿诺定理第Ⅰ部分求解习题 5.1。

9.15 试解习题 5.1。假设沿任一杆轴向的应力与应变由方程 $\sigma = C[\varepsilon - (\varepsilon^3/10]$ 联系起来，式中 C 为一个常数。所有杆具有相同的长度 l 和相同的横截面面积 a。

9.16 图(a)和(b)表示一个典型的空间构件。一端简支，坐标系 1* 或 1,2,3 定义在另一端。写出在两坐标系中位移之间的几何关系 $\{D\} = [t]\{D^*\}$；表达式 $[t]$ 用 $\lambda_{x*x}, \lambda_{x*y}, \lambda_{x*z}$，分别表示局部坐标轴向 x^* 与整体坐标轴 x, y, z 的夹角的余弦值。通过 $[t]$ 得到杆件整体坐标方向(图(b))的刚度矩阵 $[S_m]$。采用位移法运用得到的刚度矩阵来确定在图(c)的所示空间构件的受力，结构在 A 点受到一个力包括分量：$\{F_x, F_y, F_z\} = P\{2.0, 2.0, 4.0\}$。假设 Ea = 常量。

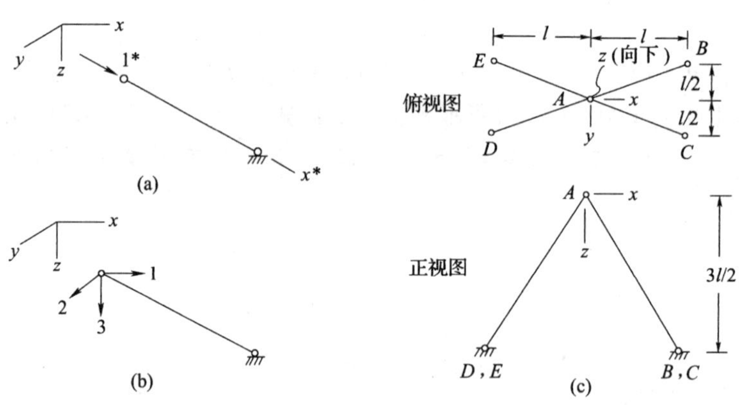

习题 9.16 图

10　用特殊方法求弹性结构的位移

10.1　引　　言

用第 8 章所讨论的虚功法计算弹性结构的位移可以说是最为普遍的方法。然而，在许多情况下，使用其他一些比较专用的方法可能要更加方便。本章将介绍其中一些实际中最常用的方法。

10.2　梁弯曲时的挠度微分方程

在第 8 章中我们已经看到，在大多数情况下，梁的挠度主要是由弯曲引起的。因此，忽略剪切作用对挠度的影响，而通过求解挠曲形状（也称为弹性线）的微分方程得到梁的弹性挠度的方法是合理的。本节中，我们将导出适合的微分方程，并在后面小节中讨论它们的解。

考虑图 10.1(a) 中受任意横向荷载和轴向荷载作用的梁。采用弯曲理论中通常的假定，即平面的横截面仍保持为平面，并且材料服从虎克定律，我们可以表示为（见式 7.23）

$$M = -EI\frac{d^2y}{dx^2} \tag{10.1}$$

式中 y 和 M 分别为任意 x 截面处的挠度和弯矩（见图 10.1(b)），EI 为抗弯刚度，它可以随 x 变化而变化。图 10.1(b) 表示 y 的正方向，弯矩则使梁的底面产生拉应力时为正。

如图 10.1(c) 所示，在外力作用所产生的挠曲位置上，梁上一个长度为 dx 的单元处于平衡状态。对 x 方向和 y 方向的力求和，我们得到

$$\left.\begin{aligned}\frac{dN}{dx} &= -p\\ q &= -\frac{dV}{dx}\end{aligned}\right\} \tag{10.2}$$

式中 N 为推力，V 为剪力，p 和 q 分别为轴向分布荷载和横向分布荷载的集度。q,p,y,M,V 和 N 的正方向如图 10.1(c) 所示。

(a)　q

集度为 p 的分布轴力

(b)　x　y

(c)

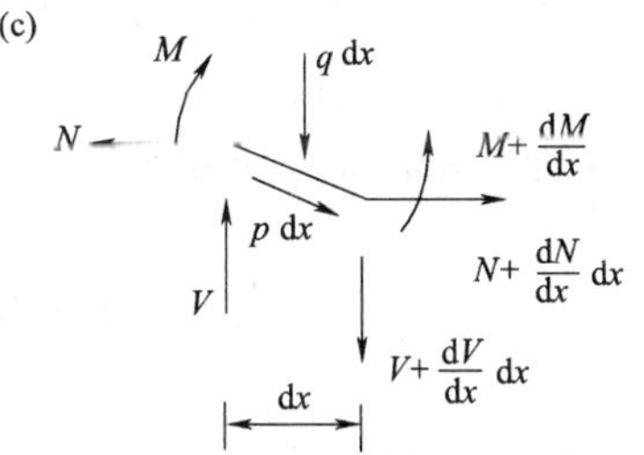

图 10.1　受侧向力和轴向力作用的梁的挠度

(a)梁和荷载；(b)挠度的正方向；(c)外力和内力的正方向。

对单元右端求矩：

$$V dx - N\frac{dy}{dx}dx - \frac{dM}{dx}dx = 0 \tag{10.3}$$

从而

$$\frac{\mathrm{d}V}{\mathrm{d}x}-\frac{\mathrm{d}}{\mathrm{d}x}\left(N\frac{\mathrm{d}y}{\mathrm{d}x}\right)-\frac{\mathrm{d}^2M}{\mathrm{d}x^2}=0 \tag{10.3a}$$

代入式 10.2,我们得到弹性线的微分方程:

$$\frac{\mathrm{d}^2}{\mathrm{d}x^2}\left(EI\frac{\mathrm{d}^2y}{\mathrm{d}x^2}\right)-\frac{\mathrm{d}}{\mathrm{d}x}\left(N\frac{\mathrm{d}y}{\mathrm{d}x}\right)=q \tag{10.4}$$

在没有轴向力作用的情况下(也就是当 $N=0$ 时),式 10.4 成为

$$\frac{\mathrm{d}^2}{\mathrm{d}x^2}\left(EI\frac{\mathrm{d}^2y}{\mathrm{d}x^2}\right)=q \tag{10.5}$$

另外,如果梁的抗弯刚度 EI 为常数,则弹性线的微分方程为

$$\frac{\mathrm{d}^4y}{\mathrm{d}x^4}=\frac{q}{EI} \tag{10.6}$$

在两端承受轴向压力 P 的梁柱结构中,$p=0,N=-P$,从而式 10.4 成为

$$\frac{\mathrm{d}^2}{\mathrm{d}x^2}\left(EI\frac{\mathrm{d}^2y}{\mathrm{d}x^2}\right)+P\frac{\mathrm{d}^2y}{\mathrm{d}x^2}=q \tag{10.7}$$

本节所提出的所有方程稍加修正即可用于弹性地基上的梁,也就是说除了已提及的力外,还有与梁上每一点的挠度成比例的横向反力作用在梁上(例如,见图 10.17(a)和(b))。令此分布反力的集度为

$$\bar{q}=ky$$

式中 k 为地基模量,其量纲为力/(长度)^2。该模量表示单位挠度使单位长度的梁的地基产生的反力强度。反力 $\bar{q}$ 的正方向向上。如果以合成的横向荷载集度 $q^*=(q-\bar{q})=(q-ky)$ 代替 q 项,我们可以将式 10.1 ~ 10.7 用于弹性地基上的梁。例如,式 10.5 给出了弹性地基上 EI 为变量的梁的微分方程,梁上作用有横向荷载 q 但没有轴向力。

$$\frac{\mathrm{d}^2}{\mathrm{d}x^2}\left(EI\frac{\mathrm{d}^2y}{\mathrm{d}x^2}\right)=q-ky \tag{10.7a}$$

求解微分式 10.1,10.4,10.5,10.6 和 10.7 得出横向挠度 y。仅在某些情况下直接积分是可能的,这在一般的材料力学教科书中作了讨论。在其他情况下,则需要用别的方法解微分方程。在下面各节中,我们将研究弹性荷重法、有限差分数值法以及级数求解法。

10.3 力矩—面积定理

众所周知,式 10.1 把挠度 y 和弯矩 M 联系起来。因而我们可以将弹性线的斜率和它的挠度与弯矩图的面积联系起来并得到两个定理。

(i)弹性曲线上任意两点之间的斜率之差,数值上等于这两点之间 $M/(EI)$ 图的面积。这可通过对图 10.2(a)中任意两点 A 和 B 之间的 $\mathrm{d}^2y/\mathrm{d}x^2$ 积分来证明。由式 10.1

$$\frac{\mathrm{d}^2y}{\mathrm{d}x^2}=\frac{\mathrm{d}\theta}{\mathrm{d}x}=-\frac{M}{EI}$$

积分

$$\int_A^B\theta=-\int_A^B\frac{M}{EI}\mathrm{d}x$$

从而

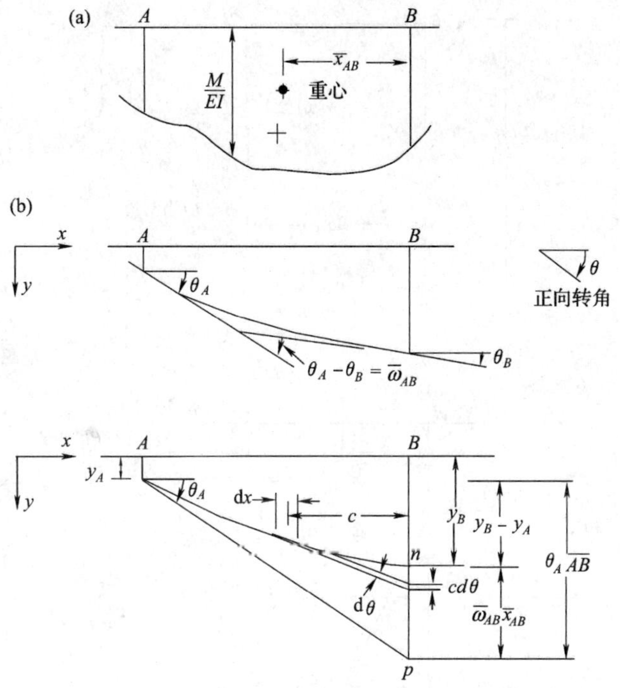

图 10.2 斜率，挠度和力矩—面积关系

(a)$M/(EI)$图；(b)斜率/力矩—面积关系；(c)挠度/力矩—面积关系。

$$\theta_B - \theta_A = -\bar{\omega}_{AB} \tag{10.8}$$

式中 $\theta = \mathrm{d}y/\mathrm{d}x$ 为弹性线的斜率，$\bar{\omega}_{AB}$为 A 和 B 之间 $M/(EI)$ 图的面积。

(ii) B 点从 A 点弹性线的切线的偏移(图 10.2(c)中距离$\overline{np}$)在数值上等于 $\bar{\omega}_{AB}$对 B 的力矩。从图 10.2(c)我们可以看出

$$\overline{np} = \int_A^B c\mathrm{d}\theta = \int_A^B c\left(\frac{M}{EI}\right)\mathrm{d}x = \bar{\omega}_{AB}\bar{x}_{AB} \tag{10.9}$$

式中 c 为 B 到单元 $\mathrm{d}x$ 的距离，$\bar{x}_{AB}$为 B 点到 $\bar{\omega}_{AB}$的形心的距离。注意 $\bar{\omega}_{AB}$的力矩是对需要求解挠度的点来说的。

B 和 A 的挠度之差为：

$$y_B - y_A = \theta_A \overline{AB} - \bar{\omega}_{AB}\bar{x}_{AB} \tag{10.10}$$

按照式 10.2 中所假设的符号规定，如果挠度使得梁的切线沿顺时针方向转动，则 θ 为正。这样，图 10.2(b)中所示的转角 θ_A 和 θ_B 均为正值。对于正弯矩，$\bar{\omega}_{AB}$为正。

式 10.8 和 10.10 可以用于计算平面框架的挠度，如下面例题所述。

例 10.1 平面框架的节点位移

试确定图 10.3(a)框架中沿坐标 1,2 和 3 的位移 D_1，D_2 和 D_3。该框架的抗弯刚度 EI 为常数，只需要考虑弯曲引起的变形。

弯矩图绘于图 10.3(b)中。当使用式 10.8 和 10.10 时，为了遵从我们所假设的符号规定，每一根杆如图 10.3(b)中所示的箭头那样从刚架的内侧来看。挠度 y 表示与所考虑的杆垂直的挠度。

在固定端 A 处，挠度和转角均为零。将式 10.8 和 10.10 用于 AB，我们得到

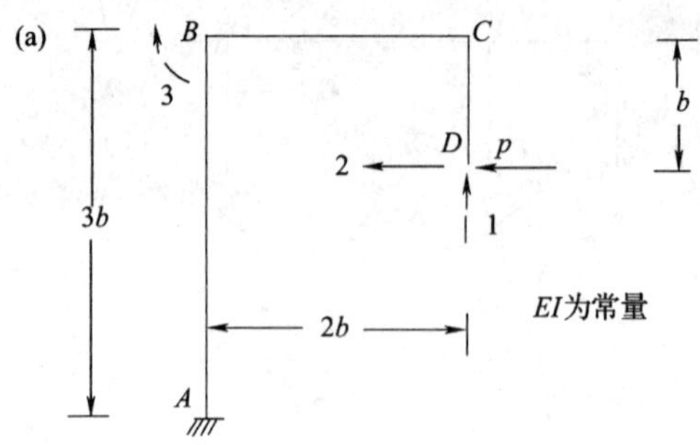

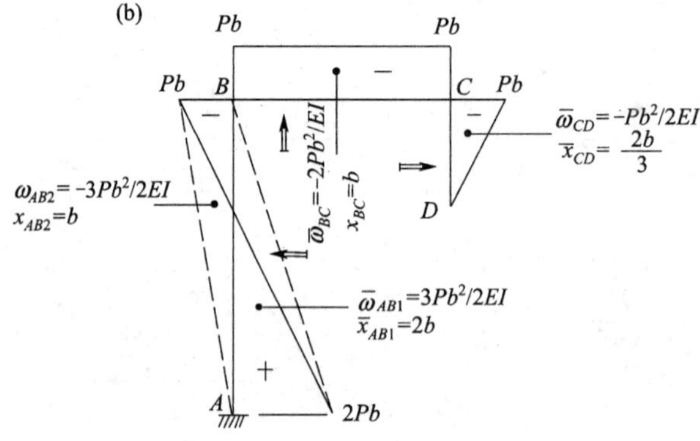

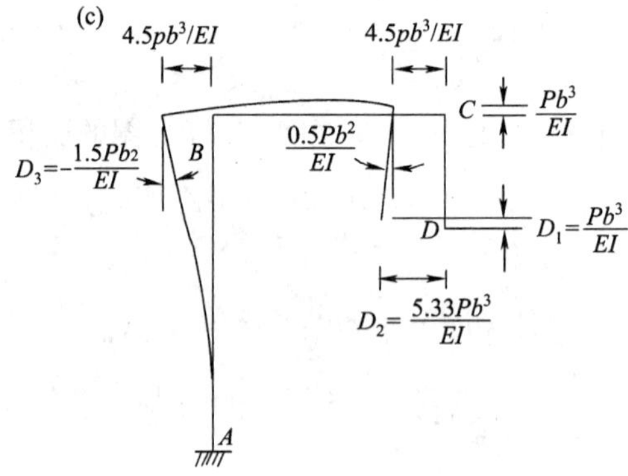

图 10.3　例题 10.1 中利用力矩—面积法得到平面框架的挠度

$$\theta_B = -\bar{\omega}_{AB} = -\frac{1.5Pb^2}{EI}$$

和

$$y_B = -\bar{\omega}_{AB}\bar{x}_{AB} = -\frac{4.5Pb^3}{EI}$$

（乘积 $\bar{\omega}_{AB}\bar{x}_{AB}$ 可通过将面积为 $\bar{\omega}_{AB1}$ 和 $\bar{\omega}_{AB2}$ 的两个三角形的矩代数相加来确定）

类似地，将相同的式子用于 BC，θ_B 由上面的计算得出，其竖直挠度 $y_B=0$，我们得到

$$\theta_C = \theta_B - \bar{\omega}_{BC} = -\frac{1.5Pb^2}{EI} + \frac{2Pb^2}{EI} = \frac{0.5Pb^2}{EI}$$

和

$$y_C = \theta_B \overline{BC} - \overline{\omega}_{BC}\bar{x}_{AB} = -\frac{Pb^3}{EI}$$

最后，我们将式 10.10 用于 CD，水平挠度 $y_C = 4.5Pb^3/EI$，它在数值上等于已得出的 B 的水平位移，因而：

$$y_D = y_C + \theta_C \overline{CD} - \overline{\omega}_{CD}\bar{x}_{CD} = \frac{Pb^3}{EI}\left(4.5 + 0.5 \times 1.0 + 0.5 \times \frac{2}{3}\right) = \frac{5.33Pb^3}{EI}$$

框架的挠曲形状如图 10.3(c)中所示，从该图可以看出所求的位移为

$$D_1 = \frac{Pb^3}{EI} \qquad D_2 = \frac{5.33Pb^3}{EI} \quad 和 \quad D_3 = -\frac{1.5Pb^2}{EI}$$

10.4　弹性荷重法

弹性荷重法实质上等同于力矩－面积法，其过程为分别计算转角和挠度，即对作用有数值上等于实际梁中 $M/(EI)$ 的荷载集度的共轭梁求解剪力和弯矩。这种荷载称为弹性荷重，或者不太恰当地称为弹性荷载。

如上面所讨论的那样，共轭梁是与实际梁长度相同但支座条件改变了的梁。如图 10.4 所示，将实际梁的 $M/(EI)$ 图作为共轭梁上的荷载，正弯矩作为正的（向下）荷载。从力矩－面积方程（式 10.8 和 10.9）中可以看出，共轭梁上任一点处的剪力 V 和力矩 M 分别等于实际梁中相应点处的转角 θ 和挠度 y。

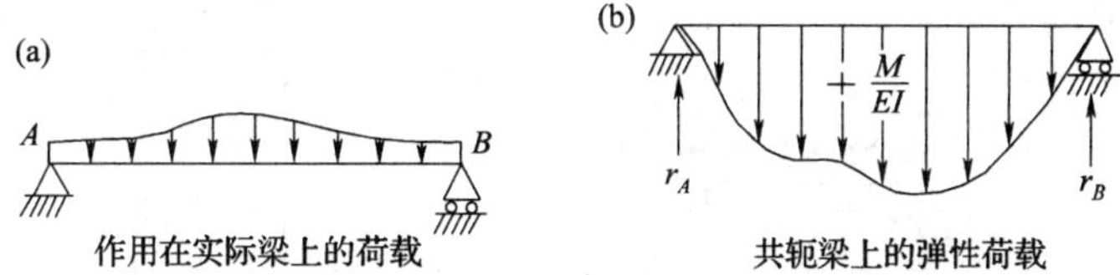

图 10.4　实际梁和共轭梁

实际梁与共轭梁的支座类型的改变表示在图 10.5 中。这些改变必须满足已知的实际梁中弹性线的特征。例如，在实际梁的固定端处转角和挠度均为零，这就相当于在共轭梁中没有剪力和弯矩，所以，共轭梁的相应端必定是自由、无约束的。

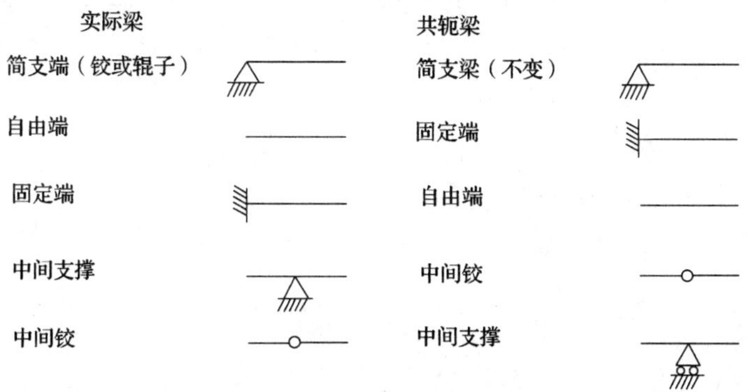

图 10.5　实际梁和共轭梁的支座形式

根据 10.5 中支座类型的改变，静定梁相应的共轭梁仍然是静定的。超静定梁一般具有不

稳定的共轭梁，但是这种共轭梁在相应于 $M/(EI)$ 图的特殊弹性荷载作用下是处于平衡的，这在例题 10.3 中将加以说明。

弹性荷重法还可以用于拱和门架，其方法是将结构的轴线细分为长度为 ds 的单元，于是该单元两端截面的相对转角为 $M\mathrm{d}s/(EI)$。将此值作为作用在跨度与拱相同的共轭简支水平梁上的弹性荷载（例如习题 10.8），于是共轭梁上的弯矩等于拱的竖向挠度。

例 10.2 力矩面积定理与弹性荷重法的相似性

应用式 10.8 和 10.10 的力矩－面积－挠度关系，证明对于图 10.6(a) 中所示的简支梁，两端的斜率 θ_A 和 θ_B 以及 C 点的挠度 y_C 分别等于图 10.6 中弹性荷重作用下的共轭简支梁的弯矩和剪力。确定图 10.6 所示的 θ_A 与 θ_B 以及 y_C。

将式 10.8 与 10.10 用于图 10.6(b) 中 AB 之间以及 AC 的弯矩图，得出：

$$\theta_B-\theta_A=-\overline{\omega_{AB}} \tag{a}$$

$$y_B-y_A=\theta_A\overline{AB}-\overline{\omega}_{AB}\bar{x}_{AB} \tag{b}$$

$$y_C-y_A=\theta_A\overline{AC}-\overline{\omega}_{AC}\bar{x}_{AC} \tag{c}$$

将 $y_A=y_B=0$ 代入上式并将得到的方程与弹性荷重引起的剪力和弯矩相比较：

$\theta_A=\overline{\omega}_{AB}\bar{x}_{AB}/\overline{AB}=r_A=A$ 点的剪力

$\theta_B=-(\overline{\omega}_{AB}-\theta_A)=-r_B=B$ 点的剪力

$y_C=r_A\overline{AC}-\overline{\omega}_{AC}=C$ 点的弯矩

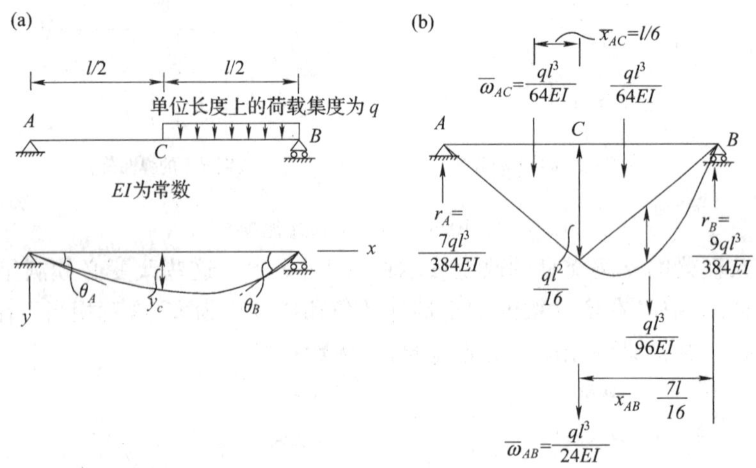

图 10.6 例题 10.2 中简支梁的端部转角和挠度的计算

(a)梁的尺寸和挠度形状；(b)弯矩图，弹性和中和弹性反力。

对于所考虑的梁，我们可以看出：

$$\theta_A=r_A=\frac{ql^3}{24EI}\frac{(7/16)l}{l}=\frac{7ql^3}{384EI}\theta_B=-\left(\frac{ql^3}{24EI}-\frac{7ql^3}{384EI}\right)=-r_B=-\frac{9ql^3}{384EI}$$

$$y_C=\frac{7ql^3}{384EI}\left(\frac{l}{2}\right)-\frac{ql^3}{64EI}\left(\frac{L}{6}\right)=\frac{5ql^4}{768EI}$$

例 10.3 带中间铰的梁

对于 10.7(a) 中的静定梁，求出 B 和 D 处的挠度以及铰 B 的左右两侧斜率的变化。梁的

EI 值为常数。

梁的共轭梁以及作用在上面的弹性荷重如图 10.7(b) 所示。弹性荷重按实际梁上 $M/(EI)$ 图的各部分面积来得到，它们作用于每一部分的形心处。这些弹性荷载的弹性反力按通常的方法算出：

$$r_B = \frac{2.25Pb^2}{EI}\uparrow \text{ 和 } r_C = \frac{7.25Pb^2}{EI}\uparrow$$

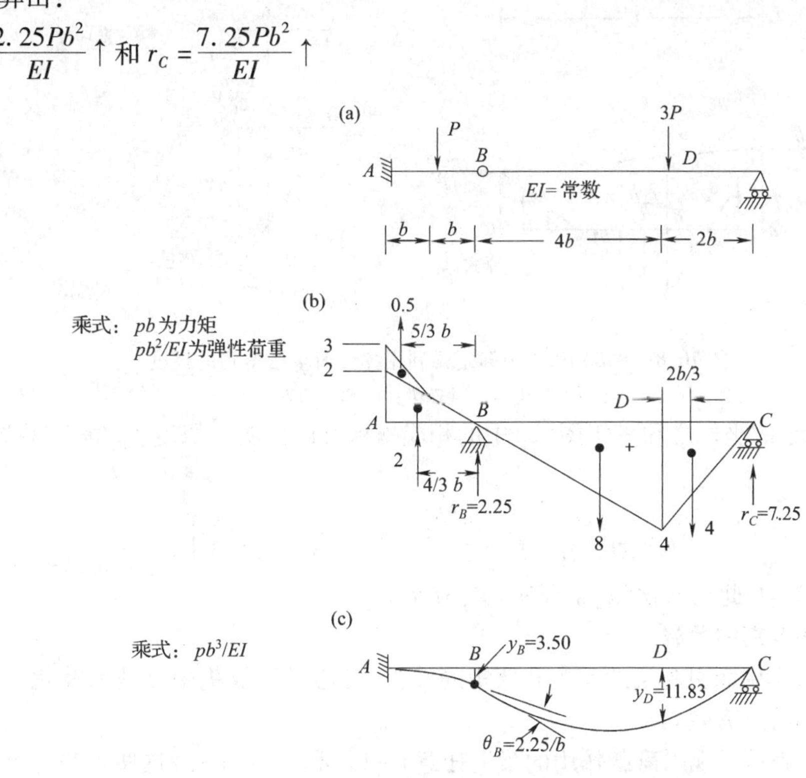

图 10.7　例题 10.3 中利用弹性荷重法得到梁的挠度

(a)实际梁；(b)共轭梁；(c)弹性线。

实际梁中铰 B 处的弹性线斜率的突变 θ_B 等于共轭梁上支座 B 处的剪力变化，它也等于弹性反力 r_B。所以 B 处斜率的变化为 $\theta_B = 2.25Pb^2/EI$（弧度），沿顺时针方向，因为 r_B 引起剪力突然增加。

共轭梁上 B 和 D 处的弯矩表示这些点处的挠度：

$$y_B = \frac{Pb}{EI}\left(2\times\frac{4}{3}b + 0.5\times\frac{5}{3}b\right) = 3.5\,\frac{Pb^3}{EI}$$

和

$$y_D = \frac{Pb^2}{EI}\left(7.25\times 2b - 4\times\frac{2b}{3}\right) = 11.83\,\frac{Pb^3}{EI}$$

弹性线绘于图 10.7(c) 中。

例 10.4　端部固定的梁

试求图 10.8(a) 所示的超静定梁上 B 点的挠度，梁的 EI 为常数。

共轭梁示于图 10.8(b) 中，该图将实际梁的固定端改为自由端。所以，共轭梁没有支座，但是容易验证该梁在相应于实际梁弯矩的弹性荷重作用下是处于平衡的。

B 点左边弹性荷载相当于图 10.8(c) 中所示的各个分量。对于这一点，由任意截面的图

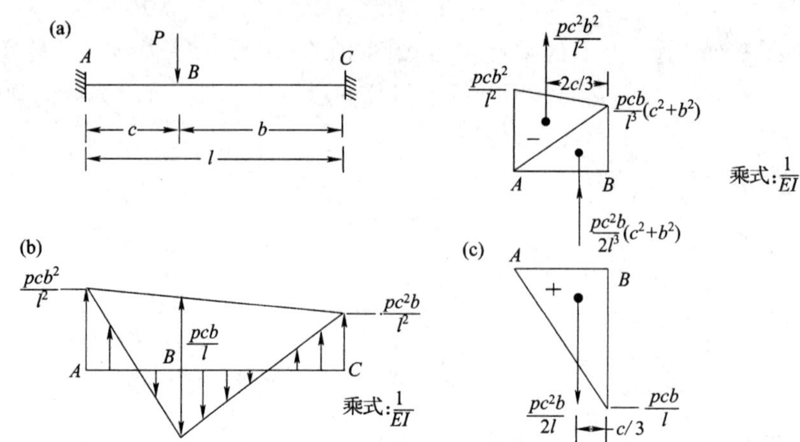

图 10.8　例题 10.4 中静定梁利用弹性荷重法得到的挠度

（a）实际梁；（b）共轭梁；（c）弹性荷重。

（c）中的两个图形的坐标之和等于图（b）中的相应坐标可以证明。挠度 Y_B 等于这些分量对 B 的力矩：

$$y_B = \frac{1}{EI}\left[\frac{pc^2b^2}{2l^2}\frac{2c}{3} + \frac{pc^2b}{2l^3}(c^2+b^2)\frac{c}{3} - \frac{pc^2b}{2l}\frac{c}{3}\right]$$

因为$(c+b)=l$，此式简化为 $y_B = Pc^3b^3/(3EIl^3)$。

10.4.1　等效集中荷载

不规则荷载作用而引起梁的反力和弯矩的计算，可通过等效集中荷载来简化。这对于弹性荷重法的应用特别有效。

图 10.9（a）表示不规则荷载作用的梁上任意 $i-1$，i 和 $i+1$ 个点，这些点称为节点。等效

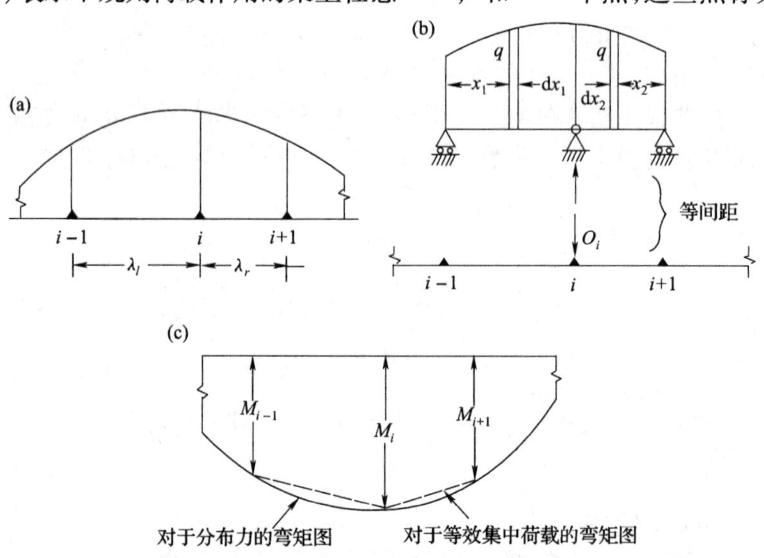

图 10.9　利用等效集中荷载的弯矩

（a）分布荷载；（b）i 点的等效集中荷载；

（c）荷载（a）和（b）在节点得出同样的弯矩。

于此荷载的集中荷载 Q_i，等于两个简支梁 $i-1$，i 和 $i+1$ 之间的 i 的反力之和，但方向相反，这两个简支梁在这些节点范围内作用的荷载与实际梁相同。这样

$$Q_i = \frac{1}{\lambda_l}\int_0^{\lambda_l} x_1 q \mathrm{d}x_1 + \frac{1}{\lambda_r}\int_0^{\lambda_r} x_2 q \mathrm{d}x_2 \tag{10.11}$$

式中 λ_l 和 λ_r 分别为 i 至节点 $i-1$ 和 $i+1$ 的距离，x_1 和 x_2 为图 10.9(b) 中所示的距离，q 为（变化的）荷载集度。

可以容易地证明，对于任意的静定结构，不管该结构是受分布荷载还是受式 10.11 计算得到的等效集中荷载作用，各节点处具有相同的反力和弯矩。然而，各节点之间的弯矩是不同的，如图 10.9(c) 中所示。

对于直线和二次抛物线分布，其等效集中荷载（式 10.11）示于图 10.10 中。抛物线变化时的变分公式可用于其他曲线，因为任一连续曲线都可以通过一系列很小的抛物线线段来比较精确地近似表示。

图 10.11 表示一般节点 i 在集中荷载 Q_i 作用下附近梁段的剪力图和弯矩图。梁上其他节点处可能有荷载作用，但是在各节点之间必定没有荷载作用。根据简单的静力学，节点间的剪力与节点处的弯矩有下面的关系：

$$V_{i-\frac{1}{2}} = (M_i - M_{i-1})/\lambda_1$$

和

$$V_{i+\frac{1}{2}} = (M_{i+1} - M_i)/\lambda_r$$

式中 $V_{i-\frac{1}{2}}$ 和 $V_{i+\frac{1}{2}}$ 分别为区间 λ_l 和 λ_r 的剪力，并有

$$Q_i = V_{i-\frac{1}{2}} - V_{i+\frac{1}{2}}$$

将前两个公式代入最后一个，我们求得

$$-\frac{M_{i-1}}{\lambda_l} + M_i\left(\frac{1}{\lambda_l} + \frac{1}{\lambda_l}\right) - \frac{M_{i+1}}{\lambda_l} = Q_i \tag{10.12}$$

当 $\lambda_1 = \lambda_r = \lambda$ 时，式 10.12 成为：

$$\frac{1}{\lambda}(-M_{i-1} + 2M_i - M_{i+1}) = Q_i \tag{10.13}$$

(a)

等间距

$\frac{\lambda}{6}(2a+b)$ $\frac{\lambda}{6}(a+4b+c)$ $\frac{\lambda}{6}(2c+b)$

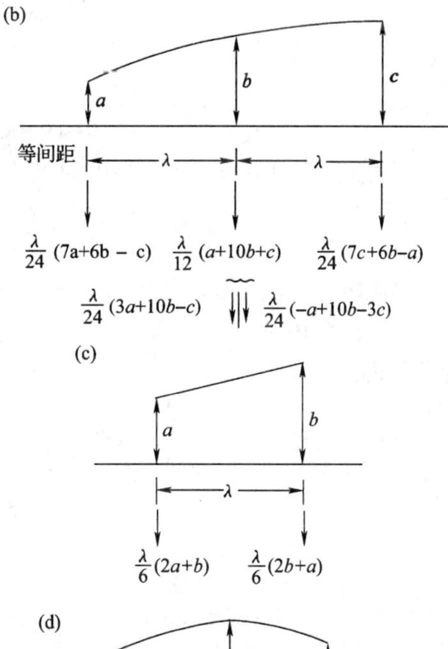

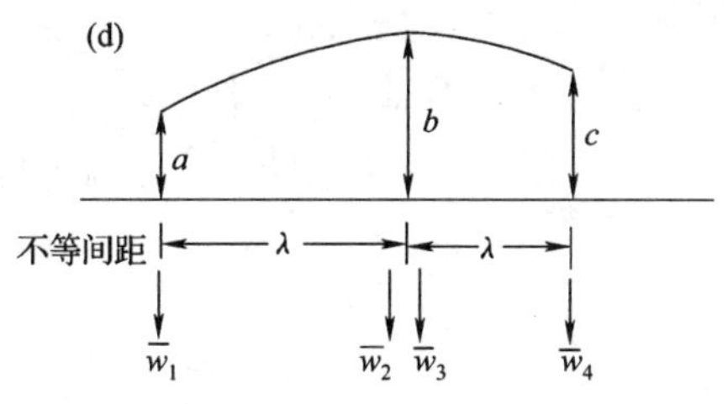

图 10.10 直线和二次抛物线的分布荷载的等效集中荷载

如果将式 10.12 或 10.13 用于梁中的若干个节点处，可以写出一个联立方程组，其解给出各个 M 的值。

当挠度按弹性荷重的弯矩来计算时，我们将式 10.12 和 10.13 中的 Q_i 变为 $\overline{\omega}_i$，将 M 改成 y，式中 $\overline{\omega}_i$ 为等效集中弹性荷重，y 为挠度。这样，

$$-\frac{y_{i-1}}{\lambda_i} + y_i\left(\frac{1}{\lambda_i} + \frac{1}{\lambda_r}\right) - \frac{y_{i+1}}{\lambda_r} = \overline{\omega}_i \tag{10.14}$$

而当 $\lambda_l=\lambda_r=\lambda$ 时

$$\bar{\omega}_i=\frac{1}{\lambda}(-y_{i-1}+2y_i-y_{i+1}) \tag{10.15}$$

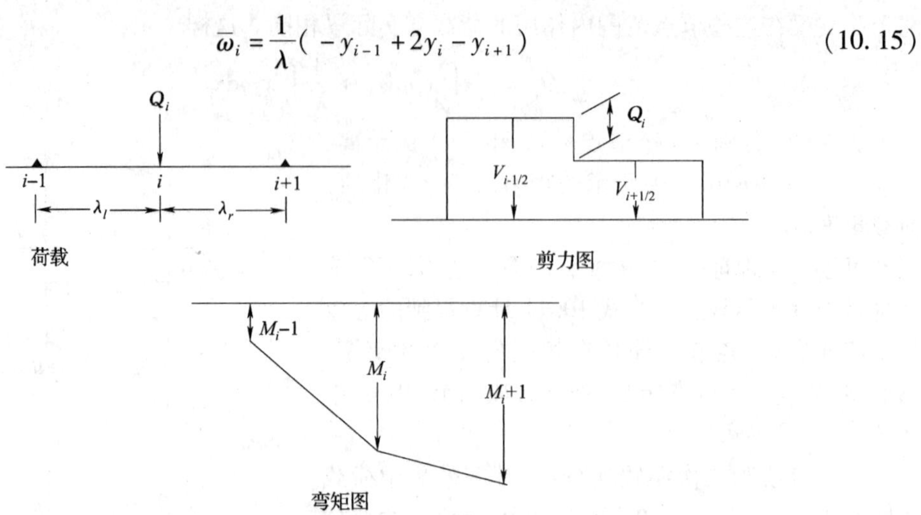

图 10.11　集中荷载作用下节点处的弯矩图

等效集中弹性荷载由式 10.11 给出：

$$\bar{\omega}_i=\frac{1}{\lambda_i}\int_0^{\lambda_l}x_1\frac{M}{EI}\mathrm{d}x_1+\frac{1}{\lambda_r}\int_0^{\lambda_r}x_2\frac{M}{EI}\mathrm{d}x_2 \tag{10.16}$$

例 10.5　*I* 变化的简支梁

对于图 10.12 所示的梁，试求出 *C* 点的挠度以及 *A* 点和 *B* 点的转角。梁的惯性矩的变化情况如图所示。

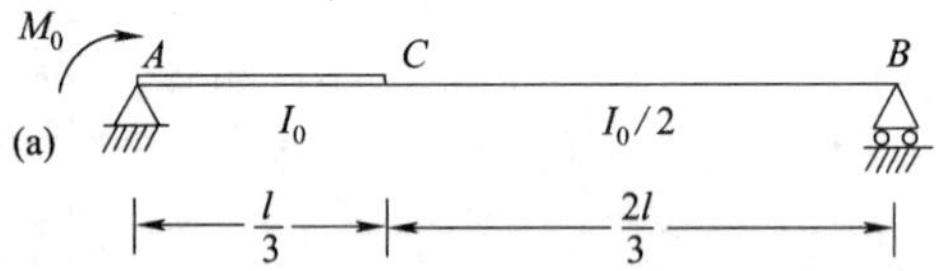

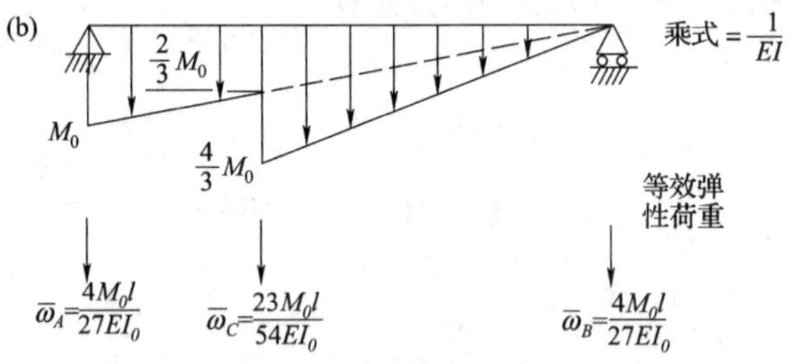

图 10.12　例题 10.5 中利用等效集中弹性荷重计算得到的梁的挠度

(a)实际荷载；(b)弹性荷载。

弹性荷载在图 10.12(b)中以通过图 10.9 中的公式计算得到的等效集中荷载表示。将式 10.14 用于 *C* 点，*A*，*B* 和 *C*3 点作为节点 $i-1$，i 和 $i+1$，且 $y_A=0$，我们得到：

$$-0+y_C\left[\frac{1}{(l/3)}+\frac{1}{(2l/3)}\right]-0=\frac{23M_0l}{54EI_0}$$

于是

$$y_C = \frac{23M_0 l^2}{243EI_0}$$

A,B 的转角在数值上等于弹性系数 r_A 和 r_B，因此

$$\theta_A = r_A = \overline{\omega}_A + \frac{2}{3}\overline{\omega}_C = \frac{35M_0 l}{81EI_0}$$

$$\theta_B = -r_B = -\frac{\overline{\omega}_C}{3} - \overline{\omega}_B = -\frac{47M_0 l}{162EI_0}$$

例 10.6 以等距离截面的曲率表示的杆件的端部转角和横向挠度

试以等距离截面处的曲率$[\psi]$表示出图 10.13(a)中简支梁的位移 D_1, D_2 和 D_3。(a)采用 3 个截面(图 10.13(b))并且假定在截面之间按照抛物线变化；(b)采用 7 个截面(图 10.13(c))并且假定两个相邻截面按照线性变化。下面导出的式 10.21 ~10.23 和式 10.28 ~10.30 并不限于简支梁，它们适用于任何平面框架的直杆。图 10.13(d)表示典型的平面框架直杆 AB 的变形 $A'B'$。这里，位移 D_1, D_2 和 D_3 表示通过连接 A'和 B'的弦杆测得的转角和横向挠度。将位移和曲率联系起来的表达式是用于等截面或变截面杆的几何关系。如果曲率的变化与求解过程中的假定相同，那么方程式是精确的。在用于其他情况时，误差主要取决于 ψ 的实际值与假定值的差值(见例 10.7)。

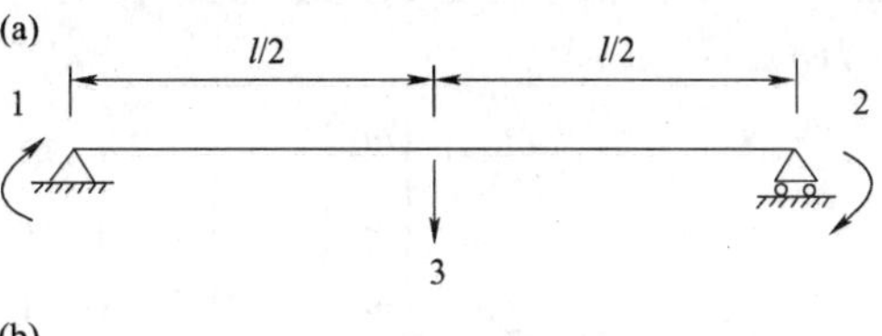

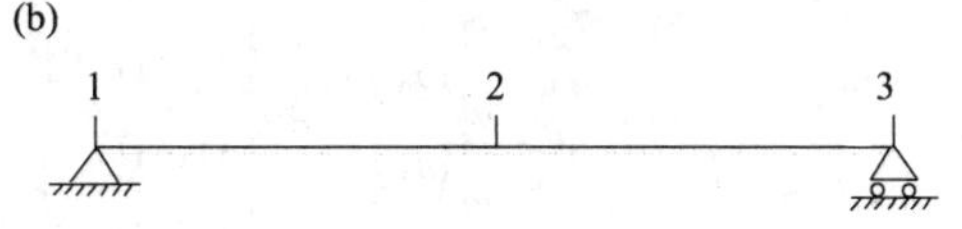

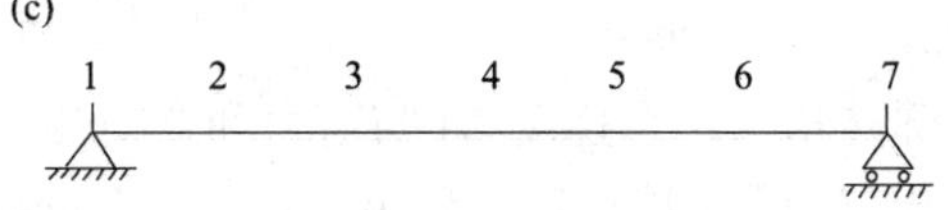

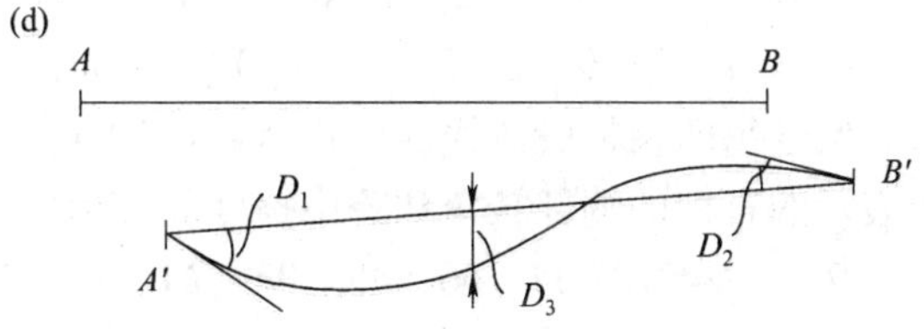

图 10.13 例题 10.6 中以等距截面的曲率表示的平面框架杆件的端部转角和挠度关系积分表达式

(a)坐标系；(b)3 个截面；(c)7 个截面；(d)挠度反映。

曲率 ψ 可以认为是弹性荷重的集度(如 M/EI)并用等效集中弹性荷重(图 10.10)代替分布的弹性荷重。如图 10.13(b)所示，ψ 在 1,2,3 截面按照抛物线变化

$$\begin{Bmatrix} \overline{\omega}_1 \\ \overline{\omega}_2 \\ \overline{\omega}_3 \end{Bmatrix} = \frac{l}{48}\begin{bmatrix} 7 & 6 & -1 \\ 2 & 20 & 2 \\ -1 & 6 & 7 \end{bmatrix}\begin{Bmatrix} \psi_1 \\ \psi_2 \\ \psi_3 \end{Bmatrix} \tag{10.17}$$

3×3 阶矩阵的第一列包含当 $\psi_1=1$ 而 ψ_2 和 ψ_3 都为零时的等效集中荷载，另外两列可以通过相同的方法得到。在两端转角 D_1 和 D_2 分别与剪应力相等，挠度 D_3 是由于等效集中弹性荷重所引起的弯矩。因此：

$$D_1 = \begin{bmatrix} 1 & 1/2 & 0 \end{bmatrix}\{\overline{\omega}\} \tag{10.18}$$

$$D_2 = -\begin{bmatrix} 1 & 1/2 & 0 \end{bmatrix}\{\overline{\omega}\} \tag{10.19}$$

$$D_3 = l\begin{bmatrix} 0 & 1/4 & 0 \end{bmatrix}\{\overline{\omega}\} \tag{10.20}$$

将式 10.17 代入式 10.18 ~ 10.20 得出以 3 个等距离截面的曲率表示的平面框架直杆的两端转角和跨中挠度的表达式(如 10.13):

$$D_1 = \frac{l}{6}[1 \quad 2 \quad 0]\{\psi\} \tag{10.21}$$

$$D_2 = -\frac{l}{6}[1 \quad 2 \quad 0]\{\psi\} \tag{10.22}$$

$$D_3 = \frac{l^2}{96}[1 \quad 10 \quad 1]\{\psi\} \tag{10.23}$$

当 ψ 在两相邻截面间线性变化且一共有 7 个截面时,等效集中弹性荷重(见图 10.10 的顶部)为:

$$\begin{Bmatrix}\bar{\omega}_1\\ \bar{\omega}_2\\ \bar{\omega}_3\\ \bar{\omega}_4\\ \bar{\omega}_5\\ \bar{\omega}_6\\ \bar{\omega}_7\end{Bmatrix} = \frac{l}{36}\begin{bmatrix}2 & 1 & 0 & 0 & 0 & 0 & 0\\ 1 & 4 & 1 & 0 & 0 & 0 & 0\\ 0 & 1 & 4 & 1 & 0 & 0 & 0\\ 0 & 0 & 1 & 4 & 1 & 0 & 0\\ 0 & 0 & 0 & 1 & 4 & 1 & 0\\ 0 & 0 & 0 & 0 & 1 & 4 & 1\\ 0 & 0 & 0 & 0 & 0 & 1 & 2\end{bmatrix}\begin{Bmatrix}\bar{\psi}_1\\ \bar{\psi}_2\\ \bar{\psi}_3\\ \bar{\psi}_4\\ \bar{\psi}_5\\ \bar{\psi}_6\\ \bar{\psi}_7\end{Bmatrix} \tag{10.24}$$

端部转角与跨中挠度为(与剪力和弯矩相同):

$$D_1 = (1/12)[12 \quad 10 \quad 8 \quad 6 \quad 4 \quad 2 \quad 0]\{\bar{\omega}\} \tag{10.25}$$

$$D_2 = (-1/12)[0 \quad 2 \quad 4 \quad 6 \quad 8 \quad 10 \quad 12]\{\bar{\omega}\} \tag{10.26}$$

$$D_1 = (l/12)[0 \quad 1 \quad 2 \quad 3 \quad 2 \quad 1 \quad 0]\{\bar{\omega}\} \tag{10.27}$$

假定每两相临段或线性变化,将 10.24 代入式 10.25 ~ 10.27 得到以 7 个等距离截面的曲率表示的直杆的端部转角和跨中挠度的表达式:

$$D_1 = (l/432)[34 \quad 60 \quad 48 \quad 36 \quad 24 \quad 12 \quad 2]\{\psi\} \tag{10.28}$$

$$D_2 = (-l/432)[2 \quad 12 \quad 24 \quad 36 \quad 48 \quad 60 \quad 34]\{\psi\} \tag{10.29}$$

$$D_1 = (l^2/432)[1 \quad 6 \quad 12 \quad 16 \quad 12 \quad 6 \quad 1]\{\psi\} \tag{10.30}$$

用同样的方法我们可以得到下面给出的用于等间距截面的数目为 5 时的方程,而不是图 10.13 所示的 7 个部分。

5 个截面时:

$$D_1 = (l/192)[22 \quad 36 \quad 24 \quad 12 \quad 2]\{\psi\} \tag{10.28a}$$

$$D_2 = (-l/192)[2 \quad 12 \quad 24 \quad 36 \quad 22]\{\psi\} \tag{10.29a}$$

$$D_3 = (l^2/192)[1 \quad 6 \quad 10 \quad 6 \quad 1]\{\psi\} \tag{10.30a}$$

9 个截面时:

$$D_1(=l/768)[46 \quad 84 \quad 72 \quad 60 \quad 48 \quad 36 \quad 24 \quad 12 \quad 2]\{\psi\} \tag{10.28b}$$

$$D_2 = (-l/768)[2 \quad 12 \quad 24 \quad 36 \quad 48 \quad 60 \quad 72 \quad 84 \quad 46]\{\psi\} \tag{10.29b}$$

$$D_3 = (l^2/768)[1 \quad 6 \quad 12 \quad 18 \quad 22 \quad 18 \quad 12 \quad 6 \quad 1]\{\psi\} \tag{10.30b}$$

例 10.7　变截面桥的梁

图 10.14 为均布荷载 q/单位长度作用下的连续人行桥的内跨断面图,横截面图和弯矩图。采用 7 个等间距截面的曲率(图 10.13(c)和式 10.28 ~ 10.30),求出端部转角 D_1 和 D_2

以及跨中挠度 D_3。

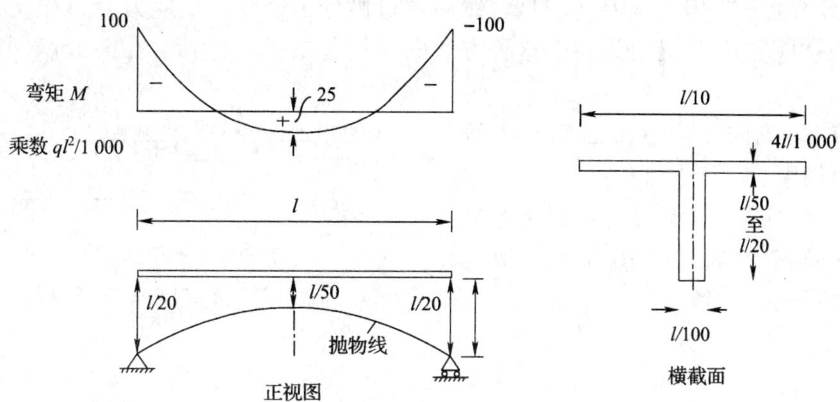

图 10.14　例题 10.7 中受单位均布荷载作用的连续支撑桥的内跨

弯矩值 M，惯性矩 I 和曲率 ψ（$=M/EI$，E 为弹性模量）为：

截面	M	I	ψ
1 和 7	−100.0	266.7	−375.0
2 和 6	−30.5	94.8	−322.5
3 和 5	11.1	38.6	287.5
4	25.0	26.4	947.0
乘式	$ql^2/1\ 000$	$10^{-9}l^4$	$10^3q/El^2$

两端转角 D_1 和 D_2 以及跨中挠度 D_3（式 10.25～10.27）为：

$$D_1=-D_2=\frac{l}{432}\begin{bmatrix}34 & 60 & 48 & 36 & 24 & 12 & 2\end{bmatrix}\begin{Bmatrix}-375.0\\-322.5\\287.5\\947.0\\287.5\\-322.5\\-375.0\end{Bmatrix}\frac{10^3q}{El^2}=41.8\times10^3\ \frac{q}{El}$$

$$D_3=\frac{P}{432}[2(-375.0)+12(-322.5)+24(287.5)+16(947.0)]\frac{10^3q}{El^2}=40.4\times10^3\ \frac{q}{E}$$

采用 24 个等距离截面得到比 7 个截面更精确的答案：

$$D_1=-D_2=40.9\times10^3q/(El);D_3=42.9\times10^3q/E$$

10.5　有限差分法

挠度微分方程的数值解可通过有限差分来得到。如果弯矩为已知，式 10.1 中的二次导数可写成以 3 个相邻点（节点）处的未知位移表示的有限差分形式，通常这 3 个点沿梁的间距相等，因此，我们得到把各个节点处的挠度与弯矩联系起来的有限差分方程。当将有限差分方程用于挠度为未知的所有节点处时，可以得到一个联立方程组，其解给出各挠度。

在弯矩不容易确定的情况下，使用有限差分法更为有效，这时首先得出将位移与外荷载联系起来的微分方程(式 10.4～10.7)的解，然后通过微分由挠度求出应力合力和反力。这样，整个结构分析可以用有限差分进行。这种方法的应用范围很广，因此，在第 16 章中将对它作详细的论述。

本节中的讨论限于当弯矩已知时求解式 10.1 得出挠度。

考虑图 10.15(a)所示的具有变化的抗弯刚度 EI 的简支梁，通过式 10.1 得出决定挠度的微分方程：

$$M = -EI\frac{\mathrm{d}^2y}{\mathrm{d}x^2} \tag{10.31}$$

考虑三个相等间距的点 $i-1$，i 和 $i+1$，其挠度分别为 y_{i-1}，y_i 和 y_{i+1}(图 10.12(b))。可以容易地看出 i 处挠度[1]的二次导数可以用下式近似表示：

$$\frac{\mathrm{d}^2y}{\mathrm{d}x^2} \approx \frac{1}{\lambda^2}(y_{i-1}-2y_i+y_{i+1}) \tag{10.32}$$

从式 10.31 得到的用于节点 i 处的有限差分形式为：

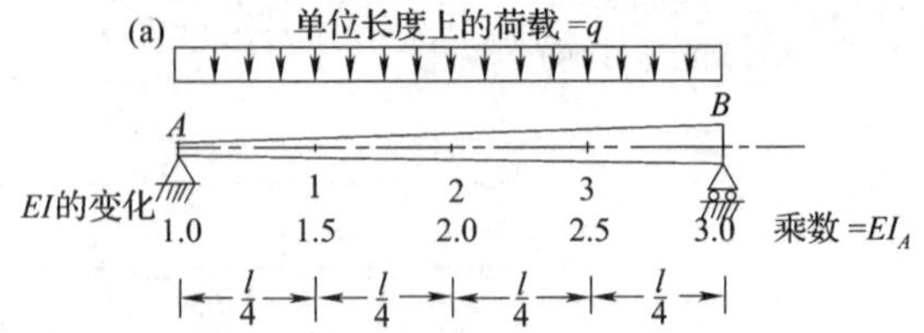

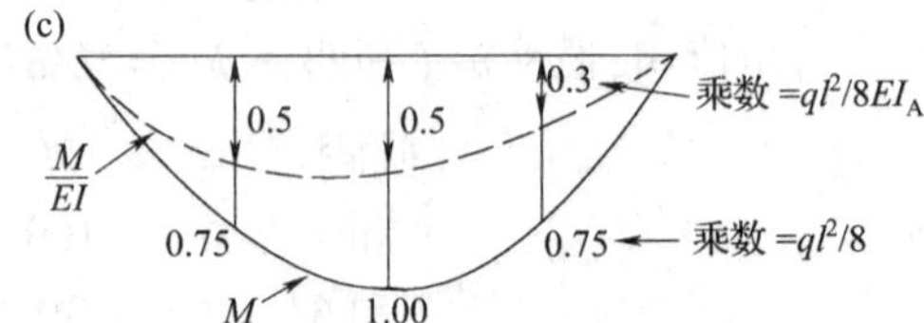

图 10.15　用有限差分法计算挠度

$$\frac{1}{\lambda}(-y_{i-1}+2y_i-y_{i+1}) \approx \left(\frac{M}{EI}\right)_i\lambda \tag{10.33}$$

式中 $(M/EI)_i$ 为 i 处弯矩用抗弯刚度相除得到的值。这个方程只是近似值，没有考虑到各节点之间 $M/(EI)$ 的变化方式。

将式 10.33 和式 10.15 进行比较可能会很有用，式 10.15 中用弹性荷重 $\overline{\omega}_i$ 代替式 10.33 的右边。后一个式子是近似的，如果沿跨度的节点数目增加，则其精确度增高。然而，对大多数实际情况而言，即使划分的数目很少，式 10.33 还是给出足够的精确度。

为了对两个方程进行比较，让我们考虑 10.15(a)的梁。该梁上 3 个节点处的 $M/(EI)$ 值均示于图 10.15(a)中。将式 10.33 用于节点 1，2 和 3 处，并令支承处的挠度 $y_A=y_B=0$，给出：

$$\frac{1}{l/4}\begin{bmatrix} 2 & -1 & 0 \\ -1 & 2 & -1 \\ 0 & -1 & 2 \end{bmatrix}\begin{Bmatrix} y_1 \\ y_2 \\ y_3 \end{Bmatrix} \approx \frac{ql^3}{32EI_A}\begin{Bmatrix} 0.5 \\ 0.5 \\ 0.3 \end{Bmatrix}$$

这些方程的解为：

$$y_1 = 2.10\left(\frac{ql^4}{384EI_A}\right) \quad y_2 = 2.70\left(\frac{ql^4}{384EI_4}\right) \text{和} \ y_3 = 1.80\left(\frac{ql^4}{384EI_A}\right)$$

现在通过式 10.15 且弹性荷重为 $\overline{\omega}_i$，计算得到(见图 10.10)：

$$\overline{\omega}_i = \frac{\lambda}{12}\left[\left(\frac{M}{EI}\right)_{i-1} + 10\left(\frac{M}{EI}\right)_i + \left(\frac{M}{EI}\right)_{i+1}\right]$$

1　见 16.2 节。

我们得到

$$\frac{1}{(l/4)}\begin{bmatrix}2 & -1 & 0\\ -1 & 2 & -1\\ 0 & -1 & 2\end{bmatrix}\begin{Bmatrix}y_1\\ y_2\\ y_3\end{Bmatrix}\approx\frac{ql^3}{384EI_A}\begin{Bmatrix}5.5\\ 5.8\\ 3.5\end{Bmatrix}$$

从而

$$y_1=1.975\left(\frac{ql^4}{384EI_A}\right)\quad y_2=2.575\left(\frac{ql^4}{384EI_4}\right)\text{和 }y_3=1.725\left(\frac{ql^4}{384EI_A}\right)$$

10.6　以傅里叶级数表示挠度

任意荷载作用下简支梁的挠度曲线方程可以用三角级数的形式来表达：

$$y=\sum_{n=1}^{\infty}a_n\sin\frac{n\pi x}{l}\tag{10.34}$$

如果荷载表示为傅里叶级数：

$$q=\sum_{n=1}^{\infty}b_n\sin\frac{n\pi x}{l}\tag{10.35}$$

式中

$$b_n=\frac{2}{l}\int_0^1 q(x)\sin\frac{n\pi x}{l}\mathrm{d}x\tag{10.36}$$

可以看出,如果

$$a_n=\frac{l^4}{n^4\pi^4EI}b_n\tag{10.37}$$

则式 10.34 为微分方程 $q=EI(\mathrm{d}^4y/\mathrm{d}x^4)$ 的解。

式 10.34 满足零挠度的端点条件(在 $x=0$ 和 l 处,$y=0$)和零弯矩的端点条件(在 $x=0$ 和 l 处,$-EI(\mathrm{d}^2y/\mathrm{d}x^2)=0$)。

例 10.8　三角形荷载作用下的简支梁

求出图 10.16 中所示梁的挠度。

在距离左端 x 的任意点处,荷载强度 $q(x)=q_0x/l$,从式 10.36,

$$b_n=\frac{2q_0}{l^2}\int_0^1\pi\sin\frac{n\pi x}{l}\mathrm{d}x=\frac{2q_o}{n\pi}\mathrm{con}\pi$$

但是当 $n=1,3,5,\cdots$ 时 $\cos n\pi=-1$；当 $n=2,4,6,\cdots$ 时 $\cos n\pi=1$。所以

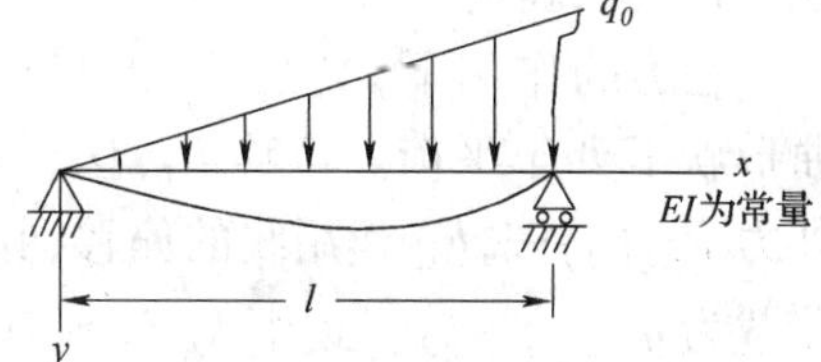

图 10.16　以傅立叶级数表示例题 10.8 中简支梁的弹性线

$$b_n=(-1)^{n+1}\frac{2q_0}{n\pi}$$

从式 10.37 得到

$$a_n=(-1)^{n+1}\frac{2q_0l^4}{n^5\pi^6EI}$$

代入式 10.34,我们得出挠度

$$y=\frac{2q_0l^4}{\pi^5EI}\sum_{n=1}^{\infty}\frac{(-1)^{n+1}}{n^5}\sin\frac{n\pi x}{l}$$

采用级数中的三项,我们求出跨中 $y_{(x=l/2)}=0.006\ 52q_0l^4/(EI)$,它与两个有效位数的精确解一致。如果仅采用级数中的一项,我们得 $y_{(x=l/2)}=0.006\ 54q_0l^4/(EI)$,这与精确解没有很大的差别,实际上在许多情况下仅采用级数中的一项就可以得到足够的精确度。

10.7　以带不定参数的级数表示挠度

在前一节中,我们用级数近似表示荷载从而得到挠度函数。级数也可以直接用来近似表示挠度函数,该级数的每一项包括一个参数,因此参数可由多种数值法中的一种来确定[1]。本节中,采用瑞利—李兹法求梁的挠度,但是使用虚功原理代替总势能的极小化步骤。

考虑图 10.17(a) 中所示的置于弹性地基上受横向力和轴向力作用的梁 AB。将挠度表达为下面的形式:

$$y=a_1g_1+a_2g_2+\cdots a_ng_n \tag{10.38}$$

式中 g_i 为 A 和 B 之间 x 的任一连续函数,它满足各边界条件(例如,在固定端处,$y=0$ 和 $dy/dx=0$)。各端点处的平衡条件(例如,自由端的剪力和弯矩均为零)未必满足函数 g(因为剪力和弯矩为 y 的导数,所以也就为 g 的导数的函数)。

各参数 $a_1,a_2,\cdots,a_n$ 的值通过满足下面的能量标准来确定。

在力的作用下,梁在图 10.17(b)所示弯曲形状下处于平衡。位移 $D_1,D_2,\cdots,D_m$ 为沿外力 $F_1,F_2,\cdots,F_m$ 作用线的偏移,其合成横向荷载为 $q^*=q-ky$。式中 ky 为地基反力的强度。令梁从平衡位置产生一个微小的虚挠度,假设此虚挠度的值沿梁按下面的方程变化

$$dy=da_ig_i \tag{10.39}$$

式中 da_i 表示参数 a_i 的微小增量,而其他参数保持不变。因而,虚挠度 dy 仅以与函数 g_i 相同的方式沿梁变化,这与 y 的变化形成对照,y 的变化取决于所有函数 $g_1,g_2,\cdots,g_n$。虚挠度所引起力 $F_1,F_2,\cdots,F_m$ 沿它们的作用线移动 $dD_1,dD_2,\cdots,dD_m$ 的值如图 10.17(c)所示。

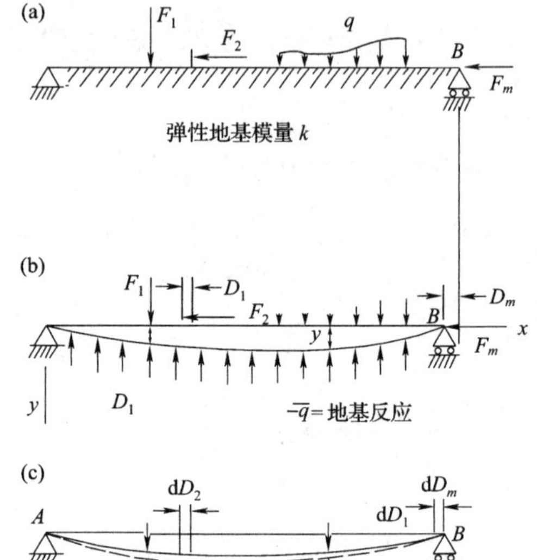

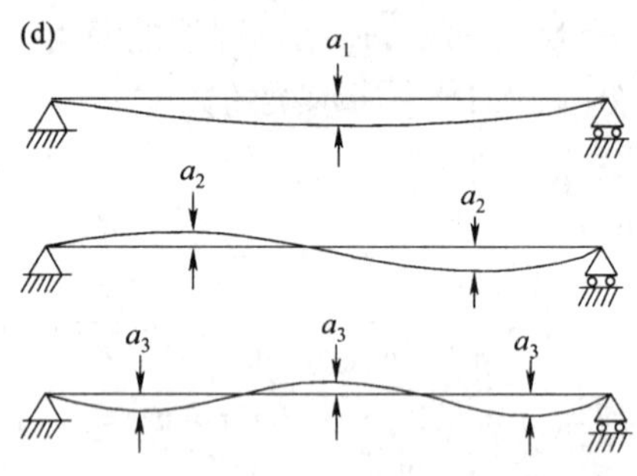

图 10.17　用带未知参数的级数表示挠度

按照虚功原理(见第 7.5 节),如果处于平衡的弹性体系产生一微小的虚位移,外力沿虚

1　见 Crandall, S. H. Engineering Analysis. McGraw－Hill, New York, 1956.

位移所做的功等于应变能的相应变化。外力的虚功为

$$\mathrm{d}W = \sum_{j=1}^{m} F_j \mathrm{d}D_j + \int_B^A q^* (\mathrm{d}y)\mathrm{d}x$$

这个方程也可以写成下列形式

$$\mathrm{d}W = \mathrm{d}a_i\left(\sum_{j=1}^{m} F_j \frac{\partial D_j}{\partial a_i} + \int_B^A q^* g_i \mathrm{d}x\right)$$

式中偏导数$\partial D_j/\partial a_i$ 表示参数 a_i 发生单位变化时位移 D_j 的变化,引起按式 10.39 变化的虚位移。

梁上所夹单元长度为 dx 的两个截面,在产生虚挠度时产生的相对转角:

$$\mathrm{d}\theta = \mathrm{d}a_i \frac{\mathrm{d}^2 g_i}{\mathrm{d}x^2}\mathrm{d}x$$

这个单元上应变能的变化为 $-M\mathrm{d}\theta$(见第 7.32 节),弯曲产生的应变能的总的变化为

$$\mathrm{d}U = -\mathrm{d}a_i\int_B^A M \frac{\mathrm{d}^2 g_i}{\mathrm{d}x^2}\mathrm{d}x$$

任意截面处的弯矩为

$$M = -EI\frac{\mathrm{d}^2 y}{\mathrm{d}x^2} = -EI\left(a_1 \frac{\mathrm{d}^2 g_1}{\mathrm{d}x^2} + a_1 \frac{\mathrm{d}^2 g_2}{\mathrm{d}x^2} + \cdots + a_n \frac{\mathrm{d}^2 g_n}{\mathrm{d}x^2}\right)$$

代入应变能方程中的弯矩,并令外功与内功相等,我们得到

$$\sum_{j=1}^{m} F_j \frac{\partial D_j}{\partial a_i} + \int_B^A q^* g_i \mathrm{d}x = \int_A^B EI\left(a_1 \frac{\mathrm{d}^2 g_1}{\mathrm{d}x^2} + a_2 \frac{\mathrm{d}^2 g_2}{\mathrm{d}x^2} + \cdots + a_n \frac{\mathrm{d}^2 g_n}{\mathrm{d}x^2}\right)a_n \frac{\mathrm{d}^2 g_i}{\mathrm{d}x^2}\mathrm{d}x \tag{10.40}$$

式 10.40 表示相应于 $i=1,2,\cdots,n$ 的方程组,从它可以确定参数 $a_1,a_2,\cdots,a_n$,因而,通过式 10.38 可以得到弹性线的近似方程。

上面的方法已广泛用于处理屈曲问题[1],在某种程度上还用于弹性地地基上的梁[2]。对于简支梁,选择函数 g 为沿梁长 l 的正弦曲线:

$$g_n = \sin\frac{n\pi x}{l}, \frac{d^2 g_n}{\mathrm{d}x^2} = -\frac{n^2\pi^2}{l^2}\sin\frac{n\pi x}{l}$$

式中 $n=1,2,3\cdots$,这些函数满足简支梁的边界条件[3]。因而,挠度用下面的级数表示:

$$y = \sum_{n=1}^{\infty} a_n \sin\frac{n\pi x}{l} \tag{10.41}$$

这意味着挠度曲线可通过将图 10.17(d)所示的那些正弦曲线的纵坐标相加得到。参数 $a_1,a_2,\cdots$表示这些正弦曲线的最大纵坐标。

根据这样选择,并假定 EI 为常数,式 10.40 右边叉积的积分为零,因为

$$\int_2^q \sin\frac{n\pi x}{l}\sin\frac{r\pi x}{l}\mathrm{d}x\begin{cases}0,\text{如果 } n \neq r\\ \dfrac{1}{2},\text{如果 } n = r\end{cases}$$

所以,在等截面梁的情况下,式 10.25 为

1 Timoshenko, S, Gere, J. M.. Theory of Elastic Stability. 2 版. McGraw - Hill, New York, 1961.

2 Hetenyi, M.. Beams on Elastic Foundation. The University of Michigan Press, 1947.

3 满足其余端部条件的方程将在第 18 章中联合有限条带法作详细讨论。

$$\sum_{j=1}^{m} F_j \frac{\partial D_j}{\partial a_n} + \int_0^1 q^* g_n \mathrm{d}x = a_n EI \int_0^1 \left(\frac{\mathrm{d}^2 g_n}{\mathrm{d}x^2} \right)^2 \mathrm{d}x$$

此式只有一个未知参数,其解给出 a_n 的值:

$$a_n = \frac{2l^3}{n^4 \pi^4 EI} \left(\sum_{j=1}^{m} F_j \frac{\partial D_j}{\partial a_n} + \int_0^l q^* \sin \frac{n\pi x}{l} \mathrm{d}x \right) \qquad (10.42)$$

式 10.41 和 10.42 可用来表示图 10.17(a)中铰支的等截面梁在横向和轴向荷载作用下的挠度。同样的方程可用于两端铰支和带有中间支座的梁的分析,中间支座处的反力被视为力系 F 中的一个力。根据支座处 $y=0$ 的条件(或 y 为一已知值),我们得到一个可以确定出反力的方程。如果梁带有刚度为 k 的中间弹簧支座(弹性支座)则由反力方程 $F=ky$ 可以确定这些支座处的挠度条件。

将上面的方法用于下面仅承受横向荷载的梁、承受横向和轴向荷载的梁以及置于弹性地基上的梁的 3 个例子。

例 10.9 集中横向荷载作用下的简支梁

试求出竖直荷载 P 作用下简支梁的挠度(图 10.18(a))。假设梁的抗弯刚度 EI 为常数。

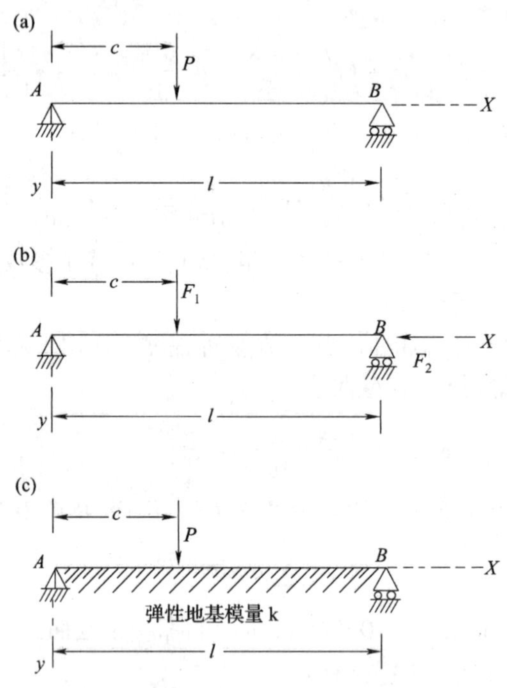

图 10.18 例题 10.9,10.10 和 10.11 所考虑的梁

将 $q^*=0$, $F_1=p$ 和 $\partial D_1/\partial a_n = \sin(n\pi c/l)$ 代入式 10.42,我们得到

$$a_n = \frac{2pl^3}{n^4 \pi^4 EI} \sin \frac{n\pi c}{l}$$

代入式 10.41 中的 a_n,我们求得

$$y = \frac{2pl^3}{\pi^4 EI} \sum_{n=1}^{\infty} \frac{1}{n^4} \sin \frac{n\pi x}{l} \sin \frac{n\pi c}{l}$$

例 10.10 受轴向压应力和横向集中荷载作用的简支梁

试求图 10.18(b)中的梁在竖直荷载 F_1 和轴向压力 F_2 作用时的挠度。

梁的挠度引起铰 B 向铰 A 移动。B 的移动等于曲线与弦 AB 的长度之差。相应于水平单元 dx 的长度 ds 为

$$ds = \sqrt{dx^2 + dy^2}$$

用 dx 除此方程的两边，并用二项式展开平方根，仅保留前两项，得到

$$\frac{ds}{dx} = 1 + \frac{1}{2}\left(\frac{dy}{dx}\right)^2$$

两边积分

$$\int_0^l \frac{ds}{dx}dx = \int_0^l dx + \frac{1}{2}\int_0^l \left(\frac{dy}{dx}\right)^2 dx$$

从而 B 的水平位移为

$$s - l = \frac{1}{2}\int_0^l \left(\frac{dy}{dx}\right)^2 dx$$

式中 s 为曲线 AB 的长度。

对于所考虑的梁，其挠度由式 10.41 表达为

$$y = \sum_{n=1}^{\infty} a_n \sin\frac{n\pi x}{l}$$

则

$$D_2 = s - l = \frac{1}{2}\sum_{n=1}^{\infty}\int_0^l \left(a_n \frac{n\pi}{l}\cos\frac{n\pi x}{l}\right)^2 dx = \sum_{n=1}^{\infty}\frac{a_n^2 n^2 \pi^2}{4l}$$

上面级数中除包括 a_n 的项外，所有项对 a_n 的偏导数为零，所以

$$\frac{\partial D_2}{\partial a_n} = \frac{a_n n^2 \pi^2}{2l}$$

将 $\partial D_1/\partial a_n = \sin(n\pi c/l)$，$\partial D_2/\partial a_n = a_n n^2 \pi^2/(2l)$ 和 $q^* = 0$ 代入式 10.42 中，并重新排列各项，我们得到

$$a_n = \frac{2F_1 l^3 \sin\frac{n\pi c}{l}}{n^2 \pi^4 EI[n^2 - F_2 l^2/(\pi^2 EI)]}$$

所以，从式 10.41，得到挠度方程为

$$y = \frac{2F_1 l^3}{\pi^4 EI}\sum_{n=1}^{\infty}\frac{\sin\frac{n\pi c}{l}\sin\frac{n\pi x}{l}}{n^2[n^2 - F_2 l^2/(\pi^2 EI)]}$$

例 10.11 作用轴向和横向应力的弹性地基上的简支梁

试求受一竖向集中荷载 P 作用并置于模量为 k 的弹性地基上的简支梁的挠度(图10.18(c))。该梁的抗弯刚度 EI 为常数。

横向荷载的集度为

$$q^* = -ky = -k\sum_{n=1}^{\infty} a_n \sin\frac{n\pi x}{l}$$

式 10.42 给出

$$a_n = \frac{2l^3}{n^2 \pi^4 EI}\left[p\sin\frac{n\pi c}{l} - k\int_0^l \left(\sum_{r=1}^{\infty} a_r \sin\frac{n\pi x}{l}\sin\frac{n\pi x}{l}\right)dx\right]$$

当 $r \neq n$ 时,此方程右边的积分为零;当 $r = n$ 时,则等于 $a_n l/2$,所以

$$a_n = \frac{2Pl^3}{\pi^4 EI}\left(\frac{\sin\dfrac{n\pi c}{l}}{n^4 + kl^4/(\pi^4 EI)}\right)$$

代入式 10.41

$$y = \frac{2pl^3}{\pi^4 EI}\sum_{n=1}^{\infty}\frac{\sin\dfrac{n\pi c}{l}\sin\dfrac{n\pi x}{l}}{n^4 + kl^4/(\pi^4 EI)}$$

10.8 小　结

有几种方法可用于求解梁在弯曲时引起的挠度。当弯矩沿梁的变化情况为已知时,可以用力矩－面积法或弹性荷重法。这两种方法都是建立在弯矩图的面积与挠度之间的关系之上的。在弹性荷重法中,转角和位移的计算与通常情况下剪力和弯矩的计算相似,只不过将梁的作用荷载和支撑条件加以改变。

有限差分法给出了联系挠度与弯矩或挠度与荷载的控制微分方程的数值解。当弯矩为未知时,有限差分法特别适用。根据联系荷载与挠度的微分方程的数值解,可以由微分确定未知应力合力。这种方法的详细讨论可在第 16 章中找到。

如果荷载以傅里叶级数表示,那么给出挠度的微分方程可以得到以三角级数的形式表示的解。这可以用于端部铰支的梁。

挠度也可以表示为每一项含有一个未知参数的级数,有许多数值方法可以用于确定其参数,这些参数给出大致满足微分方程的解。在本章所讨论的方法中,其参数按满足能量标准来选择。在有限差分的情况下,不必知道弯矩,其应力合力可以从挠度来确定。

习　题

10.1　在例题 10.2 中我们通过式 10.8 和 10.10 的弯矩－面积－挠度的关系证明对于简支梁来说,斜率和挠度分别与弹性荷重的剪力和弯矩相等。验证图 10.6 中例题所确定的梁的位移,可以通过单位荷载理论计算得到同样的答案。

10.2　利用式 10.8 和 10.10 的弯矩－面积－挠度的关系证明对于图 10.7(a)和(c)中的梁,任意截面的转角和挠度都分别等于图 10.7(b)中所示的共轭梁的弹性荷重的剪力和弯矩。

10.3　(英制单位)确定如图所示的等截面梁 C 点的转角和挠度。假定 $I = 800\ \text{in}^4$,$E = 30 \times 10^6$ psi。

10.4　(国际单位)确定图中所示的等截面梁在 C 点的挠度和转角。假定 $I = 330 \times 10^6\ \text{mm}^4$,$E = 200\ \text{GN/m}^2$。

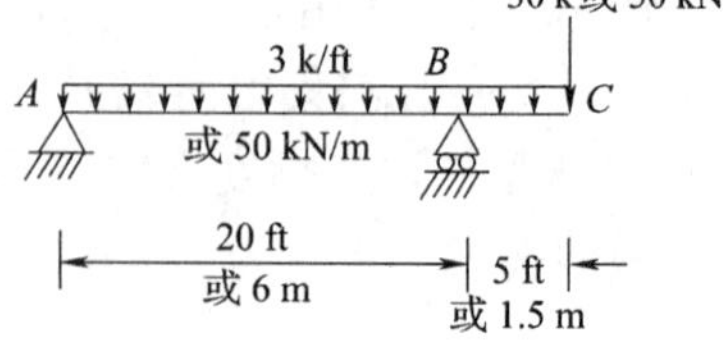

习题 10.3 或 10.4 图

10.5　计算图示梁 D 点与 C 点的挠度。

10.6　试说明图中由于拱 AB 的弯曲所引起的竖直挠度在数值上等于弹性荷载 $M\text{d}s/(EI)$ 作用下梁 $A'B'$ 的弯矩,这里 M 为拱的弯矩,ds 为拱轴上典型单元的长度,EI 为抗弯刚度。

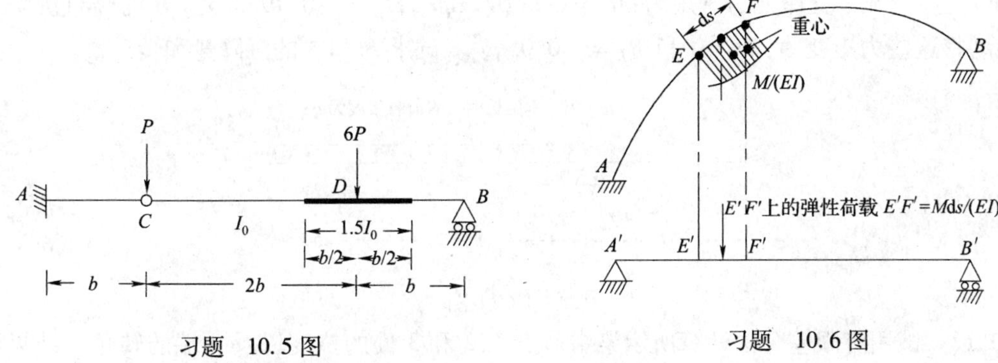

习题 10.5 图

习题 10.6 图

10.7 利用弹性荷重法，求出图示拱中 C,D 和 E 点的竖向挠度。仅考虑弯曲变形。

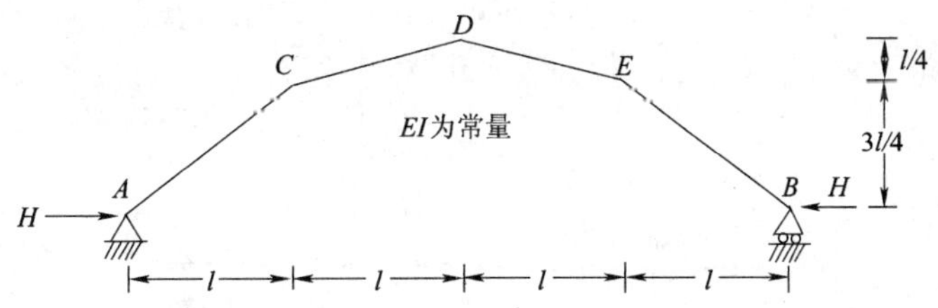

习题 10.7 图

10.8 试确定对应图中所示梁的坐标 1 和 2 的刚度矩阵（提示：求出由于每一端的单位力矩所引起的角位移，形成一个柔度矩阵，求逆后得出所求的刚度矩阵）。

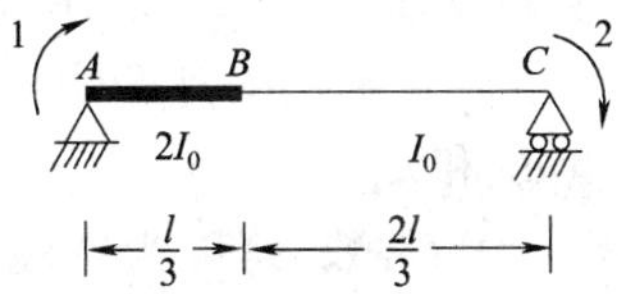

习题 10.8 图

10.9 在习题 10.8 中在 B 点增加坐标 3 和 4，表示向下移动和顺时针方向。分别写出对应于四个坐标的刚度矩阵。利用刚度矩阵方程 5.17 缩聚得到的习题 10.8 所求的 2 × 2 阶刚度矩阵。

10.10 试求出使所示的等截面梁的 D 点产生一个弧度的角突变所必需的两个相等而反向的力偶 M 的值。求出 D 和 E 的相应挠度（这些挠度在数值上等于 D 处弯矩的影响系数，在连续梁ABC中，D 处没有铰，见第 12.3 节）。

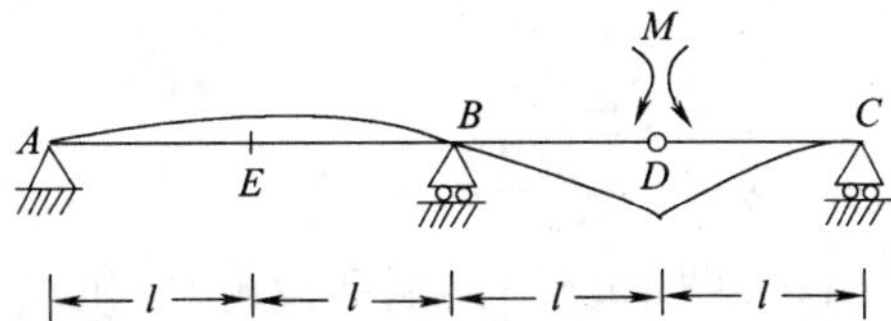

习题 10.10 图

10.11 (a)试求出图中所示的位于无变形的支座上的连续梁中 D 处的挠度，梁的抗弯刚度 EI 为常数。

(b)上述情况下支座处的弯矩为：$M_A = -0.0711qb^2$，$M_B = -0.1938qb^2$。B 的竖直沉降和 A 的转动将这些力矩变为：$M_A = 0$ 和 $M_B = -0.05qb^2$。试求 B 和 A 的沉降量和转动量。

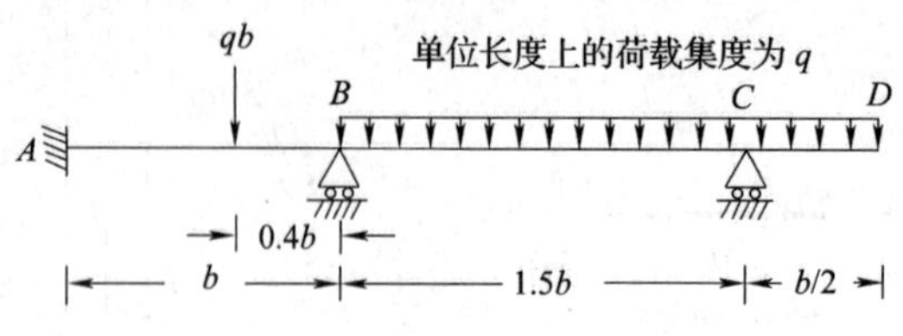

习题 10.11 图

10.12 试用有限差分法计算所示梁中节点 1,2 和 3 处的挠度以及 A 端的转角。结果以 EI_0 表示。为了计算节点 A 的转角，采用下面的近似关系式：

$$\theta_i \approx (y_{i+1} - y_i)/\lambda$$

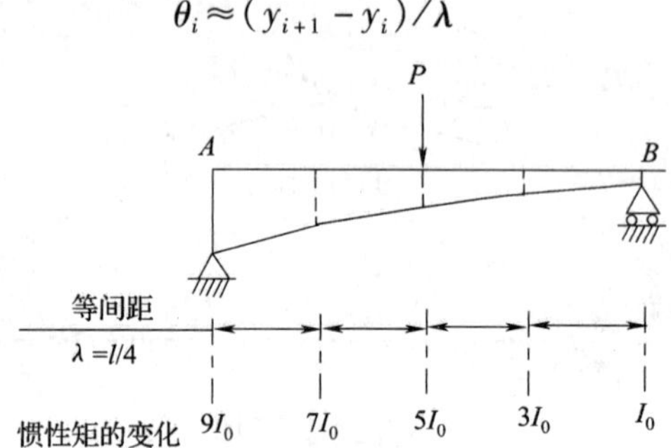

习题 10.12 图

10.13 求解习题 10.12，以两项的级数式 10.34 表示挠度，并假定惯性矩按照 $I(x) = I_0(9-8\zeta)$ 变化，式中 $\zeta = x/l$，其中 x 表示从 A 到任一点的距离，l 表示跨长。应用式 10.40 得到两个联立方程组，从而解出待定变量 a_1 和 a_2。

10.14 试用瑞利－李兹法确定 EI 为常数、跨度为 l、端部作用集度为 q 的均匀横向荷载和轴压力 P 的简支梁的挠度。用下面级数表示挠度：

$$y = \sum_{n=1}^{\infty} a_n \sin \frac{n\pi x}{l}$$

10.15 试求级数中的前三个参数：

$$y = \sum_{n=1}^{\infty} a_n \sin \frac{n\pi x}{l}$$

此式表示图中所示的等截面梁的挠度。

10.16 试求图中所示的弹性地基上等截面梁的挠度，梁上作用两个对称的集中荷载。用下面的级数表示挠度：

$$y = \sum_{n=1}^{\infty} a_n \left(1 - \cos \frac{2n\pi x}{l}\right)$$

10.17 求解长度为 l 的直杆(图 10.13)的端部转角 D_1 和 D_2 以及跨中挠度 D_3，并以 5 个等间距截面的斜率 ψ 来表示，假定在相邻两个段内按照线性变化(见例题 10.6)。利用得到的表达式求出习题 10.12 的解。

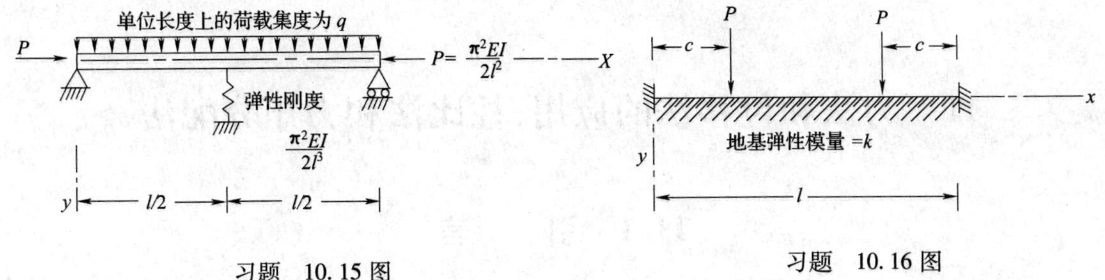

习题　10.15 图

习题　10.16 图

11　力法和位移法的应用:柱比法和力矩分配法

11.1　引　　言

在有些情况下,应用力法和位移法可以推导出柱比法和力矩分配法这样的经典解法。柱比法能够用于由一根封闭曲杆构成的平面框架的分析,所以超静定次数不多于 3。分析是以力法在所谓的弹性中心点处的赘余力作用下来进行,它类似于弯曲应力和直接应力组合作用下柱中应力的计算。在本章中柱比法用于确定等边截面直杆的刚度矩阵以及只考虑弯曲变形作用下单个杆件的弯矩。

用力矩分配法分析只考虑弯曲变形的平面框架首先要假定节点位移受到约束,然后用逐次迭代引进节点位移的效应,这种逐次迭代可以进行到任意所需要的精度,因而,力矩分配也是位移法的一种分析方法。然而,其根本的不同之处在于力矩分配法一般不需要求解方程来求出节点位移,而是允许位移逐次发生,这些位移对于杆端力矩的影响是通过一系列逐次收敛修正引入的。由于不需要求解联立方程组,因而力矩分配法成为了一种非常普遍的分析方法,特别是在用计算机计算的时候。

力矩分配法分析过程得出的弯矩即为通常设计所需要的力矩值。因而,我们避免了先算出节点位移后才能计算力矩的求解过程。力矩分配法更显著的优点是易于记忆和便于应用。

尽管计算机的使用可以迅速地分析具有大量的节点和单元的框架结构,但是在初步设计或校核计算机结果时用手算来分析框架(或其中的单独部件)仍然是很有用的。进行这种校核也是非常重要的。

11.2　柱横截面上的正应力

如图 11.1(a)和(b)所示,单位面积上集度为 p 的荷载作用时,柱的立面图以及柱横截面图。荷载效应由以下几部分组成:

$$N = \int p\mathrm{d}a \qquad M_x = \int py\mathrm{d}a \qquad M_y = \int px\mathrm{d}a \tag{11.1}$$

式中 N 为截面形心的法向力;M_x 和 M_y 分别为绕 x 轴和 y 轴的力矩。N,M_x 和 M_y 的正方向的规定如图 11.1(b) 所示。

如果假设远离顶端的任意截面在变形后仍保持平面。因而用弹性模量 E 去考虑线弹性材料,在任意点处的拉压应变 ε 和正应力 σ 都能表示如下:

$$\varepsilon = \varepsilon_0 + \psi_x y + \psi_y x \qquad \sigma = \sigma_0 + \gamma_x y + \gamma_y x \tag{11.2}$$

式中 ε_0 为形心 O 处的应变;$\psi_x = \partial\omega/\partial y$ 为对应于 x 轴的曲率;$\psi_y = \partial\omega/\partial x$ 为对应于 y 轴的曲率;$\sigma_0 = E\varepsilon_0$ 为 O 点处的正应力;$\gamma_x = E\psi_x = \partial\sigma/\partial y$;$\gamma_x = E\psi_y = = \partial\sigma/\partial x$(如图 11.1(c))。规定拉应力为正。

由正应力得出:

$$N = \int \sigma \mathrm{d}a \quad M_x = \int \sigma y \mathrm{d}a \quad M_y = \int \sigma x \mathrm{d}a \qquad (11.3)$$

将方程 11.2 代入 11.3 中,整理求解结果得到参数 σ_0,γ_x 和 γ_y

$$\sigma_0 = \frac{N}{a} \quad \gamma_x = \frac{M_x I_y - M_y I_{xy}}{I_x I_y - I_{xy}^2}$$

$$\gamma_y = \frac{M_y I_x - M_x I_{xy}}{I_x I_y - I_{xy}^2} \qquad (11.4)$$

因而,在任意点(x,y) 处的正应力为:

$$\sigma = \frac{N}{a} + (\frac{M_x I_y - M_y I_{xy}}{I_x I_y - I_{xy}^2})y + (\frac{M_y I_x - M_x I_{xy}}{I_x I_y - I_{xy}^2})x \qquad (11.5)$$

式中 $a = \int \mathrm{d}a$ 为面积;$I_x = \int y^2 \mathrm{d}a$ 是面积关于 x 轴的惯性矩(截面二次轴矩);$I_y = \int x^2 \mathrm{d}a$ 是面积关于 y 轴的惯性矩;$I_{xy} = \int xy \mathrm{d}a$ 是面积关于两坐标轴的惯性积。当 x 和 y 为形心主轴时 $I_{xy} = 0$ 则方程 11.5 简化为:

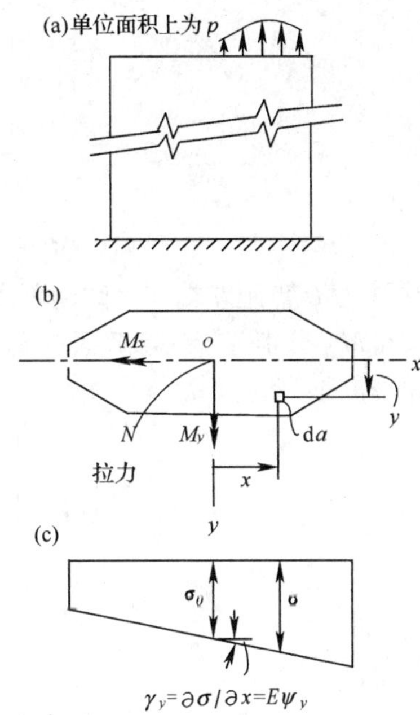

图 11.1　柱横截面上的正应力分布及正方向的规定
(a) 立面图;(b) 横截面图;(c) 沿 x 轴上的应力变化

$$\sigma = \frac{N}{a} + \frac{M_x}{I_x}y + \frac{M_y}{I_y}x \qquad (11.6)$$

方程 11.4 推导将包含关于 x 轴和 y 轴的静矩(一次矩)$B_x = \int y \mathrm{d}a$ 以及 $B_y = \int y \mathrm{d}a$,然而这两个量都能消掉,因为所选择的坐标轴 x 和 y 都经过形心点 O。

11.3　柱比法的定义

如图 11.2(a) 所示,许多变截面杆件理想化为具有变 EI 的直杆,如图 11.2(b) 所示,比拟柱的截面形式为一些列变化的宽度 $1/EI$ 和长度 l,它们与原杆相同。其中 $EI = EI(x)$ 为离 O 点 x 的任意点弯曲刚度。O 点为比拟柱的中心(弹性中心)。因而截面面积、静矩和惯性矩分别为:

$$a = \int \frac{\mathrm{d}x}{EI}; B_y = \int x \frac{\mathrm{d}x}{EI} = 0; I_y = \int x^2 \frac{\mathrm{d}x}{EI} \qquad (11.7)$$

11.4　变截面杆件的刚度矩阵

如图 11.2(c) 所示,对应于图 11.2(a) 中杆 AB 两端坐标系中包含 4 个分量。应用柱比法我们将得出其对应的刚度矩阵$[S]$,这样只需要考虑弯曲变形。为了得到$[S]$,我们利用虚功原理推导出当 B 端固定(如图 11.2(d))时的柔度矩阵$[f]$,见方程 8.5:

$$
[\bar{f}] = \begin{bmatrix} \int \dfrac{M_{u1}^2 \mathrm{d}x}{EI} & \text{对称} \\ \int \dfrac{M_{u1} M_{u2} \mathrm{d}x}{EI} & \int \dfrac{M_{u2}^2 \mathrm{d}x}{EI} \end{bmatrix} \tag{11.8}
$$

式中

$$
M_{u1} = -(x+d);M_{u2} = 1 \tag{11.9}
$$

其中 d 为 O 点距左端 A 之间的距离。

M_{u1} 和 M_{u2} 分别等于任意截面在 $F_1 = 1$ 和 $F_2 = 1$ 单独作用下的弯矩。将方程 11.9 代入方程 11.8 中得到：

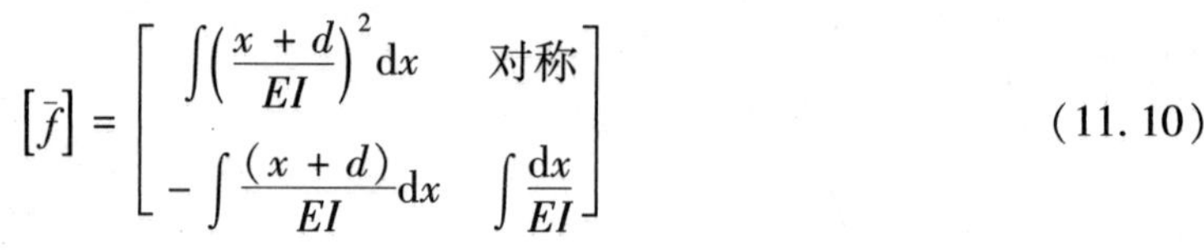

$$
[\bar{f}] = \begin{bmatrix} \int \left(\dfrac{x+d}{EI}\right)^2 \mathrm{d}x & \text{对称} \\ -\int \dfrac{(x+d)}{EI} \mathrm{d}x & \int \dfrac{\mathrm{d}x}{EI} \end{bmatrix} \tag{11.10}
$$

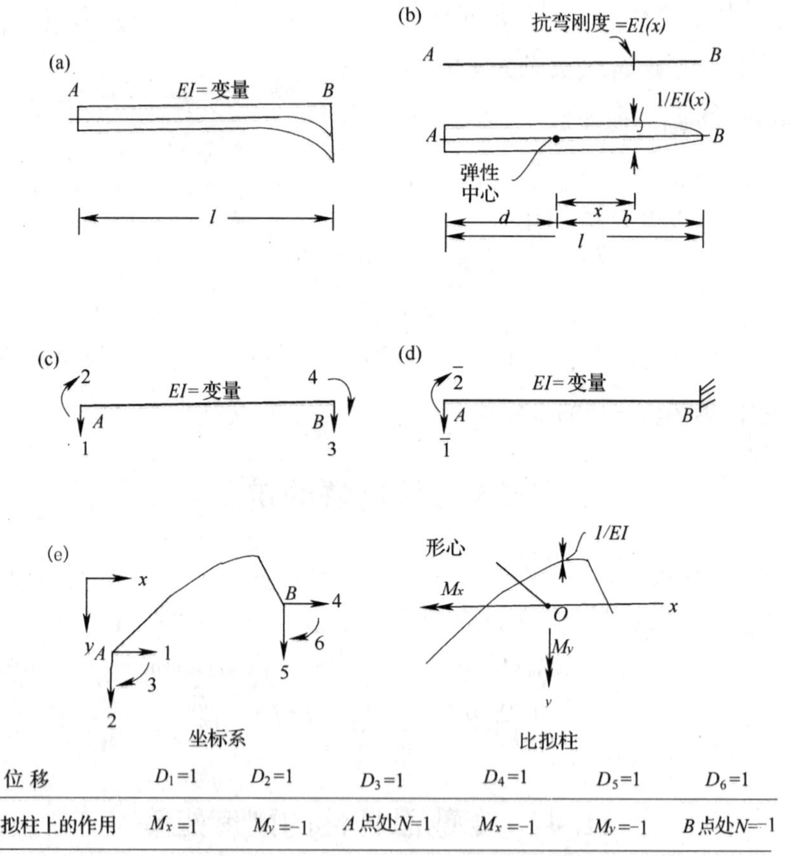

位 移	$D_1=1$	$D_2=1$	$D_3=1$	$D_4=1$	$D_5=1$	$D_6=1$
比拟柱上的作用	$M_x=1$	$M_y=-1$	A 点处 $N=1$	$M_x=-1$	$M_y=-1$	B 点处 $N=-1$

注：N 为拉力时取正值。

图 11.2 变截面杆件刚度矩阵的推导

(a) 变截面杆件；(b) 理想化的直杆以及其比拟柱；(c) 和(d) 坐标系；(e) 杆件一端的位移。

将方程 11.7 代入方程 11.10 中得：

$$[\bar{f}]=\begin{bmatrix} I_y+ad^2 & -ad \\ -ad & a \end{bmatrix} \tag{11.11}$$

对方程 11.11 求逆得到 B 端固定时变截面杆的刚度矩阵(如图 11.2(d)):

$$[\bar{S}]=\begin{bmatrix} 1/I_y & d/I_y \\ d/I_y & (1/a)+(d^2/I_y) \end{bmatrix} \tag{11.12}$$

图 11.2(c) 所示自由杆件的刚度矩阵$[S]$中任意第 j 列上的力为平衡力系,因而

$$S_{3j}=-S_{1j}, S_{4j}=S_{1j}(d+b)-S_{2j}\quad (对于 j=1,2,3,4) \tag{11.13}$$

分量 S_{11} 和 S_{21} 对应于 B 端固定(如图 12.2(d))时 A 端的力,因而 S_{11},S_{21} 分别与 $\bar{S}_{11}$ 和 $\bar{S}_{21}$ 相等。同样的,S_{12},S_{22} 分别与 $\bar{S}_{12}$ 和 $\bar{S}_{22}$ 相等。因而,利用方程 11.13 的平衡以及刚度矩阵的对称性我们得出变截面杆件(如图 11.2(c))的刚度矩阵:

$$[\bar{S}]=\begin{bmatrix} \frac{1}{I_y} & & \text{对} & \\ \frac{d}{I_y} & \frac{1}{a}+\frac{d^2}{I_y} & & \text{称} \\ -\frac{1}{I_y} & -\frac{d}{I_y} & \frac{1}{I_y} & \\ \frac{b}{I_y} & -\frac{1}{a}+\frac{bd}{I_y} & -\frac{b}{I_y} & \frac{1}{a}+\frac{b^2}{I_y} \end{bmatrix} \tag{11.14}$$

在 EI 为常量,$a=l/EI$,$I_y=l^3/(12EI)$,$d=b=i/2$ 的特例中,当这些值代入方程 11.14 中得到的刚度矩阵与方程式 6.8 相同。

11.5　端部转角刚度与传递力矩

当梁的变形分别如图 11.3(a) 和 11.3(b) 所示时,图 11.12(c) 中变截面杆件刚度矩阵的第 2 和第 4 列中的分量代表杆端力。因而,图 11.2(c) 中变截面杆件的刚度矩阵可以写成如下形式:

$$[S]=\begin{bmatrix} (S_{AB}+S_{BA}+2t)/l^2 & (S_{AB}+t)/l & -(S_{AB}+S_{BA}+2t)/l^2 & (S_{BA}+t)/l \\ (S_{AB}+t)/l & S_{AB} & -(S_{AB}+t)/l & t \\ -(S_{AB}+S_{BA}+2t)/l^2 & -(S_{AB}+t)/l & (S_{AB}+S_{BA}+2t)/l^2 & -(S_{BA}+t)/l \\ (S_{BA}+t)/l & t & -(S_{BA}+t)/l & S_{AB} \end{bmatrix} \tag{11.15}$$

上面刚度矩阵是这样组成的:第 2 列和第 4 列由图 11.3(a) 和(b) 中杆件的杆端力组成,第 2 和第 4 行根据对称性完成,最后剩余的其他分量根据任意列的 4 个分力平衡得到。

如图 11.3(a) 所示 AB 杆件的 A 端转角刚度对应于其杆端力矩 $S_{AB}(=S_{22})$,该力矩是由 B 端固定,A 端转动单位转角时得到的。对应的 B 端力矩 t 即为传递力矩。比值 $C_{AB}=t/S_{AB}$ 为从 A 到 B 的传递系数。

同样的,如图 11.3(b),AB 杆件 B 端的转角刚度 S_{AB} 为 A 端固定 B 端发生单位转角时的力矩。对应 A 的传递力矩也等于 t。这可看作是贝蒂原理在图 11.3(a),(b) 中力和位移的应用。从 B 到 A 的传递系数 $C_{BA}=t/S_{BA}$。

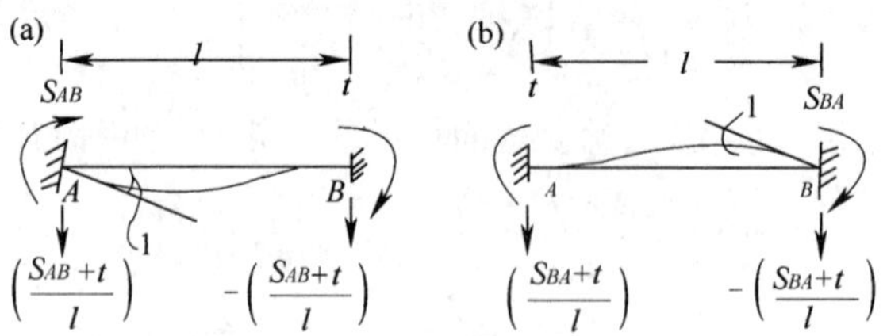

图 11.3　变截面杆件由端部单位转角所引起的端力分量

(a) 和(b) 分别对应于图 11.2(c) 中第 2 和第 4 列的力。

由前面的定义以及方程 11.14 可得变截面梁的端部转角刚度,传递力矩和传递系数分别为:

$$S_{AB}=\frac{1}{a}+\frac{d^2}{I_y}\qquad S_{BA}=\frac{1}{a}+\frac{b^2}{I_y}\qquad t=-\frac{1}{a}+\frac{bd}{I_y}\tag{11.16}$$

$$C_{AB}=\frac{-(1/a)+(bd/I_y)}{(1/a)+(d^2/I_y)}\qquad C_{BA}=\frac{-(1/a)+(bd/I_y)}{(1/a)+(b^2/I_y)}\tag{11.17}$$

在等截面的特例中,端部转角刚度,传递力矩和传递系数为:

$$S_{AB}=S_{BA}=\frac{4EI}{l}\qquad t=\frac{2EI}{l}\qquad C_{AB}=C_{BA}=\frac{1}{2}\tag{11.18}$$

端部转角刚度和传递系数将在力矩分配法中用到(第 11.7 节)。

11.6　直杆与单跨框架的弯矩

如图 11.4(a) 所示变截面杆件承受横向荷载,考虑到在两端平衡的横向力能够确定,我们用柱比法求出固端力矩 M_{AB} 和 M_{BA}。当图 11.4(a) 中的杆件被视为框架的一部分而用于位移法分析时,其 4 个固端力就需要了。

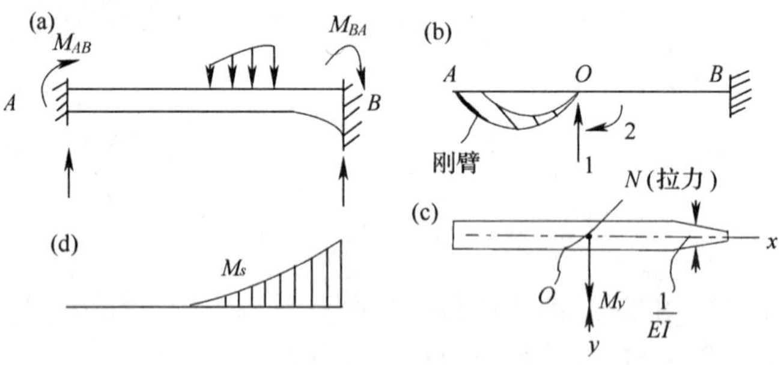

图 11.4　用柱比法计算变截面杆件的固端力矩

(a) 实际结构;(b) 放松结构及坐标系;(c) 比拟柱截面;(d) 静定结构的弯矩 M_s。

力法求解的 5 个步骤(第 4.6 节) 如下:

步骤 1　将结构释放为一段悬臂梁(如图 11.4(b)),以作用在点 O 处的两个等效力代替约束,其中点 O 对应于比拟柱的中心(图 11.4(c))。点 O 与 A 端由刚臂连接。如果在刚臂端的

点 O 的侧移和转角为零,那么 A 点具有相同位移的协调性也能满足。

步骤2　结构上两个等代荷载所对应的位移(在只考虑弯曲变形的情况下用虚功方程8.4得出)

$$\{D\} = \left\{\int \frac{M_s M_{u1}}{EI}\mathrm{d}x \quad \int \frac{M_s M_{u2}}{EI}\mathrm{d}x\right\} \tag{11.19}$$

式中 M_s 为放松结构(图 11.4(d))的静定弯矩。$F_1 = 1, F_2 = 1$ 单独引起的弯矩分别为 M_{u1} 和 M_{u2} 如下:

$$M_{u1} = x \qquad M_{u2} = 1 \tag{11.20}$$

将方程 11.20 代入方程 11.19 得:

$$\{D\} = \left\{\int \left(\frac{M_s}{EI}\right) x\mathrm{d}x \quad \int \left(\frac{M_s}{EI}\right)\mathrm{d}x\right\} \tag{11.21}$$

我们认为 M_s 是图 11.4(c) 中比拟柱截面所受法向虚拟荷载的作用。虚拟荷载的合力为:

$$M_y = \int\left(\frac{M_s}{EI}\right) x\mathrm{d}x \qquad N = \int\left(\frac{M_s}{EI}\right)\mathrm{d}x \tag{11.22}$$

对比方程 11.21 和方程 11.22,我们得出:

$$\{D\} = \{M_y N\} \tag{11.23}$$

步骤3　放松结构的柔度矩阵(只考虑弯曲变形时由虚功方程8.5得出)为:

$$[f] = \begin{bmatrix} \int \frac{M_{u1}^2}{EI}\mathrm{d}x & \text{对称} \\ \int \frac{M_{u1}M_{u2}}{EI}\mathrm{d}x & \int \frac{M_{u2}^2}{EI}\mathrm{d}x \end{bmatrix} \tag{11.24}$$

将方程 11.20 代入方程 11.24 并利用方程 11.7 得出:

$$[f] = \begin{bmatrix} \int \frac{x^2}{EI}\mathrm{d}x & \text{对称} \\ \int \frac{x}{EI}\mathrm{d}x & \int \frac{\mathrm{d}x}{EI} \end{bmatrix} = \begin{bmatrix} I_y & 0 \\ 0 & a \end{bmatrix} \tag{11.25}$$

步骤4　求出超静定结构的力

$$\{F\} = [f]^{-1}\{-D\} = \begin{Bmatrix} -D_1/f_{11} \\ -D_2/f_{22} \end{Bmatrix} = \begin{Bmatrix} -M_y/I_y \\ -N/a \end{Bmatrix} \tag{11.26}$$

步骤5　图 11.4(a) 中梁的任意截面处弯矩为:

$$M = M_s - \overline{M} \tag{11.27}$$

式中$(-\overline{M})$为任意截面处超静定力矩:

$$\overline{M} = (N/a) + (M_y/I_y)x \tag{11.28}$$

将该方程与方程 11.6(当 $M_y = 0$ 时)对比,我们看到 $\overline{M}$ 是可以计算的,就像求方程 11.22 所确定受 M_y 和 N 作用在比拟柱中的应力一样。

如果梁是在一端或中部铰接,则抗弯刚度 $EI = 0$ 即$(1/EI = \infty)$。因而铰可以表示为无限大的面积集中在铰的位置处。比拟柱中心 O 处铰接,则面积 $a = \infty$,方程 11.28 中的第1项为零(见例题 11.2)。

当任意一个替换的放松结构选定以后,可以验证,实际杆件的弯矩 M 可以由方程 $M = M_s$

$-\bar{M}$ 求出。

在上面所分析的比拟柱(见图11.4)只受到 N 和 M_y 当($M_s=0$)作用,其质心主轴为 y 轴。在更常见的情况如单杆件组成的非对称的框架中,比拟柱将受到 N,M_x 和 M_y 的作用,x,y 轴均过质心,但都不为主轴。在这种情况下,任意截面的弯矩能用 $M=M_s-\bar{M}$(方程11.27)计算。式中 $\bar{M}$ 等于由方程11.5(见例11.2)来确定的比拟柱的正应力。比拟柱的面积性质可以用附录J中的方程来确定。

11.6.1　单位端部位移所引起的弯矩

在第11.5节中,我们推导出在直杆端部力的方向上引入单位位移后的端力矩(见图11.2(c)及方程11.14中矩阵第2和第4行)。由每个力方向上单位位移所引起的弯矩图均为直线,与两端相交处的值为端力矩。例如,假设我们要绘制 $D_1=1$ 而其他力方向上位移为零时所引起的弯矩图,我们只需要连接 $M_A=d/I_y$ 和 $M_B=-b/I_y$ 两值即可。这个图形与当 $M_y=-1$ 时比拟柱上正应力图相同。类似的,由 $D_2=1$ 产生的弯矩图值为:

$M_A=(1/a)+(d^2/I_y)$ 和 $M_B=(1/a)-(bd/I_y)$

相似于由 $N=1$ 作用在比拟柱的 A 点处产生的正应力图。

同样的方法能够得出:图11.2(e)中平面框架由力的方向上的单位位移所引起的弯矩 M,等于因图中表格所示的单位正应力 N 或单位力矩 M_x 或 M_y 在比拟柱上引起正应力 σ。在该图中 O 点为比拟柱中心;x 与 y 轴为平行于坐标的正交轴。应力 σ 在当 x,y 轴为主轴时用方程11.6计算,当 x,y 轴不为主轴时用方程11.5计算。

例11.1　变截面杆件:杆端转动刚度、传递系数以及固端力矩

试求出变截面杆件 AB 的 S_{AB},S_{BA},t 以及 C_{AB}。已知抗弯刚度 $EI=EI_0(1+\varepsilon)$,其中 $\varepsilon=x/l$,x 为距左端的距离,l 为杆长,EI_0 为常量。另求出在集度为 q 的均布荷载作用下杆件的固端力矩。

我们用图11.4中杆件作为本例题分析对象,其具有变化的 EI。比拟柱的面积(方程11.7)为:

$$a=\int\frac{d\bar{x}}{EI}=\frac{l}{EI_0}\int_0^1\frac{d\varepsilon}{1+\varepsilon}=0.6931\frac{l}{EI_0}$$

为了求出比拟柱中心 O,先求出关于 A 端的静矩。O 点距 A 点的距离为:

$$d=\frac{1}{a}\int\frac{\bar{x}d\bar{x}}{EI}=\frac{l^2}{(0.6931l/EI_0)}\frac{l}{EI_0}\int_0^1\frac{\varepsilon d\varepsilon}{1+\varepsilon}$$

因此

$$d=0.4427l,b=l-0.5573l$$

任意点到 O 点的距离为:$x=\bar{x}-0.4427l$。用方程11.7计算比拟柱的惯性矩为:

$$I_y=\int\frac{x^2dx}{EI}=\frac{l^3}{EI_0}\int_0^1\frac{(\varepsilon-0.4427)^2d\varepsilon}{1+\varepsilon}=0.0573\frac{l^3}{EI_0}$$

杆端转动刚度,分配力矩以及分配系数(方程11.16和11.17)如下:

$$S_{AB}=\frac{EI_0}{l}\left(\frac{1}{0.6931}+\frac{0.4427^2}{0.0573}\right)=4.863\frac{EI_0}{l}$$

$$S_{BA}=\frac{EI_0}{l}\left(\frac{1}{0.6931}+\frac{0.5573^2}{0.0573}\right)=6.863\frac{EI_0}{l}$$

$$t = \frac{EI_0}{l}\left(-\frac{1}{0.6\,931} + \frac{0.4\,427 \times 0.5\,573}{0.0\,573}\right) = 2.863\frac{EI_0}{l}$$

$$C_{AB} = \frac{2.863}{4.863} = 0.589 \qquad C_{BA} = \frac{2.863}{6.863} = 0.417$$

为了求出一段固定杆件在均布荷载作用下的弯矩,我们将结构放松为两端简支的形式,因而

$$M_s = \frac{ql^2}{2}\varepsilon(1-\varepsilon)$$

虚拟荷载作用在比拟柱上引起的影响(方程 11.22)为:

$$N = \int\left(\frac{M_s}{EI}\right)\mathrm{d}x = \frac{ql^2}{2EI_0}\int_0^1 \frac{\varepsilon(1-\varepsilon)}{1+\varepsilon}\mathrm{d}\varepsilon = 0.0\,569\frac{ql^3}{EI_0}$$

$$M_y = \int\left(\frac{M_s}{EI}\right)x\mathrm{d}x = \frac{ql^4}{2EI_0}\int_0^1 \frac{\varepsilon(1-\varepsilon)}{1+\varepsilon}(\varepsilon - 0.4\,427))\mathrm{d}\varepsilon = 1.31 \times 10^{-3}\frac{ql^4}{EI_0}$$

超静定结构的力矩(方程 11.28)为:

$$\bar{M} = ql^2\left[\frac{0.0\,569}{0.6\,931} + \frac{1.31 \times 10^{-3}}{0.0573}(\varepsilon - 0.4\,427)\right]$$

$$= \frac{ql^2}{1\,000}[82.1 + 22.9(\varepsilon - 0.4\,427)]$$

固定端杆件在任意截面处的弯矩为 $M_s - \bar{M}$(方程 11.27)。在端部 $M_s = 0$ 且

$$M_A = -\frac{ql^2}{1\,000}[82.1 + 22.9(0 - 0.4\,427)] = -72.0\frac{ql^2}{1\,000}$$

$$M_B = -\frac{ql^2}{1\,000}[82.1 + 22.9(1 - 0.4\,427)] = -94.9\frac{ql^2}{1\,000}$$

符号的规定如图 11.4(a),杆件的固端力矩为:

$$M_{AB} = M_A = -72.0ql^2/1\,000 \qquad M_{BA} = -M_B = 94.9ql^2/1\,000$$

该例题中的有关积分可用有编程功能的计算器进行数值计算。

例 11.2　单跨平面框架的弯矩

试求出图 11.5(a) 中所示非对称框架的弯矩。框架上的所有部分都具有相同的抗弯刚度 EI。

图 11.5(b) 所示为比拟柱,其在铰 E 处具有无限大的面积。正交轴 x 和 y 通过 E 点,但不为惯性主轴。力矩和惯性积为:

$$I_x = \frac{3l^3}{8EI} \qquad I_y = \frac{4l^3}{3EI} \qquad I_{xy} = \frac{l^3}{4EI}$$

图 11.5(c) 所示为释放结构,其对应的弯矩图如图 11.5(d) 所示。比拟柱所受的荷载 M_x 和 M_y 由图下方的表格计算。

代入方程 11.5 得:

$$\bar{M} = P\left(-\frac{25}{126}y + \frac{11}{84}x\right)$$

依次代入点 A,B,C,D,E 的坐标值 x 和 y,我们求得:

$$\bar{M}_A = -0.230Pl \qquad \bar{M}_B = -0.131Pl \qquad \bar{M}_C = -0.032Pl$$

$$\bar{M}_D = -0.099Pl \qquad \bar{M}_E = 0$$

在相同截面处的 M_x 值为:

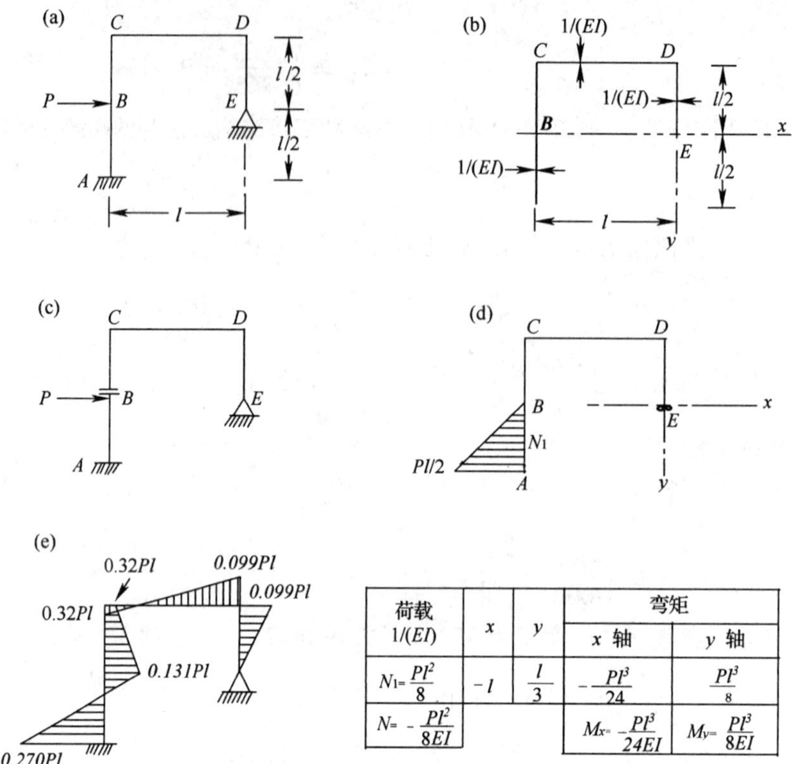

荷载 1/(EI)	x	y	弯矩	
			x 轴	y 轴
$N_1=\frac{Pl^2}{8}$	$-l$	$\frac{l}{3}$	$-\frac{Pl^3}{24}$	$\frac{Pl^3}{8}$
$N=-\frac{Pl^2}{8EI}$			$M_x=-\frac{Pl^3}{24EI}$	$M_y=\frac{Pl^3}{8EI}$

图 11.5　用柱比法分析例 11.2 中的非对称框架

(a) 超静定框架；(b) 比拟柱；(c) 放松结构；(d) 比拟柱上的荷载以及 M_s 图；(e) 超静定结构的弯矩图。

$$M_{sA}=-0.50Pl \quad M_{sB}=0 \quad M_{sC}=0 \quad M_{sD}=0 \quad M_{sE}=0$$

代入方程 11.27，我们得到所求的弯矩值：

$$M_A=-0.270Pl \quad M_B=+0.131Pl \quad M_C=+0.032Pl$$

$$M_D=-0.099Pl \quad M_E=0$$

最终所得弯矩图见如图 11.5(e) 所示。

11.7　力矩分配的过程

框架结构分析的力矩分配法为哈迪 · 克罗斯(Hardy Cross) [1] 于 1932 年提出，并由其他人推广到承受很大的轴向力的结构以及轴对称圆板和回转壳 [2]。本节中，我们主要讨论这样一种支承方式的平面框架，即其唯一可能的节点位移是转动而没有平动。有节点平动(侧移) 的情况则为 11.11 节的内容。

考虑图 11.6(a) 中的梁 ABC，于 A 和 C 处作为固定端，而于支承 B 上连续。首先假设节点

1　哈迪 · 克罗斯. 利用分配固端力矩进行连续框架的分析. 1932，96 册，美国土木工程协会论文，1793.

2　见 Gere，J. M. 力矩分配相关的 247 至 268 页。纽约，Van Nostrand，1963.

(a)

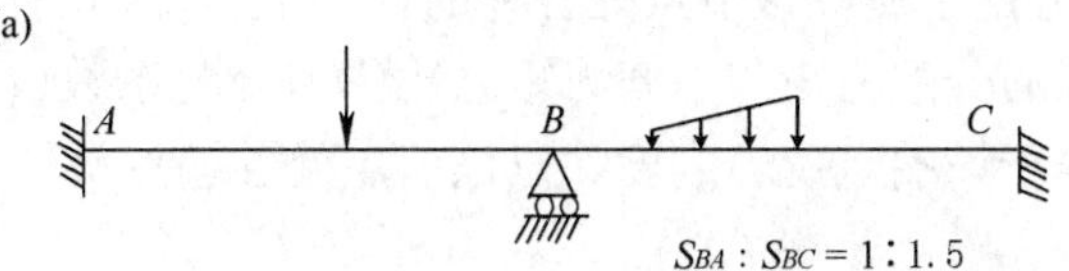

(b)

周端	AB	BA	BC	CB
分配系数		0.4	0.6	
固端弯矩	-80	+100	-150	+180
一次循环:力矩的分配和调节	-10 ←	+20	+30 →	+15
终弯矩	-70	120	-120	195

(c)

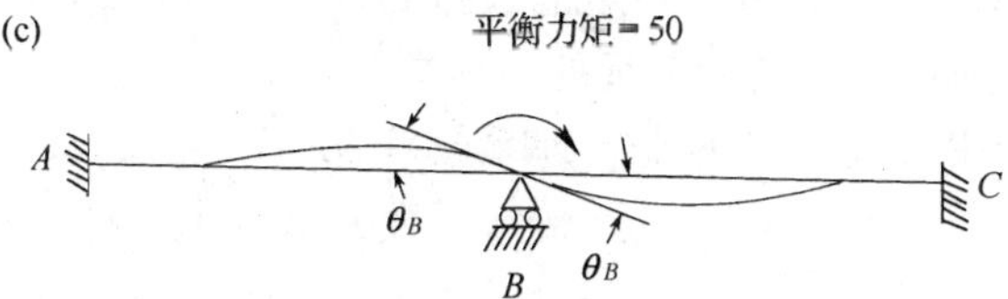

图 11.6　用力矩分配法对连续梁进行分析

(a) 梁;(b) 用力矩分配法求解;(c) 节点 B 放松后梁的挠度。

B 的转动为作用于 B 处的约束外力偶所阻止。当所有端部转动受限制时,杆 AB 和 BC 上的横向力使 A 和 B 以及 B 和 C 各端点处产生固端力矩(FEM)。

采用顺时针方向端力矩为正值的规则,对图 11.6(b) 的这些力矩给以任意值。阻止节点 B 转动所需要的约束力矩等于交于 B 处各杆固端力矩的代数和,也就是 -50。

到此为止,其步骤与第 4 节中所研究的一般位移方法相同。然而,现在我们认为节点 B 实际上是不受约束的,我们允许移去约束力矩 -50 让它转动。由节点 B 处作用一外力偶 $M = +50$ 同样可以得到这种效应(图 11.6(c)),亦即作用与该节处各固端力矩的代数和大小相等而方向相反的力矩。这个力矩称为平衡力矩,它的作用是使交于 B 处的杆 BA 和 BC 的端点转动产生相同的角 θ_B,因而,产生端力矩 M_{BA} 和 M_{BC}。由于作用于节点 B 处的各力矩平衡

$$M = M_{BA} + M_{BC} \tag{11.29}$$

端力矩 M_{BA} 和 M_{BC} 可以用杆 AB 和 BC 的 B 端端点旋转刚度来表达,亦即用 S_{BA} 和 S_{BC} 来表达,这样:

$$M_{BA} = \theta_B S_{BA} \quad 和\ M_{BC} = \theta_B S_{BC} \tag{11.30}$$

从方程 11.29 和 11.30,各端力矩可以表达为平衡力矩的一部分:

$$\left.\begin{aligned} M_{BA} &= \left(\frac{S_{BA}}{S_{BA} + S_{BC}}\right)M \\ M_{BC} &= \left(\frac{S_{BC}}{S_{BA} + S_{BC}}\right)M \end{aligned}\right\} \tag{11.31}$$

这意味着平衡力矩分配于交在该节点处各杆的杆端上,每一根杆的分配力矩与它的相对旋转刚度成正比。一般杆的分配力矩与平衡力矩之比称为分配系数(*DF*—— 分配系数)。由此得出,一端的分配系数等于该端点旋转刚度除以该节点处各端点旋转刚度之和,亦即

$$(DF)_i = \frac{S_i}{\sum_{j=1}^{n} S_j} \tag{11.32}$$

式中 i 是指所考虑的杆的近端,有 n 根杆交于该节点处。

清楚地看出,为了确定 *DF*,我们可以应用旋转端刚度的相对值而不采用实际值,因而采用表示相对旋转刚度的 S 时,方程 11.32 也是成立的。还明显看出,交于一节点处所有端点的 *DF* 之和必定等于 1。

令图 11.6(a) 中梁的相对刚度 S_{BA} 和 S_{BC} 为 1 和 1.5,所以 *DF* 对于 *BA* 的端点为 $1/(1+1.5)=0.4$,对于 *BC* 的端点为 $1.5/(1+1.5)=0.6$。平衡力矩分配如下:对于 *BA* 为 $50\times0.4=20$,对 *BC* 为 $50\times0.6=30$,各分配力矩记于图 11.6(b) 中的表内。

上述步骤中节点 *B* 所产生的转动使远处的固端 *A* 和 *C* 处产生端力矩,这些端力矩称为传递力矩。它们的值等于相应的分配力矩与传递系数(*COF*——Carryover factor) 的乘积,从 *B* 传至 *A* 的传递系数为 C_{BA},从 *B* 传至 *C* 为 C_{BC}。传递系数的值取决于杆的横截面的变化,对于等截面杆,$COF = 1/2$。第 11.5 节中讨论了 *COF* 的一种计算方法。当杆的远端为铰结时,*COF* 自然为零。

所考虑的梁的传递力矩已记于图 11.6(b);那里假设 $C_{BA}=C_{BC}=1/2$,亦即每一跨内横截面取为常数。表中所绘离开节点 *B* 的两个箭头表示 *B* 处的转动(或 *B* 处力矩分配) 产生箭头所示值的传递力矩。应用箭头使之易于按一定的顺序进行计算,也易于校核。

通过传递进行力矩分配的过程称为一次循环。在现在所考虑的问题中不需要更多的循环,因为这里没有不平衡力矩。最终的端力由约束条件下各端力矩(*FEM*) 与图 11.6(b) 中循环后节点 *B* 转动所引起的力矩相加来得到。然而,如果不只是一个节点能转动,那么就要再一次完成分配和传递循环,如下面例题所示那样。

例 11.3 平面框架:无平动的节点转动

试用力矩分配法分析图 11.7(a) 中的框架。如果略去轴向变形不计,*B* 和 *C* 处唯一可能的节点位移是转动。我们假设该框架为等截面杆,因而在所有情况下,其传递系数为 1/2。同时,任一杆的旋转端刚度 $S = 4EI/l$,这里 EI 为横截面的弯曲刚度,l 为杆的长度。由此得出相以旋转刚度可取为 $K = I/l$。对于所有杆,其 K 值均已示于图 11.7(a) 中。假设作用的荷载产生图 11.7(b) 中所给的 *FEM* 值。

通过方程 11.32 计算 *DF*,列于图 11.7(b) 内。力矩分配和传递的第一次循环是允许节点 *B* 转动而节点 *C* 继续被约束来进行。这按前面例题的相同方法计算。在第二次循环中,允许节点 *C* 转动,而节点 *B* 则被约束。这次循环的平衡力矩等于 *CB*, *CD* 和 *CE* 端点处 *FEM* 的代数和加上前一次循环中节点 *B* 转动所引起的传递力矩,将此结果加一个负号,亦即 $-(285+0-200+15)=-100$,按箭头所示将力矩传递给交于 *C* 处的 3 根杆的远端,此时第二次循环结束。显然,第二次循环在节点 *B* 处引起不平衡,亦即,如果现在将节点 *B* 放松,则还将发生转动。这种放松的效应按第一次循环的同样方法来考虑,但是平衡力矩等于前一次循环传递给 *BC* 的力矩的负值。

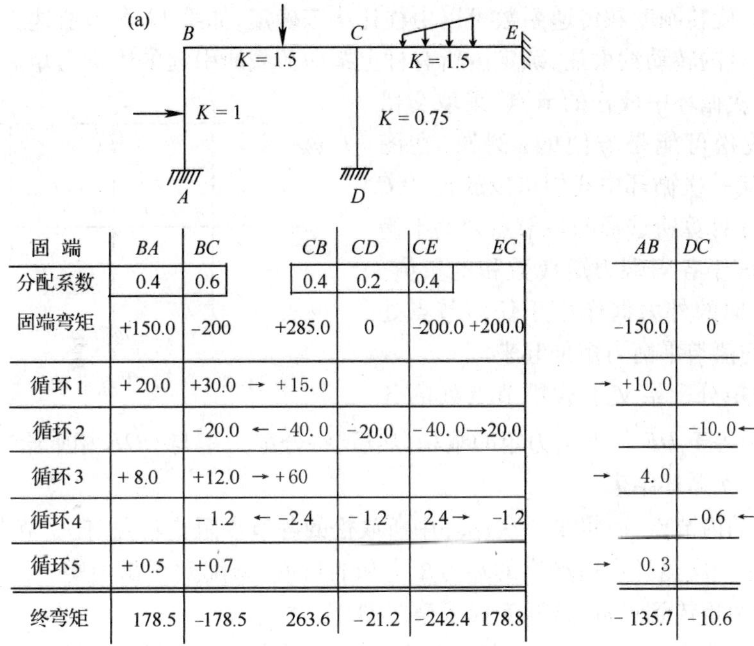

固 端	BA	BC	CB	CD	CE	EC	AB	DC
分配系数	0.4	0.6	0.4	0.2	0.4			
固端弯矩	+150.0	-200	+285.0	0	-200.0	+200.0	-150.0	0
循环1	+20.0	+30.0 →	+15.0				→ +10.0	
循环2		-20.0 ←	-40.0	-20.0	-40.0 →	20.0		-10.0 ←
循环3	+8.0	+12.0 →	+60				→ 4.0	
循环4		-1.2 ←	-2.4	-1.2	2.4 →	-1.2		-0.6 ←
循环5	+0.5	+0.7					→ 0.3	
终弯矩	178.5	-178.5	263.6	-21.2	-242.4	178.8	-135.7	-10.6

图 11.7　例 11.3 中用无节点平动的力矩分配进行的平面框架分析

(a) 无节点平动的平面框架;(b) 力矩分配。

在第三次循环中,其传递使节点 C 产生不平衡力矩。为了除去约束,节点 C 还必须平衡。重复此步骤直到所有节点处的不平衡力矩小到可以考虑忽略不计为止。最终力矩 FEM 与所有循环中允许节点转动所产生的端力矩相加来得到。因为我们这样到达了作用荷载下的最终平衡位置,所以在任一节点处最终端力矩之和必定为零。这一事实可以用于对分配过程运算结果的校核。

有趣的是,力矩分配可在任一节点处能够固定的模型上用试验来进行。

在上面例题中,固定端 A, D 和 E 处没有进行分配,因为在这些点处各杆端可以想像与无穷大刚度的物体相连。这样,框架中嵌固端的 DF 为零。我们还应注意在每一次循环中 AB 和 DC 端点所产生的力矩等于其 COF 分别与 BA 和 CD 端点处所产生的力矩之乘积。由此得出,在分配过程中不需要记下 AB 和 DC 端点处的力矩,这两端点处的最终力矩可由下式计算:

$$M_{AB} = (FEM)_{AB} + C_{AB}[M_{BA} - (FEM)_{BA}] \tag{11.33}$$

式中 M_{BA} 为 BA 端点处的最终力矩。对 DC 端点处可以写出相似的方程。

11.8　对于无节点平动的平面框架的力矩分配过程

我们应回顾一下上节中所述的只用于节点处唯一可能的位移是转动的结构力矩分配过程。可以方便地总结一下它所包括的步骤:

1. 确定外荷载作用时框架中可能产生的内部节点。计算交于这些节点处各杆杆端的相对旋转刚度,以及从这些节点往各杆远端的传递系数。用方程 11.32 确定分配系数。等截面杆的任一端旋转刚度为 $4EI/l$,它从任一端至另一端的 COF 为 1/2。如果等截面杆的一端为铰接,那么另一端的旋转刚度则为 $3EI/l$,自然没有力矩传至铰接端。在所有杆均为等截面的框架中,相对旋转刚度可取为 $K = I/l$,当一端为铰接时,另一端处的旋转刚度则为 $(3/4)K = (3/4)I/l$。

对于非等截面杆，旋转刚度和传递系数可以由柱比法来确定，如第 11.5 节所述。

2. 将所有节点的转动约束住，确定由所有杆上横向荷载所引起的固端力矩。

3. 选择第一次循环中放松的节点。采取交错的内部节点来放松可能是方便的（例如，在图 11.6 的框架内，第一次循环中我们可以放松 A,C 和 E 或 D,B 和 F）计算所选择的各节点处的平衡力矩，这个力矩等于各固端力矩代数和的负值。如果有顺时针方向的外力偶作用于任何节点处时，简单地将它的值与平衡力矩加起来。

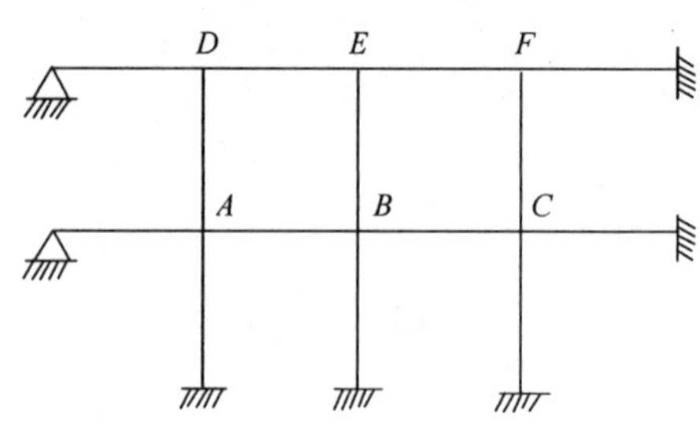

图 11.8 无节点平动的平面框架

4. 将平衡力矩分配给交于放松节点处的各杆杆端。分配力矩等于 DF 与平衡力矩的乘积。然后，将分配力矩与 COF 相乘给出远端处的传递力矩。这样第一次循环结束。

5. 放松其余的内节点，而将第一次循环中所放松的各节点阻止转角。任一节点处的平衡力矩等于 FEM 与第一次循环中所产生的端力矩之和的负值。分配此平衡力矩，并按第 3 个步骤中的相同方法将力矩传到远端。这样完成了第二循环。

6. 将第 3 个步骤中所放松的各节点再次放松，而其他各节点的转动又受到阻止。每一节点处的平衡力矩等于前一次循环使交于该节点处各端点所产生的端力矩代数和的负值。

7. 轮流对这两个节点组多次重复第 6 个步骤，直到平衡力矩成为可以忽略不计为止。

8. 将步骤2至步骤7中每一个步骤记录的端力矩加起来得到最终端力矩。如果需要求各反力或应力合力，那么可以通过简单的静力学方程求算。

如果框架带有悬臂部分，它的效应以作用在悬臂与结构的其他部分相联结的节点处的一个力和力偶来代替。这在下述例题中说明。

例 11.4 连续梁

试求出图 11.9(a) 中连续梁的弯矩图。如图 11.9(b) 所示，悬臂 AB 对梁的其他部分的效应与 B 处作用向下的 qb 和逆时针方向的力偶 $0.6ql^2$ 相同。这样 B 端是自由的，只需要在节点 C,D 和 E 处进行分配。分配过程中，节点 B(图 11.9(b)) 将自由转动，因而 B 认为是铰结。所以没有力矩从 C 传递给 B,CB 的相对端旋转刚度[1]为$(3/4)K = (3/4)I/l$。由于整个杆的 I 为一常数，所以可将 I 取为 1。C,D 和 E3 节点处各端点的相对旋转刚度和 COF 以及 DF 均标于图 11.9(c) 中。

BC 和 CB 各端的 FEM 是为 B 处铰接、C 处固定的梁在 B 处受 $-0.6ql^2$ 的力偶时的 FEM。其他的 FEM 按常用方法算出。

在第一次循环中进行节点 D 处的力矩分配，在下一循环中对节点 C 和 E 处进行分配。CB,EF 和 FE 各处所产生的力矩不要记下，这些端点处的最终力矩从各另杆的另一端的最终力矩值来算出。

首先，我们写出 $M_{CB} = -M_{CD} = -0.285ql^2$, $M_{EF} = -M_{ED} = -0.532ql^2$。然后，通过类似于方程 11.33 的方程，求

$$M_{FE} = (FEM)_{FE} + C_{EF}[M_{EF} - (FEM)_{EF}]$$

1 见方程 11.37。

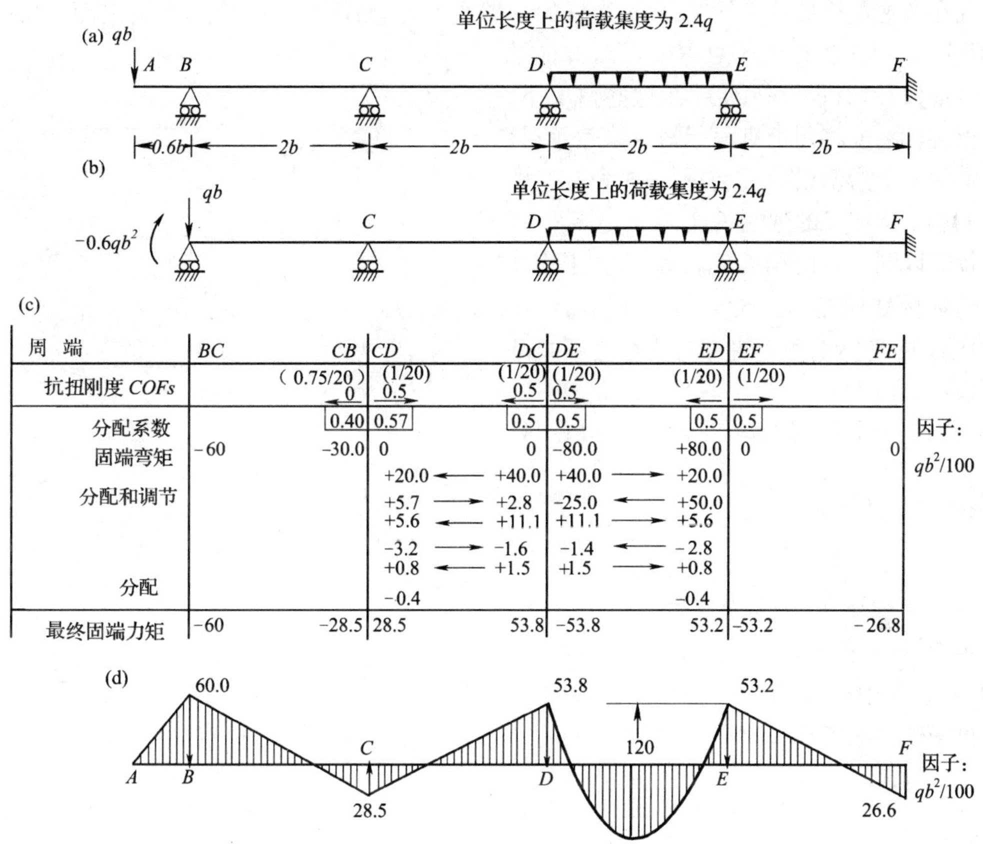

周端	BC	CB	CD	DC	DE	ED	EF	FE	
抗扭刚度 COFs		(0.75/20) 0	(1/20) 0.5	(1/20) 0.5	(1/20) 0.5	(1/20)	(1/20)		
分配系数		0.40	0.57	0.5	0.5	0.5	0.5		因子:
固端弯矩	-60	-30.0	0	0	-80.0	+80.0	0	0	$qb^2/100$
分配和调节			+20.0	+40.0	+40.0	+20.0			
			+5.7	+2.8	-25.0	+50.0			
			+5.6	+11.1	+11.1	+5.6			
			-3.2	-1.6	-1.4	-2.8			
			+0.8	+1.5	+1.5	+0.8			
分配			-0.4			-0.4			
最终固端力矩	-60	-28.5	28.5	53.8	-53.8	53.2	-53.2	-26.8	

图 11.9　例题 11.4 中用力矩方配对连续梁分析

(a) 连续梁;(b) 用 B 处等效荷载代替悬壁上实际荷载;(c) 力矩分配;(d) 弯矩图。

杆 EF 两端处的 FEM 均为零。而且 $C_{EF} = 1/2$,所以 $M_{FE} = (\frac{1}{2})M_{EF} = -0.266ql^2$。

梁的最终弯矩图示于图 11.9(d) 中。

11.9　修正的端旋转刚度

如果采用修正的端旋转刚度代替常用的刚度,那么在某些情况下,力矩分配的步骤可以简短一些,现在将要推导变截面杆的修正的端旋转刚度的表达式,但因为经常用到,所以等截面杆的值也将给出。

端旋转刚度 S_{AB} 已在第 11.5 中定义为使梁端 A 转过一单位角而远端 B 固定时 A 处所需要的力矩值。类似地,S_{BA} 为使 B 处产生一单位转动而 A 端固定时 B 端所需要的端力矩。相应于这种条件下梁的挠曲线均示于图 11.10(a) 中,对于这两种挠度形状,其固端处的力矩 t 具有相同值。图 11.10(b) 的旋转端点是绘成带有辊轴的支承,但是它们也可如图 11.3(a) 和(b) 中那样来表示。这两种图表示相同的条件,亦即端点有一单位转动而没有横向平动。对于现在的目的,轴向变形和剪切变形均不考虑。对于等截面梁 $S_{AB} = S_{BA} = 4EI/l, t = 2EI/l$。对于变截面梁 S_{AB} 和 S_{BA} 的值以及其修正系数可以用方程 11.16,11.17 计算。

现在考虑这样的特定情况：(a) 当杆的一端产生转动，而杆的远端不是固定而是铰接（图 11.10(b)）；(b) 当杆承受对称或反对称的端力和转动（11.10(c) 和(d)）。在这些情况下，其修正旋转刚度将用带有角标的 S 来表示，该角标中的一个指明梁的端点，另一个角标指明如图 11.12 所定义的远端条件。

我们以同一梁的刚度 S_{AB}，S_{BA} 和 t 来表达修正的端旋转刚度 $S_{AB}^{①}$，$S_{AB}^{②}$，$S_{AB}^{③}$，和 $S_{AB}^{④}$。沿图 11.10(a) 中坐标 1 和 2 的力与位移由下式联系起来：

$$[S]\{D\} = \{F\} \tag{11.34}$$

式中

$$[S] = \begin{bmatrix} S_{AB} & t \\ t & S_{BA} \end{bmatrix}$$

式中 $\{D\}$ 为端转动，$\{F\}$ 为端力矩。

将 $D_1 = 1$ 和 $F_2 = 0$ 代入方程 11.34 代表图 11.10(b) 中的条件，在这种情况下，力 F_1 将要等于修正刚度 $S_{AB}^{①}$。这样

$$\begin{bmatrix} S_{AB} & t \\ t & S_{BA} \end{bmatrix} \begin{Bmatrix} 1 \\ D_2 \end{Bmatrix} = \begin{Bmatrix} S_{AB}^{①} \\ 0 \end{Bmatrix}$$

解出

$$S_{AB}^{①} = S_{AB} - \frac{t^2}{S_{BA}} \tag{11.35}$$

这同一方程可以用 COF，$C_{AB} = t/S_{AB}$ 和 $C_{BA} = t/S_{BA}$ 表达写出，这样

$$S_{AB}^{①} = S_{AB}(1 - C_{AB}C_{BA}) \tag{11.36}$$

对于等截面杆，方程 11.35 和 11.36 简化为

$$S_{AB}^{①} = \frac{3EI}{l} \tag{11.37}$$

再按方程 11.34，令 $D_1 = -D_2 = 1$ 表示图 11.10(c) 中的条件。力 $F_1 = -F_2$ 等于端旋转刚度 $S_{AB}^{①}$。这样

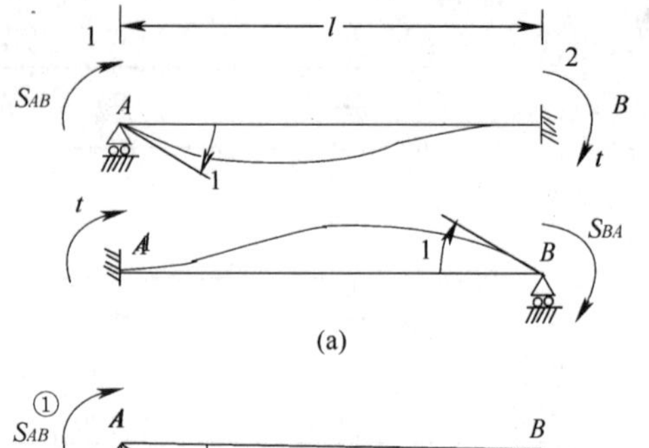

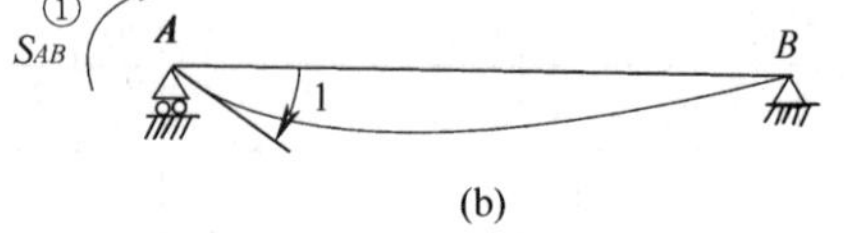

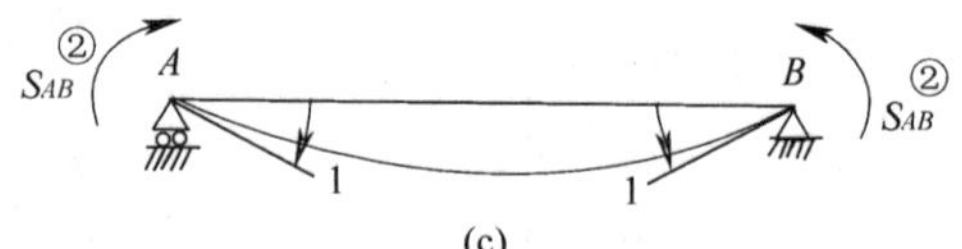

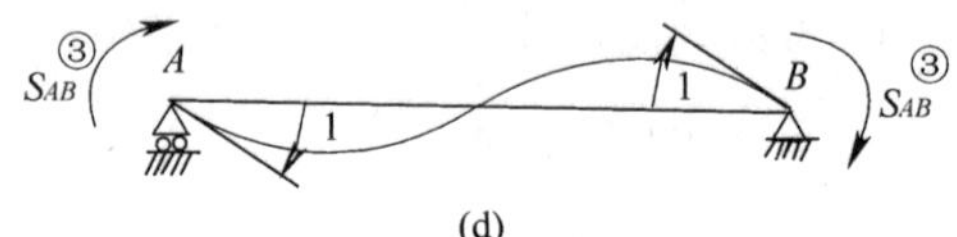

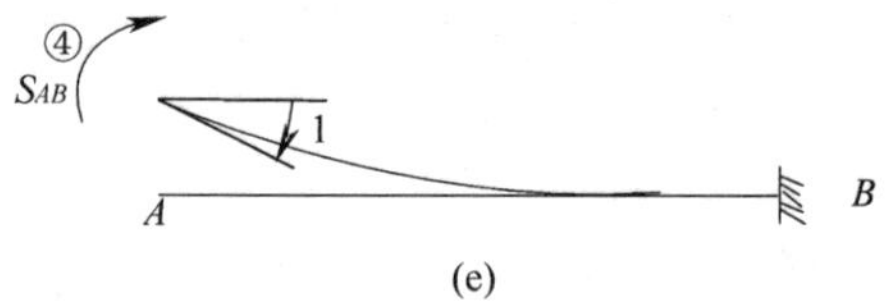

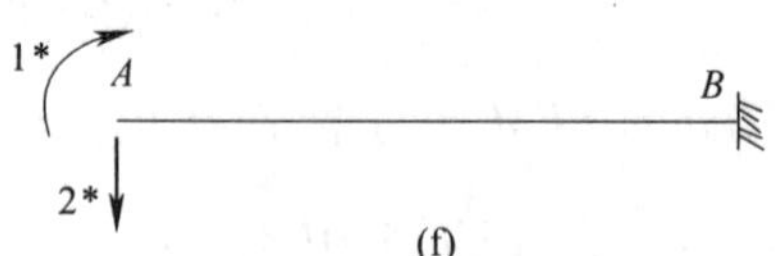

图 11.10 特殊情况下的端旋转刚度
（方程 11.11 ～ 11.12）
(a) 一端单位转动而另一端固定时所产生的端力矩；
(b) A 端单位转动而 B 端铰接时所产生的端力矩；
(c) A 端和 B 端对称的单位转动所产生的端力矩；
(d) A 端和 B 端反对称的单位转动所产生的端力矩；
(e) A 处单位转动而 B 端固定时所产生的 A 处端力矩，A 处平动不受到阻止；
(f) 用于求算 $S_{AB}^{④}$ 的坐标。

$$\begin{bmatrix} S_{AB} & t \\ t & S_{BA} \end{bmatrix} \begin{Bmatrix} 1 \\ -1 \end{Bmatrix} = \begin{Bmatrix} S_{AB}^{②} \\ -S_{AB}^{②} \end{Bmatrix}$$

解上面方程中的任一个，我们得出对称情况下的端旋转刚度：

$$S_{AB}^{②} = S_{AB} - t = S_{AB}(1 - C_{AB}) \tag{11.38}$$

对于等截面杆，

$$S_{AB}^{②} = \frac{2EI}{l} \tag{11.39}$$

类似地,如果我们令 $D_1 = D_2 = 1$,方程 11.34 代表图 11.10(d) 中的条件。端力 $F_1 = F_2 = S_{AB}^{③}$,在反对称情况下,端旋转刚度为

$$S_{AB}^{③} = S_{AB} + t = S_{AB}(1 + C_{AB}) \tag{11.40}$$

对于等截面杆,这简化为

$$S_{AB}^{③} = \frac{6EI}{l} \tag{11.41}$$

对于上面所考虑的梁,相应于图 11.10(f) 中坐标 1* 和 2* 的刚度矩阵为

$$[S^*] = \begin{bmatrix} S_{AB} & (S_{AB} + t)/l \\ (S_{AB} + t)/l & (S_{AB} + S_{BA} + 2t)/l^2 \end{bmatrix}$$

该矩阵中第一列的元素等同于图 11.3(a) 中梁端 A 处的力。矩阵中第二列的元素等于图 11.3(a) 和(b) 中梁端 A 的力之和再乘以 $1/l$。这样做是因为当 $D_2^* = 1$ 时 $D_1^* = 0$(如图 11.10(f)),通过简支梁左端单位向下的位移,以及两端沿顺时针旋转 $1/l$ 的角度而得出梁的偏转形状,类似于图 11.3(a) 和(b)。

沿图 11.10(f) 中坐标 1* 和 2* 的力和位移由下式联系起来:

$$[S^*]\{D^*\} = \{F^*\}$$

以 $D_1^* = 1$ 和 $F_2^* = 0$,上面方程代表图 11.10(e) 的条件,对 $F_1^* = S_{AB}^{④}$ 求解,我们得到当端平动未受阻止而远端固定时的端旋转刚度:

$$S_{AB}^{④} = \frac{S_{AB}S_{BA} - t^2}{S_{AB} + S_{BA} + 2t} \tag{11.42}$$

对于等截面杆形式,方程 11.42 简化为

$$S_{AB}^{④} = \frac{EI}{l} \tag{11.43}$$

显然,为了图 11.10(e) 中梁的平衡,B 处的端力矩必定与 A 端处的力矩相等而相反。所以,对于等截面杆和变截面杆,二者的传递系数为

$$C_{AB}^{④} = -1 \tag{11.44}$$

11.10 修正的固端力矩

图 11.11(a) 表示承受横向荷载的两端固定梁。令该梁的端力矩为 M_{AB} 和 M_{BA},并令竖直反力为 F_A 和 F_B。假设梁是变截面杆,端旋转刚度为 S_{AB} 和 S_{BA},传递力矩为 t,传递系数为 C_{AB} 和 C_{BA}。现在让我们求受相同横向荷载的相似梁的端力矩,但这种相似梁的支承条件如图 11.11(b) 和(c) 所示。在前一种条件下,A 端为铰接,这样,A 处自由产生转动仅需要确定一个端力矩 $M_{BA}^{①}$。在图 11.11(c) 中,A 处允许产生平动,但是转动受到阻止。需要确定两个端力矩 $M_{AB}^{②}$ 和 $M_{BA}^{②}$。

为了缩短力矩分配的过程,有些情况下,我们可以采用修正的固端力矩 $M_{BA}^{①}$,$M_{AB}^{②}$ 和 $M_{BA}^{②}$,以及修正的端旋转刚度。先考虑 11.11(a) 中端位移受到约束的梁,其端力矩为 M_{AB} 和 M_{BA}。现在允许 A 端转动一个量,适使 A 端产生力矩 $-M_{AB}$。B 处所产生的相应力矩为 $-C_{AB}M_{AB}$。叠加由于此转动所产生的各个端力矩,将使 A 处为零力矩,这就表示图 11.11(b) 中梁的情况。所以当 A 端为铰接时,B 处修正的 FEM 为

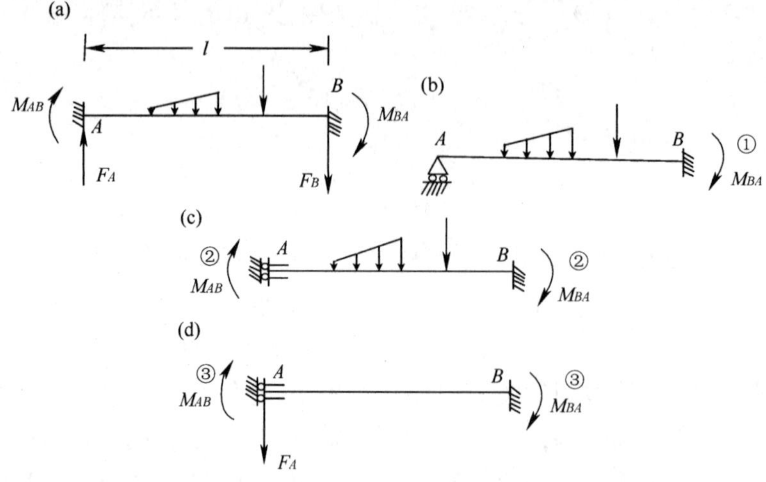

图 11.11　修正固端力矩

(a) 两端固结；(b) A 端自由转动；(c) A 端可以竖向移动但限制转动；

(d) 与图(c) 中结构相同，在 A 端受向下作用力 F_A。

$$M_{AB}^{①} = M_{BA} - C_{AB}M_{AB} \tag{11.45}$$

式中 M_{AB} 和 M_{BA} 为同一梁在两端固定时的 FEM，C_{AB} 为 A 传至 B 的 COF。对于等截面杆，方程 11.45 成为

$$M_{BA}^{①} = M_{BA} - \frac{M_{AB}}{2} \tag{11.46}$$

现在，让我们考虑相同梁 AB 在 A 端处承受一个向下的力 F_A，A 端允许自由平动，但是没有转动，而另一 B 端为固定的情况，如图 11.11(d) 所示。由位移法或其他方法得出该梁的端力矩为

$$M_{AB}^{③} = F_A l \frac{(S_{AB} + t)}{(S_{AB} + S_{BA} + 2t)} \tag{11.47}$$

和

$$M_{BA}^{③} = F_A l \frac{(S_{BA} + t)}{(S_{AB} + S_{BA} + 2t)} \tag{11.48}$$

式中 l 为梁的长度，t = 传递力矩 = $C_{AB}S_{BA} = C_{BA}S_{BA}$。对于等截面梁，方程 11.47 和 11.48 简化为

$$M_{AB}^{③} = M_{BA}^{③} = F_A l/2 \tag{11.49}$$

图 11.9(c) 中梁的端力矩可由图 11.9(a) 和 11.9(d) 中梁内端力矩叠加来得到。因此，在 A 端自由平动而元转动的 AB 梁上横向荷载所产生的修正 FEM(图 11.11(c)) 为

$$M_{BA}^{②} = M_{AB} + F_A l \frac{(S_{AB} + t)}{(S_{AB} + S_{BA} + 2t)} \tag{11.50}$$

和

$$M_{BA}^{②} = M_{BA} + F_A l \frac{(S_{BA} + t)}{(S_{AB} + S_{BA} + 2t)} \tag{11.51}$$

式中 M_{BA}，M_{AB} 和 F_A 为相同梁在端部固定时的端力(当沿图 11.11(a) 所示方向时，考虑为正)

当梁为等截面时

$$M_{AB}^{②} = M_{AB}\frac{F_A l}{2} \tag{11.52}$$

和

$$M_{BA}^{②} = M_{BA}\frac{F_A l}{2} \tag{11.53}$$

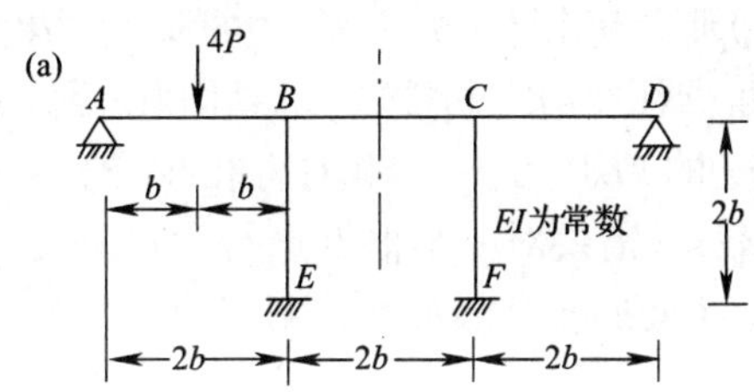

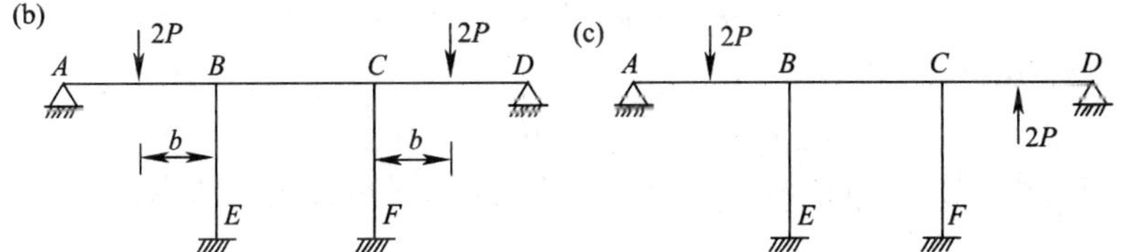

(d)　(e)

乘式 :pb/100

(d) BA	(d) BE	(d) BC	固端	(e) BA	(e) BE	(e) BC
0.33	0.45	0.22	分配系数	0.23	0.31	0.46
←0	↓0.5	0→	调整系数	←0	↓0.5	0→
+75.0			固端弯矩的	+75.0		
-25.0	-33.4	-16.6	一次循环	-17.2	-23.2	-34.6
+50.0	-33.4	-16.6	最终的弯矩	+57.8	-23.2	-34.66

(f)

固　端	BA	BE	BC	EB	CD	CF	CB	FC
对称荷载、 仅对称荷载	+50.0 +57.8	-33.4 -23.2	-16.6 -34.6	-16.7 -11.6	-50.0 -57.8	+33.4 -23.2	+16.6 -34.6	+16.7 -11.6
图(a)中的径弯矩	+107.8	-56.6	-51.2	-28.3	-7.8	+10.2	-18.0	+5.1

(g)

乘式 :pb/100

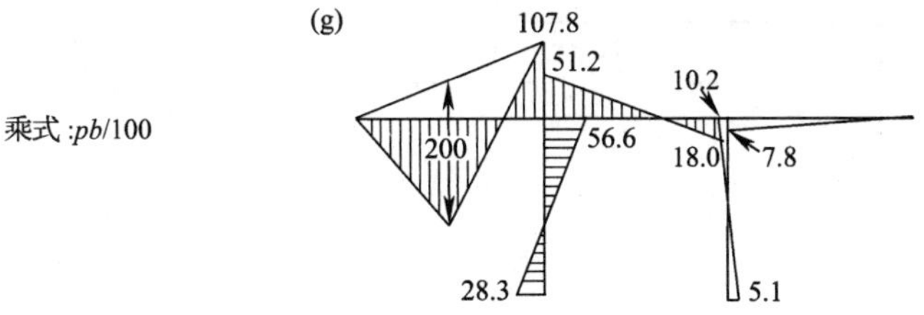

图 11.12　例题 11.5 中框架的分析

(a) 框架特性和荷载;(b) 对称荷载;(c) 反对称荷载;
(d) 对称情况的力矩分配;(e) 反对称情况的力矩分配;
(f) 图(d) 和(e) 中所求算的端力矩之和;(g) 图(a) 中框架的弯矩图。

如果图 11.11(b) 中 A 端为固定端,而 B 端铰支,那么 A 处 FEM 可用方程 11.45 或由互换 A 和 B 的脚标用方程 11.46 来得到。类似地,如果图 11.11(c) 中 A 和 B 处的支承类型互换,方程 11.50 ~ 11.53 则可按脚标 A 和 B 互换后应用。于是它们包括 F_B 而不包括 F_A,F_B 的正方向是向下。

修正的端刚度和修正的 FEM 的用途将在本章和下一章以例题来说明。

例 11.5 对称和反对称平面框架

试用等效的对称荷载和反对荷载代替图 11.12(a) 中的荷载来求出该图中所示的对称框架的弯矩。

一个对称结构上的任一荷载,可用对称荷载和反对称荷载来代替,如图 11.12(b) 和(c) 所示。这种思路可以使用在用计算机分析那些超出计算机计算能力的复杂结构中。由于结构的对称性当荷载为非对称的时候,可能通过叠加两次或更多次分析重复单元结构来得到求解(见 23.3 节)。

现在将修正的刚度和修正的 FEM 用于一个相对简单的框架,不过在计算上的简化并不多。

采用对称或反对称荷载,只需要对一半框架进行力矩分配。图 11.12(d) 和(e) 分别讨论对称和反对称的情况。交于 B 处的各杆的端旋转刚度用方程 11.37,11.39 和 11.41 算出,对于对称情况我们求得:

$$S_{BA} : S_{BE} : S_{BC} = 3K_{BA} : 4K_{BE} : 2K_{BC}$$

对于反对称情况:

$$S_{BA} : S_{BE} : S_{BC} = 3K_{BA} : 4K_{BE} : 6K_{BC}$$

式中 $K = I/l$。在此框架中,对于所有杆,K 均相同。其 DF 按常用方法算出,已给于图 11.12(d) 和(e) 中。

BA 端的 FEM(对于一端铰接的梁) 根据附录 C 和式 11.45 得出,这样对于两种情况 $(FEM)_{BA} = 0.75Pb$。

COF 为 $C_{BE} = 0.5$。没有力矩从 B 传至 C,或从 B 传至 A。这样,B 处只需要力矩分配一次循环,如图 11.12(d) 和(e) 所示。

重要的是要注意,在对称情况下,框架右半部的端力矩与左半部数值上相等而正负号相反,而在反对称情况下,两半部分相等而且正负号相同。在图 11.12(f) 中的表内,将两种情况的端力矩加了起来。这样给出了图 11.12(a) 中框架的端力矩。相应的弯矩图示于图 11.12(g) 内。

例 11.6 变截面连续梁

试对图 11.13(a) 中所示对称非等截面梁求出弯矩图。端旋转刚度、COF 以及固端力矩均在下面给出。

	杆 AB	杆 BC
端旋转刚度	$S_{AB} = 4.2\dfrac{EI}{l_{AB}}, S_{BA} = 5.0\dfrac{EI}{l_{AB}}$	$S_{BC} = S_{CB} = 5.3\dfrac{EI}{l_{BC}}$
传递因子	$C_{AB} = 0.57, C_{BA} = 0.48$	$C_{BC} = C_{CB} = 0.56$
由于强度为 q 的均匀荷载所引起的固端力矩	$M_{AB} = -0.078ql_{AB}^2$ $M_{BA} = -0.095ql_{AB}^2$	$M_{BC} = -0.089ql_{BC}^2$ $M_{CB} = 0.089ql_{BC}^2$

该梁是对称的,并且对称地加载。对 BA 端和 BC 端采用修正的刚度和修正的 FEM,只需要对节点进行力矩分配。

A 端为铰接时 BA 的修正的端旋转刚度由方程 11.13 给出,在我们所考虑的情况中,

$$S_{AB}^{①} = S_{BA}(1 - C_{AB}C_{BA})$$

或

$$S_{BA}^{①} = \frac{EI}{6b}(5.0)(1 - 0.57 \times 0.48) = 0.605\frac{EI}{b}$$

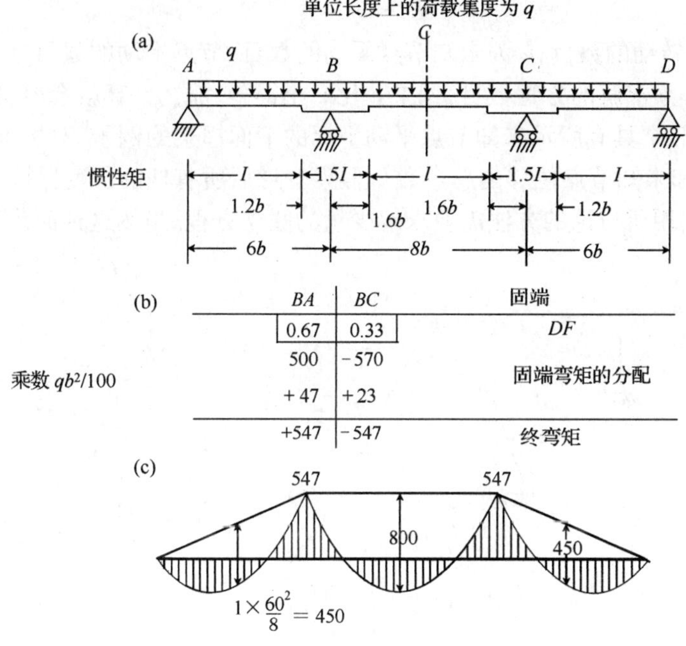

图 11.13　　例题 11.6 中梁的分析

(a) 梁的特性和荷载;(b) 力矩分配;(c) 弯矩图。

对称杆 BC 的修正的端刚度(从方程 11.38) 为

$$S_{BC}^{②} = S_{BC}(1 - C_{BC})$$

或

$$S_{BC}^{②} = \frac{EI}{8b}(5.3)(1 - 0.56) = 0.292\frac{EI}{b}$$

分配系数为

$$(DF)_{BA} = \frac{-0.605}{0.605 + 0.292} = 0.67$$

$$(DF)_{BC} = \frac{0.292}{0.605 + 0.292} = 0.33$$

A 端为铰接时 BA 杆上 B 处的修正的 FEM(方程 11.22) 为

$$M_{BA}^{①} = M_{BA} - C_{AB}M_{AB}$$

或

$$M_{BA}^{①} = ql_{AB}^{2}(0.095 + 0.57 \times 0.078) = 0.139ql_{AB}^{2} = 5.00qb^{2}$$

在 BC 端处,FEM 为

$$M_{BC} = -0.089ql_{BC}^{2} = -5.70qb^{2}$$

需要一次力矩分配循环,而无传递。如图 11.13(b) 所示,弯矩图见图 11.13(c)。

11.11　关于有节点平动的平面框架一般力矩分配过程

本节所考虑的方法是一种对第五章采用力矩分配以减少联立方程数目的位移法。一般情况下,结构的动不定次数可以表达为

$$K = m + n$$

式中 m 为未知节点转动的数目，n 为未知节点平动的数目。节点平动的数目有时称为侧移自由度的次数，它代表必须求解的方程数目，如果 n 比 k 小得多，那么计算就会容易很多。

图 11.14 表示几个具有所示未知节点平动坐标的平面框架的例子。对于每一种情况，都指出了侧移自由度 n 和未知节点位移的总个数 k。假设变形后所有杆的长度保持不变。从 k 和 n 的比较，我们可以看出用所讨论的方法需要求解少量的联立方程。当然这种简化对于计算机分析是没有意义的。

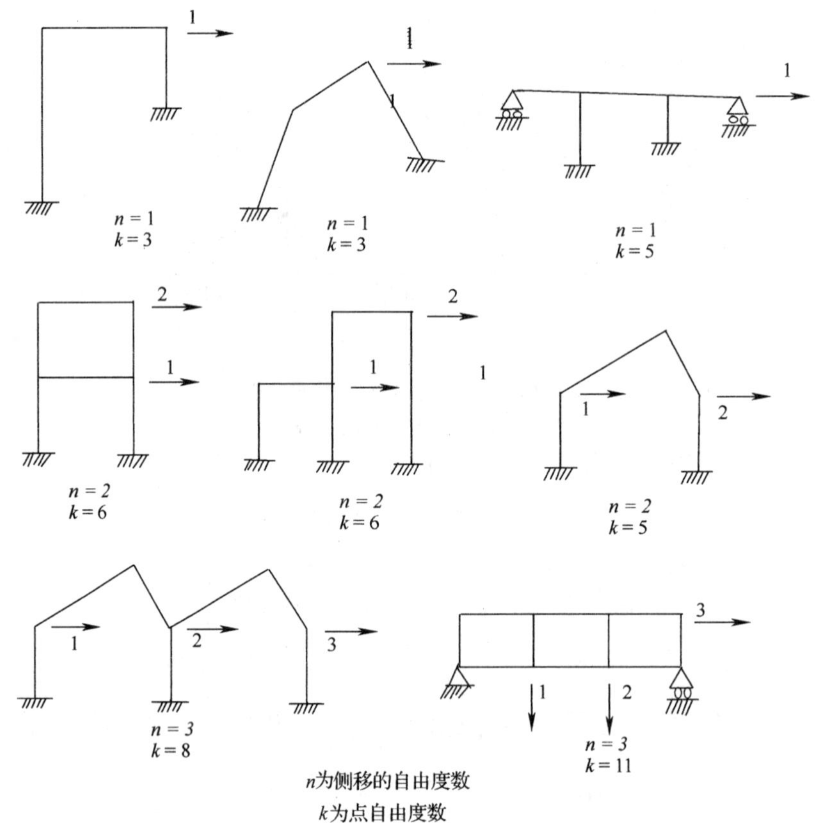

图 11.14　平面框架的节点位移

其过程如下：

1. 首先用坐标将所有可能的独立节点平动表示出来。自然，它们的数目等于侧移自由度的数目 n。然后，沿这些坐标引入约束力 $\{F\}_{n\times1}$，阻止所有节点平动。

2. 由没有节点平动的力矩分配分析框架（如同前一章那样）确定相应的端力矩 $\{A_r\}$。这些是与允许转动而平动被约束的节点相连的各杆端处的力矩。然后通过考虑各杆的平衡算出 n 个约束力 $\{F\}$。通常这仅涉及到简单的静力平衡方程。

3. 沿未受载框架中 n 个坐标的第一个坐标引进单位位移 $D_1 = 1$，而沿所有的其他坐标的平动均被约束。进一步假设无节点转动发生，算出各变形杆中的 *FEM*。然后不允许节点继续位移，以此进行力矩分配。由相应于沿坐标处的单位平动而所有其他节点平动受到约束但允许节点发生转动时的分配法求得端力矩。从这些力矩确定出沿此变形形状中 n 个坐标所需要的力。

通过允许沿 n 个坐标的每一坐标发生一个单位平动来重复上面过程。然后将沿各坐标所得的力列于矩阵$[S]_{n\times n}$中,它表示框架的刚度矩阵。将端力矩列于矩阵$[A_u]$中,它表示由于单位平动值所引起的端力矩。

4. 约束状态下受载的框架将有侧移$\{D_1,D_2\cdots,D_n\}$,它可从下面方程来确定:

$$[S]\{D\}=-\{F\} \tag{11.54}$$

5. 然后由下面的叠加方程算出实际结构中的端力矩

$$\{A\}=\{A_r\}+[A_u]\{D\} \tag{11.55}$$

显然,在第(3)个步骤中,我们就已经能够确定相应于平动为任意值的力而不是平动为单位值的力。自然,这会导出一个不是实际刚度矩阵的$[S]$矩阵,而且向量$\{D\}$不是代表实际的位移,但是方程11.55将仍旧给出框架的实际的端力矩。

例11.7　弹性支撑的连续梁

试求图11.15(a)中等截面连续梁上每一跨的端力矩。该梁在A和D处为固定端,B和C置于弹性(弹簧)支承上。弹性支承的刚度,亦即压缩任一弹簧单位距离所需要的力,为$\frac{2EI}{l^3}$。

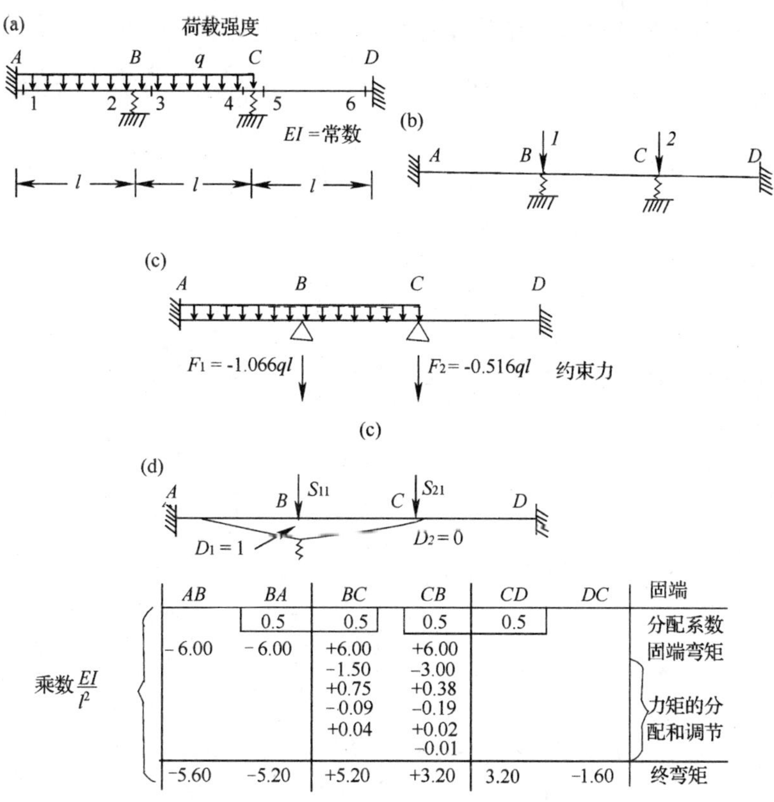

AB	BA	BC	CB	CD	DC	固端
	0.5	0.5	0.5	0.5		分配系数
−6.00	−6.00	+6.00	+6.00			固端弯矩
		−1.50 +0.75 −0.09 +0.04	−3.00 +0.38 −0.19 +0.02 −0.01			力矩的分配和调节
−5.60	−5.20	+5.20	+3.20	3.20	−1.60	终弯矩

图11.15　例题11.17中所考虑的梁

(a)梁特性和荷载;(b)坐标系;(c)约束力($D_1=D_2=0$);

(d)相应于$D_1=1$和$D_2=0$时端力矩的求算。

该梁节点平动的自由度为两次:B和C处的竖直位移。用图11.15(b)中坐标1和2表示这些位移的正方向。

首选,以阻止B和C的平动来分析该梁。端点1,2…,6处的端力矩为

$$\{A_r\} = ql^2\{-0078, 0.094, -0.094, 0.044, -0.044, -0.022\}$$

这些力矩可以由力矩分配法或其他方法来得到。如果 B 和 C 支承是刚性的(图 11.15(c)),那么约束力$\{F\}$等于 B 和 C 处的反力的负值,亦即

$$F = -ql\begin{Bmatrix}1.066\\0.516\end{Bmatrix}$$

在 B 处不允许节点转动,而由于 $D_1 = 1$ 和 $D_2 = 0$ 所引起的 FEM 给于图 11.15(d) 中。按通常方法完成力矩分配循环并计算端力矩。根据端力矩,考虑每一跨平衡求算出保持该梁处于这种变形形状所需要的力 S_{11} 和 S_{21} 如下:

$$S_{11} = \left(\frac{2EI}{l^3}\right) - \frac{EI}{l^3}[(-5.2-5.60)-(5.20+3.2)] = 21.2\frac{EI}{l^3}$$

和

$$S_{21} = -\frac{EI}{l^3}[(3.2+5.2)-(-3.2-1.6)] = -13.2\frac{EI}{l^3}$$

S_{11} 中的$\frac{2EI}{l^3}$项为压缩 A 处弹簧单位值时 1 处所需要的力。

因为结构是对称的,我们可以看出相应于位移 $D_1 = 0$ 和 $D_2 = 1$ 的力 S_{12} 和 S_{22}(分别在 1 和 2 处) 为

$$S_{12} = -13.2\frac{EI}{l^3}$$

和

$$S_{22} = 21.2\frac{EI}{l^3}$$

由于上述考虑中的两个变形形状所引起端点 1,2,…,6 处的力矩(图 11.15(a))可以列成矩阵:

$$[A_u] = \frac{EI}{l^2}\begin{bmatrix}-5.6 & 1.6\\-5.2 & 3.2\\5.2 & -3.2\\3.2 & -5.2\\-3.2 & 5.2\\-1.6 & 5.6\end{bmatrix}$$

应用方程 11.54,

$$\frac{EI}{l^3}\begin{bmatrix}21.2 & -13.2\\-13.2 & 21.2\end{bmatrix}\begin{Bmatrix}D_1\\D_2\end{Bmatrix} = ql\begin{Bmatrix}1.066\\0.516\end{Bmatrix}$$

从而

$$\{D\} = \begin{Bmatrix}D_1\\D_2\end{Bmatrix} = \frac{ql^4}{EI}\begin{Bmatrix}0.107\\0.091\end{Bmatrix}$$

从方程 11.55,通过代入所算得的值,得出图 11.15(a) 中梁的最终端力矩。因而,最终端力矩为:

$$\{A\} = ql^2\begin{Bmatrix} -0.533 \\ -0.172 \\ 0.172 \\ -0.086 \\ 0.086 \\ 0.360 \end{Bmatrix}$$

本例题中,由于1和2处单位位移所引起的端力矩和相应于这些位移的力可以直接从附录E的表中查得而不需要力矩分配。不过,这些表格仅适用于等跨的连续梁。

例 11.8　单室两层平面框架

试求出图 11.16(a) 中所示两层框架在竖直荷载和水平荷载作用下的弯矩图。K 的值在图

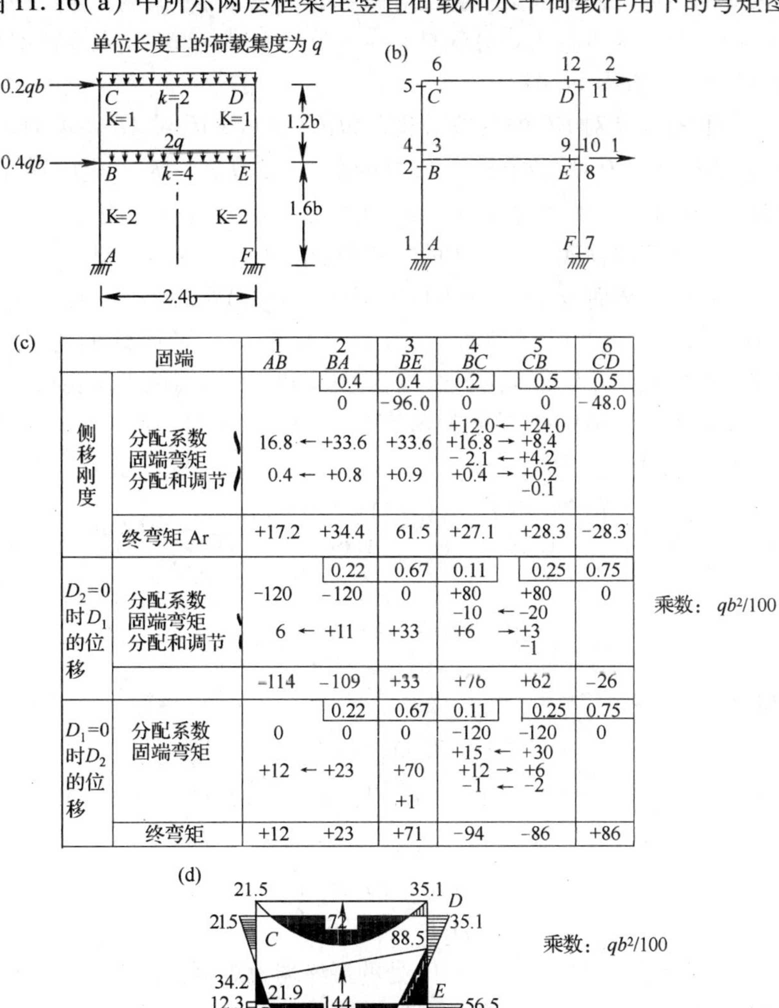

	固端	1 AB	2 BA	3 BE	4 BC	5 CB	6 CD
侧移刚度	分配系数 固端弯矩 分配和调节	 16.8 ← 0.4 ←	0.4 0 +33.6 +0.8	0.4 −96.0 +33.6 +0.9	0.2 0 +12.0 ← +16.8 → −2.1 ← +0.4 →	0.5 0 +24.0 +8.4 +4.2 +0.2 −0.1	0.5 −48.0
	终弯矩 Ar	+17.2	+34.4	61.5	+27.1	+28.3	−28.3
$D_2=0$ 时 D_1 的位移	分配系数 固端弯矩 分配和调节	 −120 6 ←	0.22 −120 +11	0.67 0 +33	0.11 +80 −10 ← +6 →	0.25 +80 −20 +3 −1	0.75 0
		−114	−109	+33	+76	+62	−26
$D_1=0$ 时 D_2 的位移	分配系数 固端弯矩	 0 +12 ←	0.22 0 +23	0.67 0 +70 +1	0.11 −120 +15 ← +12 → −1 ←	0.25 −120 +30 +6 −2	0.75 0
	终弯矩	+12	+23	+71	−94	−86	+86

图 11.16　例 11.8 中考虑的框架

(a) 框架特性和荷载;(b) 坐标系;(c) 力矩分配;(d) 弯矩图。

中标明($K = I/l$)。

该框架具有两次侧移自由度:沿坐标1和坐标2的水平平动(图11.16(b))。框架对称,没有水平荷载作用,并且对称加载,所以没有侧移。由此得出,沿各坐标上通过约束力,可以阻止节点平动。

$$\{F\} = -\begin{Bmatrix}4\\2\end{Bmatrix}\frac{qb}{10}$$

对于无节点平动的框架的端力矩在图11.16(c)内顶上部分中对框架左半部由力矩分配法进行求算。BE 和 CD 端的相对端旋转刚度取为 $2K$,它为对称杆在对称加载下的修正刚度,见方程11.39,对柱而言则为 $4K$。

沿坐标1和2的力或位移使框架引起反对称弯矩。所以,对框架的一半(比如左边)以 BE 和 CD 的相对端旋转刚度 $6K$ 进行力矩分配是有效的计算方法。这 $6K$ 是承受反对称端力矩时对称杆的修正端旋转刚度(方程11.41)。

位移 $D_1 = 1$ 而 $D_2 = 0$ 对 BC 的两端引起为 $6EI/l^2$ 的 FEM,对 AB 两端为 $-(6EI/l^2)$。对于位移 D_1 为任何值和 $D_2 = 0$ 时,各个杆的 FEM 的绝对值与 $I/l^2 = K/l^2$ 成比例。在图11.16(c)中,各柱的 FEM:对 AB 取 -120,对 BC 取 $+80$(乘数 $qb^2/100$),进行力矩分配。这样,我们得到相应于沿坐标1为一任意位移而沿坐标2的位移受到阻止时的端力矩组。

沿位移2为一任意位移而 $D_1 = 0$ 的类似分配已示于图12.3(c)中。算出相应于上在两种位移图式时沿各坐标的力。可以容易看出,在任一层楼板水平面处的力等于 $\Sigma M_{ca}/h_a - \Sigma M_{cb}/h_b$,其中 M_c 是为柱的端力矩,h 为其长度,脚标 a 和 b 是指明位于需要求的力的上面的柱和下面的柱,总和号是对所指定一层楼的所有柱来进行,例如,相应于该任意选择的位移 D_1(而 $D_2 = 0$)的力 S_{11} 和 S_{21} 为

$$S_{11} = 2\left[\frac{(76+62)}{1.2b} - \frac{(-114-109)}{1.6b}\right]\frac{qb^2}{100} = 50.9qb$$

和

$$S_{21} = 2\left[-\frac{(76+62)}{1.2b}\right]\frac{qb^2}{100} = -2.3qb$$

应用方程11.54,

$$qb\begin{bmatrix}5.09 & 3.45\\-2.30 & 3.00\end{bmatrix}\begin{Bmatrix}D_1\\D_2\end{Bmatrix} = qb\begin{Bmatrix}0.4\\0.2\end{Bmatrix}$$

从而

$$\begin{Bmatrix}D_1\\D_2\end{Bmatrix} = \begin{Bmatrix}0.259\\0.265\end{Bmatrix}$$

图11.16(b)中所示各杆杆端1,2,…,12处的最终端力矩由叠加方程11.55 $\{A\} = \{A_r\} + [A_u]\{D\}$ 来得到,式中 $\{A_r\}$ 和 $[A_u]$ 的各元素为图11.16(c)中所求算出的端力矩。在无侧移对称情况下框架右半部的端力矩等于左半部相应值的负值。在另外两种情况下,弯矩是反对称的,在两半部分中相应端力矩的正负号和大小均相同,这样

$$\{A\} = \frac{qb^2}{100}\begin{Bmatrix} 17.2 \\ 34.4 \\ -61.5 \\ 27.1 \\ 28.3 \\ -28.3 \\ -17.2 \\ -34.4 \\ 61.5 \\ -27.1 \\ -28.3 \\ 28.3 \end{Bmatrix} + \frac{qb^2}{100}\begin{bmatrix} -114 & 2 \\ -109 & 23 \\ 33 & 71 \\ 76 & -94 \\ 62 & -86 \\ -62 & 86 \\ -114 & 12 \\ -109 & 23 \\ 33 & 71 \\ 76 & -94 \\ 62 & -86 \\ -62 & 86 \end{bmatrix}\begin{Bmatrix} 0.259 \\ 0.265 \end{Bmatrix} = \begin{Bmatrix} -8.7 \\ 12.3 \\ -34.2 \\ 21.9 \\ 21.6 \\ -21.6 \\ -43.1 \\ -56.5 \\ 88.5 \\ -32.3 \\ -35.0 \\ 35.0 \end{Bmatrix}\frac{qb^2}{100}$$

弯矩图示于图11.16(d)中,对于计算的校核可通过证明从端力矩所计算出的每一层中各柱的剪力之和等于作用于该楼板以上的外水平力之和来完成。

11.12　无剪力力矩分配

力矩分配方法中的一些改进[1]已使它可能不需要应用联立方程而能考虑节点平动的效应,如第12.2节中那样。然而,这些方法中的大多数需要应用若干"规则"以便得出修正刚度,但这些是不容易记住的。所以,除非结构要对多种不同的加载条件进行分析外,采用一般的力矩分配方法要比按这些专门的方法要更容易求解。

尽管如此,熟悉无剪力力矩分配法还是有价值的,这种方法有时也称为悬臂力矩分配。这种方法原来是为承受反对称荷载的一跨多层对称平面框架提出的。在无剪力分配法中,力矩分配时侧移是允许自由发生的,这与当节点允许转动时荷载作用在楼板平面上是没有变化的。因此,柱上的剪力在力矩分配过程中是不变的。修正梁端旋转刚度和无剪力力矩分配所要求的 *FEM* 在11.9和11.10节中讲过。

无剪力力矩分配法的步骤通过算例来介绍。

例11.9　门架:由水平位移引起的弯矩

试求出图11.17(a)中框架的弯矩图,图中已标出所有杆的 K($K = I/l$)值。

该框架是对称的,如果 B 处的力分成如图11.17(b)所示的两个相等的力,那么框架将承受反对称荷载。显然,当不考虑轴向变形时图11.17(a)和(b)中的荷载产生相同的弯矩。这样,这两种荷载是等效的。在荷载作用下,节点 B 和 C 沿水平方向上平动的值相同,在 BC 中央处有一拐点。所以考虑图11.17(c)中的框架是可以的,它具有与原来框架左半部相同的弯矩。

因而,我们的任务是以允许发生自由水平平动进行节点 B 处的力矩分配,其相对端旋转刚度为(方程11.41和11.43):$S_{BE} = 6K$ 和 $S_{BA} = K$,从 B 至 A 的 *COF*(由方程11.44)为 $C_{BA} = -1$。

其 *FEM* 为节点 B 阻止转动但允许侧移时外荷载所引起的端力矩。对于 BE 端力矩为零,由方程11.49得出:$M_{BA} = M_{AB} = -Pb/4$。

1　J. M. Gere. 力矩分配. Van Nostrand,纽约,1963。

如图 11.17(d) 所示,只需一次力矩分配循环,得出最终的端力矩。由于反对称性,框架右半部端力矩的大小和正负号与左半部分的对应力矩相同。整个框架的弯矩如图 11.17(e) 所示。

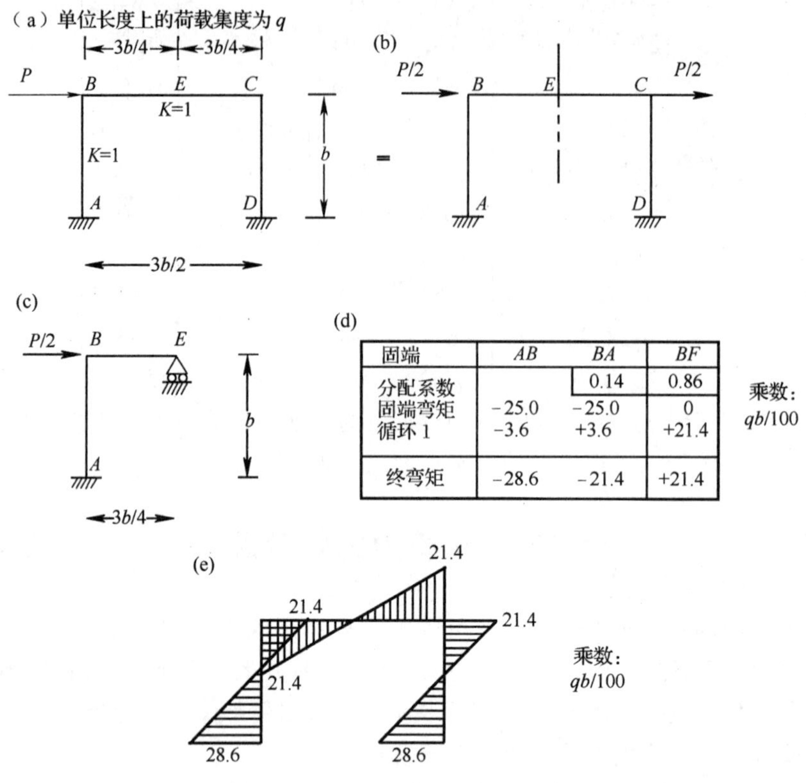

固端	AB	BA	BF
分配系数		0.14	0.86
固端弯矩	-25.0	-25.0	0
循环 1	-3.6	+3.6	+21.4
终弯矩	-28.6	-21.4	+21.4

图 11.17　例 11.9 所分析的框架

(a) 框架特性与荷载;(b) 等代荷载;(c) 替代框架;(d) 力矩分配;(e) 弯矩图。

例 11.10　两层平面框架:由水平位移引起的弯矩

试分析例题 11.8 中对称的两层框架(图 11.16(a))。对称竖向荷载不引起侧移,由于它所引起的端力矩已用力矩分配图在 11.16(c) 中确定出了,这里就不再重复。现在由无剪力力矩分配来分析水平荷载的效应。

与前一例题所述的理由相同,图 11.18(b) 中框架的弯矩与图 11.18(a) 中框架的左半部分相同。

对图 11.18(c) 中节点 B 和 C 进行力矩分配。对梁的修正的相对端旋转刚度为 $6K$,而柱为 K,COF 均为 $C_{BA} = C_{BC} = C_{CB} = -1$。

杆中的 FEM 由方程 11.49 算出,当该方程用于 AB 和 BC 时,可以给出下面形式:

$$FEM = -\frac{Fh}{2}$$

式中 F 为作用在所考虑的柱上各楼板所受水平荷载之和,h 为该层的高度。这就给出下列 FEM:

$$M_{AB} = M_{BA} = -\frac{(0.1 + 0.2)1.6qb^2}{2} = -0.24qb^2$$

和

$$M_{BC} = M_{CB} = -\frac{0.1 \times 1.2qb^2}{2} = -0.06qb^2$$

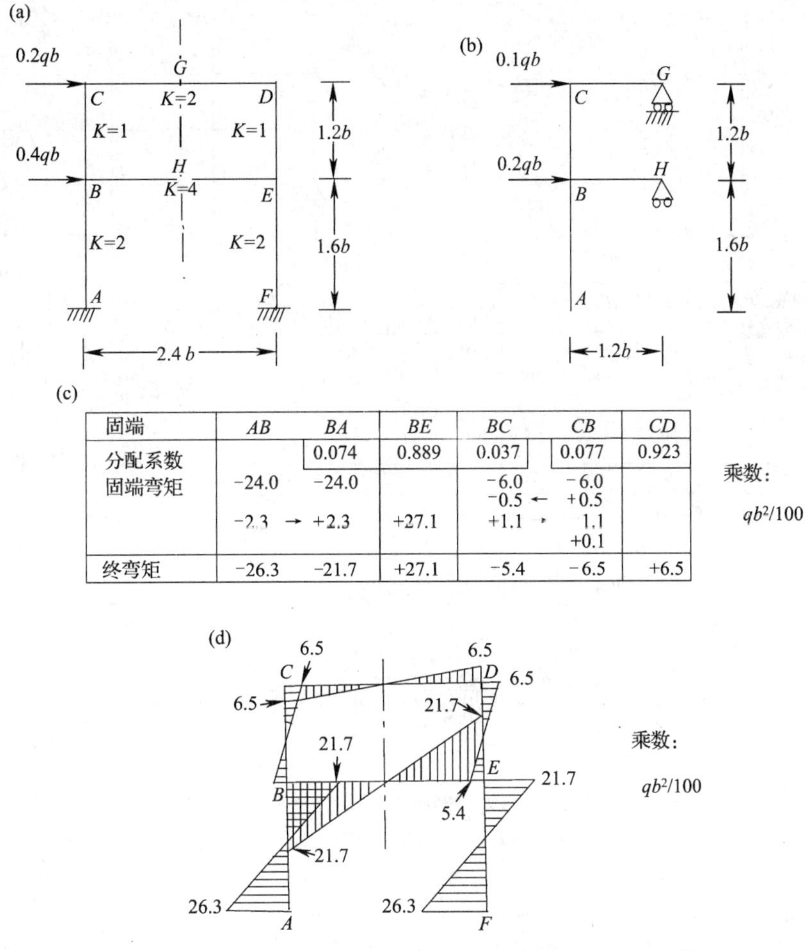

固端	AB	BA	BE	BC	CB	CD
分配系数		0.074	0.889	0.037	0.077	0.923
固端弯矩	−24.0	−24.0		−6.0	−6.0	
				−0.5 ←	+0.5	
	−2.3 →	+2.3	+27.1	+1.1 →	1.1	
					+0.1	
终弯矩	−26.3	−21.7	+27.1	−5.4	−6.5	+6.5

图 11.18　例 11.10 中分析的框架

(a) 框架特性和荷载;(b) 与图(a) 中框架左半部分弯矩相同的框架的弯矩图;(c) 力矩分配;(d) 弯矩图。

于是,这些是为允许侧移自由发生,而 C 和 B 处节点转动受到约束时,水平荷载作用下各柱端处的力矩。

框架右半部分端力矩的大小和正负号与图 11.18(c) 所算出的左半部分相应力矩相同。由水平荷载单独引起的弯矩图示于图 11.18(d) 中。

当图 11.18(c) 中所算出的端力矩与竖直荷载所引起的端力矩相加时,得到总的最后端力矩,自然这些力矩应与图 11.16 中相同。

例 11.11　空腹梁

图 11.19(a) 中的空腹梁带有相等刚度的顶板和底板,承受图示竖直荷载。如果轴向变形忽略不计,实际荷载可用图 11.19(b) 中的荷载来代替。另外,如果 EH 的水平平动受到阻止,那么该框架反对称于连接各竖直板中点的水平线,可按例题 11.9 中多层框架那样的途径由无力力矩分配方法进行分析。在计算中加一附加步骤一考虑 EH 的实际平移效应,但是这对所考虑的结构类型和荷载类型影响很小,本例题忽略它。

顶板 4 个端点的任一点处,其 FEM 从剪力导出:

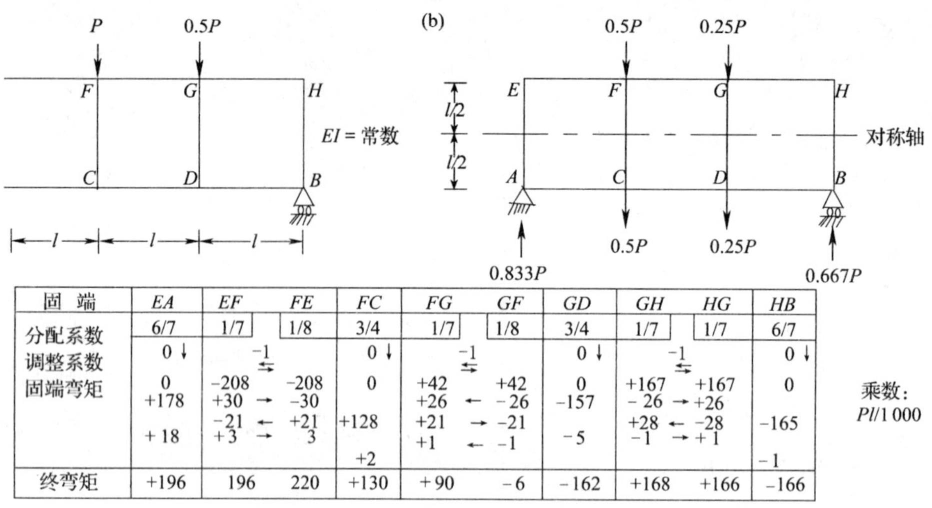

固 端	*EA*	*EF*	*FE*	*FC*	*FG*	*GF*	*GD*	*GH*	*HG*	*HB*
分配系数	6/7	1/7	1/8	3/4	1/7	1/8	3/4	1/7	1/7	6/7
调整系数	0 ↓	−1 ⇆		0 ↓	−1 ⇆		0 ↓	−1 ⇆		0 ↓
固端弯矩	0 +178 +18	−208 +30 → −21 ← +3 →	−208 −30 +21 3	0 +128 +2	+42 +26 ← +21 → +1 ←	+42 −26 −21 −1	0 −157 −5	+167 −26 → +28 ← −1 →	+167 +26 −28 +1	0 −165 −1
终弯矩	+196	196	220	+130	+90	−6	−162	+168	+166	−166

乘数：$Pl/1\,000$

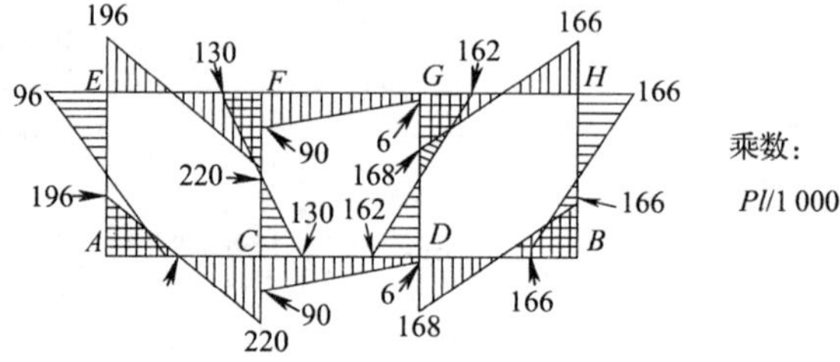

图 11. 19 例题 11. 11 中分析的空腹梁

(a) 框架特性和荷载；(b) 等效反对称荷载；(c) 力矩分配；(d) 弯矩图。

$$FEM = -\frac{Vl}{4}$$

式中 l 为节间的长度，V 为节间中的剪力，这剪力具有与跨过 A 和 B 并受 P 和 $P/2$ 的简支梁的剪力相同的值。

图 11. 19(c) 对框架的上半部进行了力矩分配，整个框架的弯矩图表示在图 11. 19(d) 中。

11. 13 小　　结

在由一个封闭杆件组成的超静定框架中，其弯矩可以表达为 $M_s - \bar{M}$，这里 M_s 为放松的超静定结构上荷载所引起的弯矩，$\bar{M}$ 为超静定力矩。应用力法确定 $\bar{M}$，导出这样一个方程，它类似于用于计算短柱承受偏心荷载时横截面法向应力的方程。这种比拟用来将超静定力矩的计算转化为一般截面上法向应力的计算。

比拟柱法的使用可以方便的决定出杆端转角刚度，传递力矩以及刚度矩阵。值得一提的是：比拟柱法只考虑弯曲变形。

在本章中力矩分配法用来分析只考虑弯曲变形的平面框架。在无节点平动的情况下避免了求解联立方程组。对于承受对称荷载和反对称荷载（任意荷载都可分解为这样的分量）的对称结构，通过利用修正的端旋转刚度和修正的 *FEM*，可以大大简化计算工作量。

对于有节点平移的平面框架，力矩分配法能够用来限制位移法所要求的方程数量至所求节点未知平移自由度数。

无剪力力矩分配法给反对称荷载作用下单跨对称框架提供一种简单快捷的解法。

习　　题

11.1 至 11.5 在只考虑弯曲变形的情况下,画出下列所示平面框架的弯矩图以及标出其反力(如果有的话)。

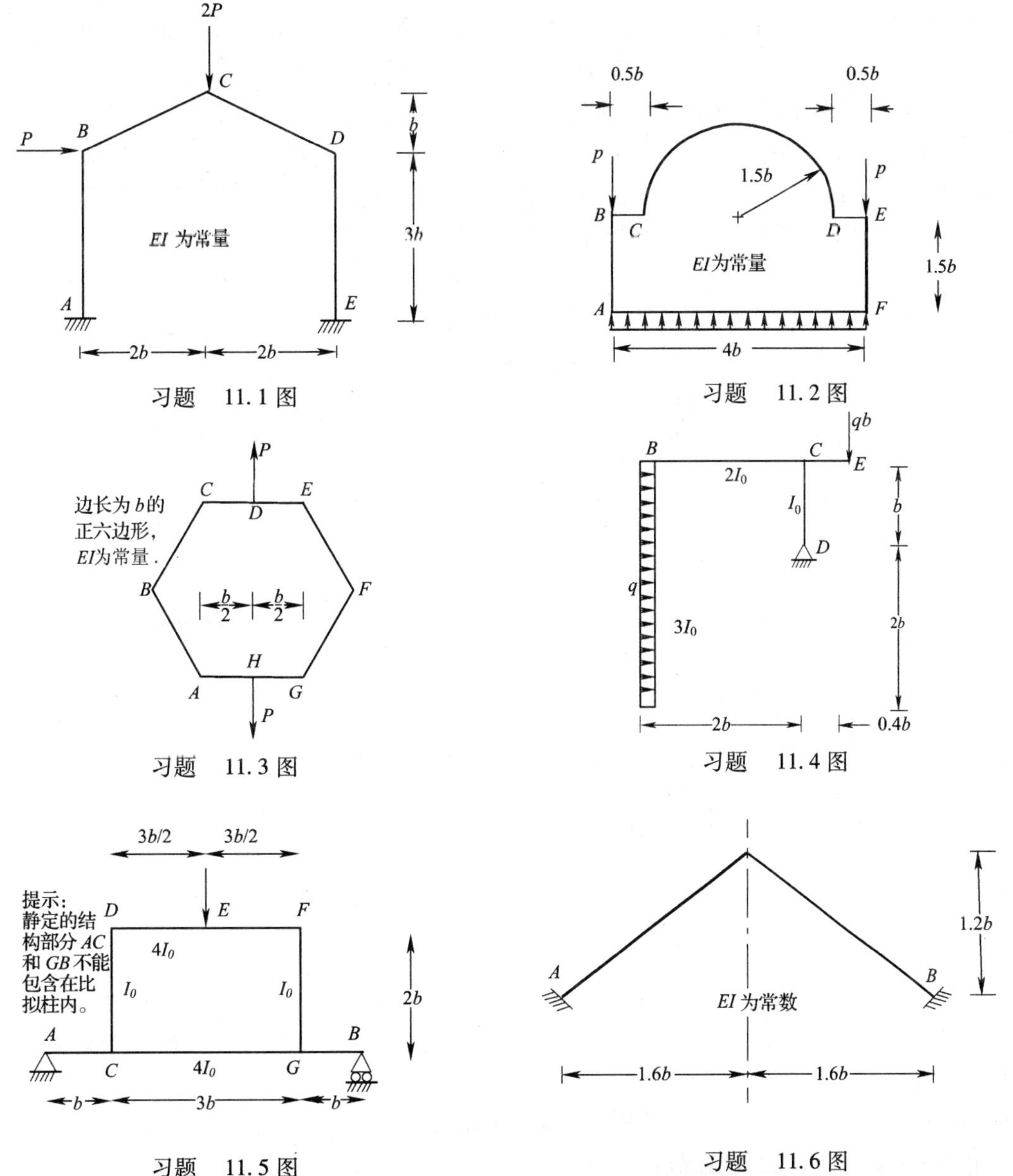

习题　11.1 图

习题　11.2 图

习题　11.3 图

习题　11.4 图

习题　11.5 图

习题　11.6 图

11.6　如图所示山形框架在水平投影的单位长度上受到集度为 q 的竖向均布荷载,试求出 A,B 两端处的力。假设框架在 A,B 处为固支。结构只考虑弯曲变形。

11.7 ~ 11.8　试找出图中梁的端旋转刚度 S_{AB},S_{BA} 及其分配系数 C_{AB} 和 C_{AB}。

11.9　若习题 11.7 中梁受到单位长度上大小为 q 的横向均布荷载,试求出其固端力矩。

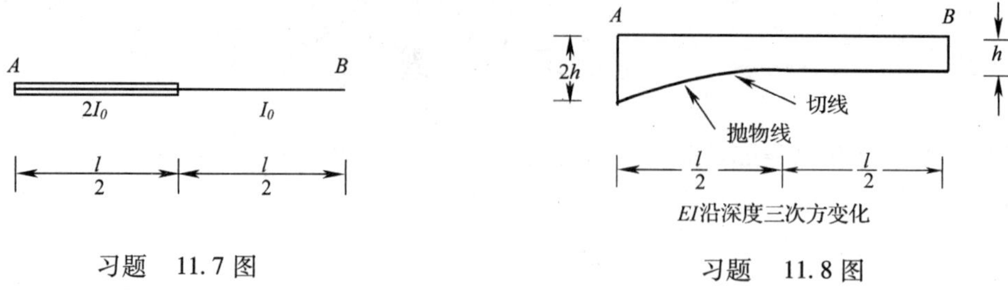

习题　11.7 图　　　　习题　11.8 图

11.10　若习题 11.8 中梁在中心处受到大小为 P 的横向集中荷载作用,试求出其固端力矩。

11.11　试求出图中所示框架的弯矩图。求出 A 处的 3 个反力分量。

11.12　试求习题 11.11,在 E 处以允许水平平动的辊轴代替图中的铰支承。

11.13　试绘出图中桥梁框架由于 AD 上集度为 q 的均布荷载所引起的弯矩图。杆 I 的变化、端旋转刚度、传递力矩和 FEM 均于图的下面给出。

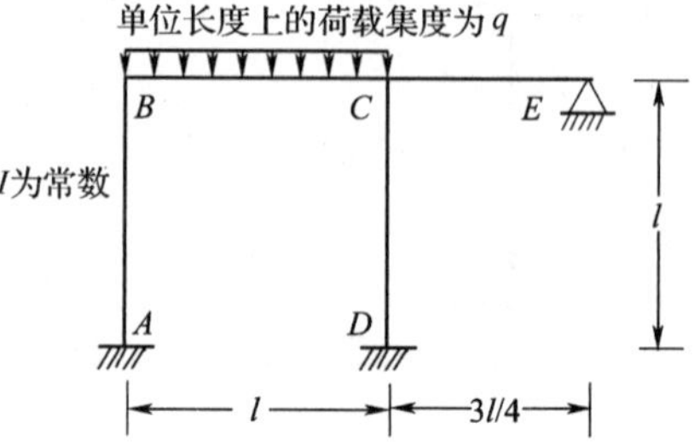

习题　11.11 图

端旋转刚度和传递力矩如下:

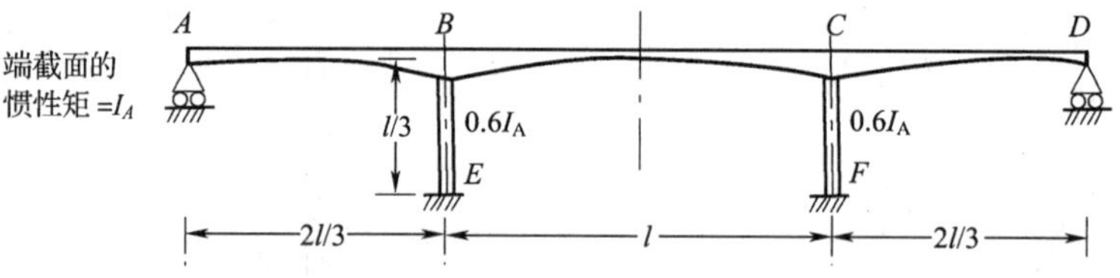

习题　11.13 图

杆 AB:$S_{AB} = 5.4\dfrac{EI_A}{l_{AB}}$,$S_{BA} = 14.6\dfrac{EI_A}{l_{AB}}$,$t_{AB} = 4.9\dfrac{EI_A}{l_{AB}}$

杆 BC:$S_{BC} = S_{CB} = 12.0\dfrac{EI_A}{l_{BC}}$,$t_{BC} = 8.3\dfrac{EI_A}{l_{BC}}$

由于强度为 ω 的均匀荷载引起的 FEM:

$$M_{AB} = -0.057\omega l_{AB}^2, M_{BA} = 0.103\omega l_{AB}^2$$

$$M_{CB} = -M_{BC} = 0.103\omega l_{BC}^2$$

11.14　试对习题 11.13 的桥梁框架求出沿 AD 轴线向左作用的水平力 H 所引起的弯矩图。

11.15　试对习题 11.13 的桥梁框架求出 F 处单位沉降所引起的弯矩图,给出以 EI_A 表达弯矩图的纵坐标。

11.16　图中梁受到集度为 q 的恒载和 $2q$ 的活载作用。试绘出最大弯矩曲线。

提示:对下面 4 种加载情况进行求解:

(Ⅰ)　AD 上作用恒载与 AB 上作用活载;

(Ⅱ)　AD 上作用恒载与 AC 上作用活载;

(Ⅲ)　AD 上作用恒载与 BC 上作用活载;

(Ⅳ) AD 上作用恒载与 CD 上作用活载。

在同一图上以相同的比例尺绘出四种弯矩图。梁上任一部分处具有最大纵坐标的曲线是为所需要求的曲线。

11.17　试求图中所示框架的弯矩图。

11.18　英制单位。对图所示的框架:

(a) 试绘出上于水平投影上 1k/ft 的竖直分布荷载所引起的弯矩图。

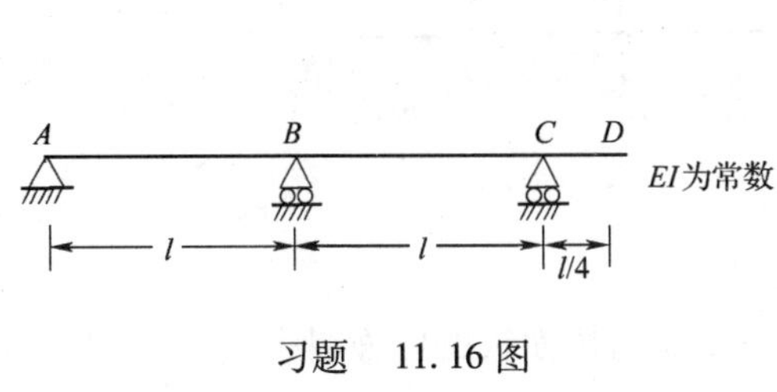

习题　11.16 图

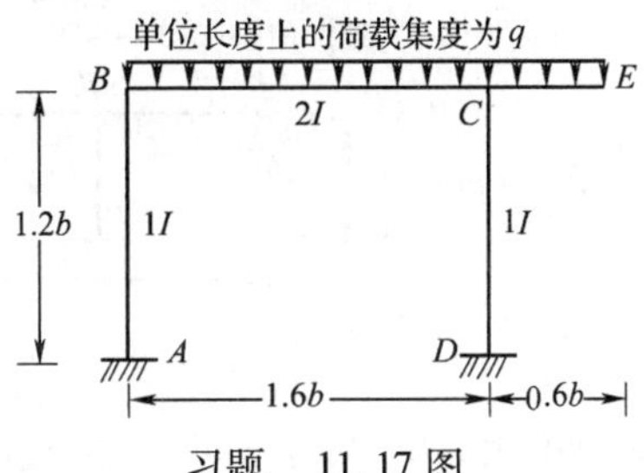

习题　11.17 图

(b) 试求出框架上无荷载而由于温度上升 40℉ 所产生的反力。

$$EI = 2 \times 10^6 \text{ft}^2\text{k}$$

热膨胀系数 $\alpha = 0.6 \times 10^{-5}/℉$。

11.19　国际单位。如图所示的框架,在只考虑弯曲变形。

(a) 绘制出由于受到在水平投影上 1kN/m 的竖向分布荷载所引起的弯矩图;

(b) 试求出框架上无荷载而由于温度上升 25℃ 所产生的反力。

$$EI = 800 \text{ MN} \cdot \text{m}^2$$

热膨胀系数 $\alpha = 1 \times 10^{-5}/℃$。

11.20　英制单位。试绘制出图中框架在点 A,B,C,D 处在下列荷载作用下的弯矩:

(a) 均匀收缩应变 = 0.0 002;

(b) 在支座 A 处有 1/2in 的竖向沉降;

(c) B 处沿顺时针方向 0.2° 的转角。

假设 $I = 4\text{ft}^2$, $E = 2 \times 10^6$psi。只考虑弯曲变形。

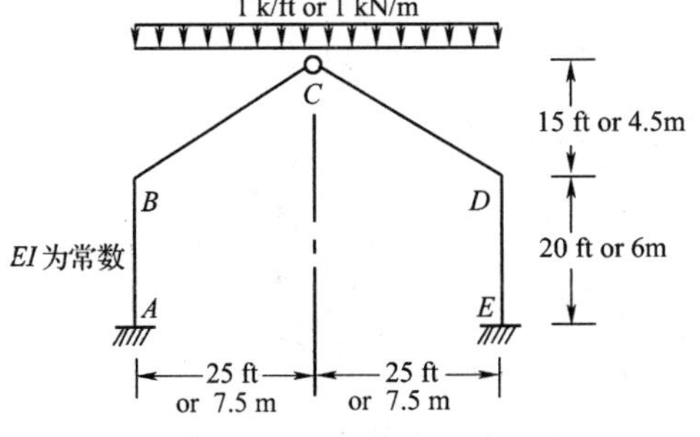

习题　11.18(英制单位) 和 11.19(国际单位) 图

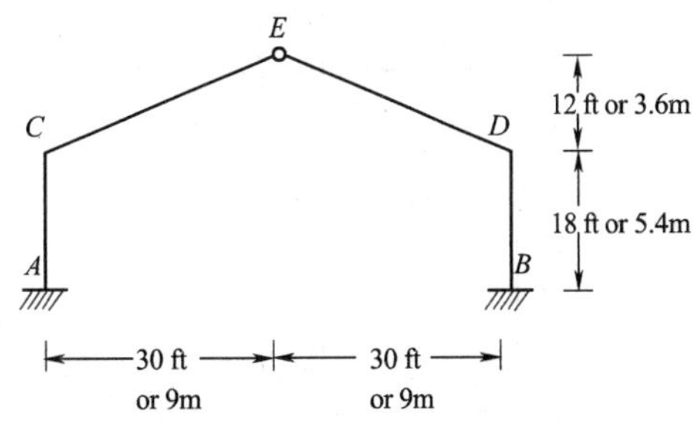

习题　11.20(英制单位) 和 11.21(国际单位) 图

11.21　国际单位。试绘制出图中框架在点 A,B,C,D 处在下列荷载作用下的弯矩:

(a) 均匀收缩应变 = 0.0 002;

(b) 在支座 A 处有 10 mm 的竖向沉降;

(c) B 处沿顺时针 0.2° 的转角。

假设 $I = 30 \times 10^9\ \text{mm}^4$，$E = 15\text{GN/m}^2$，只考虑弯曲变形。

11.22　图中(a)部分表示桥面水平面承受 P 水平力的桥梁框架。假设桥面具有无穷大的刚度。

(a) 试求各墩的弯矩图；

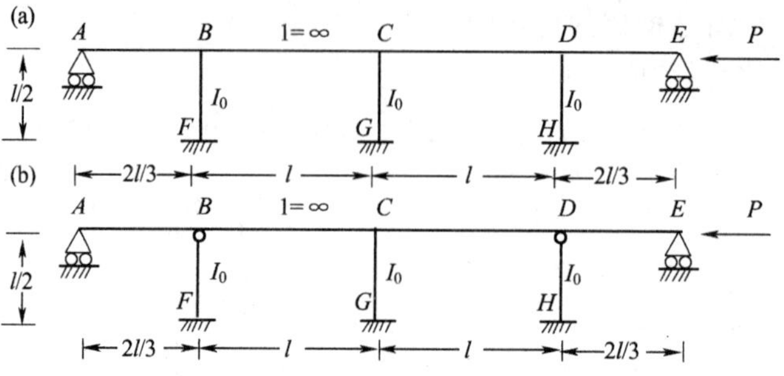

习题　11.22 图

(b) 如图中(b)部分所示，如果在墩 BF 和 DH 的顶面与桥面板的底面引入铰，试求3个桥墩底面处的剪力。

11.23　试绘制出图中所示框架左半跨的弯矩图，只考虑弯曲变形。提示：由于对称性，在 D 点处的转动和水平位移都为0。此外，由于杆件长度的变化已经忽略，在 D 处也没有竖向位移发生，因而我们可以只分析 $ABCD$ 部分，假设 A 和 D 全为固结。

11.24　运用习题11.23中的条件，试分析在只有 $ABCDE$ 部分时候的情况。

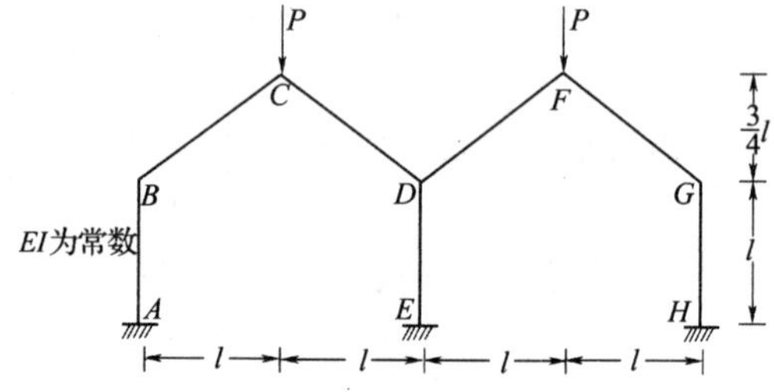

习题　11.23 图

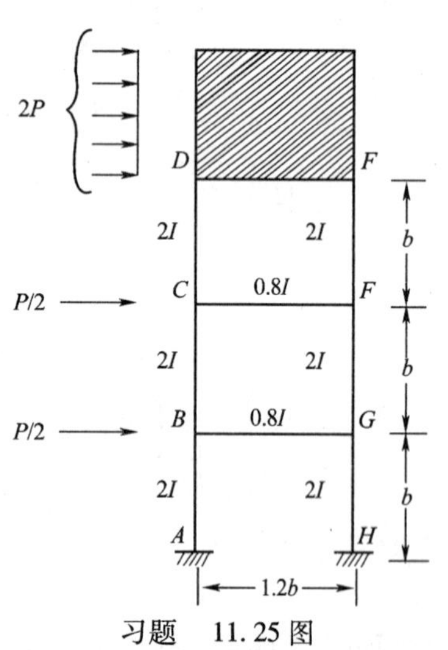

习题　11.25 图

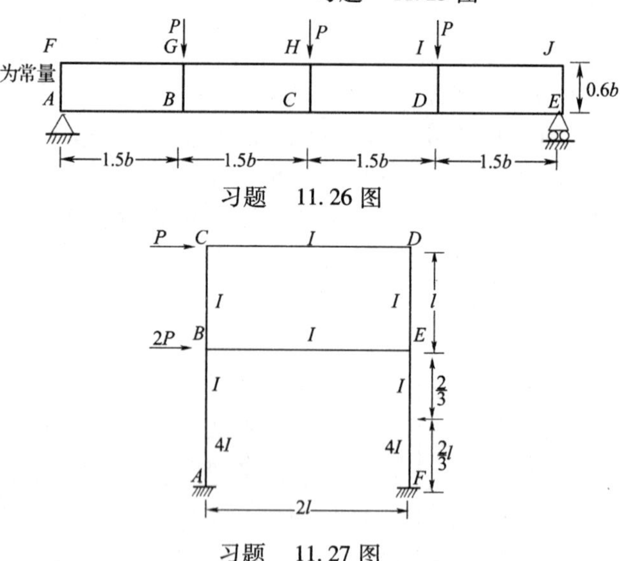

习题　11.26 图

习题　11.27 图

11.25　图中表示一座支承水箱的混凝土框架。风压力对框架的荷载如图所示。假设水箱部分与水平支撑梁相比刚性为无穷大，试求框架中的弯矩。

11.26　试求出图中所示空腹梁的弯矩图。

11.27　试用无剪力力矩分配法求出所示框架中的弯矩图。

12　梁和框架的影响线

12.1　引　　言

活载在结构上可能位于不同位置处,其效应可通过影响线以图解形式方便地进行分析,并简洁地描述出来。影响线表示一个单位集中荷载在结构上运动所引起任一作用力的值。例如,连续梁中一截面处的弯矩影响线表示当一个单位横向荷载在梁上移动时该截面处弯矩的变化的情况。

本章中,我们讨论求超静定结构影响线的方法。首先介绍和复习 2.6 节中介绍的静定结构的影响线。在下一章中将讨论影响线的进一步应用。

12.2　影响线的概念和应用

一个横向集中力作用在结构的各个位置处会产生不同的作用。这些作用可以是弯矩、剪力、轴力,或者是某截面的位移,或者是某支承处的反力,这些作用随荷载在结构上移动而变化。

如果将单位横向荷载作用在各点处所产生的任一作用 A 的值作为纵坐标,我们就得到该作用 A 的影响线。本章中,我们用 η 代表单位集中荷载垂直作用于杆上并在沿杆方向移动时引起的任一作用力的影响纵坐标——它也可称为影响系数。其他类型的荷载效应用 η 的适当脚标来区别。我们的正负号规则是:与所作用的集中荷载的方向相同的绘制成正的影响纵坐标。因而,水平杆上重力荷载的影响线以向下绘制为正。

现在来说明影响线在分析中的应用。由于集中荷载 $P_1,P_2\cdots,P_n$ 所引起任一作用力 A 的值(图 13.12(a))可使用下式由各影响线纵坐标得到:

$$A=\eta 1P_1+\eta_2P_2+\cdots+\eta_nP_n \qquad (12.1)$$

或

$$A=\sum_{i=1}^{n}\eta_iP_i \qquad (12.1a)$$

由于长度$\overline{BC}$上强度为 p 的横向分布荷载所引起的作用力 A 值(图 12.1(b))为:

$$A=\int_B^C\eta p\mathrm{d}x \qquad (12.2)$$

对于强度为 q 的均布荷载,则有

$$A=q\int_B^C\eta\mathrm{d}x \qquad (12.3)$$

此方程中的积分值为影响线以内 B 和 C 之间的面积。

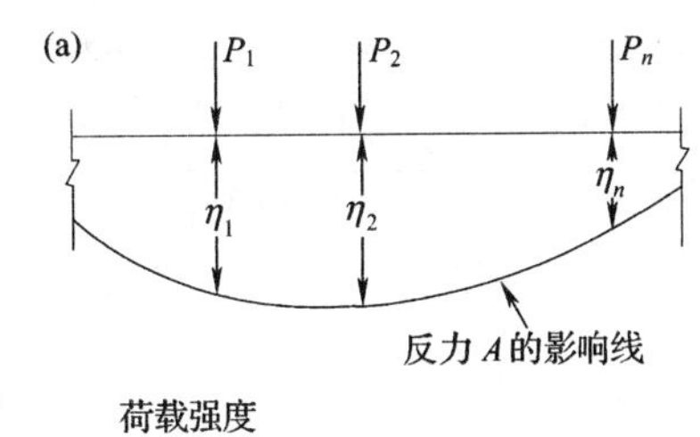

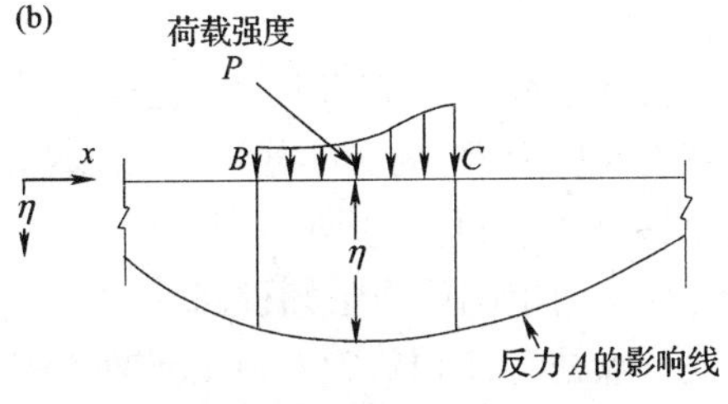

图 12.1　应用影响线确定由于荷载所引起的作用力值

影响线的形状显示出为得到最大的荷载作用效应而应对结构的一个分或多部分进行加载。图 12.4 中所绘的影响线为平面框架的影响线，图 12.5 为格栅结构的影响线。图 12.4 中柱 EB 上所绘影线线的纵坐标代表水平荷载在该柱上移动对所分析的作用引起的影响。通常，如果荷载沿影响线正的纵坐标方向作用，得到的值为正。格栅影响线的纵坐标是竖向的，它代表一个单位竖直荷载引起的效应，如图 12.5 中所示。

例如，我们可以看到对于图 12.4 内框架中截面 n 处的剪力情况。当分布荷载布满于 B_n 和 CD 跨上而框架的其余部分没有荷载时，则产生最大的负剪力。同样，对于图 12.5 中 n_3 处的弯矩，当荷载满布于杆 CD 和 GI 的中央部分，而 AB 或 EF 上没有荷载时，可得到最大的正弯矩值。

12.3 牟勒尔 - 贝里斯劳(Muller - Breslau)原理

求影响线的最有效的方法之一是应用牟勒尔 - 贝里斯劳原理。这个原理可叙述为：结构中任一作用力的影响线上的纵坐标等于在放松相应此作用力的约束后所形成的结构中引进一个相应单位位移所得到挠度曲线的纵坐标。该原理适用于任何静定或超静定结构，应用毕特定律可以容易地得到证明。

如图 12.2(a)所示，分析一个承受荷载处于平衡的梁。移去支承 B，以相应反力 R_B 代替它的效应，如图 12.2(b)所示。如果现在结构 B 点处施加一个向下荷载 F，使 B 处发生单位挠度值，假设该梁将发生如图 12.2(c)中所示的挠曲形式。因为原结构是静定的，放松一个约束力则结构变为一个可变结构，所以发生图 12.2(c)中的位移所需要的力 F 为零。然而，在一次超静定结构中去除一个约束力将得到一个稳定结构，因而力 F 一般不等于零。

将毕特定理(式 9.5)用于图 12.2(b)和(c)的两个力系，我们能够写出：

$$\eta_1 P_1 + \eta_2 P_2 + \cdots + \eta_n P_n - 1 \times R_B = F \times 0$$

此方程表示在图 12.2(c)中力系产生位移时，图 12.2(b)中力系所做的外虚功的值与图 12.2(b)中力系产生位移时图 12.2(c)中力系所做的外虚功相同。这后一个量必定为零，因为图 12.2(b)中 B 处不发生位移。

上面方程可以写成：

$$R_B = \sum_{i=1}^{n} \eta_i P_i$$

将此方程与式 12.1(a)相比较，我们看出图 12.2(c)中的挠度曲线为反力 R_B 的影响线。这就说明反力 R_B 的影响线可通过放松其效应来得到。即移去支承 B 并在 B 处引入一个向下的位移，也就是通过引进一个与反力的正方向相反的位移来得到。

应用简单的静力学知识，我们可以容易地证实：如果一个单位荷载作用于图 12.2(a)中梁上任一点处时，图 12.2(c)中该点处挠度的纵坐标实际上就等于反力 R_B。

现在我们将牟勒尔 - 贝里斯劳原理用于任一截面 E 处的弯矩影响线的情况。我们在 E 处引入一个铰，因而释放该截面的弯矩。然后我们用两个大小相等方向相反的力偶 F 使 E 处梁端产生一单位相对转动(图 12.2(e))。为了证明这种情况下其挠度曲线是

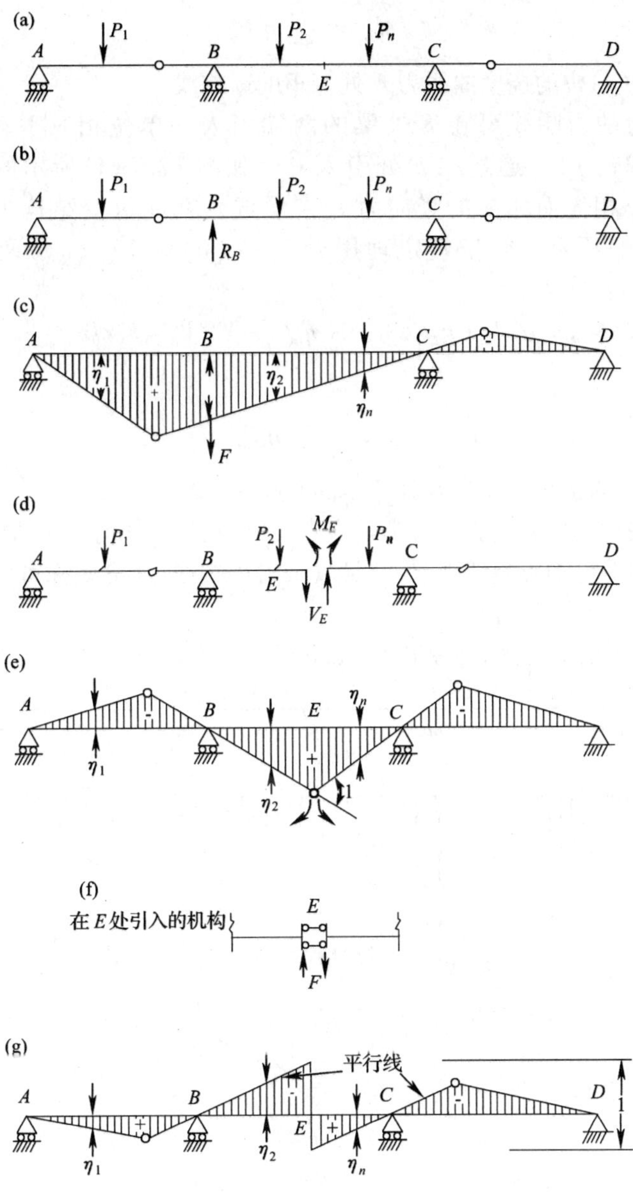

图 12.2　静定梁的影响线

(a)平衡的受载梁；(b)以 R_B 代替支承 B；(c)R_B 的影响线；

(d)通过力 M_E 和 V_E 保持平衡；(e)M_E 的影响线；(f)E 处引入的机构；

(g)V_E 的影响线。

为 E 处弯矩的影响线，将图 12.2(a) 中的梁于 E 截面处切开，并引进两对相等而相反的力 M_E 和 V_E 以保证平衡(图 12.2(d))。将毕特定理应用于图 12.2(d) 和 12.2(c) 中的体系，我们可以写出：

$$\eta_1 P_1 + \eta_2 P_2 + \cdots + \eta_n P_n - 1 \times M_E = F \times 0$$

或

$$M_E = \sum_{i=1}^{n} \eta_i P_i$$

这说明图 12.2(e)中的挠度曲线为 E 处弯矩的影响线。

截面 E 处剪力的影响线可在 E 处梁的两端引入一单位相对平动(而无相对转动)来得到(如图 12.2(g))。通过在 E 处引入一个如图 12.2(f)所示的虚构的可变结构，然后作用两个大小相等而相反的竖向力 F 来形成。在此可变结构中，E 处两端均保持平动，如图 12.2(g)所示。将毕特定理用于 12.2(d)和 12.2(g)两个体系中，我们可以得出：

$$\eta_1 P_1 + \eta_2 P_2 + \cdots + \eta_n P_n - 1 \times V_E = F \times 0$$

或

$$V_E = \sum_{i=1}^{n} \eta_i P_i$$

这表明图 12.2(c)中的挠度曲线为 E 处弯矩的影响线。

到目前为止，我们所研究的影响线都是由直线段组成的，任何静定结构都是这种情况。因而，算出一个纵坐标并已知影响线形状，就足以绘出影响线，此纵坐标可以从静力学的角度来分析或从影响线的几何形状算出。

超静定结构的所有影响线都是由曲线组成，所以必须计算出多个纵坐标。图 12.3

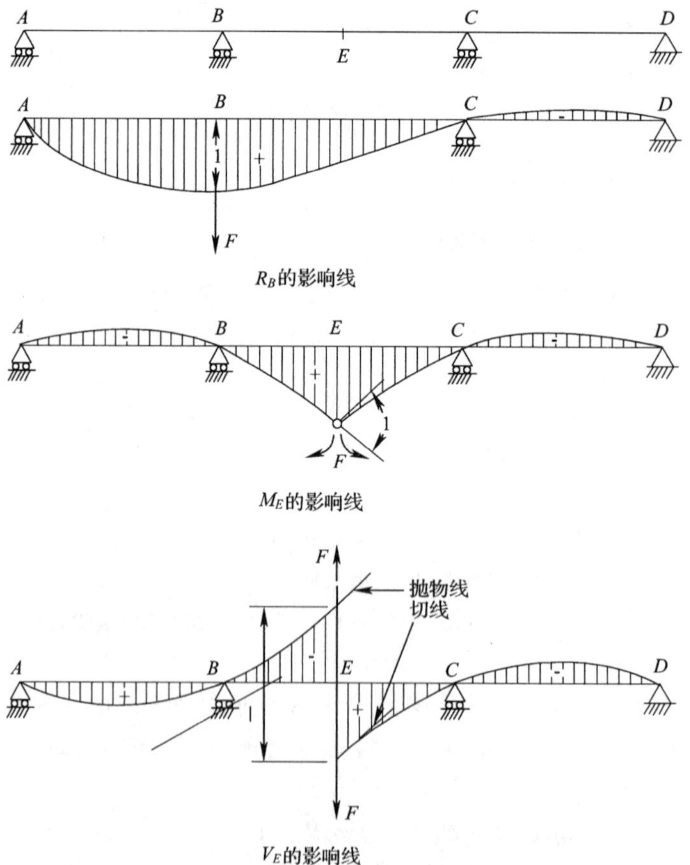

图 12.3 连续梁的影响线

中应用牟勒尔－贝里斯劳原理得出连续梁中任一截面处反力、弯矩和剪力的影响线的一般形状。由牟勒尔－贝里斯劳原理于图 12.4 和 12.5 推出平面框架和格栅上几种作用力的影响线草图。

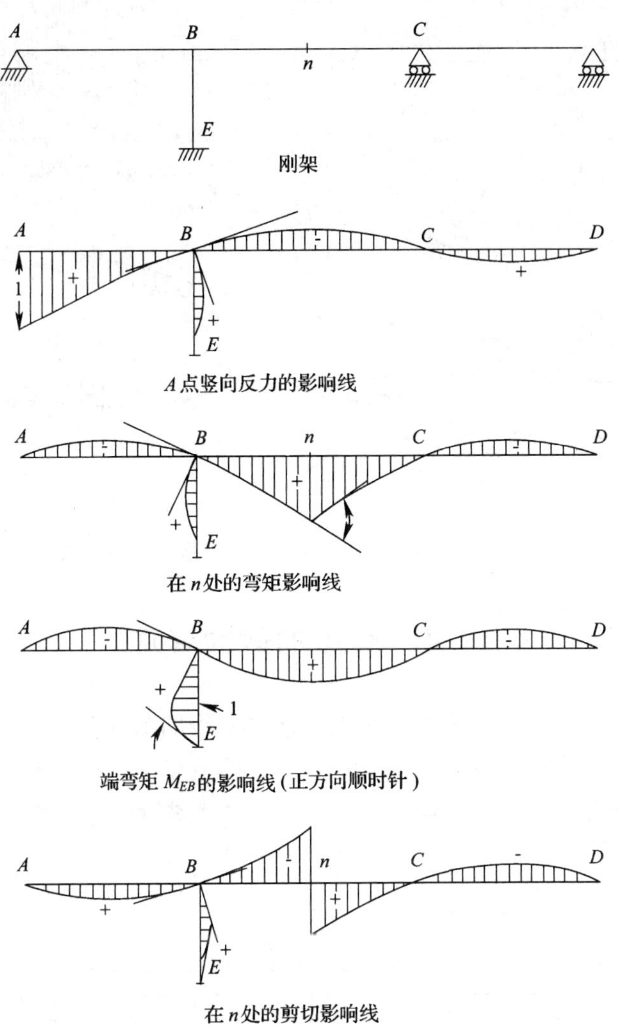

图 12.4　利用牟勒尔－贝里斯劳原理求平面框架影响线的形状

12.3.1　求影响线的过程

第 12.3 节中求结构任一效应的影响线的步骤可以总结如下：

1. 通过移去所分析作用相对应的约束，使结构放松。放松后结构的超静定次数与原来结构相比要减少一次。由此得出，如果原来结构是为静定结构，那么放松后的结构为一可变结构。

2. 在放松结构中引进一个与作用力的正方向相反的单位位移。这个步骤由施加一个相应于该作用的力(或一对大小相等而方向相反的力)来完成。

3. 所得到的挠度曲线的纵坐标为该作用力的影响线坐标。如果影响线纵坐标的方向与外部作用荷载的方向相同，则影响线的纵坐标为正。

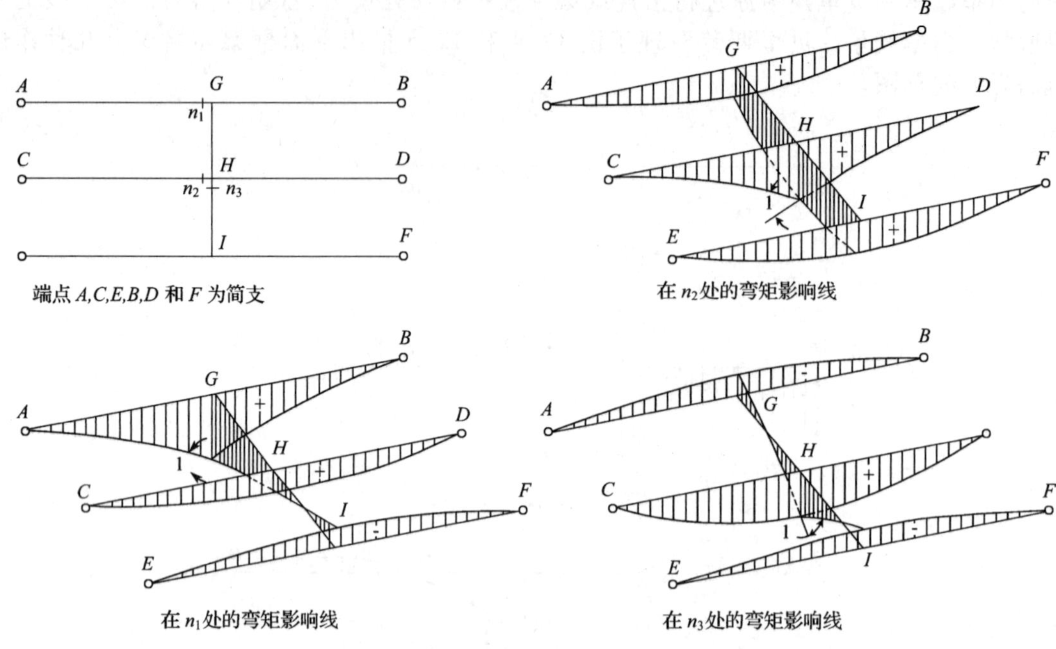

图 12.5　利用牟勒尔－贝里斯劳原理求格栅影响线的形状

12.4　间接加载的修正

有些情况下,荷载并不是直接作用于所需要求影响线的结构上,而是通过简支于主结构上的小梁来间接作用于主梁的。例如,图 12.6(a)中主梁上节点 A,1,2,3 和 B 处支承着横梁,这些横梁又支撑着承载活载作用的纵梁。以图 12.6 中的实线代表任一作用力 A 的影响线,它是

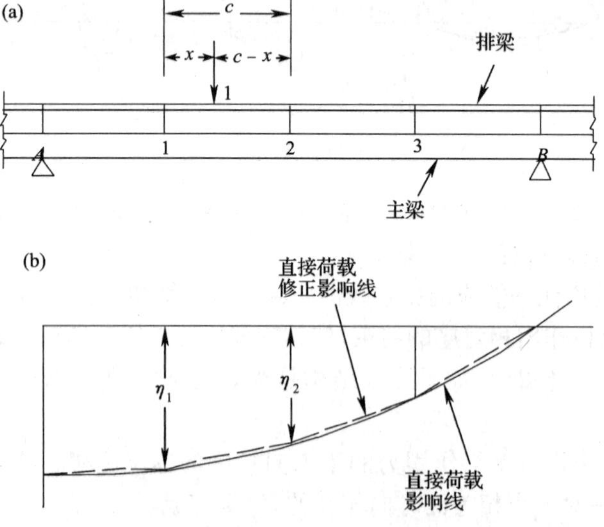

图 12.6　间接加载的影响线的改正

(a)在主梁上间接加载;(b)主梁中任一作用力 A 的影响线。

按单位荷载直接作用于梁上的假定所绘出的。但是单位荷载仅仅在横梁处直接传给主梁，所以我们需要适当地修正该影响线。

在节点 1 和 2 之间任一点处作用的单位荷载，按 1 和 2 处两个分别等于$(c-x)/c$和x/c的集中荷载传给主梁。这两个荷载所引起的作用力 A 的值为：

$$A=\frac{x}{c}\eta_2+\frac{c-x}{c}\eta_1 \tag{12.4}$$

式中 c 为节间长度，x 为图 12.6(a)所示距离。这是图 13.6(b)中的点线所示 1 点和 2 点之间的直线方程。因而，修正后的影响线是由各节点间直线段所组成。

铰接桁架中，所有荷载假设作用于各节点处，因而，桁架的影响线由各节点间的直线段组成。

12.5　固端梁的影响线

现在我们应用牟勒尔－贝里斯劳原理来求固端梁的端力矩影响线。由这些通过静力学方程可以确定出任一截面处的反力、剪力和弯矩的影响线。我们如同前一章以顺时针方向的端力矩为正。

为了求出图 12.7(a)梁中端力矩 M_{AB}的影响线，我们在 A 处引进一个铰，并作用一个逆时

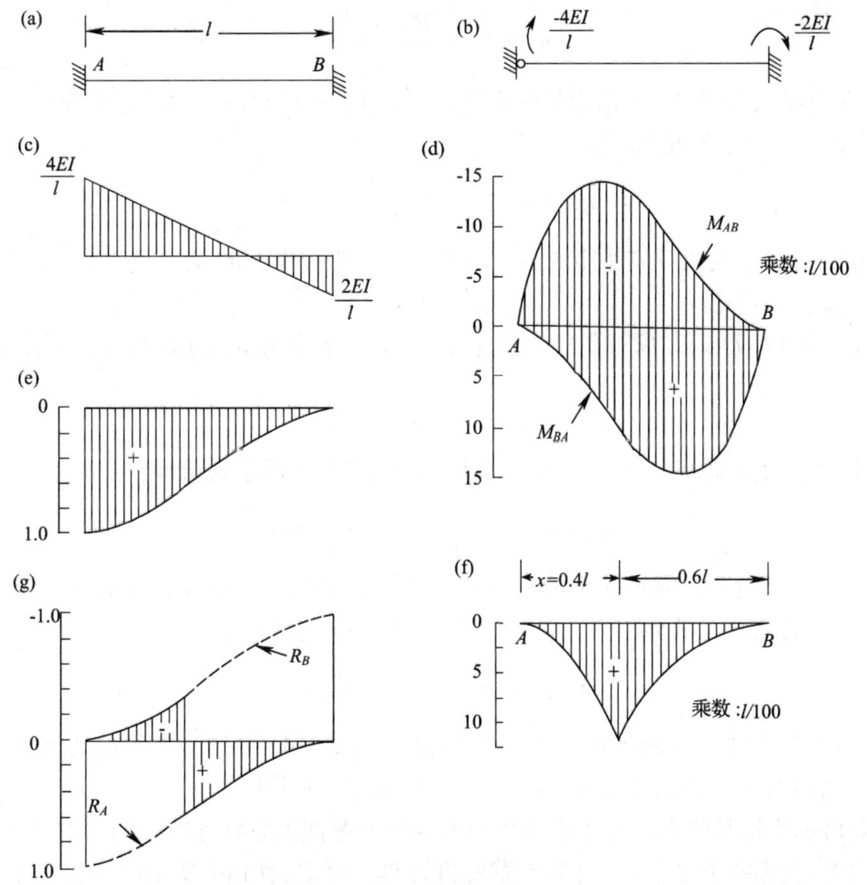

图 12.7　带有固定端的棱柱形梁的响线

(a)梁；(b)A 端单位角位移引起的端力矩；(c)图(b)中梁的弯矩图；

(d)端力矩的影响线；(e)R_A 的影响线；(f)$M_{(x=0.4l)}$的影响线；(g)$V_{(x=0.4l)}$的影响线。

针方向的力矩以使 A 端产生一单位角转动(图 12.7(b))。此力矩值必定等于端旋转刚度 S_{AB}。B 处相应端力矩 $t=C_{AB}S_{AB}$,式中 S_{AB},C_{AB} 和 t 分别为端旋转刚度、传递系数和传递力矩。相应于图 12.7(c)中弯矩图的挠度曲线是为所求的影响线。

当具有常数弯曲刚度 EI,其长度为 l 时,A 和 B 处的端力矩分别为 $-4EI/l$ 和 $-2EI/l$。可将这些值代入等截面直杆 AB 由于顺时针方向的端力矩 M_{AB} 和 M_{BA} 所引起的挠度 y 的表达式:

$$y=\frac{l^2}{6EI}[M_{AB}(2\zeta-3\zeta^2+\zeta^3)-M_{BA}(\zeta-\zeta^3)] \tag{12.5}$$

式中 $\zeta=x/l$,x 为从左边 A 端算起的距离,l 为杆件的长度。式 12.5 根据弹性荷重法可以容易证明(见第 10.4 节)。由于单位端力矩所引起的 y 值已给于附录 I 中。

将 $M_{AB}=-4EI/l$ 和 $M_{BA}=-2EI/l$ 代入式 12.5 中,我们可求出端力矩 M_{AB} 的影响线方程:

$$\eta_{MAB}=-l\zeta(1-\zeta)^2 \tag{12.6}$$

同样的,代入 $M_{AB}=-2EI/l$ 和 $M_{BA}=-4EI$ 得到端力矩 M_{BA} 的影响线方程:

$$\eta_{MBA}=l\zeta^2(1-\zeta) \tag{12.7}$$

两处端力矩的影响线已在图 12.7(d)中绘制出了。

反力 R_A 可以表示为:

$$R_A=R_{As}-\frac{M_{AB}+M_{BA}}{l} \tag{12.8}$$

当 AB 梁为简支时式中的 R_A 为其静定反力。式 12.8 对于单位移动荷载作用在任何位置时都是适用的。因此我们能够写出:

$$\eta_{RA}=\eta_{RAs}-\frac{1}{l}(\eta_{MAB}+\eta_{MBA}) \tag{12.9}$$

式中 η 通过脚标表明对应作用的影响线纵坐标。R_{As} 的影响线为一条直线(如图 2.15):

$$\eta_{RAs}=1-\zeta \tag{12.10}$$

将式 12.6,12.7 以及 12.10 代入式 12.9 中,得出反力 R_A 的影响线(如图 12.7(e))为:

$$\eta_{RA}=1-3\zeta^2+2\zeta^3 \tag{12.11}$$

类似地,至左端 x 距离处任一截面上弯矩的影响纵坐标用下式给出:

$$\eta_M=\eta_{Ms}+\frac{(1-x)}{l}\eta_{MAB}-\frac{x}{l}\eta_{MBA} \tag{12.12}$$

式中 η_M 和 η_{Ms} 分别为带有固定端和简支端的梁上(分别如图 2.15(a))截面中弯矩的影响纵坐标。$x=0.4l$ 的截面的纵坐标算于表 12.1 中,其影响线绘于图 12.7(f)中。

$$\eta_V=\eta_{Vs}-\frac{1}{l}(\eta_{MAB}+\eta_{MBA}) \tag{12.13}$$

式中 η_V 为简支梁中同一截面处剪力的影响纵坐标,$x=0.4l$ 的截面处的剪力影响线示于图 12.7(g)内,可以看出该影响线由 R_A 和 R_B 的影响线的一部分构成。

对于等跨的或按某些固定的比值变化的不等跨的等截面直杆连续梁的影响线各种参考文献中都已给出,大多数情况下,它们是不需要再计算。反之,在由 l 变化的或跨度不规则变化的连续梁、框架和格栅设计中,则往往需要计算影响线。

表 12.1 $M_{(x=0.4l)}$ 的影响线纵坐标

从左端起的距离	0.1l	0.2l	0.3l	0.4l	0.5l	0.6l	0.7l	0.8l	0.9l	乘 数
η_{Ms}	0.060	0.120	0.180	0.240	0.200	0.160	0.120	0.080	0.040	l
$0.6\eta_{Ms}$	-0.049	-0.077	-0.088	-0.086	-0.075	-0.058	-0.038	-0.019	-0.005	l
$-0.4\eta_{Ms}$	-0.004	-0.013	-0.025	-0.038	-0.050	-0.058	-0.059	-0.051	-0.032	l
M_{AB}的影响纵坐标	0.007	0.030	0.067	0.116	0.075	0.044	0.023	0.010	0.003	l

12.6 平面框架的影响线

在前一节中,我们已经看到一根杆中任一截面处的剪力影响线或弯矩影响线可通过简单的静力学方程根据端力矩影响线来确定。因而,端力矩的影响线是基本的重要的影响线。现在我们将说明如何应用力矩分配去求平面连续框架的端力矩影响线。

假设我们想得到图 12.8(a)中框架的端力矩 M_{BC}的影响线。按照牟勒尔-见里斯劳原理,影响线纵坐标即 BC 端产生单位角位移时框架挠度曲线上的坐标。假设 BC 端处引进一单位角转动而其他各节点处没有位移,如图 12.8(b)所示。相应于此图形的端力矩 $-S_{BC}$和 $-t_{BC}=-C_{BC}S_{BC}$。式中 S_{BC}为端旋转刚度,t_{BC}为传递力矩,C_{BC}为 B 至 C 的传递系数。

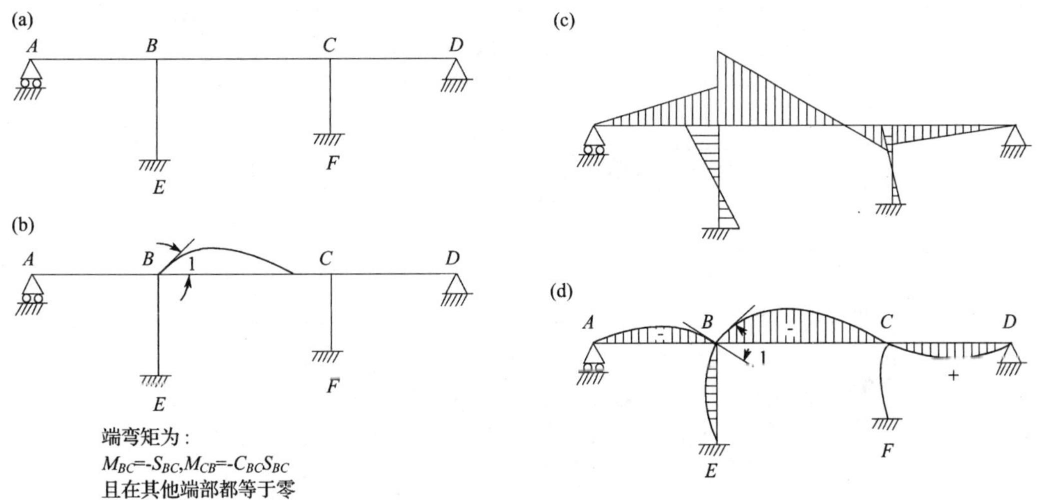

图 12.8 平面框架中端力矩影响线的确定

(a)平面框架;(b)BC 端产生单位角位移而无其他节点位移;

(c)相应于图(d)中弹性线的弯矩图;(e)端力矩 M_{BC}的影响线。

现在我们允许节点发生转动(如果需要,还可以有节点平动,)并按通常的方式由力矩分配求出各杆件端处的相应力矩。每一根杆的相应弯矩图为一直线(图 12.8(c))。其挠度为影响线的比值坐标,它如同前面章节那样通过对各端力矩所引起的挠度进行叠加来计算。

对于等截面直杆,可以应用附录 I 中所给的值;对于 I 变化的杆,我们可以应用其他端铰接时杆的固端力矩影响线的纵坐标。为了得到一端作用单位力偶所引起的挠度,这些纵坐标应除上另一端为铰接时固端处修正的端旋转刚度(见图 12.9 和式 11.36)。

所考虑的框架的端力矩 M_{BC}的影响线形状如图 12.8(d)所示。如果一单位水平荷载作用于两柱之一时，绘于柱 BE 和 CF 上的纵坐标可用于求出 M_{BC}的值。如果荷载指向左边，那么该值为正。然而，如果柱上不会产生水平荷载，就不需要绘出 BE 和 CF 上的影响坐标。

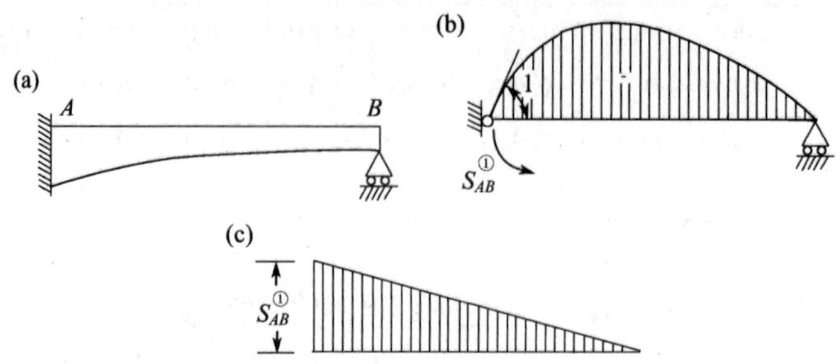

图 12.9　一端作用力偶而另一端铰支的等截面梁的挠度

(a)梁；(b)端力矩 M_{AB}；(c)相应于图(b)中挠曲线的弯矩图。

例 12.1　试求出图 12.10(a)内桥梁框架中端力矩 M_{BA} 的影响线。用此影响线求出 AB 中央处弯矩 M_G 的影响线纵坐标和 B 左侧 n 点处剪力 V_n 的影响线纵坐标，I 的相对值示于图。

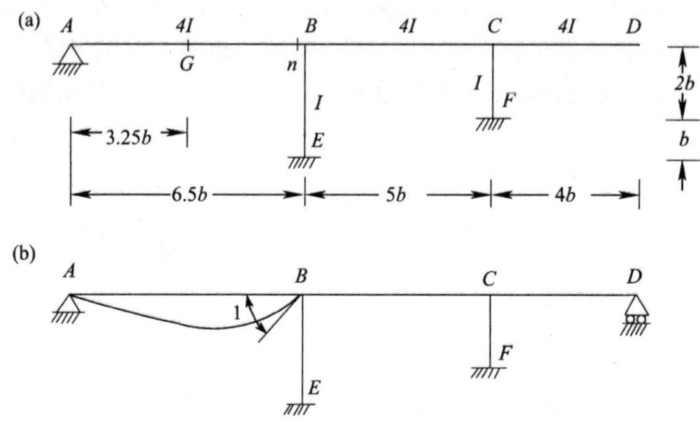

(c)

比例系数：$EI/(100b)$

固端	BA	BE	BC	CB	CF	CD
	0.29	0.21	0.50	0.39	0.24	0.37
固端弯矩	−185	0	0	0	0	0
	+53	+39	+93 →	+47		
			−9 ←	−18	−12	−17
	+2	+2	+5 →	+3		
				−1	−1	−1
最终端弯矩	−130	+41	+89	+31	−13	−18

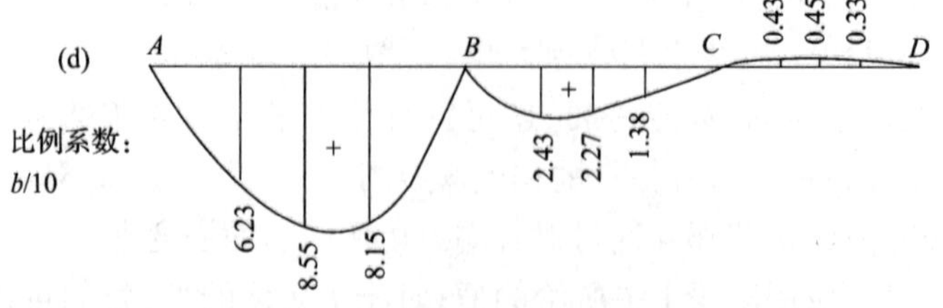

图 12.10　例题 12.1 中一端力矩的影响线

(a)框架特性；(b)BA 端处所引进的单位角位移；

(c)力矩分配；(d)端力矩 M_{BA} 的影响线。

如图 12.10(b)所示，在 BA 的 B 端处引进一个逆时针方向的单位转动，其相应端力矩为 $M_{BA}=-3(EI/l)_{BA}=-1.85EI/b$，所有其他端力矩均为零。这些值为图 12.10(c)中进行力矩分配的初始 FEM。最终端力矩所引起杆 AB，BC 和 CD 的挠度均可通过附录 I 中所列值按每一跨上 $0.3l$，$0.5l$ 和 $0.7l$ 处算于表 12.2 内。这些挠度为端力矩 M_{BA} 的影响线纵坐标，均绘于图 12.10(d)中。通常，正号表示顺时针方向的力矩。

M_G 和 V_n 影响线的纵坐标分别由叠加式 12.12 和式 12.13 来确定。在表 12.3 和 12.4 中进行计算，影响线绘于图 12.11(a)和(b)内。

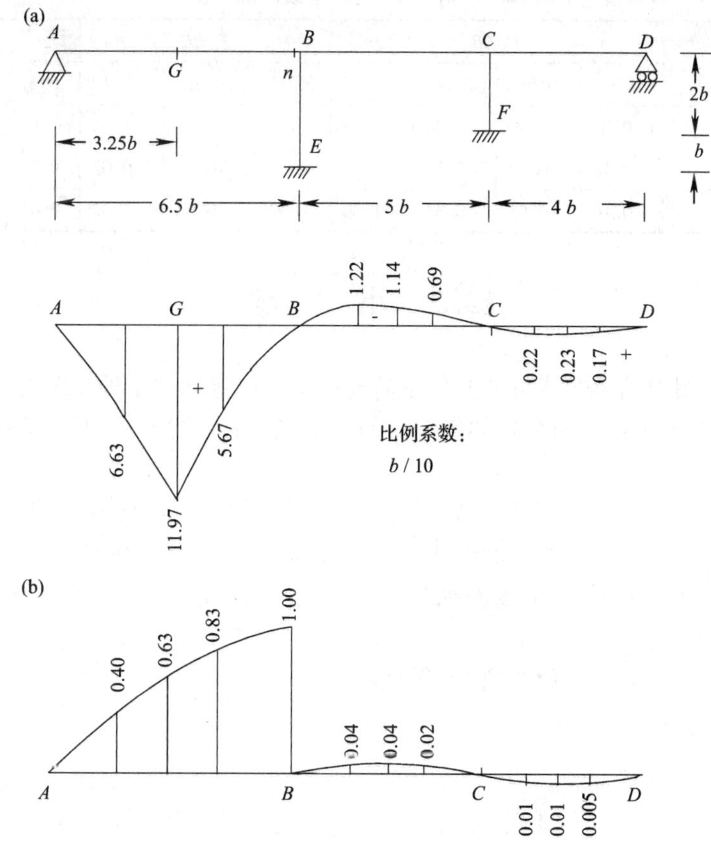

图 12.11　例题 12.1 中框架上一截面处弯矩和剪力的影响线

(a)M_G 的影响线；(b)V_n 的影响线。

表 12.2　端力矩 MBA 的影响线的纵坐标(b/10)

由于端力矩产生的挠度	杆 AB			杆 BC			杆 CD		
	0.3l	0.5l	0.7l	0.3l	0.5l	0.7l	0.3l	0.5l	0.7l
左　端	0	0	0	3.31	3.48	2.53	−0.43	−0.45	−0.33
右　端	6.23	8.55	8.15	−0.88	−1.21	−1.15	0	0	0
影响纵坐标	6.23	8.55	8.15	2.43	2.27	1.38	−0.43	−0.45	−0.33

表 12.3 G 处弯矩 M_G 的影响线的纵坐标(b/10)

影响系数	杆 AB			杆 BC			杆 CD		
	0.3l	0.5l	0.7l	0.3l	0.5l	0.7l	0.3l	0.5l	0.7l
η_M	9.75	16.25	9.75	0	0	0	0	0	0
$-\frac{1}{2}\eta_{MAB}$	-3.12	-4.28	-4.08	-1.22	-1.14	-0.69	0.22	0.23	0.17
影响纵坐标	6.63	11.97	5.67	-1.22	-1.14	-0.69	0.22	0.23	0.17

表 12.4 剪力 vn 的影响线的纵坐标

影响系数	杆 AB				杆 BC			杆 CD		
	0.3l	0.5l	0.7l	l	0.3l	0.5l	0.7l	0.3l	0.5l	0.7l
η_{vs}	-0.30	-0.50	-0.70	-1.00	0	0	0	0	0	0
$-(6.5b)^{-1}\eta_{MAB}$	-0.10	-0.13	-0.13	0	-0.04	-0.04	-0.02	0.01	0.01	0.005
影响纵坐标	-0.40	-0.63	-0.83	-1.00	-0.04	-0.04	-0.02	0.01	0.01	0.005

12.7 小 结

结构中任一作用力的影响线可通过单位荷载在不同位置处的多种加载情况进行重复分析来得到,每一种加载情况给出所需要的影响线的一个纵坐标。这种方法仅仅方便使用计算机计算。

应用牟勒力-贝里斯劳原理,影响线可以如挠度曲线那样表示出来。应用这个原理不要任何专门的计算就可以确定影响线的形状。这种形状指出了为得到最大效应时需要加载的部分结构。该原理也用于计算影响线的纵坐标,可以适用于连续框架、梁格和桁架(见第 13 章)。

本章和下一章的习题一并放在第 13 章的末尾处。

13　梁格、拱、桁架的影响线

13.1　引　　言

在分析桥面板的活载影响时，把桥面板分成由主梁和横梁构成的梁格，这时应用影响线是非常有用的。本章中，将会讨论如何应用牟勒尔－贝里斯劳原理求解梁格、拱和桁架的影响线。此外，还会讨论如何应用叠加法求解超静定结构的影响线。

13.2　梁格的影响线

图 13.1(a)中的梁格代表桥面的主梁和横梁，需要求出该桥面各梁上某一截面处的弯矩影响线。假设所有节点都是刚性的，可以抵抗弯曲和扭转。

用位移法分析此梁格时，每一个内节点具有 3 个未知的位移：θ_x，θ_z 和 ν。每一支承处可能有两个转动 θ_x 和 θ_z。有一种求影响线的方法为：在不同位置处以一单位竖直荷载进行多种加载情况下（见第 5.4 节）结构分析。每一种加载情况给出需要求的每一种影响的一个纵坐标。当使用计算机时，这种方法是适宜的，因为只需要对恒载分析所必需的程序稍加补充即可。

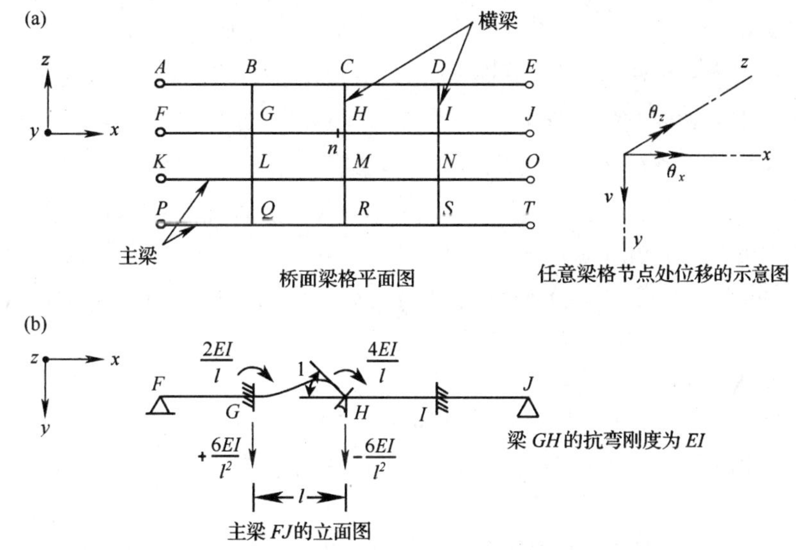

图 13.1　求梁格 n 截面处弯矩的影响线

(a)梁格平面；(b)相应 n 截面处发生单位角突变而无节点位移的约束力。

获得影响线的另一种需要较少计算次数的方法是应用牟勒尔－贝尔斯劳原理，如下面所讨论的。

假设我们需要求出在 H 左边截面 n 处弯矩 M_n 的影响线。我们使竖直平面内杆 HG 的 H

端处产生转动,如图 13.1(b)中梁 FJ 的立面图所示。保持结构在该位置处所需要的力为图中所示的两个力偶和两个竖向力,而所有其他节点处均没有力。如果现在撤掉在这些力,那么梁格将发生变形且杆 HG 和 HI 之间在 H 处出现一单位角突变。所以梁格的竖向挠度是为所求影响线的纵坐标。

其挠度可用下式得到:

$$[S]\{D\} = -\{F\} \tag{13.1}$$

式中$[S]$表示刚度矩阵,$\{D\}$表示节点位移向量,$\{F\}$表示节点力向量。杆 GH 的变形如图 13.1(b)所示。$\{F\}$中的元素除了相应于 G,H 处的元素外,其余均为零。于是:

$$\{F\} = \left\{\cdots,\frac{6EI}{l^2},0,\frac{2EI}{l},-\frac{6EI}{l^2},0,\frac{4EI}{l},\cdots\right\} \tag{13.2}$$

上式中省略的元素均为零,显示的前 3 个元素为对应 G 处的力,后 3 个元素为对应 H 处的力。

$\{D\}$中竖直位移用 ν 表示,等于截面 n 处的弯矩坐标 η_{Mn}(见图 13.1(a))。

沿杆任一长度上的竖直位移变量 ν 可由两端竖直位移 ν 和两个转角 θ_z 或 θ_x 来表示。如下:

$$\nu = [L_1 \quad L_2 \quad L_3 \quad L_4]\begin{Bmatrix}\nu_l\\ \theta_l\\ \nu_\gamma\\ \theta_\gamma\end{Bmatrix} \tag{13.3}$$

上式中下标 l,γ 分别表示杆的左端、右端;θ_z 表示杆沿 x 方向弯曲时的转角,θ_x 表示杆沿 z 方向弯曲时的转角;对于竖直杆,左端表示纸平面内靠近页面顶端的一侧(见图 13.1(a))。函数 $L_1 \sim L_4$ 分别描述当 4 个端部位移中的一个为1而其他均为 0 时的变形形状。

$$L_1 = 1-3\xi^2+2\xi^3 \quad L_2 = l\xi(\xi-1)^2 \quad L_3 = \xi^2(3-2\xi) \quad L_4 = l\xi^2(\xi-1) \tag{13.4}$$

上式中 ξl 表示从杆的左端至任一位置处的长度。与任意 4 种变形形状对应的弯矩可由一个线性方程表示:$M = C_1 + C_2\xi$。式中 C_1,C_2 均为常量。将此方程代入式(10.1),可求得 L_1,L_2,L_3 和 L_4,并满足相应的边界条件。

向量$\{D\}$的元素可由式(13.3)求得,其中 θ_γ 例外,GH 杆 θ_γ 可由 $\theta_\gamma = \theta_{ZH}+1$ 求得。1 表示当$\{D\} = \{0\}$时引入的转角,见图 13.1(b)。

例 13.1 某一截面的弯矩影响线

试求出图 13.2(a)内梁格内节点 C 左截面 n 处弯矩的影响线。其主梁端部均为固结。所有主梁的相对惯性矩 I 的值为 4,横梁的为 1。所有杆的扭转刚度 GJ 与弯曲刚度 EI 之比为 1:4。

图 13.2(b)表示所选定的坐标系,每一节点处有 3 个坐标分量。相应于 n 处的单位转角位移而节点处无位移的约束力(见图 13.2(c))为:

$$\{F\}_{27\times 1} = \left\{\cdots,\frac{24EI}{l^2},0,\frac{8EI}{l},-\frac{24EI}{l^2},0,\frac{16EI}{l},\cdots\right\}$$

上式中所省略的元素均为零。

在梁格上施加反方向的约束力可得出如下位移(应用附录 L 计算程序 PLANE 求解)。

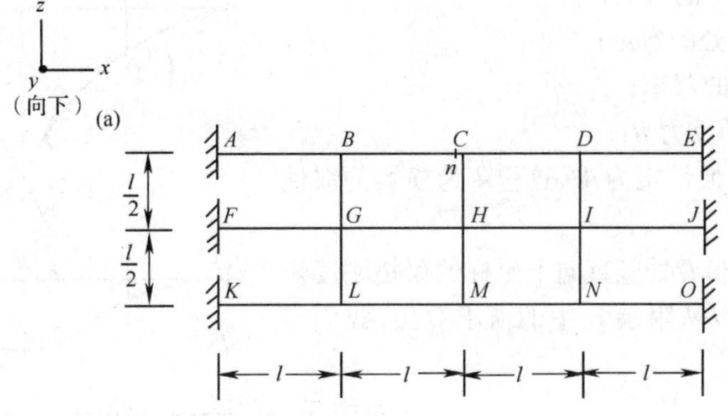

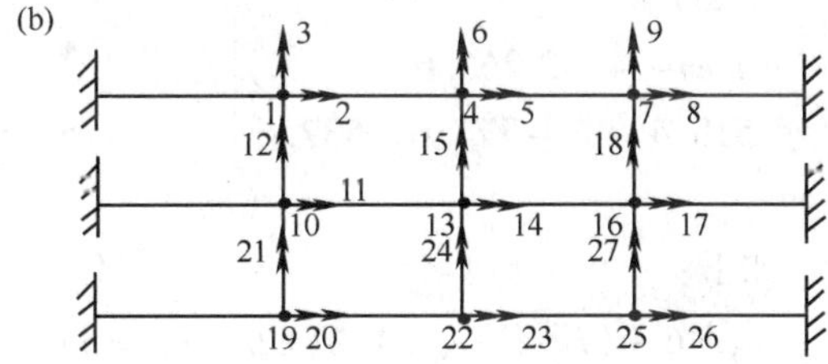

坐标1，4，…，25均为指向下方
坐标2，3，5，6，…，26，27，处按右手螺旋定则在双箭头方向上有转动

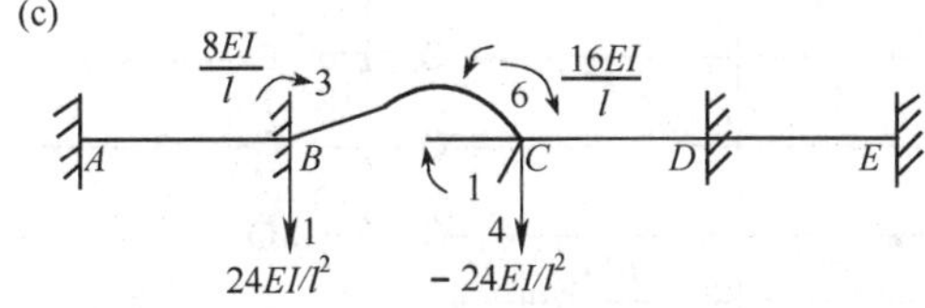

图 13.2 例题 13.1 中梁格的分析

(a)梁格平面；(b)坐标系统；

(c)相应 n 截面处发生单位角突变而无节点位移的约束力。

$$\{D\}=10^{-3}\begin{matrix}\{\{62l,35,134\}, & \{350l,381,-488\}, & \{66l,49,-140\}, \\ \{54l,58,106\}, & \{140l,331,-10\}, & \{51l,64,-101\}, \\ \{10l,102,10\}, & \{10l,198,-2\}, & \{8l,99,-91\}\}\end{matrix}$$

在 y 方向的位移 ν（即元素 $D_1,D_4,\cdots,D_{25}$）等于截面 n 处的弯矩影响线 M_n 的坐标值 η_{Mn}，见图 13.3。任意杆件的 η_{Mn} 沿杆长方向的变量可按式 13.3 求得。以杆 BC 为例：

$$(\eta_{Mn})_{BC}=[L_1 \quad L_2 \quad L_3 \quad L_4]\begin{Bmatrix}62l\\134\\350l\\-488+1\,000\end{Bmatrix}10^{-3}$$

令 $\xi=\{0,0.25,0.5,0.75,1\}$ 代入式 13.4，求得变量 L，代入上式可得：$\{\eta_{Mn}\}=l\{62,102,159,239,350\}$。

例 13.2 无扭矩梁格

将梁的扭转刚度略去不计，试求出图 13.4(a)中纵横梁系统在下列作用力下的影响线：

(a)梁 AB 中央处的弯矩;

(b)梁 CD 中央处的弯矩;

(c)J 处横梁中的弯矩;

(d)支承 C 处的反力 R_c。

主梁为简支,其惯性矩为 $4I$,这里 I 为横梁的惯性矩。

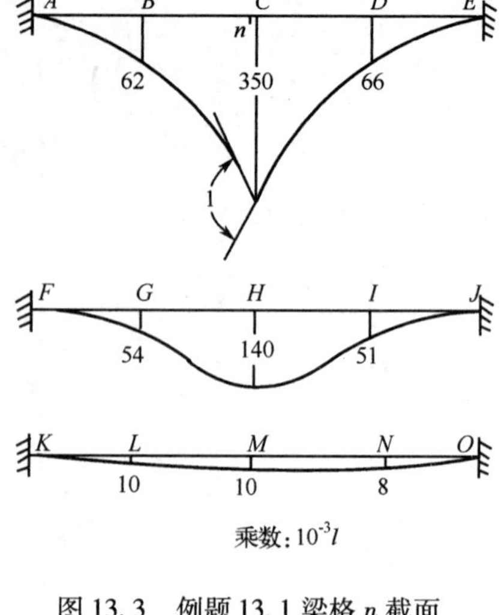

图 13.3 例题 13.1 梁格 n 截面处弯矩的影响线

相应于 N,J,K 和 L 处竖直向下坐标的梁格刚度矩阵(图 13.4(b))可以从附录 E 中的值求算出,我们得到:

$$[S]=\frac{EI}{l^3}\begin{bmatrix} 537.6 & & & \text{对称} \\ -777.6 & 2\,265.6 & & \\ 518.4 & -1\,814.4 & 2\,265.6 & \\ -86.4 & 518.4 & -777.6 & 537.6 \end{bmatrix} \tag{a}$$

例如,计算单元 S_{11} 如下:

$$S_{11}=6.0(EI/l^3)_{AN}+1.6(EI/l^3)_{NJ}=537.6EI/l^3$$

将 ANB,$NJKL$ 分别看作两跨和三跨连续梁,上式中的两项在 N 处的反力可由表 E.1 得到。

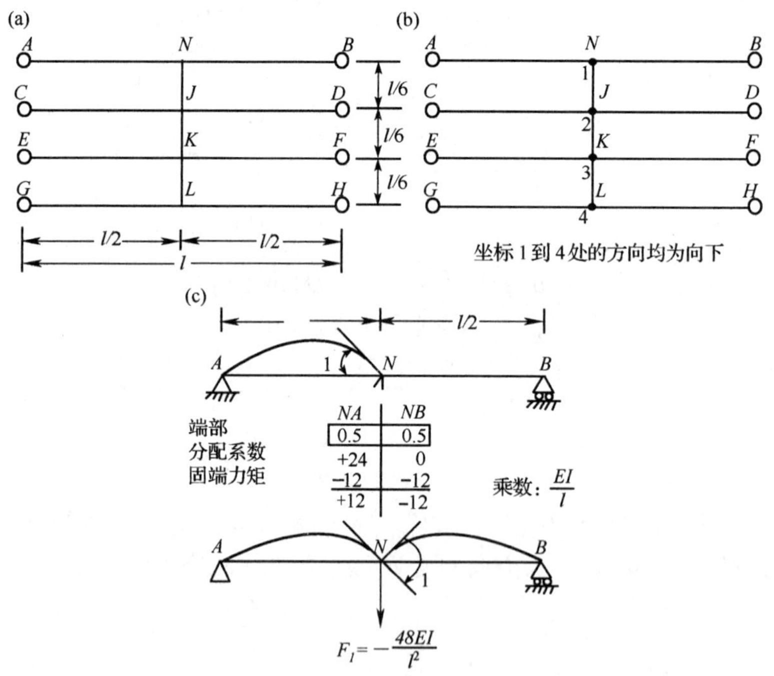

图 13.4 例题 13.2 无扭矩梁格的分析

(a)梁格平面;(b)坐标系统;

(c)在主梁 N 处产生单位角突变而沿坐标轴无位移时的约束力 F_1 的计算。

为了求出梁 AB 中点处的弯矩影响线,我们对紧靠节点 N 的左边(或右边)引入一单位转角位移(图 13.15(c)),但节点竖直位移受到约束。相应于此图形的端力矩 M_{NA} 为:

$$\frac{3E(4I)}{l/2}=24\frac{EI}{l}$$

图 13.4(c)中进行梁 ANB 的力矩分配。抵抗 N 处挠度所需要的约束力 F_1 为:

$$F_1=-48\frac{EI}{l^2}$$

显然,其他 3 个坐标处不需要约束力。这样,矩阵$\{F\}$为

$$\{F\}=\frac{EI}{l^2}\{-48,0,0,0\}$$

力 F_1 也可以应用附录 E 中所引起的反力来求出,其过程如下所示。

为了达到图 13.5(a)中的形状,我们按两步进行。第一步,通过允许梁左端抬高 $l/2$ 来引入一单位转角位移,如图 13.5(b)所示,不涉及力的作用。第二步在 A 点处作用竖直向下的力使支承 A 点回到它的原来水平线上,而交于 N 处各杆端之间的角度不变。由于支承 A 处单位向下位移所引起 N 处的反力值为 $3E(4I)/(l/2)^3$(附录 E),方向向上。所以约束力的值为 $F_1=-48(EI/l^2)$,它为 N 处相应于 A 处向下位移为 $l/2$ 时的反力。

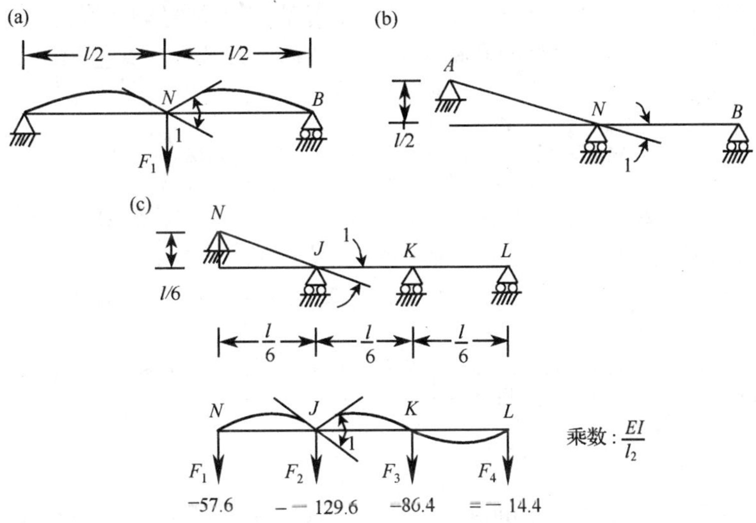

图 13.5 例题 13.2 无扭转梁格中杆的分析

(a)截面 N 处作用力为 F_1,发生单位角突变而竖向位移受到约束;(b)截面 N 处发生单位角突变而无约束力;(c)应用附录 E 的值计算横梁在 J 处发生单位角突变的约束力

类似地,为了求出 CD 中心处弯矩的影响线,我们在 JC 的 J 端处引入一单位转动。相应的约束力为:

$$\{F\}=\frac{EI}{l^2}\{0,-48,0,0\}$$

对于截面 J 处横梁的弯矩影响线,在该点处引入一单位角突变,引起 N 端抬高 $l/6$,如图 13.5(c)所示。N,J,K 和 L 处需要使节点 N 回到它的原来位置时所需要的力,从附录 E 确定为:

$$\{F\}=\frac{EI}{l^2}\{57.6,-129.6,86.4,-14.4\}$$

对于反力 R_C 的影响线,于 C 处引入一单位向下位移。J 处的约束力根据附录 E 取得,其

他约束力均为零。所以

$$\{F\}=\frac{EI}{l^3}\{0,-96,0,0\}$$

将4种效应中各效应的影响线纵坐标合并于下列式中：

$$[S][D]=-\frac{EI}{l^2}\begin{bmatrix}-48 & 0 & 57.6 & 0\\ 0 & -48 & -129.6 & -\frac{96}{l}\\ 0 & 0 & 86.4 & 0\\ 0 & 0 & -14.4 & 0\end{bmatrix} \tag{b}$$

式中[S]为式(a)中的刚度矩阵。式(b)的解给出：

$$[D]=\begin{bmatrix}0.194l & 0.082l & -0.038l & 0.164\\ 0.082l & 0.097l & 0.055l & 0.194\\ 0.010l & 0.062l & 0.006l & 0.124\\ -0.034l & 0.010l & -0.024l & 0.020\end{bmatrix}$$

4种作用力的影响线绘于图13.6中。它们包括各节点之间的坐标值，作为这种纵坐标计算例题，下面给出图13.6(a)中AN的弯矩影响线的计算。杆AN中N处相应于图13.6(a)内弯曲形状的端力矩为：

$$M_{NA}=12\frac{EI}{l}-\left[\frac{3E(4I)}{(l/2)^2}\right]0.194l=2.688\frac{EI}{l}$$

此方程中的第一项是当节点的竖向位移被约束时产生的端力矩，第二项是由于竖直位移所引起的端力矩。由于竖向单位位移所引起的弯矩列于附录E中，自A和N之间直线度量的挠度可由式12.5或附录I来计算。所以，A和N之间的影响线的方程为：

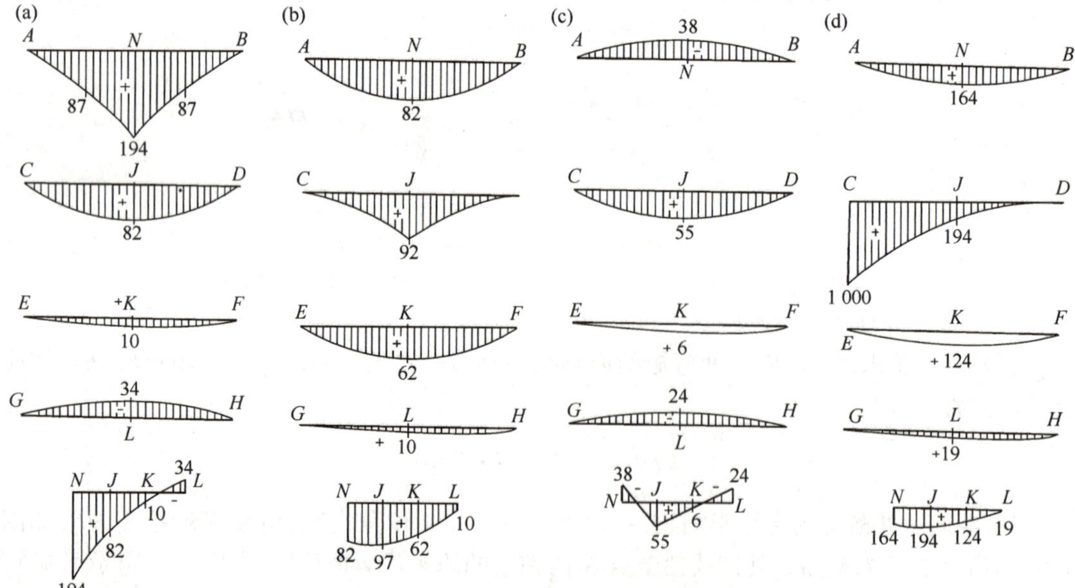

图13.6　例题13.2梁格的影响线

(a)主梁在AB中心处的弯矩影响线，乘数=l/1 000；(b)主梁在CD中心处的弯矩影响线，乘数=l/1 000；(c)横梁在节点J处的弯矩影响线，乘数=l/1 000；(d)C处的反力影响线，乘数=l/1 000。

$$\eta = l[0.194\xi - 0.028(\xi - \xi^2)]$$

式中 $\xi = 2x/l$,x 为 AN 上所求点离 A 的距离。

13.3 一般叠加方程

在式 12.12 中对静定情况的影响系数与超静定情况的相加能够得出直杆中一截面处弯矩影响系数的概念,也可以推广到超静定结构中的任一作用力的情况。

线性弹性超静定结构中任一作用力的影响系数,可借放松结构中同一作用力的影响系数加上各个赘余力的影响系数与各单位赘余力引起的作用力值相乘来得到。令 p 为 n 次超静定结构中所需求算的任一作用力的影响系数的数目。如果一单位集中荷载作用于 j 处,j 处即为需要求影响系数的 p 个位置中的一个,那么其影响系数 $\eta_j = A_l$ 为用下面叠加方程所确定的超静定结构中作用力的值:

$$A_j = A_{sj} + [F_{1j} F_{2j} \Lambda F_{nj}]\{A_u\}_j \tag{13.5}$$

式中 $A_{sj} = \eta_{sj}$ 为在放松结构中 j 处施加单位荷载所引起的作用力的值,$F_{nj} = \eta_{Fij}$ 为在 j 处施加单位荷载所引起的第 i 个赘余力之值,$\{A_u\}$ 的各元素为放松结构上单位赘余力引起的所考虑的作用力的值。

如果超静定结构上 p 个位置中的每一个位置处分别承受单位荷载作用,那么,应用式13.5我们得到下列影响系数的叠加方程:

$$\{\eta\}_{p\times 1} = \{\eta_S\}_{p\times 1} + [\{\eta_{F1}\} \vdots \{\eta_{F2}\} \vdots \cdots \vdots \{\eta_{Fn}\}]_{p\times 1}\{A_u\}_{n\times 1} \tag{13.6}$$

式中子矩阵 $\{\eta_{Fi}\}$ 的元素为赘余力 F_i 的 p 个影响系数。

为了应用式 13.6,必须首先确定各个赘余力的影响线。这些影响线可借单位荷载作用在 p 个位置的分析来得到。对于每一个位置分别确定出 n 个赘余力,这样,给出每一赘余力影响线所包含 p 个纵坐标其中的一个。

赘余力的影响线也可以直接应用牟勒尔 - 贝里斯劳原理来确定。

在下面的两节中将会分析式 13.6 对拱和桁架的应用。

13.4 拱的影响线

影响线在拱桥分析中是非常有用的。这里,荷载是通过支承桥面的竖直杆而作用的(图 13.7(a))。下面我们来研究由于 CD 上任一位置 E 处作用单位竖向荷载所产生的影响线。假设这个荷载竖直传于 E 下面拱上 F 点处。

图 13.7(a)中的固端拱为三次超静定结构。选取图 13.7(b)中的简支拱为其放松结构,作用在上面的赘余力分别为沿顺时针方向的端力矩 M_{AB} 和 M_{BA} 以及水平力 H。通过应用牟勒尔 - 贝里斯劳原理可以分别得到 3 个赘余力的影响线。对于 M_{AB} 的影响线,在 A 端处引入一个逆时针方向的单位转动,所得的拱轴的竖直位移则为影响线的纵坐标。对于 M_{BA} 的影响线,在 B 端引入一个逆时针方向的单位转动,相应于这些端位移的弯矩 M 可以由力法或柱比法很容易地求得(见第 11.6.1 节和附录 J),相应的竖向挠度可通过弹性荷重法求得(见第 10.4 节及习题 10.6)。上面这种分析过程没有考虑拱的轴向变形效应。然而,在非常扁平的拱中,轴向的变形可能对分析会有一些影响,拱桥的分析常常借助计算机,尤其是需求出影响线的形状

时，这样就可以来进行校核计算。

仅对拱假设为其弯曲刚度 EI 按拱轴切线倾角的变化的抛物线拱就可以得到赘余力 H, M_{AB}，M_{BA} 影响线的表达式。所以 $EI = EI_0 \sec\alpha$，式中 EI_0 表示拱顶弯曲刚度（见图 13.8(a)）。这种拱的 3 个赘余力的影响线方程是：

$$\eta_H = \frac{15l}{64h}(1-\xi^2)^2 \tag{13.7}$$

$$\eta_{MAB} = \frac{l}{32}(1-\xi)^2(5\xi^2+6\xi+1) \tag{13.8}$$

和

$$\eta_{MBA} = -\frac{l}{32}(1+\xi)^2(5\xi^2-6\xi+1) \tag{13.9}$$

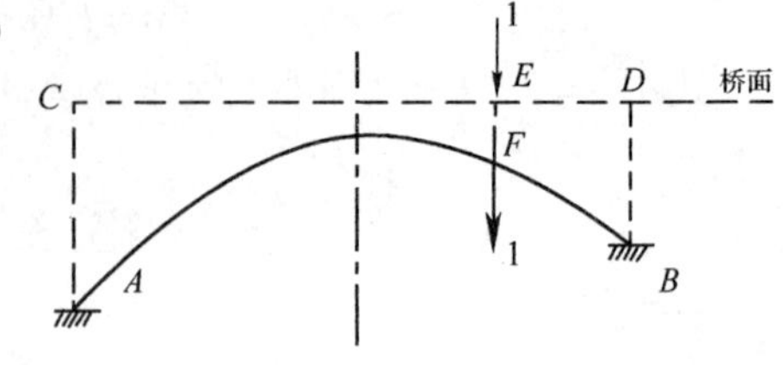

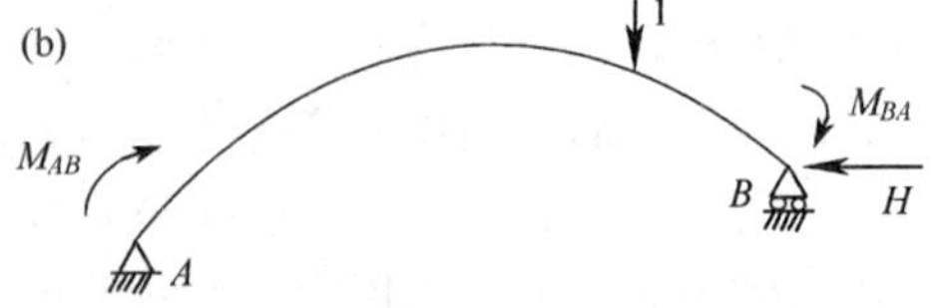

图 13.7　固端拱及其放松结构

(a)带桥面板的拱；(b)放松后的静定拱。

式中 $\xi = x/0.5l$，l 为跨度，h 为矢高。式 13.7 和 13.8 均绘于图 13.8(c)和(d)中。

图 13.8(a)中拱上任一截面处应力合力的影响线，可由式 13.6 来确定。例如，为了得到拱项处弯矩 M_c 的影响线，我们首先求出图 13.8(b)中放松结构上由各单位赘余力所引起该作用力的值 $\{A_u\} = \{-h, 1/2, -1/2\}$，式中赘余力的次序是 H, M_{AB} 和 M_{BA}。放松结构中力矩 M_c 的影响线 η_S 由两根直线段构成（如同简单梁那样）：

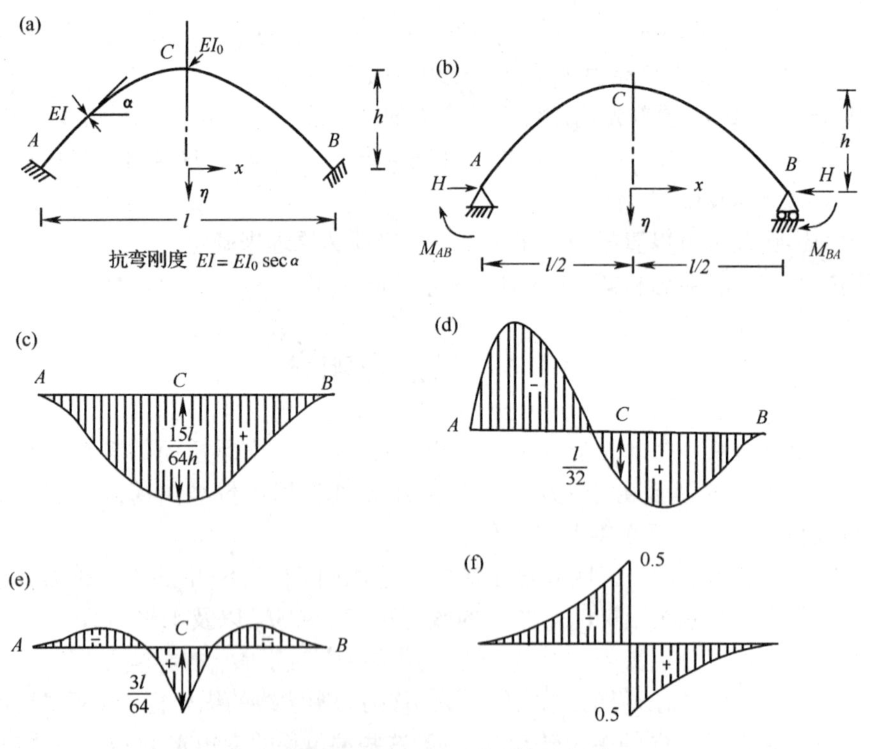

图 13.8　弯曲刚度按正割变化的抛物线拱的影响线

(a)EI 按正割的抛物线拱；(b)赘余力的正方向；(c)H 的影响线；

(d)M_{FB} 的影响线；(e)M_C 的影响线；(f)V_C 的影响线。

$$\left.\begin{aligned}\eta_s &= \frac{l}{4}(1-\xi) \qquad \text{对于 } 0<\xi<1 \\ \eta_s &= \frac{l}{4}(1+\xi) \qquad \text{对于 } 0>\xi>1\end{aligned}\right\} \tag{13.10}$$

影响线坐标 η_{MC} 由式 13.6 得出：

$$\eta_{MC} = \eta_s + \left(-h\eta_H + \frac{1}{2}\eta_{MAB} - \frac{1}{2}\eta_{MBA}\right)$$

此方程右边的影响线坐标由式 13.7 ~ 13.9 给出。M_c 的影响线形状示于图 13.8(e)中。

拱顶处剪力 V_c 的影响线可按类似的方式得到，其形状示于图 13.8(f)。

容易看出，对于 EI 为任何变化的铰接支承或固结支承的抛物线拱，由于水平投影为单位长度上的均布荷载 q 所引起的推力 H 为

$$H = \frac{ql^2}{8h} \tag{13.11}$$

而且所有截面处的弯矩和剪力均为零。由于影响线所围的面积等于均布荷载 $q=1$ 引起所考虑的作用力的值(见式 13.7)，因而得出 η_H 内的面积(图 13.8(c))为 $l^2/8h$，图 13.8 中其他 3 条影响线内的面积为零。

13.5　桁架的影响线

铰接桁架的反力或杆件轴力的影响线可用单位荷载作用于不同节点处的各种情况进行求解来得到。其影响线也可以由式 13.6 得到，该式适用于任何线性弹性结构。为了应用该式，我们需要求出静定放松桁架的影响线、赘余力的影响线以及单位赘余力引起的作用力的值。用下面例题来说明其过程。

例 13.3　连续桁架

试求图 13.9(a)中桁架上 B 处反力以及标了 Z_1 和 Z_2 的杆的轴力影响线。单位荷载仅作用于桁架的下弦各节点处。假设所有杆的 l/aE 均相同，l 为长度，a 为杆的横截面积。

其放松结构示于图 13.9(b)中，图中 F_1 和 F_2 分别作为杆 Z_3 和杆 Z_4 中的力。放松结构中所需要求的作用力值的影响纵坐标 η_S 绘于图 13.9(c)，(d)和(e)中，这些借助简单的静力学知识来校核。

按照牟勒尔－贝里斯劳原理，F_1 的影响线可借助于切开杆 Z_3，并对剩下桁架作用一对相等而相反的力(引起 Z_3 压缩)，以便切开截面处产生一个相对的单位位移这样来得到。于是，桁架下弦杆的挠曲形状给出 F_1 的影响线。这与求解实际结构由于杆 Z_3 单位伸长(例如由于温度上升或该杆安装不良)所引起的变形的方法相同。

放松结构的柔度矩阵为：

$$[f] = \frac{1}{8Ea}\begin{bmatrix} 57 & 3 \\ 3 & 57 \end{bmatrix}$$

此矩阵中各元素借虚功原理很容易进行校核(见第 8.6 节)。为了方便起见，各杆件由于 $F_1=1$ 所引起的力均已示于图 13.9(f)中。利用结构的对称性，由 $F_2=1$ 所引起各杆件内的力也可以从此图推论出来。

对 Z_3 杆延长一个单位的变形，使其与施加位移 $\{\Delta\} = \{-1,0\}$ 的作用效果相同，见图

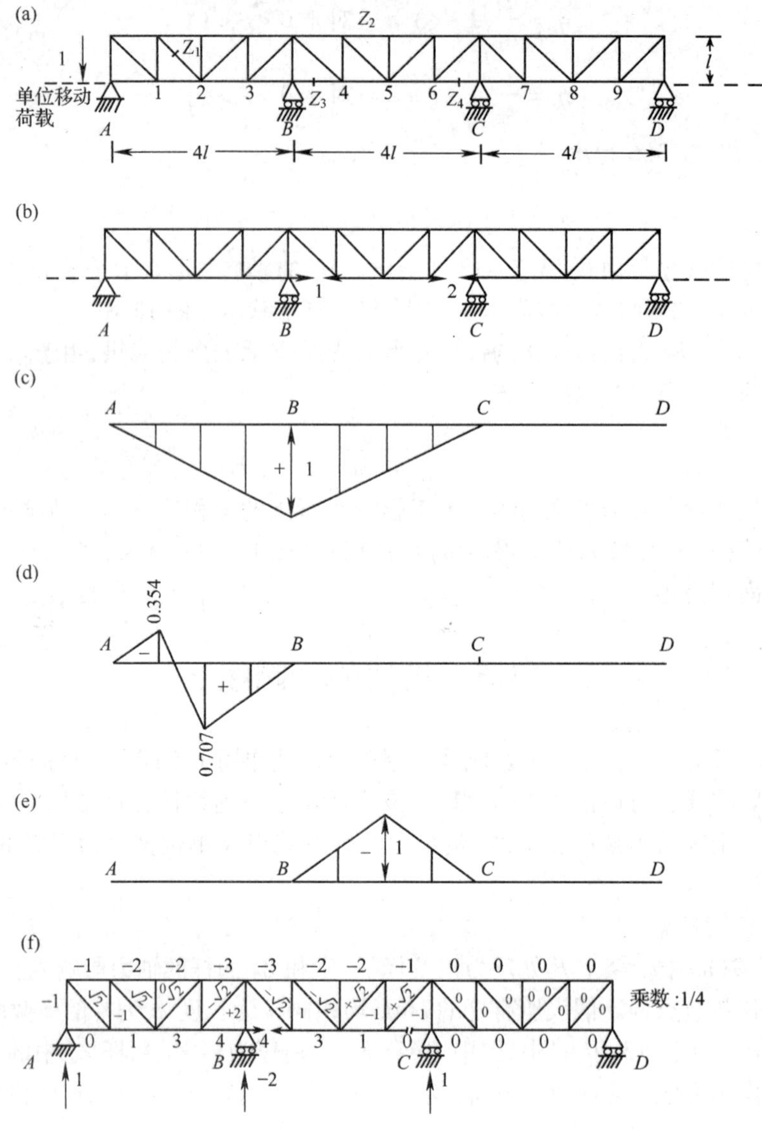

图 13.9　例题 13.3 中连续桁架的分析

(a)连续桁架;(b)放松结构和坐标系;(c)放松结构中 R_b 的影响线;

(d)放松结构上 Z_1 中力的影响线;(e)放松结构上 Z_2 中力的影响线;

(f)由于 $F_1=1$ 所引起各反力和各杆中的力。

13.9(b)。所产生的赘余力为:

$$[f]\begin{Bmatrix}F_1\\F_2\end{Bmatrix}=-\begin{Bmatrix}1\\0\end{Bmatrix}$$

从此方程可得出赘余力的值$\{F\}=(Ea/405l)\{-57,3\}$。将图 13.9(f)中的值通过式(4.12)进行叠加,就可以得到杆 Z_3 的单位伸长在实际桁架中产生的力。相应的挠度可通过式(8.20)虚功原理计算得到,并给出赘余力 F_1 在节点 1,2,…,9 处影响线的纵坐标(见图 13.10(a))。

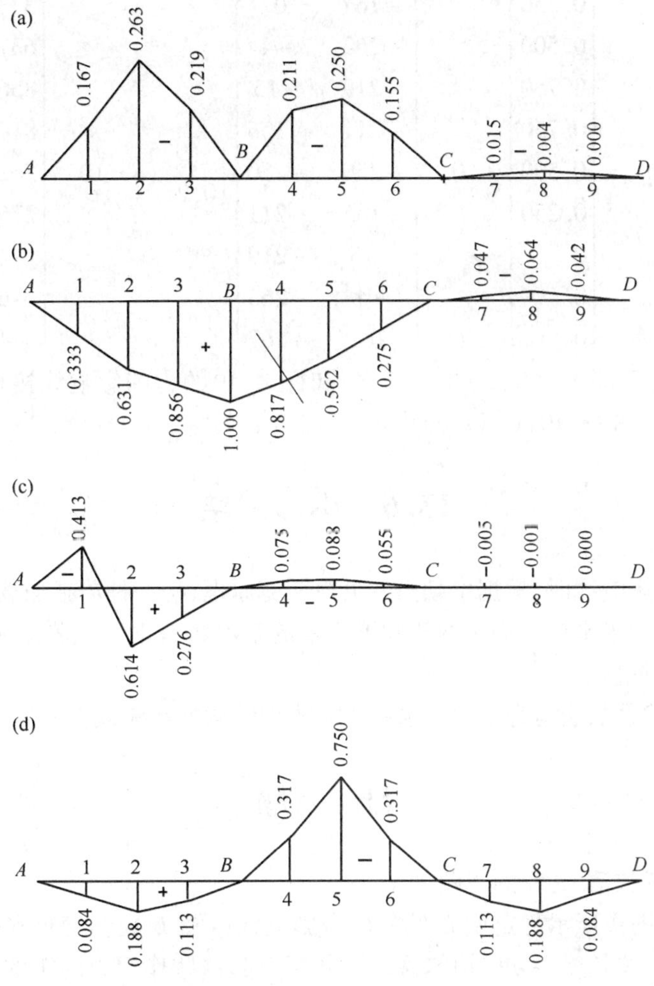

图 13.10　图 13.9(例题 13.3)中连续桁架的影响线

(a)赘余力 F_1(杆 Z_3 中的力)的影响线;(b)B 处竖向反力的影响线;

(c)杆 Z_1 中的力的影响线;(d)杆 Z_2 中的力的影响线。

图中的值也可通过平面桁架分析计算程序进行修正(见附录 L,PLANE)。分析需要定义一个荷载工况,即杆件 Z_3 的单位伸长。因为结构是对称的,F_1 的各纵坐标按相反顺序排列则成为 F_2 影响线上 9 个节点处的纵坐标。

对于 B 处反力的影响线,我们用式 13.6 来确定节点 1,2,…,9 处的坐标:

$$\{\boldsymbol{\eta}\}_{9\times 1}=\{\boldsymbol{\eta}_S\}_{9\times 1}+[\{\boldsymbol{\eta}_{F1}\}\ \vdots\ \{\boldsymbol{\eta}_{F2}\}]_{9\times 2}\{A_u\}_{2\times 1} \tag{13.12}$$

$\{A_u\}$ 的元素为 $F_1=1$ 和 $F_2=1$ 所引起 B 处的反力(见图 13.9(f))。

$$\{A_u\}=\begin{Bmatrix}-0.5\\ 0.25\end{Bmatrix}$$

方向向上的反力为正。代入式 13.6,我们得到 R_B 的影响纵坐标:

$$
\{\eta\}=\begin{Bmatrix}0.250\\0.500\\0.750\\0.750\\0.500\\0.250\\0\\0\\0\end{Bmatrix}+10^{-3}\begin{bmatrix}-167 & 0\\-263 & -4\\-219 & -15\\-211 & -155\\-250 & -250\\-155 & -211\\-15 & -219\\-4 & -263\\0 & -167\end{bmatrix}\begin{Bmatrix}-0.5\\0.25\end{Bmatrix}=10^{-3}\begin{Bmatrix}333\\631\\856\\817\\562\\275\\-47\\-64\\-42\end{Bmatrix}
$$

R_B 的影响线绘于图 13.10(b)中。杆 Z_1 和杆 Z_2 中的力的影响线按相同方法由式 13.6 来确定,其结果绘于图 13.10(c)和(d)中。

13.6　小　　结

用计算机求解影响线时,根据牟勒力－贝里斯劳原理,每一种单独加载情况给出的挠度即为所需要的影响线的纵坐标。通过本章和下一章的学习将有助于预测影响线的形状,并与计算机分析结果进行校核。

式 13.6 所示的叠加法是为了便于求解拱和桁架结构的影响线。

习　　题

下面是第 12 章和第 13 章的习题。

13.1　试求出图中所示静定梁 B 处的反力影响线以及 E 处的弯矩和剪力影响线。从影响纵坐标,确定每单位长度为 q 的均匀移动活载所引起这些作用力的正的最大值。活载作用于梁上能使其产生最大效应的部分。

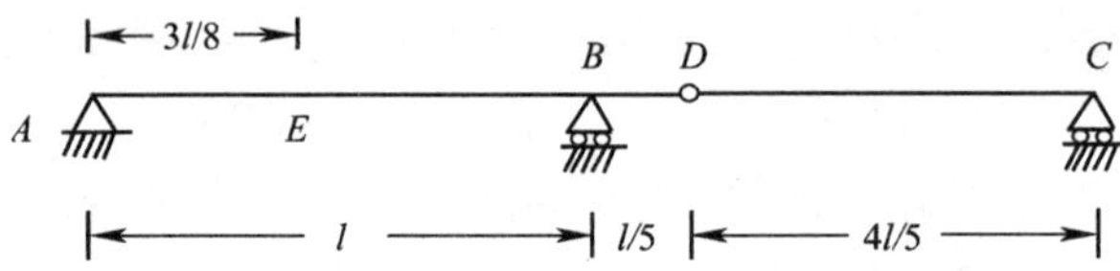

习题　13.1 图

13.2　试求出所示桁架中标记 Z_1 和 Z_2 的杆件的轴力影响线。

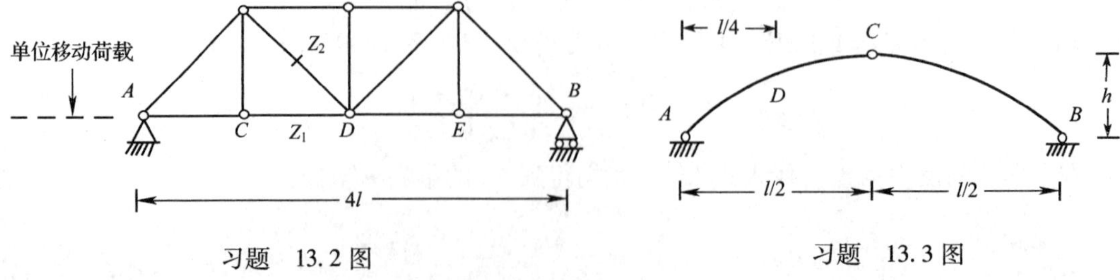

习题　13.2 图　　　习题　13.3 图

13.3　试求出图中所示三铰抛物线拱 A 处反力的水平分力影响线和 D 处弯矩的影响线。试问由于水平投影每单位长度为 q 的均匀活载所引起 D 处弯矩的最大正值和最大负值是多少?

13.4　试对所示桥梁框架计算每一跨上 $0.3l$,$0.5l$ 和 $0.7l$ 处的下列作用力的影响纵坐标并绘出其影响线:

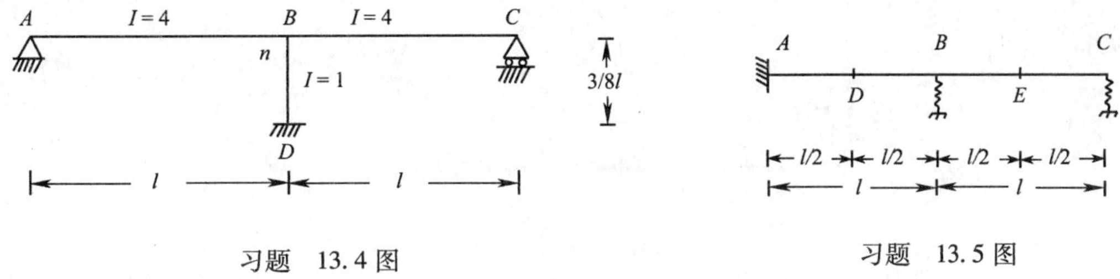

习题　13.4 图　　　　习题　13.5 图

(a)n 处的弯矩;

(b)AB 跨中央处的弯矩;

(c)n 处的剪力。

13.5　图中所示连续的等截面直梁完全固定于 A 处,而 B 和 C 处支承于刚度为 EI/l^3 的弹性支承上,这里 EI 为梁的弯曲刚度。试求出 R_A,R_B 以及 A 处端力矩的影响线。给出各支承处和每一跨中点处的影响线纵坐标。

13.6　试用一辊轴支承代替习题 13.4 中框架 A 处的铰支承,然后求出 DB 端力矩的影响线。给出 AB 和 BC 每一跨上 $0.3l$,$0.5l$ 和 $0.7l$ 处的纵坐标。

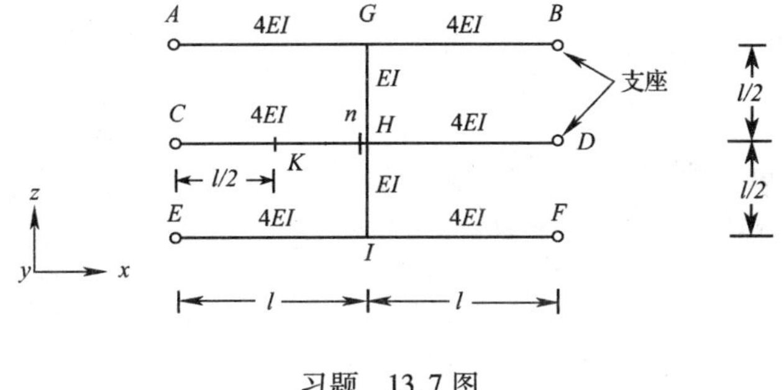

习题　13.7 图

13.7　试求出图中所示梁格截面 n 处弯矩的影响线。其 EI 值已给于梁的旁边。对于所有的杆件,比值 $GJ/(EI)=1/4$。仅需给出 G,H 和 I 处的纵坐标。各端支承阻止绕 x 轴的转动和沿 y 方向的竖直位移。

13.8　试以 $GJ=0$ 求解习题 13.7。求出 G,H,I 处和 CH 中点处的影响纵坐标。

13.9　试证明式 13.4。

13.10　试证明式 13.7。

13.11　试求出所示拱在单位竖直荷载作用下所引起的反力分量 X_A,Y_A 和 M_{AB} 的影响线。该荷载可能作用于各节间点 A,B,C,D 和 E 处。仅考虑弯曲弯形。

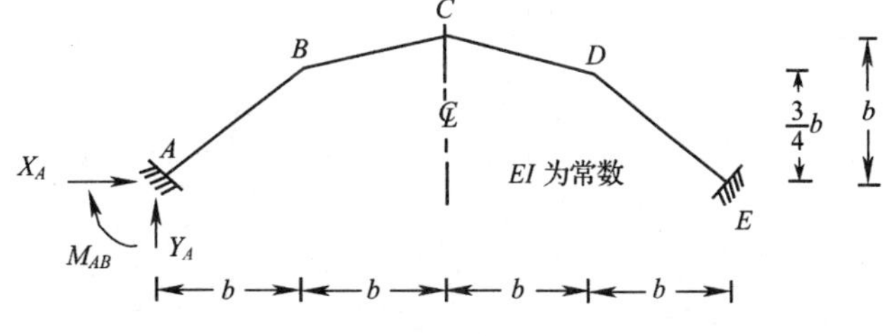

习题　13.11 图

13.12　试求出图中两铰桁架 A 处反力分量 X_A 的影响线。利用此影响线求出杆 DE 的轴力影响线。假设所有杆的横截面相同。

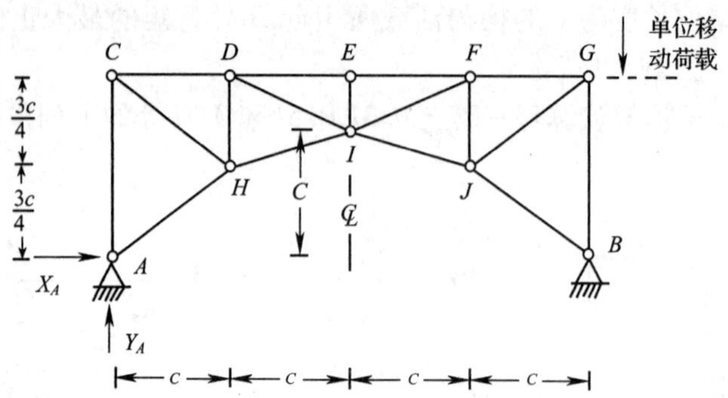

习题　13.12 图

13.13　试求出图中桁架上杆 Z_1 和 Z_2 的轴力影响线。假设所有杆件具有相同的 $l/(aE)$ 值，l 和 a 为杆的长度和横截面积。

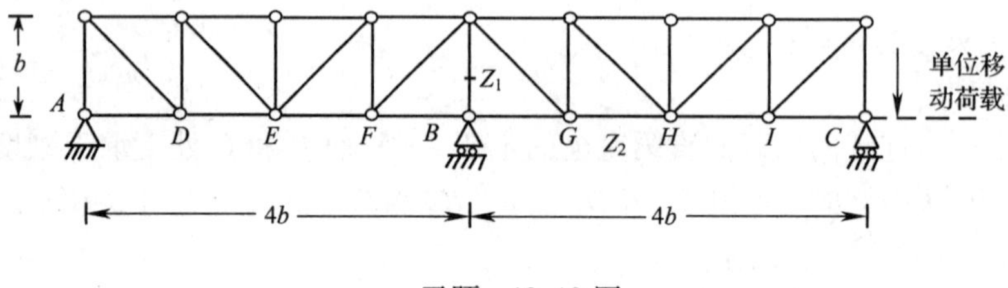

习题　13.13 图

14　轴向力对抗弯刚度的效应

14.1　引　　言

如果杆承受轴压力，则使杆的一端产生单位转动或单位横向平动所需的力会降低，相反，如果轴力为拉力则会增加。当框架结构中各杆的轴力相当高时，由于轴力产生弯曲所引起刚度的变化是不容忽视的。轴力的这种效应仅对细长杆很重要，通常称为梁－柱效应（或者 P－Δ 效应）。

在下面各节中，将会讨论平面框架的梁－柱效应，并介绍构件和框架结构临界屈曲荷载的计算。

14.2　轴向力作用下等截面杆的刚度

我们回想前面各章中所论述的力法和位移法分析都是用于迭加原理能够成立的线性结构。在这种结构中，变形与作用的荷载成比例，由于一系列效应所引起的位移和内力可通过叠加来得到。

在第 3.6 节中，我们看到挠度的叠加不可用于轴压力和横向荷载共同作用的支柱，因为荷载所引起杆的几何形状变化会产生附加弯矩。然而，如果支柱受不变的轴力参与下的荷载系或端位移系作用时，这些荷载和位移的效应可以叠加。这样，轴力可作为影响刚度或柔度的参数，一旦这些参数确定，就可以应用线性结构的分析方法。

在分析由非常细长的杆所组成的框架结构时，分析开始时的轴力通常是不知道的。估算出轴力组，相应地确定出各杆的刚度（或柔度），以线性结构对框架进行分析。如果结果表明通过此分析得到的轴力与假设值相差很大，那么用计算所得的值去求出新的刚度（或柔度）值，并重复进行分析。

现在让我们详细地考虑轴压力和轴拉力对等截面杆刚度的影响。

14.3　轴向压力的效应

对于受压力 P 和任意端约束作用的等截面杆 AB，控制挠度 y 的微分方程（图 14.1(a) 和式 10.7）为：

$$\frac{d^4y}{dx^4}+\frac{P}{EI}\frac{d^2y}{dx^2}=\frac{q}{EI} \tag{14.1}$$

式中 q 为横向荷载的集度。当 $q=0$ 时，式 14.1 的一般解为

$$y=A_1\sin u\frac{x}{l}+A_2\cos u\frac{x}{l}+A_3x+A_4 \tag{14.2}$$

式中

$$u=l\sqrt{\frac{P}{EI}} \tag{14.3}$$

A_1,A_2,A_3 和 A_4 为根据边界条件确定的积分常数。

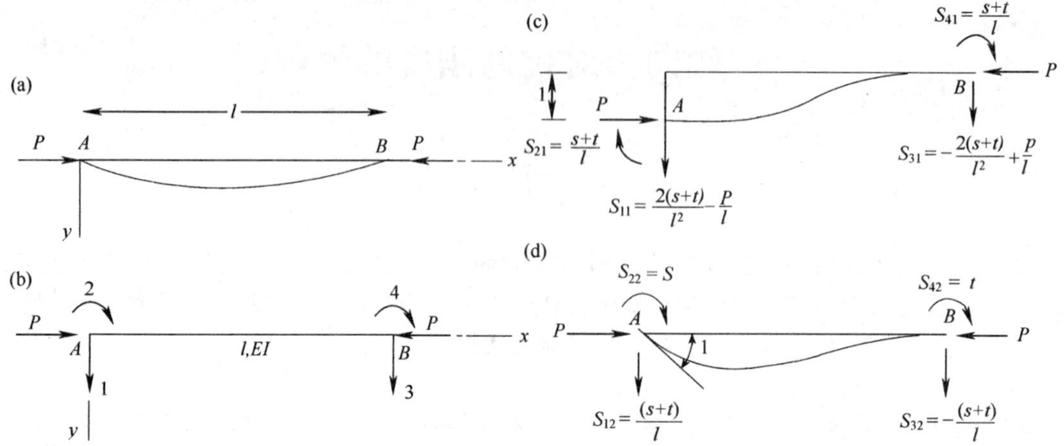

图 14.1　压杆的刚度

(a)假设压杆在图(b)中所示坐标作用端力和端位移时的挠度；

(b)相应于式 14.14 中压杆的刚度矩阵的坐标系；

(c)相应于 $D_1=1$ 而 $D_2=D_3=D_4=0$ 的端力；(d)相应于 $D_2=1$ 而 $D_1=D_3=D_4=0$ 的端力。

现在将用式 14.2 推导轴压杆件相应于图 14.1(b)中坐标 1,2,3 和 4 的刚度矩阵。这 4 个坐标处的位移$\{D\}$:

$$D_1=(y)_{x=0}\quad D_2=\left(\frac{\mathrm{d}y}{\mathrm{d}x}\right)_{x=0}\quad D_3=(y)_{x=l}\quad D_4=\left(\frac{\mathrm{d}y}{\mathrm{d}x}\right)_{x=l}$$

通过下列方程与常数$\{A\}$联系起来：

$$\begin{Bmatrix}D_1\\D_2\\D_3\\D_4\end{Bmatrix}=\begin{bmatrix}0 & 1 & 0 & 1\\ \frac{u}{l} & 0 & 1 & 0\\ s & c & l & 1\\ \frac{u}{l}c & -\frac{u}{l}s & 1 & 0\end{bmatrix}\begin{Bmatrix}A_1\\A_2\\A_3\\A_4\end{Bmatrix}\tag{14.4}$$

式中 $s=\sin u, c=\cos u$。

式 14.4 可以写成：

$$\{D\}=[B]\{A\}\tag{14.5}$$

式中$[B]$为式 14.4 中的 4×4 阶矩阵。

4 个坐标处的$\{F\}$为 $x=0$ 和 $x=l$ 处的剪力和弯矩，这样：

$$\begin{Bmatrix}F_1\\F_2\\F_3\\F_4\end{Bmatrix}=\begin{Bmatrix}(-V)_{x=0}\\(M)_{x=0}\\(V)_{x=l}\\(-M)_{x=l}\end{Bmatrix}=EI\begin{Bmatrix}\left(\frac{\mathrm{d}^3y}{\mathrm{d}x^3}+\frac{u^2}{l^2}\frac{\mathrm{d}y}{\mathrm{d}x}\right)_{x=0}\\ \left(-\frac{\mathrm{d}^2y}{\mathrm{d}x^2}\right)_{x=0}\\ \left(-\frac{\mathrm{d}^3y}{\mathrm{d}x^3}-\frac{u^2}{l^2}\frac{\mathrm{d}y}{\mathrm{d}x}\right)_{x=l}\\ \left(+\frac{\mathrm{d}^2y}{\mathrm{d}x^2}\right)_{x=l}\end{Bmatrix}\tag{14.6}$$

式 10.1 以挠度表示弯矩 M。通过此式以及式 10.3 和 14.3，可得剪力为：

$$V=\frac{\mathrm{d}M}{\mathrm{d}x}-p\frac{\mathrm{d}y}{\mathrm{d}x}=EI\left(-\frac{\mathrm{d}^3y}{\mathrm{d}x^3}-\frac{u^2}{l^2}\frac{\mathrm{d}y}{\mathrm{d}x}\right) \tag{14.7}$$

将式 14.2 微分，并代入式 14.6 得到：

$$\begin{Bmatrix}F_1\\F_2\\F_3\\F_4\end{Bmatrix}=EI\begin{bmatrix}0 & 0 & \frac{u^2}{l^2} & 0\\ 0 & \frac{u^2}{l^2} & 0 & 0\\ 0 & 0 & -\frac{u^2}{l^2} & 0\\ -\frac{su^2}{l^2} & -\frac{cu^2}{l^2} & 0 & 0\end{bmatrix}\begin{Bmatrix}A_1\\A_2\\A_3\\A_4\end{Bmatrix} \tag{14.8}$$

或

$$\{F\}=[C]\{A\} \tag{14.9}$$

式中　$[C]=EI$ 为式 4.8 中的 4×4 阶矩阵。

由式 14.5 求解 $\{A\}$，并代入式 14.9：

$$\{F\}=[C][B]^{-1}\{D\} \tag{14.10}$$

令

$$[S]=[C][B]^{-1} \tag{14.11}$$

式 14.10 成为下列形式：

$$\{F\}=[S]\{D\} \tag{14.12}$$

式中 $[S]$ 为所需的刚度矩阵。$[B]$ 的逆矩阵为

$$[B]^{-1}=\frac{1}{2-2c-us}\left[\begin{array}{c|c|c|c}-s & \frac{l}{u}(1-c-us) & s & -\frac{l}{u}(1-c)\\ (l-c) & \frac{l}{u}(s-uc) & -(1-c) & \frac{l}{u}(u-s)\\ \frac{u}{l}s & (l-c) & -\frac{u}{l}s & (1-c)\\ (1-c-us) & -\frac{l}{u}(s-uc) & (l-c) & -\frac{l}{u}(u-s)\end{array}\right] \tag{14.13}$$

将式 14.13 代入式 14.11，我们得到相应于图 14.1(b)中各坐标的支柱刚度：

$$[S]=EI\begin{bmatrix}\frac{u^3s}{l^3(2-2c-us)} & & \text{对} & \\ \frac{u^2(1-c)}{l^2(2-2c-us)} & \frac{u(s-uc)}{l(2-2c-us)} & & \text{称}\\ -\frac{u^3s}{l^3(2-2c-us)} & -\frac{u^2(1-c)}{l^2(2-2c-us)} & \frac{u^3s}{l^3(2-2c-us)} & \\ \frac{u^2(1-c)}{l^2(2-2c-us)} & \frac{u(u-s)}{l(2-2c-us)} & -\frac{u^2(1-c)}{l^2(2-2c-us)} & \frac{u(s-uc)}{l(2-2c-us)}\end{bmatrix} \tag{14.14}$$

当轴力 P 为零时，$u\rightarrow 0$，上面的刚度矩阵变成与式 6.8 中的刚度矩阵相同。这样

$$\lim_{u\to 0}[S]=\begin{bmatrix}\frac{12EI}{l^3} & & & \text{对} \\ \frac{6EI}{l^2} & \frac{4EI}{l} & & \text{称} \\ -\frac{12EI}{l^3} & -\frac{6EI}{l^2} & \frac{12EI}{l^3} & \\ \frac{6EI}{l^2} & \frac{2EI}{l} & \frac{6EI}{l^2} & \frac{4EI}{l}\end{bmatrix} \tag{14.15}$$

式 14.14 的[S]内第一列和第二列中的元素为该杆保持图 14.1(c)和(d)所示的弯曲形状所需要的力。图 14.1(d)中的两个端力矩为端旋转刚度 $S(=S_{AB}=S_{BA})$和力矩分配所需的传递力矩 t。因而,受轴压力 P 作用的等截面杆的端旋转刚度和传递力矩(图 14.1(d))为

$$S=\frac{u(s-uc)}{(2-2c-us)}\frac{EI}{l} \tag{14.16}$$

和

$$t=\frac{u(u-s)}{(2-2c-us)}\frac{EI}{l} \tag{14.17}$$

式中 $s=\sin u, c=\cos u, u=l\sqrt{P/(EI)}$。传递系数 $C(=C_{AB}=C_{BA})$为

$$C=\frac{t}{S}=\frac{u-s}{s-uc} \tag{14.18}$$

当 u 趋近于零时,S,t 和 C 分别趋近于 $4EI/l$,$2EI/l$ 和 1/2。因而可以看出,轴压力会减小 S 值而增大 C 值。当力 P 到达临界屈曲值时,S 变为零,这意味着无穷小的 F_2 值可以引起位移 D_2,并且 C 值接近无穷大。由式 14.16,当 $s=uc$ 或 $\tan u=u$ 时,S 为零。满足此方程的 u 的最小值为 $u=l\sqrt{P_{cr}/(EI)}=4.49$。这样,图 14.1(d)端点条件下支柱的屈曲荷载为 $P_{cr}=20.19(EI/l^2)$。

相应于任意端点条件的临界屈曲荷载,可以由式 14.14 中的刚度矩阵推出。

图 14.1(c)的变形形状可由以下的两步来实现。首先,在 A 引入一个向下的单位位移并允许杆端自由转动,这可以用一根连接 A,B 的直线(弦线)表示。然后,在 A,B 端部产生顺时针的转角 $1/l$,产生的变形形状如图 14.1(c)所示,此时需要的端力矩 $M_{AB}=S_{21}=(S+t)/l$ 和 $M_{BA}=S_{41}=(S+t)/l$。图 14.1(c)中,由力的平衡条件可求出竖向力 S_{11} 和 S_{31}。因此,相应于图14.1(b)坐标中刚度矩阵的第一列元素可由 S 和 t 来表示。图 14.1(d)中端力矩 S 和 t 分别等于 S_{22} 和 S_{42},根据此图再次通过平衡条件可得:$S_{12}=(S+t)/l=-S_{32}$。于是可得矩阵[S]的第二列元素由 S 和 t 表示。类似的,矩阵[S]的其他两列元素也可求得。所以相应于图 14.1(b)受轴压力作用的等截面杆的刚度矩阵可表示为:

$$[S]=\begin{bmatrix}\frac{2(S+t)}{l^2}-\frac{P}{l} & \text{对} & & \\ \frac{S+t}{l} & S & \text{称} & \\ -\frac{2(S+t)}{l^2}+\frac{P}{l} & -\frac{(S+t)}{l} & \frac{2(S+t)}{l^2}-\frac{P}{l} & \\ \frac{S+t}{l} & t & -\frac{(S+t)}{l} & S\end{bmatrix} \tag{14.19}$$

如果我们将 $P=u^2EI/l^2$ 代入上面方程,明显得出刚度矩阵的所有元素为无量纲参数 u、杆长 l 和弯曲刚度 EI 的函数。图 14.2 表示以无量纲参数 $u=l\sqrt{P/(EI)}$ 表示的端旋转刚度 S 和传递力矩 t 的值,表 14.1 列出了各数值,所有这些值仅适用于等截面杆。对应于 P 值的 S 的负值高于临界屈曲荷载,因而负号表示需要一个约束力矩以保证端部转角为不超过 1 的值。

表 14.1 受轴向力作用的等截面杆以 EI/l 表示的端部转角刚度 S 值和传递力矩 t 值

(式 14.16,14.17,14.20 和 14.21;见图 14.2)

轴压力 P						轴拉力 P					
u^*	S	t	u	S	t	u	S	t	u	S	t
0.0	4.000	2.000	3.0	2.624	2.411	0.0	4.000	2.000	3.0	5.081	1.766
0.1	3.998	2.000	3.1	2.515	2.450	0.1	4.001	1.999	3.1	5.147	1.754
0.2	3.995	2.001	3.2	2.399	2.492	0.2	4.005	1.999	3.2	5.214	1.742
0.3	3.988	2.003	3.3	2.276	2.538	0.3	4.012	1.997	3.3	5.283	1.730
0.4	3.977	2.005	3.4	2.146	2.588	0.4	4.021	1.995	3.4	5.353	1.718
0.5	3.967	2.008	3.5	2.008	2.642	0.5	4.033	1.992	3.5	5.424	1.706
0.6	3.952	2.012	3.6	1.862	2.702	0.6	4.048	1.988	3.6	5.497	1.694
0.7	3.934	2.016	3.7	1.706	2.767	0.7	4.068	1.984	3.7	5.570	1.683
0.8	3.914	2.022	3.8	1.540	2.838	0.8	4.085	1.979	3.8	5.645	1.671
0.9	3.891	2.028	3.9	1.363	2.917	0.9	4.107	1.974	3.9	5.720	1.659
1.0	3.865	2.034	4.0	1.173	3.004	1.0	4.132	1.968	4.0	5.797	1.648
1.1	3.836	2.042	4.1	0.970	3.100	1.1	4.159	1.961	4.1	5.874	1.636
1.2	3.804	2.050	4.2	0.751	3.207	1.2	4.188	1.954	4.2	5.953	1.625
1.3	3.796	2.059	4.3	0.515	3.327	1.3	4.220	1.946	4.3	6.032	1.614
1.4	3.732	2.070	4.4	0.259	3.462	1.4	4.255	1.938	4.4	6.112	1.603
1.5	3.691	2.081	4.5	−0.019	3.614	1.5	4.292	1.930	4.5	6.193	1.592
1.6	3.647	2.093	4.6	−0.323	3.787	1.6	4.330	1.921	4.6	6.275	1.581
1.7	3.599	2.106	4.7	−0.658	3.984	1.7	4.372	1.912	4.7	6.357	1.571
1.8	3.548	2.120	4.8	−1.029	4.211	1.8	4.415	1.902	4.8	6.440	1.561
1.9	3.494	2.135	4.9	−1.443	4.475	1.9	4.460	1.892	4.9	6.524	1.551
2.0	3.436	2.152	5.0	−1.909	4.785	2.0	4.508	1.881	5.0	6.608	1.541
2.1	3.374	2.170	5.1	−2.439	5.151	2.1	4.557	1.871	5.1	6.693	1.531
2.2	3.309	2.189	5.2	−3.052	5.592	2.2	4.608	1.860	5.2	6.779	1.521
2.3	3.240	2.210	5.3	−3.769	6.130	2.3	4.661	1.849	5.3	6.865	1.512
2.4	3.166	2.233	5.4	−4.625	6.798	2.4	4.716	1.837	5.4	6.952	1.503
2.5	3.088	2.257	5.5	−5.673	7.647	2.5	4.773	1.826	5.5	7.039	1.494
2.6	3.005	2.283	5.6	−6.992	8.759	2.6	4.831	1.814	5.6	7.127	1.485
2.7	2.918	2.312	5.7	−8.721	10.269	2.7	4.891	1.802	5.7	7.215	1.476
2.8	2.825	2.342	5.8	−11.111	12.428	2.8	4.953	1.791	5.8	7.303	1.468
2.9	2.728	2.376	5.9	−14.671	15.745	2.9	5.016	1.779	5.9	7.392	1.460

注:$u=l\sqrt{P/(EI)}$。在表中由无量纲参数 u 可找出对应的 $S/EI/l$ 及 $t/(EI/l)$ 值。

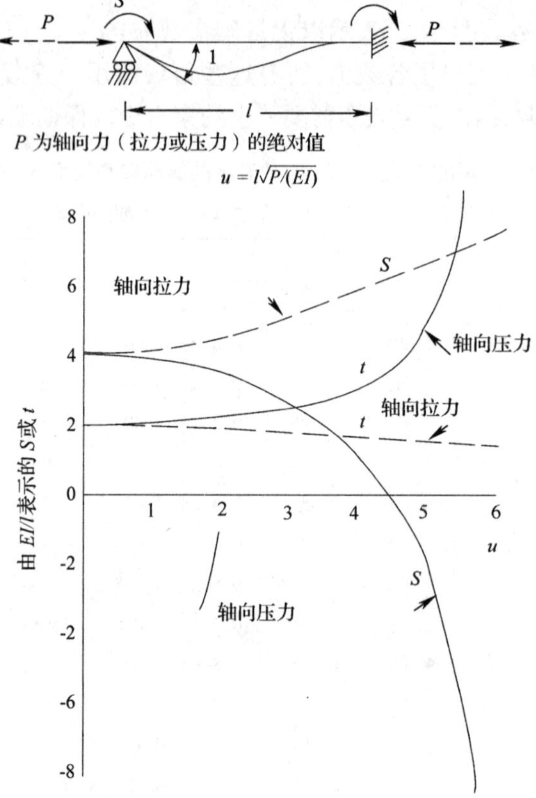

图 14.2　受轴向力作用的等截面杆的端部转角刚度和传递力矩

14.4　轴向拉力的效应

受拉等截面杆的刚度可通过以($-P$)代替 P 从受压构件表达式来导出。相应地，$u=l\sqrt{p/(EI)}$ 由 $l\sqrt{-P/(EI)}=iu$ 来代替，其中 $i=\sqrt{-1}$。将原理用于式 14.16～14.18，并利用：

$$\sinh u=-i\sin iu$$

和

$$\cosh u=\cos iu$$

我们得到受轴拉力 P 作用的等截面杆的端旋转刚度、传递力矩和传递系数：

$$S=\frac{u(u\cosh u-\sinh u)}{(2-2\cosh u+u\sinh u)}\frac{EI}{l} \tag{14.20}$$

$$t=\frac{u(\sinh u-u)}{(2-2\cosh u+u\sinh u)}\frac{EI}{l} \tag{14.21}$$

和

$$C=\frac{t}{S}=\frac{\sinh u-u}{u\cosh u-\sinh u} \tag{14.22}$$

式中 $u=l\sqrt{P/(EI)}$，P 为轴拉力的绝对值。由上述方程所计算出的 S 值和 t 值列于表 14.1

内,并相对坐标 u 绘于图 14.2 内。

根据平衡,我们很容易得到受拉构件相应于图 14.1(b)中各坐标的刚度矩阵为:

$$[S]=\begin{bmatrix} \dfrac{2(S+t)}{l^2}+\dfrac{P}{l} & 对 & & \\ \dfrac{S+t}{l} & S & 称 & \\ -\dfrac{2(S+t)}{l^2}-\dfrac{P}{l} & -\dfrac{(S+t)}{l} & \dfrac{2(S+t)}{l^2}+\dfrac{P}{l} & \\ \dfrac{S+t}{l} & t & -\dfrac{(S+t)}{l} & S \end{bmatrix} \tag{14.23}$$

14.5 轴向力的结合论述

综合上面的讨论,我们可以看到,将轴向力作为影响构件刚度的参数,相应于单位端部位移的力以 S 和 t 来表示,它们均为无量纲参数 $u=l\sqrt{P/(EI)}$ 的函数。一旦杆的刚度已知,便可以应用前面各章所研究的位移法分析中的任意一种。

相应于轴力作用下等截面杆单位端位移的端力列于表 14.2 内。所有的力均以 S 和 t 给出,而 S 和 t 可分别定义为相应于表中情况(b)的端点条件下的端力矩 F_1 和 F_2。S 和 t 的值可从表 14.1 查得,也可由式 14.16 和 14.17 或式 14.20 和 14.21 算出。当轴力为零时,S 和 t 分别为 $4EI/l$ 和 $2EI/l$,且表 14.2 中所列的力与附录 D 中所列的力相同。表 14.2 与附录 D 的作用和使用方法均相同,但对于表 14.2,轴力 P 必须已知(或假设),并事先算出相应的 S 和 t 值。

表 14.2 受轴压力或拉力作用的等截面杆由于端点位移所引起的端力

杆	端力	
	轴压力 P	轴拉力 P
(a)	$F_1=F_2=\dfrac{S+t}{l}$ $F_3=-F_4$ $F_4=\dfrac{2(S+t)}{l^2}-\dfrac{P}{l}$	$F_1=F_2=\dfrac{S+t}{l}$ $F_3=-F_4=\dfrac{2(S+t)}{l^2}+\dfrac{P}{l}$
(b)	$F_1=S$ $F_2=t$ $F_3=-F_4=\dfrac{S+t}{l}$	$F_1=S$ $F_2=t$ $F_3=-F_4=\dfrac{S+t}{l}$
(c)	$F_1=\dfrac{S-(t^2/S)}{l}$ $F_2=-F_3=\dfrac{S-(t^2/S)-Pl}{l^2}$	$F_1=\dfrac{S-(t^2/S)}{l}$ $F_2=-F_3=\dfrac{S-(t^2/S)+Pl}{l^2}$

续上表

杆	端　　力	
	轴压力 P	轴拉力 P
(d) 图：P，1，F_1，F_2，F_3	$F_1=S-(t^2/S)$ $F_2=-F_3=\dfrac{S-(t^2/S)}{l}$	$F_1=S-(t^2/S)$ $F_2=-F_3=\dfrac{S-(t^2/S)}{l}$

注：表 14.1 中 S 和 t 以 $u=l\sqrt{P/EI}$ 表示，EI 为抗弯刚度，l 为杆的长度，P 可表示为 $P=u^2(EI/l^2)$。

在有些情况下，替换表 14.2 中各方程的 $P=u^2(EI/l^2)$ 可能更为方便。以 EI/l 表示 S 和 t，则表中所有的力都可用 EI 和 l 来表示。

14.6 轴向力作用下等截面杆的修正杆端转角刚度

回顾梁的端部转角刚度 S，为在远端固定的情况下使梁的一端产生单位转角所需要的力矩（图 14.1(d)）。根据第 11.9 节的相同步骤，可以对各种端点条件推导出受轴力作用的梁的修正杆端转角刚度。下面给出了图 11.10 所示条件下作用值为 P 的轴压力或拉力（图中未示出）时梁的修正杆端转角刚度，这是在以力矩分配法进行分析时所必需的。

对于图 11.10(b)所示的端点条件：

$$S_{AB}^{①}=S(1-C^2)=S-(t^2/S) \tag{14.24}$$

对于图 11.10(c)中的对称条件：

$$S_{AB}^{②}=S(1-C)=S-t \tag{14.25}$$

对于图 11.10(d)中的反对称情况：

$$S_{AB}^{③}=S(1+C)=S+t \tag{14.26}$$

对于图 11.10(e)中的悬臂梁：

$$S_{AB}^{④}=S-\frac{(S+t)}{2\pm Pl/(S+t)} \tag{14.27}$$

在最后一种情况下，其传递系数为：

$$C_{AB}^{⑤}=\frac{t^2-S^2\pm tPl}{S^2-t^2\pm SPl} \tag{14.28}$$

当轴力为拉力时，式 14.27 和 14.28 中包含 $Pl(=u^2(EI/l))$ 的各项的符号为正；当轴力为压力时则为负。对于受压杆，用于式 14.24～14.28 中的 S、t 和 C 值应以式 14.16～14.18 进行计算，对于拉力杆，则应以式 14.20～14.22 进行计算，或者这两种情况均由表 14.1 计算。

14.7 受轴向力作用的等截面杆的固端力矩

考虑一根承受横向荷载和轴力作用的直杆（图 14.3）。沿着梁的轴线的端位移可以自由发生，但端点转动受到约束，因此会引起固端力矩。轴压力的存在会引起固端力矩的增大，而拉力的存在则会减小。下面考虑两种加载情况：均匀荷载和集中荷载。

14.7.1 均布荷载

图中 14.3(a)中在集度 q 不变的横向荷载作用下的等截面柱 AB 的挠度,可由微分方程 14.1 计算求出,其解为

$$y = G_1 \sin u\frac{x}{l} + G_2 \cos u\frac{x}{l} + G_3 x + G_4 + \frac{qx^2}{2P} \tag{14.29}$$

积分常数$\{G\}$由 $x=0$ 和 $x=l$ 处的边界条件 $y=0$ 和$(\mathrm{d}y/\mathrm{d}x)=0$ 确定。于是这 4 个条件可以写成下面形式:

$$[B]\begin{Bmatrix} G_1 \\ G_2 \\ G_3 \\ G_4 \end{Bmatrix} + \frac{q}{p}\begin{Bmatrix} 0 \\ 0 \\ l^2/2 \\ l \end{Bmatrix} = \{0\}$$

式中$[B]$的意义与式 14.5 中相同,求解积分常数,我们得到:

$$\begin{Bmatrix} G_1 \\ G_2 \\ G_3 \\ G_4 \end{Bmatrix} = -\frac{ql^2}{u^2 EI}[B]^{-1}\begin{Bmatrix} 0 \\ 0 \\ l^2/2 \\ l \end{Bmatrix} \tag{14.30}$$

式中$[B]^{-1}$由式 14.13 给出。

(a)

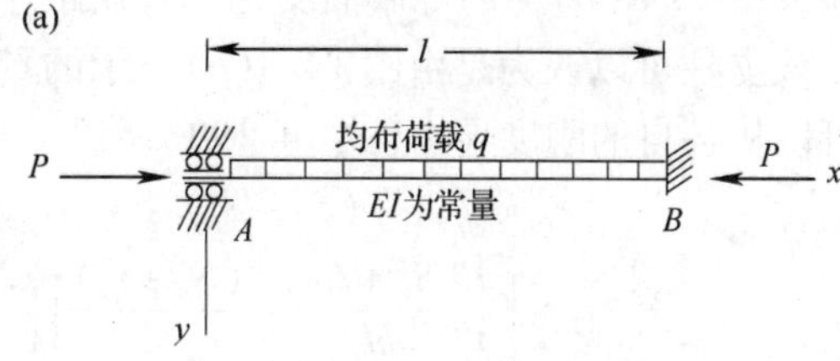

(b)

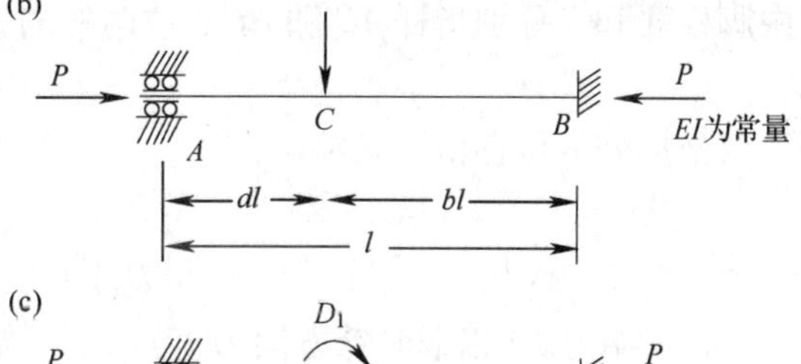

(c)

图 14.3 承受轴力和横向荷载作用的等截面直杆

(a)相应于固端力矩方程 14.31 或 14.33 的荷载;

(b)相应于固端力矩方程 14.34 和表 14.3 的荷载;

(c)分析图(b)中压杆所考虑的自由度(D_1 和 D_2)。

如果端力矩以顺时针方向为正,利用杆的对称性,两固端力矩通过下式与挠度联系起来:

$$M_{AB} = -M_{BA} = -EI\left(\frac{\mathrm{d}^2 y}{\mathrm{d}x^2}\right)_{x=0}$$

将式 14.29 微分两次并代入上面方程,我们得到

$$M_{AB} = -M_{BA} = EI\left(\frac{u^2}{l^2}G_2 - \frac{q}{P}\right)$$

将由式 14.30 得到的 G_2 代入上面方程,那么轴压杆上作用的均布荷载所引起的固端力矩为:

$$M_{AB} = -M_{BA} = -ql^2\frac{1}{u^2}\left(1 - \frac{u}{2}\cot\frac{u}{2}\right) \tag{14.31}$$

如果轴力为拉力,则固端力矩的表达式成为:

$$M_{AB} = -M_{BA} = -ql^2\frac{1}{u^2}\left(\frac{u}{2}\coth\frac{u}{2} - 1\right) \tag{14.32}$$

由式 14.31 和 14.32 给出的均布横向荷载引起的固端力矩可以表达成下列形式:

$$M_{AB} = -M_{BA} = -\frac{EI}{2l(S+t)}ql^2 \tag{14.33}$$

式中 S 和 t 的值为关于 $u = l\sqrt{P/(EI)}$ 的函数,由式 14.16 和 14.17 或式 14.20 和 14.21,或表 14.1 来确定,其中 P 为轴压力或拉力的绝对值。当轴力 P 变为零,$u\to 0$,由式 14.31,14.32 或

14.33得出 $M_{AB} = -M_{BA} = -ql^2/12$。

14.7.2 集中荷载

如果图 14.3(b)中的等截面支柱 AB,在距左端和右端分别为 dl 和 bl 的地方作用横向荷载 W。该支柱可以认为是由图 14.3(c)所示的具有两个自由度的 AC 和 CB 杆所组成,其刚度矩阵可以从各自的刚度导出(式 14.19),所以:

$$[S] = \begin{bmatrix} (S_d + S_b) & \text{对称} \\ \left[\dfrac{(S_b + t_b)}{bl} - \dfrac{(S_d + t_d)}{bl}\right] & \left[\dfrac{2(S_d + t_d)}{d^2 l^2} + \dfrac{2(S_b + t_b)}{b^2 l^2} - \dfrac{P}{dbl}\right] \end{bmatrix}$$

式中脚标 d 和 b 分别指杆 AC 和 BC。这两杆的 S 和 t 值由式 14.16 和 14.17 得出,以 du 或 bu 代替 u。

两坐标处的位移由下式给出:

$$\begin{Bmatrix} D_1 \\ D_2 \end{Bmatrix} = [S]^{-1} \begin{Bmatrix} 0 \\ W \end{Bmatrix}$$

A 的固端力矩(以顺时针方向为正)由下式给出

$$M_{AB} = t_d D_1 - (S_d + t_d)\frac{D_2}{\mathrm{d}l}$$

上面过程也可以用于受轴拉力作用的杆。因而,轴压力作用下的杆 AB 的固端弯矩(图 14.3b)为:

$$M_{AB} = -Wl\,\frac{(bu\cos u - \sin u + \sin \mathrm{d}u + \sin bu - u\cos bu + \mathrm{d}u)}{u(2 - 2\cos u - u\sin u)} \qquad (14.34)$$

当轴力 P 为拉力时:

$$M_{AB} = -Wl\,\frac{(bu\cosh u - \sinh u + \sinh \mathrm{d}u + \sinh bu - u\cosh bu + \mathrm{d}u)}{u(2 - 2\cosh u + u\sinh u)} \qquad (14.35)$$

通过固定一个 u 值并变化 d(而 $b=1-d$),由式 14.34 和 14.35 用于计算表 14.3 中的固端力矩 M_{AB}的影响系数。以表中的 d 表示 b 并改变所给力矩的正负号,这个表格也可用于计算右端的端力矩 M_{BA}。

表 14.3 轴力 $M_{AB} = -$系数 $\times l$ 作用下的等截面梁上单位横向荷载所引起的固端力矩* M_{AB} 的影响系数(参见图 14.3(b),由式 14.34 和 14.35 求算)

力 P	$u = l\sqrt{\frac{P}{E}}$	d 值										
		0	0.1	0.2	0.3	0.4	0.5	0.6	0.7	0.8	0.9	1.0
	0	0	0.081 0	0.128 0	0.147 0	0.144 0	0.125 0	0.096 0	0.063 0	0.032 0	0.009 0	0
压力	1.0	0	0.081 5	0.129 4	0.149 3	0.146 7	0.127 6	0.098 1	0.064 4	0.032 7	0.009 1	0
	2.0	0	0.083 1	0.134 2	0.156 9	0.155 8	0.136 5	0.105 4	0.069 2	0.035 0	0.009 7	0
	3.0	0	0.086 3	0.143 8	0.172 5	0.174 7	0.155 2	0.120 8	0.079 6	0.040 2	0.011 1	0
	4.0	0	0.092 2	0.162 4	0.203 7	0.213 6	0.194 6	0.154 0	0.102 2	0.051 5	0.014 1	0
	5.0	0	0.105 7	0.207 0	0.282 0	0.315 0	0.300 9	0.245 9	0.166 9	0.084 3	0.022 9	0
	6.0	0	0.194 3	0.521 8	0.868 9	1.115 0	1.175 0	1.028 8	0.728 2	0.378 9	0.103 9	0

续上表

力 P	$u=l\sqrt{\frac{P}{E}}$	d值										
		0	0.1	0.2	0.3	0.4	0.5	0.6	0.7	0.8	0.9	1.0
	0	0	0.081 0	0.128 0	0.147 0	0.144 0	0.125 0	0.096 0	0.063 0	0.032 0	0.009 0	0
拉力	1.0	0	0.080 5	0.126 5	0.144 7	0.141 3	0.122 4	0.093 9	0.061 6	0.031 3	0.008 8	0
	2.0	0	0.097 1	0.122 6	0.138 6	0.134 1	0.115 5	0.083 3	0.057 9	0.029 5	0.008 3	0
	3.0	0	0.077 0	0.116 8	0.129 7	0.123 9	0.105 8	0.080 6	0.052 9	0.027 1	0.007 7	0
	4.0	0	0.074 5	0.110 0	0.119 6	0.112 5	0.095 1	0.072 2	0.047 4	0.024 4	0.007 0	0
	5.0	0	0.071 8	0.102 9	0.109 3	0.101 2	0.084 8	0.064 1	0.042 3	0.022 0	0.006 4	0
	6.0	0	0.069 0	0.095 9	0.099 6	0.090 8	0.075 4	0.056 9	0.037 7	0.019 8	0.005 9	0

注：当顺时针方向时固端力矩为正。为了求出右端的固端力矩，以 b 值代替 d，并改变力矩的符号。P 为轴压力或轴拉力的绝对值。

14.8　轴向力作用下等截面杆的修正固端力矩

根据轴力作用下的两端固定的梁的端力矩 M_{AB} 和 M_{BA}（图 14.4(a)），我们可以导出荷载相同但末端条件不同时的修正端力矩。除了 M_{AB} 和 M_{BA} 外，这些参数还包括端旋转刚度 S 和传递力矩 t。通过与第 11.10 节相同的过程，我们得出当 A 端为铰结时，图 14.4(b) 中梁 B 端的端力矩：

$$M_{BA}^{①}=M_{BA}-CM_{AB} \tag{14.36}$$

式中 $C=t/S$。不论轴力是压力还是拉力，这个公式都是成立的。

对于图 14.4(c) 中的梁，允许 A 端发生沿横向的平动但其转动被约束，端力矩为：

$$M_{AB}^{②}=M_{AB}+F_{A}l\frac{(S+t)}{2(S+t)\pm Pl} \tag{14.37}$$

$$M_{BA}^{②}=M_{BA}+F_{A}l\frac{(S+t)}{2(S+t)\pm Pl} \tag{14.38}$$

式中 M_{AB}，M_{BA} 和 F_A 为相同的梁在图 14.4(a) 中端点条件下的端力矩和反力，这些力的正方向标明在图中。当轴力为拉力时，上面两个方程分母中的 $Pl(=u^2(EI/l))$ 项的符号为正，反之，当轴力为压力时为负。

例 14.1　无节点平移的平面框架

试求图 14.5(a) 框架中各杆的端力矩，考虑梁－柱效应。

我们假设杆中轴力的近似值为：$P_{AB}=P_{BC}=5qb$（拉力），$P_{BD}=12.5qb$（压力）。相应的 $u=l\sqrt{P/EI}$ 值为：$u_{AB}=u_{BC}=1.41$ 和 $u_{BD}=2.53$。

根据式 14.20 和 14.21 或表 14.1，我们对杆 AB 和 BC 求出：$S=4.26(EI/l)$；$t=1.94(EI/l)$；$C=t/S=0.46$。

类似地，根据式 14.16 和 14.17 或表 14.1，BD 杆的 S 和 t 值为：$S=3.06(EI/l)$；$t=2.26(EI/l)$；$C=t/S=0.74$。

考虑 A 处和 C 处的铰接端时，杆 BA 和 BC 的 B 端的修正旋转刚度为（式 14.24）$S_{BA}=$

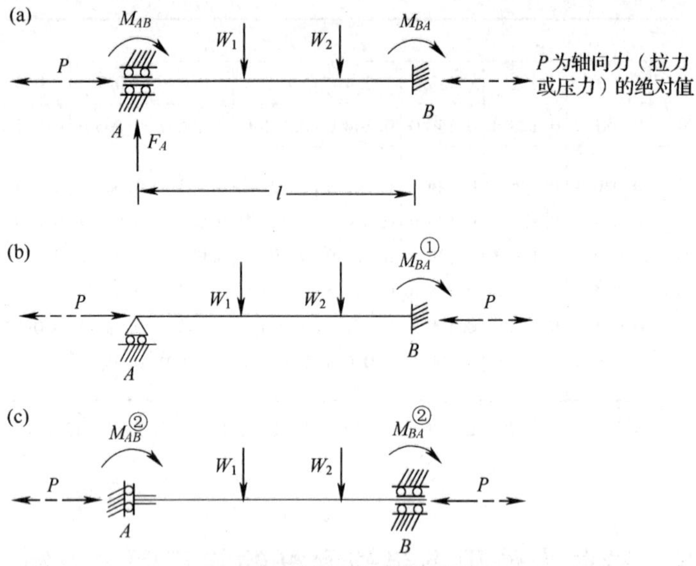

图 14.4　修正的固端力矩

(a)两端转动和横向平动均受到阻止；

(b)A 处自由转动；(c)A 处允许竖直平动但不允许转动。

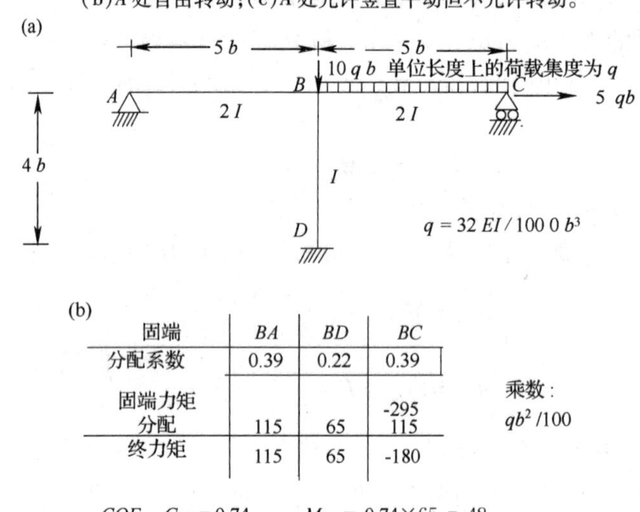

固端	BA	BD	BC
分配系数	0.39	0.22	0.39
固端力矩			-295
分配	115	65	115
终力矩	115	65	-180

图 14.5　考虑梁－柱效应时通过力矩分配法对例题 14.1 中的框架进行分析

(a)框架特性和荷载；(b)力矩分配。

$S_{BC}=S(1-C^2)=3.36EI/l$。

现在我们将 EI/l 的相对值代入上面各杆的表达式，然后以通常的方法计算分配系数(图 14.5(b))。

由式 14.36，固端力矩为 $M_{BC}^{①}=M_{BC}-CM_{CB}$，式中 M_{BC} 和 M_{CB} 为当 B 端和 C 端均为固结时的端力矩。利用式 14.33

$$M_{BC}=-M_{CB}=-\frac{EI}{2l(S+t)}ql^2=-\frac{ql^2}{2(4.26+1.94)}$$

$$=-0.081ql^2=-2.02qb^2$$

这样,修正的固端力矩为

$$M_{BC}^{①} = -(2.02+0.46\times2.02)qb^2 = -2.95qb^2$$

在图 14.5(b)中,以通常的方法进行力矩分配,这样得出端力矩为(以 $qb^2/100$):$M_{BA}=115$,$M_{BC}=-180$,$M_{BD}=65$ 和 $M_{DB}=48$。

现在可以确定更为精确的轴力值,可能需要重复上面的计算。但是,显然在本例题中其值不会产生明显的变化。

例 14.2　有侧移的平面框架

在例题 14.1 中的 A 处以滑动支座代替铰支座,但是荷载情况如图 14.6(a)所示,试进行求解。注意相对的 I 值的变化。

类似于例题 14.1 的求解过程,可以用力矩分配法进行求解,但是 BD 杆修正的端旋转刚度和传递系数要由式 14.27 和 14.28 算出,BD 和 DB 端的固端力矩由式 14.37 和 14.38 确定。这里没有给出其解,但是我们改用一般位移法对该结构进行分析。

轴力的近似值为:$P_{AB}=0$,$P_{BC}=0.05qb$(拉力),$P_{BD}=7qb$(压力);相应的 u 值为:$u_{AB}=0$,$u_{BC}=0$,$u_{BD}=1.34$。对于杆 BD:$S=3.75EI/l$,$t=2.06EI/l$。根据这些值,相应于单位端位移的端力可以用表 14.2 计算得出。

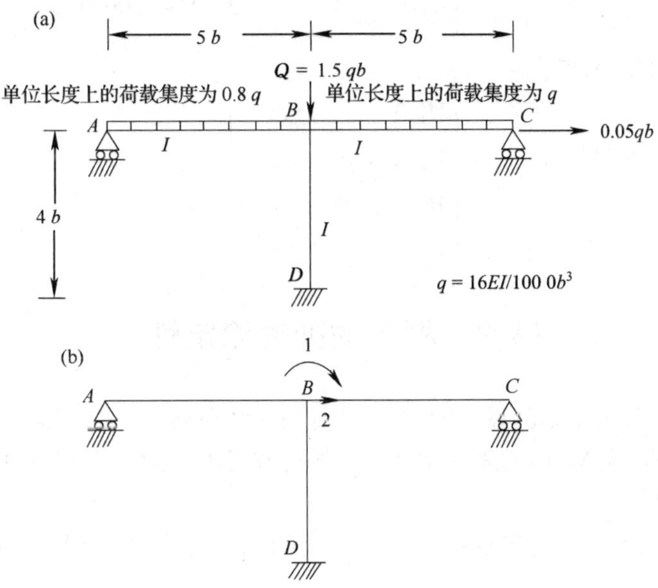

图 14.6　考虑梁-柱效应时用一般位移法分析例题 14.2 中的框架
(a)框架特性和荷载;(b)坐标系。

相应于图 14.6(b)中坐标 1 和 2 的结构刚度矩阵为

$$[S]\begin{bmatrix} 3\left(\frac{EI}{l}\right)_{BA}+3\left(\frac{EI}{l}\right)_{BC}+3.75\left(\frac{EI}{l}\right)_{BD} & \text{对称} \\ -(3.75+2.06)\left(\frac{EI}{l^2}\right)_{BD} & 2(3.75+2.06)\left(\frac{EI}{l^3}\right)_{BD}-\left(\frac{P}{l}\right)_{BD} \end{bmatrix}$$

杆 BA,BC,BD 和 DB 的 B 端的固端分矩分别为 $2.5qb^2$,$-3.125qb^2$,0 和 0。坐标 1 和 2 处阻止 B 点位移的约束力为

$$\{F\}=\begin{Bmatrix}-0.625qb^2\\-0.05qb\end{Bmatrix}$$

各坐标处的位移通过式 5.3 得出：

$$\{D\}=[S]^{-1}\{-F\}$$

将 I,l 和 $P(=u^2[EI/l^2]$ 的数值代入 $[S]$ 并求逆，然后代入式 5.3，我们得到

$$\{D\}=\frac{qb^3}{EI}\begin{Bmatrix}0.58\\1.71b\end{Bmatrix}$$

于是由式 5.5 确定端力矩 M_{BA},M_{BC},M_{BD} 和 M_{DB}：

$$\{A\}=\{A_r\}+[A_u]\{D\}$$

$$\begin{Bmatrix}M_{BA}\\M_{BC}\\M_{BD}\\M_{DB}\end{Bmatrix}=qb^2\begin{Bmatrix}2.50\\-3.125\\0\\0\end{Bmatrix}+\left[\begin{array}{c:c}3.00\left(\frac{EI}{l}\right)_{BA} & 0\\3.00\left(\frac{EI}{l}\right)_{BC} & 0\\3.75\left(\frac{EI}{l}\right)_{BD} & -(3.75+2.06)\left(\frac{EI}{l^2}\right)_{BD}\\2.06\left(\frac{EI}{l}\right)_{DB} & -(3.75+2.06)\left(\frac{EI}{l^2}\right)_{DB}\end{array}\right]\{D\}$$

代入 $\{D\}$，得到最终的端力矩：

$$\begin{Bmatrix}M_{BA}\\M_{BC}\\M_{BD}\\M_{DB}\end{Bmatrix}=\frac{qb^2}{100}\begin{Bmatrix}285\\-277\\-8\\-32\end{Bmatrix}$$

14.9 框架的弹性稳定性

在以一定荷载系数为基础的设计中，必须要知道破坏荷载。一般来说，由于相当数量位置处材料屈服形成可以引起破坏（见第 9 章和 20 章），或者因为应力未超过弹性极限但轴压力产生屈曲而引起破坏。

在第 14.3 节中已经考虑过单根杆的屈曲。本节内，我们将讨论各杆仅受轴力作用的刚接平面框架的屈曲。

考虑一个使部分杆产生轴压力的力系 $\{Q\}$ 作用下的平面框架（图 14.7(a)）。其屈曲荷载或临界荷载 $\alpha\{Q\}$ 用标量 α 值来定义，在此荷载下，结构没有扰动力作用而可以给定很小的位移。换句话说，当屈曲荷载 $\alpha\{Q\}$ 作用时，在没有附加荷载作用下，结构可以保持其位移形状（如图 14.7(b) 中所示）。

对于所考虑的框架，如果估计一个 α 的值并计算出相应的轴力 $\{P(\alpha)\}$ 值，那么就可能求出相应于所选择的任意坐标系的结构刚度矩阵 $[S(\alpha)]$。此矩阵的各元素为 α 值的函数。各坐标处的任意力系 $\{F\}$ 和位移系 $\{D\}$ 由下列方程联系起来：

$$[S(\alpha)]\{D\}=\{F\}$$

如果 α 相当于临界屈曲值，那么可能使得结构在没有力作用的情况下获得某些微小位移

$\{\delta D\}$,这样,上述方程就成为

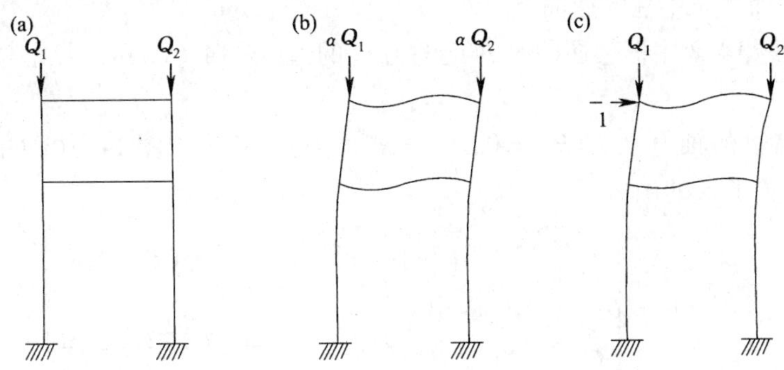

图 14.7　平面框架的屈曲

$$[S(\alpha)]\{\delta D\}=\{0\}$$

为了存在非无效解,刚度矩阵$[S(\alpha)]$必定为奇异矩阵,即行列式

$$|S(\alpha)|=0 \tag{14.39}$$

其极限荷载即具有满足式 14.39 的最小 α 值的荷载。一般来说,满足此方程的 α 值不只一个,每一个值与任意量的$\{\delta D\}$值相联系,但根据一定的比例确定相应的临界模式。

为了对式 14.39 求解 α,对一系列 α 值计算行列式值,通过内插法得出相应于行列式为零时的 α 值,α 一旦算出,如果需要的话,其相关的位移向量可用与附录 A 第 A. 10 节计算特征向量相似的方式得到。

上面的过程包括大量数值计算,因此必须运用计算机。然而,在大多数结构中,可能推测出与最低临界荷载相关的临界模式的形式。例如,可以假定当图 14.7(a)中框架达到屈曲荷载时,坐标 1 处很小的扰动力将引起侧移(图 14.7(c))。在此阶段,1 处使该坐标产生位移所需要的力为零,即 $S_{11}=0$,这个条件可用于确定临界荷载。估计一个低于临界值的 α 值,确定相应于坐标 1 的刚度系数 $S_{11}\alpha$。当 α 增加时,S_{11}的值减低,当达到 α 的临界值时,S_{11}变为零。如果假设一系列 α 值,并标绘对出应的 S_{11},那么相应于 $S_{11}=0$ 的 α 值可以容易地确定出来。

各种端点条件下等截面直杆的临界屈曲荷载已给于图 14.8 中。这些可以用于确定框架

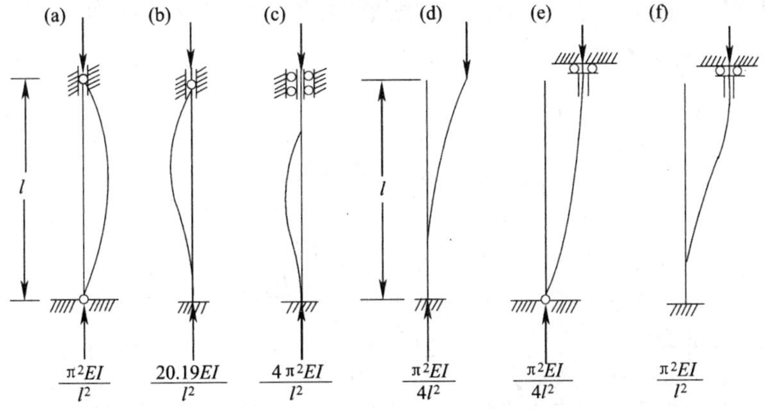

图 14.8　等截面杆的临界屈曲荷载

屈曲荷载的下界和上界,因而有助于估计近似的 α 值。

例 14.3 平面框架中柱的屈曲

试求出使例题 14.2 中框架屈曲时 B 处的力 Q 的值(图 14.6(a))。该框架除力 Q 外不受其他荷载作用。

令 $Q=\alpha$。各杆的轴力 $P_{BA}=P_{BC}=0, P_{BD}=\alpha$(压力)。相应于图 14.6(b)中各坐标的框架刚度矩阵表示成关于 α 的函数,为

$$[S(\alpha)]=\begin{bmatrix} 3\left(\frac{EI}{l}\right)_{BA}+3\left(\frac{EI}{l}\right)_{BC}+S_{BD} & \text{对称} \\ -(S_{BD}+t_{BD})/l_{BD} & \frac{2(S_{BD}+t_{BD})}{l_{BD}^2}-\frac{\alpha}{l_{BD}} \end{bmatrix} \tag{a}$$

式中 S_{BD} 和 t_{BD} 为以式 14.16 和 14.17 或表 14.1 所计算出的 α 的函数。

当 α 相当于屈曲荷载时,行列式 $|S(\alpha)|=0$,因而行列式 $=S_{11}S_{22}-S_{21}^2$ (b)

式中 S_{ij} 为式(a)中刚度矩阵的元素。

如果我们考虑 BD 的 B 端转动受到部分约束,则需要确定临界荷载的上、下界。因而,BD 的屈曲荷载为分别对应于图 14.8(d)和(f)中条件的 $\pi^2EI/(4l^2)=0.154EI/b^2$ 和 $\pi^2EI/l^2=0.617EI/b^2$ 之间的某个值。作为第一次试算,我们取这两个界限之间的平均值,即 $\alpha=0.386EI/b^2$,式(b)中相应的行列式值为 0.027 9$(EI^2)/b^4$。在第二次试算时,我们取 $\alpha=0.5EI/b^2$,得出行列式值为 $-0.035\ 4(EI)^2/b^4$。通过直线内插,进行第三次试算,选取

$$\alpha=\left[0.386+\frac{(0.5-0.386)0.027\ 9}{0.027\ 9+0.035\ 4}\right]\frac{EI}{b^2}=0.436\frac{EI}{b^2}$$

其行列式为 $-0.000\ 4(EI)^2/b^4$,此值与前面各值相比很小,因而 $\alpha=0.436EI/b^2$ 可以考虑作为屈曲值。所以临界荷载为

$$Q_{cr}=0.436\frac{EI}{b^2}$$

例 14.4 门架的屈曲

试求引起图 14.9(a)中框架屈曲的 Q 值。

对于图 14.9(b)中所示的 3 个坐标的刚度矩阵,可由表 14.2 确定为:

$$[S]=\left[\begin{array}{c|c|c} \left(\frac{S-t^2/S-u^2EI/l}{l^2}\right)_{BA}+\left(\frac{S-t^2/S-u^2EI/l}{l^2}\right)_{CD} & & \text{对称} \\ \hline -\left(\frac{S-t^2/S}{l}\right)_{BA} & (S-t^2/S)_{BA}+4\left(\frac{EI}{l}\right)_{BC} & \\ \hline -\left(\frac{S-t^2/S}{l}\right)_{CD} & 2\left(\frac{EI}{l}\right)_{BC} & (S-t^2/S)_{CD}+4\left(\frac{EI}{l}\right)_{BC} \end{array}\right] \tag{a}$$

此框架的最小屈曲荷载相应于坐标 1 处微小扰动力所引起的侧移,容易看出相应于坐标 1*(图 14.9(c))的刚度 S_{11}^* 用下式给出(见第 6.5 节式 6.18)

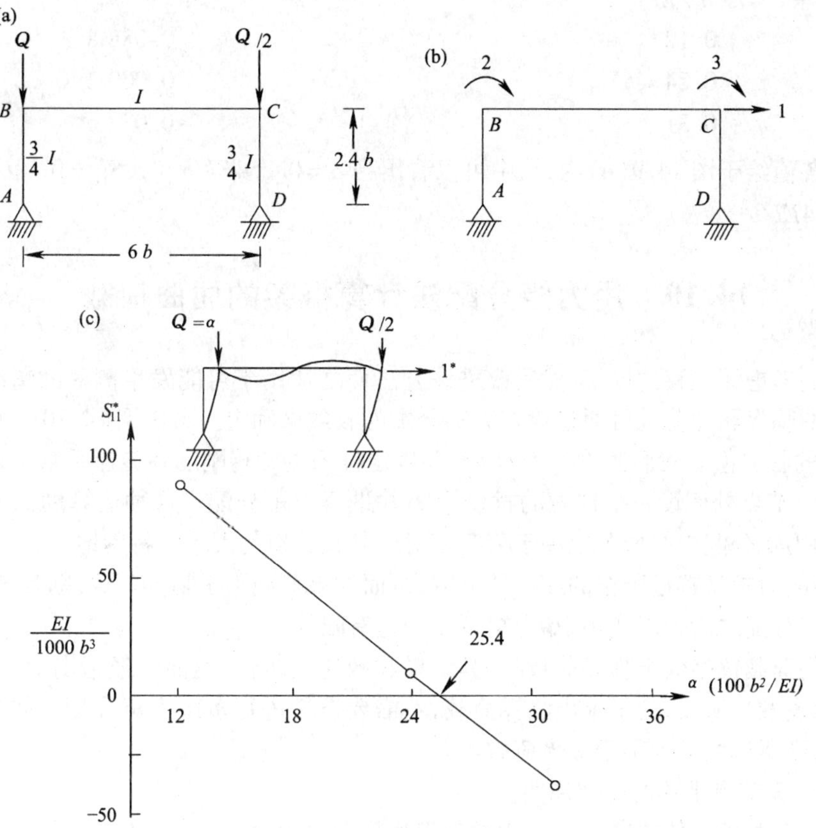

图 14.9　通过考虑刚度降低确定例题 14.4 中框架的临界荷载

(a)框架尺寸和荷载;(b)坐标系,力 Q 和 $Q/2$ 作用下相应的刚度矩阵由式(a)求得;
(c)刚度 S_{11}^* 随 α 的变化。

$$S_{11}^* = S_{11} - \frac{(S_{21}^2 S_{33} - 2S_{21}S_{31}S_{32} + S_{31}^2 S_{22})}{(S_{22}S_{33} - S_{32}^2)} \tag{14.40}$$

式中 S_{ij}为式(a)中矩阵的各元素。当坐标 2,3 处作用的力为零时,式 14.40 可用于任意 3×3 的刚度矩阵。

令屈曲荷载发生在当 $Q=a$ 时,考虑杆 CD 的 C 端转动部分约束,可以得出结论,其屈曲荷载低于相应于图 14.8(e)中条件下的$(\pi^2 EI/4l^2)_{BA}$值 a。因而,a 的上界为

$$a < \left(\frac{\pi^2 EI}{4l^2}\right)_{BA} = 0.32\,\frac{EI}{b^2} \qquad Q < 0.32\,\frac{EI}{b^2}$$

假设若干个 α 值,确定 BA 和 CD 相应的 u 值,并从表 14.1 得出相应的 S 和 t 值:

α (b^2/EI)	u_{AB}	$\frac{S_{BA}}{(EI/l)_{BA}}$	$\frac{t_{BA}}{(EI/l)_{BA}}$	u_{CD}	$\frac{S_{CD}}{(EI/l)_{CD}}$	$\frac{t_{CD}}{(EI/l)_{CD}}$
0.12	0.960	3.876	2.031	0.679	3.938	2.015
0.24	1.357	3.747	2.066	0.960	3.876	2.031
0.31	1.543	3.672	2.086	1.091	3.839	2.041

代入式(a)和式 14.40,我们得到下列 S_{11}^* 值:

$\alpha(b^2/EI)$	$S_{11}^*(b^3/EI)$
0.12	0.088 8
0.24	0.009 2
0.31	-0.037 6

将上面各值绘于图 14.9(c)内,从中可以看出当 $\alpha=0.254EI/b^2$ 时,$S_{11}^*=0$。因而,屈曲荷载 $Q_{cr}=0.254EI/b^2$。

14.10　用力矩分配法计算框架的屈曲荷载

首先我们考虑无侧移的框架,然后改进该方法使之适用于可能发生侧移的情况。无节点平动的框架的临界屈曲荷载可通过检查力矩分配的收敛来确定。考虑图 14.10(a)中的框架,需要求力 Q 的临界值。我们假设一个 Q 值,并确定杆的端旋转刚度和传递系数。现在我们在一个(或多个)节点处假设一个任意的扰动力矩并进行力矩分配。这种运算的意义在于这样一个事实,即力矩分配中的情况取决于荷载相对于其临界值的大小。特别地,当荷载增大至临界值时,最终的力矩将趋近于正的或负的无穷大,而如果荷载小于临界荷载,则其结果收敛,即在每一次力矩分配之后力矩变小,端力矩可以到达有限值。

当假设的荷载仅略低于临界荷载时,其结果收敛比较缓慢,上面已经指出,高于临界荷载时,其结果会发散。所以,为了求出临界荷载,不需要连续进行多次力矩分配。如果一次分配后力矩收敛,则所选的荷载小于临界荷载。

例 14.5　无节点平移的框架屈曲

试用力矩分配求出使图14.10(a)中框架发生屈曲的 Q 值。

首先,确定临界荷载 $Q_{cr}=\alpha$ 的上、下限。杆 AB 的底端可以自由转动,而顶端的转动受到部分约束。所以此杆的屈曲荷载存在一个图 14.8(a)和(b)所示条件下临界荷载之间的值。因此:

$$\left(\frac{\pi^2 EI}{l^2}\right)_{AB} < Q_{cr} < 20.19\left(\frac{EI}{l^2}\right)_{AB}$$

或

$$2.47\frac{EI}{b^2} < Q_{cr} < 5.05\frac{EI}{b^2}$$

现在考虑杆 BC。杆两端的转动都受到约束,因而 BC 的屈曲荷载位于图 14.8(a)和(c)中条件下的临界荷载之间,所以

$$\left(\frac{\pi^2 EI}{l^2}\right)_{BC} < Q_{cr} < \left(\frac{4\pi^2 EI}{l^2}\right)_{BC}$$

$$1.85\frac{EI}{b^2} < Q_{cr} < 7.40\frac{EI}{b^2}$$

因此,α 位于 $1.85EI/b^2$ 和 $5.05EI/b^2$ 之间。第一次试算时取 $\alpha=3.6EI/b^2$,AB 的 u,S 和 t 值分别为:3.79,1.56$(EI/l)_{AB}$和 2.83$(EI/l)_{AB}$,对于 BC 则为 4.38,0.32$(EI/l)_{BC}$和 3.43$(EI/l)_{BC}$。交于节点 B 的各杆的端旋转刚度为(式 14.24):

$$S_{BA}=\frac{EI}{2b}\left(1.56-\frac{2.83^2}{1.56}\right)=-1.79EI/b$$

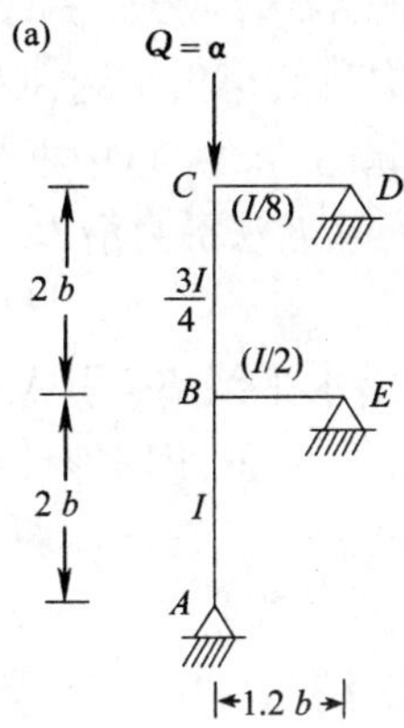

(b)

α	节点 / 端部	B: BA	B: BE	B: BC		C: CB	C: CD	批注
		−0.16	0.79	0.37	1.83 ↔	0.65	0.35	
$\frac{2.7EI}{b^2}$	在 B 点施加顺时针弯矩 100	−16.0	79.0	37.0 →		67.7		$\frac{80.6}{100}<1.00$ $\therefore \alpha_{cr}>\frac{2.7EI}{b^2}$
				−80.6 ←		−44.0		
		−0.41	1.01	0.40	2.27 ↔	0.61	0.39	
$\frac{2.9EI}{b^2}$	在 B 点施加顺时针弯矩 100	−41.0	101.0	40.0 →		90.8		$\frac{125.6}{100}>1.00$ $\therefore \alpha_{cr}>\frac{2.9EI}{b^2}$
				−125.6 ←		−55.3		
		−0.27	0.89	0.38	2.02 ↔	0.63	0.37	
$\frac{2.8EI}{b^2}$	在 B 点施加顺时针弯矩 100	27.0	89.0	38.0 →		76.8		$\frac{97.7}{100}\approx 1.00$ $\therefore \alpha_{cr}>\frac{2.8EI}{b^2}$
				−97.7 ‹		48.4		

图 14.10　例题 14.5 中临界屈曲荷载的计算

(a)框架尺寸和荷载;(b)力矩分配。

$$S_{BC}=\frac{E(0.75)I}{2b}\times 0.32=0.12EI/b$$

$$S_{BE}=\frac{3.0E(0.5)I}{1.2b}=1.25EI/b$$

总和 = $-0.42EI/b$

交于 B 点的端旋转刚度之和为负值,这说明即使 BC 杆的项端完全固定,所假设的 α 值仍大于临界值。

在第二次试算时,取 $\alpha=2.7EI/b^2$,相应的端旋转刚度和传递力矩如前一步那样计算,其相应分配系数和传递系数给于图 14.10(b)中。沿顺时针方向大小为 100 的扰动力矩作用在节点 B 处,一个适当力矩被传递给节点 C,节点 C 处于平衡状态,因此从节点 C 反作用一个 −80.6的力矩,这样结束第一次循环。如果要进行第二次分配,应从分配平衡力矩 +80.6 开始，它小于开始时的力矩100。所以，显然计算收敛，表明没有达到临界荷载。

另外两次试算见图14.10(b)，从中我们得出结论：临界荷载 $Q_{cr}=2.8EI/b^2$。

现在我们考虑有侧移的框架。引起图14.9(a)中框架屈曲的 Q 值可通过力矩分配得到，其方法类似于例题14.4，在那里我们求解无水平力沿 BC 而产生侧移时的 Q 值(图14.9(c)中 $F_1^*=0$)。

其过程为，假设一个 Q 值，然后在沿水平线 BC 引入一个单位侧移，用力矩分配确定杆端弯矩，并通过静力平衡求出 F_1^*。如果 F_1^* 为正，则框架稳定且 Q 值小于临界荷载。用新的 Q 值重复计算，直至 F_1^* 到达零为止。

14.11 小　　结

通过观察表14.1中 S 和 t 的数值，我们可以看出仅当 $u=l\sqrt{P/(EI)}$ 相当大时，比方说1.5时，杆的刚度明显地受到轴力 P 的影响。然而，较小的 u 值明显改变产生单位平动所需要的剪力。例如，如果轴力为压力，当 $u=1$ 时式14.19中刚度矩阵的元素 S_{11}(参见表14.2中情况a)

$$S_{11}=\frac{2(S+t)}{l^2}-\frac{P}{l}=\frac{2(S+t)}{l^2}-\frac{u^2EI}{l^3}$$

等于 $10.8EI/l^3$。当轴力为零时，S_{11} 的值为 $12EI/l^3$。

在本章所考虑的平面结构中，假设挠度和弯矩均位于结构平面内，而垂直此平面的位移受到约束。对于空间结构，可以采用类似的分析方法，但是由于可能存在弯扭屈曲，它们变得更加复杂。

当轴力 P 为压力且其值为临界屈曲荷载时，使一个坐标处产生单位位移所需要的力为零。因此，当式14.14中刚度矩阵 $S_{11}=0$ 时，其轴向荷载值为坐标1处(图14.1(b))允许自由位移而坐标2,3和4的位移均受约束时支柱的临界屈曲值。类似地，当 $S_{22}=0$ 时，其轴向荷载值相当于当 D_2 不受约束而 $D_1=D_3=D_4=0$ 时柱的临界屈曲荷载。当轴向荷载较大时，$[S]$ 的对角线上各元素为负，这意味着在某个坐标处需要约束力以限制其单位位移。

线性结构的力法或位移法分析可以用于杆件轴力对刚度有影响的结构。如果假设在所有计算步骤中杆件中产生一系列的轴力，这些力被认为是杆件的已知参量，就像 E，I 和 l 一样。基于无量纲参量的表14.1和14.2可用于轴力作用下等截面杆的刚度计算。

如果在分析之后，考虑杆的静力平衡所确定的轴力与所假设的值不同，则需用基于新的轴力的修正的杆件刚度值或柔度值进行重复分析。然而，在大多数实际问题中，一般不需要进行这种重复计算就可以对杆件轴力作出合理而精确的估计。如果采用计算机，可以重复计算直到假设的轴力与计算的轴力达到所需要的精度为止。

对于仅在节点处受荷载作用且在杆中产生轴压力的框架，其屈曲可通过累试法来处理，即求出导致发散的力矩分配或奇异刚度矩阵的最低荷载。位于杆长上的一个横向荷载可用各节点处的静力等效集中荷载来代替。因此所得的临界荷载略高于考虑中间点作用的荷载所产生的弯矩这样一种较精确的分析所得到的临界荷载[1]。

1　关于框架稳定分析的广泛的参考书目包含于 L. W. Lee 的论文“A Survey of Literature on the Stability of Frame”中，Welding Research Bulletin 81，New York，1962。

直杆在受到大的轴力作用时,横向挠度会产生弯矩,这一点在本章的分析已经考虑到。横向挠度也会引起杆长的变化,但这一点一般不予考虑,因为这是线性分析中所考虑的内容。在非线性结构分析中考虑此效应将会在第 24 章中进行讨论。不过,在本章所讨论的拟线性分析对许多实际问题而言已足够满足要求。

习　题

14. 1 ~14. 2　试确定图示框架的端力矩,考虑杆长的变化以及梁 - 柱效应。

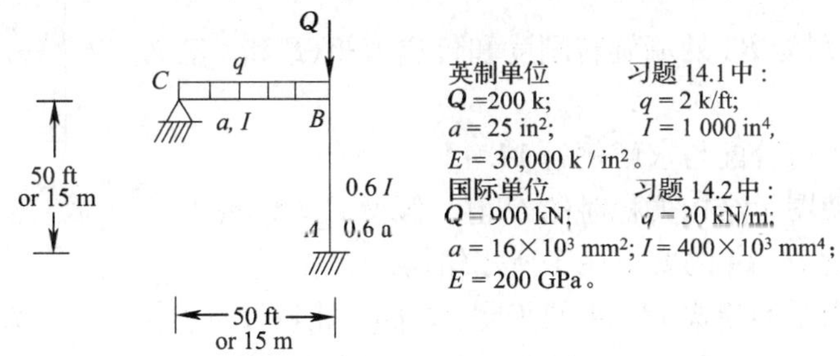

习题　14. 1 ~14. 2 图

14. 3 ~14. 4　将习题 14. 1 的要求用于图示框架。

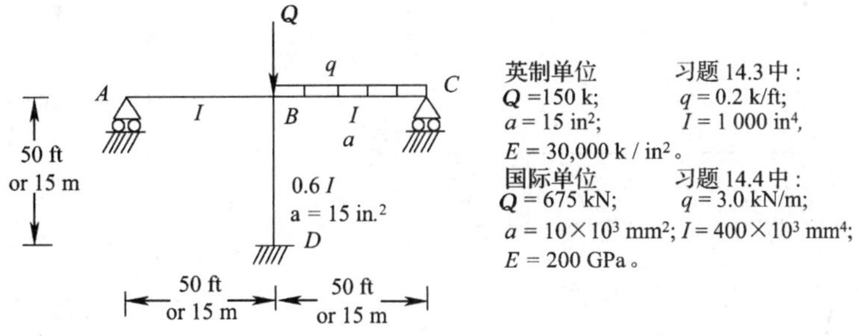

习题　14. 3 ~14. 4 图

14. 5　试将习题 14. 1 的要求用于图示框架。其中 $Q = 5EI/l^2$;$al^2/I = 40{,}000$。

14. 6　证明式 14. 27 和 14. 28。

14. 7　证明等截面杆在图 14. 8 不同端点条件下所给的临界屈曲荷载。提示:求出相应于坐标 1 发生转动或平移时的 S_{11},证明 $S_{11} = 0$,假设图中杆件所受周压力等于临界值。

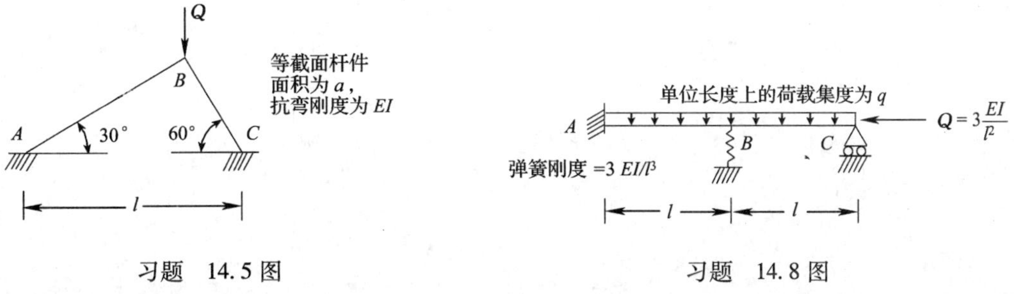

习题　14. 5 图　　　　习题　14. 8 图

14.8　试求图中梁 ABC 的弯矩图。梁在 A 端固定，C 处为滑动支座，B 处为刚度等于 $3EI/l^3$ 的弹性支座。

14.9　试求例题 14.3，将 C 的滑动支座改为铰支座。

14.10　试求使习题 14.5 图中的框架发生屈曲时力 Q 的值。假设 $I_{AB}=1.73I_{BC}$，忽略轴向变形。

14.11　求出试习题 14.8 中的梁发生屈曲时的 Q 值。在此处梁不受分布荷载作用。

14.12　试说明与图中框架侧移方式相联的临界荷载 Q 由下列方程得出：

$$(S+t)^2=(S+6\frac{EI_1}{l})(2S+2t-Qh)$$

式中 S 和 t 分别为 BA 的端旋转刚度和传递力矩（S 和 t 定义于图 14.2(d) 中）。

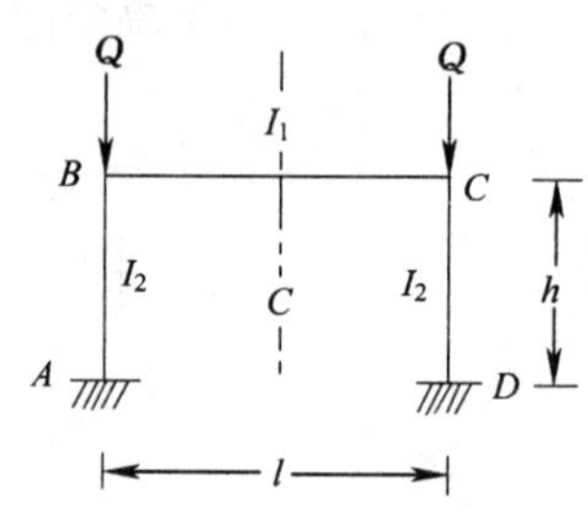

习题　14.12 图

14.13　试用力矩分配与求解例题 14.4。

14.14　试求使图示结构失稳时的 Q 值。假设 E 为常量。

14.15　将习题 14.14 的要求用于所示结构。

14.16　根据用于推导式 14.14 的步骤，试推出图 14.1(b) 中当 $P=0$（式 5.7）时杆的刚度矩阵。当 P,q 等于 0 时，控制挠度的微分方程 14.1 的解为：$y=A_1+A_2x+A_3x^2+A_4x^3$。

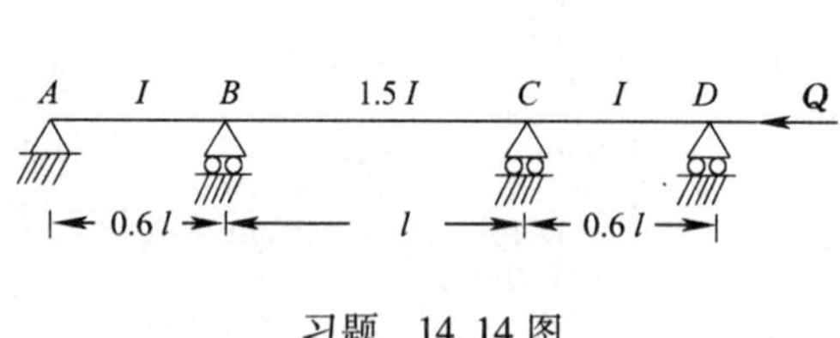

习题　14.14 图

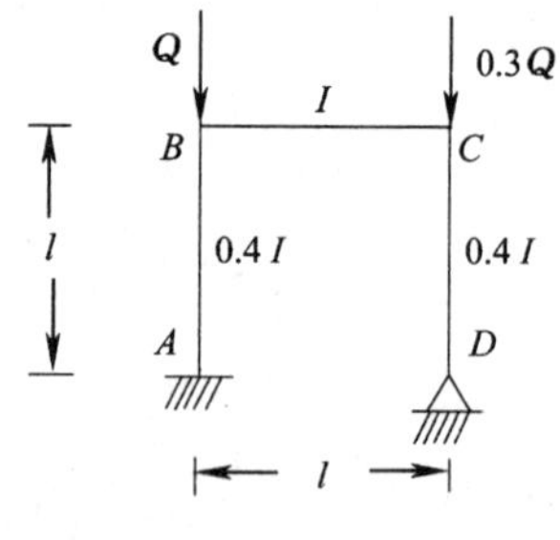

习题　14.15 图

15 剪力墙结构分析

15.1 引 言

在高层建筑物中,保证足够刚度以抵抗风、地震或爆炸气浪效应所引起的横向力是很重要的。这些力能导致很高的应力,并且产生侧向运动或振动,从而引起居住者不安。在适当位置处设置具有高平面刚度的混凝土墙,用以对水平力提供必要的抗力往往是经济的。这种类型的墙称为剪力墙。这种墙可以采取为升降机或楼梯井周围部件的形式,这种箱形结构对于抵抗水平力很有效。自然,柱也抵抗水平力,柱的作用取决于它们对剪力墙的相对刚度。分析水平力的目的在于确定每一层楼板水平面处剪力墙和柱之间所分配的外荷载的比例。

通常假设水平力作用于楼板水平面处。楼板水平方向的刚度与剪力墙或与柱的刚度相比是非常大的。由于这个理由,通常假设每一层楼板如同刚体一样沿它的水平平面移动。这种刚体运动可按照沿水平正交轴的平动和绕楼板中任一点处竖直轴的转动来定义(见图15.1(c))。

这种刚体平面状态的假设是很重要的,它减少了动不定的次数。然而,即使是这样,按三维结构的一般情况分析,还是个复杂的问题,因此通常采取进一步的假设,以便以合理的费用

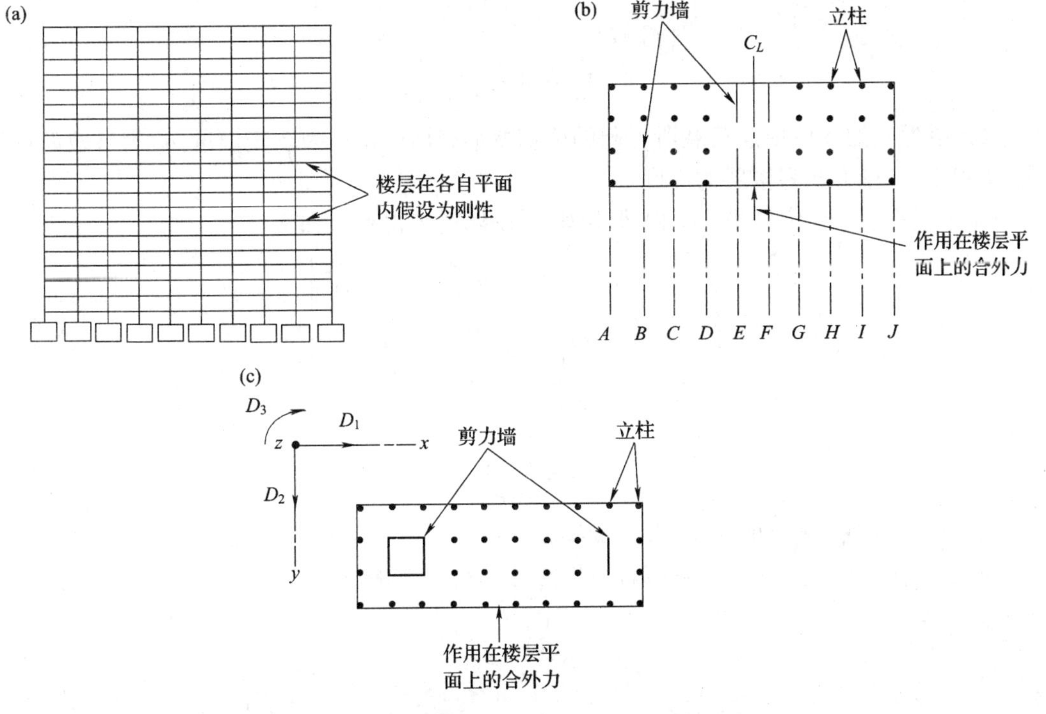

图 15.1 剪力墙和其分析中所涉及的一些假设的说明

(a)多层结构的立面图;(b)规则对称建筑的平面;

(c)非对称建筑的平面(楼板的刚体平动用坐标 D_1,D_2 和 D_3 处的位移来定义)。

和适当时间内作出分析，这些假设随分析中所选择的方法和结构的类型而不同，但是楼板在其自身平面内为刚性却是普遍认同的[1]。

如果分析可以限于由承受其平面内水平力的剪力墙和框架组成的平面结构，那么可使问题大为简化。当建筑物形成对称的矩形梁格型式时，这种简化是可能的，从而结构可以假设由两组在正交方向起作用的平行框架组成（图 15.1(b)）。最平常情况下，即使在不规则建筑物中，也可以用一理想化的平面结构去得出近似解。在已出版的大多数有关剪力墙结构分析的论文中讨论到了这种类型的二维问题。

图 15.1(c)中建筑物内剪力墙的非对称布置，在对称水平力作用下，引起楼板转动和平动。在这种情况下，剪力墙承受扭矩，如果分析限于理想化的平面结构，这是不可能计算的。

在下面各节中，理想化平面剪力墙结构的分析是在某些简化假设的基础之上来处理的，还讨论了包括进一步简化假设的三维问题。

15.2 剪力墙单元的刚度

在下面的分析中，我们把剪力墙当作将荷载传递给基础的竖直深梁来处理。这种墙的剪切变形效应要比一般梁明显得多，在一般梁中，跨高比是很大的。现在考虑剪切变形导出两相邻楼板之间剪力墙的一个单元的刚度矩阵（图 15.2(a)）。

考虑图 15.2(b)中悬臂梁 AB。对应于 A 处所示两个坐标的柔度矩阵为

$$[f]=\begin{bmatrix}\dfrac{h}{EI} & \text{对称}\\ \dfrac{h^2}{2EI} & \left(\dfrac{h^3}{3EI}+\dfrac{h}{Ga_r}\right)\end{bmatrix} \tag{15.1}$$

h/Ga 项为 A 处单位横向荷载所引起的剪切变形，其符号：G 为切变模量，a_r 为有效的剪切面积（见第 7.33 节），h 为楼层的高度。

对应于图 15.2(b)中各坐标的刚度矩阵由$[f]$求逆来得到。那么

$$[f]^{-1}=\frac{1}{(1+\alpha)}\begin{bmatrix}(4+\alpha)\dfrac{EI}{h} & \text{对称}\\ -\dfrac{6EI}{h^2} & \dfrac{12EI}{h^3}\end{bmatrix} \tag{15.2}$$

式中

$$\alpha=\frac{12EI}{h^2Ga_r} \tag{15.3}$$

由式 15.2 中刚度矩阵的元素，并考虑平衡，可以导出对应于图 15.2(c)中各坐标的刚度矩阵。那么，考虑剪切变形下，棱柱形杆（图 15.2(c)）的刚度矩阵或图 15.2(a)中剪力墙单元的刚度矩阵为

---

1 关于剪力墙结构分析的早期论文一览表见 Smith B. S, Coull, A.. Tall Building Structures: Analysis and Design, J. Wiley& Sons, New York, 1991, 第 537 页。

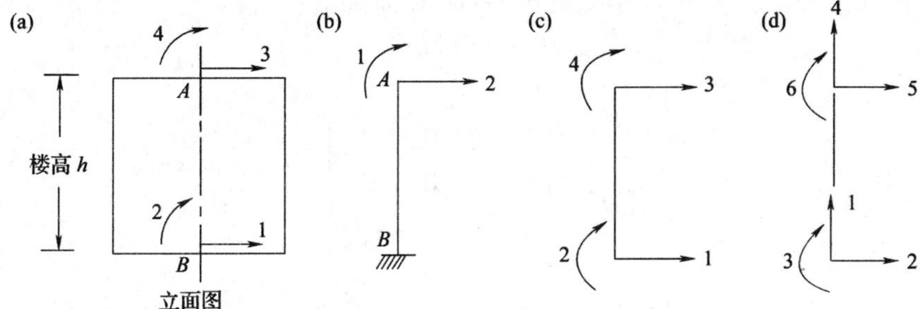

图 15.2　考虑剪切变形、弯曲变形和轴向变形时杆的柔度和刚度

(a)剪力墙单元；(b)对应于方程 15.1 和 15.2 中柔度矩阵的坐标；

(c)对应于方程 15.4 中刚度矩阵的坐标；(d)对应于方程 15.5 中刚度矩阵的坐标。

$$[S]=\frac{1}{1+\alpha}\begin{bmatrix}\frac{12EI}{h^3} & & \text{对} & \\ \frac{6EI}{h^2} & (4+\alpha)\frac{EI}{h} & & \text{称} \\ -\frac{12EI}{h^3} & -\frac{6EI}{h^2} & \frac{12EI}{h^3} & \\ \frac{6EI}{h^2} & (2-\alpha)\frac{EI}{h} & -\frac{6EI}{h^2} & (4+\alpha)\frac{EI}{h}\end{bmatrix} \tag{15.4}$$

令 $\alpha=0$，则该刚度矩阵与式 6.8 中不考虑剪切变形的矩阵相同。

有些情况需要考虑轴向变形，因而要对图 15.2(d)所示 6 个坐标写出刚度矩阵。对应于这些坐标，考虑弯曲变形、剪切变形和轴向变形的刚度矩阵为：

$$[S]=\begin{matrix}1\\2\\3\\4\\5\\6\end{matrix}\begin{bmatrix}\frac{Ea}{h} & & & \text{对} & & \\ & \frac{12EI}{(1+\alpha)h^3} & & & & \\ & \frac{6EI}{(1+\alpha)h^2} & \frac{(4+\alpha)EI}{(1+\alpha)h} & & & \text{称} \\ -\frac{Ea}{h} & & & \frac{Ea}{h} & & \\ & -\frac{12EI}{(1+\alpha)h^3} & -\frac{6EI}{(1+\alpha)h^2} & & \frac{12EI}{(1+\alpha)h^3} & \\ & \frac{6EI}{(1+\alpha)h^2} & \frac{(2-\alpha)EI}{(1+\alpha)h} & & -\frac{6EI}{(1+\alpha)h^2} & \frac{(4+\alpha)EI}{(1+\alpha)h}\end{bmatrix} \tag{15.5}$$

式中 a 为与轴线成正交的横截面面积，α 与上面一样(式 15.3)。如果我们令 $\alpha=0$，式 15.5 则与不考虑剪切变形的式 6.7 相同。

15.3　端部带有刚臂的梁的刚度矩阵

剪力墙通常由梁来联结，为了分析，我们需要求出这种梁对应于墙轴处各坐标的刚度。考虑图 15.3(a)中梁 AB。我们假设该梁有两个刚性部分 AA' 和 BB'（图 15.3(b)）。A 处和 B 处的位移$\{D^*\}$由几何关系与A'处和B'处的位移$\{D\}$联系如下：

$$\{D\}=[H]\{D^*\} \tag{15.6}$$

式中

$$[H]=\begin{bmatrix}1 & dl & 0 & 0\\0 & 1 & 0 & 0\\0 & 0 & 1 & -bl\\0 & 0 & 0 & 1\end{bmatrix} \tag{15.7}$$

$[H]$中第一列和第二列元素分别为由于$D_1^*=1$和$D_2^*=1$所引起的位移$\{D\}$，可考察图15.3(a)来校核。

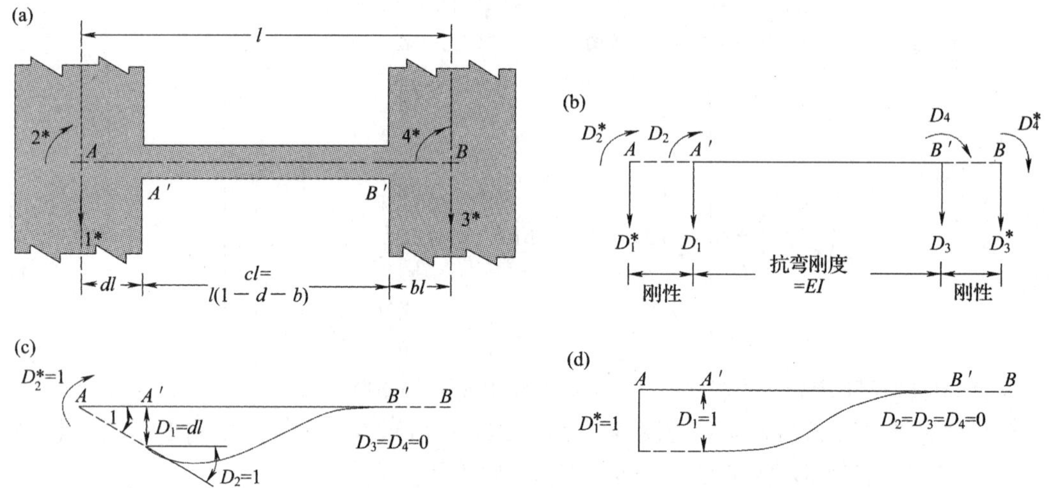

图 15.3 位于剪力墙之间的梁的刚度矩阵的坐标系(对应于式 15.8 和 15.10)

(a)剪力墙之间的梁的立面图;(b)坐标系;

(c)对应于$D_1^*=1$和$D_2^*=1$的弯曲图形。

如果考虑剪切变形，该梁相当于坐标$\{D\}$的刚度矩阵$[S]$与以cl代替h的式15.4相同。那么

$$[S]=\frac{1}{1+\alpha}\begin{bmatrix}\frac{12EI}{c^3l^3} & & \text{对} & \\ \frac{6EI}{c^2l^2} & (4+\alpha)\frac{EI}{cl} & & \\ -\frac{12EI}{c^3l^3} & -\frac{6EI}{c^2l^2} & \frac{12EI}{c^3l^3} & \text{称}\\ \frac{6EI}{c^2l^2} & (2-\alpha)\frac{EI}{cl} & -\frac{6EI}{c^2l^2} & (4+\alpha)\frac{EI}{cl}\end{bmatrix} \tag{15.8}$$

式中$c=1-d-b$，d和b为梁的刚性部分的长度与总长度l之比。

由式9.17，对应于坐标$\{D^*\}$的刚度矩阵为

$$[S^*]=[H]^{\mathrm{T}}[S][H] \tag{15.9}$$

将式15.7和15.8代入式15.9，得出

$$[S]^* = \frac{EI}{1+\alpha}\begin{bmatrix} \frac{12}{c^3l^3} & & \text{对} & \\ \frac{6}{c^2l^2}+\frac{12d}{c^3l^3} & \frac{4+\alpha}{cl}+\frac{12d}{c^2l}+\frac{12d^2}{c^3l} & & \\ -\frac{12d}{c^3l^3} & -\frac{6}{c^2l^2}-\frac{12d}{c^3l^2} & \frac{12}{c^3l^3} & \text{称} \\ \frac{6}{c^2l^2}+\frac{12b}{c^3l^2} & \frac{2-\alpha}{cl}+\frac{6d+6b}{c^2l}+\frac{12db}{c^3l} & -\frac{6}{c^2l^2}-\frac{12b}{c^3l^2} & \frac{4+\alpha}{cl}+\frac{12b}{c^2l}+\frac{12b^2}{c^3l} \end{bmatrix} \tag{15.10}$$

那么，式 15.10 给出总长为 l、刚性端头部分的长为 dl 和 bl 的棱柱形杆（图 15.3(b)）对应于坐标$\{D^*\}$（图 15.3(a)）的刚度矩阵。$\alpha = 12EI/(c^2l^2Ga_r)$ 项为考虑剪切变形。如果不管剪切变形，则令 α 等于零。

15.4 带有剪力墙的平面框架的分析

考虑图 15.1(b)中所示由平行于对称轴的各框架组成的结构，这些框架中有一些包括剪力墙。因为结构和加载对称，楼板平动但无转动。假设各楼板在它们自身平面内为刚性，在每一给定楼板水平面处所有的框架产生相同的侧移量 D^*，如图 15.4(a)所示。

要对每一平面框架计算对应于坐标$\{D^*\}$的刚度矩阵$[S^*]_i$（为 $n \times n$ 阶，这里 n 为楼板的层数）。然后将各矩阵加起来，得到整个结构的总刚度矩阵$[S^*]$：

$$[S^*] = \sum_{i=1}^{m}[S^*]_i \tag{15.11}$$

式中 m 为框架的数目。

各楼板水平面处的侧移由下式计算

$$[S^*]_{n\times n}\{D^*\}_{n\times 1} = \{F^*\}_{n\times 1} \tag{15.12}$$

式中 $[F^*]$为各楼板水平面处的水平合力，n 为楼板的层数。

为确定任一框架的$[S^*]_i$，如位于 B 线或 I 线上的框架（图 15.4(a)），各坐标如于图 15.4(b)中所示框架节点处。这些坐标代表每一节点处的转动和竖直位移以及将楼板视为整体时每一节点的侧移。首先应用剪力墙的刚度和附于墙上的梁的刚度（按第 15.2 节和第 15.3 节所得）导出相应的刚度矩阵$[S]_i$（在此情况下，为 $7n \times 7n$ 阶）。然后将该刚度矩阵$[S]_i$合并成相应楼板水平面处侧移坐标的矩阵$[S^*]_i$（见第 6.5 节）。$[S^*]_i$ 的元素为各楼板水平面处对应于允许发生转动和竖直节点位移情况下各顺序楼板处发生单位水平位移时的力。

在对式 15.1 求解得$\{D^*\}$之后，每一平面框架各楼板水平面处的水平力用下式确定：

$$[S^*]_i\{D^*\} = \{F^*\}_i \tag{15.13}$$

当水平力$[F^*]_i$ 作用于第 i 个框架的各板处，而图 15.4(b)中其他坐标处没有力时，此图中所有其他坐标处位移都可以计算出来。根据这些位移，可以确定任一单元中的应力合力。

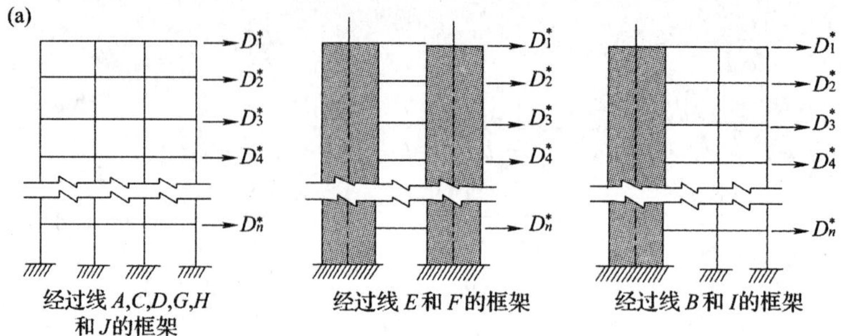

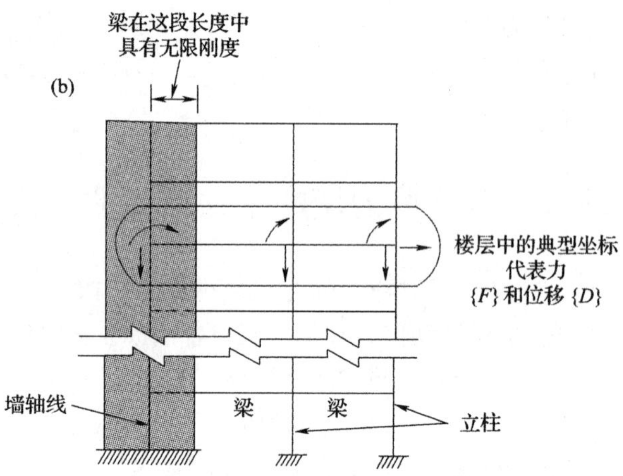

图 15.4 对应于图 15.1(b)中对称三维结构分析中所考虑的平面框架

(a)平行于图 15.1(b)建筑对称线的框架;

(b)对应于 B 和 I 线上框架的刚度矩阵$[S]_i$ 的坐标系。

克劳奇(Cloug)[1]等对包括上面方法中所述相同假定的分配的作了详细叙述,并设计了合理的计算机程序,可得出图 15.5(a)所示平面布置在承受沿 x 轴方向风荷载时 20 层结构的分析结果。除底层高度为 15 ft(4.58 m)外,其他每层高度均为 10 ft(3.05 m)。所有柱和剪力墙均固定于基础处,各结构杆件的特性都列于表 15.1 中。

对于这个结构,需要考虑两种框架:具有 5 跨的框架 A,所有柱考虑沿 x 方向宽度为零,另一种为 3 跨的框架 B,跨度为 26 ft,36 ft 和 26 ft(或是 7.93 m,10.98 m 和 7.93 m),带有宽度为 20 ft(6.10 m)的两个剪力墙柱。

图 15.5(b)取自克劳奇论文,它说明了柱与剪力墙之间的剪力分配。我们可以看出横向抗力大部分是由剪力墙所提供。

图 15.5(c)也是仿自克劳奇等人的论文,它说明剪力墙中弯矩和框架 A 的一根内柱中的弯矩。这些结果清楚地表示了柱与剪力墙的不同状态,按克劳奇的话:“剪力墙基本上为一悬臂柱,具有框架作用,只是弯矩图稍有修改。反之,根本上单柱为纯框架作用”。第 10 层与第 11 层之间柱刚度的突变效应如于图 15.5(b)和(c)所示。

---

1 Clough,R. W. ,King,I. P,Wilson,E. L. . Structural Analysis of Multi - Srorey Buildings. Proc. ASCE,1964,90(3),Part I:19 -34.

表 15.1 图 15.5 的例题的杆件特征

	柱		剪 力 墙		梁	
	$I(\text{in}^4)$	面积(in^2)	$I(\text{in}^4)$	面积(in^2)	$I(\text{in}^4)$	面积(in^2)
第 11 ~ 20 层楼	3 437	221.5	$1\ 793\times10^4$	3 155	6 875	—
第 1 ~ 10 层楼	9 604	313.5	$2\ 150\times10^4$	3 396	11 295	—

注：$1\text{in}^2=645\ \text{mm}^2$；$1\text{in}^4=416\ 000\ \text{mm}^4$。

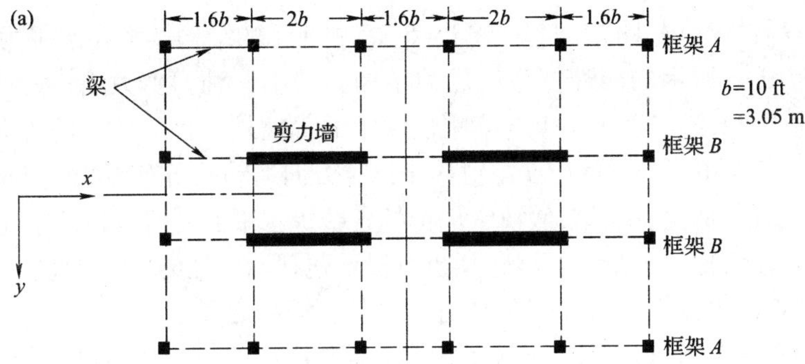

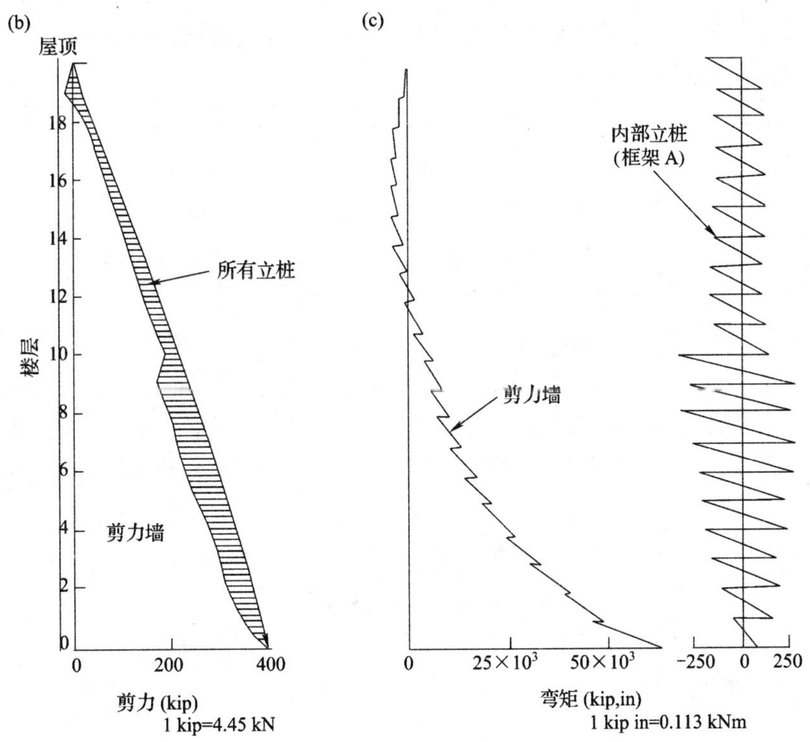

图 15.5 克劳奇、克因和威尔逊所分析的建筑例子

(a)平面；(b)剪力分配；(c)竖直杆中的力矩。

15.5　建筑物按平面结构的简化近似分析

前面例题(见图 15.5(c))说明在每一层楼的高度内各柱有一拐点,而墙的挠曲类拟于悬臂梁的挠曲,这是因为各柱端的转动被梁弹性地约束着。当墙与梁相比较具有很大的 I 值时(实践中往往属于这样的情况),梁不能有效地阻止伴随悬臂梁形式的挠曲产生楼板在水平面处转动。

这种作用得出这样的建议:图 15.1(b)或 15.5(a)中所示的结构类型在水平力作用下,可以理想化为由图 15.6(a)所示的两种体系组成的结构。其中一种为剪力墙,每一层中它的 I 值等于所有墙的 I 值之和,第二种为一个与梁刚性联结的等效柱。该等效柱的 I_c 值为一层中所有柱的 I 值之和。各梁中任一梁的 $(I/l)_b$ 值等于沿 x 方向运动的所有梁的 (I/l) 值之和的 4 倍。这两种体系由无弹性的连杆联结,假设它们抵抗各楼板水平面处所有的外水平力。而且,所有杆的轴向变形均不考虑。分析中可以包括也可以不包括墙或柱的剪切变形。如果考虑剪切变形,其折算(有效)面积则为一层中各墙或各柱的折算面积之和。

用图 15.6(a)中的替代框架去代替实际框架包含着以下假定;水平荷载作用于楼层处,梁的挠曲在跨中有一反弯点(弯矩为 0);例如图 11.17 和图 11.18 中的框架。当水平地震力作用于图 11.17 中框架对,我们可以验证图 11.17(a)中框架 B 点位移将与图 11.17(c)中的相等。如果成立,则替代框架一定有:

$I_{AB}=\sum I_{柱}$ 和 $(I/l)_{BE}=4(I/l)_{梁}$,式中 $I_{柱}$ 为实际框架(见图 11.7(a))中柱 AB 或 CD 的横截面的极惯性距,$(I/l)_{梁}$ 为 I 除以梁 BC 长度的值。

假设理想化的结构具有 n 个代表楼板侧移的自由度。该结构的刚度矩阵 $[S^*]_{n\times n}$ 由两种体系的刚度矩阵之和来得到。即为

$$[S^*]=[S^*]_w+[S^*]_r \tag{15.14}$$

式中 $[S^*]_w$ 和 $[S^*]_r$ 分别为剪力墙和替代框架对应于楼板水平面处 n 个水平坐标的刚度矩阵。为了确定 $[S^*]_w$ 或 $[S^*]_r$,考虑墙的每一楼板水平面处和替代框架中每一梁柱联结处的两处自由度(一个转动和一个侧移)。写出对应于图 15.6(b)中各坐标 $2n\times 2n$ 阶刚度矩阵 $[S^*]_w$ 或 $[S^*]_r$,随后将这些矩阵合并成 $[S^*]_w$ 和 $[S^*]_r$,它们将水平力与具有无约束转动的侧移联系起来(见第 6.5 节)。

然后由下式算出实际结构各楼板水平面处的侧移:

$$[S^*]_{n\times n}\{D^*\}_{n\times 1}=\{F^*\}_{n\times 1} \tag{15.15}$$

位移 $\{D^*\}$ 代表在建筑物中所有柱或剪力墙的楼板水平面处的水平平动。外力 $\{F^*\}=\{F^*\}_w+\{F^*\}_r$,可从下式算出:

$$[F^*]_w=\{S^*\}_w\{D^*\} \tag{15.16}$$

和

$$[F^*]_r=\{S^*\}_r\{D^*\} \tag{15.17}$$

其中 $\{F^*\}_w$ 和 $\{F^*\}_r$ 分别为墙或替代框架所抵抗的力。

然后,将这些力作用于剪力墙和替代框架上,确定每一体系中的杆端力矩。如果这些端力矩按其 (EI/h) 或 (EI/l) 值分配给实际结构的墙、柱和梁,那么可以得到实际的杆端力矩的近

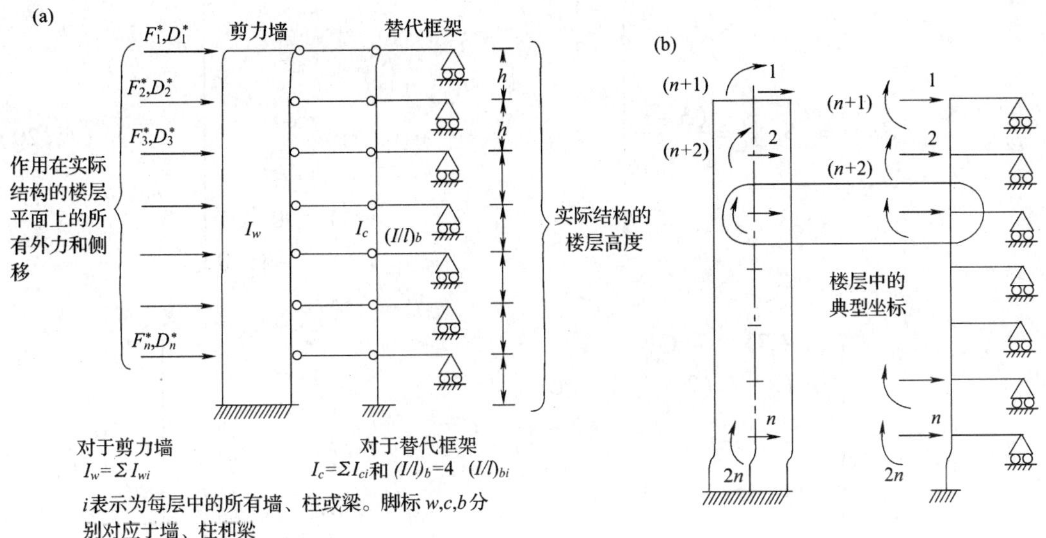

图 15.6 图 15.1(b)或 15.5(a)中所示类型的建筑框架的简化分析

(a)理想化的结构;(b)对应于刚度矩阵$[S_w]$和$[S_r]$的坐标。

似值。按这种方式分配可能在一些节点处产生不平衡力矩。由一次或两次力矩分配循环可以很快获得改进值。

重要的是应注意:如果剪力墙中的一座墙明显不同于其他墙,或者在不同水平面处横截面有变化,那么上面的计算方法可能导致错误的结果。在这处情况下,需要考虑由多座由连杆附于替代框架上的墙组成的理想化结构,分别导出每一个墙的刚度,然后由总和得到理想化结构的刚度。

15.5.1 柱和梁均相同的特定情况

当所有各层中柱的横截面和高度均相同,而且所有楼板的$(I/l)_b$也相同时,图 15.6(b)中右侧替代框架的刚度矩阵为:

$$[S]_{r\,2n\times 2n}=\begin{bmatrix}[S_{11}]_r & [S_{12}]_r\\ [S_{21}]_r & [S_{22}]_r\end{bmatrix} \tag{15.18}$$

其子矩阵为:

$$[S_{11}]_r=\frac{2(S+t)}{h^2}\begin{bmatrix}1 & -1 & & & & & \\ -1 & 2 & -1 & & & & \\ & -1 & 2 & -1 & & & \\ & & \cdots & \cdots & \cdots & & \\ & & & \cdots & \cdots & \cdots & \\ & & & & -1 & 2 & -1\\ & & & & & -1 & 2\end{bmatrix}_{n\times n} \tag{15.19}$$

没有写出的分量均为零(以下相同)。

$$[S_{21}]_r = [S_{12}]_r^{\mathrm{T}} = \frac{(S+t)}{h}\begin{bmatrix} -1 & 1 & & & & & \\ -1 & 0 & 1 & & & & \\ & -1 & 0 & 1 & & & \\ & & \cdots & \cdots & \cdots & & \\ & & & \cdots & \cdots & \cdots & \\ & & & & -1 & 0 & 1 \\ & & & & & -1 & 0 \end{bmatrix}_{n \times n} \tag{15.20}$$

和

$$[S_{22}]_r = S\begin{bmatrix} (1+\beta) & C & & & & & \\ C & (2+\beta) & C & & & & \\ & C & (2+\beta) & C & & & \\ & & \cdots & \cdots & \cdots & & \\ & & & \cdots & \cdots & \cdots & \\ & & & & C & (2+\beta) & C \\ & & & & & C & (2+\beta) \end{bmatrix}_{n \times n} \tag{15.21}$$

式中

$$\beta = \frac{3E}{S}(I/l)_b \tag{15.22}$$

$$S = \frac{(4+\alpha)}{(1+\alpha)}\frac{EI_c}{h} \tag{15.23}$$

$$t = \frac{(2-\alpha)}{(1+\alpha)}\frac{EI_c}{h} \tag{15.24}$$

和

$$C = t/S \tag{15.25}$$

S 项为远端固定时另一端处柱的旋转刚度，t 为传递力矩（参见式 15.4），C 为传递系数。考虑竖直杆的剪切变形：

$$\alpha = \frac{12EI_c}{h^2 G a_{rc}} \tag{15.26}$$

而不考虑梁的剪切的变形。I_c 和 $(I/l)_b$ 分别为替代框架中柱和梁的特性值（见图15.6a）。横截面面积 $a_{rc} = \sum a_{rci}$ = 框架中所有柱的折算（有效）横截面面积之和。

在习题 15.2 中考虑柱的横截面和高度逐层改变而且所有楼板水平面处的梁具有不同的 $(I/l)_b$ 值的一般情况。

上面各式可以用来得出对应于图 15.6(b)中各坐标的墙的刚度矩阵 $[S]_w$。为此，我们令 $\beta = 0$，并以脚标 w 代替 c。

例 15.1 4 层和 20 层的建筑

试对具有与图 15.5(a)相同平面且有 4 层相等高度 $h = b$ 的结构求出一根柱和一坐剪力墙的端力矩近似值。该框架在顶层楼板处承受沿 x 方向大小为 $P/2$ 的水平力，而其他层每一楼板水平面处承受 P 作用。杆的特征如下：任一柱 $I = 17 \times 10^{-6} b^4$、任一梁 $I = 17 \times 10^{-6} b^4$，任一墙 $I = 87 \times 10^{-3} b^4$。取 $E = 2.3G$。墙的横截面积 $= 222 \times 10^{-3} b^2$。仅考虑墙的剪切变形。

理想化结构的墙和替代框架示于图 15.7(a)、(b)内。实际结构中,有 16 根柱、4 面墙、12 根长度为 16b 的梁和 4 根长度为 2 b 的梁。理想化结构中杆的特性为:

$$I_C = \sum I_{ci} = 16 \times 17 \times 10^{-6} b^4 = 272 \times 10^{-6} b^4$$

$$(I/l)_b = 4\sum (I/l)_{bi} = 4 \times 34 \times 10^{-6} b^4 \left(\frac{12}{1.6b} + \frac{4}{2.0b}\right) = 1292 \times 10^{-6} b^3$$

$$I_w = \sum I_{wi} = 4 \times 87 \times 10^{-3} b^4 = 348 \times 10^{-3} b^4$$

$$a_{rw} = \sum a_{rwi} = 4 \times \frac{5}{6} \times 222 \times 10^{-3} b^2 = 740 \times 10^{-3} b^2$$

为了求出墙和替代框架的刚度矩阵,由式 15.22 ~ 15.26 算出下列各量。

	墙	替代框架
α:	12.9	0
S:	$0.423Eh^3$	$1.09 \times 10^{-3} Eh^3$
t:	$-0.273Eh^3$	$0.54 \times 10^{-3} Eh^3$
C:	-0.65	0.5
β:	—	3.56

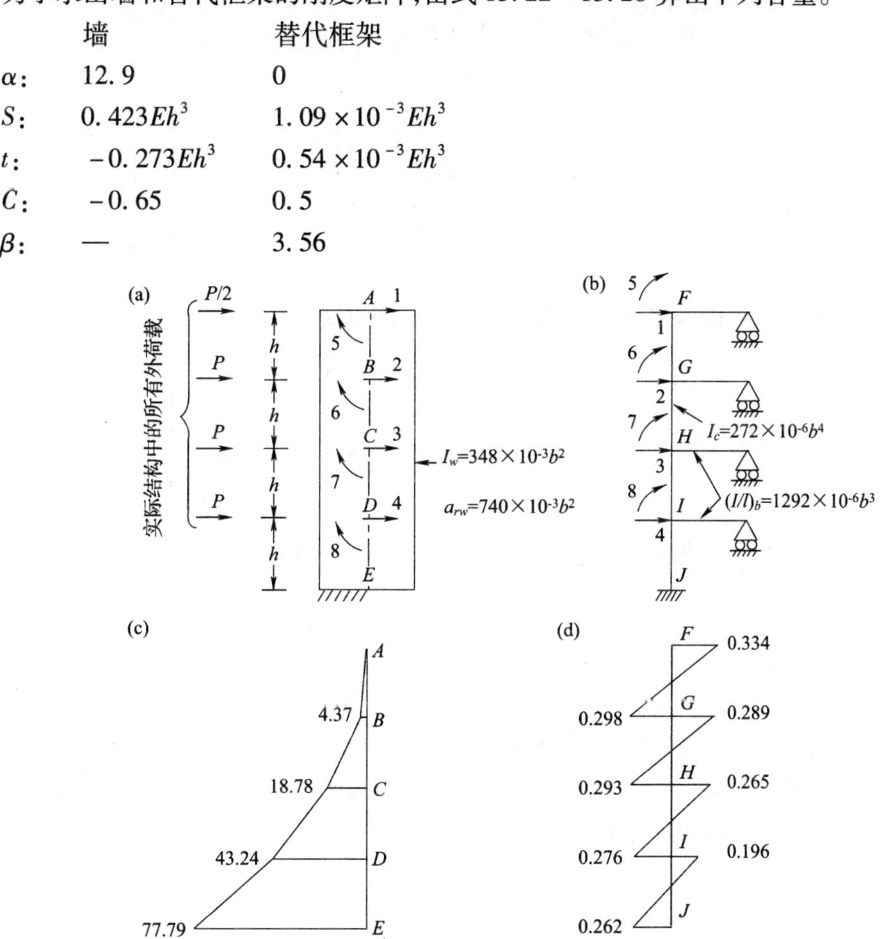

图 15.7　例题 15.1 中 4 层建筑的分析

(a)剪力墙;(b)替代框架;(c)各墙中力矩之和(乘以 $ph/10$);(d)各柱中力矩之和(乘以 $ph/10$)。

为了得到替代框架的刚度矩阵,我们代入式 15.19 ~ 15.21 计算$[S_r]$的各子矩阵:

$$[S_{11}]_r = 3.26 \times 10^{-3} Eh \begin{bmatrix} 1 & -1 & & \\ -1 & 2 & -1 & \\ & -1 & 2 & -1 \\ & & -1 & 2 \end{bmatrix}$$

$$[S_{21}]_r=[S_{12}]_r^{\mathrm{T}}=1.63\times10^{-3}Eh^2\begin{bmatrix}-1&1&&&\\-1&0&1&&\\&-1&0&1\\&&-1&0\end{bmatrix}$$

$$[S_{22}]_r=1.09\times10^{-3}Eh^3\begin{bmatrix}4.56&0.5&&\\0.5&5.56&0.5&\\&0.5&5.56&0.5\\&&0.5&5.56\end{bmatrix}$$

对应于4个侧移坐标的合并刚度矩阵为(由式5.17)：

$$[S^*]_r=[S_{11}]_r-[S_{12}]_r[S_{22}]_r^{-1}[S_{21}]_r \tag{15.27}$$

代入,得

$$[S^*]_r=10^{-4}Eh\begin{bmatrix}23.55&&\text{对}&\\-27.16&55.08&&\\3.93&-31.93&56.03&\text{称}\\-0.36&4.40&-32.40&60.37\end{bmatrix}$$

按类似方法,对应于楼板水平面处水平坐标的墙的刚度矩阵为

$$[S^*]_w=10^{-2}Eh\begin{bmatrix}13.98&&\text{对}&\\-22.76&51.22&&\\5.70&-31.84&53.77&\text{称}\\2.33&2.55&-30.19&56.33\end{bmatrix}$$

理想化结构(墙和替代框架联系起来)的刚度矩阵由式15.14得到：

$$[S^*]=[S^*]_w+[S^*]_r=10^{-4}Eh\begin{bmatrix}1421.40&&\text{对}&\\-2303.05&5177.15&&\\574.22&-3215.76&5433.34&\text{称}\\232.28&259.64&-3051.41&5692.92\end{bmatrix}$$

从上面各式中将$[S^*]$和$\{F^*\}=P\{0.5\quad 1.0\quad 1.0\quad 1.0\}$代入式15.15,求解$\{D^*\}$,我们得到各楼板水平面处实际结构的侧移：

$$\{D^*\}=\frac{10P}{Eh}\begin{Bmatrix}11.47\\8.32\\5.03\\2.03\end{Bmatrix}$$

由$\{D^*\}$乘$[S^*]_w$或$[S^*]_r$,我们得出墙和替代框架所抵抗的力(式15.16和15.17)

$$\{F^*\}_w=P\begin{Bmatrix}0.4368\\1.0050\\1.0041\\1.0083\end{Bmatrix}\qquad \{F^*\}_r=P\begin{Bmatrix}0.0632\\-0.0050\\-0.0041\\-0.0083\end{Bmatrix}$$

替代框架的节点转动$\{D_2\}$,可由下式确定：

$$\{D_2\}_r = -[S_{22}]_r^{-1}[S_{21}]_r\{D_1\}_r \tag{15.28}$$

式中$\{D_1\}_r=\{D^*\}$为图 15.7(b)中前 n 个坐标处的位移。此式需要计算的部分在式 15.27 运算时就已完成。从柱的节点转动和平动,可以容易地计算出端力矩。替代框架的弯矩图示于图 15.7(d)内。剪力墙中的力矩由将力$\{F^*\}_w$作用于悬臂上来求出,绘于图 15.7(c)中。

因为所有墙的横截面相同,所有柱的横截面也相同,每一墙中的力矩为图 15.7(c)中值的 1/4,每一柱的弯矩为图 15.7(d)中值的 1/16。

对于楼的层数 $n=20$ 的相同问题的求解(而不是 4 层),得出图 15.8 中所示结果,作用于顶层楼板顶上的外作用力为 $P/2$,其他每一点为 P,所有楼层的高度均相同为 h。

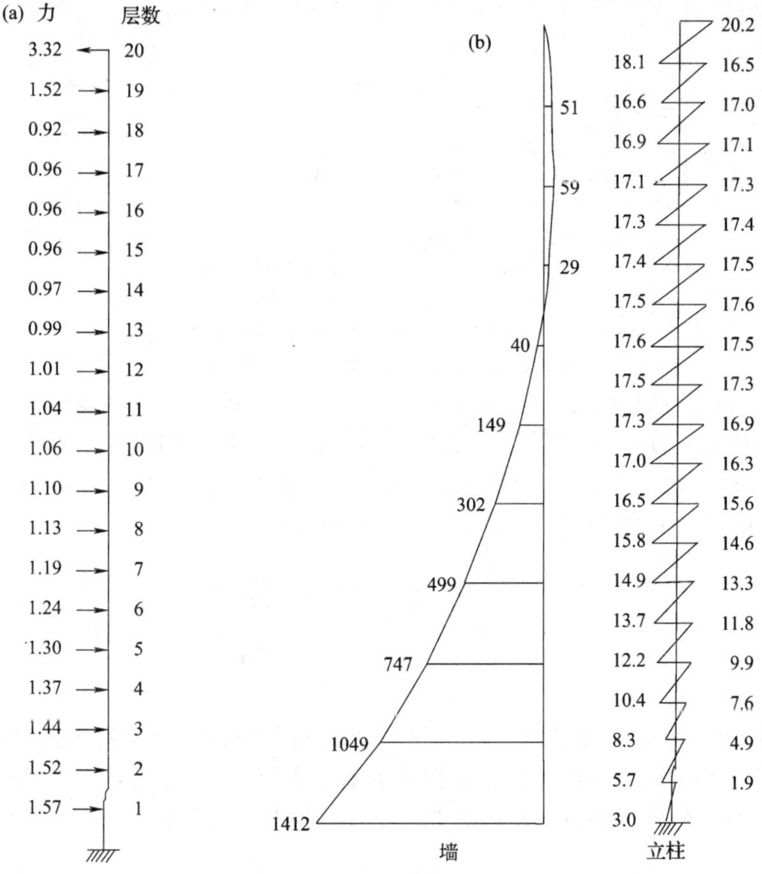

图 15.8　图 15.5(a)中平面所示 20 层建筑用例题 15.1 分析的力和力矩

(a)剪力墙所抵抗的力(乘以 P);(b)竖直杆中的力矩(乘以 $Ph/10$)。

15.6　带孔的剪力墙

图 15.9(a)和(b)表示居住大厦中通常所用的墙的类型。图内所示的两种类型,在于孔的尺寸和它们位置不同。这种问题的正确处理需要求解其控制平面力弹性方程,但在这里是困难的,不能用于实践中,其合理解可由有限单元法(见第 17 章)或由把墙理想化为由很小单元组成的各种类型的分格式框架,然而,通常其计算需要求解大量的方程。这些方法可以用于按任何型式布置的墙,能得出比下面所述大量简化分析要好一些的应力分布图。

在简化分析中，将图 15.9(a)和(b)中所示带有一排孔的墙理想化为由两个宽柱由端部为无穷大刚度的梁联结组成的框架。构成这一结构的各单元的刚度和分析方法已给出见第 15.2 和 15.3 节中。马克里阿德(Macleod)[1]用模型试验说明以这种框架来理想化这一类型的墙在大多数实际情况下可以得出很好的刚度估算值(对应于侧移)。所以看来有限单元理想化在这方面提供帮助较少。

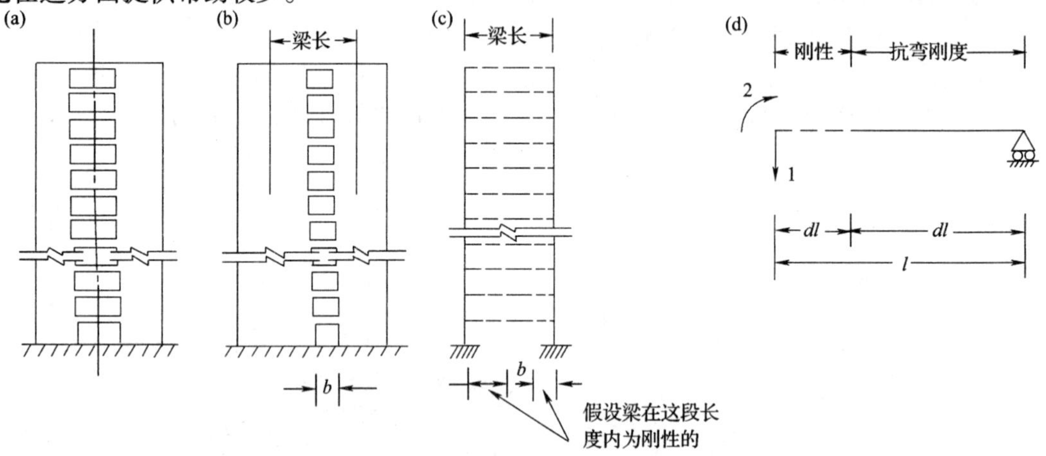

图 15.9　对于带有也沿的墙的分析所理想化的结构

(a)对称墙；(b)带有孔洞的墙；(c)对于图；

(b)中墙的分析所理想化的结构；(d)对应于方程 15.29 所给的刚度矩阵 $\bar{S}$ 的坐标。

图 15.9(a)中的对称墙可用于与梁刚性联结的柱组成相应的框架进行分析(见图 15.7(b)和第 11.12 节)。每一梁靠近与柱子联结处有一刚性部分。对于一端为铰结的这种梁，其对应于图 15.9(d)中坐标的刚度矩阵容易由式 15.10 导出，为

$$[\bar{S}]=\begin{bmatrix} S_{11}^{*}-\dfrac{S_{14}^{*2}}{S_{44}^{*}} & \text{对称} \\ S_{21}^{*}-\dfrac{S_{24}^{*}S_{41}^{*}}{S_{44}^{*}} & S_{22}^{*}-\dfrac{S_{24}^{*2}}{S_{44}^{*}} \end{bmatrix} \tag{15.29}$$

式中 S_{ir}^{*} 为式 15.10 中 $b=0$ 时刚度矩阵的元素。如果在各层高度相同和截面相同而且各层楼上窗与窗之间的梁都相同的对称墙的特定情况下不考虑轴向变形，那么式 15.18 ~ 15.26 可以用于导出其替代框架的刚度矩阵，但式 15.22 的 β 必须用下式代替

$$\beta'=\frac{\bar{S}_{22}}{S} \tag{15.30}$$

式中 $\bar{S}_{22}$ 为式 15.29 中刚度矩阵的一个元素，S 由式 15.23 定义。其理由是式 15.22 中 $3E(I/l)$ 这个量为替代框架中一等截面水平梁的修正端旋转刚度。对于图 15.9(d)中梁对应的量为 $\bar{S}_{22}$。

15.7　三 维 分 析

三维框架结构中的一个节点，一般具有 6 个自由度：沿 x, y 和 z 方向的 3 个平动和 3 个转

1　MacLeod, I. A.. Lateral Stiffness of Shear Walls with Opening in Tall Buiding, Praceedings of a Symposium on Tall Builings, Southampton. Pergamon Press, New York, 1967: 223 - 244.

动(图 15. 10(a))。多层建筑物的楼板均假设为刚性的,迫使一层楼板中所有节点处 3 位移(D_1,D_2 和 D_3)都相同。即使采取这个重要的简化,其分析仍然属于由具有任意空间方位的杆所组成的三维结构的情况。

本节讨论由任意布置的剪力墙构成的结构情况。任何两个或多个成整块式的墙称为墙的部件。图 15. 10(b)中平面内表示一个典型的墙的部件。结构分析确定当水平力沿任何方向作用于楼板水平面处时各剪力墙所抵抗的力。除了上节中所用的刚性楼板的假设外,这里我们假设各楼板不约束节点绕 x 轴和 y 轴转动(图 15. 10(a)中 D_4 和 D_5)。这个假设相当于考虑楼板与墙相比具有很小的弯曲刚度,所以可略去不管。用此附加假设,水平力在墙中不产生轴向力,因而竖直位移(图 15. 10(a)中 D_6)为零。

采用了这些假定,现在可以由刚度法完成单层结构的分析,然后推广到多层建筑物。

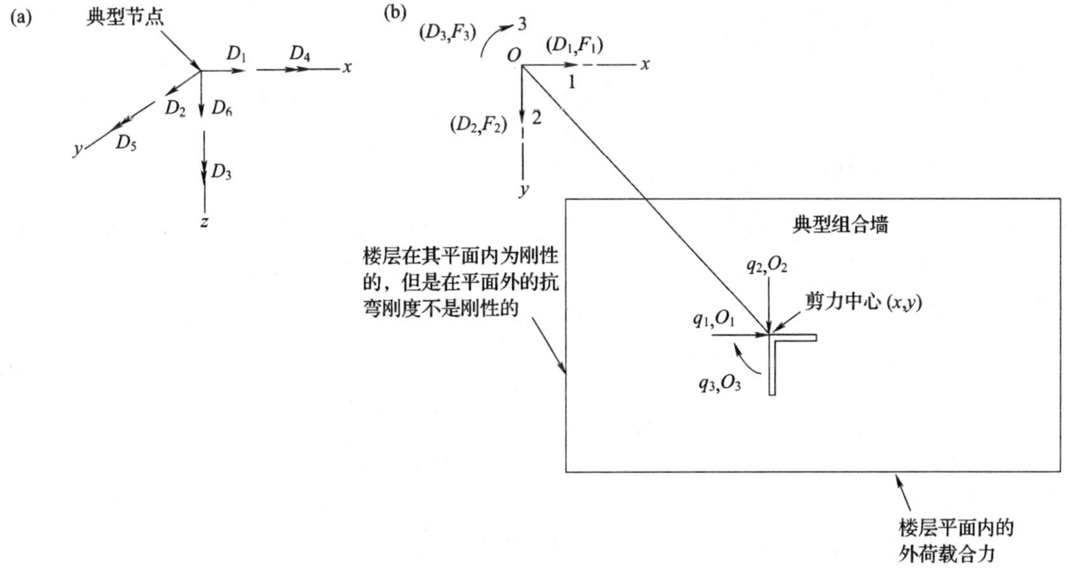

图 15. 10　单层建筑剪力墙结构分析的坐标

(a)建筑框架中一典型节点的自由度;(b)坐标系。

15. 7. 1　单层结构

假设图 15. 10(b)中的平面表示高度为 h 的单层建筑物,其墙完全固定在基础处。如果楼板水平面上任意 O 点处坐标 1,2 和 3 的位移$\{D\}$为已知,则楼板水平面内墙的位移完全确定。楼板平面内任何一点上一个水平力可以分解成沿 3 个坐标方向的 3 个分量$\{F\}$。

任一墙体顶面处剪切中心上的力和位移可以由下式联系起来:

$$[\bar{S}]_i\{q\}_i = \{Q\}_i \tag{15.31}$$

式中$[\bar{S}]_i$为第 i 个墙体的刚度矩阵,$\{q\}_i$ 和 Q 分别为在该部件中 3 个局部坐标处的位移和力,它们代表楼板水平面上此墙剪切中心处平行于 x 轴和 y 轴的平动(或力)和绕 z 轴的转动(或力偶)(图 15. 10(b))。

为了导出刚度矩阵$[\bar{S}]_{ji}$,考虑图 15. 11(a)中任一固定于基础而上端自由的墙 AB。对应于图 15. 11(b)内各坐标的柔度矩阵如下(图中坐标 1^* 和 2^* 平行于横截面的主惯性轴):

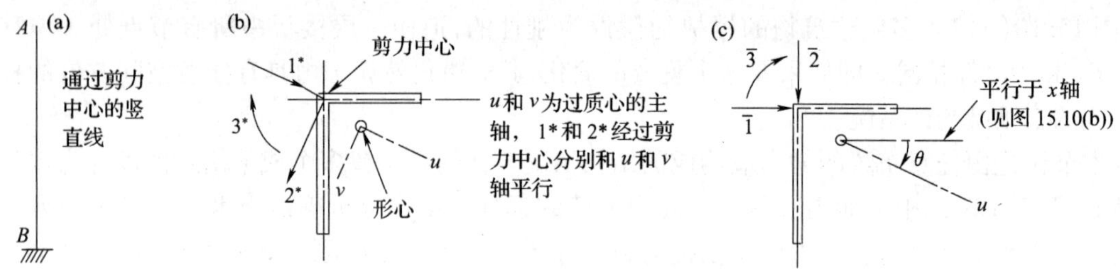

图 15.11 墙体的柔度矩阵如刚度矩阵的坐标系

（对应于式 15.32、15.34 和 15.37）

（a）立面图；（b）表示对应于方程 15.32 中柔度矩阵的坐标的平面；

（c）对应于式 15.34 或 15.37 的坐标。

$$[f^*]_i = \begin{bmatrix} \left(\dfrac{h^3}{3EI_v}+\dfrac{h}{Ga_{rv}}\right) & & \\ & \left(\dfrac{h^3}{3EI_u}+\dfrac{h}{Ga_{ru}}\right) & \\ \text{未示出的元素均为零} & & \dfrac{h-(\tanh\gamma h)/\gamma}{GJ} \end{bmatrix}_i \tag{15.32}$$

式中 I_v 和 I_u 分别为横截面面积绕主轴 v 和 u 的惯性矩；a_{rv} 和 a_{ru} 分别为对应于在通过轴 v 和 u 的竖直平面内加载的横截面折算（有效）面积。上面矩阵 f_{11}^* 和 f_{22}^* 的表达式内第二项考虑剪切变形，而 f_{33}^* 中已包括第二项，因为墙底面处截面翘曲受到约束[1]。参数 γ 由下式得出：

$$\gamma = \sqrt{\frac{GJ}{EK}} \tag{15.33}$$

式中 J 为扭转常数（长度^4），K 为横截面的翘曲效应，如果忽略剪切变形并且两端的翘曲不受约束或忽略其翘曲作用，那么式 15.32 中 3 个对角项成都为：$h^3/(3EI_v)$，$h^3/(3EI_u)$ 和 $h/(GJ)$（它们为附录 B 中所给的位移）。

$[f^*]$ 中非对角元素全部为零，因为 3 个坐标选择通过剪切中心，而且 1^* 和 2^* 平行于截面的主轴，一个通过剪切中心作用的力，不产生横截面扭曲，另外，如果此力又平行于一个主轴，那么在平行此轴的平面内发生位移。

对应于图 15.11（c）中各坐标的刚度矩阵 $[\bar{S}]_{ji}$ 可由 $[f^*]_i$ 求逆和变换来导出（见式 9.17）。

$$[\bar{S}]_i = \begin{bmatrix} \bar{S}_{11} & \bar{S}_{12} & 0 \\ \bar{S}_{21} & \bar{S}_{22} & 0 \\ 0 & 0 & \bar{S}_{33} \end{bmatrix}_i \tag{15.34}$$

式中

$$\left.\begin{aligned} \bar{S}_{11} &= \frac{E}{h^3}\left[\frac{12\cos^2\theta}{(4+\alpha_v)}I_v + \frac{12\sin^2\theta}{(4+\alpha_u)}I_u\right] \\ \bar{S}_{22} &= \frac{E}{h^3}\left[\frac{12\sin^2\theta}{(4+\alpha_v)}I_v + \frac{12\cos^2\theta}{(4+\alpha_u)}I_u\right] \\ \bar{S}_{12} = \bar{S}_{21} &= \frac{E}{h^3}\left[\sin\theta\cos\theta\left(\frac{12I_v}{4+\alpha_v} - \frac{12I_u}{4+\alpha_u}\right)\right] \\ \bar{S}_{33} &= \frac{GJ}{h-(\tanh\gamma h)/\gamma} \end{aligned}\right\} \tag{15.35}$$

1 见 Timoshenko, S. P. . Strength of Materials, PartⅡ. 3rd ed. Van Nostrand, New York, 1956; 260.

$$\left.\begin{aligned}\alpha_u &= \frac{12EI_u}{h^2 Ga_{ru}} \\ \alpha_v &= \frac{12EI_v}{h^2 Ga_{rv}}\end{aligned}\right\} \tag{15.36}$$

$\theta = x$ 轴与 u 轴的夹角。

如果剪切变形和翘曲效应均不考虑，式 15.34 中对应于图 15.11(c) 中 3 个坐标的刚度矩阵则成为：

$$[\bar{S}]_i = \begin{bmatrix} \dfrac{3EI_y}{h^3} & & \text{对称} \\ \dfrac{3EI_{xy}}{h^3} & \dfrac{3EI_x}{h^3} & \\ 0 & 0 & \dfrac{GJ}{h} \end{bmatrix}_i \tag{15.37}$$

式中 I_y 和 I_x 为绕通过形心平行于 y 和 x 的轴的惯性矩，I_{xy} 为对这相同的惯性积。

第 i 个墙的位移 $\{q\}_i$ 由几何关系与楼板位移 $\{D\}$ 联系如下：

$$\{q\}_i = [C]_i \{D\} \tag{15.38}$$

式中

$$[C]_i = \begin{bmatrix} 1 & 0 & -y \\ 0 & 1 & x \\ 0 & 0 & 1 \end{bmatrix}_i \tag{15.39}$$

这里 $[C]_i$ 为第 i 个墙的变换矩阵，x 和 y 为此墙剪切中心的笛卡儿坐标（图 15.10(b)）。这个矩阵的转置将力 $\{Q\}_i$ 与坐标 $\{D\}$ 处的等效 $\{F\}_i$ 联系起来（见第 9.3 节）：

$$\{F\}_i = [C]_i^{\mathrm{T}} \{Q\}_i$$

应用式 9.17，第 i 个墙对应于坐标 $\{D\}$ 的刚度矩阵为

$$[S]_i = [C]_i^{\mathrm{T}} [\bar{S}_i] [C]_i \tag{15.40}$$

此式将对应于坐标 $\{q\}$ 的刚度矩阵 $[\bar{S}]_i$ 变换成对应于坐标 $\{D\}$ 的刚度矩阵 $[S]_i$。由式 15.40 中的乘法得出：

$$[S]_i = \left\{\begin{matrix} \bar{S}_{11} & \text{对} & \\ \bar{S}_{21} & \bar{S}_{22} & \text{称} \\ (-\bar{S}_{11}y + \bar{S}_{21}x) & (-\bar{S}_{12}y + \bar{S}_{22}x) & (\bar{S}_{11}y^2 + 2\bar{S}_{21}xy + \bar{S}_{22}x^2 + \bar{S}_{33}) \end{matrix}\right\} \tag{15.40a}$$

现在结构的刚度矩阵可由求和来得到，因而

$$[S] = \sum_{i=1}^{m} [S]_i \tag{15.41}$$

式中 m 为墙体的数目。

楼板位移可由下式确定：

$$\{F\}_{3\times1} = [S]_{3\times3} \{D\}_{3\times1} \tag{15.42}$$

每一墙体上的力 $\{Q\}_i$ 可由式 15.38 和 15.31 算出。

单独给出上面单层结构的分析，不仅因为它的内在重要性，而且还因为它是多层情况的入

门,有些设计人员轮流将单层的解用于多层结构的每一层,得出近似解,然而,合理的解应将所有楼板同时分析。

上面的解也可以用于计算桥面系由于桥面水平面处水平力引起的位移。这对于斜桥或曲形桥特别有用。在这些情况下,各单元的刚度$[S]_l$则是指支承墩的刚度或弹性支承垫板的刚度或这些的合成(见习题 15.8)的刚度。

例 15.2 具有 3 个剪切墙的结构

试求在平面如图 15.2(a)所示的单层建筑中 1,2 和 3 每坐剪力墙所抵抗的水平力。所有墙均固定于基础上。考虑剪切变形,但不考虑翘曲。假设 $E=2.3G$。

选择 x 和 y 轴穿过升降机井的中心,如图 15.12(b)所示。图中已表示出坐标系。在现在情况下,每一坐墙的剪切中心与其形心重合,它的 x 和 y 坐标均给于括号内(每一坐墙的主轴均平行于 x 轴和 y 轴)。每一坐墙的 I_u, I_v, J, a_{ru} 和 a_{rv} 值均给出如下:

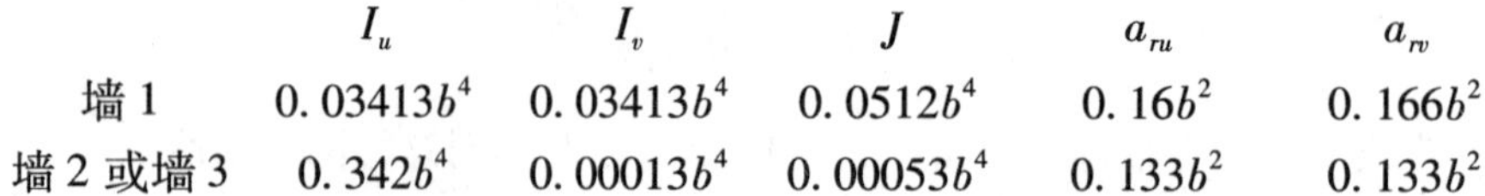

	I_u	I_v	J	a_{ru}	a_{rv}
墙 1	$0.03413b^4$	$0.03413b^4$	$0.0512b^4$	$0.16b^2$	$0.166b^2$
墙 2 或墙 3	$0.342b^4$	$0.00013b^4$	$0.00053b^4$	$0.133b^2$	$0.133b^2$

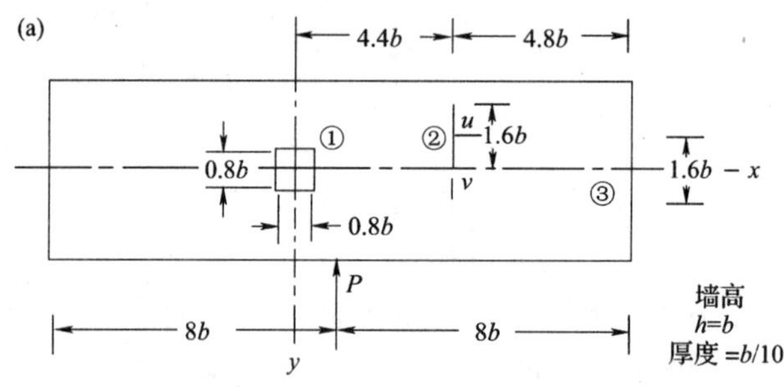

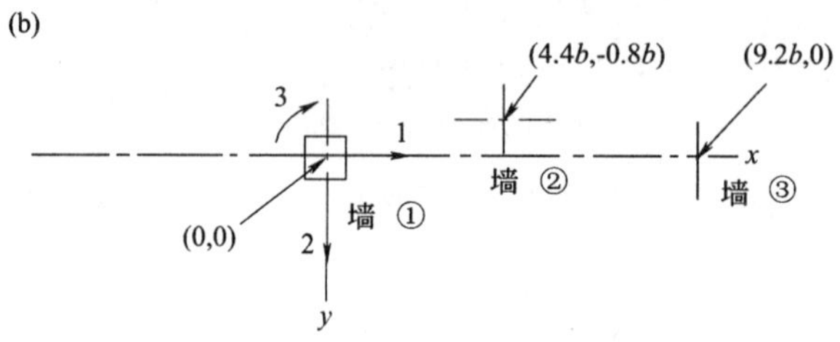

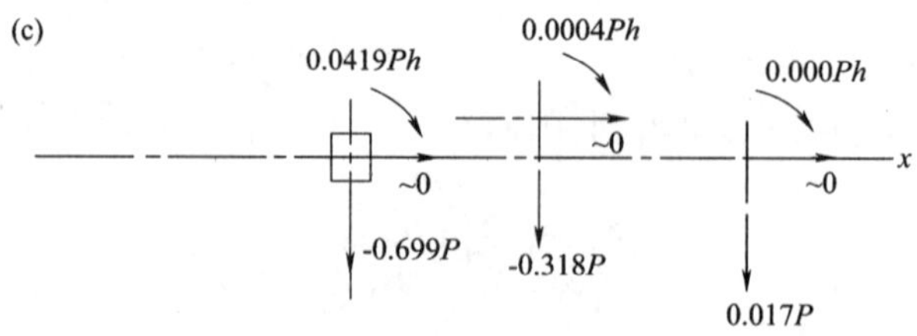

图 15.12 例题 15.2 中所考虑一层结构

(a)剪力墙的平面;(b)坐标系;(c)各个墙所抵抗的力。

代入式 15.34,且 $\theta=0$,并略去翘曲项,我们得到:

$$[\bar{S}]_1 = 10^{-4}Eh\begin{bmatrix} 414.2 & 0 & 0 \\ 0 & 414.2 & 0 \\ 0 & 0 & 223.0h^2 \end{bmatrix}$$

此矩阵不需要变换，因为原点选择于升降机井的剪切中心处。这样

$$[S]_1 = [\bar{S}]_1$$

类似地，将式 15.34 用于墙 2 或墙 3，得出：

$$[\bar{S}]_{2或3} = Eh\begin{bmatrix} 3.87 & 0 & 0 \\ 0 & 370 & 0 \\ 0 & 0 & 2.3h^2 \end{bmatrix}$$

代入式 15.40a，我们得到

$$[S]_2 = Eh\begin{bmatrix} 0.387\times10^{-3} & & \text{对称} \\ 0 & 37\times10^{-3} & \\ 0.3099\times10^{-3}h & 0.1627\,h & 716.46\times10^{-3}h^2 \end{bmatrix}$$

和

$$[S]_3 = Eh\begin{bmatrix} 0.387\times10^{-3} & & \text{对称} \\ 0 & 37\times10^{-3} & \\ 0 & 0.3402h & 3130.4\times10^{-3}h^2 \end{bmatrix}$$

结构的刚度矩阵由式 15.41 且令 $m=3$ 得出：

$$[S] = Eh\begin{bmatrix} 42.2\times10^{-3} & & \text{对称} \\ 0 & 115.4\times10^{-3} & \\ 0.31\times10^{-3}h & 0.503h & 3\,869.1\times10^{-3}h^2 \end{bmatrix}$$

各坐标处等效于外作用荷载的力为

$$\{F\} = P\begin{Bmatrix} 0 \\ -1 \\ -1.2h \end{Bmatrix}$$

代入式 15.42 求解 $\{D\}$，我们得到

$$\{D\} = \frac{P}{Eh}\begin{Bmatrix} -0.0138 \\ -16.8782 \\ 1.884/h \end{Bmatrix}$$

合并式 15.38 和 15.31，我们求出各墙体中任一端体所抵抗的力：

$$\{Q\}_i = [\bar{S}]_i[C]_i\{D\}$$

例如，墙 2 上的力为

$$\{Q\}_2 = [\bar{S}]_2\begin{bmatrix} 1 & 0 & 0.8h \\ 0 & 1 & 4.4h \\ 0 & 0 & 1 \end{bmatrix}\quad \{D\} = P\begin{Bmatrix} 0.0000 \\ -0.3176 \\ 0.0044h \end{Bmatrix}$$

所有 3 个墙上的力如图 15.12(c)所示。

15.7.2　多层结构

n 层建筑物中一个典型的墙体示于图 15.13(a)中。图 15.13(b)为一穿过墙体 i 剪切中心的竖直轴的等距图。局部坐标 1^* 至 n^* 和 $(n+1)^*$ 至 $(2n)^*$ 分别位于平行于横截面主惯性轴 u 和 v 的竖直平面内(图 15.13(b))。假设 u 和 v 的方向对于所指定的墙的所有楼板和都相同。第 3 组坐标 $(2n+1)^*$ 至 $(3n)^*$ 代表扭转角或扭矩。第 i 个墙对应于这些坐标的刚度矩阵的形式为:

$$[S^*]_i = \begin{bmatrix} [S_u^*] & & \\ & [S_v^*] & \\ \text{未示出的子矩阵均为零} & & [S_\theta^*] \end{bmatrix} \qquad (15.43)$$

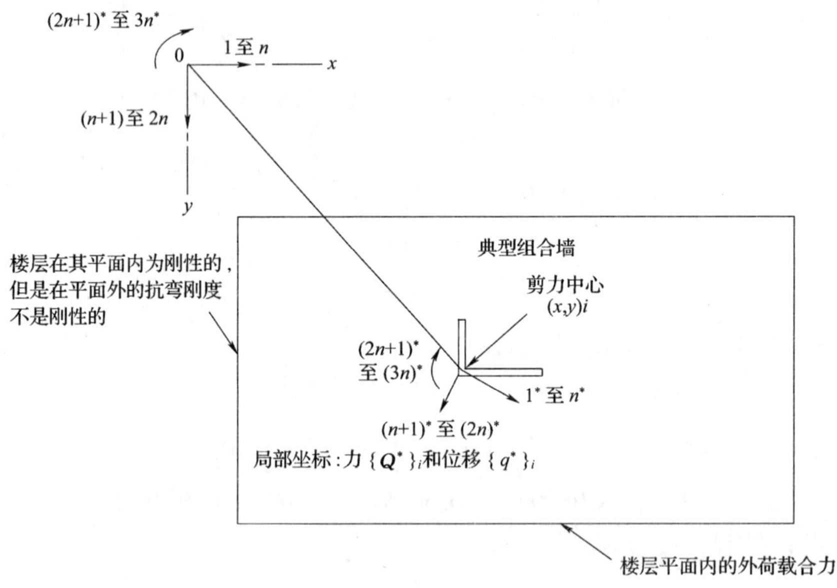

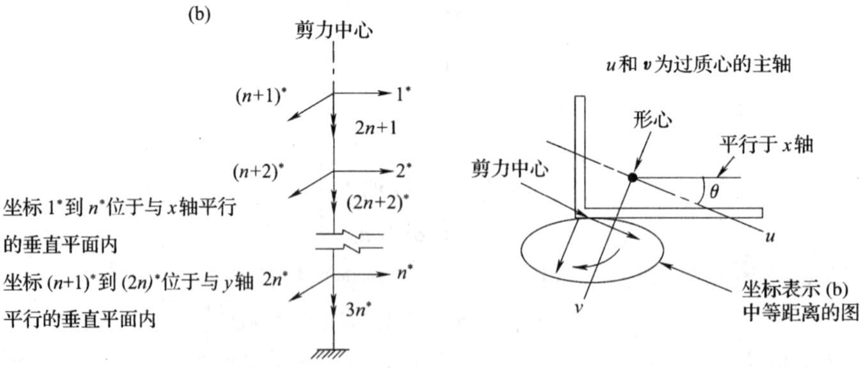

图 15.13　多层剪力墙结构分析的坐标

(a)坐标系;(b)典型墙的局部坐标;(c)典型墙体的平面。

每一子矩阵 $[S_u^*]_i$ 和 $[S_v^*]_i$ 可按类似于第 15.4 和 15.5 节中对平面结构所用的方法分别确定出来(用式 5.17)。如果不考虑翘曲,而且墙嵌固于基础处,那么子矩阵 $[S_\theta^*]_i$ 将为

$$[S_\theta{}^*]_i = \begin{bmatrix} \left(\frac{GJ}{h}\right)_1 & & & & & \\ -\left(\frac{GJ}{h}\right)_1 & \left(\frac{GJ}{h}\right)_1+\left(\frac{GJ}{h}\right)_2 & & & & \\ & -\left(\frac{GJ}{h}\right)_2 & \left(\frac{GJ}{h}\right)_2+\left(\frac{GJ}{h}\right)_3 & & & \\ & & \cdots & & & \\ & & & \cdots & & \\ & & & & -\left(\frac{GJ}{h}\right)_{n-1} & \left(\frac{GJ}{h}\right)_{n-1}+\left(\frac{GJ}{h}\right)_n \end{bmatrix}_i$$

(15.43a)

式中脚标是指从该结构顶算起的层数。

为了以合理方法考虑翘曲效应,可计算由于分别作用于每一楼板处单位扭转力偶所引起各楼板水平面处的扭转角,这样,形成一个柔度矩阵求逆时,给出$[S_\theta^*]$。在固定基础处,翘曲受到约束,然而在高的建筑物中的较高层却自由地产生翘曲。因而忽略翘曲低估靠近基础各层楼板处的扭转刚度。

图 15.13(b)中各坐标处的位移$\{q^*\}_i$和力$\{Q^*\}_i$由下式联系起来:

$$\{Q^*\}_i = [S^*]_i\{q^*\}_i \tag{15.44}$$

总体坐标系定义于图 15.13(a),其中坐标 1 至 n 和$(n+1)$至$2n$代表各楼板水平面上任意点 O 处的平动或水平力。$(2n+1)$至$3n$为楼板的转动或扭转力偶。位移$\{q^*\}_i$和$\{D\}$由几何形关联系起来,因而:

$$\{q^*\}_{i_{3n\times 1}} = [B]_{i_{3n\times 3n}}\{D\}_{3n\times 1} \tag{15.45}$$

式中

$$[B]_i = \begin{bmatrix} [\cos\theta,\cdots] & [\sin\theta,\cdots] & [(x\sin\theta - y\cos\theta),\cdots] \\ [-\sin\theta,\cdots] & [\cos\theta,\cdots] & [(x\cos\theta + y\sin\theta),\cdots] \\ [0] & [0] & [I] \end{bmatrix}_i \tag{15.46}$$

其中特殊括号用来表示对角子矩阵,每一个为 $n\times n$ 阶。这些子矩阵中每一个子矩阵的对角项均已给于上面。任一端的主轴假设在所有楼板处具有相同方向。此外,如果所有楼板中剪切中心的 x 和 y 坐标均相同,那么各子矩阵具有每一行重复的对角元素,例如

$[B_{11}]_i = [\cos\theta,\cos\theta,\cdots,\cos\theta]_i = \cos\theta_i[I]$

如果坐标 x 和 y 逐层楼变化,那么子矩阵$[B_{13}]_i$为

$[B_{13}]_i = [(x_1\sin\theta - y_1\cos\theta),\cdots(x_j\sin\theta - y_j\cos\theta)\cdots]$

式中 x 和 y 的脚标指明楼的编号(1 是指顶层楼板,n 是最低层楼板)。对于$[B_{23}]_i$可以写出类似的方程。

应用式 9.17,第 i 个墙对应于总体坐标的刚度矩阵可以从下式得到

$$[S]_i = [B]_i^{\mathrm{T}}[S^*]_i[B]_i \tag{15.47}$$

如果$[B]_i$沿式 15.46 中的水平虚线划分成子矩阵$[B_1]_i$,$[B_2]_i$和$[B_3]_i$(每一个为 $n\times 3n$ 阶),那么式 15.47 可以写成更方便的形式:

$$[S]_i = \sum_{r=1}^{3}[B_r]_i^{\mathrm{T}}[S_r^*]_i[B_r]_i \tag{15.47a}$$

式中$[S_r^*]_i$的$r=1,2,3$是为式15.43所定义的$[S^*]_i$的3个子矩阵$[S_u^*]_i$,$[S_v^*]_i$和$[S_\theta^*]$。

当所有楼板处x_i和y_i坐标均相同,由式15.47a得出:

$$[S]_i=\begin{bmatrix} c^2[S_u^*]+s^2[S_v^*] & & \text{对} \\ cs[S_u^*]-[S_v^*] & s^2[S_u^*]+c^2[S_v^*] & \text{称} \\ c(xs-yc)[S_u^*]- & s(xs-yc)[S_u^*]+ & (xs-yc)^2[S_u^*]+ \\ s(xc+ys)[S_v^*] & c(xc+ys)[S_v^*]- & (xc+ys)^2[S_v^*]+[S_\theta^*] \end{bmatrix}_i \tag{15.47b}$$

式中$c=\cos\theta$和$s=\sin\theta$。

对应于总体坐标的结构刚度矩阵由总和来得到:

$$[S]=\sum_{i=1}^{m}[S]_i \tag{15.48}$$

式中m为墙体的数目。

现在可由求解下列方程确定总体坐标处的位移:

$$\{F\}_{3n\times 1}=[S]_{3n\times 3n}\{D\}_{3n\times 1} \tag{15.49}$$

式中$\{F\}$为总体坐标处等效于外荷载的力。每一个墙体上的可由式15.45和15.44计算。

例15.3 三层结构

试分析例题15.2中的结构,但是是三层而不是一层。

将总体坐标的中心选于升降机井的中心处(图15.12(b)中墙1),坐标1,2和3代表沿x方向的平动,4,5和6代表沿y方向的平动,7,8和9代表顺时针方向的转动。墙2对总体坐标的刚度矩阵$[S]_2$详细地推导如下。

首先,建立对应于每一楼板处沿u方向平动和绕v轴转动的6×6阶刚度矩阵[1]。然后由式5.17合并此矩阵得到:

$$[S_u^*]_2=10^{-3}Eh\begin{bmatrix} 0.21 & & \text{对} \\ -0.47 & 1.30 & \text{称} \\ 0.35 & -1.35 & 2.35 \end{bmatrix}$$

由类似过程,我们得到

$$[S_v^*]_2=\frac{Eh}{10}\begin{bmatrix} 0.196\,5 & & \text{对} \\ -0.342\,5 & 0.803\,9 & \text{称} \\ 0.118\,8 & -0.525\,5 & 0.923\,3 \end{bmatrix}$$

因为墙2在所有各层楼中的横截面和高度均相同,而且不考虑翘曲,由式15.43a得出

$$[S_\theta^*]_2=0.230\,4\times 10^{-3}Eh^3\begin{bmatrix} 1 & & \text{对} \\ -1 & 2 & \text{称} \\ 0 & -1 & 2 \end{bmatrix}$$

为了将对应于局部坐标的刚度矩阵$[S^*]_2$变换为对总体坐标下的矩阵$[S]_2$(应用式15.47),我们需要由式15.46所给的变换矩阵$[B]_2$。代入方程$i=2,\theta=0,x=44$和$y=-8$,我

1　见习题15.2关于所要求的矩阵的一般形式的答案。

们得到

$$[B]_2=\begin{bmatrix}[I] & [0] & h[0.8,0.8,0.8]\\ [0] & [I] & h[44,44,44]\\ [0] & [0] & [I]\end{bmatrix}$$

由式 15.47 或 15.47b 得出：

$[S]_2=$

$$\frac{Eh}{10^2}\left[\begin{array}{ccc}
\begin{matrix}2 & & \\ -5 & 13 & \\ 4 & -13 & 23\end{matrix} & & \\
\begin{matrix}0 & 0 & 0\\ 0 & 0 & 0\\ 0 & 0 & 0\end{matrix} & \begin{matrix}196 & & \\ -343 & 804 & \\ 119 & -526 & 932\end{matrix} & \\
\dfrac{h}{10}\begin{bmatrix}17 & -38 & 28\\ -38 & 104 & -108\\ 26 & -108 & 188\end{bmatrix} & \dfrac{h}{10}\begin{bmatrix}864\,6 & -15\,072 & 5\,226\\ -15\,072 & 35\,370 & -23\,124\\ 5\,226 & -23\,124 & 41\,021\end{bmatrix} & \dfrac{h^2}{100}\begin{bmatrix}380\,785 & & \\ -663\,706 & 155\,759 & \\ 230\,167 & -1\,018\,553 & 180\,6\,900\end{bmatrix}
\end{array}\right]$$

由类似的过程，对墙 1 和墙 2 导出 $[S]_1$ 和 $[S]_3$，加起来得到结构的刚度矩阵（式 15.48）。总体坐标处等效于外作用荷载的力为：

$$\{F\}=P\{0,0,0,-1,-1,-1,-1.2h,-1.2h,-1.2h\}$$

求解式 15.49 中的 $\{D\}$，我们得到

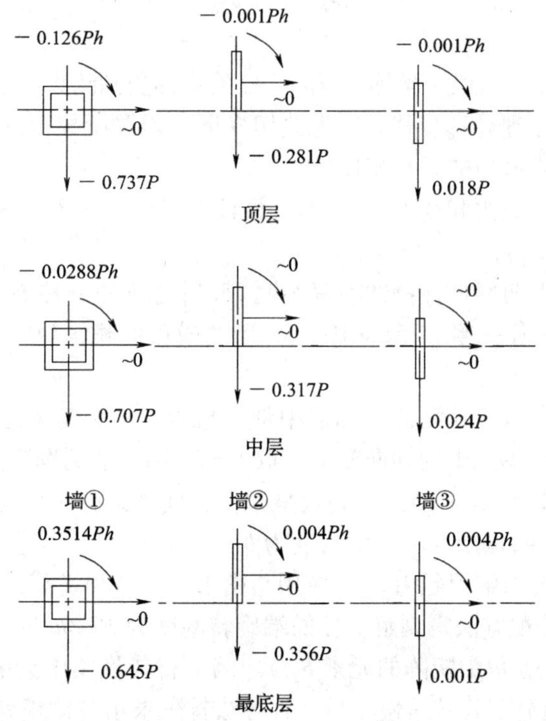

图 15.14　例题 15.3 中各墙的抗力

$$\{D\}=\frac{P}{E}\{-0.015\,4\quad -0.010\,5\quad -0.006\,0\quad -35.425\,8\quad -21.088\,5\quad -7.968\,6$$
$$0.390\,9\quad 0.233\,1\quad 0.088\,2\}$$

$$\frac{P}{E}\{-0.154\quad -0.105\quad -0.060\quad -354.258\quad -210.885\quad -79.686\quad 39.09/h$$
$$23.31/h\quad 8.82/h\}$$

代入式 15.44 和 15.45,给出三层楼中每一层楼处各墙中的力,这些给于图 15.14 中。

15.8 小　　结

带有剪力墙的建筑框架之水平力效应分析,是由假设每一楼板在自身平面内为无穷大刚度来进行简化,因而,框架的动不定次数显著减少。

有些规则的建筑框架可按平面结构分析,有两种方法可以利用(第 15.4 节和第 15.5 节)。在第 15.5 节简化的近似方法中,将问题简化为采用非弹性连杆联结的一个墙和一个替代框架的分析。

当三维结构由平面内按规则矩形图式排列的框架——有墙或没有墙——组成时,其分析是有可能相当简化的。当剪力墙以随意方式排列时,分析则相当复杂,但对一层和多层框架已推出了其过程,它是假设楼板的弯曲刚度与墙相比可以略去不计。

习　　题

15.1　假设图 15.3(a)内梁中坐标 3* 和 4* 处的位移受到约束,试求对应于坐标 1* 和 2* 的柔度矩阵。应用虚功原理计算位移并考虑剪切变形。转置所导得的矩阵,并将所得刚度矩阵的元素与方程 15.10 中适当的元素相比较。

15.2　当各层柱的横截面和高度不同,而且楼板水平面处各梁的$(I/l)_b$值不同的情况下,试导出式 15.18 中的子矩阵。

15.3　试以下列顶上两层杆件特性求解例题 15.1:对于任一柱 $I=17\times10^{-6}b^4$,对于任一梁 $I=24.3\times10^{-6}b^4$,对于任一墙 $I=58\times10^{-3}b^4$,墙的横截面积 $=146\times10^{-3}b^2$,所有其他数据不变。

15.4　试求图内所示带有孔洞的对称墙中低层楼处 $A-A$ 截面处的弯矩和梁的端力矩。略去梁中剪切变形和所有单元中的轴向变形。取 $E=2.3G$。墙的厚度为常数。为了理想化剪力墙,应用一个类似于图 15.7(b)所示的替代框架。替代框架有一个与水平梁联结的竖直柱,顶上 3 个梁的长度过 $3b/4$,低层 3 个梁的长度为 b。

15.5　试用力矩分配求解习题 15.4。应用与图 15.7(b)相类似的替代框架,然后可由第 11.12 节中无剪力力矩分配方法得到解。柱的端旋转刚度为 RI_c/h,对于任一梁的端旋转刚度已给于式 15.29 中(在此方程中矩阵的元素 $\bar{S}_{22}$)。因为替代框架中梁的刚度与柱的刚度相比较小,在上面求解中力矩分配收敛缓慢。另一种方法首先求出各楼板处端力矩和转动,将柱视为一自由悬臂梁。然后在梁中引进对应于这些转动的端力矩,它将使各楼板水平面处端力矩之和不等于零。最后进行无剪力力矩分配以减小不平衡力矩到略去不计的数值。

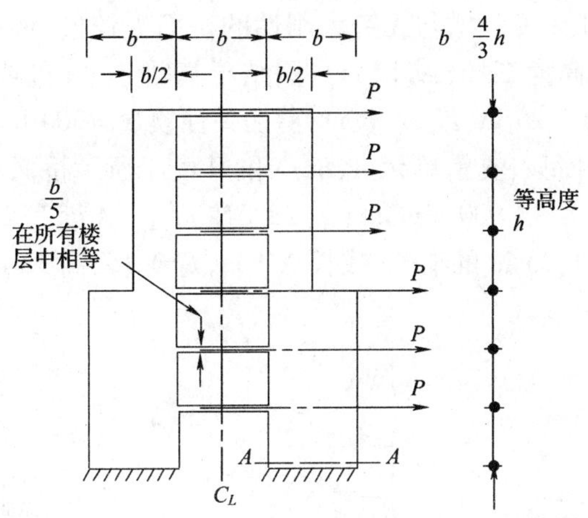

习题　15.4 图

15.6　试求图上所示单层建筑物内每一剪力墙的中,所有墙的厚度为 $b/12$,高度为 b,完全地固定于坚固的基础上。剪力墙的翘曲效应略去不计。$E=2.3G$

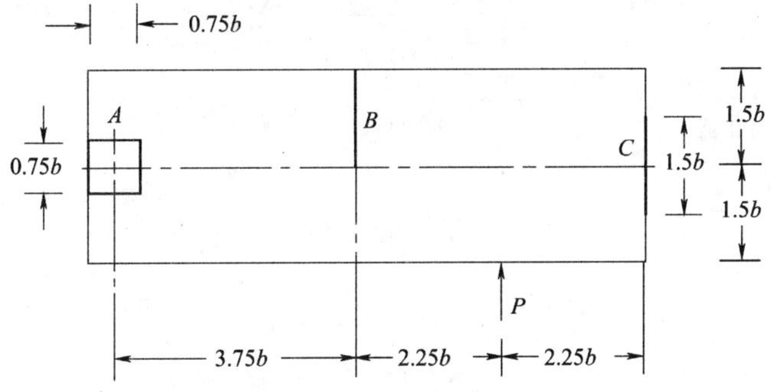

习题　15.6 图

15.7　将习题 15.6 的要求用于图中所示单层建筑物。

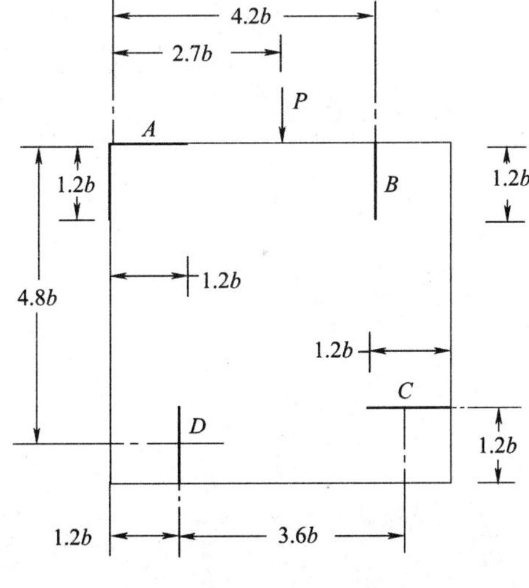

习题　15.7 图

15.8　图中表示一曲形板式桥面的平面图,该桥面的 B 处 C 处支于墩上,A 处和 D 处支在坚固桥台的支承垫板上。假设墩与无穷大刚性的桥面为铰接，每一墩的横截面积为 2 ft × 8 ft（或 0.6 m × 2.4 m），高为 40 ft（或 12 m），固结于基础上。A 处或 D 处支承垫板的面积为 4 ft^2（或 0.36 m^2）厚度为 1.25 in（或 32 mm），剪切弹性模量 = 300 b/in^2（或 2.1 N/mm^2）。试求桥面的 3 个位移分量和每一支承单元 A, B, C 和 D 由于所示桥面水平面处 P 所引起的力。假设墩的材料的 $E = 2.3\ G = 4\ 000$ kip/in^2（或 28 GN/m^2）。A 处和 D 处的支承垫板是长度为 8 ft，宽度为 6 in，高度为 1.25 in 的窄条（或长 2.4 m，宽 0.15，高 32 mm）。

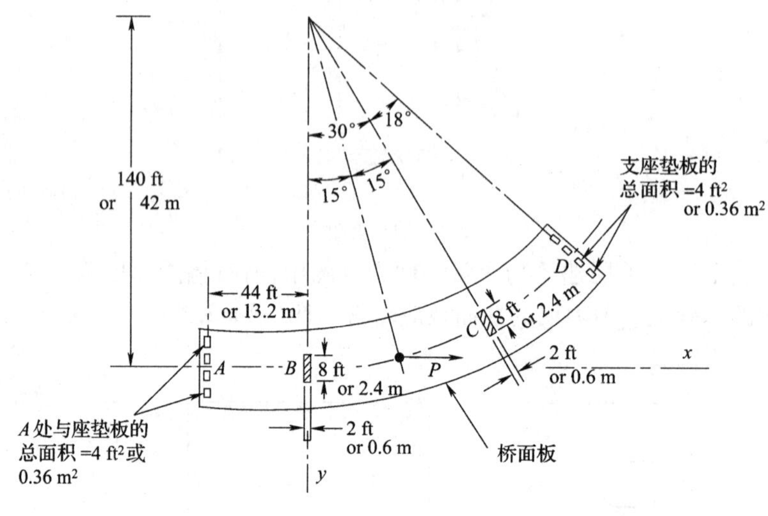

习题 15.8 图

16 有限差分法

16.1 引 言

我们应该注意的是结构分析的所有方法均涉及到求解平衡微分方程和协调微分方程，虽然在有些方法中这种现象不太明显。解析解仅限于荷载分布、截面特性和边界条件可以用数学表达式描述的情况，对于复杂的结构而言，一般来说数值法是更为实用的方法。

有限差分法是这些方法中的一种，在该方法中位移或应力合力的微分方程的数值解通过选择结构上的所谓节点或支点或简单称为分划点来得到，因而数值是从适用于实际连续结构的微分方程中得到，这一点与有限单元法（见 17 和 18 章）不同。在有限单元法中，实际连续结构理想化为离散单元的组合体，需要确定（或假设）各单元中力和位移的关系式以及应力的分布，其完全解通过将其他各单元组成一个在这些单元联结点处满足平衡条件和协调条件的理想化结构来得到。

用有限差分法求数值解一般需要用各节点处函数的差分表达式来代替函数的导数。在每一节点以差分形式根据控制位移（或应力）的微分方程，将所给的节点和邻近节点处的位移与外荷载联系起来。这通常提供了多个用以确定位移（或应力）的联立方程。边界上各节点或接近边界的各节点所采用方程的有限差分系数与用于中间点上的系数相比，需作一定的修正以满足问题的边界条件。这是有限差分法的难点之一，也是与有限单元法相比在应用中存在的一个缺点。尽管如此，有限差分法可以方便地用于解决多种问题，在使用此方法时所需的联立方程数目（对于同等的精度）一般仅约为有限单元法中所需要的方程个数的 1/2 或1/3。

16.2 有限差分形式的导数表示法

图 16.1 表示我们的一个目标函数 $y=f(x)$，例如梁的挠度。考虑等间距横坐标 x_{i-1}，x_i 和 x_{i+1}以及相应纵坐标 y_{i-1}，y_i 和 y_{i+1}。i 与 $i-1$ 之间的中央点 $x_{i-1/2}$处曲线的导数（或斜率）可以用下式近似表示：

$$\left(\frac{\mathrm{d}y}{\mathrm{d}x}\right)_{i-1/2} \cong \frac{1}{\lambda}(y_i - y_{i-1}) \tag{16.1}$$

式中 λ 为横坐标的间距。类似地，i 和 $i+1$ 之间中央处曲线的斜率为

$$\left(\frac{\mathrm{d}y}{\mathrm{d}x}\right)_{i+1/2} \cong \frac{1}{\lambda}(y_{i+1} - y_i) \tag{16.1a}$$

i 处的二阶导数（斜率的变化率）近似地等于 $i+1/2$ 和 $i-1/2$ 处斜率之差除以 λ，这样

$$\left(\frac{\mathrm{d}^2y}{\mathrm{d}x^2}\right)_i \cong \frac{1}{\lambda}\left[\left(\frac{\mathrm{d}y}{\mathrm{d}x}\right)_{i+1/2} - \left(\frac{\mathrm{d}y}{\mathrm{d}x}\right)_{i-1/2}\right]$$

将式 16.1 和 16.1(a)代入，则

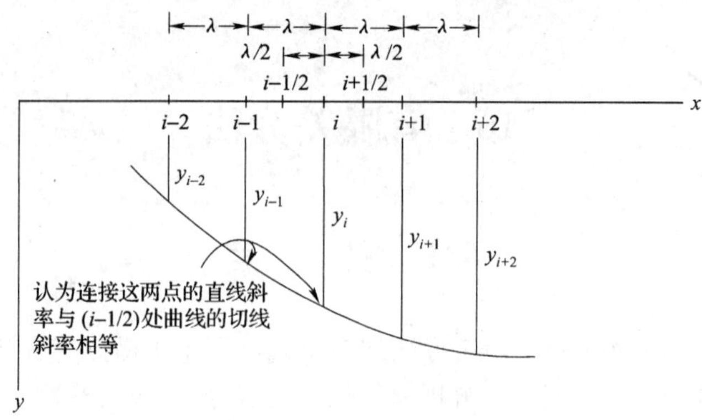

图 16.1　函数 $y=f(x)$ 的图形

$$\left(\frac{\mathrm{d}^2y}{\mathrm{d}x^2}\right)_i \cong \frac{1}{\lambda^2}(y_{i+1}-2y_i+y_{i-1}) \tag{16.2}$$

上面各表达式中,我们已应用中心差分,因为在每一种情况下函数的导数是以与所考虑的点对称设置的点的函数值来表达。

重复此步骤可以计算较高阶的导数,在这种高阶导数的情况下,需要大量等间距点处的 y 值。这已经列于表 16.1 中,其系数的有限差分形式示于图 16.2 中。

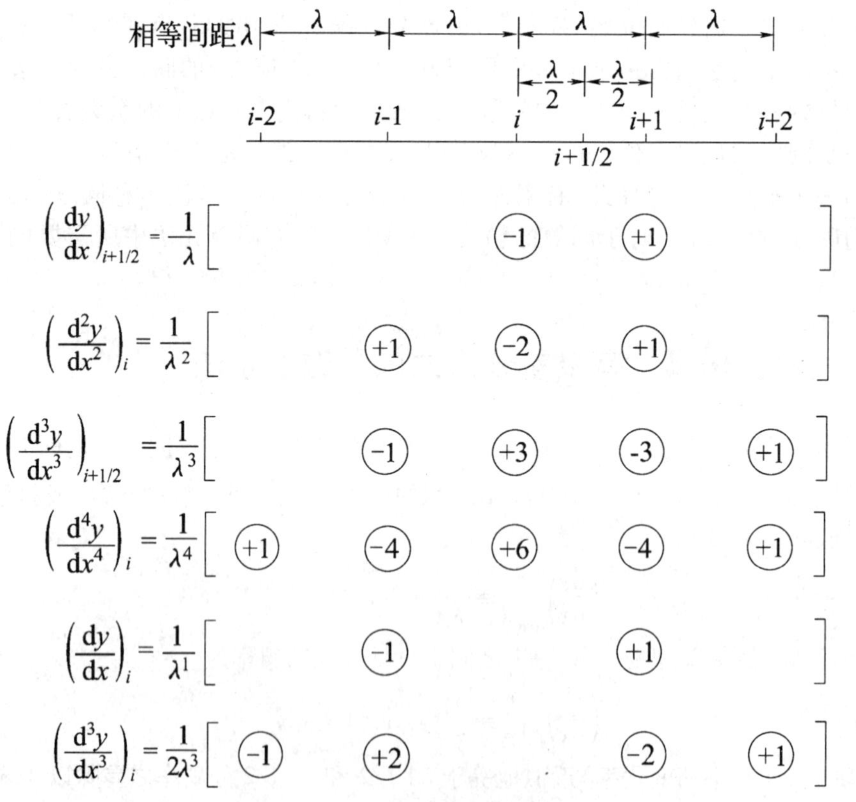

图 16.2　应用中心差分的系数的有限差分形式

i 处的一阶导数也可以以间距为 2λ 的 y_{i-1} 和 y_{i+1} 来表示。类似地,i 处的三阶导数可以用间距

为 2λ 的 $i+1$ 和 $i-1$ 处的二阶导数的差分来表示。所得的系数均给于图 16.2 的最后两行内。

考虑向前差分或向后差分可以得到其他的有限差分表达式[1]，此时任意点处的导数为各点的函数值相对所考虑的点按递增或递减的顺序表示。中心差分比向前差分或向后差分要更准确，本章将采用中心差分法。

表 16.1 用中心差分法表示 $\frac{dy}{dx},\frac{d^2y}{dx^2},\frac{d^3y}{dx^3},\frac{d^4y}{dx^4}$ 的有限差分形式

点	y	$\frac{dy}{dx}$	$\frac{d^2y}{dx^2}$	$\frac{d^3y}{dx^3}$	$\frac{d^4y}{dx^4}$
$i-2$	y_{i-2}				
$i-3/2$	y_{i-1}	$\frac{1}{\lambda}(-y_{i-2}+y_{i-1})$			
$i-1$			$\frac{1}{\lambda^2}(y_{i-2}-2y_{i-1}+yi)$		
$i-1/2$		$\frac{1}{\lambda}(-y_{i-1}+y_i)$		$\frac{1}{\lambda^3}(-y_{i-2}+3y_{i-1}-3yi+y_{i+1})$	
i	y_i		$\frac{1}{\lambda^2}(y_{i-1}-2y_i+y_{i+1})$		$\frac{1}{\lambda^4}(y_{i-2}-4y_{i-1}+6y_i-4y_{i+1}+y_{i+2})$
$i+1/2$		$\frac{1}{\lambda}(-y_i+y_{i+1})$		$\frac{1}{\lambda^3}(-y_{i-1}+3y_i-3y_{i+1}+y_{i+2})$	
$i+1$	y_{i+1}		$\frac{1}{\lambda^2}(y_i-2y_{i+1}+y_{i+1})$		
$i+3/2$	y_{i+2}	$\frac{1}{\lambda}(-y_{i+1}+y_{i+2})$			
$i+2$					

16.2.1 有限差分法的误差

从前面所述内容可以看到，与连续函数相比，有限差分方法包含误差，知道所存在误差的数值是有用的。在点 x_{i+1} 处的函数值 $y(x_{i+1})$ 可由泰勒(Taylor)展开式成以 $y(x_i)$ 和它的导数来表示

$$y(x_{i+1})=y(x_i)+\frac{\lambda}{1!}y'(x_i)+\frac{\lambda^2}{2!}y''(x_i)+\frac{\lambda^3}{3!}y'''(x_i)+\cdots \tag{16.3}$$

类似地

$$y(x_{i-1})=y(x_i)-\frac{\lambda}{1!}y'(x_i)+\frac{\lambda^2}{2!}y''(x_i)-\frac{\lambda^3}{3!}y'''(x_i)+\cdots \tag{16.4}$$

式 16.3 减去式 16.4，我们得到

$$y'(x_i)=\frac{1}{2\lambda}[y(x_{i+1})-y(x_{i-1})]-\frac{\lambda^2}{3!}y'''(x_i)-\frac{\lambda^4}{5!}y^{(5)}(x_i)-\cdots \tag{16.5}$$

或按图 16.1 中的表示：

$$\left(\frac{dy}{dx}\right)_i=\frac{1}{2\lambda}(y_{i+1}-y_{i-1})-\frac{\lambda^2}{3!}y'''_i(x_i)-\frac{\lambda^4}{5!}y^{(5)}y_i-\cdots \tag{16.6}$$

将式 16.6 与图 16.2 中倒数第二行给出的有限差分表达式相比，我们可以看到，在一阶导数的有限差分表达式中，其误差为

$$\varepsilon_1=-\frac{\lambda^2}{6}y'''_i-\frac{\lambda^4}{120}y_i^{(5)}-\cdots \tag{16.7}$$

如果我们将式 16.3 与 16.4 相加，可以证明：

$$\left(\frac{d^2y}{dx^2}\right)_i=\frac{1}{\lambda^2}(y_{i-1}-2y_i+y_{i+1})-\frac{2\lambda^2}{4!}y_i^{(4)}-\frac{2\lambda^4}{6!}y_i^{(6)}\cdots \tag{16.8}$$

---

1 有限差分表达式的列表见 E. L. Stiefel. An Introduction to Numerical Mathematics. Academic Presss, New York, 1963.

所以,在二阶导数的有限差分表达式中(式 16.2),其误差为

$$\varepsilon_2 = -\frac{\lambda^2}{12}y_i^{(4)} - \frac{\lambda^4}{360}y_i^{(6)} - \cdots \tag{16.9}$$

类似地可以证明图 16.2 中最后项所给的三阶导数的误差为[1]:

$$\varepsilon_3 = -\frac{\lambda^2}{4}y_i^{(5)} - \cdots \tag{16.10}$$

四阶导数中的误差为

$$\varepsilon_4 = -\frac{\lambda^2}{6}y_i^{(6)}(x_i) - \cdots \tag{16.11}$$

从上面各式显然看出第一个误差项是在 λ^2 这一阶。可以通过将误差降为 λ 的较高阶来提高精度。

16.3 静定梁中的弯矩和挠度

考虑图 16.3 所示的集度变化的竖直荷载作用下的简支梁 AB。其弯矩 M 与荷载集度 q 存在着下列微分方程所表示的关系(见式 10.1 和式 10.5):

$$\frac{\mathrm{d}^2M}{\mathrm{d}x^2} = -q \tag{16.12}$$

当上述方程用于任意 i 点时,可以写成有限差分形式(见图 16.2):

$$\begin{bmatrix}1 & -2 & 1\end{bmatrix}\begin{Bmatrix}M_{i-1}\\ M_i\\ M_{i+1}\end{Bmatrix} \cong -q_i\lambda^2 \tag{16.13}$$

式中荷载 q 向下时为正,底部纤维受拉时 M 为正,x 从梁的左端开始测量。

图 16.3(a)中梁端处弯矩 $M_0 = M = 0$。对 3 个中间点的每一点写出式 16.13(a),我们得到

$$\begin{bmatrix}2 & -1 & 0\\ -1 & 2 & -1\\ 0 & -1 & 2\end{bmatrix}\begin{Bmatrix}M_1\\ M_2\\ M_3\end{Bmatrix} \cong \lambda^2\begin{Bmatrix}q_1\\ q_2\\ q_3\end{Bmatrix} \tag{16.14}$$

当荷载 q 已知,这 3 个联立方程的解给出弯矩 M_1,M_2 和 M_3。

在所考虑的梁中,我们发现仅由联系弯矩与外荷载的有限差分方程就可以进行分析。这是因为梁端处的弯矩为零已知,因而中间点处的有限差分方程在数量上足以确定未知力矩。然而,如果梁是超静定结构,即当 A 和 B 端固支时,则端力矩为未知。但是,已知端点处的挠度和斜率为零,所以我们采用第 16.4 节所讨论的联系挠度与作用荷载的有限差分方程。

例 16.1 试确定一简支梁在图 16.3(b)所示荷载作用下的弯矩。

对下列荷载:$q_1 = 0.50$,$q_2 = 1.00$ 和 $q_3 = 1.00$,应用式 16.14 我们求解得到 $\{M\} = l^2\{0.0703, 0.1094, 0.0859\}$。其精确答案为 $\{M\} = l^2\{0.0677, 0.1042, 0.0833\}$。

等效集中荷载的应用

---

1 可以证明图 16.2 中的三次式比最后一个更为准确(见习题 16.1)。

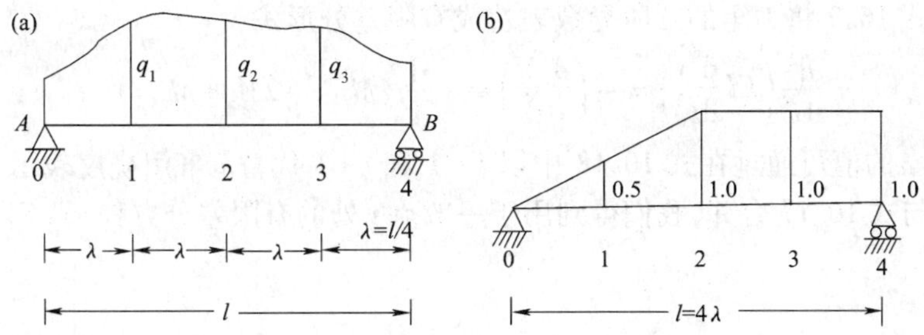

图 16.3 受非均布荷载作用的简支梁

(a)用于有限差分方程 16.14 中梁的划分；

(b)例题 16.1 中所考虑的梁。

我们应注意到式 16.14 的解取决于各节点处的荷载集度，而不考虑这些点之间荷载变化的方式。如果将梁分成很小的间隔，则会得到较为精确的解，但这样就需要较多的方程。

如果将实际荷载以等效集中荷载来代替，可以得到精确的值，丁是一般点处的有限差分方程 16.13 由下列精确的形式来代替：

$$\begin{bmatrix}1 & -2 & 1\end{bmatrix}\begin{Bmatrix}M_{i-1}\\ M_i\\ M_{i+1}\end{Bmatrix} = -Q_i\lambda \tag{16.15}$$

式中 Q_i 为代替式 16.13 中 $q_i\lambda$ 的等效集中荷载。应该注意，我们不再用≅而改用 =，因为式 16.15 为精确解。计算等效集中荷载 Q_i 的方法和式 16.15 的证明已给于第 10.41 节内(参见式 10.13)。

弯矩 M 和挠度 y 的关系可由下列微分方程来表示(见第 10.2 节)：

$$EI\frac{\mathrm{d}^2 y}{\mathrm{d}x^2} = -M \tag{16.16}$$

式中 EI 为梁的抗弯刚度，x 为自左端的距离。将此式与式 16.12 比较，我们可以用 y 和 $M/(EI)$分别代替式 16.13 中的 M 和 q 来写出式 16.16 的近似有限差分形式。类似地，用 y 和 $\overline{w}_i$，代替式 16.15 中的 M 和 Q 可以得到一个精确的形式，这里$\overline{w}_i$为一个等效弹性荷载(参见式 10.15 和 10.16)。应用近似方程和精确方程计算挠度的例子已给于第 10.5 节中。

16.4 梁挠度与作用荷载之间的有限差分关系式

在静定梁的情况下，当力矩已知时，联系挠度与弯矩的方程可以用于计算挠度。在超静定结构中，将挠度与作用荷载联系起来是更为方便的，求解挠度后可用来确定未知应力合力。

根据式 16.12 和 16.16，可以由下列微分方程将挠度 y 与荷载集度 q 联系起来：

$$\frac{\mathrm{d}^2}{\mathrm{d}x^2}\left(EI\frac{\mathrm{d}^2 y}{\mathrm{d}x^2}\right) = q \tag{16.17}$$

此式可按下面两个步骤写成有限差分形式。首先，根据式 16.2 以有限差分代替括号内的项(它等于负的弯矩值)：

$$M_i \cong -\frac{EI_i}{\lambda^2}(y_{i-1} - 2y_i + y_{i+1}) \tag{16.18}$$

然后再用式 16.2 将力矩的二阶导数表达成有限差分形式：

$$\frac{\mathrm{d}^2}{\mathrm{d}x^2}\left(EI\frac{\mathrm{d}^2y}{\mathrm{d}x^2}\right)=-\left(\frac{\mathrm{d}^2M}{\mathrm{d}x^2}\right)\cong-\frac{1}{\lambda^2}(M_{i-1}-2M_i+M_{i+1})\tag{16.19}$$

M_{i-1}和 M_{i+1}的值可通过在式 16.18 中以 $i-1$ 和 $i+1$ 代替 i 来用挠度表示。将这些值代入式 16.19 并与式 16.17 合并，我们得到用于一般点 i 处的有限差分方程：

$$\frac{E}{\lambda^4}\left[I_{i-1}\ \middle|\ -2(I_{i-1}+I_i)\ \middle|\ (I_{i-1}+4I_i+I_{i+1})\ \middle|\ -2(I_i+I_{i+1})\ \middle|\ I_{i+1}\right]\times\begin{Bmatrix}y_{i-2}\\y_{i-1}\\y_i\\y_{i+1}\\y_{i+2}\end{Bmatrix}\cong q_i\tag{16.20}$$

如果用集中荷载 Q_i 来替代 $q_i\lambda$，那么方程的精确度将会得到提高，式 16.20 变为：

$$\frac{E}{\lambda^4}\left[I_{i-1}\ \middle|\ -2(I_{i-1}+I_i)\ \middle|\ (I_{i-1}+4I_i+I_{i+1})\ \middle|\ -2(I_i+I_{i+1})\ \middle|\ I_{i+1}\right]\times\begin{Bmatrix}y_{i-2}\\y_{i-1}\\y_i\\y_{i+1}\\y_{i+2}\end{Bmatrix}\cong Q_i\tag{16.21}$$

事实上，这个方程为精确方程 16.15 与近似方程 16.18 的结合，所以是 I 为变值的梁的近似关系式。式 16.21 系数的形式示于图 16.4(a)内。

	节点 i 的位置	以 E/λ^3 表示的挠度的系数					右边	方程的编　号
		y_{i-2}	y_{i-1}	y_i^*	y_{i+1}	y_{i+2}		
(a)	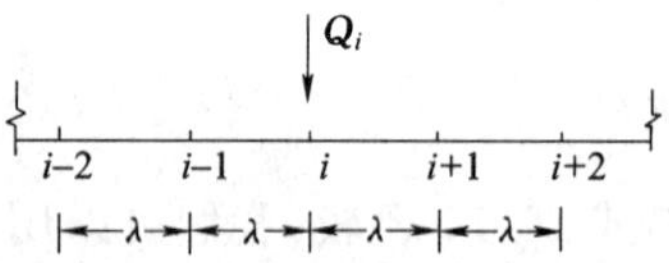 Q_i；$i-2$　$i-1$　i　$i+1$　$i+2$；λ　λ　λ　λ	I_{i-1}	$-2(I_{i-1}+I_i)$	$(I_{i-1}+4I_i+I_{i+1})$	$-2(I_i+I_{i+1})$	I_{i+1}	$=Q_i$	16.21
(b)	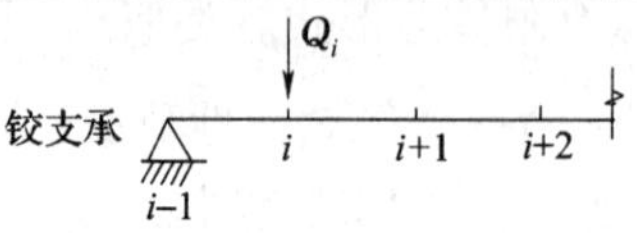 铰支承；Q_i；$i-1$　i　$i+1$　$i+2$	—	—	$(4I_i+I_{i+1})$	$-2(I_i+I_{i+1})$	I_{i+1}	$=Q_i$	16.27
(c)	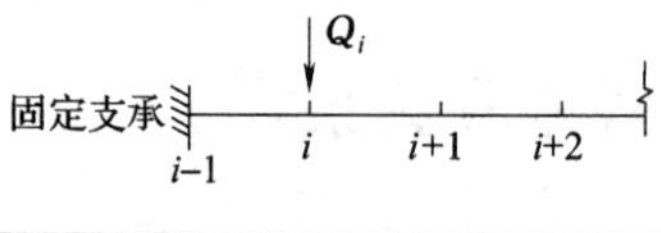 固定支承；Q_i；$i-1$　i　$i+1$　$i+2$	—	—	$(2I_{i-1}+4I_i+I_{i+1})$	$-2(I_i+I_{i+1})$	I_{i+1}	$=Q_i$	16.28
(d)	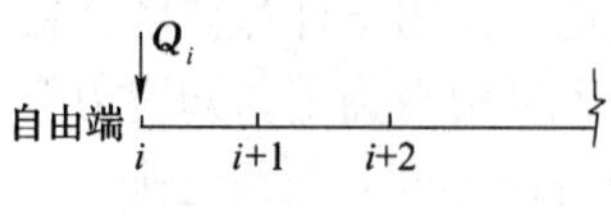 自由端；Q_i；i　$i+1$　$i+2$	—	—	I_{i+1}	$-2I_{i+1}$	I_{i+1}	$=Q_i$	16.29
(e)	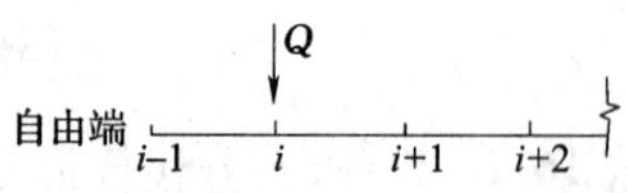 自由端；Q；$i-1$　i　$i+1$　$i+2$	—	$-2I_i$	$(4I_i+I_{i+1})$	$-2(I_i+I_{i+1})$	I_{i+1}	$=Q_i$	16.30
对于置于弹性模量 k_i(力/长度^2)的弹性地基上的梁，将 $k_i\lambda/2$ 加入方程 16－29 中的 y_i 系数上，将 $k_i\lambda$ 加入其他方程上。如果梁置入 i 处刚度为 k_i(力/长度)的弹簧上，那么将 k_i 加入所有方程中 y_i 的系数上								

图 16.4　联系梁挠度与作用荷载的有限差分方程

当梁为等截面，即 I 为常数时，式 16.21 简化为式 16.21(a)，标于图 16.5(a)内。

	节点 i 的位置	以 E/λ^3 表示的挠度的系数					右边	方程的编号
		y_{i-2}	y_{i-1}	y_i^*	y_{i+1}	y_{i+2}		
(a)	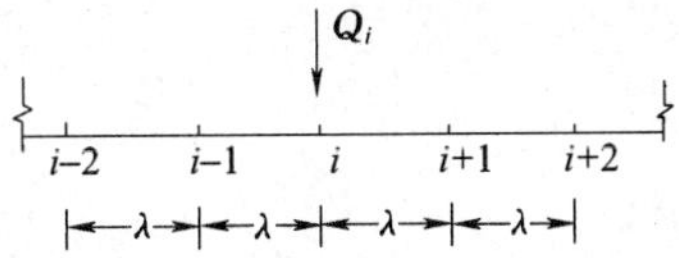 Q_i；$i-2$, $i-1$, i, $i+1$, $i+2$；λ λ λ λ	1	−4	6	−4	1	$=Q_i$	16.21a
(b)	铰支承 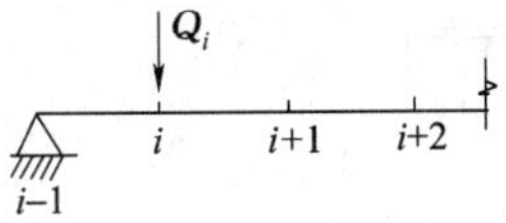 Q_i；$i-1$, i, $i+1$, $i+2$	—	—	5	−4	1	$=Q_i$	16.27a
(c)	固定支承 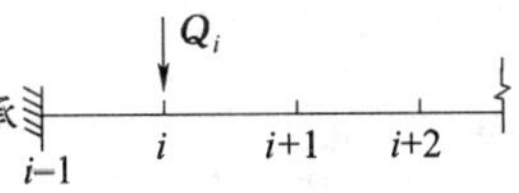 Q_i；$i-1$, i, $i+1$, $i+2$	—	—	7	−4	1	$=Q_i$	16.28a
(d)	自由端 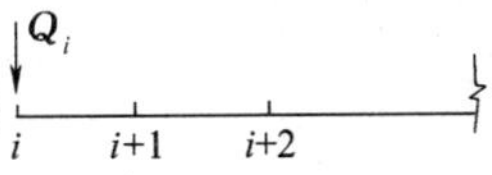 Q_i；i, $i+1$, $i+2$	—	—	1	−2	1	$=Q_i$	16.29a
(e)	自由端 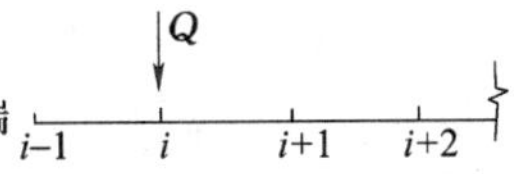 Q；$i-1$, i, $i+1$, $i+2$	—	−2	5	−4	1	$=Q_i$	16.30a
对于置于弹性模量 k_i(力/长度^2)的弹性地基上的梁，将 $k_i\lambda/2$ 加入方程 16－29 中的 y_i 系数上，将 $k_i\lambda$ 加入其他方程上。如果梁置入 i 处刚度为 k_i(力/长度)的弹簧上，那么将 k_i 加入所有方程中 y_i 的系数上								

图 16.5 当 I 为常数时，联系梁的挠度与作用荷载的有限差分方程

16.4.1 截面突变的梁

考虑图 16.6 所示的梁，该梁在节点 i 处抗弯刚度有一突变。我们提议，如果 i 的左侧截面和右侧截面处的抗弯刚度分别为 EI_{il} 和 EI_{ir}，则式 16.20 和 16.21 在 i 点采用有效抗弯刚度 EI，这里

$$\left.\begin{aligned} EI_i &= \left(\frac{2}{1+\alpha}\right)EI_{ir} \\ a &= \frac{EI_{ir}}{EI_{il}} \end{aligned}\right\} \tag{16.22}$$

令梁上 3 个等间距点处的挠度分别为 y_{i-1}，y_i 和 y_{i+1}，分别将挠度曲线 AB 和 CB 两部分延长到虚节点 C' 和 A' 处（图 16.6(b)），这两点的坐标为 y_{i+1}^f 和 y_{i-1}^f。为了协调，两曲线在 i 处的斜率必须相同。因此

$$\frac{1}{2\lambda}(-y_{i-1}^f+y_{i+1})=\frac{1}{2\lambda}(y_{i+1}^f-y_{i-1}) \tag{16.23}$$

为了平衡，节点 i 的右侧和左侧的弯矩也必须相同，即

$$M_{il}=M_{ir}=M_i$$

运用式 16.18

$$M_i = M_{il} = -\left(EI\frac{d^2y}{dx^2}\right)_{il} \cong -\frac{EI_{il}}{\lambda^2}(y_{i-1} - 2y_i + y^f_{i+1}) \tag{16.24}$$

和

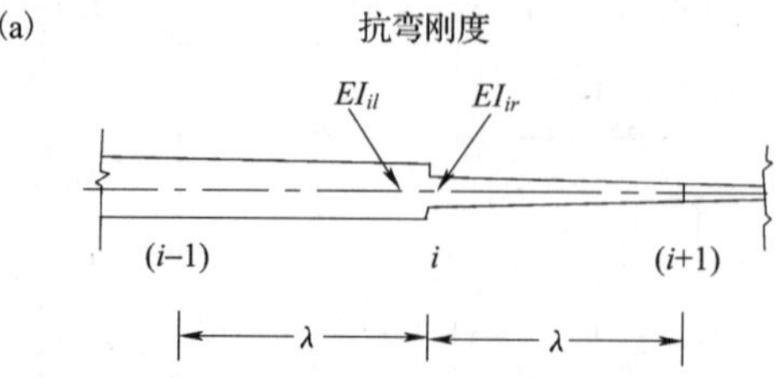

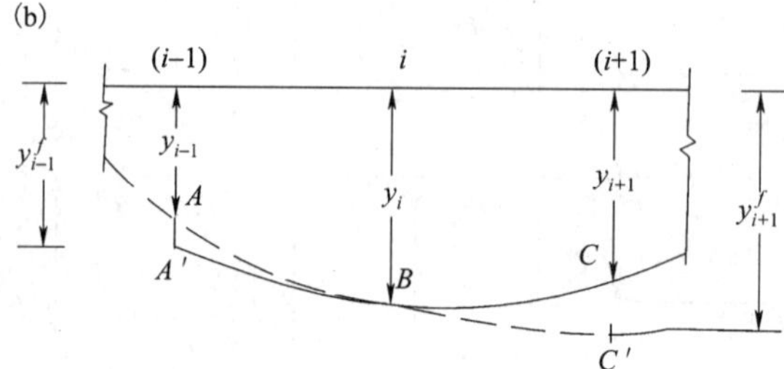

图 16.6 截面突变的梁的挠度

(a)梁的特性;(b)挠度线。

$$M_i = M_{ir} = -\left(EI\frac{d^2y}{dx^2}\right)_{ir} \cong -\frac{EI_{ir}}{\lambda^2}(y^f_{i-1} - 2y_i + y_{i+1}) \tag{16.25}$$

从式 16.23 到 16.25,通过消去虚挠度,我们得到

$$M_i \cong -\left(\frac{1}{1+\alpha}\right)\frac{EI_{ir}}{\lambda^2}[1 \quad -2 \quad 1]\begin{Bmatrix} y_{i-1} \\ y_i \\ y_{i+1} \end{Bmatrix} \tag{16.26}$$

如果这个方程中的 $2EI_{ir}/(1+\alpha)$ 部分用有效刚度 EI_i(如式 16.22 中所定义)代替,则式 16.26 变成与式 16.18 相同。

如果回顾式 16.20 和 16.21 的推导,可以看出抗弯刚度的突变可简单地通过在发生突变的节点处使用一个有效抗弯刚度(以式 16.22 计算)来考虑。这同样适用于图 16.4,16.5 和 16.7 中所有其他的有限差差分方程。

16.4.2 边界条件

当联系挠度与外荷载的有限差分式 16.21 用于连续端或靠近连续端时,梁外虚节点处的挠度包含在其中。然后将这些挠度以梁上其他节点处的挠度来表示,对于不同的端点条件其过程如下:

(a)简支。挠度和弯矩均为零,参见图 16.4(b),$y_{i-1}=0$ 和 $M_{i-1}=0$。

如果假设该梁与另一个相同的且有同样的荷载沿相反方向作用的梁相连续,那么这两个条件是满足的。所以,在虚节点 $i-2$ 处(未示于图中),挠度 $y_{i-2}=-y_i$,当用于邻近简支处的点 i 上,有限差分式 16.21 采取图 16.4(b)中式 16.27 的形式。

(b)固定端。挠度和斜率均为零,参见图 16.4(c),$y_{i-1}=0$ 和$\left(\frac{dy}{dx}\right)_{i-1}=0$。

如果考虑该梁与受同样荷载作用的相同的梁如实际梁一样连续,那么这两个条件是满足的。所以 $y_{i-2}=y_i$,当有限差分方程 16.21 用于固定支承附近的 i 点时,采取图 16.4(c)中式 16.28 的形式。

(c)自由端。弯矩为零,参见图 16.4(d),根据简单的静力学知识,我们可以写出:

$$M_{i+1}=-Q_i\lambda$$

用从式 16.18 中得到的挠度代替 M_{i+1},我们得到图 16.4(d)中所示的用于自由端附近 i 点的有限差分方程 16.29。

引用图 16.4(e)并根据式 16.15,以 $M_{i-1}=0$,我们得到

$$-\frac{1}{\lambda}(-2M_i+M_{i+1})=Q_i$$

以式 16.18 得出的挠度代替 M_i 和 M_{i+1},我们得到图 16.4(e)中用于自由端附近的 i 点的有限差分方程式 16.30,见图 16.4(e)。

当梁的惯性矩为常数时,图 16.4 中所列方程简化成图 16.5 中所给的形式。

16.5　梁的挠度与应力合力或与反力之间的有限差分关系

有限差分法用于分析结构也基于确定内力的目的。首先,在每一个挠度未知的节点处用有限差分方程将挠度与荷载联系起来。从图 16.4 或 16.5 中选出适合的用于各个节点处的方程。这样,我们得到一个联立线性方程系,它可以用下面的形式表示:

$$[K]\{y\}=\{Q\} \tag{16.31}$$

检查图 16.4 或图 16.5 内所列方程中 y 的有限差分系数,可以说明矩阵[K]是对称的。例如,当有限差分方程用于图 16.4(d)中的节点 i 时,y_{i+1}的系数与方程用于节点 $i+1$ 时(见图 16.4(e))y_i 的系数相同。在第 16.15 节中,我们将以矩阵[K]作为一个等效刚度矩阵。

式$[K]\{y\}=\{Q\}$的解使之可能求出节点挠度$\{y\}$。用已知的挠度,可由下面导出的有限差分方程计算弯矩、剪力和反力。

节点 i 和 $i+1$ 中间处的剪力为

$$V_{i+1/2}\cong\frac{1}{\lambda}(M_{i+1}-M_i)$$

用式 16.18 代替 M_i

$$V_{i+1/2}\cong\frac{E}{\lambda^3}[I_iy_{i-1}-(2I_i+I_{i+1})y_i+(I_i+2I_{i+1})y_{i+1}-I_{i+1}y_{i+2}] \tag{16.32}$$

当节点 i 和 $i+1$ 之间的任意点上都没有荷载作用时,这一值也表示任一点处的剪力。

连续梁上中间支承 i 处的反力标于图 16.7(a)中,为

$$R_i=Q_i-\frac{E}{\lambda^3}[I_{i-1}y_{i-2}-(2I_{i-1}+I_i)y_{i-1}+(I_{i-1}+4I_i+I_{i+1})y_i$$
$$-2(I_i+I_{i+1})y_{i+1}+I_{i+1}y_{i+2}] \tag{16.33}$$

式中　Q_i 为直接作用在支承上的等效集中荷载。

铰端 i 的反力(图 16.7(b))为

$$R_i = Q_i + \frac{M_{i+1}}{\lambda}$$

将式 16. 18 代入 M_{i+1}

$$R_i \cong Q_i - \frac{EI_{i+1}}{\lambda^3}(y_i - 2y_{i+1} + y_{i+2}) \tag{16.34}$$

完全固定端的反力为

$$R_i = Q_i + \frac{1}{\lambda}(M_{i+1} - M_i) \tag{16.35}$$

固定端 i 处的转动受到约束，但是可以发生横向位移 y_i（图 16. 7（c）），该处弯矩 M_i 为

$$M_i \cong \frac{EI_i}{\lambda^2}(2y_i - 2y_{i+1}) \tag{16.36}$$

当然，弯矩 M_i 在数值上等于固端力矩。正的 M_i 表示梁左端顺时针方向的力矩。

以挠度代替式 16. 35 中的 M_{i+1} 和 M_i，我们得到完全固定端 i 处的反力：

$$R_i = Q_i + \frac{E}{\lambda^3}[-(2I_i + I_{i+1})y_i + 2(I_i + I_{i+1})y_{i+1} - I_{i+1}y_{i+2}] \tag{16.37}$$

图 16. 7 中汇集了各种方程以及当 I 为常数情况下的相应方程。当支座处无沉降时，在适当的方程处的 $y_i = 0$。

	支承的类型		当 I 是变化的，以 E/λ^3 表示挠度的系数，当 I 是常数的，以 EI/λ^3 表示挠度的系数					右边	方程编号
			Y_{i-2}	Y_{i-1}	y_i^*	y_{i+1}	y_{i+2}		
（a）	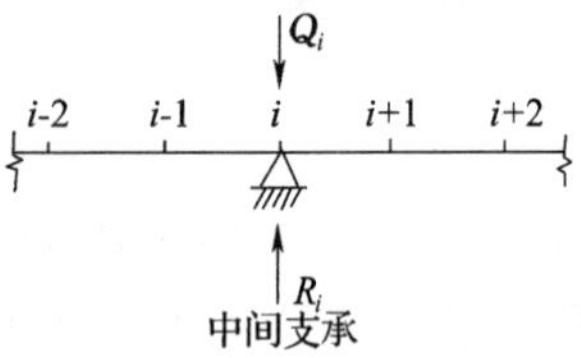 Q_i i-2 i-1 i i+1 i+2 R_i 中间支承	I 为变化量	$-I_{i-1}$	$2(I_{i-1}+I_i)$	$-(I_{i-1}+4I_i+I_{i+1})$	$2(I_i+I_{i+1})$	$-I_{i+1}$	$=(R_i - Q_i)$	16. 33
		I 为常量	−1	4	−6	4	−1	$=(R_i - Q_i)$	16. 33a
（b）	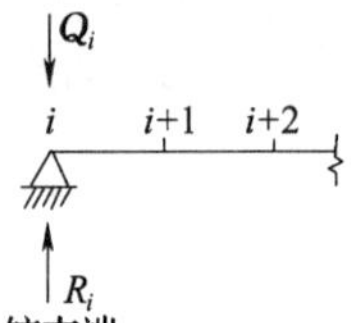 Q_i i i+1 i+2 R_i 铰支端	I 为变化量	—	—	$-I_{i+1}$	$2I_{i+1}$	$-I_{i+1}$	$=(R_i - Q_i)$	16. 34
		I 为常量	—	—	−1	2	−1	$=(R_i - Q_i)$	16. 34a
（c）	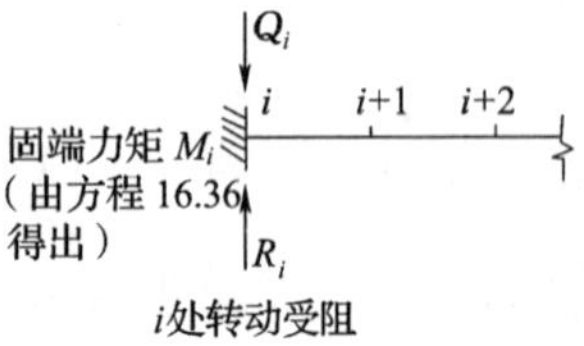 Q_i i i+1 i+2 固端力矩 M_i（由方程 16.36 得出） R_i i处转动受阻	I 为变化量	—	—	$-(2I_i+I_{i+1})$	$2(I_i+I_{i+1})$	$-I_{i+1}$	$=(R_i - Q_i)$	16. 37
		I 为常量	—	—	−3	4	−1	$=(R_i - Q_i)$	16. 37a

图 16. 7　联系梁挠度与反力的有限差分方程

16. 6　弹性地基上的梁

置于弹性地基上的梁的基本微分方程（见式 10. 5）为

$$\frac{\mathrm{d}^2}{\mathrm{d}x^2}\left(EI\frac{\mathrm{d}^2y}{\mathrm{d}x^2}\right)=q-ky \tag{16.38}$$

式中 k 为地基模量，也就是单位挠度时单位梁长上的地基反力（力/长度^2），其余符号则与式 16.17 所用的相同。

当式 16.38 的有限差分形式用于一般点 i 时

$$\frac{E}{\lambda^4}\left[I_{i-1}\ \middle|\ -2(I_{i-1}+I_i)\ \middle|\ (I_{i-1}+4I_1+I_{i+1})\ \middle|\ -2(I_i+I_{i+1})\ \middle|\ I_{i+1}\right]\times\begin{Bmatrix}y_{i-2}\\y_{i-1}\\y_i\\y_{i+1}\\y_{i+2}\end{Bmatrix}\cong q_i-k_iy_i \tag{16.39}$$

可以用与式 16.20 的相同的方法导出式 16.39。应用等效集中荷载 Q_i 代替 $q_i\lambda$，并重新排列各项，式 16.39 变为

$$\frac{E}{\lambda^3}\left[I_{i-1}\ \middle|\ -2(I_{i-1}+I_i)\ \middle|\ \left(I_{i-1}+4I_i+I_{i+1}+\frac{k_i\lambda^4}{E}\right)\ \middle|\ -2(I_i+I_{i+1})\ \middle|\ I_{i+1}\right]\times\begin{Bmatrix}y_{i-2}\\y_{i-1}\\y_i\\y_{i+1}\\y_{i+2}\end{Bmatrix}\cong Q_i \tag{16.40}$$

这个方程可以用于模量变化的地基上的变截面梁。比较式 16.21 和 16.40，我们可以看出弹性地基的存在可以简单的通过将 $k_i\lambda$ 项与 y_i 的系数相加来考虑。如果在 i 点用刚度为 K_i（力/长度）的弹簧代替弹性地基，那么与 y_i 的系数相加的项等于 K_i。

通过类似的修改，图 16.4 和图 16.5 中所有的其他方程都可用于弹性地基上的梁。这种修改标于这两个图的底部。

例 16.2　试确定图 16.8(a)中梁的挠度、弯矩和端部支座反力。该梁 EI 为常数。梁置于两支座之间的模量为 $k=0.102\,4EI/\lambda^4$ 的弹性地基上。

其无量纲项为

$$\frac{k\lambda^4}{EI}=0.102\,4$$

从图 16.5 选取相应的有限差分方程用于每一划分点上，我们可以写出：

$$\frac{EI}{\lambda^3}\begin{bmatrix}(5+0.102\,4 & -4 & 1\\ -4 & (6+0.102\,4) & -4\\ 1 & -4 & (5+0.102\,4)\end{bmatrix}\begin{Bmatrix}y_1\\y_2\\y_3\end{Bmatrix}=q\lambda\begin{Bmatrix}1\\1\\1\end{Bmatrix}$$

其解为

$$y_1=y_3=1.928q\frac{\lambda^4}{EI}\text{和 }y_2=2.692q\frac{\lambda^4}{EI}$$

或

$$y_1=y_3=0.007\,53ql^4/EI\text{ 和 }y_2=0.010\,5ql^4/EI$$

顺便提一下，我们可以利用结构的对称性令 $y_1=y_3$，从而，只需要求解两个联立方程。

将式 16.18 用于点 1 和点 2，我们得到

$$M_1 = -\frac{EI}{\lambda^2} \times q\frac{\lambda^4}{EI}(0 - 2 \times 1.928 + 2.692) = 1.164q\lambda^2 = 0.0728ql^2$$

和

$$M_2 = -\frac{EI}{\lambda^2} \times q\frac{\lambda^4}{EI}(1.928 - 2 \times 2.692 + 1.928) = 1.524q\lambda^2 = 0.0955ql^2$$

梁的弯矩图绘于图 16.8(c)内。由式 16.34(a)(图 16.7(b))给出 0 处的反力如下：

$$\frac{EI}{\lambda^3}(2y_1 - y_2) = R_0 - Q_0$$

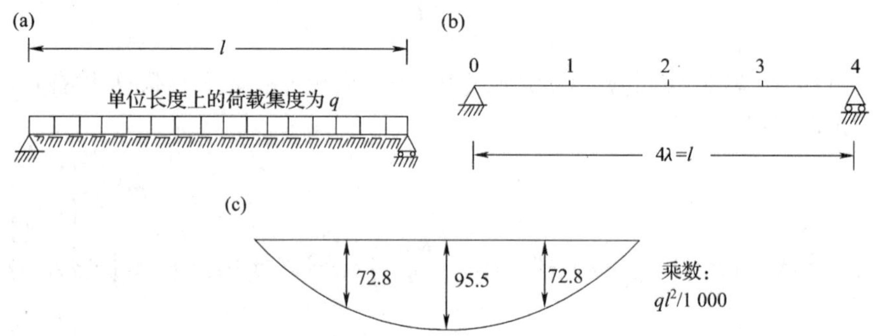

图 16.8 例题 16.2 中置于弹性地基上的梁

(a)弹性地基上的梁；(b)节点；(c)弯矩图。

代以前面算出的 y 值和 $Q_0 = \lambda/2 = ql/8$，我们求出：

$$R_0 = R_4 = 0.416ql$$

应用解析法[1]的精确值为：$y_1 = y_3 = 0.00732ql^4/EI$，$y_2 = 0.0102ql^4/EI$，$M_1 = M_3 = 0.0745ql^2$，$M_2 = 0.0978ql^2$ 和 $R_0 = R_4 = 0.414ql$。

16.7 轴对称的圆柱壳

考虑一个受任意轴对称的径向荷载作用的薄壁弹性圆柱体。由于对称，壳中垂直于圆柱轴线的任一截面将保持为圆形，而半径 r 将产生变化 $\Delta r = y$。所以，我们只需要考虑一个平行于圆柱母线的窄条的变形(图 16.9(a))，令窄条的宽度为 1。

径向位移 y 必定伴随着产生圆周力(或圆环力)(图 16.9(b))，该力沿单位母线长度上的量为：

$$N = \frac{Eh}{r}y \tag{16.41}$$

式中 h 为圆柱的厚度，E 为弹性模量。圆环力为拉力时为正，径向变位和荷载向外时为正。

窄条的两个边缘上的圆环力 N 的合力沿径向而与变位的方向相反，窄条单位长度上的圆环力的合力为

1 见 Hetenyi, M. Beams on Elastic Foundation. University of Michigan Press. Ann Arbor, 1952.

$$-\frac{N}{r}=-\frac{Eh}{r^2}y$$

因而,可以把窄条看作弹性地基上的梁,弹性地基的模量为

$$k=\frac{Eh}{r^2} \tag{16.42}$$

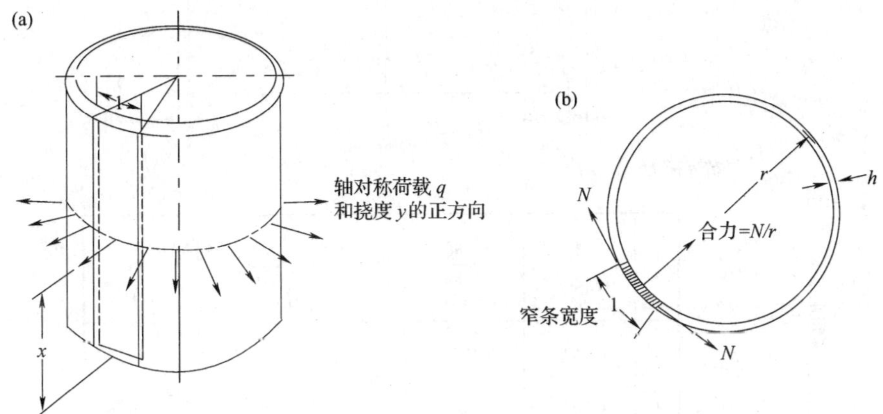

图 16.9　类似弹性地基上梁的平行于轴对称圆柱形壁的母线的条带

(a)示意图;(b)横截面。

由于壁的变形是轴向对称的,任一窄条的边缘必须保证在径向平面内,而且侧向扩张或收缩(由于窄条在径向平面内弯曲所引起)受到阻止。这种约束影响等效于沿圆周方向的弯矩

$$M_\phi=\nu M$$

式中 M 为平行于母线的弯矩,ν 为材料的泊松比。可以得出,M_ϕ 对梁窄条的弯曲变形的刚度效应可按比值 $1/(1-\nu^2)$ 增大窄条的惯性矩来考虑,因而单位宽度窄条的抗弯刚度为

$$EI=\frac{Eh^3}{12(1-\nu^2)} \tag{16.43}$$

这样,置于弹性地基上的梁的挠度微分方程(式 16.38)可以用于圆柱(图 16.9(a)),并以 y 表示沿径向挠度,以 x 表示自壁底缘算起的距离,EI 和 k 如先前所定义,q 为沿壁的径向压力集度。

当壁的厚度是变化的时候,则 EI 和 k 随之变化。然而,这在有限差分求解中不会引起显著的困难。

图 16.4,16.5 和 16.7 中所列的关于梁的有限差分方程可以用于受轴对称荷载作用的圆柱壳,其等效集中荷载 Q_i 按单位宽窄条来取。

例 16.3　试确定图 16.10(a)所示的圆柱形水箱由于壁上水平压力所引起侧面径向挠度,并计算圆环力、壁上的弯矩以及其顶面和底面处的反力。假设壁的两端均为销接。忽略泊松比的效应。

各节点按图 16.10 所示选定,以 $\lambda=H/5$,计算有限差分方程系数时所需要的 $k_i\lambda^4/E$ 项和 Q_i 项均给于图 16.10(b)中。从式 16.42 代入 k:

$$\frac{k_i\lambda^4}{E}=\frac{Eh_i\lambda^4}{r^2\ E}=\frac{h_i\lambda^4}{r^2}$$

运用图 10.9 中的等效集中荷载的表达式计算 Q_i 值。

(a)

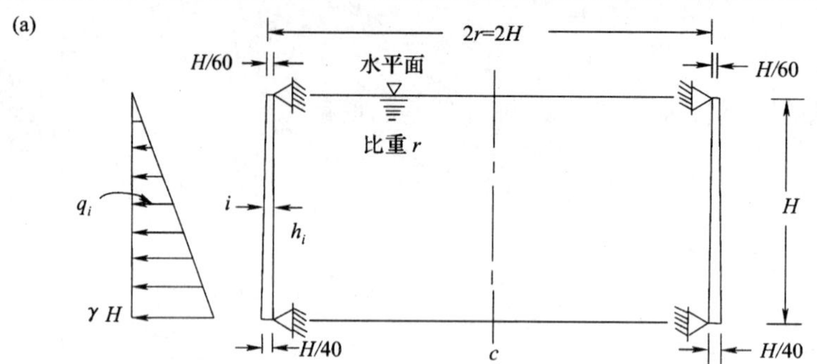

静水压力

(b)

等间距 λ

i	h_i (H/40)	$I_i=\frac{h_i^3}{12}$ $(H/40)^3$	$\frac{k_i\lambda^4}{E}=\frac{h_i\lambda^4}{r^2}$ $(H/40)^3$	Q_i (γH^2)
0	0.667	0.025		0.006 7
1	0.733	0.033	1.876	0.040 0
2	0.800	0.043	2.048	0.080 0
3	0.867	0.054	2.220	0.120 0
4	0.933	0.068	2.388	0.160 0
5	1.00	0.083		0.093 3

图 16.10 例题 16.3 所计算的水箱壁

(a)壁;(b)$k_i\pi^4/E$ 和 Q_i 的求算。

(a)变位。由图 16.4,对每一节点 1,2,3 和 4 选用合适的有限差分方程,写出:

$$\left(\frac{E}{\lambda^3}\right)\left(\frac{H}{40}\right)^3\times\begin{bmatrix}(4\times0.033+0.043+1.876) & -2(0.033+0.043) & 0.043 & 0\\ -2(0.033+0.043) & (0.033+4\times0.043+0.054+2.048) & -2(0.043+0.054) & 0.054\\ 0.043 & -2(0.043+0.054) & (0.043+4\times0.054+0.068+2.220) & -2(0.054+0.068)\\ 0 & 0.054 & -2(0.054+0.068) & (0.054+4\times0.068+2.388)\end{bmatrix}\begin{Bmatrix}y_1\\y_2\\y_3\\y_4\end{Bmatrix}$$

$$=\lambda H^2\begin{Bmatrix}0.040\\0.080\\0.120\\0.160\end{Bmatrix}$$

这些方程的解为:

$$\{y_1,y_2,y_3,y_4\}=\frac{\lambda H^2}{E}=\{10.88,20.12,28.57,32.35\}$$

(b)圆环力。将 y_i 代入式 16.41,求出

$$\{N_1,N_2,N_3,N_4\}=\lambda H^2\{0.199,0.402,0.619,0.755\}$$

(c)弯矩。令 $y_0=y_5=0$,将式 16.18 用于点 1,2,3 和 4 处,得到

$$\{M_1,M_2,M_3,M_4\}=\frac{\gamma H^3}{1000}=\{0.021,0.013,0.099,0.960\}$$

(d)反力。根据式16.34(见图17.7(b)),求得顶面支座处得反力 $R_0=0.0068\gamma H^2$,底面支座处反力 $R_5=0.0098\gamma H^2$。

16.8　偏导数的有限差分表示方法

横向(垂直的)荷载作用下的薄板受到弯曲作用,因而称为受弯板。板所产生的横向挠度与板的尺寸相比是很小,由于这个原因,板的中面的伸长可以忽略不计,并假设中面上各点在平面内的位移为零。这样,在称为 $x-y$ 平面的板的中面(或表面)上任一点处的位移,可由沿 z 方向的平动与绕 x 轴和 y 轴的两个转动来确定。平面弯曲问题与偏微分方程的解有关,在这里将用到有限差分法。

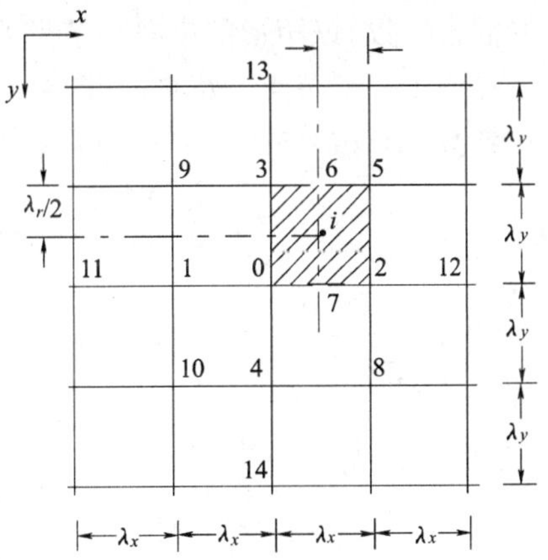

图16.11　函数 $w=f(x,y)$ 的导数有限差分法表达式所采用的网格

图16.11所示的表示函数 $w=f(x,y)$ 的平面网格,例如它可以是受弯板的弯曲面。与第16.4节中所讲普通有限差分法相同,函数 w 关于 x 或 y 的导数可以表示为 w 在各网格节点处的值的差分。在下面的表达式中,用中心差分来表示 O 点的值。

表面沿 x 方向的斜率为:

$$\left(\frac{\partial w}{\partial x}\right)_0 \cong \frac{1}{2\lambda_x}[\,-1\quad 1\,]\begin{Bmatrix}w_1\\w_2\end{Bmatrix} \tag{16.44}$$

沿 x 方向的曲率为

$$\left(\frac{\partial^2 w}{\partial x^2}\right)_0 \cong \frac{1}{\lambda_x^2}[\,1\quad -2\quad 1\,]\begin{Bmatrix}w_1\\w_0\\w_2\end{Bmatrix} \tag{16.45}$$

对 y 偏导数的表达式也可以类似地写出。

将以 x 和 y 为变量的拉普拉斯(Laplace)算子:

$$\nabla^2=\frac{\partial^2}{\partial x^2}+\frac{\partial^2}{\partial y^2}$$

用于一般节点 O 处,可以写成下面的有限差分形式;

$$(\nabla^2\omega)_0 \cong \frac{1}{\lambda_x^2}[\,1\quad -2\quad 1\,]\begin{Bmatrix}w_1\\w_0\\w_2\end{Bmatrix}+\frac{1}{\lambda_y^2}[\,1\quad -2\quad 1\,]\begin{Bmatrix}w_3\\w_0\\w_4\end{Bmatrix} \tag{16.46}$$

图16.11中阴影部分的矩形中心 i 点处的混合偏导数为

$$\left(\frac{\partial^2 w}{\partial x \partial y}\right)_i \cong \frac{1}{\lambda_y}\left[\left(\frac{\partial w}{\partial x}\right)_7 - \left(\frac{\partial w}{\partial x}\right)_6\right]$$

从而得出

$$\left(\frac{\partial^2 w}{\partial x \partial y}\right)_i \cong \frac{1}{\lambda_x \lambda_y}\begin{bmatrix}1 & -1 & 1 & -1\end{bmatrix}\begin{Bmatrix}w_2\\ w_0\\ w_3\\ w_5\end{Bmatrix} \tag{16.47}$$

可以用类似于式 16.47 的方法以大小为 $2\lambda_x \times 2\lambda_y$ 的矩形中 4 个角点处的 w 表示节点 O 处的混合导数,该矩形的中心为节点 O。

在用于一般节点 i 处的式 16.46 和 16.47 中各节点处 w 的系数给于图 16.12(a)和(b)中。导数 $\partial^4 w/(\partial x^2 \partial y^2)_i$ 中 w 的系数给于图 16.12(c)中式 18.5 内。

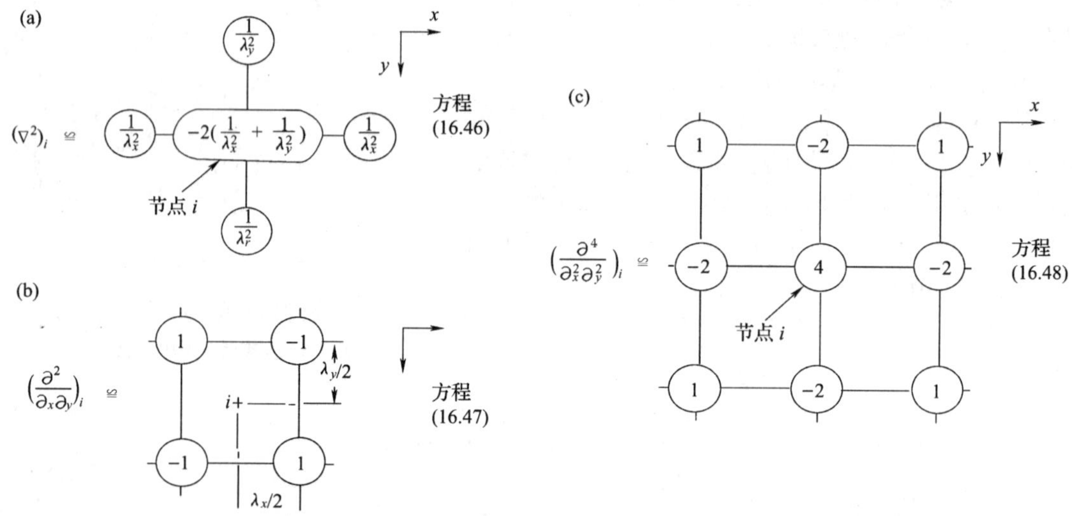

图 16.12 偏导数的中心差分近似式的系数

(λ_x 和 λ_y 为沿 x 和 y 方向的网格宽度)

(a)式 16.46 中两个变量的拉普拉斯算子;

(b)式 16.47 中所有系数的乘数 $1/\lambda_x\lambda_y$;

(c)式 16.48 中所有系数的乘数 $1/\lambda_x^2\lambda_y^2$。

16.9 受面内力作用板的控制微分方程

有限差分法可以用来分析薄板,根据所受荷载种类的不同会引出两个不同的问题。在本节中,我们将分析所有力都作用在板的 $x-y$ 平面上的情况:产生的应力为 σ_x,σ_y 和 τ_{xy} ($=\tau_{yx}$)。此时 σ_z,τ_{zx},τ_{xz},τ_{zy} 和 τ_{yz} 均为零(见图 6.4 和 16.13)。

这里提到的是平面应力分布,称所包含的力为平面力。板平面内的任意点的位移能够用 x 和 y 方向的两个分量完全确定。

然而,平面应力问题的有限差分解在本书的编辑中被省略,因为相比而言有限单元解法(第 17 和第 18 章)更占优势。

尽管如此,我们在下面给出了平面力作用下的板的平衡方程,相容方程以及边界条件,因为将其作为受弯板问题(第16.10节)的介绍,并将用于第17章中。

(a)平衡。考虑作用于边长为 dx 和 dy,板厚为 h(图16.13)的微小矩形块 A 上沿 x 和 y 方向的力,我们可以写出下列平衡微分方程

$$\frac{\partial \sigma_x}{\partial x}+\frac{\partial \tau_{xy}}{\partial y}+X=0 \qquad (16.49)$$

和

$$\frac{\partial \sigma_y}{\partial y}+\frac{\partial \tau_{xy}}{\partial x}+Y=0 \qquad (16.50)$$

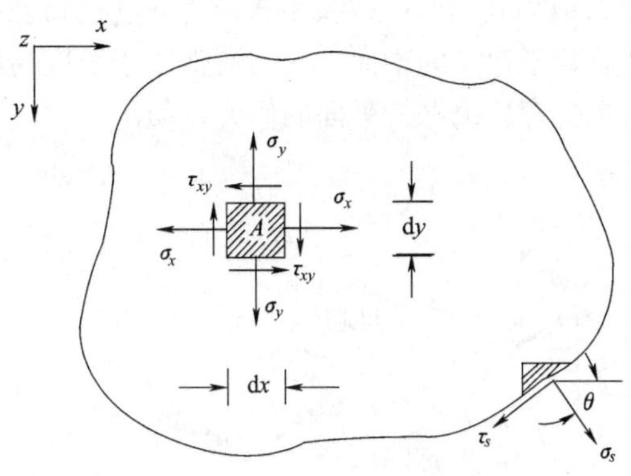

图16.13　应力的正方向

式中 X 和 Y 为单位体积的体力沿 x 和 y 方向的分量。图16.13表示应力的正方向。

(b)协调。如果 u 和 v 为任意点沿 x 和 y 方向的平面位移,应变分量 ε_x,ε_y 和 γ_{xy} 可以表示为:

$$\varepsilon_x=\frac{\partial u}{\partial x};\varepsilon_y=\frac{\partial v}{\partial y};\gamma_{xy}=\frac{\partial u}{\partial y}+\frac{\partial v}{\partial x} \qquad (16.51)$$

这三个应变分量 ε_x,ε_y 和 γ_{xy} 都不是独立的,必须满足协调方程

$$\frac{\partial^2 \varepsilon_x}{\partial y^2}+\frac{\partial^2 \varepsilon_y}{\partial x^2}=\frac{\partial^2 \gamma_{xy}}{\partial x \partial y} \qquad (16.52)$$

这可以从式16.51推导得出。

在平面应力问题中,各向同性的薄板的应力-应变关系(虎克定律,式6.6)可以写成下列形式:

$$\begin{Bmatrix}\varepsilon_x\\ \varepsilon_y\\ \lambda_{xy}\end{Bmatrix}=\frac{1}{E}\begin{bmatrix}1 & -\nu & 0\\ -\nu & 1 & 0\\ 0 & 0 & 2(1+\nu)\end{bmatrix}\begin{Bmatrix}\sigma_x\\ \sigma_y\\ \tau_{xy}\end{Bmatrix} \qquad (16.53)$$

式中 E 为弹性模量,ν 为泊松比。合并式16.49~16.53,以应力分量表示的协调条件成为:

$$\nabla^2(\sigma_x+\sigma_y)=-(1+\nu)\left(\frac{\partial X}{\partial x}+\frac{\partial Y}{\partial y}\right) \qquad (16.54)$$

(c)边界条件。考虑作用于板的边界处矩形块 B 上的各力的平衡(图16.13),作用于边界表面上的法向应力(σ_a)和切向应力(τ_a)可通过下式与靠近边界的应力分量 σ_x,σ_y 和 τ_{xy} 联系起来:

$$\begin{Bmatrix}\sigma_a\\ \tau_a\end{Bmatrix}=\begin{bmatrix}\cos^2\theta & \sin 2\theta & \sin 2\theta\\ -\dfrac{\sin 2\theta}{2} & \dfrac{\sin 2\theta}{2} & \cos 2\theta\end{bmatrix}\begin{Bmatrix}\sigma_x\\ \sigma_y\\ \tau_{xy}\end{Bmatrix} \qquad (16.55)$$

式中 θ 为边界法线与 x 轴的夹角(见图16.13)。

16.10　受弯板的控制微分方程

在本节中,我们讨论在横向荷载作用下产生的挠度远小于其厚度的薄板(图16.14(a))。如果正交轴 x 和 y 选在板的中面上,我们可以忽略此面上所有点平行于 x 轴和 y 轴的位移 u

和 v、应力 σ_x 和 σ_y 以及由于应力 σ_z 所引起的变形。此外,我们假设中面上的法线保持为直线并垂直于弯曲的中面。这与通常用于长度与横截面尺寸相比要大得多的梁的弯曲理论中平截面在受弯后仍保持平面的假设相似。

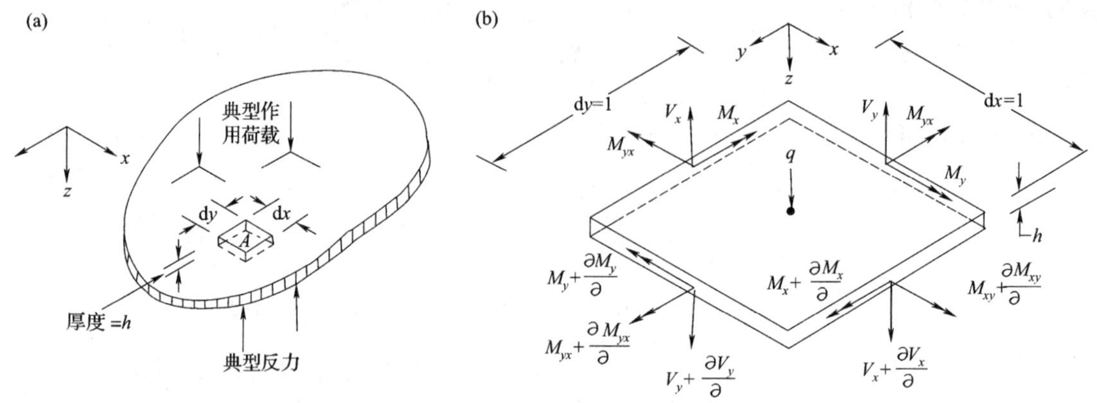

图 16.14

(a)受弯板;(b)作用于(a)中块体 A 上的力,此图也表明应力合力的正方向。

图 16.14(b)表示作用于边长的 dx,dy 和 h 的微小矩形块体 A 上的力。如果取 dx 和 dy 等于 1,块体边缘上的内力 M_x,M_y,M_{xy},V_x 和 V_y 等于该单元各边应力的合力。这些应力合力的正方向示于图 16.14(b)内,应力的正方向示于图 7.4 中,应力合力与应力 σ_x,σ_y 和 τ_{xy} 的联系如下:

$$M_x = \int_{-h/2}^{h/2} \sigma_x z \mathrm{d}z \qquad M_y = \int_{-h/2}^{h/2} \sigma_x z \mathrm{d}z \tag{16.56}$$

$$M_{yx} = -M_{xy} = \int_{-h/2}^{h} \tau_{xy} z \mathrm{d}z \tag{16.57}$$

和

$$V_x = \int_{-h/2}^{h/2} \tau_{xz} \mathrm{d}z \text{ 和 } V_y = \int_{-h/2}^{h/2} \tau_{yz} \mathrm{d}z \tag{16.58}$$

为了求解应力合力,我们考虑块体的平衡和变形。

(a)平衡。竖向力之和为零,对 dx 边和 dy 边的力矩之和等于零,这样:

$$\left.\begin{aligned} \frac{\partial V_x}{\partial x} + \frac{\partial V_y}{\partial y} + q = 0 \\ \frac{\partial M_x}{\partial x} + \frac{\partial M_{yx}}{\partial y} - V_x = 0 \\ -\frac{\partial M_y}{\partial y} + \frac{\partial M_{xy}}{\partial x} + V_y = 0 \end{aligned}\right\} \tag{16.59}$$

式中 q 为单位面积上所作用的荷载集度。这 3 个方程可以并于一个方程中:

$$\frac{\partial^2 M_x}{\partial x^2} - 2\frac{\partial^2 M_{xy}}{\partial x \partial y} + \frac{\partial^2 M_y}{\partial y^2} = -q \tag{16.60}$$

(b)变形。自中面起距离为 z 的任一点处的位移 u 和 v(沿 x 轴和 y 轴方向)可由下面各式用弯曲面的斜率来表达:

$$u = -z\frac{\partial w}{\partial x} \quad 和 \quad v = -z\frac{\partial w}{\partial y} \tag{16.61}$$

式中 w 为沿 z 轴方向的挠度。偏导数代表弯曲面的斜率，也等于中面上法线的转角。

在相同点处的应变通过式 16.51 以位移来表示，从中我们得到

$$\varepsilon_x = -z\frac{\partial^2 w}{\partial x^2} \quad \varepsilon_y = -z\frac{\partial^2 w}{\partial y^2}和\ \gamma_{xy} = -2z\frac{\partial^2 w}{\partial x \partial y} \tag{16.62}$$

应力与应变用虎克定律联系起来，对于均匀的、各向同性的板以式 16.53 表示。通过这个方程和式 16.62，应力可以用中面的挠度来表示：

$$\begin{Bmatrix}\sigma_x \\ \sigma_y \\ \tau_{xy}\end{Bmatrix} = \frac{Ez}{(1-\nu^2)}\begin{bmatrix}1 & \nu & 0 \\ \nu & 1 & 0 \\ 0 & 0 & (1-\nu)\end{bmatrix}\begin{Bmatrix}\dfrac{\partial^2 w}{\partial x^2} \\ \dfrac{\partial^2 w}{\partial y^2} \\ \dfrac{\partial^2 w}{\partial x \partial y}\end{Bmatrix} \tag{16.63}$$

将式 16.63 得到的应力代入式 16.56 和 16.57，我们得到：

$$\begin{Bmatrix}M_x \\ M_y \\ M_{xy}\end{Bmatrix} = -N\begin{bmatrix}1 & \nu & 0 \\ \nu & 1 & 0 \\ 0 & 0 & (1-\nu)\end{bmatrix}\begin{Bmatrix}\dfrac{\partial^2 w}{\partial x^2} \\ \dfrac{\partial^2 w}{\partial y^2} \\ \dfrac{\partial^2 w}{\partial x \partial y}\end{Bmatrix} \tag{16.64}$$

式中

$$N = \frac{Eh^3}{12(1-\nu^2)} \tag{16.65}$$

表示单位宽度的板条的抗弯刚度。

根据式 16.59 的后两个和式 16.64，剪力也可以用挠度来表示：

$$V_x = -N\frac{\partial}{\partial x}(\nabla^2 w)和\ V_y = -N\frac{\partial}{\partial y}(\nabla^2 w) \tag{16.66}$$

式中 ∇^2 为拉普拉斯算子。

(c)求导。将式 16.64 代入式 16.60 得出

$$\frac{\partial^4 w}{\partial x^4} + 2\frac{\partial^4 w}{\partial x^2 \partial y^2} + \frac{\partial^4 w}{\partial y^4} = \frac{q}{N} \tag{16.67}$$

它也可写成下列形式：

$$\nabla^2(\nabla^2 w) = q/N \tag{16.68}$$

在受弯板的分析中，通过求解满足板的边界条件的式 16.67 得出挠度，然后应力合力由式 16.64 和 16.66 来确定。接下来，将用有限差分法得出挠度的解。

16.11 弯曲平面内部节点的有限差分方程

式 16.46 给出了 x 和 y 的函数的拉普拉斯算子 ∇^2 的有限差分形式，其有限差分系数已示意性地表示在图 16.12(a)中。将拉普拉斯算子 ∇^2 用于函数 $\nabla^2 w$ 中，并根据图 16.12(a)中的系数形式，我们可以得到导数 $\nabla^2(\nabla^2 w)$ 的有限差分形式。用于随 x 和 y 变化的函数在节点 i 处的算子 $\nabla^2(\nabla^2)$ 的系数形式示于图 16.15(a)中。当网格宽度为 $\lambda_x=\lambda_y=\lambda$ 时，其系数形式如图 16.15(b)所示。因此，对于内部的任意一点 i，式 16.67 的有限差分形式为：

$$[系数]\{w\}\cong q_i/N \qquad (16.71)$$

式中的系数如图 16.15 所示。该方程将 i 和附近 12 点的挠度 w_i 与荷载集度 q_i 联系起来。

内部节点的内力合力可以通过有限差分式 16.64 和 16.66 用节点挠度 w 来表示。这些近似值的系数形式如图 16.16 所示。

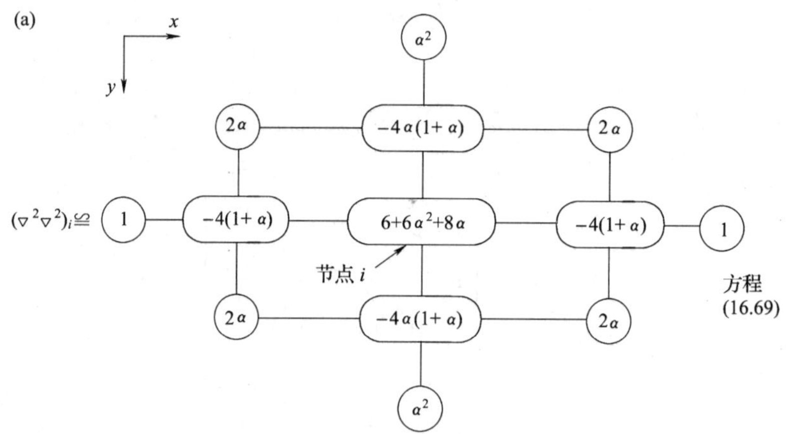

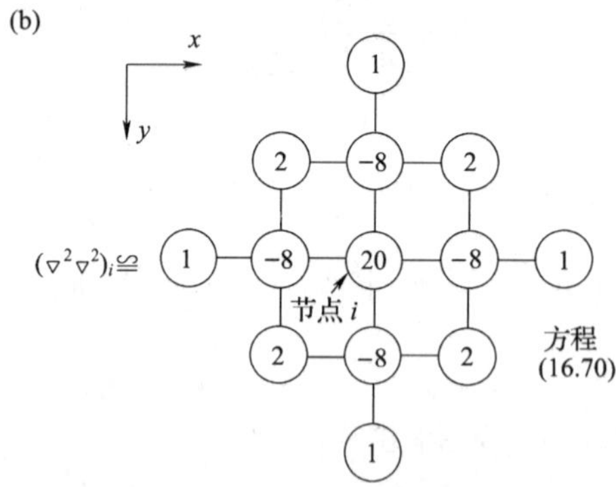

图 16.15 偏导数$(\nabla^2\nabla^2)_i$的中心差分近似式(上面各系数如下用于式 16.67 或 16.68 的有限差分形式：[系数]$\{w\}\cong q_i/N$)

(a)矩形网格：$\alpha=(\lambda_x/\lambda_y)^2$，$\lambda_x$ 和 λ_y 为网格在 x 和 y 方向的宽度；

(b)正方形网格：网格沿 x 和 y 方向的宽度为 λ。

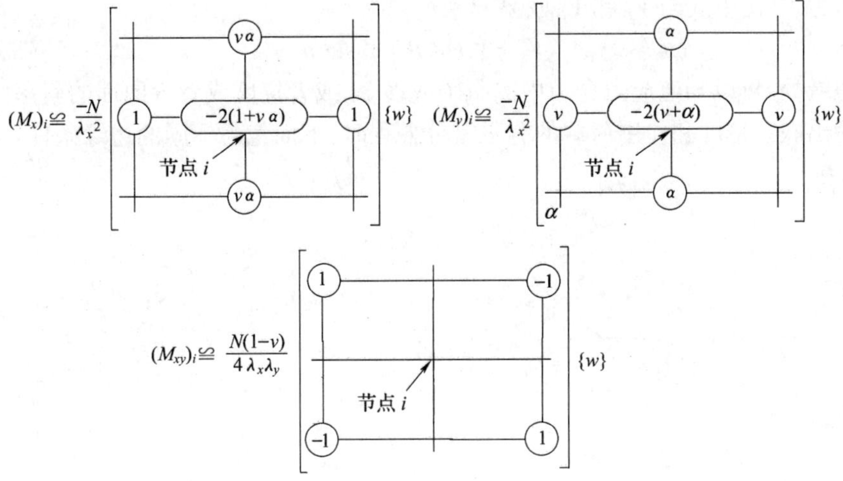

图 16.16　用于矩形网格的式 16.64 和式 16.66 的有限差分形式(一)

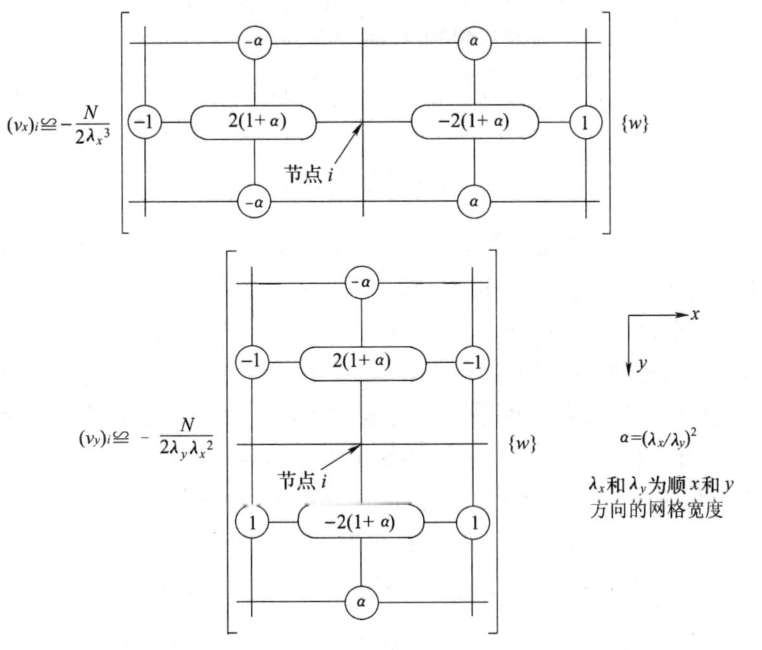

图 16.16　用于矩形网格的式 16.64 和式 16.66 的有限差分形式(二)

16.12　受弯板的边界条件

图 16.17 中,正交坐标 n 和 t 取为与板的边界垂直和相切。考虑微小块体 B 的平衡(见图 16.17(b)),边界处的弯矩和扭矩可由下式与 M_x, M_y 和 M_{xy} 联系起来:

$$\begin{Bmatrix} M_n \\ M_{nt} \end{Bmatrix} = \begin{bmatrix} \cos^2\theta & \sin^2\theta & -\sin 2\theta \\ \dfrac{\sin 2\theta}{2} & -\dfrac{\sin 2\theta}{2} & \cos 2\theta \end{bmatrix} \begin{Bmatrix} M_x \\ M_y \\ M_{xy} \end{Bmatrix} \tag{16.72}$$

边界剪力 V_n 由下式与 V_x 和 V_y 联系起来：

$$V_n = V_x\cos\theta + V_y\sin\theta \tag{16.73}$$

板的边缘处，可以知道应力合力中的一个或多个，或者挠度或者弯曲面的斜率。这些数据可以用于写出联系挠度和作用荷载的有限差分方程时，下面考虑不同的边缘条件。

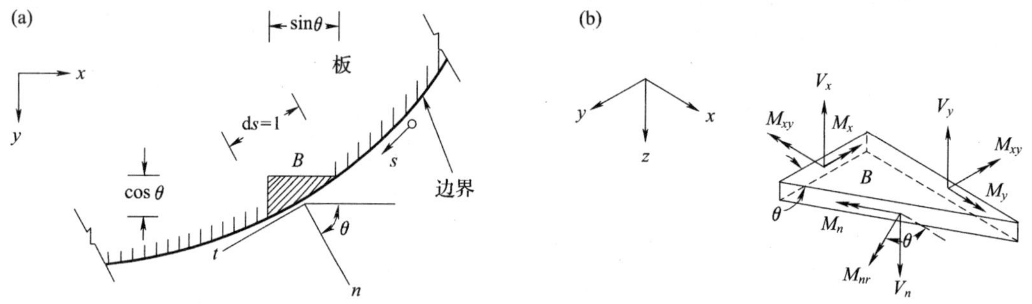

图 16.17 式 16.64 和 16.66 的推导中所考虑的靠近受弯板边界的块体
(a)板的俯视图；(b)作用于图(a)中块体 B 上的力，
此图还指明了 V_n，M_n 和 M_{nt} 的正方向。

(a)夹支边。夹支边上所有点的挠度以及弯曲面在垂直于该边缘的方向上的斜率均为零，即

$$w = 0 \text{ 和} \frac{\partial w}{\partial n} = 0 \tag{16.74}$$

考虑板的边缘为直线的情况。如果假设所分析的板与受对称荷载作用的对称虚构板相连续，使其弯曲中面为实际弯曲中面的镜像，则式 16.74 的条件得到满足。

如果夹支边如图 16.18(a)所示平行于 x 轴，则式 16.74 的条件给出 $w_D = w_B = w_E = 0$ 和 $w_C = w_A$。当有限差分式 16.71 用于节点 A 处时，令虚节点 C 的挠度等于 w_A，边缘各节点的挠度为零。因而，我们得到联系各中间节点处挠度与作用在 A 的荷载集度的方程。用于每一内部节点处的有限差分方程 16.71 给出了足够的用来计算各节点挠度的联立方程。

(b)简支边。简支边上所有点上的挠度 w 和弯矩 M_n 均为零，即

$$w = 0 \text{ 和 } M_n = 0 \tag{16.75}$$

结合式 16.72 和式 16.64，第二个边界条件可由下式以挠度来表示；

$$(1-\nu)\left(\frac{\partial^2 w}{\partial x^2}\cos^2\theta + 2\frac{\partial^2 w}{\partial x\partial y}\sin\theta\cos\theta + \frac{\partial^2 w}{\partial y^2}\sin^2\theta\right) + \nu\nabla^2 w = 0 \tag{16.76}$$

当板的边界为直边时，如果考虑板与受反对称荷载作用的对称虚构板相连续，使对称点处的中面挠度大小相等而方向相反，则式 16.75 的两个条件得到满足。

如果简支边如图 16.18(b)所示平行于 x 轴，则式 16.75 的条件给出 $w_D = w_B = w_E = 0$ 和 $w_C = w_{-A}$。以类似于夹支边的方式，将这些方程代入用于节点 A 的有限差分式 16.71。

(c)自由边。自由边上任一点处的弯矩为零，即 $M_n = 0$，这意味着式 16.76 必须满足。另外，自由边应该没有横向力。现在，剪力 V_n 和扭矩 M_{nt}(图 16.17)可变换为仅有横向力[1]，因为这些力在自由边处为零，我们可以写出

---

1 见 Timoshenko, S., Wojnowsky - Krieger, S. Theory of Plates and Shells. 2nd ed. McGraw - Hill, New York, 1959.

$$V_n - \frac{\partial M_{nt}}{\partial s} = 0 \tag{16.77}$$

通过式 16.64,16.66,16.72 和 16.73,这个条件可用挠度表示成下面形式

$$(1-\nu)\frac{\partial}{\partial s}\left[\left(\frac{\partial^2 w}{\partial x^2} - \frac{\partial^2 w}{\partial y^2}\right)\sin\theta\cos\theta - \frac{\partial^2 w}{\partial x \partial y}(\cos^2\theta - \sin^2\theta)\right] - \left(\frac{\partial^3 w}{\partial x^3} + \frac{\partial^3 w}{\partial x \partial y^2}\right)\cos\theta - \left(\frac{\partial^3 w}{\partial y^3} + \frac{\partial^3 w}{\partial x \partial y^2}\right)\sin\theta = 0 \tag{16.78}$$

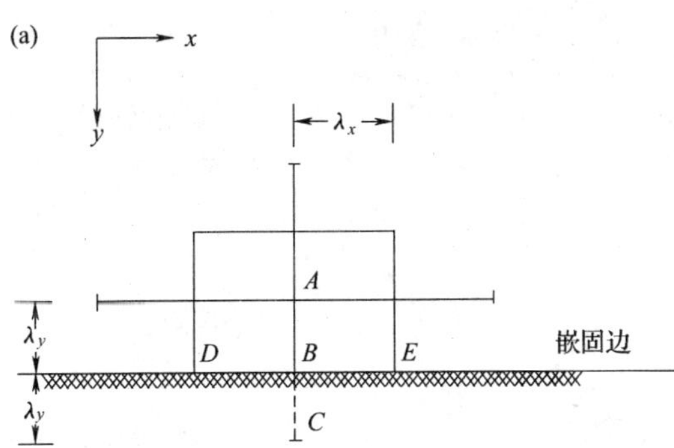

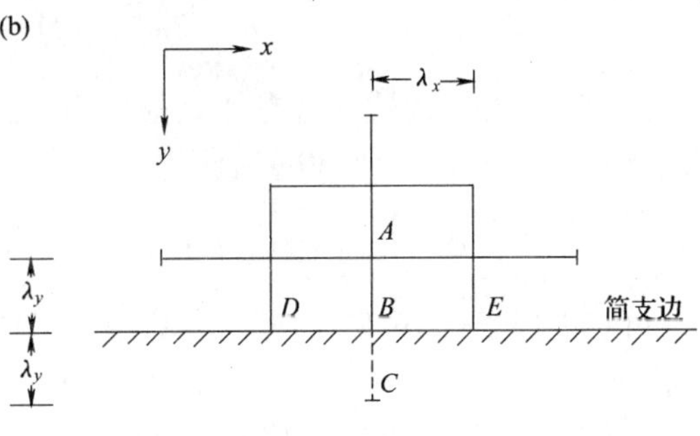

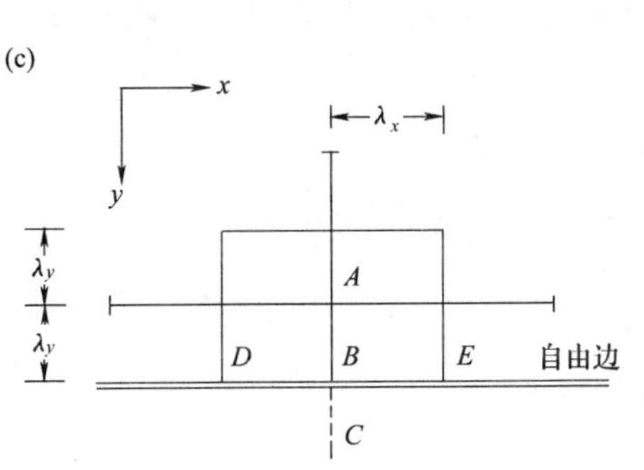

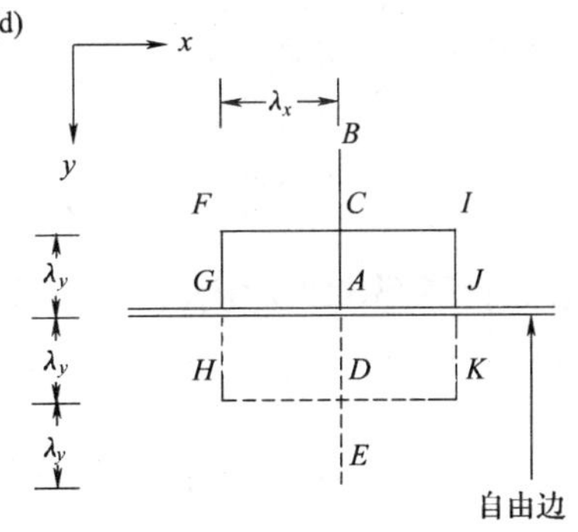

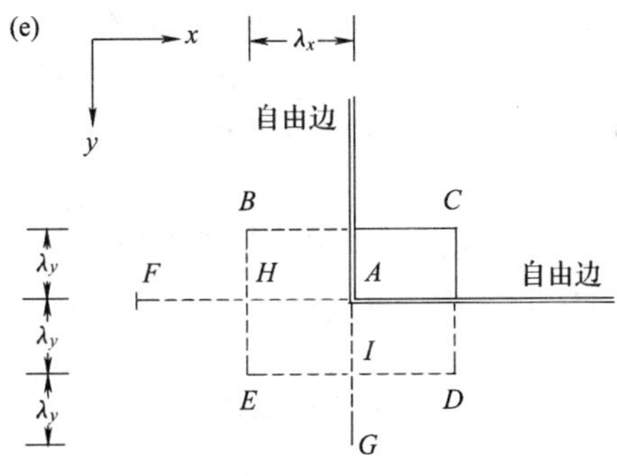

图 16.18　有限差公式 16.71 用于板上节点 A 或近于板边缘处,为了消去各虚节点处挠度时边界条件的应用

(a)靠近固定边的节点 A;(b)靠近简支边的节点 A;

(c)靠近自由边的节点 A;(d)自由边上的节点;(e)角点处的节点 A。

当自由边平行于 x 轴时($\theta = 90°$且$\partial s = -\partial x$),自由边的边界条件可以表示成为

$$\frac{\partial^2 w}{\partial y^2}+\nu\frac{\partial^2 w}{\partial x^2}=0 \tag{16.79}$$

和

$$\frac{\partial^3 w}{\partial y^3}+(2-\nu)\frac{\partial^3 w}{\partial y\partial x^2}=0 \tag{16.80}$$

当有限差分式 16.71 用于边界里的第一条网格线上 A 点时(图 16.18(c)),虚节点 C 的挠度可由下列用于节点 B 的式 16.79 的有限差分形式来消除:

$$\frac{1}{\lambda_y^2}(w_C-2w_B+w_A)+\frac{\nu}{\lambda_x^2}(w_E-2w_B+w_D)\cong 0 \tag{16.81}$$

式 16.71 在自由边上节点 A 处的应用(图 16.18(d))包括虚节点 H,D,K 和 E 处的挠度。通过下列用于 A 的式 16.80 的有限差分形式,挠度 w_E 可以其他各节点处的挠度来表示:

$$\frac{1}{2\lambda_y^3}(w_E-2w_D+2w_C-w_B)+\frac{(2-\nu)}{2\lambda_y}\left(\frac{w_K-2w_D+w_H}{\lambda_x^2}-\frac{w_I-2w_C+w_F}{\lambda_x^2}\right)\cong 0 \tag{16.82}$$

可将类似于式 16.81 的 3 个方程用于节点 G,A 和 J 处(图 16.18(d))以消去虚挠度 w_H,w_D 和 w_K。

(d)角点。在平行于 x 轴和 y 轴的两自由边相交的角点处(图 16.18(e)),采用式 16.79 和式 16.80 的边界条件(如同用于平行于 x 轴的边缘上的所有节点)。将两个相似的方程用于平行于 y 轴的边缘上各节点处。此外,在角点处,扭矩 $M_{xy}=0$,这可写成如下的有限差分形式(见图 16.16):

$$\frac{N(1-\nu)}{4\lambda_x\lambda_y}(w_B-w_C+w_D-w_E)\cong 0 \tag{16.83}$$

式 16.71 在角节点 A 处的应用(图 16.18(e))包括虚节点 B,D,G,F,H,I 和 E 处的挠度。E 的挠度可通过式 16.83 消除,其他的虚挠度与自由边相同的方式利用其余的边界条件来消除。

16.13 受弯板的分析

上面各节中所简介的方法导出了联系边界内各节点的挠度与外荷载的线性方程,当用于节点 i 处时,这些方程将具有图 16.19 中所给的形式之一,这里节点 i 可以是一般的内部节点或者是位于边界上的节点,或接近边界的节点。这些形式中的任意一种可表达为:

$$(N\lambda_y/\lambda_x^3)[\text{系数}]\{w\}\cong Q_i \tag{16.84}$$

式中的系数如图 16.19 中所示,Q_i 为 i 处的等效集中荷载。当荷载是均匀的、集度为 q 且 i 为内部节点时,$Q_i=q\lambda_x\lambda_y$;当 i 位于边缘上或位于角点时,Q 值分别为 $q\lambda_x\lambda_y/2$ 和 $q\lambda_x\lambda_y/4$。

在非均匀荷载的情况下,等效集中荷载可用第 10.4.1 节所给的公式来计算。例如,如果我们以抛物线变化的表达式(见图 10.9)求出图 16.11 中网格上节点 0 的等效集中荷载 Q_0,我们写出:

$$\left.\begin{aligned} p_3&=\frac{\lambda_x}{12}(q_9+10q_3+q_5)\\ p_0&=\frac{\lambda_x}{12}(q_1+10q_0+q_2)\\ p_4&=\frac{\lambda_x}{12}(q_{10}+10q_4+q_8)\end{aligned}\right\} \tag{16.85}$$

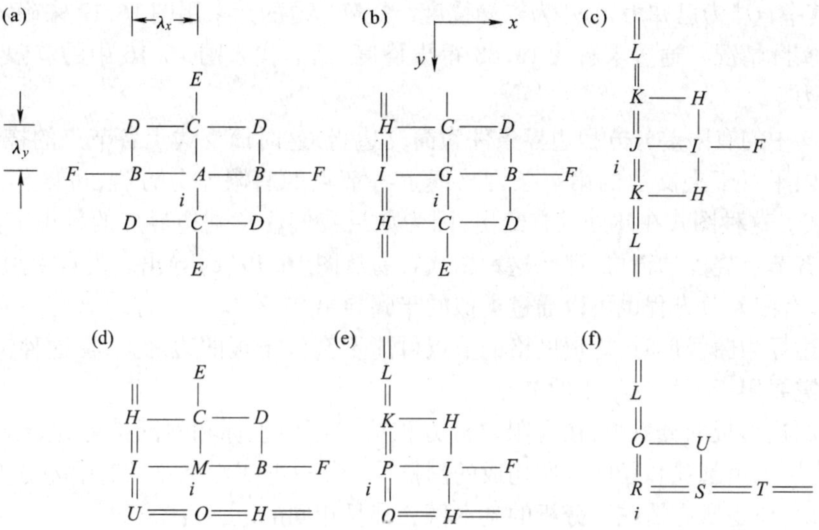

$A = 6 + 6\alpha^2 + 8\alpha$　　$H = \alpha(2-\nu)$　　$P = 1 + 4\alpha(1-\nu) + \frac{5}{2}\alpha^2(1-\nu^2)$

$B = -4(1+\alpha)$　　$I = -2(2\alpha - \nu\alpha + 1)$　　$O = -2\alpha[1-\nu+\frac{\alpha}{2}(1-\nu^2)]$

$C = -4\alpha(1+\alpha)$　　$J = 1 + 4\alpha(1-\nu) + 3\alpha^2(1-\nu^2)$　　$R = 2\alpha(1-\nu) + \frac{1}{2}(1+\alpha^2)(1-\nu^2)$

$D = 2\alpha$　　$K = -2\alpha[1-\nu+\alpha(1-\nu^2)]$　　$S = -2[\alpha(1-\nu) + \frac{1}{2}(1-\nu^2)]$

$E = \alpha^2$　　$L = \frac{1}{2}\alpha^2(1-\nu^2)$　　$T = \frac{1}{2}(1-\nu^2)$

$F = 1$　　$M = 5 + 5\alpha^2 + 8\alpha$　　$U = 2\alpha(1-\nu)$

$G = 5 + 6\alpha^2 + 8\alpha$　　$O = -2\alpha(2-\nu+\alpha)$

式中 $\alpha = \left(\frac{\lambda_x}{\lambda_y}\right)^2$　　══为自由边　　┼┼为网格线

图 16.19　式 16.84 中用于受弯板边缘或靠近边缘的节点 i 的有限差分系数

式中各 q 项为各节点的荷载集度(力/面积),各 p 值为平行于 y 轴且通过 0 点的直线的线荷载集度(力/长度)。对荷载 p 采用相同得表达式,我们得到

$$Q_0 = \frac{\lambda_y}{12}(p_3 + 10p_0 + p_4) \tag{16.86}$$

合并式 16.85 和 16.86,我们得到:

$$Q_0 = \frac{\lambda_x\lambda_y}{144}[100q_0 + 10(q_1 + q_2 + q_3 + q_4) + (q_9 + q_5 + q_{10} + q_8)] \tag{16.87}$$

对于其他变化形式的荷载,或对于边缘节点或者角点,图 10.10 中所给出的其他线荷载方程可以用于相应等效集中荷载的表达式的推导。

将有限差分方程用于挠度未知的所有网格点上导出联立方程组,该方程组可以写成矩阵形式:

$$[K]\{w\} \cong \{Q\} \tag{16.88}$$

式中$[K]$为有限差分系数构成的方阵。检查图 16.19 中各系数表明矩阵$[K]$是对称的。例如用于角点的有限差分方程(图 16.19(f))在对角线上相对节点处挠度具有系数 $U = -2a(1-\nu)$,当方程用于此节点处时(即图 16.19(d)节点 M),角点处的系数也等于 U。我们可以认为矩阵$[K]$为等效刚度矩阵,我们将在下章内用到它。

通过有限差分对受弯板进行分析的过程可以总结如下:写出一个式 16.88 形式的联立线

性方程组，其中$\{Q\}$为已知力，$\{w\}$为未知挠度。矩阵$[K]$的元素用图 16.19 来确定，该图包含了大多数的实际情况。通过求解式 16.88 得出挠度，然后代入图 16.16 中的有限差分方程以确定应力合力。

图 16.19 中的有限差分方程边界条件为简支边板，这时简支边上各节点的挠度为零。对于用于边界内平行于夹支边的第一条网格线上各节点的有限差分方程，可以作出类似于图 16.19 的图式。这种图式在此处没有给出，因为如果我们注意到边界外的各虚节点的挠度为边界内相应各节点挠度的镜像，那么这种图式容易从图 16.19(a)导出。当自由边与 x 和 y 方向成倾斜时，有限差分方程也可以通过类似的步骤导出[1]。

当板的边界为曲线形时，矩形网格的节点可能不会位于板的边缘上，在这种情况下，有限差分表达式需要用于不均匀间距的节点[2]。

在平行四边形板的分析中，在有限差分方程中采用斜坐标和斜网格更为合适[3]。在另一些情况下，可以用由圆弧和径向线所构成的网格。关于这些类型网格的有限差分方程系数，在这里没有给出，但是所有情况下分析的基本概念都是相同的。

16.13.1 加劲板

如果板由设置在网格线上的梁来加劲，并且假设该梁按图 16.20(a)或(b)所示的理想化方式与板联结，那么加劲所产生的效应很容易由将$[K]=[K]_p+[K]_b$代入式 16.88 来考虑。式中$[K]_p$为单块板的等效刚度矩阵，可以根据前面所描述的从有限差分系数得出；$[K]_b$为梁的等效刚度度矩阵，定义为：

$$[K]_b\{w\}=\{Q\}_b \tag{16.89}$$

式中$\{w\}$为梁板组合体系的节点挠度，$\{Q\}_b$为梁所单独承受的$\{Q\}$部分的向量，$[K]_b$为梁的等效刚度矩阵，其中$[K]_b$的元素可从图 16.4 和 16.5 中所给的有限差分系数来导出导得。

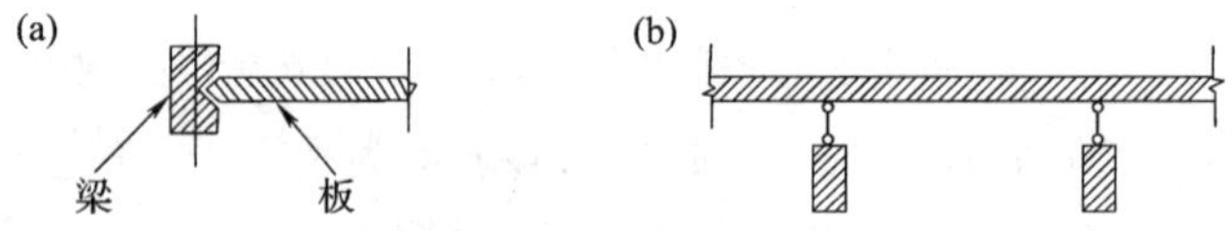

图 16.20 理想化的板－梁联结

例 16.4 试求图 16.21 所示板的 2 号节点的挠度和力矩 M_y 以及节点 6 的力矩 M_x 和 M_y，板上作用有单位面积集度为 q 的均匀荷载。板的厚度 h 为常数，3 个边为简支边，另一边为自由边。假设泊松比 $\nu=0.3$。

将式 16.84 用于 8 个节点的每一节点上（见图 16.21），并根据图 16.19 中的有限差分系数，可以写出下列联立方程：

---

1 见 Ghali, A, Bathe, K－J. Analysis of Plates in Bending Using Large Finite Elements. International Association for Bridges and Structural Engineering, 30/Ⅱ, Zurich, 1970.

2 进一步的讨论见 Crandall, S. H.. Engineering Analysis. McGraw－Hill, New York, 1956.

3 Jensen, V. P.. Analysis of Skew Slabs, University of Illinois Engineering Experiment Station. Bulletin No. 332.

$$\frac{N}{\lambda^2}\begin{Bmatrix} J & K & I & H & F & & & \\ 2K & J & 2H & I & & F & & \\ I & H & G & C & B & D & F & \\ 2H & I & 2C & G & 2D & B & & F \\ F & & B & D & A & C & B & D \\ & F & 2D & B & 2C & A & 2D & B \\ & & F & & B & D & G & C \\ & & & F & 2D & B & 2C & G \end{Bmatrix}\begin{Bmatrix} w_1 \\ w_2 \\ w_3 \\ w_4 \\ w_5 \\ w_6 \\ w_7 \\ w_8 \end{Bmatrix}\approx q\lambda^2\begin{Bmatrix} 0.5 \\ 0.5 \\ 1.0 \\ 1.0 \\ 1.0 \\ 1.0 \\ 1.0 \\ 1.0 \end{Bmatrix}$$

式中系数 A,B……均于图 16.19 中定义。左边的方阵可通过将第一、三、五和第七方程中每一方程乘以 2 使之对称。数字 2 表示网格中与 w_1,w_3,w_5 和 w_7 挠度相同的节点的编号。对称的特性对于检查形成方程时中所产生的错误非常有效。

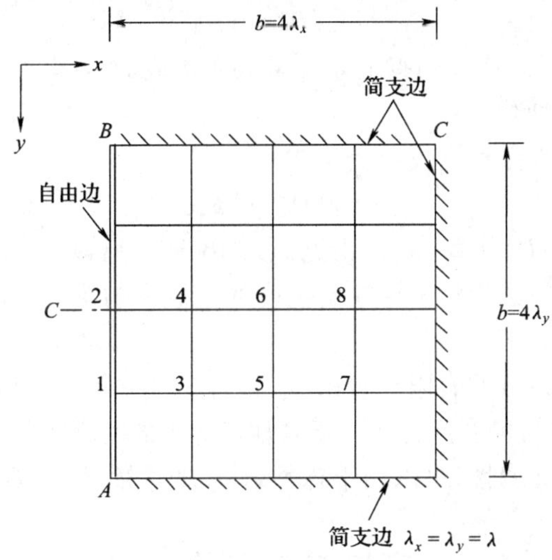

图 16.21 例题 16.4 中以有限差分法分析的均匀横向荷载作用下的正方形板

代入系数 A,B……的值并进行求解,得到

$$\{w\}\cong\frac{q\lambda_4}{N}\{2.3984,3.3516,1.9361,2.7033,1.4899,2.0749,0.8641,1.1979\}$$

所求的节点 2 的挠度 $w_2\cong 0.1429qb^4/Eh^3$。自由边上节点 2 的力矩 M_y 为(根据式 16.64):

$$(M_y)_2=-N\left(\frac{\partial^2\omega}{\partial y^2}+\nu\frac{\partial^2\omega}{\partial x^2}\right)_2$$

力矩 M_x 为:

$$(M_x)_2=-N\left(\frac{\partial^2\omega}{\partial x^2}+\nu\frac{\partial^2\omega}{\partial y^2}\right)_2=0$$

因而

$$(M_y)_2=-N(1-\nu^2)\frac{\partial^2\omega}{\partial y^2}$$

对导数应用有限差分近似值，我们得到

$$(M_y)_2 \cong -N\frac{(1-\nu^2)}{\lambda_y^2}(2\omega_1-2\omega_2)=0.1084qb^2$$

将 ω 代入图 16.16 中 M_x 和 M_y 的方程，我们得到

$(M_x)_6 \cong 0.0374qb^2$ 和 $(M_y)_6 \cong 0.0777qb^2$

这个问题的精确解：$\omega_2=0.1404\ qb^4/Eh^3$，$(M_y)_2=0.112qb^2$，$(M_x)_6=0.039qb^2$ 和 $(M_y)_6=0.080qb^2$。

16.14　等效刚度矩阵

在本章中，我们说明了有限差分用于求解有关横向荷载与梁及板的挠度的微分方程，得出下面形式的线性联立方程系：

$$[K]\{D\} \cong \{F\} \tag{16.90}$$

式中 $[K]$ 为由节点 $\{D\}$ 处横向挠度的有限差分系数所构成的矩阵。$\{F\}$ 为各节点的横向荷载（与式 16.31 和 16.88 相对照）。

将式 16.90 与下列基本方程比较：

$$[S]\{D\}=\{F\} \tag{16.91}$$

我们看出以刚度矩阵 $[K]$ 代替 $[S]$ 得出近似式 16.90。所以，矩阵 $[K]$ 可作为等效刚度矩阵来看待。该等效刚度矩阵的逆给出了横向挠度的近似影响系数。通过这些，可以算出应力合力和反力的影响系数。

通过本章中所给出的系数的有限差分形式，很容易建立等效刚度矩阵 $[K]$。相应于表示横向挠度的坐标的矩阵 $[K]$，可变换为相应于其他坐标组的刚度矩阵。

本章所讨论的原理为普遍性，可以用于各种结构，如连续梁、框架、格栅、板和壳。

16.15　等效刚度矩阵与刚度矩阵之间的比较

讨论弹性地基上的梁（图 16.22(a)），为了简单起见，假设梁的抗弯刚度 EI 为常数，并且单位挠度单位长度上的地基模量 k 也为常数。

将梁分成 5 个相等的间隔 λ。运用图 16.5 中的有限差分系数图式，我们可以建立下列联系节点横向挠度和节点横向力的等效刚度矩阵：

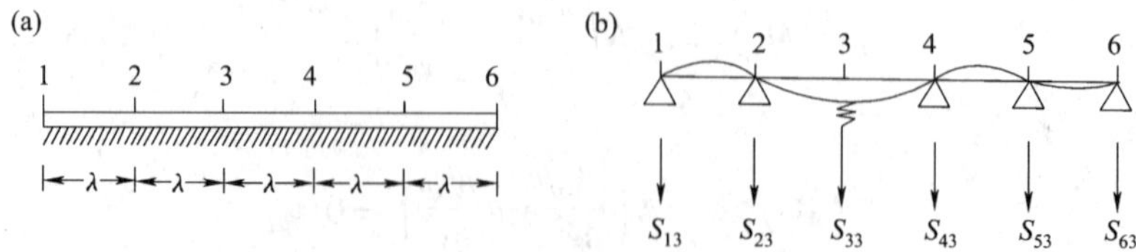

图 16.22　第 16.15 节中所考虑的弹性地基上的梁

(a)弹性地基上梁的分划点；(b)式 16.93 中刚度矩阵 $[S]$ 的第三列中的力。

$$[K]=\frac{EI}{\lambda^3}\begin{bmatrix}\left(1+\frac{k\lambda^4}{2EI}\right) & & & & & \\ -2 & \left(5+\frac{k\lambda^4}{EI}\right) & & & \text{对} & \\ 1 & -4 & \left(6+\frac{k\lambda^4}{2EI}\right) & & & \\ & 1 & -4 & \left(6+\frac{k\lambda^4}{2EI}\right) & & \text{称} \\ \text{未列出元素均为零} & & 1 & -4 & \left(5+\frac{k\lambda^4}{EI}\right) & \\ & & & 1 & -2 & \left(1+\frac{k\lambda^4}{EI}\right)\end{bmatrix}$$

(16.92)

在节点2,3,4,5处以刚度为 $k\lambda$ 的弹性支座(弹簧),在端点1,6处以刚度等于 $k\lambda/2$ 的弹性支座(弹簧)代替弹性地基。梁的刚度矩阵中的各元素为图16.22(b)中连续梁的一个支座发生向下的单位位移时各支座的反力。这些可以从附录E中得出。因而

$$[s]=\frac{EI}{\lambda^3}\begin{bmatrix}\left(1.6077+\frac{k\lambda^4}{2EI}\right) & & & & & \\ -3.6459 & \left(9.8756+\frac{k\lambda^4}{EI}\right) & & & \text{对} & \\ 2.5837 & -9.5024 & \left(14.0096+\frac{k\lambda^4}{EI}\right) & & & \\ -0.6890 & 4.1340 & -10.5359 & \left(14.0096+\frac{k\lambda^4}{EI}\right) & & \text{称} \\ 0.1723 & -1.0335 & 4.1340 & -9.5024 & \left(9.8756+\frac{k\lambda^4}{EI}\right) & \\ -0.0287 & 0.1723 & -0.6890 & 2.5837 & -3.6459 & \left(1.6077+\frac{k\lambda^4}{EI}\right)\end{bmatrix}$$

(16.93)

现在我们可以证明式16.92中的等效刚度矩阵[K]具有第6.6节中所讨论的刚度矩阵的所有的普遍特性。[K]或[S]中任一列(或任一行)的各元素之和等于 $k\lambda$(或 $k\lambda/2$)的值。此值为发生移动的支座克服该支座下的弹簧刚度所需要的附加力。因而每一个矩阵都满足平衡条件即连续梁的一个支座发生位移时所产生的各反力之和为零。如果 k 为零,也就是如果撤去弹性地基,梁变成不稳定结构。这反映在刚度矩阵和等效刚度矩阵中时,它们的行列式变为零,[S]和[K]均变为奇异矩阵。

对[K]和[S]两个矩阵求逆时,得到柔度矩阵[$\bar{f}$]和[f],其中任意元素 $\bar{f}_{ij}\cong f_{ij}$,其近似程度决于所选择的节点间隔。例如,如果我们在式16.92和16.93中取 $k\lambda^4/(EI)=0.1$ 并求逆,我们得到下面可进行比较的柔度矩阵:

$$[\bar{f}]=[K]^{-1}=\frac{\lambda^3}{EI}\begin{bmatrix} 8.569 & & & & & \\ 5.285 & 4.095 & & & \text{对} & \\ 2.572 & 2.642 & 2.583 & & & \\ 0.474 & 1.250 & 2.003 & 2.583 & & \text{称} \\ -1.224 & -0.017 & 1.250 & 2.642 & 4.095 & \\ -2.782 & -1.224 & 0.474 & 2.572 & 5.284 & 8.569 \end{bmatrix} \tag{16.94}$$

$$[f]=[S]^{-1}=\frac{\lambda^3}{EI}\begin{bmatrix} 8.489 & & & & & \\ 5.304 & 4.062 & & & \text{对} & \\ 2.605 & 2.654 & 2.529 & & & \\ 0.483 & 1.265 & 2.001 & 2.529 & & \text{称} \\ -1.242 & -0.020 & 1.265 & 2.654 & 4.062 & \\ -2.807 & -1.242 & 0.483 & 2.605 & 5.304 & 8.489 \end{bmatrix} \tag{16.95}$$

第6.5节中所讨论的缩聚刚度矩阵的方法也可以用于等效刚度矩阵。例如,如果在图16.22(a)中梁的节点6处引入一个支撑来阻止其位移,挠度 $D_6=0$,则所得结构的刚度矩阵可以通过删除矩阵[K]中的第6行和第6列来得到。于是[K]的最后一行可用于求出所引进的支撑处的力 F_6:

$$F_6=[K_{61}K_{62}\cdots K_{65}]\begin{Bmatrix} D_1 \\ D_2 \\ \vdots \\ D_5 \end{Bmatrix} \tag{16.96}$$

16.16 小　　结

本章中所涉及的问题从梁到受弯板,包括通过有限差分法求解微分方程,因此挠度的导数以有限差分表示,问题简化为求解联立的代数方程组,其方程的个数取决于所选取的近似挠度的节点数目。通过缩小节点间距和增加方程数目可以提高解的精度。然而,在很多问题中,用少量方程能够得到足够的精度。

当有限差分系数的图式已知时,构成联立方程的步骤很简单,而且对用有限差分求解有利。所有的分析步骤都很容易编成计算机应用程序。然而,在有些情况下,例如不规则的边界,推出满足边界条件的有限差分方程却是十分困难的。

有限差分法也可以用于求解本章内没有包含的结构问题,例如处于张紧状态的薄膜或扭转、壳振动问题。在所有这些情况下,我们以类似于板的方式应用限差分求出偏微分方程的解。

习　　题

16.1　试用泰勒展开式求出有限差分方程中的第一误差项(见图16.2):

$$\left(\frac{d^3y}{dx^3}\right)_{i+1/2}=\frac{1}{\lambda^3}(-y_{i-1}+3y_i-3y_{i+1}+y_{i+2})+\text{各误差项}$$

16.2　试用泰勒展开式求出 A 的一阶导数表达式中的第一误差项(见图):

$$y_A' = \frac{1}{6\lambda}(-11y_A + 18y_B - 9y_C + 2y_D) + 各误差项$$

16.3　试用泰勒展开式以 y_A,y_B 和 y_C(见图)表示 B 点的二阶导数,并求出误差级数的第一项。

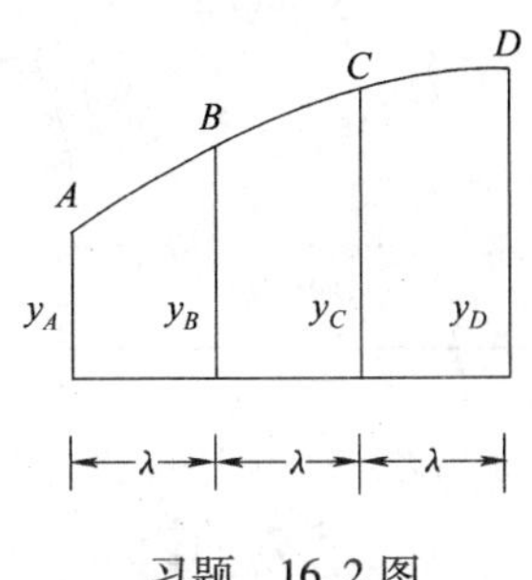

习题　16.2 图

习题　16.3 图

16.4　试用图 16.4 中所列的近似方程求出图 10.12(a)中梁上 1,2,3 点的挠度。将其答案与第 10.5 节所得值进行比较。

16.5　试确定图中梁上各节点的挠度和弯矩以及支座反力,梁的 EI 为常数。梁在 A,B 和 C 支座之间置于弹性地基上,地基模量 $k = 1\ 184EI/l^4$。

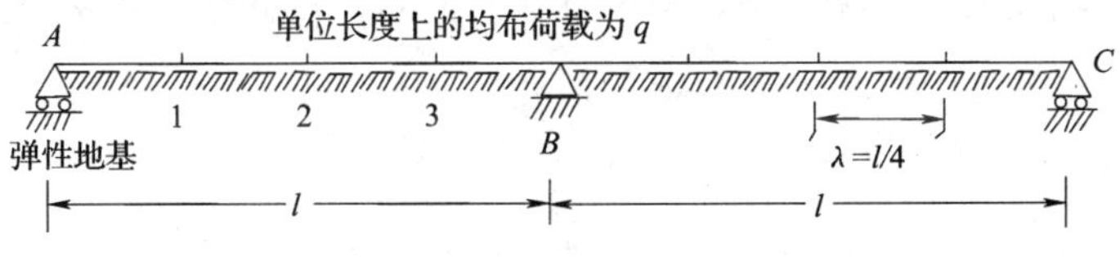

习题　16.5 图

16.6　试用有限差分求出在图中梁上 A 点作用单位力偶所引起的 A 的转角,并将其结果与精确答案($1/4EI$)相比较(提示:在 A 点和节点 1 处用两个大小相等而方向相反的力代替力偶,并用图 16.5 中所列的方程求出各挠度。然后利用习题 16.2 所给的表达式由挠度计算出斜率)。

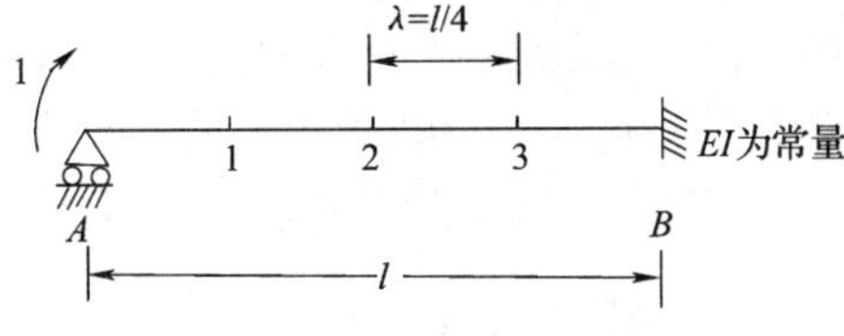

习题　16.6 图

16.7　试用有限差分求出相应于图中悬臂梁上坐标 1 和 2 的柔度矩阵[f],并将其答案与附录 B 中的精确值进行比较(提示:坐标 2 处的力偶可由节点 1 和 2 处两个大小相等但方向相反的力来代替。为了计算 1 处的单位力引起的坐标 2 处的转角 f_{21},我们利用这样一个性质,即 1 处弹性曲线的斜率近似地等于连接节点 1 和节点 2 变形后位置的直线的斜率。这是允许的,因为对于这种荷载,弯矩以至节点 1 的斜率变化均为零)。为了计算 f_{22},利用习题 16.2 中所给出的表达式。

16.8　试用有限差分求出习题 16.6 中梁上 A 点的端部转动刚度和 B 处的传递力矩。该

梁受轴向压力 $P=9EI/l^2$（图中未示出）作用。将其结果与从表 14.1 所得的精确答案进行比较。见习题 16.6 所给的提示。

16.9 试用有限差分求出图中所示梁－柱结构 B 点的端力矩。

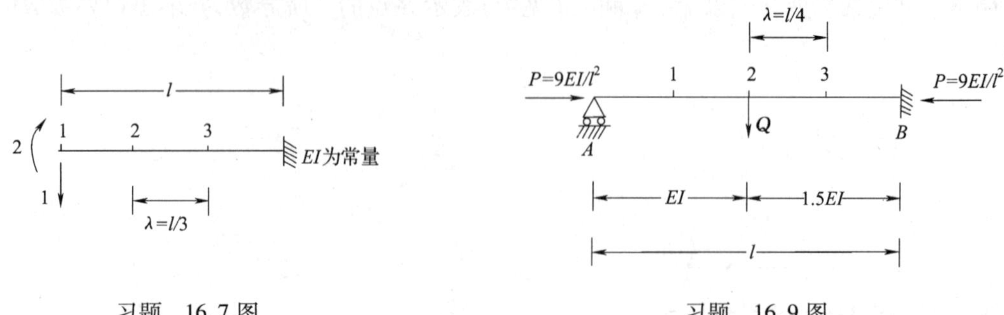

习题 16.7 图　　　　习题 16.9 图

16.10 试用有限差分求出图示长方形水箱基础上的节点 1,2,3 处的挠度。将单位宽度的墙和基础视为抗弯刚度 EI 为常数的框架 $ABCD$，框架自重忽略不计（提示：墙 AB 和 DC 受线性变化的底部为 $\gamma l/2$、顶部为 0 的向外的水平荷载作用，基础 BC 受均布竖向荷载 $\gamma l/2$ 作用）。以有限差分分析对称梁 BC。B 的端点条件之一为：$M_B=-\lambda l^3/120-6EIy'_B/l=-EIy''_B$，式中 $\left|\lambda l^3/120\right|$ 为 B 端的转动被约束时端力矩的绝对值；$\left|6EI/l\right|$ 为单位转角所引起的端力矩的绝对值；$y'_B=(y_2-y_F)/(2\lambda)$；$y''_B=(y_F-2y_1+y_2)/\lambda^2$；$y_F$ 为虚节点 F 的位移。

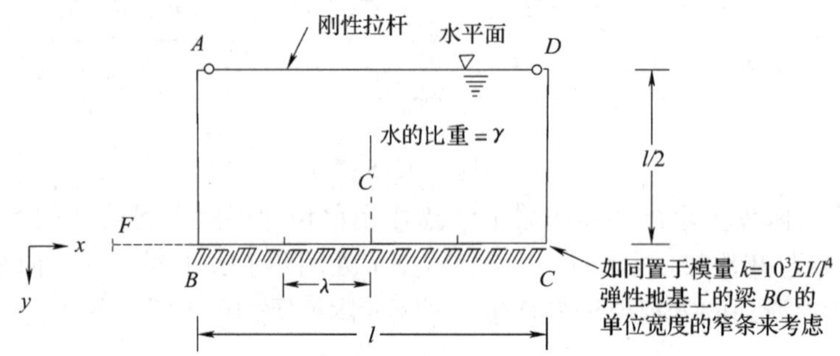

习题 16.10 图

16.11 试求图示圆柱形水箱壁由于水压所引起的径向位移，并计算圆环力、沿壁高的竖直方向上的弯矩，以及底面处的反力。假设泊松比 $\nu=1/6$。此习题的答案给于书的末尾，有两个解：一个为图示的以 $\lambda=H/5$，另一个以 $\lambda=H/20$。两个结果表明减小 λ 可以提高精度。以 $\lambda=H/5$ 时，需要

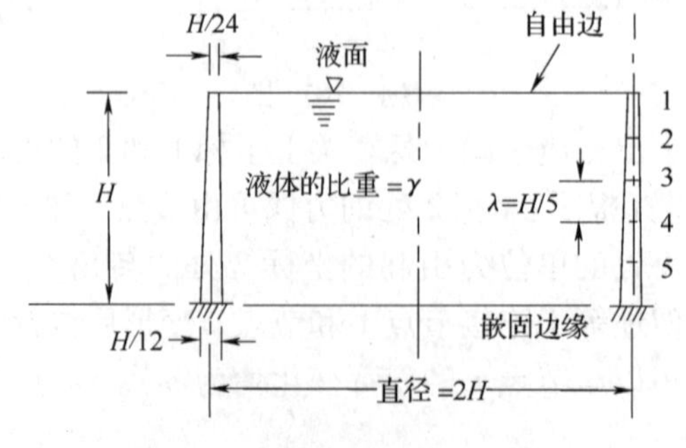

习题 16.11 图

求解5个联立方程。读者可以求解这些方程或者根据所给的答案去证明方程。

16.12 试根据图示的网格利用有限差分求出各节点处的挠度以及板上所示的节点1和2处的弯矩 M_y。该板受均匀横向荷载 q 作用，厚度 h 为常数，泊松比 $\nu=0$。

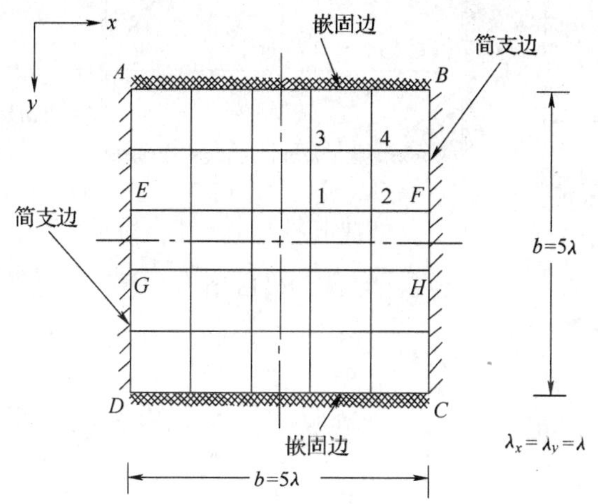

习题 16.12 图

16.13 试求解习题16.12，假设板沿 x 方向的宽度为 $2b$，并采用相同的 $\lambda_x=2\lambda_y$ 的网格。

16.14 试对习题16.12按 AD 和 BC 两边缘处受均匀正弯矩 M 作用（代替 q）的板进行求解（提示；在边缘节点以及距边缘 λ_x 的网格线上各节点处以两个大小相等而方向相反的横向荷载来代替边缘力矩）。

16.15 试以抗弯刚度为 $EI=2N\lambda$ 的梁沿网格线 EF 和 GH 加劲的板来求解习题16.12。假设各梁按照图16.20(b)所示的理想方式与板相连，并且端部简支。问梁 EF 在节点1的弯矩为多少？

16.16 试对图示网格应用有限差分求出图中板上各节点的挠度和点 A,B,C 的 M_y。板的厚度 h 为常数，泊松比 $\nu=0$。如图所示，在自由边 DE 作用一个集中荷载 P。

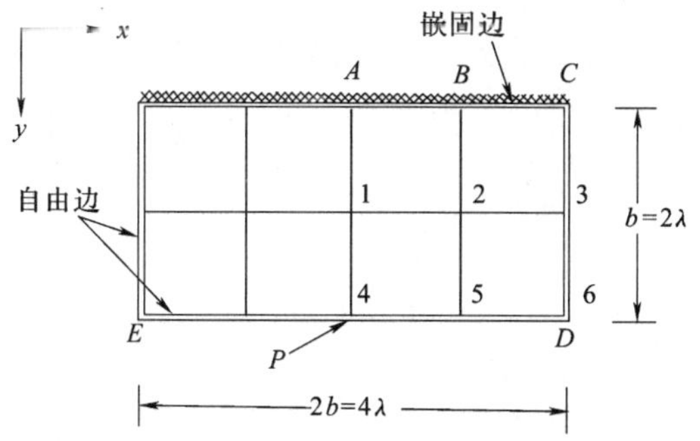

习题 16.16 图

16.17 以沿 DE 的端部为自由端且抗弯刚度 $EI=2N\lambda$ 的梁加强板后，再次对习题16.16求解。假设该梁以图16.20(a)所示的理想方式与板相连。

16.18 试对图示的网格应用有限差分求出图中各节点处的挠度以及板的支座 A 的反力。板的厚度 h 为常数，泊松比 $\nu=0$，在两边为夹支边，另两边为自由边，A 处的支座仅产生横向反力。板上荷载集度如图示变化（提示：将图16.19中的有限差分方程用于节点1,2和3处，求解各挠度,然后应用图 16.19(f) 中的方程计算 A 的反力。)

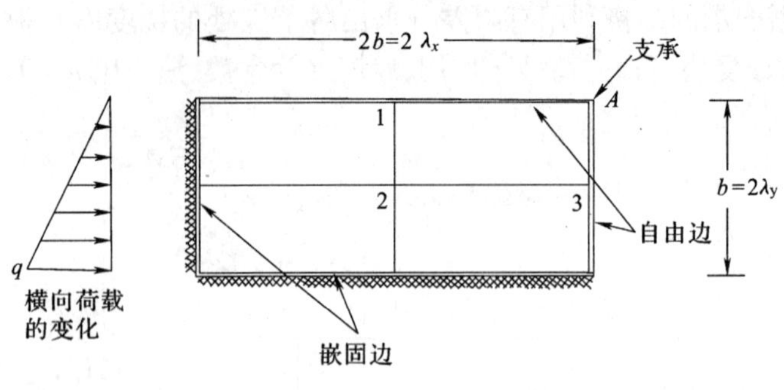

习题　16.18 图

17 有限单元法

17.1 引 言

有限元法广泛地用于结构分析中，这种方法也广泛用于物理问题[1]，包括热传导、渗流、流体的流动和电磁势流等。在有限元法中，一个连续体理想化为以节点表示的有限个单元的组合体。连续体的无限个自由度用节点处的具体未知量来代替。

本质上来说，用有限元法进行结构分析是位移法的应用。在框架结构、桁架结构以及格栅中，构件是杆件通过节点相连的，这些构件被认为是一维的。二维和三维有限元用于分析墙体、板条和块结构。有限单元在角上或边上可以有多种形状（图 17.1）。位移未知量就是节点位移和转角以及这些物理量的一些从变量。

由于计算中涉及到的自由度数目非常多，在有限元法中计算机的使用是很必要的。22 至 24 章讨论了计算机结构分析。这种方法可以用于任何单元组成的结构。然而，前面章节（例如公式 6.6 到 6.7）和 22 ~24 章给出的各单元矩阵都是对一维的杆件而言。本章主要是关于有限单元的矩阵而不是杆件的矩阵。需要知道的单元矩阵有：刚度矩阵，相应节点位移的相关节点力矩阵，应力矩阵，由于节点位移引起的单元内部的内力或应力，当外力不作用在节点上或单元受到温度变化影响时约束节点力向量。

对于单元体而不是杆件来说，通常得不到精确的单元矩阵。单元的位移（如 u 和 v）通常是通过节点位移来表达的，采用假定的位移模式（如多项式中的 x 和 y）。通过微分求得相应的应变，应力则通过虎克定律求得。对单元节点位移运用虚功原理和最小势能原理（7.5，7.6 和 9.6 节）可以得到所需的单元矩阵。

利用上面描述的位移模式的方法与 10.7 节中提出的瑞利 - 李兹（Rayleigh - Ritz）法相似，其中梁的挠度通过一系列的含有待定参数的假定函数来表示。这些未知参数可以通过虚功原理导出，也可以通过最小总势能原理导出。在有限元法则中，利用假定的位移模式，这些待定参数就是节点位移。同瑞利 - 李兹法一样，有限元法求得的结果是近似的。然而，当未知参数的数量增加的时候可以得到收敛的精确解。换句话说，当采用更细的单元网格时，可以得到更多的位移未知量，也就得到更精确的解。

当可以知道实际的位移形状并导出单元矩阵时就不需要通过更小的单元来达到收敛。等截面杆件就是这种情况。

本章给出了得到任何形式的有限单元矩阵的一般过程，这将通过受平内力和弯矩作用下的杆单元和薄板单元来表示，其他的单元形式将在 18 章中进行讨论。

采用假定位移模式得到有限单元矩阵是很常用的方法，本章主要用的就是这种方法。也有可能通过位移模式和应变（或应力）场得到单元矩阵，这就是我们所称之的混合元。除了节点位移，未知量将是应变（或应力）参数。然而，除了节点位移，所有的参数未知量在单元平面

---

1 见 Zienkiewicz，O. C.，《工程科学的有限元法》，McGraw-Hill. London，第 4 版，1989。

内都被去除，结构的球坐标方程仅涉及到节点位移。在求解相同数量的方程时，与采用位移基本量的有限单元分析相比，使用杂交元可以得到更精确的的分析结构。因此可见使用杂交元是一种更方便实用的方法。18.13 节主要讨论杂交元的刚度矩阵和应力矩阵的导出。

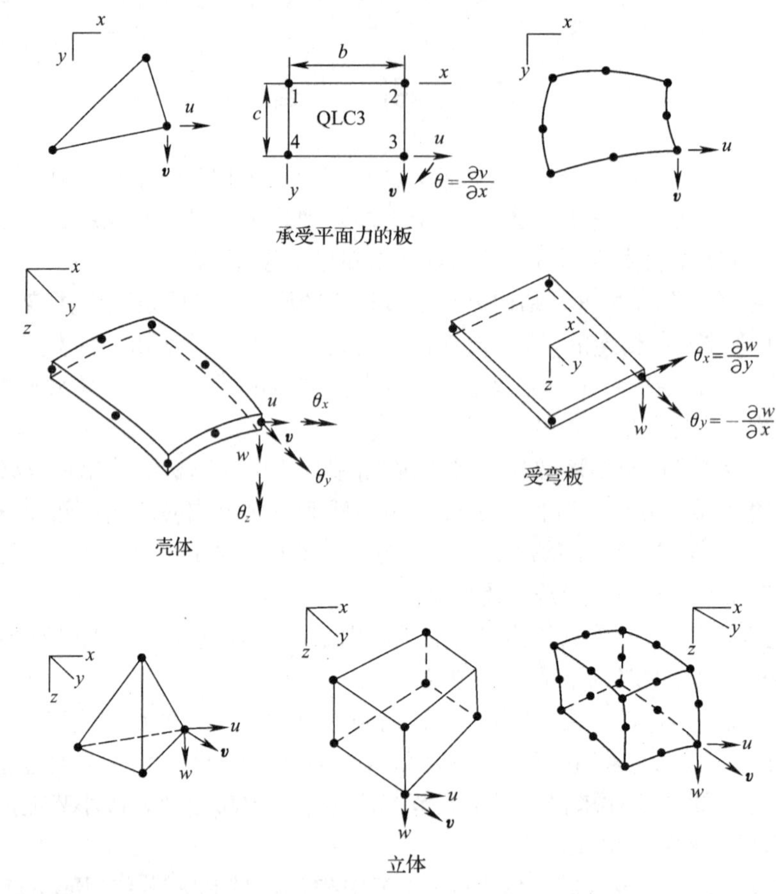

图 17.1　仅在一个节点处表示节点自由度的有限元示例

17.2　位移法五个步骤的应用

从本质上看，结构的有限元分析法是对 5.6 节总结的位移法的 5 个步骤的应用。这个分析通过被理想化为矩形有限元集合的平面荷载作用下的薄板结构来解释。每个单元有 4 个节点，每个节点有 2 个自由度，就是分别沿 x 和 y 方向的位移 u 和 v。分析的目的是为了确定每个单元中心 O 点的应力分量 $\{\sigma\}=\{\sigma_x,\sigma_y,\tau_{xy}\}$，任一节点 i 的外荷载的节点力 $\{F_x,F_y\}_i$，任一单元 m 的体力即（单位体积的密度）的分量 $\{P_x,P_y\}_m$。也可以考虑其他荷载，比如温度变化和收缩（或膨胀）的影响。

分析的 5 个步骤如下所示：

第一步：通过坐标 u 和 v 确定每个节点未知的自由度。对任何单元 m 要确定的效应是

$$\{A\}_m \equiv \{\sigma\}_m = \{\sigma_x,\sigma_y,\tau_{xy}\}_m。$$

第二步：施加荷载，确定限制所有方向上的位移的约束力 $\{F\}$。对于任何单元，也确定效

应$\{A_r\}_m = \{\sigma_r\}_m$，表示阻止节点位移的作用力值(应力)，仅在考虑温度影响的时候才提出应力$\{\sigma_r\}$，而体力引起的$\{\sigma_r\}$通常忽略不计。

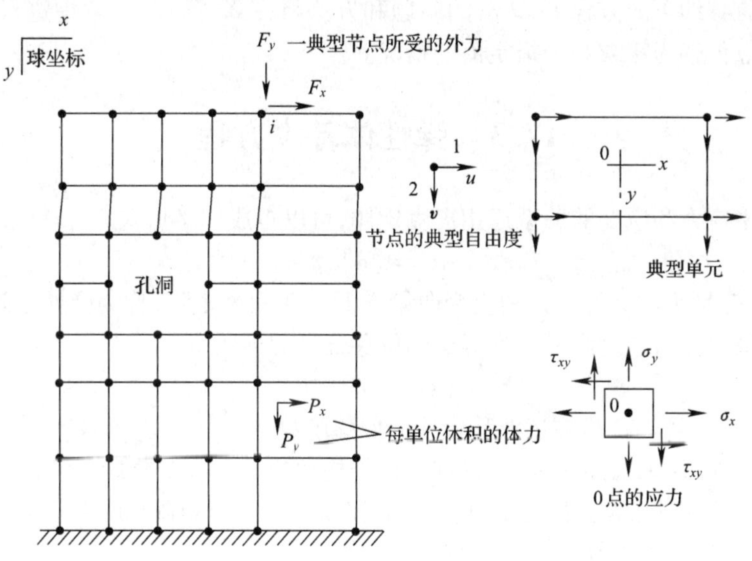

图 17.2　平面力作用下墙体的应力分析的有限元模型示例

向量$\{F\}$被认为是两个向量的和：

$$\{F\} = \{F_a\} + \{F_b\} \tag{17.1}$$

向量$\{F_a\}$由符号相反的外部节点荷载组成；$\{F_b\}$是由各单元的$\{F_b^*\}_m$得出。向量$\{F_b^*\}_m$由与外部非节点单元力相平衡的单元 m 的节点力组成，在温度变化的情况中，$\{F_b^*\}_m$表示与引起的应力$\{\sigma_r\}$平衡的节点力系(式 6.43 给出了温度变化时平面框架杆件的节点力；对于其他的有限单元则参见 17.6.1 节)。

第三步：通过各个单元$[S]_m$组合得到结构的刚度矩阵$[S]$。同样，得到$[A_u]_m \equiv [\sigma_u]_m$，表示在单元节点坐标独立地引入单位位移所引起的任何单元的 O 点应力分量。对图 17.2 中的例子来说，$[\sigma_u]_m$是一个 3×8 阶的矩阵。

第四步：求解平衡方程

$$[S]\{D\} = -\{F\} \tag{17.2}$$

这里给出了结构节点位移向量$\{D\}$。在所考虑的例题中，$\{D\}$中元素的数量是节点数量的两倍。

第五步：计算每个所求单元的应力分量

$$\{A\}_m = \{A_r\}_m + [A_u]_m\{D\}_m \tag{17.3}$$

或者

$$\{\sigma\}_m = \{\sigma_r\}_m + [A_u]_m\{D\}_m \tag{17.4}$$

$\{D\}_m$值是单元 m 的节点位移。在所考虑的例题中(图 17.2)，$\{D\}_m$有 8 个值(结构位移向量$\{D\}$的子集)。

忽略由体力引起的$\{\sigma_r\}$(第二到第五步)引起的误差随有限单元的尺寸减小而减小。然而，当单元为杆件的时候(框架结构中)，$\{\sigma_r\} \equiv \{A_r\}$，杆件的其他矩阵可以精确的确定，因此，$[\sigma_r]$通常不忽略并且不必为了收敛性而减小单元尺寸即可得到精确解。

结构荷载向量和刚度矩阵的组合可以通过式 22.34 和 22.31 完成。[S]中的非零元素通常只局限在一个对角带宽区域。这种性质，以及[S]的对称性，经常用于节省电脑内存和减小计算量。满足位移约束的方程 17.2 解的问题和方法将在 22 章和 23 章中进行讨论。位移约束的例题为支点位移为零或某个指定值的情况。

17.3　弹性体基本方程

在弹性体中应力和应变的关系运用虎克定律，可以写成广义形式

$$\{\sigma\} = [\mathrm{d}]\{\varepsilon\} \tag{17.5}$$

式中$\{\sigma\}$和$\{\varepsilon\}$分别为广义的应力和应变向量，[d]为正对称矩阵，称为弹性矩阵。

应变分量被定义为通过广义方程得出的位移分量的导数

$$\{\varepsilon\} = [\partial]\{f\} \tag{17.6}$$

式中$[\partial]$是偏微分矩阵，$\{f\}$是描述位移模式的位移函数。

符号$\{\sigma\}$和$\{\varepsilon\}$用来描述一维、二维和三维结构的应力和应变分量。沿直角轴 x,y,z 的方向，位移模式$\{f\}$有一个，两个和三个分量：u,v 和 ω。偏微分矩阵$[\partial]$表示了关于变量 x,y,z 中的一个，两个或三个的导数。

在受轴向应力的杆件(图 7.5(a))，$\{\sigma\}$和$\{\varepsilon\}$都只有一个分量，[d]有一个等于弹性模量 E 的元素。应变$\{\varepsilon\}$等于 $\mathrm{d}u/\mathrm{d}x$，其中 u 是沿梁轴向的位移，x 是同方向的距离。因此，我们可以用方程 17.5 和 17.6 表示单轴应力状态，其符号具有以下的意义：

$$\{\sigma\}\equiv\sigma \qquad \{\varepsilon\}\equiv\varepsilon \qquad [\mathrm{d}]\equiv E \qquad \{f\}\equiv u \qquad \{\partial\}=\mathrm{d}/\mathrm{d}x \tag{17.7}$$

我们也可以用符号$\{\sigma\}$表示应力向量的合成。对上述考虑的杆件来说，我们可以取$\{\sigma\}\equiv N$，即杆横截面上的轴向应力，$[\mathrm{d}]\equiv Ea$，式中 a 是横截面面积。仍然利用方程 17.5 和 17.6，这些符号又有如下的意义：

$$\{\sigma\}\equiv N \qquad \{\varepsilon\}\equiv\varepsilon \qquad [\mathrm{d}]\equiv Ea \qquad \{f\}\equiv u \qquad \{\partial\}=\mathrm{d}/\mathrm{d}x \tag{17.8}$$

广义方程 17.5 和 17.6 用于弯曲杆件时(图 6.5(b))，这些符号又有如下意义：

$$\{\sigma\}\equiv M \qquad \{\varepsilon\}\equiv\psi \qquad [\mathrm{d}]\equiv EI \qquad \{f\}\equiv v \qquad \{\partial\} = -\mathrm{d}^2/\mathrm{d}x^2 \tag{17.9}$$

式中 M 为弯矩，ψ 为曲率，I 为对过形心轴线的惯性矩，v 表示 y 方向的位移。

在单元体上对体积的积分后乘积$\{\sigma\}^{\mathrm{T}}\{\varepsilon\}$在两个常用的方程即应变能方程 7.14 和虚功方程 7.46 中都有出现。$\{\sigma\}$表示杆件横截面的应力合力，对体积的积分由对长度的积分所取代(方程 7.32)。对于弯曲板来说，我们用$\{\sigma\}$来表示弯矩和扭矩$\{M_x,M_y,M_{xy}\}$，并在整个面积上积分。

在下面的章节中我们将把广义方程 17.5 和 17.6 用于 3 种应力状态中。

17.3.1　平面应力和平面应变

考虑当板受平面力作用的情况(见图 16.13)在任一点，应力、应变和位移的分量为

$$\{\sigma\} = \{\sigma_x,\sigma_y,\tau_{xy}\} \qquad \{\varepsilon\} = \{\varepsilon_x,\varepsilon_y,\gamma_{xy}\} \qquad \{f\} = \{u,v\} \tag{17.10}$$

应变由广义方程 17.6 推导出来，由偏微分矩阵

$$[\partial] = \begin{bmatrix} \partial/\partial x & 0 \\ 0 & \partial/\partial y \\ \partial/\partial y & \partial/\partial x \end{bmatrix} \tag{17.11}$$

应用广义的虎克定律可以将应变和应力向量联系起来,弹性矩阵[d]则由方程 17.12 或 17.13 中的一个得出。

当 z 方向的应变可以自由发生,$\sigma_z=0$,我们就得到平面应力状态。深梁和剪力墙都是平面应力状态结构的例子。当 z 方向的应变不能发生,$\varepsilon=0$,我们就得到平面应变状态。平面应变状态发生在与 z 方向正交的横截面不变,并且 z 方向的尺寸比 x 和 y 方向大得多的结构,混凝土重力坝和堤坝都是这种类型的结构。平面应变状态下对结构的分析常取单位厚度来分析。

对于各向同性的材料,平面应力状态的弹性矩阵为

$$[\mathrm{d}]=\frac{E}{1-\nu^2}\begin{bmatrix}1 & \nu & 0\\ \nu & 1 & 0\\ 0 & 0 & (1-\nu)/2\end{bmatrix} \tag{17.12}$$

式中 E 在拉伸或压缩条件下的弹性模量,ν 是泊松比。

平面应变状态下的弹性矩阵是

$$[\mathrm{d}]=\frac{E(1-\nu)}{(1+\nu)(1-2\nu)}\begin{bmatrix}1 & \nu & 0\\ \nu/(1-\nu) & 1 & 0\\ 0 & 0 & (1-2\nu)/2(1-\nu)\end{bmatrix} \tag{17.13}$$

方程 17.12 可以通过方程 6.6 得到或对方程 16.53 的方阵求逆得到。方程 17.13 也可以通过方程 7.8 令 $\varepsilon_z=0$(除了 $\tau_{xy}=\tau_{yz}=0$ 之外)得到。同样的方程给出平面应变状态下 z 方向的正应力

$$\{\sigma_z=\nu(\sigma_x+\sigma_y)\} \tag{17.14}$$

17.3.2 薄板弯曲

对于弯曲板(图 16.14)来说,广义应力和应变向量可以定义为

$$\{\sigma\}=\{M_x,M_y,M_{xy}\} \tag{17.15}$$

和

$$\{\varepsilon\}=\{-\partial^2w/\partial x^2,-\partial^2w/\partial y^2,2\partial^2w/\partial x\partial y\} \tag{17.16}$$

体力和位移的分量为

$$\{p\}\equiv\{q\} \tag{17.17}$$

$$\{f\}\equiv\{w\} \tag{17.18}$$

式中 q 为单位面积上 z 方向上的力;w 是同方向的挠度。广义方程 17.5 和 17.6 用于弯曲薄板,有

$$[\partial]=\begin{bmatrix}-\partial^2/\partial x^2\\ -\partial^2/\partial y^2\\ 2\partial^2/\partial x\partial y\end{bmatrix} \tag{17.19}$$

对于弯曲的各向同性板,弹性矩阵为

$$\{\mathrm{d}\}=\frac{h^3}{12}\begin{bmatrix}E_x/(1-\nu_x\nu_y) & \nu_xE_y/(1-\nu_x\nu_y) & 0\\ \nu_xE_y/(1-\nu_x\nu_y) & E_y(1-\nu_x\nu_y) & 0\\ 0 & 0 & G\end{bmatrix} \tag{17.20}$$

式中 E_x 和 E_y 是张拉或压缩状态下沿 x 和 y 方向的弹性模量;ν_x 和 ν_y 为泊松比;G 为弹性剪切

模量；h 为板厚度。剪切弹性模量

$$G = \sqrt{E_x E_y}\left[2(1 + \sqrt{\nu_x \nu_y})\right]$$

当板为各向同性材料时，在方程 17.20 中令 $E = E_x = E_y$ 和 $\nu = \nu_x = \nu_y$：

$$[\mathrm{d}] = \frac{Eh^3}{12(1-\nu^2)}\begin{bmatrix} 1 & \nu & 0 \\ \nu & 1 & 0 \\ 0 & 0 & (1-\nu)/2 \end{bmatrix} \tag{17.21}$$

应该指出，对于弯曲板，广义方程 17.5 即为方程 16.64 的一种简化概括。

17.3.3　三维实体

对于三维实体来说，再次应用广义方程 17.5 和 17.6，向量$\{p\}$和$\{f\}$有以下意义：

$$\{p\} = \{p_x, p_y, p_z\} \tag{17.22}$$

$$\{f\} = \{u, v, w\} \tag{17.23}$$

式中$\{p_x, p_y, p_z\}$表示单位体积上的体力，$\{u, v, w\}$表示在 x，y 和 z 方向的位移（图 7.4）。应力和应变向量$\{\sigma\}$和$\{\varepsilon\}$由方程 7.9 和 7.10 确定，矩阵[d]由方程 7.13 给出。微分算子为

$$[\partial]^{\mathrm{T}} = \begin{bmatrix} \partial/\partial x & 0 & 0 & \partial/\partial y & \partial/\partial z & 0 \\ 0 & \partial/\partial y & 0 & \partial/\partial x & 0 & \partial/\partial z \\ 0 & 0 & \partial/\partial z & 0 & \partial/\partial x & \partial/\partial y \end{bmatrix} \tag{17.24}$$

17.4　位移插值法

在单元矩阵求解过程中，要求用内插法来确定单元变形形状。对于任何形式的有限单元，单元体任何点的位移可以通过下面的方程与节点位移联系起来

$$\{f\} = [L]\{D^*\} \tag{17.25}$$

式中　$\{f\}$是任一点的位移向量；$\{D^*\}$是节点位移向量；$[L]$为单元体（如二维有限单元的 x 和 y 或者 ξ 和 η）上某一点的坐标函数矩阵。

插值函数$[L]$也称为形函数。它描述了各独立坐标系下的单位位移引起的单元体形状的改变。任一内插函数 L_i 表示在 $D_i^* = 1$ 而其他节点位移为零时的变形形状。

有限元的精确度主要取决于形函数的选择。这些方程必须满足当采用更小的有限单元网格时确保收敛于正确的结果。形函数的推导以及须要满足的条件将在 17.8 和 17.9 节中讨论。下面给出了各种形式有限单元的形函数的例子。

17.4.1　直杆单元

对于杆的轴向变形（图 17.3），$\{f\} \equiv \{u\}$为任意截面在 x 方向的位移，$\{D^*\} = \{u_1, u_2\}$是两端的位移。

形函数$[L]$由两个线性形函数组成：

$$[L] = [1-\xi, \xi] \tag{17.26}$$

式中 $\xi = x/l$，l 为杆长。

在图 17.4 中给出了可以用于弯曲杆件的形函数。对于这个单元，$\{f\} \equiv \{v\}$是任意截面沿 y 的横向挠度。3 节点位移可以定义为

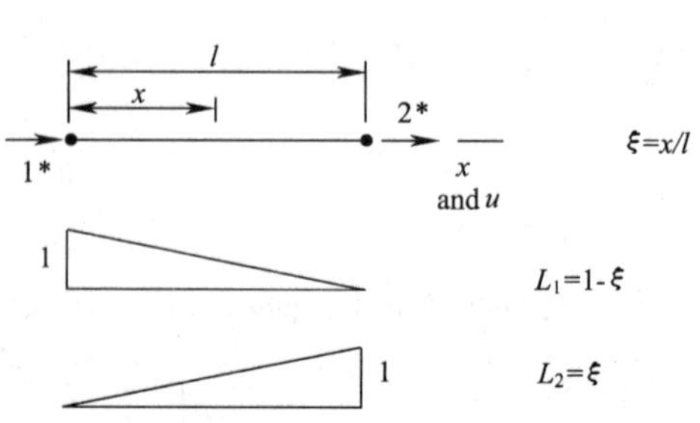

图 17.3　线性插值函数
（轴向力作用下杆件的形函数）

$$\{D^*\}=\left\{v_{x=0},\left(\frac{\mathrm{d}v}{\mathrm{d}x}\right)_{x=0},v_{x=l},\left(\frac{\mathrm{d}v}{\mathrm{d}x}\right)_{x=l}\right\} \tag{17.27}$$

形函数$[L]$可以是4个三次多项式

$$[L]=[1-3\xi^2+2\xi^3 \mid l\xi(\xi-1)^2 \mid \xi^2(3-2\xi) \mid l\xi^2(\xi-1)] \tag{17.28}$$

方程17.26和17.28中的每个形函数L_i满足$D_i^*=1$且其他位移为零的条件,这个条件足以得到函数(见17.8节)。

方程17.26和17.28的形函数与等截面杆的实际变形形状相对应(忽略剪切变形)。在非等截面杆件中可以采用同样的形函数(见例题17.4和17.5)。

我们可以看出图17.3和17.4中的形函数和与节点力的影响线相同,只是符号相反(例如,将图17.4中的L_2和L_4与图12.7(d)的杆端弯矩的影响线进行比较)。

图17.4中的形函数L_1可以认为是直线$1-\xi$和$(L_2+L_4)/l$的和;后者表示相应与顺时针方向的旋转,在两端都等于$1/l$。同理,我们可以验证$L_3=\xi-(L_2+L_4)/l$。

17.4.2　受面内力作用的四边形单元

图17.5为带角点的四边形单元且每个节点有两个自由度。这种单元可以用于平面应力和平面应变分析。这种情况下,广义方程17.25有如下意义:

$$\{f\}=\{u,v\} \tag{17.29}$$

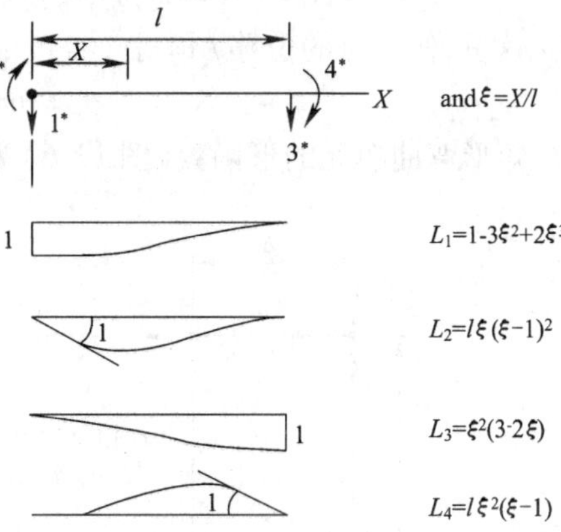

图17.4　受弯杆件的挠度的形函数

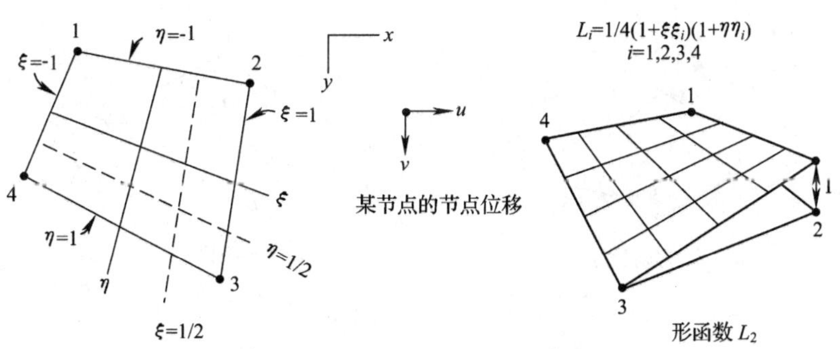

图17.5　平面应力或平面应变的四边形单元

(自然坐标系ξ和η决定了任一点的位置,形函数示意图:双曲抛物面)

式中u和v为x和y方向的位移,并且

$$\{D^*\}=\{u_1,v_1,u_2,v_2,u_3,v_3,u_4,v_4\} \tag{17.30}$$

式中u_i和v_i为i节点处x和y方向的位移。图17.5单元体的$[L]$矩阵为

$$[L]=\begin{bmatrix} L_1 & 0 & L_2 & 0 & L_3 & 0 & L_4 & 0 \\ 0 & L_1 & 0 & L_2 & 0 & L_3 & 0 & L_4 \end{bmatrix} \tag{17.31}$$

图17.5中,定义函数L_i是在自然坐标ξ和η的双线函数的和。L_i的值在i处为单位量,在其他3个节点为零。4个形函数可以表示为

$$L_i = \frac{1}{4}(1+\xi\xi_i)(1+\eta\eta_i) \qquad 其中\ i=1,2,3,4 \tag{17.32}$$

如果 L_i 的值标示在与单元体表面正交的方向，则可得到一个超曲面。沿直线 ξ = 常数或 η = 常数，表面为直线。形函数 L_2 描绘在图 17.5 的示意图上，在节点 2，$\xi_i=1$ 和 $\eta_i=-1$，将两个值代入式 17.32 可以得到定义超曲面的函数 L_2。

式 17.32 表示 18.2 节中讨论的等参数有限单元插值函数系的一个。我们应该注意在任一点 4 个 L_i 函数的和都是单位量。

17.4.3　矩形薄板弯曲单元

用于分析薄板弯曲的图 7.6 中的矩形单元，有 12 个自由度（在每一角点有 3 个），定义为

$$\{D^*\} = \{(w,\theta_x,\theta_y)_1 | (w,\theta_x,\theta_y)_2 | (w,\theta_x,\theta_y)_3 | (w,\theta_x,\theta_y)\} \tag{17.33}$$

这里，任一点的位移 f 恒等于挠度 w。转角 θ 视为 w 的偏导数：

$$\theta_x = \partial w/\partial y \qquad \theta_y = -\partial w/\partial x \tag{17.34}$$

矩形弯曲单元的形函数（图 17.6）为

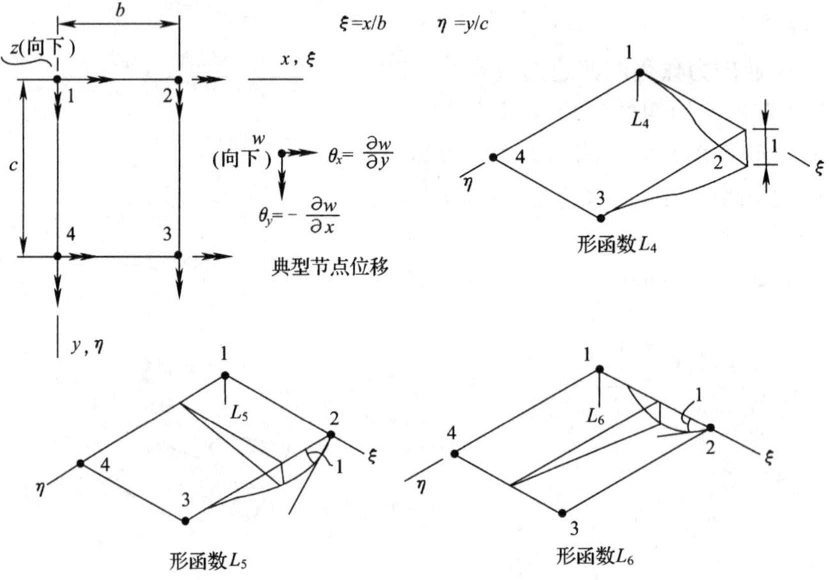

图 17.6　平板弯曲单元

$$
\begin{aligned}
[L] = [\ &(1-\xi)(1-\eta) - \frac{1}{b}(L_3+L_6) + \frac{1}{c}(L_2+L_{11}) && 1\\
&c\eta(\eta-1)^2(1-\xi) && 2\\
&-b\xi(\xi-1)^2(1-\eta) && 3\\
&\xi(1-\eta) - \frac{1}{b}(L_3+L_6) + \frac{1}{c}(L_5+L_8) && 4\\
&c\eta(\eta-1)^2\xi && 5\\
&-b\xi^2(\xi-1)(1-\eta) && 6\\
&\xi\eta + \frac{1}{b}(L_9+L_{12}) - \frac{1}{c}(L_5+L_8) && 7\\
&c\eta^2(\eta-1)\xi && 8
\end{aligned}
\tag{17.35}
$$

$-b\xi^2(\xi-1)\eta$　9

$[(1-\xi)\eta-\frac{1}{b}(L_9+L_{12})-\frac{1}{c}(L_2+L_{11})]$　10

$c\eta^2(\eta-1)(1-\xi)$　11

$-b\xi(\xi-1)^2\eta]$　12

式中 b 和 c 为单元两边的长度；$\xi=x/b$ 且 $\eta=y/c$ 。函数 $L_2,L_3,L_5,L_5,L_8,L_9,L_{11},L_{12}$分别为由式 17.35 明确给出的直线 2,3,5,6,8,9,11,12 的形函数，它们与单位转角相对应。如图 17.6 所示包含的 3 个挠度形状 L_4,L_5，和 L_6 的示图与节点 2 的单位位移对应。

可以看出，沿 3 条边界 L_6 为零，而沿第四条边界（1－2）函数与梁的形函数相同（与图 17.4 中的 L_4 相比，符号相反）。如图 17.6 所示，沿任一 ξ＝常数的直线，L_6 线性变化。同样，L_5 与沿 3－2 边的挠曲杆形状相同并且沿任意 η＝常数的直线呈线性变化。

与角点处 $w=1$ 相对应的形函数 L_1,L_4,L_7,L_{10}，可以表达为二元直线函数（与图 17.5 所示相似）和对应节点处转角等于 $\pm(1/b)$ 或 $\pm(1/c)$ 的形函数。4 个函数中的每一个沿着与杆件形函数相同（图 17.4 的 L_1 或 L_3）的两边都有值。在任一点，$L_1+L_3+L_7+L_{10}$之和等于单位量。

我们应该注意由 12 个形函数中的任一个确定的挠曲面对于单元边界的斜率一般不为零。这就会在相邻单元产生不相容的斜率，17.9 节将讨论这些不相容的影响。

17.5　位移法有限元的刚度矩阵和应变矩阵

式 17.25 根据节点位移定义了单元位移模式。通过相应的求导，我们可以得到应变（式 17.6）：

$$\{f\}=[L]\{D^*\} \tag{17.36}$$

$$\{\varepsilon\}=[\partial][L][D^*] \tag{17.37}$$

因此，位移法有限单元在任一点的应变为

$$\{\varepsilon\}=[B][D^*] \tag{17.38}$$

式中

$$[B]=[\partial][L^*] \tag{17.39}$$

矩阵$[B]$可以认为是节点位移－应变变换矩阵。$[B]$中任一列元素表示由 D_j^* 引起的应变分量$\{\varepsilon_{uj}\}$。通过虎克定律（式 17.5）给出了位移法有限单元任一点的应力：

$$\{\sigma\}=[\sigma]_u\{B\}\{D^*\} \tag{17.40}$$

或者

$$\{\sigma\}=[\sigma_u]\{D^*\} \tag{17.41}$$

式中$[\sigma_u]$单元的应力矩阵：

$$[\sigma_u]=[\mathrm{d}][B] \tag{17.42}$$

$[\sigma_u]$中任一列 j 的元素是由于 $D_j^*=1$ 引起的任一点的应变。

刚度矩阵中的元素 S_{ij}^* 表示在节点 j 产生单位位移引起在 i 处产生的力。S_{ij}^* 由单位位移定理确定（见式 6.40）：

$$S_{ij}^*=\int_v\{\sigma_{uj}\}^{\mathrm{T}}\{\varepsilon_{ji}\}\mathrm{d}V \tag{17.43}$$

式中$\{\sigma_{uj}\}$表示j点的单位[1]位移引起的任一点的实际应变；$\{\varepsilon_{ji}\}$表示同一点对应于i点的虚位移的应变；$\mathrm{d}V$表示微元体积。对体积的积分在杆件中以对长度的积分代替，在板中则以对面积的积分代替。为此，方程 17.43 的符号$\{\sigma\}$和$\{\varepsilon\}$分别表示广义的应力和应变。比如，在杆件中，$\{\sigma\}$表示某截面的内力，而在薄板弯曲中，$\{\varepsilon\}$表示了曲率（见式 17.16）。

应用形函数$[L]$通过式 17.39 和 17.42 确定实应力和虚应变，代入式 17.43 得出任一单元的刚度矩阵：

$$S_{ij}^{*} = \int_{v} \{B\}_{j}^{\mathrm{T}} [\mathrm{d}] [B]_{i} \mathrm{d}V \tag{17.44}$$

式中$\{B\}_{i}$和$\{B\}_{j}$表示$[B]$的第 i 列和第 j 列。给出有限元的刚度矩阵

$$[S^{*}] = \int_{v} \{B\}^{\mathrm{T}} [\mathrm{d}] [B] \mathrm{d}V \tag{17.45}$$

在式 17.43 和 17.44 中我们以一个假定位移模式也就是L_j作为实际位移模式。然而，一般说来，假定形状与实际形状并不相同。我们要做的就是在假定结构的单元体上施加除节点力以外的分布力使它们等价。分布力对实际形状转化为假定形状有一定影响，这些未考虑的力会引起式 17.45 计算的刚度过大。换句话说，通过上述过程得到的有限元分析单元刚度矩阵求出的位移比实际的小。

17.6 单元荷载向量

平衡方程 17.2 中用到的约束力向量包括分量$\{F_b\}$，这个分量表示与作用在远离节点的单元体上的外荷载平衡的力（式 17.1）。考虑单个的单元，j点体力的平衡力可以确定为

$$F_{bj} = -\int_{v} \{L_j\} \{p\} \mathrm{d}V \tag{17.46}$$

式中$\{p\}$表示与位移$\{f\}$同方向的单位体积上作用力的值。

通过虚功原理（式 7.46）或是毕特定理（9.2 节）可以简洁地说明式 17.46。这里，体力和节点平衡力组成了一个体系，仅受产生位移形函数L_j的节点力作用的单元组成第二个体系。根据毕特定理，第一个体系的力在第二个体系的位移所做的功等于第二个体系的力在第一个体系的位移所做的功。现在，第二个量为零，因为第二个体系仅在节点有力，第一个体系的节点位移都为零。

利用式 17.46，我们将形函数L_j视为j处节点力反号的影响线（或影响面）（见 12.3 节）。我们知道式 17.46 中通过以假定的位移模式作为真实的位移模式得到的只是近似值。

与作用在远离节点的单元上的力平衡的节点力向量为

$$\{F_b^{*}\} = -\int_{v} [L]^{\mathrm{T}} \{p\} \mathrm{d}V \tag{17.47}$$

向量为单元相容向量是因为同一个形函数$[L]$被用于$[S^{*}]$和$\{F_b^{*}\}$的推导。这里的上标 * 表示各个单元的局部矩阵。

当外力作用在单元表面上时，式 17.47 应对单元的面积积分。当集中力作用时，可以用各力之和与荷载位置处的$[L]^{\mathrm{T}}$乘积来代替积分。

1　符号 $\mathrm{d}V$ 表示的单元体积不要与表示平动位移的 ν 相混淆。

温度变化影响的分析

当一个约束被位移单元受到温度变化(或收缩)影响时,(式 17.9)给出了任一点的应力

$$\{\sigma_r\} = -[\mathrm{d}]\{\varepsilon_0\} \tag{17.48}$$

式中$\{\varepsilon_0\}$表示体积的变化可以自由发生时的应变。在二维的平面应力和平面应变状态中,温度升高 T 时引起的自由应变

$$\{\varepsilon_0\} = \alpha T\begin{Bmatrix}1\\1\\0\end{Bmatrix} \tag{17.49}$$

式中α为温度膨胀系数。

对于一个体积变化的单元体,约束力的相容向量为

$$\{F_b^*\} = -\int_v [B]^{\mathrm{T}}[\mathrm{d}]\{\varepsilon_0\}\mathrm{d}V \tag{17.50}$$

由单位位移理论也可以得到式 17.50。利用实应力为$\{\sigma_r\} = -[\mathrm{d}]\{\varepsilon_0\}$和虚应变为$\{\varepsilon_{uj}\} = \{B\}_j$,式 7.50 给出了第$j$个单元的相容荷载向量。

大多数情况下,求刚度矩阵和个体单元的荷载向量所涉及到的积分的数值可以通过高斯求积(见 18.9 节)估计。

17.7　利用最小总势能对单元矩阵的推导

应用总势能定理(9.6 节)可以得到单元刚度矩阵$[S^*]$和相容荷载向量$\{F_b^*\}$(式 17.45 和 17.47)。考虑受体力$\{p\}$和节点力$\{Q^*\}$作用的有限元。总势能定义为势能与应变能的和(式 9.27):

$$\phi = -\{D^*\}^{\mathrm{T}}\{Q^*\} - \int_v \{f\}^{\mathrm{T}}\{p\}\mathrm{d}V + \frac{1}{2}\int_v \{\sigma\}^{\mathrm{T}}\{\varepsilon\}\mathrm{d}V \tag{17.51}$$

式中$\{f\}$为任一点的位移分量;$\{p\}$为与$\{f\}$方向相同的单位体积上作用的体力;$\{\sigma\}$为应力;$\{\varepsilon\}$为应变;$\{D^*\}$为节点位移。将式 17.36 和 17.38 以及 17.40 代入上式得到

$$\phi = -\{D^*\}^{\mathrm{T}}\{Q^*\} - \int_v \{D^*\}\{L\}^{\mathrm{T}}\{p\}\mathrm{d}V + \frac{1}{2}\int_v \{D^*\}^{\mathrm{T}}[B][\mathrm{d}][B]\{D^*\}\mathrm{d}V \tag{17.52}$$

最小总势能原理可以表达为(见式 9.54)

$$\frac{\partial\phi}{\partial\{D_i^*\}} = 0 \tag{17.53}$$

式中下标i表示节点位移的任意一个。对于节点位移的偏微分[1],得到

$$\frac{\partial\phi}{\partial\{D_i^*\}} = -\{Q^*\} - \int_v [L]^{\mathrm{T}}\{p\}\mathrm{d}V + \int_v [B]^{\mathrm{T}}[\mathrm{d}][B]\{D^*\}\mathrm{d}V = 0 \tag{17.54}$$

式 17.5 可以写成如下形式

1　标量y可以表示为母表乘式之和$y = \left(\frac{1}{2}\right)\{x\}^{\mathrm{T}}[a]\{x\} + \{x\}^{\mathrm{T}}\{b\}$,式中$[a]$和$[b]$为常量且$[a]$是对称的,$y$关于$x_i$($i=1,2\cdots$)的微分给出$\frac{\partial y}{\partial}\{x\} = \left\{\frac{\partial y}{\partial x_1}, \frac{\partial y}{\partial x_2}, \cdots\right\} = [a]\{x\} + \{b\}$。

$$[S^*]\{D^*\} = -\{F^*\} \tag{17.55}$$

式中$\{F^*\}$为阻止节点位移的节点力。约束力等于反向的节点力$\{Q^*\}$与体力的节点平衡力之和。因此

$$\{F^*\} = \{F_a^*\} + \{F_b^*\} \tag{17.56}$$

式$\{F_a^*\} = -\{Q^*\}$,$\{F_b^*\}$为单元相容荷载向量。矩阵$[S^*]$为单元刚度矩阵。联立式 17.55 和 17.56 并与式 17.54 相比较,通过分析得到式 17.47 和 17.45.

17.8 形函数推导

位移模式$\{f\}$可以表示为决定任一点位置的 x 和 y 坐标(或 ξ 和 η)的多项式。比如,弯曲薄板的挠度 w 或平面应力或平面应变单元的位移 u 和 v 可以表达为

$$f(x,y) = [1,x,y,x^2\cdots\cdots]\{A\} = [P]\{A\} \tag{17.57}$$

式中$\{A\}$是一个常向量,仍需确定;$[P]$为一个多项式矩阵,它的数量等于节点自由度的数量。帕斯卡三角形(图 17.7)可以用来选择$[P]$中多项式。一般说来,都采用低次项的。本节随后将给出几种单元体的多项式的例子。

在 x 和 y(ξ 或 η)的值代入式 17.57(或它的导出式)就可以得节点位移$\{D^*\}$与相容向量$\{A\}$的关系。这就给出

$$\{D^*\} = [C]\{A\} \tag{17.58}$$

$[C]$中元素可以通过(x_i,y_i),$i=1.2,\cdots\cdots$与节点数量有关。待定常向量$\{A\}$可以通过$\{D^*\}$和逆矩阵来表示:

$$\{A\} = [C]^{-1}\{D^*\} \tag{17.59}$$

将式 19.59 代入式 19.57,将得到的式与式 17.36 类推,我们得到形函数

$$[L] = [P][C]^{-1} \tag{17.60}$$

举一个选择多项式的例子,让我们研究图 17.3 所示的受轴向力作用的杆单元。有两个自由度,$[P]$仅有两项:

$$[P] = [1 \quad \xi] \tag{17.61}$$

对于弯曲杆(图 17.4)

$$[P] = [1 \quad \xi \quad \xi^2 \quad \xi^3] \tag{17.62}$$

对于平面力作用的板单元(图 17.5),每一个位移 u 和 v 都与 4 个节点位移相联系。一个四项的多项式可以用于每一个 u 和 v:

$$[P] = [1 \quad \xi \quad \eta \quad \xi\eta] \tag{17.63}$$

对于图 17.6 的薄板弯曲单元,有 12 个自由度,我们将挠度表达为 $w=[P][A]$,且

$$[P] = [1 \quad \xi \quad \eta \quad \xi^2 \quad \xi\eta \quad \eta^2 \quad \xi^3 \quad \xi^2\eta \quad \xi\eta^2 \quad \eta^3 \quad \xi^3\eta \quad \xi\eta^3] \tag{17.64}$$

对于有两个或更多变量,比如 x 和 y(或 x,y,z)的单元体,包含在$[P]$中的项在参考轴线 x 和 y(或 x,y,z)可以互换时必须要求是不变量。因此,在式 17.63 中,我们不能用 ξ^2 或 η^2 来代替 $\xi\eta$。同样的,在式 17.64 中,不能用 $\xi^2\eta^2$ 来替代 $\xi\eta^3$ 或 $\xi^3\eta$。换句话说,$[P]$包含根据帕斯卡三角形(如 17.7)得到的对称项。当满足这个条件的时候,单元没有一个更可取的方向。结果,不管是图示的的整体坐标轴 x 和 y 还是将坐标轴旋转 90°使得 x 变成竖直方向,在图 17.2 所示结构的分析中采用这样的单元将得到同样的答案。

对于图 17.1 中平面力作用的矩形板单元来说，不变性条件可以放松。每个单元含四个节点，每个节点有 3 个节点位移：$u, v, \partial v/\partial x$。包含项 $\partial v/\partial x$（但不是 u 和 v 的其他导数）使单元在 x 和 y 方向的表现不同。用于 u 和 v 的多项式也不同：

$$u(x,y) = [1 \quad x \quad y \quad xy]\{A\}_u \qquad (17.65)$$

$$u(x,y) = [1 \quad x \quad y \quad x^3 \quad xy \quad x^3 \quad x^2y \quad x^3y]\{A\}_u \qquad (17.66)$$

$$\begin{matrix} & & & & 1 & & & & \\ & & & x & & y & & & \\ & & x^2 & & xy & & y^2 & & \\ & x^3 & & x^2y & & xy^2 & & y^3 & \\ x^4 & & x^3y & & x^2y^2 & & xy^3 & & y^4 \end{matrix}$$

图 17.7 帕斯卡三角单元

v 在 x 方向的变化为三次的，而 v 在 y 方向和 u 在 x, y 方向的变化都是线性变化。单元的形函数在式 17.67 中给出（见例题 17.3）。

用于具有类似于梁的性质的结构中，比如褶皱板和箱梁，这种单元[1]有很好的精确度。由于这样，单元局部坐标轴 x 应沿"梁"的方向。为了将这种单元与其他单元的结果的精确性进行比较，见习题 18.18。

例 17.1 弯曲梁

推导图 17.4 中杆单元的形函数。

挠度 v 可以表达为一个 ξ 的三次多项式，式中 $\xi = x/l$（式 17.57 和 17.62）

$$v = [1 \quad \xi \quad \xi^2 \quad \xi^3]\{A\} = [P]\{A\}$$

方程 17.27 定义的节点位移代入上述方程得出

$$\{D^*\} = \begin{bmatrix} 1 & 0 & 0 & 0 \\ 0 & 1/l & 0 & 0 \\ 1 & 1 & 1 & 1 \\ 0 & 1/l & 2/l & 3/l \end{bmatrix}\{A\}$$

对上面的方阵求逆

$$[C]^{-1} = \begin{bmatrix} 1 & 0 & 0 & 0 \\ 0 & l & 0 & 0 \\ -3 & -2l & 3 & -l \\ 2 & l & -2 & l \end{bmatrix}$$

$[P][C]^{-1}$的乘积给出形函数$[L]$（式 17.28）。

例 17.2 平面力作用的四边形单元

图 17.5 表示平面应力和平面应变状态下四边形单元的形函数的推导。

我们令 u 或 $v = [P]\{A\}$，在式 17.63 中给出了$[P]$。代入 4 个角点处 ξ 和 η 的值，对 u 可以写出：

$$\begin{Bmatrix} u_1 \\ u_2 \\ u_3 \\ u_4 \end{Bmatrix} = \begin{bmatrix} 1 & -1 & -1 & 1 \\ 1 & 1 & -1 & -1 \\ 1 & 1 & 1 & 1 \\ 1 & -1 & 1 & -1 \end{bmatrix}\{A\}$$

---

1 这里考虑的矩形单元是一种特殊的四边形单元，参照关于 QLC3。见 Sisodiya, R., Cheung, Y. K., Ghali, A.."应用于箱形梁桥的一种新有限单元"论文中，土木工程师机构，伦敦，1972 增刊，论文 7459, 207－225。QLC3 和图 17.6 所示的四边形弯曲单元的组合给出了一种很好的壳单元，这种单元在空间结构分析中每个节点有 3 个平动和 3 个转动（见 18.10.1）。

上式方阵$[C]$求逆,给出

$$[C]^{-1}=(1/4)\begin{bmatrix}1&1&1&1\\-1&1&1&-1\\-1&-1&1&1\\-1&-1&1&1\end{bmatrix}$$

代入式 17.60,给出

$$[L_1,L_2,L_3,L_4]=\frac{1}{4}[1-\xi-\eta-\xi\eta \quad 1+\xi-\eta-\xi\eta \quad 1+\xi+\eta+\xi\eta \quad 1-\xi+\eta-\xi\eta \quad]$$

与式 17.32 相同,对 v 采用同样的形函数。

例 17.3 矩形弯曲薄板

利用式 17.66 的多项式,导出平面力作用下矩形板元 QLC3(图 17.1)中位移 v 的形函数。节点位移定义为

$$\{D^*\}=\left\{\left(u,v,\frac{\partial v}{\partial x}\right)_1,\left(u,v,\frac{\partial v}{\partial x}\right)_2,\left(u,v,\frac{\partial v}{\partial x}\right)_3,\left(u,v,\frac{\partial v}{\partial x}\right)_4\right\}$$

利用 $\xi=x/b$ 和 $\eta=y/c$,式 17.66 可以写成 $\nu=[P]\{\bar{A}\}$,且

$$[P]=[1 \quad \xi \quad \eta \quad \xi^2 \quad \xi\eta \quad \xi^3 \quad \xi^2\eta \quad \xi^3\eta]$$

与 v 相关的节点位移是

$$\{D_\nu^*\}=\{D_2^*,D_3^*,D_5^*,D_6^*,D_8^*,D_9^*,D_{11}^*,D_{12}^*\}$$

代入节点的 ξ 和 η 值,我们写出$\{D_\nu^*\}=[C]\{\bar{A}\}$,且

$$[C]=\begin{matrix}2\\3\\5\\6\\8\\9\\11\\12\end{matrix}\begin{bmatrix}1&0&0&0&0&0&0&0\\0&1/b&0&0&0&0&0&0\\1&1&0&1&0&1&0&0\\0&1/b&0&2/b&0&3/b&0&0\\1&1&1&1&1&1&1&1\\0&1/b&0&2/b&1/b&3/b&2/b&3/b\\1&0&1&0&0&0&0&0\\0&1/b&0&0&1/b&0&0&0\end{bmatrix}$$

$[C]$的逆矩阵代入式 17.60 给出与 v 有关的 8 个形函数:$L_2,L_3,L_5,L_6,L_8,L_9,L_{11},L_{12}$。作为参考,我们给出单元的所有的形函数如下:

$$\begin{aligned}
&L_1=(1-\xi)(1-\eta) && L_2=(1-3\xi^2+2\xi^3)(1-\eta) && L_3=b\xi(\xi-1)^2(1-\eta)\\
&L_4=\xi(1-\eta) && L_5=\xi^2(3-2\xi)(1-\eta) && L_6=b\xi^2(\xi-1)(1-\eta)\\
&L_7=\xi\eta && L_8=\xi^2(3-2\xi)\eta && L_9=b\xi^2(\xi-1)\eta\\
&L_{10}=(1-\xi)\eta && L_{11}=(1-3\xi^2+2\xi^3)\eta && L_{12}=b\xi(\xi-1)^2\eta
\end{aligned} \tag{17.67}$$

这些函数可以通过式$[u,v]=[L][D^*]$来表示 u 和 v(见式 17.25),且

$$[L]=\begin{bmatrix}L_1&0&0&L_4&0&0&L_7&0&0&L_{10}&0&0\\0&L_2&L_3&0&L_5&L_6&0&L_8&L_9&0&L_{11}&L_{12}\end{bmatrix} \tag{17.68}$$

17.9 收敛条件

理论上来说,任何连续形函数都可以用于有限元的位移模式,然而,通常使用的是多项式。为了由微元得到单调收敛于正确答案的结果,形函数应该满足下面3个要求:

1. 沿相邻单元的共同边的位移应该相同。可以看出图17.5中的平面应力或平面应变单元和图17.6中的薄板弯曲单元都满足这个条件。沿1-2的任一边,图17.5中的位移u和v或图17.6的挠度w都仅是1和2的节点位移的函数。因此,共有节点1和2的两相邻单元在两节点处有相同的节点位移并且沿直线1-2有同样的u,v和w。

在某些情况下,单元的一次偏微分也应该是相容的。这个条件对于薄板弯曲单元必须满足,在平面应力或平面应变单元中则不需要。

图17.6所示的两相邻单元具有相同的挠度,因此,在共同边有同样的斜率。然而,共同边的法线,两个单元变形面的切线仅在节点处具有同样的斜率。不在节点上时,切线与共同边的法线相差一个角度α。对于组合结构来说,$(1/2)\int M_n\alpha \mathrm{d}s$表示应变能不计入最小总势能的计算中(见式17.52)。这里,M_n为共同边法线方向的应力合力,ds为单元长度。

保证收敛的原则就是[L]满足相容性和它的偏导数的阶数比[B]所中包含的偏导数阶数低一次。对于薄板弯曲单元,[B]包含二次偏导数(式17.39和17.19):$-\partial^2 w/\partial x^2$, $-\partial^2 w/\partial y^2$,$2\partial^2 w/\partial x\partial y$。因此,除了$w$之外,$\partial w/\partial x$和$\partial w/\partial y$也要满足相容性要求。

有一些单元,认为是不相容的或非协调的,比如图17.6中的单元,不满足位移导数相容性的要求,但其中的一些单元仍得出了很好的结果。这种现象的原因是作为位移法有限元特征的超量刚度,通过由缺失斜率的一致性所导致柔度增加得到补偿。

当网格划分更细时,不相容性消失,并且单元的应变趋于常数,这时非协调单元收敛于精确解。

2. 当节点位移$\{D^*\}$对应于刚体位移时,应变$[B]\{D^*\}$必等于零。

当方程17.57中的多项式矩阵[P]包含低次项的帕斯卡三角单元时条件很容易满足。比如,对于薄板弯曲单元(图17.6),包含条件$1,x,y$的项都允许w以斜面方程表示。

我们可以验证,方程17.35中关于图17.6中单元的形函数在4个角点处$w=1$且所有节点$\theta_x=\theta_y=0$时允许有刚体位移;方程17.25给出$w=1$,表示向下的单位位移(这是因为$L_1+L_4+L_7+L_{10}=1$,如前所述)。为了验证形函数允许刚体转角,令节点1和2处$w=1$,单元的4个节点处$\theta_x=-1/c$,而其他的节点位移为零。可以看出将这些节点位移和方程17.35方程代入17.25中得到$w=1-\eta$,这是单元绕边4-3转动$\theta_x=-1/c$得到的平面方程。由同样方法,我们可以证明形函数允许刚体转角$\theta_y=$常数。

3. 形函数必须使单元处于常应变状态。

这种要求是因为,当划分的单元变小时,每个单元的应变趋于常数。因此可以通过分段变化得到应变变化的光滑曲线(或曲面)。

当方程17.57中的多项式[P]包含应变的低次项时,这个条件是满足的。比如对图17.6中的矩形弯曲单元,应变为$\{\varepsilon\}=\{-\partial^2 w/\partial x^2, -\partial^2 w/\partial y^2, 2\partial^2 w/(\partial x\partial y)\}$;帕斯卡三角单元中的项$x^2,xy,y^2$都应该包含在[$P$]中。

我们可以验证式 17.35 中的形函数允许常曲率,例如,通过令节点 1 和 4 的 $\theta_y=1$,节点 2 和 3 的 $\theta_y=-1$,并保证其他的节点位移为零,这时 $-\partial^2 w/\partial x^2=$ 常数。代入式 17.36 得出 $w=b\xi(1-\xi)$,表示以 $2/b$ 为常曲率的圆柱面。

对于同样的单元,当单元扭转时 $2\partial^2 w/(\partial x\partial y)$ 为常数($=-4/bc$),使得节点 2 和 4 的 $w=1$,边界仍然为直线。因此节点位移为:在节点 1 和 3 处 $w=0$;在节点 2 和 4 处 $w=1$;在节点 1 和 4 处 $\theta_x=1/c$;在节点 2 和 3 处 $\theta_x=-1/c$;在节点 1 和 2 处 $\theta_y=-1/b$;在节点 3 和 4 处 $\theta_y=1/b$。

当应变常量为零时,条件 2 可以认为是条件 3 的一种特殊情况。分片试验(17.10 节)是一种验证非协调元符合常应变状态假定的数值方法。

17.10 收敛性的分片试验

在计算机程序或一个新单元使用之前先做一个分片试验是很明智的选择[1]。这个试验是在由几个单元所组成的结构上进行(见图 17.8)。在相应于常应变条件的边界上引入规定位移,如果分析确定应变为常量,则分片试验就成功了。如果试验不成功,则任意细网格的收敛性也不能保证。对于非协调元或协调元来说,试验成功意味着满足前一节的收敛条件 2 和 3。

在如图 17.8 所示的平面应力或平面应变单元的各分片中,当边界节点的位移规定为 $u=a_1x+a_2y+a_3$,$v=a_4x+a_5y+a_6$ 时各分片上所有的单元都必须为常应变状态,式中 a_1 到 a_6 取为任意常数,且内节点应该让它自由,则预期应变为(见式 17.6):$\{\varepsilon_x,\varepsilon_y,\gamma_{xy}\}=\{a_1,a_5,(a_2+a_4)\}$。当分片试验成功时,计算应变在计算机精确度限度内与精确值一致。

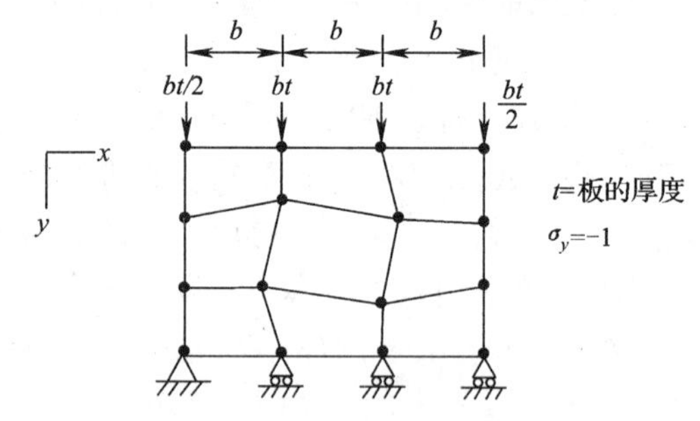

图 17.8 对图 17.5 的平面应力和平面应变单元的分片试验的模型
(在各分片顶部的单位应力 $\sigma_y=-1$ 的相容节点力)

作为选择,合适的支点力和相容节点力(通过式 17.47 计算求得)可以引入到常应力状态的描述中。这种情况如图 17.8 所示,表示常应力 $\sigma_y=-1$ 情况。为了保证收敛性,应对其他的常应力(或常应变)状态以及多种几何形状进行测试。

例 17.4 轴向力和变截面杆件的位移

试求出图 17.3 所示杆件在温度均匀上升 T 度时的刚度矩阵和约束力向量。假定横截面以 $a=a_0(2-\xi)$ 变化,式中 a_0 为常数。温度膨胀系数为 α,弹性模量为 E。

利用 17.26 的形函数,矩阵[B]为(见式 17.39)

$$[B]=\frac{\mathrm{d}}{\mathrm{d}x}[1-\xi\quad \xi]=\frac{\mathrm{d}}{l\mathrm{d}\xi}[1-\xi\quad \xi]=\frac{1}{l}[-1\quad 1]$$

这种情况下弹性矩阵有一个元素[d]≡[E],代入式 17.45 得到刚度矩阵:

---

1 分片试验的重要性,分片试验的成果及其基本原理是在 Irons. B. M 和 Ahmad. S.《有限元技术》的一章的主要内容,Ellis Horwood,Ellis Horwood,英国奇切斯特和 Halsted Press(Wiley),纽约,1980:149-162。

$$[S^*] = l\int_0^1 \frac{1}{l}\begin{Bmatrix}-1\\1\end{Bmatrix}[E]\frac{1}{l}[-1\quad 1]a_0(2-\xi)\mathrm{d}\xi$$

或

$$[S^*] = \frac{Ea_0}{l}\begin{bmatrix}1 & -1\\-1 & 1\end{bmatrix}\left[2\xi - \frac{\xi^2}{2}\right]_0^1 = \frac{1.5Ea_0}{l}\begin{bmatrix}1 & -1\\-1 & 1\end{bmatrix}$$

如果温度变化的影响不受限制，应变 $\varepsilon_0 = \alpha T$。约束节点位移（式 17.50）的节点力为

$$\{F_b\}_m = -l\int_0^1 \frac{1}{l}\begin{Bmatrix}-1\\1\end{Bmatrix}E\alpha Ta_0(2-\xi)\mathrm{d}\xi = 1.5E\alpha Ta_0\begin{Bmatrix}1\\-1\end{Bmatrix}$$

如果将构件视为等截面杆件，其横截面面积等于两端面积的平均值，则可以得出同样的结果。只要把上式的常数 1.5 改为 $(1/\ln 2) = 1.443$（考虑实际变形形状得到），即得到刚度矩阵的精确解。如所预见的，使用假定的形函数会导致刚度偏大。

例 17.5　变截面曲梁的刚度矩阵

确定图 17.4 所示杆件的刚度矩阵的元素 S_{12}^*，假定横截面的二次矩按 $I = I_0(1+\xi)$ 变化，式中 I_0 为常数，仅考虑弯曲变形，E = 常数。求在整个长度上布置均布荷载 q 时的节点平衡力向量。

对于受弯梁，$[\mathrm{d}] \equiv [EI]$，$\{\sigma\} \equiv \{M\}$，且 $\{\varepsilon\} = -\mathrm{d}^2v/\mathrm{d}x^2$。利用图 17.4 中的形函数，矩阵 $[B]$ 为（见式 17.39）

$$[B] = -\frac{\mathrm{d}^2}{\mathrm{d}x^2}[1-3\xi^2+2\xi^3 \quad l\xi(\xi-1)^2 \quad \xi^2(3-2\xi) \quad l\xi^2(\xi-1)]$$

$$[B] = -\frac{1}{l^2}[-6+12\xi \quad l(6\xi-4) \quad 6-12\xi \quad l(6\xi-2)]$$

所求的刚度矩阵（式 17.44）元素为

$$S_{12}^* = \int_0^1\left(\frac{6-12\xi}{l^2}\right)EI_0(1+\xi)\left(\frac{-6\xi+4}{L}\right)l\mathrm{d}\xi = 8\frac{EI_0}{l^2}$$

通过式 11.15 可以计算出精确解，得到 $S_{12}^* = 7.72EI_0/l^2$。正如所预计的，通过假定的形函数 L_2 得到的刚度大于由 $D_2^* = 1$ 引起的实际的挠度形状得到的刚度。

由式 17.45 得到的总刚度 $[S^*]$ 与精确刚度矩阵（由式 11.15 得到）的比较见习题 17.1。

约束节点位移与均布荷载 q 平衡的节点力为（式 17.47）

$$\{F_b\}_m = -\int_0^1\begin{Bmatrix}1-3\xi^2+2\xi^3\\ l\xi(\xi-1)^2\\ \xi^2(3-2\xi)\\ l\xi^2(\xi-1)\end{Bmatrix}1l\mathrm{d}\xi = \begin{Bmatrix}-ql/2\\ -ql^2/12\\ -ql/2\\ ql^2/12\end{Bmatrix}$$

对于等截面梁来说，它们是同样的力。同样，将 I 变化的杆件的挠曲形状视为等截面梁杆的挠曲形状的杆件得到的为近似值。

例 17.6　受平面力的矩形板的刚度矩阵

确定厚度为 h 的等厚度矩形平面应变单元（图 17.1）的刚度矩阵的元素 S_{22}^*。这个单元的形函数由例题 17.3 得出。确定 $D_2^* = 1$ 引起的任一点的应变。

由于 $D_2^* = 1$ 引起的任一点的位移如下（式 17.67 式 17.68）

$$\begin{Bmatrix} u \\ v \end{Bmatrix} = \begin{Bmatrix} 0 \\ L_2 \end{Bmatrix} = \begin{Bmatrix} 0 \\ (1-3\xi^2+2\xi^2)(1-\eta) \end{Bmatrix}$$

任一点的应变(见式17.39和式17.11)为

$$\{B\}_2 = \begin{Bmatrix} 0 \\ (1/c)(-1+3\xi^2-2\xi) \\ (1/b)(-6\xi+6\xi^2)(1-\eta) \end{Bmatrix}$$

所求的刚度矩阵元素由式17.44给出

$$S_{22}^* = bch\int_0^1\int_0^1 \{B\}_2^{\mathrm{T}}[\mathrm{d}]\{B\}_2 \mathrm{d}\xi\mathrm{d}\eta$$

代入由式17.12得到的[d]并积分得

$$S_{22}^* = \frac{Eh}{1-v^2}\left[\frac{13}{35}\left(\frac{b}{c}\right)+\frac{1}{5}\left(\frac{c}{b}\right)(1-v)\right]$$

由 $D_2^*=1$ 引起的任一点的应变为(式17.42)

$$\begin{aligned}\{\sigma_u\}_2 &= [\mathrm{d}]\{B\}_2 \\ &= \frac{E}{1-v^2}\left\{\frac{v}{c}(-1+3\xi^2-2\xi^3), \frac{1}{c}(-1+3\xi^2-2\xi^2), \frac{3(1-v)}{b}(1-\eta)(-\xi+\xi^2)\right\}\end{aligned}$$

17.11 常应变三角单元

如图17.9所示的三角单元可用于平面应力和平面应变分析中。单元在边角有三个节点，两个节点位移 u 和 v。这种单元叫做常应变三角单元，因为应变以及应力在单元体内都是常数。

u 和 v 中的每一个与6个节点位移中的3个有关。因此，多项式中可用于两个变量：

$$[P] = [1, x, y] \tag{17.69}$$

我们现在推导关于 u 的形函数，它和关于 v 的形函数相同。在这3个节点处有

$$\begin{Bmatrix} u_i \\ u_j \\ u_k \end{Bmatrix} = \begin{bmatrix} 1 & x_i & y_i \\ 1 & x_j & y_j \\ 1 & x_k & y_k \end{bmatrix}\{A\} \tag{17.70}$$

或者

$$\{u\} = [C][A] \tag{17.71}$$

利用克莱蒙法则(附录A.9节)或其他的方法，给出[C]的逆矩阵

$$[C]^{-1} = \frac{1}{2\Delta}\begin{bmatrix} a_i & a_j & a_k \\ b_i & b_j & b_k \\ c_i & c_j & c_k \end{bmatrix} \tag{17.72}$$

式中 2Δ 取决于 $[C]=2x$ 三角单元的面积。这里，

$$a_i = x_j y_k - y_j x_k \quad b_i = y_j - y_k \quad c_i = x_k - x_j \tag{17.73}$$

通过下标 i,j,k 的循环置换，可以写出关于 $\{a_j, b_j, c_j\}$，$\{a_k, b_k, c_k\}$ 相似的方程。
代入式17.60得出下面的形函数：

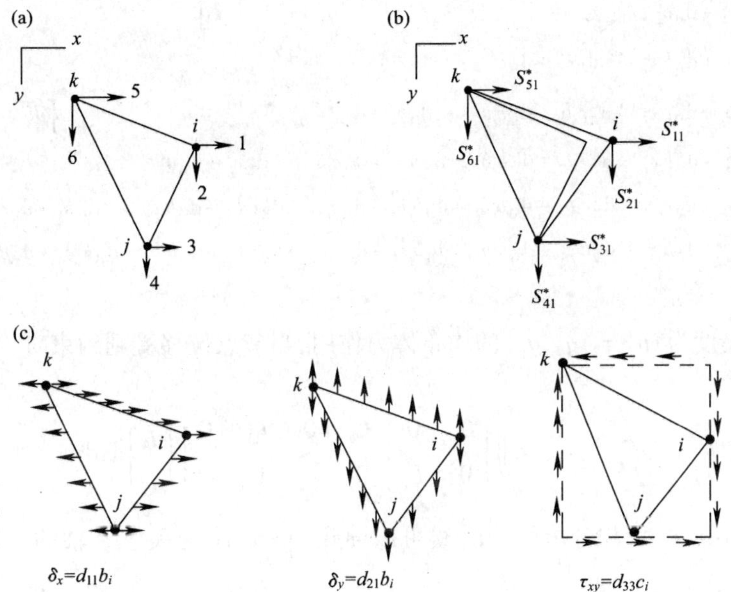

图 17.9　三角形平面应力或平面应变单元

(a)节点坐标;(b)和(c)在单元边界的应力集中为等效节点力。

$$[L]=\frac{1}{2\Delta}[(a_i+b_ix+c_iy)]\quad(a_j+b_jx+c_jy)\quad(a_k+b_kx+c_ky)\tag{17.74}$$

任一点的位移$\{u,v\}$可以根据节点位移(式 17.25)来表示:

$$\begin{Bmatrix}u\\v\end{Bmatrix}=\begin{bmatrix}L_1&0&L_2&0&L_3&0\\0&L_1&0&L_2&0&L_3\end{bmatrix}\{D^*\}\tag{17.75}$$

式中

$$\{D^*\}=\{u_i,v_i,u_j,v_j,u_k,v_k\}$$

联系$\{\varepsilon\}$和$\{D^*\}$的矩阵$[B]$为(式 17.39 和 17.11)

$$[B]=\frac{1}{2\Delta}\begin{bmatrix}b_i&0&b_j&0&b_k&0\\0&c_i&0&c_j&0&c_k\\c_i&b_i&c_j&b_j&c_k&b_k\end{bmatrix}\tag{17.76}$$

乘积[d]$[B]$给出了单位节点位移引起的应变(式 17.42):

$$[\sigma_u]=\frac{1}{2\Delta}\begin{bmatrix}\mathrm{d}_{11}b_i&\mathrm{d}_{21}c_i&\mathrm{d}_{11}b_j&\mathrm{d}_{21}c_j&\mathrm{d}_{11}b_k&\mathrm{d}_{21}c_k\\\mathrm{d}_{22}b_i&\mathrm{d}_{22}c_i&\mathrm{d}_{21}b_j&\mathrm{d}_{22}c_j&\mathrm{d}_{21}b_k&\mathrm{d}_{22}c_k\\\mathrm{d}_{33}c_i&\mathrm{d}_{33}b_i&\mathrm{d}_{33}c_j&\mathrm{d}_{33}b_j&\mathrm{d}_{33}c_k&\mathrm{d}_{33}b_k\end{bmatrix}\tag{17.77}$$

式中d_{ij}弹性矩阵[d]的元素,分别由式 17.12 和 17.13 给出并用于平面应力和平面应变状态。可以看出$[B]$和$[\sigma_u]$中所有的元素都是常数,表示常应变和常应力。如果厚度h不变,则单元的刚度矩阵为(式 17.45)

$$[S^*]=h\Delta[B]^{\mathrm{T}}[\mathrm{d}][B]=h\Delta[B]^{\mathrm{T}}[\sigma_u]\tag{17.78}$$

也就是

$$[S^*]=\frac{h}{4\Delta}\begin{bmatrix} d_{11}b_i^2+d_{33}c_i^2 & & & \text{对} & & \\ d_{21}b_ic_i+d_{33}b_ic_i & d_{22}c_i^2+d_{33}b_i^2 & & & & \\ d_{11}b_ib_j+d_{33}c_ic_j & d_{21}c_ib_j+d_{33}c_jb_i & d_{11}b_j^2+d_{33}c_j^2 & & \text{称} & \\ d_{21}b_ic_j+d_{33}b_jc_i & d_{22}c_ic_j+d_{33}b_ib_j & d_{21}b_jc_j+d_{33}c_jb_j & d_{22}c_j^2+d_{33}b_j^2 & & \\ d_{11}b_ib_k+d_{33}c_ic_k & d_{21}c_ib_k+d_{33}b_ic_k & d_{11}b_jb_k+d_{33}c_jc_k & d_{21}c_jb_k+d_{33}b_jc_k & d_{11}b_k^2+d_{33}c_k^2 & \\ d_{21}b_ic_k+d_{33}b_kc_i & d_{22}c_ic_k+d_{33}b_ib_k & d_{21}b_jc_k+d_{33}c_jd_k & d_{22}c_jc_k+d_{33}b_jb_k & d_{21}b_kc_k+d_{33}c_kb_k & d_{22}c_k^2+d_{33}b_k^2 \end{bmatrix} \tag{17.79}$$

如果单元受到集度为$\{p\}=\{q_x,q_y\}$的均布体力作用，当节点位移受到约束时，节点处的平衡力为（见式 17.47）

$$\{F_b^*\} = -h\iint\begin{bmatrix} L_1 & 0 & L_2 & 0 & L_3 & 0 \\ 0 & L_1 & 0 & L_2 & 0 & L_3 \end{bmatrix}\begin{Bmatrix} q_x \\ q_y \end{Bmatrix}\mathrm{d}x\mathrm{d}y \tag{17.80}$$

注意到$\iint \mathrm{d}x\mathrm{d}y = \Delta$，积分求解的时候可以简化；$\iint x\mathrm{d}x\mathrm{d}y$为关于$y$轴的一次面积矩，所以$\iint y\mathrm{d}x\mathrm{d}y = (\Delta/3)(y_i+y_j+y_k)$。因此，与体力平衡的相容力向量变成

$$\{F_b^*\} = -\frac{\Delta h}{3}\{q_x,q_y,q_x,q_y,q_x,q_y\} \tag{17.81}$$

这就意味着在三角单元上每一个节点分配了荷载的 1/3。同样的分配可以直观地显示（然而，不可能总是用直观来确定$\{F_b^*\}$，见图 18.7）。

当单元温度上升T度时，约束力的相容向量可以通过将式 17.49 和 17.76 代入方程 17.50 得到：

$$\{F_b\}_m = -\frac{\alpha Th}{2}(d_{11}+d_{21})\{b_i,c_i,b_j,c_j,b_k,c_k\} \tag{17.82}$$

这里，我们假定材料为各向同性的（$d_{22}=d_{11}$）。

17.12 节点力的分析

在刚度矩阵各个元素的推导过程中，沿单元边界分配的力以节点处的等效集中力来代替，这个等效力可以根据虚功原理来确定。

这些方法可在图 17.9 所示的常应变三角单元的例子中看到。对于一个单位节点位移，写为$D_1^*=1$，而其他的节点位移都为零，应力为（式 17.77，$\{\sigma_u\}$的列）

$$\{\sigma\} = \frac{1}{2\Delta}\{d_{11}b_i,d_{21}b_i,d_{33}c_i\} \tag{17.83}$$

式中d_{ij}为弹性矩阵[d]的元素，分别由式 17.12 和 17.13 给出并用于平面应力和平面应变状态；$b_i=y_j-y_k$；$c_i=x_k-x_j$，且Δ = 三角形单元的面积。

应力通过图 17.9(c)中单元边界上的均布力来表示。

图 17.9(c)中的分布力集中于图 17.9(b)中的节点处。节点处沿x和y方向的力等于节点连接的两边分布力的一半之和。例如，节点k的水平力为边界k_i和k_j的荷载的一半，因此

$$S_{51}^{*}=h\left\{\frac{\sigma_x}{2}[(y_i-y_k)-(y_j-y_k)]+\frac{\tau_{xy}}{2}[(x_j-x_k)-(x_i-x_k)]\right\} \qquad (17.84)$$

我们可以证明这与式 17.79 中刚度矩阵的元素 S_{51}^{*} 相同。刚度矩阵的其他任何元素都可以通过同样的方法来证明。

式 17.84 意味着力 S_{51}^{*} 在节点位移 $D_1^{*}=1$ 上的虚功与分布在边缘的力 k_i 和 k_j 在它们相应的虚位移(本例中按线性变化)上的功相同。

相容荷载向量同样描述了集中在节点的分布力。如果图 17.9(b)中所示的单元温度升高 T 度且单元膨胀受到约束,各向同性材料的应力为(式 17.48 和 19.49)

$$\{\sigma_r\}=-[\mathrm{d}]\{\varepsilon_0\}=-\alpha T(\mathrm{d}_{11}+\mathrm{d}_{21})\begin{Bmatrix}1\\1\\0\end{Bmatrix} \qquad (17.85)$$

式中 α 为温度膨胀系数。

在约束条件下,对边界的均布力使 $\sigma_x=\sigma_y=-\alpha T(\mathrm{d}_{11}+\mathrm{d}_{21})$。将分布荷载的一半集中在两个端节点的任意边界上的得到式 17.82 中的节点力。

17.13 小　　结

位移法分析可应用于有限元的一维、二维和三维结构。分析需要求出各个单元的刚度矩阵和应力矩阵及荷载向量,仅对于杆件可以得到精确的单元矩阵。在本章中阐述了推导任何形式单元的近似矩阵的过程。当采用细分的有限单元网格可以保证其结果收敛于精确解。这些一般过程可应用于杆单元和平面力作用或弯曲板单元,其他的有限单元将在 18 章讨论。

各个单元的刚度矩阵和荷载向量的组合,结构平衡方程的推导及解答,以及计算机的应用将在 22 章和 23 章中讨论。这里分析的主要是由杆单元组成的结构(框架结构)。然而,同样的方法可以用于任何形式的有限元。

习　　题

17.1　确定例题 17.5 中杆件的任一元素 S_{ij}^{*},利用如图 17.4 中的形函数。将答案与方程 11.15 给出的精确值相比较。

17.2　将习题 17.1 的杆件作为悬臂结构考虑,在 $x=l$ 端固定并且在自由端受到横向集中荷载 P 的作用。利用习题 17.1 的答案给出的两个矩阵,求出悬臂端的挠度。

17.3　对所示的等截面杆,求出相应图中标出的 3 个坐标的刚度矩阵。利用下面的形函数:$L_1=-(1/2)\xi(1-\xi)$;$L_2=(1/2)\xi(1+\xi)$;$L_3=1-\xi^2$(如 18.3 的拉格朗日多项式)。通过消去节点 3 来简化刚度矩阵。

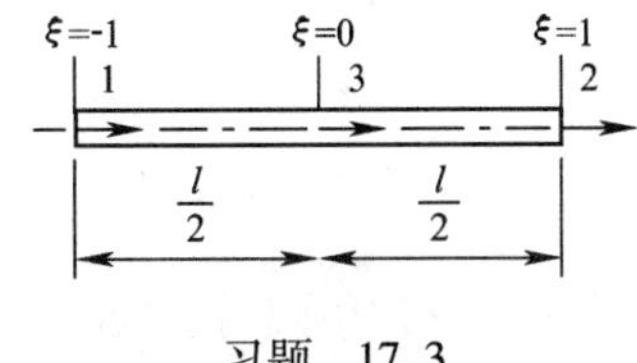

习题　17.3

17.4　在习题 17.3 中,假定坐标 1 处的位移受到约束。在坐标 2 处提供一个弹簧支撑使 $F_2=-Ku_2$,式中 F_2 和 u_2 分别为坐标 2 处的力和位移,K 是弹簧常数等于 $Ea/(3l)$。当它受到温度上升 $T=(1/2)$

$T_0(1+\xi)$，式中 ξ 为常数，试问坐标 2 和 3 处的位移以及杆的应力分别是多少？利用习题 17.3 给出的形函数，你可以得到精确的答案吗？

17.5 确定图 17.5 中平面应力有限元中的刚度矩阵的 S_{11}^*，S_{21}^*，S_{31}^*，S_{41}^* 和 S_{51}^*。假设单元为矩形单元边 b 和 c 分别平行与轴 x 和 y，由 $\nu=0.2$ 的各向同性材料组成。单元厚度不变为 h。节点位移向量和形函数在方程 17.30 到 17.32 已经确定。

17.6 确定对于温度均匀上升 T 度时的矩形平面应力单元（见例题 17.2）的约束力 $\{F_b^*\}$ 的相容向量。假定为 $\nu=0.2$ 的各向同性材料。仅向量的两个元素需要由方程 17.50 确定，剩下的元素通过考虑平衡和对称性可以确定。

17.7 考虑对称和平衡，利用习题 17.5 的结果求出 $b=c$ 时单元的 $[S^*]$，比较这个单元和其他单元的准确性，见习题 17.18。

17.8 利用习题 17.5 的结果计算出理想化为图示的两个单元时梁的跨中挠度。假设梁宽为 h 且泊松比为 0.2。将所得结果与利用梁理论考虑弯曲和剪力变形得到的结果相比较。注意到用有限元法算出的挠度比用梁理论得到的较准确值更小，误差百分率随着 b/c 的比例的增加而增加。

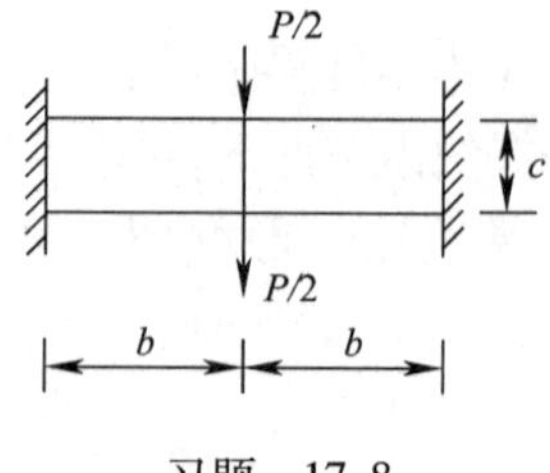

习题 17.8

17.9 利用习题 17.8 确定的位移计算出在约束端顶部的应力。

17.10 试确定当温度均匀上升 T 度时例题 17.3 中考虑的矩形平面应力单元的约束力 $\{F_b^*\}$ 的相容向量。假定为各向同性材料。仅前 3 个元素需要用方程 17.50 来确定；剩下的元素可以通过平衡和对称性得到。

17.11 确定图 17.6 所示的薄板弯曲单元的 S_{11}^*。节点位移向量和形函数在方程 17.33 到 17.35 中给出。利用结果计算出 $2b\times 2c$ 的边界固定且在中点有集中荷载 P 作用的板的中心挠度。假设各向同性材料且 $\nu=0.3$。将板理想化为 4 个单元，利用对称性只要计算一个单元即可。利用图 17.6 描述所分析的节点 1 位于板中心的单元。确定节点 2 的 M_x。

问题的答案根据 b/c 的比例给出。通过比较，我们在这里给出矩形板（$b/c=1$）的精确解[1]：挠度 $=0.224pb^2/Eh^3$；2 节点处，$M_x=-0.126P$。挠度比有限元得到的解小，为什么？

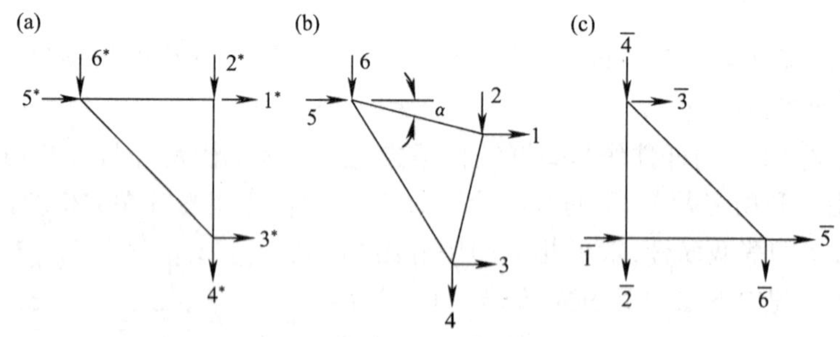

习题 17.12

17.12 图中用 3 个坐标系表示了理想平面应力单元。对于(a)中坐标系，计算出 S_{11}^*，S_{21}^*，S_{31}^*，S_{33}^*，S_{34}^* 和 S_{44}^*，通过考虑平衡和对称性，并求出 $[S^*]$ 中剩下的元素。变形矩阵 $[T]$ 是什么？在坐标系

1 根据 Timoshenko，S. 和 Goodier，J. N.，弹性力学理论，第 2 版，McGraw-Hill，纽约，1951。

(b)中将$[S^*]$转换为$[S]$的方程是什么？相应于(c)中的坐标代入方程给出$[S]$的角度α值是多少？认为材料各向同性，泊松比$\nu=0$。单元厚度为h；单元边长为$b,b,b\sqrt{2}$。

17.13　利用习题17.12给出的答案并考虑对称性，确定对于所示梁单元2－6－3的节点位移和应力。梁为各向同性材料$\nu=0$。梁宽为h，结构可以理想化为由相同大小的等腰直角三角形组成。可以将答案给出的$\{D\}$代入来验证平衡方程。

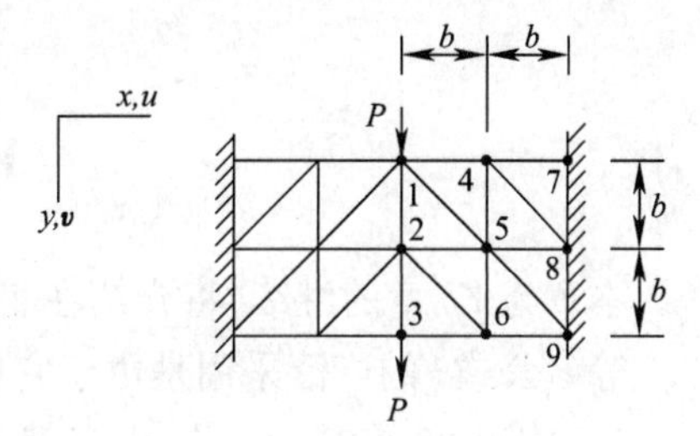

习题　17.13

17.14　求出单元QLC3(图17.1)的刚度矩阵$[B]$中的1,2,3列。

17.15　计算矩形平面应力单元QLC3(图17.1和例题17.3)的所有刚度系数S_{ij}^*。以各向同性的正方形单元考虑，边长为b，厚度h不变，且泊松比为$\nu=0.2$。刚度矩阵已经在习题18.18给出并用于比较通过这种方法和其他两种形式单元得到的结果的精确度(图17.5中单元和例题18.6的混合单元)。

18 有限单元法的进展

18.1 引　　言

本章为17章的继续,将介绍在实际中频繁使用的各种有限单元类型。

等参公式[1]的广泛采用是由于它的效率高以及允许曲线单元。在本章中,它可以使用于一、二、三维的单元中。为此,以自然坐标 ξ,(ξ,n) 和 (ξ,n,ζ) 表示的函数用来描述单元的形状,以及用同样的函数来描述单元的各个位移分量。

在大多数情况下,有限单元的矩阵的生成是用数值分析来积分得到的。常用的方法为第18.9节中所讨论的高斯积分法。

第18.10节和18.11节将介绍使用来分析壳和回旋空间结构的单元。

不用将结构在两个或三个方向上离散成网格,而是用有限条单元或棱柱来完成分析是可能的。为此,我们把结构仅仅离散为一维和二维的单元来分别代替二维和三维的单元。离散的结果为贯穿结构全长的有限棱柱单元。使用该结构的理想化分析将在第18.12节中讨论。

在第17.1节中已简要讨论的混合单元将在第18.13节中详细介绍。

18.2 等 参 单 元

等参单元能够用于以下的结构形式中:曲梁,有曲边的三角形或四边形的板,含有曲线边界的实体。图17.5中所示四边形平面应力和应变单元是等参单元的一个例子。单元的节点位移为:

$$\{D^*\} = u_1, v_1, u_2, v_2, u_3, v_3, u_4, v_4 \tag{18.1}$$

任意点处的位移 u 和 v 由节点位移决定,通过形函数:

$$u = \sum L_i u_i \qquad v = \sum L_i v_i \tag{18.2}$$

式中 $L_i, i=1,2,3,4$ 表示自然坐标下 ξ 和 η 的形函数。该单元的形函数由式17.32得出,表示如下:

$$L_i = \frac{1}{4}(1+\xi\xi_i)(1+\eta\eta_i) \tag{18.3}$$

自然坐标在 -1 和 1 之间变化(如图17.5)以定义任一点到角点的相对位置。可以用同样的形函数来决定 (x,y) 坐标转换位任意点的 ξ 和 η:

$$x = \sum L_i x_i \qquad y = \sum L_i y_i \tag{18.4}$$

式中 (x_i, y_i),$i=1,2,3,4$ 表示节点的笛卡尔坐标。该单元之所以称为等参单元,是因为

1　这种方法由 B、M. Irons 发展的:见以下他的两篇论文:"用于有限元法的数值积分",Conf. use of Digital computers in struct, Eng, univ, of Newcastle 1966,及"Enginaering Application of Numerical Integration in stiffiness Method",JAIAA, Vol. 14, 1966, PP. 2035. 2037.

补充的函数用来描述点的区域以及以 ξ 和 η 为条件的位移分量。

任意点的应变分量包括关于笛卡尔坐标的导数 $\partial/\partial x$ 和 $\partial/\partial y$。任意变量 g 关于自然坐标的导数由以下一系列的变换得出：

$$\frac{\partial g}{\partial \xi}=\frac{\partial g}{\partial x}\frac{\partial x}{\partial \xi}+\frac{\partial g}{\partial y}\frac{\partial y}{\partial \xi}\qquad \frac{\partial g}{\partial \eta}=\frac{\partial g}{\partial x}\frac{\partial x}{\partial \eta}+\frac{\partial g}{\partial y}\frac{\partial y}{\partial \eta} \tag{18.5}$$

我们将式 18.5 写成矩阵形式：

$$\begin{Bmatrix}\partial g/\partial \xi\\ \partial g/\partial \eta\end{Bmatrix}=[J]\begin{Bmatrix}\partial g/\partial x\\ \partial g/\partial y\end{Bmatrix};\begin{Bmatrix}\partial g/\partial x\\ \partial g/\partial y\end{Bmatrix}=[J]^{-1}\begin{Bmatrix}\partial g/\partial \xi\\ \partial g/\partial \eta\end{Bmatrix} \tag{18.6}$$

式中 $[J]$ 为雅可比行列式。用来将任意变量关于 ξ 和 η 的导数转换为对应于 x 和 y 的导数，对于夹支边的 $[J]$ 的形式如下：

$$[J]=\begin{Bmatrix}\partial x/\partial \xi & \partial y/\partial \xi\\ \partial x/\partial \eta & \partial y/\partial \eta\end{Bmatrix} \tag{18.7}$$

当式 18.4 已给定时，$[J]$ 可以表示为：

$$[J]=\Sigma\begin{bmatrix}\partial x/\partial \xi & \partial y/\partial \xi\\ \partial x/\partial \eta & \partial y/\partial \eta\end{bmatrix} \tag{18.8}$$

单元的几何性质由 4 点的笛卡尔坐标 (x,y) 定义。对于一个给定的四边形，雅可比行列式 $[J]$ 随着由 ξ 和 η 确定的任意点的位置而变化的。

任意点的应变为 $\{\varepsilon\}=[\partial]\{u,v\}$，导数运算符号 $[\partial]$ 通过式 17.11 定义。代入式 18.2 得到：

$$\{\varepsilon\}=\sum_{i=1}^{n}\left\{[B]_i\begin{Bmatrix}u_i\\ v_i\end{Bmatrix}\right\} \tag{18.9}$$

式中 n 为节点的个数。对于图 17.5 中四边形单元 $n=4$，这里，

$$[B]_i=\begin{bmatrix}\dfrac{\partial L_i}{\partial x} & 0\\ 0 & \dfrac{\partial L_i}{\partial y}\\ \dfrac{\partial L_i}{\partial y} & \dfrac{\partial L_i}{\partial x}\end{bmatrix};[B]=[[B]_1[B]_2\cdots[B]_n] \tag{18.10}$$

当 $[J]$ 的逆矩阵取决于一个特定的点，生成 $[B]_i$ 所需要的导数 $(\partial L_i/\partial x)$ 和 $(\partial L_i/\partial y)$ 的数值由式 18.6 的 $(\partial L_i/\partial \xi)$ 和 $(\partial L_i/\partial \eta)$ 计算得来。积分所涉及到的单元刚度矩阵和相容荷载向量可以求得数值结果。

单元应力矩阵对应于任意点处由节点位移所产生的应力（式 17.42）：

$$[\sigma_u]=[\mathrm{d}][B] \tag{18.11}$$

由式 17.45 求出的单元刚度矩阵为：

$$S^*=h\int_{-1}^{1}\int_{-1}^{1}[B]^{\mathrm{T}}[\mathrm{d}][B]\,|J|\,\mathrm{d}\xi\mathrm{d}\eta \tag{18.12}$$

式中 h 为单元厚度，假设为常数，

$$|J|\mathrm{d}\xi\mathrm{d}\eta=\mathrm{d}a \tag{18.13}$$

这里，$\mathrm{d}a$ 为图 18.1 所示单元（平行四边形）的面积。雅可比行列式可以看作为是将无量纲的乘积 $\mathrm{d}\xi\mathrm{d}\eta$ 转换为单元面积的比例系数。式 18.13 的正确性可以通过判断下列面积来验

证：

平行四边形 $ABCD$ = 矩形 $EFGH-2$(三角形 EAD + 三角形 AFB)

如果单元的温度上升 T 度同时结构膨胀被约束的情况下,应力$[\sigma_r]$将与式 17.48 的结果相同,并且约束力的矢量由式 17.50 求得。

$$\{F_b^*\} = -h\int_{-1}^{1}\int_{-1}^{1}[B]^{\mathrm{T}}[\mathrm{d}]\{\varepsilon_0\}\,|J|\,\mathrm{d}\xi\mathrm{d}\eta \tag{18.14}$$

式中$\{\varepsilon_0\}$表示为当自由变形时应变量的改变,由式 17.49 求得。

对于四边形单元,单元中心处行列式$|J|$等于其面积的 1/4。对于矩形单元,$[J]$为常量。通常,$[J]$为非奇异其行列式为正,所以式 18.6 中矩阵的逆矩阵是存在的。如果四边形的两角点重合,则单元变为三角形。在两点重合处的$[J]$为奇异的,应指出的是该点处的应变量不能得到。当四边形的四个拐角处的角度均小于 180 度,则$[J]$在所有的点处都为非奇异,同时其行列式为正。

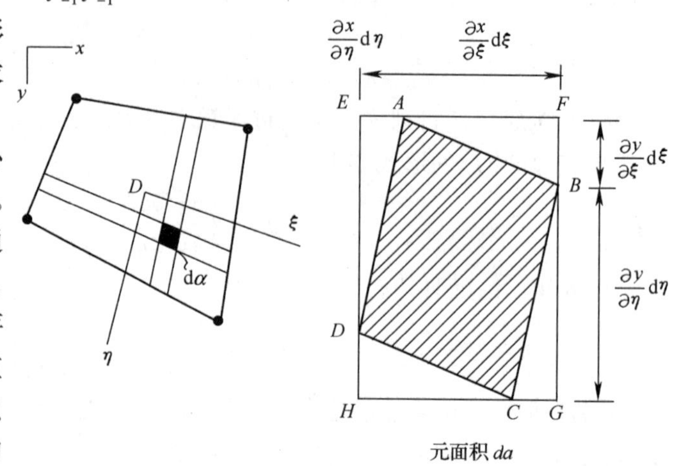

图 18.1　式 18.12 的证明

式 18.2 以及式 18.4 至式 18.14 均适用于等参平面应力或平面应变单元,在每个点处都有两个自由度。形函数$[L]$根据节点数以及各单元内的排列的不同而相异。各等参单元形函数的推导方法见第 18.4 和 18.5 节。

例 18.1　四边形单元:中心处的雅可比矩阵

求出图 17.5 中四边形单元中心处的雅可比矩阵。使用如下(x,y)坐标:点 1(0,0);点 2(7,1);点 3(6,9);点 4(−2,5)用雅可比行列式计算四边形的面积。

在 $\xi=n=0$ 处,式 18.3 中形函数的导数为

$$\frac{\partial L_i}{\partial\xi}=\frac{\xi_i}{4};\frac{\partial L_i}{\partial\eta}=\frac{\eta_i}{4}$$

式 18.8 的雅可比矩阵为:

$$[J]=\begin{bmatrix}0\left(\frac{-1}{4}\right) & 0\left(\frac{-1}{4}\right)\\ 0\left(\frac{-1}{4}\right) & 0\left(\frac{-1}{4}\right)\end{bmatrix}+\begin{bmatrix}7\left(\frac{1}{4}\right) & 7\left(\frac{1}{4}\right)\\ 7\left(\frac{-1}{4}\right) & 7\left(\frac{-1}{4}\right)\end{bmatrix}+\begin{bmatrix}6\left(\frac{1}{4}\right) & 9\left(\frac{1}{4}\right)\\ 6\left(\frac{1}{4}\right) & 9\left(\frac{1}{4}\right)\end{bmatrix}$$

$$+\begin{bmatrix}-2\left(\frac{-1}{4}\right) & 5\left(\frac{-1}{4}\right)\\ -2\left(\frac{1}{4}\right) & 5\left(\frac{1}{4}\right)\end{bmatrix}=\begin{bmatrix}\frac{15}{4} & \frac{5}{4}\\ -\frac{3}{4} & \frac{13}{4}\end{bmatrix}$$

面积 $=4|J|=4(13.125)=52.5$

18.3　等参单元的收敛

有限元形函数的一个必要条件为它允许常应变状态(见第17.9节),为了检验等参单元形函数是否满足要求,令单元存在如下节点位移:

$$u_i = a_1 x_i + a_2 y_i + a_3 \qquad v_i = a_4 x_i + a_5 y_i + a_6 \tag{18.15}$$

式中 a_1 至 a_6 为任意常量,i 为节点号。将式18.15代入式18.2之中得出任意点(γ,η)处的位移为:

$$\begin{aligned} u &= a_1 \sum L_i x_i + a_2 \sum L_i y_i + a_3 \sum L_i \\ v &= a_4 \sum L_i x_i + a_5 \sum L_i y_i + a_6 \sum L_i \end{aligned} \tag{18.16}$$

我们应该注意到 $\sum L_i x_i = x$ 以及 $\sum L_i y_i = y$(利用式18.4)。如果 $\sum L_i = 1$,式18.16可以写成:

$$u = a_1 x + a_2 y + a_3 \qquad v = a_4 x + a_5 y + a_6 \tag{18.17}$$

式18.17指出,当求和 $\sum L_i = 1$ 时应变为常量。这个条件满足式18.3中的形函数,也满足下面将讨论到其他等参单元的形函数。

收敛的另一个要求就是形函数允许存在零应变的刚体位移。在这里描述常应变状态的一个特例,然后验证形函数允许单元刚体位移。

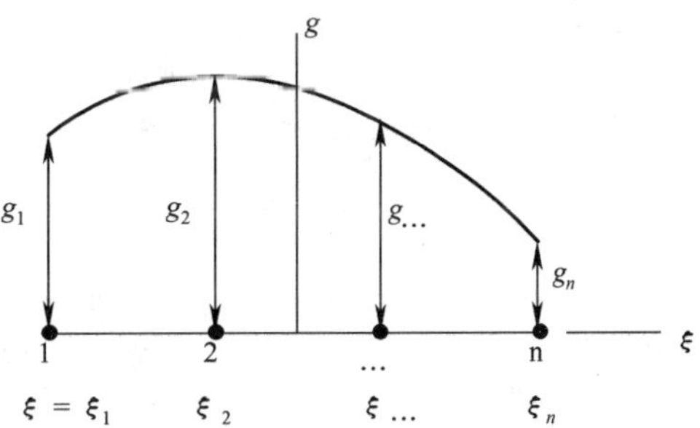

图18.2　在 n 个点 $\xi=\xi_1,\xi_2,\cdots,\xi_n$ 处函数值已知的形函数 $g(\xi)$

18.4　拉格朗日内插法

如图18.2所示,分析在点 $\xi_1,\xi_2,\cdots,\xi_n$ 处的值为 $g_1,g_2,\cdots,g_n$ 的函数 $g(\xi)$。拉格朗日方程给出通过几个点的多项式 $g(\xi)$,则方程的形式变为 n 个多项式之和:

$$g(\xi) = \sum_{i=1}^{n} g_i L_i \tag{18.18}$$

式中 L_i 为 $n-1$ 阶含有 ξ 的多项式。式18.18能够用在 $g_1,g_2,\cdots,g_n$ 中内插得到任意中间量 ξ 对应的 g 的值。图18.3表示当 $n=2,3,4$ 时拉格朗日的内插函数,它可以看为任意函数 L_i 在 ξ_i 处为1以及在 ξ_j 处为0($i\neq j$)。

拉格朗日函数可以表示为 $n-1$ 项的结果:

$$L_i = \frac{\xi-\xi_1}{\xi_i-\xi 1}\frac{\xi-\xi_2}{\xi_i-\xi 2}\cdots\frac{\xi-\xi_{i-1}}{\xi_i-\xi_{i-1}}\frac{\xi-\xi_{i+1}}{\xi_i-\xi_{i+1}}\cdots\frac{\xi-\xi_n}{\xi_i-\xi_n} \tag{18.19}$$

式中为 $n-1$ 阶多项式。

式18.19用来推导图18.3中的任意式 L_i。L_i 可为线性、二次和三次函数,分别对应于 $n=2,3,4$。可以证明,对于任意 n 和($L_1+L_2+\cdots+L_4$)对应得 ξ 值均为1。

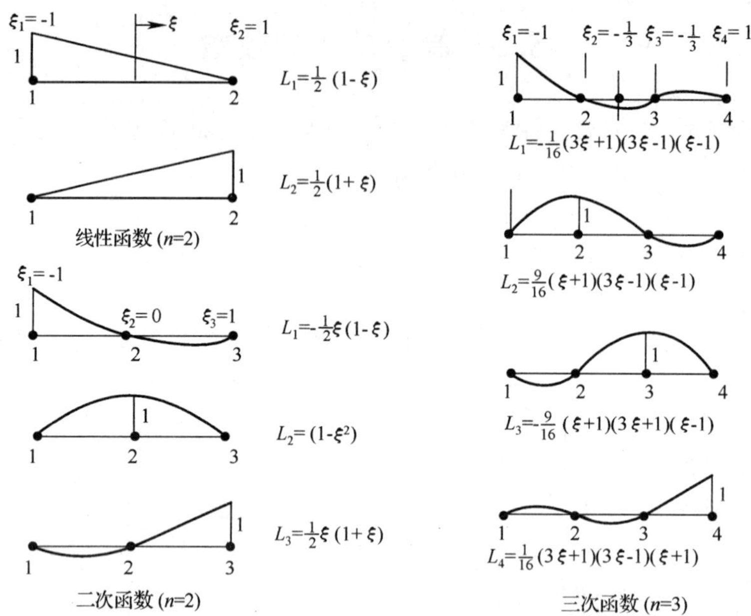

图 18.3 与式 18.18 相对应,对任意点处函数在 n 点处的值已知时,线形、二次和三次的拉格朗日内插函数($n=2,3,4$)

18.5 二维和三维等参单元的形函数

图 18.4 为具有角点并且在边界上有节点的四边形。该单元能够用于平面应力或平面应变的分析,在每点的自由度表示为 x 和 y 方向上的位移 u 和 v。节点在每边上等距离分布。任意边上内部节点数可以是 0,1,2,……,但是最常用的单元在各边上有一个或两个节点。

形函数可以在某一边(或两邻边)上用拉格朗日多项式表示,在两对边上用线性内插。例如图 18.4 中单元的形函数 L_5 和 L_6 为:

$$L_5 = \frac{1}{2}(1-\xi^2)(1-\eta) \tag{18.20}$$

$$L_6 = \frac{1}{2}(1-\eta)(1+\xi^2) \tag{18.21}$$

形函数 L 可以用于 u 或 v 的内插,也可以用于相同参数的节点值之间的 x 和 y。图 18.4 中 L_5 和 L_6 的图示绘于单元表面垂直的线上。

对于角点 2,形函数为:

$$L_2 = \frac{1}{4}(1+\xi)(1-\eta) - \frac{L_5}{2} - \frac{L_6}{2} \tag{18.22}$$

式中的第一项为单元无中间结点时相同的形函数(如图 17.5),为了使 L_2 在两个中间结点 5 和 6 处等于零,所以应该减去 $L_5/2$ 和 $L_6/2$ 两项。按照上面所讲的方法,在边上以及两对边的内插线上使用拉格朗日多项式我们可以直接写出单元角点或中间节点的形函数(凭直观)。图 18.5 所示的具有 8 个点的单元的形函数,由于能给出精确的解答,这种单元被广泛的应用于平面应力和平面应变的分析中。通常,单元的边是以 ξ,η 为坐标的曲线(二次抛物

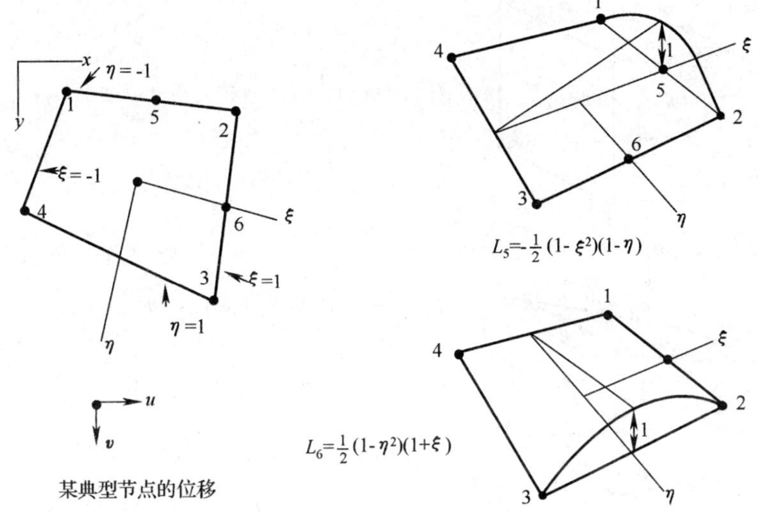

图 18.4　用叠加得到的形函数

（函数 L_2 为图 17.5 中形函数减去 $(L_5+L_6)/2$）

线）。图中所示形函数可以用式 18.2 和式 18.4 至式 18.14 得出刚度矩阵和无曲线坐标所产生影响的荷载向量。

上面的方法可以直接推广于三维实体单元，每点的 u，v 和 w 方向上共有 3 个自由度。图 18.6 所示的形函数对应于无角点单元以及其中边上的点为角点的单元。由于增加了中边上的点，能提高计算精度并且单元还可以带曲边。

对于图 18.6 中的三维等参单元，形函数 (ξ,η,ζ) 用于内插的位移 u,v,w 以及坐标 x,y,z 如下：

$$u=\sum L_i u_i \qquad v=\sum L_i v_i \qquad w=\sum L_i w_i \tag{18.23}$$

$$x=\sum L_i x_i \qquad y=\sum L_i y_i \qquad z=\sum L_i z_i \tag{18.24}$$

$i=1\sim8$ 或 $2\sim20$。

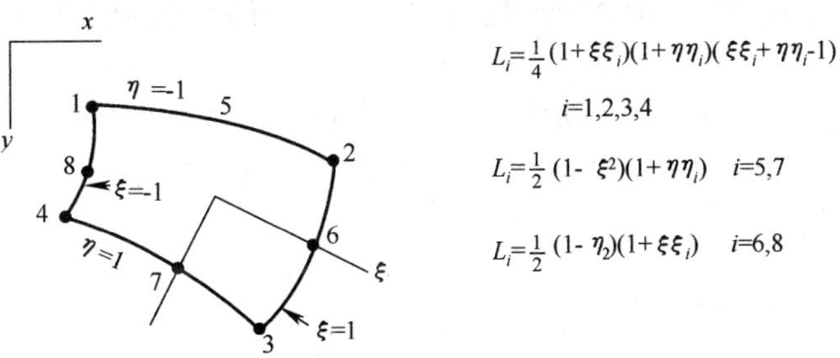

图 18.5　带有角点和边中点的二维单元的形函数

有趣的是，注意到在任意节点处用拉格朗日多项式内插函数之和都等于 1。这一点在上面所讨论的二维和三维单元中得到验证。

例 18.2　带 4 个角点和一个边中点的单元

如图 18.5 所示，求出等参单元在 4 个角点以及边中点 5 的形函数（点 6，7，8 的形函数已

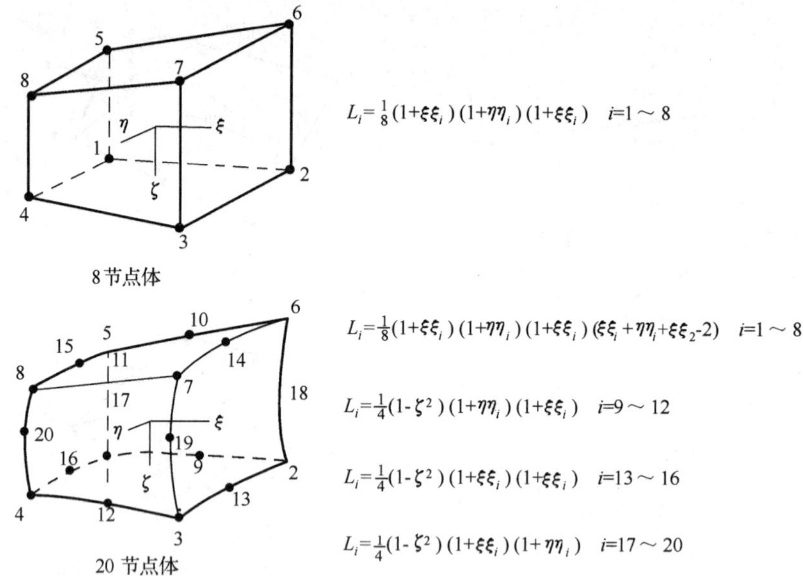

图 18.6　有 8 个和 12 个点的等参实体单元的形函数

知）。

根据第 18.5 节的介绍，形函数可以直接求出。形函数 L_5 为：

$$L_5=\frac{1}{2}(1-\xi^2)(1-\eta)$$

综合 L_5 和图 17.5 中的形函数得到 L_1 和 L_2：

$$L_1=\frac{1}{4}(1-\xi)(1-\eta)-\frac{L_5}{2},L_2=\frac{1}{4}(1+\xi)(1-\eta)-\frac{L_5}{2}$$

同样由图 17.5 得形函数 L_3 和 L_4 为：

$$L_3=\frac{1}{4}(1+\xi)(1+\eta),L_4=\frac{1}{4}(1-\xi)(1+\eta)$$

18.6　矩形平面单元的相容荷载向量

式 17.47 和式 17.50 可以用来确定图 18.5 中平面应力或平面应变单元中由体力或温度变化产生的相容荷载向量。考虑下面一个特例：如图 18.7 所示矩形单元的单位体积承受均布荷载 q_x。约束力的相容向量由式 17.47 得：

$$\{F_b^*\}=-\frac{hbc}{4}\int_{-1}^{1}\int_{-1}^{1}\begin{bmatrix}L_1 & 0 & L_2 & 0 & \cdots & L_8 & 0\\0 & L_1 & 0 & L_2 & \cdots & 0 & L_8\end{bmatrix}^{\mathrm{T}}\begin{Bmatrix}q_x\\0\end{Bmatrix}\mathrm{d}\xi\mathrm{d}\eta \quad (18.25)$$

式中 b 和 c 为单元边长，h 为厚度；$L_1\sim L_8$ 在 18.7 给出。对式 18.25 积分得如图 18.7 所示相容节点应力。

注意不确定的结果：角点处的应力方向与边中点处相反。但是，能够确定的是 8 点处应力之和等于 q_xhbc。当有限元网格划分的很好的时候，可以通过观察来直接将荷载分配给节点力。但是，使用相容荷载矢量的结果将会更精确，特别是当网格划分得粗糙的时候。

令图 18.7 所示单元的温度上升 T 度，如果膨胀变形受限，则应力为：

$$\{\sigma\}_r = -[E\alpha T/(1-\nu)]\{1,1,0\} \tag{18.26}$$

式中 E,ν 和 α 分别为材料的弹性模量(假设各向同性)、泊松系数和热膨胀系数。相应的相容节点荷载可以将式 18.10,式 18.26 和式 17.48 代入式 17.50 并使用图 18.5 的形函数表示出来。所得到的节点荷载如图 18.7 所示。

沿边界全长上对 σ_{rx} 或 σ_{ry} 以及形函数进行积分,并将积分结果乘以 h,这样可以得到同样的结果。例如,点 8 处的力为:

$$F_8 = \sigma_{rx} h\int_{-\frac{c}{2}}^{\frac{c}{2}}(L_8)_{\xi=-1}\mathrm{d}u = \sigma_{rx}\frac{hc}{2}\int_{-1}^{1}(1-\eta^2)\mathrm{d}\eta = \frac{2}{3}\sigma_{rx}hc \tag{18.27}$$

在这里,相容荷载矢量同样不能直观地得出。

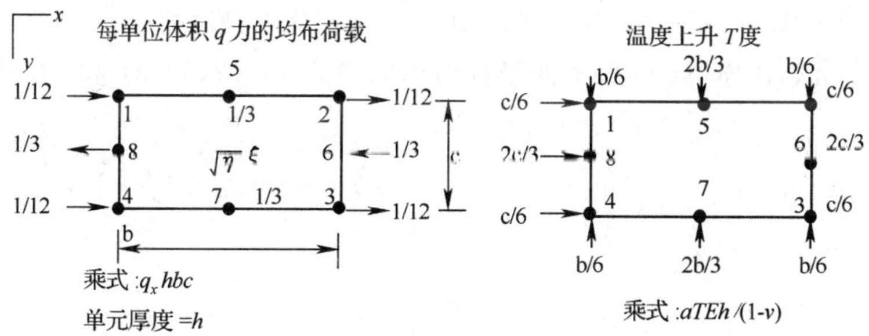

图 18.7　矩形平面应力单元(当节点位移受限时由均布荷载 q_x 和升温 T 度所引起的相容荷载节点应力)

18.7　三角形平面应力和平面应变单元

分析图 18.8(a)中的三角形单元 1,2,3,它们面积均为 Δ。连接三角形内任意点(x,y)和 3 个角点将面积分为 3 个部分 A_1,A_2 和 A_3。点的位置可以通过无量纲的参数 α_1,α_2,α_3 来定义。

$$\alpha_1 = A_1/\Delta \qquad \alpha_2 = A_2/\Delta \qquad \alpha_3 = A_3/\Delta \tag{18.28}$$

以及

$$\alpha_1+\alpha_2+\alpha_3 = 1 \tag{18.29}$$

参数 α_1,α_2,α_3 称为面积坐标或重心坐标。任意两个参数即能定义点在单元内的位置。与三角形边相平行的线即为等 α_i 线(如图 18.8(b))。

在第 17.11 节中讨论过的常应变三角形的形函数 L_i 的图示见图 18.8(c)。单元有 3 个角点,每点处有 u,v 两个自由度分别表示在 x 和 y 方向上的位移。L_1 的纵坐标绘制在与三角形表面垂直的面上,表示当节点位移 u_1 或 v_1 等于 1 时 u 或 v 的变化。如果我们画出等 L_1 线代表 α_1 等于 L_1,那么它将与等 α_1 线相同。因此,在常应变三角形中,形函数 L_1,L_2,L_3 可以用 α_1,α_2,α_3 来表示。

因而,我们可以把任意点的位移表示为:

$$u = \sum L_i u_i \qquad v = \sum L_i v_i \tag{18.30}$$

也可以表示为(根据线性内插):

$$x = \sum L_i x_i \qquad y = \sum L_i y_i \tag{18.31}$$

式 18.30 和 18.31 与式 18.2 和 18.4 相同,表示常应变三角形是以面积坐标为形函数的等参单元：

$$L_1=\alpha_1 \qquad L_2=\alpha_2 \qquad L_3=\alpha_3 \tag{18.32}$$

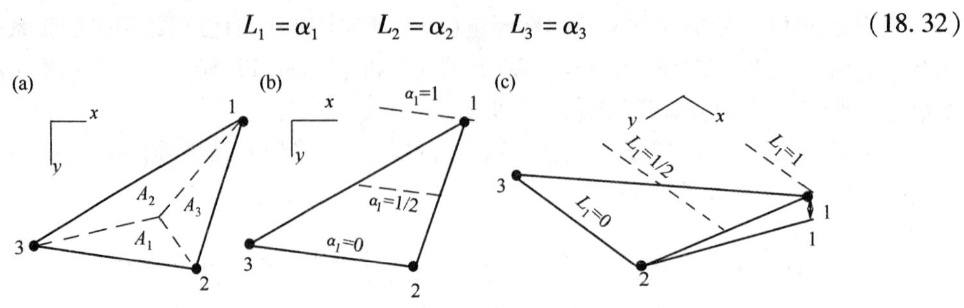

图 18.8 常应变三角形

(a)面积坐标；$\{\alpha_1,\alpha_2,\alpha_3\}=(1/\Delta)\{A_1,A_2,A_3\}$；(b)等 α_1 线；(c)形函数 $L_1=\alpha_1$ 的图示。

对于带直线边的单元(图 18.8(a))，平面坐标可以结合式 18.29，18.31 和 18.32 用 x 和 y 来表示为：

$$\{\alpha_1,\alpha_2,\alpha_3\}=\frac{1}{2\Delta}\{a_1+b_1x+c_1y,a_2+b_2x+c_2y,a_3+b_3x+c_3y\} \tag{18.33}$$

式中

$$a_1=x_2y_3-y_2x_3 \qquad b_1=y_2-y_3 \qquad c_1=x_3-x_2 \tag{18.34}$$

轮流置换脚标 1，2，3，对于 a_2,b_2,c_2 和 a_3,b_3,c_3 也可以写出同样的表达式。

线性应变单元

一个等参单元的角节点和各边中点如图 18.9(a)所示。对于平面应力和平面应变的分析，因为它能得出精确的解答，所以这种单元在实际中被广泛的应用。节点位移为 u_i 为 v_i 且 $=1,2,\cdots\cdots6$。对单元应用式 18.30 和 18.31，形函数 L_1 到 L_6 是通过对各种形状叠加得到的，在某种程度上与图 18.4 中的四边形单元相似。

在图 18.9(a)中各边中点的形函数分别为：

$$L_4=4\alpha_1\alpha_2 \qquad L_5=4\alpha_2\alpha_3 \qquad L_6=4\alpha_3\alpha_1 \tag{18.35}$$

如 18.9(b)所示，L_4 的图形绘制于与单元垂直的平面上。沿着边 1－2 的形函数为二次方的，沿着 α_1 或 α_2 为常数时形函数为线性的。

角节点的形函数可以通过 3 节点单元的形函数 L_4,L_5,L_6 的适当组合得到。比如，图 18.8 中通过形函数 $-L_4/2$ 和 $-L_6/2$ 的组合就给出 6 节点单元的形函数 L_1。通过这种方法得到的形函数在节点 1 处有单位值，在其他所有的节点值都为零。对于图 18.9(a)中的单元的 3 个角节点的形函数为

$$L_1=\alpha_1(2\alpha_1-1) \qquad L_2=\alpha_2(2\alpha_2-1) \qquad L_3=\alpha_3(2\alpha_3-1) \tag{18.36}$$

从式 18.35 和式 18.36 可以看出形函数是二次的，但是它的一阶导给出的应变是线性的。含 6 节点的单元有时候也被成为线性单元。

六节点单元可以含有曲边。引用式 18.35 和式 18.36 中的形函数，再通过式 18.31 可以给出任一点的 x 和 y 坐标。在这种情况下，等 α 线不再是直线，所以不能用式 18.33 来计算。

对于四边形单元，六节点的等参三角形单元的刚度矩阵和相容荷载向量可以利用第 18.2 节中给出的方程来求出，用 α_1 和 α_2 分别取代 ξ 和 η。通过代入 $\alpha_3=1-\alpha_1-\alpha_2$ 可以从形函数当中把第三个参数消除。

在单元的矩阵推导中引入积分可以采用形式：

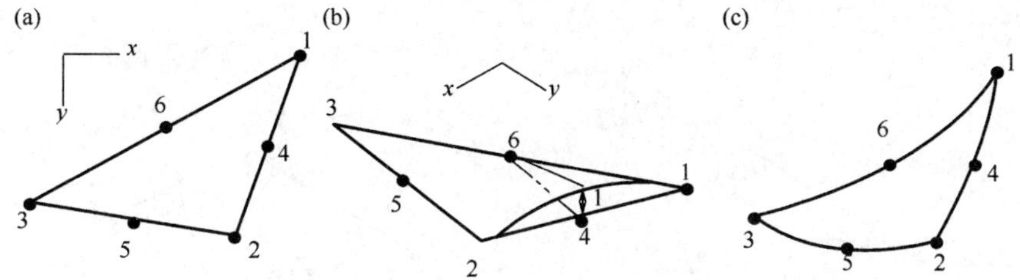

图 18.9　中等参数形单元的平面应力和平面应变分析

（每个节点由两个自由度：x 和 y 方向分别为 u 和 v）(a)节点号；(b)形函数的示图；(c)一般的二次方单元。

$$\int_a f(\alpha_1,\alpha_2)\,\mathrm{d}a = \int_0^1\int_0^{1-\alpha_1} f(\alpha_1,\alpha_2)\,|J|\,\mathrm{d}\alpha_2\mathrm{d}\alpha_1 \tag{18.37}$$

式中 $f(\alpha_1,\alpha_2)$ 是一个关于 α_1 和 α_2 的函数，$|J|$ 是雅可比行列式。等号右边的内积分描述了常数 α_1 线上的积分值。在这样一条线上，参数 α_2 在 0 和 $1-\alpha_1$ 之间变化。

式 18.8 可以确定雅可比行列式，如上述用 α_1 和 α_2 取代 ξ 和 η。我们可以验证当三角形的边为直线的时候 $[J]$ 是常数并且它的行列式等于面积的两倍。

引用式 18.48 可知式 18.37 右边的积分通常是进行数值评估。然而，在带直角边的矩形单元中，行列式 $|J|$ 可以通过积分得到，且接下来的封闭式方程可以用下面这种形式来评价函数。

$$\int_a \alpha_1^{n1}\alpha_2^{n2}\alpha_3^{n3}\,\mathrm{d}a = 2\Delta\frac{n_1!n_2!n_3!}{(n_1+n_2+n_3+2)!} \tag{18.38}$$

式中 n_1,n_2,n_3 为任意整数；符号！表示级乘。

18.8　三角形弯曲板单元

一个理想的单元是可以用于弯曲薄板和壳体结构（与平面应力单元结合）分析，其应该在每个节点有 3 个自由度，即 w,θ_x,θ_y。在整体坐标系 z 方向描述挠度且两个转角为 θ_x 和 θ_y（图 18.18(a)）。有 9 个自由度，挠度 w 应该用含有 9 项的多项式来表达。帕斯卡三角形单元（图 17.7）表明一个完整的二次多项式含有 6 项，三次多项式有 10 项。不考虑 x^2y 或 xy^2 中的一项，一个单元的结果主要取决于 x 和 y 轴的选取。

使用面积 w 和 9 项多项式（并不是很简单的选择）坐标来表达。这就给出在实际中广泛应用的不相容单元[1]因为它的结果是准确的（尽管它不满足了斑片试验，17.10 节）。

图 18.10(b)和 18.10(a)所示的两个单元分别有 6 个和 10 个自由度。两个单元的挠度 w 可以分别完全用二次和三次多项式来表示，包括顶部的 6 项或 10 项帕斯卡三角形单元（图 17.7）。

图 18.10(b)中的 6 个自由度的单元为

$$\{D^*\} = \left\{w_1, w_2, w_3, \left(\frac{\partial w}{\partial n}\right)_4, \left(\frac{\partial w}{\partial n}\right)_5, \left(\frac{\partial w}{\partial n}\right)_6\right\} \tag{18.39}$$

1　见 Bazeley, G. P., Cheury, Y. K., Irons, B. M, et al。三角形弯曲板单元：一致性与非一致性解法//关于结构力学中矩阵方法的会议录。美空军技术学院，Wright Pattrson Base, Ohio, 1965。

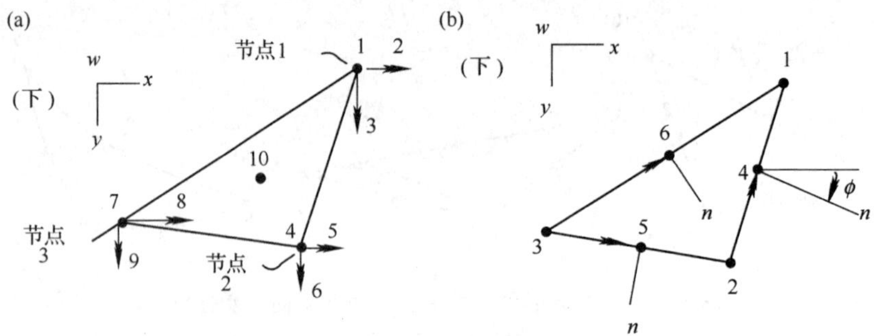

图 18.10 三角形弯曲单元

(a)10 个自由度编号:在每个角节点为 w,θ_x,θ_y 且在中心为 w;

(b)6 个自由度编号:在角节点处为 w 且在边的中间节点为 $\partial w/\partial n$。

式中 $\partial w/\partial n$ 是为节点之间边的正切的斜率。法向量的正方向可以是向内或向外的,以至于角度 ϕ 是由 x 轴顺时针转到法线的角度,小于 π。因此,对于图 18.10(b)所示的单元,在节点 6 的法线向内。然而,对于以 1 和 3 为公共边的相邻单元(没有表示出),其法线方向指向外;两个单元有同样的自由度 $\partial w/\partial n$,指向正方向(图 18.10(b))。偏导数 $\partial w/\partial n$ 可以表达为

$$\frac{\partial w}{\partial n}=\frac{\partial w}{\partial x}\cos\phi+\frac{\partial w}{\partial y}\sin\phi \tag{18.40}$$

挠度可以用帕斯卡三角形(图 17.7)的上 6 项来表达:

$$w=\lfloor 1 \quad x \quad y \quad x^2 \quad xy \quad y^2 \rfloor\{A\}=[P]\{A\} \tag{18.41}$$

代入在节点处的 x 和 y 值,节点位移可以表达为 $\{D^*\}=[C]\{A\}$,且

$$[C]=\begin{bmatrix} 1 & x_1 & y_1 & x_1^2 & x_1y_1 & y_1^2 \\ 1 & x_2 & y_2 & x_2^2 & x_2y_2 & y_2^2 \\ 1 & x_3 & y_3 & x_3^2 & x_3y_3 & y_3^2 \\ 0 & c_4 & s_4 & 2x_4c_4 & y_4c_4+x_4s_4 & 2y_4s_4 \\ 0 & c_5 & s_5 & 2x_5c_5 & y_5c_5+x_5s_5 & 2y_5s_5 \\ 0 & c_6 & s_6 & 2x_6c_6 & y_6c_6+x_6s_6 & 2y_6s_6 \end{bmatrix} \tag{18.42}$$

式中 $s_i=\sin\phi_i, c_i=\cos\phi$。

形函数可以由式 17.60 得出,通过式 17.39 和 17.19 得到$[B]$,通过式 17.45,17.47 和 17.50 得到刚度矩阵和相容荷载向量。单元的应变为常量且单元矩阵相对容易得到(见习题 18.8)。

6 个自由度的单元(图 18.10)尽管很简单,但是它能够给出相当准确的解答。可以看出单元不相容因为内单元挠度和它的导数不相容。然而,当有限元网格细化[1]时,单元通过了分片检验且结果迅速收敛于精确解。

图 18.10((a))所示的单元有 10 个自由度$\{D^*\}$。第十个位移是形心处的向下挠度。挠度可以表达为 $W=[L]\{D^*\}$,式中$[L]$是由 10 个形函数组成,形函数用平面坐标 α_1,α_2,和 α_3

---

1 采用多种三角形弯曲单元所得结果的数值比较及网格细化的收敛性见 Gαllagher, R. H. , Finite Element Analysis Fundamentas. Prentice – Hall, Englewood, Cliffs, NJ, 1975:350。此书还包含了其他三角形单元及关于这个主题的参考资料。

给出如下：

$$
\begin{aligned}
L_1 &= \alpha_1^2(\alpha_1 + 3\alpha_2 + 3\alpha_2) - 7\alpha_1\alpha_2\alpha_3 \\
L_1 &= \alpha_1^2(b_2\alpha_3 - b_3\alpha_2) + (b_3 - b_2\alpha_1\alpha_2\alpha_3) \\
L_1 &= \alpha_1^2(c_2\alpha_3 - c_3\alpha_2) + (c_3 - c_2)\alpha_1\alpha_2\alpha_3 \\
L_{10} &= 27\alpha_1\alpha_2\alpha_3
\end{aligned}
\tag{18.43}
$$

式中 b_i 和 c_i 见式 18.34。式 L_1 通过调换下角标 1,2 和 3 可以得到 L_4 和 L_7。同样的,式 L_2 可以得到 L_5 和 L_8,式 L_3 可以得到 L_6 和 L_9。我们可以验证是 10 个形函数和它们的偏导数在节点处为单位值或零值。相关的偏导数 $\partial\alpha_i/\partial x$ 和 $\partial\alpha_i/\partial y$ 分别等于,$b_i/2\Delta$ 和 $c_i/2\Delta$,式中 Δ 为三角形的面积(见式 18.33)。

单元内位移对 $\partial w/\partial n$ 的相容性受到式 18.43 的形函数的决定,但是沿公共边时两相邻单元的 w 值相同的。单元没有给出很理想的精确度。

然而,通过在组合结构(23.4 节)的平衡方程的解中加一个约束力如图 18.10(a)单元的精确度可以提高。约束力规定了在单元边界中点的法向斜率 $\partial w/\partial n$ 的连续性。通过这样的处理,单元的精确度比图 18.10(b)中单元更好。

18.9 数 值 积 分

高斯积分方法广泛的用于有限元矩阵的求解。对于一维,二维和三维积分不需要推导[1]方法给出如下。一维函数 $g(\xi)$(图 18.11)的定积分可以通过

$$
\int_{-1}^{1} g(\xi)\,\mathrm{d}\xi \approx \sum_{i=1}^{n} W_i g_i \tag{18.44}
$$

式中 g_i 在 n 个选样点的函数值,W_i 表示重力因子。选样点有时候被称为高斯点。表 18.1 给出了 n 从 1 到 6[2]。ξ_i 和 W_i 的 15 个小数位的值。计算机程序使用的 ξ_i 和 W_i 值应该包括尽可能多的二进制位。

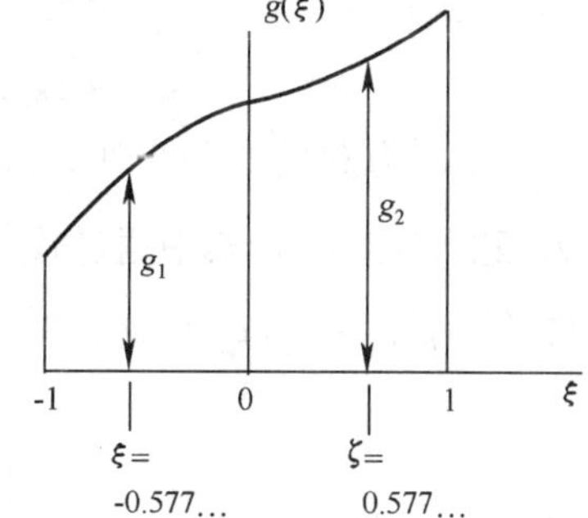

图 18.11

选样点的存储单元由表格中的 ξ_i 规定,对于任何给定 n 达到最大精确度来选择。选样点的位置关于原点对称。

表 18.1 式 18.44 到式 18.46 的样本点的储存单元以及高斯数值积分的因子。

如果函数是一个多项式,$g = a_0 + a_1\xi + \cdots + a_m\xi^m$,当样本点的数量为时 $n \geq (m+1)/2$ 时,式 18.44 是精确的。换句话说,n 个高斯点对于多项式的 $2n-1$ 项的积分是足够的。比如,我们可以验证对于函数 $g = a_0 + a_1\xi, g = a_0 + a_1\xi + a_2\xi^2$ 和 $g = a_0 + a_1\xi + a_2\xi^2 + a_3\xi^3$ 中的任一个式,利用 $n = 2$(图 18.11)给出精确积分。在 $\xi = \pm 0.577$ 两点和重力因式等于单位值。

我们应该注意式 18.44 的重力因式的和为 2.0。

---

1 推导过程见 Irons, B. M. 和 Shrive, N. G. 的《Numerical Methods in Engineering and Applied science》, Elliswood. Chichester, England and Halsted Press(Wileg), New York, 1987。

2 n 从 1 到 10 的 ξ_i 和 W_i 值见 Kopal. z. 的《数值分析》,第二版, chapman&Hall, 1961。

二维函数 $g(\xi,\eta)$ 的定积分可以通过下式计算

$$\int_{-1}^{1}\int_{-1}^{1} g(\xi,\eta)\,\mathrm{d}\xi\mathrm{d}\eta \approx \sum_{j}^{n_\eta}\sum_{i}^{n_\xi} W_j W_i g(\xi_j,\eta_i) \tag{18.45}$$

式中 n_ξ 和 n_η 分别为在 ξ 和 η 轴线上样本点的数量。图 18.12 给出了样本点的两个例子。在大多数情况下，n_ξ 和 n_η 是相同的（等于 n），然后由 $n\times n$ 个高斯点积分组成一个 $2n-1$ 项的多项式。

式 18.45 可以由式 18.44 首先对 ξ 积分然后对 η 积分得到。对于 3×2 的高斯点（$n_\xi=3$，$n_\eta=2$），式 18.45 可以写作（图 18.12）

$$\begin{aligned}&\int_{-1}^{1}\int_{-1}^{1} g(\xi,\eta)\,\mathrm{d}\xi\mathrm{d}\eta\\ &\approx (1.0)(0.555\cdots)g_1+(1.0)(0.888\cdots)g_2+(1.0)(0.555\cdots)g_3+\\ &\quad(1.0)(0.555\cdots)g_4+(1.0)(0.888\cdots)g_5+(1.0)(0.555\cdots)g_6\end{aligned} \tag{18.46}$$

我们注意到因子 g_1 到 g_6 的和为 4.0。对于一个三维函数 $g(\xi,\eta,\zeta)$ 积分式为

$$\int_{-1}^{1}\int_{-1}^{1}\int_{-1}^{1} g(\xi,\eta,\zeta)\,\mathrm{d}\xi\mathrm{d}\eta\mathrm{d}\zeta \approx \sum_{k=1}^{n_\zeta}\sum_{j=1}^{n_\eta}\sum_{i=1}^{n_\xi} W_k W_j W_i g(\xi_i,\eta_j,\zeta_k) \tag{18.47}$$

式 18.44，18.45 和 18.47 可以应用于沿曲线轴的一维，二维和三维单元。

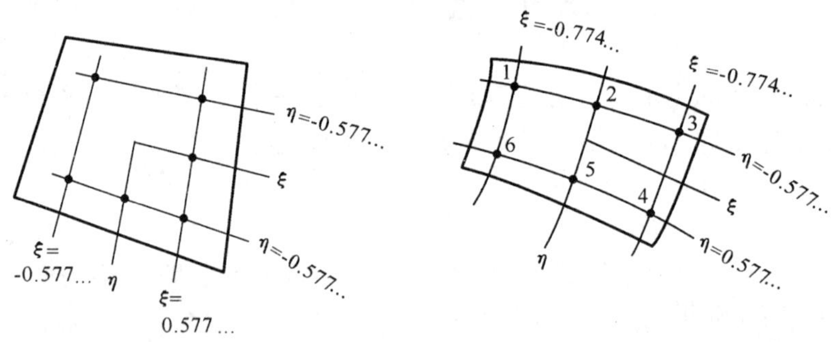

图 18.12　二维高斯数值积分的样本点的例子

当单元为的且采用平面坐标 α_1，α_2 和 α_3（图 18.8(a)），单元的面积上任一变量都可以表达为函数 $f(\alpha_1,\alpha_2)$，式中通过代入 $\alpha_3=1-\alpha_1-\alpha_2$ 消除 α_3。在单元体面积上积分 $\int f\mathrm{d}a$ 可以通过式 18.37 表示，且可以利用下式作数量上的计算

$$\int_0^1\int_0^{1-\alpha_1} g(\alpha_1,\alpha_2)\,\mathrm{d}\alpha_2\mathrm{d}\alpha_1 \approx \sum_{i=1}^{n} W_i g_i \tag{18.48}$$

在这个式中，符号 $g(\alpha_1,\alpha_2)$ 表示式 18.37 中的乘积 $f(\alpha_1,\alpha_2)|J|$，式中 $|J|$ 为雅可比行列式。

样本点的存储单元和式 18.48 中的相应的重力因子在图 18.13[1] 中给出。当 g 表示为线性、二次方、三次方和五次方时给出精确积分值。

我们应该注意任一形单元的所有样本点的重力因子的和等于 1/2。对于直边形单元，$|J|=2\Delta$，式中 Δ 为面积。如果我们令 $f(\alpha_1,\alpha_2)=1$，函数 $g(\alpha_1,\alpha_2)=2\Delta$，式 18.48 给出的积分值理应等于 $(2\Delta)\sum W_i=\Delta$。

1　见 Comper, G. R. (1973)《三角形的高斯求积公式》. Int. J. Num. Math, Eng. ,7,405. 8；Zienkiewicz, O. C.《工程科学的有限元法》. McGraw—Hill, London, 4th ed. ,1989。

	点	α_1 或 α_2	点	重力因子
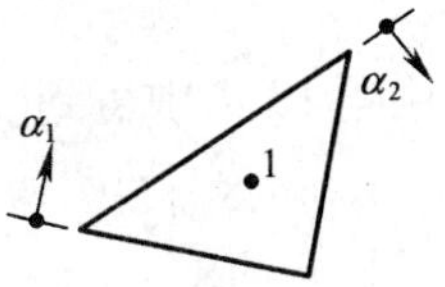 线性的	1	0.333 333 333 3	1	W_1 = 0.500 000 000 0
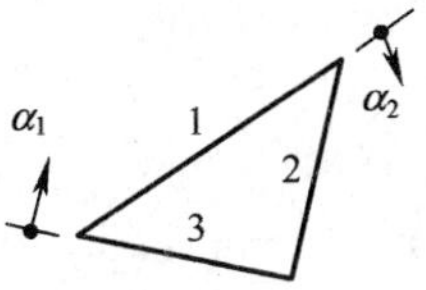 二次的	3 1,2	0.000 000 000 0 0.500 000 000 0	1 2,3	$W_{1,2,3}$=0.166 666 666 7
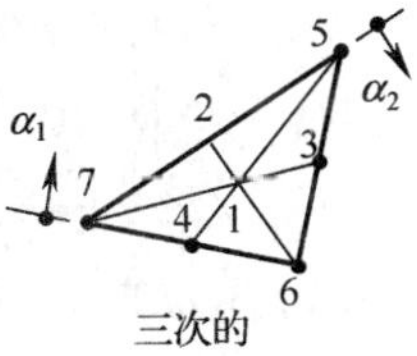 三次的	4,6,7 1 2.3 5	0.000 000 000 0 0.333 333 333 3 0.500 000 000 0 1.000 000 000 0	2,5,7 1 3,4 6	W_1 = 0.225 000 000 0 $W_{2,3,4}$= 0.066 666 666 7 $W_{5,6,7}$= 0.025 000 000 0
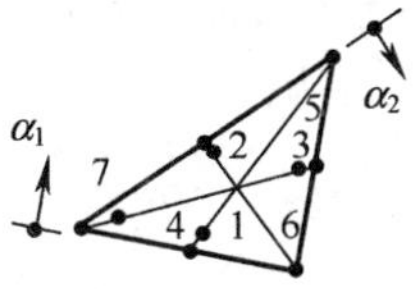 五次的	4 6,7 1 2,3 5	0.059 715 817 8 0.101 286 507 3 0.333 333 333 3 0.470 142 064 1 0.797 426 985 4	2 5,7 1 3,4 6	W_1= 0.112 500 000 0 $W_{2,3,4}$= 0.066 197 076 4 $W_{5,6,7}$= 0.062 969 590 3

图 18.13　函数 $g(\alpha_1,\alpha_2,\alpha_3)$ 在一个形单元的区域上的数值积分

（$(\alpha_1,\alpha_2,\alpha_3)$ 的值决定了式 18.48（$\alpha_3=1-\alpha_1-\alpha_2$）中采用的样本点和重力因子 W_i）

在数值积分推导有限单元的刚度矩阵中，样本点的数量影响到精确度和收敛性。特定情况下有限元法样本点的适当选择在参考书目中有详细讨论[1]。

采用点的数量少一般是为了减少计算。此外，点的数量少还可以减少刚度，因此补偿了位移法有限元（见 17.5 节）得到的刚度超出部分。然而，样本点的数量不能没有限制的减少。当在刚度矩阵的推导中采用一种特定形式的样本点时，一些单元有虚拟的状态。当单元以在样本点的应变为零这种方式变形时，这种状态就会发生。

2×2 样本点通常用于仅带角节点（或带角节点和边中点）的平面线性四边形单元。当单元被拉长或在立方体单元[2]中在各自方向上使用 3 个或 4 个样本点。

例 18.3　平面应力状态下的四边形单元

确定图 17.5 和例题 18.1 中的四边形单元的刚度矩阵的系数 S_{11}^*。单元为各向同性材料；泊松比为 $\nu=0.2$。求出当单元温度恒定上升 T 度时在坐标 1 处的相容约束力。仅采用一个高斯积分点。

对应 $D_1^*=1$ 位移场为 $\{u,v\}=\{L_1,0\}$，式中

1　见本书的参考书目。

2　如 QLC3 单元，见例题 17.3。

$$L_1=\frac{1}{4}(1-\xi)(1-\eta)$$

L_1 在中心($\xi=\eta=0$)关于 x 和 y 的积分式为(利用式 18.6,例题 18.1 中得到[J])

$$\begin{Bmatrix}\partial L_1/\partial x\\ \partial L_1/\partial y\end{Bmatrix}=\begin{bmatrix}15/4 & 5/4\\ -3/4 & 13/4\end{bmatrix}^{-1}\begin{Bmatrix}-(1-\eta)/4\\ -(1-\xi)/4\end{Bmatrix}=\frac{1}{210}\begin{Bmatrix}-8\\ -18\end{Bmatrix}$$

当 $D^*=1$,在同一点的应变为(由式 18.10)

$$\{B\}_1=\frac{1}{210}\{-8,0,-18\}$$

在单元中心处(由式 17.12)式 18.12 的刚度矩阵的乘积值为

$$\begin{aligned}g_1&=h\{B\}_1^{\mathrm T}[\mathrm d]\{B\}_1|J|\\&=\frac{1}{(210)}2[-8,0,-18]\frac{Eh}{1-(0.2)^2}\begin{bmatrix}1 & 0.2 & 0\\ 0.2 & 1 & 0\\ 0 & 0 & (1-0.2)/2\end{bmatrix}\begin{Bmatrix}-8\\ 0\\ -18\end{Bmatrix}|J|\end{aligned}$$

雅可比行列式为 13.1125(见例题 18.1). 将 $W_1=2$(由表格 18.1)代入式 18.45,给出

$$S_{11}^*=2\times2(4.57\times10^{-3})Eh(13.125)=0.240Eh$$

由于温度升高引起的自由应变为 $\alpha T\{1,1,0\}$。代入式 18.14,给出

$$F_{b1}^*=2\times2(13.125)(-h)\left(\frac{1}{210}\right)[-8,0,-18]$$

$$\times\frac{E}{1-(0.2)^2}\begin{bmatrix}1 & 0.2 & 0\\ 0.2 & 1 & 0\\ 0 & 0 & (1-0.2)/2\end{bmatrix}\begin{Bmatrix}1\\ 1\\ 0\end{Bmatrix}\alpha T=2.5E\alpha Th$$

例 18.4 抛物线边的单元:雅可比矩阵

在带角节点和边中点的节点的形各向同性单元中,确定在(α_1,α_2) = (1/3,1/3)的雅可比矩阵,式中 α_1 和 α_2 为平面坐标。节点的(x,y)坐标为:$(x_1,y_1)=(0,0)$;$(x_2,y_2)=(1,1)$;$(x_3,y_3)=(0,1)$ $(x_4,y_4)=((\sqrt{2})/2,1-(\sqrt{2})/2)$;$(x_5,y_5)=(0.5,1)$;$(x_6,y_6)=(0,0.5)$,这对应着以节点 3 为圆心单位半径的 1/4 圆。通过式 18.48 的数值积分,确定单元的面积,仅利用一个样本点。

式 18.35 和 18.36 给出了形函数 L_1 到 L_6。我们代入 $\alpha_3=1-\alpha_1-\alpha_2$ 消除 α_3,然后确定在(α_1,α_2) = (1/3,1/3)的积分 $\partial L_i/\partial\alpha_1$ 和 $\partial L_i/\partial\alpha_2$。在这个点雅可比矩阵(用式 18.8,用 α_1 和 α_2 代替 ξ 和 η)为

$$[J]=\begin{bmatrix}0\left(\frac{1}{3}\right) & 0\left(\frac{1}{3}\right)\\ 0(0) & 0(0)\end{bmatrix}+\begin{bmatrix}1(0) & 1(0)\\ 1\left(\frac{1}{3}\right) & 1\left(\frac{1}{3}\right)\end{bmatrix}+\begin{bmatrix}0\left(-\frac{1}{3}\right) & 1\left(-\frac{1}{3}\right)\\ 0\left(-\frac{1}{3}\right) & 1\left(-\frac{1}{3}\right)\end{bmatrix}$$

$$+\begin{bmatrix}\frac{\sqrt{2}}{2}\left(\frac{4}{3}\right) & \left(1-\frac{\sqrt{2}}{2}\right)\left(\frac{4}{3}\right)\\ \frac{\sqrt{2}}{2}\left(\frac{4}{3}\right) & \left(1-\frac{\sqrt{2}}{2}\right)\left(\frac{4}{3}\right)\end{bmatrix}+\begin{bmatrix}0.5\left(-\frac{4}{3}\right) & 1\left(-\frac{4}{3}\right)\\ 0.5(0) & 1(0)\end{bmatrix}$$

$$
+\begin{bmatrix} 0(0) & 0.5(0) \\ 0\left(-\dfrac{4}{3}\right) & 0.5\left(-\dfrac{4}{3}\right) \end{bmatrix}
$$

$$
=\begin{bmatrix} 0.2761 & -1.2761 \\ 1.2761 & -1.2761 \end{bmatrix}
$$

单元的面积（根据式 18.48 且由图 18.13 得 W_i）为

$$
面积 = \int_0^1\int_0^{1-\alpha_2} |J| \, d\alpha_2 d\alpha_1 = 0.5|J| = 0.7761
$$

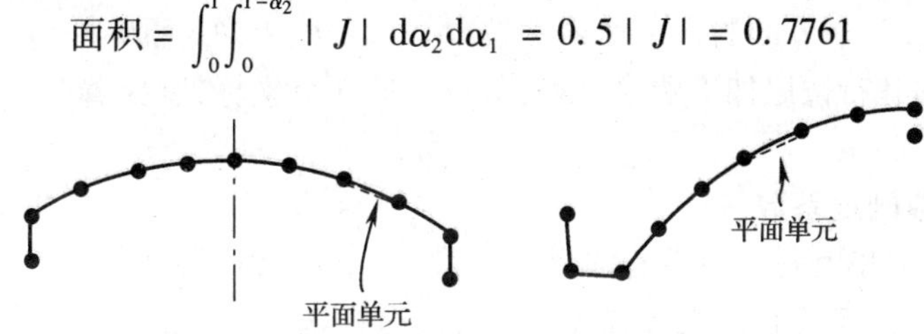

图 18.14　柱状壳体理想化为平面单元的组合

18.10　壳体作为平面单元的组合

壳体（图 18.14）可以理想化为以平面四边形和形板单元的有限单元。一般说来，单元会受到平面力和弯矩作用。在前面章节中得到的用于平面应力状态下的单元和受弯单元的单元矩阵可以结合考虑后用于下面的壳体单元。

如果采用大的单元体，尤其是双曲壳体，利用弯曲单元对壳体进行理想化是必要的。然而实际中，许多壳体，尤其是柱状壳体，利用三角形、四边形或矩形单元可以成功地进行分析。

平面壳体单元可以很容易地与梁元相结合，以便对实际中常见的边缘梁或梁肋进行理想化。

18.10.1　矩形壳体单元

图 18.15 表示一个壳体单元，在每一个角节点有六个节点位移，包括三个线位移 $\{u,v,w\}$ 和三个转角 $\{\theta_x,\theta_y,\theta_z\}$。在 17.8 节中对在每个角节点处具有节点位移 u,v，和 θ_z 的平面应力状态下矩形单元的刚度矩阵进行了推导（见例题 17.3）。在 17.43 节中对在每个角节点处具有节点位移 w,θ_x,θ_y 的薄板弯曲单元作了讨论。

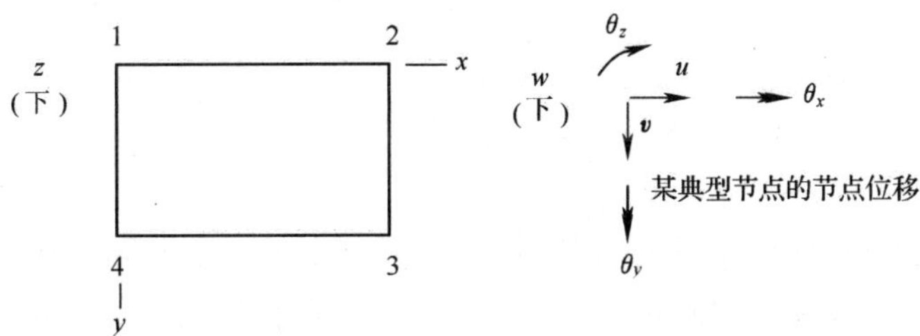

图 18.15　矩形平面壳体单元

图 18.15 种的壳体单元的刚度矩阵可以写成如下形式

$$[S^*]=\begin{bmatrix}[S_m^*] & [0]\\ [0] & [S_b^*]\end{bmatrix} \tag{18.49}$$

式中$[S_m^*]$为一个将力和位移u,v,θ_z结合的12×12阶的刚度矩阵，而$[S_b^*]$为一个将力和位移w,θ_x,θ_y结合的12×12阶的弯曲刚度矩阵。式18.49中反对角线的子阵都是零，因为第一种形式的位移不能引起第二种形式方向上的力，反之亦然。两种形式的位移认为是不耦合的。

为了方便规范，每个节点的自由度通常按$\{u,v,w,\theta_x,\theta_y,\theta_z\}$顺序排列。式18.49中的24×24刚度矩阵的列和行按照如下顺序排列：节点1处6个坐标，紧接着节点2的6个坐标，如此继续下去。

18.10.2 虚拟刚度系数

大多数平面应力单元每个节点有两个自由度，u和v。为了形成一个壳体单元，将这样的单元和一个弯曲单元（节点位移为w,θ_x,θ_y）结合，这样未用到θ_z，而5个自由度u,v,w,θ_x,θ_y不足以分析一个空间结构。考虑两个交叉平面的单元就可以看出来，无论整体坐标轴怎么选择，一般说来，交线上的节点在3个整体坐标轴方向上都有3个转角分量。

考虑每个节点有6个自由度的壳体单元的刚度矩阵的推导，对应θ_z坐标的行和列都为零。然而，当单元处于集中于一点的平面的时候，在组合结构的刚度矩阵的对角线上出现一个零值；当尝试在通过角线上的刚度系数划分一个号码时，这就会在一般的计算机方程解算器（22.11节和A.9）上导致一个错误信息。为了避免这种错误，Zienkiewicz在相应θ_z的行和列赋值为虚拟刚度系数而不是零。对于一个有3个节点的单元，虚拟系数为

$$[S]_{\text{fict}}=\beta E\begin{bmatrix}1 & -0.5 & -0.5\\ -0.5 & 1 & -0.5\\ -0.5 & -0.5 & 1\end{bmatrix}(\text{体积}) \tag{18.50}$$

式中E是弹性模量，最后的乘式为单元的体积，且β是一个随机选取的系数。Zienkiewicz建议$\beta=0.03$或更小。我们可以注意到，为了平衡的需要，任一列的虚拟刚度系数的和为零。

18.11 旋 转 体

图18.16表示在轴对称荷载（未标明）作用下的回旋体，为了分析此结构的应力，将结构划分为环状的有限单元，其横断面为三角形或四边形。单元具有结点环线而不是结点。结点沿径向r和z方向的位移分别为u和w。

用于平面应力和平面应变单元的结点和位移函数的排列方式也可以用于轴对称的实体单元（见17.42，17.11，18.2，18.5和18.7节）。平面单元的变量x,y,u和v必须分别以r,z,u和w代替。

在旋转体中，需要多考虑一个应变分量，此分量称为环应变ε_θ，表示沿切线方向的伸长量，并与单元平面正交。因此，应变向量有4个分量：

$$\{\varepsilon\}=\begin{Bmatrix}\varepsilon_r\\ \varepsilon_z\\ \varepsilon_\theta\\ \gamma_{rz}\end{Bmatrix}=\begin{bmatrix}\dfrac{\partial}{\partial r} & 0\\ 0 & \dfrac{\partial}{\partial w}\\ \dfrac{1}{r} & 0\\ \dfrac{\partial}{\partial w} & \dfrac{\partial}{\partial r}\end{bmatrix}\begin{Bmatrix}u\\ w\end{Bmatrix} \tag{18.51}$$

同样,应力向量也有一个额外的分量环应力 σ_θ(图 18.16)。各向同性材料的回旋体的应力和应变关系为:

$$\{\sigma\}=[\mathrm{d}]\{\varepsilon\} \tag{18.52}$$

其中

$$\{\sigma\}=\{\sigma_r,\sigma_z,\sigma_\theta,\gamma_{rz}\} \tag{18.53}$$

且有

$$\{\mathrm{d}\}=\frac{E}{(1+\nu)(1-2\nu)}\begin{bmatrix}1-\nu & \nu & \nu & 0\\ \nu & 1-\nu & \nu & 0\\ \nu & \nu & 1-\nu & 0\\ 0 & 0 & 0 & \dfrac{1-2\nu}{2}\end{bmatrix} \tag{18.54}$$

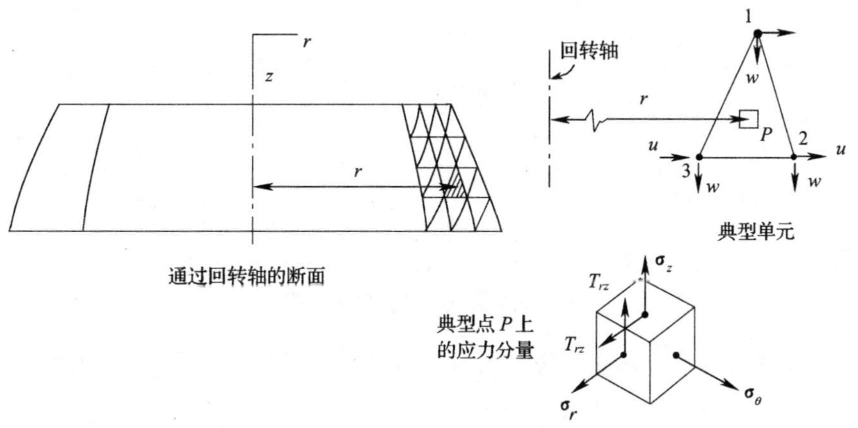

图 18.16　旋转体的有限元理想化

轴对称实体单元的单元刚度矩阵由下式给出(见式 17.45)

$$[S^*]=2\pi\iint[B]^{\mathrm{T}}[\mathrm{d}][B]r\mathrm{d}r\mathrm{d}z \tag{18.55}$$

在使用自然坐标 ξ 和 η 时,单元区域 drdz 变为 $|J|\mathrm{d}\xi\mathrm{d}\eta$,式中 $|J|$ 为雅可比行列式(式 18.7 或式 18.8)。积分范围为 -1 到 1。

任意单元刚度矩阵的 S^*_{ij} 表示 $2\pi r_i$ 乘以单位荷载分布在 j 的位移为 1 时结点 i 的结点线上的集度。因此 S^*_{ij} 的单位为(力/长度)。

如果单元温度上升 T 且其膨胀受到限制时,任意点处的应力为

$$\{\sigma_0\}=-E\alpha T[\mathrm{d}]\{1,1,1,0\} \tag{18.56}$$

其约束力的相容向量为

$$\{F_b\} = 2\pi\iint[B]^{\mathrm{T}}\{\sigma_0\}r\mathrm{d}r\mathrm{d}z \tag{18.57}$$

18.12 有限条带法和有限棱柱法

图 18.17 表示具有 3 种横截面形式的简支桥俯视图。在分析应力和应变时可以将结构视为图中[1]有限条带的集合。与 18.11 节中旋转体分析中所使用的单元相似,有限条带和有限棱柱为结点线而不是结点。

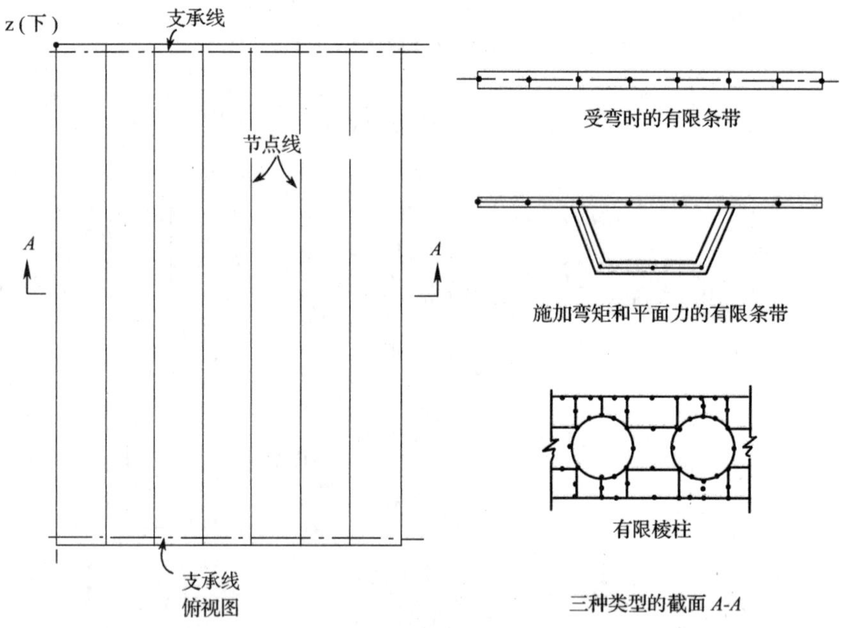

图 18.17 以有限带和有限棱柱分析具有板、箱和空心板三种横截面形式的简支桥梁

在节线上,任意的位移分量表示为一系列累加 $\sum_{k=1}^{n} a_k Y_k$,式中 a 值为未知的振幅。Y 为满足条带末端基本位移条件的关于 y 的函数。

用于确定简支条带的挠度的函数 Y 的一个示例为

$$Y_k = \sin\frac{\mu_k y}{l} \qquad 其中\ \mu_k = k\pi \tag{18.58}$$

在沿条带的宽度上或者在棱柱的横截面上,位移分量的变化假设为 x 或 y 和 z 的多项式。一般情况下,用于一维或二维单元的同样多项式分别用于条带和棱柱。

多数情况下,有限条带或有限棱柱的位移分量可以表示为

1 Cheung. Y, k. Finite strip method in structural Analysis, Pergamon Press, Oxford, NewYork, Toronto, 1976. 该书对有限条带和有限棱柱的应用和理论作了详细的讨论。

$$\{f\} = \sum_{k=1}^{n} [L]_k \{D^*\}_k \tag{18.59}$$

式中$\{D^*\}_k$为结点参数的向量表示(位移振幅,也就是a值),$[L]_k$为位移的函数矩阵,级数的项为k级。条带或棱柱的结点位移参数为:

$$\{D^*\} = \left\{ \{D^*\}_1, \{D^*\}_2 \cdots, \{D^*\}_n \right\} \tag{18.60}$$

对图18.18(a)中的有限条带,适用于分析受弯板,位移$\{f\} \equiv \{w\}$表示挠度。结点参数被定义为:

$$\{D^*\}_k = \{w_1, \theta_1, w_2, \theta_2\}_k \tag{18.61}$$

式中脚标1和2系指条带两边的结点线;$\theta = \theta_y = -\partial w/\partial x$。条带的自由度为$4n$。

受弯构件的有限条带的形函数为(图18.18(a)):

$$[L]_k = [1-3\xi^2+2\xi^3, -b\xi(\xi-1)^2, \xi^2(3-2\xi), -b\xi^2(\xi-1)]Y_k \tag{18.62}$$

可以认识到在1×4的矩阵中的方程与受弯杆件的位移函数(图17.4)相同。式中b为条带的宽,并有$\xi = x/b$。

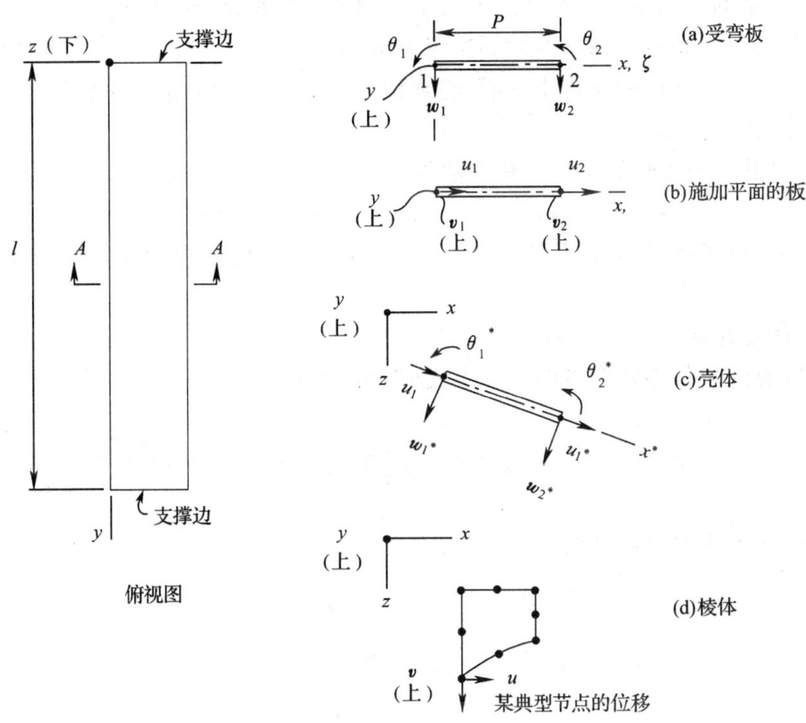

图18.18　俯视图和横截面$A-A$的结点位移参数

(a)受弯的有限条带;(b)平面力作用的有限条带;

(c)弯矩和平面力共同作用的有限条带(壳);(d)有限棱柱。

有限条带适用于分析图18.18(b)中所示的受平面力作用的板。任意点的位移分量为$\{f\} \equiv \{u, v\}$,结点位移的参数为:

$$\{D^*\}_k = \{u_1, v_1, u_2, v_2\} \tag{18.63}$$

同样用于受弯板的函数Y适用于描述沿y方向的u的变化情况。然而,对于v的变化,使

用从变量 $Y' = \mathrm{d}Y/\mathrm{d}y$ 比较合适。这种选择可以表现出与条带横截面相同的受弯梁在受 x 方向力时的性质。

位移 u 表示沿外加荷载方向的挠度。如果梁是简支的，正弦函数 Y（式 18.58）可以用来表示 u 沿 y 方向的变化。但是，沿 v 方向的位移（由弯曲时纤维的缩短或延伸而产生）等于 Y' 与距梁中性轴距离的乘积。

总之，在描述沿 y 方向位移分量的变化，我们以方程 Y_k 表示 u 和 w，以 $Y'_k l/\mu_k$ 表示 v。因此，当 Y 为正弦系列时（式 18.58），v 的变化以余弦系列表示。

受平面荷载（图 18.18(b)）作用的有限条带的位移函数为：

$$[L]_k = \begin{bmatrix} (1-\xi)Y_k & 0 & \xi & 0 \\ 0 & (1-\xi)\dfrac{l}{\mu_k}Y'_k & 0 & \xi\dfrac{l}{\mu_k}Y'_k \end{bmatrix} \tag{18.64}$$

对条带宽度上的每一个 u 和 w 的变化，可以使用线性方程（图 18.3）。

当一个条带受弯矩和平面力组合作用时，结点位移参数将由式 18.61 和 18.63 共同决定。必须注意的是，两组位移是独立的，因此，适用于壳、褶皱板或者箱梁的分析的有限条带刚度矩阵，由式 18.49 所示的弯曲条带和平面应力条带的刚度矩阵相结合而得到。

用于壳分析的有限条带以通常的倾斜位置表示在图 18.18(c) 中，结点位移参数用局部坐标表示。在组合成可以使用的条带矩阵前，必须把刚度矩阵的局部坐标系转换成符合整体坐标系（参见 22.8 和 22.9 节）。

图 18.18(b) 的有限棱柱的结点位移参数为：

$$\{D^*\}_k = \{u_1, v_1, w_1, u_2, v_2, w_2, \cdots, u_8, v_8, w_8\}_k \tag{18.65}$$

有限棱柱的位移函数可以用图 18.5 所示的平面应力单元的位移函数乘以 Y_k 或 $(l/\mu_k)Y'_{ik}$ 来表示。

18.12.1 刚度矩阵

有限条带或有限棱柱中任意点的应变由式 17.6 给出：

$$\{\varepsilon\} = [\partial]\{f\} \tag{18.66}$$

由式 17.19，17.11，和 17.24 给出的微分算子 $[\partial]$ 分别对应于图 18.18(a)，(b) 和 (c) 中的单元。

将式 18.59 代入式 18.66 得到

$$\{\varepsilon\} = [B]\{D^*\} = \sum_{k=1}^{n}[B]_k\{D^*\}_k \tag{18.67}$$

因此式中的 $[B]$ 矩阵离散为 n 阶子阵，由下式得到

$$\{B\}_k = [\partial][L]_k \tag{18.68}$$

有限条带或有限棱柱的刚度矩阵可以由式 17.45 生成，在这里重复一下：

$$[S^*] = \int_V [B]^{\mathrm{T}}[\mathrm{d}][B]\mathrm{d}V \tag{18.69}$$

矩阵 $[S^*]$ 的行数或列数为 $n_1 n_2 n$，其中 n_1 为有限条带或有限棱柱中结点线的数目，n_2 为每个结点的自由度，n 为 Y 级数的条件数。

矩阵 $[S^*]$ 可以离散为 $n \times n$ 阶的子阵，其典型子阵为；

$$[S^*]_{kr} = \int_V [B]_k^{\mathrm{T}}[\mathrm{d}][B]_r\mathrm{d}V \tag{18.70}$$

推出的子刚度矩阵$[S^*]_{kr}$由式 18.70 在结点线上对 Y_kY_r，$Y''_kY''_r$，$Y'_kY'_r$ 和 $Y_kY''_r$ 的乘积进行积分。对 $k\neq r$，当由式 18.58 或 18.79 到 19.81 中的任意一式得到 Y 时，前两项乘积的积分为零。然而，当且仅当 Y 为正弦系列（式 18.58）时，其余两项乘积的积分也为零。由于这些性质，对 $k\neq r$，当且仅当 Y 为正弦函数时，式 18.70 给出的子矩阵$[S^*]_{kr}$等于零。在这种情况下，有限条带或有限棱柱的刚度矩阵的形式为

$$[S^*]=\begin{bmatrix}[S^*]_{11} & & \text{未列出的子} & \\ & [S^*]_{22} & \text{矩阵均为零} & \\ & & \cdots & \\ & & & [S^*]_{nn}\end{bmatrix} \tag{18.71}$$

单个条带或棱柱的刚度矩阵必须加以合并以得到结构的刚度矩阵（见 22.9 节）。

组合结构的刚度矩阵也具有当 Y 为正弦函数时式 18.71 的形式。因此，平衡方程$[S]\{D\}=-\{F\}$是分开的，也就是说，把求解一个方程组转为分别求解 n 个带宽较小的子集。每个子集的形式为$[S]_k\{D\}_k=-\{F\}_k$，并且其解得出的结点位移参数 Y 级数的项为 k 级。这将导致计算量的大幅减小。

结点线上位移分量的变化可以由下式给出

$$D_i=\sum_{k=1}^{n}\mathrm{d}_{ik}Y_k \tag{18.72}$$

式中 $D_{i1},D_{i2},\cdots,D_{in}$ 为 D_i 的结点参数，由平衡方程的解得出。

18.12.2　相容荷载向量

当条带或者棱柱受单位体积体力$\{p\}$作用时，约束力的相容向量由式 17.47 得出。此处重复一下：

$$\{F_b^*\}=\int_V[L]^{\mathrm{T}}\{p\}\mathrm{d}V \tag{18.73}$$

向量$\{F_b^*\}$可以分割为 n 阶子向量，由下式得出

$$\{F_b^*\}_k=-\int_V[L]_K^{\mathrm{T}}\{p\}\mathrm{d}V \tag{18.74}$$

类似地，约束温度膨胀的力的相容向量由式 17.50 得出。向量可以分割为子向量，为

$$\{F_b^*\}_k=-\int_V[B]_K^{\mathrm{T}}[D]\{\varepsilon_0\}\mathrm{d}V \tag{18.75}$$

式中$\{\varepsilon_0\}$表示膨胀可以自由发生时的应变。

分析受弯板（图 18.18(a)）时有限条带的单元矩阵在 18.12.4 节中明确给出。

现在，我们将考虑当单位长度上集度为 q 的外荷载作用在结点线上，方向沿其中一个结点坐标的情况。由于此荷载产生的位移可以由一个相容力约束，此力等于 n 个形式如下的条件总和：

$$F_{ak}^*=-\int_0^1 qY_k\mathrm{d}y \tag{18.76}$$

当一个集中力作用在结点线上时，式 18.74 的积分以乘积 $PY_k(y_p)$ 代替，式中的 $Y_k(y_p)$ 为 Y_k 在定义 P 的位置的 y_p 的值：

$$F_{ak}^*=-PY_k(y_p) \tag{18.77}$$

约束力向量抵抗的结点位移为（式 22.32）：

$$\{F\}=\{F_a\}+\{F_b\} \tag{18.78}$$

式中$\{F_a\}$由外力作用在结点线上产生，由式 18.76 和式 18.77 计算，并转换成整体坐标。向量$\{F_b\}$由体力产生。个别条带或棱柱的相容力向量由式 18.73 到 18.75 计算，并转换成整体坐标后由式 22.34 汇集成一个向量。

18.12.3 结点连线上位移的变化

所有位移分量沿y方向的变化由满足$y=0$和$y=l$处边界条件的关于y的函数表示，等截面梁自由变形时的形函数是比较合适的[1]。

对简支的有限条带或棱柱而言，Y和Y''在$y=0$和$y=l$处为零，当Y为正弦函数（见式 18.58）时这些条件是满足的。当一端为简支而另一端为固定端时，当Y和Y''在$y=l$处为零时Y和Y''在$y=0$处也为零。这些条件由下式满足：

$$Y_k=\sin\frac{\mu_k y}{l}-\alpha_k\sinh\frac{\mu_k y}{l} \tag{18.79}$$

式中

$$\mu_k=3.927,7.068,\cdots,\frac{4k+1}{4}\pi \qquad \alpha_k=\frac{\sin\mu_k}{\sinh\mu_k}$$

当有限条带或棱柱的两端均为固定端时，Y和Y''在这些地方均为零，因此

$$Y_k=\sin\frac{\mu_k y}{l}-\sinh\frac{\mu_k y}{l}+(\alpha_k(\cosh\frac{\mu_k y}{l}-\cos\frac{\mu_k y}{l}) \tag{18.80}$$

式中

$$\mu_k=4.730,853,\cdots,\frac{2k+1}{2}\pi \qquad \alpha_k=\frac{\sinh\mu_k-\sin\mu_k}{\cosh\mu_k-\cos\mu_k}$$

当端部$y=0$处为固定端而另一端为自由端时，当Y''和Y'''在$y=l$处为零时Y和Y''在$y=0$处为零。这些条件由下式满足：

$$Y_k=\sin\frac{\mu_k y}{l}+\sinh\frac{\mu_k y}{l}+\alpha_k\left(\cosh\frac{\mu_k y}{l}-\cos\frac{\mu_k y}{l}\right) \tag{18.81}$$

式中

$$\mu_k=1.875,4.694,\cdots,\frac{2k-1}{2}\pi \qquad \alpha_k=\frac{\sinh\mu_k+\sin\mu_k}{\cosh\mu_k+\cos\mu_k}$$

18.12.4 受弯板的有限条带

图 18.18(a)的有限条带的任意点的应变由式 18.67 给出，其中的矩阵$[B]_k$为（式 18.68，式 17.19 和式 18.62）：

$$[B]_k=\begin{bmatrix} \frac{1}{b^2}(6-12\xi)Y_k & \frac{1}{b}(-4+6\xi)Y_k & \frac{1}{b^2}(12\xi-6)Y_k & \frac{1}{b}(-2+6\xi)Y_k \\ -(1-3\xi^2+2\xi^3)Y''_k & 6\xi(\xi-1)^2Y''_k & -\xi^2(3-2\xi)Y''_k & 6\xi^2(\xi-1)Y''_k \\ \frac{2}{b}(-6\xi+6\xi^2)Y'_k & 2(-3\xi^2+4\xi-1)Y'_k & \frac{1}{b}(6\xi-6\xi^2)Y'_k & 2(-3\xi^2+2\xi)Y'_k \end{bmatrix} \tag{18.82}$$

1 这里采用的Y函数的推导在“Vlasov, V. Z.,壳体一般理论及其工程应用”中给出；NASA 根据俄文版翻译的，由 Office of Technical Service, Department of commerce 发行，Washington, DC, 1949: 699 - 707。这些相关材料给出的Y函数适合上面没有包括的边界条件。

对简支条带 $Y_k=\sin(k\pi y/l)$，当且仅当 $k=r$ 时刚度矩阵的子矩阵 $[S^*]_{kr}$ 为非零的。

式 18.70 可以写成下面的形式

$$[S^*]_{kk}=b\int_0^1\int_0^1[B]_k^{\mathrm{T}}[\mathrm{d}][B]_k\mathrm{d}\xi\mathrm{d}y \tag{18.83}$$

受弯板的弹性矩阵 [d] 由式 17.20 或 17.21 给出，对等厚度的有限条带，式 18.83 中包含的积分可以明确表达，注意到

$$\begin{aligned}&\int_0^1 Y_k^2\mathrm{d}y=\frac{l}{2};\int_0^1 Y_kY''_k\mathrm{d}y=-\frac{k^2\pi^2}{2l}\\&\int_0^1(Y''_k)^2\mathrm{d}y=\frac{k^4\pi^4}{2l^3};\int_0^1(Y'_k)^2\mathrm{d}y=\frac{k^2\pi^2}{2l}\end{aligned} \tag{18.84}$$

因此，简支条带的子矩阵 $[S^*]_{kk}$ 为(图 18.18(a))：

$$[S^*]_{kk}=\begin{bmatrix}
\frac{6l}{b^4}\mathrm{d}_{11}+\frac{13k^4\pi^4}{70l^3}\mathrm{d}_{22}+\frac{6k^2\pi^2}{5b^2l}\mathrm{d}_{21}+\frac{12k^2\pi^2}{5b^2l}\mathrm{d}_{33} & & \text{对} & \\
-\frac{3l}{b^3}\mathrm{d}_{11}-\frac{11bk^4\pi^4}{420l^3}\mathrm{d}_{22}-\frac{3k^2\pi^2}{5bl}\mathrm{d}_{21}-\frac{k^2\pi^2}{5bl}\mathrm{d}_{33} & \frac{2l}{b^2}\mathrm{d}_{11}+\frac{b^2k^4\pi^4}{210l^3}\mathrm{d}_{22}+\frac{2k^2\pi^2}{15l}\mathrm{d}_{21}+\frac{4k^2\pi^2}{15l}\mathrm{d}_{33} & & \text{称}\\
-\frac{6l}{b^4}\mathrm{d}_{11}+\frac{9k^4\pi^4}{140l^3}\mathrm{d}_{22}-\frac{6k^2\pi^2}{5b^2l}\mathrm{d}_{21}-\frac{12k^2\pi^2}{5b^2l}\mathrm{d}_{33} & \frac{3l}{b^2}\mathrm{d}_{11}-\frac{13bk^4\pi^4}{840l^3}\mathrm{d}_{22}+\frac{k^2\pi^2}{10bl}\mathrm{d}_{21}+\frac{k^2\pi^2}{5bl}\mathrm{d}_{33} & \frac{6l}{b^4}\mathrm{d}_{11}+\frac{13k^4\pi^4}{70l^3}\mathrm{d}_{22}+\frac{6r^2\pi^2}{5b^2l}\mathrm{d}_{21}+\frac{12k^2\pi^2}{5b^2l}\mathrm{d}_{33} & \\
-\frac{3l}{b^3}\mathrm{d}_{11}+\frac{13bk^4\pi^4}{840l^3}\mathrm{d}_{22}-\frac{k^2\pi^2}{10b^2l}\mathrm{d}_{21}-\frac{k^2\pi^2}{5bl}\mathrm{d}_{33} & \frac{l}{b^2}\mathrm{d}_{11}-\frac{b^2k^4\pi^4}{280l^3}\mathrm{d}_{22}-\frac{k^2\pi^2}{30l}\mathrm{d}_{21}-\frac{k^2\pi^2}{15l}\mathrm{d}_{33} & \frac{3l}{b^3}\mathrm{d}_{11}+\frac{11bk^4\pi^4}{420l^3}\mathrm{d}_{22}+\frac{3k^2\pi^2}{5b^2l}\mathrm{d}_{21}+\frac{k^2\pi^2}{5bl}\mathrm{d}_{33} & \frac{2l}{b^2}\mathrm{d}_{11}+\frac{b^2k^4\pi^4}{210l^3}\mathrm{d}_{22}+\frac{2k^2\pi^2}{15l}\mathrm{d}_{21}+\frac{4k^2\pi^2}{15l}\mathrm{d}_{33}
\end{bmatrix} \tag{18.85}$$

式中的 d_{ij} 表示弹性矩阵的元素（式 17.20 或式 17.21）。

当一个条带受沿 z 方向以矩形分布的荷载（图 18.19）作用时，约束力的相容子向量为（参见式 18.74）：

$$\{F_b^*\}_k = -b\int_{y_1}^{y_2}\int_{\xi_1}^{\xi_2} q_z[L]_k^T \mathrm{d}\xi \mathrm{d}y \tag{18.86}$$

式中 q_z 为荷载集度。

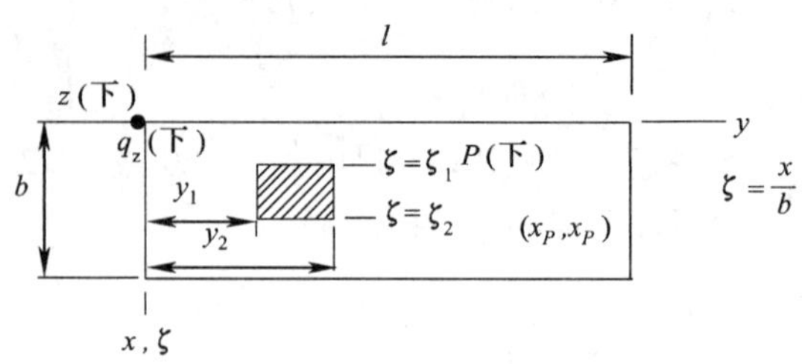

图 18.19 式 18.86 和式 18.87 所考虑的有限窄条荷载

当一个集中荷载 P 作用在 (x_p, y_p)（图 18.19）时，式 18.86 变为

$$\{F_b^*\}_k = -P[L(\xi_p, y_p)]_k^{\mathrm{T}} \qquad \text{式中 } \xi_p = x_p/b \tag{18.87}$$

当荷载 q_z 在条带的整个区域均不发生变化时，式 18.86 变为

$$\{F_b^*\}_k = -q_z\left\{\frac{b}{2}, -\frac{b^2}{12}, \frac{b}{2}, \frac{b^2}{12}\right\}\int_0^l Y_k \mathrm{d}y \tag{18.88}$$

若以正弦函数表示 Y_k（式 18.58）时，当 k 分别为奇数或偶数时，式 18.88 中的积分分别以 $2l/k\pi$ 或者零代替。

当受弯板由沿结点线的梁来加强时，为确保位移的一致性，假设挠度 w 和扭转角 θ 沿着梁的长度以有限条带中的函数 Y 变化。为计算梁对系统刚度的加强作用，可以采用梁的弯曲刚度和扭转刚度（见习题 18.15 答案），在有限条带的刚度矩阵加上与 w 和 θ 相应的对角系数。

例 18.5 简支矩形板

对边长为 l 和 c 的水平矩形板，求出各种情况下的中央处挠度：(a) 向下的单位长度为 q 的线荷载，沿着与 l 平行的对称轴方向；(b) 单位面积为 q 的向下的均布荷载作用。板四边简支，厚度 h 保持不变，材料各向同性并且弹性模量为 E，取泊松比 $\nu=0.3$，长宽比 $l/c=2$ 。

将板分为两平行于 l 方向的条带。由于对称性，只需取其中一个条带进行分析，条带可以图 18.18(a) 表示，结点线 1 和 2 分别沿简支边和板中线，条带的宽 $b=c/2=l/4$。位移参数 w_1 和 θ_2 为零，这样就只有两个未知量：

$$\{D\} = \{\theta_1, w_2\}$$

在 (a) 情况下，只有一半的线荷载集度 $p/2$ 作用在所考虑的半幅板面上。

对各向同性且厚度 h 保持不变的板，弹性矩阵的元素为（式 17.21）

$$d_{11} = d_{22} = \frac{Eh^3}{12(1-\nu^2)} = 91.58\times10^{-3}Eh^3$$

$$d_{21} = \nu d_{11} = 27.47\times10^{-3}Eh^3$$

$$d_{33} = \frac{Eh^3}{24(1+\nu)} = 32.05\times10^{-3}Eh^3$$

半幅板的子矩阵 $[S]_{kk}$ 由式 18.85 删去第一、第四行以及第一列和第四列后给出。

$$[S]_{kk} = 10^{-3}Eh^3\begin{bmatrix} 732.6+0.663\,7k^4+30.13k^2 & \text{对称} \\ \frac{1}{c}(2\,198-4.314k^4+45.19k^2) & \frac{1}{c^2}(8\,797+103.5k^4+1\,085k^2) \end{bmatrix}$$

由于 k 值为偶数，两种荷载情况下约束力的相容子向量为零。对 $k=1,3,\cdots$，子矩阵为（式

18.76 和 18.88)

$$[F]_k=-\begin{bmatrix}0 & -\frac{b^2}{12}\left(\frac{2l}{k\pi}\right)\\ \frac{p}{2}\frac{2l}{k\pi} & q\frac{b}{2}\left(\frac{2l}{k\pi}\right)\end{bmatrix}=\begin{bmatrix}0 & q\frac{c^3}{12k\pi}\\ -\frac{2pc}{k\pi} & -\frac{qc^2}{k\pi}\end{bmatrix}$$

平衡方程为

$$[S]_k\{D\}_k=-\{F\}_k$$

代入并解出 $k=1$ 和 $k=3$ 时的方程得到两种荷载情况下的结点位移参数为：

$$[D]_1=\frac{c^2}{Eh^3}\begin{bmatrix}-0.5470p & -0.3751qc\\ 0.1865pc & 0.1161qc^2\end{bmatrix}$$

$$[D]_3=\frac{c^2}{Eh^3}\begin{bmatrix}-0.0205p & -0.0205qc\\ 0.0096pc & 0.0057qc^2\end{bmatrix}$$

可以看出第三项 $k=3$ 的作用较第一项而言非常小，利用 $k=1$ 和 $k=3$，板中央处($\xi=1$，$y=l/2$)的挠度如下(式 18.59)：

(a)情形：

$$w_{中央}=\frac{pc^3}{EH^3}\left(0.1865\sin\frac{\pi}{2}+0.0096\sin\frac{3\pi}{2}\right)=0.1769\frac{pc^3}{EH^3}$$

(b)情形：

$$w_{中央}=\frac{qc^4}{EH^3}\left(0.1161\sin\frac{\pi}{2}+0.0057\sin\frac{3\pi}{2}\right)=0.1104\frac{qc^4}{EH^4}$$

同样问题的“精确”解[1]分别为 $0.1779pc^3/EH^3$ 和 $0.1106qc^4/EH^3$。

挠度计算的高度精确性由两条窄条和两项非零项组成，为了达到同样的精确度，在弯矩的计算中，尤其含集中荷载时，有必要利用大量的窄条和多项式。

最后，任意点的应变和应力可以通过式 18.82，式 17.15 和式 17.40 利用位移来计算。

18.13　混合有限元

位移分量假定变化为(见式 17.25)

$$\{f\}=[L]\{D^*\} \tag{18.89}$$

式中 $\{D^*\}$ 是节点位移，$[L]$ 是位移形函数。应变和应力分量通过式 17.37 到式 17.40 来确定。

这里将讨论两种混合有限元公式化的方法：混合应力和混合应变公式[2]。在第一种方法中，位移假定按照式 18.89 变化则应变按照一个假定的多项式

$$\{\sigma\}=[P]\{\beta\} \tag{18.90}$$

在第二种方法中，除了位移场(式 18.89)外，应变场假定为：

$$\{\varepsilon\}=[P]\{\alpha\} \tag{18.91}$$

1　见 Timoshenko，S. 与 Wojnowsky－Krieger，S. 板壳理论. 2 版. McGraw Hill，纽约，1959。

2　这一节的材料的基础是 Ghali. A.，Chieslar，J. 混合有限元//结构工程期刊。1986，112(11)，美国土木工程协会：2478－2493。

在后两个方程中，$[P]$表示假定多项式；$\{\beta\}$ 和 $\{\alpha\}$ 分别作为关于应变参数和应力参数的未知因子。

在混合应变和混合应力公式化中，有限元有 2 个未知参数系，然而在为了获得结构刚度母表组合单元母表之前，系数 $\{\beta\}$ 和 $\{\alpha\}$ 通过合并来消除。平衡方程 $[S]\{D\} = -\{F\}$ 是通过 22.9 到 22.11 节讨论的一般方法导出和求解的。

在混合单元和位移基本单元公式中，施加在单元体上的力由一致约束节点力表示（式 17.47）：

$$\{F^{*}b\} = -\int_V [L]^{\mathrm{T}}\{p\}\,\mathrm{d}V \tag{18.92}$$

式中是 $\{p\}$ 单位体积上的体力。

18.13.1 应变场和应力场

这里我们给出一个例子，平面应力[1]和平面应变混合应力单元具有角节点和每个节点两个自由度，多项式 $[P]$ 通过式 18.90 成功描述其应力场：

$$[P] = \begin{bmatrix} 1 & y & 0 & 0 & 0 \\ 0 & 0 & 1 & x & 0 \\ 0 & 0 & 0 & 0 & 1 \end{bmatrix} \tag{18.93}$$

该例中的应力向量是 $\{\sigma\} = \{\sigma_x, \sigma_y, \sigma_z\}$ 。

对于一般的四边形，x 和 y 可以用自然坐标 ξ 和 η 代替，在推导单元母表时采用雅各比矩阵是必要的（18.8 节）。相同的矩阵 $[P]$ 用来推导混合应变单元。

应力或应变参数的数量，$\{\beta\}$ 或 $\{\alpha\}$ ，必须至少等于单元自由度数和某点最小自由度数的差值，该点为了阻止其刚体位移而受到约束。图 18.20 所示单元有 8 个自由度，若在 3 个坐标处没有位移那么刚体运动就不会发生（2 个在 x 方向 1 个在 y 方向）。因此，对于这个单元来说，在 $\{\beta\}$ 或 $\{\alpha\}$ 中的系数最少为 5 个。

18.13.2 混合应力公式

为此我们将采用虚功原理（式 6.36），这里可写成：

$$\{F^{*}\}^{\mathrm{T}}\{D^{*}\} = \int \{\sigma\}^{\mathrm{T}}\{\varepsilon\}\,\mathrm{d}V \tag{18.94}$$

这个方程中的符号可能有两种实验结果。一种，$\{F^{*}\}$ 和 $\{\sigma\}$ 代表实际的节点力和相应的应力，而 $\{D^{*}\}$ 和 $\{\varepsilon\}$ 表示虚节点位移和相应的应变。第二种，$\{D^{*}\}$ 和 $\{\varepsilon\}$ 是实的而 $\{F^{*}\}$ 和 $\{\sigma\}$ 是虚的。

这两种结果会在混合单元公式中使用。式 18.90 和 18.91 将被认为是代表实应力和实应变，但是虚应变将用来推导位移形函数（式 17.39）：

$$[B] = [\partial][L] = [\{B\}_1, \{B\}_2 \cdots \{B\}_n] \tag{18.95}$$

式中是 $[\partial]$ 微分算子的母表（见式 17.11 的母表），是节点位移的数量。$[B]$ 的每一列都可以用来表示一个虚应变场。

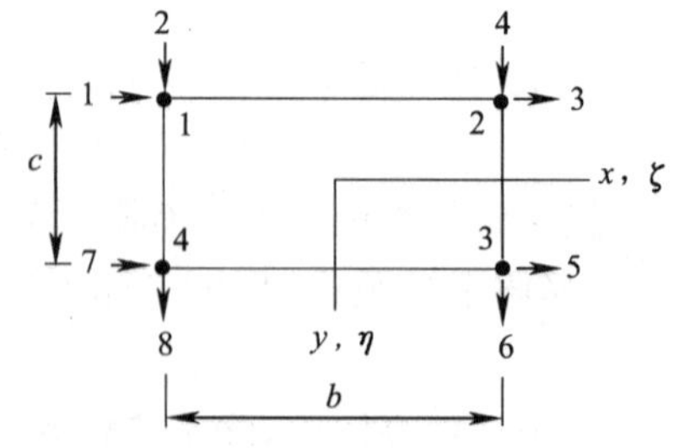

图 18.20 对于平面应力和平面应变分析的混合有限元

1 Pian, T. H. H., Sumihra, k. 对假定应力有限元的合理探讨//工程中数值方法的国际期刊. 1984(20): 1685 – 1695。

我们对一个有限元应用虚功原理，该有限元受到节点力$\{F^*\}$的作用，并产生应力$\{\sigma\}=[P]\{\beta\}$。设虚位移场对应$D^*=1$，而其他的节点位移为0。相应得虚应变为

$$\{\varepsilon\}_1=\{B\}_1=[\partial]\{L\}_1 \tag{18.96}$$

为此，由式18.94得

$$\{F^*\}^{\mathrm{T}}\begin{Bmatrix}1\\0\\\cdots\end{Bmatrix}=\int_V\{\sigma\}^{\mathrm{T}}\{\varepsilon\}_1\mathrm{d}V \tag{18.97}$$

代入式18.90得

$$\{F^*\}^{\mathrm{T}}\begin{Bmatrix}1\\0\\\cdots\end{Bmatrix}=\int_V([P]\{\beta\})^{\mathrm{T}}\{B\}_1\mathrm{d}V \tag{18.98}$$

重复应用式18.94，使用虚向量$\{0,1,0,\cdots\}$和$\{B\}_2$，并合并结果，我们得到

$$\{F^*\}^{\mathrm{T}}[I]=\{\beta\}^{\mathrm{T}}\int_V[P]^{\mathrm{T}}[B]\mathrm{d}V \tag{18.99}$$

我们可以把式18.99写为

$$\{F^*\}=[G]^{\mathrm{T}}\{\beta\} \tag{18.100}$$

式中

$$[G]=\int_V[P]^{\mathrm{T}}[B]\mathrm{d}V \tag{18.101}$$

当$[P]$第i列产生应力时，$[G]i$列的元素是指作用在节点的力。$[G]$任意列元素形成一组自平衡力（见例18.6）。

为了确定已知应力场$\{\sigma\}=[P]\{\beta\}$相应得出节点力，以上推导$[G]$的过程和重复应用单位位移定理是等价的。

以上所涉及元素的应变可以通过下式由应力确定：

$$\{\varepsilon\}=[e]\{\sigma\}=[e][P]\{\beta\} \tag{18.102}$$

式中 $[e]=[\mathrm{d}]^{-1}$

这里，$[\mathrm{d}]$是材料弹性矩阵（式6.11，17.12，17.13，17.20和17.21）；$[e]$是式6.9中对应各向同性的三维实体。

再次应用虚功原理，但是$\{D^*\}$和$[e][P]\{\beta\}$表示实际位移和实际应变，$[G]^{\mathrm{T}}$和$[P]$表示虚力和虚应力：

$$[G]\{D^*\}=\int_V[P]^{\mathrm{T}}[e][P]\{\beta\}\mathrm{d}V \tag{18.103}$$

或

$$[G]\{D^*\}=[H]\{\beta\} \tag{18.104}$$

式中

$$[H]=\int[P]^{\mathrm{T}}[e][P]\mathrm{d}V \tag{18.105}$$

矩阵$[H]$是个对称矩阵，对称矩阵为准柔度矩阵，以下解释也是如此。对于正常的柔度矩阵，我们将节点处单位力产生的应变和应力的乘积积分。对于准柔度矩阵，我们也将应变和应力的乘积积分，但它们对应的是节点力$[G]$。我们可以$[H]$的逆矩阵前乘$[G]^{\mathrm{T}}$和后乘$[G]$得出混合应力单元的刚度矩阵：

$$[S^*]_{混合应力} = [G]^T[H]^{-1}[G] \tag{18.106}$$

这个方程可以通过使用式 18.104 消去$\{\beta\}$由式 18.100 推出：

$$[G]^T[H]^{-1}[G]\{D^*\} = \{F^*\} \tag{18.107}$$

或

$$[S^*]\{D^*\} = \{F^*\} \tag{18.108}$$

以上两个方程比较得出式 18.106。

若节点位移已经确定(通过结构的等效方程得出)，单个混合应力单元的应变参数可以通过式 18.104 确定：

$$\{\beta\} = [H]^{-1}[G]\{D^*\} \tag{18.109}$$

混合应力单元中单位节点位移产生的应变为

$$[\sigma_u]_{混合应力} = [P][H]^{-1}[G] \tag{18.110}$$

式中，$[\sigma_u]$是应力矩阵。乘积$[P][H]^{-1}[G]$和基本位移有限元中的乘积$[\mathrm{d}][B]$是等价的(式 17.41 和 17.42)。

例 18.6　平面应力状态的矩形单元

推导平面应力分析中混合应力矩形单元的矩阵$[G]$和$[H]$(图 18.20)。单元有恒定的厚度h、弹性模量E和泊松比ν。使用式 18.93 的多项式矩阵和式 17.31，式 17.32 得出的形状方程。

$$[B] = \begin{bmatrix} \partial/\partial x & 0 \\ 0 & \partial/\partial y \\ \partial/\partial y & \partial/\partial x \end{bmatrix}[L]$$

$$= \frac{1}{4}\begin{bmatrix} -\frac{2}{b}(1-\eta) & 0 & \frac{2}{b}(1-\eta) & 0 & \frac{2}{b}(1+\eta) & 0 & -\frac{2}{b}(1+\eta) & 0 \\ 0 & -\frac{2}{c}(1-\xi) & 0 & -\frac{2}{c}(1+\xi) & 0 & \frac{2}{c}(1+\xi) & 0 & \frac{2}{c}(1-\xi) \\ -\frac{2}{c}(1-\xi) & -\frac{2}{b}(1-\eta) & -\frac{2}{c}(1+\xi) & -\frac{2}{b}(1-\eta) & \frac{2}{c}(1+\xi) & \frac{2}{b}(1+\eta) & \frac{2}{c}(1-\xi) & \frac{2}{b}(1+\eta) \end{bmatrix}$$

代入式 18.101 得

$$[G] = \int_V [P]^T[B]\mathrm{d}V = h\frac{bc}{4}\int_{-1}^{1}[P]^T[B]\mathrm{d}\xi\mathrm{d}\eta$$

$$= hbc\begin{bmatrix} -1/(2b) & 0 & 1/(2b) & 0 & 1/(2b) & 0 & -1/(2b) & 0 \\ c/(12b) & 0 & -c/(12b) & 0 & c/(12b) & 0 & -c/(12b) & 0 \\ 0 & -1/(2c) & 0 & -1/(2c) & 0 & 1/(2c) & 0 & 1/(2c) \\ 0 & b/(12c) & 0 & -b/(12c) & 0 & b/(12c) & 0 & -b/(12c) \\ -1/(2c) & -1/(2b) & -1/(2c) & 1/(2b) & 1/(2c) & 1/(2b) & 1/(2c) & -1/(2b) \end{bmatrix}$$

平面应力状态的弹性矩阵的逆矩阵是(式 17.12)

$$[e][\mathrm{d}]^{-1} = \frac{1}{E}\begin{bmatrix} 1 & -\nu & 0 \\ -\nu & 0 & 0 \\ 0 & 0 & 2(1+\nu) \end{bmatrix}$$

将该矩阵和式 18.93 代入式 18.105 得

$$[H]=\frac{hbc}{E}\begin{bmatrix} 1 & & & & \text{对} \\ 0 & c^2/12 & & & \\ -\nu & 0 & 1 & & \text{称} \\ 0 & 0 & 0 & b^2/12 & \\ 0 & 0 & 0 & 0 & 2(1+\nu) \end{bmatrix}$$

通过这个单元获得的精确结果与习题 18.18 的 2 个位移基本单元比较。

18.13.3 混合应变公式

现在我们考虑一个应变场为$\{\varepsilon\}=[P]\{\alpha\}$的单元(式 18.91)而相应的应力场就为

$$\{\sigma\}=[\mathrm{d}]\{\varepsilon\}=[\mathrm{d}][P]\{\alpha\} \tag{18.111}$$

如同 18.13.2 节一样,在两种不同的方法中应用虚功原理(式 18.94)得

$$\{F^*\}=[\bar{G}]\{\alpha\} \tag{18.112}$$

和

$$[\bar{G}]\{D^*\}=[\bar{H}]\{\alpha\} \tag{18.113}$$

式中

$$[\bar{G}]=\int_V[P]^{\mathrm{T}}[\mathrm{d}][B]\mathrm{d}V \tag{18.114}$$

和

$$[\bar{H}]=\int_V[P]^{\mathrm{T}}[\mathrm{d}][B]\mathrm{d}V \tag{18.115}$$

$[\bar{G}]$任意第 i 列的元素是节点力,该力产生了$[P]$第 i 列的应变向量。对称矩阵 $[\bar{H}]$作为准刚度矩阵。

混合应变单元的刚度矩阵是

$$[S^*]_{\text{混合应变}}=[\bar{G}]^{\mathrm{T}}[\bar{H}]^{-1}[\bar{G}] \tag{18.116}$$

应变参数为(式 18.113):

$$\{\alpha\}=[\bar{H}]^{-1}[\bar{G}]\{D^*\} \tag{18.117}$$

混合应变单元的应力矩阵是

$$[\sigma_u]_{\text{混合应变}}=[\mathrm{d}][P][\bar{H}]^{-1}[\bar{G}] \tag{18.118}$$

在基本位移有限元中这个方程 4 个矩阵的乘积可以代替$[\mathrm{d}][B]$的乘积。

18.14 小　　结

在本章和 17 章中,我们通过有限单元法讨论了结构分析中的主要思路和方法。因为有限元法是位移法的应用,所以以上论述才有可能成立。在前面的章节以及 22 章、23 章,我们将广泛讨论位移法。

在这本书的总参考目录中包含了关于有限元的书籍,其中有些书包含关于该问题更广泛的参考书目。

习　　题

18.1　推导习题 7.3 中等参数单元的$[S]$。设节点 1,2,3 处的横截面积分别等于 2_α,α_0

和1. 25α_0 。为了对这些数值进行插值，使用位移形函数。计算两个样本点的积分。若用 3 个或 4 个样本点，结果会发生改变吗？

18. 2　图示两个荷载施加在单元边界上。确定约束力的相容向量，设位移变化：(a) 每相邻两个节点是线性的，(b) 二次多项式。使用拉格朗日插值法（图 18. 3）。图 10. 9 包含(a)的答案。当图 18. 7 中温度上升引起一致的节点力 $q_1 = q_2 = q_3 = q$ 时，比较(b)的答案。

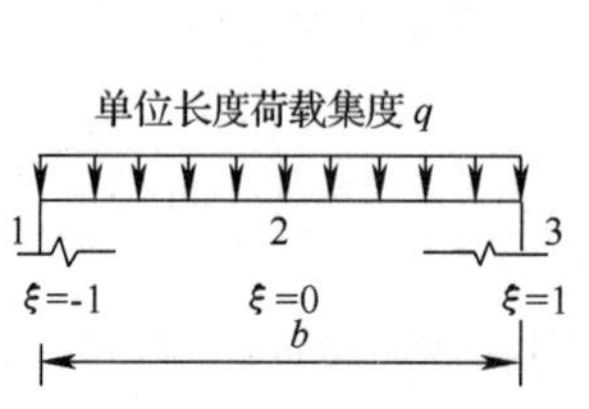

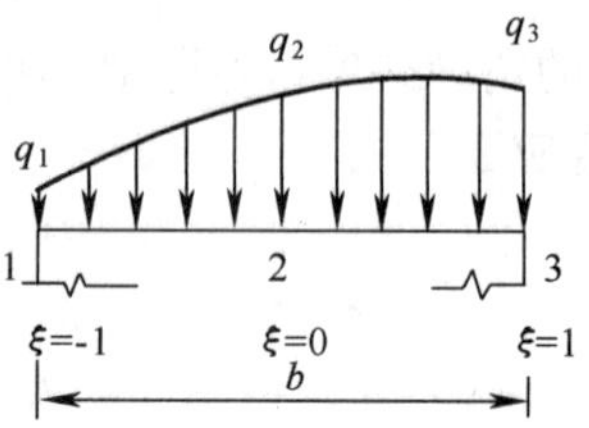

习题　18. 2 图

18. 3　利用图 18. 5 中的形函数验证图 18. 7 给出的约束节点力的相容向量。

18. 4　利用拉格朗日插值法（图 18. 3），构造所示单元的形函数 L_1, L_2, L_{10}, L_{11}。当单元施加每单位体积 q_y 的均匀荷载时，利用这些形函数并考虑对称性和等效性，确定在 y 方向上节点力的相容方程。

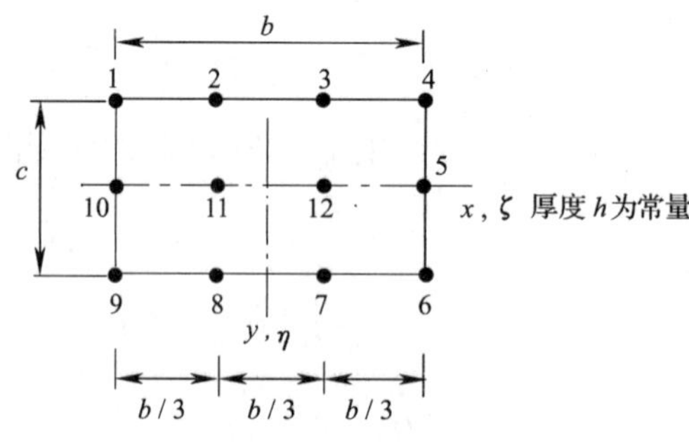

习题　18. 4 图

18. 5　在一个线性应变三角形中，试确定在节点 1，2，3 处的应变。$D_1^* \equiv u_1 = 1$ 和 $D_2^* \equiv u_1 = 1$

18. 6　对于图 18. 9 所示单元，式 18. 35 和 18. 36 的形函数得出线性应变。习题 18. 5 的答案得出了三角形 3 个角的应变。通过线性插值，利用面积坐标，确定单元任意点的应变。这里给出矩阵[B]的前两列。

18. 7　利用习题 18. 6 的答案确定线性应变三角形的 S_{11}^* 和 S_{12}^*（图 18. 9）。

18. 8　三角弯曲单元，三条边为 l。推导它的[B]和[S^*]。设厚度恒为 h 和材料各向同性 $\nu = 0.3$。

18. 9　图示六角形水平板在角处简支且在中心受到集中荷载 P 的作用。将板划分为 6 个相等的三角形单元（见习题 18. 8），然后计算在中心点的挠度和 A 点处的弯矩。通过 y 轴的左边或右边的力矩验证 M_x 值。

18. 10　若习题 18. 9 的板沿着边缘固定，板底部和顶部分别有 $T/2$ 和 $-T/2$ 的温度变化，求中心点的挠度和 A 点的弯矩 M_x，M_y 和 M_{xy}。热膨胀系数为 α。

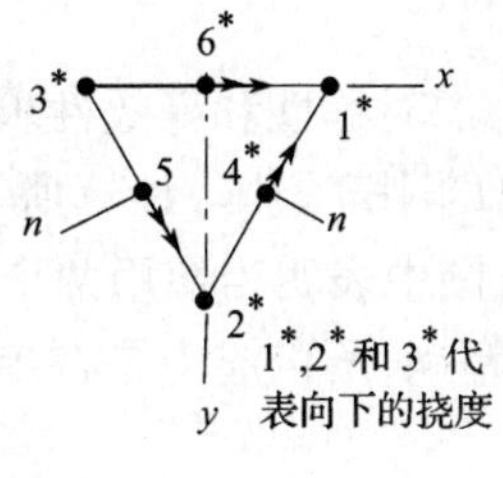

习题　18.8 图

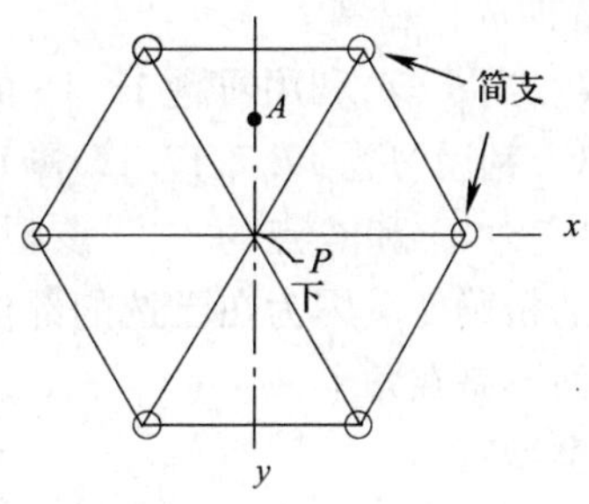

习题　18.9 图

18.11　采用一个窄条和级数的一项，计算所示板在 A 点的挠度和 B 点的 M_x。板施加 q 每单位面积的均匀荷载。设厚度恒为 h，泊松比 $\nu=0.2$。

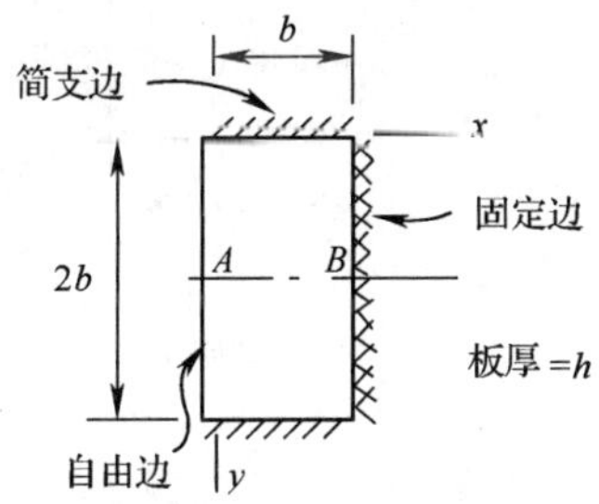

习题　18.11 图

18.12　如习题 18.11。沿着平行于 x 轴的中心线对板施加 p 每单位长度的均匀荷载。

18.13　一个四边形简支板受到 q 每单位面积的均匀荷载，求中心点处的挠度。设厚度恒为 h，边长 l，$\nu=0.3$ 的各向同性材料。

18.14　求例题 18.5 中板沿着中心线的挠度变化。静压力为 $q_z=q_0y/l$。

18.15　图示为在两边简支的矩形板的俯视图，另外两边都用梁刚性连接。梁中心的横截面和板的中面在同一平面；梁的横截面积性质是 $I=3lh^3/100$ 和 $J=4lh^3/100$。泊松比 $\nu=0$。在板中心处施加集中荷载 P。

(a) 求出对于有限窄条刚度组成的梁的弯曲和扭转刚度。用正弦级数来表示梁的挠度 w 的变化，和转角 θ 的变化。

(b) 求出中跨板中心的挠度和边梁的弯矩。将板分为两个窄条且采用级数的一项。

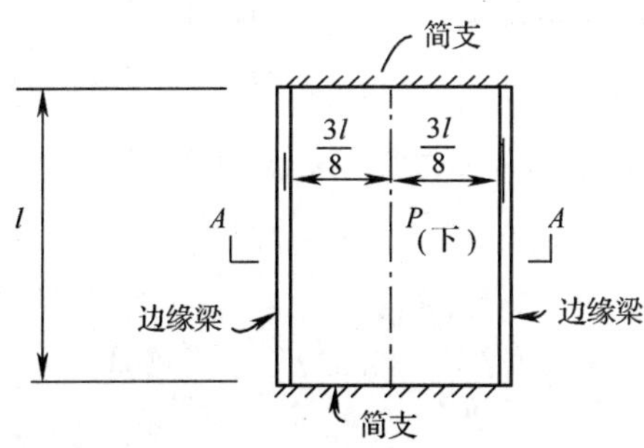

习题　18.15 图

18.16　导出图 18.20 中混合平面应力单元的 S_{11}^*，S_{21}^*，S_{31}^*，S_{41}^* 和 S_{51}^*。设厚度为常数 h 和 ν

=0.2 的各向同性材料。

18.17　当 $b=c$，利用习题 18.16 的结果并考虑对称性和等效性求混合矩形单元的$[S^*]$。

18.18　利用习题 17.7，17.15 和 18.17 导出的刚度矩阵，计算所示几种悬臂梁 A 点的挠度，B 点的应力 σ_x 和 C 点的 τ_{xy}。该题答案如图，图中表明当使用两个基本位移单元和一个混合单元时的精确度。因为在已选的部位，应力更精确，所以应力是在单元中间的纵截面上的两点确定的而不是在角上。

单元类型：

1 基本位移单元，8 个自由度（例题 17.2）；

2 基本位移单元，12 个自由度（例题 17.3）；

3 混合应力单元，8 个自由度（例题 18.6）。

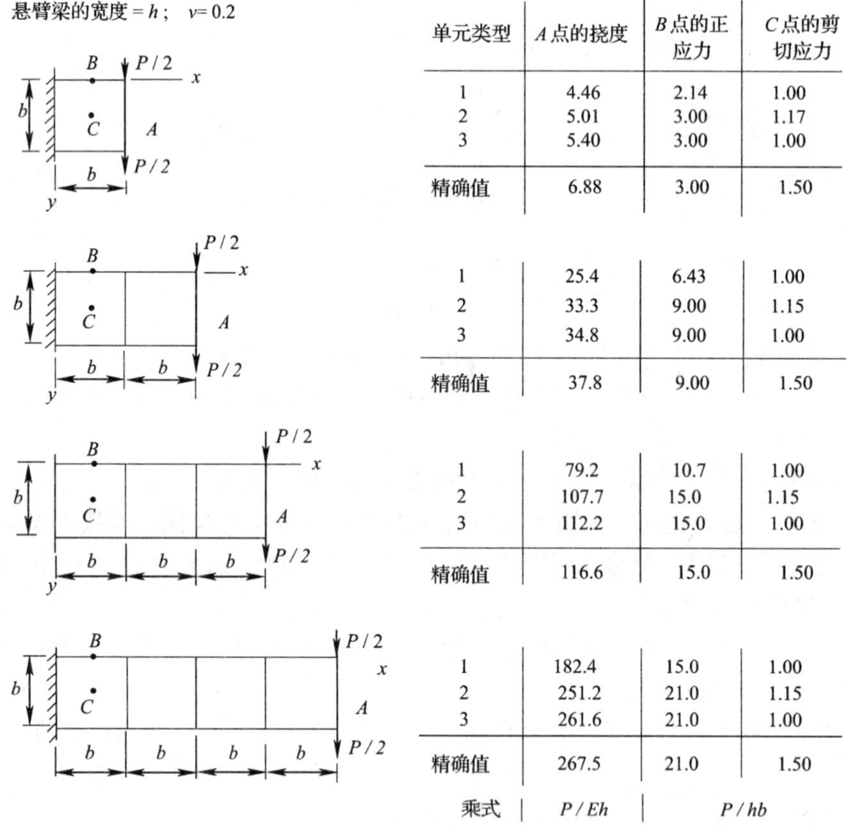

单元类型	A 点的挠度	B 点的正应力	C 点的剪切应力
1	4.46	2.14	1.00
2	5.01	3.00	1.17
3	5.40	3.00	1.00
精确值	6.88	3.00	1.50
1	25.4	6.43	1.00
2	33.3	9.00	1.15
3	34.8	9.00	1.00
精确值	37.8	9.00	1.50
1	79.2	10.7	1.00
2	107.7	15.0	1.15
3	112.2	15.0	1.00
精确值	116.6	15.0	1.50
1	182.4	15.0	1.00
2	251.2	21.0	1.15
3	261.6	21.0	1.00
精确值	267.5	21.0	1.50
乘式	P/Eh	P/hb	

习题　18.18 图

19 连续梁和框架的塑性分析

19.1 引 言

结构的弹性分析对于研究结构在设计荷载作用下的性能,特别耐用性是很重要的。然而,如果荷载增大到以至有些位置发生屈服,结构则经历弹塑性变形,当荷载再进一步增大就到达全塑性状态,在这种状态下使结构变为一个形成足够数量塑性铰的机构。在任一附加荷载作用下,这个机构会被破坏。对此失效机构的研究和对破坏荷载大小的认识对于确定结构分析中的荷载系数是必要的。换句话说,如果荷载数已确定,那么结构可以设计成它的破坏荷载等于或大于该荷载系数与其运营荷载的乘积。

以塑性方法为基础的结构设计(称为极限设计)用得越来越多,并为各种实用规范所采纳,特别是钢结构。假设材料按图 19.1 所示理想方式产生变形。在到达屈服应力之前,应变和应力互成正比,在屈服应力时,应力没有任何增加,而应变却无限增大。这种类型的应力-应变关系与低碳钢中存在的特性是非常相似的。然而,这里存在由于应变硬化所产生的强度储备,但这在本章分析中不作考虑。

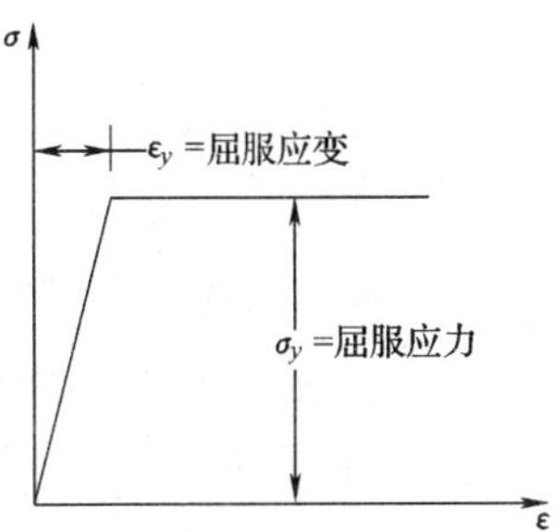

图 19.1 理想状态下弹塑性应力应变关系

现在我们将考虑平面框架的塑性分析原理,在该原理中,屈曲不稳定是被预防不会产生的,疲劳破坏或脆性破坏是不考虑。在大多数情况下,破坏荷载的求算属于试凑方法,在大的结构中,可能使人腻烦。借助适合于利用计算机计算的位移法进行极限分析的一般过程将在 23 章中讨论。

19.2 极 限 力 矩

考虑一个梁,其横截面具有如图 19.2(a)所示的对称轴。令该梁在对称平面内发生弯曲,如果其弯矩很小,整个截面中的应力和应变成直线变化,如图 19.2(b)所示。当力矩增加时,顶面纤维到达屈服应力(图 19.2(c));力矩进一步增大,底面纤维也到达屈服应力,如图 19.2(d)中所示。如果弯矩继续增大,屈服则从外边纤维向里面扩展直到上下两个屈服区域相交为止(图 19.2(e)),在这种状态下的横截面被称为完全塑性状态。

在完全塑性状态下,极限力矩的值可以用屈服应力 σ_y 来计算。由于在所考虑情况下轴向力为零,完全塑性状态下中性轴将其截面划分为两个相等面积,总拉力和总压力均分别等于 $(a\sigma_y/2)$,形成一个等于下列极限力矩的力偶:

$$M_p = \frac{1}{2}a\sigma_y(\overline{y_c} + \overline{y_t}) \tag{19.1}$$

式中 y_c 和 $\overline{y_t}$ 分别为完全塑性状态下中性轴至压力面积的形心和拉力面积的形心的距离。

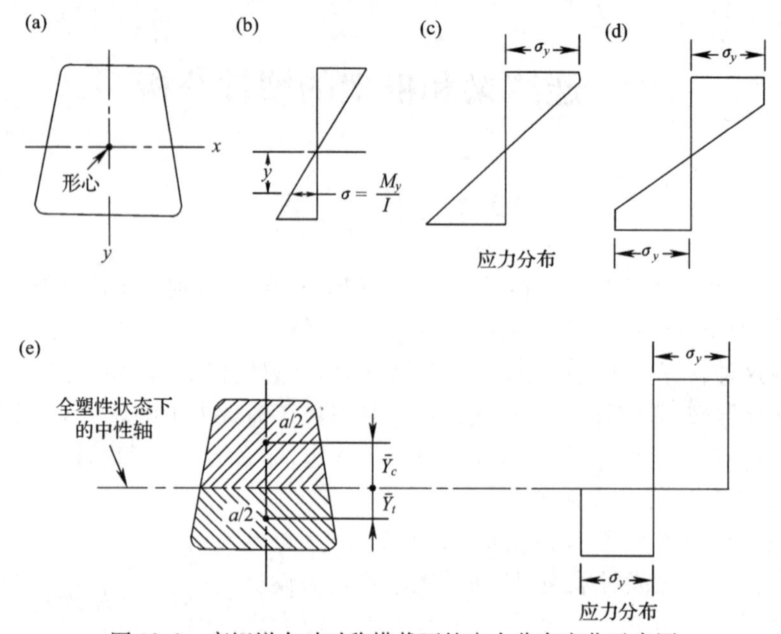

图 19.2　弯矩增大时对称横截面的应力分布变化示意图

(a)梁的横截面;(b)弹性阶段;(c)顶面纤维的进入塑性状态;(d)顶面和底面纤维都进入塑性状态。

不超过屈服应力的截面所能承受的最大力矩为 $M_y=\sigma_y Z$,式中 Z 为截面模量。比值 $a=M_q/M_y$ 取决于横截面的形状,称为形状系数,它总是大于 1。对于宽度为 b、高度为 d 的矩形截面,$Z=b\mathrm{d}^2/6$,$M_p=\sigma_y b\mathrm{d}^2/4$,因而,$a=1.5$. 对于实心圆形截面 $a=1.7$,而对于 I 形梁和槽形梁,a 则在 1.15 至 1.17 的很小范围内变化。

19.3　简支梁的塑性状态

为了考虑位移,让我们假设一截面处弯矩与曲率的理想化关系如图 19.3 所示。

如果作用在简支梁跨中的荷载 P(图 19.4(a))产生的弯矩一直增大到使跨中横截面完全进入塑性状态时的极限力矩 M_p,那么在该截面就形成了一个塑性铰,当荷载进一步增大时,梁将发生破坏。按照所假设理想化关系,在荷载不变的情况下塑性铰处的曲率和转脚将继续增大,挠度也是如此。其毁坏荷载 P_c 可以根据静力学容易的求出:

$$P_c=4M_p/l \tag{19.2}$$

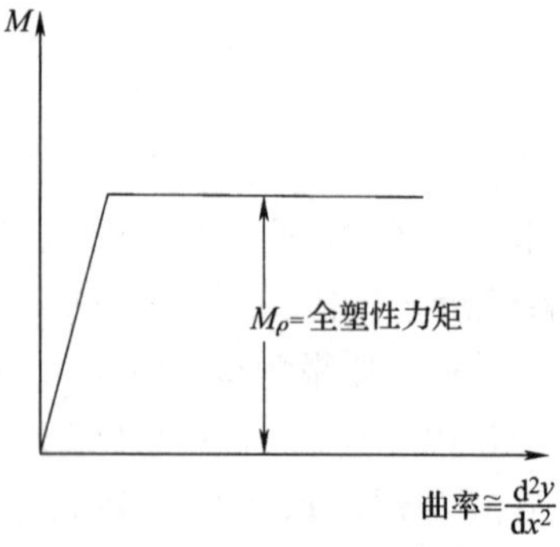

跨中以外其他截面处的弯矩均小于 M_p,由于所假设的理想化关系,离开此截面处的梁仍保持弹性状态。在弹性阶段和塑性阶段时梁的弯曲变形均示于图 19.4(b)中。破坏过程中挠度的增大是由于中间铰处转动所引起,此时铰两边的两半部分梁的曲率变化不一致。图 19.4(c)表示了梁在破坏过程中挠度的变化,梁的每一半部分为一直线。同时该图还说明梁了的破坏机制。

M
M_ρ=全塑性力矩
曲率≅$\frac{d^2y}{dx^2}$

图 19.3　理想状态下弯矩和挠度的关系

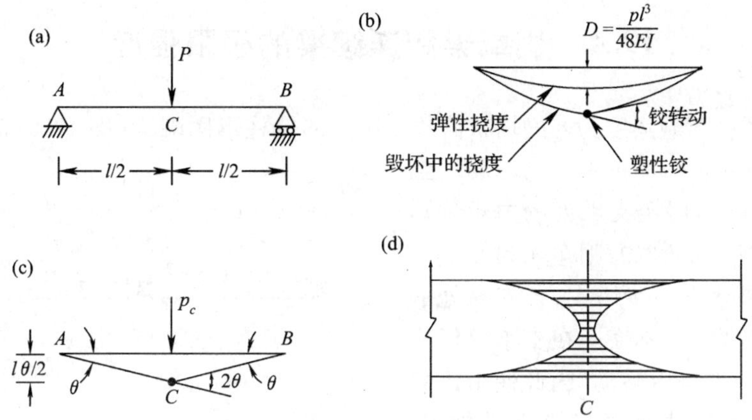

图 19.4　简支梁的塑性特性

(a)简支梁;(b)挠曲线;(c)梁破坏时的挠度变化;(d)梁跨中截面附近的屈服区域立面图。

梁的破坏荷载(这也适用于超静定结构)可通过使破坏机构发生虚位移过程中的外功和内功相等来求出。令图 19.4(c)中梁的每半部分发生一个虚转角 θ,因此铰处相应的转角为 2θ,荷载 P_c 的向下位移为 $l\theta/2$。令 P_c 所做的功等于塑性铰处力矩 M_p 所做的功,我们得到

$$P_c = \frac{l\theta}{2} = M_p 2\theta \tag{19.3}$$

这与式 19.2 的结果相同。

此梁的荷载与中央挠度之间的理想化关系用图 19.5 中 OFM 线来表示。当达到相应于图 19.5 中 F 点所示的破坏荷载时,跨中处的弹性挠度为

$$D_F = P_c \frac{l^3}{48EI} \tag{19.4}$$

然而,实际的荷载挠度关系却是沿虚线 GKE 的。当跨中截面到达屈服力矩 $M_y(=\sigma_y Z)$ 时,顶面的或底面的纤维,或者二者都发生屈服,弹性状态结束。如果荷载进一步增大,那么在此截面处屈服向里扩展,而且还横向地扩展到其他靠近的截面。图 19.4(d)说明了这种屈服的扩展情况。在到达 M_y 之后,荷载每增大单位值时挠度以较大速率增加,直至到达 M_p 为止,如图 19.5 中曲线 GK 所示。在实践中,热轧钢在破坏荷载的作用过程中其截面的荷载挠度曲线将表现为有继续微小的上升(线 KE),这是由于应变强化所引起,在通常塑性分析中一般是不考虑的。

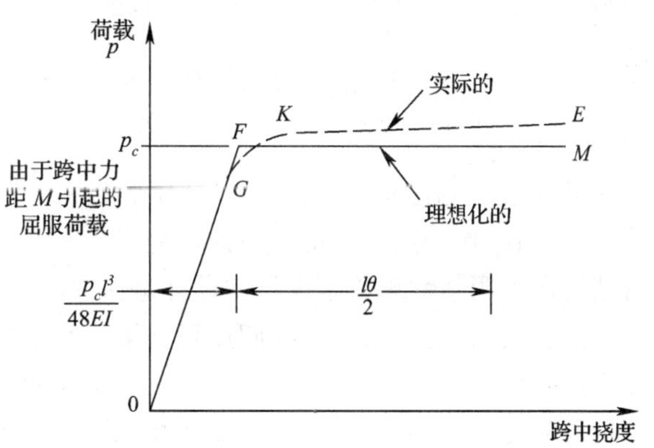

图 19.5　图 19.4 中梁的荷载挠度关系曲线

19.4　固端梁和连续梁的极限强度

考虑一个承受荷载集度为 q 的均布荷载作用下的棱柱形固端梁(图 19.6(a)),所产生的弯矩 $M_A = M_c = -ql^2/12$ 和 $M_B = ql^2/24$。当荷载集度增大到 q_1,以至支承处的力矩到达完全塑性力矩 $M_p = q_1 l^2/12$,则在 A 和 C 处形成塑性铰。如果 q 进一步增大,各支承处的力矩将保持为常数 M_p 不变。在支承处形成的塑性铰将会产生自由转动,因此使由于超过 q_1 的荷载引起的挠度将与简支梁相同。当荷载集度达到 q_c 使跨中产生大小为 M_p 的力矩,也因此在 B 处形成第三个塑性铰时梁将发生破坏。对于荷载集度 $q = q_1$,$q_1 < q < q_c$ 和 $q = q_c$ 情况下所引的梁弯矩图均示于图 19.6(b)中,破坏机构示于图 19.6(c)中。破坏荷载 q_c 借下列虚功方程来计算:

$$M_p = (\theta + 2\theta + \theta) = 2\left(\frac{q_c l}{2}\right)\frac{\theta l}{4} \quad (19.5)$$

式中 θ,2θ 和 θ 分别为塑性铰 A,B 和 C 处的虚转角,$\theta l/4$ 为梁的一半部分上合成荷载相应的向下位移。式 19.5 给出了破坏荷载的集度:

$$q_c = \frac{16M_p}{l^2} \quad (19.6)$$

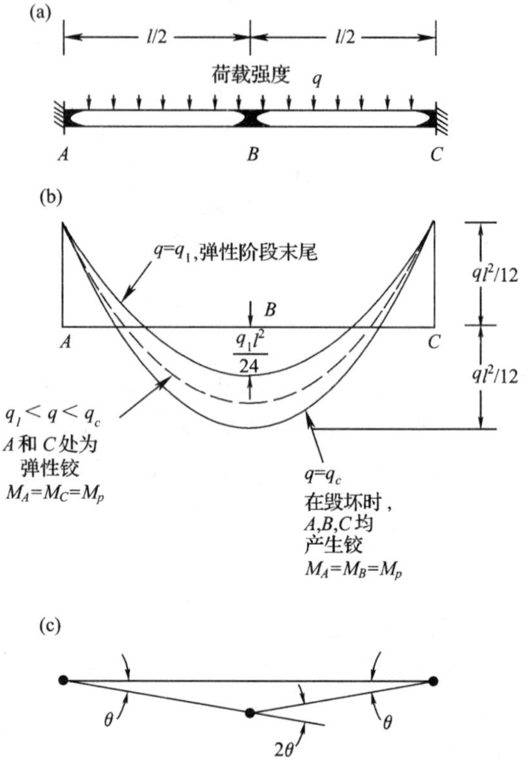

图 19.6　固端梁在均布荷载作用下的破坏

(a)梁概图;(b)3 种荷载集度下面的弯矩图;(c)破坏机构。

如果梁是实心矩形截面,$M_p = 1.5M_y$,按弹性理论以 σ_y 作为最大纤维应力计算的最大荷载强度为 $q_B = 12M_y/l^2$。因而比值 $q_c/q_E = 2$,这清楚的指出用弹性理论考虑梁的设计是保守的。

在连续梁的塑性设计中,我们按简支梁承受乘了荷载系数的设计荷载绘出弯矩图。可以选择任意值作为各支承处的弯矩,并绘一封闭线如图 19.7(d)中的 $AB'C'D$。于是任一截面处的弯矩值为封闭线与简支梁弯矩图之间的纵坐标。如果截面的选择使任何地方的塑性抵抗力矩等于或超过其弯矩,梁将具有所要求的极限承载能力。然而,当一规则截面在采用使机构产生破坏的尺寸时,一般也就达到了最经济的设计。

如果梁的截面已给定或已假定,那么相应的所有可能破坏机构的破坏荷载值也就确定了。实际的破坏荷载是所有这些当中的最小值。例如,考虑图 19.7(a)中的定截面连续梁,该梁的塑性抵抗力矩为 M_p。我们想要求出引起破坏的两个相等荷载 p 的值,这个值用 P_c 表示。结构的失效仅可能按图 19.7(b)和(c)所示两种破坏机构之一发生。对两种机构运用虚功方程,我们得到:

$$P_{c1}\left(\frac{l\theta}{2}\right)=M_p(\theta+2\theta+\theta)\qquad（见图 19.7(b)）$$

从而得
$$P_{c1}=8M_p/l\tag{19.7}$$

$$P_{c2}\left(\frac{l\theta}{2}\right)=M_p(\theta+2\theta)\qquad（见图 19.7(c)）$$

从而得
$$P_{c2}=6M_p/l\tag{19.8}$$

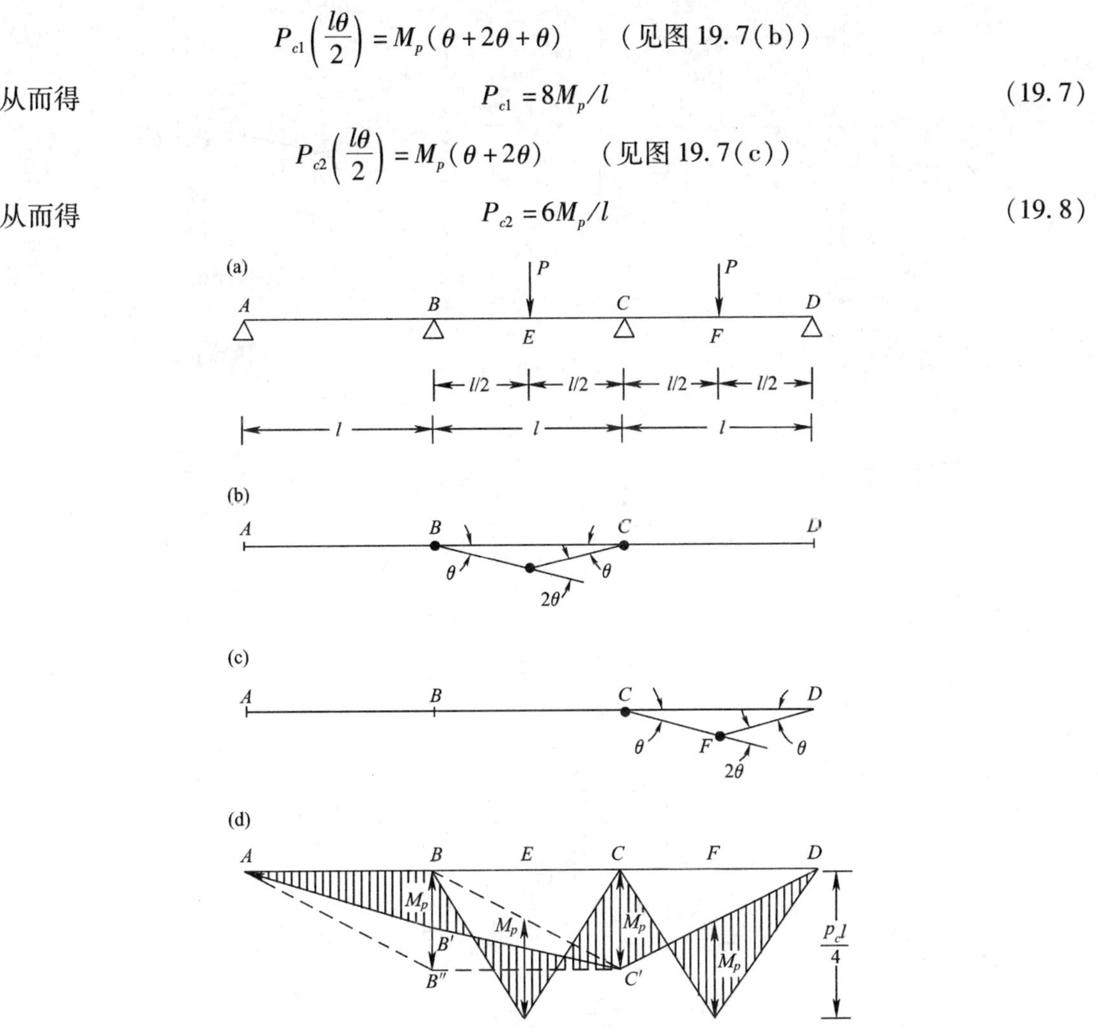

图 19.7　连续梁的塑性分析

(a)塑性抵抗力矩为 M_p 的定截面连续梁；(b)破坏机构 1；(c)破坏机构 2；(d)弯矩图。

上述两个值中的最小值为真正的毁坏荷载，即 $P_c=6M_p/l$。其相应弯矩图绘于图 19.7(d)中，图中 C 和 F 处的弯矩值均等于 M_p。当发生破坏时，A 和 C 之间梁的部分仍处于弹性阶段，B 处的弯矩可借助分析 A 和 C 处为铰接、C 处承受大小为 M_p 的顺时针方向的力偶、E 处承受竖直荷载 $P_c=6M_p/l$ 的连续梁 ABC 来计算。然而，这种计算，在极限状态设计法中没有实用价值。显然，弯矩图的封闭线 $AB'C'$ 可位于极限线 $AB''C'$ 和 ABC' 之间任一位置，没有一个截面弯矩超过 M_p。

19.5　矩 形 门 架

让我们确定图 19.8(a)中所示框架的破坏荷载，假设梁 BC 的塑性抵抗力矩为 $2M_p$，立柱为 M_p。这里仅有 3 种可能的破坏机构，示于图 19.8(b)，(c)和(d)中。

对这些破坏机构分别运用虚功方程得出：

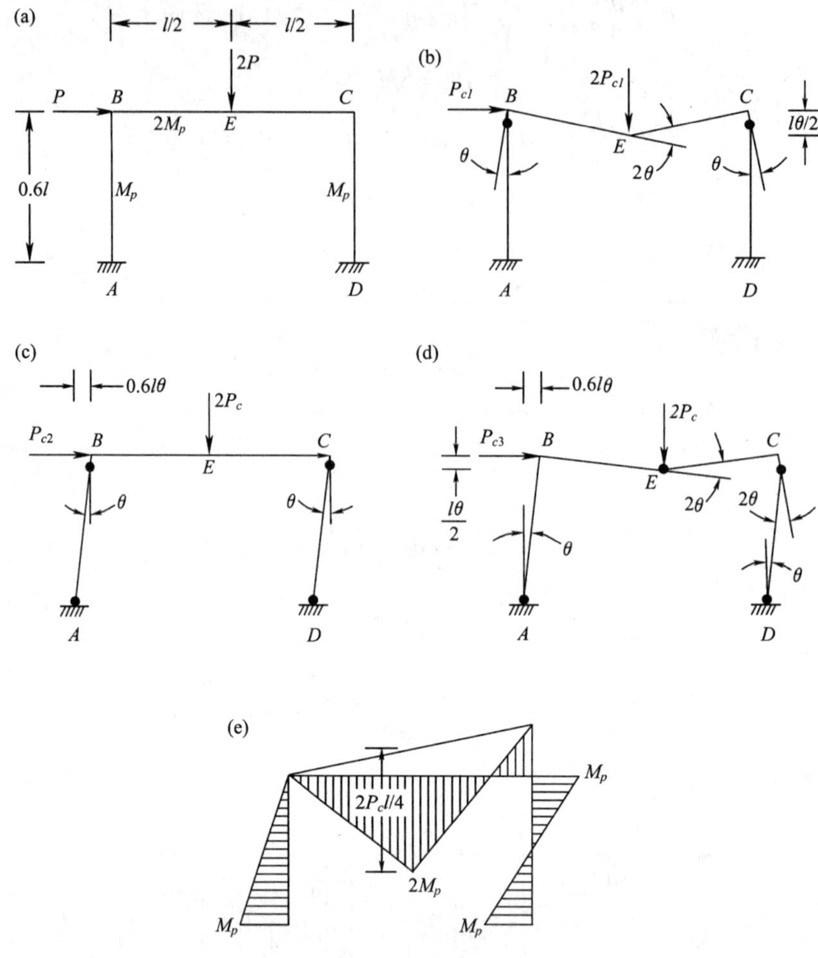

图 19.8 矩形门式框架的塑性分析

(a)框架基本结构和加载情况;(b)构相应破坏荷载 P_{c1} 的破坏机构;(c)相应与破坏荷载 P_{c2} 的破坏机构;(d)相应与破坏荷载 P_{c3} 的破坏机构;(e)破坏时的弯矩图。

$$M_p(\theta+\theta)+2M_p(2\theta)=2P_{c1}\left(\frac{l\theta}{2}\right) \qquad (见图 19.8(b))$$

或

$$P_{c1}=\frac{6M_p}{l} \tag{19.9}$$

$$M_p(\theta+\theta+\theta)=P_{c2}(0.6l\theta) \qquad (见图 19.8(c))$$

或

$$P_{c2}=6.67\frac{M_p}{l} \tag{19.10}$$

和

$$M_p(\theta+\theta+2\theta)+2M_p(2\theta)=P_{c3}(0.6l\theta)+2P_{c3}\left(\frac{l\theta}{2}\right) \qquad (见图 19.8(d))$$

或

$$P_{c3} = 5\frac{M_p}{l} \tag{19.11}$$

P_{c1}，P_{c2}和P_{c3}中的最小者为其破坏荷载，因此$P_c = 5M_p/L$，框架将按图19.8(d)中所示的机构失效。图19.8(e)中的相应弯矩图的纵坐标在塑性铰A，C和D处为M_p，在E处为$2M_p$，任何地方都不超过塑性抵抗力矩。借证明图19.8(e)中弯矩图满足静力平衡可对计算进行校核。

19.5.1　分布荷载下塑性铰的定位

考虑前节中所分析的框架，但是采用分布于梁BC上的荷载集度为$4P$的竖向均布荷载，同时水平荷载P不变，如图19.9(a)所示。在这种情况下，BC中最大正弯矩的位置是不知道的，因而需要确定塑性铰的位置。

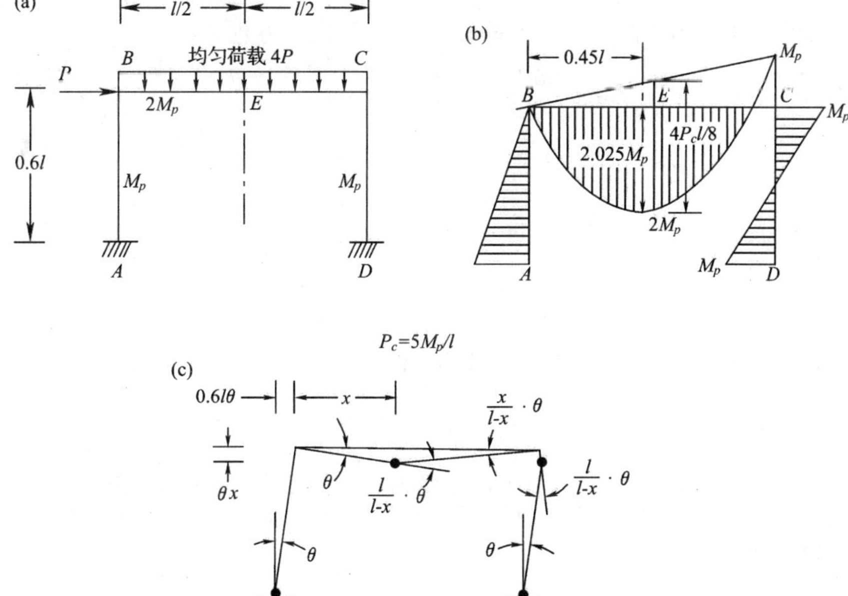

图19.9　在19.5.1节中承受均布荷载的框架分析

(a)框架基本结构及其荷载分布；(b)图19.8d中的机构承受；(c)图中荷载情况下的弯矩图；(d)相应与破坏荷载P_c的机构。

将虚功方程用于图19.8(d)中所示的机构，它承受的荷载如图19.9(a)所示，且假设梁上的铰位于跨中处。梁的每一半部分承受合力为$2P_{c3}$的竖向荷载，该荷载移动竖直距离$l\theta/4$。水平力的内虚功和外虚功与前面式19.11相同，因此有：

$$M_p(\theta+\theta+2\theta) + 2M_p(2\theta) = P_{c3}(0.06l\theta) + 2\times 2P_{c3}\left(\frac{l\theta}{4}\right) \tag{19.12}$$

这个方程给出与方程19.11式相同的破坏荷载值。

图19.8(d)中机构承受图19.9(a)的荷载的弯矩图示于图19.9(b)中，由图可以看出梁的左半部分是稍超出全塑性力矩$2M_p$的。

最大力矩发生于距离B为$x=0.45l$处，其值为$2.025M_p$。由此得出结论：假设的破坏机构是不正确的，理由是梁中的塑性铰不应位于跨中央。计算值$P_c = 5M_p/l$是破坏荷载值的上限。如果荷载 P_c 已给定，那么结构必须按略微大于 $P_c l/5$ 进行设计，这个 $P_c l/5$ 值认为是所要求的塑性力矩的下限。显然，如果按

$$M_p = \frac{2.025}{2}\left(\frac{P_c l}{5}\right) = 1.0125\frac{P_c l}{5}$$

设计，结构将是安全的。

所以，所需要求的 M_p 值为

$$\frac{P_c l}{5} < M_p < 1.0125\frac{P_c l}{5} \qquad (19.13)$$

这些限定规定了 M_p 的值在 1.25% 以内，在实际工程中是足够精确的。精确的 M_p 值可在图 19.9(c)的机构中考虑离 B 点距离为 x 处有一塑性铰 F 来计算。运用虚功方程，可以得出用 x 表达的 M_p。然后，选择使 M_p 为最大值的 x 值，亦即 $\mathrm{d}M_p/\mathrm{d}x = 0$。

各铰处的转动和荷载的平动均示于图 19.9c 中，其虚功方程为

$$M_p\left(\theta + \theta + \frac{l}{l-x}\theta\right) + 2M_p\left(\frac{l}{l-x}\theta\right) = P_c(0.6l\theta) + \frac{4P_c}{l}x\left(\frac{x\theta}{2}\right) + \frac{4P_c}{l}(l-x)\left(\frac{x\theta}{2}\right)$$

或

$$M_p = P_c\frac{(0.6l^2 + 1.4/x - 2x^2)}{(5l - 2x)} \qquad (19.14)$$

令 $\mathrm{d}M_p/\mathrm{d}x = 0$，我们得到

$$4x^2 - 20/x + 8.2l^2 = 0 \qquad (19.15)$$

从而 $x = 0.4505l$。代入 19.14 式，我们得到 M_p 最大值：

$$M_p = 1.0061\frac{P_c l}{5} \qquad (19.16)$$

此 x 和 M_p 的值与从图 19.9(b)中的弯矩图所得的近似值 $x = 0.45l$ 和保守的 $M_p = 1.0125 \times \left(\frac{P_c l}{5}\right)$ 值稍有不同。

19.6 基本机构的组合

现在我们可以考虑平面框架的塑性分析。在假设位置处引进足够数量的塑性铰以形成一个机构，用虚功法计算出相应的破坏荷载。按这种途径所确定的值是正确的承载能力的上限，亦即这样所示的破坏荷载大于正确的荷载。换句话说，如果对于按任一机构计算出的指定破坏荷载产生的塑性力矩 M_p 是所必需的塑性抵抗力矩值的下限。在实际计算中，可借考虑基本机构并将它们组合以得出最低的亦即正确的承载能力来达到正确的机构。

考虑图 19.10(a)中等截面框架，其相应杆件的全塑性力矩值均已出示。图 19.10(b)、(c)和(d)中表示出了 3 种基本机构，每一种的功的方程在旁边已给出。

机构 2 给出了最小的 P_c，我们将它与其他机构组合达到更小的 P_c 值。图 19.10(e)和(f)中表示出了两种组合方式。机构 4 为机构 2 和 3 的组合，并修改中央柱上面铰的位置。由此所得破坏荷载为 $P_{c4} = 1.33M_p/l$。机构 5 为机构 1，2 和 3 的组合，并作了相同的修改，可得 $P_{c5} = 1.331M_p/l$，它低于前面所有的值。

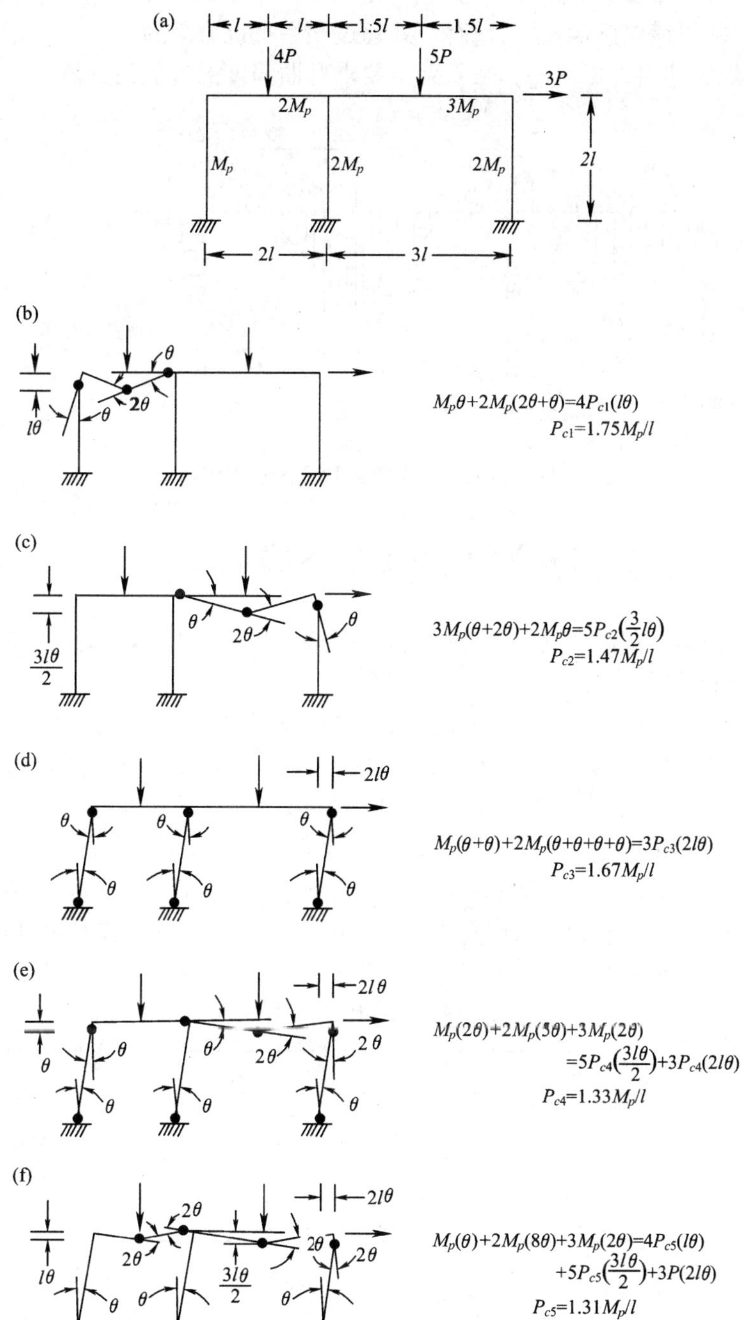

图 19.10　多跨框架的塑性分析

(a)框架结构和加载情况;(b)机构 1;(c)机构 2;(d)机构 3;(e)机构 4;(f)机构 5。

为了确定 P_{c5}是否为 P_c 的下限,给出相应弯矩图。如果没有任何截面上的力矩大于其塑性力矩,那么 P_{c5}则为下限,其解是正确的。图 19.11 的弯矩图表明组合方式 5 是正确的机构。在绘制此图时,首先画出塑性铰处已知力矩的值,然后借静力学导出其他纵坐标。

在绘弯矩图时,我们可能会发现在某些截面处力矩超出抵抗塑性力矩。如果超出甚微,比如5%，那么考虑框架可承受前面的所计算的荷载降低1/1.05是安全的。有些刊物[1]建议，如果对于规定毁坏荷载按错误机构计算，没有一处超过塑性抵抗力矩的30%，那么可增大 M_p 的计算值，使其增加最大超出力矩的一半来得到所要求弯曲强度的近似估算值。

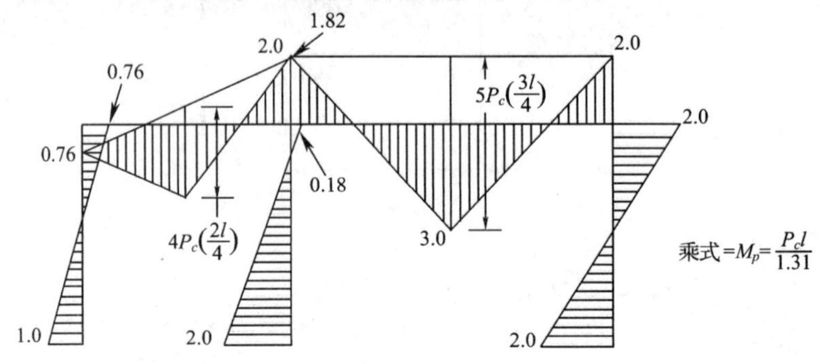

图19.11　在图19.10(f)中机构5的弯矩图

19.7　带有斜杆的框架

在计算非矩形框架中塑性铰处各杆端的夹角时，确定破坏过程中框架的一部分所围绕着转动的瞬时中心可能是很方便的。

考虑图19.12(a)中的人字框架，它的试用的机构1在图19.12(b)中给出。连接塑性铰 A 和 C，并将线 AC 延长与 GF 延线相交，定出 CDF 部分的转动中心 O。ABC 部分和 GF 部分分别挠绕 A 和 G 转动。在破坏过程中，C 和 F 点分别沿线 AO 和 GO 的法线移动，亦即沿圆心位于转动中心 A，O 和 G 的圆的公共切线移动。假设 GF 的转角为 θ_1，框架各部分绕其瞬时中心的转角可以容易的借几何关系确定出来：$\theta_2=\theta_1/4$，$\theta_3=3\theta_2=3\theta_1/4$。塑性铰处框架各部分的相对转角示于图19.12(b)中，其相应内虚功 W 为 A，C，F 和 G4个铰处所做功之和。因此：

$$W=M_p[\theta_3+(\theta_3+\theta_2)+(\theta_2+\theta_1)+\theta_1]=4M_p\theta_1$$

相应于上面的转动时外荷载的平动由机构的几何关系求出，得出外虚功如下：

荷载点	位移	荷载	外功(千磅－英尺)
B	$0.75\theta_1\times3b=2.25\theta_1 b$	P	$2.25Pb\theta_1$
C	$0.75\theta_1\times1.5b=1.125\theta_1 b$	$3P$	$3.375Pb\theta_1$
E	$0.25\theta_1\times1.5b=0.375\theta_1 b$	$3P$	$1.125Pb\theta_1$
			总计：$6.75Pb\theta_1$

令外功与内功相等，我们得到

$$M_p=1.6875Pb$$

如果相应于此机构的弯矩已绘出，看出在若干点处已超出 $M_p=1.6875Pb$ 值，这意味着机构1不是正确的破坏机构。第二种机构示于图19.12(c)中，对于框架的 BC，CF 和 FG 部分的瞬时中心分别为 B，O 和 G。对 FG 假设一任意微小虚转角 θ_1，其他部分的相应转角则可通过考虑该机构的几何关系以 θ_1 表示确定。由该机构的功的方程可以得出 $M_p=1.8Pb$。相应弯

1　见 Plastic Design of Steel. The American Institute of Steel construction. New York，1959：7.

矩图绘于图 19.12(d)中，M_p 值未超限，这表示破坏按机构 2 发生。

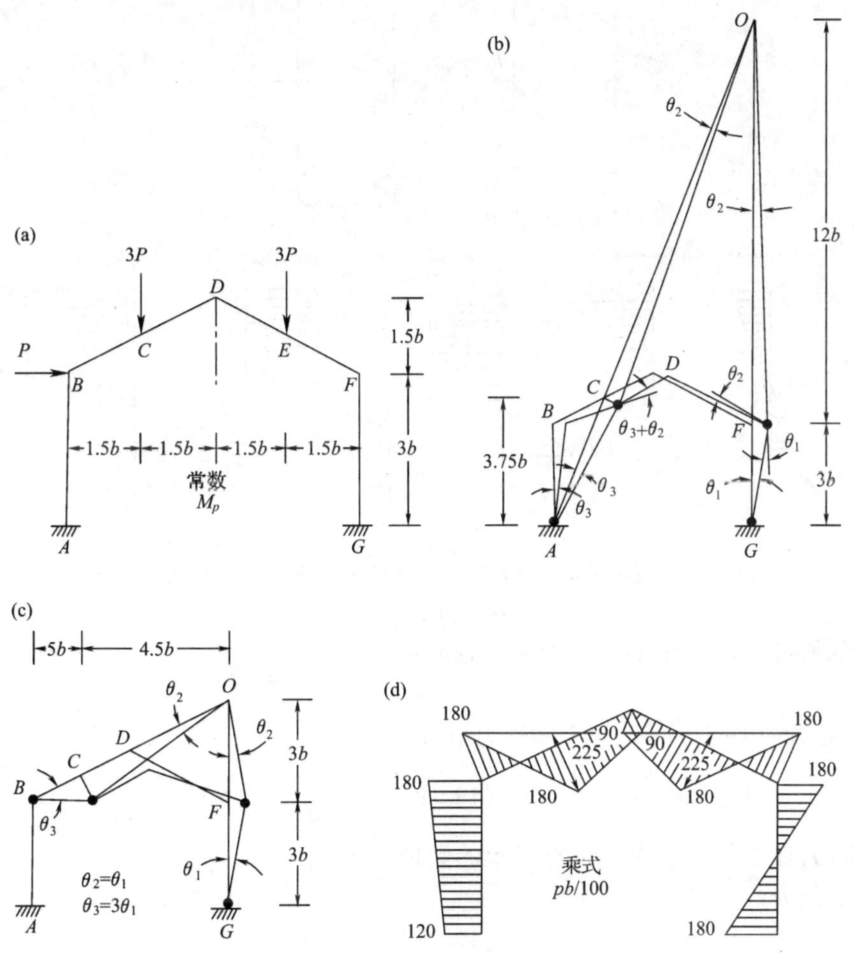

图 19.12　人字形框架的塑性分析

(a)框架结构和加载情况；(b)机构 1；(c)机构 2；(d)机构 2 的弯矩图。

19.8　轴向力对塑性承载力矩的影响

在前面各节中，我们假设塑性铰处的全塑性状态完全是由弯矩 M_p 所引起的。然而，当存在大的轴向压力或拉力时，则在低于 M_p 值的力矩 M_{pc} 作用下也可形成塑性铰。现在我们将导出承受轴向拉力或压力的矩形横截面的 M_{pc} 的表达式，在此任何屈曲效应都不予考虑。

图 19.13 表示 $b\times d$ 的矩形横截面承受轴向压力 P 和竖直平面内的弯矩 M 共同作用下的应力图。其中(a)～(e)表示在 M 和 P 的值按 M/P 为一常数逐渐增大直至梁到达全塑性阶段为止的过程中，应力分布的变化。在此全塑性阶段，轴向力和力矩的值为：

$$P=2\sigma_y b y_0 \tag{19.17}$$

和

$$M_{pc}=\frac{\sigma_y b}{4}(d^2-4y_0^2) \tag{19.18}$$

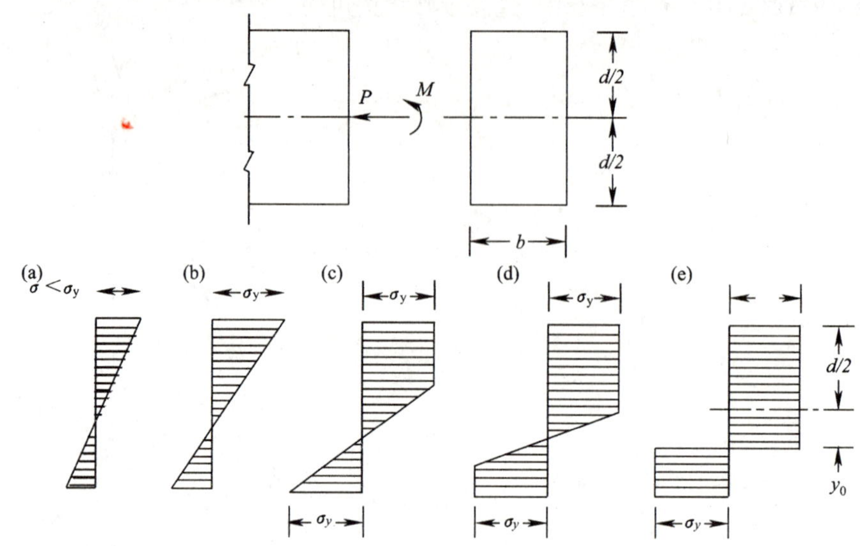

图 19.13 承受不断增大的弯矩 M 和轴力 P 且 M 和 P 的比为一定值的矩形截面上的应力分布

式中 σ_y 为屈服应力，y_0 为截面形心至中性轴的距离。

当不存在轴向力时，$y_0=0$，则全塑性力矩为：

$$M_{pc}=\sigma_y\frac{bd^2}{4} \qquad (19.19)$$

另一方面，如果是由轴向力单独引起的塑性状态，那么其值为：

$$P_y=\sigma_y bd \qquad (19.20)$$

从式 19.17 ~ 19.20，我们可以得到相互影响的方程：

$$\frac{M_{pc}}{M_p}=1-\left(\frac{P}{P_y}\right)^2 \qquad (19.21)$$

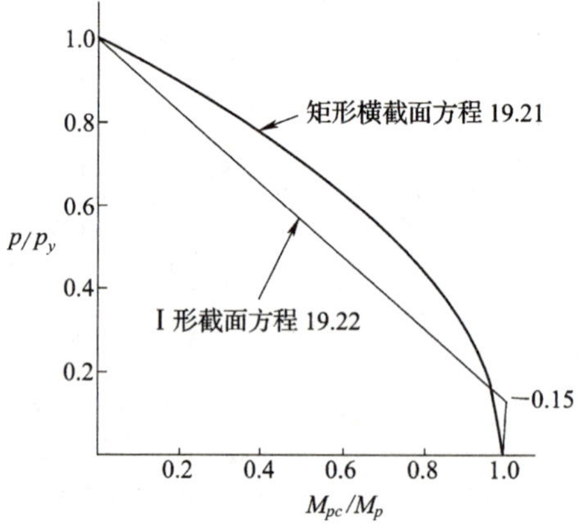

图 19.14 矩形截面和宽翼缘 I 形截面的轴力 - 弯矩相互影响曲线

图 19.14 中所绘 M_{pc}/M_p 对 P/P_y 的相互影响曲线，可用于根据仅有轴向力和仅有弯矩这两种简单情况下的强度确定轴向力和弯矩组合作用下截面的强度。

相互影响曲线的形状取决于横截面的几何形状。对于钢结构中所用的所有宽翼缘 I 形截面，其相互影响曲线位于一个窄条内，可用图 19.14 中所示两条直线近似表示[1]。从此图形可以明显看出，当 $P/P_y\leqslant 0.15$ 时，轴向荷载的效应略去不计，当 $P/P_0\geqslant 0.15$ 时，我们应用下列方程

$$\frac{M_{pc}}{M_p}=1.18\left(1-\frac{P}{P_y}\right) \qquad (19.22)$$

1 Joint Committee of the Welding Research Council and the American Society of Civil Engineers, Commentary on Plastic Desigh in Steel. ASCE Manual of Engineering Practice, New York, 1961(4).

19.9　剪力对塑性承载力矩的影响

在弯矩很大的截面中存在剪力时,将限制结构的极限承载能力低于塑性铰位置处产生全塑性力矩 M_p 时的值。虽然,在大多数实际情况下剪力的影响是微小的,但是依然存在当弯矩 M_{pc} 稍微小于 M_p 时剪力可能会产生塑性铰的情况。

在推导矩形截面和宽翼缘 I 形截面中 M_{pc}/M_p 的相互影响方程时所做的基本假定是:

1. 梁的外面部分(翼缘和腹板的一部分)处于屈服状态,仅抵抗弯矩;而中间部分处于弹性状态,抵抗剪力。

2. 通常用弹性方程来计算(矩形)中心部分的剪应力。

当纯剪作用下中心部分内的剪应力达到屈服时,按照 Mises – Henky 屈服标准则($\sigma_y/\sqrt{3}$),假设截面的抗力被耗尽。用这些假设,可以导出[1]下列方程

$$\frac{M_{pc}}{M_p}=\frac{8bc^2}{9aZ}\left(\sqrt{1+\frac{9}{4}\frac{\alpha Z}{bc^2}}-1\right) \tag{19.23}$$

式中 b 为矩形截面的宽度或 I 形截面的腹板宽度,Z 为截面模量,α 如 19.2 节末尾所定义的,c 为剪切范围(=弯矩/剪力)。

19.10　小　　结

本章仅仅是钢结构塑性设计中所需要的结构分析的入门。为了能在连续框架结构中安全和高效地应用塑性设计,以及估算其在工作荷载和极限荷载下的挠度[2],了解这种设计方法的诸多限制和约定是非常重要的,比如反复加载的影响、不稳定性等。

习　　题

19.1　试求出图中梁横截面所需要的塑性抵抗力矩,该梁的设计荷载如图中所示并乘上荷载系数 1.7。假设该梁具有:(a)定横截面;(b)两种不同横截面,其中自 A 至 B 是一种,另一种从 C 至 D。

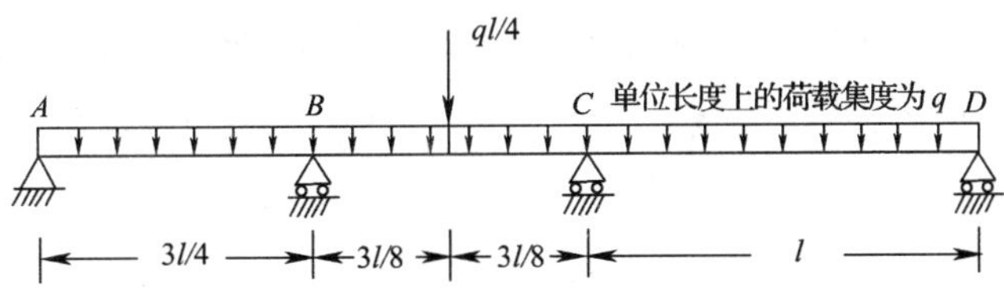

习题　19.1 图

1　参见上页注脚参考资料的 35 ~ 40 页对于此方程的论证及局限,剪力与轴力的组合效应。

2　见 Neal, B. G. The Plastic Methodstructural Analysis. 2nd ed. Chapman and Hall, London, 1963。在便览的末尾可以找到本章上页注脚涉及到的其他参考资料。

19.2 试确定图示框架在所示破坏荷载下的全塑性力矩，不考虑剪力和轴向力的影响效应。

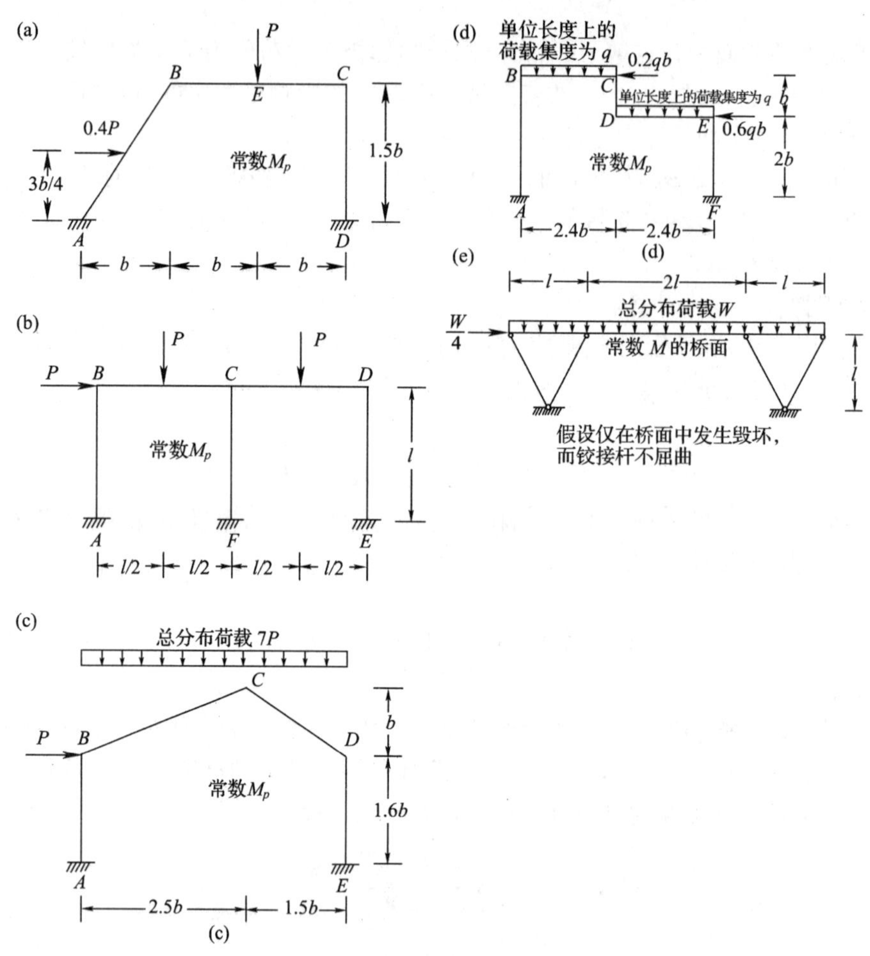

习题 19.2 图

19.3 试问习题 19.2(b)图中的框架如果考虑轴向力的影响效应(不产生屈曲)，其 M_p 值是多少。假定该框架具有不变的矩形截面，其尺寸 $b \times d$，且 $d = l/15$。

19.4 试问习题 19.1 中的梁如果考虑剪力效应，其 M_p 值是多少。假定该梁具有不变的矩形截面，截面尺寸为 $b \times d$，$d = l/30$。

20　板的屈服线法和条带法

20.1　引　　言[1]

本章对板(plate)进行了综合的论述,但是实际应用中则多限于钢筋混凝土板(slab)。由于这个原因,后面所提到的板一般是指钢筋混凝土板(slab)一词。

钢筋混凝土板的弹性分析得不到它的极限承载能力,对于这种情况要作进一步的分析。板的极限弯曲强度的精确解很少能够求出,但是确定其实际破坏荷载的上限和下限却是可能的。

屈服线分析法通过研究假设的破坏机构得出钢筋混凝土板的极限承载能力的上限。这种方法由 Johansen[2] 提出,它是估算所需要的弯曲抗力的有力工具,进而可以估算必需的配筋量,尤其是对于不规则形状和不规则荷载的板特别有用。屈服线理论中可以有两种解决的途径。一种是运用能量法,使在破坏机构发生一个虚拟小位移的过程中外功等于内功;另一种则是研究板按屈服线划分的各个部分的平衡。我们应注意,这里是要考虑板的各部分的平衡,而不是屈服线所有点处力的平衡。

与上面不大相同的是,破坏荷载的下限解是通过板中所有点都满足平衡来得到,需要确定作用荷载下处于平衡的完整的弯矩场。我们将这些下限解的讨论限于扭矩不存在的特定情况,即所谓的条带法。在进行计算中,对于设计者选择钢筋布置来说,条带法是一种比屈服线方法更为直接的设计方法。

根据屈服线法或条带法的极限荷载设计不保证抗裂或过度变形的安全。所以,当进行极限荷载设计时,为了钢筋有效分配布置,了解弹性状态的特性是必要的。

20.2　屈服线理论的基础

假设板在某一极限荷载下通过称为折断图式的屈服线系或折断线系而破坏。将极限荷载除以规定的荷载系数便得到工作荷载。对于设计,工作荷载要与此荷载系数相乘,确定所需要的极限抵抗力矩。

屈服线理论的基本依据和主要假定如下:

1. 在折断时,沿所有折断线单位长度上的弯矩为常数,并等于相应的钢筋的屈服值。假设折断是由于钢筋屈服而产生。

2. 板的各部分绕沿各支承边的轴来转动。在直接支承于立柱上的板中,其转动轴穿过各立柱。图 20.1 表示了几种典型的折断图式。

3. 在折断时,弹性变形与塑性变形相比是微小的,所以不考虑。根据这个假定和前一假定得出折断板的各部分都是平的,所以它们按直线相交。换句话讲,屈服线都是直的。

1　第 20.1,20.5,20.6,20.8,20.9 和 20.10 节。

2　Johansen, K. W. Yield - Line theory. Cement and concrete Association, London, 1962:181.

4. 位于板的两个相邻部分侧边上的折断线穿过它们转动轴的交点。

图 20.2 表示三边简支、均匀受载板的折断图式。容易看到该图式满足上面所述各项条件。板的三部分中的每一部分绕其轴转动 θ_1 角,此转动角与其他各部分的转动相联系。令 E 点和 F 点有一向下虚位移 $\omega=1$ 。于是板的各部分的转动为:

$$\theta_1=\frac{1}{c_1}\qquad \theta_2=\frac{1}{y}\qquad \theta_3=\frac{1}{c_2}$$

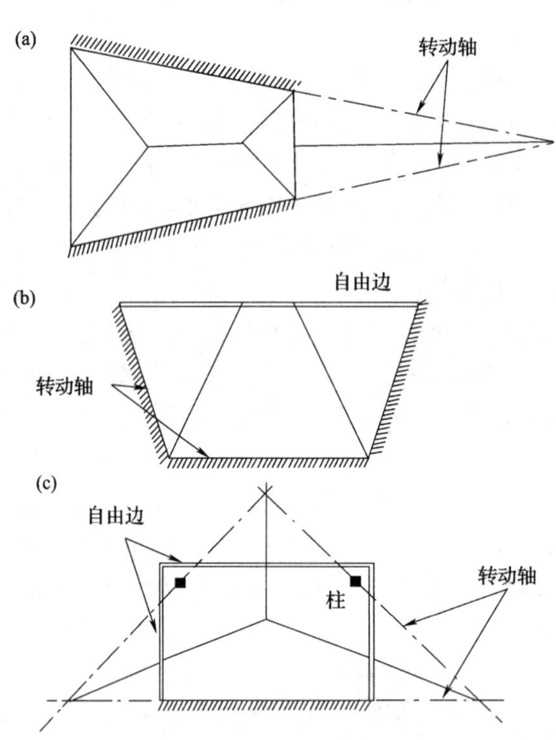

图 20.1 板的几种典型折断图式

(a)四边简支的板;

(b)三边简支一边自由的板;(c)一边简支对边简支在两个立柱上的板。

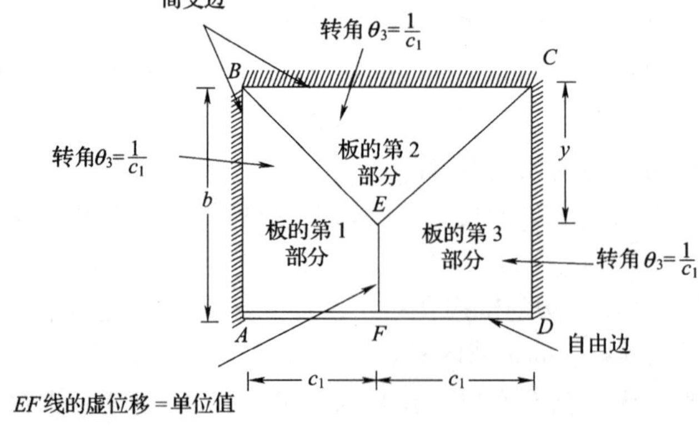

图 20.2 板各部分的转角

20.2.1 表示方法

各种支承条件表示如下:

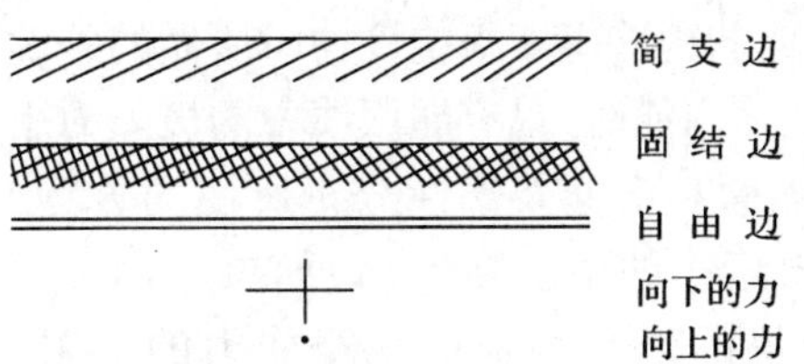

单位长度上正的极限力矩 m 引起底面钢筋屈服。正力矩所形成的屈服线称为正屈服线。单位长度上负极限力矩 m' 沿负屈服线引起顶面钢筋屈服[1]。

20.2.2　沿两个垂直方向相同配筋板的极限力矩

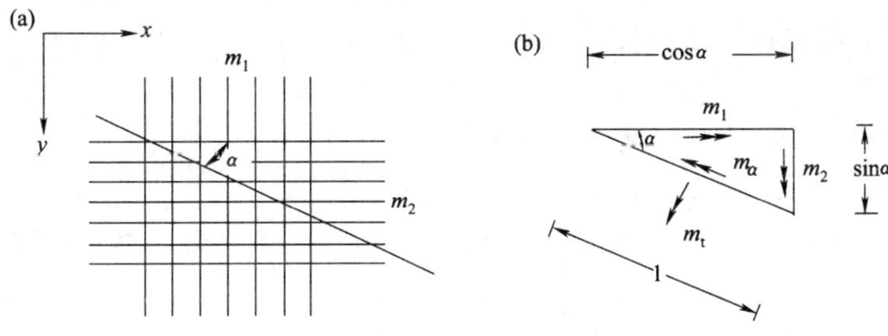

图 20.3　在倾斜于布筋方向上的折断线上的力矩

考虑相应于极限正力矩 m_1 和 m_2 沿 x 和 y 两个垂直方向采用不同配筋的加筋板(图 20.3(a))。由于图 20.3(b)中所示单元平衡,与 x 轴成 α 角的折断线处其弯矩(m_a)和扭矩(m_t)为:

$$\left.\begin{aligned} m_a &= m_1\cos^2\alpha + m_1\sin^2\alpha \\ m_t &= (m_1 - m_2)\sin\alpha\cos\alpha \end{aligned}\right\} \qquad (20.1)$$

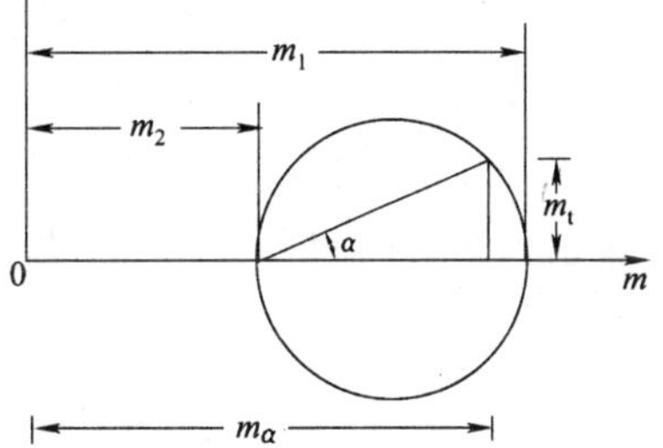

图 20.4　用摩尔圆来确定斜折断线上的力矩

图 20.3(b)中(按惯例)用与力矩相同方向转动时右手螺旋前进方向的双头箭头代表各力矩。在各向同性板中,亦即在沿两个垂直方向相同配筋的板中—— $m_1 = m_2 = m$,任一斜折断线上的力矩为:

$$\left.\begin{aligned} m_a &= m(\cos^2\alpha + \sin^2\alpha) = m \\ m_t &= 0 \end{aligned}\right\} \qquad (20.2)$$

m_a 和 m_t 的值也可由摩尔圆确定,如图 20.4 所示。

20.3　能　量　法

在此方法中,假设折断图式,并允许板像假设机构那样按折断状态挠曲。板的每一部分将

1　计算沿深度极限力矩值,钢筋的面积以及混凝土和钢筋的强度有几种方法。例如参照 American Concrete Institute Standard 318.95 Building Code Requirements for Reinforced Concrete.

绕其转动轴转动一微小虚拟转角 θ。板的各部分的转动关系由折断图式的选定来确定。在虚拟转动过程中屈服线上所消耗的内能等于板挠度曲时所做的外虚功。由这个方程可得到极限力矩的值。我们应注意,当计算内能时,只有屈服线中的极限力矩在转动过程中做功。

虚功方程(类似于第 19 章对于框架塑性分析所用的方程)不是给出正确的极限力矩值就是给出比正确的极限力矩小的值。换句话,如果应用虚功方程去求具有假设弯曲抗力的板的极限荷载,那么所得的值则为板的承载能力的上限。这意味着,所得的解不是正确的就是不安全的。在实际计算中,要假设一种或两种折断图式,所得的值通常小于正确值的 10% 。由此看来,将用虚功方程所得的力矩增大一个微小的百分数是合理的设计方法,这种增大数取决于试算的次数和选择折断图式的误差。理论上精确的图式是其极限力矩为最大值者。如果我们借助某些参数 $x_1, x_2\cdots$ 来定义折断图式是可能实现的,这种情况下功的方程给出的 m 值为这些参数的函数,即 $m=f(x_1, x_2\cdots)$。相应于最大力矩的各参数值借助偏微分来确定 $(\partial f/\partial x_1)=0$,$(\partial f/\partial x_2)=0$ 等,这种过程除了简单的板之外,可能是很费力的。在简单的板中,设计者可以定义一个合理的图式按上面所建议的那样去进行。

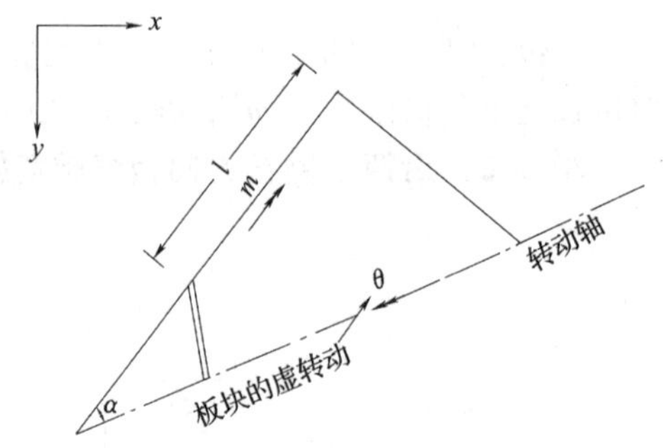

图 20.5 内虚功的计算数据

板的一部分在虚转动 θ 过程中所做的内功等于向量 $\vec{M}=\vec{ml}$ 与沿转动轴的向量 $\vec{\theta}$ 的标量积(图 20.5)。于是这部分板的内功为 $\vec{M}\cdot\vec{\theta}=ml(\cos\alpha)\theta$,式中 α 为这两个向量的夹角。这意味着,对于板的任何部分,其内功等于该部分的转动乘以极限力矩在其转动轴上的投影。有时用力矩沿板平面内两垂直方向 x 和 y 的分量来考虑是方便的,在这种情况下对于板中所有部分的总的内虚功为:

$$U=\Sigma\vec{M}\cdot\vec{\theta}=\Sigma M_x+\Sigma M_y\cdot\theta_y \tag{20.3}$$

式中 θ_x 和 θ_y 为转动向量沿 x 和 y 方向的分量,M_x 和 M_y 为向量 $\vec{ml}$ 沿 x 和 y 的分量。

如果以 x 和 y 为板上任一点的坐标,w 为相应于板的各部分虚转动的竖直位移那么总的外虚功为:

$$W=\iint qw\mathrm{d}x\mathrm{d}y \tag{20.4}$$

式中 q 为荷载集度。虚功方程为

$$W=U \tag{20.5}$$

从而

$$\Sigma(M_x\cdot\theta_x+M_y\cdot\theta_y)=\iint qw\mathrm{d}x\mathrm{d}y \tag{20.6}$$

例 20.1 三边简支的各向同性板

试确定三边简支且单位面积上作用均布荷载 q 的方形各向同性板的极限力矩。

由于对称,其折断图式可以由一个参数 x 全部确定出来,如图 20.6 所示。令三条折断线的相交处有一虚位移 $w=1$ 。板的各部分的转动为:

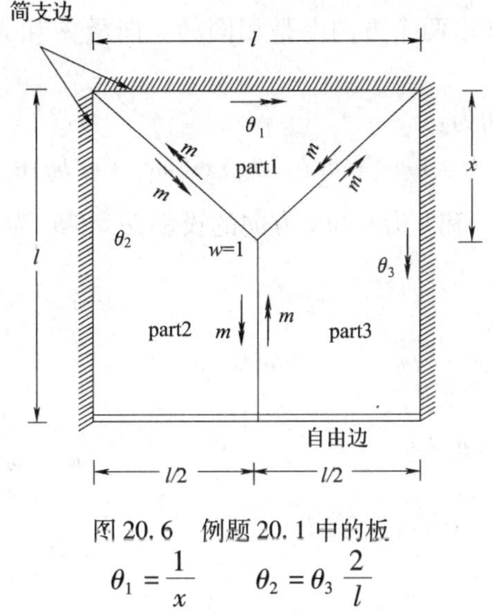

图 20.6　例题 20.1 中的板

$$\theta_1 = \frac{1}{x} \qquad \theta_2 = \theta_3 \frac{2}{l}$$

内虚功为

$$U = ml\frac{1}{x} + 2ml\frac{2}{l}$$

式中第一项用于第 1 部分，第二项用于第 2 部分和第 3 部分。

分布荷载所做的功等于每一部分上的合力乘以其作用点的竖向位移。因此：

$$W = q\left\{1\frac{xl}{2}\frac{1}{3} + 2\left[(1-x)\frac{l}{2}\frac{1}{2} + \frac{xl}{4}\frac{1}{3}\right]\right\}$$

这里，第一项仍旧是对于第 1 部分，第二项是对于第 2 部分和第 3 部分。

令内功与外功相等，

$$m\left(\frac{1}{x} + 4\right) = ql^2\left(\frac{1}{2} - \frac{x}{6l}\right)$$

据此：

$$m = ql^2\left[\frac{3 - \frac{x}{l}}{6\left(\frac{1}{x} + 4\right)}\right]$$

当 $dm/dx = 0$ 时，给出 $x/l = 0.65$ 得到 m 的最大值。其相应的极限力矩为

$$m = \frac{ql^2}{14.1}$$

20.4　正交各向异性板

某些类型的正交各向异性板的分析已被约翰逊简化为各向同性仿射板，这各向同性仿射板的边长和荷载取决于随该正交各向异性板沿两个垂直方向的极限抗力之比而变化的特定比率。

考虑图 20.7 中所示板的一部分 $ABCDEF$，这部分为正的和负的屈服线以及一个自由边所围成，假设这部分绕转动轴 $R-R$ 转动一虚转角 θ 。假设底面和顶面的钢筋沿 x 和 y 方向布

置。令沿 y 方向的钢筋提供极限力矩 m 和 m'，令沿 x 方向提供的相应值为 ϕm 和 $\phi m'$，这意味着顶面对底面钢筋的比率在沿两个方向上是相同的。向量 $\vec{c}$ 和 $\vec{b}$ 分别代表正力矩的合力矩和负力矩的合力矩[1]。

板的这一部分的内虚功为：

$$U=(mc_x+m'b_x)\theta_x+\phi(mc_y+m'b_y)\theta_y \qquad ((20.7)$$

式中 c_x，$'c_y$ 和 b_x，b_y 为长度 c 和 b 沿 x 和 y 方向的投影，θ_x 和 θ_y 为转动向量 $\vec{\theta}$ 的 x 和 y 方向上的分量。

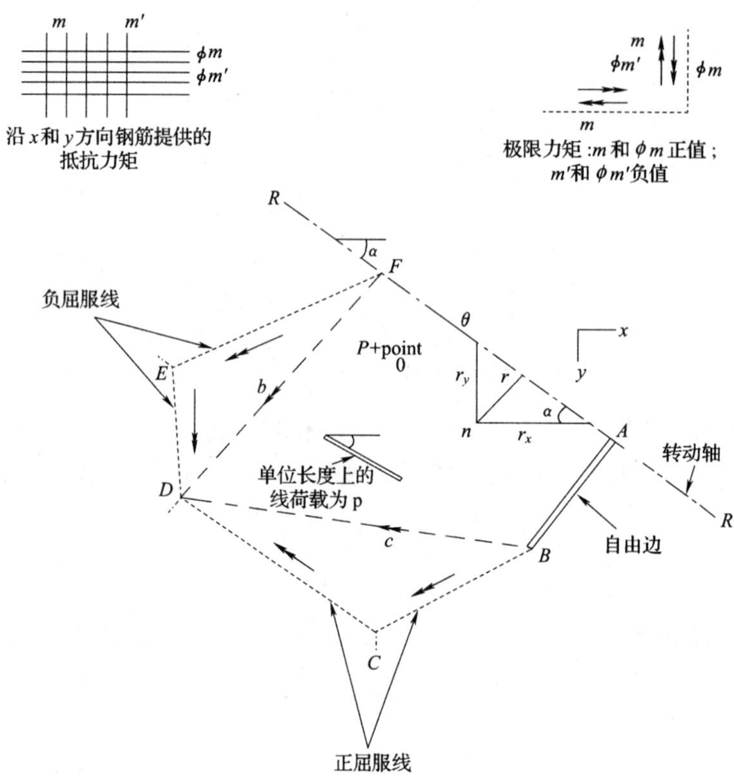

图 20.7　正交各向异性板向各向同性仿射板的转化

假设在至 $R-R$ 轴的距离为 r 的 n 点处，虚挠度为 1，那么其转角 θ 及其分量可写成：

$$\theta=\frac{1}{r} \qquad \theta_x=\theta\cos\alpha=\frac{1}{r} \qquad \theta_y=\theta\sin\alpha=\frac{1}{r} \qquad (20.8)$$

α 为 x 轴与转动轴的夹角。将式 20.8 代入式 20.7，我们得到

$$U=\theta[(mc_x+m'b_x)\cos\alpha+\phi(mc_y+m'b_y)\sin\alpha] \qquad (20.9)$$

现在让我们假定板的该部分上的荷载由单位面积上的均匀分布荷载 q、沿与 x 轴成 φ 角方向上的作用长度为 l 的单位长度线荷载 p 以及 O 点处集中荷载 P 所组成。板的这部分上荷载的外虚功为：

$$W=\iint qw\mathrm{d}x\mathrm{d}y+\int pw_1\mathrm{d}l+pw_p \qquad (20.10)$$

1　x 和 y 方向上的极限力矩在图 20.7 的右上角中示出。

式中 w 为任一点(x , y)处的挠度, w_1 为线荷载处任一点位置的挠度, w_p 为集中荷载处的挠度,对整个加载面积和加载长度进行积分。虚功方程则为

$$\Sigma\left[(mc_x + m'b_x)\frac{1}{r_y} + \phi(mc_y + m'b_y)\frac{1}{r_y}\right]$$

$$= \Sigma\left(\iint qw\mathrm{d}x\mathrm{d}y + \int pw_1\mathrm{d}l + pw_p\right) \tag{20.11}$$

式中是对板的所有部分进行求和。

考虑一块沿 x 和 y 方向相同布筋的仿射板,其极限正力矩和负力矩分别为 m 和 m'。假想这块仿射板在沿 x 方向上它的所有尺寸等于实际板的尺寸乘以系数 λ。其折断图式保持相似,相应各点仍可具有相同的竖向位移。该板上这一部分的内虚功为

$$U' = (m\lambda c_x + m'\lambda b_x)\frac{1}{r_y} + (mc_y + m'b_y)\frac{1}{\lambda r_y} \tag{20.12}$$

令此仿射板上的荷载为单位面积上分布荷载 q'、单位长度上线荷载 p'和集中荷载 p' 。该仿射板上这部分的外功为:

$$W' = \iint q'w\lambda\mathrm{d}x\mathrm{d}y + \int p'w_1\sqrt{\mathrm{d}y^2 + \lambda^2\mathrm{d}x^2} + p'w_p \tag{20.13}$$

以 λ 除内功和外功,不会改变其功的方程,于是方程式变为:

$$\Sigma(mc_x + m'b_x)\frac{1}{r_y} + \frac{1}{\lambda^2}\Sigma(mc_y + m'b_y)\frac{1}{r_x}$$

$$= \Sigma\left(\iint q'w\mathrm{d}x\mathrm{d}y + \int p'w_1\sqrt{\frac{\mathrm{d}y^2}{\lambda^2} + \mathrm{d}x^2} + \frac{p_1}{\lambda}w_p\right) \tag{20.14}$$

要使虚功方程 20.11 和 20.14 的所有项均相等,只要:

$$\phi = \frac{1}{\lambda^2} \quad 或 \quad \lambda\sqrt{\frac{1}{\phi}} \tag{20.15}$$

$$q' = q \tag{20.16}$$

$$q' = \sqrt{\frac{\mathrm{d}y^2}{\lambda^2} + \mathrm{d}x^2} = pdl$$

或

$$p' = \frac{P}{\sqrt{\phi\sin^2\psi + \cos^2\psi}} \tag{20.17}$$

和

$$P' = P\sqrt{\frac{1}{\phi}} \tag{20.18}$$

由此得出,一个沿 x 方向正负的极限力矩为 m 和 m'、沿 y 方向为 ϕm 和 $\phi m'$的正交各向异性板,可按具有力矩 m 和 m'而沿 x 方向的线尺寸乘以 $\sqrt{1/\phi}$的各向同性板来分析。均布荷载的强度保持相同。线荷载要乘以 $(\phi\sin^2\psi + \cos^2\psi)^{-1/2}$, ψ 为荷载线与 x 轴的夹角,集中荷载要乘以 $\sqrt{1/\phi}$。

例 20.2　矩形板

图 20.8(a)表示一块矩形正交各向异性钢筋混凝土板。试求其各向同性仿射板的尺寸。

我们知 $\phi = 1/2$,因而对于具有极限力矩 $2m$ 和 $2m'$的各向同性仿射板,其 AB 边变为

$l\sqrt{1/\phi}=1.414l$。这同一块正交各向异性板也可以按 AB 边保持不变而 AD 边变为 $(3l/4)/\sqrt{2}=0.530l$，极限力矩为 m 和 m' 的各向同性板进行分析(图 20.8(c))。

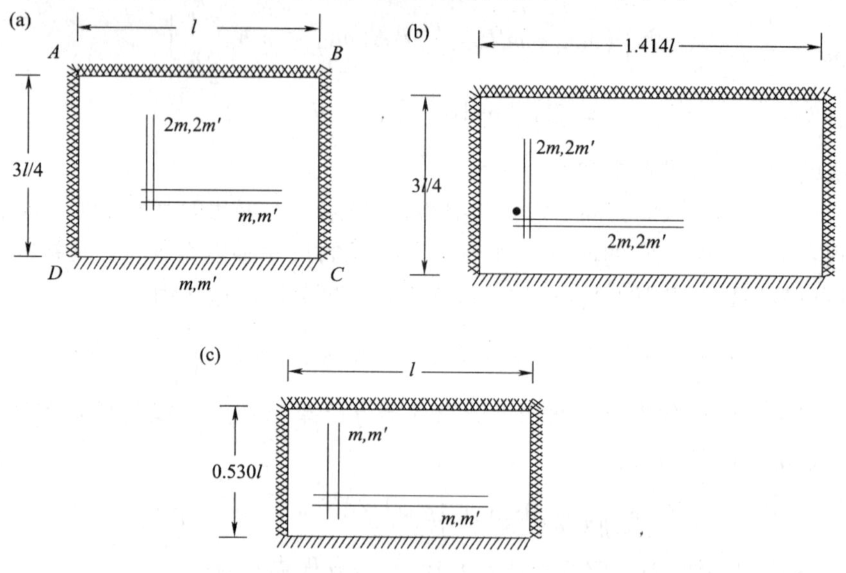

图 20.8 例题 20.2 中的正交各向异性板和仿射板
(a)正交各向异性板；(b)第一种仿射板 ；(c)第二种仿射板。

20.5 板各部分的平衡

应该记住上面两节的能量法能给出破坏荷载的上限值，这种方法可以用于任何假定的破坏机构。当机构复杂，并且它的布置是由若干未知的初始尺寸所定义，为了得出其解而所需要的代数运算可能又长又麻烦。然而在许多情况下，借助考虑板的各部分的平衡是可以节省工作量的。

在这种方法中，我们抛弃能量法的虚功方程，而考虑按外部作用荷载和作用于折断线处的力的作用下板的每一部分的平衡。一般来说，这些力是弯矩、扭矩和垂直于板平面作用的剪力。

在建立平衡条件时，不需要知道剪力和扭矩的精确分布，它们可用两个垂直于板平面的力来代替，每一个力作用于折断线的一端。这两个力称为结点力，以 V 表示，当其向上作用时为正值。

20.5.1 结点力

这里所给的公式是按照约翰逊的理论而来的。虽然在大多数情况下，它们给出令人满意的解，但是它们的应用却有一些限制条件。沃德(Wood)和约翰(Jones)对这些限制曾作过研究[1]。

在图 20.9 中，折断线(1)，(2)和(3)上的剪力和扭矩以作用于线(1)，(2)，(3)端头的等效结点力 V_1 和 V'_1 等来表示，结点力大小相等而方向相反地作用于每一折断线的两边。显然，在各折断线的任一相交处所有结点力之和为零。

---

1 参照"Recent Developments in Yield Line Theory." Magazine of Concrete Research, May 1965. 也可参照 Jones, L. L, Wood, R. H. . Yield Line Analysis of Slabs. Thames and Hudson. Chatto and Windus, London, 1967:405.

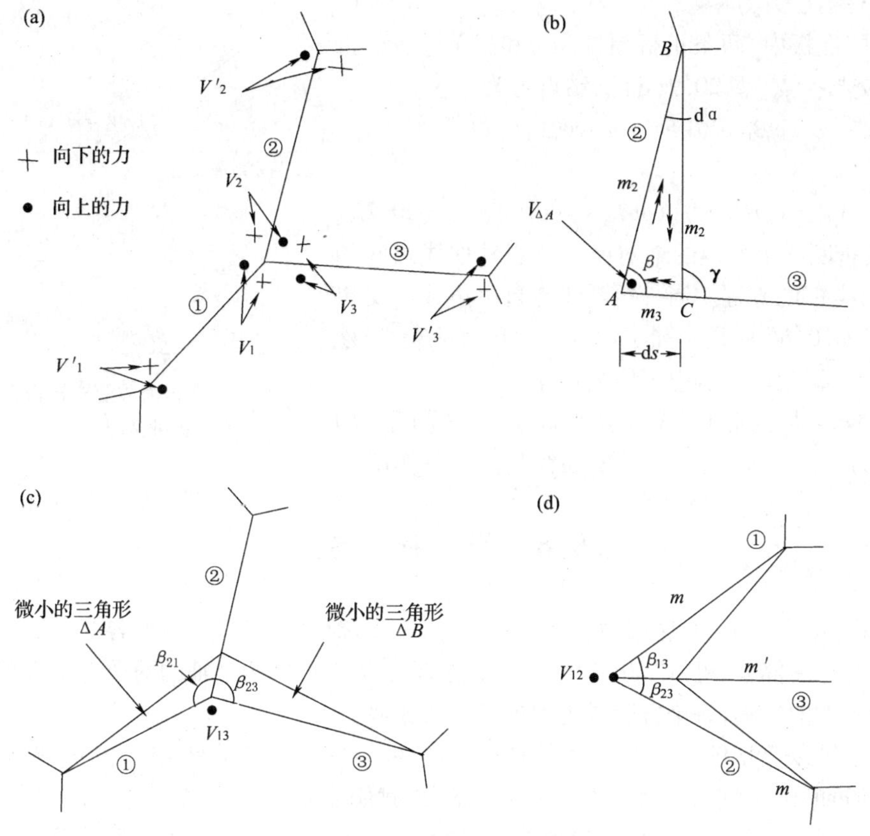

图 20.9 折断线交点处的结点力

考虑正折断线(2)和(3)和任一与折断线(2)成一微小角 dα 的相邻线所限定面积为 ΔA 的基本三角形 ABC(图 20.9(b))。假设这条相邻线具有与线(2)的第一位近似值相同的弯矩 m_2。三角形 ΔA 上的合力矩为$(m_3-m_2)\mathrm{d}s$,从 C 指向 A。由于三角形 ABC 平衡,绕 BC 的力矩变为零:

$$V_{\Delta A}s\sin\gamma+(m_3-m_2)\mathrm{d}s\cos(180°-\gamma)-\mathrm{d}p\,\frac{\mathrm{d}s\sin\gamma}{3}$$

式中 $V_{\Delta A}$为用以代替折断线(2)上和折断线(3)的 ds 长度上扭矩和剪力 A 处结点力,dp 为三角形 ABC 上的外荷载,假设为均匀分布。当三角形 $V_{\Delta A}$趋近于零时,$\gamma\rightarrow\beta$, d$p\rightarrow 0$,因此:

$$V_{\Delta A}=(m_3-m_2)\cot\beta \tag{20.19}$$

此方程的一般形式为

$$V_{\Delta A}=(m_{ds}-m_{长边})\cot\beta(向上作用) \tag{20.20}$$

式中 m 的脚标表明 ds 边上和无穷小三角形的长边上单位长度的弯矩。

方程 20.20 式可用于求出折断线交汇处任何两线之间的结点力 V 值。图 20.9(c)中线(1)与(3)之间的结点力等于无穷小三角形 $V_{\Delta A}$和 $V_{\Delta B}$的两结点力 $V_{\Delta A}$和 $V_{\Delta B}$之和但方向相反,即:

$$V_{13}=V_{\Delta A}-V_{\Delta B}$$

或

$$V_{13}=-(m_2-m_1)\cot\beta_{21}-(m_2-m_3)\cot\beta_{23} \tag{20.21}$$

从上面得出,当沿两正交方向布筋相同时,力矩 $m_1=m_2=m_3=m$,在相同正负号的折断线交汇处所有结点力为零。

在各向同性板中，两条正折断线(1)和(2)与一负折断线(3)相交与一点(图 20.9(d))，结点力为：

$V_{12} = -(-m'-m)\cot\beta_{13} - (-m'-m)\cot\beta_{23}$

或

$$V_{12} = (m'+m)(\cot\beta_{13} + \cot\beta_{23}) \tag{20.22}$$

式中 m' 为负折断线上弯矩的绝对值。对于其他线之间的力，可以写出类似的方程。当一折断线与自由边或简支边相交时(图 20.10(a))，我们知 $V_{12} = (m+m')\cos\beta$。当该折断线为正时，锐角内结点力 V 方向向下。

如果边缘转动受到约束或者承受负力矩 m(图 20.10(b))，结点力 $V_{12} = (m+m')\cot\beta$，在锐角内向下作用。

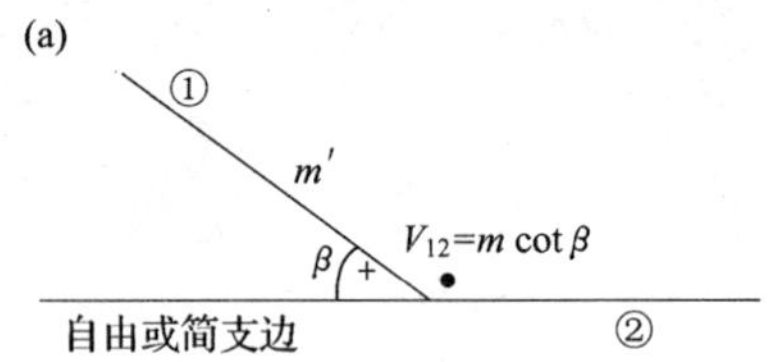

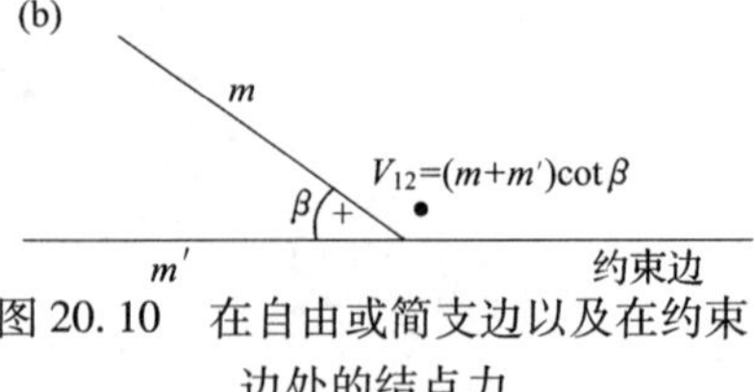

图 20.10　在自由或简支边以及在约束边处的结点力

20.6　平　衡　法

按前面所述，在外荷载、屈服线上力矩、结点力和支承反力作用下，板的各部分处于平衡状态。对于板的每一部分，可以写出 3 个平衡方程，即绕板平面内两个轴的两个力矩方程和与板平面相垂直的力的方程，每个方程式中力的总和等于零。

如果转动轴以及其机构产生一微小虚位移时，板的各部分转动 $\theta_1, \theta_2, \cdots, \theta_n$ 的比率均已知，那么板的折断图式就完全确定了。对 n 个部分，我们需要($n-1$)个比率。图 20.11(a)中的折断图式是通过绘制变形机构的等值线来确定，挠度 w 的等值线是由 n 根平行于转动轴且相距为 $w/\theta_1, w/\theta_2, \cdots, w/\theta_n$ 的直线段组成(图 20.11(b))。各线段的交点确定出折断线上的各点。

对于支承于一支承边上的部分，其反力的位置和大小均匀未知，因而出现两个未知数。对于支承于一立柱上的部分，其转动轴穿过该柱，但是它的方向为未知，自然反力的大小也是未知的，因此板的这部分还是有两个未知数。对于无支承的部分，转动轴的方向和位置均为未知，因而我们又有两个未知数。

对于板的 n 个部分，其未知量为：极限力矩 m 的值，各部分转动之间($n-1$)个关系，以及每一部分的两个反力未知量。因而总的未知量的数目为 $3n$——与平衡方程的数目相同(每一部分三个)。

除了像下面所考虑的这些板的简单情况外，列平衡方程是复杂的。

(a)各向同性、四边简支且承受单位面积分布荷载 q 的方形板，其折断图式示于图 20.12 中，对其中一部分绕其支承边缘取力矩，我们得到：

$$lm = \frac{ql^2 l}{4 \times 6}$$

从而

$$m = \frac{ql^2}{24} \tag{20.23}$$

或

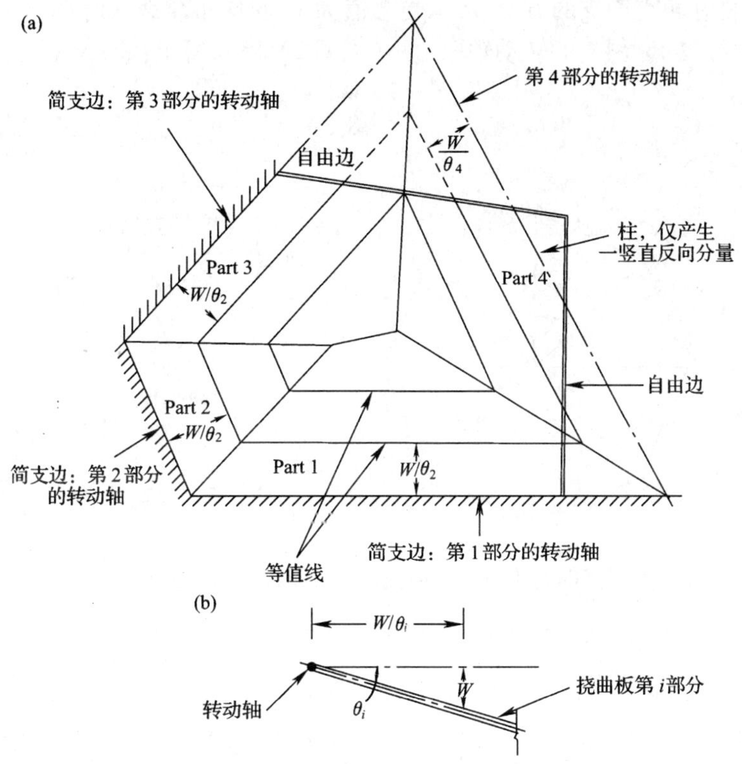

图 20.11　根据板各部分的转动轴和虚转角之间的转动比值确定折断图式

（a）折断图式；（b）穿过板的第 i 部分顺垂直于其转动轴方向上的横截面。

$$m = \frac{W}{24} \tag{20.23a}$$

式中 W 为总荷载。

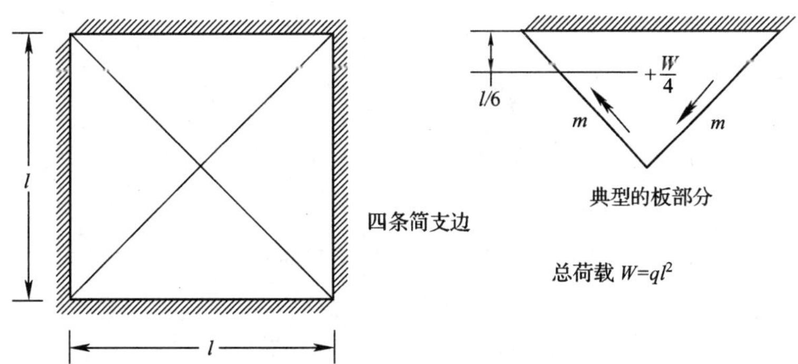

图 20.12　各向同性板在总值为 W 的均布荷载作用下的平衡条件

（b）有 n 个边的各向同性等边多边形板，其 n 个边均为简支，且承受总值为 W 的均布荷载。其折断图式见图 20.13，对板的任一部分绕其边缘取力矩，可以得到：

$$m = \frac{W}{6n\tan(\pi/n)} \tag{20.24}$$

各种形状的多边形简支板的极限力矩值给于图 20.14 中，对于圆形板，极限力矩值可通过式 20.24 使 n 趋近于无穷大来算出。

(c)各向同性在角点简支的方形板,承受总值为 W 的均布荷载。对板的一部分绕通过角点支承并与板边缘成45°斜交的转动轴取力矩(见图20.15),得出:

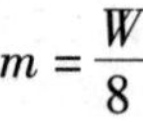

$$m=\frac{W}{8}$$

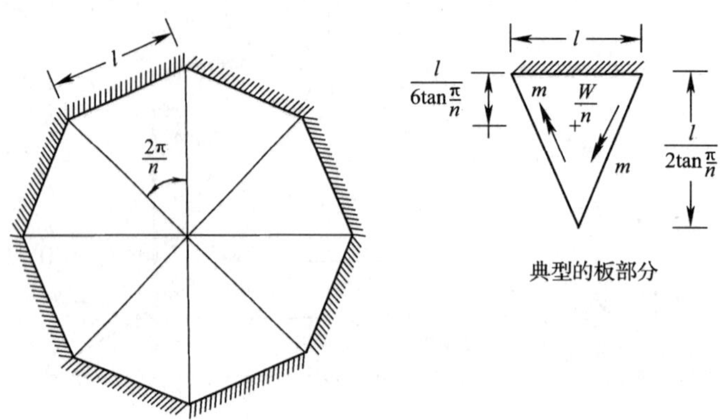

图20.13 各向同性多变形板在总值为 W 的均布荷载作用下的平衡条件

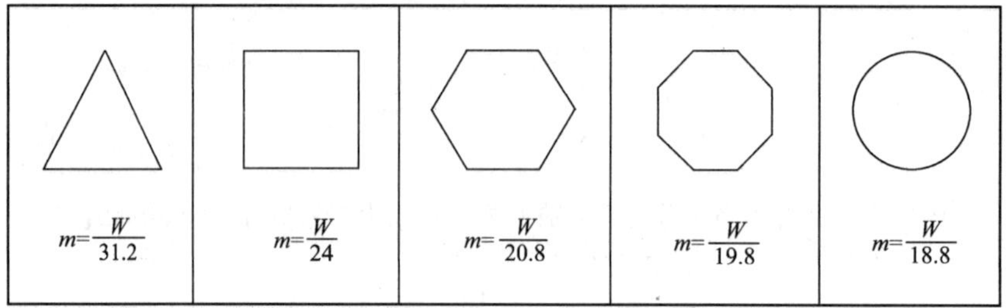

$m=\frac{W}{31.2}$	$m=\frac{W}{24}$	$m=\frac{W}{20.8}$	$m=\frac{W}{19.8}$	$m=\frac{W}{18.8}$

图20.14 简支多变形板在总值为 W 的均布荷载作用下的极限力矩

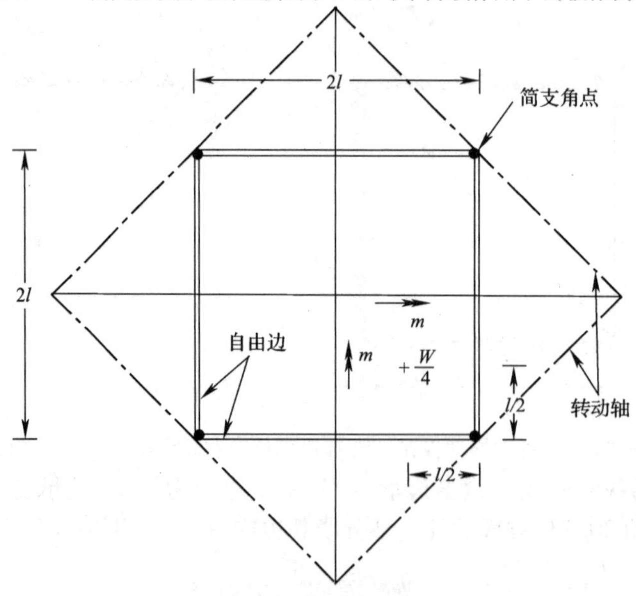

图20.15 支承于角点的各向同性方形板在总值为 W 的均布荷载作用下的平衡条件

20.7　不 规 则 板

在板为不规则形状或为不规则加载情况下,极限力矩的计算如下。

(a)假设折断图式,通过考虑板的每一部分的平衡算出相应的极限力矩。绕每一部分的转动轴的力矩方程将给出不同的极限力矩值。对于正确的屈服图式,所有屈服力矩值必须相等。

(b)一般来说,按第一次假设的折断式所算出的各极限力矩是不相等的,这些值将指出该图式应如何改正。然后以一"较正确"的图式重复其过程,直至得到准确的图式为止。这是一种迭代方法。

(c)如果对一种假设图式通过考虑平衡得到的极限力矩值与考虑另一种 所得的值没有很大差别,那么对这种折断机构应用功的方程将得到非常接近正确答案的极限力矩值。

例 20.3　矩形开口板

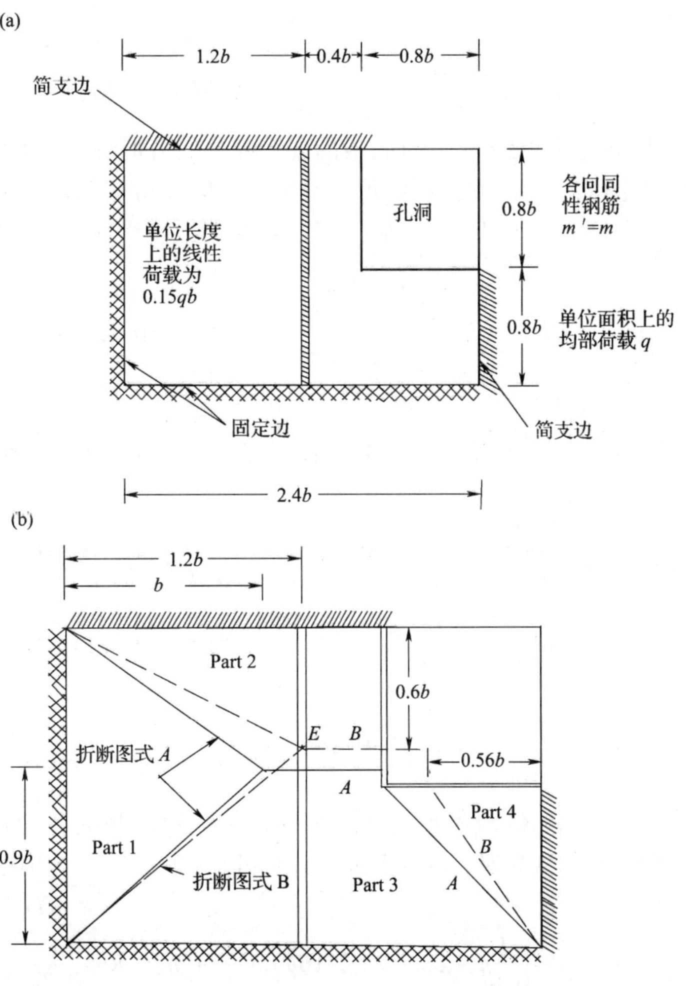

图 20.16　例题 20.3 中所分析的板

(a)板的尺寸和荷载分布情况;(b)折断图式。

试求出图 20.16(a)中所示各向同性板的极限力矩。其极限正力矩和极限负力矩相等。

在第一次尝试时，我们假设折断图式为 20.16(b)的 A 所示。需要考虑的唯一的结点力是位于从板的角点作出的斜折断线与边缘相交处的那些结点力。绕板的每一部分的转动轴的力矩方程如下：

第 1 部分：

$$2m(1.6b)=\frac{q(1.6b)b^2}{6}\qquad \text{所以 } m=0.0833qb^2$$

第 2 部分：

$$m(1.6b)=q\left(\frac{b(0.7b)^2}{6}+\frac{0.6b(0.7b)^2}{2}\right)+0.15qb\,\frac{(0.7b)^2}{2}\qquad \text{所以 } m=0.1659qb^2$$

第 3 部分：

$$2m(2.4b)=q\left(\frac{b(0.9b)^2}{6}+\frac{0.6b(0.9b)^2}{2}+\frac{0.8b(0.8b)}{6}\right)+0.15qb\,\frac{(0.9b)^2}{6}-m\frac{0.8b}{0.9b}(0.8b)$$

$$\text{所以 } m=0.0936qb^2$$

第 4 部分：

$$m(0.8b)=q\,\frac{(0.8b)(0.8b)^2}{6}+m\frac{0.8b}{0.8b}(0.8b)\qquad \text{所以 } m=\infty$$

显然，所选择的图式是不正确的。然而，板的各个部分的力矩值指出了我们应采取移动屈服线得出较好结果的途径。具体地说，我们可以看出第 1 部分和第 3 部分应增大尺寸，第 2 部分和第 4 部分则应减小尺寸。所以用修正后的图式 B 作第二次尝试。其力矩方程如下：

第 1 部分：

$$2m(1.6b)=q\,\frac{(1.6b)(1.2b)^2}{6}\qquad \text{所以 } m=0.1200qb^2$$

第 2 部分：

$$m(1.6b)=q\left(\frac{1.2b(0.6b)^2}{6}+\frac{0.4b(0.6b)^2}{2}\right)+0.15qb\,\frac{(0.6b)^2}{2}\qquad \text{所以 } m=0.1069qb^2$$

第 3 部分：

$$m(2.4b+2.16b)=q\left(\frac{1.2bb^2}{6}+\frac{0.4bb^2}{2}+\frac{0.24b(0.8b)^2}{6}+\frac{0.56qb(0.8b)^2}{6}\right)$$

$$+0.15qb\,\frac{b^2}{6}-m\,\frac{0.56b}{0.8b}(0.8b)\qquad \text{所以 } m=0.1194qb^2$$

第 4 部分：

$$m(0.8b)=q\,\frac{(0.8b)(0.56b)^2}{6}+m\,\frac{0.56b}{0.8b}(0.56b)\qquad \text{所以 } m=0.1025qb^2$$

假设相应于折断图式 B 的机构在 E 点处得到一单位虚挠度，板的各部分的相应转动对于板第 1,2,3 和 4 部分分别为 $1(1.2b)$ ，$1/(0.6b)$，$1/b$ 和 $1/(0.7b)$ 。令内虚功与外虚功相等，得出

$$2m(1.6b)\frac{1}{1.2b}+m(1.6b)\frac{1}{0.6b}+(2.4b+2.16b)m\,\frac{1}{b}+m(0.8b)\frac{1}{0.7b}$$

$$=q\left[1.2b(1.6b)\frac{1}{3}+0.4b(1.6b)\frac{1}{2}+0.24b(0.8b)\left(\frac{0.8b}{b}\right)\frac{1}{2}+0.56b(0.8b)\left(\frac{0.8b}{b}\right)\frac{1}{3}\right]$$

$$+0.15qb(1.6b)\frac{1}{2}$$

从而得　$m=0.1156qb^2$

20.8　条　带　法

用屈服线法来分析板总是给出实际破坏荷载的上限,可是对于某些简支情况,通过推测正确的失效机构可以直观地得到正确的破坏荷载。显然,对于设计来说,我们最好能合理地考虑实际破坏荷载的下限。

对于给定荷载的板的任一下限解必定有一个在所有点处都满足控制平衡方程的力矩场,而且在任何地方都不得违反各自的屈服标准。在矩形坐标中,其平衡方程为(见式16.60):

$$\frac{\partial^2 M_x}{\partial x^2}+\frac{\partial^2 M_y}{\partial y^2}-2\frac{\partial^2 M_{xy}}{\partial x\partial y}=-q \tag{20.25}$$

此方程必定对下限解和精确解都成立,而与板的材料特性无关。显然,有无穷多个力矩场满足方程20.25式。如果我们得出一个与所要求的极限荷载相平衡的完整力矩场,然后布置钢筋以使所有点处极限抵抗力矩超出或等于该平衡力矩,那么将得到下限解。当然,完成设计的屈服线分析将给出破坏荷载的上限。

因为对于给定的板和荷载有无穷多个可能的平衡力矩场,还因为存在扭矩情况下布置钢筋的困难,Hillerborg[1] 建议在开始分析时,令扭矩 M_{xy} 为零。在这种情况下,平衡方程20.25式简化为

$$\frac{\partial^2 M_x}{\partial x^2}+\frac{\partial^2 M_y}{\partial y^2}=-q \tag{20.26}$$

荷载 q 由沿 x 和 y 方向的条带承受。这种条带方法已被沃德[2]精确地检验过,他已发现如果板内钢筋消减,以致得到极限力矩场与平衡力矩场之间的精确相符,那么条带法得出设计荷载与破坏荷载之间的正确相符。

为了确定荷载在沿 x 和 y 方向的条带之间如何分配,我们将式20.26分开如下:

$$\left.\begin{aligned}\frac{\partial^2 M_x}{\partial x^2}&=-aq\\ \frac{\partial^2 M_y}{\partial y^2}&=-(1-\alpha)q\end{aligned}\right\} \tag{20.27}$$

式中参数 α 决定板中所有点处荷载分散的方式,这个荷载分散系数可为0与1之间的任何值,而且在板中可以逐点变化。实践中,为了简化设计,在板内的规定范围内 α 通常为一常数值。因为我们现在讨论式20.27形式的梁的方程,所以容易得到力矩分布图。

考虑图20.17(a)中所示简支板的设计,该板承受单位面积均布荷载 q。我们可以假设荷载分散的突变线如图中所示,它们符合板的大部分沿短跨方向跨过的情况。于是条带1-1承

1　Hillerborg, A.. A Plastic Theory for the Design of Reinforced Concrete Slabs. "Proc. 6th Congr. Int. Ass. Bridg. Struct. Eng., Stockholm, 1960 A. Hillerborg. "Jamviktsteori för Armerade Betongplattor," Betong, 1956,41(4): 171182.

2　Wood, R. H., Armer, G. S. T., The Theory of the Strip Method for Design of Slabs. Proc. I. C. E, 1968(41): 285-311.

受其整个长度上的全部荷载 q，最大力矩将为 $ql^2/8$。条带 2-2 和 3-3 仅在端部区域上受载，如图 20.17(b)所示，在这些情况下，最大力矩为 $qc^2/2$，在未受载区域内力矩为一常数。

由于板的全部弯矩图形式为已知，在所有点处的钢筋的布置，可以保证抵抗极限力矩大于计算值。为了在设计中提高效能，端部受载条带中的钢筋布置需要变化。实际情况下，这样处理是困难的，还是按均匀带来布置钢筋比较好。

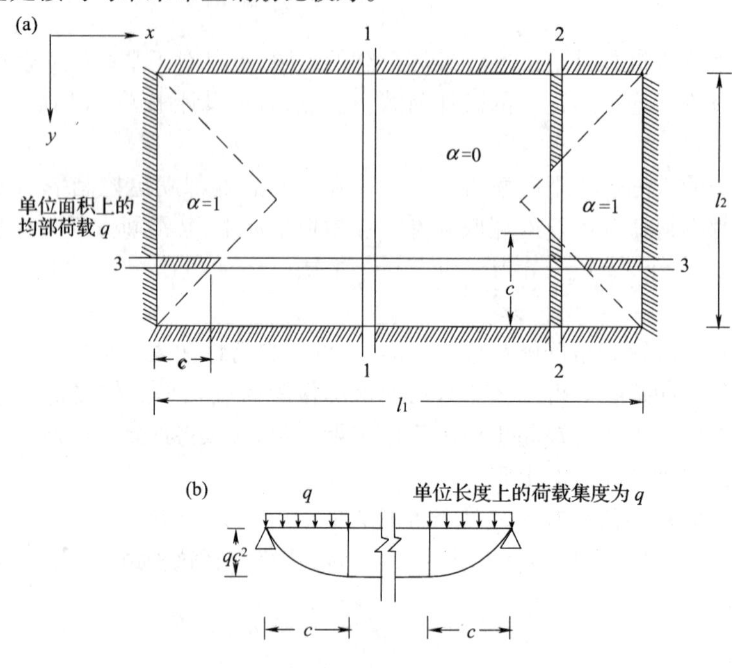

图 20.17　条带法中的荷载

(a)假定 α 值；(b)单位宽度的条带 2－2 和 3－3 上的荷载和弯矩图。

20.9　分带布筋的应用

在荷载分散突变线不平行于个别条带的支承线的那些地方，最大力矩逐条变化。然而，我们可通过使荷载分散突变线平行于假定带的支承线，来保证此假定带的宽度内其各条带的力矩分图相同。

还是考虑图 20.17(a)中的简支板。我们知道平行且靠近各边缘处板的弹性曲率是很小的，这里仅需布置少量的钢筋。我们选择图 20.18(a)所示的荷载分散区。各个区的尺寸是完全任意指定的，其荷载分散部分为各角点区。

4 个不同条带中的最大力矩为：

条带 1－1　　$M_{\max}=ql^2/8$

条带 2－2　　$M_{\max}=qc^2/4$

条带 3－3　　$M_{\max}=qb^2/2$

条带 4－4　　$M_{\max}=qb^2/4$

钢筋需要进行相应地布置，但如果为了经济，可按图 20.18(b)中的力矩图来布置以减少钢筋。

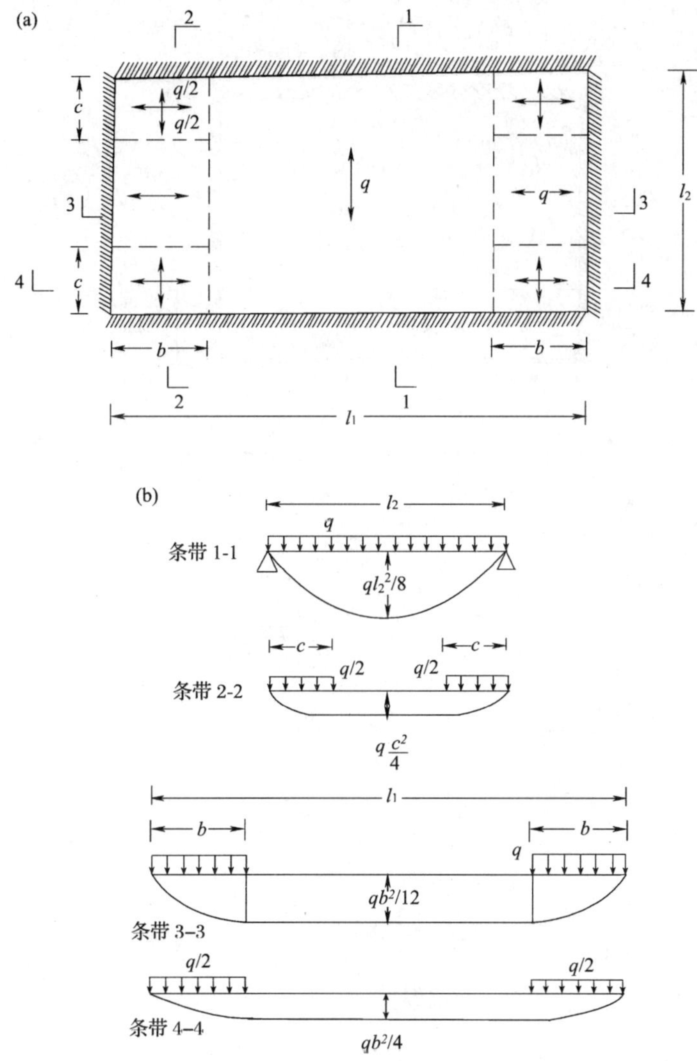

图 20.18　图 20.17(a)中板的荷载分散区和力矩图

(a)荷载分散区；(b)单位宽度条带的荷载和弯矩图。

条带法的一个优点是各条带的反力已知,因此可以立即确定出任一支承梁上的荷载。支承处连续时是不困难的,在这些点处需要提供一任意力矩值,因而板的内部力矩减小。在具有自由边的板的情况下,接近自由边缘处所有荷载必定平行于该边缘进行分散。一般来说,平行于该边缘必须要布置一个加强的钢筋带。垂直于该边缘的条带支承于这一强带和远端的支承上。图 20.19 表示具有一个自由边的板的例子,与自由边相对的边是固定的,其余边则为简支的,图中还给出了板上不同条带中的力矩分布图。一旦连续力矩值已确定,条带 1－1 的均布反力 R 就可计算出来。条带 3－3 上的荷载除均匀分布的外荷 q 之外,还包括反力 R。

由于应用条带法中有很大的自由性,设计者将发现弹性力矩场的正确估计是特别有益的。只要所得的平衡力矩场距离弹性设计所要求的不太远,以裂缝和挠度来表示工作荷载状态一般是令人满意的。

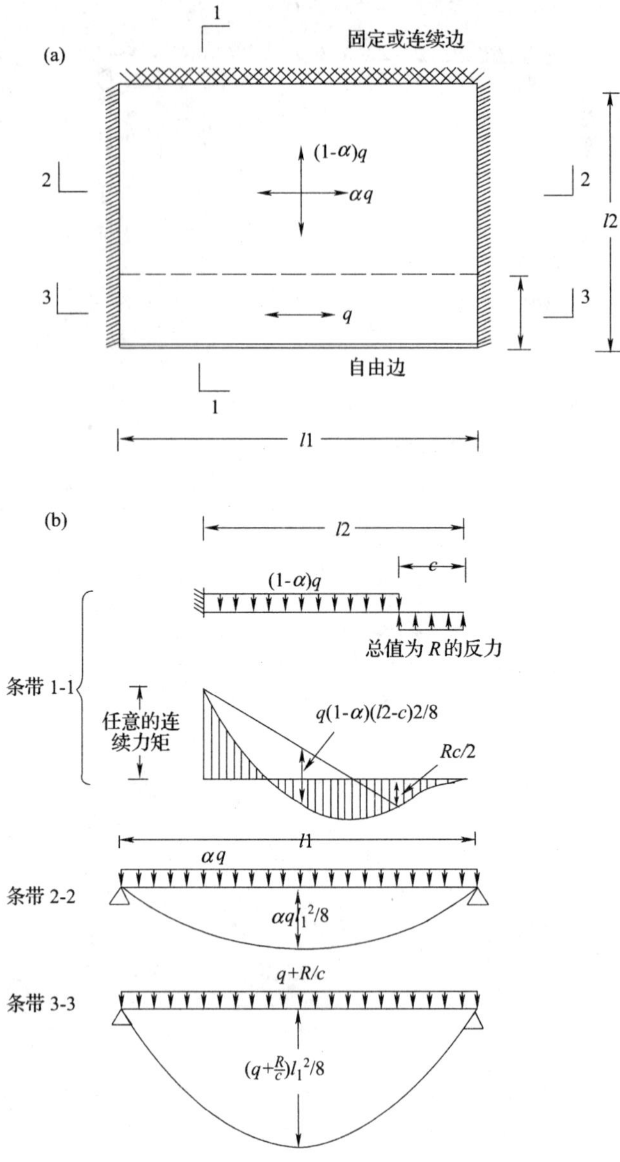

图 20.19 具有自由边的板的条带法

(a)板的详图和荷载分布；(b)单位宽度条带的荷载和弯矩图。

20.10 小 结

本章所讨论的方法为两种基本类型：屈服线理论的能量法和平衡法，这些严格地说都是分析法，而条带法则是一种直接设计方法。对于板的几何形状和加载较为简单的情况，由于可以容易得到给出接近正确破坏荷载的上限的折断图式，屈服线法可以安全地用来作为一种设计方法。对于几何形状和荷载比较复杂的情况，必须注意折断图式的选择，特别是集中荷载发生的地方，因为在这里可能发生局部破坏。包括扇形的折断图式一般给出破坏荷载低于从相应直线图式所得的破坏荷载。

虽然通过屈服线法所得出的破坏荷载在理论上为上限值，而实际上因为存在各种次效应钢筋混凝土板的实际破坏荷载可能高于计算值。

在前面分析中已假定式 20.1 可用于计算与正交钢筋组成任何角度的屈服线中的抵抗力矩。这种方法往往是低估真实的抵抗力矩，对于屈服线与各向同性正交钢筋形成 45°角的情况，其真实的抵抗力矩可能要高出 14% 左右。其理由是分析中没有考虑钢筋的纽结，这种纽结使钢筋几乎与折断线成直角，因此增大了抵抗力矩。

任何板的边界受到水平移动约束的地方（如连续板的内节间可能发生这种情况），破坏机构的形成使板平面内产生高的压力，因此增大承载能力。在板的很大挠度处，最后可能产生张拉薄膜作用，该处裂缝直穿过板，因而荷载支承于钢筋网上。

在用条带法所设计的板的实际状态中也将出现这些次效应。根据设计者所采取的钢筋削减程度，条带法通常给出破坏荷载的下限值或正确值。条带法的一个优点是板的支承反力明确地确定出来。

为了提高效能，当板内需要变化的配置钢筋时，用条带法是比较好的，因为通过适当选择荷载分散参数可以很容易做到经济节约。将屈服线法用于变化的布置钢筋时，则要考虑大量不同的屈服线图式。

虽然按极限荷载设计的屈服线法和条带法所设计的板进行试验，其一般特性都满足要求，但是不保证在工作荷载下其挠度和开裂特性也都令人满意。板内钢筋分布与所要求的弯矩弹性分布不太远时，一般将保证有令人满意的工作荷载状态。我们还应记得在本文的弹性分析部分指出板和它的支承梁的相对刚度的改变，可以显着地改变弯矩的分布，许多建立在弹性分析基础上的设计用表仅适用于支承梁无挠度的情况。

习　　题

下面习题中板的各种边的条件的表示方法是按 20.21 节中所示的表示惯例

20.1　用屈服线理论求出图中所示各向同性板在均布荷载作用下的极限力矩。用图来表示出习题 20.1(a)图中折断板的各部分上的力。假设习题 20.1 图(d)和(e)中的立柱竖直方向的集中反力。

20.2　用屈服线理论求出图中所示在给定的配筋率的情况下每种板的极限力矩。假设习题 20.2 图(b)中的立柱仅产生竖直方向的集中反力。

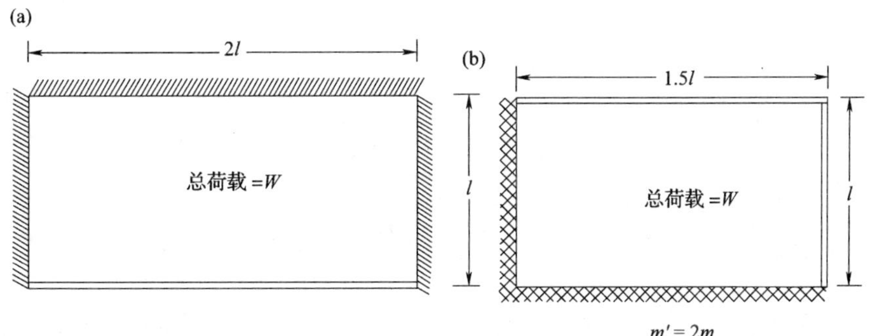

(c)
l
总荷载 =W
l
(d)
总荷载 =W
2r
柱
(e)
l
l
l
l
单位面积荷载为 q
柱
m = m'
忽略柱体影响
(f)
l
0.7l
0.3l
开口
0.4l
0.3l
0.4l
0.3l
单位面积荷载为 q

习题 20.1 图

(a)
l
2m,2m'
m,m'
$\frac{3}{4}l$
m=m'
单位面积一致荷载为 q
(b)
2l
柱
m
m,m'
l
m'=1.5m
单位面积一致荷载为 q

(c)
2l
m
2m
l
单位面积一致荷载为 q

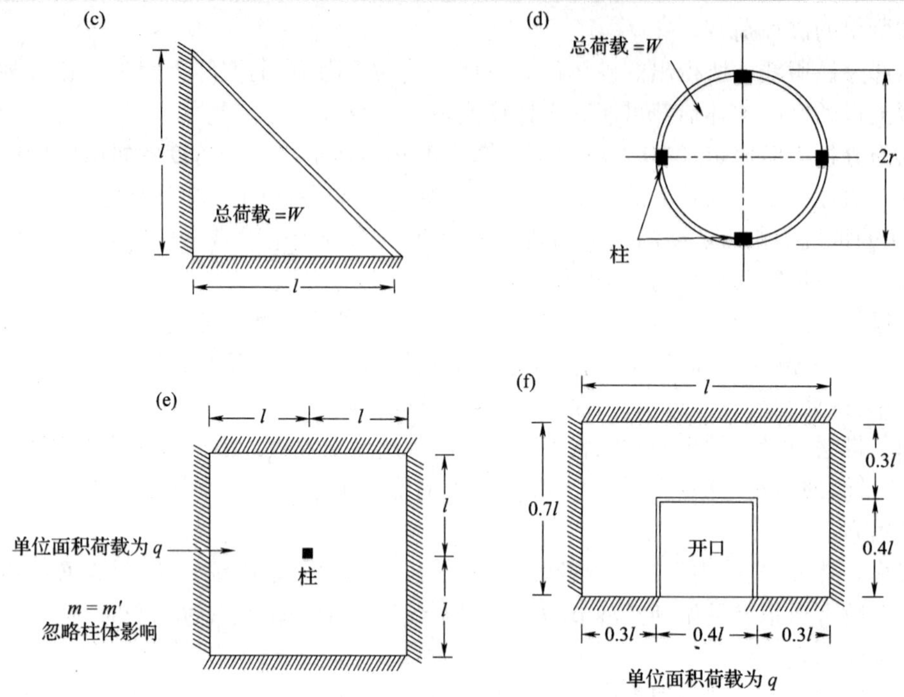

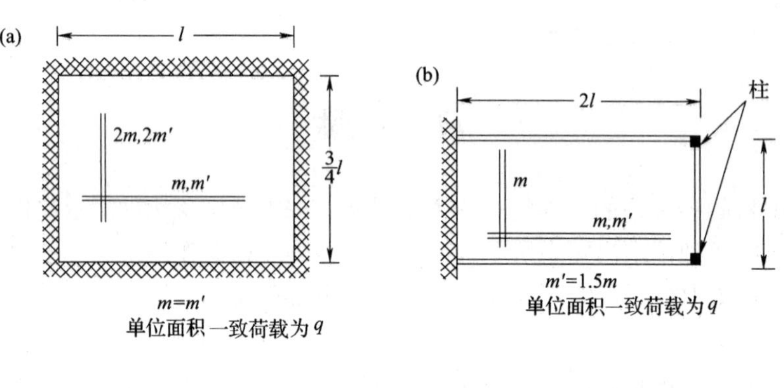

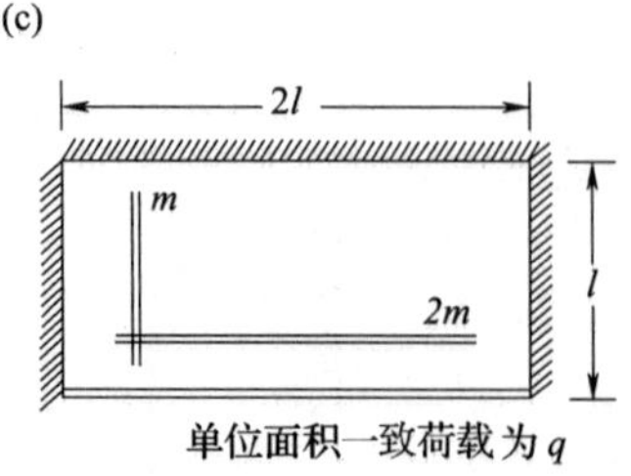

(d)
l/3
l/3
l/3
l/3
l/3
2m
m
每个集中力为p
每个线荷载 =2p

(e)
3b
b
b
m,m'
开口
m,m'
m'=2m
1.5b
p=1.25 qb
单位面积单位长度上一致荷载为 q

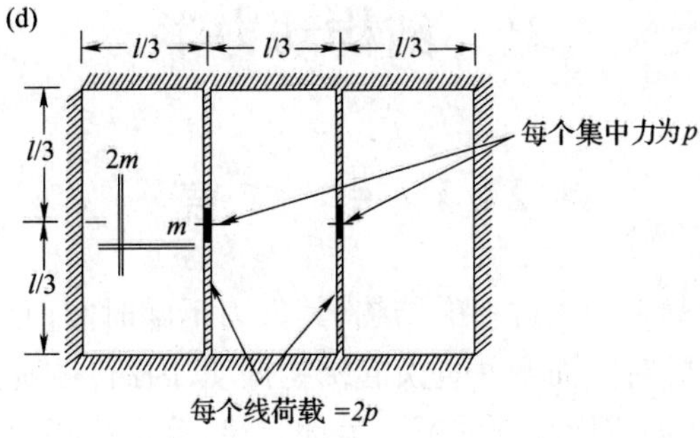

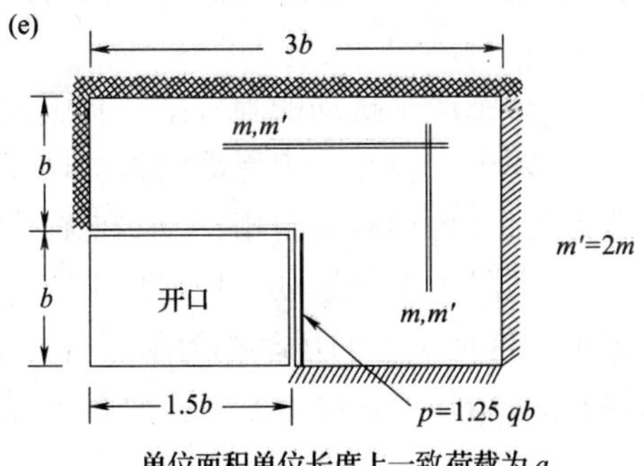

习题　20.2 图

21 结构动力学

21.1 引 言

前面各章已讨论承受静力产生位移的结构,其静力不随时间而变。现在我们将考虑动力学问题,在动力问题中,力随时间而变并且引起结构振动,因而,必须考虑由于质量加速运动的惯性所产生的力。为此,我们应用牛顿的第二运动定律,该定律指出:质量与其加速度的乘积等于力。在实践中,动荷载是由于地震力、不稳定的风、冲击波、往复式机器或运动荷载的冲击所产生。

由于力的作用和移去,从平衡状态产生扰动的弹性结构将围绕着它的静力平衡位置振动。这样,结构上任何一点处的位移沿两个方向在一定界限内作周期性改变,其平衡位置至此界限的距离称为振动的振幅。无外力时,其运动称为自由运动,在无限长时间内,可以以相同的振幅连续运动。实际上,总是有力企图阻止这种运动,譬如摩擦力、空气阻力或不完全弹性引起振幅逐渐减少直到运动停止为止。这种类型的运动称为阻尼自由运动。

整个期间有外力作用,我们称它为强迫运动。它可以是阻尼强迫运动或非阻尼强迫运动,取决于是否存在阻力。

21.2 坐标和集中的质量

在振动结构中,所有杆件的质量与其加速度之乘积表现为分布力。这样产生一些困难。例如,对于图 21.1(a)中的梁,具有分布质量,需要无穷多个坐标去确定其位移形状。如果我们设想梁的质量集中为两个物体,而梁的力—位移性能不变(图 21.1(b))并且假设引起运动的外力作用于这两个质量上,那么任何时刻梁的变形形状可借 12 个坐标完全定义出来,每一个质量处有 6 个坐标(图 21.1(c))。所以,图 21.1(b)中具有 12 个自由度的理想化模型,可

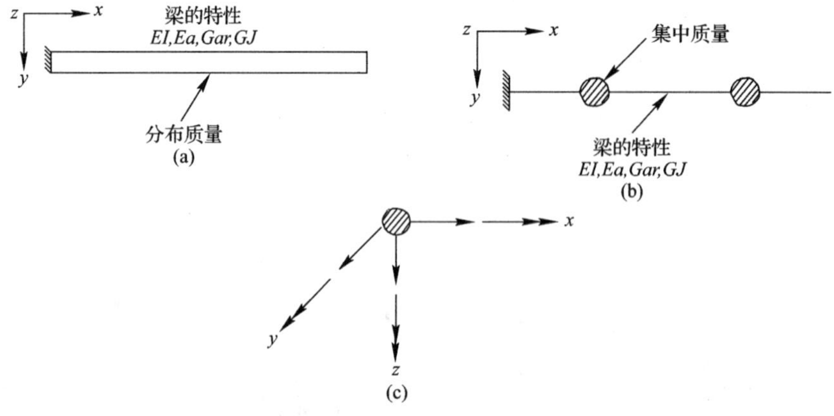

图 21.1 借集中的质量系理想化分布荷载

以方便地代替实际结构去考虑动力问题。应用大量间距很小的质量可以得到较精确的描述，但是这样需要大量坐标。

为了说明结构集中质量理想化的应用，考虑多层框架在其自身平面内的自由振动（图21.2(a)）。对于理想化模型，我们不考虑杆的轴向变形，将诸柱的质量加到诸楼板的质量上，并假设总的质量置于一个简支梁上（图21.2(b)），因而，质量只能侧移（即不发生转动）。

令任何时刻各楼板水平线处的水平位移为 $D_1, D_2, \cdots, D_n$，并令各楼板的质量为 $m_1, m_2, \cdots, m_n$。对第 i 个质量写出牛顿第二定律（见图21.2(d)），我们知道

$$Q_i = m_i \ddot{D}_i \tag{21.1}$$

对于 n 个质量，我们可以按矩阵形式写出

$$\{Q\} = [m]\{\ddot{D}\} \tag{21.2}$$

式中 $[m]$ 为一个对角矩形：

$$[m] = \begin{bmatrix} m_1 & & & \\ & m_2 & & \\ & & \cdots & \\ & & & m_n \end{bmatrix} \tag{21.3}$$

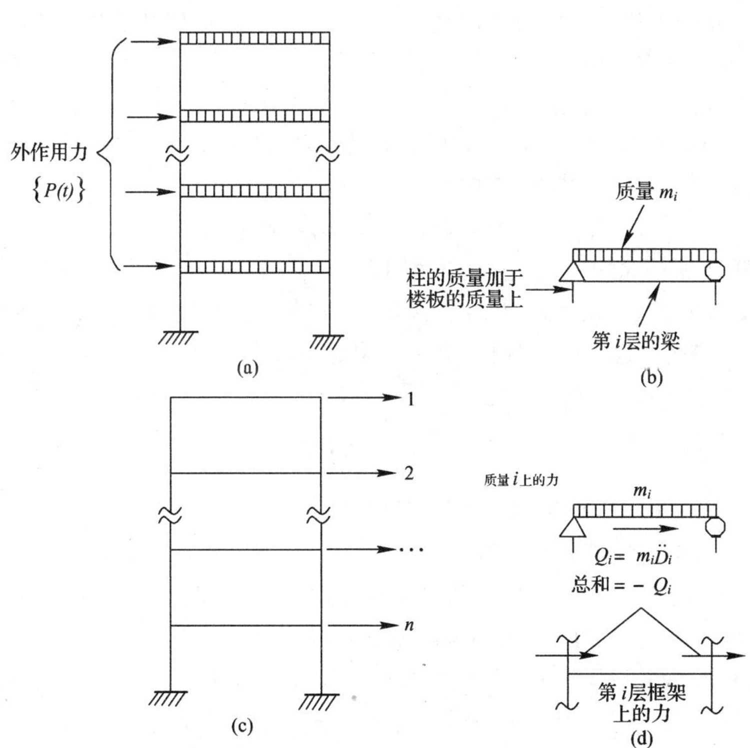

图21.2

第 i 个质量的加速度 $\ddot{D}_i$ 等于位移 D_i 对时间 t 的二次导数（d^2D_i/dt^2）。图21.2(c)中力和位移的正方向是随意选择的。力 Q_i 以正方向作用于质量 i 上，而以一相等而相反的力作用于框架

上(见图 21.2(d))。另外,如果框架在 n 个坐标处承受力 $\{P\}$(一般随时间变化),任何时刻框架上的净力将为

$$\{F\} = \{P\} - \{Q\} \tag{21.4}$$

力 $\{F\}$ 和位移 $\{D\}$ 借下式联系起来:

$$[S]\{D\} = \{F\} \tag{21.5}$$

式中 $[S]$ 为框架相应于图 21.2(c)中诸坐标的刚度矩阵。

合并方程 21.2,21.4 和 21.5,我们得到下列 n 个自由度的系统承受动力(无阻尼强迫运动)时的运动方程:

$$[m]\{\ddot{D}\} + [S]\{D\} = \{P\} \tag{21.6}$$

当系统自由振动时,$\{P\} = \{0\}$,运动方程成为(无阻尼自由振动):

$$[m]\{\ddot{D}\} + [S]\{D\} = \{0\} \tag{21.7}$$

21.3 相容质量矩阵

从前一节我们看到,当一个结构振动时,质量与加速度的乘积加上一个负号则为沿所假设的自由度(坐标)方向的惯性力。惯性力 $-m\ddot{D}$ 可以代表一个荷载或一个力偶,因而,集中的质量系指结构诸单元的平移惯量或转动惯量。我们已经看到,各种结构单元的质量是随意地集中于结点处,形成运动方程中的一个对角质量矩阵 $[m]$,因此,使分析得到一些简化。分布质量的更精确表示可借应用相容质量矩阵来达到,这里将用一般形式来导出。

如果在时刻 t 时,所假设的自由度处的位移为 $\{D\}$,那么任一其他点处 (x,y,z) 的位移 f 可以用独立函数组 $L_i(x,y,z)$ 来描述,这样

$$f = [L_1, L_2, \cdots, L_n]\{D\} \tag{21.8}$$

位移函数的选择已在 17 章中讨论过(见方程 17.25)。

相容质量矩阵的元素 m_{ij} 定义为作用(按负方向)坐标 i 处与坐标 j 处发生单位加速度时,在坐标 i 处产生的惯性力。这个量称为坐标 i 和坐标 j 之间的质量耦合。元素 m_{ij} 用下式给出:

$$m_{ij} = \int_V \gamma L_i L_j \mathrm{d}V \tag{21.9}$$

式中,$\gamma = \gamma(x,y,z)$ 为单位体积的质量,$\mathrm{d}V$ 为单元体积。

方程 21.9 可证明如下。如果结构受到约束,以致除了给一单位加速度 $\ddot{D}_j = 1$ 的坐标 j 之外所有坐标处的运动都受到阻止,那么质量单元 $\gamma \mathrm{d}V$ 将具有惯性力 $-\gamma \mathrm{d}VL_j$。任一坐标 i 处的约束力借牟勒尔-布里斯劳(Müller-Breslau)原理容易得到(见第 12.3 节):$-L_i$ 代表 i 处的反力的影响线(或影响面)。因而,由于力 $-\gamma \mathrm{d}VL_j$ 作用,i 处反力为 $(-L_i)(-\gamma \mathrm{d}VL_j)$。对结构的整个体积进行积分,我们得到由于分布惯性力所引起 i 处的总反力:

$$R_{ij} = \int_V \gamma L_i L_j \mathrm{d}V \tag{21.10}$$

分布惯性力可借诸坐标处与反力相等而相反的力来替代。所以,得出 $R_{ij} = m_{ij}$,因而,用 m_{ij} 代替方程 21.10 中的 R_{ij},给出方程 21.9。

从方程 21.9 清楚地看到,$m_{ij} = m_{ji}$,意味着相容质量矩阵是对称的。

作为应用方程 21.9 的例子，我们可导出棱柱形梁相应于图 6.4(c) 中 4 个坐标的相容质量矩阵。为了方便，再将梁示于图 21.3(a) 中。假设单位体积的质量 γ 为常数。

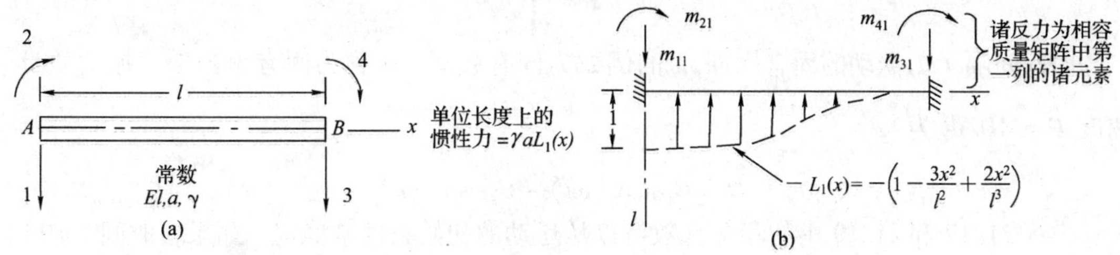

图 21.3　棱柱形梁的相容质量矩阵的推导

(a) 总质量为 γal 的棱柱形梁；(b) 与加速度 $\ddot{D}_1 = 1$ 有关的分布惯性力。

梁的横向挠度(略去剪切变形不计)用方程 17.28 中所给的位移函数借方程 21.8 来描述，这里重复该函数如下

$$[L] = \left[\left(1 - \frac{3x^2}{l^2} + \frac{2x^3}{l^3}\right) \middle| \left(x - \frac{2x^2}{l} + \frac{x^3}{l^2}\right) \middle| \left(\frac{3x^2}{l^2} - \frac{2x^3}{l^3}\right) \middle| \left(-\frac{x^2}{l} + \frac{x^3}{l^2}\right)\right] \tag{21.11}$$

图 21.3(b) 说明与 $\ddot{D}_1 = 1$ 有关而其他坐标处运动受到阻止的分布惯性力。对于本例，方程 21.9 可以写成下列形式：

$$m_{ij} = \gamma a \int_0^l L_i L_j \mathrm{d}x \tag{21.12}$$

式中 a 为梁的横截面面积。

从方程 21.11 将 L_r 代入方程 21.12，对图 21.3(a) 中的梁，产生下列相容质量矩阵：

$$[m] = \frac{\gamma al}{420}\begin{bmatrix} 156 & & & \text{对称} \\ 22l & 4l^2 & & \\ 54 & 13l & 156 & \\ -13l & -3l^2 & -22l & 4l^2 \end{bmatrix} \tag{21.13}$$

21.4　单自由度系统的无阻尼自由振动

对于一个自由振动的单自由度系统，其运动方程可以简化为

$$M\ddot{D} + SD = 0 \tag{21.14}$$

这种系统的例子是为图 21.2 中多层楼板减少为一层楼板的框架和图 21.1 中具有一个集中质量的悬臂梁。在这种情况下，S 为产生单位位移所需要的静力，方程 3.14 可写成

$$\ddot{D} + \omega^2 D = 0 \tag{21.15}$$

其中

$$\omega = \sqrt{\frac{S}{m}} \tag{21.16}$$

方程 21.15 的解为

$$D = C_1\sin(\omega t) + C_2\cos(\omega t) \tag{21.17}$$

此运动方程是简谐的，亦即在时间 t 和时间 $t+T$ 时 D 具有相同值，这样

$$T = \frac{2\pi}{\omega} \tag{21.18}$$

时间间隔 T 为振动的固有周期，T 的倒数为固有频率。ω 称为固有角频率。振动质量的速度 $\dot{D} = \mathrm{d}D/\mathrm{d}t$ 为

$$\dot{D} = C_1\omega\cos(\omega t) - C_2\omega\sin(\omega t) \tag{21.19}$$

方程 21.17 和 21.19 中的积分常数可以从运动的初始条件来确定。如果在时间 $t=0$ 时，质量距其平衡位置有一位移 D_0 和一初始速度 $\dot{D}_0$，那么将初始条件代入方程 21.17 和 21.19，我们得到 $C_2 = D_0$ 和 $C_1 = \dot{D}_0/\omega$，因而方程 21.17 成为

$$D = \frac{\dot{D}_0}{\omega}\sin(\omega t) + D_0\cos(\omega t) \tag{21.20}$$

振幅是位移的最大值，根据方程 21.20 有

$$D_{\max} = \bar{a} = \sqrt{D_0^2 + \left(\frac{\dot{D}_0}{\omega}\right)^2} \tag{21.21}$$

方程 21.20 可以写成下列形式

$$D = \bar{a}\sin(\omega t + \alpha) \tag{21.22}$$

式中

$$\alpha = \mathrm{atctan}(D_0\omega/\dot{D}_0) \tag{21.23}$$

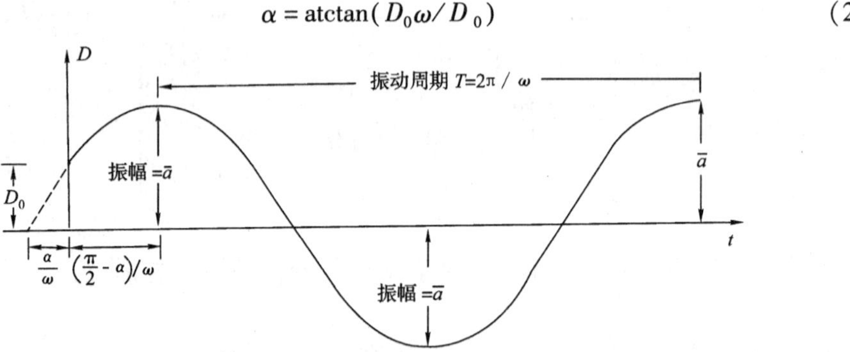

图 21.4 单个自由度系统的时间—位移关系

D 对于 t 的图解示于图 21.4 中，从它可以看到，在时间处振动质量到达它的第一末端位置。

$$t = \left(\frac{\pi}{2} - \alpha\right)/\omega$$

例 21.1 有一个长度为 L、弯曲刚度为常数 EI、端点承受重量 W 的无重量悬臂梁。忽略不计质量对中心的惯性矩。

(a)试求该系统振动的固有角频率和固有周期。

(b)如果运动是借质量沿垂直方向移动距离 $Wl^3/3EI$ 开始，然后让该系统自由振动，试问

最大位移是多少？在任何时刻 t 的位移是多少？

悬臂梁端处产生单位横向挠度所需要的静力为

$$S=3EI/l^3$$

方程 21.16 和 21.18 给出

$$\omega=\sqrt{\frac{3EIg}{Wl^3}}\text{和 } T=2\pi\sqrt{\frac{Wl^3}{3EIg}}$$

式中，g 为重力产生的加速度。

初始条件为

$$D_0=\frac{Wl^3}{3EI}\text{和}\dot{D}_0=0$$

代入方程 21.21 和 21.20，得到

$$D_{max}=\dot{D}_0=\frac{Wl^3}{3EI}$$

$$D=\frac{Wl^3}{3EI}\cos(\omega t)$$

21.5 单自由度系统的无阻尼强迫振动

对于单自由度的系统，无阻尼运动方程（见方程 21.6）为

$$m\ddot{D}+SD=P \tag{21.24}$$

21.5.1 特殊情况：简谐力

现在我们可以讨论外作用力 P 为下面所示简谐变化时的特殊情况

$$P=P_0\sin(\Omega t) \tag{21.25}$$

式中，P_0 为力的最大值，Ω 为扰动力的角频率，称为外加频率。实践中这种类型的荷载是由于转动的机械中某些不平衡引起的离心力而产生。由于这种荷载，运动方程成为

$$\ddot{D}+\omega^2D=\frac{P_0}{m}\sin(\Omega t) \tag{21.26}$$

如同前面式中 $\omega^2=S/m$，ω 为该系统的固有角频率。

此微分方程的解为

$$\dot{D}=C_1\cos(\omega t)+C_2\sin(\omega t)+\frac{P_0}{S}\left(\frac{1}{1-\Omega^2/\omega^2}\right)\sin(\Omega t) \tag{21.27}$$

前两项代表自由振动（见方程 21.17），最后一项代表强迫振动。在方程 21.27 中，强迫振动项与自由振动项相比是很大的，所以自由振动可以略去不计。方程 21.27 中第三项所定义的运动是稳定强迫振动方程 21.27 变为

$$D=\frac{P_0}{S}\left(\frac{1}{1-\Omega^2/\omega^2}\right)\sin(\Omega t) \tag{21.28}$$

其中 $(P_0/S)\sin(\Omega t)$ 为外力静止地作用时会发生的位移，$1/(1-\Omega^2/\omega^2)$ 则为考虑这个外力的动力效应，这一项的绝对值称为动力放大系数。当外加频率 Ω 与固有频率 ω 相比很小时，它接近等于 1，当 $\Omega=\omega$ 时，成为无穷大，这是共振条件，在此条件下，振动的振幅无限增大。然

而，在实际中，阻尼力总是存在的，因此限制振幅成为有限值，但是振幅可能大到足以引起毁坏。在高频率时，动力放大系数减小，当 $\Omega \geqslant \omega$ 时，则接近于零，产生很小振幅的振动。

21.5.2　一般情况：任意扰动力

结构由冲击波、阵风或地震力所产生的动力效应一般不是简谐的。在这种情况下，运动方程需要数值求解，仅当以某种理想化荷载代表真实荷载时才可以得到严正形式的解。

考虑一个单自由度的无阻尼系统承受为时间函数的扰动力 $P(t)$ 的作用（图 21.5）。假设在时间 $t=0$、质量处于平衡位置是开始作用扰动力，因而 $D_0=0, \dot{D}_0=0$。我们想求出在往后瞬间 τ 时的位移 D_τ。

在任一时间间隔 dt 内，质量的速度的增大为

$$\mathrm{d}\dot{D}=\frac{P}{m}\mathrm{d}t \tag{21.29}$$

此方程表明：动量的变化等于冲量。如果我们考虑增量 d $\dot{D}$ 为在时间 t 时质量所得的初始速度，那么在时间 τ 时的相应位移可根据方程 21.20 来表达：

$$\mathrm{d}D_\tau=\frac{\mathrm{d}\dot{D}}{\omega}\sin(\omega\tau-\omega t) \tag{21.30}$$

将方程 21.29 代入方程 21.30，并对 $t=0$ 至 $t=\tau$ 间隔进行全部积分，我们得到

$$D_\tau=\frac{1}{\omega m}\int_0^\tau P\sin(\omega\tau-\omega t)\,\mathrm{d}t \tag{21.31}$$

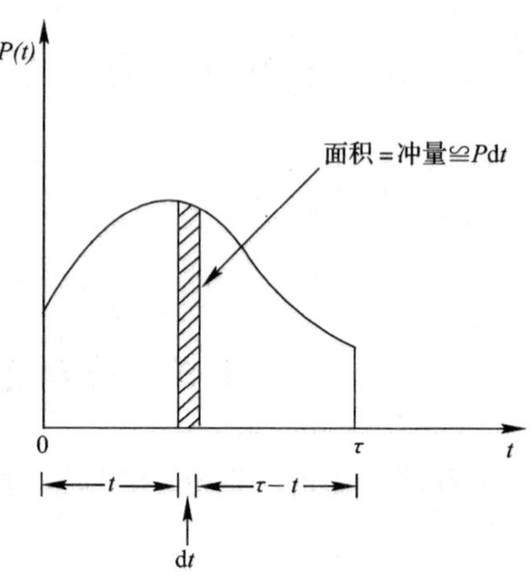

图 21.5　力—时间的关系

此为杜哈梅尔（Duhamel）重叠积分（或卷积积分），它可以容易地用数值求算，特别是当应用计算机的时候。

为了求出加载期间的位移，我们将时间 t 分成若干个间隔 Δt，从一个间隔至另一个间隔地进行。应用三角恒等式：

$$\sin(\omega\tau-\omega t)=\sin(\omega\tau)\cos(\omega t)-\cos(\omega\tau)\sin(\omega t)$$

方程 21.31 可以写成下列形式：

$$D_\tau=\frac{1}{\omega m}[\psi_1(\tau)\sin(\omega\tau)-\psi_2(\tau)\cos(\omega\tau)] \tag{21.31a}$$

式中　$\psi_1(\tau)=\int_0^\tau P\cos(\omega t)\,\mathrm{d}t$；

$\psi_2(\tau)=\int_0^\tau P\sin(\omega t)\,\mathrm{d}t$。

这两个对时间 τ 的积分中之任一积分值可从其对时间 $\tau-\Delta t$ 的值求出：

$$\left.\begin{aligned}\psi_1(\tau)&=\psi_1(\tau-\Delta t)+\Delta t P_{\tau-\Delta t}\cos\omega(\tau-\Delta\tau)\\ \psi_2(\tau)&=\psi_2(\tau-\Delta t)+\Delta t P_{\tau-\Delta t}\sin\omega(\tau-\Delta\tau)\end{aligned}\right\} \tag{21.32}$$

然后借代入方程 21.31a 得到位移 D_τ。

如果在 $t=0$ 时，质量有一初始位移 D_0 和初始速度 $\dot{D}_0$，那么在时间 τ 时位移为（见方程 21.20）：

$$D_{\tau}^{*}=\frac{\dot{D}_0}{\omega}\sin(\omega\tau)+D_0\cos(\omega\tau)+\frac{1}{\omega m}\int_0^{\tau}P\sin(\omega\tau-\omega t)\,\mathrm{d}t \tag{21.33}$$

对于 P 按方程 21. 25 成简谐变化的特殊情况,可以说明方程 21. 31 给出与方程 21. 28 相同的结果。

运动方程的求解也可以用数值法来完成。逐步积分法可用来得出各时间间隔处的位移、速度和加速度。

21. 6 单自由度系统的黏滞阻尼振动

有些情况下,不应略去阻尼力不计,例如结构对地震的反应。分析中以与速度成正比的黏滞阻尼力代替实际阻尼力是方便的。这种黏滞阻尼力是:

$$F=c\dot{D} \tag{21.34}$$

式中 c 为阻尼系数。考虑到这种阻尼力,一个自由度的系统的运运方程(21. 24)则成为

$$m\ddot{D}+c\dot{D}+SD=P \tag{21.35}$$

或

$$\ddot{D}+2\beta\dot{D}+\omega^2D=P/m \tag{21.36}$$

式中

$$\beta=\frac{c}{2m} \tag{21.37}$$

如同前面,$\omega=\sqrt{S/m}$为固有角频率(见方程 21. 16)。

21. 6. 1 自由、黏滞阻尼振动

对于自由、黏滞阻尼振动,方程 21. 36 成为

$$\ddot{D}+2\beta\dot{D}+\omega^2D=0 \tag{21.38}$$

代以 $D=Ce^{\lambda t}$,我们得到辅助方程:

$$\lambda^2+2\beta\lambda+\omega^2=0 \tag{21.39}$$

它具有下列根:

$$\lambda^1=-\beta+\sqrt{\beta^2-\omega^2}\text{和}=\lambda^2=-\beta-\sqrt{\beta^2-\omega^2} \tag{21.40}$$

方程 21. 38 的通解采取下列形式:

$$D=C_1\mathrm{e}^{\lambda}+C_2\mathrm{e}^{\lambda} \tag{21.41}$$

当 $\beta^2=\omega^2$ 时,我们得到临界阻尼的情况:

$$c_{cr}=2m\omega \tag{21.42}$$

该辅助方程具有重根 $\lambda_1=\lambda_2=-\beta=-\omega$。于是方程 21. 38 的解为

$$D=\mathrm{e}^{-\omega t}(C_1+C_2t) \tag{21.43}$$

如果质量移动距离($D_{t=0}=D_0$)后释放($\dot{D}_{t=0}=0$),积分常数 $C_1=D_0, C_2=\omega D_0$,那么方程 21. 43 成为

$$D=\mathrm{e}^{-\omega t}D_0(1+\omega t) \tag{21.44}$$

此方程表示无振动运动：质量将缓慢地回到它的静止位置。因此，c 的临界值是正好使质量回到原来位置而无振动的值。

在大多数实际情况下，$\beta<\omega$ 或 $c<2m\omega$。把阻尼系数表示为比率 ξ：

$$\xi=\frac{c}{c_{cr}}=\frac{c}{2m\omega}=\frac{\beta}{\omega} \tag{21.45}$$

我们将讨论限于 $\beta<\omega$ 的情况，并引进下列符号

$$\omega_{\mathrm{d}}^{2}=\omega^{2}-\beta^{2} \tag{21.46}$$

ω_{d} 代表阻尼固有角频率。于是方程 21.40 可以写为：

$$\lambda_1=-\beta+i\omega_{\mathrm{d}} \text{ 和 } \lambda_2=-\beta-i\omega_{\mathrm{d}} \tag{21.47}$$

式中　$i=\sqrt{-1}$。

方程 21.38 的通解则成为：

$$D=\mathrm{e}^{\beta t}[\bar{C}_1\sin(\omega_{\mathrm{d}}t)+\bar{C}_2\cos(\omega_{\mathrm{d}}t)] \tag{21.48}$$

方程 21.48 以初始位移 D_0 和初始速度 $\dot{D}_0$ 来表达可以写成：

$$D=\mathrm{e}^{\beta t}\left[\left(\frac{\dot{D}_0+\beta D_0}{\omega_{\mathrm{d}}}\right)\sin(\omega_{\mathrm{d}}t)+D_0\cos(\omega_{\mathrm{d}}t)\right] \tag{21.49}$$

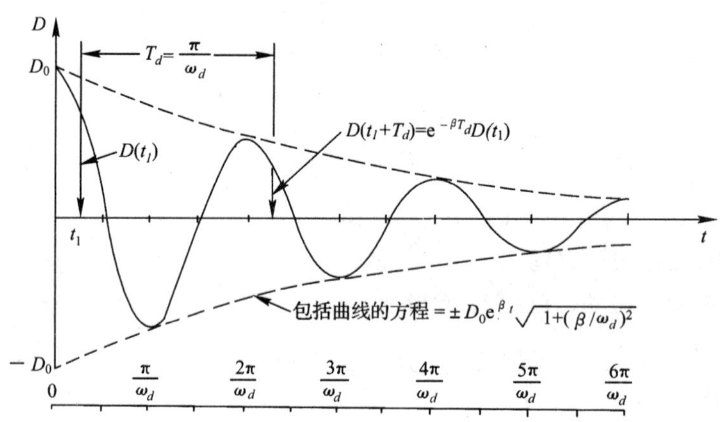

图 21.6　$\dot{D}_0=0$ 的阻尼自由振动方程 21.49 的表示

图 21.6 中的图解表示当 $\dot{D}_0=0$ 时位移－时间的关系。

阻尼振动的固有周期为

$$T_{\mathrm{d}}=\frac{2\pi}{\omega_{\mathrm{d}}} \tag{21.50}$$

时间 t 时的位移与时间 $t+T_{\mathrm{d}}$ 时的位移的比值是常数（其值为 $\mathrm{e}^{\beta T_{\mathrm{d}}}$），此比率的自然对数称为对数减量：

$$\delta=\beta T_{\mathrm{d}} \tag{21.51}$$

其对数减量与可由实验确定。从方程 21.45，21.46，21.50 和 21.51 可以看到与和 ξ 借下列联系起来。

$$\delta=\frac{2\pi\xi}{\sqrt{1-\xi^2}}\approx 2\pi\xi \tag{21.52}$$

在建筑物中,ξ 在 0.33 与 0.15 之间变化,意味着 δ 在 0.19 与 0.95 之间变化。

21.6.2　简谐强迫、黏滞阻尼振动

当扰动力按方程 21.25 变化时,运运方程(23.36)成为:

$$\ddot{D}+2\beta\dot{D}+\omega^2 D=\frac{P_0}{m}\sin(\Omega t) \tag{21.53}$$

式中　P_0,Ω 和 β 如第 21.5 节和 21.6 节所定义。方程 21.53 的通解为两部分:第一部分代表方程 21.48 表达的自由阻尼振动,第二部分(特解)代表强迫振动,借下式给出

$$D=\frac{P_0}{S}\quad\frac{\left(1-\frac{\Omega^2}{\omega^2}\right)\sin(\Omega t)-\frac{2\beta\Omega}{\omega^2}\cos(\Omega t)}{\left[\left(1-\frac{\Omega^2}{\omega^2}\right)^2+\frac{4\beta^2\Omega^2}{\omega^4}\right]} \tag{21.54}$$

如果存在某种阻尼,在很少几个循环之后自由振动部分(方程 21.48)衰减停止,总的解可用方程 21.54 的特解近似表示,它代表稳态的强迫振动。

对于无阻尼情况,$\beta=0$,方程 21.54 成为与方程 21.28 一样。

令 $\bar{A}_1=1-\Omega^2/\omega^2$ 和 $\bar{A}_2=-2\beta\Omega/\omega^2$,方程 21.54 可以写成下列形式

$$D=\frac{P_0}{S}\quad\frac{\bar{a}\sin(\Omega t+\bar{\alpha})}{\left[\left(1-\frac{\Omega^2}{\omega^2}\right)^2+\frac{4\beta^2\Omega^2}{\omega^4}\right]} \tag{21.55}$$

式中 $\bar{a}=\sqrt{\bar{A}_1^2+\bar{A}_2^2}$ 和 $\bar{a}=\arctan(\bar{A}_2/\bar{A}_1)$。代以 $\bar{a}$,方程 21.55 成为:

$$D=\chi\left[\frac{P_0}{S}\sin(\Omega t+\bar{\alpha})\right] \tag{21.56}$$

式中,P_0/S 为力 $P_0\sin(\Omega t)$ 是静止地作用时会发生的最大位移;χ 为考虑动力效应的放大系数,χ 的值为

$$\chi=\left[\left(1-\frac{\Omega^2}{\omega^2}\right)^2+\frac{4\beta^2\Omega^2}{\omega^4}\right]^{-\frac{1}{2}} \tag{21.57}$$

对于实际阻尼系数与临界阻尼系数的各种比值 $\xi=\beta/\omega$ 时 χ 对 $\frac{\Omega}{\omega}$ 的关系绘于图 23.7 中。在其共振状态 $\Omega=\omega$ 时,放大系数为

$$(\chi)_{\Omega=\omega}=\frac{\omega}{2\beta} \tag{21.58}$$

图 21.7 中虚曲线为无阻尼运动的理论情况(方程 21.28)。从其他曲线可以看到,即使只有微小的阻尼,共振时发生有限振幅。

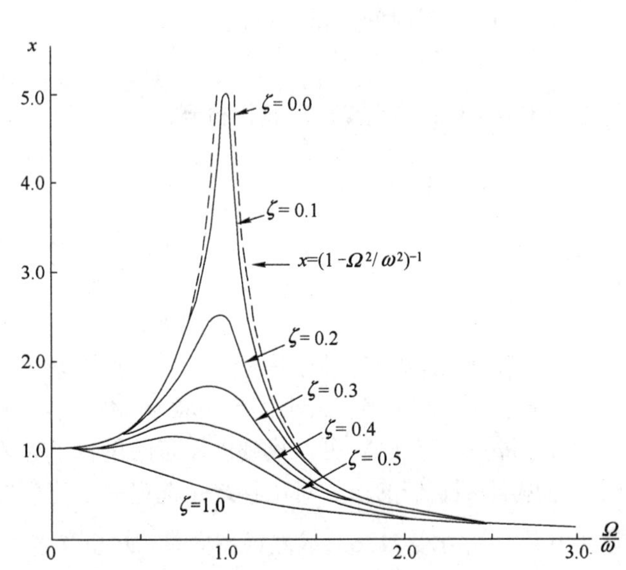

图 21.7　借方程 21.57 对承受简谐扰动力的阻尼系统所定义的放大系数

21.6.3　对任意扰动力的反应

这里我们可以用第 21.52 节的方法求出当扰动力 P 对时间按随机方式

变化时方程 21.36 的通解。如果我们考虑增量 dD(方程 21.29)为初始速度 D_0 而 $D_0=0$,那么由于在较早时间 t 处作用一冲量单元引起时间 τ 处的位移(见图 21.5)可从方程 21.49 得到。这样

$$dD_{\tau}=\frac{1}{\omega_{d}m}Pe^{-\beta(\tau-t)}\sin(\omega_{d}\tau-\omega_{d}t)\,dt \tag{21.59}$$

积分,我们得到位移:

$$D_{\tau}=\frac{1}{\omega_{d}m}\int_{0}^{\tau}Pe^{-\beta(\tau-t)}\sin(\omega_{d}\tau-\omega_{d}t)\,dt \tag{21.60}$$

如果在时间 t 处有一初始位移 D_0 和一速度 $\dot{D}_0$,那么时间 τ 处的位移将为(见方程 21.49):

$$D_{\tau}=e^{-\beta\tau}\left[\left(\frac{\dot{D}_0+\beta D_0}{\omega_d}\right)\sin\omega_d\tau+D_0\cos\omega_d\tau\right]+\frac{1}{\omega_{d}m}\int^{\tau}Pe^{-\beta(\tau-t)}\sin(\omega_{d}\tau-\omega_{d}t)\,dt \tag{21.61}$$

除了 P 以 t 的理想函数表达的特殊情况外,方程 21.60 和 21.61 中的积分均以数值求算。

21.7 多自由度系统的无阻尼自由振动

在第 21.2 节中,我们导出了 n 个自由度系统的自由振动运动方程(方程 21.7)。这是二阶微分方程系,其解是以下面形式表达的简谐运动组:

$$D_i=\bar{a}_i\sin(\omega t+\alpha)\qquad i=1,2\cdots,n \tag{21.62}$$

或

$$\{D\}=\sin(\omega t+\alpha)\{\bar{\alpha}\} \tag{21.63}$$

$\{\bar{\alpha}\}$ 的各元素为 n 个坐标处的振幅。

方程 21.63 对时间的微分得出:

$$\{\ddot{D}\}=-\omega^2\{D\} \tag{21.64}$$

将方程 21.64 代入方程 21.7,我们得到

$$[S]\{D\}=\omega^2[m]\{D\} \tag{21.65}$$

用$[m]^{-1}$前乘给出

$$[B]\{D\}=\omega^2\{D\} \tag{21.66}$$

式中

$$[B]=[m]^{-1}[S] \tag{21.67}$$

方程 21.66 是以特征值问题形式出现(见附录 A 的第 A.10 节),其解给出 ω^2 量的 n 个特征值。最小特征值相当于最小固有角频率,称为第一振型频率。

对于每一个特征值,可以找到以模态向量$\{D\}$定义的振型形状,但仅能得到各位移之间的比率,而得不到它们的值。对位移之一选定一个值(往往选定为 1),譬如对 D_i,然后我们求解其余 D 值。从方程 21.63,显然模态向量$\{D\}$也义各个坐标处振幅$\{\bar{a}\}$之间的比率。这些比率定义固有振型特征形状。

如果我们以柔度矩阵$[f]$前乘方程 21.65,这里$[f]=[S]^{-1}$,我们得到

$$[G]\{D\}=\frac{1}{\omega^2}\{D\} \tag{21.68}$$

式中

$$[G]=[f][m] \tag{21.69}$$

例 21.2　试求出图 21.8(a)中在图平面内自由振动的悬臂梁的角频率和正态振型特征形状。略去轴向变形不计，仅考虑集中质量。

该系统具有用图 21.8(b)中 3 个坐标表示的 3 个自由度。相应的刚度矩阵为(应用附录 E)：

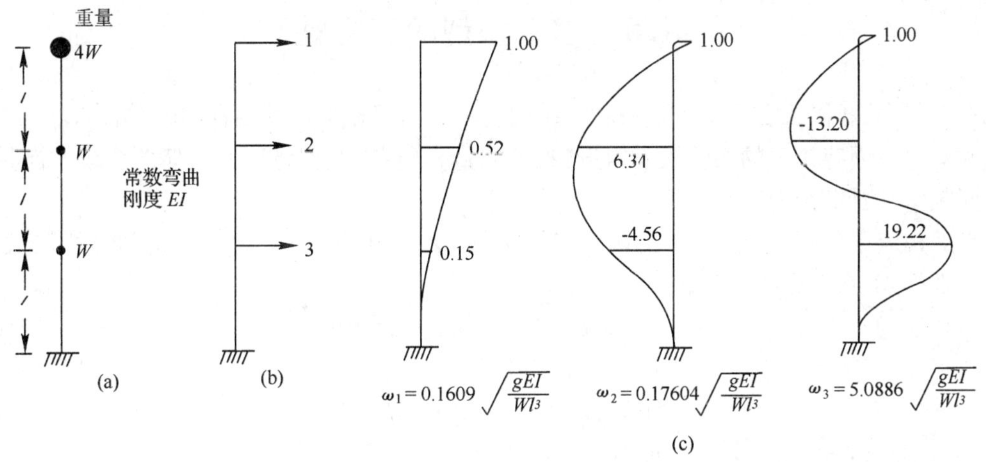

图 21.8　例题 21.2 中梁的自由振动

(a)系统的特性；(b)坐标系；(c)正态型特征形状。

$$[S]=\frac{EI}{l^3}\begin{bmatrix}1.6154 & & \text{对称}\\ -3.6923 & 10.1538 & \\ 2.7692 & -10.6154 & 18.4615\end{bmatrix} \tag{21.70}$$

质量矩阵为

$$[m]=\frac{W}{g}\begin{bmatrix}4 & 0 & 0\\ 0 & 1 & 0\\ 0 & 0 & 1\end{bmatrix} \tag{21.71}$$

这里 g 为重力加速度。将方程(21.71)代入方程(21.67)，得到：

$$[B]=\frac{gEI}{Wl^3}\begin{bmatrix}0.4039 & -0.9231 & 0.6923\\ -3.6923 & 10.1538 & -10.6154\\ 2.7692 & -10.6154 & 18.4615\end{bmatrix} \tag{21.72}$$

代入方程 21.66，求解特征值 ω^2(或求解以方程 21.65 形式出现的特征值问题)，我们得到

$$\omega_1^2=0.02588\frac{gEI}{Wl^3},\omega_2^2=3.09908\frac{gEI}{Wl^3}\text{和 }\omega_3^2=25.89415\frac{gEI}{Wl^3} \tag{21.73}$$

或

$$\omega_1=0.1609\sqrt{\frac{gEI}{Wl^3}},\omega_2=1.7604\sqrt{\frac{gEI}{Wl^3}}\text{和 }\omega_3=5.0886\sqrt{\frac{gEI}{Wl^3}} \tag{21.74}$$

如果我们选择 $D_1=1$，那么相应于上面诸角频率的模态向量为：

$$\{D^{(1)}\}=\begin{Bmatrix}1.0000\\0.5224\\0.1506\end{Bmatrix}\quad \{D^{(2)}\}=\begin{Bmatrix}1.0000\\-6.3414\\-4.5622\end{Bmatrix}$$

$$\{D^{(3)}\}=\begin{Bmatrix}1.0000\\-13.1981\\19.2222\end{Bmatrix}\tag{21.75}$$

这三种形式示于图 21.8(c)中。

21.8　固有振型的正交性

在前节中，我们已看到 n 个自由度系统的自由无阻尼振动运动方程的解，给出 n 个固有频率值和对每一固有频率的相应模态向量(特征向量)。现在我们将说明任何两个模态向量(具有不同频率)之间存在正交关系。

考虑相应于角频率 ω_r 和 ω_s 的两个特征向量 $\{D^{(r)}\}$ 和 $\{D^{(s)}\}$。每一向量和其特征值都满足运动方程 21.65，因而我们知：

$$[S]\{D^{(r)}\}=\omega_r^{\ 2}[m]\{D^{(r)}\}\tag{21.76}$$

和

$$[S]\{D^{(s)}\}=\omega_s^{\ 2}[m]\{D^{(s)}\}\tag{21.77}$$

以 $\{D^{(s)}\}^{\mathrm{T}}$ 前乘方程 21.76，我们得到

$$\{D^{(s)}\}^{\mathrm{T}}[S]\{D^{(r)}\}=\omega_r^{\ 2}\{D^{(s)}\}^{\mathrm{T}}[m]\{D^{(r)}\}\tag{21.78}$$

转置此方程两边矩阵的乘积，考虑 $[S]$ 和 $[m]$ 均对称，我们得到：

$$\{D^{(r)}\}^{\mathrm{T}}[S]\{D^{(s)}\}=\omega_r^{\ 2}\{D^{(r)}\}^{\mathrm{T}}[m]\{D^{(s)}\}\tag{21.79}$$

以 $\{D^{(r)}\}^{\mathrm{T}}$ 前乘方程 21.77，给出：

$$\{D^{(r)}\}^{\mathrm{T}}[S]\{D^{(s)}\}=\omega_s^{\ 2}\{D^{(r)}\}^{\mathrm{T}}[m]\{D^{(s)}\}\tag{21.80}$$

此方程的左边与方程 21.79 相同，所以，从方程 21.79 减方程 21.80，我们得到

$$(\omega_r^{\ 2}-\omega_s^{\ 2})\{D^{(r)}\}^{\mathrm{T}}[m]\{D^{(s)}\}=0\tag{21.81}$$

当频率不同时，亦即 $\omega_r\neq\omega_s$，方程 21.81 中诸矩阵的乘积变为零，亦即：

$$\{D^{(r)}\}^{\mathrm{T}}[m]\{D^{(s)}\}=0\qquad r\neq s\tag{21.82}$$

对方程 21.79(或方程 21.80)的右边这样去做，因而

$$\{D^{(r)}\}^{\mathrm{T}}[S]\{D^{(s)}\}=0\qquad r\neq s\tag{21.83}$$

方程 21.82 和 21.83 为固有型之间的正交关系，它意味着固有型对于矩阵 $[m]$ 或 $[S]$ 是正交的。

正交性方程 21.82 可以以例题 21.2 中的结构说明如下。将 $r=1$ 和 $s=2$ 代入方程 21.82，应用该列题的结果，我们写出：

$$\{D^{(1)}\}^{\mathrm{T}}[m]\{D^{(2)}\}=[1.00\quad 0.52\quad 0.15]\frac{w}{g}\begin{bmatrix}4&0&0\\0&1&0\\0&0&1\end{bmatrix}\begin{Bmatrix}1.000\\-6.34\\-4.56\end{Bmatrix}$$

$$=\frac{w}{g}[1.00\times4\times1.000+0.52\times1\times(-6.34)$$
$$+0.15\times1\times(-4.56)]$$
$$=0$$

21.9　正 则 坐 标

在第21.2节中,我们导出了按坐标$\{D\}$的强迫无阻尼系统的运动方程(方程21.6)。该方程中的矩阵$[S]$一般不是对角矩阵,而且方程21.6代表一个联立方程系。如果$[m]$和$[S]$二者均为对称矩阵,那么各方程成为无联系者。方程21.6中n个坐标$\{D\}$变换成另一个具有相同数目的坐标系$\{\eta\}$,以致:

$$\{D\}=[\phi]\{\eta\} \tag{21.84}$$

(式中$[\phi]_{n\times n}$为变换矩阵)给出$[m]$和$[S]$变换成一般不是对角矩阵的$[M]$和$[K]$的方程。现在我们将导出一个变换矩阵$[\phi]$,它导致对角质量矩阵和对角刚度矩阵,因而得到无联系的运动方程。这相应的坐标$\{\eta\}$称为正则坐标。

将方程21.84代入方程21.6,并前乘$[\phi]^{\mathrm{T}}$,我们得到

$$[\phi]^{\mathrm{T}}[m][\phi]\{\ddot{\eta}\}+[\phi]^{\mathrm{T}}[S][\phi]\{\eta\}=[\phi]^{\mathrm{T}}\{P\} \tag{21.85}$$

或

$$[M]\{\ddot{\eta}\}+[K]\{\eta\}=\{L\} \tag{21.86}$$

式中

$$[M]=[\phi]^{\mathrm{T}}[m][\phi] \tag{21.87}$$

$$[K]=[\phi]^{\mathrm{T}}[S][\phi] \tag{21.88}$$

和

$$\{L\}=[\phi]^{\mathrm{T}}\{P\} \tag{21.89}$$

进行方程21.87和21.88中的矩阵乘法将说明乘积矩阵的任一元素借下式给出

$$M_{rs}=\{\phi^{(r)}\}^{\mathrm{T}}[m]\{\phi^{(s)}\} \tag{21.90}$$

或借下式给出

$$K_{rs}=\{\phi^{(r)}\}^{\mathrm{T}}[S]\{\phi^{(s)}\} \tag{21.91}$$

式中$\{\phi^{(j)}\}$为$[\phi]$的第j列。

将方程21.90和21.91与正交关系(方程21.82和21.83)比较,说明对于$r\neq s$,如果$\{\phi^{(j)}\}=\{D^{(j)}\}$,则$M_{rs}$和$K_{rs}$变为零。换句话说,如果变换矩阵$[\phi]$借特征向量$\{D^{(j)}\}$构成如下,则$[M]$和$[K]$成为对角矩阵:

$$[\phi]=[\{D^{(1)}\}\,\vdots\,\{D^{(2)}\}\,\vdots\,\cdots\,\vdots\,\{D^{(n)}\}] \tag{21.92}$$

令方程21.90或21.91中$r=s$,则给出$[M]$或$[K]$的对角元素:

$$M_{rr}=M_r=\{\phi^{(r)}\}^{\mathrm{T}}[m]\{\phi^{(r)}\} \tag{21.93}$$

和

$$K_{rr}=K_r=\{\phi^{(r)}\}^{\mathrm{T}}[S]\{\phi^{(r)}\} \tag{21.94}$$

应用方程21.76,我们可以写出:

$$[S]\{\phi^{(r)}\}=\omega_r^2[m]\{\phi^{(r)}\} \tag{21.95}$$

以$\{\phi^{(r)}\}^{\mathrm{T}}$前乘这个方程,并将其结果与方程21.93和21.94合并,得出

$$K_r = \omega_r^2 M_r \qquad (21.96)$$

对于强迫无阻尼振动,按正则坐标其运动方程(方程 21.86)现在成为

$$[M]\{\ddot{\eta}\} + [\Omega][M]\{\eta\} = \{L\}$$

式中

$$[\Omega] = \begin{bmatrix} \omega_1^2 & & & \\ & \omega_1^2 & & \\ & & \cdots & \\ & & & \omega_n^2 \\ \text{未示出的元素均为零} & & & \end{bmatrix} \qquad (21.98)$$

方程 21.97 是为 n 个无联系的微分方程组,它的第 r 个方程为

$$\ddot{\eta}_r + \omega_r^2 \eta_r = \frac{L_r}{M_r} \qquad (21.99)$$

式中

$$L_r = \{\phi^{(r)}\}^{\mathrm{T}}\{P\} \qquad (21.100)$$

当考虑对时间有关的力的反应时,运动方程的无联系方式是有用的。它使之可能分别确定每一正态振型中的反应,如同一个自由度的独立系统那样。然后将位移$\{\eta\}$借方程 21.84 变换成位移$\{D\}$。事实上,这个方程把各振型叠加得出总的位移。

例 21.3 试求图 21.8(a)中所示体系对图 21.8(b)中 3 个坐标处简谐力组的反应,其中 $P_1 = 2P_0\sin(\Omega t)$,$P_2 = P_0\sin(\Omega t)$和 $P_3 = P_0\sin(\Omega t)$。

将方程 21.75 代入方程 21.92,我们得到

$$[\phi] = \begin{bmatrix} 1.0000 & 1.0000 & 1.0000 \\ 0.5224 & -6.3414 & -13.1981 \\ 0.1506 & -4.5622 & 19.2222 \end{bmatrix} \qquad (21.101)$$

将方程 21.71 和 21.101 代入方程 21.93,给出

$$M_1 = 4.296\,\frac{W}{g},M_2 = 65.027\,\frac{W}{g}\text{和 } M_3 = 547.680\,\frac{W}{g} \qquad (21.102)$$

外作用荷载向量为

$$\{P\} = P_0\begin{Bmatrix} 2 \\ 1 \\ 1 \end{Bmatrix}\sin(\Omega t) \qquad (21.103)$$

应用方程 21.100,我们得到

$$\left.\begin{aligned} L_1 &= 2.673P_0\sin(\Omega t) \\ L_2 &= -8.904P_0\sin(\Omega t) \\ L_3 &= 8.024P_0\sin(\Omega t) \end{aligned}\right\} \qquad (21.104)$$

将方程 21.73,21.102 和 21.104 代入方程 21.99,我们得到无联系的运动方程:

$$\left.\begin{aligned}\ddot{\eta}_1+0.02588\frac{gEI}{Wl^3}\eta_1&=\frac{P_0}{1.067(W/g)}\sin(\Omega t)\\\ddot{\eta}_2+3.09908\frac{gEI}{Wl^3}\eta_2&=\frac{P_0}{-7.303(W/g)}\sin(\Omega t)\\\ddot{\eta}_3+25.89415\frac{gEI}{Wl^3}\eta_3&=\frac{P_0}{68.255(W/g)}\sin(\Omega t)\end{aligned}\right\}\qquad(21.105)$$

上面微分方程已在第21.51节中求解过。正则坐标$\{\eta\}$中稳态强迫振动用下列式子来描述(见方程21.28):

$$\left.\begin{aligned}\eta_1&=\frac{0.6223gP_0/W}{0.02588gEI/(Wl^3)-\Omega^2}\sin(\Omega t)\\\eta_2&=\frac{0.1369gP_0/W}{3.09908gEI/(Wl^3)-\Omega^2}\sin(\Omega t)\\\eta_3&=\frac{0.0147gP_0/W}{25.89415gEI/(Wl^3)-\Omega^2}\sin(\Omega t)\end{aligned}\right\}\qquad(21.106)$$

将方程21.101和21.106代入方程21.84,给出位移$\{D\}$。

21.10　结构对地震的反应

在地震效应分析中,我们要确定是由于支承运动引起的结构反应,而不是确定由于外力作用引起的结构反应。支承运动可根据从前地震记录所得的加速度曲线来描述。

考虑一个自由度的系统(图21.9),承受支承加速度$\ddot{u}_s(t)$所确定的支承运动$u_s(t)$的反应。如果在任一时间t处,质量m的水平位移为$u(t)$,那么质量对地面的相对位移为

$$D=u-u_s\qquad(21.107)$$

当不存在外扰动力时,作用于质量上仅有的力是:恢复力SD(这里S为刚度系数)、假定与相对速度成正比的阻尼力$c\dot{D}$以及惯性力$m\ddot{u}$,其运动方程为

$$m\ddot{u}+c\dot{D}+SD=0\qquad(21.108)$$

将方程21.107对时间微分,并代入方程21.108,我们得到

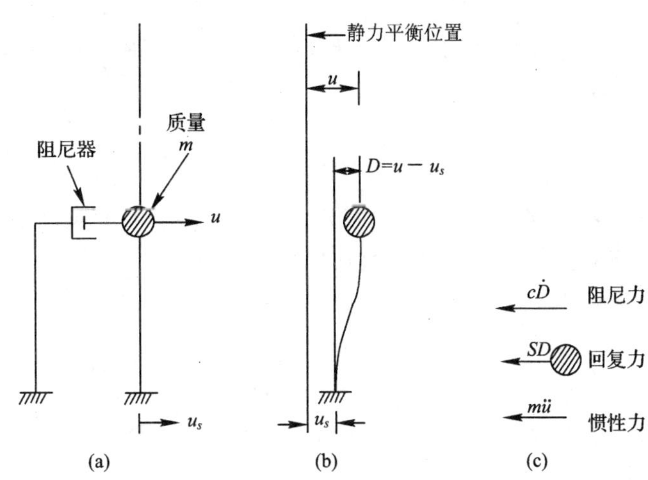

图21.9　承受支承运动的单自由度系统

(a)u和u_s的正方向;(b)任一时间t处的变形形状;(c)任一时间t处作用于质量上的力。

$$\ddot{D}+2\beta\dot{D}+\omega^2D=-\ddot{u}_s\qquad(21.109)$$

式中$\omega=\sqrt{S/m}$,$\beta=c/2m$(见方程21.16和21.37)。

将方程 21.109 和方程 21.36 比较,说明支承运动的效应与力($-\ddot{u}_s m$)的效应相同。第 21.62 节和 21.63 节中所导出的方程可用($-\ddot{u}_s m$)代替 $P(t)$ 用来确定对于支承运动的反应。

对于承受支承运动的多自由度系统,我们将讨论限于无阻尼情况。考虑图 21.2 中的多层框架,其支承处的加速度 $\ddot{u}_s(t)$ 为已知。按类似一个自由度系统的方法可以说明运动方程为

$$[m]\{\ddot{D}\}+[S]\{D\}=-\ddot{u}_s\{m^*\} \tag{21.110}$$

这里 $\{D\}$ 和 $\{m^*\}$ 用下式表示。

$$\{D\}=\begin{Bmatrix}u_1-u_s\\u_2-u_s\\\cdots\\u_n-u_s\end{Bmatrix},\{m^*\}=\sum_{j=1}^{n}\begin{Bmatrix}m_{1j}\\m_{2j}\\\cdots\\m_{nj}\end{Bmatrix}=[m]\begin{Bmatrix}1\\1\\\cdots\\1\end{Bmatrix} \tag{21.111}$$

$u_1,u_2,\cdots,u_n$ 为各楼板水平面处的绝对位移。方程 21.110 可用方程 21.99 形式的无联系微分方程系来代替,但是在这种情况下

$$L_r=-\ddot{u}_s\{\phi^{(r)}\}^{\mathrm{T}}\{m^*\} \tag{21.112}$$

无联系方程的解将给出位移 $\{\eta\}$,从而,由方程 21.84,得出相对位移 $\{D\}$。

上面分析是建立在弹性理论基础之上的,通常仅适用于中等地面运动。实践中,结构设计成经得起这样的运动而不会破坏,但是在强地震情况下,只要生命没有危险,结构设计容许有些塑性变形。对于这种情况的分析必须考虑到结构的非弹性状态。

公式 21.107 仅适用于平面框架承受水平地面力的情形。现在我们考虑一个空间框架承受地面力的情形。$\{u_s(t)\}$:

$$\{u_s\}=\{u_{sx},u_{sy}u_{sz}\} \tag{21.113}$$

这里 x,y 和 z 代表框架的球坐标方向,在同一时刻 t,节点位移为 $\{u(t)\}$,多个节点的位移 $\{D(t)\}$:

$$\{D\}=\{u\}-[T]\{u_s\} \tag{21.114}$$

此方程的最后一项相当于框架转化为刚体时的节点位移。转变矩阵 $[T]$ 的元素非 1 即 0。以式 21.113 所示地震力作用下的图 21.9 中单个质点运动为例,x,y,z 方向并未在图中示出,方程 21.114 中单元的 $\{D\}$,$\{u\}$ 和 $[T]$ 如下:

$$\{D\}=\begin{Bmatrix}D_x\\D_y\\D_z\end{Bmatrix};\{u\}=\begin{Bmatrix}u_x\\u_y\\u_z\end{Bmatrix};[T]=\begin{bmatrix}1&0&0\\0&1&0\\0&0&1\end{bmatrix} \tag{21.115}$$

有几个集中质量的系统 $\{m_1,m_2,\cdots m_n\}$(图 21.8(a)),第 i 个质量具有典型的转变自由度:$\{D_x,D_y,D_Z)_i$

$$\begin{aligned}&[m]_{3n\times3n}\{\ddot{D}\}_{3n\times1}+[S]_{3n\times3n}\{D\}_{3n\times1}=\\&\qquad-[m]_{3n\times3n}[T]_{3n\times3}\{\ddot{u}_S\}_{3\times1}\end{aligned} \tag{21.116}$$

这里 $[m]$ 由 3×3 子矩阵对角线,其他元素为 0。1 个典型的第 i 个对角线上的子矩阵等于 $m_i[I]$,$[I]$ 为单位矩阵。矩阵由 n 个子矩阵构成,每个都等于 $[I]_{3\times3}$.

例 21.4 试求图 21.8 中所示系统对于以 $\ddot{u}_s=(g/5)\sin(\Omega t)$ 所描述的支承运动的反应,式中 $\Omega=4\pi(1/s)$,g 为重力加速度。

将方程 21.71 代入方程 21.111，给出

$$\{m^*\} = \frac{W}{g}\begin{Bmatrix} 4 \\ 1 \\ 1 \end{Bmatrix} \tag{21.117}$$

如果我们将方程 21.101 和 21.113 代入方程 21.112，我们得到；

$$\left.\begin{aligned} L_1 &= -0.934W\sin(\Omega t) \\ L_2 &= 1.381W\sin(\Omega t) \\ L_3 &= -2.005W\sin(\Omega t) \end{aligned}\right\} \tag{21.118}$$

按照与例题 21.3 中相同的过程，但应用上面的 L_r 值，我们得到

$$\left.\begin{aligned} \eta_1 &= -\left[\frac{0.183g}{0.02588gEI/(Wl^3)-\Omega^2}\right]\sin(\Omega t) \\ \eta_2 &= \left[\frac{0.0212g}{3.09908gEI/(Wl^3)-\Omega^2}\right]\sin(\Omega t) \\ \eta_3 &= -\left[\frac{0.0037g}{25.89415gEI/(Wl^3)-\Omega^2}\right]\sin(\Omega t) \end{aligned}\right\} \tag{21.119}$$

21.11　小　　结

本章仅仅是结构动力学课题的入门介绍。关于较高等的论述可参见专门书刊。

习　　题

在求解下面习题中，需要时取重力加速度 $g = 32.2\ \text{ft/s}^2$ 或 $386\ \text{in/s}^2$。

21.1　试计算图中框架侧移时振动的固有频率，并计算振动的固有周期。将框架理想化为一个自由度的系统。轴向变形、剪切变形以及柱的重量均略去不计。如果开始时位移为1 in，速度为10 in/s。试问振幅有多大，$t = 1$ s 时位移为多少?

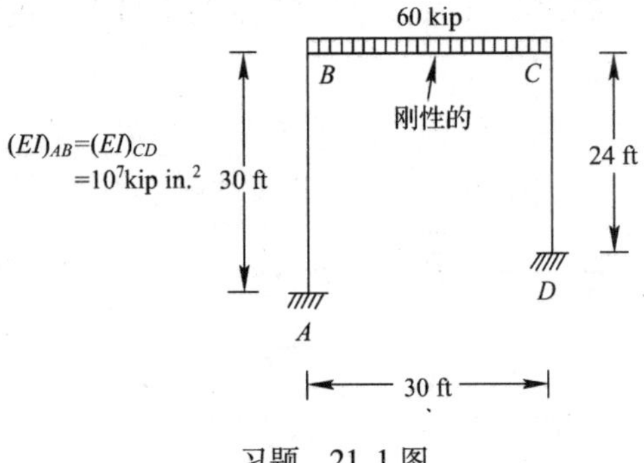

习题　21.1 图

21.2　假定初始位移为 25 mm，初始速度为 0.25 m/s，试计算题 21.1。

21.3　试求解习题 21.1。假设 BC 弯曲刚度 $(EI) = 10^7\text{kip}\cdot\text{in}^2$。

21.4　假定 BC 的弯曲刚度 $EI = 30\ \text{MN}\cdot\text{m}^2$，计算习题 21.1。

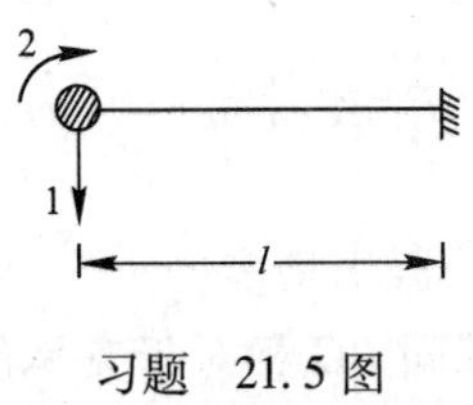

习题　21.5 图

21.5　棱柱形悬臂梁 AB 借图中所示的两个自由度的系统来理想化。试用相容质量矩阵求出第一固有频率和相应型式。该梁的总质量为 m，长度为 l，弯曲刚度为 EI。仅考虑弯曲变形。

21.6　试求图 21.5 中梁单元的相容质量矩阵，假设 A 端和 B 端处横截面面积分别为 a_1 和 a_2，在 A 和 B 之间成直线变化。应用方程

21.11 的位移函数。

21.7 习题23.1 中的框架在静止下于 C 点处时间 $T=0$ 时突然受到 8 kip 水平力的扰动，此力在时间 $\tau=T/2$ 时移去，这里 T 为振动的固有周期。试问在力移去时的位移和速度是多少？当时间 $\tau=11T/8$ 时位移又是多少？

21.8 假定习题21.7 中力为 40 kN，计算该题。

21.9 试求解习题21.7，假设当 $\tau=0$ 至 $\tau=T/4$ 时扰动力从零直线地增大到 8 kip，然后直线地下降，在力移去的时间 $\tau=T/2$ 时下降到零。

21.10 将21.9 中 8 kip 换 40 kN，重新计算该题。

21.11 如果习题23.1 的系统具有阻尼系数 $\xi=0.1$，试问阻尼固有圆周频率 ω_d 和阻尼振动的固有周期 T_d 是多少？又问如果 $\dot{D}_0=1$ in 和 $\dot{D}_0=10$ in/s，那么在 $t=1$ s 时位移是多少？

21.12 设 $D_0=25$ mm，$\dot{D}_0=0.25$ m/s，计算该题。

21.13 如果一个自由度的系统的自由振幅在 3 个循环中减小 50%，试问阻尼系数是多少？

21.14 当习题23.1 中框架在 BC 水平线处承受大小为 4 sin14t(千磅)的简谐水平力，试确定在(a)无阻尼(b)阻尼系数 =0.10 时最大稳态侧移。

21.15 用 20 sin14t(kN)代替 4 sin14t(kip)，重新计算。

21.16 假设习题23.1 中的框架具有阻尼系数 =0.05，它在静止下于 C 处受到 8 kip 水平力的扰动。该力是在时间 $T=0$ 时突然作用上去的，在时间 $\tau=T_d/2$ 时移去，这里 T_d 为阻尼振动的固有周期。试问在力移去时和时间 $\tau=11T_d/8$ 时位移是多少？(将其答案与习题21.7中的无阻尼情况相比较)

21.17 将习题21.16 的要求应用于习题21.2 框架。用 40 kN 代替 8 kip(与习题21.8无阻尼时结果相对比)。

21.18 试确定图中所示两个自由度的系统的固有圆周频率和特征形状。

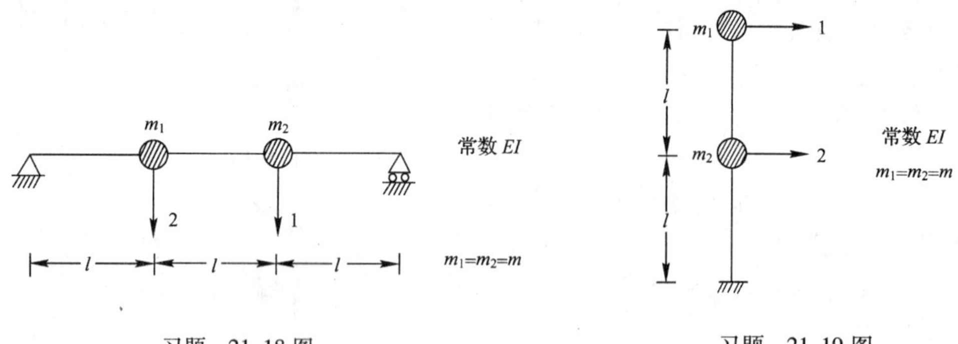

习题 21.18 图　　　　习题 21.19 图

21.19 将习题21.18 的要求用于图中所示的框架。

21.20 试写出习题21.19 中无阻尼系统的无联系运动方程，假设力 P_1 在时间 $t=0$ 时突然作用上去，然后继续作用着。求出 D_1 和 D_2 的时间—位移关系。

21.21 如果习题21.20 中力 $P_1=P_0\sin(\Omega t)$，试问 m_1 的稳态振动的振幅是多少？

21.22 习题23.1 中框架的支承以图中所示加速度作水平移动。试问 BC 相对于支承的最大位移是多少？略去阻尼不计。

21.23 将习题21.22的要求应用于习题21.21框架。

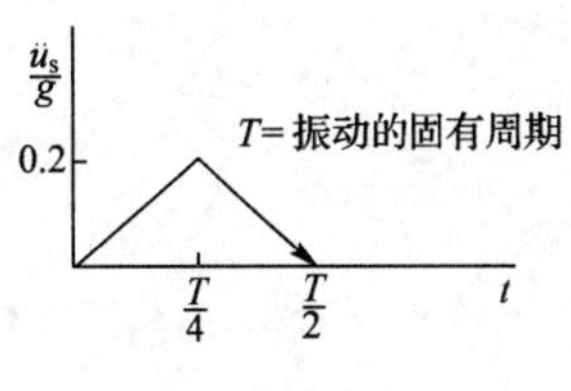

习题 21.22图

21.24 如果习题21.19中的支承具有水平加速度 $\ddot{u}_s=(g/4)\sin(20t)$，试确定质量 m_1 相对于支承的最大位移。

22 杆系结构的计算机分析

22.1 引　　言

本章讨论计算机在大型结构位移(刚度)法分析中的应用。虽然所讨论的概念适用于各种类型的结构,但本章分析中显示给出的矩阵仅适用于由等截面直杆组成的杆系结构,包括5种类型:铰接平面桁架、铰接空间桁架、刚接平面框架、刚接空间框架、刚接格栅[1]。

节点按顺序编号为$1\sim n_j$,杆件(单元)按顺序编号为$1\sim n_m$。坐标代表自由度,也按顺序进行编号,图22.1给出了每个节点处的坐标编号顺序。例如:在平面桁架的第i个节点,整体坐标x和y方向的位移以坐标编号$2i-1$和$2i$来表示。正交坐标轴x,y(和z)的原点和方向可以任意指定。

对杆系结构进行分析一般是为了确定节点位移和杆端力。节点位移在整体坐标方向进行计算,而杆端力在每个杆件自身的局部坐标方向进行计算,参见下节。

在继续学习本章之前,请读者先浏览一下22.13节给出的小结。

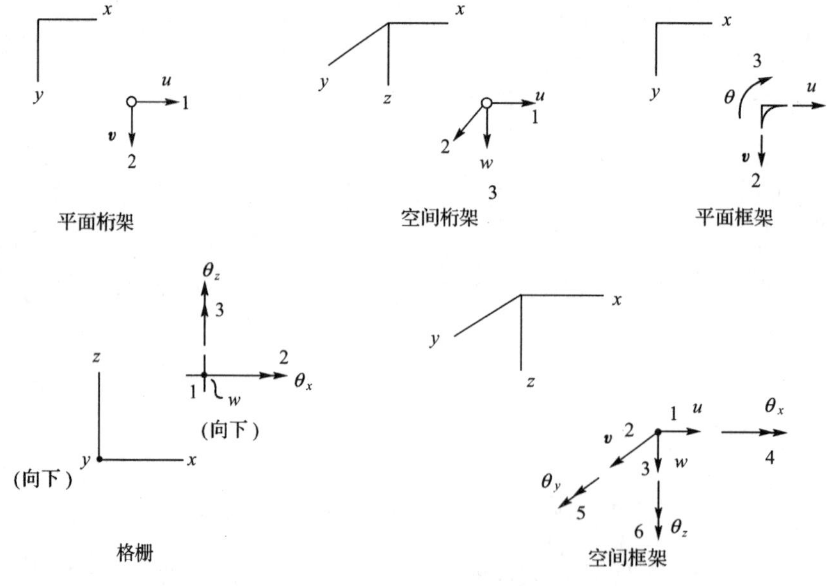

图22.1　杆系结构典型节点的整体坐标轴、自由度和坐标编号顺序

1　5.6节给出了位移法分析的步骤。附录L描述了附盘上的一系列用于每种杆系结构分析的微机程序。附盘包含可执行文件和FORTRAN语言源代码。附录L还给出了可以下载线性分析文件的网址。本书末尾的订单用于订购非线性分析程序。

22.2　单元局部坐标系

杆系结构的单元刚度矩阵$[S^*]$首先在沿单元形心轴和横截面主轴的局部坐标系下生成，然后转换到整体坐标系下。这在组集成结构刚度矩阵$[S]$之前是必须的。杆端力也是在局部坐标系下确定的。

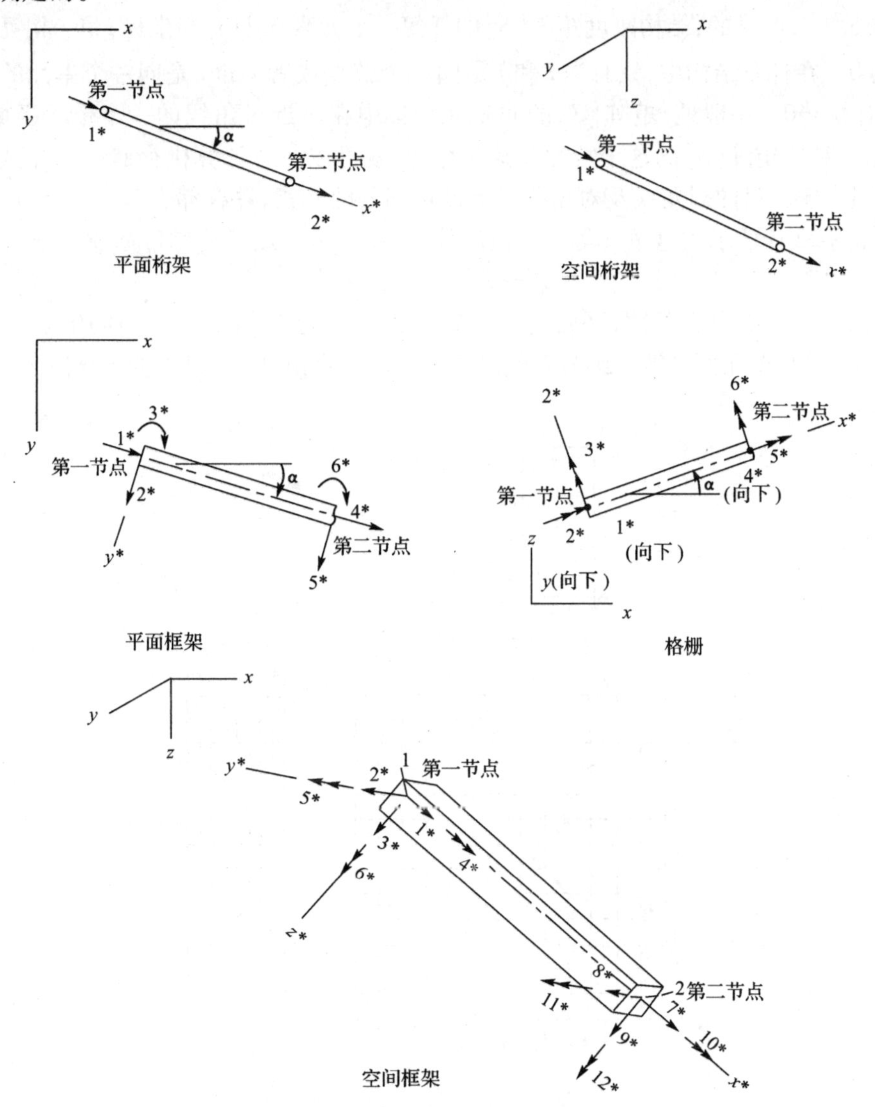

图 22.2　杆系结构典型单元的局部坐标系

典型的整体坐标系方向下的节点坐标系如图 22.1 所示，典型的单元局部坐标系如图 22.2 所示，图中显示的是正方向。

局部坐标系平行于局部坐标轴 x^*，y^* 和 z^*。局部坐标轴 x^* 沿着单元形心轴从第一节点指向第二节点。单元的第一节点由分析人员任意指定，其顺序可以参见 22.4 节输入数据中的单元信息列表，表中列出了每个单元的两端节点。

每个整体坐标系和局部坐标系都是右手直角坐标系。

根据以上坐标编号规则，选择单元局部坐标系，完成节点和单元编号，就完成了位移法分析的第一步。回想一下，第一步实际上还包括了定义自由度及其特性和正方向。

22.3 带　　宽

就像5.3节所讲的，结构刚度矩阵[S]的任何一个元素S_{ij}只有当坐标i和j相互毗邻的时候才不为0。在杆系结构中，只有当i和j是同一个节点或者i和j是同一个单元的两个端节点时，才有$S_{ij} \neq 0$。一般地，矩阵[S]的非0元素集中在靠近对角线的一个带状区域里，如图22.3所示。利用矩阵[S]的这个特性及其对称性，就可以节省计算机存储空间并减少计算次数。只产生矩阵[S]的对角线及对角线以上带状部分的元素，并存储在一个n行n_b列的矩形矩阵里，如图22.3所示。这里n等于自由度数，n_b指半带宽或者简称带宽，由下式给出：

$$n_b = s(|k-j|_{\text{largest}} + 1) \tag{22.1}$$

其中s是每个节点的自由度数，平面桁架为2，平面框架为3，格栅为3，空间桁架为3，空间框架为6。$|k-j|$是单元两端节点编号差值的绝对值。带宽由$|k-j|$最大的单元决定。

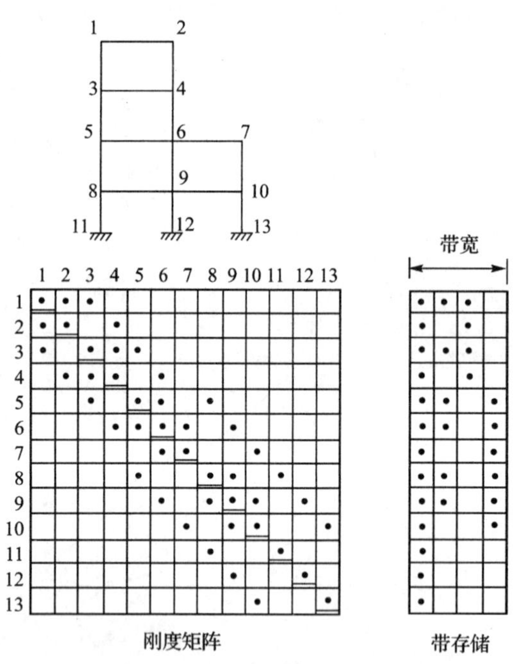

图22.3　平面框架的节点编号和带宽

结构分析的大部分机时花费在求解平衡方程[S][D] = -[F]上面，其中[D]是未知的位移，[F]是阻止在荷载作用下产生位移的节点力。[D]和[F]相应的列相应于同一荷载工况。求解平衡方程的算术运算次数随着n和n_b^2线性增长，因此应设法减小n_b。

对于给定的一个结构，通常可以通过对节点数目较少的边依次编号获得较小的带宽。如

图 22.3 所示，该例子给出了一个平面框架的建议节点编号，相应的结构刚度矩阵[S]，计算中产生并存储的带宽($n_b=12$)。同样是这个框架，如果节点沿着柱子从上到下依次编号，带宽就会是 18，而不是 12。注意，就像图 22.3 所示的那样，[S]往往在带宽范围内包含有 0 元素。

有多种技术[1]可以提高平衡方程求解的效率和精度，比如，自动对节点重新编号来使 n_b 最小化的技术，只产生和操作[S]中的非 0 元素的技术，以及估计并控制截断误差的技术。

上面所讨论的刚度矩阵(图 22.3)是针对自由(无支撑)结构的。消去相应于位移为 0 的节点的行和列，就得到有支撑结构的缩减刚度矩阵(参见 5.5 节)。这个矩阵才是用于平衡方程求解的。

当然，也可以不生成那些求解不需要的行和列[2]。如果为了编程方便起见，以花费更多的计算时间为代价，可以通过调整自由结构的刚度矩阵[S]来进行求解。调整的方法就是让指定节点的位移等于 0 或者给定值，详见 22.10 节。这种方法可以用来分析支座移动。

22.4　输入数据

计算机分析必须输入足够的数据，包括定义材料、结构的几何特性以及荷载。两个基本的单位是长度单位和力的单位。数据中的单位必须保持一致。

平面桁架或者空间桁架的几何特性数据如下：弹性模量 E，节点的(x,y)或(x,y,z)坐标，每个单元的横截面面积，单元两端的节点号码以及支撑条件。支撑条件通过给定节点号码及其两个坐标(u,v)的约束指示符来定义，这里约定 1 代表自由(无约束)，0 代表给定位移。如果约束指示符为 0，就必须给定位移的大小(0 位移表示支座无沉陷)。在例 22.1 中，表 22.1 给出了如图 22.4 所示的平面桁架的输入数据。

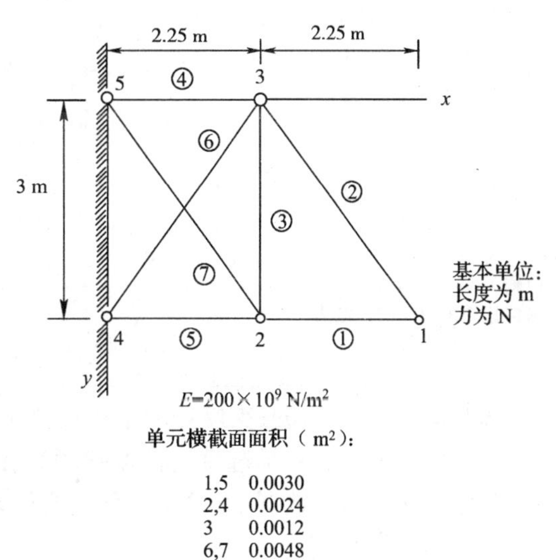

图 22.4　例 22.1 中的平面桁架

在准备支撑条件的数据时，要确保结构不能像刚体一样自由平动或者转动。在对任何结构进行计算机分析之前都要检查这种稳定性的要求，尤其是空间结构。

理想的情况是，只应该在桁架的节点上施加荷载，这样，单元里就只有轴向力。此时的输入数据是节点号码和力的分量(F_x,F_y)或者(F_x,F_y,F_z)。

如果一个桁架单元的温度升高了，就需要输入单元号码和由于节点位移受约束而产生的沿着局部坐标系的杆端力$\{A_r\}$。$\{A_r\}$是轴向压力，大小为 αTEa，其中 α 是热膨胀系数，T 是温

1　参见 K. J. Bathe，E. L. Wilson. 有限元分析中的数值方法. Prentice - Hall，EnglewoodCliffs，NJ，1976。同时参见 S. M. Holzer. 结构的计算机分析. Elsevier，NewYork，1985. 该书的 325 - 327 页还列出了这方面的一系列参考文献。

2　R. D. Cook. 有限单元的概念与应用. 2 版. Wiley，NewYork，1981. 第 2.9 节讨论了这方面的计算机代码。

度升高值，E 是弹性模量，a 是横截面面积。

表 22.1　一个平面桁架的输入数据（图 22.4）

$E=200\times10^9$			
节点坐标			
节点号	x	y	
1	4.5	3.0	
2	2.25	3.0	
3	2.25	0.0	
4	0.0	3.0	
5	0.0	0.0	
单元信息			
单元号	第一个节点	第二个节点	a
1	2	1	0.003 0
2	3	1	0.002 4
3	2	3	0.001 2
4	5	3	0.002 4
5	4	2	0.003 0
6	4	3	0.004 8
7	5	2	0.004 8
支撑条件			
节点号	约束指示符	位移值	
	u　v	u　v	
4	0　0	0.0　0.0	
5	0　0	0.0　0.0	
荷载工况 1			
节点力			
节点号	F_x	F_y	
1	0.0	100×10^3	
荷载工况 2			
由位移约束引起的杆端力			
单元号	A_{r1}	A_{r2}	
4	96×10^3	-96×10^3	
荷载工况 3			
由位移约束引起的杆端力			
单元号	A_{r1}	A_{r2}	
6	-410×10^3	410×10^3	

就像 22.3 节所讲的，支座处的给定位移可以通过调整刚度矩阵来考虑，但这种方法只能用于单个荷载工况。为了避免这种限制，我们计算给定位移处的杆端力，然后把杆端力像处理温度那样包含在输入数据中。显然，只需要计算那些与给定位移的节点相连的单元。

例 22.1　平面桁架

为图 22.4 所示的平面桁架准备输入数据。工况(1)：在节点 1 上作用一个向下的 100×10^3 N 的力；工况(2)：单元 4 温度升高 20℃，热膨胀系数是 10^{-5}/℃；工况(3)：节点 4 向下移动 0.002 m。

表 22.1 列出了所需的输入数据。其中，工况(3)的杆端力用例 4.1 中的方法进行计算。

对于平面框架来说，输入数据有别于平面桁架，还需要给出横截面的惯性矩；支座处需要给定 u,v,θ 3 个位移约束；每个单元的杆端力沿着局部坐标系有 3 个分量(参见图 22.2)；当单元承受非节点力的时候，还应该输入由位移约束引起的杆端力 $\{A_r\}$。参见例 22.2。

格栅的输入数据类似于平面框架，但不是输入单元横截面面积，而是输入单元横截面抗扭常数 J(参见附录 G)，还需要输入剪切弹性模量 G。格栅的典型节点位移分量参见图 22.1 和图 22.2。

定义空间框架几何特性的数据是节点的(x,y,z)坐标,每个单元两端的节点号码,横截面面积a,抗扭常数J以及两个关于单元中心主轴的惯性矩I_y^*和I_z^*(参见图22.2)。局部坐标轴x^*轴的方向由节点坐标(x,y,z)确定,但是y^*轴的方向需要更多的信息才能确定。因此,引入每个单元y^*轴的方向余弦:$\lambda_{y^*x},\lambda_{y^*y},\lambda_{y^*z}$。$\lambda$值为局部坐标轴$y^*$轴与整体坐标轴之间夹角的余弦。第三轴$z^*$轴与其他两个局部坐标轴正交,所以也就不需要额外的信息。

大多数情况下,整体坐标轴选择成水平和竖直方向,单元横截面主轴中的一个就是水平的或者竖直的。假定y^*轴便是这样,那么就容易获得它的方向余弦(参见问题23.1和方程22.9a)。

空间框架的荷载数据与平面框架类似,但应该注意到,每个节点的力在整体坐标轴方向上有6个分量,也就需要如图22.1和图22.2所示的那样定义6个力。

例22.2 平面框架

为图22.5所示的平面框架准备输入数据。工况(1):图示荷载;工况(2):支座节点1处给定$u=0.2$ b且$v=0.5$ b的位移。

表22.2列出了所需的输入数据。输入数据中的杆端力用附录C和D中的方法进行计算,同时参见问题23.2的解答。

表22.2 一个平面框架的输入数据(图22.5)

$E=30\ 000.0$

节点坐标

节点号	x	y
1	0.0	300.0
2	0.0	0.0
3	300.0	150.0
4	300.0	300.0

单元信息

单元号	第一个节点	第二个节点	a	I
1	1	2	30.0	3 000.0
2	2	3	40.0	5 000.0
3	3	4	30.0	3 000.0

支撑条件

节点号	约束指示符			位移值		
	u	v	θ	u	v	θ
1	0	0	0	0.0	0.0	0.0
4	0	0	1	0.0	0.0	—

荷载工况1

节点力

节点号	F_x	F_y
2	4.0	0.0
3	2.0	0.0

由位移约束引起的杆端力

单元号	A_{r1}	A_{r2}	A_{r3}	A_{r4}	A_{r5}	A_{r6}
2	−13.42	−26.83	−1500.0	−13.42	−26.83	1500.0

荷载工况2

由位移约束引起的杆端力

单元号	A_{r1}	A_{r2}	A_{r3}	A_{r4}	A_{r5}	A_{r6}
1	−1 500.0	8.0	1 200.0	1 500.0	−8.0	1 200.0

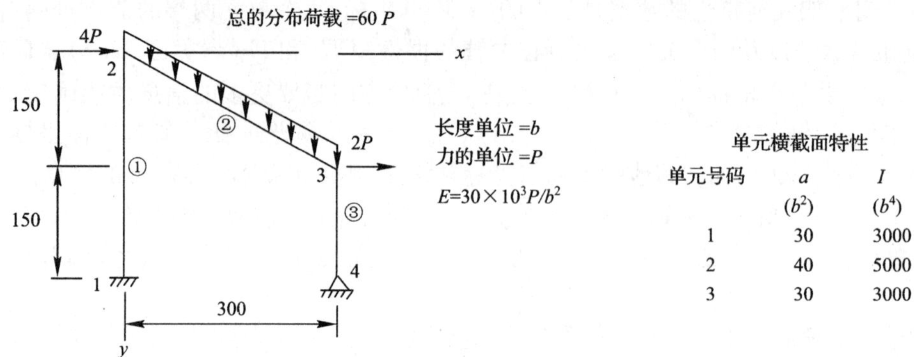

单元横截面特性

单元号码	a (b^2)	I (b^4)
1	30	3000
2	40	5000
3	30	3000

图 22.5　例 22.2 中的平面框架

22.5　单元局部坐标轴的方向余弦

单元局部坐标轴 x^*, y^*, z^* 的方向余弦 λ 用于转换矩阵。节点的位置坐标 (x,y) 用于计算局部坐标轴 x^* 的 λ 值。对于平面桁架或者平面框架单元,有:

$$\lambda_{x^*x} = \frac{x_2 - x_1}{l_{12}};\quad \lambda_{x^*y} = \frac{y_2 - y_1}{l_{12}} \tag{22.2}$$

其中

$$l_{12} = [(x_2 - x_1)^2 + (y_2 - y_1)^2]^{\frac{1}{2}} \tag{22.3}$$

下标 1 和 2 指单元的第一节点和第二节点。

对于平面框架,任何单元的 y^* 轴都垂直于 x^* 轴(参见图 22.2),因此,y^* 轴的 λ 值为:

$$\lambda_{y^*x} = -\lambda_{x^*y}\quad \lambda_{y^*y} = -\lambda_{x^*x} \tag{22.4}$$

对于 $x-z$ 平面内的格栅单元,局部坐标轴 x^* 和 z^* 的方向余弦是 $\lambda_{x^*x}, \lambda_{x^*z}, \lambda_{z^*x}$ 和 λ_{z^*z},用下标 z 和 z^* 替换 y 和 y^*,就可以利用方程 22.2 到 22.4 进行计算了。

空间桁架或者空间框架单元局部坐标轴 x^* 的方向余弦是:

$$\lambda_{x^*x} = \frac{x_2 - x_1}{l_{12}};\quad \lambda_{x^*y} = \frac{y_2 - y_1}{l_{12}};\quad \lambda_{x^*z} = \frac{z_2 - z_1}{l_{12}} \tag{22.5}$$

其中

$$l_{12} = [(x_2 - x_1)^2 + (y_2 - y_1)^2 + (z_2 - z_1)^2]^{\frac{1}{2}} \tag{22.6}$$

就像前一节所讲的,输入数据中包含了每个单元局部坐标轴 y^* 的 λ 值。局部坐标轴 z^* 的方向余弦就是 x^* 和 y^* 方向单位矢量叉乘的结果:

$$\lambda_{z^*x} = \lambda_{x^*y}\lambda_{y^*z} - \lambda_{x^*z}\lambda_{y^*y} \tag{22.7}$$

$$\lambda_{z^*y} = \lambda_{x^*z}\lambda_{y^*x} - \lambda_{x^*x}\lambda_{y^*z} \tag{22.8}$$

$$\lambda_{z^*z} = \lambda_{x^*x}\lambda_{y^*y} - \lambda_{x^*y}\lambda_{y^*x} \tag{22.9}$$

就像 22.5 节所讲的,实践中,多把空间框架的整体坐标系中的 x 轴或 y 轴选取成水平方向,则大多数单元的局部 y^* 轴也是水平的。为了简化输入数据,SPACEF 程序(附录 L 给出了可以获得该程序的网址)只要求给出那些与 y^* 轴平行于整体 $x-y$ 平面假定不一致的特殊单元的 y^* 轴方向余弦。如果没有给定一个单元的局部 y^* 轴方向余弦,程序就假定它的 y^* 轴平行于整体坐标系中的 $x-y$ 平面，并用方程 22.9a 计算其方向余弦。

$$\lambda_{y^*x}=\frac{y_1-y_2}{[(x_2-x_1)^2+(y_2-y_1)^2]\frac{1}{2}};$$

$$\lambda_{y^*y}=\frac{x_1-x_2}{[(x_2-x_1)^2+(y_2-y_1)^2]\frac{1}{2}};\quad \lambda_{y^*z}=0 \tag{22.9a}$$

22.6 单元刚度矩阵

局部坐标系（参见图 22.2）下的杆系结构单元刚度矩阵用附录 D 中的方法生成。

对于平面桁架或者空间桁架单元（参见图 22.2），其单元刚度矩阵为：

$$[S^*]=\frac{Ea}{l}\begin{bmatrix}1 & -1\\ -1 & 1\end{bmatrix} \tag{22.10}$$

方程 5.6 给出的平面框架单元刚度矩阵为：

$$[S^*]=\begin{bmatrix}Ea/l & & & \text{对称元素} & & \\ & 12EI/l^3 & & \text{未写出的为0} & & \\ & 6EI/l^2 & 4EI/l & & & \\ -Ea/l & & & Ea/l & & \\ & -12EI/l^3 & -6EI/l^2 & & 12EI/l^3 & \\ & 6EI/l^2 & 2EI/l & & -6EI/l^2 & 4EI/l\end{bmatrix} \tag{22.11}$$

上式中，每个单元的中心轴都在 $x-y$ 平面内，且 z^* 轴垂直于该平面，$I\equiv I_{z^*}$。

格栅（参见图 22.2）的单元刚度矩阵为：

$$[S^*]=\begin{bmatrix}12EI/l^3 & & \text{对} & & & \\ 0 & GJ/l & & & & \\ 6EI/l^2 & 0 & 4EI/l & & \text{称} & \\ -12EI/l^3 & 0 & -6EI/l^2 & 12EI/l^3 & & \\ 0 & -GJ/l & 0 & 0 & GJ/l & \\ 6EI/l^2 & 0 & 2EI/l & -6EI/l^2 & 0 & 4EI/l\end{bmatrix} \tag{22.12}$$

这里，单元的中心轴位于 $x-z$ 平面内，且 z^* 轴也在该平面内，$I\equiv I_{z^*}$。

方程 5.5 给出了空间框架（参见图 22.2）的单元刚度矩阵。

以上矩阵中，忽略了剪切变形。要考虑剪切变形，就要按 15.2 节讨论的方法调整矩阵 $[S^*]$ 中与代表剪切或者弯曲的坐标相关的元素。考虑了轴力、弯曲和剪切变形的典型平面框架单元刚度矩阵参见方程 15.5。

22.7 转 换 矩 阵

任何杆系结构（参见图 22.2）局部坐标系下的节点位移 $\{D^*\}$ 与其整体坐标系下的节点位

移$\{D\}$有如下几何关系：

$$\{D^*\}=[t]\{D\} \tag{22.13}$$

其中$[t]$为转换矩阵，由局部坐标轴x^*，y^*和z^*相应于整体坐标方向的方向余弦构成。不同杆系结构类型的$[t]$矩阵如下：

平面桁架
$$[t]=[\lambda_{x^*x} \quad \lambda_{x^*y}] \tag{22.14}$$

空间桁架
$$[t]=[\lambda_{x^*x} \quad \lambda_{x^*y} \quad \lambda_{x^*z}] \tag{22.15}$$

平面框架
$$[t]=\begin{bmatrix}\lambda_{x^*x} & \lambda_{x^*y} & 0\\ \lambda_{y^*x} & \lambda_{y^*y} & 0\\ 0 & 0 & 1\end{bmatrix} \tag{22.16}$$

格栅
$$[t]=\begin{bmatrix}1 & 0 & 0\\ 0 & \lambda_{x^*x} & \lambda_{x^*z}\\ 0 & \lambda_{z^*x} & \lambda_{z^*z}\end{bmatrix} \tag{22.17}$$

空间框架
$$[t]=\begin{bmatrix}\lambda_{x^*x} & \lambda_{x^*y} & \lambda_{x^*z}\\ \lambda_{y^*x} & \lambda_{y^*y} & \lambda_{y^*z}\\ \lambda_{z^*x} & \lambda_{z^*y} & \lambda_{z^*z}\end{bmatrix} \tag{22.18}$$

最后一个方程给出的转换矩阵用于$\{u^*, v^*, w^*\}$到$\{u, v, w\}$的转换，也用于$\{\theta_x^*, \theta_y^*, \theta_z^*\}$到$\{\theta_x, \theta_y, \theta_z\}$的转换。

局部坐标系下的单元刚度矩阵$[S^*]$可以通过下式转换为整体坐标系下的单元刚度矩阵$[S_m]$（参见方程9.17）：

$$[S_m]=[T]^{\mathrm{T}}[S^*][T] \tag{22.19}$$

其中

$$[T]=\begin{bmatrix}[t] & [0]\\ [0] & [t]\end{bmatrix} \tag{22.20}$$

方程22.20可以用于平面桁架、空间桁架、平面框架和格栅，只要用相应的22.14到22.17的方程之一带入$[t]$即可。但是，对于空间框架单元，$[T]$为：

$$[T]=\begin{bmatrix}[t] & & & \\ & [t] & & \\ & & [t] & \\ & & & [t]\end{bmatrix} \quad \text{（没有给出的子矩阵为空）} \tag{22.21}$$

其中$[t]$由方程22.18给出。

$[T]$矩阵也可以用于把杆端力从局部坐标系转换到整体坐标系（参见方程9.16）。

$$\{F\}_m=[T]_m^{\mathrm{T}}\{A_r\}_m \tag{22.22}$$

其中，下标m指单元号码。

矩阵$[S_m]$和$\{F\}_m$的元素是整体坐标方向的力，代表一个单元的贡献。把所有单元的这些矩阵加起来就得到结构总体刚度矩阵和荷载矢量，详见22.9节。

22.8 整体坐标系下的单元刚度矩阵

方程 22.19 表达了整体坐标系下的杆系结构单元刚度矩阵$[S_m]$。下面改变方程 22.19 矩阵乘积的形式,显示给出不同类型的杆系结构单元刚度矩阵$[S_m]$:

平面桁架

$$[S_m]=\frac{Ea}{l}\begin{bmatrix} c^2 & cs & -c^2 & -cs \\ cs & s^2 & -cs & -s^2 \\ \hline -c^2 & -cs & c^2 & cs \\ -cs & -s^2 & cs & s^2 \end{bmatrix} \tag{22.23}$$

其中 $c=\cos\alpha=\lambda_{x^*x}$;$s=\sin\alpha=\lambda_{y^*y}$ α 是图 22.2 中定义的角度,正方向也如图所示。

空间桁架

$$[S_m]=\begin{bmatrix} [S_{11}] & [S_{12}] \\ \hline [S_{21}] & [S_{22}] \end{bmatrix}_m \tag{22.24}$$

其中

$$[S_{11}]_m=\frac{Ea}{l}\begin{bmatrix} \lambda^2_{x^*x} & \text{对} & \\ \lambda_{x^*y}\lambda_{x^*x} & \lambda^2_{x^*y} & \text{称} \\ \lambda_{x^*z}\lambda_{x^*x} & \lambda_{x^*z}\lambda_{x^*y} & \lambda^2_{x^*z} \end{bmatrix} \tag{22.25}$$

$$[S_{22}]_m=[S_{11}]_m;\quad [S_{21}]_m=-[S_{11}]_m;\quad [S_{12}]_m=[S_{21}]^{\mathrm{T}}_m \tag{22.26}$$

平面框架

$$[S_m]=\left[\begin{array}{ccc|ccc} \frac{Eac^2}{l}+\frac{12EIs^2}{l^3} & & & & & \\ (\frac{Ea}{l}-\frac{12EIs^2}{l^3})cs & \frac{Eas^2}{l}+\frac{12EIc^2}{l^3} & & \text{对} & & \\ -\frac{6EI}{l^2}s & \frac{6EI}{l^2}c & \frac{4EI}{l} & & \text{称} & \\ \hline -\frac{Eac^2}{l}-\frac{12EIs^2}{l^3} & -(\frac{Ea}{l}-\frac{12EI}{l^3})cs & \frac{6EI}{l^2}s & \frac{Eac^2}{l}+\frac{12EIs^2}{l^3} & & \\ -(\frac{Ea}{l}-\frac{12EIs^2}{l^3})cs & -\frac{Eas^2}{l}-\frac{12EIc^2}{l^3} & -\frac{6EI}{l^2}c & (\frac{Ea}{l}-\frac{12EI}{l^3})cs & \frac{Eas^2}{l}+\frac{12EIc^2}{l^3} & \\ -\frac{6EI}{l^2}s & \frac{6EI}{l^2}c & \frac{2EI}{l} & \frac{6EI}{l^2}s & -\frac{6EI}{l^2}c & \frac{4EI}{l} \end{array}\right] \tag{22.27}$$

其中 $c=\cos\alpha=\lambda_{x^*x}=\lambda_{y^*y}$;$s=\sin\alpha=\lambda_{x^*y}=-\lambda_{y^*x}$ α 是图 22.2 中定义的角度,正方向也如图所示。

格栅

$$[S_m]=\begin{bmatrix} \frac{12EI}{l^3} & & & & & \\ -\frac{6EI}{l^2}s & \frac{GJc^2}{l}+\frac{4EIs^2}{l} & & & \text{对称} & \\ \frac{6EI}{l^2}c & (\frac{GJ}{l}-\frac{4EI}{l})cs & \frac{GJs^2}{l}+\frac{4EIc^2}{l} & & & \\ -\frac{12EI}{l^3} & \frac{6EI}{l^2}s & -\frac{6EI}{l^2}c & \frac{12EI}{l^3} & & \\ -\frac{6EI}{l^2}s & -\frac{GJc^2}{l}+\frac{2EIs^2}{l} & (-\frac{GJ}{l}-\frac{2EI}{l})cs & \frac{6EIs}{l^2} & \frac{GJc^2}{l}+\frac{4EIs^2}{l} & \\ \frac{6EI}{l^2}c & (-\frac{GJ}{l}-\frac{2EI}{l})cs & -\frac{GJs^2}{l}+\frac{2EIc^2}{l} & -\frac{6EI}{l^2}c & (\frac{GJ}{l}-\frac{4EI}{l})cs & \frac{GJs^2}{l}+\frac{4EIc^2}{l} \end{bmatrix} \tag{22.28}$$

其中 $c=\cos\alpha=\lambda_{x^*x}=\lambda_{z^*z}$；$s=\sin\alpha=\lambda_{x^*z}=-\lambda_{z^*x}\alpha$ 是图 22.2 中定义的角度，正方向也如图所示。为了节省计算时间，方程 22.23 到 22.28 可以代替方程 22.19 中的矩阵乘积。

整体坐标系下的空间框架单元刚度矩阵$[S_m]$太大了，就不在这里列出了。

22.9 组集刚度矩阵和荷载矢量

考虑一个典型的杆系结构单元，它的第一节点和第二节点号码分别是 j 和 k，整体坐标系下的单元刚度矩阵为$[S_m]$。$[S_m]$可以进行如下分块：

$$[S_m]=\begin{bmatrix}[S_{11}] & [S_{12}]\\ [S_{21}] & [S_{22}]\end{bmatrix}_m \tag{22.29}$$

方程 22.23，22.24，22.27 和 22.28 也用虚线进行了同样的分块。水平虚线以上的元素代表第一节点（第 j 节点）上的力，水平虚线以下的元素代表第二节点（第 k 节点）上的力。竖直虚线左面的元素代表节点 j 处单位位移产生的力，竖直虚线右面的元素代表节点 k 处单位位移产生的力。方程 22.29 的每一个子矩阵的大小是 $s\times s$，其中 s 是每个节点的自由度数。

把结构刚度矩阵$[S]$ 也分块成 $n_j\times n_j$ 个子矩阵，每个子矩阵的大小是 $s\times s$，其中 n_j 是节点数。把方程 22.29 中的单元刚度矩阵的子矩阵也按像$[S]$ 一样的大小和分块情况进行排列：

$$[\bar{S}_m]=\begin{matrix} \\ \\ j \\ \\ \\ k \\ \end{matrix}\begin{bmatrix} & j & & k & \\ & \cdots & & & \\ \cdots & [S_{11}] & \cdots & [S_{12}] & \cdots \\ & \cdots & & & \\ & [S_{21}] & \cdots & [S_{22}] & \cdots \\ & \cdots & & & \cdots \end{bmatrix}_m \tag{22.30}$$

上式中只显示了与节点 j 和 k 相关的子矩阵，其余子矩阵为空。矩阵$[\bar{S}_m]$代表了第 m 个单元对结构刚度矩阵的贡献，因此就能以求和的方法获得结构刚度矩阵：

$$[S] = \sum_{m=1}^{n_m} [\bar{S}_m] \tag{22.31}$$

其中 n_m 是单元总数。

应该注意到，单元刚度矩阵$[\bar{S}_m]$的每一列代表了一组平衡的力，由这些单元刚度矩阵组集得到的结构刚度矩阵$[S]$也是平衡的。

上述结构刚度矩阵$[S]$代表的是自由无支撑结构，该矩阵是奇异的，不能用于求解未知位移，除非考虑支撑条件对它进行调整（参见 22.10 节）。

如果结构只有一种荷载工况需要分析，我们在求解平衡方程$[S]\{D\} = -\{F\}$的时候就可以把阻止节点位移的力矢量$\{F\}$考虑成两个矢量的和：

$$\{F\} = \{F_a\} + \{F_b\} \tag{22.32}$$

这里，$\{F_a\}$表示节点上的外力，$\{F_b\}$表示其他的力，比如节点间的力、温度变化引起的力、支座移动引起的力。简单地把输入数据中列出的节点力反号就可以得到$\{F_a\}$。$\{F_b\}$则可以从输入数据中对单个单元给出的约束力$\{A_r\}_m$生成。

首先，利用方程 22.22 把$\{A_r\}_m$转换成整体坐标系下的等效节点力$\{F\}_m$。矢量$\{F\}_m$有 $2s$ 个分量（s 是每个节点的自由度数），可以分成两个子矩阵$\{\{F_1\}\{F_2\}\}_m$，每个子矩阵包含 s 个分量，代表单元一个端点的力。这两个子矩阵可以排列成和$\{F_b\}$（或）$\{F\}$一样大小：

$$\{\bar{F}\}_m = \begin{matrix} \\ i \\ \\ j \\ \\ \end{matrix} \begin{bmatrix} \cdots \\ \{F_1\} \\ \cdots \\ \{F_2\} \\ \cdots \end{bmatrix}_m \tag{22.33}$$

以上矢量有 n_j 个子矩阵，但除了第 j 个和第 k 个以外，其余全部为空，其中 j 和 k 代表第 m 个单元两端的节点号码。矢量$\{\bar{F}\}_m$就代表了第 m 个单元对荷载矢量$\{F_b\}$的贡献，因此，对所有单元求和，得：

$$\{F_b\} = \sum_{m=1}^{n_m} \{\bar{F}\}_m \tag{22.34}$$

其中 n_m 是单元总数。

把每个单元刚度矩阵扩大到和结构刚度矩阵一样大，并把每个单元荷载矢量扩大到和结构荷载矢量一样大（参见方程 22.30 和 22.33），会需要巨大的计算机存储空间。实际进行计算的时候，只对整个结构使用一个刚度矩阵和一个荷载矢量。开始它们是空的，然后对每个单元生成$[S_m]$和$\{\bar{F}\}_m$的元素，通过一定的算法把这些元素叠加到相应的位置上。而且，利用结构刚度矩阵的对称性和带状特性，只生成$[S]$带宽之内的对角线及对角线以上的元素，详见 22.3 节。

例 22.3　平面框架的刚度矩阵和荷载矢量

生成例 22.1（图 22.4）题 3 种工况的刚度矩阵和荷载矢量。输入数据参见表 22.1。

为了节省篇幅，这里只给出 2 个单元的单元刚度矩阵$[S_m]$和$[\bar{S}_m]$，没有列出的子矩阵为空。

开始时，结构刚度矩阵$[S] = [\ 0]$。

对 1 号单元,第一节点 $j=2$,第二节点 $k=1$(参见表 22.1),由方程 22.23 和方程 22.30 得:

$$[S_1]=\frac{200\times10^9(0.0030)}{2.25}\begin{bmatrix}1 & 0 & -1 & 0\\ 0 & 0 & 0 & 0\\ -1 & 0 & 1 & 0\\ 0 & 0 & 0 & 0\end{bmatrix}$$

且

$$[\bar{S}_1]=\begin{array}{c}\\ 1\\ \\ 2\\ \\ 3\\ \\ 4\\ \\ 5\\ \\ \end{array}\begin{array}{cccccccccc} 1 & & 2 & & 3 & & 4 & & 5 & \\ \end{array}\begin{bmatrix}267 & 0 & -267 & 0 & & & & & & \\ 0 & 0 & 0 & 0 & & & & & & \\ -267 & 0 & 267 & 0 & & & & & & \\ 0 & 0 & 0 & 0 & & & & & & \\ & & & & & & & & & \\ & & & & & & & & & \\ & & & & & & & & & \\ & & & & & & & & & \\ & & & & & & & & & \\ & & & & & & & & & \end{bmatrix}\times10^6$$

把$[\bar{S}_1]$叠加到已有的结构刚度矩阵$[S]$上,得到一个新的$[S]$,在这一步中,新的$[S]$和$[\bar{S}_1]$一模一样,这里就不重复给出了。

对 2 号单元($j=3,k=1$)重复以上计算过程,得:

$$[S_2]=\frac{200\times10^9(0.0024)}{3.75}\begin{bmatrix}0.36 & 0.48 & -0.36 & -0.48\\ 0.48 & 0.64 & -0.48 & -0.64\\ -0.36 & -0.48 & 0.36 & 0.48\\ -0.48 & -0.64 & 0.48 & 0.64\end{bmatrix}$$

且

$$[\bar{S}_2]=\begin{array}{c}\\ 1\\ \\ 2\\ \\ 3\\ \\ 4\\ \\ 5\\ \\ \end{array}\begin{array}{cccccccccc} 1 & & 2 & & 3 & & 4 & & 5 & \\ \end{array}\begin{bmatrix}41 & 61 & & & -46 & -61 & & & & \\ 61 & 82 & & & -61 & -82 & & & & \\ & & & & & & & & & \\ & & & & & & & & & \\ -46 & -61 & & & 46 & 61 & & & & \\ -61 & -82 & & & 61 & 82 & & & & \\ & & & & & & & & & \\ & & & & & & & & & \\ & & & & & & & & & \\ & & & & & & & & & \end{bmatrix}\times10^6$$

把$[\bar{S}_2]$叠加到刚才的矩阵$[S]$上,又得到一个新的矩阵$[S]$:

$$
\begin{array}{c}
 \\ \\ 1 \\ \\ 2 \\ \\ [S]=3 \\ \\ 4 \\ \\ 5 \\ \\
\end{array}
\begin{array}{cccccccccc}
\multicolumn{2}{c}{1} & \multicolumn{2}{c}{2} & \multicolumn{2}{c}{3} & \multicolumn{2}{c}{4} & \multicolumn{2}{c}{5} \\
\end{array}
$$

$$
[S]=\begin{array}{c} 1 \\ \\ 2 \\ \\ 3 \\ \\ 4 \\ \\ 5 \\ \\ \end{array}
\left[\begin{array}{cccccccccc}
313 & 61 & -267 & 0 & -46 & -61 & & & & \\
61 & 82 & 0 & 0 & -61 & -82 & & & & \\
-267 & 0 & 267 & 0 & & & & & & \\
0 & 0 & 0 & 0 & & & & & & \\
-46 & -61 & & 46 & 61 & & & & & \\
-61 & -82 & & -61 & 82 & & & & & \\
 & & & & & & & & & \\
 & & & & & & & & & \\
 & & & & & & & & & \\
 & & & & & & & & & \\
\end{array}\right]\times 10^{6}
$$

对 3 ~7 号单元重复以上计算过程，得到结构刚度矩阵：

$$
\begin{array}{cccccccccc}
\multicolumn{2}{c}{1} & \multicolumn{2}{c}{2} & \multicolumn{2}{c}{3} & \multicolumn{2}{c}{4} & \multicolumn{2}{c}{5} \\
\end{array}
$$

$$
[S]=\begin{array}{c} 1 \\ \\ 2 \\ \\ 3 \\ \\ 4 \\ \\ 5 \\ \\ \end{array}
\left[\begin{array}{cccccccccc}
313 & 61 & -267 & 0 & -46 & -61 & & & & \\
61 & 82 & 0 & 0 & -61 & -82 & & & & \\
-267 & 0 & 625 & 123 & 0 & 0 & -267 & 0 & -92 & -123 \\
0 & 0. & 123 & 244 & 0 & -80 & 0 & 0 & -123 & -164 \\
-46 & -61 & 0 & 0 & 352 & -62 & -92 & 213 & -123 & 0 \\
-61 & -82 & 0 & -80 & -62 & 326 & 123 & -164 & 0 & 0 \\
 & & -267 & 0 & -92 & 123 & 359 & -123 & & \\
 & & 0 & 0 & 123 & -164 & -123 & 164 & & \\
 & & -92 & -123 & -231 & 0 & & & 305 & 123 \\
 & & -123 & -164 & 0 & 0 & & & 123 & 164 \\
\end{array}\right]\times 10^{6}
$$

工况 1 的荷载矢量为：

$$\{F\} - \{0\ -100\ 0000.\ 0{:}0\ \ 0{:}0\ \ 0{:}0\ \ 0{:}0\ \ 0\}$$

对于工况 2 和 3，4 号单元（第一节点为 5，第二节点为 3）需要使用转换矩阵，由方程 22.2、22.14和 22.20 得：

$$[t]=[1 \qquad 0] \quad 且 \quad [T]=\begin{bmatrix} 1 & 0 & 0 & 0 \\ 0 & 0 & 1 & 0 \end{bmatrix}$$

对于工况 2，再由方程 22.22 和 22.33 得：

$$\{F\}_4=\begin{bmatrix} 1 & 0 \\ 0 & 0 \\ 0 & 1 \\ 0 & 0 \end{bmatrix}\begin{Bmatrix} 96\times 10^{3} \\ \\ -96\times 10^{3} \end{Bmatrix}=\begin{Bmatrix} 96 \\ 0 \\ -96 \\ 0 \end{Bmatrix}\times 10^{3}$$

且

$$\{\bar{F}\}_4=\{0\ 0\ \ 0\ 0\ \ -96\times 10^{3}\ 0\ \ 0\ 0\ \ 96\times 10^{3}\ 0\}$$

由于输入数据（表 22.1）中只有 4 号单元有约束力，对于工况 2，该力矢量和$\{F\}$相同。对于工况 3，进行类似的计算，然后把 3 个工况下的荷载矢量组合成一个矩阵：

$$[F]=\begin{array}{c}1\\ \\2\\ \\3\\ \\4\\ \\5\\ \\ \end{array}\begin{bmatrix}0&&\\-100&&\\&&\\&&\\&-96&246\\&0&-328\\&&-246\\&&328\\&96&\\&0&\end{bmatrix}\times 10^3$$

22.10　位移支撑条件和支反力

为了求解未知位移,就需要求解下面的平衡方程:

$$[S]\{D\} = -\{F\} \tag{22.35}$$

其中,$[S]$是结构刚度矩阵,$\{D\}$是节点位移矢量,$\{F\}$是阻止节点位移的人工约束力矢量。

一般地,$\{D\}$的一些元素在支座处已知为0或者为给定值,而相应的$\{F\}$中的元素未知。总的未知数为n,也就是方程的总数。

用前一节的方法生成的结构刚度矩阵$[S]$是自由无支撑结构的刚度矩阵,理论上可以重新排列其行和列,使得$\{D\}$中已知元素排列在前面。然后把方程分成2部分(参见5.5节),一部分只包含未知位移,能够进行求解,再把结果代入第二部分求解反力。但是,重新排列方程会增加带宽。

也可以不改变矩阵的排列,通过调整方程22.35使得在任何坐标k处的位移结果$D_k=c_k$,对于支座无移动的情况c_k为0,对于支座有移动的情况c_k为已知数值。调整的方法之一是把方程22.35中矩阵的第k行和列修改成如下形式:

$$\begin{array}{c} \\ 1\\ \\ k\\ \\ n\\ \\ \end{array}\overset{\begin{array}{ccccc}1&&k&&n\end{array}}{\begin{bmatrix} & & 0 & & \\ & & \vdots & & \\ 0 & \cdots & 1 & \cdots & 0\\ & & \vdots & & \\ & & 0 & & \end{bmatrix}}\begin{Bmatrix}D_1\\ \vdots\\ D_k\\ \vdots\\ D_n\end{Bmatrix}=-\begin{bmatrix}-F_1-S_{1k}c_k\\ \vdots\\ c_k\\ \vdots\\ -F_n-S_{nk}c_k\end{bmatrix} \tag{22.36}$$

$D_k=c_k$代替了第k个方程;$S_{1k}c_k$项,$S_{2k}c_k$项……代表当$D_k=c_k$且没有其他位移时节点1,2…上的力。对所有给定位移重复应用方程22.36所示的修改方法,然后求解,就可得到未知位移,但得不到未知反力。为了确定力F_k,把D的结果代入方程22.35的第k行,显而易见:

$$F_k = \sum_{j=1}^{n} S_{kj}D_j \tag{22.37}$$

支撑节点处第 k 个坐标方向上的反力由下式给出：

$$R_k = F_k + F'_k \tag{22.38}$$

其中 F'_k 是初始荷载矢量的第 k 个元素，也就是方程 22.35 被修改之前的值。这个元素代表 $\{D\} = \{0\}$ 时坐标 k 上的反力。只有当外力作用在该支撑节点上，或者作用在与该节点相连的单元上，再或者是与该节点相连的单元有温度变化时，F'_k 的值才不为 0。

就像 22.3 节所讲的，利用结构刚度矩阵 $[S]$ 的对称性和带状特性，把它以紧凑的形式存储便可以节省大量的计算机存储空间。求解时的缩减矩阵也用同一空间存储，那么当 $\{D\}$ 求解完毕时，初始的 $[S]$ 就不存在了。为了能够在这一步使用方程 22.37，就一定要把 $[S]$ 中必要的行另外存储起来，通常是存储到外部设备上。同样，为了使用方程 22.38，还得保存初始荷载矢量中的元素 F'_k。

另外一种处理给定位移 $D_k = c_k$ 的方法所需要的运算要少一些，它对初始方程的第 k 行进行如下修改：

$$\begin{bmatrix} \cdots & & & & \\ S_{k1} & \cdots & S_{kk}\times 10^6 & \cdots & S_{kn} \\ \cdots & & & & \end{bmatrix} \begin{Bmatrix} D_1 \\ \cdots \\ D_k \\ \cdots \\ D_n \end{Bmatrix} = \begin{Bmatrix} -F_1 \\ \cdots \\ S_{kk}\times 10^6 c_k \\ \cdots \\ -F_n \end{Bmatrix} \tag{22.39}$$

其中 10^6 是一个任意选定的大数。方程 22.39 的做法等效于用一个非常强的、刚度为 $(10^6 - 1)S_{kk}$ 的弹簧在第 k 个坐标上给结构施加一个固定端支撑，并施加一个很大的、大小为 $S_{kk}\times 10^6 c_k$ 的力。对于所有的实际应用，方程 22.39 有足够的精度来满足 D_k 等于 c_k 的条件。因为，方程 22.39 第 k 行两边同时除以 $10^6 S_{kk}$，把 $S_{kk}\times 10^6$ 项缩减成 1，其余的 S 项就变得可以忽略了，于是，第 k 行缩减成 $D_k \approx c_k$。

对每一个给定位移都要修改初始方程，然后求解，得到所有节点的位移矢量 $\{D\}$。这时候，要用到存储起来的初始 $[S]$ 矩阵的第 k 行，利用方程 22.37 求解得到 F_k。也可以通过组合方程 22.37 与方程 22.39 的第 k 行来得到 F_k 的解答：

$$F_k = S_{kk}\times 10^6 (c_k - D_k) + S_{kk} D_k \tag{22.40}$$

差值 $c_k - D_k$ 要有足够的有效数字位数，应多于 3 位甚至更多。算出 F_k 之后，代入方程 22.38 可求得支反力。

也可以用 $(S_{kk}+1)$ 代替方程 22.39 两边的 S_{kk} 的方法来满足 D_k 等于 c_k 的条件。这时候，要用 $(S_{kk}+1)$ 代替方程 22.40 右边第一项中的 S_{kk} 来计算 F_k。当 S_{kk} 为 0 的时候，比如桁架，就应当使用这种方法。

如果一个待分析的结构有多个工况，就需要用矩形矩阵 $[D]$ 和 $[F]$ 代替方程 22.35 中的矢量 $\{D\}$ 和 $\{F\}$，这两个矩阵的每一列对应一个工况。但是，所有的工况都使用同样的结构刚度矩阵 $[S]$。就像方程 22.36 和 22.39 暗示的那样，$[S]$ 的修改方法表明：除非给定位移对所有工况有效，包含支座移动效应的工况不能和其他工况同时求解。典型的条件就是所有给定位移都等于 0，即代表支座无移动的情况。

为了同时分析非零给定位移 $D_k = c_k$ 的工况和其他工况，在准备输入数据时，把支撑条件中的 c_k 假定成 0，而在力 $\{A_r\}$ 中包含 $D_k = c_k$ 的效应。$\{A_r\}$ 就代表坐标 k 处的位移 $D_k = c_k$ 而其余位移为 0 时的杆端力(参见例 22.1)。

本节所表述的方法需要求解比未知位移数目多得多的方程。虽然需要额外的计算,但容易编制程序,而且同时解出了未知位移和未知力的结果。

就像 22.3 节所讲的,可以只生成相应于未知位移的平衡方程,然后求解得到位移值。这时,所有位移都变得已知,再来求解局部坐标系下的杆端力$\{A\}$(参见 22.12 节)。无论有没有支座移动,支撑节点处的反力都可以通过对该节点处的杆端力求和来获得:

$$\{R\} = \sum([t]^{\mathrm{T}}\{A\})_i - \{F_s\} \tag{22.41}$$

这里$\{R\}$代表整体坐标系下的反力,s 是每个节点的自由度数,$[t]$是局部到整体坐标系的杆端力转换矩阵(参见方程 22.22),下标 i 是单元号码,要对所有与支撑节点相连接的单元进行求和,$\{F_s\}$代表直接作用在支撑节点上的力,但$\{F_s\}$并不产生位移和杆端力。

22.11　求解带状方程

平衡方程 22.35 的求解在前面的章节中是以简洁的形式$\{D\} = -[S]^{-1}\{F\}$来表达的。但是矩阵求逆比本节要讨论的高斯消元法或者 Cholesky 方法需要更多的运算。

考虑一个有 n 个线性方程的系统:

$$[a]\{x\} = \{c\} \tag{22.42}$$

$[a]$和$\{c\}$已知,求未知矢量$\{x\}$。

标准的高斯消元法(参见附录 A 方程 A.44)把原来的方程变换为:

$$[u]\{x\} = \{d\} \tag{22.43}$$

其中$[u]$是单位上三角矩阵,它的对角线元素都为 1,对角线以下的元素都为 0。从最后一行开始进行回代,逐一求得 $x_n, x_{n-1}, \cdots, x_1$。

高斯消元法可以用计算机实现,并采用紧凑存储空间。在 A.9 节表述的 Crout 程序里,采用生成与用$[a]$和$\{c\}$一样大小的辅助矩阵$[b]$和$\{d\}$的方法来实现高斯消元法 。$[b]$中对角线以上的元素与$\{u\}$中相应的元素相同,因此:

$$u_{ij} \equiv b_{ij} \qquad \text{当 } i<j \tag{22.44}$$

对于结构分析,我们感兴趣的是$[a]$为对称带状矩阵的情况。这时候$[b]$也是带状的,而且带宽也一样。同时,对角线以上的任何元素 b_{ij} 等于 b_{ji}/b_{ii}。因此,当只把$[a]$的一半带宽存储到矩形矩阵(参见图 22.3)时,$[b]$也能存储到同样大小的矩阵里,而且不需要存储对角线以下的元素。

检查生成$[b]$的元素的方程(参见方程 A.42 和 A.43 以及 A.9 节的例子)就会发现,从最上面一行开始,$[b]$的元素能够一个接一个地计算出来。每个元素 b_{ij} 能够存储到原先 a_{ij} 占据的空间里去,因为已经不再需要后者了。换句话说,能够以带状形式生成$[b]$矩阵,并取代$[a]$,占据$[a]$的存储空间。以同样的方式生成矢量$\{d\}$并存储在原先$\{c\}$占据的空间里。

当$[a]$是对称带状矩阵的时候,Cholesky 方法有其优点。Cholesky 方法把对称矩阵$[a]$分解成三个矩阵乘积:

$$[a] = [u]^{\mathrm{T}}[e][u] \tag{22.45}$$

其中,$[u]$是单位上三角矩阵,它的转置矩阵$[u]^T$ 是单位下三角矩阵,$[e]$是一个对角矩阵。

令

$$[e][u]=[h] \tag{22.46}$$

其中[h]是一个上三角矩阵。再令

$$[h]\{x\}=\{g\} \tag{22.47}$$

把方程 22.45 到 22.47 代入方程 22.42,得:

$$[u]^{\mathrm{T}}\{g\}=\{c\} \tag{22.48}$$

上式向前迭代得到{g},再代入方程 22.47 向后迭代就得到了所需的矢量{x}。

与分解生成[u]和[e]所涉及的运算相比,方程 22.45 所涉及的矩阵乘积运算,以及向前迭代和向后迭代的运算都相当少。

进行方程 22.45 中的矩阵乘积运算,得:

$$a_{ij}=e_i u_{ij}+\sum_{k=1}^{i-1} e_{kk}u_{kj}u_{ki} \quad 当\ i<j \tag{22.49}$$

且

$$a_j=e_j+\sum_{k=1}^{j-1} e_{kk}u_{kj}^2 \tag{22.50}$$

为了避免上述求和公式中的三乘积并减少运算次数,引入符号:

$$\bar{u}_{ij}=e_i u_{ij} \tag{22.51}$$

把方程 22.51 代入 22.49 和 22.50,并整理得:

$$\bar{u}_{ij}=a_{ij}-\sum_{k=1}^{i-1}\bar{u}_{kj}u_{ki} \quad 当\ i<j \tag{22.52}$$

且

$$e_j=a_j-\sum_{k=1}^{j-1}\bar{u}_{kj}u_{kj} \tag{22.53}$$

这里,当[a]是对称带状矩阵的时候,只存储对角线及对角线之上带宽之内的元素。重复使用存储空间,当 $i<j$ 时,用元素 e_{jj} 和 u_{ij} 分别代替 a_{jj} 和 a_{ij}。

从上到下处理第 j 列,用方程 22.52 计算非零元素 $\bar{u}_{ij}$ 并临时存储到 a_{ij} 原来的空间里。然后,用方程 22.51 从 $\bar{u}_{ij}$ 计算出本列第一个非零的 u_{ij},从 a_{jj} 推导出 $\bar{u}_{ij}u_{ij}$ 的乘积,并用 u_{ij} 代替 $\bar{u}_{ij}$。对第 j 列剩余的 $\bar{u}_{ij}$ 重复这一步骤,直到 e_{ii} 取代 a_{ii}(参见方程 22.53)。

和高斯消元法不同,Cholesky 方法只变换矩阵[a],向前迭代过程中用到的{c}保持不变(参见方程 22.46)。

下面的例子求解和 A.9 节一样的方程,但这里是用 Cholesky 方法。

例 22.4 用 Cholesky 方法解 4 个方程

用 Cholesky 方法求解方程[a]{x} = {c}。矢量 = {c} = {1, −4, 11, −5},矩阵[a]为:

$$\begin{bmatrix} 5 & -4 & 1 & 0 \\ & 6 & -4 & 1 \\ \text{对} & & 6 & -4 \\ & \text{称} & & 7 \end{bmatrix}$$

方程 22.49 到 22.53 用来生成

$$\begin{bmatrix} e_{11} & u_{12} & u_{13} & 0 \\ - & e_{22} & u_{23} & u_{24} \\ - & - & e_{33} & u_{34} \\ - & - & - & e_{44} \end{bmatrix} = \begin{bmatrix} 5 & -4/5 & 1/5 & 0 \\ - & 14/5 & -8/7 & 5/14 \\ - & - & 15/7 & -4/3 \\ - & - & - & 17/6 \end{bmatrix}$$

由方程 22.48 并向前迭代得：

$$\begin{bmatrix} 1 & 0 & 0 & 0 \\ -4/5 & 1 & 0 & 0 \\ 1/5 & -8/7 & 1 & 0 \\ 0 & 5/14 & -4/3 & 1 \end{bmatrix} \begin{Bmatrix} g_1 \\ g_2 \\ g_3 \\ g_4 \end{Bmatrix} = \begin{Bmatrix} 1 \\ -4 \\ 11 \\ -5 \end{Bmatrix}$$

其中
$$\{g\} = \{1, -16/5, 50/7, 17/3\}$$

由方程 22.46 和 22.47 并向后迭代得：

$$\begin{bmatrix} 5 & -4 & 1 & 0 \\ & 14/5 & -16/5 & 1 \\ & & 15/7 & -20/7 \\ & & & 17/6 \end{bmatrix} \begin{Bmatrix} x_1 \\ x_2 \\ x_3 \\ x_4 \end{Bmatrix} = \begin{Bmatrix} 1 \\ -16/5 \\ 50/7 \\ 17/3 \end{Bmatrix}$$

由此

$$\{x\} = \{3,\ \ 5,\ \ 6,\ \ 2\}$$

22.12　杆　端　力

位移法(参见 4.6 节)的最后一步是确定反力所需的加法运算：

$$\{A\} = \{A_r\} + [A_u]\{D\} \tag{22.54}$$

其中，$\{A_r\}$ 是 $\{D\} = \{0\}$ 时的反力值，$\{A_u\}$ 是每个节点均给定一个单位位移时而产生的反力值。

对于杆系结构，通常需要计算每个单元在局部坐标系下的杆端力，要分别对每个单元进行加法运算

平衡方程求解之后，得到所有节点在整体坐标系下的节点位移矢量 $\{D\}$。把 $\{D\}$ 分块成子矩阵，每个子矩阵含有一个节点的 s 个位移值，其中 s 是每个节点的自由度数。对于第 m 个单元(第一节点为 j，第二节点为 k)，其两端节点在局部坐标系下的位移(参见方程 22.13)是：

$$\{D^*\}_m = \left\{\frac{\{D^*\}_1}{\{D^*\}_2}\right\}_m = \begin{bmatrix} [t] & [0] \\ [0] & [t] \end{bmatrix}_m \left\{\frac{\{D\}_j}{\{D\}_k}\right\} \tag{22.55}$$

其中，$\{D\}_j$ 和 $\{D\}_k$ 是 $\{D\}$ 的子矩阵，相应于节点 j 和 k，$[t]_m$ 是由方程 22.14 到 22.18 之一给出的第 m 个单元的转换矩阵。

为了应用方程 22.54 获得杆端力，我们已经把 $\{A_r\}$ 放到了输入数据中。每个局部坐标（参见图 22.2）分别给定一个单位位移，而产生的杆端力的值就是由方程 22.10 到 22.12 之一或者方程 5.5 给出的单元刚度矩阵 $[S^*]$ 中的元素值。因此，在应用中，乘积 $[S^*]\{D^*\}$ 就代表 $[A_u]\{D\}$。任何一个单元的杆端力如下：

$$\{A\}=\{A_r\}+[S^*]\{D^*\} \tag{22.56}$$

如果没有存储单元刚度矩阵，这一步就得重新生成。

例 22.5　平面桁架中的反力和杆端力

求图 22.4 所示桁架 6 号单元在例 22.1 三个工况下的反力和杆端力。

例 22.3 已经确定了三个工况下的刚度矩阵和荷载矢量。由于给定节点 4 和节点 5 的 x 和 y 方向的位移为 0，所以把刚度矩阵第 7，8，9 和 10 行每一行的对角线系数乘以 10^6，并把荷载矢量的这几行设置成 0（参见方程 22.39）。由于在输入数据中通过 $\{A_r\}$ 考虑了支座移动引起的杆端力，所以这里 $c_k=0$。调整后的平衡方程为：

$$10^6\times\begin{bmatrix}
313 & 61 & -267 & 0 & -46 & -61 & & & & \\
 & 82 & 0 & 0 & -61 & -82 & & & & \\
 & & 625 & 123 & 0 & 0 & -267 & 0 & -92 & -123 \\
 & & & 244 & 0 & -80 & 0 & 0 & -123 & -164 \\
 & \text{对} & & & 352 & -62 & -92 & 123 & -213 & 0 \\
 & & & & & 326 & 123 & -164 & 0 & 0 \\
 & & & & & & 359\times10^6 & -123 & & \\
 & & & & & & & 164\times10^6 & & \\
 & & & & & \text{称} & & & 305\times10^6 & \\
 \text{未标示的子矩阵为空} & & & & & & & & & 164\times10^6
\end{bmatrix}$$

$$[D]=\begin{bmatrix}
0 & 0 & 0 \\
100 & 0 & 0 \\
0 & 0 & 0 \\
0 & 0 & 0 \\
0 & +96 & -246 \\
0 & 0 & +328 \\
0 & 0 & 0 \\
0 & 0 & 0 \\
0 & 0 & 0 \\
0 & 0 & 0
\end{bmatrix}\times10^3$$

解得：

$$[D]=\begin{bmatrix} -0.6510\times10^{-3} & -0.3223\times10^{-5} & -0.19120\times10^{-3} \\ 0.30160\times10^{-2} & 0.5688\times10^{-3} & 0.1372\times10^{-2} \\ -0.3698\times10^{-3} & -0.3223\times10^{-5} & -0.1912\times10^{-3} \\ 0.4694\times10^{-3} & 0.9411\times10^{-4} & 0.5582\times10^{-3} \\ 0.5925\times10^{-3} & 0.4097\times10^{-3} & -0.2390\times10^{-3} \\ 0.8627\times10^{-3} & 0.2374\times10^{-3} & 0.1408\times10^{-2} \\ -0.4180\times10^{-9} & -0.1013\times10^{-15} & -0.6856\times10^{-9} \\ 0.4183\times10^{-9} & -0.6994\times10^{-10} & 0.1587\times10^{-8} \\ 0.4910\times10^{-9} & 0.3142\times10^{-9} & 0.3782\times10^{-15} \\ 0.1921\times10^{-9} & 0.6994\times10^{-10} & 0.4149\times10^{-9} \end{bmatrix}\begin{matrix}1\\ \\2\\ \\3\\ \\4\\ \\5\\ \end{matrix}$$

支撑节点 4 和 5 上的力(参见方程 22.40)为:

$$\begin{Bmatrix} F_7 \\ F_8 \\ F_9 \\ F_{10} \end{Bmatrix}=10^3\times\begin{bmatrix} 150 & 0 & 246 \\ -69 & 11 & -260 \\ -150 & -96 & 0 \\ -31 & -11 & -68 \end{bmatrix}$$

这些力是通过节点位移反号乘以调整后的刚度矩阵得到的(忽略方程 22.40 的最后一项,且 $c_k=0$)。再加上初始荷载矢量(例 22.3 已经计算过了)相应的行,得到反力(参见方程 22.38):

$$\begin{Bmatrix} R_7 \\ R_8 \\ R_9 \\ R_{10} \end{Bmatrix}=10^3\times\begin{bmatrix} 150 & 0 & 0 \\ -69 & 11 & 68 \\ -150 & 0 & 0 \\ -31 & -11 & -68 \end{bmatrix}$$

6 号单元的第一节点为 $j=4$,第二节点为 $k=3$(参见输入数据,表 22.1)。

转换矩阵(参见方程 22.14)为:

$$[t]=[0.6 \quad -0.8]$$

把节点 4 和 3 在三个工况下的节点位移从整体坐标转换到局部坐标(参见方程 22.55):

$$[D^*]=\begin{bmatrix} 0.6 & -0.8 & 0 & 0 \\ 0 & 0 & 0.6 & -0.8 \end{bmatrix}\times\begin{bmatrix} -0.4180\times10^{-9} & -0.1013\times10^{-15} & -0.6856\times10^{-9} \\ 0.4183\times10^{-9} & -0.6994\times10^{-10} & 0.1587\times10^{-8} \\ 0.5925\times10^{-3} & 0.4097\times10^{-3} & -0.2390\times10^{-3} \\ 0.8687\times10^{-3} & 0.2374\times10^{-3} & 0.1408\times10^{-2} \end{bmatrix}$$

由此得

$$[D^*]=\begin{bmatrix} -0.5854\times10^{-9} & 0.5595\times10^{-10} & -0.1681\times10^{-8} \\ -0.3347\times10^{-3} & 0.5590\times10^{-4} & -0.1270\times10^{-2} \end{bmatrix}$$

6 号单元在三个工况下的杆端力(参见方程 22.54)为:

$$[A]=10^3\times\begin{bmatrix} 0 & 0 & -410 \\ 0 & 0 & 410 \end{bmatrix}+256\times10^6\begin{bmatrix} 1 & -1 \\ -1 & 1 \end{bmatrix}[D^*]$$

由此得

$$[A]=10^3\times\begin{bmatrix}86 & -14 & -85\\ -86 & +14 & 85\end{bmatrix}$$

22.13 小　　结

下面小结一下如何用计算机分析杆系结构而得到节点位移和杆端力。节点位移是在任意选定的整体坐标轴 x,y(和 z)方向(参见图 22.1),而杆端力是在从属于单个单元的局部坐标系方向(参见图 22.2)。

输入数据由以下几个方面组成:材料特性 E(和 G);节点坐标 x,y(和 z);每个单元两端的节点号码;每个单元的横截面特性 a,L,J 等等;支撑条件;作用在节点上的外力;单元承受非节点荷载而产生的端部力 $\{A_r\}$。当节点位移被约束的时候,$\{A_r\}$ 的元素就是局部坐标系下的杆端力。

4.6 节小结中的位移法的 5 个步骤执行如下:

第一步:分析人员对节点和单元分别顺序编号,节点为 1 到 n_j,单元为 1 到 n_m。根据图 22.1 和图 22.2 说明的体系,这一步就自动定义了自由度和所需要的端部作用力。

第二步:把输入数据中包含的力 $\{A_r\}$ 转换到整体坐标系下,并组集生成约束节点力矢量 $\{F_b\}$(参见方程 22.22 和 22.34)。同时还要生成矢量 $\{F_a\}$,它可简单地从输入数据中把节点力反号列出即可。$\{F_a\}$ 加 $\{F_b\}$ 的和矢量 $\{F\}$ 就是阻止节点位移所必须的约束力。

第三步:生成结构刚度矩阵,开始时 $[S]=[0]$,把它分块成 $n_j\times n_j$ 个子矩阵,每个子矩阵的大小是 $s\times s$,其中 s 是每个节点的自由度数。用方程 22.23,22.24,22.27,22.28 或者 5.5 生成第一个单元的刚度矩阵,把它分块成 2×2 个子矩阵,每个子矩阵的大小也是 $s\times s$。依据方程 22.30 和 22.31,把这 4 个子矩阵加到 $[S]$ 的相应子矩阵上。对所有单元重复这一过程,就生成了自由无支撑结构的刚度矩阵。

使用方程 22.23,22.24,22.27,22.28 之一生成的是整体坐标系下的单元刚度矩阵,但方程 5.5 生成的是局部坐标系下的空间框架单元刚度矩阵,在利用方程 22.31 进行刚度矩阵组集之前,还要根据方程 22.19 进行转换。

结构刚度矩阵 $[S]$ 是对称的,而且常常只有靠近对角线的有限带状区域内的元素才是非 0 的。为了节省计算机存储空间,只把 $[S]$ 带宽之内的对角线及对角线以上的元素存储到一个矩形矩阵里,如图 22.3 所示。在第一步里,分析人员选择的节点编号会影响 $[S]$ 的带宽以及用于存储 $[S]$ 的矩形矩阵的宽度。通常可以通过对杆系结构节点数目较少的边依次编号获得较小的带宽,范例可见图 22.3。

第四步:必须根据输入数据中给定的位移对 $[S]$ 和 $\{F\}$ 进行调整(参见方程 22.36 或者 22.39),然后才能求解平衡方程 $[S]\{D\}=-\{F\}$。

22.11 节讨论了求解平衡方程的两种方法。在求解得到未知位移 $\{D\}$ 后,可用于方程 22.38以及方程 22.37 或者 22.40 之一求解反力。

第五步:用方程 22.56 计算每个单元的杆端力,也就是求 $\{A_r\}$ 与乘积($[S^*]\{D^*\}$)的和,其中,$\{A_r\}$ 由输入数据给出,$[S^*]$ 是单元刚度矩阵,$\{D^*\}$ 是单元两端节点在局部坐标系下的位移。所以,在求和之前还得把第四步求得的位移通过方程 22.55 从整体坐标系转换到局部坐标系。

本章讲述的是用计算机进行结构分析的一般方法，下一章将继续本章的内容，讨论一些相关的专题。

本章的习题包含在23章后面。

23 计算机分析的实现

23.1 引　　言

用位移法进行结构分析需要求解平衡方程$[S]\{D\}=\{-F\}$,其结果必须满足位移边界条件。在22章中,我们假定位移$\{D\}$和力$\{F\}$的方向是整体坐标轴的方向。在22.10节中,我们讨论了一种方法,生成一个自由无支撑结构的刚度矩阵$[S]$,再加力矢量$\{F\}$,然后进行调整,使之满足节点位移等于0或者给定值的条件。在23.2节中,我们将要考虑给定位移的方向与整体坐标轴方向不一致的情况,比如轴承支座。

对大型结构进行分析的时候,往往可以只考虑结构的一部分而不是整个结构,这样就可以大大降低准备数据、进行计算和解释结果的代价。对隔离结构的一部分进行分析的时候,关键是位移边界条件要能准确地代表真实结构的位移边界条件,如果做不到这一点,结果就是错误的。

对称结构可以只分析一个对称区域,但要在相邻区域的边界上施加适当的位移约束。23.3和23.5节将要讨论不同对称类型的位移边界条件。

约束条件中,一个位移分量可以等于0也可以等于给定值;更进一步,一个位移分量可以等于另外一个位移分量;再一般一些,一个位移分量可以等于另外两个位移分量的线性组合。23.4节将要讲述如何调整平衡方程来满足这样的位移约束条件,并给出一些实例。

对大型结构的分析可以分解成一系列的子结构分析,一次一个,处理起来就容易多了,参见23.6节。

23.7节采用和19章一样的假定,对平面框架进行塑性分析。

23.8节给出了变截面或者曲线单元刚度矩阵的生成方法。这种刚度矩阵源于悬臂梁的弹性矩阵。

23.2 斜坐标系下的位移边界条件

用计算机和位移法进行结构分析的时候,节点坐标就代表了整体坐标系下的位移分量。但是,有时候需要在倾斜于整体坐标轴的方向上表达位移边界条件。如图23.1(a)所示,平面框架i节点处的轴承支座就是一个这样的例子。该支座允许沿$\bar{x}$方向的自由移动$\bar{u}$,$\bar{x}$方向与整体x轴成γ_i角,但不允许$\bar{y}$方向的自由移动$\bar{v}$,或者$\bar{v}$是一个给定值c。

对于图23.1(a)所示的结构分析,需要一个相应于各个节点(除了i节点以外)在整体坐标轴x,y,z方向的自由度u,v,θ的刚度矩阵$[\bar{S}]$,节点i的自由度是$\bar{x},\bar{y},\bar{z}$方向的$\bar{u},\bar{v},\bar{\theta}$。首先按照一般方法生成整体坐标下的刚度矩阵$[S]$,然后用下面讨论的方法对$[S]$进行调整来得到$[\bar{S}]$。

一般地,几何关系可以写成:

$$\{D\}_i=[H]_i\{\bar{D}\}_i \tag{23.1}$$

式中　$\{D\}_i$是节点i在整体坐标轴x,y,z方向的节点位移,$\{\bar{D}\}_i$则是$\bar{x},\bar{y},\bar{z}$方向的位移。$[H]_i$是节点i的转换矩阵。节点i上的两种坐标系下的力也可以用这个转换矩阵联系起来(参见方程

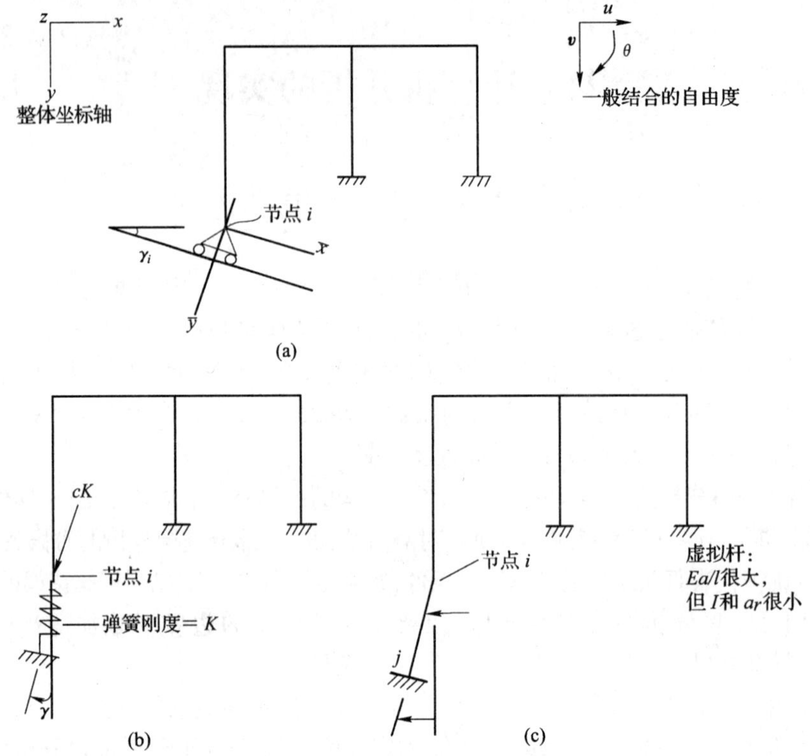

图 23.1　引入倾斜于整体坐标轴的位移边界条件

(a)平面框架;(b)增加虚拟弹簧;(c)增加虚拟杆。

9.16)：

$$\{\bar{F}\}_i=[H]_i^{\mathrm{T}}\{F\}_i \tag{23.2}$$

在图 23.1(a)所示的例子中,该转换矩阵为：

$$[H]_i=\begin{bmatrix}\cos\gamma & -\sin\gamma & 0\\ \sin\gamma & \cos\gamma & 0\\ 0 & 0 & 1\end{bmatrix}_i \tag{23.3}$$

使用刚度矩阵[S]的时候,平衡方程为：

$$[S]\{D\}=-\{F\} \tag{23.4}$$

把矩阵[S]分块成 $n_j\times n_j$ 个子矩阵,每个子矩阵的大小是 $s\times s$,其中 n_j 是节点数,S 是节点自由度数。分块后的平衡方程如下所示：

$$\begin{bmatrix} & & & S_{1i} & \\ & & & S_{2i} & \\ & & & \cdots & \\ S_{i1} & S_{i2} & \cdots & S_{ii} & \cdots\\ & & & \cdots & \end{bmatrix}\begin{Bmatrix}D_1\\ D_2\\ \cdots\\ D_i\\ \cdots\end{Bmatrix}=-\begin{Bmatrix}F_1\\ F_2\\ \cdots\\ F_i\\ \cdots\end{Bmatrix} \tag{23.5}$$

在上面这个方程和下面的 2 个方程中,只显示出了方阵 i 行左边和 i 列上边的元素。

方程 23.5 中的$\{D\}_i$ 项可以用方程 23.1 来代替,得：

$$\begin{bmatrix} & & & S_{1i}H_i & \\ & & & S_{2i}H_i & \\ & & & \cdots & \\ S_{i1} & S_{i2} & \cdots & S_{ii}H_i & \cdots \\ & & & \cdots & \end{bmatrix}\begin{Bmatrix} D_1 \\ D_2 \\ \cdots \\ \bar{D}_i \\ \cdots \end{Bmatrix} = -\begin{Bmatrix} F_1 \\ F_2 \\ \cdots \\ F_i \\ \cdots \end{Bmatrix} \tag{23.6}$$

上面这个方程中的第 i 行乘以$[H]_i^{\mathrm{T}}$,并把方程 23.2 代入,从而消除子矩阵$\{F\}_i$,得:

$$\begin{bmatrix} & & & S_{1i}H_i & \\ & & & S_{2i}H_i & \\ & & & \cdots & \\ [H]_i^{\mathrm{T}}S_{i1} & [H]_i^{\mathrm{T}}S_{i2} & \cdots & [H]_i^{\mathrm{T}}S_{ii}H_i & \cdots \\ & & & \cdots & \end{bmatrix}\begin{Bmatrix} D_1 \\ D_2 \\ \cdots \\ \bar{D}_i \\ \cdots \end{Bmatrix} = -\begin{Bmatrix} F_1 \\ F_2 \\ \cdots \\ \bar{F}_i \\ \cdots \end{Bmatrix} \tag{23.7}$$

方程 23.7 左边的对称方阵就是 22.10 节所讨论的边界条件下的刚度矩阵$[\bar{S}]$。实践中,可以方便地通过调整刚度矩阵中与节点 i 相连的元素来得到$[\bar{S}]$,参见例 23.1。

上述过程的另外一种实现方法是在节点 i 的 $\bar{y}$ 方向上加一个刚度为 K 的弹簧,参见图 23.1(b)。刚度 K 的值要比$[S]$对角线元素的值大得多,比如大 10^5 倍。当在 $\bar{y}$ 方向上给定一个位移 c 时,就要在节点 i 的 $\bar{y}$ 方向上加一个大小为 cK 的力。由于和这个弹簧相比,结构刚度变得可以被忽略,所以力 cK 就导致在节点 i 上产生给定位移 c。

图 23.1(b)中增加的弹簧相应于 $\bar{u},\bar{v},\bar{\theta}$ 坐标的刚度矩阵为:

$$[\bar{S}]_k = \begin{bmatrix} 0 & 0 & 0 \\ 0 & K & 0 \\ 0 & 0 & 0 \end{bmatrix} \tag{23.8}$$

组集$[S]$之前(参见 22.9 节),上面的刚度矩阵必须转换到整体坐标系下:

$$[S]_k = [H]_i[\bar{S}]_k[H]_i^{\mathrm{T}} \tag{23.9}$$

式中$[H]_i$ 是方程 23.3 中的转换矩阵。方程 23.9 由方程 9.17 导出,注意$[H]_i$ 的逆等于它的转置。

上述概念是通用的,可以用于任何一个在倾斜方向上给定一个位移的结构。

对于图 23.1(a)中的框架,节点 i 处 $\bar{v}=c$,但 $\bar{u}$ 是自由的,这种情况也可以通过假想一个与 i 相连但 j 端固定的棒来实现,参见图 23.1(c)。这个假想棒的长度 l 及横截面面积 a 必须满足 $Ea/l=K$ 的关系,其中 K 与前面考虑的弹簧相同。棒的横截面惯性矩 I 必须是一个很小的值,并且,如果要考虑剪切变形,棒的缩减面积 a_r 也必须是一个很小的值。然后在节点 j 而不是节点 i 上给定整体坐标系下的位移 $u_j=-c\sin\gamma$ 和 $v_j=c\cos\gamma$,就能得到和原结构一样的效果。这种方法的优点是不用修改进行分析的计算机程序,只要输入适当的数据就能实现倾斜的边界条件。但是应该注意到,如果所加单元的刚度过大,就可能遇到平衡方程数值求解方面的困难。

(a)

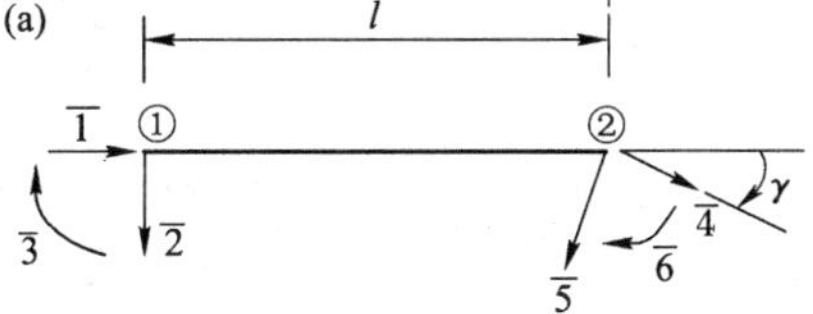

(b)

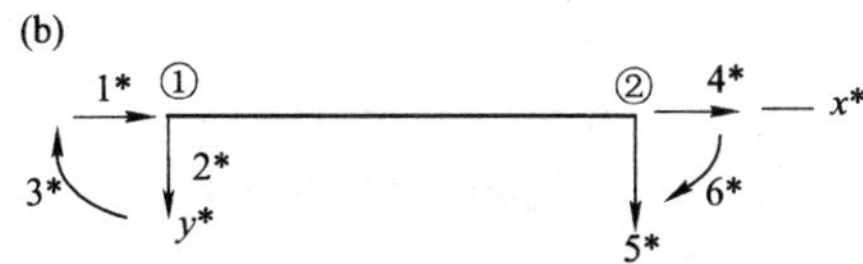

图 23.2　平面框架单元

(a)斜坐标;(b)平行于单元局部坐标轴的坐标。

例 23.1 斜坐标下平面框架单元的刚度矩阵

求图 23.2(a)所示斜坐标下平面框架单元的刚度矩阵。

节点 2 处$\{\bar{D}\}$到$\{D^*\}$的转换矩阵(参见方程 23.1 和 23.2)为:

$$[H]_2=\begin{bmatrix} c & -s & 0 \\ s & c & 0 \\ 0 & 0 & 1 \end{bmatrix}_2$$

其中 $c=\cos\gamma$ 且 $s=\sin\gamma$。

由方程 22.11 可以得到单元局部坐标系(参见图 23.2(b))下的刚度矩阵$[S^*]$,再应用方程 23.7 得:

$$\begin{bmatrix} S_{11} & S_{12}H_2 \\ H_2^{\mathrm{T}}S_{21} & H_2^{\mathrm{T}}S_{22}H_2 \end{bmatrix}\begin{Bmatrix} \bar{D}_1 \\ \bar{D}_2 \end{Bmatrix}=\begin{Bmatrix} \bar{F}_1 \\ \bar{F}_2 \end{Bmatrix}$$

其中,S_{ij}代表方程 22.11 中给出的 3×3 子矩阵;$\bar{D}_1\equiv D_1^*$ 为单元 1 端三个位移的子矢量;$\bar{F}_1\equiv F_1^*$ 为单元 1 端三个力的子矢量。

替换 S_{ij}和 H_2 就得到图 23.2(a)所示坐标下的刚度矩阵:

$$[\bar{S}]=\left[\begin{array}{ccc|ccc} \frac{Ea}{l} & & & & & \\ 0 & \frac{12EI}{l^3} & & & & \\ 0 & \frac{6EI}{l^2} & \frac{4EI}{l} & & & \\ \hline -\frac{cEa}{l} & -\frac{12sEI}{l^3} & -\frac{6sEI}{l^2} & \frac{c^2Ea}{l}+\frac{12s^2EI}{l^3} & & \\ +\frac{sEa}{l} & -\frac{12cEI}{l^3} & -\frac{6cEI}{l^2} & -\frac{scEa}{l}+\frac{12scEI}{l^3} & \frac{s^2Ea}{l}+\frac{12c^2EI}{l^3} & \\ & & & -\frac{6sEI}{l^2} & -\frac{6cEI}{l^2} & \frac{4EI}{l} \end{array}\right] \tag{23.10}$$

23.3 结构的对称性

常常用计算机对大型结构进行分析,只要有可能,就要利用对称性来减少数据准备和结果解释所需的工作。如果一个结构有一个或者多个对称面,只要在对称面上的节点上施加适当的边界条件,就可以只对结构的 1/2,1/4 甚至是更小的部分进行分析。下面的小节就对结构对称、荷载对称或者不对称的空间结构讨论了这样的边界条件。讨论的内容适用于杆系单元或者其他单元组成的结构。

23.3.1 结构对称,荷载对称

图 23.3(a)是一个有着两个垂直对称面 xz 和 yz 的空间结构的俯视图。对称面一侧所有的单元和施加的力与另外一侧的单元和施加的力成镜像关系(图 23.3(a)中并没有示出)。这时候,只需要对结构的 1/4 进行分析,如图 23.3(b)所示。

假定节点自由度为整体坐标系下的 3 个线位移 u,v,w 和 3 个转角 $\theta_x,\theta_y,\theta_z$。整体坐标系

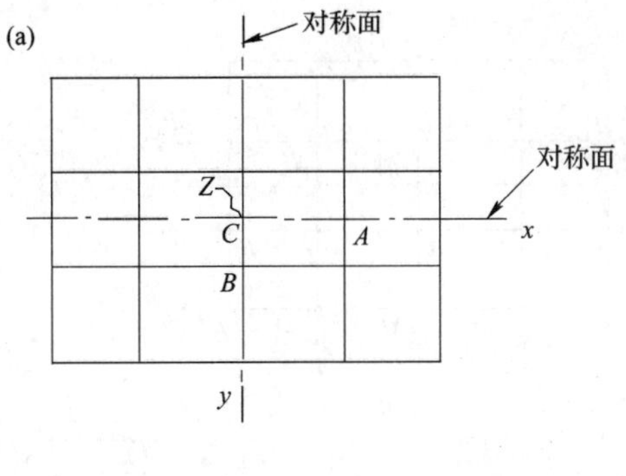

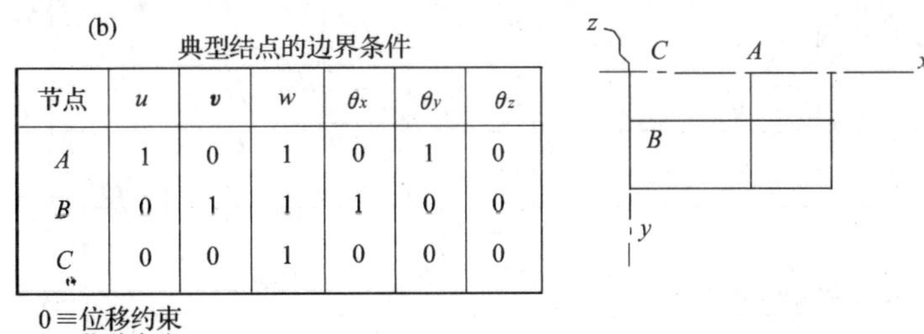

典型结点的边界条件

节点	u	v	w	θ_x	θ_y	θ_z
A	1	0	1	0	1	0
B	0	1	1	1	0	0
C	0	0	1	0	0	0

0＝位移约束
1＝位移自由

图 23.3　有两个对称面的空间结构承受对称荷载

(a)俯视图;(b)要分析的 1/4 结构。

平行于对称面。在要进行分析的这一部分结构中,对称面上的单元特性必须进行调整,比如:当对称面上的单元是杆系单元的时候,其横截面特性(a,I,J 和 a_r)等于真实值的一半。也可以不改变横截面特性,而把材料特性 E 和 G 减为一半。同时,施加在对称面上的节点上的力也要减为真实值的一半。

由于对称,对称面上的节点的某些位移分量等于零。图 23.3(b)中的表对对称面上典型节点 A,B 和 C 的 6 个自由度分别指示为 0 或者 1,0 表示位移为零,1 表示自由位移。

就像 22.4 节所讲的,必须有足够的位移边界条件来保证所分析的结构不能像刚体一样移动或者转动。目前,图 23.3(b)中给出的边界条件还不能阻止 z 方向的移动,为了防止这种移动,至少有一个节点的 $w=0$。

23.3.2　结构对称,荷载不对称

假定图 23.3(a)所示的空间结构在对称的节点 D,E,F,G 承受力 P_1 和 P_2(但 $P_2 \neq P_2$),如图 23.4(a)所示。

可以把图 23.4(a)所示的力系看成一个对称力系和一个反对称力系的和,如图 23.4(b)所示。对称分量 P_s 和反对称分量 P_a 的大小必须满足方程:

$$P_s + P_a = P_1,\ -P_s + P_a = P_2 \tag{23.11}$$

从而

$$P_s = \frac{P_1 - P_2}{2},\ P_a = \frac{P_1 + P_2}{2} \tag{23.12}$$

对 1/4 结构 $CKLM$ 分别进行对称荷载和反对称荷载分析。对称荷载时的边界条件如图 23.3(b)所示。反对称荷载时的边界条件如图 23.4(c)所示。

把两种分析的结果相加,就得到 1/4 结构 $CKLM$ 在实际不对称荷载(参见图 23.4(a))下的位移和内力。从对称荷载的结果中减去反对称荷载的结果,就得到 1/4 结构 $CHNM$ 在实际

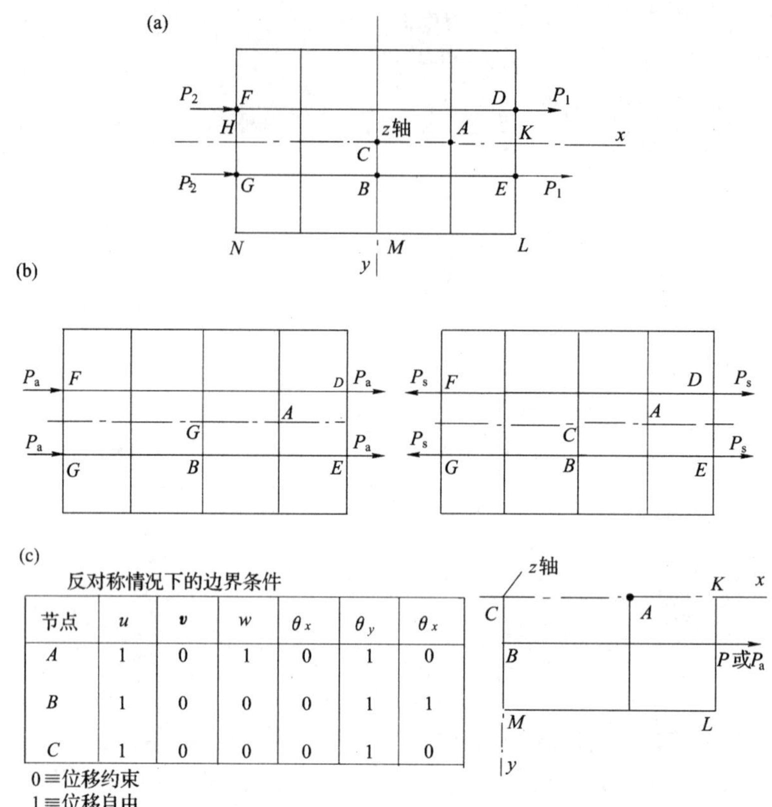

节点	u	v	w	θ_x	θ_y	θ_x
A	1	0	1	0	1	0
B	1	0	0	0	1	1
C	1	0	0	0	1	0

图 23.4　有两个对称面的空间结构承受不对称荷载

(a)俯视图;(b)对称和反对称荷载分量;(c)要分析的 1/4 结构。

不对称荷载下的位移和内力的镜像。换句话说,从对称荷载的结果中减去反对称荷载的结果给出的是 1/4 结构 *CKLM* 的两个力 *F* 和 *G*(参见图 23.4(a))与另外两个力 *D* 和 *E* 互换,再把这 4 个力反向的结果。

还应该注意到,上述过程包括两个独立的 1/4 结构分析,每一个都需要求解左边和右边都不同的方程组,但是每个方程组所包含的未知位移都要比对一半结构进行分析的时候少。两种分析的结果都得存储,然后进行组合。这样的过程只有对非常大的结构进行分析时才有利,能够节省解方程的计算时间,或者是如果不这样做就会超出计算机的能力。

23.4　位移约束

在 22.10 小节中,我们讨论了用于满足某坐标处位移为零或者给定值条件的方法。本节中,我们考虑一种在节点位移之间施加关系的方法。

作为一个例子,考虑如图 23.5(a)所示的平面框架,该框架由几何形状和荷载相同的很多格架组成。只需要对单个隔离的格架 *ABCB′*进行分析,并使节点 *B* 和 *B′*之间的位移满足下述关系:

$$\{u,v,\theta\}_{B'}=\{u,v,\theta\}_{B} \tag{23.13}$$

另外一个例子如图 23.5(b)所示,代表一块受弯的正方形板,几何条件和荷载条件关于通过 *x*

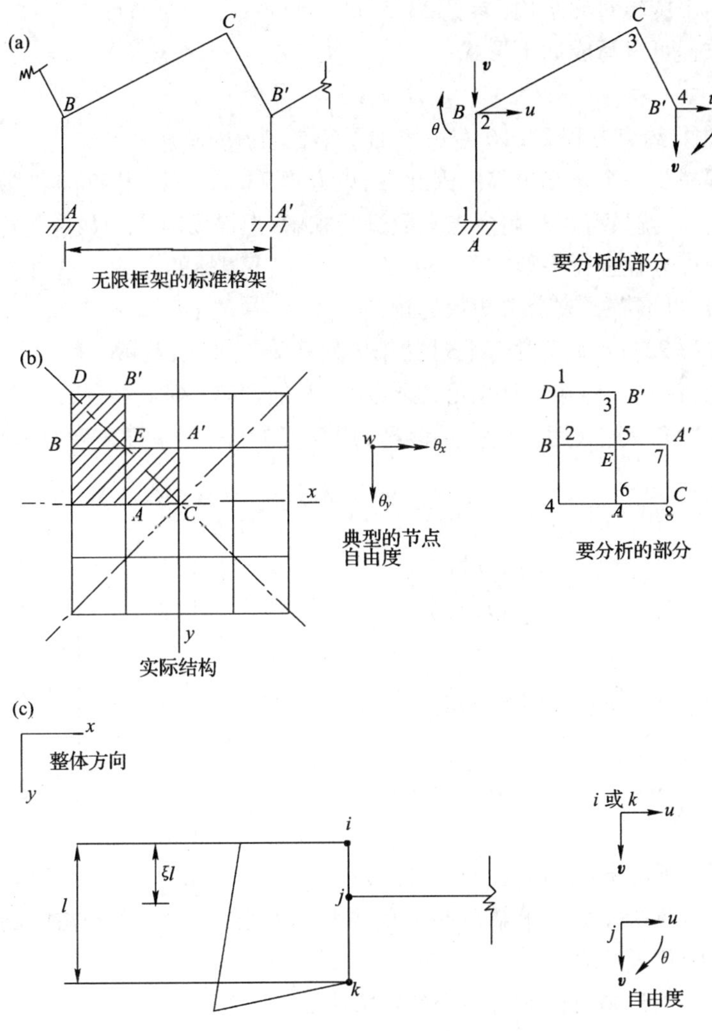

图 23.5　位移约束应用实例

(a)由很多格架组成的平面框架;(b)板弯曲;(c)梁—墙连接。

轴和 y 轴以及两个对角线的平面对称。该结构的有限元分析可以对图中阴影部分用正方形单元进行。其典型节点的自由度取为$\{w,\theta_x,\theta_y\}$,如图所示。由于位移对称,所以需要施加如下约束:

$$(\theta_x)_C = -(\theta_y)_C \quad (\theta_x)_D = -(\theta_y)_D \quad (\theta_x)_E = -(\theta_y)_E \tag{23.14}$$

$$\{w,\theta_x,\theta_y\}_{A'} = \{w,-\theta_y,-\theta_x\}_A \tag{23.15}$$

$$\{w,\theta_x,\theta_y\}_{B'} = \{w,-\theta_y,-\theta_x\}_B$$

第三个需要在有限元分析中施加位移约束的例子如图 23.5(c)所示。一个四节点四边形平面应力单元与一个梁单元连接,约束方程取为:

$$u_j = (1-\xi)u_i + \xi u_k \tag{23.16}$$

$$v_j = (1-\xi)v_i + \xi v_k$$

$$\theta_j = \left(\frac{1}{l}\right)u_i - \left(\frac{1}{l}\right)u_k$$

位移约束还可以用于旋转对称结构(参见 23.5 节)。

典型的约束方程可以写成如下形式:

$$D_j = \beta_i D_i \tag{23.17}$$

其中 β_i 是一个常数。约束方程 23.16 右边增加了第二项 $\beta_k D_k$。

一个约束方程减少一个未知位移。因此,约束方程 23.17 可以用来消除平衡方程 $[S]\{D\} = -\{F\}$ 中的 D_j,然后就只需要对剩余未知数进行求解,但需要对未知数重新编号。下面讨论对任意多个这种约束方程进行平衡方程 $[S]\{D\} = -\{F\}$ 调整的方法。这种方法不需要改变要求解的方程数目,也不需要改变未知数的排列。

对每个约束方程 23.17,调整限于 $[S]$ 的第 i 列和第 j 列,以及 $[S]$ 和 $\{F\}$ 的第 i 行和第 j 行。调整分步进行:首先,$[S]$ 第 j 列的元素乘以 β_i,并加到第 i 列上;然后,$[S]$ 和 $\{F\}$ 第 j 行的元素乘以 β_i,并加到第 i 行上;用 1 代替元素 S_{jj},用 0 代替 $[S]$ 第 j 行和列对角线以外的元素。调整后的行和列变为:

$$\begin{array}{c} \\ 1 \\ 2 \\ i \\ \\ j \\ \\ \end{array}
\begin{bmatrix} & & (S_{1i} + \beta_i S_{1j}) & & 0 & \\ & & (S_{2i} + \beta_i S_{2j}) & & 0 & \\ \cdots & & \cdots & & \cdots & \\ (S_{i1} + \beta_j S_{j1}) & \cdots & (S_{ii} + 2\beta_i S_{ij} + \beta_i^2 S_{jj}) - & \cdots & 0 & \cdots \\ \cdots & & \cdots & & \cdots & \\ 0 & \cdots & 0 & \cdots & 1 & \\ \cdots & & & & \cdots & \end{bmatrix}
\{D\} = -\begin{Bmatrix} F_1 \\ F_2 \\ \cdots \\ F_i + \beta_i F_j \\ \cdots \\ 0 \\ \cdots \end{Bmatrix} \tag{23.18}$$

(矩阵上方列标:1、i、j)

以上调整包括在所有方程中消去 D_j 并在第 i 个方程的两边都乘以 β_i,从而保持对称;第 j 个方程被伪方程 $D_j = 0$ 所代替。求解调整后的方程,得到包括 D_{j*} 为零在内的未知位移。最后,必须用 $D_j = \beta_i D_{i*}$ 代入结果。

上述对平衡方程的调整可以对每一个约束方程重复进行。

就像前面所讲的,例如图 23.5(c),每一个约束方程都可以写成这样的形式:$D_j = \beta_i D_i + \beta_k D_k$。为了满足这个方程,就要对平衡方程进行调整,除了前述对 $[S]$ 的第 i 列以及 $[S]$ 和 $\{F\}$ 的第 i 行进行调整外,还要对第 k 列和第 k 行进行同样的调整,然后用 1 代替 S_{jj},用 0 代替第 j 行和列对角线以外的元素。这个过程使得节点 j 上的外力静力等效地附加在了节点 i 和 k 的外力上。

调整后的刚度矩阵仍旧是对称的,但带宽会增加。方程 22.1 可以用来计算新的带宽,要注意到,由于约束方程 23.17,任何连接到节点 i 上的单元也就因此"连接"到了节点 j 上。对于图 23.5(a)所示的平面框架 $ABCD$,每个节点的自由度为 $s = 3$,有一个联系 D 和 B 节点位移的约束方程,带宽由单元 AB 控制。因此,认为单元 AB 与节点 1,2 和 4 连接,带宽就是(参见方程 22.1):

$$n_b = 3[(4-1)+1] = 12$$

请注意,在调整后的方程中,F_i 加到了 $\beta_i F_j$ 上。因此,图 23.5(a)中的框架 B 点上的外力(与 D 点相同),在分析的时候必须施加到节点 2 或者节点 4 上,但不是两个节点都施加。同样地,图 23.5(b)中的结构 A 点上的外力(与 A' 点相同),应该施加到节点 6 或者节点 7 上,依次类推。

23.5 旋转对称

图 23.6 中的俯视图所示的每个结构都由 r 个扇区组成,每个扇区的几何形状、材料特性和荷载条件均一致[1]。母扇区以 $2\pi/r$ 角度饶通过 O 点的竖向轴连续旋转就能得到整个结构,其中 r 是一个整数。结构可以是二维的,也可以是三维的。结构可以理想化成杆系单元或者其他类型的单元。施加下面的位移约束,对分离的母扇区进行分析:

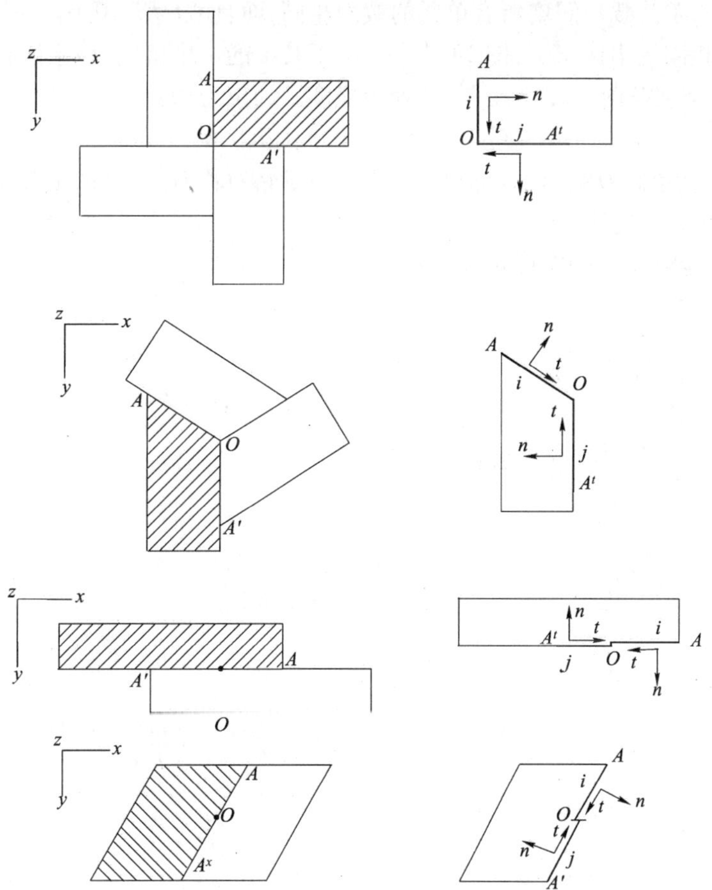

图 23.6 旋转对称结构

$$\{D_n, D_t, D_z\}_j = \{D_n, D_t, D_z\}_i \tag{23.19}$$

$$(D_n)_0 = (D_t)_0 = 0 \tag{23.20}$$

式中 i 和 j 是公共扇区边界 OA 和 OA'(图中用粗线显示)上距离 O 点同样远的两个节点;D_n 和 D_t 是公共边界法向 n 和切向 t 上的位移分量(平移或转动);D_z 是竖直向下的一个位移分量。方程 23.20 意味着,过 O 点的竖向轴上的节点只有在 z 方向才能有非零位移。

1 关于对称的进一步讨论参见 P. G. Glockner. 结构力学中的对称. 美国土木工程师学会会刊,99(ST1),1973:71－89。

首先对扇区所有的自由度生成平衡方程$[S]\{D\}=-\{F\}$，然后对其进行如 23.4 节所述的调整。

使用方程 23.19 要求边界上的自由度处于 n，t 和 z 方向，所需的转换如 23.2 节所述。

公共边界上的单元要位于 OA 平面或者 OA' 平面上，但不能同时位于这两个平面上。同样，公共边界节点上的力也只能施加在位于这两个平面之一的节点上。在过 O 点的竖轴上的节点上施加的力（z 方向）要除以 r 之后，才能施加到所分析的扇区上。

例 23.2　格栅：理想化的斜交桥

求图 23.7 中的俯视图所示水平格栅的节点位移。该格栅只在 DOF 上承受单位长度上大小为 q 的向下的均布荷载。假定所有单元的截面相同，而且 $GJ/EI=0.6$。

结构由两个相同的扇区组成，图 23.7 中示出了其中的一个扇区，该扇区有 7 个自由度：节点 B 和 H 每处的挠度及两个转角，还有 O 处的挠度。约束力为：

$$\{F\}=\{0,0,0-0.5ql,0,0,0\}$$

请注意，该扇区包括单元 OB，但不包括 OH。为了使旋转对称有效，这两个单元必须相同，该扇区也可以包括 OH 而不包括 OB。

图 23.7 所示坐标系下的刚度矩阵为：

$$[S]=\begin{bmatrix}\frac{12+96c^3}{l^3} & & & & & & \\ \frac{6s+24c^2}{l^2} & \frac{4s^2+0.6c^2+8c}{l} & & & & & \\ \frac{6c}{l^2} & \frac{4sc-0.6sc}{l} & \frac{1.2c+4c^2+0.60s^2}{l} & & & & \\ -\frac{96c^3}{l^3} & -\frac{24c^2}{l^2} & 0 & \frac{12+96c^3}{l^3} & & & \\ 0 & 0 & 0 & 0 & \frac{12}{l^3} & & \\ 0 & 0 & 0 & 0 & -\frac{6s}{l^2} & \frac{0.6c^2+4s^2}{l} & \\ 0 & 0 & 0 & 0 & -\frac{6c}{l^2} & \frac{4cs-0.6cs}{l} & \frac{4c^2+0.60s^2}{l}\end{bmatrix}EI$$

其中 $s=\sin\gamma=1/\sqrt{5}$，$c=\cos\gamma=2/\sqrt{5}$。

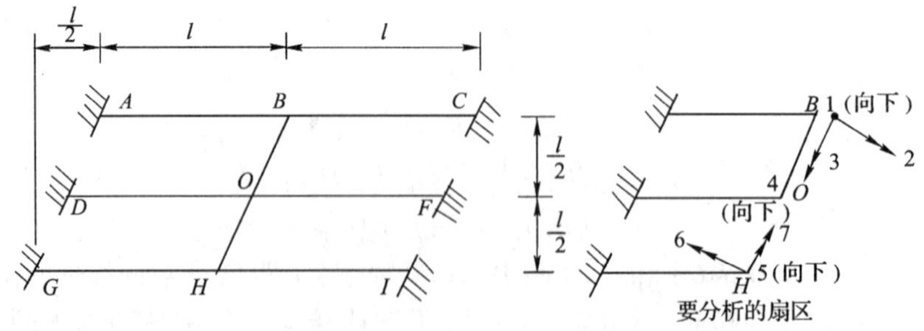

图 23.7　例 23.2 的水平格栅

位移的约束方程为：

$$D_1=D_5\quad D_2=D_6\quad D_3=D_7$$

代入 s 和 c 的具体数值,并调整平衡方程得(参见方程 23.18):

$$EI\begin{bmatrix} \frac{92.692}{l^3} & & & \\ \frac{19.2}{l^2} & \frac{9.175}{l} & & \\ 0 & \frac{2.270}{l} & \frac{7.713}{l} & \\ -\frac{68.692}{l^3} & -\frac{19.20}{l^2} & 0 & \frac{80.692}{l^3} \end{bmatrix}\begin{Bmatrix} D_1 \\ D_2 \\ D_3 \\ D_4 \end{Bmatrix} = ql\begin{Bmatrix} 0 \\ 0 \\ 0 \\ +0.5 \end{Bmatrix}$$

由于最后 3 个方程变成空的,所以上式中略去了。求解得:

$$\{D\} = \{10.68l, 21.13, -7.45, 20.31l\}\frac{9l^3}{1\,000EI}$$

23.6 子 结 构

大型结构可以划分成子结构,从而可能用小型计算机进行分析。子结构方法把大型问题划分成较小的部分,用几个时间较短的计算机分析代替一个长时间的计算机分析。我们以图 23.8 中的俯视图所示结构来讲解相关步骤,该结构划分成 7 个子结构,带有 6 个连接边界。分析步骤如下:

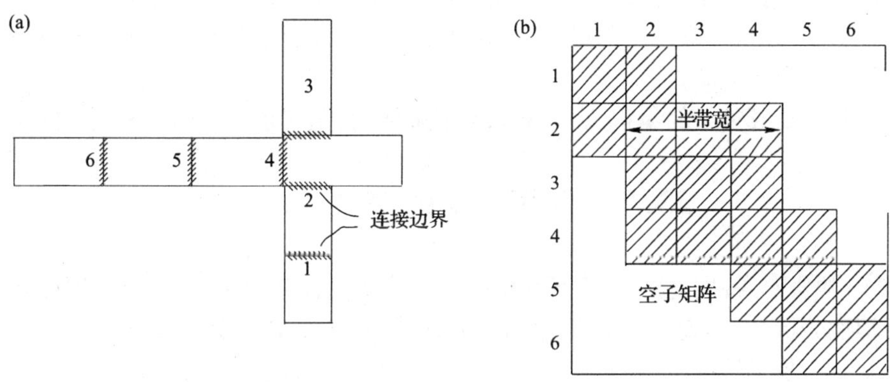

图 23.8　子结构

(a)实际结构的俯视图;(b)组集后的刚度矩阵$[S_b]$的带宽。

第一步:把子结构的平衡方程写成如下形式:

$$\begin{bmatrix} S_{bb}^* & S_{bi}^* \\ S_{ib}^* & S_{ii}^* \end{bmatrix}\begin{Bmatrix} D_b^* \\ D_i^* \end{Bmatrix} = -\begin{Bmatrix} F_b^{**} \\ F_i^{**} \end{Bmatrix} \tag{23.21}$$

这个方程把位移和力矢量分块成连接边界坐标和内部坐标的两部分,分别用下标 b 和 i 表示。把真实支撑处的坐标看作是内部坐标。

现在,支撑节点和连接边界上的节点都约束子结构的位移。对连接边界上的节点进行人工约束,使$\{D_b^*\} = \{0\}$。内部坐标上的位移是:

$$\{D_i^*\}_{边界固定} = -[S_{ii}^*]^{-1}\{F_i^*\} \tag{23.22}$$

约束力为：

$$\{F_b^*\} = -[S_{bi}^*]\ [S_{ii}^*]^{-1}\{F_i^*\} \tag{23.23}$$

第二步：计算每个子结构的凝聚刚度矩阵（参见方程 5.17）：

$$[\bar{S}_b^*] = [S_{bb}^*] - [S_{bi}^*]\ [S_{ii}^*]^{-1}[S_{ib}^*] \tag{23.24}$$

上标星号用来指示一个子结构。

第三步：把凝聚刚度矩阵组集成整体结构的刚度矩阵$[S_b]$。对连接边界顺序编号使$[S_b]$带宽较小。边界编号及其相应带宽的例子参见图 23.8（a）和（b）。

第四步：生成边界上的约束力矢量：

$$F_{bj} = \sum F_{bj}^* - P_{bj} \tag{23.25}$$

其中j是一个坐标，F_{bj}^*由第一步确定（参见方程 23.23），P_{bj}是j坐标上的外力，求和是对边界所连接的两个子结构进行的。

第五步：求解：

$$[S_b]\{D_b\} = -\{F_b\} \tag{23.26}$$

确定位移$\{D_b\}$。其中$\{D_b\}$代表实际结构边界节点的位移。

第六步：消除约束生成内部节点的新位移。把该位移加到由方程 23.22 确定的位移上，得到实际结构的位移：

$$\{D_i^*\} = \{D_i^*\}_{边界固定} - [S_{ii}^*]^{-1}[S_{ib}^*]\{D_b^*\} \tag{23.27}$$

上面方程中的最后一项是通过把方程 23.21 的第二行设置成$\{F_i^*\} = \{0\}$得到的。

第七步：通过第五步和第六步确定了实际结构所有节点的位移，然后，这一步用一般方法求解每个单元的内力或者应力。

子结构方法需要更复杂的编程，而且不总是带来便利，尤其是子结构各不相同的时候。

23.7 平面框架的塑性分析

基于 19 章的假定，特别是图 19.3 所示的双线性弯矩－曲率关系，本节讨论用计算机对平面框架进行塑性分析[1]。假定框架由等截面单元组成，横截面特性为a，I和M_p，其中a是面积，I是惯性矩，M_p是全塑性矩（参见 19.2 节）。分步渐增地施加一系列力，但不改变力之间的比例关系，直到结构崩溃。假定达到M_p时产生一个塑性铰，但忽略轴力和剪力对塑性矩的贡献（参见 19.8 和 19.9 节）。

对每一个荷载增量进行弹性分析并记录杆端力矩。当一个截面达到了M_p，就插入一个铰并相应地改变结构刚度矩阵$[S]$。当：（a）$[S]$变得奇异（行列式的值接近为零）；或者（b）一个对角线元素S_{ii}变成零；或者（c）变形过大的时候，结构就崩溃了。

对每一个荷载步，执行分析时其中一个荷载（$P_i = 1$）是单位增量，其他荷载的增量与之成比例。用相应的杆端力矩确定荷载乘子，荷载乘子用来使任何一个截面达到M_p，从而产生一

---

1 本节所讲的方法和所包含的例子选自 C. K. Wang 的论文《极限分析中的通用计算机程序》，美国土木工程师学会会刊，89（ST6），1963：101－117。附录 L 讲了一个微机程序，也包含在软盘上（包括可执行文件和 FORTRAN 源代码），可以用来进行本节所讲的塑性分析。

个新的塑性铰。所有步骤中的荷载乘子的和就是崩溃时的 P_j 值。

对每一个荷载步，生成带有由前面荷载步确定了单元端部塑性铰的结构刚度矩阵。下面就讨论单元一端或者两端带有塑性铰的单元刚度矩阵。

单元一端带有塑性铰的单元刚度矩阵

平面框架（参见图 22.2）等截面单元的刚度矩阵由方程 22.11 给出，但该方程忽略了剪切变形效应和梁－柱效应（参见第 14 章）。在单元 1 端（左端）出现塑性铰后，单元刚度矩阵变为：

$$[S_{H1}^*] = \begin{bmatrix} Ea/l & & & \text{对} & & \\ 0 & 3EI/l^3 & & & & \\ 0 & 0 & 0 & & \text{称} & \\ -Ea/l & 0 & 0 & Ea/l & & \\ 0 & -3EI/l^3 & 0 & 0 & 3EI/l^3 & \\ 0 & 3EI/l^2 & 0 & 0 & -3EI/l^2 & 3EI/l \end{bmatrix} \tag{23.28}$$

利用方程 5.17 通过凝聚方程 22.11 中的 $[S^*]$ 生成 5×5 的矩阵，该矩阵相应于图 22.2 中的坐标，但省略了坐标 3。保持该矩阵的原始大小和坐标编号，然后插入一行和一列零，就得到方程 23.28 所示的矩阵。

同理，在单元 2 端出现塑性铰后，单元刚度矩阵变为：

$$[S_{H2}^*] = \begin{bmatrix} Ea/l & & & \text{对} & & \\ 0 & 3EI/l^3 & & & & \\ 0 & 3EI/l^2 & 3EI/l & & \text{称} & \\ -Ea/l & 0 & 0 & Ea/l & & \\ 0 & -3EI/l^3 & -3EI/l^2 & 0 & 3EI/l^3 & \\ 0 & 0 & 0 & 0 & 0 & 0 \end{bmatrix} \tag{23.29}$$

当单元两端都出现塑性铰的时候，单元刚度矩阵与方程 23.28 或者方程 23.29 类似，只不过把所有包含 I 的矩阵元素都替换成零了。

需要指出的是，本节的讨论限于只承受节点集中荷载的框架结构，所以只在单元端部出现塑性铰。

例 23.3　单跨人字形框架

求图 23.9 所示荷载系统崩溃时的 P_c 值。图中有 7 个单元，以 Pb 定义的 M_p 值分别为 {765，765，1275，1275，1015，1015，616}，图中还给出了 a 和 I 的值。

荷载步 1：令 $P_c=1$，该系统产生的杆端弯矩 $\{M_u^{(1)}\}$ 列于表 23.1。从这些值中可以看出，乘子 $P_c=34.458$ 将会导致达到 M_p，即系统在单元 7 的节点 7 上出现第一个塑性铰。对于节点 1 到 8，以长度单位 b 或者弧度定义的，按 u, v, θ，顺序排列的相应节点位移是：

$\{D^{(1)}=34.458\times10^{-6}\times\{0,0,0\quad -403.5,43.44,-58.19\quad -436.50,86.92,101.8$
$-27.80,1524,-130.89\quad 198.2,2321,41.94\quad 399.4,1531,-141.6\ 808.8\quad 78.11,$
$-88.20\quad 0,0,0\}$

荷载步 2：在单元 7 的节点 7 上引入一个塑性铰，并生成新的结构刚度矩阵。对于 $P_c=1$，表 23.2 给出了杆端弯矩 $\{M_u^{(2)}\}$，从表中可以看出，乘子 $P_c=5.871$ 将会导致系统在单元 2 的

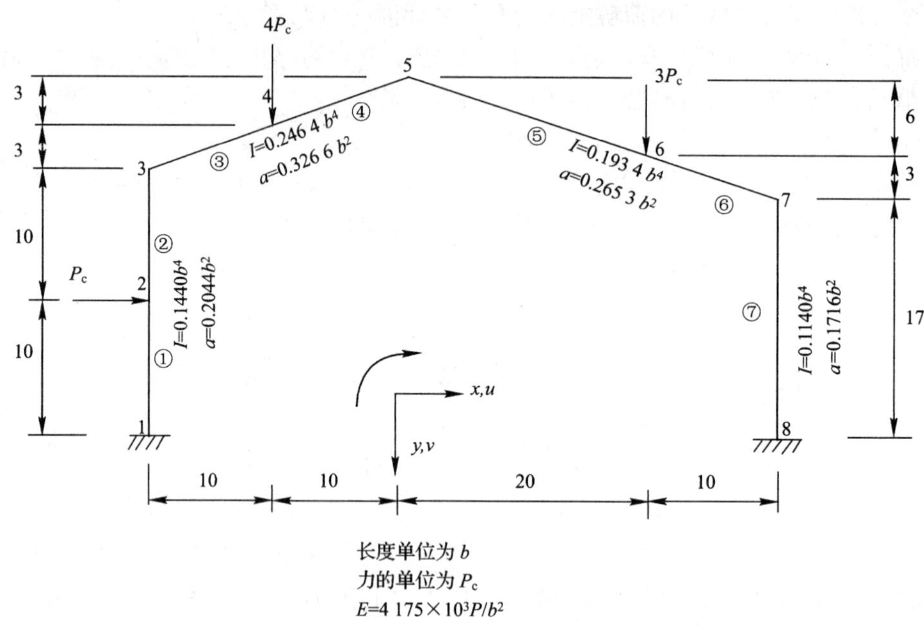

图 23.9　例 23.3 的平面框架

节点 3 上出现第二个塑性铰。施加该荷载增量后的杆端弯矩为:

$$\{M^{(2)}\} = \{M^{(1)}\} + 5.871\{M_u^{(2)}\}$$

表 23.1　荷载步 1 结束后的杆端弯矩(以 Pb 为单位)

单元	节点	塑性矩 M_p	$P_c=1M_u^{(1)}$ 引起的杆端弯矩	荷载乘子	形成塑性铰的荷载步编号	荷载步 1 完成时的杆端弯矩 $M^{(1)}$
1	1	765.0	7.56			260.61
	2	765.0	0.56			19.36
2	2	765.0	-0.56			-19.36
	3	765.0	18.69			643.92
3	3	1 275.0	-18.69			-643.92
	4	1 275.0	-12.95			-446.23
4	4	1 275.0	12.95			446.23
	5	1 275.0	-4.59			-158.06
5	5	1 015.0	4.59			158.06
	6	1 015.0	-9.61			-331.18
6	6	1 015.0	9.61			331.18
	7	1 015.0	17.88			616.00
7	7	616.0	-17.88	34.458		-616.00
	8	616.0	-12.94			-445.75

表 23.2　荷载步 2 结束后的杆端弯矩(以 Pb 为单位)

单元	节点	塑性矩 $M_p-\|M^{(1)}\|$	$P_c=1M_u^{(2)}$ 引起的杆端弯矩	荷载乘子	形成塑性铰的荷载步编号	$5.871M_u^{(2)}$	荷载步 2 完成时的杆端弯矩 $M^{(2)}$
1	1	504.39	-1.42			-8.31	252.30
	2	745.64	6.02			35.34	54.71
2	2	745.64	-6.02			-35.34	-54.71
	3	121.08	20.62	5.871	2	121.08	765.00
3	3	631.08	-20.62			-121.08	-765.00
	4	828.77	-16.24			-95.38	-541.61
4	4	828.77	16.24			95.38	541.61
	5	1 116.94	-13.11			-76.98	-235.04
5	5	856.94	13.11			76.98	235.04
	6	683.82	-24.37			-143.08	-474.26
6	6	683.82	24.37			143.08	474.26
	7	399.00	0.00			0.00	616.00
7	7	0	0		1	0	-616.00
	8	170.25	-24.83			-145.79	-591.54

利用与荷载步 1 相同的方法计算位移得:

$$\{D^{(2)}\}=5.871\times10^{-6}\times\{0,0,0\quad 245.2,48.33,61.79\quad 1768,96.67,283.2\quad 2726,3358,305.4\quad 3400,5643,156.5\quad 3744,4406,-328.1\quad 5024,68.21,-485.6\quad 0,0,0\}$$

应该注意到,单元 7 与节点 7 连接的地方有一个塑性铰,上式所包含的节点 7 的转动代表节点的转动,而不是单元 7 顶端的转动。

荷载步 3:引入第二个塑性铰,重复荷载步 2 中的过程,得(参见表 23.3):

$$\{M^{(3)}\}=\{M^{(2)}\}+1.522\{M_u^{(3)}\}$$

荷载步 3 结束后的位移是:

$$\{D^{(3)}\}=1.522\times10^{-6}\times\{0,0,0\quad -755.4,43.86,-152.6\quad -2805,87.75,709.3\quad -867.5,6600,533.8\quad 288.9,10275,210.2\quad 1228,6880,-551.6\quad 3251,77.26,-743.9\quad 0,0,0\}$$

荷载步 4:在单元 7 的节点 8 上引入第三个塑性铰,重复上面的过程,得(参见表 23.4):

$$\{M^{(4)}\}=\{M^{(3)}\}+15.484\{M_u^{(4)}\}$$

$$\{D^{(4)}\}=15.484\times10^{-6}\times\{0,0,0\quad 554.1,44.53,83.11\quad 1385,89.08,812.6\quad 3623,7575,619.8\quad 4914,11883,245.0\quad 6163,7805,-634.7\quad 8442,75.92,-841.6\quad 0,0,0\}$$

第四个塑性铰使得本结构变成机构,增加的荷载步会产生极大的位移。因此,崩溃荷载就是这四步荷载增量的和,即:

$$P_c=(34.458+5.871+1.522+15.484)P=57.335P$$

表 23.3 荷载步 3 结束后的杆端弯矩(以 Pb 为单位)

单元	节点	塑性矩 $M_p-\|M^{(2)}\|$	$P_c=1M_u^{(3)}$ 引起的杆端弯矩	荷载乘子	形成塑性铰的荷载步编号	$1.522M_u^{(3)}$	荷载步 3 完成时的杆端弯矩 $M^{(3)}$
1	1	512.70	8.91			13.56	265.86
	2	710.29	-9.45			-14.39	40.32
2	2	710.29	9.45			14.39	-40.32
	3	0	0		2	0	765.00
3	3	515.00	-0.00			-0.00	-765.00
	4	733.39	-34.60			-52.66	-594.27
4	4	733.39	34.60			52.66	594.27
	5	1039.96	-29.19			-44.44	-279.48
5	5	779.96	29.19			44.44	279.48
	6	540.74	-29.73			-45.25	-519.52
6	6	540.74	29.73			45.25	519.52
	7	399.00	0.00			-0.00	616.00
7	7	0	0		1	0	-616.00
	8	24.46	-16.07	1.522	3	-24.46	-616.00

表 23.4 荷载步 4 结束后的杆端弯矩(以 Pb 为单位)

单元	节点	塑性矩 $M_p-\|M^{(3)}\|$	$P_c=1M_u^{(4)}$ 引起的杆端弯矩	荷载乘子	形成塑性铰的荷载步编号	$15.489M_u^{(2)}$	荷载步 2 完成时的杆端弯矩 $M^{(4)}$
1	1	499.14	-10.00			-154.84	111.01
	2	714.68	0.00			0	40.32
2	2	714.68	-0.00			-0.00	-40.32
	3	0	0		2	0	765.00
3	3	515.00	-0.00			-0.00	-765.00
	4	680.73	-38.00			-588.40	-1 182.67
4	4	680.73	38.00			588.40	1 182.67
	5	995.52	-36.00			-557.44	-836.92
5	5	735.52	36.00			557.44	836.92
	6	495.48	-32.00			-495.48	-1 015.00
6	6	495.48	32.00	15.484	4	495.48	1 015.00
	7	399.00	0.00			-0.00	616.00
7	7	0	0		1	0	-616.00
	8	0	0		3	0	-616.00

23.8 变截面单元或者弯曲轴线单元的刚度矩阵

下面讲述任意类型杆系结构单元刚度矩阵的生成过程。该过程能用于变截面单元或者弯曲轴线单元,还可以用于钢筋混凝土结构由于开裂导致有效横截面面积[1]减小的非线性分析。

任何第 22 章给出的杆系结构(参见图 22.2)单元刚度矩阵都可以进行如下分块:

$$[S^*]=\begin{bmatrix}[S_{11}^*] & [S_{12}^*]\\ [S_{21}^*] & [S_{22}^*]\end{bmatrix} \tag{23.30}$$

第一行的子矩阵包含单元第一节点上的力,这些力在第二节点上的平衡力形成子矩阵第二行的元素。由于这种平衡关系和$[S^*]$的对称性,方程 23.30 可以重新写成:

$$[S^*]=\begin{bmatrix}[S_{11}^*] & [S_{11}^*][R]^{\mathrm{T}}\\ [R][S_{11}^*] & [R][S_{11}^*][R]^{\mathrm{T}}\end{bmatrix} \tag{23.31}$$

其中$[R]$是由静力平衡产生的一个矩阵。例如,对于平面框架单元(参见图 22.2),有:

$$[R]=\begin{bmatrix}-1 & 0 & 0\\ 0 & -1 & 0\\ 0 & l & -1\end{bmatrix} \tag{23.32}$$

这里,$[R]$第一列的元素是当 $F_1^*=1$ 时坐标 4^*,5^* 和 6^* 上的平衡力。同理,第二列和第三列分别相应于 $F_2^*=1$ 和 $F_3^*=1$ 的情况。

通过下式确定子矩阵$[S_{11}^*]$:

$$[S_{11}^*]=[f]^{-1} \tag{23.33}$$

其中$[f]$是把单元看作第二节点固定的悬臂梁时的弹性矩阵。该弹性矩阵的任何元素f_{ij}都可以通过单位荷载原理(参见 7.6 节)进行计算:

$$f_{ij}=\int N_{ui}N_{uj}\frac{\mathrm{d}l}{Ea}+\int M_{ui}M_{uj}\frac{\mathrm{d}l}{EI}+\int V_{ui}V_{uj}\frac{\mathrm{d}l}{Ga_r}+\int T_{ui}T_{uj}\frac{\mathrm{d}l}{GJ} \tag{23.34}$$

其中 N,M,V 和 T 分别是轴力、弯矩、剪力和扭矩;下标 ui 和 uj 分别表示在坐标 i 和 j 上单独施加单位力 $F_i=1$ 和 $F_j=1$ 的情况;E 是拉压弹性模量,G 是剪切弹性模量;a,I 和 J 分别是横截面面积、惯性矩和扭转常数;a_r 是折减横截面面积(参见 7.3.3 节)。

当横截面特性任意变化的时候,用数值方法计算上面方程中的积分。再代入方程 23.33 和 23.31 就得到单元刚度矩阵。

例 23.4 水平弯曲格栅单元

生成半径为 r 的圆弧状弯曲的水平格栅单元的刚度矩阵,参见图 23.10(a)。假定只有弯曲和扭转变形,单元的横截面形状保持不变,且 $GJ/EI=0.8$;$\theta=1$ 个弧度。

在图 23.10(b)中悬臂梁的坐标 1 或者 2 或者 3 上施加一个单位荷载,产生如下内力:

$$M_{u1}=-rs \quad M_{u2}=s \quad M_{u3}=c \tag{23.35}$$

$$T_{u1}=r(1-c) \quad T_{u2}=c \quad T_{u3}=-s \tag{23.36}$$

其中 $s=\sin\alpha$,$c=\cos\alpha$,α 如图 23.10(b)所定义。图 23.10(b)所示悬臂梁的弹性矩阵的元素

1 参见第 3 章第一个注脚中提到的第一个参考文献。

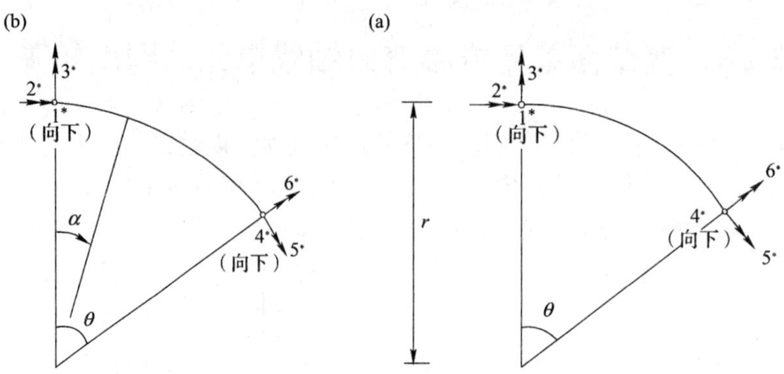

图 23.10　曲线格栅单元的俯视图

(a)坐标系;(b)用于生成弹性矩阵的一端固定的单元。

由方程 23.34 给出:

$$f_{ij} = \frac{r}{EI}\int_0^{\theta} M_{ui}M_{uj}\mathrm{d}\alpha + \frac{r}{GJ}\int_0^{\theta} T_{ui}T_{uj}\mathrm{d}\alpha \tag{23.37}$$

因此,可以把该弹性矩阵看成:

$$[f] = [f_M] + [f_T] \tag{23.38}$$

其中$[f_M]$和$[f_T]$分别代表方程 23.37 右边第一项和第二项所计算的弯曲贡献和扭转贡献。

把方程 23.35 和 23.36 代入方程 23.37,并计算积分得:

$$[f_M] = \frac{r}{EI}\begin{bmatrix} 0.2727r^2 & & \text{对称} \\ -0.2727r & 0.2727 & \\ -0.3540r & 0.3540 & 0.7273 \end{bmatrix}$$

$$[f_T] = \frac{r}{GJ}\begin{bmatrix} 0.0444r^2 & & \text{对称} \\ 0.1141r & 0.7273 & \\ -0.1057r & -0.3540 & 0.2727 \end{bmatrix}$$

故

$$[f] = \frac{r}{EI}\begin{bmatrix} 0.3282r^2 & & \text{对称} \\ -0.1300r & 1.1818 & \\ -0.4861r & -0.0885 & 1.0682 \end{bmatrix}$$

图 23.10(a)所示的悬臂梁,当分别在每个坐标 1^*,2^* 和 3^* 上单独施加单位力的时候,其固定端的反力为:

$$[R] = \begin{bmatrix} -1 & 0 & 0 \\ -r(1-c) & -c & s \\ rs & -s & -c \end{bmatrix} \tag{23.39}$$

其中 c 和 s 分别是 $\cos\theta$ 和 $\sin\theta$。

对$[f]$求逆,并代入方程 23.31 得:

$$[S^*]=\frac{EI}{r}\left[\begin{array}{ccc|ccc} 12.158/r^2 & & \text{对} & & & \\ 1.763/r & 1.107 & & & & \\ 5.679/r & 0.894 & 3.595 & & \text{称} & \\ \hline -12.158/r^2 & -1.763/r & -5.679/r & 12.158/r^2 & & \\ -1.763/r & -0.656 & -0.069 & 1.763/r & 1.107 & \\ 5.679/r & 0.069 & 2.084 & -5.679/r & -0.894 & 3.595 \end{array}\right]$$

23.9 小 结

22 章和 23 章所讲的技术可以用于分析相当大型的结构，不论是理想化成杆系单元还是其他类型的单元。还有更加复杂的技术用来优化计算机存储和减少计算时间。

下面是与这两章有关的习题。

习 题

23.1 把习题 3.14 的空间桁架变成带刚性节点的空间框架。假定每个单元的横截面都是空心矩形，那么就至少有两个相对的面在竖向平面里。这样，每个单元的局部坐标轴 y^*（参见习题图 23.1）就会平行于整体坐标轴之一。整体坐标轴 x,y,z 参见习题 3.14 的图。求局部坐标轴 x^* 为沿着 AC 和 DG 方向的单元 AC 和 DG 的转换矩阵$[t]$。

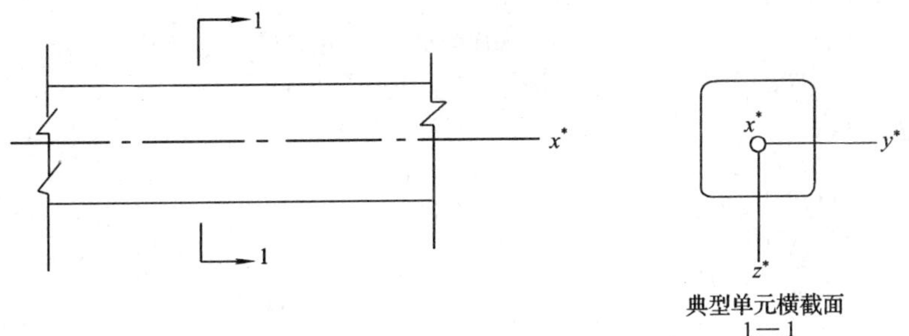

习题 23.1 图

23.2 图 22.2 的平面框架单元右端在整体坐标轴 x,y,z 方向上承受给定位移$\{D\}=\{u,v,\theta\}$，但是单元左端固定。局部坐标系下的相应杆端力可以用$\{A_r\}=[G]\{D\}$来表达。求矩阵$[G]$。

23.3 习题 5.16 的平面框架，在 D 点施加向下的单位位移，而约束 C 点的位移。假定相应于 C 点前 3 个坐标的局部坐标方向的杆端力如图 22.2 所示，并忽略剪切变形。求单元 CD 的杆端力。

23.4 图 22.5 所示框架，底端分别给定位移 $v=0.26b$ 和 $v=0.5b$，约束顶端位移，利用习题 23.2 的解答计算单元 1 的杆端力$\{A_r\}$。参考例 22.2，表 22.2 的最后一行就是本题的答案。

23.5 利用方程 22.41 验证例 22.5 荷载工况 3 下得出的节点 4 的反力，参考图 22.4。

23.6　利用例 22.5 得出的节点位移计算图 22.4 所示桁架单元 4 由于温度升高引起的杆端力(荷载工况 2)。

23.7　图 22.5 所示框架在图示荷载作用下的位移是:$\{D\}=10^{-3}\{-68.14\times10^{-6}, 8.119\times10^{-6}, -0.1601\times10^{-6}, 39.83, 8.119, 0.7198, 38.25, 5.941, -0.4772, 27.28\times10^{-6}, 5.941\times10^{-6}, 0.6186\}$。该位移对于节点 1,2,3 和 4 是以 u,v,θ 的顺序列出的。支座处的位移由方程 22.39 给定。求:

(a)利用方程 22.40 计算节点 1 处的反力,并用方程 22.4 进行校核;

(b)单元 2 的杆端力。

23.8　假定单元的横截面为矩形,宽度为 b,高度变化,如习题11.8的图所示。求相应于图 22.2 所示坐标的框架单元的刚度矩阵。

23.9　方程 22.12 给出了图 22.2 所示格栅单元的刚度矩阵。对其进行调整,使得它相应于 5^* 和 6^* 坐标沿顺时针方向旋转一个角度 γ,而其余坐标不变的情况。

23.10　推导如图所示坐标下平面桁架单元的刚度矩阵。并验证,当 $\alpha_1=\alpha_2=\alpha$ 时,$[S]$ 由方程 22.23 给出。

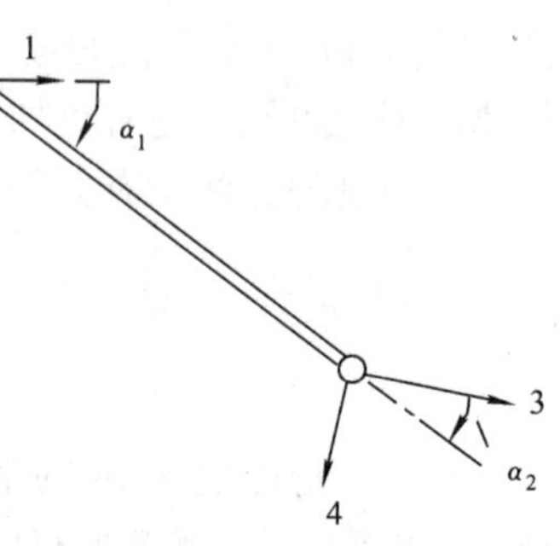

习题　23.10 图

23.11　习题图 23.11 是一个水平管线标准板的俯视图,该管线由无数同样的这种板组成。假定在每个板上,管线支撑于只提供竖向反力的 A,B,C,D 四点,求 B 点的转角 θ_x 和 θ_z。画 EBH 在大小为每单位长度 q 的方向向下的均布荷载(代表管线及其所输送物质的自重)作用下的弯矩图和扭矩图,取 $GJ/EI=0.8$(利用对称性,未知位移分量可以缩减成 2 个)。

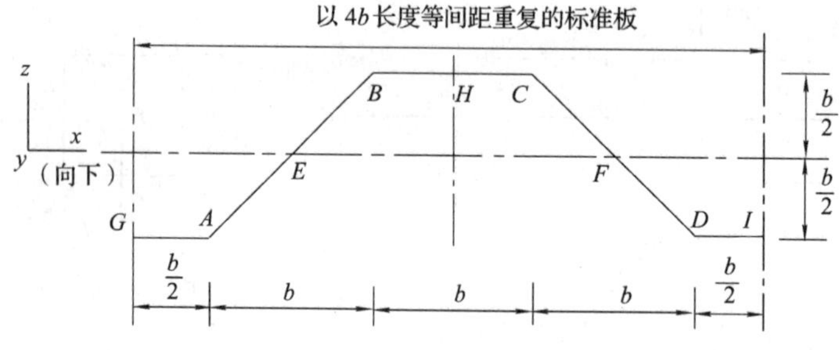

习题　23.11 图

23.12　习题 23.11 中的结构温度均匀上升 T 度,但不考虑结构的自重,再次求解。热膨胀系数为 α;管线的横截面面积为 $a=100l/b^2$。

23.13　习题图 23.13 是一个水平梁 EF 的俯视图,该梁承受大小为 q 每单位长度的重力荷载。AB 和 CD 是把 E 和 F 连接到只提供竖向约束的 A,B,C 和 D 支座上的刚臂。取 $GJ/EI=0.6$,画 EF 的弯矩图和扭矩图。利用对称性把未知位移分量缩减成 1 个(本结构可以看作是桥梁主梁跨越斜支座的理想简化)。

23.14　习题图 23.14 是一个水平梁 EF 的俯视图,该梁承受大小为 q 每单位长度的重力荷载。AB,CD 和 GH 是把 E,O 和 F 连接到只提供竖向约束的 A,B,C,D,G 和 H 支座上的刚臂。取$GJ/EI=0.6$,画 EF 的弯矩图和扭矩图,并求支座 G 和 H 上的反力。利用旋转对称性把

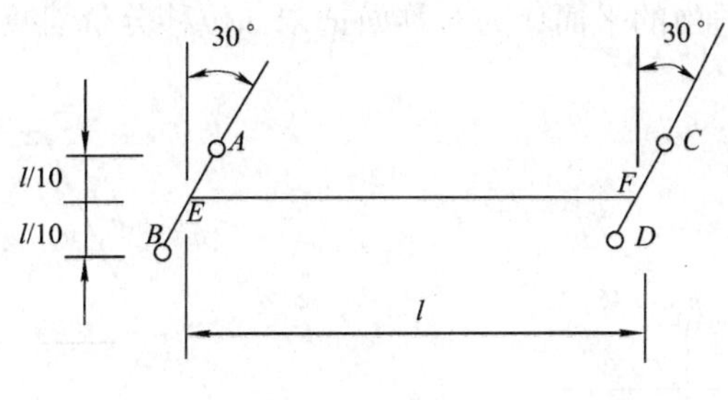

习题 23.13 图

未知位移分量缩减成 1 个。

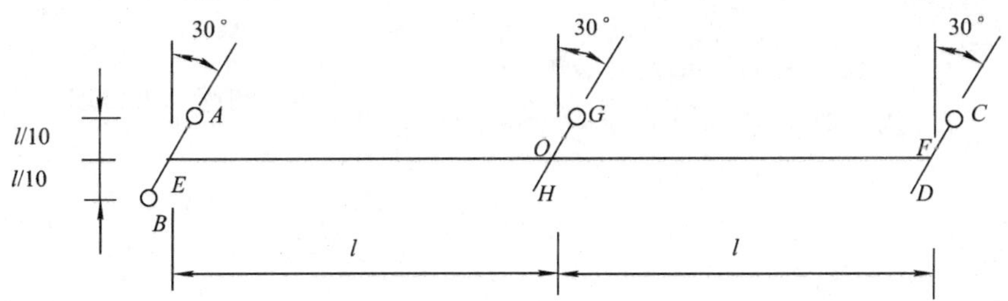

习题 23.14 图

23.15 习题图 23.15 是一个水平格栅的俯视图。在每单位长度 q 的单元自重下,求节点 B 的位移。所有单元的横截面相同,且 $GJ=0.6EI$。利用对称性把未知位移分量缩减成 3 个。

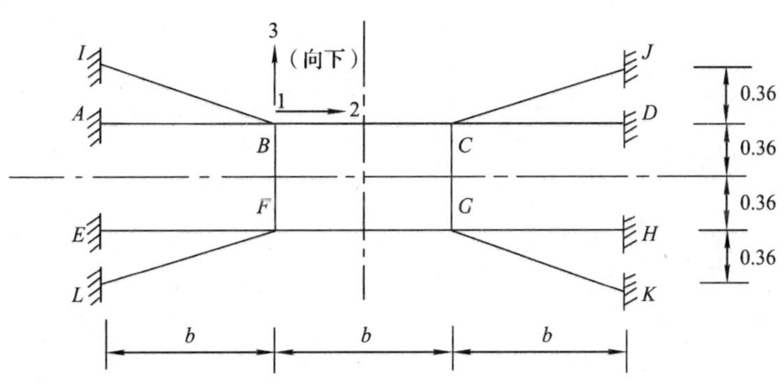

习题 23.15 图

23.16 在习题 23.15 格栅的 B 点和 C 点上分别作用一个向下的力 P。用对称和反对称分量代替实际荷载,并对 1/4 结构进行分析来确定 B 点和 F 点上的 3 个位移分量。

23.17 习题图 23.17 是一个水平格栅的俯视图,该格栅的所有单元都承受每单位长度 q 的方向向下的均布荷载。考虑旋转对称性,对 AEF 部分进行分析,求节点 E 的位移分量。另外,利用一个适当的平面作为对称面把未知位移分量缩减成 2 个。所有单元的长度都是 l,横截面也都相同,且 $GJ/EI=0.5$。

23.18 习题图 23.18 是一个水平格栅的俯视图,该格栅在 A,B,C,D,E 和 F 处的支座只提供竖向约束,所有单元都承受每单位长度 q 的均布荷载。求 O 点的挠度和标记为 1,2 和 3 处的杆端弯矩。所有单元的长度都是 l,横截面也都相同。考虑旋转对称性,对 FAO 部分进行分析。另外,利用一个适当的平面作为对称面把未知位移分量缩减成 2 个。

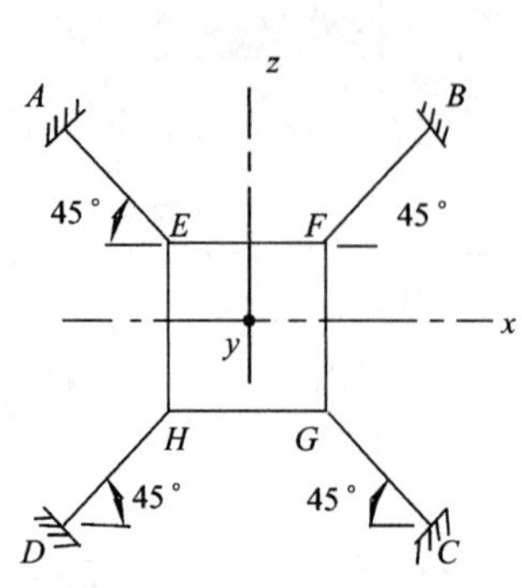

习题 23.17 图

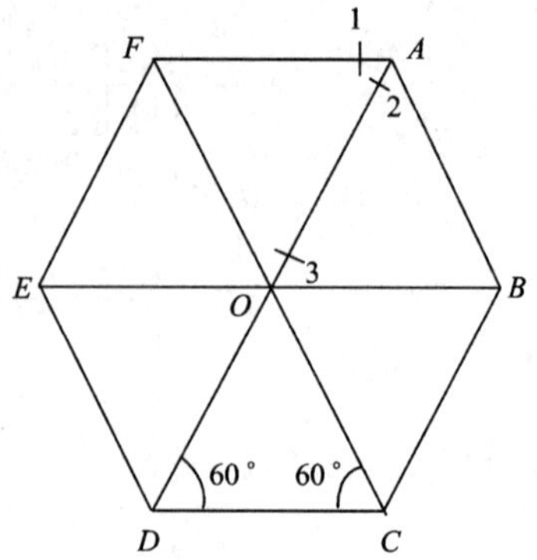

习题 23.18 图

24 非线性分析

24.1 介 绍

在结构的线性分析中,平衡方程是基于加载前已有的未变形的几何图形。对于许多实际案例而言这已足够精确了。但是,有些结构,例如索网、桁架以及带有细小构件的框架,可能会有大变形,因此有必要在实际的变形结构中考虑平衡。这就涉及到利用 Newton - Raphson 法计算迭代的非线性分析。平衡方程的基础是试算的位移值,该值的精度能通过迭代加以改进,以使得节点或构件在它们的偏移位置或变化的形状中获得平衡。大变形引起的非线性称之为几何非线性。我们在本章中研究除具有线性应力 - 应变关系的小应变以外的大变形。

当材料在弹性或塑性范围的应力 - 应变关系是非线性时也能产生非线性,这称之为材料非线性。

同时承受一个大的轴力和横向载荷或横向平移或旋转的构件就形成一个几何非线性问题,通常称为梁 - 柱问题,偶尔也称为 P - delta 问题。考虑构件在变形状态下的平衡,如第 14 章所述,对平面框架的分析应采用准线性分析,包括关键的折断载荷的计算。假设构件中轴力的试算值为常数,不因节点的偏移而改变就可以得出。当轴力 P 为恒量时,如果任何一种横向载荷 $\alpha\{q\}$ 引起的横向偏移 y 与 α 值存在线性变化(见调节微分公式 14.1),就可以进行这样的线性分析。

需要注意的是 14 章中的 P - delta 分析忽视了与横向偏移相关联的构件长度变化。例如,在图 14.2(a)中,构件左端被假定为在轴力大小不变时有一个单位的横向平移,而事实是弯曲的偏转线的长度大于最初的长度。当变形非常大时这类假设就可能导致错误。在本章所述的应用于平面和空间桁架,索网和平面框架的几何非线性分析中就可以避免产生这种误差。框架的偏转构件的长度假定等于连接两段的直线(弦)的长度。在所有这些情况下,由轴力,特别是索的预应力引起的几何非线性是十分重要的。

在 23.7 节提到的平面框架的计算机塑性分析中考虑了材料非线性。通过假定双线性的矩 - 曲率关系(图 19.3),结构在第一个拐点形成前表现为线性。随着载荷的增加,结构继续表现为线性,通常伴随着刚度降低,直到第二个拐点形成。同样的表现将随着载荷的增加而继续,直到足够多的拐点出现最终导致机械性失效。

本章将简单介绍几种涉及到材料非线性的能够用于结构分析的方法[1],并分析桁架和平面框架的简单案例。

1 对非线性分析的进一步阅读,见:Levy, R. ,Spillers, W. R. , Analysis of Geometrically Nonlinear Structures. Chapman and Hall, New York,1995. 199. 另见:Crisfield, M. A.. Nonlinear Finite Element Analysis of Solids and Structures. Wiley, Chichester, England, 1991:345.

24.2　几何刚度矩阵

当对几何非线性结构上的载荷施加小的增量时，力和位移的关系可表示为

$$[S] = \{\Delta D\} = \{\Delta F\} \tag{24.1}$$

在此$\{\Delta F\}$和$\{\Delta D\}$为一个坐标系中力和位移的增量。刚度矩阵$[S]$随几何的变化而变化；此外，在框架结构中$[S]$也取决于构件中的轴力。当$\{\Delta F\}$趋向于$\{0\}$时，$[S]$趋向于$[S_t]$，即切线刚度矩阵，表示为两个矩阵的和：

$$[S_t] = [S_e] + [S_g] \tag{24.2}$$

这里$[S_e]$是传统的弹性刚度矩阵，基于载荷增加时结构的初始几何，$[S_g]$是几何刚度矩阵，在本章用于平面和空间桁架的和带有刚性铰链的等截面构件，以及三角构件单元。$[S_g]$取决于结构的变形几何以及在构件上的轴力。位移改变节点的位置；因此$[S_e]$在分析中也是变化的。

当构件受到初始力时（即索上的初始预应力），初始几何刚度矩阵不为零。

24.3　几何非线性的简单案例

举一个简单的例子，假设在两点之间拉伸的一条线有初始张力$N^{(0)}$（图 24.1(a)）。在中间定义一个坐标如图所示。在坐标中施加力Q产生位移D并且索张力为N。假定为弹性材料，索中的张力可以表示为

$$N = N^{(0)} + (2Ea/b)\{[(b/2)^2 + D^2]^{1/2} - b/2\} \tag{24.3}$$

式中　b是索的原始长度，a是横截面积，E是弹性模量。

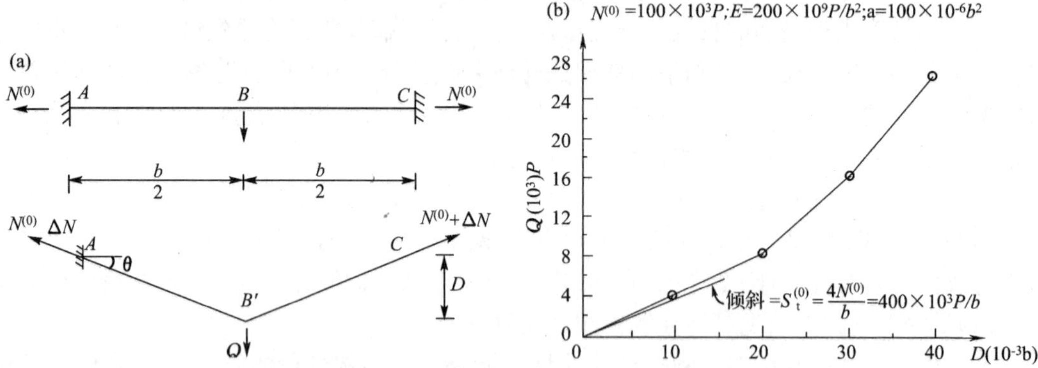

图 24.1　两个固定点之间拉伸的一条线

(a)作用力Q之前和之后的几何和力系；(b)力Q与位移D的曲线图。

对于节点B在偏移位置的平衡，我们有

$$Q = 2ND[(b/2)^2 + D^2]^{-1/2} \tag{24.4}$$

对于简单结构，有一个自由度时，只要假定D值就能利用方程式 24.3 和 24.4 给出D和Q的曲线图，如下例 24.1。有多个自由度时（例如索承受几个集中力），利用类似方程 24.4 的方

程式和{D}的试算值就能检查是否平衡。只有当每个构件(索样中的不同部位)的力满足近似于方程 24.3 的弹性关系时才有解。通过本章许多节中讨论的迭代计算就可以完成。

例 24.1 预应力索承受中心集中载荷

为图 24.1 中的结构绘制 D 和 Q 的曲线图,假定 $N^{\{0\}}=100\times10^3P$,$a=100\times10^{-6}b^2$,并且 $E=200\times10^9P/b^2$,其中 P 和 b 分别为力和长度的单位。$S_g^{(0)}$ 和 $S_t^{(0)}$ 的初始值是多少?

将选择的 D 值代入方程 24.3 和 24.4,得出以下 Q 值,绘制在图 24.1(b)中。

						比例系数
D	0	10	20	30	40	$10^{-3}b$
Q	0	4.159	9.272	16.287	26.140	10^3P

切线刚度 S_1 是 Q—D 曲线的斜率,随着 D 的增加而增加。当 $D=0$,$N=N^{(0)}$ 时,切线刚度为(方程 24.4 的微分)

$$S_t^{(0)}=\frac{4N^{(0)}}{b} \tag{24.5}$$

本例中

$$S_e^{(0)}=0 \text{ 并且 } S_t^{(0)}=S_g^{(0)}=4N^{(0)}/b=400\times10^3P/b$$

24.4 Newton - Raphson 法:非线性方程的解法

现介绍利用 Newton - Raphson 的快速收敛算法求解有单个变量或 n 个未知变量的非线性方程。为此,考虑图 24.2(a)中的对称平面桁架。定义一个单坐标系统,如图所示。已知力 F 的给定值,求位移 D。

通过假定 D 值并按下列位移节点 B'(图 24.2(a))的平衡方程计算 F 值可以得到 $D-F$ 曲线图(图 24.2(b)):

$$F=-2N\sin\theta \tag{24.6}$$

式中

$$\sin\theta=(h-D)/l \tag{24.7}$$

$$l=[b^2+(h-D)^2]^{1/2} \tag{24.8}$$

$$N=Ea(l-l_{in})/l_{in} \tag{24.9}$$

这里,N 是构件的轴力;θ 是构件水平位置与位移位置($B'C$)的夹角,l_m 和 l 是构件的原始长度(BC)和变形后的长度($B'C$),E 是弹性模量,a 是横截面积。假定材料是线性应力 - 应变关系。

在有 n 个未知位移的多自由度系统中,假定一组位移{D}以满足所有节点和所有构件的平衡和类似方程 24.6 和 24.9 的几何方程并不简单。这个问题能用先前在图 24.2(a)中的单自由度系统中介绍的迭代法解决。

在本节中,我们仅限于讨论 h 小于 l_{in}(图 24.2(a)),水平线与 BC 的初始位置的夹角 θ_{in} 很小($\theta_{in}=1.0$),并且几何非线性很重要以致不能忽略的情况。Crisfield 给出了 F 和 D 之间的以下近似关系:

$$F;(Ea/l_{in}^3)(2h^2-3hD^2+D^3) \tag{24.10}$$

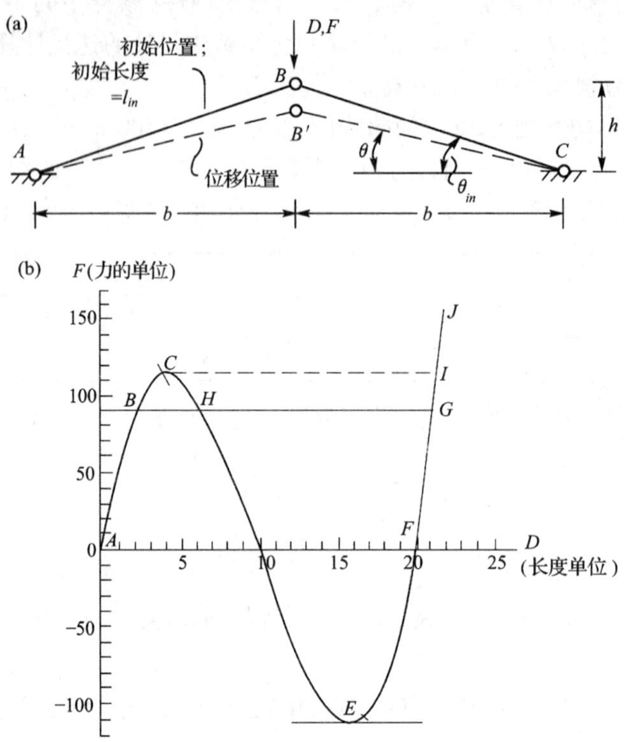

图 24.2 带有单自由度的平面桁架的几何非线性

(a)平面桁架,例中:$b=300$, $h=10$(长度单位),$Ea=8\times10^6$(力单位);

(b)力—位移坐标 1。

我们能够验证当 D 的值在($0\leqslant D\leqslant 2.5h$)的区间时方程 24.10 近似满足方程 24.6,假设例中 $b=300$,$h=10$(长度单位),$Ea=8\times10^6$(力单位)。横截面积的第二力矩被认为是足够大从而排除了单个构件的扭曲。

利用 Newton-Raphson 法对 F 的给定值求 D,方程 24.10 改写为:

$$g(D)=(Ea/l_{in}^3)(2h^2-3hD^2+D^3)-F=0 \tag{24.11}$$

对正确的 D 值,函数 $g(D)$ 应为 0。我们先给一个估计答案 $D^{(0)}$,结果 $g(D)$ 不等于零,表示一个不均衡力。利用递归方程可以得到更精确的 D 值

$$D^{(1)}=D^{(0)}+\Delta D \tag{24.12}$$

式中

$$\Delta D=-[S_t(D^{(0)})]^{-1}g(D) \tag{24.13}$$

$S_t(D^{(0)})$是未知值为 $D^{(0)}$ 时的切线刚度值。切线刚度可以通过微分确定:

$$S_t=\mathrm{d}F/\mathrm{d}D \tag{24.14}$$

用 D 的试算值计算 g 并利用方程 24.12 求得 D 的改进估值,就是一个迭代循环。重复该循环直到不均衡力足够小,以下示范会说明这一过程。

以图 24.2 中的结构为例,要求求得 $F=90$ 时的 D 值。切线刚度(方程 24.10 的微分)是

$$S_t=\mathrm{d}F/\mathrm{d}D=(Ea/l_{in}^3)(2h^2-6hD^2+3D^2) \tag{24.15}$$

该方程仅适用于图 24.2 中 $\theta_0=1.0$ 的简单桁架。能用于平面或空间桁架的通用方程在 24.6节中导出。

当 $D=0$ 时，$S_t=59.16$。我们利用该值得到符合线性分析的近似答案：$D^{(0)}=(59.16)^{-1}(90)=1.52$。当 $D=1.52$ 时，不均衡力和切线刚度是（方程 24.11 和 24.15）

$$g(D^{(0)})=-19.54\text{（力单位）}\qquad S_t(D^{(0)})=34.23\text{（力/长度）}$$

第一次循环后的 D 的改进估值是（方程 24.12 和 24.13）

$$D^{(1)}=1.52-(34.23)^{-1}(-19.54)=2.09\text{（长度单位）}$$

第二次和第三次迭代循环分别给出 $D=2.18$ 和 $D=2.19$。后者精确到了两位小数位。

图 24.3 表示了以上过程，可以用来找出在达到压曲临界荷载前曲线 AB 上对应于图 24.2(b) 上点 C 的点。迭代在该点失效，因为 $S_t=0$ 不能在方程 24.13 中使用其倒数。如果结构的模型经过实验测试，有可能遵循路径 AB，通过增加 F 值直到恰好位于压曲临界荷载下的一个值；直到达到在点 I 表示的平衡位置，然后这个结构将突然折断。路径 $CHEFI$ 只能通过位移控制实验得到。

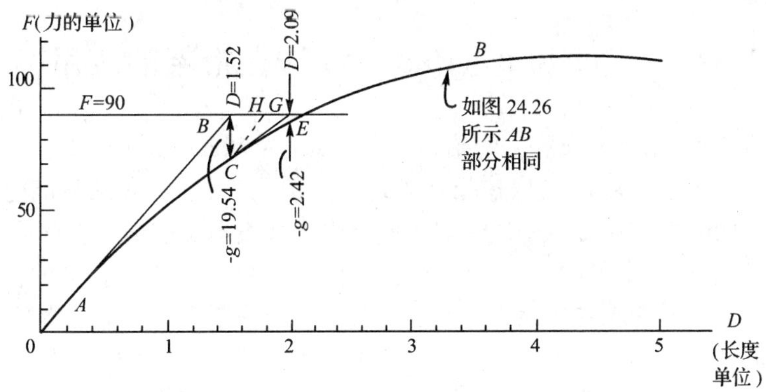

图 24.3　Newton－Raphson 迭代过程应用于图 24.2(a) 中的结构
（图中表示了两次迭代循环；第三次迭代得出解答 $D=2.19$（点 E））

恰当选择 D 的试算值，能够解析出同样的路径。我们能够检验当 $F=90$（力单位）（图 24.2(b) 中的点 H 和 G）时，$D=6.55$ 和 $D=21.27$（长度单位）均是正确答案。

当采用 Newton－Raphson 法解 n 方程组时，方程 24.12 到 24.14 的每一个方程都成为一个 n 方程组：

$$\{D\}^{(1)}=\{D\}^{(0)}+\{\Delta D\}\tag{24.16}$$

$$\{\Delta D\}=-[S_t(\{D\}^{(0)})]^{-1}\{g\}\tag{24.17}$$

$$[S_t]=\begin{bmatrix}\partial F_1/\partial D_1 & \partial F_1/\partial D_2 & \cdots & \partial F_1/\partial D_n\\ \partial F_2/\partial D_1 & \partial F_2/\partial D_2 & \cdots & \partial F_2/\partial D_n\\ \cdots & & & \\ \partial F_n/\partial D_1 & \partial F_n/\partial D_2 & \cdots & \partial F_n/\partial D_n\end{bmatrix}\tag{24.18}$$

24.4.1　改进的 Newton－Raphson 法

在实际的非线性分析中，外力是成阶段施加的。应用 Newton－Raphson 法将不均衡力 $\{g\}$ 在进入一个新的阶段前减少到容许小的值。切线刚度矩阵 $[S_t]$ 取决于在负载开始时构件的几何形状和受力情况，同一个矩阵 $[S_t]$ 能在迭代循环中使用，不必在每个循环中计算一个新的刚度矩阵。

应用方程 24.17 时，$[S_t]$必须是非奇异的。当不稳定发生时，例如系统压曲时，矩阵$[S_t]$是奇异的。

图 24.3 也能用来解释 Newton - Raphson 法和改进的 Newton - Raphson 法之间的差别。曲线上的点 E 代表图 24.2(a)中结构上的力 $F=90$(力单位)对应的值 $D=2.19$(长度单位)。运用 24.4 节的 Newton - Raphson 法在三次迭代循环中得到的 D 值是:1.52, 2.09 和 2.19。斜率 $S_t^{(0)}=59.16$ 的线 AB(图 24.3)与线 $F=90$ 相交于 $D=1.52$;斜率$(S_t)_{at\ D=1.52}=34.23$ 的线 CG 与线 $F=90$ 相交于 $D=2.09$。因为 $D=2.09$ 非常接近准确的答案，所以在图 24.3 中不能表示第二和第三次迭代。

如果使用改进的 Newton - Raphson 法，在第一次循环中的线 CG 将被斜率为 59.16 的 CH 替代，在第一次循环结束后 D 的改进值为$[1.52-(59.16)^{-1}(-19.54)]=1.85$。要到达正确的答案就需要多次循环，我们可以验证在七次循环中得到的以下 D 值:1.52, 1.85, 2.00, 2.08, 2.13, 2.15, 2.17, 2.18。

24.5 Newton - Raphson 法在桁架的应用

下面讨论的分析适用于平面和空间桁架以及索网。如果索经过预拉伸以便节点在位移后构件仍然保持拉伸，则索网可以被当作桁架处理。一般而言，外力必须只能施加于节点。因此，桁架构件或索网的自重在分析中用节点上的集中力来表示。依据这种假设，索被理想化为由节点之间的直段组成。索段的切线刚度与有同样张力，横截面积和长度的桁架构件的切线刚度相同，但因为索段不能承受压缩力，因此在分析中，当作用在索段上的力是压缩力时，其切线刚度总是为零。

对于有 m 构件和 n 自由度的平面或空间桁架，表示在球坐标轴(x, y)或(x, y, z)方向的节点位移;n 分别是平面桁架或空间桁架的节点数的两倍或三倍。要求根据外部作用的载荷和温度变化求解节点位移$\{D\}$和构件力$\{\Delta N)$中的变化。几何非线性不应被忽视。

假设在初始状态节点位移$\{D\}_{n\times1}=\{0\}$，构件长度$=\{l_{in}\}_{m\times1}$，并且构件中力$=\{N_{in}\}_{m\times1}$。初始构件力可能是由预应力或初始的节点力$\{F_{in}\}$引起的，以下分析不涉及在初始预应力或节点力产生力$\{N_{in}\}$期间发生的位移。与线性分析不同，因为单个构件的切线刚度取决于几何形态、材料特性以及轴力的大小(见 24.6 节)，所以在输入数据时需要初始构件力。

在线性分析(4.6 节)中，需要防止节点位移的力$\{F\}$是确定的。在考虑几何非线性时，在节点的力必须在它们位移的位置处于平衡。这一条件可表示为

$$-[G]^{\mathrm{T}}\{N\}=-\{F\}+\{F_{in}\} \tag{24.19}$$

$[G]_{m\times n}$是一个几何矩阵，每一行对应一个构件。第 k 行包括当 $\Delta N_k=1$ 时，构件施加在其端头两个节点 i 和 j 上的两个大小相等方向相反的力，在球坐标轴的方向的分量。从而$[G]$的第 k 行为

$$\begin{matrix} & & i & & j & \\ [\cdots & & [t]_k & \cdots & [-t]_k & \cdots] \end{matrix} \tag{24.20}$$

该行由与节点数量相等的子矩阵组成;除了第 i 个和第 j 个外的所有子矩阵为空。子矩阵$[t_k]$是方程 22.14 和 22.15 给出的变换矩阵，在此表示为:

$$[t]_k=[\lambda_{x^*x}\lambda_{x^*y}]_k(\text{平面桁架构件 } k) \tag{24.21}$$

和

$$[t]_k = [\lambda_{x^*x}\lambda_{x^*y}\lambda_{x^*z}]_k(\text{空间桁架构件 } k) \tag{24.22}$$

式中 λ_{x^*x},λ_{x^*y}和λ_{x^*z}为球坐标轴 x, y 和 z 与在位移位置连接节点 i 和节点 j 的向量 x^* 之间夹角(图 22.2)的余弦。因此[G]取决于未知位移{D}。

假设材料是线性弹性的,在任何构件中的力可表示为(拉伸时为正)

$$N = N_{in} + \Delta N \qquad \Delta N = N_r + \frac{Ea}{l_{in}}(l - l_{in}) \tag{24.23}$$

式中 E 是弹性模量,a 是横截面积,l_{in} 和 l 是构件在节点位移前和位移后的长度,N_r 是由于节点位移被人为约束导致温度变化的构件中的力。

在计算构件的长度变化时不需要涉及近似值,利用节点在初始位置和位移位置的坐标 x,y 和 z 可以分别通过方程 22.3 或 22.6 给出 l_{in} 和 l。因而方程 24.23 得出的{N}就取决于未知位移{D}。

能够利用迭代的 Newton – Raphson 法求得{D}以满足方程 24.19。每次迭代循环均涉及以下说明的计算。

24.5.1 一次迭代循环中的计算

循环从试算位移{$D^{(0)}$}和相应的不均衡力{$g^{(0)}$}开始,以更加精确的位移{$D^{(1)}$}和更小的不均衡力{$g^{(1)}$}结束。一次循环经过 4 个步骤:

步骤 1 形成结构刚度矩阵[$S_t^{(0)}$],表示为弹性刚度矩阵[S_e]与几何刚度矩阵[$S_g^{(0)}$]的和。这两个矩阵均依赖于位移{$D^{(0)}$},后一个矩阵也依赖于构件力{$N^{(0)}$}。上标(0)是指在当前循环开始时已知的值。平面和空间桁架的单个构件的几何刚度矩阵将在 24.6 节中导出。在 22.9 节中将讨论通过构件的刚度矩阵的集合得到结构的刚度矩阵。

步骤 2 解

$$[S_t^{(0)}]\{\Delta D\} = \{g^{(0)}\} \tag{24.24}$$

确定位移增量{ΔD}。

步骤 3 计算新的,更精确的位移:

$$\{D^{(1)}\} = \{D^{(0)}\} + \{\Delta D\} \tag{24.25}$$

利用新的位移{$D^{(1)}$}和方程 24.23,求得新的构件力{$N^{(1)}$}。为此,必须计算节点在新的位移位置的坐标(x,y)或(x,y,z)。

步骤 4 计算新的不均衡力:

$$\{g^{(1)}\} = -\{F\} + [G^{(1)}]^{\mathrm{T}}\{N^{(1)}\} + \{F_{in}\} \tag{24.26}$$

式中,在节点的新位置的基础上(位移 $D^{(1)}$),由方程 24.20 和 24.23 分别得出[$G^{(1)}$]和{$N^{(1)}$}。本次迭代循环终止。

如果在循环结束后计算出的不均衡力足够小,分析及告完成。否则,应以等于前次循环结束时确定的改进值的{$D^{(0)}$}和{$g^{(0)}$}开始一次新的循环。

24.5.2 收敛标准

当以下标准满足时,上面讨论的迭代循环就可以停止了:

$$(\{g\}^{\mathrm{T}}\{g\})^{1/2} \leqslant \beta(\{F\}^{\mathrm{T}}\{F\})^{1/2} \tag{24.27}$$

式中 β 为公差值,即 0.01 至 0.001。该标准确保不均衡力与力{F}相比足够小。

当分析给定位移的影响时,因为{F}等于{0},而在给定位移(包括支座)的坐标中只有非

零的力，因此不能应用方程 24.27。在这种情况下，当

$$(\{g\}^{\mathrm{T}}\{g\})^{1/2} \leqslant \beta(\{R\}^{\mathrm{T}}\{R\})^{1/2} \tag{24.28}$$

迭代循环可以结束。式中$\{R\}$是力，包括支座的反作用力在规定位移的坐标中的向量。

如同在 24.4.1 节中提及的，在非线性分析的实际应用中，载荷是成阶段施加的，在每个阶段完成迭代和收敛。在用高斯排除法解方程 24.24 中，寻找切线刚度矩阵$[S_t]$的对角元素上的负值或零值，就可以监视到由于缓慢收敛或缺乏收敛而显示的非稳定性。由此，通过在阶段施加载荷，可以分析出折曲发生时的载荷水平的范围。

Newton - Raphson 的快速收敛在试算值接近正确答案时发生，这就是为什么收敛在载荷增加时发生得更快。在某些问题中，当在一个阶段施加整个载荷时，收敛可能会失败。

如上所述，每次迭代循环均以前次迭代循环求得的位移作为本次的试算位移$\{D^{(0)}\}$开始。在第一个载荷阶段的第一次循环中，启始位移可以简化为$\{D^{(0)}\} = \{0\}$。

24.6 平面或空间桁架的构件的切线刚度矩阵

在 Newton - Raphson 迭代中要求的切线刚度矩阵是所有单个构件的切线刚度矩阵的集合。我们推导下面的空间桁架的一个构件的切线刚度矩阵$[S_t]_m$，从这个矩阵中删除适当的行和列就可以得到一个平面桁架构件的切线刚度矩阵。

图 24.4(a)所示的是一个空间桁架的一个构件和球坐标轴 x, y, z 方向的坐标系。要求确定使力的小增量$\{\Delta F\}$与相应的位移$\{\Delta D\}$相关的切线刚度矩阵：

$$[S_t]_m\{\Delta D\} = \{\Delta F\} \tag{24.29}$$

在使用$\{\Delta F\}$前，假设构件有一个轴力 N，拉伸时为负。我们首先导出图 24.4(b)所示在 B 端支撑的构件 AB 的切线刚度矩阵。

以下平衡方程适用于被当作自由体处理的节点 A(图 24.4(c))：

$$[t]^{\mathrm{T}}N = -\{F\} \tag{24.30}$$

式中$[t]$为变换矩阵(方程 22.15)：

$$[t] = [\lambda_{x^*x} \quad \lambda_{x^*y} \quad \lambda_{x^*z}] \tag{24.31}$$

项 λ 是在$\{\Delta F\}$作用前构件在其位置的局部的轴 x^* 与球坐标轴 x,y,z 之间夹角的余弦。

由定义可知，切线刚度矩阵能表示为

$$[\bar{S}_t] = \left[\frac{\partial}{\partial\{D\}}\{F\}^{\mathrm{T}}\right]^{\mathrm{T}} \tag{24.32}$$

这一方程也可改写为

$$[\bar{S}_t] = \begin{bmatrix} \partial F_1/\partial D_1 & \partial F_1/\partial D_2 & \partial F_1/\partial D_3 \\ \partial F_2/\partial D_1 & \partial F_2/\partial D_2 & \partial F_2/\partial D_3 \\ \partial F_3/\partial D_1 & \partial F_3/\partial D_2 & \partial F_3/\partial D_3 \end{bmatrix} \tag{24.33}$$

当$[t]$被认为是常量时，将方程 24.30 代入方程 24.32 并且求微分，得出$[\bar{S}_t] = [\bar{S}_e]$。然而，当$[t]$被认为是变量时，结果应是：$[\bar{S}_t] = [\bar{S}_e] + [\bar{S}_g]$。在线性分析中，我们假设$[t]$ = 常量并采用弹性刚度

$$[\bar{S}_e] = \left[-\frac{\partial N}{\partial\{D\}}[t]\right]^{\mathrm{T}} \tag{24.34}$$

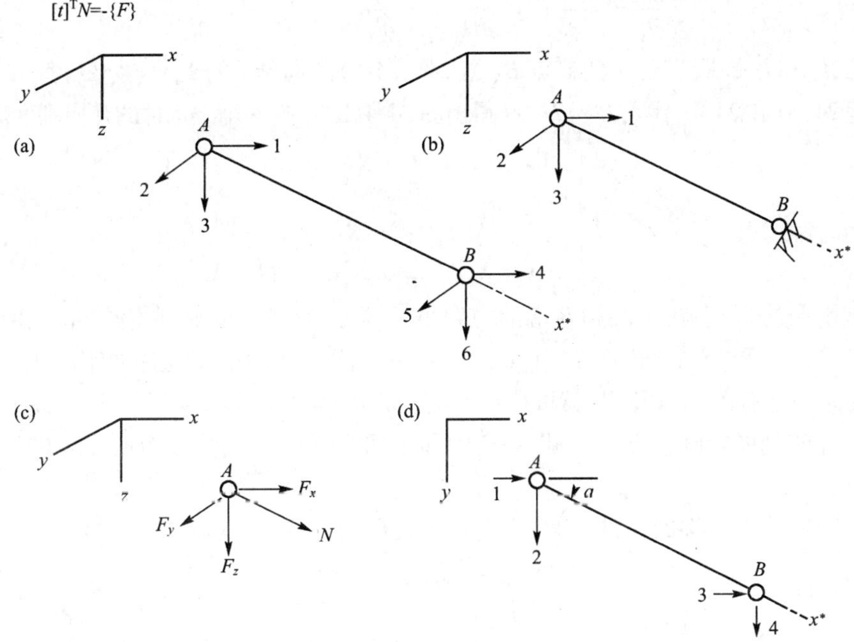

图 24.4　带有轴力 N 的一个平面或空间桁架的一个构件的几何刚度矩阵的推导

(a)空间桁架构件的坐标系；(b)同(a)但 B 端支撑；

(c)节点 A 的自由体图；(d)平面桁架构件的坐标系。

式中 $\partial N/\partial\{D\}=\{\partial N/\partial D_1,\partial N/\partial D_2,\partial N/\partial D_3\}$。对于弹性材料中的桁架构件有

$$\frac{\partial}{\partial\{D\}}=-\frac{Ea}{l}[t]^{\mathrm{T}} \tag{24.35}$$

将方程 24.35 代入方程 24.34 得到弹性刚度矩阵，用于传统的线形分析(见方程 22.25)：

$$[\bar{S}_e]=\frac{Ea}{l}[t]^{\mathrm{T}}[t] \tag{24.36}$$

把 B 和 $[t]$ 都当作变量，将方程 24.30 代入 24.32 得到切线刚度矩阵

$$[\bar{S}_t]=\left[-\frac{\partial N}{\partial\{D\}}[t]-N\frac{\partial[t]}{\partial\{D\}}\right]^{\mathrm{T}} \tag{24.37}$$

该方程右手侧的第一项是 $[\bar{S}_e]$。由于 $[\bar{S}_t]=[\bar{S}_e]+[\bar{S}_g]$(见方程 24.2)，可推断几何刚度矩阵是

$$[\bar{S}_g]=\left[-N\frac{\partial[t]}{\partial\{D\}}\right]^{\mathrm{T}} \tag{24.38}$$

将方程 24.13 代入该方程得到

$$[\bar{S}_g]=-N\begin{bmatrix}\partial\lambda_{x^*x}/\partial D_1 & \partial\lambda_{x^*x}/\partial D_2 & \partial\lambda_{x^*x}/\partial D_3\\ \partial\lambda_{x^*y}/\partial D_1 & \partial\lambda_{x^*y}/\partial D_2 & \partial\lambda_{x^*y}/\partial D_3\\ \partial\lambda_{x^*z}/\partial D_1 & \partial\lambda_{x^*z}/\partial D_2 & \partial\lambda_{x^*z}/\partial D_3\end{bmatrix} \tag{24.39}$$

以下几何关系适用：

$$\lambda_{x^*x}=\frac{l_x}{l}\quad \lambda_{x^*y}=\frac{l_y}{l}\quad \lambda_{x^*z}=\frac{l_z}{l}\quad l=(l_x^2+l_y^2+l_z^2)^{1/2} \tag{24.40}$$

$$\frac{\partial}{\partial D_1} = -\frac{\partial}{\partial l_x} \qquad \frac{\partial}{\partial D_2} = -\frac{\partial}{\partial l_y} \qquad \frac{\partial}{\partial D_3} = -\frac{\partial}{\partial l_z} \tag{24.41}$$

其中 l_x,l_y 和 l_z 是从节点 A 到节点 B(图 24.4(b))的向量 l 的 x,y,z 分量。

将方程 24.40 和 24.41 代入方程 24.39 得出图 24.4(b)中空间桁架构件的几何刚度矩阵：

$$[\bar{S}_g] = \frac{N}{l}\begin{bmatrix} 1-\lambda_{x^*x}^2 & & \text{对} \\ -\lambda_{x^*x}\lambda_{z^*y} & 1-\lambda_{x^*y}^2 & \text{称} \\ -\lambda_{x^*x}\lambda_{x^*y} & -\lambda_{x^*y}\lambda_{x^*z} & 1-\lambda_{x^*z}^2 \end{bmatrix} \tag{24.42}$$

考虑到平衡的事实,在 A 端和 B 端的力大小相等方向相反,能够利用图 24.4(b)中被支撑的构件的矩阵$[\bar{S}_e]$和$[\bar{S}_g]$算出图 24.4(a)和(b)中空间和平面桁架构件的刚度矩阵。简单地删除与 z 方向坐标有关的行和列,就可以将空间构件的刚度矩阵减少到位于 $x-y$ 平面中的平面桁架的构件的刚度矩阵。方便起见,将空间和平面桁架的非线性分析所需要的构件刚度矩阵列举如下：

对于空间或平面桁架的构件,切线刚度矩阵是(图 24.4(a)或图 24.4(d))

$$[S_t]_m = [S_e]_m + [S_g]_m \tag{24.43}$$

$$[S_e]_m = \begin{bmatrix} [\bar{S}_e] & -[\bar{S}_e] \\ -[\bar{S}_e] & [\bar{S}_e] \end{bmatrix}; \qquad [S_g]_m = \begin{bmatrix} [\bar{S}_g] & -[\bar{S}_g] \\ -[\bar{S}_g] & [\bar{S}_g] \end{bmatrix} \tag{24.44}$$

对于空间桁架构件,弹性和几何刚度子矩阵是

$$[\bar{S}_e] = \frac{Ea}{l_{in}}\begin{bmatrix} \lambda_{x^*x}^2 & & \text{对} \\ \lambda_{x^*x}\lambda_{x^*y} & \lambda_{x^*y}^2 & \text{称} \\ \lambda_{x^*x}\lambda_{x^*z} & \lambda_{x^*y}\lambda_{x^*z} & \lambda_{x^*z}^2 \end{bmatrix} \qquad [\bar{S}_g]\text{见方程 24.42} \tag{24.45}$$

式中　l_{in}是初始长度。

对于平间桁架构件,弹性和几何刚度矩阵是

$$[\bar{S}_e] = \frac{Ea}{l_{in}}\begin{bmatrix} c^2 & cs \\ cs & c^2 \end{bmatrix}; \qquad [\bar{S}_g] = \frac{N}{l}\begin{bmatrix} s^2 & -cs \\ -cs & c^2 \end{bmatrix} \tag{24.46}$$

式中　$c=\cos\alpha$,$s=\sin\alpha$。角 α 和其正号规定在图 24.4(d)中定义。

例 24.2　预应力索承受中心集中载荷

迭代分析

进行两次 Newton - Raphson 迭代循环计算图 24.1(a)中的预应力索在横向力 $Q=16P$ 时在中间点的偏移 D 和索中张力 N。运用方程 24.46 中的弹性和几何刚度矩阵。设 $E=200\times10^6P/b^2$;$a=100\times10^{-6}b^2$;初始应力 $=100P$。其中 P 和 b 分别为力和长度单位。

因为对称的原因,图 24.1(a)只表示了一个自由度,运用方程 24.46 得出结构的以下刚度：

$$S_e = \frac{4Ea}{b}\sin^2\theta \qquad S_g = 2\left(\frac{N}{l}\right)_{AB'}\cos^2\theta$$

该结构的不均衡力是(方程 24.26)

$$g = Q - 2N_{AB'}\sin\theta$$

角 θ 在图 24.1(a)中有定义。

我们以 $D=0$ 和 $g=Q$ 开始循环。运行 24.5.1 节中介绍的 4 个计算步骤：

迭代循环 1

1. $D^{(0)}=0$；$g^{(0)}=16P$；$N_{AB'}^{(0)}=100P$；$\theta^{(0)}=0$；$\sin\theta^{(0)}=0$；$\cos\theta^{(0)}=0$；$l_{AB'}=0.5b$；$S_e=0$；$S_g=400P/b$；$S_t=0+(400P/b)=400P/b$。

2. $\Delta D=(400/b)^{-1}(16)=0.04b$。

3. $D^{(1)}=0+0.04b=0.04b$。

4. 方程 24.23 得出 $N_{AB'}=163.9P$；$\sin\theta^{(1)}=0.04[(0.04)^2+(0.5)^2]^{-1/2}=79.7\times10^{-3}$；$g^{(1)}=-10.140P$。

迭代循环 2

1. $D^{(0)}=0.04b$；$g^{(0)}=-10.140P$；$N_{AB'}^{(0)}=163.9P$；$\sin\theta^{(0)}=79.7\times10^{-3}$；$\cos\theta^{(0)}=0.9968$；$l_{AB'}=0.5016b$；$S_e=508.7P/b$；$S_g=649.4P/b$；$S_t=1158.1P/b$。

2. $\Delta D=(1158.1/b)^{-1}(-10.140)=-8.76\times10^{-3}b$。

3. $D^{(1)}=(0.04-8.76\times10^{-3})b=31.24\times10^{-3}b$。

4. 方程 24.23 得出 $N_{AB'}=39.0P$；$\sin\theta^{(1)}=62.3\times10^{-3}$；$g^{(1)}=-1.330P$。

第三次循环后得出：$D=29.7\times10^{-3}b$；$N_{AB'}=135.3P$。满足方程 24.3 和 24.4 的准确答案是：$D=29.6\times10^{-3}b$；$N_{AB'}=135.2P$。

24.7　非线性折曲

对于图 24.2(a)中的平面桁架，假设其单个构件有足够的抗挠刚度使得单个构件的折曲被排除。在第 24.4 节的分析中，我们发现系统变得不稳定并且结构在到达图 24.2(b)中 F—D 曲线上的点 C 时会突然折断。这对应于 $D=4.23$（长度单位）和 $F=114$（力单位）。由此可以得出结论该系统的 F 的临界曲折值是 $F_{cr}=114$（力单位）。

图 24.2(a)中 B 所示单坐标对应的切线刚度是（方程 24.6 和 24.46）

$$S_t=S_e+S_g \tag{a}$$

或

$$S_t=\frac{2Ea}{l}s^2+\left[-\frac{F}{sl}\right]c^2 \tag{b}$$

式中　$s=\sin\theta, c=\cos\theta, \theta$ 为 $B'C$（移动位置中 BC 的位置）与水平面的夹角。折曲载荷 F_{CV} 是使得 $S_t=0$ 的 F 值，由此有

$$F_{cr}=2Ea\frac{s^3}{c^2} \tag{c}$$

由该方程我们能够得出 $\theta=\mathrm{arctan}[(h-D)/b]$ 时 $F_{cr}=114$（力单位），其中 $h=10, b=300$，$D=4.23$（长度单位）。

基于节点位移位置的 F_{cr} 的值被称为非线性折曲载荷。利用非线性分析考虑节点在它们的位移位置的平衡能够检查薄的平面或空间桁架的折曲风险。

如果我们在初始几何（$\theta_{in}=\mathrm{atctan}[h/b]$）的基础上利用方程(c)计算 F_{cr}，将会得到错误的结果 $F_{cr}=593$（力单位），其为正确结果的 5.2 倍。在初始几何的基础上计算压曲临界负荷得到的是线性折断载荷。对单自由体系统而言，通过将 S_t 设置为零并解 F 值来计算折曲。对于多自由体系统，设置 $|S_t|$ 等于零，解得若干个 F 值，其中最小值就是临界值。

由此可见,在图 24. 2(a)中平面桁架的非线性折曲载荷是

$$F_{cr} = 2Ea(1 - c_{in}^{2/3})^{3/2} \tag{d}$$

式中,$c_{in} = \cos\theta_{in}$,θ_{in}是 BC(构件的初始位置)与水平面的夹角。

24. 8 平面框架构件的切线刚度矩阵

本节中我们推导平面框架构件 AB(图 24. 5(a))的切线刚度矩阵,该构件的两端设有球坐标。切线刚度矩阵在力的小增量$\{\Delta F\}$与相应的位移$\{\Delta D\}$间建立了关系:

$$[S_t]_m\{\Delta D\} = \{\Delta F\} \tag{24. 47}$$

在$\{\Delta F\}$作用前,构件 A 端在其局部的轴方向存在端力$\{F^*\}$。我们先推导构件在 B 端固定时的切线刚度矩阵$[\bar{S}_t]$,如图 24. 5(b)所示。在坐标 1,2,3(图 24. 5(a))中的力和位移与坐标 1^*,2^*,3^*(图 24. 5(b))中的力与位移的关系有方程

$$\{D^*\} = [t]\{D\} \qquad \{F\} = [t]^{\mathrm{T}}\{F^*\} \tag{24. 48}$$

式中$[t]$是变换矩阵(方程 22. 16):

$$[t] = \begin{bmatrix} c & s & 0 \\ -s & c & 0 \\ 0 & 0 & 1 \end{bmatrix} \tag{24. 49}$$

其中 $c = \cos\alpha$,$s = \sin\alpha$;角 α 为$\{\Delta F\}$作用前局部轴 x^* 与球坐标 x 轴的夹角。

切线刚度矩阵能够像在第 24. 6 节推倒桁架构件一样,利用微分导出。但在这里我们用另一种方法推导出图 24. 5(b)(B 端固定) 中构件的在球坐标系方向的(为简洁起见未在图 24. 5(b)中表示,但在图 24. 5(a)中的 A 端表示)切线刚度矩阵$[\bar{S}_t]$。图 24. 5(c),(d),(e)分别表示在小的位移 $\Delta D_1 = 1$,$\Delta D_2 = 1$ 和 $\Delta D_3 = 1$ 时的构件变形状态。图中表示了位移发生前存在的端力$\{F^*\}$,但没有表示在球坐标方向用于保持三个变形构造的所需要的力$\{\Delta F\}$。由定义可知,切线刚度矩阵方程 24. 33 可改写为:

$$[\bar{S}_t] = \lim_{(\Delta D)\to(0)}[(\Delta D_1)^{-1}\{\Delta F\}_1 \qquad (\Delta D_2)^{-1}\{\Delta F\}_2 \qquad (\Delta D_3)^{-1}\{\Delta F\}_3] \tag{24. 50}$$

式中$\{\Delta F\}_i$ 表示在坐标 i 中有位移变化 ΔD_i 而其他坐标的位移增量为零时力的增量。

为了维持 A 端的平衡,当 $\Delta D_1 = 1$ 时,力$\{\Delta F^*\}$-在 x^* 和 y^* 方向 – 必须加到位移前已有的力上(图 24. 5(c))。力的增量$\{\Delta F^*\}$是

$$\{\Delta F^*\}_{\Delta D_1 = 1} = \begin{Bmatrix} c(Ea/l_{in}) \\ -2s(S+t)/l^2 \\ -s(S+t)/l \end{Bmatrix} + \frac{F_1^*}{l}\begin{Bmatrix} 0 \\ s \\ 0 \end{Bmatrix} + \frac{F_2^*}{l}\begin{Bmatrix} -s \\ c \\ 0 \end{Bmatrix} \tag{24. 51}$$

式中 E 是弹性模量,a 是横截面积,l_{in}是构件变形前的初始长度,S 和 t 分别为当一个单位的旋转作用在 A 处而 B 被固定时在 A 和 B 的端力矩(图 24. 5(e))。当轴力是压缩时,S 和 t 分别由方程 14. 16 和 14. 17 给出,当轴力是拉伸时,由方程 14. 20 和 14. 21 给出,l 是构件在产生 ΔD_1 前的长度。在检验方程 24. 51 前,注意当 ΔD_1 趋向零时,杆 $A'B$ 和原构件方向的夹角的余弦趋于 1. 0。还应注意 F_1^* 在位移前后均在杆的方向上。类似的有 F_2^* 在位移前后均垂直于杆。同样,图 24. 5(d)和(e)中变形梁的 A 端的平衡方程能够改写,其结果合成:

$$[\Delta F^*] = [\{\Delta F^*\}_{\Delta D_1 = 1} \quad \{\Delta F^*\}_{\Delta D_2 = 1} \quad \{\Delta F^*\}_{\Delta D_3 = 1}] \tag{24. 52}$$

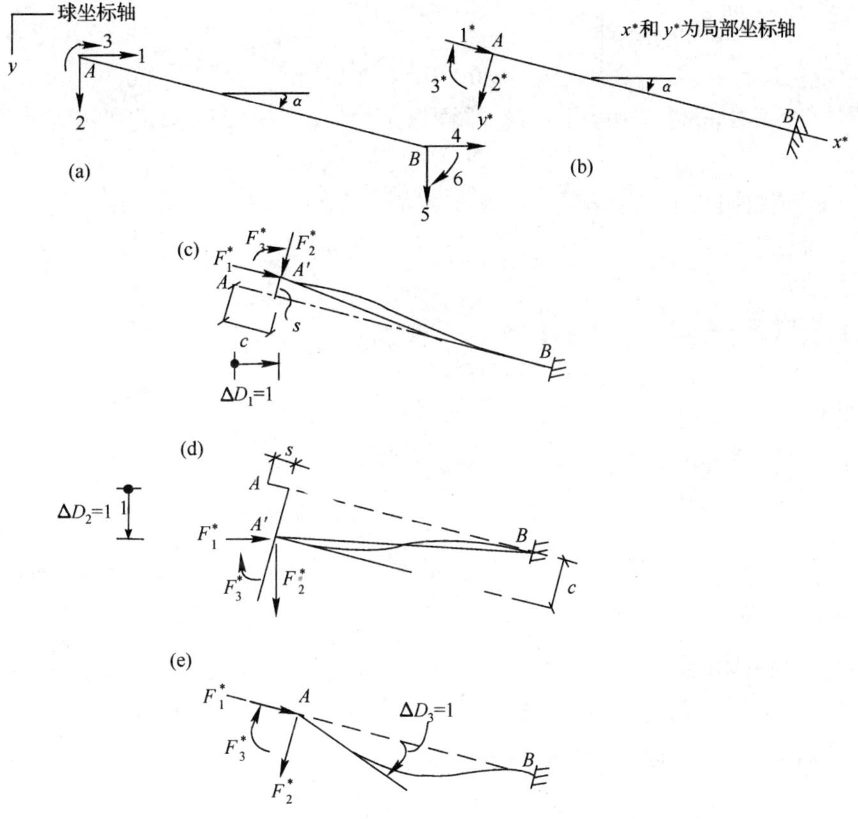

图 24.5　平面框架构件的切线刚度矩阵的推导

(a)坐标系；(b)B 端固定时 A 端的局部坐标；(c)，(d)和(e)在 A 端球坐标轴方向的单位位移的发生。

$$[\Delta F^*]=\begin{bmatrix} c(Ea/l_{in}) & s(Ea/l_{in}) & 0 \\ -2s(S+t)/l^2 & 2c(S+t)/l^2 & (S+t)/l \\ -s(S+t)/l & -c(S+t)/l & S \end{bmatrix}+\frac{F_1^*}{l}\begin{bmatrix} 0 & 0 & 0 \\ s & -c & 0 \\ 0 & 0 & 0 \end{bmatrix}+\frac{F_2^*}{l}\begin{bmatrix} -s & c & 0 \\ c & -s & 0 \\ 0 & 0 & 0 \end{bmatrix} \tag{24.53}$$

通过方程 24.48 将在局部方向的力$[\Delta F^*]$变换到球坐标方向并依据图 24.5(a)所示 A 的球坐标解出图 24.5(b)中梁的切线刚度矩阵。

$$[\bar{S}_t]=[t]^{\mathrm{T}}[\Delta F^*] \tag{24.54}$$

结合方程 24.50 和方程 24.54 有

$$[\bar{S}_t]=[\bar{S}_e]+[\bar{S}_g] \tag{24.55}$$

式中$[\bar{S}_e]$是弹性刚度矩阵

$$[\bar{S}_e]=\begin{bmatrix} c^2Ea/l_{in}+2s^2(S+t/l^2) & & \text{对称} \\ sc[Ea/l_{in}-2(S+t/l^2)] & s^2Ea/l_{in}+2c^2(S+t/l^2) & \\ -s(S+t/l) & c(S+t/l) & S \end{bmatrix} \tag{24.56}$$

式中 l_{in}是构件的初始长度，$[\bar{S}_g]$是几何刚度矩阵

$$[\bar{S}_g]=\frac{F_1^*}{l}\begin{bmatrix}-s^2 & sc & 0\\ sc & -c^2 & 0\\ 0 & 0 & 0\end{bmatrix}+\frac{F_2^*}{l}\begin{bmatrix}-2sc & c^2-s^2 & 0\\ c^2-s^2 & 2sc & 0\\ 0 & 0 & 0\end{bmatrix} \tag{24.57}$$

由于刚度矩阵中每列的力是平衡的，平面框架构件（图 24.5(a)）的切线刚度是

$$[S_t]_m=[S_e]_m+[S_g]_m \tag{24.58}$$

式中$[S_e]_m$是弹性刚度矩阵

$$[S_e]_m=\begin{bmatrix}\frac{c^2Ea}{l_{in}}+\frac{2s^2}{l^2}(S+t) & & & & & \\ cs\left[\frac{Ea}{l_{in}}-\frac{2}{l^2}(S+t)\right] & \frac{s^2Ea}{l_{in}}+\frac{2c^2}{l^2}(S+t) & & & \text{对称} & \\ -\frac{s}{l}(S+t) & \frac{c}{l}(S+t) & S & & & \\ -S_{11} & -S_{12} & -S_{13} & S_{11} & & \\ -S_{21} & -S_{22} & -S_{23} & -S_{24} & S_{22} & \\ -\frac{s}{l}(S+t) & \frac{c}{l}(S+t) & t & \frac{s}{l}(S+t) & -\frac{c}{l}(S+t) & S\end{bmatrix} \tag{24.59}$$

参数 S 和 t 取决于轴力 F_1^* 的值。当 $F_1^*=0$ 时，$S=4EI/l, t=2EI/l$，方程 24.59 与方程 22.27 相同。这里 I 为横截面积的第二矩。

对应图 24.5(a)中坐标的几何刚度矩阵是

$$[S_g]_m=\begin{bmatrix}[\bar{S}_g] & -[\bar{S}_g]\\ -[\bar{S}_g] & [\bar{S}_g]\end{bmatrix} \tag{24.60}$$

式中$[\bar{S}_g]$由方程 24.57 给出。

以上推导的切线刚度与 14 章中得出的刚度矩阵不同处仅有方程 24.57 最后一项。由此，如果角 $\alpha=0(s=0,c=1)$ 并且方程 24.57 最后一项忽略不计，则由本节中推导出的方程产生的$[\bar{S}_t]$，当轴力是压缩的时，与方程 14.19 得到的一样，或当轴力是拉伸时，与方程 14.23 得出的相同。作为选择，如果将方程 14.19 或 14.23 中的刚度矩阵变换到球坐标（利用方程 22.19），得到的矩阵在横向力 F_2^* 假设为零时与由本节中推导出的方程得到的矩阵相同。

在$[S_t]_m$（方程 24.58）的推导中，假设构件局部的轴 x^* 被假设为与构件终端相连的弦。然而，一般而言构件的轴会由于早期的载荷而弯曲。弦与弯曲的构件轴之间的差异能够通过将构件分段来减少。与线性分析不同，在框架的非线性分析中，例如，对一个由两个单元表示的构件，在其中点加一个节点，就会得到不同（通常更精确）的结果。

24.9　Newton - Raphson 法应用于平面框架

现考虑力仅作用于节点的有 m 个构件和 n 个自由度（n 是节点数的三倍）的平面框架。下面讨论利用几何非线性分析来确定位移$\{D\}_{n\times1}$和在热的作用和力的作用下引起的构件端力的相应变化。首先，通过约束节点力$\{F\}_{n\times1}$可以人为约束位移，在这一阶段，温度变化产生构件的端力$\{F_r^*\}$。星号表示局部轴 x^* 和 y^* 的方向。

在分析的所有阶段,能够通过平衡方程(图 24.6(a))从构件的第一个节点上的 3 个力来确定第二个节点上的 3 个力:

$$\begin{Bmatrix} F_4^* \\ F_5^* \\ F_6^* \end{Bmatrix}_{\text{mem}} = [R]_{\text{mem}} \begin{Bmatrix} F_1^* \\ F_2^* \\ F_3^* \end{Bmatrix}_{\text{mem}} \qquad [R]_{\text{mem}} = \begin{bmatrix} -1 & 0 & 0 \\ 0 & -1 & 0 \\ 0 & l & -1 \end{bmatrix}_{\text{mem}} \tag{24.61}$$

式中　l 为在讨论阶段的构件长度;下标"mem"表示单个构件。

定义向量$\{F^*\}_{3m\times1}$包括在所有构件端 1 需要的构件力。除了结构的初始几何外,输入数据还包括弹性模量 E,横截面积 a,面积的二次矩 I 和$\{F^*\}_{3m\times1}$。$\{F_m^*\}$包含在所有构件第一个节点的初始构件端力。假设在初始阶段位移$\{D\}_{n\times1}=\{0\}$,构件长度$=\{l_{in}\}_{m\times1}$。初始的构件力可以被如预应力或初始节点力$=\{F_{in}\}_{n\times1}$引起。最终的构件端力也需要确定。

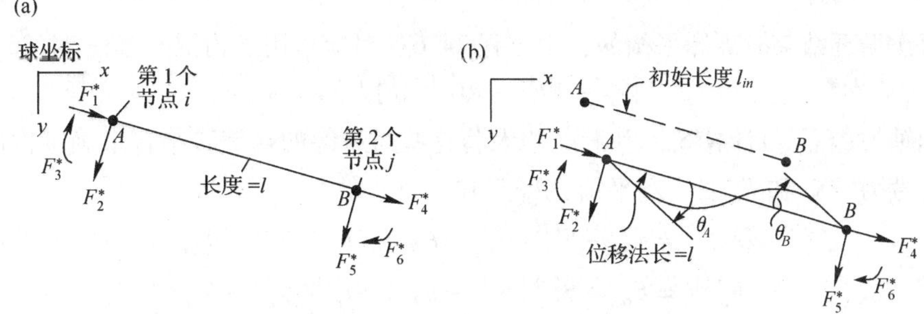

图 24.6　构件端力

(a) 符号的定义和$\{F^*\}$的正方向;(b) 在初始和位移位置的典型构件。

除了以下的区别外,在 24.5 节和 24.5.1 节讨论的桁架的分析步骤同样可以使用。用于节点平衡的方程 24.19 应被替换为

$$[G]^T\{F_{\text{final}}^*\}_{3m\times1} = -\{F\}_{n\times1} + \{F_{in}\}_{n\times1} \tag{24.62}$$

其中$\{F^*\}$表示所有构件的第一个节点的端力从初始阶段到最终值$\{F_{\text{final}}^*\}$的变化。注意因为不是所有的初始的构件端力与最终的构建端力在同一个方向上,所以$\{F^*\}\neq\{F_{\text{final}}^*\}-\{F_{in}^*\}$。

几何矩阵$[G]_{3m\times n}$可以被分为 m 个子矩阵,每个子矩阵对应一个构件。第 k 个构件的子矩阵是

$$\begin{matrix} & i & & j & \\ [\cdots & [t]_k & \cdots & [t]_k & \cdots] \end{matrix} \tag{24.63}$$

方程中 $3\times n$ 子矩阵被分成许多子矩阵,每个均为 3×3,除了第 i 项和第 j 项外其他都为空。这里 i 和 j 分别是第 k 个构件的第一和第二个节点。子矩阵$[t]_k$ 与方程 24.49 得出的变换矩阵相同。子矩阵$[t]_k$ 为

$$[\bar{t}]_k = [t]_k[R]^{\text{T}} = \begin{bmatrix} -c & -s & sl \\ s & -c & cl \\ 0 & 0 & -1 \end{bmatrix} \tag{24.64}$$

式中 $c=\cos\alpha$;$s=\sin\alpha$;角 α 为变形后球坐标 x 轴与局部轴 x^* 的夹角。

在 r 迭代循环后构件端的轴力为

$$F_{1r}^{*(1)} = F_{1in}^{*(1)} - (Ea/l_{in})\,(l_r^{(1)} - l_{in})\,;F_{4r}^{*(1)} = -F_{1r}^{*(1)} \tag{24.65}$$

同前面一样,上标(1)表示循环结束时的状态。第一个下标(如 1 或 4)表示局部坐标(图

24.6(a)),第二个下标表示循环次数。在迭代循环中增量的总和能够确定端力矩 F_3^* 和 F_6^* 的近似值。之后 F_3^* 和 F_6^* 的值可以用来确定对应的平衡力 F_2^* 和 F_5^*：

$$\left.\begin{aligned} F_{3r}^{*(1)} &= F_{3in}^* + \sum_{i=1}^{r}\left[S^{(0)}\left(\theta_A^{(1)} - \theta_A^{(0)}\right) + t^{(0)}\left(\theta_B^{(1)} - \theta_B^{(0)}\right)\right]_i \\ F_{6r}^{*(1)} &= F_{6in}^* + \sum_{i=1}^{r}\left[S^{(0)}\left(\theta_B^{(1)} - \theta_B^{(0)}\right) + t^{(0)}\left(\theta_A^{(1)} - \theta_A^{(0)}\right)\right]_i \\ F_{2r}^{*(1)} &= \left(F_{3r}^{*(1)} + F_{6r}^{*(1)}\right)/l_r^{(1)} \\ F_{5r}^{*(1)} &= -F_{2r}^{*(1)} \end{aligned}\right\} \tag{24.66}$$

式中 θ_A 和 θ_B 是连接端 A 和 B 的弦在相同区段与偏移的构件的切线之间的夹角。下标 i 指迭代循环。端旋转刚度 $S_i^{(0)}$ 和转换力矩 $t_i^{(0)}$ 的大小取决于在第 i 次循环开始时($=F_{4i}^{(0)}$)的轴力的值。

在每次循环结束时破坏平衡的力由方程 24.67(对应于用于桁架的方程 24.26)确定：

$$\{g^{(1)}\} = -\{F\} - [G^{(1)}]^T\{F_{final}^{*(1)}\} + \{F_{in}\} \tag{24.67}$$

利用轴力($F_{4i}^{*(1)}$)计算 $S_r^{(1)}$ 和 $t_r^{(1)}$,以及将这些与最终的端旋转结合来确定构件的端力矩可以确定端力 $\{F_3^*$ 和 $F_6^*\}_r^{(1)}$ 和平衡力 $\{F_2^*$ 和 $F_5^*\}_r^{(1)}$：

$$\left.\begin{aligned} F_{3r}^{*(1)} &= F_{3in}^* + S_r^{(1)}\left(\theta_{Ar}^{(1)} - \theta_{Ain}\right) + t_r^{(1)}\left(\theta_{Br}^{(1)} - \theta_{Bin}\right) \\ F_{6r}^{*(1)} &= F_{6in}^* + S_r^{(1)}\left(\theta_{Br}^{(1)} - \theta_{Bin}\right) + t_r^{(1)}\left(\theta_{Ar}^{(1)} - \theta_{Ain}\right) \\ F_{2r}^{*(1)} &= \left(F_{3r}^{*(1)} + F_{6r}^{*(1)}\right)/l_r^{(1)} \\ F_{5r}^{*(1)} &= -F_{2r}^{*(1)} \end{aligned}\right\} \tag{24.68}$$

但是,接着用方程 24.68 替代方程 24.66 可能会妨碍收敛。这是因为产生刚度矩阵中使用的 $S^{(0)}$ 和 $t^{(0)}$ 的值与在计算构件端力和相应的破坏平衡的力中使用的 $S^{(1)}$ 和 $t^{(1)}$ 不同。

在附件 L 简单描述的名为 NLPF(平面框架的非线性分析)的计算机程序中,方程 24.66 在跌代中与 $S=4EI/l$ 和 $t=S/2$ 一起使用,其中 E 是弹性模量,I 是横截面积的第二矩。这意味着轴力对构件端旋转风度和转换力矩的影响可以忽略不计。在收敛后,分析给出轴力的近似值,其随后被用于确定 S 和 t 的更精确的值(方程 14.16,14.17,14.20 和 14.21),并利用方程 24.65 和 24.68 计算新的构件端力。方程 24.67 通常被用来给出破坏平衡的力,其被一个新的改进的迭代循环所取代,在新的迭代中 S 和 t 的值不变。通常改进的循环会对轴力的值产生一个小的变化,该变化太小以致不能证明进一步的分析是否正确。然而,如果不是这样的话,就要用一套新的轴力来重复改进的循环。

例 24.3 单自由度框架

执行两次迭代循环以确定在图 24.7(a)中所示扭力臂上结点 B 垂直向下的位移。构件 BC 两端相应的力是多少? 取 $Ea=8.4\times10^6$;$EI=26.6\times10^6$。数据(单位是牛顿和毫米)表示的是 Williams [1] 所述试验中的模型。

---

1 Williams, F. W.. An Approach to the Nonlinear Behaviour of the Members of a Rigid – Jointed Plane Framework with Finite Deflections. Quarterly journal of Mechanis and Applied Mathematics, XVII, Pt. 4, 1964:451 – 469. 另一种分析同一模型的几何非线性方法见 Salami, A. T, Morley, C. T.. Finite Element Analysis of Geometric Nonlinearity in Plane Frameworks. The Structural Engineer, 1992, 70(15):268 – 271.

现给出以下方程用于迭代循环。由于对称,只有一个自由度表示在 B 处的位移 D。弹性和几何刚度是(由方程 24.59 和 24.60 导出)

$$S_e = 2(s^{(0)})^2(Ea/l_{in}) + [4(c^{(0)2}/l^2)](s^{(0)} + t^{(0)}) \quad (a)$$

$$S_e = -2(c^{(0)})^2(F_1^{*(0)}/l^{(0)}) + 4s^{(0)}c^{(0)}(F_2^{*(0)}/l^{(0)}) \quad (b)$$

式中上标(0)为循环开始时已知的几何和构件端力;$s = \sin\alpha, c = \cos\alpha, \alpha$ 为 x 方向与弦 $B'C$ 的夹角,$\{F^*\}$ 是 B' 端的力(图 24.7(b)),S 和 t 为端-旋转刚度和传递力矩(S 和 t 的值取决于轴力(方程 14.16 和 14.17)),l_{in} 是 BC 的初始长度,$l^{(0)}$ 是弦 $B'C$ 的长度。

每次循环以试算位移 $D^{(0)}$ 并以更精确的值 $D^{(1)}$ 结束。在典型的第 r 次迭代中,构件 BC 在 B 端的力是(方程 24.65 和 24.66)

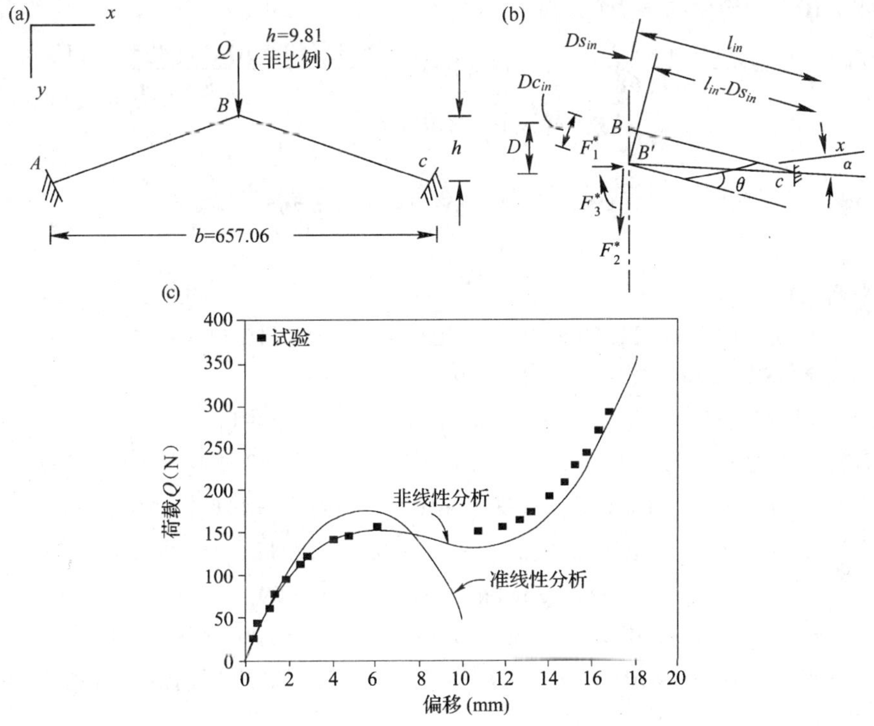

图 24.7　例 24.3 的平面框架

(a)初始形状;(b)右侧部分的变形状态;(c)分析和试验结果的对比。

$$F_1^{*(1)} = -\frac{Ea}{l_{in}}(l^{(1)} - l_{in});F_3^{*(1)} = [(S^{(0)} + t^{(0)})(\theta^{(1)} - (\theta^{(0)}))] \times F_2^{*(1)} = \frac{2F_3^{*(1)}}{l_1^{(1)}} \quad (c)$$

方括号中的项是在单次迭代中端-力矩中的变化。累计值将用于循环 1,2,⋯,r。

$$\theta^{(1)} = \arctan[D^{(1)}c_{in}/(l_{in} - D^{(1)}s_{in})];l^{(1)} = [(h - D^{(1)})^2 + b^2/4]^{1/2} \quad (d)$$

下标"in"表示任何位移前的初始几何;s 和 c 分别是 x 轴和 BC 夹角的正弦和余弦。

$s_{in} = h(h^2 + b^2/4)^{-1/2}$; $c_{in} = 0.5b(h^2 + b^2/4)^{-1/2}$;$l_{in} = 328.68$。

破环平衡力(方程 24.67)是

$$g = Q - 2(s^{(1)}F_1^{*(1)} + c^{(1)}F_2^{*(1)}) \quad (e)$$

式中 $s^{(1)}$ 和 $c^{(1)}$ 的基础是位移等于 $D^{(1)}$ 的更新后的几何。

迭代循环 1　$s^{(0)} = s_{in} = 29.85 \times 10^{-3}; c^{(0)} = c_{in} = 0.9996; l_{in} = 328.68$。

1.　$D^{(0)} = 0; g^{(0)} = 120; \{F^{*(0)}\} = \{0\}$。

2.　$S^{(0)} = 4EI/l_{in} = 323.7 \times 10^3; t^{(0)} = 2EI/l_{in} = 161.9 \times 10^3; S^{(0)} + t^{(0)} = 485.6 \times 10^3$;

$$S_e = 2(29.85 \times 10^{-3})^2\left(\frac{8.4 \times 10^6}{328.68}\right) + \frac{4(0.9996)^2}{(328.68)^2}(485.6 \times 10^3) = 63.50;$$

$$S_g = 0; S_t = S_e + S_g = 63.50;$$

$$\Delta D = (63.50)^{-1}(120) = 1.890$$

3.　$D^{(1)} = D^{(0)} + \Delta D = 1.890; s^{(1)} = 24.10 \times 10^{-3}; c^{(1)} = 0.9997; l^{(1)} = 328.63$。

4.　弦 $l^{(1)}$ 的长度与初始构件长度 l_{in} 的差是 -50.98×10^{-3}。由方程(d)有 $\theta^{(1)} = 5.749 \times 10^{-3}$。构件的端力(方程(c))是

$$\{F^*\}^{(1)} = \left\{-\frac{8.4 \times 10^6}{328.68}(-50.98 \times 10^{-3}), \frac{2(5.749 \times 10^{-3})(485.6 \times 10^3)}{328.63},\right.$$
$$\left. 5.749 \times 10^{-3}(485.6 \times 10^3)\right\}$$

据此

$$\{F^*\}^{(1)} = \{1\,303, 16.99, 2\,792\}$$

破坏平衡力(方程(e))是

$$g = 120 - 2[24.10 \times 10^{-3}(1\,303) + 0.9997(16.99)] = 23.20$$

迭代循环 2　$S^{(0)} = 24.1 \times 10^{-3}; c^{(0)} = 0.9997$

1.　$D^{(0)} = 1.890; g^{(0)} = 23.2; \{F^{*(0)}\} = \{1\,303, 16.99, 2\,791\}$。

2.　有轴压缩力 1 303，由方程 14.16 和 14.17 得出 $S^{(0)} = 3.2395EI/l_{in} = 262.2 \times 10^3$;

$$t^{(0)} = 2.2102EI/l_{in} = 178.9 \times 10^3; S^{(0)} + t^{(0)} = 441.1 \times 10^3;$$

$$S_e = 46.03; S_g = -7.92; S_t = 38.11;$$

$$\Delta D = (38.11)^{-1}(23.2) = 0.609$$

3.　$D^{(1)} = D^{(0)} + \Delta D = 2.499; s^{(1)} = 22.25 \times 10^{-3}; c^{(1)} = 0.9998; l^{(1)} = 328.61$。

4.　$l^{(1)} - l_{in} = -65.09 \times 10^{-3}; \theta^{(1)} - \theta^{(0)} = 1.853 \times 10^{-3}$。更新后的构件端力(方程(c))是

$$F_1^{*(1)} = 1\,664; F_3^{*(1)} = 2\,792 + 441.1 \times 10^3(1.853 \times 10^{-3}) = 3\,609$$

$$F_2^{*(1)} = \frac{2(3\,609)}{328.61} = 21.96$$

$$\Delta\{F^*\} = \{361, 4.97, 817\}$$

$$\{F^*\} = \{1\,664, 21.96, 3\,609\}$$

破坏平衡力(方程(e))是

$$g = 120 - 2[22.25 \times 10^{-3}(1\,664) + 0.9998(21.96)] = 2.05$$

第三次迭代后，构件 BC 在 B 端的更新后的向下位移和端力是

$$D = 2.556 \qquad \{F^*\} = \{1\,701, 22.49, 3\,695\}$$

由方程(e)计算出的相应的破坏平衡的力是：

$$s = 22.04 \times 10^{-3} \qquad c = 0.9998 \qquad g = 0.02$$

构件 BC 上的轴力为 $-1\,701$(压缩的)时，端－旋转刚度和传递力矩是(方程 14.16 和 14.17)

$$S=2.9807\frac{EI}{l_{in}}\quad t=2.2913\frac{EI}{l_{in}}\text{和}(S+t)=426.67\times10^{3}$$

应用方程 24.65,24.68 和方程(e)表明对于获得的位移结构,构件 BC 在 B 端更精确的力的值和相应的破坏平衡的力是

$$\theta_A=\theta_B=7.8053\times10^{-3}\qquad\{F^*\}=\{1\,701,20.27,3\,330\}\qquad g=4.46$$

利用在前一节讨论的计算机程序 NLPF 进行更精细的循环以消除新的破坏平衡的力并给出更精确的答案:

$$D=2.729\qquad\{F^*\}=\{1\,729,21.39,3\,514\}$$

现在可以验证答案的准确性了。构件长度的变化 $=-70.11\times10^{-3}$,相应的轴力 $=-1\,792$(压缩的);$(S+t)=5.2310EI/l_{in}$(方程 14.16 和 14.17),$\theta=8.297\times10^{-3}$;构件在 B 和 C 各端的端-力矩 $=(S+t)\theta=3\,514$。BC 在变形后的长度是 $l^{(1)}=328.61$,构件中剪切力的绝对值 $=2\theta(S+t)/l^{(1)}=21.39$。构件 AB 和 BC 在 B 端的合力与作用在 B 端的外力相同,表明破坏平衡的力为零。

如先前所述,解答的准确性能够通过分阶段加载和分割构件 AB 和 BC 加以提高。将两个构件中的每一个细分成等长的四段后的分析结果与图 24.7(c)中的实验结果进行比较。在分析中,用规定的 D 值确定相应的 Q 值。当 $D>h$ 时,B 位于 A 和 C 下方,在 AB 和 BC 中的压缩轴力减小,伴随刚度增加,表现为曲线 $Q-D$ 的斜率增加。

图 24.7(c)包括准线性分析(P-delta,14 章)的结果。这些分析没有严谨地考虑结构在变形后的几何,不能在位移大时给出精确的结果。在本例中,当 D 大于 4 时,不应用方程(d)和(e),而是利用准线性分析有 $l^{(1)}=l_{in}-D\sin\alpha_{in}$ 和 $Q=2(F_1^*\sin\alpha_{in}+F_2^*\cos\alpha_{in})$,式中 α_{in} 是球坐标 x 轴与构件 BC 的初始方向间的夹角(图 27.7(a))。

例 24.4　柱的大偏移

确定图 24.8(a)所示柱的顶部在水平和垂直方向的位移。底部的反作用分量是多少?取 $l_{in}=75$(长度单位);$Q=P=150$(力单位);$Ea=1.0\times10^6$(力单位);$EI=1.0\times10^6$(力×长度^2)。假设为弹性材料。假设力 Q 和 P 在变形后原方向保持不变。

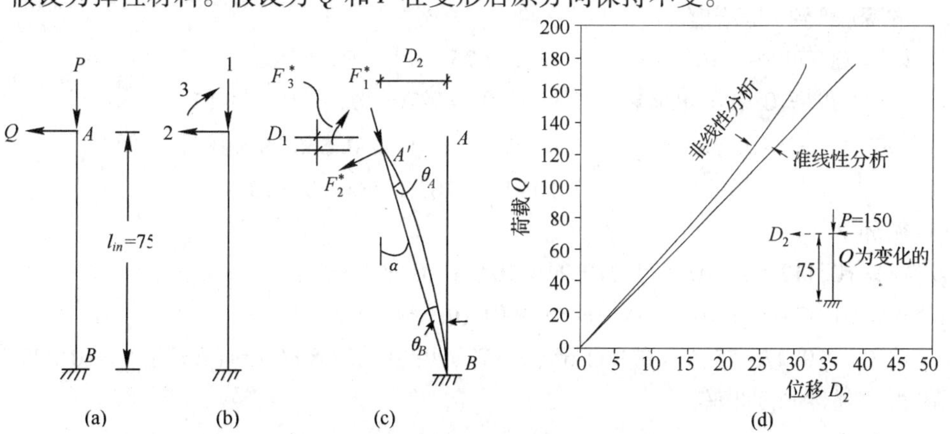

图 24.8　例 24.4 中柱的分析

(a)初始几何和作用的载荷;(b)坐标系统;

(c)在顶部的偏移形状和力;(d)带常数 P 的 $Q-D_2$ 图。

现给出下面的方程用于迭代循环，其中上标(0)和(1)分别表示一个循环开始时可用的值以及在结束时确定的值。在一个典型的循环中，在 A 点更新的构件端力是(图 24.8(c)和方程 24.65 和 24.66)

$$F_1^* = -\frac{Ea}{l_{in}}(l^{(1)} - l_{in});F_3^{*(1)} = S\theta_A^{(1)} + t\theta_B^{(1)};F_2^{*(1)} = \frac{(S+t)}{l^{(1)}}(\theta_A^{(1)} + \theta_B^{(1)}) \tag{a}$$

式中 $S=4EI/l_{in}$，$t=2EI/l_{in}$(在 S 和 t 上的轴力作用忽略不计)。

$$\left.\begin{aligned}\theta_A^{(1)} &= D_3^{(1)} + \arctan^{-1}[D_2^{(1)}/(l_{in} - D_1^{(1)})]\\ \theta_B^{(1)} &= \arctan^{-1}[D_2^{(1)}/(l_{in} - D_1^{(1)})]\end{aligned}\right\} \tag{b}$$

破坏平衡的力是

$$\{g^{(1)}\} = \begin{Bmatrix}P\\Q\\0\end{Bmatrix} - \begin{bmatrix}c^{(1)} & -s^{(1)} & 0\\ s^{(1)} & c^{(1)} & 0\\ 0 & 0 & 1\end{bmatrix}\{F^{*(1)}\} \tag{c}$$

$$s^{(1)} = -\frac{D_2^{(1)}}{l^{(1)}};\ s^{(1)} = \frac{l_{in} - D_2^{(1)}}{l^{(1)}};l^{(1)} = [(l_{in} - D_1^{(1)})^2 + D_2^2]^{1/2} \tag{d}$$

迭代循环 1

$\{D^{(0)}\} = \{0\}$ ；$\{F^{*(0)}\} = \{0\}$；$S^{(0)} = 0$ ；$c^{(0)} = 1$

1.　$\{g^{(0)}\} = \{150,150,0\}$；$S=4EI/l_{in}$；$t=2EI/l_{in}$；

　$[S_t] = [S_e] + [S_g]$；$[S_g] = [0]$。

　方程 24.56 给出

$$[S_t] = [S_e] = \begin{bmatrix}0.133\,33\times10^6 & \text{对} & \\ 0 & 0.284\,44\times10^2 & \text{称}\\ 0 & 0.106\,67\times10^4 & 0.533\,33\times10^5\end{bmatrix}$$

2.　$\{\Delta D\} = [S_t]^{-1}\quad\{g^{(0)}\} = \{0.112\,50\times10^2, 0.210\,94\times10^2\quad -0.421\,88\}$。

3.　$\{D^{(1)}\} = \{D^{(0)}\} + \{\Delta D\} = \{0.112\,50\times10^2, 0.210\,94\times10^2\quad -0.421\,88\}$。

4.　方程(a)到(d)给出

　$l^{(1)} = 0.779\,09\times10^2\quad s^{(1)} = -0.270\,75\quad c^{(1)} = 0.962\,65$

　$l^{(1)} - l^{(0)} = 0.290\,88\times10\quad \theta_A^{(1)} = -0.147\,70\quad \theta_B^{(1)} = 0.274\,17$

　$\{F^{*(1)}\} = \{-0.387\,84\times10^6, 0.129\,87\times10^3, -0.566\,29\times10^3\}$

　$\{g^{(1)}\} = \{0.373\,47\times10^6, -0.104\,98\times10^6, 0.566\,29\times10^3\}$

迭代循环 2

$\{D^{(0)}\} = \{0.112\,50\times10^{-2}, 0.210\,94\times10^2\quad -0.421\,88\}$；

$\{g^{(0)}\} = \{0.373\,47\times10^6, -0.104\,98\times10^6, 0.566\,29\times10^3\}$。

1.　将 $s=-0.270\,75$，$c=0.962\,65$，$l=77.909$，以及 $(Ea/l)\equiv(Ea/l_{in})=10^6/75$ 代入方程 24.56 得出弹性刚度矩阵

$$[S_e] = \begin{bmatrix}0.123\,56\times10^6 & \text{对} & \\ -0.347\,45\times10^5 & 0.979\,85\times10^4 & \text{称}\\ 0.278\,02\times10^3 & 0.988\,49\times10^3 & 0.533\,33\times10^5\end{bmatrix}$$

将 $F^{*1} = -0.387\ 84 \times 10^6, F_2^* = 0.129\ 87 \times 10^3$，以及 $l = 77.909$ 代入方程 24.57 得出几何刚度矩阵

$$[S_g] = \begin{bmatrix} 0.365\ 79 \times 10^3 & & \text{对} \\ 0.129\ 89 \times 10^4 & 0.461\ 23 \times 10^4 & \text{称} \\ 0 & 0 & 0 \end{bmatrix}$$

$$[S_t] = [S_e] + [S_g]$$

2. $\{\Delta D\} = [S_t]^{-1} \quad \{g^{(0)}\} = \{0.280\ 30 \times 10, -0.780\ 16 \quad 0.104\ 66 \times 10^{-1}\}$。

3. $\{D^{(1)}\} = \{D^{(0)}\} + \{\Delta D\} = \{0.280\ 42 \times 10, 0.203\ 14 \times 10^2 \quad -0.411\ 41\}$。

4. 方程(a)到(c)给出

$l^{(1)} = 0.749\ 99 \times 10^2 \quad s^{(1)} = -0.270\ 85 \quad c^{(1)} = 0.962\ 62$

$l^{(1)} - l_{in} = 0.777\ 90 \times 10^{-3} \quad \theta_A^{(1)} = -0.137\ 13 \quad \theta_B^{(1)} = 0.274\ 28$

在这次循环中 A 点更新后的构件力是

$$\{F^{*(1)}\} = \{0.103\ 72 \times 10^3, 0.146\ 29 \times 10^3, 0.314\ 83\}$$

破坏平衡的力(方程(c))是

$$\{g^{(1)}\} = \{0.105\ 38 \times 10^2, 0.372\ 71 \times 10^2, -0.314\ 83\}$$

在 6 次迭代循环以及将 S 和 t 作为轴力的函数的加细循环后，解答是

$$\{D\} = \{0.527\ 11 \times 10, 0.276\ 19 \times 10^2, -0.570\ 27\}$$

构件的端力是

$$\{F^*\} = \{0.842\ 21 \times 10^2, 0.194\ 70 \times 10^3, 0, -0.842\ 21 \times 10^2, -0.194\ 70 \times 10^3, 0.146\ 02 \times 10^5\}$$

准线性分析

作为对比，下面我们给出对一个受到 150 轴压缩力的构件的准线性分析的结果，其中刚度矩阵由方程 14.9 确定。此外，该方向忽略了顶端 A 在横向偏移时的向下移动。准线性分析得出的 A 点的位移和 6 个构件端力是

$$\{D\} = \{1.125 \times 10^{-3}, 31.908, -0.647\ 54\}$$

$$\{F^*\} = \{150, 150, 0, -150, -150, 160\ 36\}$$

图 24.8(d)中的图形显示了在保持 P = 常量 = 150 和改变 Q 时，对图 24.8a 中的结构进行非线性和准线性分析的结果。如预计的一样，准线性分析被一条直线所表示。非线性分析给出的横向偏移较小，因为在位移的位置，力 Q 比在初始位置时更接近固定端。

24.10　三角膜单元的切线刚度矩阵

现在讨论在壳结构和由索网和钢筋组成的网结构的分析中涉及到的膜单元的刚度。我们创建以下三角平面单元的切线刚度矩阵，该三角单元的角节点 i, j，和 k 在球直角坐标轴上被定义有坐标(x, y, z)(图 24.9(a))。单元局部直角坐标轴(x^*, y^*, z^*)的原点 O 与球坐标轴相同，$x^* - y^*$ 平面与单元的平面平行(图 24.9(b))。此外，局部轴 x^* 与连接节点 i 到节点 j 的向量平行；自是轴 y^* 垂直于局部轴 x^*，其方向是从线 ij 指向节点 k。

我们将在局部轴[1]中(图 24.9(b))利用坐标 $1^*, 2^*, \cdots\cdots, 9^*$ 推导切线刚度矩阵。切线刚

1　见 Levy 和 SPillers。

度矩阵是弹性刚度矩阵$[S_e^*]$和几何刚度矩阵$[S_g^*]$的和。对应于球方向的 9 个坐标的刚度矩阵可由转换方程确定

$$[S]_{e或g}=[T]^{\mathrm{T}}[S^*]_{e或g}[T] \tag{24.69}$$

式中

$$[T]=\begin{bmatrix}[t] & & \\ & [t] & \\ & & [t]\end{bmatrix}$$;未表示的子矩阵为空

其中$[t]$是一个 3×3 的矩阵,由局部轴与球坐标轴之间夹角的余弦组成(方程 22.18)。在三角的任意一角,在局部和球坐标方向中的节点坐标,节点位移和节点的力有以下关系:

$$\begin{Bmatrix}x^*\\y^*\\z^*\end{Bmatrix}=[t]\begin{Bmatrix}x\\y\\z\end{Bmatrix} \tag{24.70}$$

$$\begin{Bmatrix}D_x^*\\D_y^*\\D_z^*\end{Bmatrix}=[t]\begin{Bmatrix}D_x\\D_y\\D_z\end{Bmatrix}\quad\begin{Bmatrix}F_x\\F_y\\F_z\end{Bmatrix}=[t]^T\begin{Bmatrix}F_x^*\\F_y^*\\F_z^*\end{Bmatrix} \tag{24.71}$$

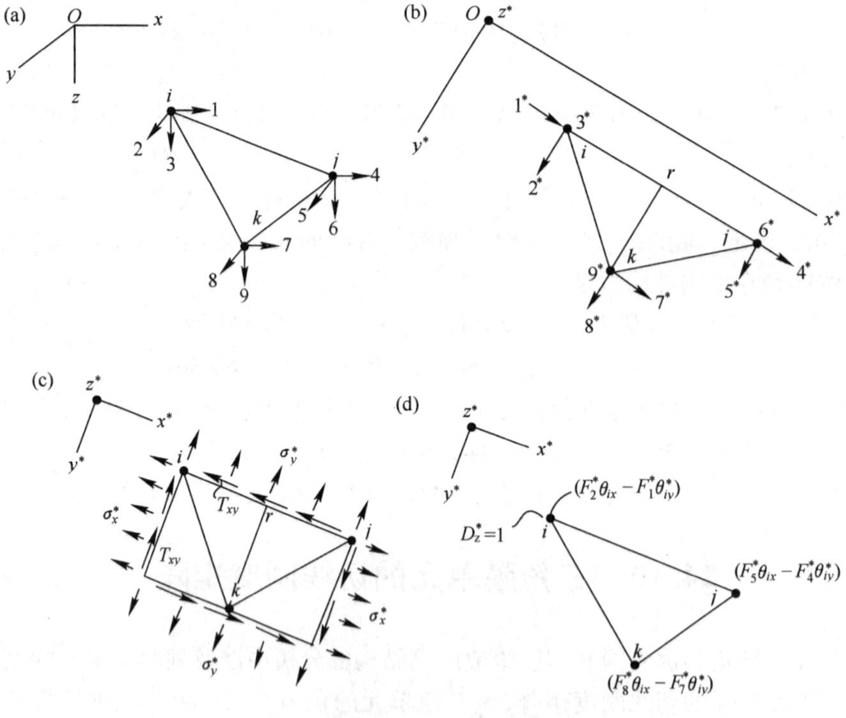

图 24.9　三角膜单元的几何刚度矩阵的推导

(a)球方向的坐标系;(b)单元的平面图和局部坐标系;

(c)单元边上的应力;(d)当 $D_2^*=1$ 时需要平衡的力。

在单元边上的应力为常量并在图 24.9(c)中表示为正方向(见第 17.12 节和图 17.9(c))。在节点的 x^* 和 y^* 方向上的节点力等于连接节点两边的每条边上的分布载荷的一半的和(见方程 17.84)。由此

$$\begin{Bmatrix} F_1^* \\ F_2^* \\ F_3^* \\ F_4^* \\ F_5^* \\ F_6^* \\ F_7^* \\ F_8^* \\ F_9^* \end{Bmatrix} = \frac{h}{2} \begin{bmatrix} -(y_k^* - y_j^*) & 0 & -(x_j^* - x_k^*) \\ 0 & (x_k^* - x_j^*) & -(y_k^* - y_j^*) \\ 0 & 0 & 0 \\ \hdashline -(y_k^* - y_j^*) & 0 & -(x_j^* - x_k^*) \\ 0 & (x_k^* - x_j^*) & -(y_k^* - y_j^*) \\ 0 & 0 & 0 \\ \hdashline -(y_k^* - y_j^*) & 0 & -(x_j^* - x_k^*) \\ 0 & (x_k^* - x_j^*) & -(y_k^* - y_j^*) \\ 0 & 0 & 0 \end{bmatrix} \begin{Bmatrix} \sigma_x^* \\ \sigma_y^* \\ \tau_{xy}^* \end{Bmatrix} \tag{24.72}$$

式中 h 是单元的厚度，或

$$\{F^*\} = [G]\{\sigma^*\} \tag{24.73}$$

其中$[G]$是方程 24.72 中的 9×3 矩阵乘以 $h/2$。

常量－应变三角的弹性刚度矩阵已在第 17.11 节(方程 17.79)中推导。在这里通过在坐标 $3^*,6^*,9^*$ 上对应的插入 3 行和 3 列 0 后，也能使用同一个方程。这是因为膜单元没有破坏平衡的刚度。

几何刚度矩阵由方程 24.73 的微分推导出，保持$\{\sigma^*\}$为常量。几何刚度矩阵(见方程 24.33)的通用单元是

$$S_{gnm}^* = \frac{\partial F_n^*}{\partial D_m^*}(\{\sigma^*\}\text{为常量时}) \tag{24.74}$$

注意：对 D^* 的微分与对在适当节点的 x^* 或 y^* 的微分相同，将方程 24.72 中第 n 行代入方程 24.74 得出

$$S_{gnm}^* = \frac{\partial}{\partial D_m^*}[G_{n1} \quad G_{n2} \quad G_{n3}]\{\sigma^*\} \tag{24.75}$$

例如，当 $n=4$ 和 $m=2$ 是，我们得到

$$S_{g42}^* = \frac{h}{2}\frac{\partial}{\partial y_i^*}[-(y_i^* - y_k^*)0-(x_k^* - x_i^*)]\{\sigma^*\} \tag{24.76}$$

$$S_{g42}^* = -\frac{h}{2}\sigma_x^* \tag{24.77}$$

方程 24.75 能够得出$[S_g^*]$的第 1,2,4,5,7 和 8 列。$[S_g^*]$的剩余列代表了在 3 个节点的每一个上的单个破坏平衡的位移 $D_z^*=1$ 引起的节点力的变化。例如，为了推导$[S_g]$的第三列，我们设 $D_3^*=D_{zi}^*=1$，引起单元的平面以角 θ_{ix}^* 和 θ_{ix}^* 绕 x^* 和 y^* 轴旋转。为保持平衡，节点力必须发生以下的非零变化(图 24.9(d))：

$$S_{g33}^* = F_2^*\theta_{ix}^* - F_1^*\theta_{iy}^*\text{；}\ S_{g63}^* = F_5^*\theta_{ix}^* - F_4^*\theta_{iy}^*\text{；}S_{g93}^* = F_8^*\theta_{ix}^* - F_7^*\theta_{iy}^* \tag{24.78}$$

为验证 3 个方程中的第一个，认为膜单元在旋转位置平衡。在节点 i 的力 F_1^* 和 F_2^* 所在的平面与单元的初始平面平行。分别在节点 i 增加向上和向下的力 $F_1^*\theta_{iy}^*$ 和 $F_2^*\theta_{ix}^*$，导致合成的节点力在单元的旋转平面上。同样的目的，方程 24.78 中的第二和第三个等式表明了在节点 j 和 k 所需要的力。

在图 24.9(b)中带有局部坐标的膜三角单元的完整的几何刚度矩阵是

$$
[S_g]=\left[\begin{array}{c|ccc:ccc:ccc}
1 & 0 & 0 & 0 & -h_{xy}^{*}\;/2 & h\sigma_x/2 & 0 & h\tau_{xy}/2 & -h\sigma_x/2 & 0\\
2 & 0 & 0 & 0 & -h\sigma_y^{*}/2 & h\tau_{xy}^{*}/2 & 0 & h\sigma_y^{*}/2 & -h\tau_{xy}/2 & 0\\
3 & 0 & 0 & F_2^{*}\theta_{ix}^{*}-F_1^{*}\theta_{iy}^{*} & 0 & 0 & F_2^{*}\theta_{jx}^{*}-F_1^{*}\theta_{iy}^{*} & 0 & 0 & F_2^{*}\theta_{kx}^{*}\\
\hdashline
4 & h\tau_{xy}^{*}/2 & -h\sigma_x^{*}/2 & 0 & 0 & 0 & 0 & -h\tau_{xy}^{*}/2 & h\sigma_x^{*}/2 & 0\\
5 & h\tau^{*}/2 & -h\tau_x^{*}/2 & 0 & 0 & 0 & 0 & -h\sigma_y^{*}/2 & h\tau_{xy}^{*}/2 & 0\\
6 & 0 & 0 & F_5^{*}\theta_{ix}^{*}-F_4^{*}\theta_{iy}^{*} & 0 & 0 & F_5^{*}\theta_{jx}^{*}-F_4^{*}\theta_{iy}^{*} & 0 & 0 & F_5^{*}\theta_{kx}^{*}\\
\hdashline
7 & -h\tau_{xy}^{*}/2 & h\sigma_x^{*}/2 & 0 & h\tau_{xy}^{*}/2 & -h\sigma_x^{*}/2 & 0 & 0 & 0 & 0\\
8 & -h\sigma_y^{*}/2 & h\tau_{xy}^{*}/2 & 0 & h\sigma_y^{*}/2 & -h\tau_{xy}^{*}/2 & 0 & 0 & 0 & 0\\
9 & 0 & 0 & F_8^{*}\theta_{ix}^{*}-F_7^{*}\theta_{iy}^{*} & 0 & 0 & F_8^{*}\theta_{jx}^{*}-F_7^{*}\theta_{jy}^{*} & 0 & 0 & F_8^{*}\theta_{kx}^{*}
\end{array}\right]
\tag{24.79}
$$

其中 θ_{ix}^{*} 和 θ_{iy}^{*} 是当 $D_{zi}^{*}=1$ 时，单元对于 x^{*} 和 y^{*} 轴的旋转；同理定义 θ_{jx}^{*}，θ_{jy}^{*}，θ_{kx}^{*} 和 θ_{iy}^{*}。我们能够验证以下几何关系：

$$
\theta_{ix}^{*}=-\left(\frac{x_j^{*}-x_k^{*}}{x_j^{*}-x_i^{*}}\right)\left(\frac{1}{y_k^{*}-y_j^{*}}\right)\quad \theta_{iy}^{*}=\frac{1}{x_j^{*}-x_i^{*}}
\tag{24.80}
$$

$$
\theta_{jx}^{*}=-\left(\frac{x_k^{*}-x_i^{*}}{x_j^{*}-x_i^{*}}\right)\left(\frac{1}{y_k^{*}-y_j^{*}}\right)\quad \theta_{jy}^{*}=\frac{1}{x_j^{*}-x_i^{*}}
\tag{24.81}
$$

$$
\theta_{kx}^{*}=1/(y_k^{*}-y_j^{*})\quad \theta_{ky}^{*}=0
\tag{24.82}
$$

需要注意在此情况下$[S_g^{*}]$是非对称矩阵。

运用迭代的 Newton - Raphson 法(第 24.5.1 节)能够确定节点位移，该位移定义了变形后三角单元的几何。将图 24.9(b)中的线 rk 平行于穿过节点 k 初始位置和位移位置的 y^{*} 轴。从长度的变化(图 24.9(b))可以计算出单元应变。

$$
\delta_{ij}=l_{ij}-(l_{ij})_{in}\quad \delta_{rk}=l_{rk}-(l_{rk})_{in}\quad \delta_{ir}=l_{ir}-(l_{ir})_{in}
$$

其中下标“in”指初始长度。对应于局部轴 x^{*}，y^{*} 和 z^{*}(图 24.9(b)和(c))，从初始状态发生的应变变化是

$$
\varepsilon_x^{*}=\frac{\delta_{ij}}{(l_{ij})_{in}}\quad \varepsilon_y^{*}=\frac{\delta_{rk}}{(l_{rk})_{in}}\quad \gamma_{xy}^{*}=\frac{1}{(l_{rk})_{in}}[\delta_{ir}-\varepsilon_x^{*}(l_{ir})_{in}]
\tag{24.83}
$$

在验证 γ_{xy}^{*} 的方程中，注意 δ_{ij} 表示的是 ε_x^{*} 和 τ_{xy}^{*} 在 k 对应于 i 的 x^{*} 方向上平移的联合作用；$\varepsilon_x^{*}(l_{ir})_{in}$ 表示归因于 ε_x^{*} 的那部分平移。

变形后的应力为(图 24.9(c))

$$
\begin{Bmatrix}\sigma_x^{*}\\ \sigma_y^{*}\\ \tau_{xy}^{*}\end{Bmatrix}=[\mathrm{d}]\begin{Bmatrix}\varepsilon_x^{*}\\ \varepsilon_y^{*}\\ \gamma_{xy}^{*}\end{Bmatrix}+\begin{Bmatrix}\sigma_{xin}^{*} & (l_{rk})_{in}/l_{rk}\\ \sigma_{yin}^{*} & (l_{ij})_{in}/l_{ij}\\ (\tau_{xy}^{*})_{in} & \Delta_{in}/\Delta\end{Bmatrix}
\tag{24.84}
$$

式中[d]是材料弹性矩阵(方程 17.12)，$\{\sigma_x^{*},\sigma_y^{*},\sigma_{xy}^{*}\}_{in}$是初始状态时存在的应力，$\Delta_{in}$和 Δ 分别是初始和变形状态中单元的面积。

方程 24.84 中的后一项表示等于初始应力$\{\sigma_x^{*},\sigma_y^{*},\sigma_{xy}^{*}\}_{in}$的调整后的应力。对于图 24.9(c)中的矩形单元，我们发现垂直任意一条边的初始和调整的应力合成相同。在每一对

对立边的初始和调整的剪应力有相等的合力偶(τ_{xy}　l_{ij}　l_{rk})。

24.11　非线性材料构成的结构的分析

图 24.10 表示实践中非线性材料的应力 - 应变关系的样例。在本节中,我们讨论称为增量法的最简单的分析方法。

将作用力 $\{F\}$ 分成增量 $\beta_i\{F\}$。每次施加一个载荷增量并作一次弹性分析。对于第 i 个载荷增量,解答以下平衡方程:

$$[S]_i\{\Delta D\}_i = \{\Delta F\}_i \tag{24.85}$$

前一增量达到的应力水平决定了刚度矩阵 $[S]_i$,因而对第 i 个载荷增量而言,弹性模量就是在增量 $(i-1)$ 达到的应力水平上应力 - 应变曲线的斜率。解方程 24.85 得到的每个载荷增量的位移的和就是最终位移:

$$\{D\} = \sum\{\Delta D\}_i \tag{24.86}$$

类似的,在所有的线性分析中最终的应力或合应力由增量的和所决定。

在任意坐标的一个典型的位移以及相应的节点力是由直线段组成(图 24.11)。可以发现增量法的结果的误差随载荷水平增加而增加。但是,通过使用更小的载荷增量可以增加准确性。

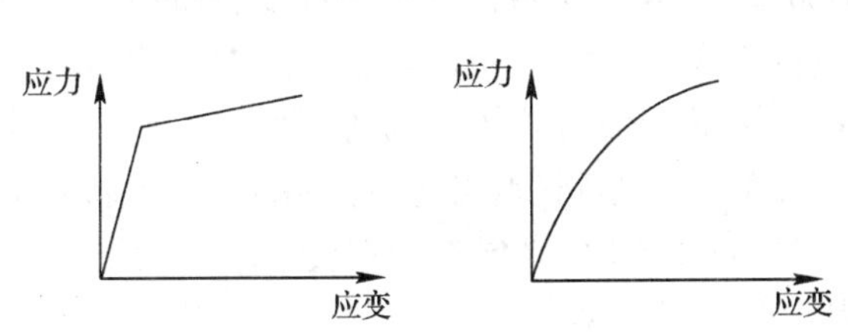

图 24.10　应力 - 应变关系的样例

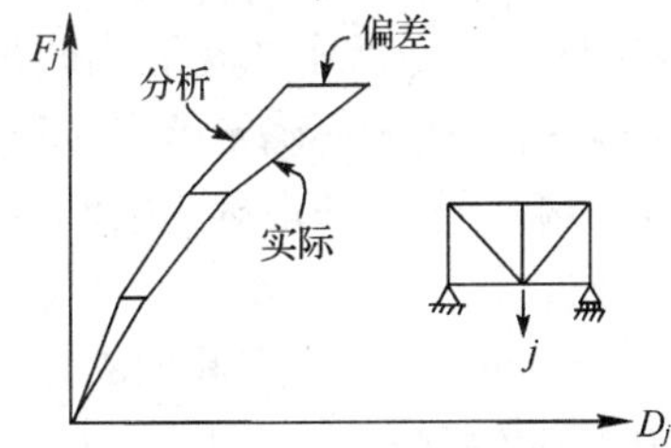

图 24.11　增量法分析的典型结果

增量法的优点是简便。也能将它用于几何非线性分析。在这种情况下,增量 i 的刚度矩阵 $[S]_i$ 取决于结构的几何以及前一增量 $(i-1)$ 确定的构件端力。

24.12　材料非线性分析的迭代法

在第 24.4,24.4.1,24.5 和 24.9 节讨论的 Newton - Raphson 法和改进的 Newton - Raphson 法也能用于分析带有材料非线性的结构。图 24.12 代表两个分析图。图 24.12a 中施加了满负载,有一个近似解答并通过一系列的迭代加以改正。在每次迭代中使用线性分析,利用近似的刚度,给出大约的位移以及此后的每个构件(或每个有限的单元)中的应变。利用应力 - 应变关系,确定对应的应力。由这些应力,利用方程 24.88(随后讨论)确定在构件端(或在有限单元的局部坐标)的力。这些力的集合决定了节点力的向量 $\{\bar{F}\}$,该向量在这次迭代循环确定的近似变形的构造中保持结构的平衡。$\{\bar{F}\}$ 与已知节点力的差表示的是迭代消除的破坏平衡的力:

$$\{g\} = -\{F\} - \{\bar{F}\} \tag{24.87}$$

式中　$\{F\}$表示人为预防节点位移的力；$\{\bar{F}\}$表示在试算变形构造中被构件内力平衡的力。

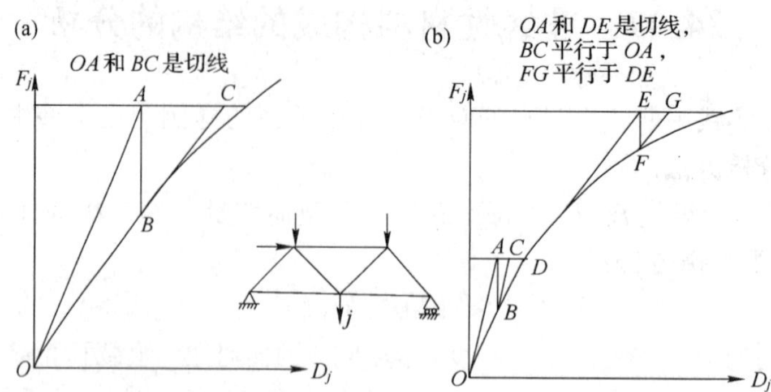

图 24.12　在两个连续迭代循环中的载荷—位移分析

(a)每次迭代中使用新的切线刚度矩阵；(b)运用载荷增量

并在施加每个新的载荷增量后，仅在第一次循环中使用新的切线刚度矩阵。

在每次迭代循环中，在前一循环结束时的每个构件(或有限单元)的应力水平的基础上使用一个新的刚度矩阵。图 24.12a 所示的是一个典型坐标中的力对位移的曲线图。*OA* 与 *OB* 的斜率不同，表明在连续的迭代中刚度不同。

图 24.12(b)所示的是运用改进的 Newton - Raphson 法得出图解。载荷分阶段施加，在每一阶段运用迭代循环确定节点位移。为避免在每次迭代循环中产生新的刚度矩阵，在每个载荷阶段的第一次循环中确定的刚度矩阵将在进入下一载荷阶段前的所有的后续循环中使用，直到形成收敛。如图 24.12(b)所示，*OA* 和 *BC* 的斜率相同，表明在两个循环中的刚度相同。

在上述两个图解中，我们需要确定已知应力$\{\sigma\}$的构件(或有限单元)的节点力。为此能使用单位 - 位移理论(方程 6.40)。对于有限单元，节点力为

$$\{\bar{F}\}_{单元} = \int_V [B]^{\mathrm{T}} \{\sigma\} \mathrm{d}V \tag{24.88}$$

式中$[B]$是按照单元节点的位移表示单元内任意点的应变的矩阵(方程 17.38)；$\{\sigma\}$ = 任意点的最后确定的应力。

对材料非线性的分析在以下示例中阐明。

例 24.5　轴向负载杆

图 24.13(a)中的杆由两种材料构成，其应力 - 应变关系如图 24.13(b)所示。在 $F_1 = 160$ 时求在 *AB*，*BC*，和 *CD* 段的轴力。杆的横截面积 = 4。设所给的应力 - 应变曲线图适用于拉伸和压缩。

在图 24.13(a)中定义了一个双坐标系统。约束位移所需的力是$\{F\} = \{-160, 0\}$。

迭代循环 1　开始时$\{D^{(0)}\} = \{0\}$并且在 3 个单元的应力为零。在该应力水平 $\sigma - \varepsilon$ 曲线的斜率是 30 000，在图 24.12(a)中对应坐标的刚度矩阵是

$$[S^{(1)}] = \frac{30\,000(4.0)}{10}\begin{bmatrix} 2 & -1 \\ -1 & 2 \end{bmatrix}$$

在循环开始时的破坏平衡力是：$\{g^0\} = -\{F\} = \{160, 0\}$。我们有

$$\{\Delta D\} = [S^{(1)}]^{-1}\{g^{(0)}\} = 4\,444 \times 10^{-6}\{2, 1\}$$

改正的位移值是

$$\{D^{(1)}\} = \{D^{(0)}\} + \{\Delta D\} = \{8\ 889,4\ 444\}10^{-6}$$

在三个单元的应变是：$\{\varepsilon\} = 10^{-6}\{-889,444,444\}$。将这些应变值代入应力-应变曲线，得出单元的应力：

$$\{\sigma\} = \{-26.7,4.0,13.3\}$$

对应的构件端力如图 24.13(c)所示。保持平衡的节点力是

$$(\bar{F}) = \{122.7,37.3\}$$

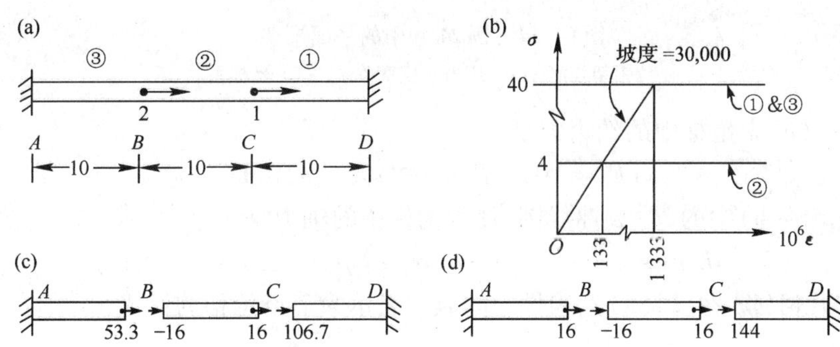

图 24.13　示例 24.5 中分析的杆

(a)杆的尺寸；(b)3 个单元的 $\sigma-\varepsilon$ 曲线图；

(c)和(d) 在迭代循环 1 和 2 中确定的单元节点力。

破坏平衡的力是

$$\{g^{(1)}\} = \{-F\} - \{\bar{F}\} = \{37.3,-37.3\}$$

迭代循环 2 我们现在以 $\{D^{(0)}\} = \{8\ 889,444\}10^{-6}$；$\{g^{(0)}\} = \{37.3,-37.3\}$ 开始循环。将循环 1 中确定的应变值代入 $\sigma-\varepsilon$ 曲线，分别给出单元 1,2,和 3 的斜率 E 的值 30 000,0,30 000。该结构对应的刚度矩阵是

$$[S^{(1)}] - \frac{30\ 000(4.0)}{10}\begin{bmatrix}1 & 0\\0 & 1\end{bmatrix}$$

注意，在验证该刚度时单元 2 的刚度为零。我们有

$$\{\Delta D\} = [S^{(1)}]^{-1}\{g^{(0)}\} = \{3\ 111,-3\ 111\}10^{-6}$$

改正的位移值是

$$\{D^{(1)}\} = \{D^{(0)}\} + \{\Delta D\} = \{120\ 00,1\ 333\}10^{-6}$$

在 3 个单元的应变是：$\{\varepsilon\} = 10^{-6}\{-1\ 200,1\ 067,133\}$。对应的应力是$\{\sigma\} = \{-36,4,4\}$。构件端力如图 24.13(d)所示。对应的节点力是

$$(\bar{F}) = \{160,0\}$$

破坏平衡的力是

$$\{g^{(1)} = \{-F\} - \{\bar{F}\} = \{0\}$$

因此精确的答案是：$\{D\} = 10^{-6}\{12\ 000,1\ 333\}$，构件端力如图 24.13(d)所示。

例 24.6　平面桁架

桁架如图 24.14(a)所示，求 A 点的位移和构件 AB,AC 和 AD 中的力，假设应力-应变关系如图 24.14(b)。所有的构件有相同的横截面积 a。作用力 $P = 1.75\sigma_y/a$。

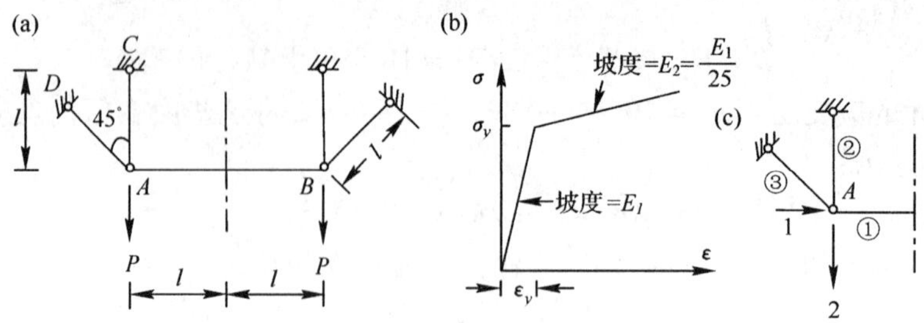

图 24.14　例 24.6 中的平面桁架

(a)桁架几何；(b) 应力—应变关系；(c) 坐标系。

在图 24.14(c)中坐标中的约束力是

$$\{F\}=\{0,-P\}=-1.75\sigma_y a\{0,1\}$$

依据图 24.14(b)中的 $\sigma-\varepsilon$ 曲线图，任意构件中的轴力是

$$N=aE_1\varepsilon(\varepsilon\leqslant\varepsilon_y)\qquad N=a[\sigma_y+E_2(\varepsilon-\varepsilon_y)]\quad(\varepsilon>\varepsilon_y)$$

从结构的几何(图 24.14(a))，构件中的应变表示为节点位移的形式：

$$\{\varepsilon\}=\begin{Bmatrix}\varepsilon_{AB}\\\varepsilon_{AC}\\\varepsilon_{AD}\end{Bmatrix}=\frac{1}{l}\begin{bmatrix}-1&0\\0&1\\0.707&0.707\end{bmatrix}\{D\}$$

连接在一个节点上的 m 个构件(图 24.14(b))的刚度矩阵是

$$[S_t]=\sum_{i=1}^{m}\left[\frac{Ea}{l}\begin{bmatrix}c^2&sc\\sc&c^2\end{bmatrix}\right]_i\tag{24.89}$$

式中　$s_i=\sin\theta_i,c_i=\cos\theta_i$，角 θ 为 x 轴与构件间顺时针方向测得的夹角。对于同类结构，在 m 个构件中在节点由轴力$\{N\}$平衡的力是

$$\{\bar{F}\}=-\sum_{i=1}^{m}\left\{N\begin{Bmatrix}c\\s\end{Bmatrix}\right\}_i\tag{24.90}$$

以下是在第 24.5.1 节概述的 4 个计算步骤。

迭代循环 1

1. $\{D^{(0)}\}=\{0\};\{g^{(0)}\}=1.75\sigma_y a\{0,1\}$。
2. $\{\varepsilon^{(0)}\}=\{0\}$且所有构件的 E 等于 E_1。方程 24.89 给出

$$[S_t]=E_1\frac{a}{l}\begin{bmatrix}1.5&0.5\\0.5&1.5\end{bmatrix}$$

$$\{\Delta D\}=[S_t]^{-1}\{g^{(0)}\}=(\sigma_y l/E_1)\{-0.438,1.313\}$$

3. $\{D^{(1)}\}=\{D^{(0)}\}+\{\Delta D\}=(\sigma_y l/E_1)\{-0.438,1.313\}$
4. $\{\varepsilon^{(1)}\}=\varepsilon_y\{0.438,1.313,0.619\}$；

$\{N^{(1)}\}=a\sigma_y\{0.438,1.313,0.619\}$；

应用方程 24.90 得出

$\{g^{(1)}\}=-\{F\}-\{\bar{F}^{(1)}\}=a\sigma_y\{0,0.299\}$

迭代循环 2

1. $\{D^{(0)}\}=(\sigma_y l/E_1)\{-0.438,1.313\};\{g^{(0)}\}=a\sigma_y\{0,0.299\};\{\varepsilon^{(0)}\}=\varepsilon_y\{0.438,$

1.313,0.619}。在该应变水平,构件1和3的 E 等于 E_1。对于构件2则等于 E_2。方程24.89给出

$$[S_t]=\frac{a}{l}E_1\begin{bmatrix}1.5 & 0.5\\0.5 & 0.54\end{bmatrix}$$

2. $\{\Delta D\}=[S_t]^{-1}\{g^{(0)}\}=(\sigma_y l/E_1)\{-0.267,0.801\}$

3. $\{D^{(1)}\}=\{D^{(0)}\}+\{\Delta D\}=(\sigma_y l/E_1)\{-0.705,2.114\}$

4. $\{\varepsilon^{(1)}\}=\varepsilon_y\{0.705,2.114,0.996\}$;

$\{N^{(1)}\}=a\sigma_y\{0.705,2.114,0.996\}$;

$\{g^{(1)}\}=-\{F\}-\{\bar{F}^{(1)}\}=\{0\}$

破坏平衡的力为零,表明达到了准确的解答。

24.13　小　　结

除非简单的结构,非线性分析通常要求迭代,这就需要用到计算机。使用允许在多阶段施加载荷,改变迭代循环次数并在每次迭代循环后给出破坏平衡的力的计算机程序,能够提升对非线性行为的理解。可用于此目的的计算机程序,参见附录L。

习　　题

24.1　$F=90$,运行两次迭代循环,利用第24.6节推导出的切线刚度矩阵,确定图24.2中桁架构件的 D 和力的相应的值。近似答案在图24.3中给出。

24.2　*SI* 单位。计算所示预应力索的 B 和 C 点的位移,以及 AB,BC 和 CD 段的张力。初始预应力 = 100 kN, E = 200 GPA;横截面积 = 100 mm^2;b = 1 m。

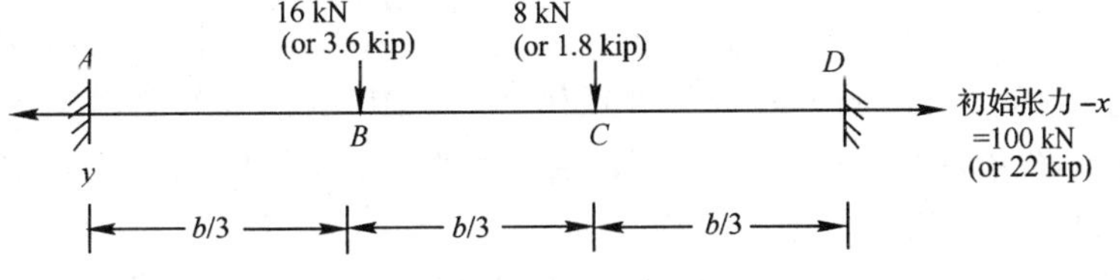

习题　24.2和24.3图

24.3　英制单位。利用以下数据解习题24.2:初始预应力 = 22 kip, E = 29 000 ksi;横截面积 = 0.15 in^2;b = 40 in。

24.4　用试算法,运用方程24.6至24.9,确定能够作用在图24.2(a)(对应于图24.2(b)中曲线上的 C 点)上的力的最大值。取 $Ea=8\times10^6$ 和利率 $h/b=1/15$。注意答案仅与比率 h/b 有关,而不是 h 和 b 的单个值有关。

24.5　*SI* 单位。所示初始平衡索网在 B 点的向下位移以及 AB 和 BC 的张力。在 B,C,F 和 G 各点有四个向下的力 P = 12 kN。在每根索的初始张力为180 kN,Ea = 60 MN。

24.6　英制单位。取 P = 3 kip,在每根索的初始张力为40 kip,Ea = 13 500 kip。解习题24.5。

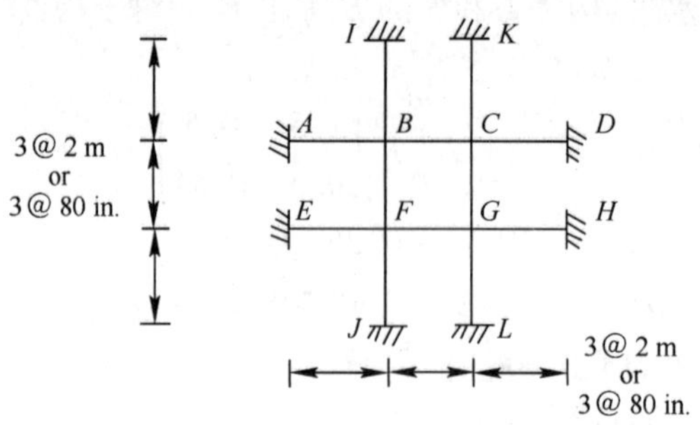

习题　24.5 和 24.6 图

24.7　如图所示为俯视的薄空间桁架。在节点 A 有向下的力 $P=100$，确定该节点的垂直位移和构件中的力。对所有构件取 $Ea=40\ 000$。

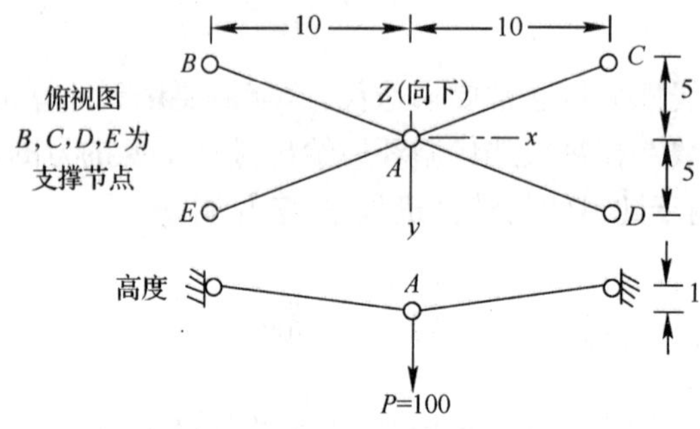

习题　24.7 图

24.8　当力 P 的方向相反时，确定习题 24.7 中空间桁架产生屈服时的 P 值。

24.9　如图所示为索网的俯视图。在节点在初始位置的 z 坐标为 $z=xy/(8l)$。在外围 $ABCD$ 上的节点受到支撑，但每个内部节点上有向下的力 $F_z=Q$。求节点 5，6，7 和 11 的位移以及索段 5－6，6－7，1－5，6－11 和 3－7 在加载后的力。取 $Ea=10\times10^3Q$，$P=30Q$，其中 P 是索的初始张力（对于 z 所给的方程分别表示延 AC 和 BD 的凹入双曲线和凸出抛物线的表面。该表面偶尔也称之为鞍形圆顶）。本习题的解答太长，不能手工解决，但能够利用答案中所给的位移值生成并验证节点的平衡方程。

24.10　确定所示结构在 B 的位移以及构件 AB 和 BC 的端力。取 $b=100$；$h=2$；$Q=0.8$；

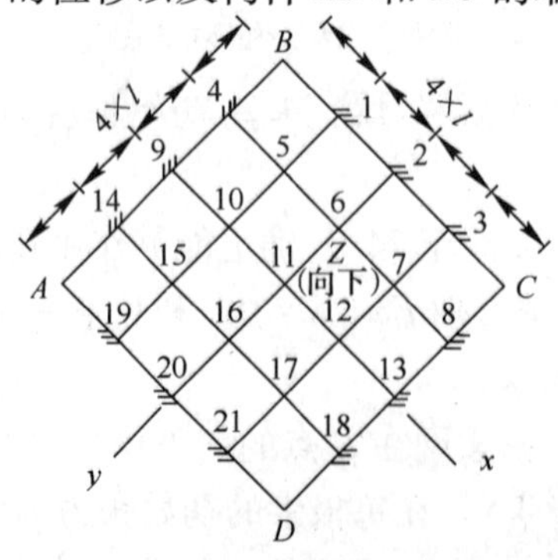

习题　24.9 图

$Ea=1.0\times10^6$；$EI=0.1\times10^6$，其中 a 和 I 为所有构件的横截面积和面积的第二力矩。

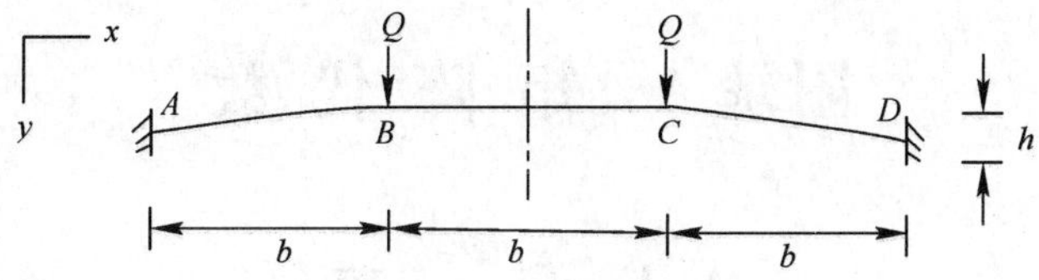

习题 24.10 图

24.11 对于习题 14.12 中的平面框架，在节点 B 和 C 增加向下的力 Q 和两个水平力，每个力等于 $Q/10$，指向右手边。求节点位移和构件的段力。取 $l=6c$，$h=2.4c$。对所有的构件，$a=25\times10^{-3}c^2$，$I=60\times10^{-6}c^4$，$E=40\times10^9(F/c^2)$；$Q=1.5\times10^6F$，其中 c 和 F 分别为长度和力单位。

24.12 根据作用在长度为 l 的等截面杆终端的轴力 F 求位移 D，假设应力－应变关系 $\sigma=C(\varepsilon-\varepsilon^2/4)$，其中 $C=$ 常数。取 $F=0.7Ca$，a 为横截面积。运用 Newton－Raphson 法并对答案迭代两次。

24.13 确定力 $F=1\,000\,a$ 时，如图所示结构的节点 B 的位移 D，a 为 AB 和 BC 段的横截面积。该两段的应力－应变曲线如图所示，并有

$\{\sigma_y,E,\bar{E}\}_{AB}=\{500,200\times10^3,20\times10^3\}$

和

$\{\sigma_y,E,\bar{E}\}_{BC}=\{400,200\times10^3,0\}$

在 AB 和 BC 中的轴力是多少？假设应力为张力或压缩力时采用所给应力－应变关系。

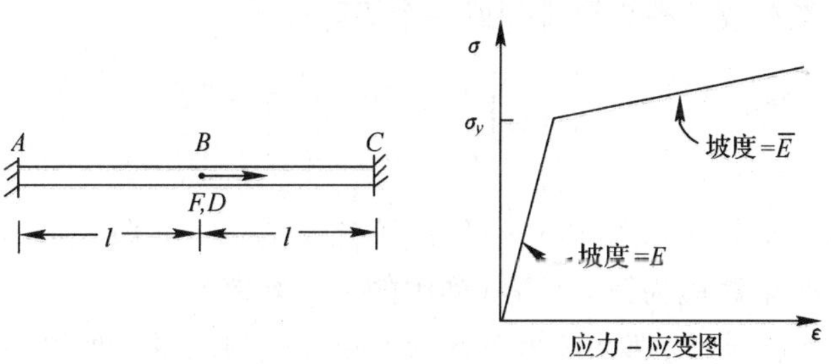

习题 24.13 图

24.14 确定习题 4.1 中桁架构件中的力。假设所有的构件有相同的横截面积 a 和长度 l，习题 24.13 中的 AB 段的应力－应变关系可用于桁架的所有构件。取 $P=3.3\times10^{-3}Ea=660a$。几何非线性忽略不计。假设应力为张力或压缩力时采用同一应力－应变关系。

附录A 矩 阵 代 数

A.1 引 言

矩阵代数由于两个原因用于结构分析。第一,它可以用一个简单的符号代表一组代数量或一组数值量,因而,矩阵表示法可认为是一种速记书写。第二个优点是容许分析中所需要的各量成为有规则的编排,可借一系列矩阵运算得出解。这对于数字计算机编制程序是特别方便的,对于所有必要的矩阵运算容易利用标准计算程序。然而,我们不应忽略矩阵的编制特性使它们用于手算情况也是有利的。

本附录内,仅介绍结构分析中通常需要的几种基本的矩阵运算。

A.2 定 义

考虑下列方程:

$$\left.\begin{aligned} a_{11}x_1 + a_{12}x_2 + a_{13}x_3 &= c_1 \\ a_{21}x_1 + a_{22}x_2 + a_{23}x_3 &= c_2 \end{aligned}\right\} \tag{A.1}$$

方程 A.1 左边内各系数构成一种矩形排列或一个矩阵:

$$[a] = \begin{bmatrix} a_{11} & a_{12} & a_{13} \\ a_{21} & a_{22} & a_{23} \end{bmatrix}$$

此矩阵有两行和三列。凡是有 m 行和 n 列的矩阵定义为 $m \times n$ 阶矩阵,我们可以借书写成 $[a]_{m\times n}$表示其阶。典型元素 a_{ij}为第 i 行第 j 列中的一个元素。

如果矩阵只有一列($n=1$),那么该矩阵称为列矩阵或列向量。如果 $m=1$,亦即矩阵只有一行,则称为行矩阵。

行数和列数相同的矩阵称为方阵。只有方阵才可以进行行列式计算和求逆,如第 A.8 节和第 A.9 节所讨论。

方程 A.1 可按矩阵表示法写成:

$$\begin{bmatrix} a_{11} & a_{12} & a_{13} \\ a_{21} & a_{22} & a_{23} \end{bmatrix} \begin{Bmatrix} x_1 \\ x_2 \\ x_3 \end{Bmatrix} = \begin{Bmatrix} c_1 \\ c_2 \end{Bmatrix} \tag{A.2}$$

大括号用于列矩阵,以便使列矩阵与矩形矩阵区分开,矩形矩阵通常采用方括号。这里没有什么深的含义,有些著作对于这两种矩阵都采用方括号。印刷中为了节省篇幅,列矩阵可以水平地书写,如$\{x_1, x_2, x_3\}$。

我们应将方括号与用以围住行列式的两条直线区别开:

$$\begin{vmatrix} a_{11} & a_{12} & a_{13} \\ a_{21} & a_{22} & a_{23} \\ a_{31} & a_{32} & a_{33} \end{vmatrix}$$

上式简单地说是一种算术算符。

按速记矩阵的表示法,方程 A. 1 可以写成

$$[a]\{x\} = \{c\} \tag{A. 3}$$

或

$$ax = c \tag{A. 4}$$

本书中,用括号表示矩阵,如方程 A. 3 那样。

有些进一步的定义是有用的。对角矩阵是除了主对角线上元素外,任何一处均为零元素的方阵,例如

$$\begin{pmatrix} a_{11} & 0 & 0 \\ 0 & a_{22} & 0 \\ 0 & 0 & a_{33} \end{pmatrix}$$

换句话说,对角矩阵中当 $i \neq j$ 时,$a_{ij} = 0$,而且不是所有 a_{ii}元素为零。

为了节省篇幅,对角矩阵可以写成这样:

$$[a_{11}, a_{22}, \cdots, a_{nn}]$$

单位矩阵是主对角线上每一元素均等于 1 的对角矩阵,亦即 $a_{ii} = 1$。这样的矩阵通常用符合$[I]$来代表,亦即

$$[I] = \begin{pmatrix} 1 & 0 & 0 \\ 0 & 1 & 0 \\ 0 & 0 & 1 \end{pmatrix} \tag{A. 5}$$

对称矩阵是诸元素对其主对角线成为对称的方阵,这样,$a_{ij} = a_{ji}$。对称矩阵在结构分析中经常遇到。

所有元素均为零的矩阵称为零矩阵。

A. 3　矩阵的转置

矩阵$[a]$的转置是借第一行与第一列互换,第二行与第二列互换……等等来形成,亦即将 a_{ij}与 a_{ji}互换。矩阵的转置是用上角标 T 来表示,因而

$$\begin{bmatrix} a_{11} & a_{12} & a_{13} \\ a_{21} & a_{22} & a_{23} \end{bmatrix}^{T} \begin{pmatrix} a_{11} & a_{21} \\ a_{12} & a_{22} \\ a_{13} & a_{23} \end{pmatrix} = [a]^{T} \tag{A. 6}$$

式中$[a]$代表需要转置的矩阵

我们可以看到,如果$[a]$的阶为 $m \times n$,那么$[a]^{T}$ 的阶则为 $n \times m$。

显然,如果矩阵是对称的,那么它的转置则与原来的矩阵恒等。反之,如果矩阵$[a]$与其转置相等,$[a]^{T} = [a]$,那么$[a]$是为对称者。

A.4 矩阵的加法和减法

只有相同阶的矩阵才可能相加或相减。我们定义矩阵[a]与矩阵[b]之和为矩阵[c],其中任一元素:

$$c_{ij} = a_{ij} + b_{ij} \tag{A.7}$$

例如,如果

$$[a] = \begin{bmatrix} 1 & 0 & 2 \\ 3 & 4 & 1 \end{bmatrix} \quad 和 \quad [b] = \begin{bmatrix} 2 & 3 & 1 \\ 5 & 2 & 0 \end{bmatrix}$$

那么

$$[c] = [a] + [b] = \begin{bmatrix} 3 & 3 & 3 \\ 8 & 6 & 1 \end{bmatrix}$$

类似地,[a]减[b]得到矩阵[d],其中

$$d_{ij} = a_{ij} - b_{ij}$$

对于上面的例子,

$$[d] = [a] - [b] = \begin{bmatrix} -1 & -3 & 1 \\ -2 & 2 & 1 \end{bmatrix}$$

A.5 矩阵的乘法

常数 a 乘矩阵[a]得到矩阵[e],其中任一元素 $e_{ij} = \alpha a_{ij}$。

仅当[a]中的列数等于[b]中的行数时,[a]和[b]两个矩阵才可以相乘。相乘得出行数与[a]相同而列数与[b]相同的矩阵[c],亦即

$$[a]_{m\times n}[b]_{n\times p} = [c]_{m\times p} \tag{A.8}$$

乘积[c]定义为各元素借下式给出的矩阵:

$$c_{ij} = \sum_{r=1}^{n} a_{ir} b_{rj} \tag{A.9}$$

式中 $i=1,2,\cdots,m$ 和 $j=1,2,\cdots,p$,亦即 c_{ij}为[a]中第 i 行诸元素与[b]中第 j 列诸元素的乘积之和。显然,一个矩形矩阵与一个列向量的乘积为一个列向量。

$$[A] = \begin{bmatrix} 2 & 1 & 0 \\ 3 & -1 & 1 \end{bmatrix} 和 [B] = \begin{bmatrix} 1 & 0 \\ -1 & 0 \\ 2 & 2 \end{bmatrix}$$

我们写出

$$[A]_{2\times 3}[B]_{3\times 2} = [C]_{2\times 2}$$

式中

$$C_{11} = 2\times 1 - 1\times 1 + 2\times 0 = 1$$

$$C_{12} = 2\times 0 + 1\times 0 + 0\times 2 = 0$$

$$C_{21} = 3\times 1 - 1\times(-1) + 1\times 2 = 6$$

$$C_{22} = 3\times 0 - 1\times 0 + 1\times 2 = 2$$

这样

$$[C]=\begin{bmatrix}1 & 0\\6 & 2\end{bmatrix}$$

乘积$[A][B]$一般不等于乘积$[B][A]$。由于这个原因,我们采用$[A]$被$[B]$后乘或$[B]$被$[A]$前乘一语来表示乘积$[A][B]$。在上面例子中,乘积$[B][A]$为一个 3×3 阶的矩阵。

任意多个矩阵可以相乘,只要它们按一定的次序。例如

$$[A]_{m\times n}[B]_{n\times p}[C]_{p\times r}=[D]_{m\times r} \tag{A.10}$$

为了求出$[D]$,我们首先确定乘积$[A][B]$,然后用$[C]$去乘。如果$[A]$被乘积$[B][C]$去乘,将得到相同的结果,亦即

$$[A][B][C]=[AB][C]=[A][BC] \tag{A.11}$$

分配定律也适用于矩阵。例如

$$[A]([B]+[C])=[A][B]+[A][C] \tag{A.12}$$

两个或多个矩阵乘积的转置为各矩阵转置后反次序的乘积。例如,方程 A.10 两边的转置为

$$[C]^{\mathrm{T}}[B]^{\mathrm{T}}[A]^{\mathrm{T}}=[D]^{\mathrm{T}} \tag{A.13}$$

这个方程左边矩阵的阶为$r\times p,p\times n,n\times m$,乘积的阶则为$r\times m$。

一个矩阵与一个单位矩阵相乘,该矩阵不变。因而

$$[\mathrm{A}][I]=[I][A]=[A] \tag{A.14}$$

结构分析中,我们经常应用$[A]^{\mathrm{T}}[f][A]$形式的矩阵乘积,其中$[A]$为$n\times m$阶的矩形矩阵,$[f]$为$n\times n$阶的方形对称矩阵。按本节所讨论的规则可以容易地证明乘积$[A]^{\mathrm{T}}[f][A]$得出一个$m\times m$阶的对称矩阵。

A.6　分块矩阵

一个矩阵可以借位于诸行和诸列之间的竖直线和水平线划分成一些小的矩阵。因而该矩阵称为分块矩阵。这种划分经常用于结构分析中涉及矩阵的一部分或运算矩阵的一部分。下面为分块矩阵的一个例子:

$$[a]=\left[\begin{array}{ccc:c}a_{11} & a_{12} & a_{13} & a_{14}\\a_{21} & a_{22} & a_{23} & a_{24}\\\hdashline a_{31} & a_{32} & a_{33} & a_{34}\end{array}\right]=\begin{bmatrix}[A]_{11} & [A]_{12}\\ [A]_{21} & [A]_{22}\end{bmatrix} \tag{A.15}$$

式中的子矩阵为

$$\left.\begin{array}{ll}[A_{11}]=\begin{bmatrix}a_{11} & a_{12} & a_{13}\\a_{21} & a_{22} & a_{23}\end{bmatrix} & [A_{12}]=\begin{bmatrix}a_{14}\\a_{24}\end{bmatrix}\\ [A_{21}]=\begin{bmatrix}a_{31} & a_{32} & a_{33}\end{bmatrix} & [A_{32}]=\begin{bmatrix}a_{34}\end{bmatrix}\end{array}\right\} \tag{A.16}$$

诸子矩阵可以好像它们是普通矩阵的元素那样来处理。例如,如果$[a]$和$[b]$均为分块矩阵,即

$$[a]=\left[\begin{array}{c:c}[A_{11}] & [A_{12}]\\\hdashline [A_{21}] & [A_{22}]\end{array}\right]\quad 和\quad [b]=\left[\begin{array}{c}[B_1]\\\hdashline [B_2]\end{array}\right]$$

那么

$$[a][b]=\begin{bmatrix}[A_{11}][B_1]+[A_{12}][B_2]\\ [A_{21}][B_1]+[A_{22}][B_2]\end{bmatrix}$$

分块矩阵的转置借互换子矩阵的行和其相应列并转置每一子矩阵来形成。例如,矩阵 $[a]$(方程 A. 15)的转置为

$$[a]^{\mathrm{T}}=\begin{bmatrix}[A_{11}]^{\mathrm{T}} & [A_{21}]^{\mathrm{T}}\\ [A_{12}]^{\mathrm{T}} & [A_{22}]^{\mathrm{T}}\end{bmatrix} \tag{A. 17}$$

A. 7 矩阵的求逆

方阵 $[S]$ 之逆是为一个与 $[S]$ 的阶相同的矩阵 $[S]^{-1}$,它满足下列条件:

$$[S][S]^{-1}=[S]^{-1}[S]=[I] \tag{A. 18}$$

式中 $[I]$ 为一单位矩阵。

考虑下列方程

$$[S_{n\times n}]\{D\}_{n\times 1}=\{F\}_{n\times 1} \tag{A. 19}$$

它代表普通代数中具有 n 个未知数的 n 个联立方程系,这 n 个未知数为列向量 $\{D\}$ 中的各元素。用 $[S]^{-1}$ 前乘方程 A. 19 的两边,我们得到

$$[S]^{-1}[S]\{D\}=[S]^{-1}\{F\}$$

因而,应用方程 A. 18 和 A. 14,

$$\{D\}=[S]^{-1}\{F\} \tag{A. 20}$$

矩阵的求逆类似于普通代数中进行求倒数的作用。这借考虑代数方程 $SD=F$ 来说明。我们用 S 去除两边可用 $(1/S)$ 去乘两边,求解 D,因而

$D=\frac{1}{S}F$,方程 $S\frac{1}{S}=\frac{1}{S}S=1$ 类似于矩阵方程 A. 18。

考虑矩阵 $[b]$ 为矩阵 $[a]$ 之逆,所以

$$[a][b]=[I] \tag{A. 21}$$

$$\begin{pmatrix}a_{11} & a_{12} & a_{13}\\ a_{21} & a_{22} & a_{23}\\ a_{31} & a_{32} & a_{33}\end{pmatrix}\begin{pmatrix}b_{11} & b_{12} & b_{13}\\ b_{21} & b_{22} & b_{23}\\ b_{31} & b_{32} & b_{33}\end{pmatrix}=\begin{pmatrix}1 & 0 & 0\\ 0 & 1 & 0\\ 0 & 1 & 1\end{pmatrix}$$

$[b]$ 的第一列与解下列方程所得 $\{x_1,x_2,x_3\}$ 相同

$$[a]\{x\}=\begin{Bmatrix}1\\0\\0\end{Bmatrix} \tag{A. 22}$$

类似方程 A. 22 但右边为 $\{0,1,0\}$ 的方程之解给出 $[b]$ 的第二列。类似地,当右边为 $\{0,0,1\}$,其解给出 $[b]$ 的第三列。因此这是获得矩阵之逆的方法,它包含多次求解联立方程系。所以,显然将方程 A. 20 中的逆矩阵用于求解方程 A. 19 中的 $\{D\}$,不是求解联立方程组的最容易的途径。然而,当需要对方程右边多列向量求解方程时,方程 A. 20 则是常常采用的。这种情况发生在多种加载时的结构分析。

随着矩阵的阶的增大,矩阵求逆所需要的计算工作量很快地增加,所以,按原来大矩阵中子矩阵运算进行求逆有时是方便的。

假设我们欲求所给矩阵$[a]$的逆矩阵$[b]$。将$[a]$和$[b]$分块成为一些子矩阵,使$[a]$的每一个子矩阵的阶与$[b]$的相应子矩阵的阶相同,并且对角线子矩阵均为方阵。所以我们可以写出

$$\left[\begin{array}{c:c}[A_{11}] & [A_{12}] \\ \hdashline [A_{21}] & [A_{22}]\end{array}\right]\left[\begin{array}{c:c}[B_{11}] & [B_{12}] \\ \hdashline [B_{21}] & [B_{22}]\end{array}\right]=\left[\begin{array}{c:c}[\mathrm{I}] & [0] \\ \hdashline [0] & [\mathrm{I}]\end{array}\right] \tag{A.23}$$

进行乘法,给出

$$\left.\begin{aligned}[A_{11}][B_{11}]+[A_{12}][B_{21}]&=[\mathrm{I}]\\ [A_{21}][B_{11}]+[A_{22}][B_{21}]&=[0]\\ [A_{11}][B_{12}]+[A_{12}][B_{22}]&=[\mathrm{I}]\\ [A_{21}][B_{12}]+[A_{22}][B_{22}]&=[\mathrm{I}]\end{aligned}\right\} \tag{A.24}$$

用$[A_{22}]^{-1}$前乘第二个方程,我们得到

$$[B_{21}]=-[A_{22}]^{-1}[A_{21}][B_{11}] \tag{A.25}$$

代入第一个方程,给出

$$[[A_{11}]-[A_{12}][A_{22}]^{-1}[A_{21}]][B_{11}]=[\mathrm{I}]$$

从而

$$[B_{11}]=[[A_{11}]-[A_{12}][A_{22}]]^{-1}[A_{21}]]^{-1} \tag{A.26}$$

类似地,我们可从方程 A.24 中最后两个方程求解出$[B_{22}]$和$[B_{12}]$。这样,需要对四个矩阵求逆以便得到大矩阵$[A]$之逆。这些矩阵是

$$[A_{22}],\quad [[A_{11}]-[A_{12}][A_{22}]]^{-1}[A_{21}],]\quad [A_{11}]$$

和

$$[[A_{22}]-[A_{21}][A_{11}]^{-1}[A_{12}]]$$

我们可以如下地进一步把求逆限制在上面诸矩阵中的前两个矩阵。

从矩阵的定义(方程 A.18),我们可以写出(类似于方程 A.23):

$$\left[\begin{array}{c:c}[B_{11}] & [B_{12}] \\ \hdashline [B_{21}] & [B_{22}]\end{array}\right]\left[\begin{array}{c:c}[A_{11}] & [A_{12}] \\ \hdashline [A_{21}] & [A_{22}]\end{array}\right]=\left[\begin{array}{c:c}[\mathrm{I}] & [0] \\ \hdashline [0] & [\mathrm{I}]\end{array}\right] \tag{A.27}$$

从而

和

$$\left.\begin{aligned}[B_{11}][B_{12}]+[B_{12}][B_{22}]&=[0]\\ [B_{21}][A_{12}]+[B_{22}][B_{22}]&=[\mathrm{I}]\end{aligned}\right\} \tag{A.28}$$

对$[B_{12}]$和$[B_{22}]$求解

$$[B_{12}]=-[B_{11}][A_{12}][A_{22}]^{-1} \tag{A.29}$$

$$[B_{22}]=[A_{22}]^{-1}-[B_{21}][A_{12}]][A_{22}]^{-1} \tag{A.30}$$

所以,$[b]$中的四个子矩阵可以从方程 A.25,A.26,A.29 和 A.30 来确定。

A.8 行 列 式

方阵的行列式用[S]代表。这表示对方阵[S]中诸元素的特定算术运算,它得出一个数。如果[S]为 $n\times n$ 阶的方阵,那么行列式 $|S|$ 则说成是 n 阶的。

二阶行列式定义为

$$|S| = \begin{vmatrix} S_{11} & S_{12} \\ S_{21} & S_{22} \end{vmatrix} = S_{11}S_{22} - S_{12}S_{21} \tag{A.31}$$

高阶行列式的运算将在本节的下一部分加以定义。

行列式 $|S|$ 中元素 S_{ij} 的子式定义为借略去 $|S|$ 中第 i 行和第 j 列所得的行列式。例如,在三阶行列式中:

$$|S| = \begin{vmatrix} S_{11} & S_{12} & S_{13} \\ S_{21} & S_{22} & S_{23} \\ S_{31} & S_{32} & S_{33} \end{vmatrix}$$

子式 M_{32} 用下式给出:

$$M_{32} = \begin{vmatrix} S_{11} & S_{13} \\ S_{21} & S_{23} \end{vmatrix}$$

显然,如果 $|S|$ 为 n 阶,任一子式则为 $n-1$ 阶的行列式。

元素 S_{ij} 的余因子 C_{oij} 是从子式 M_{ij} 来得到,如:

$$C_{oij} = (-1)^{i+j}M_{ij} \tag{A.32}$$

这样,在上面例子中,

$$C_{o32} = (-1)^{3+2}M_{32} = -M_{32}$$

n 阶的行列式可以根据任何一行 i 的余因子来计算,这样:

$$|S| = \sum_{j=1}^{n} S_{ij}C_{oij} \tag{A.33}$$

另一种做法,行列式可以根据任何一列 j 的余因子来求算出,这样:

$$|S| = \sum_{i=1}^{n} S_{ij}C_{oij} \tag{A.33a}$$

方程 A.33 和 A.33a 称为拉普拉斯展开方程。

行列式的特性。现将行列式的一些有用的特性列出如下:

1. 如果在一行或一列中所有元素均为零,则行列式为零。

2. 当任何两行或两列互换时,行列式的正负号改变。

3. 一个矩阵的行列式与其转置的行列式相同。

4. 如果一行(或一列)中各元素被一常数去乘,并将其结果加于另一行(或一列)的相应元素上,行列式不变。

5. 如果一行(或一列)可由其他行(或列)的线性组合来建立,那么该行列式为零。由此得出如果两行或两列相等则该行列式为零。

6. 第 i 行中各元素与另一 m 行的相应余因子的乘积之和为零。这样,对于矩阵$[S]_{n\times n}$:

$$\sum_{j=1}^{n} S_{ij} C_{omj} = 0 \quad (\text{当} \ i \neq m) \tag{A.34}$$

这是拉普拉斯展开式的一般形式，它可与方程 A. 33 对照。当 $m=$ 时，方程 A. 33 给出行列式 $|S|$ 的值。类似地，第 j 列中各元素与另外第 m 列的余因子的乘积之和为零，我们可以写出：

$$\sum_{j=1}^{n} S_{ij} C_{omj} = 0 \quad (\text{当} \ j \neq m) \tag{A.34a}$$

当 $m=j$ 时，总和等于 $|S|$（见方程 A. 33a）。

这最后特性将被用于导出矩阵之逆。

应用余因子进行矩阵求逆：考虑对矩阵 $[S]_{n\times n}$ 需要求其逆 $[S]^{-1}$。我们写出由 $[S]$ 中各元素的余因子 C_{oij} 构成的一个新矩阵 $[C_o]$，然后写出下列乘积：

$$[S]_{n\times n}[C_o]_{n\times n}^{\mathrm{T}} = [B]_{n\times n} \tag{A.35}$$

从矩阵乘法的定义（方程 A. 9），$\lfloor B \rfloor$ 的任一元素为：

$$B_{ij} = \sum_{r=1}^{n} S_{ir} C_{ojr}$$

从方程 A. 33 和 A. 34，我们可以看到当 $i \neq j$ 时，上面方程中的总和为零；当 $i=j$ 时，则等于 $|S|$。所以，$[B]$ 是为一个所有对角线元素等于 $|S|$ 的对角线矩阵。这样，我们可以写出 $[B]=|S|[I]$。因而，借代入方程 A. 35，并用 $|S|$ 去除，我们得到

$$\frac{1}{[S]}[S][C_o]^{\mathrm{T}} = [S][S]^{-1} = [\mathrm{I}]$$

从而

$$[S]^{-1} = \frac{[C_o]^{\mathrm{T}}}{|S|} \tag{A.36}$$

从方程 A. 36，显然仅当 $|S| \neq 0$ 时，才可能用 $|S|$ 去除。由此得出只是具有非零行列式的矩阵才有逆。当其行列式为零时，矩阵说成是奇异者（其逆不存在）。

A. 9　联立线性方程的求解

考虑具有 n 个未知数的 n 个线性方程系：

$$[a]_{n\times n}\{x\}_{n\times 1} = \{c\}_{n\times 1} \tag{A.37}$$

如果 $\{c\}$ 中所有元素均为零，那么该方程系称为是齐次者。这种方程系出现于特征问题中，如结构分析中的稳定问题和振动问题。本节我们将仅讨论 $\{c\}$ 的所有元素不全为零的非齐次方程。

当行列 $|a|$ 为非零时，非齐次方程系存在唯一解。如果 $|a|=0$，亦即如果 $[a]$ 是奇异者，则方程 A. 37 可能无解或可能有无穷多个解。如果行列式 $|a|$ 与 $[a]$ 的诸余因子相比很小，那么该方程系说成是病态者，反之为良态方程。病态方程的行列式 $|a|$ 说成是殆奇异者。

对于本书来说，叙述两种求解联立方程系的方法是有益的。根据其中一种，通常所说的格拉姆规则（Cramer's rule），方程 A. 37 的解为：

$$
\left.\begin{aligned}
x_1 &= \frac{1}{|a|}\begin{vmatrix} c_1 & a_{12} & \cdots & a_{1n} \\ c_2 & a_{22} & \cdots & a_{2n} \\ \cdots & \cdots & \cdots & \cdots \\ c_n & a_{n2} & \cdots & a_{nn} \end{vmatrix} \\
x_2 &= \frac{1}{|a|}\begin{vmatrix} a_{11} & c_1 & \cdots & a_{1n} \\ a_{12} & c_2 & \cdots & a_{2n} \\ \cdots & \cdots & \cdots & \cdots \\ a_{1n} & c_n & \cdots & a_{nn} \end{vmatrix} \\
x_n &= \frac{1}{|a|}\begin{vmatrix} a_{11} & a_{12} & \cdots & c_1 \\ a_{12} & a_{22} & \cdots & c_2 \\ \cdots & \cdots & \cdots & \cdots \\ a_{1n} & a_{n2} & \cdots & c_n \end{vmatrix}
\end{aligned}\right\} \tag{A. 38}
$$

每一个未知数 x_i 借具有与行列 $|a|$ 相同元素但第 i 列被列向量 $\{c\}$ 所代替的矩阵去乘行列式 $|a|$ 的倒数求出。行列式的求算涉及大量运算，当方程的数目为 2 或 3 时，格拉姆规则多半是最适用的方法。当方程的个数很多时，其他方法则需要较少的运算。然而，格拉姆规则适于解释有关行列式 $|a|$ 为很小或为零情况时前面叙述中的若干部分。

$$
\begin{bmatrix} S_{11} & S_{12} \\ S_{21} & S_{22} \end{bmatrix}\begin{Bmatrix} D_1 \\ D_2 \end{Bmatrix} = \begin{Bmatrix} F_1 \\ F_2 \end{Bmatrix} \tag{A. 39}
$$

应用方程 A. 38，

$$
\left.\begin{aligned}
D_1 &= \frac{\begin{vmatrix} F_1 & S_{12} \\ F_2 & S_{22} \end{vmatrix}}{\begin{vmatrix} S_{11} & S_{12} \\ S_{21} & S_{22} \end{vmatrix}} = \frac{F_1 S_{22} - F_2 S_{12}}{S_{11}S_{22} - S_{12}S_{21}} \\
D_2 &= \frac{\begin{vmatrix} S_{11} & F_1 \\ S_{21} & F_2 \end{vmatrix}}{\begin{vmatrix} S_{11} & S_{12} \\ S_{21} & S_{22} \end{vmatrix}} = \frac{F_2 S_{11} - F_1 S_{21}}{S_{11}S_{22} - S_{12}S_{21}}
\end{aligned}\right\} \tag{A. 40}
$$

$[S]$ 的逆可按第 A. 7 节中所说明的那样借两次求解方程 A. 39 来得到，一次以 $\{F_1, F_2\} = \{1, 0\}$，另一次以 $\{F_1, F_2\} = \{0, 1\}$。这样

$$
\begin{bmatrix} S_{11} & S_{12} \\ S_{21} & S_{22} \end{bmatrix}^{-1} = \frac{1}{(S_{11}S_{22} - S_{12}S_{21})}\begin{bmatrix} S_{22} & -S_{12} \\ -S_{21} & S_{11} \end{bmatrix} \tag{A. 41}
$$

于是我们可以看出 2 ×2 阶矩阵的逆，为行列式的倒数与原来矩阵中主对角线上两元素互换而另两个元素改变正负号的矩阵之乘积。

最通常用于线性方程求解（以及对矩阵求逆）的方法是初等代数中所介绍的消除法。已

经提出了消除方法的几种过程[1]，而且现在对于数字计算机有标准程序可以利用。这些过程和它们的优点的讨论超出了本书范围，这里我们将限于讨论适用计算尺或台式计算器的一种方法。

在 P. D. 克劳特（P. D. Crout）[2]建议的过程中，其计算是排成两个表。让我们对四个方程的方程系$[a]_{4\times4}\{x\}_{4\times1}=\{c\}_{4\times1}$来考虑这种过程，其表为：

所 给 方 程

a_{11}	a_{12}	a_{13}	a_{14}	c_1
a_{21}	a_{22}	a_{23}	a_{24}	c_2
a_{31}	a_{32}	a_{33}	a_{34}	c_3
a_{41}	a_{42}	a_{43}	a_{44}	c_4

辅 助 量

b_{11}	b_{12}	b_{13}	b_{14}	d_1
b_{21}	b_{22}	b_{23}	b_{24}	d_2
b_{31}	b_{32}	b_{13}	b_3	d_3
b_{41}	b_{42}	b_{43}	b_{44}	d_4

解

x_1	x_2	x_3	x_4

第一个表不需要计算，借$[a]$和$\{c\}$的元素简单地构成。

第二个表包括根据一系列计算模式确定的辅助量。此表中第一列的诸元素$\{b_{11},b_{21},b_{31},b_{41}\}$与$\{a_{11},a_{21},a_{31},a_{41}\}$列的元素相同，简单地从第一个表抄得。第一行中各量确定如下：

$$[b_{12},b_{13},b_{14},d_1]=\frac{1}{b_{11}}[a_{12}a_{13}a_{14}c_1]$$

然后第二列（b_{22}至b_{42}）按下面来完成：

$$\begin{Bmatrix}b_{22}\\b_{32}\\b_{42}\end{Bmatrix}=\begin{Bmatrix}(a_{22}-b_{21}b_{12})\\(a_{32}-b_{31}b_{12})\\(a_{42}-b_{41}b_{12})\end{Bmatrix}$$

其次，第二行（b_{23}至d_2）按下面来完成：

$[b_{23},b_{24}d_2]=\frac{1}{b_{22}}[(a_{23}-b_{21}b_{13}),(a_{24}-b_{21}b_{14}),(c_2-b_{21}d_1)]$按对角线向下进行，从对角线元素$b_{ii}$开始完成一列，接着完成对角线右边一行。

上面例子中完成第三列和第三行所需要的各元素计算如下：

$$\begin{Bmatrix}b_{33}\\b_{43}\end{Bmatrix}=\begin{Bmatrix}(a_{33}-b_{31}b_{13}-b_{42}b_{23})\\(a_{43}-b_{41}b_{13}-b_{42}b_{23})\end{Bmatrix}$$

1　见数值法方面的参考文献，例如，S. H. Grandall. Engineering Analysis. McGraw – Hill，New York，1956。

2　P. D. Crout. A Shout Method for Evaluating Determinants and Solving Systems of Linear Equations with Real or Complex Coefficients. Trans，AIEE，1941（60）：1235 – 1240。

$$[b_{34}d_3]=\frac{1}{b_{33}}[(a_{34}-b_{31}b_{14}-b_{32}b_{24}),(c_3-b_{31}d_1-b_{32}d_2)]$$

最后,完成最后一行,其元素 b_{44} 和 d_4 确定为:

$$b_{44}=a_{44}-b_{41}b_{14}-b_{42}b_{24}-b_{43}b_{34}$$

$$d_4=\frac{1}{b_{44}}(c_4-b_{41}d_1-b_{42}d_2-b_{43}d_3)$$

从上面,我们可以看出克劳特第二个表中对角线元素 b_{11},b_{22},b_{33} 和 b_{44} 以及对角线下面各元素借一个运算模式来确定。对于表的其他部分,除了还要用对角线元素 b_{ii} 去除之外,要按照相同的模式来进行。

所有这些运算可以归纳如下。任一元素 $b_{ij},j\leqslant i$ 时,用下式计算:

$$b_{ij}=a_{ij}-\sum_{r=1}^{j-1}b_{ir}b_{rj} \tag{A.42}$$

任一元素 $b_{ij},i<j$ 时,用下式确定:

$$b_{ij}=\frac{1}{b_{ii}}-[a_{ij}\sum_{r=1}^{i-1}b_{ir}b_{rj}] \tag{A.43}$$

$d_1\cdots d_4$ 诸元素用方程 A.43 来确定,对于$\{c\}$和$\{d\}$列,如同它们分别是矩阵$[a]$和$[b]$的最后列那样来处理。

上面方法实际上是一种消除方法,在该方法中原来的方程简化为

$$\begin{bmatrix}1&b_{12}&b_{13}&b_{14}\\0&1&b_{23}&b_{24}\\0&0&1&b_{34}\\0&0&0&0\end{bmatrix}\begin{Bmatrix}x_1\\x_2\\x_3\\x_4\end{Bmatrix}=\begin{Bmatrix}d_1\\d_2\\d_3\\d_4\end{Bmatrix} \tag{A.44}$$

现在 x_i 的值可以从最后一个方程开始借回代方法来确定,这样

$$\left.\begin{aligned}x_4&=d_4\\x_3&=d_3-b_{34}x_4\\x_2&=d_2-b_{23}x_3-b_{24}x_4\\x_1&=d_1-b_{12}x_2-b_{13}x_3-b_{14}x_4\end{aligned}\right\} \tag{A.45}$$

在实践中,方程 A.44 和 A.45 不必写下,其答案直接置于表底面一行内。从方程 A.45 我们可以看到,在一般情况下,每一个未知数 x_j 用下式来确定:

$$x_j=\mathrm{d}_j-\sum_{r=j+1}^{n}b_{jr}x_r \tag{A.46}$$

式中 n 为未知数(或方程的)个数。

如果我们想要对$[a]$求逆,那么用形成单位矩阵的 n 个列来代替列阵$\{c\}$。这些列与前面讨论中$\{c\}$的相同方式来处理,列阵$\{d\}$用矩阵$[d]_{n\times n}$来代替。将些矩阵中每一列内 d 的各元素回代到方程 A.46,给出逆矩阵的前一列。

如果矩阵$[a]$是对称者(这通常是结构分析时所需要方程中的情况),那么因为对角线右边每一辅助量 b_{ij} 借下式与对角线下面一元素 b_{ji} 联系起来,算术运算则大为简化:

$$b_{ij}=\frac{b_{ji}}{b_{ii}}\quad i<j \tag{A.47}$$

下面诸表是应用克劳特过程求解四个对称方程的例子。

所 给 方 程

5	-4	1	0	1
-4	6	-4	1	-4
1	-4	6	-4	11
0	1	-4	7	-5

辅 助 量

5	$-\frac{4}{5}$	$\frac{1}{5}$	0	$\frac{1}{5}$
-4	$\frac{14}{5}$	$-\frac{8}{7}$	$\frac{5}{14}$	$-\frac{8}{7}$
1	$-\frac{16}{5}$	$\frac{15}{7}$	$-\frac{4}{3}$	$\frac{10}{3}$
0	1	$-\frac{20}{7}$	$\frac{17}{6}$	2

解

3	5	6	2

A.10 特 征 值

在前节中我们提到了方程$[a]_{n\times n}\{x\}_{n\times 1}=\{0\}$的求解。现在考虑的是当$[a]=[b]_{n\times n}-\lambda[I]_{n\times n}$和$\lambda$为未知的情况。换句话说，我们需要求下列方程的解：

$$([b]_{n\times n}-\lambda[I]_{n\times n})\{x\}_{n\times 1}=\{0\} \tag{A.48}$$

方程 A.48 也可以写成

$$[b]_{n\times n}\{x\}_{n\times 1}=\lambda\{x\}_{n\times 1} \tag{A.49}$$

其意思是一列向量被一矩阵前乘得出该列向量的倍数。这样的列向量称为该矩阵的特征向量，其乘数称特征值。

方程 A.48 代表 n 个齐次线性方程系，不是$\{x\}=\{0\}$，所产生的解借下面行列式给出：

$$|[b]-\lambda[I]|=0 \tag{A.50}$$

例如，如果我们想求下列矩阵的特征值：

$$[b]=\begin{bmatrix}3 & 7 & 9\\ 7 & 11 & 7\\ 9 & 7 & 9\end{bmatrix}$$

我们可以方程 A.50 写出

$$\begin{vmatrix}3-\lambda & 7 & 9\\ 7 & 11-\lambda & 7\\ 9 & 7 & 9-\lambda\end{vmatrix}=0$$

借助于方程 $A=33a$ 展开此行列式：

$$|a| = \sum_{j=1}^{3} a_{ij} C_{oij}$$

选择 $i=1$,我们得到

$$|a| = (3-\lambda)[(11-\lambda)(9-\lambda)-7\times7]-7[(9-\lambda)-7\times9]+9[7\times7 -(11-\lambda)\times9]=0$$

从它得到

$$\lambda^3-23\lambda^2-20\lambda+300=0$$

因而,λ 的三个值为 23.31,3.44 和 −3.75。正如所预料,特征值的个数等于矩阵的阶。在许多实际问题中,仅只对最大特征值关心。

一般当[b]为 n 阶时,方程 A.50 中行列式的展开式给出下面形式的 λ 多项式:

$$\lambda^n+c_1\lambda^{n-1}+c_2\lambda^{n-2}+\cdots+c_n=0 \tag{A.51}$$

这个方程称为矩阵[b]的特征方程,其解给出满足下列诸条件的特征值 $\lambda_1,\lambda_2\cdots\lambda_n$:

$$\sum_{i=1}^{n}\lambda_i = \sum_{i=1}^{n} b_{ii} \tag{A.52}$$

和

$$\lambda_1\times\lambda_2\times\cdots\times\lambda_n=|b| \tag{A.53}$$

上面例子中所得的特征值可用这两个方程来校核。

相应于各 λ 值的特征向量可借 λ 代入方程 A.48 并求解来得到。由于方程 A.48 是为齐次者,对每一特征值只能确定 x 的相对值。我们可以假设 $x_1=1$,应用($n-1$)个方程求解其他值,上面的方程可以用于校核计算。

我们不求算行列式,而可以应用导出具有最大绝对值的特征值的一种迭代法。在这种方法中,我们假设特征向量$\{x\}$的值,代入方程 A.49 的左边。因而,我们求出一个 λ 值和一个新的$\{x\}$值。如果这个新$\{x\}$值等于所假设的值,那么我们解出了问题,其 λ 是为所需要求的特征值,其$\{x\}$是为所需要的特征向量。然而,如果两个$\{x\}$值之间存在不符时,我们应该用新的值作为第二次求算[b]$\{x\}$中的假设值。重复这种过程直至方程 A.49 得到满足为止。

在许多实践问题中,相应于最大 λ 的$\{x\}$的好的估算可以从可利用的实际资料来做到,这样得到很快收敛。

作为例子,让我们考虑早已给出的矩阵[b],并假设其向量$\{x^{(1)}\}$如下。于是

$$\begin{pmatrix}3&7&9\\7&11&7\\9&7&9\end{pmatrix}\underset{\{x^{(1)}\}}{\begin{Bmatrix}1.0\\1.2\\1.1\end{Bmatrix}}=\begin{Bmatrix}22.2\\28.6\\27.3\end{Bmatrix}=22.2\underset{\{x^{(2)}\}}{\begin{Bmatrix}1.00\\1.29\\1.23\end{Bmatrix}}$$

由于$\{x^{(2)}\}\neq\{x^{(1)}\}$,我们用$\{x^{(2)}\}$重复乘法

$$\begin{pmatrix}3&7&9\\7&11&7\\9&7&9\end{pmatrix}\underset{\{x^{(2)}\}}{\begin{Bmatrix}1.00\\1.29\\1.23\end{Bmatrix}}=\begin{Bmatrix}23.10\\29.80\\29.10\end{Bmatrix}=23.10\underset{\{x^{(3)}\}}{\begin{Bmatrix}1.00\\1.29\\1.26\end{Bmatrix}}$$

由于$\{x^{(2)}\}\approx\{x^{(3)}\}$,我们求出了特征向量,而且 $\lambda\approx23.10$ 是为最大特征值。应用$\{x^{(3)}\}$重复进行第三次乘法,得到 $\lambda=23.37$,它非常接近精确解。

习　题

A.1　已知矩阵

$$[A]=\begin{bmatrix}1 & 0 & 2\\3 & 1 & 1\end{bmatrix}\quad [B]=\begin{bmatrix}4 & 2\\2 & 31\end{bmatrix}$$

如果可能的话,试进行下列矩阵运算:

(a)$[A][B]$

(b)$[A]^{\mathrm{T}}[B]$

(c)$[A]^{\mathrm{T}}[B][A]$

(d)$[A][B]^{\mathrm{T}}[A]^{\mathrm{T}}$

(e)试证明:如果$[B]$是对称的,那么乘积$[A]^{\mathrm{T}}[B][A]$也必定是对称的。

A.2　如习题 A.1 那样已知$[A]$和$[B]$,还已知

$$[C]=\begin{bmatrix}3 & 2 & 0\\1 & 0 & 2\end{bmatrix}$$

试进行下列运算

(a)$[B][A+C]$

(b)$[B][A]+[B][C]$

注意,分配律$[B][A+C]=[B][A]+[B][C]$适用于矩阵。

A.3　证明方程 A.14。

A.4　试求下列矩阵的逆:

$$(a)\begin{bmatrix}5 & -2\\-2 & 3\end{bmatrix}$$

$$(b)\begin{bmatrix}2 & -1 & 0\\-1 & 2 & -1\\0 & -1 & 2\end{bmatrix}(c)\begin{bmatrix}5 & -4 & 1\\-4 & 6 & -4\\1 & -4 & 7\end{bmatrix}$$

A.5　图内(a)部分中坐标 1 和 2 代表悬梁 AB 上 A 端处力 F_1 和 F_2 以及位移 D_1 和 D_2 的正方向。由于力(竖直荷载或力偶)的单位值引起的位移(挠度或转动)给于(b)部分和(c)部分中,这些位移排列于柔度矩阵中:

$$[f]=\begin{bmatrix}f_{11} & f_{12}\\f_{21} & f_{22}\end{bmatrix}=\begin{bmatrix}l/(EI) & -l^2/(2EI)\\-l^2/(2EI) & l^3/(3EI)\end{bmatrix}$$

假设由于力$\{F_1,F_2\}$产生的位移$\{D_1,D_2\}$可借叠加方程得到:

$$\begin{bmatrix}f_{11} & f_{12}\\f_{21} & f_{22}\end{bmatrix}\begin{Bmatrix}F_1\\F_2\end{Bmatrix}=\begin{Bmatrix}D_1\\D_2\end{Bmatrix}$$

(a)试求由于 $F_1=\dfrac{Pl}{2}$和 $F_2=P$ 同时作用产生的位移。

(b)试求相应于位移 $D_1=1$ 和 $D_2=0$ 的力 S_{11}和 S_{21}。草绘梁的挠曲形状。

(c)试求相应于位移 $D_1=0$ 和 $D_2=1$ 的力 S_{12}和 S_{22}。草绘梁的挠曲形状。

(d)试说明用(b)和(c)中所得到的力构成的刚度矩阵。

$$[S]=\begin{bmatrix} S_{11} & S_{12} \\ S_{21} & S_{22} \end{bmatrix}$$

是柔度矩阵$[f]$之逆。

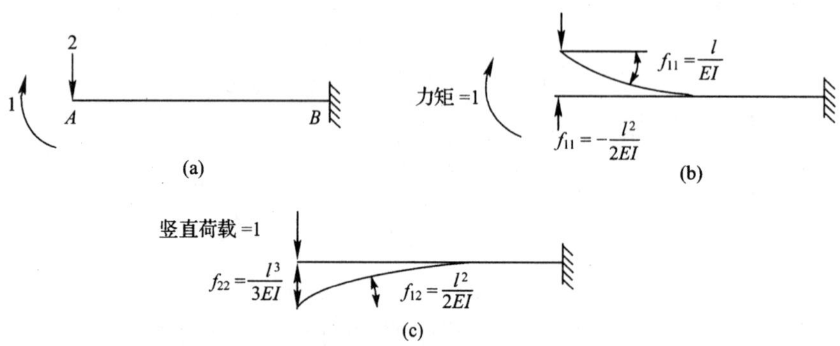

习题 A.5 图

A.6 图中梁的刚度矩阵为

$$[S]=\frac{EI}{l^3}\begin{bmatrix} 9.6 & -8.4 \\ -8.4 & 9.6 \end{bmatrix}$$

沿坐标1和坐标2的力$\{F\}=\{F_1,F_2\}$与相应位移$\{D\}=\{D_1,D_2\}$按$[S]\{D\}=\{F\}$联系起来。

(a)试草绘当作用的力$F_1=S_{11}$和$F_2=S_{21}$时梁的挠曲形状。

(b)试求刚度矩阵$[S]$的逆。又问所得的矩阵表示什么?

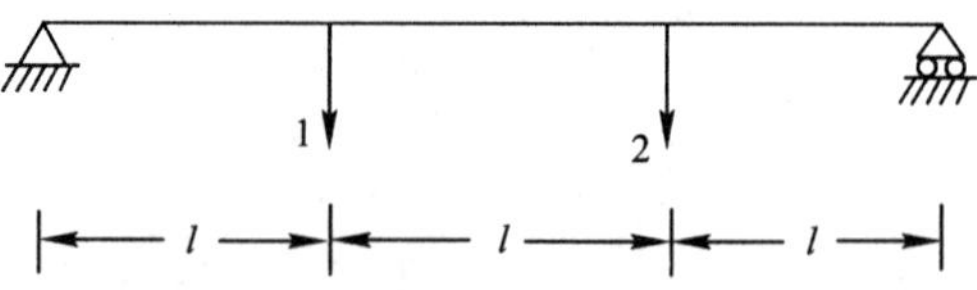

习题 A.6 图

A.7 图中(a)部分所示梁的刚度矩阵为:

$$[S]=\frac{4EI_0}{l}\left(\begin{array}{cc|cc} 4 & 0 & 2 & \frac{12}{l} \\ 0 & 2 & 1 & \frac{6}{l} \\ \hline 2 & 1 & 6 & \frac{6}{l} \\ \frac{12}{l} & -\frac{6}{l} & \frac{6}{l} & \frac{72}{l^2} \end{array}\right) \tag{a}$$

沿诸坐标的力P_1,P_2,P_3和P_4与相应位移D_1,D_2,D_3按下面联系起来:

$$\left[\begin{array}{c|c} [S_{11}] & [S_{12}] \\ \hline [S_{21}] & [S_{22}] \end{array}\right]\left\{\begin{array}{c} \{D_1\} \\ \hline \{D_2\} \end{array}\right\}=\left\{\begin{array}{c} \{F_1\} \\ \hline \{F_2\} \end{array}\right\} \tag{b}$$

式中$[S_{11}]$,$[S_{12}]$等为$[S]$中的分块矩阵,而

$$\{D_1\}=\begin{Bmatrix}D_1\\D_2\end{Bmatrix}\qquad\{D_2\}=\begin{Bmatrix}D_3\\D_4\end{Bmatrix}$$

$$\{F_1\}=\begin{Bmatrix}P_1\\P_2\end{Bmatrix}\qquad\{F_2\}=\begin{Bmatrix}P_3\\P_4\end{Bmatrix}$$

借将 $\{F_2\}=\{0\}$ 代入方程(b),求出联系沿习题 A.7(b)中所示坐标的诸力与诸位移的矩阵 $[S]^*$,以致

$$[S^*]\{D_1\}=\{F_1\}\tag{c}$$

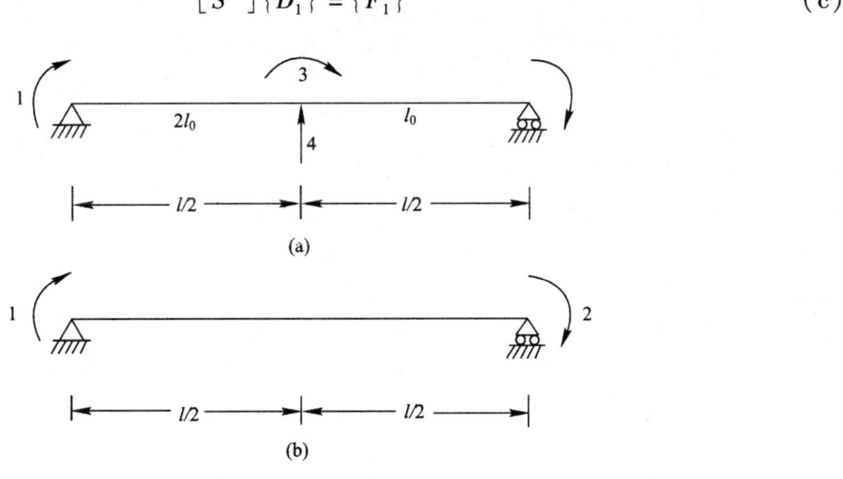

习题　A.7 图

A.8　试求解下列各联立方程:

(a)
$$\begin{bmatrix}8&-2\\-3&11\end{bmatrix}\begin{Bmatrix}x_1\\x_2\end{Bmatrix}=\begin{Bmatrix}18\\-17\end{Bmatrix}$$

(b)
$$\begin{bmatrix}4&-2&1\\-3&8&-2\\2&-5&10\end{bmatrix}\begin{Bmatrix}x_1\\x_2\\x_3\end{Bmatrix}=\begin{Bmatrix}2\\13\\27\end{Bmatrix}$$

(c)
$$\begin{bmatrix}2&1&0\\1&2&1\\0&1&2\end{bmatrix}\begin{Bmatrix}x_1\\x_2\\X_3\end{Bmatrix}=\begin{Bmatrix}1\\1\\1\end{Bmatrix}$$

(d)
$$\frac{EI}{l}\begin{pmatrix}\dfrac{108}{l^2}&-\dfrac{6}{l}&-\dfrac{24}{l}\\-\dfrac{6}{l}&8&2\\-\dfrac{24}{l}&2&12\end{pmatrix}\begin{Bmatrix}D_1\\D_2\\D_3\end{Bmatrix}=P\begin{Bmatrix}0.5\\l\\-\dfrac{l}{8}\end{Bmatrix}$$

(e)
$$\frac{l}{6EI}\begin{pmatrix}4&1&0\\1&4&1\\0&1&4\end{pmatrix}\begin{Bmatrix}F_1\\F_2\\F_3\end{Bmatrix}=\begin{Bmatrix}\dfrac{1}{l}\\0\\0\end{Bmatrix}$$

A.9　试求出习题 A.4(a)和(c)中矩阵的特征值。求算相应于最大特征值的特征向量。

A. 10　试用迭代法求算下面矩阵的最小特征值：

$$[a]=\begin{pmatrix} 2 & -1 & 0.5 \\ -1 & 2 & 0 \\ -1 & -1 & 3.5 \end{pmatrix}$$

$[a]^{-1}$的特征值为$[a]$的特征值的倒数。为了用迭代法求出$[a]^{-1}$的最大特征值，假设特征向最代表一端铰接另一端为嵌固的柱的屈曲型式。特征向量的各元素与柱轴线上等间距点处的挠度成正比（见图 14.8(b)）。

附录 B　棱柱形体的位移

下面给出梁的弯曲刚度 EI 和扭转刚度 GJ 为常数时，在所示每一梁上荷载作用下的位移。位移的正方向以向下为正；转动以顺时针为正。剪力引起的变形忽略不计。

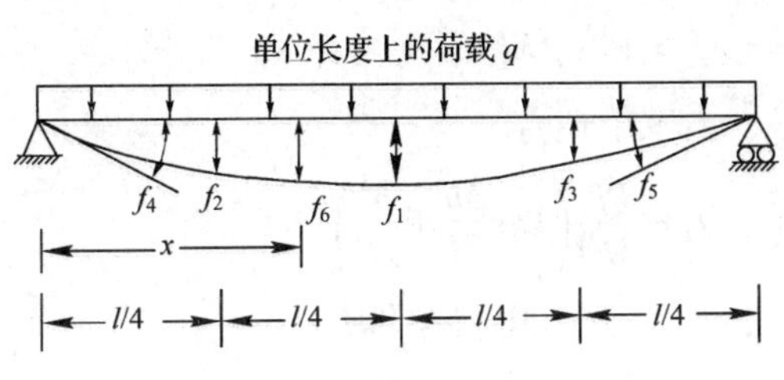

$$f_1 = \frac{5}{384}\frac{ql^4}{EI}$$

$$f_2 = f_3 = \frac{19}{2048}\frac{ql^4}{EI}$$

$$f_4 = -f_5 = \frac{ql^3}{24EI}$$

$$f_6 = \frac{qx}{24EI}(l^3 - 2lx^2 + x^3)$$

$$f_1 = \frac{P(l-b)}{6lEI}(2lb - b^2 - x^2) \qquad 当\ x \leqslant b$$

$$f_1 = \frac{Pb(l-x)}{6lEI}(2lx - x^2 - b^2) \qquad 当\ x \geqslant b$$

$$f_2 = \frac{Pb(l-b)}{6lEI}(2l - b)$$

$$f_3 = -\frac{Pb}{6lEI}(l^2 - b^2)$$

当 $b = l/2$，$f_2 = -f_3 = Pl^2/(16EI)$，且 $f_1 = Pl^3/48EI$ 在 $x = l/2$ 处

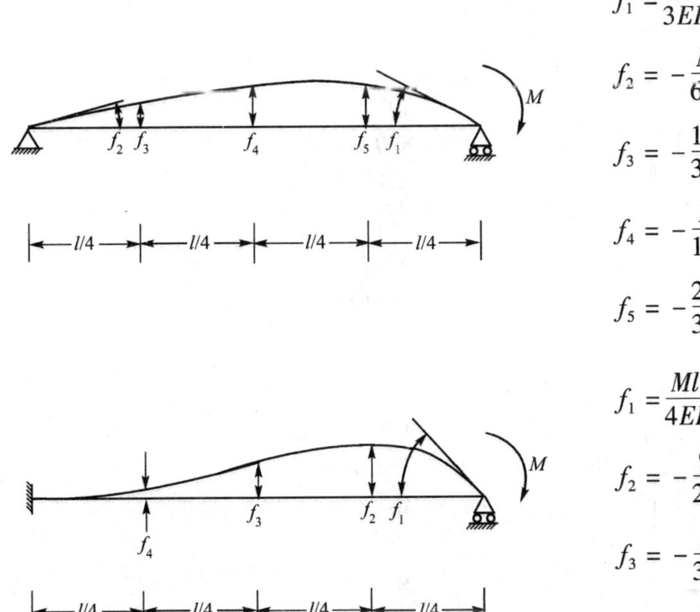

$$f_1 = \frac{Ml}{3EI}$$

$$f_2 = -\frac{Ml}{6EI}$$

$$f_3 = -\frac{15Ml^2}{384EI}$$

$$f_4 = -\frac{Ml^2}{16EI}$$

$$f_5 = -\frac{21Ml^2}{384EI}$$

$$f_1 = \frac{Ml}{4EI}$$

$$f_2 = -\frac{9Ml^2}{256EI}$$

$$f_3 = -\frac{Ml^2}{32EI}$$

$$f_4 = -\frac{3Ml^2}{256EI}$$

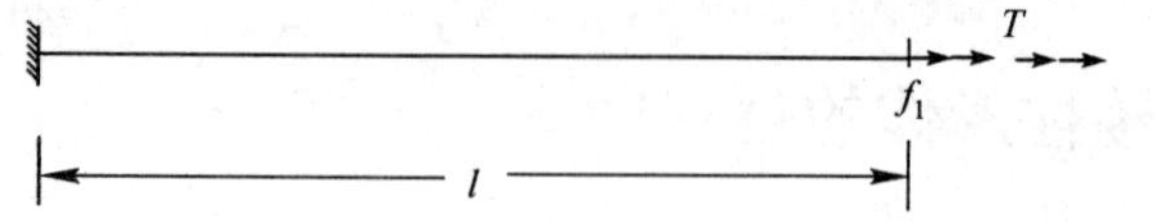

$f_1 = \dfrac{Tl}{GJ}$

（剪切效应不计）

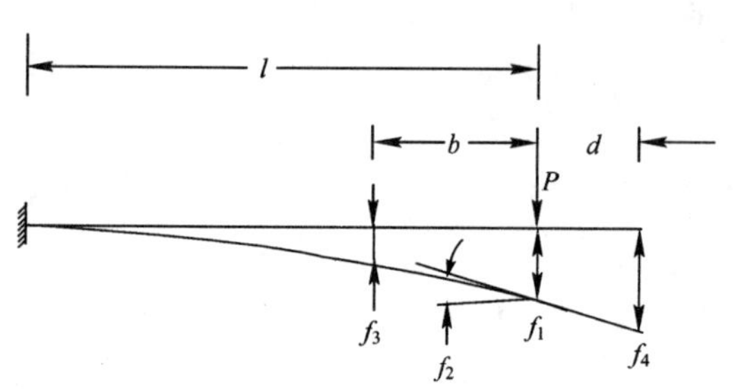

$f_1 = \dfrac{Pl^3}{3EI}$

$f_2 = Pl^2/2EI$

$f_4 = f_1 + df_2$

$f_3 = \dfrac{Pl^3}{3EI}\left(1 - \dfrac{3b}{2l} + \dfrac{b^3}{2l^3}\right)$

当 $0 \leqslant b \leqslant l$ 时

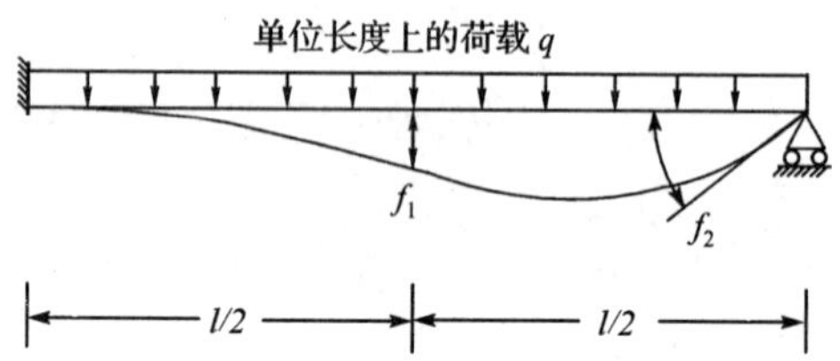

$f_1 = \dfrac{ql^4}{192EI}$

$f_2 = -\dfrac{ql^3}{48EI}$

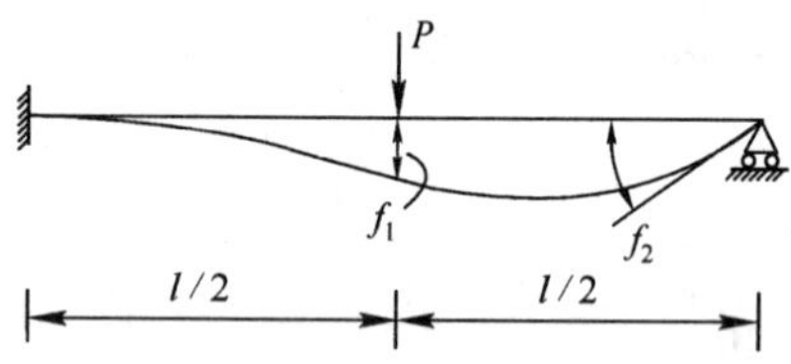

$f_1 = \dfrac{7Pl^3}{768EI}$

$f_2 = -\dfrac{Pl^2}{32EI}$

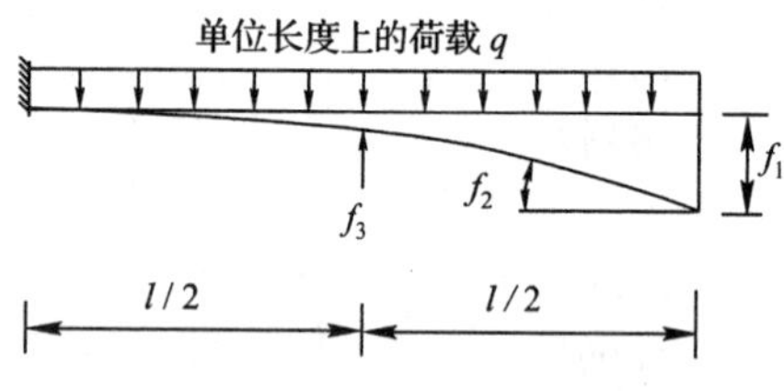

$f_1 = \dfrac{ql^4}{8EI}$

$f_2 = \dfrac{ql^3}{6EI}$

$f_3 = \dfrac{17ql^4}{384EI}$

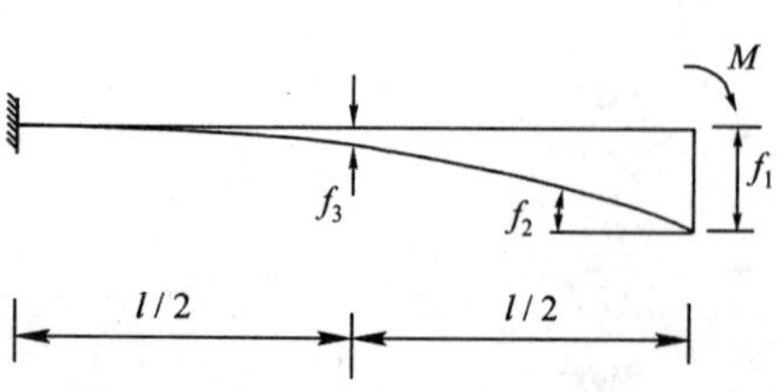

$f_1 = \dfrac{Ml^2}{2EI}$

$f_2 = \dfrac{Ml}{EI}$

$f_3 = \dfrac{Ml^2}{8EI}$

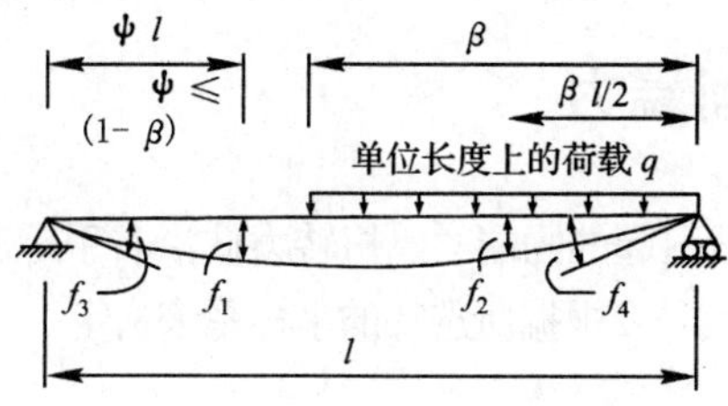

$$f_1=\frac{ql^4}{24EI}\beta^2\psi(2-\beta^2-2\psi^2)$$

$$f_2=\frac{ql^4}{384EI}\beta^3(32-39\beta+12\beta^2)$$

$$f_3=\frac{ql^3}{24EI}\beta^2(2-\beta^2)$$

$$f_4=-\frac{ql^3}{24EI}\beta^2(4-4\beta+\beta^2)$$

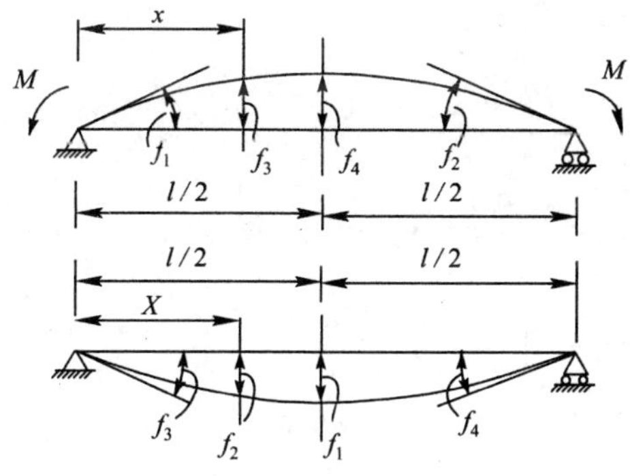

$$f_1=-f_2=-\frac{Ml}{2EI}$$

$$f_3=-\frac{Mx(l-x)}{2EI}\quad f_4=-\frac{Ml^2}{8EI}$$

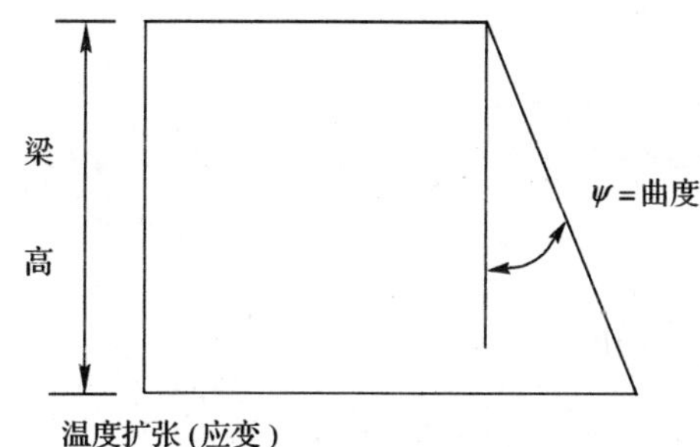

$$f_1=\psi l^2/8$$

$$f_2=\frac{\psi x(l-x)}{2}$$

$$f_3=-f_4=\frac{\psi l}{2}$$

附录 C　棱柱形杆的固端力

下面给出梁的弯曲刚度和扭转刚度为常数时由于作用荷载引起的固端力。扭转力偶沿右手螺旋向右前进的转动方向为正值。当端力用于位移法时,相应的正负号要根据所选择的坐标系来指定。

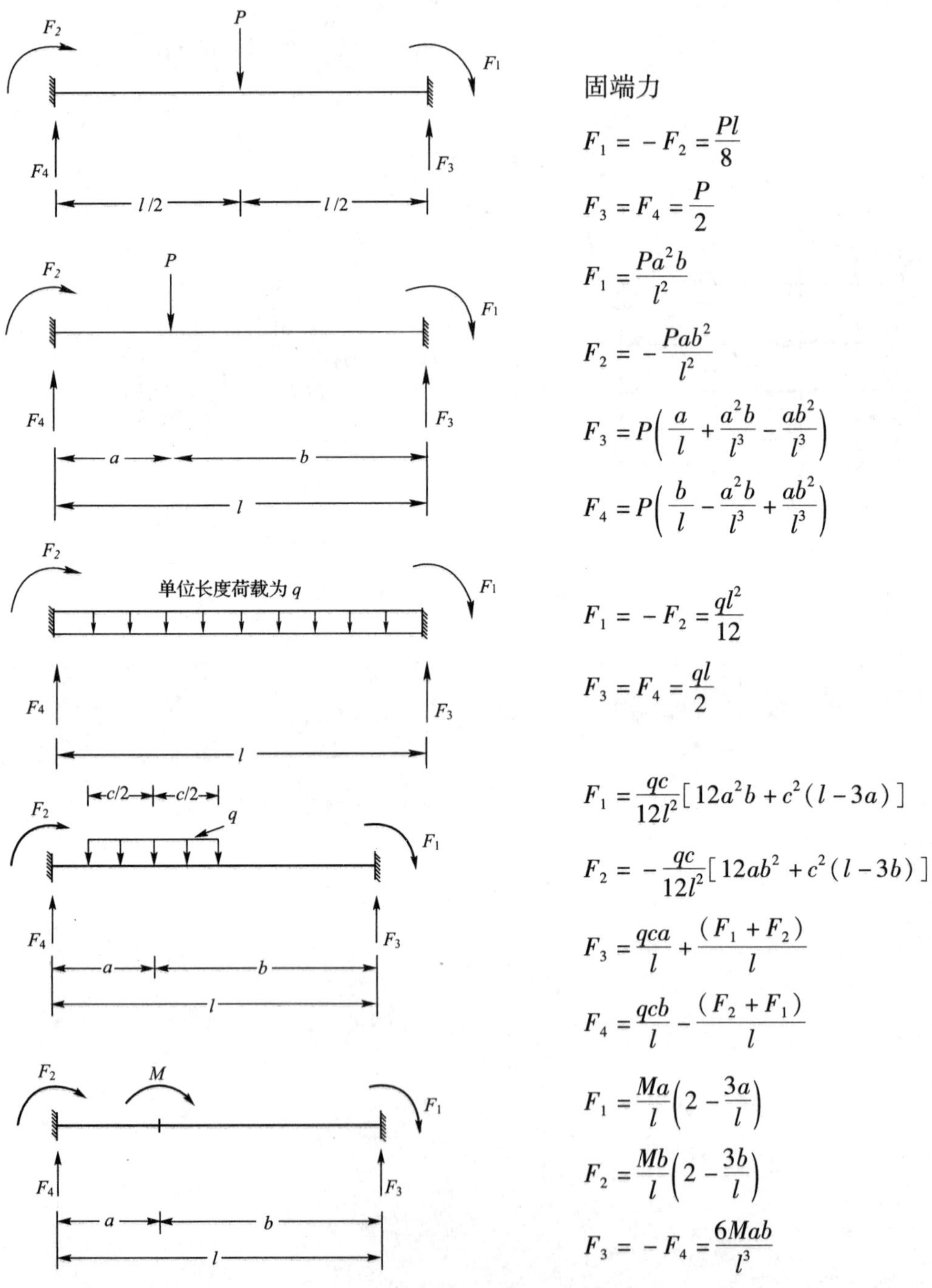

固端力

$$F_1 = -F_2 = \frac{Pl}{8}$$

$$F_3 = F_4 = \frac{P}{2}$$

$$F_1 = \frac{Pa^2b}{l^2}$$

$$F_2 = -\frac{Pab^2}{l^2}$$

$$F_3 = P\left(\frac{a}{l} + \frac{a^2b}{l^3} - \frac{ab^2}{l^3}\right)$$

$$F_4 = P\left(\frac{b}{l} - \frac{a^2b}{l^3} + \frac{ab^2}{l^3}\right)$$

$$F_1 = -F_2 = \frac{ql^2}{12}$$

$$F_3 = F_4 = \frac{ql}{2}$$

$$F_1 = \frac{qc}{12l^2}[12a^2b + c^2(l-3a)]$$

$$F_2 = -\frac{qc}{12l^2}[12ab^2 + c^2(l-3b)]$$

$$F_3 = \frac{qca}{l} + \frac{(F_1 + F_2)}{l}$$

$$F_4 = \frac{qcb}{l} - \frac{(F_2 + F_1)}{l}$$

$$F_1 = \frac{Ma}{l}\left(2 - \frac{3a}{l}\right)$$

$$F_2 = \frac{Mb}{l}\left(2 - \frac{3b}{l}\right)$$

$$F_3 = -F_4 = \frac{6Mab}{l^3}$$

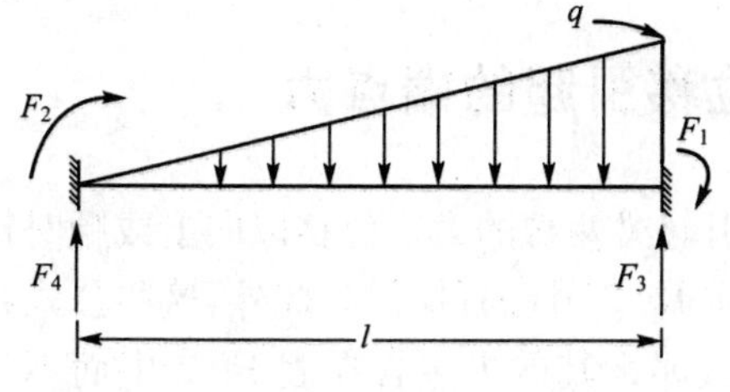

$$F_1=\frac{ql^2}{20}$$

$$F_2=-\frac{ql^2}{30}$$

$$F_3=\frac{7}{20}ql$$

$$F_4=\frac{3}{20}ql$$

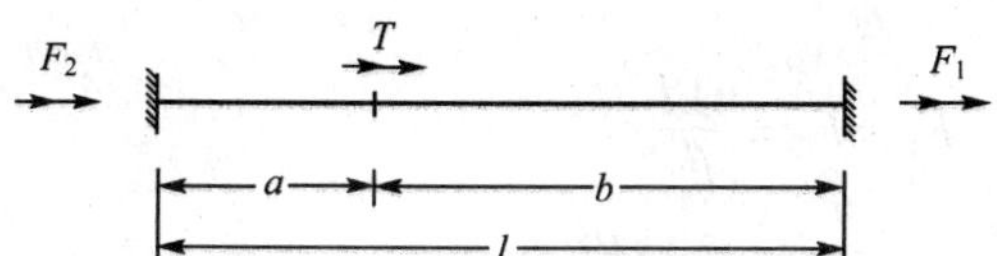

$$F_1=-\frac{Ta}{l}$$

$$F_2=-\frac{Tb}{l}$$

如果固端支承为除了最后一种以外的上述任何情型，即可以转化为一个铰或一个转动支座，则固端力可用此附录和公式 11.16 计算。举例如下：

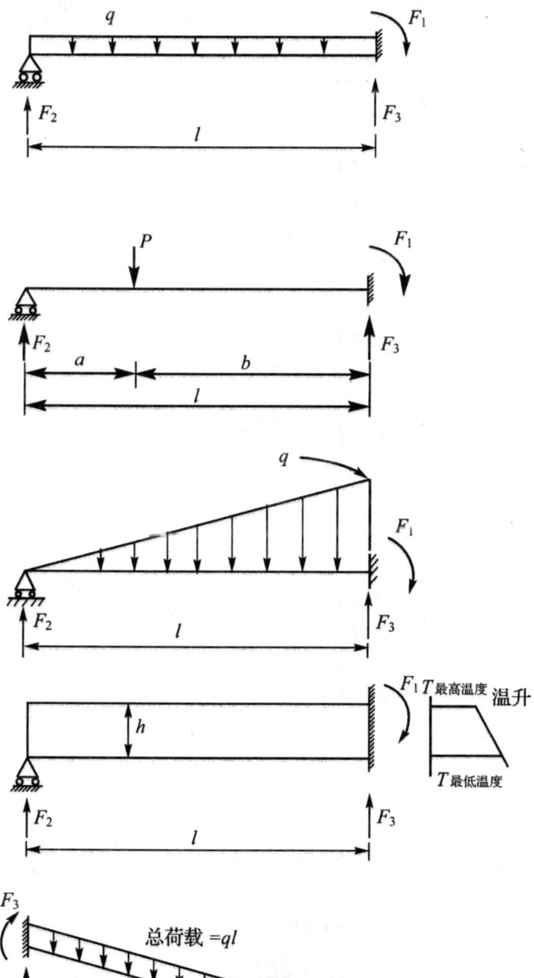

$$F_1=\frac{ql^2}{8}$$

$$F_2=\frac{3ql}{8}$$

$$F_3=\frac{5ql}{8}$$

$$F_1=\frac{Pab}{l^2}\left(a+\frac{b}{2}\right)$$

$$F_2=P\left[\frac{b}{l}-\frac{ab}{l^3}\left(a+\frac{b}{2}\right)\right]$$

$$F_3=P\left[\frac{a}{l}-\frac{ab}{l^3}\left(a+\frac{b}{2}\right)\right]$$

$$F_1=\frac{ql^2}{15}$$

$$F_2=\frac{ql}{10}$$

$$F_3=\frac{2ql}{5}$$

$$F_1=\frac{3EI\alpha}{2h}(T_{最低温度}-T_{最高温度})$$

$$F_2=-F_3=\frac{3EI}{2hl}\alpha(T_{最低温度}-T_{最高温度})$$

α 为温度膨胀系数

$$F_1=F_2=ql/2$$

$$F_3=-F_4=-ql^2/12$$

附录 D　棱柱形杆由于端点位移引起的端点力

下面给出由于梁的一端的单位平动或单位转动所引起梁两端的力。位移以向上或顺时针方向为正。由于剪力引起的变形效应略去不计。这些在 15.2 节已有探讨。此外，这些公式并不适合由轴力引起的弯矩情形，如果梁承受很大的轴力，那么其效果包含在表 14.2 中而不是应用此附录。这里梁的弯曲刚度 EI 和扭转刚度 GJ 均为常数。

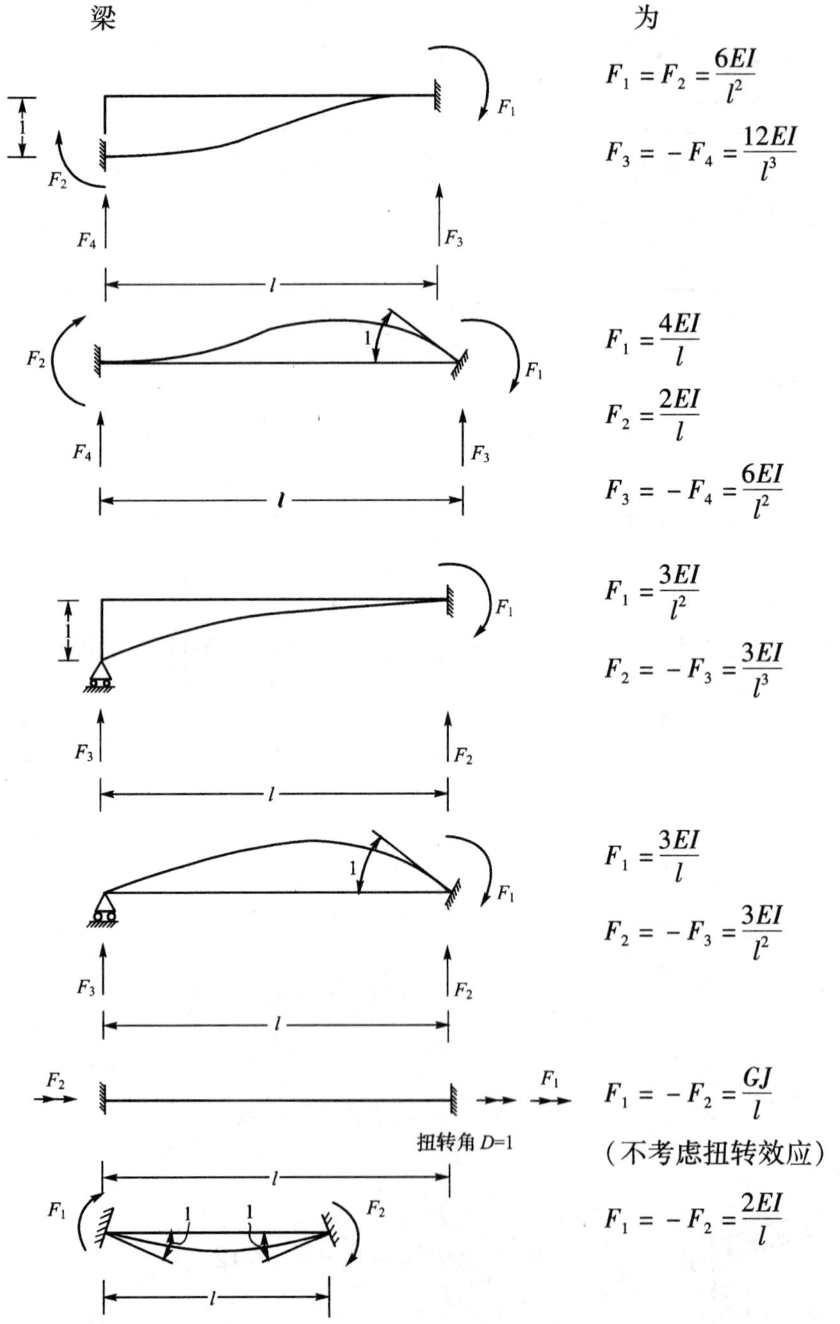

$F_1 = F_2 = \frac{6EI}{l^2}$

$F_3 = -F_4 = \frac{12EI}{l^3}$

$F_1 = \frac{4EI}{l}$

$F_2 = \frac{2EI}{l}$

$F_3 = -F_4 = \frac{6EI}{l^2}$

$F_1 = \frac{3EI}{l^2}$

$F_2 = -F_3 = \frac{3EI}{l^3}$

$F_1 = \frac{3EI}{l}$

$F_2 = -F_3 = \frac{3EI}{l^2}$

$F_1 = -F_2 = \frac{GJ}{l}$

（不考虑扭转效应）

$F_1 = -F_2 = \frac{2EI}{l}$

附录 E　由于支承处单位位移所引起连续梁各支承处的反力和弯矩

下面给出连续梁当分别于每一支承产生单位向下平动时各支承处所引起的反力和弯矩。所有距度的长度均相等为 l,并且弯曲刚度 EI 均为常数。跨数为 2(或 1)至 8。两端支承为:(a)铰结,(b)固结,(c)左端固结、右端铰结。铰结端处的弯矩已知为零,没有列于表中。

每一行中所给的值为从左端起各相邻支承处的弯矩或反力。标题下面第一行给出从左端起第一个支承的沉降效应,第二行给出从左端起第二个支承的沉降效应,等等。

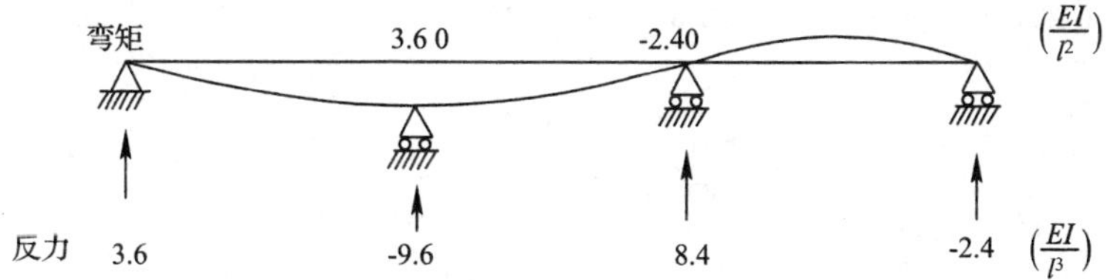

图 E. 1　附录 E 中诸表的应用说明

图 E. 1 说明应用这些表的例子:其跨数为 3,从左端起第二个支承沉降单位距离,图中值是取自相应表中的第二行。

在这些表中,当反力向上作用时该反力考虑为正值。如果弯矩使梁的底部纤维产生拉力,那么该弯矩考虑为正值。当诸反力用来建立刚度矩阵时,相应的正负号应根据所选择的坐标系来给定。

由于剪力引起的变形效应略去不计。

表 E. 1　连续梁的一个支承向下单位的效应(端支承为铰接,EI 为常数,所有跨为相当长度 l)

跨数 = 2

支承力矩,乘以 EI/l^2

-1.50000
3.00000
-1.50000

反力,乘以 EI/l^3

-1.50000	3.00000	-1.50000
3.00000	-6.00000	3.00000
-1.50000	3.00000	-1.50000

跨数 = 3

支承力矩,乘以 EI/l^2

-1.60000	0.40000
3.60000	-2.40000
-2.40000	3.60000
0.40000	-1.60000

反力,乘以 EI/l^3

-1.60000	3.60000	-2.40000	0.40000
3.60000	-9.60000	8.40000	-2.40000
-2.40000	8.40000	-9.60000	3.60000
0.40000	-2.40000	3.60000	-1.60000

续上表

跨数 = 4

支承力矩，乘以 EI/l^2

-1.60714	0.42857	-0.10714
3.64286	-2.57143	0.64286
-2.57143	4.28571	-2.57143
0.64286	-2.57143	3.64286
-0.10714	0.42857	-1.60714

反力，乘以 EI/l^3

-1.60714	3.64286	-2.57143	0.64286	-0.10714
3.64286	-9.85714	9.42857	-3.85714	0.64286
-2.57143	9.42857	-13.71428	9.42857	-2.57143
0.64286	-3.85714	9.42857	-9.85714	3.64286
-0.10714	0.64286	-2.57143	3.64286	-1.60714

跨数 = 5

支承力矩，乘以 EI/l^2

-1.60765	0.43062	-0.11483	0.02871
3.64593	-2.58373	0.68900	-0.17225
-2.58373	4.33493	-2.75598	0.68900
0.68900	-2.75598	4.33493	-2.58373
-0.17225	0.68900	-2.58373	3.64593
0.02871	-0.11483	0.43062	-1.60765

反力，乘以 EI/l^3

-1.60765	3.64593	-2.58373	0.68900	-0.17225	0.02871
3.64593	-9.87560	9.50239	-4.13397	1.03349	-0.17225
-2.58373	9.50239	-14.00956	10.53588	-4.13397	0.68900
0.68900	-4.13397	10.53588	14.00957	9.50239	-2.58373
-0.17225	1.03349	-4.13397	9.50239	-9.87560	3.64593
0.02871	-0.17225	0.68900	-2.58373	3.64593	-1.60765

表 E.2　连续梁的一个支承向下单位位移的效应（两端固定支承，EI 为常数，所有跨度相等长度 l）

跨数 = 1

支承弯矩，乘以 EI/l^2

6.00000	-6.00000
-6.00000	6.00000

反力，乘以 EI/l^3

-12.00000	12.00000
12.00000	-12.00000

跨数 = 2

支承弯矩，乘以 EI/l^2

4.50000	-3.00000	1.50000
-6.00000	6.00000	-6.00000
1.50000	-3.00000	4.50000

反力，乘以 EI/l^3

-7.50000	12.00000	-4.50000
12.00000	-24.00000	12.00000
-4.50000	12.00000	-7.50000

跨数 = 3

支承弯矩，乘以 EI/l^2

4.40000	-2.80000	0.80000	-0.40000
-5.60000	5.20000	-3.20000	1.60000
1.60000	-3.20000	5.20000	-5.60000
-0.40000	0.80000	-2.80000	4.40000

续上表

反力,乘以 EI/l^3

-7.20000　10.80000　-4.80000　1.20000
10.80000　-19.20000　13.20000　-4.80000
-4.80000　13.20000　-19.20000　10.80000
1.20000　-4.80000　10.80000　-7.20000

跨数 =4

支承弯矩,乘以 EI/l^2

4.39286　-2.78571　0.75000　-0.21429　0.10714
-5.57143　5.14286　-3.00000　0.85714　-0.42857
1.50000　-3.00000　4.50000　-3.00000　1.50000
-0.42857　0.85714　-3.00000　5.14286　-5.57143
0.10714　-0.21429　0.75000　-2.78571　4.39286

反力,乘以 EI/l^3

-7.17857　10.71428　-4.50000　1.28571　-0.32143
10.71428　-18.85713　12.00000　-5.14285　1.28571
-4.50000　12.00000　15.00000　12.00000　-4.50000
1.28571　-5.14285　12.00000　-18.85713　10.71428
-0.32143　1.28571　-4.50000　10.71428　-7.17857

跨数 =5

支承弯矩,乘以 EI/l^2

4.39235　-2.78469　0.74641　-0.20096　0.05742　-0.02871
-5.56938　5.13875　-2.98564　0.80383　-0.22966　0.11483
1.49282　-2.98564　4.44976　-2.81340　0.80383　-0.40191
-0.40191　0.80383　-2.81339　4.44976　-2.98564　1.49282
0.11483　-0.22966　0.80383　-2.98564　5.13875　-5.56938
-0.02871　0.05742　-0.20096　0.74641　-2.78469　4.39235

反力,乘以 EI/l^3

-7.17703　10.70813　-4.47847　1.20574　-0.34450　0.08612
10.70813　-18.83252　11.91387　-4.82296　1.37799　-0.34450
-4.47847　11.91387　-14.69856　10.88038　-4.82296　1.20574
1.20574　-4.82296　10.88038　-14.69856　11.91387　-4.47847
-0.34450　1.37799　-4.82296　11.91387　-18.83252　10.70813
0.08612　-0.34450　1.20574　-4.47847　10.70813　-7.17703

表 E.3　连续梁的一个支承向下单位位移的效应(左端处支承为固定,右端处支承为铰接。EI 为常数,所有跨度为 l)

跨数 =1

支承弯矩,乘以 EI/l^2

3.00000
-3.00000

反力,乘以 EI/l^2

-3.00000　3.00000
3.00000　-3.00000

跨数 =2

支承弯矩,乘以 EI/l^2

4.28571　-2.57143
-5.14286　4.28571
0.85714　-1.71428

续上表

反力,乘以 EI/l^3

-6.85714	9.42857	-2.57143			
9.42857	-13.71428	4.28571			
-2.57143	4.28571	-1.71428			

跨数 =3

支承弯矩,乘以 EI/l^2

4.38462	-2.76923	0.69231			
-5.53846	5.07692	-2.76923			
1.38461	-2.76923	3.69231			
-0.23077	0.46154	-1.61538			

反力,乘以 EI/l^3

-7.15385	10.61538	-4.15384	0.69231		
10.61539	-18.46153	10.61538	-2.76923		
-4.15384	10.61538	-10.15384	3.69231		
0.69231	-2.76923	3.69230	-1.61538		

跨数 =4

支承弯矩,乘以 EI/l^2

4.39175	-2.78350	0.74227	-0.18557		
-5.56701	5.13402	-2.96907	0.74227		
1.48454	-2.96907	4.39175	-2.59794		
-0.37113	0.74227	-2.59794	3.64948		
0.06186	-0.12371	0.43299	-1.60825		

反力,乘以 EI/l^3

-7.17526	10.70103	-4.45361	1.11340	-0.18557	
10.70103	-18.80411	11.81443	-4.45361	0.74227	
-4.45361	11.81443	-14.35051	9.58763	-2.59794	
1.11340	-4.45361	9.58763	-9.89690	3.64948	
-0.18557	0.74227	-2.59794	3.64948	-1.60825	

跨数 =5

支承弯矩,乘以 EI/l^2

4.39227	-2.78453	0.74586	-0.19889	0.04972	
-5.56906	5.13812	-2.98342	0.79558	-0.19889	
14.09171	-2.98342	4.44199	-2.78453	0.69613	
-0.39779	0.79558	-2.78453	4.34254	-2.58563	
0.09945	-0.19889	0.69613	-2.58563	3.64641	
-0.01657	0.03315	-0.11602	0.43094	-1.60773	

反力,乘以 EI/l^3

-7.17680	10.70718	-4.47513	1.19337	-0.29834	0.04972
10.70718	-18.82872	11.90055	-4.77348	1.19337	-0.19889
-4.47513	11.90055	-14.65193	10.70718	-4.17679	0.69613
1.19337	-4.77348	10.70718	-14.05524	9.51381	-2.58563
-0.29834	1.19337	-4.17679	9.51381	-9.87845	3.64641
0.04972	-0.19889	0.69613	-2.58563	3.64641	-1.60773

附录 F　几何图形的特性

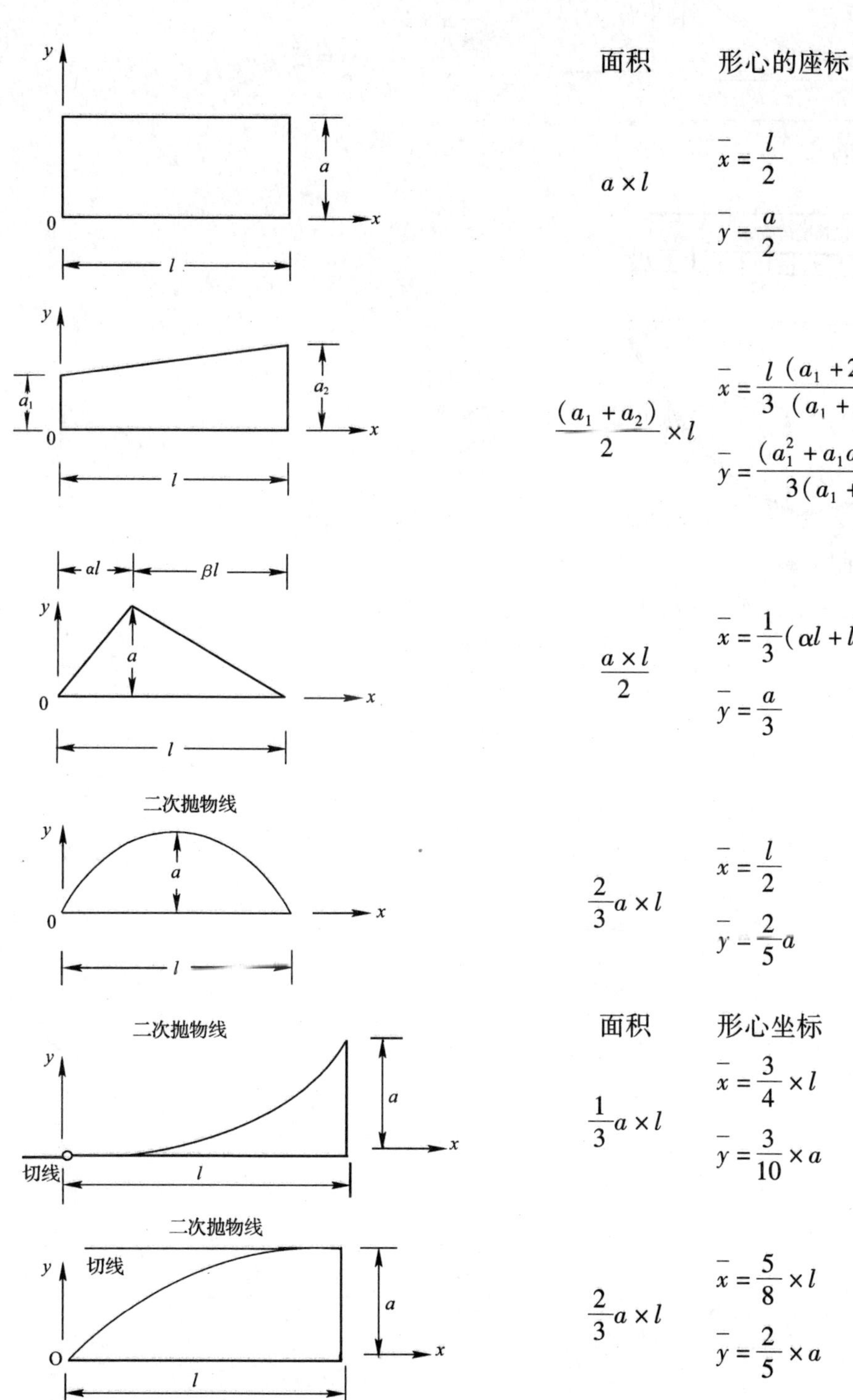

图形	面积	形心的座标 $\bar{x},\bar{y}$
矩形	$a\times l$	$\bar{x}=\dfrac{l}{2}$ $\bar{y}=\dfrac{a}{2}$
梯形	$\dfrac{(a_1+a_2)}{2}\times l$	$\bar{x}=\dfrac{l\,(a_1+2a_2)}{3\,(a_1+a_2)}$ $\bar{y}=\dfrac{(a_1^2+a_1a_2+a_2^2)}{3(a_1+a_2)}$
三角形	$\dfrac{a\times l}{2}$	$\bar{x}=\dfrac{1}{3}(\alpha l+l)$ $\bar{y}=\dfrac{a}{3}$
二次抛物线	$\dfrac{2}{3}a\times l$	$\bar{x}=\dfrac{l}{2}$ $\bar{y}=\dfrac{2}{5}a$

图形	面积	形心坐标
二次抛物线（切线在底）	$\dfrac{1}{3}a\times l$	$\bar{x}=\dfrac{3}{4}\times l$ $\bar{y}=\dfrac{3}{10}\times a$
二次抛物线（切线在顶）	$\dfrac{2}{3}a\times l$	$\bar{x}=\dfrac{5}{8}\times l$ $\bar{y}=\dfrac{2}{5}\times a$

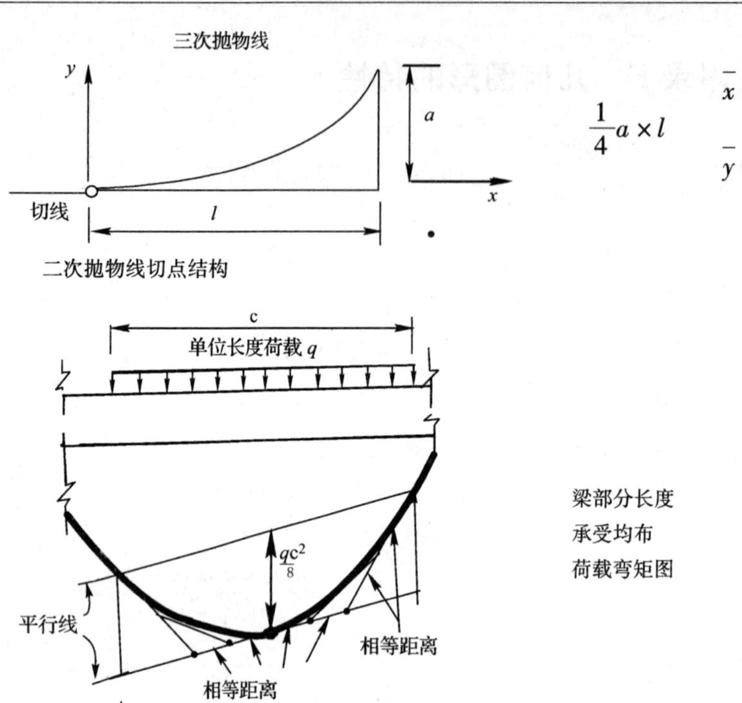

$\frac{1}{4}a \times l$

$\bar{x} = \frac{4}{5} \times l$

$\bar{y} = \frac{2}{7} \times a$

梁部分长度
承受均布
荷载弯矩图

附录 G　扭转常数 J

如果等截面、长度为 l 的圆杆承受等值的扭矩 T 的作用，那么杆两端的扭转角为

$$\theta=\frac{Tl}{GJ}$$

式中　G 为剪切模量，J 为极惯性矩。

当杆的截面为非圆形时，变形后由于横截面中各点的纵向位移引起横截平面不保持成平面，并且将产生挠曲。尽管这样，对于非圆形横截面应用上述方程正是有好的精确度，但是 J 应采取适当的扭转常数。有关几种横截面形状的扭转常数列于下表。

截　面	扭转常数
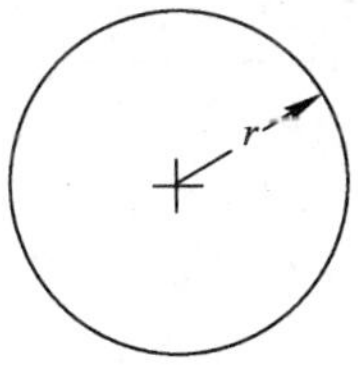 圆形（半径 r）	$J=\frac{\pi r^4}{2}$
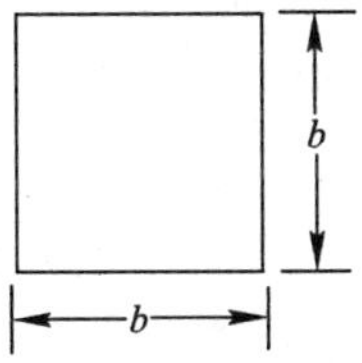 正方形（边长 b）	$J=0.140\ 6b^4$
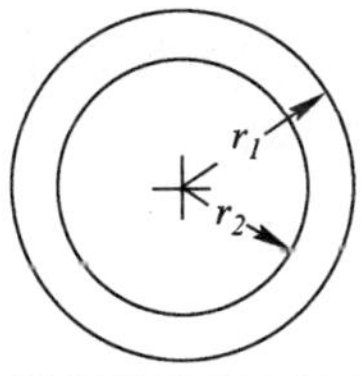 圆环（外半径 r_1，内半径 r_2）	$J=\frac{\pi(r_1^4-r_2^4)}{2}$
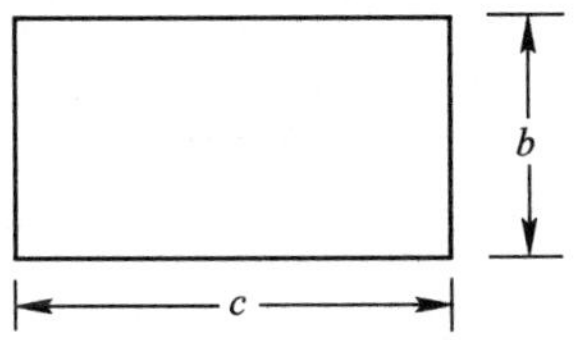 矩形（$c\times b$）	$J=cb^3\left[\frac{1}{3}-0.21\frac{b}{c}\left(1-\frac{b^4}{12c^4}\right)\right]$
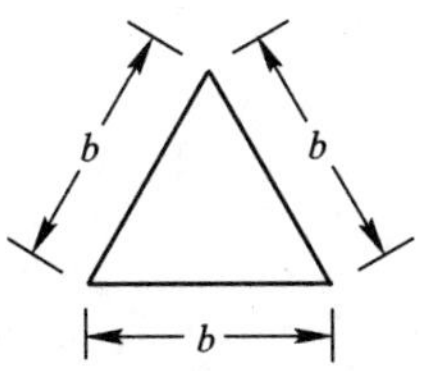 等边三角形（边长 b）	$J=\frac{b^4\sqrt{3}}{80}$

续上表

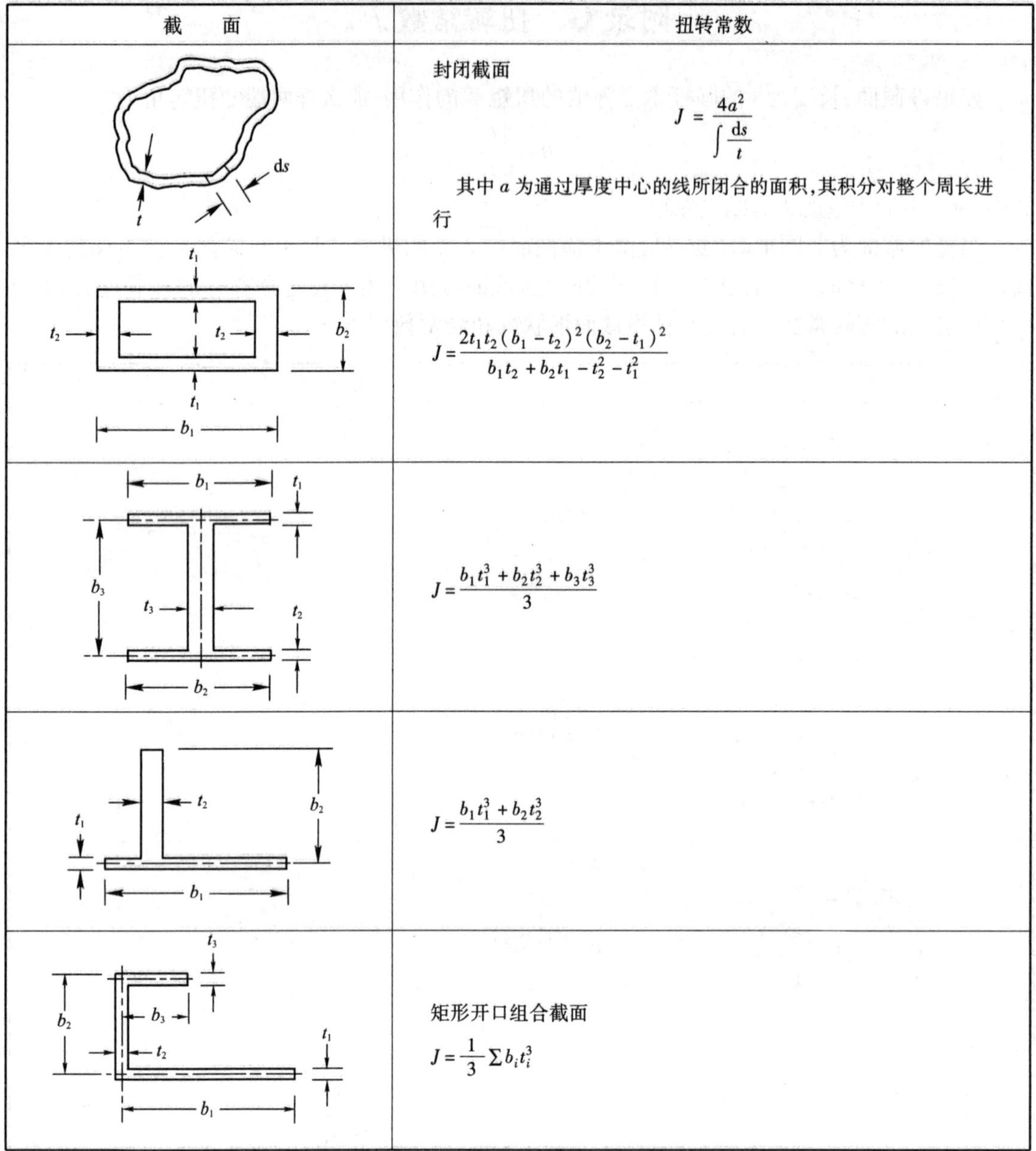

截　面	扭转常数
	封闭截面 $$J = \frac{4a^2}{\int \frac{ds}{t}}$$ 其中 a 为通过厚度中心的线所闭合的面积,其积分对整个周长进行
	$$J = \frac{2t_1 t_2 (b_1 - t_2)^2 (b_2 - t_1)^2}{b_1 t_2 + b_2 t_1 - t_2^2 - t_1^2}$$
	$$J = \frac{b_1 t_1^3 + b_2 t_2^3 + b_3 t_3^3}{3}$$
	$$J = \frac{b_1 t_1^3 + b_2 t_2^3}{3}$$
	矩形开口组合截面 $$J = \frac{1}{3} \sum b_i t_i^3$$

附录 H　积分 $\int^{l} M_u M\mathrm{d}l$ 的值

下表给出用虚功计算结构位移时所需要的积分 $\int^{l} M_u M\mathrm{d}l$ 的值。此表可用于积分 $\int^{l} N_u N\mathrm{d}l$ 、$\int^{l} V_u V\mathrm{d}l$ 、$\int^{l} T_u T\mathrm{d}l$ 的计算，或用于任何两个按表中顶面图中内和左边图内所示方式变化的函数相乘沿整个长度 l 的积分。

M_u / M	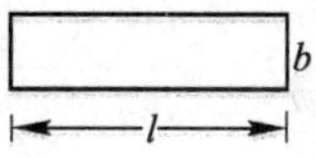 b; l	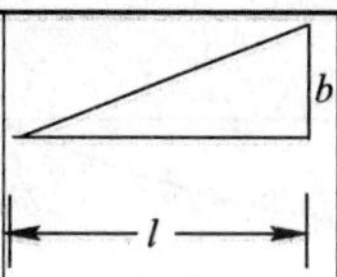 b; l	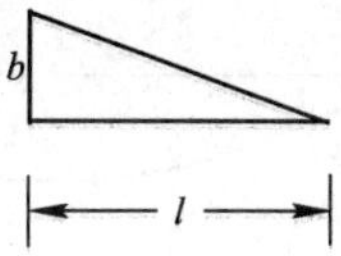 b; l	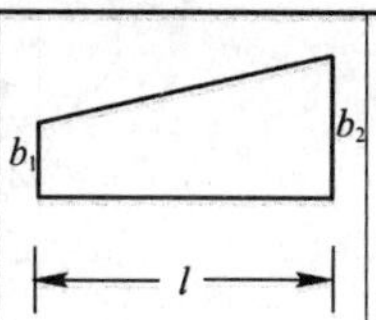 b_1, b_2; l	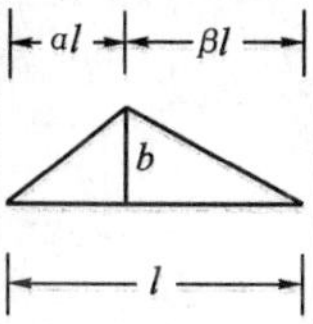 αl, βl, b; l
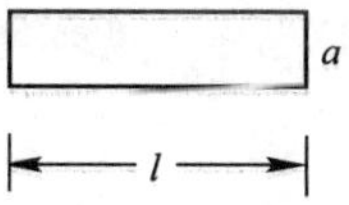 a; l	abl	$\frac{1}{2}abl$	$\frac{1}{2}abl$	$\frac{al}{2}(b_1+b_2)$	$\frac{1}{2}abl$
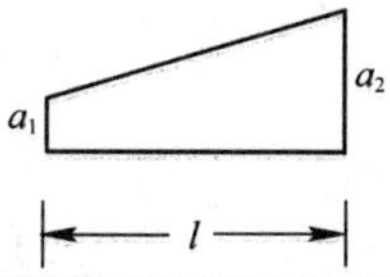 a_1, a_2; l	$\frac{bl}{2}(a_1+a_2)$	$\frac{bl}{6}(a_1+2a_2)$	$\frac{bl}{6}(2a_1+a_2)$	$\frac{1}{6}(2a_1b_1+a_1b_2+a_2b_1+2a_2b_2)$	$\frac{bl}{6}[(1+\beta)a_1+(1+\alpha)a_2]$
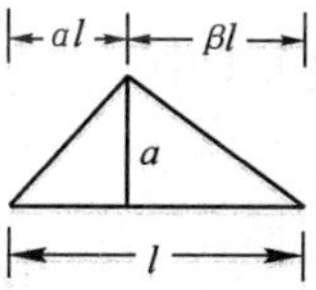 αl, βl, a; l	$\frac{1}{2}abl$	$\frac{abl}{6}(1+\alpha)$	$\frac{abl}{6}(1+\beta)$	$\frac{al}{6}[(1+\beta)b_1+(1+\alpha)b_2]$	$\frac{1}{3}abl$
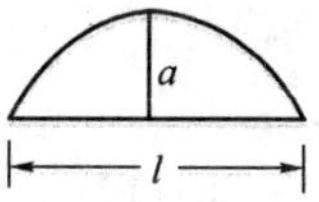 a; l	$\frac{2}{3}abl$	$\frac{1}{3}abl$	$\frac{1}{3}abl$	$\frac{1}{3}al(b_1+b_2)$	$\frac{abl}{3}(1+\alpha\beta)$
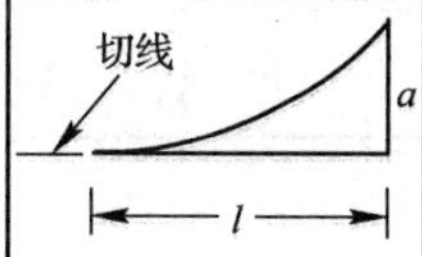 切线; a; l	$\frac{1}{3}abl$	$\frac{1}{4}abl$	$\frac{1}{12}abl$	$\frac{al}{12}(b_1+3b_2)$	$\frac{abl}{12}(1+\alpha+\alpha^2)$
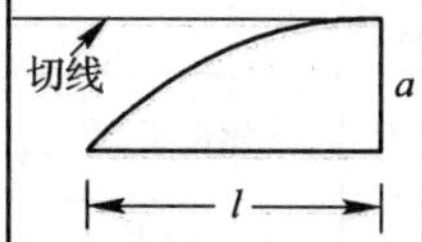 切线; a; l	$\frac{2}{3}abl$	$\frac{5}{12}abl$	$\frac{1}{4}abl$	$\frac{al}{12}(3b_1+5b_2)$	$\frac{abl}{12}(5-\beta-\beta^2)$

附录 I　*EI* 为常数的简支梁承受单位端力矩时的挠度

下面所给的挠度值有助于影响线坐标的计算(见 12.5 节)。由于端力矩 $M_{AB}=1$ 和 $M_{BA}=0$ 所引起的挠度 y(图 1.1a)从方程 12.5 由下式给出:

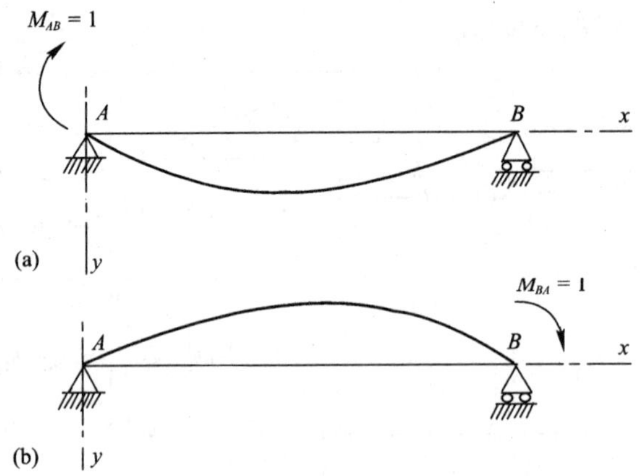

图 I.1　由于单位端力矩所产生的简支梁挠度

$$y=\frac{l^2}{6EI}(2\xi-3\xi^2+\xi^3) \tag{I.1}$$

式中　$\varepsilon=x/c$,x 为到左端的距离,l 为杆的长度。不同的 ε 值处挠度值列于表 I.1 中。

由于 $M_{BA}=1$ 和 $M_{AB}=0$ 引起的挠度 y(图 I.1b)由下式给出。

$$y=-\frac{l^2}{6EI}(\xi-\xi^3) \tag{I.2}$$

表 I.1　由于左端处单位顺时针方向力矩引起的挠度

$\xi=\frac{x}{l}$	0	0.1	0.2	0.3	0.4	0.5	0.6	0.7	0.8	0.9	1.0	比例系数
y	0	285	480	595	640	625	560	455	320	165	0	$10^{-4}\frac{l^2}{EI}$

不同的 $\varepsilon=x/l$ 处的挠度值位于表 I.2 中。

表 I.2　由于右端处单位顺时针方向力矩引起的挠度

$\xi=\frac{x}{l}$	0	0.1	0.2	0.3	0.4	0.5	0.6	0.7	0.8	0.9	1.0	比例系数
y	0	-165	-320	-455	-560	-625	-640	-595	-480	-285	0	$10^{-4}\frac{l^2}{EI}$

附录 J　柱比法中一些常用的平面面积的几何特性

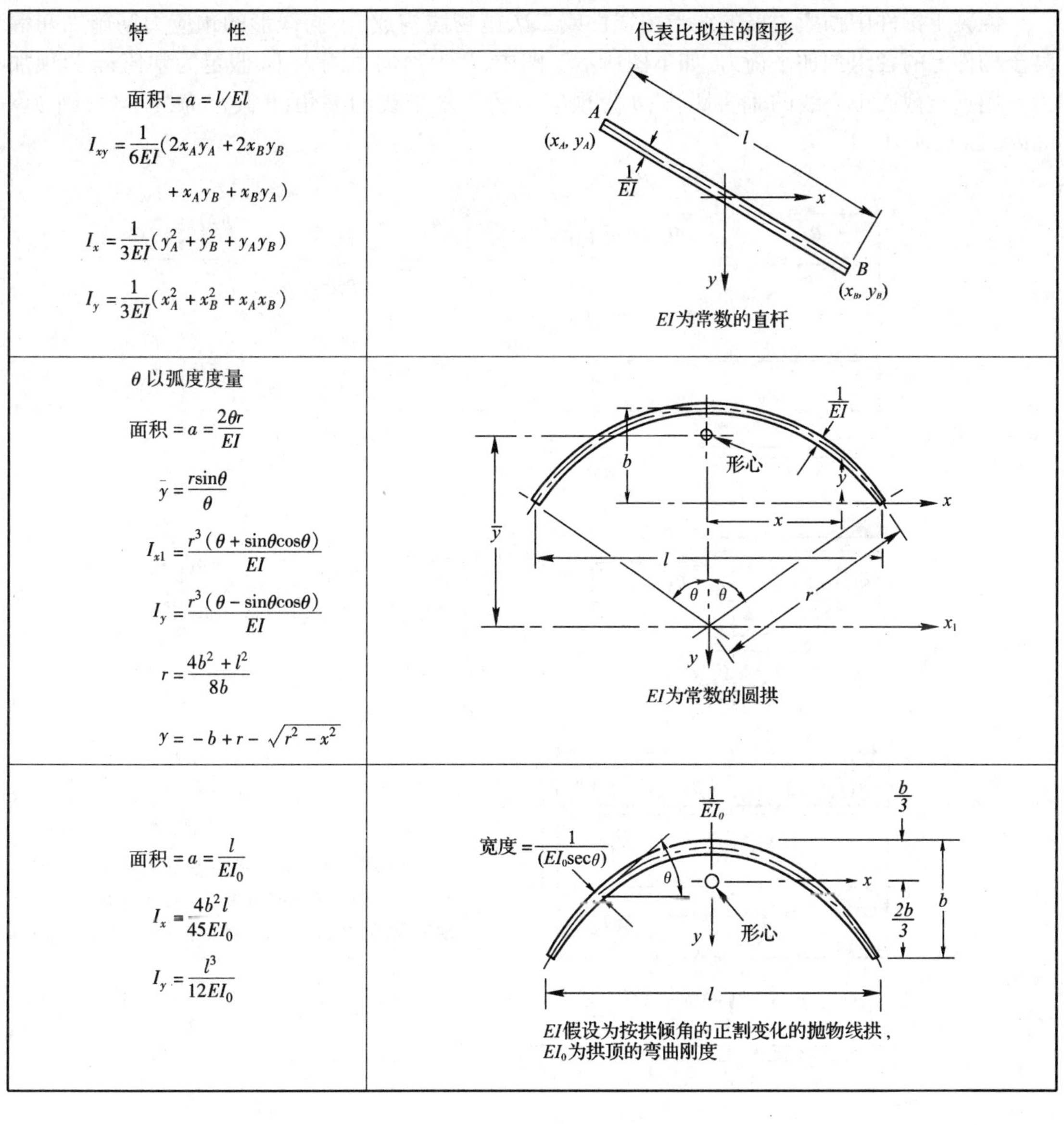

特　性	代表比拟柱的图形
面积 $= a = l/EI$ $I_{xy} = \frac{1}{6EI}(2x_Ay_A + 2x_By_B + x_Ay_B + x_By_A)$ $I_x = \frac{1}{3EI}(y_A^2 + y_B^2 + y_Ay_B)$ $I_y = \frac{1}{3EI}(x_A^2 + x_B^2 + x_Ax_B)$	EI为常数的直杆
θ以弧度度量 面积 $= a = \frac{2\theta r}{EI}$ $\bar{y} = \frac{r\sin\theta}{\theta}$ $I_{x1} = \frac{r^3(\theta + \sin\theta\cos\theta)}{EI}$ $I_y = \frac{r^3(\theta - \sin\theta\cos\theta)}{EI}$ $r = \frac{4b^2 + l^2}{8b}$ $y = -b + r - \sqrt{r^2 - x^2}$	EI为常数的圆拱
面积 $= a = \frac{l}{EI_0}$ $I_x = \frac{4b^2 l}{45EI_0}$ $I_y = \frac{l^3}{12EI_0}$	宽度 $= \frac{1}{(EI_0\sec\theta)}$ EI假设为按拱倾角的正割变化的抛物线拱，EI_0为拱顶的弯曲刚度

附录 K　混凝土构件中的预应力效应

混凝土构件中预应力筋的线形由线性或二次抛物线构成，不同线形的预应力筋施加在混凝土构件上的各组预加平衡力，如下图所示。图中，P 为预加力的大小，假定为常值；y 为预加力作用点至截面中心线的垂直距离；θ 为预应力筋与水平线的夹角，θ 假定为极小值，则 $\theta \cong \tan\theta \cong \sin\theta, \cos\theta \cong 1$。

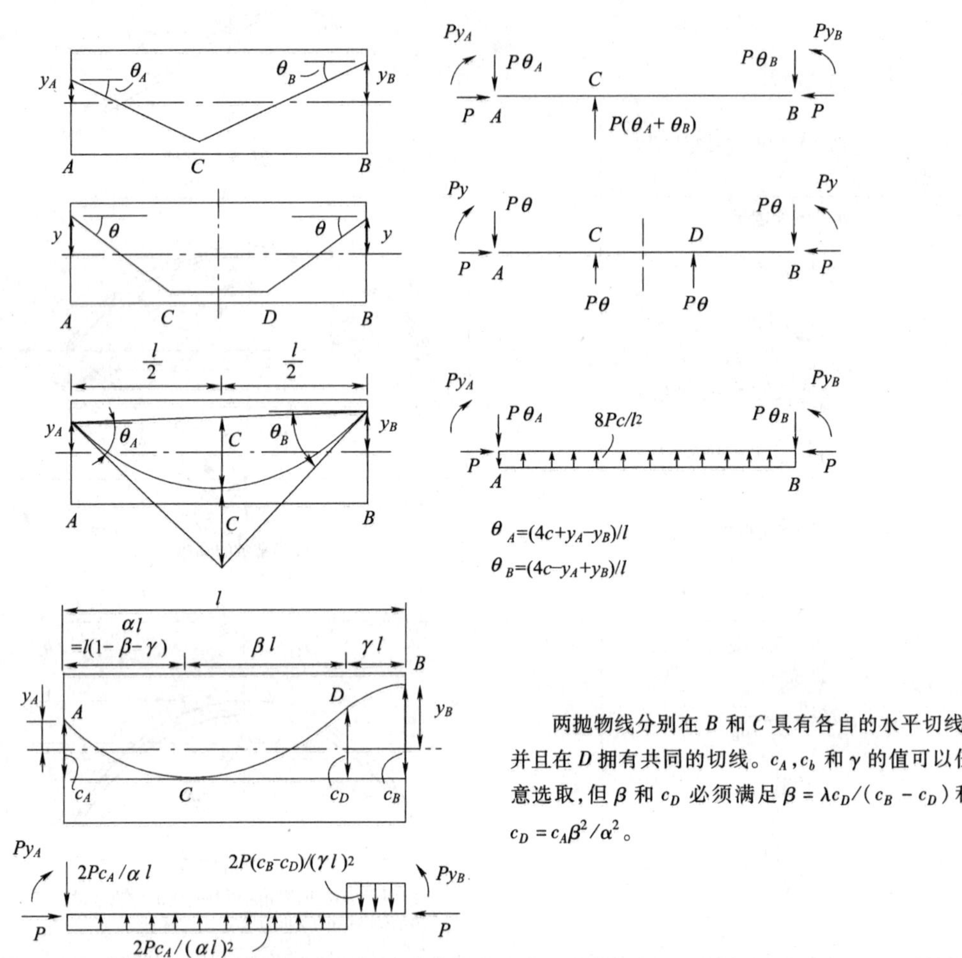

两抛物线分别在 B 和 C 具有各自的水平切线，并且在 D 拥有共同的切线。c_A，c_b 和 γ 的值可以任意选取，但 β 和 c_D 必须满足 $\beta=\lambda c_D/(c_B-c_D)$ 和 $c_D=c_A\beta^2/\alpha^2$。

附录 L　结构计算程序介绍

L.1　简　　介

一系列的计算程序伴随本书内容应用,这些计算程序可应用于实际结构的分析,包括解决一些复杂结构问题。这些计算程序也可作为学习工具。由于提供了 FORTRAN 语言源程序的详细程序流程说明,所以可以理解每一计算分析步骤。并且,各计算阶段都有采用的计算方法和公式参考说明。对这些程序进行简单修改,就可解决一些特殊问题,这也是充分理解这些程序的有效手段。结构源程序开始阶段的注释说明,包括了程序应用的符号定义和准备输入数据的用法说明。

L.2　程序提供

WWW. sponpress. com/supportmaterial

进入该网站的口令为:

STRUCTURES(注:口令必须采用大写字符)。

在 L.4 节中,计算程序分成三个类型:(1)线性分析程序;(2)非线性分析程序;(3)矩阵分析。这三类计算程序在下面的各节中有简单介绍。描述每类程序的详细文件有三个:源程序、执行文件和输入文件。(1)和(3)的三个文件可从上面提供的网站下载,(2)的三个文件可按照本书末页的格式订购。

L.3　程序文件

每类程序提供三个文件:

1. FORTRAN 语言源程序
2. 执行文件
3. 输入文件

每个文件名都有描述程序的最多 8 个字符的名称和 2 至 3 个字符的后缀组成。例如,平面结构分析程序 PLANEF 的三个文件,分别为 PLANEF. FOR,PLANEF. EXE。和 PLANEF. IN。

如果在 DOS 状态下,输入 PLANEF,并按“ENTER”键,可执行程序,并生成结果文件 PLANEF. OUT。结果文件 PLANEF. OUT 将反映 PLANEF. IN 中的输入数据和显示结构的分析结果。

按照本书所述的输入数据方法是很简单的。典型的,一行输入数据包括:左侧为各输入数据,右侧为与数据对应的各符号或文字说明。以图 L. 1 为例,PLANEF. IN 中的输入数据来自例 22. 2(图 22. 5 和表 22. 2)。进行一个新结构分析,建议的方法是对算例中所给输入数据进行修改,而不必生成一个新的输入文件。这样,在数据修改之前,只要拷贝已生成的数据文件,并按照右侧的各符号或文字说明进行数据修改即可。

同上所述,所有使用的符号在程序初始时进行定义。我们给出图 L. 1 中符号定义:NJ,NM,NSJ,NLC 分别为节点数、单元数、支承节点数和荷载工况数;JS 和 JE 分别为单元的开始节点号和结束节点号。剩余的符号和约束说明见 22. 4 节中解释。PLANEF 程序接受两种荷载类型,分别为节点力$\{F_x,F_y,M_z\}$和单元固端力$\{A_r\}$(由单元内分布力或单元端点位移引起的)。只有承受节点力的节点和承受单元固端力的单元需要列出。每种荷载工况数据输入完毕,采用一行虚构的数据表征该工况输入结束，虚构的数据行的首个数据为整数并大于荷载工况数 NLC。

```
Plane frame Example 22.2, Fig.22.5.
4  3  2  2                                   NJ, NM, NSJ, NLC
30000.   0.                                  Elasticity modulus, Poisson's ratio
1       0.0  300.0                           Node number,x and y coordinates
2       0.0    0.0
3    300.0  150.0
4    300.0  300.0
1   1   2   30.0   3000.0   1.e6             Member number, JS, JE, cross-sec. a, I,  ar
2   2   3   40.0   5000.0   1.e6
3   3   4   30.0   3000.0   1.e6
1   3*0    3*0.0                             Node,  restraint indicators, prsc. displs.
4   0   0   1    3*0.0
1   2   4.0     0.0  0.0                     Load case, node, Fx, Fy, Mz
1   3   2.0    0.0   0.0
10  0    3*0.0                               Dummy, end of forces applied at nodes
1   2  －13.42  －26.83  －1500.  －13,42  －26.83  1500. Ld. case, member,{Ar}
2   1  －1500.  8.   1200.     1500.  －8   1200.
10   0  6*0.                                 Dummy, end of data of member loads
```

图 L. 1　例 22. 2 平面结构输入数据在文件 PLANEF. IN 中的显示

图 L. 2 部分显示了文件 PLANEF. OUT 的结果，即例 22. 2 问题（1）的输入和计算结果。

```
Plane frame Example 22.2, Fig. 22.5.
Number of joints = 4
Number of members= 3.
Number of joints with prescribed displacement(s) = 2
Number of load cases = 2
Elasticity modulus = .30000E+05; Poisson's ratio = .0000

Nodal coordinates

Node          x           y
 1          .000    300.000
 2          .000       .000
 3       300.000    150.000
 4       300.000    300.000

Element information

Element  1st node   2nd node          a                I              ar
   1         1          2       .30000E+02    .30000E+04    .10000E+07
   2         2          3       .40000E+02    .50000E+04    .10000E+07
   3         3          4       .30000E+02    .50000E+04    .10000E+07

Support conditions

Node  Restraint  indicators          Prescribed displacements
          u   v   theta              u              v             theta
 1        0   0     0           .00000E+00   .00000E+00   .00000E+00
 4        0   0     1           .00000E+00   .00000E+00   .00000E+00

Forces applied at the nodes

Load case   Node       Fx              Fy              Mz
     1        2    .40000E+01   .00000E+00   .00000E+00
     1        3    .20000E+01   .00000E+00   .00000E+00
    10        0    .00000E+00   .00000E+00   .00000E+00
```

Member end forces with nodal displacement restrained

Ld.case	Member	Ar1	Ar2	Ar3	Ar4	Ar5	Ar6
1	2	−.1342E+02	−.2683E+02	−.1500E+04	−.1342E+02	−.2683E+02	.1500E+04
2	1	−.1500E+04	.8000E+01	.1200E+04	−.1500E+04	−.8000E+01	.1200E+04
10	0	.0000E+00	.0000E+00	.0000E+00	.0000E+00	.0000E+00	.0000E+00

Analysis results

Load case no.1

Nodal displacements

Node	u	v	theta
1	−.68055E−07	.81171E−08	−.16029E−09
2	.39935E−01	.81171E−02	.71994E−03
3	.38354E−01	.59412E−02	−.47191E−03
4	.27285E−07	.59412E−08	.61949E−03

Forces at the supported nodes

Node	Fx	Fy	Mz
1	.27222E+01	−.24351E+02	.19235E+03
4	−.87311E+01	−.35647E+02	.00000E+00

Member end forces

Member	F1	F2	F3	F4	F5	F6
1	.24351E+02	.27222E+01	.19235E+03	−.24351E+02	−.27222E+01	.62431E+03
2	−.48777E+01	−.24787E+02	−.62431E+03	−.21962E+02	−.28873E+02	.13097E+04
3	.35647E+02	−.87311E+01	−.13097E+04	−.35647E+02	.87311E+01	−.67057E−13

图 L. 2 例 22. 2 问题(1)的输入和计算结果在文件 PLANEF. OUT 中的显示

L. 4 程序说明

下面对各计算程序进行简要说明,计算程序分成三个类型:

A. 线性分析程序(以 22 章为基础)

- PLANEF(平面结构)
- SPACEF(空间结构)
- PLANET(平面桁架)
- SPACET(空间桁架)
- PLANEG(平面栅格)

这 5 个程序分别为平面结构、空间结构、平面桁架、空间桁架和平面栅格体系的线性分析程序。

B. 非线性分析程序

- PDELTA(以 14 章为基础)
- PLASTICF(以 23. 7 节为基础)
- NLST(以 24 章为基础)
- NLPT(以 24 章为基础)

PDELTA 为平面结构半线性分析程序,考虑了轴力对刚度矩阵的影响(公式 14. 19 和 14. 23)。

PLASTICF 程序可进行平面结构倒塌分析。程序采用逐级加载,可以反映荷载水平与结构塑性铰的发展、相关节点位移和单元内力之间的关系。

NLST 为非线性空间桁架程序,应用了 Newton - Raphson 的技术。索网结构体系可以采用此程序分析,对于由索网结构和三角形单元的薄膜结构构成的索膜结构体系也可应用该程序。

NLPT 为平面结构非线性分析程序。类似 PDELTA 程序,NLPT 程序也考虑了轴力增大对刚度矩阵的影响。但是,NLPT 程序还考虑了节点位移平衡条件,在确定结构几何变形时,构件的长度变化也考虑在内。因此,NLPT 程序还可应用于平面结构非线性屈曲分析。

C. 矩阵分析(以附录 A 为基础)

为了提高学习本书的效率,网站提供了简单有效的矩阵运算程序:

- ADD
- MULTIPLY
- INVERT
- SOLVE
- DETERM

ADD 程序解决矩阵求和问题:$[C]=\alpha[A]+\gamma[B]$,其$[A]$,$[B]$为已知矩阵;α,γ 为所给因子。MULTIPLY 程序计算两矩阵乘积。INVERT 程序求解非奇异矩阵的逆阵。SOLVE 程序求解线性联立公式$[A][X]=[B]$中的矩阵$[X]$,这里$[A]$,$[B]$为已知矩阵。DETERM 程序计算所给方阵的行列式。

习题答案

第1章

1.1 (a) $\{\theta_A,\theta_B,\theta_C,\theta_D\}=\{13.5,-9.4,2.3,-1.2\}\cdot10^{-3}ql^3/EI$

在支座的弯曲力矩(正力矩在底面产生张力):$\{M_B,M_C\}=\{-32.8,9.4\}\cdot10^{-3}ql^2$

(b) $\{\theta_A,\theta_B,\theta_C,\theta_D\}=\{-7.0,13.9,-13.9,7.0\}\cdot10^{-3}ql^3/EI$

在支座的弯曲力矩(正力矩在底面产生张力):$\{M_B,M_C\}=\{-55.6,-55.6\}\cdot10^{-3}ql^2$

(c) $\{\theta_B,\theta_C\}=\{2.4,2.4\}\cdot10^{-3}Pl^2/EI$

构件端力矩:$\{M_{AB},M_{BA},M_{CB},M_{DC}\}=\{-0.11,-0.09,0.07,-0.07\}\cdot PI$

(d) $\{\theta_A,\theta_B,\theta_C,\theta_D\}=\{66.7,-8.3,91.7,16.7\}\cdot10^{-3}Pl^2/EI$

$\{M_{BA},M_{BC},M_{CB},M_{CD}\}=\{-0.15,0.14,0.35,0.15\}\cdot PI$

(e) $\{\theta_A,\theta_B,\theta_C,\theta_D\}=\{225.0,29.2,54.2,191.7\}\cdot10^{-3}Pl^2/EI$

$\{M_{BA},M_{BC},M_{CB},M_{CD}\}=\{-0.22,0.22,0.27,-0.27\}\cdot Pl$

(f) $\{\theta_B,\theta_C\}=\{28.0,14.8\}\cdot10^{-3}Pl^2/EI$

$\{M_{AB},M_{BA},M_{BC},M_{BE},M_{CB},M_{CD}\}=\{-0.24,-0.13,-0.04,0.17,-0.09,0.09\}\cdot PI$

1.2 $\{\theta_B,\theta_C\}=\{-0.86,-0.86\}\cdot\delta/l$;$\{u_B,v_B,u_C,v_C\}=\{0.429,0,0.429,1\}\cdot\delta$;

$\{M_{CA},M_{AC},M_{AB},M_{BA},M_{BD},M_{DB}\}=\{-0.86,0.86,-0.86,-0.86,-0.86,0.86\}\cdot EI\delta/l^2$

1.3 $\{\sigma_{top},\sigma_{bottom}\}=[N/(bh)]\cdot\{4,-2\}$

1.4 垂直构件:$\{N_{AB},N_{BC},N_{CD},N_{HG},N_{GF},N_{FE}\}=(H8)\cdot\{9,5,1,-13,-9,-5\}$

水平构件:$\{N_{BG},N_{CF}\}=(H/2)\cdot\{-1,-1\}$;

倾斜构件:$\{N_{AG},N_{BF},N_{CE}\}=\left(H/\sqrt{2}\right)\cdot\{1,1,1\}$

1.6 $R=(3EI/l)\psi_{\text{free}}(down)$

1.7 $h_1=8l/27$;$h_2=10l/27$

1.8 $M_{x=l/4}=3pl/32$;$M_{x=3l/4}=-3Pl/32$;正力矩在底面产生张力。外加载荷右边和左边的剪切分别是 $0.474P$ 和 $-0.474P$。

1.9 在所有四段的水平分量 $=Pl/(2h_C)$;在 AB 和 BC 的垂直分量分别 $=3Pl/(2h_C)$ 和 $Pl/(2h_C)$。

1.11

	在 B 点的水平平移	M_{AB}	M_{BA}
无支撑	$27.3\times10^{-3}Pl^3/(EI)_{AB}$	$-0.223Pl$	$-0.154Pl$
如图所示(b)部分带支撑	$0.968\times10^{-3}Pl^3/(EI)_{AB}$	$-7.47\times10^{-3}Pl$	$-4.51\times10^{-3}Pl$
如图所示(c)部分带支撑	$1.36\times10^{-3}Pl^3/(EI)_{AB}$	$-11.2\times10^{-3}Pl$	$-7.96\times10^{-3}Pl$

1.12

	在 B 点的水平平移	M_{AB}	M_{BA}
无支撑	5.91×10^{-3} m	-64.1 kN·m	-44.2 kN·m
如图所示(b)部分带支撑	0.210×10^{-3} m	-2.15 kN·m	-1.33 kN·m
如图所示(c)部分带支撑	0.294×10^{-3} m	-3.23 kN·m	-2.29 kN·m

1.13

	在 B 点的水平平移	M_{AB}	M_{BA}
无支撑	0.219in	-570×10^{3} lb. in	-393×10^{3} lb. in
如图所示(b)部分带支撑	7.75×10^{-3} in	-19.1×10^{3} lb. in	-11.8×10^{3} lb. in
如图所示(c)部分带支撑	10.9×10^{-3} in	-28.7×10^{3} lb. in	-20.4×10^{3} lb. in

1.14 利用计算机程序 PLANET,在 B 点的水平平移 $=0.994\times10^{-3}Pl^3/(EI)_{AB}$;
$\{N_{AB},N_{BC},N_{CD},N_{AC},N_{BD}\}=P\cdot\{0.414,-0.448,-0.336,0.560,-0.690\}$

第 2 章

2.1 (a)反作用力:$R_{Dx}=-0.2P$;$R_{Dy}=-0.8P$;$R_{Cy}=-1.2P$;构件力:
$\{AB,BC,CD,DA,AC\}=P\{-0.200,-1.020,0.360,-0.816,-0.256\}$

(b)反作用力:$R_{Dy}=-2P/3$;$R_{Cx}=-P/2$;$R_{Cy}=-4P/3$;构件力:
$\{AB,BC,CE,ED,DA,AE,EB\}=P\{-0.25,-1.33,-0.50,0,-0.67,-0.42,0.42\}$

(c)反作用力:$R_{Hy}=-P$;$R_{Ky}=-4P$;$R_{Ny}=-P$;所选构件力:
$\{BC,IJ,BJ,BI\}=P\{0,0.5,-0.707,-0.5\}$

(d)构件中的力:$\{AB,AC,AD\}=P\{1.166,-6.319,-0.574\}$。反作用力:
$\{R_x,R_y,R_z\}_B=P\{0,-0.6,1.0\}$;
$\{R_x,R_y,R_z\}_C=P\{-2.2,-2.2,-5.5\}$;
$\{R_x,R_y,R_z\}_D=P\{0.2,-0.2,0.5\}$。

2.3 $\{R_1,R_3,R_4,R_5,R_6,R_7\}=P\{-1.833,-2.75,-2.917,-3.0,-0.625,-1.375\}$

2.4 (a)$R_A=0.68ql$;$R_C=1.42ql$;$M_B=0.272ql^2$;$M_C=-0.1ql^2$。

(b)$R_A=1.207P$ 向下和 $1.207P$ 向左;$R_D=0.5P$ 向上和 $0.5P$ 向左;$M_B=1.207Pl$,拉伸侧在框架内;$M_A=M_C=M_D=0$。

(c) $R_A=0.57ql$; $R_B=1.23ql$; $R_C=1.08ql$; $R_D=0.42ql$; $M_G=0.16ql^2$; $M_B=M_C=-0.08ql^2$。

(d)$R_A=0.661ql$ 向上;$R_C=0.489ql$ 向上。构件端力矩:$M_{BD}=0.03125qb^2$;$M_{BA}=-0.06610qb^2$;$M_{BC}=0.03485qb^2$。

(e)$R_F=0.75ql$ 向上和 $0.0857ql$ 向右。构件端力矩:$M_{BF}=0.0429ql^2$;$M_{BA}=0.05ql^2$;$M_{BC}=-0.0929ql^2$。

(f)$R_A=0.6ql$ 向上和 $0.2ql$ 向右;$R_B=ql/\sqrt{5}$;$V_A=-V_B=ql/\sqrt{5}$;在两端 $M=0$,在中间 $M=ql^2/8$。

(g)$R_A = 2.375P$；$R_G = 1.625P$ 向上和 $2P$ 向右。非零构件端力矩：$M_{FG} = -M_{FE} = 1.5Pl$；$M_{EF} = -M_{ED} = 2.625Pl$；$M_{DE} = -M_{DC} = 2.75Pl$；$M_{CD} = -M_{CB} = 1.875Pl$。$V_{Br} = 1.68P$；$V_{Dl} = 0.78P$。

(h)考虑 M 在底部钢筋产生的正拉伸，$M_{Ar} = -2.18ql^2$；$M_{Bl} = -0.56ql^2$；$M_{Br} = -0.625ql^2$。在 AB 的扭矩 $= 0.28ql^2$。

(i)$R_A = 0.4ql$；$R_B = 0.98ql$；$R_C = 0.42ql$；$M_E = 0.16ql^2$；$M_B = -0.08ql^2$。

(j)$R_A = 0.4ql$；$R_C = 0.745ql$；$R_E = 0.755ql$；$R_H = 0.4ql$；在 AB 中间的 $M = 0.08ql^2$；$M_C = -0.1ql^2$；$M_E = -0.08ql^2$；$M_G = -0.16ql^2$。

(k)$R_B = 0.62ql$；$R_C = 1.18ql$；$R_E = 0.4ql$；$M_B = -0.02ql^2$；$M_C = -0.1ql^2$；在 DE 中间的 $M = 0.08ql^2$。

(l)$R_1 = 0.125ql$；$R_2 = 0.8125ql$；$R_3 = 0.375ql$；$R_4 = 1.6875ql$；$M_B = 0.125ql^2$，拉伸侧在框架外；端力矩 $\{M_{DC}, M_{DF}, M_{DE}\} = ql^2\{0.6875, -0.1250, -0.5625\}$。

(m)$R_1 = -0.375ql$；$R_2 = 0.25ql$；$R_3 = 0.625ql$；$R_4 = 0.75ql$；$M_B = 0.375ql^2$，拉伸侧在框架内；$M_D = 0.625ql^2$，拉伸侧在框架外。

(n)$R_1 = 0.158ql$；$R_2 = 0.421ql$；$R_3 = 0.158ql$；$R_4 = 0.579ql$；$M_B = 0.0395ql^2$；$M_D = 0.0789ql^2$，拉伸侧在框架外。

2.5 (a)$M_{\max+} = 0.405Wl$，在中间跨度各侧 $0.05\ l$ 处。

(b)$M_{\max+} = 0.476Wl$，在中间跨度各侧 $0.02\ l$ 处（假设载荷可逆）。

(c)$M_{\max+} = 0.2628Wl$，在从左侧支撑起 $0.3625\ l$ 处（但两个载荷中的一个在该段而另一个在从同一支撑起 $0.9125\ l$）。

2.6 $M_{\max+} = 0.352Wl$，在中间跨度各侧 $l/30$ 处。$V_{\max+} = -V_{\max-} = 1.56W$，在支撑处。

2.8 最大弯曲力矩曲线关于梁的中心线对称。纵坐标左半部分如下：

(a)凸出物的 $M_{\max+}$ 为零，余下部分的 $M_{\max+}$ 同图 2.13a 中所示。$M_{\max-}$ 在左起距离 0，$0.3l$，$0.35l$，和 $0.85l$ 处为 0，$-0.3Pl$，$-0.39Pl$ 和 $-0.195Pl$；直线交于纵坐标。

(b)凸出物的 $M_{\max+}$ 为零；在支撑与坐标间，$M_{\max+}$ 为 $Pl(1.32\zeta - 1.8\xi^2)$，其中 ξ 为与支撑的间距除以 l。$M_{\max-}$ 在左起距离 0，$0.35l$，和 $0.85l$ 处为 0，$-0.35Pl$ 和 $-0.175Pl$；直线交于纵坐标。

2.9 (a)$M_{n\max+} = 0.2775Pl$；$M_{n\max-} = -0.2925Pl$；$V_{n\max+} = 1.11P$。

(b)$M_{n\max+} = 93.75 \times 10^{-3}ql^2$；$M_{n\max-} = -61.25 \times 10^{-3}ql^2$；$V_{n\max+} = 0.3425ql$。

第 3 章

3.1 $i = 1$。在梁的 B 处有一个铰链。

3.2 $i = 1$。删除构件 CF 或 ED。

3.3 $i = 3$。A 为自由端。

3.4 $i = 2$。在梁的 B 处和 D 处有一个铰链。

3.5 $i = 4$。将支撑 B 改为滚筒并在任意段剪切构件 DE。

3.6 $i = 5$。移开支撑 B 并删除构件 AE，IF，FJ 和 GC。

3.7 $i = 3$。

3.8　(a)$i=15$。(b)$i=7$。

3.9　$i=2$。删除构件 IJ 和 EG。

3.10　忽略轴变形的情况下为5度和3度。

3.11　忽略轴变形的情况下为14度和8度。

3.12　9度。

3.13　在任意段剪切构件 BC。在释放结构中的构件端力矩是：$M_{AD}=M_{AB}=Pb$，所有的其他端力矩为零。一个正端力矩以顺时针方向作用在构件端。

3.14　剪切6个构件：AC,BD,AH,DG,CF 和 BE。释放结构的构件中的力为：$AD=-P$；$AE=P$；$DE=P\sqrt{2}$；$AF=-P\sqrt{2}$；$DH=-P$；在其他构件中的力为零。

3.15　(a)剪切 EF 和 CD；每一个导致三个释放。

(b)构件端力矩：$M_{AC}=M_{CA}=M_{BD}=M_{DB}=-Pl/2$；$M_{CE}=M_{EC}=M_{DF}=M_{FD}=-Pl/4$；$M_{EF}=M_{FE}=-Pl/4$；$M_{CD}=M_{DC}=-3Pl/4$。

第4章

4.1　(a)$[f]=\frac{l}{6EI}\begin{bmatrix}4 & 1\\1 & 2\end{bmatrix}$。　(b)$[f]=\frac{l^3}{6EI}\begin{bmatrix}16 & 5\\5 & 2\end{bmatrix}$。

4.2　(a)$\{F\}=-ql^2\left\{\frac{3}{28},\frac{1}{14}\right\}$。　(b)$\{F\}=ql\left\{\frac{11}{28},\frac{8}{7}\right\}$。

4.3　$M_B=0.0106ql^2$，$M_C=-0.0385ql^2$

4.4　$M_B=0.00380\frac{EI}{l}$，$M_C=-0.00245\frac{EI}{l}$。

4.5　$M_B=-0.0377ql^2=M_C$。

4.6　弹簧中的力：$\{F_A,F_B,F_C\}=-P\{0.209,0.139,0.039\}$。

反作用：$\{R_D,R_E,R_F,R_G\}=P\{0.51,0.10,0.24,0.15\}$。

4.7　弹簧中的力：$\{F_A,F_B\}=P\left\{-\frac{9}{400},\frac{9}{400}\right\}$。

4.8和4.9　索中的力：$\{F_C,F_D\}=\{0.427,4.658\}k$ 或 $\{2.12,23.29\}$ kN。

$M_D=1.28$kft 或 1.96 kN·m。

4.10　$M_C=-0.075ql^2$。

4.11　$\{M_B,M_C\}=ql^2\{-0.158,-0.128\}$。

4.12　答案换算为 $\alpha EI(T_t-T_b)/h$。弯曲力矩：$M_B=9/7$；$M_C=6/7$。反作用分量：A 处，$9/7l$ 向上；B 处，$12/7l$ 向下；C 处，$3/7l$ 向上且有 $6/7$ 的逆时针方向力偶。

4.13　$M_A=-0.0556ql^2$；$M_B=-0.1032ql^2$，$M_C=-0.1151ql^2$。A，B 和 C 处的向上反作用是 $0.785ql$，$1.036ql$ 和 $0.512ql$。

4.14　阶段1结束时：$M_A=M_B=0$；$M_B=-20\times10^{-3}ql^2$；$R_A=0.480ql$；$R_B=0.720ql$。阶段2结束时：$M_A=M_C=0$；$M_B=-74.4\times10^{-3}ql^2$；$M_D=20.5\times10^{-3}ql^2$；$R_A=0.426ql$；$R_B=1.148ql$；$R_C=0.426ql$。

4.16　两个内部支撑的每一个最大负弯曲力矩是 $-0.2176ql^2$。每个外部跨度中心的最大正弯曲力矩是 $0.175ql^2$，内部跨度中心是 $0.100ql^2$。内部支撑的最大反作用是 $2.300ql$。距

终端 l 处部位在达到内部支撑前的绝对最大剪切力是 1.216 7ql。

4.18 $M_B=-0.096ql^2$;$M_C=-0.066ql^2$;$R_B=0.926ql$;BC 中心的偏移 $=2.88\times10^{-3}ql^4/(EI)$。

4.19 $M_B=-1.167qb^2$;$M_C=-1.417qb^2$;$R_B=3.326ql$;D 处的偏移 $=0.75qb^4/(EI)$。B 处因下沉造成的反作用力 $=-0.298EI\delta/b^3$。

4.20 $M_{\mathrm{Bmax}-}=-3.952qb^2$;$M_{\mathrm{Emax}+}=2.427qb^2$;$M_{\mathrm{Cmax}+}=5.546qb$。

第 5 章

5.1 构件 AB,AC,AD 和 AE 中的力是 $\{A\}=P\{-0.33,0.15,0.58,0.91\}$。

5.2 $A_i=PH\left(x_i\sin\theta_i/\sum_{i=1}^{n}x_i^2\sin^2\theta_i\right)$。

5.3 参见习题 4.7 的答案。

5.4 $[S]=\dfrac{Ea}{b}\begin{bmatrix}1.707 & & \text{对} & \\ 0 & 2.707 & \text{称} & \\ -1.000 & 0 & 1.707 & \\ 0 & 0 & 0 & 2.707\end{bmatrix}$。

5.5 垂直构件中的力 $=0.369P$。每个与 P 作用的点相交的倾斜构件中的力 $=0.446P$。其他两个倾斜构件中的力 $=-0.261P$。

5.6 B 处的弯曲力矩 $=0.298Pl$。轴力在 AC 和 AD 的变化分别是 $0.496P$ 和 $-0.496P$。

5.7 B 处的弯曲力矩 $=0.202Pl$。轴力在 AE,AG,AF 和 AH 的变化分别是 $0.299P$,$0.299P$,$-0.299P$ 和 $-0.299P$。

5.8 $\{M_{BC},M_{CF}\}=Pl\{-0.0393,0.0071\}$。

5.9 $\{M_{BC},M_{CF}\}=\dfrac{EI}{l^2}\Delta\left\{\dfrac{186}{35},-\dfrac{72}{35}\right\}$。

5.10 $[S]=\dfrac{EI}{l}\begin{Bmatrix}8 & 2\\ 2 & 12\end{Bmatrix}$,$M_{BC}=-0.0507ql^2$,$M_{CB}=0.0725ql^2$。A 处的反作用力:$0.478ql$ 向上,$0.076ql$ 向右,和顺时针方向的力偶 $0.0254ql^2$。

5.11 或 5.12 $\{M_{BC},M_{CB}\}=\{-0.704,-0.415\}$ k 或 $\{-0.722,-0.426\}$ kN · m。

5.13 $[S]$ 的第一列是 $\left\{\left(\dfrac{12EI_2}{l_2^3}+\dfrac{Ea_1}{l_1}\right),0,-\dfrac{6EI_2}{l_2^2},-\dfrac{Ea_1}{l_1},0,0\right\}$。

5.14 $S_{11}=\dfrac{4EI_2}{l_2}+\dfrac{4EI_1}{l_1}$,$S_{12}=\dfrac{2EI_1}{l_1}$,$S_{13}=-\dfrac{6EI_2}{l_2^2}$。

$S_{22}=\dfrac{4EI_2}{l_2}+\dfrac{4EI_1}{l_1}$,$S_{32}=-\dfrac{6EI_2}{l_2^2}$,$S_{33}=\dfrac{24EI_2}{l_2^3}$。

5.15 构件的端力矩是(以 Pl_1):$M_{AB}=-0.010$,$M_{BA}=0.135$,$M_{BC}=-0.135$,$M_{CB}=0.366$,$M_{CD}=-0.366$,$M_{DC}=-0.260$。

5.16 构件的端力矩是(以 Pl):$M_{AB}=-0.123$,$M_{BA}=0.133$,$M_{BC}=-0.133$,$M_{CB}=0.090$,$M_{CD}=-0.090$,$M_{DC}=-0.051$。

5.17 $\{D\}=\dfrac{Pl^2}{EI}\{0.038l,0.022,-0.048\}$。$D_1$ 是向下的偏移,D_2 和 D_3 是在正 x 和 z 方向的

向量表示的旋转。

5.18 [S] 的第一列是 $\left\{\frac{48EI}{l^3},0,0,-\frac{12EI}{l^3},0,\frac{6EI}{l^2},-\frac{12EI}{l^3},\frac{6EI}{l^2},0,0,0,0\right\}$，每二列是 $\left\{0,\left(\frac{8EI}{l}+\frac{2GJ}{l}\right),0,0,-\frac{GJ}{l},0,\frac{6EI}{l^2},\frac{2EI}{l},0,0,0,0\right\}$。

5.19 参见习题3.5的答案。

5.20 支架 BE：$\{M_B,M_I,M_J,M_E\}=Pl\{-0.184,0.142,-0.032,-0.035\}$。

支架 AF：$\{M_A,M_K,M_L,M_F\}=Pl\{-0.077,0.051,0.006,-0.038\}$。

5.21
$$[S]=\sum_{l=1}^{n}\begin{bmatrix}12\frac{EI_i}{l_i^3} & & \text{对}\\ -6s\frac{EI_i}{l_i^3} & 4s^2\frac{EI_i}{l_i}+c^2\frac{GJ}{l_i} & \text{称}\\ 6c\frac{EI_i}{l_i^2} & -sc\left(\frac{4EI_i}{l_i}-\frac{GJ_i}{l_i}\right) & 4c^2\frac{EI_i}{l_i}+s^2\frac{GJ_i}{l_i}\end{bmatrix}$$

式中 $s=\sin\alpha_i$，$c=\cos\alpha_i$。

5.23 $\{D\}=(Pl^2/EI)\{0.0498l,0.1504,0.0172\}$

$\{A\}=Pl\{0,049,0.51,0.49,-0.49,0\}$

5.24 $\{D\}=\frac{Pl^2}{EI}\{0.0572,-0.0399,0.0730l\}$

$\{A\}=\frac{Pl}{1\,000}\{0,23,-23,783,-783,-884\}$

第6章

6.1 $\{D\}=\frac{Pl^3}{384EI}\{21,21,11,11\}$。在 DG 的四个区段的弯曲力矩的值是：

$\{M_D,M_J,M_L,M_G\}=\frac{Pl}{384EI}\{-100,74,-10,-28\}$。

6.2 在梁 AD 的四个区段的弯曲力矩的值是：$M_A=M_D=0$，$M_B=M_C=4Pl/13$，对于梁 BF 有：$M_B=0$，和 $M_F=-18Pl/13$。

6.3 (a)
$$[S]=\begin{bmatrix}\frac{24EI}{l^3} & \text{对} & & \\ 0 & \frac{8EI}{l} & \text{称} & \\ -\frac{12EI}{l^3} & -\frac{6EI}{l^2} & \frac{24EI}{l^3} & \\ \frac{6EI}{l^2} & \frac{2EI}{l} & 0 & \frac{8EI}{l}\end{bmatrix}$$

$$(b)[S]=\begin{bmatrix}\frac{12EI}{l^3} & \text{对} & \\ 0 & \frac{8EI}{l} & \text{称} \\ \frac{6EI}{l^2} & \frac{2EI}{l} & \frac{8EI}{l}\end{bmatrix}$$

$$(c)[S]=\frac{EI}{l^3}\begin{bmatrix}19.2 & -13.2 \\ -13.2 & 19.2\end{bmatrix}$$

6.4 $$(a)[S]=\begin{bmatrix}\frac{24EI}{l^3} & \text{对} & & \\ 0 & \frac{8EI}{l} & \text{称} & \\ -\frac{12EI}{l^3} & -\frac{6EI}{l^2} & \frac{12EI}{l^3} & \\ \frac{6EI}{l^2} & \frac{2EI}{l} & -\frac{6EI}{l^2} & \frac{4EI}{l}\end{bmatrix}$$

$$(b)[S]=\begin{bmatrix}\frac{24EI}{l^3} & \text{对} & \\ 0 & \frac{8EI}{l} & \text{称} \\ \frac{6EI}{l^2} & \frac{2EI}{l} & \frac{4EI}{l}\end{bmatrix}$$

$$(c)[S]=\frac{EI}{l^3}\begin{bmatrix}13.71 & -4.29 \\ -4.29 & 1.71\end{bmatrix}$$

6.5 $$[S]=\frac{EI}{l^3}\begin{bmatrix}2.5 & \text{对} & \\ -3.0 & 7.0 & \text{称} \\ 1.5 & -3.0 & 2.5\end{bmatrix}$$

$\{D\}=\frac{Pl^2}{EI}\{2.85, 1.30, -0.15\}$。

6.7 $$[S]=\begin{bmatrix}\frac{24EI}{l^3} & \text{对} & & \\ 0 & \frac{12EI}{l} & \text{称} & \\ -\frac{12EI}{l^3} & -\frac{6EI}{l^2} & \frac{12EI}{l^3} & \\ \frac{6EI}{l^2} & \frac{2EI}{l} & -\frac{6EI}{l^2} & \frac{8EI}{l}\end{bmatrix}$$

$$[S^*]=\frac{EI}{l^3}\begin{bmatrix}19.304 & -8.087 \\ -8.087 & 5.743\end{bmatrix}$$

6.8 $S_{11}^*=S_{31}-\frac{S_{31}^2S_{22}-2S_{31}S_{32}S_{21}+S_{32}^2S_{11}}{S_{11}S_{22}-S_{21}^2}$。

6.9　造成结构不稳定的 P 值是 $P=\frac{EI}{2l^2}$。

6.10　造成系统不稳定的 P 的最小值是 $P=\frac{Kl}{3}$。

6.11　弯曲力矩的纵坐标：$M_A=Pl/24$；$M_B=-Pl/12$；$M_E=Pl/6$。反作用力：$R_A=P/8$ 向下；$R_B=5P/8$ 向上。

6.13　弯曲力矩的纵坐标：$M_A=M_B=-Pl/9$；$M_C=Pl/9$。剪切力的纵坐标：对于 AC，$V=2P/3$；对于 CB，$V=-P/3$。反作用力：$R_A=R_B=P$。

6.14　$M_A=-2Pl/27$；$M_B=-Pl/27$；$V_{Ar}=(19/27)P$；$V_{Al}=-(1/27)P$；$V_{Bl}=-(8/27)P$；$V_{Br}=-(1/27)P$。

6.15　$M_A=M_B=-ql^2/24$；$V_{Ar}=-V_{Bl}=ql/2$；$V_{Al}=V_{Br}=0$。

6.16　构件端力矩：$M_{AB}=0.0703qb^2$；$M_{BA}=0.1406qb^2$；$M_{BC}=-0.1406qb^2$。A 处的反作用力：0.75qb 向上，0.211qb 水平向右，顺时针方向力偶 0.070qb^2。

6.17　构件端力矩：$M_{AB}=ql^2/48$；$M_{BA}=ql^2/24$；$M_{BD}=-ql^2/24$；$M_{DB}=5ql^2/48$。A 处的反作用力：$7ql/16$ 向上，$ql/16$ 向右，$ql^2/48$ 顺时针方向。C 处的反作用力 $=9ql/8$ 向上。

6.18　构件端力矩：$M_{AB}=-M_{BA}=-ql^2/12$　$V_A=-V_B=0.5ql\cos\theta$。

6.19　$\{D\}=10^{-3}\frac{Pl^3}{EI}(92.01l,-145.8,-76.39,149.3l,-208.3)$。

6.20　$\{D\}=10^{-3}\frac{ql^4}{EI}\left\{11.11,\frac{22.22}{l},19.44\right\}$。

6.21　在顶部，中间和底部的应力分别是 -0.25，0.25 和 -0.25，单位为 αET。这些值的变化是线性的。中轴长度的变化是 0.25αET。中间跨度的偏移是 $\alpha El^2/8d$ 向上。

6.22　在支撑中心，$M=1.5EI\alpha T/d$。在顶部，中间和底部的应力分别是 -1.00，0.25 和 0.50，单位为 αET。外部支撑的反作用力是 $1.5EI\alpha T/dl$ 向上，内部支撑的是 $3EI\alpha T/dl$ 向下。

6.23　构件端力矩：$M_{AB}=-0.234$；$M_{BA}=-M_{BC}=-0.694$，单位是 $EI\alpha T/d$。A 处的反作用力：水平向外的分量是 $0.0928EI\alpha T/d^2$，逆时针方向力偶是 $0.234EI\alpha T/d$。

6.24　以 $|P|$ 为单位的答案：$\{M_A,M_E,M_B,M_F\}=h\{0.15,-0.239,0.522,-0.278\}$；$R_A=0.0174h/b$ 向上 $=-R_B$；在 AB 中心的偏移 $=0.877hb^2/EI$ 向上；$V_{Ar}=-0.276h/b$；$V_{Bl}=0.382h/b$；$V_{Br}=-0.356h/b$；$V_{Cl}=0.356h/b$；$V_{Cr}=-0.382h/b$；$V_{Dl}=0.276h/b$。

6.25　以 $|P|$ 为单位的答案：$\{M_A,M_E,M_B,M_F\}=h\{0,-0.3043,0.3915,-0.4085\}$；$R_A=0.0012h/b$ 向下 $=-R_B$；在 E 的偏移 $=0.843hb^2/(EI)$ 向上；$V_{Ar}=-0.0869h/b$；$V_{Bl}=0.1988h/b$；$V_{Br}=-0.1778h/b$；$V_{Cl}=0.1778h/b$；$V_{Cr}=-0.1988h/b$；$V_{Dl}=0.0869h/b$。

6.26　$\sigma=E\alpha T_{top}[0.167+0.357\mu-(0.5-\mu)^5]$；在底部索的最大拉伸 =3.1MPa（或0.45ksi）。

第 8 章

8.1　$D_1=0.248$，$D_2=0.228$（英寸或厘米）。

8.2　$D_1=2.120PB$。不确定桁架的构件中的力（单位为 P）是：$CB=-0.53$，$AD=0.88$，$AC=0.38$，$CD=0.38$，$DB=-0.62$，$BA=0.38$。

8.3 $D=3.73\frac{hP}{Ea}$。

8.4 在例(a)和(b)中 E 处的向下偏移 $=b\left\{9.84\frac{P}{Ea},-0.22\times10^{-3}\right\}$。在例(c)中构件中的力(单位为 P)是:$AE=1.78$, $EF=1.46$, $FB=1.56$, $AC=-2.22$, $CD=-1.88$, $DB=-1.94$, $CE=1.26$, $DF=0.93$, $DE=0.40$,和 $CF=0.12$。

8.5 在例(a)和(b)中 C 处的垂直偏移 $=\{0.11,-0.34\}$英寸。在例(c)中构件中的力(单位为 kip)是:$AB=-18.9$, $BC=-15.0$, $DE=26.1$, $EC=25.0$, $EA=-18.5$, $EB=-5.2$ 和 $BD=6.5$。

8.6 在例(a)和(b)中 C 处的垂直偏移 $=\{3.3,-8.3\}$ mm。在例(c)中构件中的力(单位为 kN)是:$AB=-94.5$, $BC=-75.0$, $DE=130.5$, $EC=125.0$, $EA=-92.5$, $EB=-26.0$,和 $BD=32.5$。

8.7 构件中的力(单位为 P)是:$AB=-1.95$, $BC=-0.38$, $CD=-0.38$, $DE=-0.62$, $EF=2.06$, $BE=-0.33$, $CE=0.54$, $DB=-0.88$, $BF=1.34$,和 $EA=-1.49$。

8.8 $\{D_1,D_2,D_3\}=[Pl/(aE)]\{20.46,-0.09541,3.588\}$。

8.9 $\{D_1,D_2\}=[Pl/(aE)]\{3.828,4.828\}$。$f_{11}=10.07l(aE)$。

8.10 $\{N\}=P\{-0.180,0.320,-0.180,0.254,-0.453,0.641\}$。

8.11 构件中的力:

$\{AB,BC,AD,BE,BD,BF\}=P\{-0.577,0.133,0,-0.444,0.817,-0.189\}$;剩余的力可以通过对称得出。所求的位移 $=3.065Pl/(aE)$。

8.12 $M_{AB}=-0.056ql^2$, $M_{BA}=0.043ql^2$。

8.13 $M_{AB}=-0.057ql^2$, $M_{BA}=0.130ql^2$。

8.14 $[f]=\frac{l}{24EI}\begin{bmatrix}4.5 & -3\\ -3 & 7.5\end{bmatrix}$。

8.16 线中力 $=2.34$ P。弯曲力矩值(单位为 Pb):$M_A=0$, $M_B=M_D=0.099$ 和 $M_C=0.132$。

8.17 线中力 $=25.6$ kip。A 处的反作用力的水平分量 $=2.44$ k(向内)。弯曲力矩值(单位为 kipft):$M_A=M_E=0$, $M_B=M_D=-73.2$ 和 $M_C=-43.8$。

8.18 线中力 $=7.68$ kip。A 处的反作用力的水平分量 $=0.73$ kN(向内)。弯曲力矩值(单位为 kNmm):$M_A=M_E=0$, $M_B=M_D=-6.59$,和 $M_C=-3.94$。

8.19 和 8.20A 处的向下偏移分别为 $0.104l^3/(EI)$ 和 $0.0774l^3/(EI)$。

8.21 D 处的向下偏移 $=0.015Pl^3/(EI)$,A 处的(顺时针)旋转 $=0.047Pl^2/(EI)$。

8.22 点 E 和 C 相互移开的距离 $=0.0142Pl^3/EI$。

8.23 和 8.24 $[f]=\begin{bmatrix}1.093 & 1.320\\ 1.320 & 1.947\end{bmatrix}$in./kip,和 $10^{-6}\begin{bmatrix}6.402 & 7.734\\ 7.734 & 11.400\end{bmatrix}$m/N。

8.27 例(a)中,$\{D_1,D_2,D_3\}=\{2.331,2.992,1.278\}Pl^3/(1000EI)$;例(b)中,$\{D_1,D_2,D_3\}=\{353.3,-25.47,102.7\}Pl^3/(1000EI)$。

8.28 $M_A=-0.167ql^2$;$M_B=-0.080ql^2$;$M_D=0.022ql^2$;$R_A=0.0673ql$(向上)。

8.29 $M_{BC}=0.3915ql^2$;$R_B=0.8115ql$(向上);A 处的偏移 $=0.1663ql^4/(EI)$。

8.30 $M_{中心}=39.83\times10^{-3}ql^2$(在底部钢索产生拉伸)。固定端的力是:

$\{F^*\} = qr\{-0.5, -1.48\times10^{-3}r, -87.46\times10^{-3}r, -0.5, -1.48\times10^{-3}r, 87.46\times10^{-3}r\}$。

8.31 静不定的力(图 6.6d)，$\{F\} = ql(0.401\,2, 0.249\,5, 0.035\,8l)$。

$\{M_{BA}, M_{BF}, M_{FB}, M_{BC}, M_{CB}\} = \dfrac{ql^2}{1\,000}\{98.8, 116.0, 133.5, -214.8, -35.8\}$。

8.32 所选备份：$R_A = 0.347\,1ql$（向上）；$N_{AD} = 0.536\,2ql$；$N_{ED} = 0.513\,4ql$。构件的端力矩：$\{M_{BA}, M_{BE}, M_{EB}, M_{EC}, M_{CE}, M_{BD}\} = (ql^2/1\,000)\{8.44, -13.00, 4.58, -4.58, -9.31, 4.56\}$。

8.33 在 A 处的非零反作用力分量是：$F_x = 0.189P$ 和 $M_y = 0.405Pl$。C 在 x 方向的位移是 $0.209\,5Pl^3(EI)$。

第 9 章

9.1 $$[B] = \begin{Bmatrix} 0.8 & -0.6 & 0 \\ 0.6 & 0.8 & 0 \\ 0 & 0 & 1 \\ -0.8 & 0.6 & 0 \\ -0.6 & -0.8 & 0 \\ 0.6l & 0.8l & -1 \\ 0.8 & 0.6 & 0 \\ -0.6 & 0.8 & 0 \\ -0.6l & -0.8l & 1 \\ -0.8 & -0.6 & 0 \\ 0.6 & -0.8 & 0 \\ 0 & 1.6l & -1 \end{Bmatrix}$$

9.2 $$[f] = \frac{1}{EI}\begin{bmatrix} 0.24l^3 & \text{对} & \\ 0.48l^3 & 1.707l^3 & \text{称} \\ -0.6l^3 & -1.6l^2 & 2l \end{bmatrix}$$

9.3 $$[f] = \frac{1}{6EI}\begin{bmatrix} 2 & \text{对} & \\ 1 & 4 & \text{称} \\ 0 & -1 & 2 \end{bmatrix}$$

9.4 $$[f] = \frac{1}{24EI}\begin{bmatrix} 9l^3 & \text{对} & \\ -15l^3 & 60l & \text{称} \\ -12l^3 & 36l^2 & 32l^3 \end{bmatrix}$$

9.5 $$[C]^T = \begin{bmatrix} 0 & 1 & 0 & 1 & 0 & 0 & 0 & 0 \\ 0 & 0 & 0 & 0 & 0 & 1 & 0 & 1 \\ 1.155 & 0 & 1 & 0 & 1 & 0 & 1.155 & 0 \end{bmatrix}$$

$$[S]=\frac{El}{l}\begin{bmatrix}12 & & \text{对}\\ 4 & 12 & \text{称}\\ -6.93/l & 6.93/l & 32/l^2\end{bmatrix}$$

9.6 $\{F\}=q\{0.041l^2, -0.014l^2, -1.366l\}$。

9.8 对于任何构件 i

$$[S_m]_i=\begin{bmatrix}12EI/l^3 & & & & & \\ 0 & GJ/l & & & & \\ 6EI/l^2 & 0 & 4EI/l & & & \\ -12EI/l^3 & 0 & -6EI/l^3 & 12EI/l^3 & & \\ 0 & -GJ/l & 0 & 0 & GJ/l & \\ 6EI/l^2 & 0 & 2EI/l & -6EI/l^2 & 0 & 4EI/l\end{bmatrix}$$

第 i 个构件的坐标中的位移 $\{D^*\}_i$ 与结构坐标中的位移 $\{D\}$ 的关系有方程 $\{D^*\}_i=[C]_i\{D\}$。其中

$[C]_i=\begin{bmatrix}[0] & [0]\\ [t]_i & [0]\end{bmatrix}(i=1,2)$，$[C]_3=[I]$。

$[C]_i=\begin{bmatrix}[0] & [t]_i\\ [0] & [0]\end{bmatrix}(i=4,5)$，$[t]_i=\begin{bmatrix}1 & 0 & 0\\ 0 & \cos\alpha_i & \sin\alpha_i\\ 0 & -\sin\alpha_i & \cos\alpha_i\end{bmatrix}$。

9.9 $$[S]=\begin{bmatrix}\frac{Ea}{l} & \text{对} & \\ 0 & \frac{12EI}{l^3} & \text{称}\\ 0 & \frac{6EI}{l^3} & \frac{4EI}{l}\end{bmatrix}$$

$$[S^*]=\begin{bmatrix}\frac{12EI}{l^3} & & \text{对}\\ \frac{6EI}{bl^2} & \frac{Ea}{4l}+\frac{4EI}{b^2l} & \text{称}\\ \frac{6EI}{bl^2} & -\frac{Ea}{4l}+\frac{4EI}{b^2l} & \frac{Ea}{4l}+\frac{4EI}{b^2l}\end{bmatrix}$$

9.10 $$[f]=\begin{bmatrix}\frac{l}{Ea} & \text{对} & \\ 0 & \frac{l^3}{3El} & \text{称}\\ 0 & -\frac{l^2}{2El} & \frac{l}{El}\end{bmatrix}$$

$$[f^*]=\begin{bmatrix} \frac{l^3}{3EI} & 对 & \\ -\frac{bl^2}{4EI} & \frac{l}{aE}+\frac{b^2l}{4EI} & 称 \\ -\frac{bl^2}{4EI} & -\frac{l}{aE}+\frac{b^2l}{4EI} & \frac{l}{aE}+\frac{b^2l}{4EI} \end{bmatrix}$$

9.11 $$[S]=EI\begin{bmatrix} \frac{4}{l} & 对 & & \\ 0 & \frac{4}{l} & 称 & \\ \frac{2}{l} & \frac{2}{l} & \frac{8}{l} & \\ -\frac{6}{l^2} & \frac{6}{l^2} & 0 & \frac{24}{l^3} \end{bmatrix}$$

$$[S^*]=EI\begin{bmatrix} \frac{16}{b^2l} & 对 & & \\ -\frac{12}{b^2l} & \frac{16}{b^2l} & 称 & \\ -\frac{16}{b^2l} & \frac{8}{b^2l} & \frac{32}{b^2l} & \\ -\frac{12}{bl^2} & \frac{12}{bl^2} & 0 & \frac{24}{l^3} \end{bmatrix}$$

9.12 $F_1=\frac{\pi^4 EI}{8l^3}D_1$。

9.13 $F_1=D_1\left(\frac{\pi^4}{8}-\frac{\pi^2}{2}\right)\frac{EI}{l^3}$。

9.15 构件 AB,AC,AD 和 AE 中的力是(单位为 P):{ -0.354 4,0.153 0,0.600 3,0.885}。

9.16 $[S_m]$ = 方程 22.25 中 3 × 3 矩阵。构件 AB,AC,AD 和 AE 中的力是(单位为 P):{ -0.311 8, -4.053 5, -2.182 6,1.559 0}。

第 10 章

10.3 C 处的偏移 =0.197 ln,向下。C 处的旋转 =0.004 13 半径,顺时针方向。

10.4 C 处的偏移 =5.59 mm,向下。C 处的旋转 =0.004 69 半径,顺时针方向。

10.5 D 处的偏移 $=2.40Pb^3/EI_0$。D 处的偏移 $=Pb^3/EI_0$。(均向下)。

10.7 垂直偏移是:C 或 E 处为 $1.212\frac{Hl^3}{EI}$,D 处为 $1.687\frac{Hl^3}{EI}$,均向下。

10.8 或 10.9 $[S]=\frac{EI_0}{l}\begin{bmatrix} 6.59 & 2.92 \\ 2.92 & 4.35 \end{bmatrix}$。

10.10 $M=\frac{3}{16}\frac{EI}{l}$。$D$ 处偏移 =(13/22)l 向下,E 处 =(3/32)l 向下。

10.11 (a)D 处偏移 $=-0.0070qb^4/(EI)$。

(b)沉陷 $=0.0790qb^4/(EI)$,旋转 $=0.1267qb^3/(EI)$。

10.12 $\{y_1,y_2,y_3\}=[10^{-3}Pl^3/(EI_0)]\{3.06,4.98,3.79\}$;A 处的旋转 $=12.3[10^{-3}Pl^2/(EI_0)]$。

10.13 $y=[10^{-3}Pl^3/(EI_0)][4.478\sin(\pi x/l)-0.323\sin(2\pi x/l)]$。
$\{y_1,y_2,y_3\}=[10^{-3}Pl^3/(EI_0)]\{2.84,4.48,3.49\}$。A 处的旋转 $=12.0[10^{-3}Pl^2/(EI_0)]$。

10.14 $y=\dfrac{4ql^4}{\pi^5 EI}\sum_{n=1,3,\cdots}^{\infty}\dfrac{\sin(n\pi x/l)}{n^3[n^2-pl^2(\pi^2 EI)]}$。

10.15 $a_1=0.02511ql^4/EI, a_2=0, a_3=0.0000569ql^4/EI$。

10.16 $y=\dfrac{4ql^3}{\pi^4 EI}\sum_{n=1,2,\cdots}^{\infty}\dfrac{[1-\cos(2n\pi c/l)][1-\cos(2n\pi x/l)]}{16n^4+3kl^4/(\pi^4 EI)}$

10.17 $D_1=(l/192)[22\quad 36\quad 24\quad 12\quad 2]\{\psi\}$;$D_2=-(l/192)[2\quad 12\quad 24\quad 36\quad 22]\{\psi\}$;
$D_3=(l^2/192)[1\quad 6\quad 10\quad 6\quad 1]\{\psi\}$。
对于习题 10.12 中的梁;左手端的旋转 $=12.2\times10^{-3}Pl^2/(EI_0)$;在中间长度的偏移 $=4.46\times10^{-3}Pl^3/(EI_0)$。

第 11 章

11.1 构件端力矩是(单位为 Pb):$M_{AB}=-0.54, M_{BA}=-M_{BC}=-0.09, M_{CB}=-M_{CD}=-0.70, M_{DC}=-M_{DE}=1.11, M_{ED}=-1.27$。
A 处的反作用力分量是 $0.7P$(向上),$0.21P$(向左)和 $0.535Pb$(逆时针方向)。E 处的反作用力分量是 $1.3P$(向上),$0.79P$(向左)和 $1.265Pb$(逆时针方向)。

11.2 构件端力矩是(单位为 Pb):$M_{AB}=-M_{AF}=-0.461, M_{BA}=-M_{BC}=M_{CB}=-M_{CD}=-0.149$。利用对称可求出框架另一半的力矩。

11.3 以($Pb/24$)为单位的构件端力矩是:$M_{BC}=5, M_{CB}=-M_{CD}=1, M_{DC}=7$。利用垂直和水平对称可求出其余的力矩。

11.4 构件端力矩是(单位为 $qb^2/100$):$M_{AB}=-188.9, M_{BA}=-M_{BC}=-45.7, M_{CB}=111.8, M_{CE}=-40.0, M_{CD}=-71.8$。
A 处的反作用力分量是 $0.7qb$(向下),$2.28qb$(向左)和 $-1.89qb^2$(逆时针方向)。D 处的反作用力分量是 $1.79qb$(向上),$0.72qb$(向左)。

11.5 构件端力矩是(单位为 Pb):$M_{CA}=-0.500, M_{CD}=0.249, M_{CG}=0.251$,
$M_{DC}=-M_{DE}=-M_{DE}=0.125$,和 $M_{ED}=-0.535$。利用对称可求出框架另一半的力矩。

11.6 A 端的力是:$1.6qb$(向上),$1.07qb$(向左)和 $0.213qb^2$(逆时针方向)。利用对称可求出 B 端的力。

11.7 $S_{AB}=7.272EI_0/l, S_{BA}=4.364EI_0/l, C_{AB}=2/5$ 和 $C_{BA}=2/3$。

11.8 $S_{AB}=9.12EI_B/l, S_{BA}=4.75EI_B/l, C_{AB}=0.428$ 和 $C_{BA}=0.824$。其中 EI_B 是 B 处的柔性刚度。

11.9 $M_{AB}=-0.0966wl^2$ 和 $M_{BA}=0.0739wl^2$。

11.10 $M_{AB}=-0.217Pl$ 和 $M_{BA}=0.0866Pl$。

11.11 构件端力矩是(单位为 $ql^2/1\ 000$):$M_{AB}=25.3$,$M_{BA}=-M_{BC}=50.7$,$M_{CB}=72.5$,$M_{CD}=-36.3$,$M_{DC}=-18.1$,$M_{CE}=-36.3$。

A 处的反作用力分量是 0.479ql(向上),0.077ql(向右)和 0.025ql^2(顺时针方向)。

11.12 构件端力矩是(单位为 $ql^2/1\ 000$):$M_{AB}=19.6$,$M_{BA}=-M_{BC}=46.6$,$M_{CB}=75.9$,$M_{CD}=-41.7$,$M_{DC}=-24.5$,$M_{CE}=-34.3$。

A 处的反作用力分量是 0.471ql(向上),0.067ql(向右)和 0.020ql^2(顺时针方向)。

11.13 构件端力矩是(单位为 $ql^2/1\ 000$):$M_{BA}=93.7$,$M_{BE}=6.1$,$M_{BC}=-99.8$,和 $M_{EB}=3.1$。框架右半部分的端力矩大小相等,方向相反。

11.14 构件端力矩是(单位为 $Hl/100$):$M_{BA}=-3.39$,$M_{BE}=7.92$,$M_{BC}=-4.53$,和 $M_{EB}=8.73$。由于反对称,右半部的端力矩大小相等。

11.15 以 EI_A/l^2 为单位的构件端力矩为:$M_{BA}=10.2$,$M_{BE}=3.5$,$M_{BC}=-13.8$,$M_{ED}=1.2$,$M_{CB}=-17.1$,$M_{CF}=-2.7$,$M_{FC}=-2.0$。

11.16 对于 4 例载荷中支撑 B 的弯曲力矩的值是:

$ql^2\{-0.242\ 2,-0.367\ 2,-0.242\ 2,-0.101\ 6\}$。

11.17 构件端力矩是(单位为 $qb^2/100$):$M_{AB}=2.62$,$M_{BA}=-M_{BC}=7.95$,$M_{CB}=24.15$,$M_{CD}=-6.15$,$M_{CE}=-18.00$,$M_{DC}=-4.42$。

11.18 (a)构件端力矩是(单位为 k ft):$M_{AB}=122$,$M_{BA}=-M_{BC}=126$。因为对称,框架右半部分的端力矩大小相等,方向相反。

(b)A 处的反作用力分量是:0.782k 向右,27.4k ft 顺时针方向,垂直分量为零。

11.19 (a)构件端力矩是(单位为 kN · m):$M_{AB}=10.94$,$M_{BA}=-M_{BC}=11.38$。

(b)A 处的反作用力分量是:3.62 kN 向右,38.0 kNm 顺时针方向,垂直分量为零。

11.20 所求弯曲力矩的值是(单位为 kip ft):

(a)$M_A=M_B=-20.7$,和 $M_C=M_D=-8.3$。

(b)$M_A=-M_B=27.8$,和 $M_C=-M_D=27.8$。

(c)$M_A=-145.2$,$M_B=-251.2$ 和 $M_C=-2.7$,$M_D=-185.4$。

一般而言,正的弯曲力矩在框架的内梁中引起拉伸应力。

11.21 所求弯曲力矩的值是(单位为 kip ft):

(a)$M_A=M_B=-27.1$,和 $M_C=M_D=-10.8$。

(b)$M_A=-M_B=28.5$,和 $M_C=-M_D=28.5$。

(c)$M_A=-145.2$,$M_B=-327.1$,$M_C=-3.5$,和 $M_D=-185.4$。

一般而言,正的弯曲力矩在框架的内梁中引起拉伸应力。

11.22 (a)三个支柱中任何一个的顶部或底部的端力矩是 $Pl/12$。

(b)F 或 H 处的剪切力是 $P/6$,G 处的是 $2P/3$。

11.23 框架左半部中的构件端力矩是:

$\{M_{AB},M_{BA},M_{BC},M_{CB},M_{CD},M_{DC}\}=Pl\{0.178,0.150,-0.150,-0.121,0.121,0.116\}$;

构件 DE 的力矩为零。

11.24 框架左半部中的构件端力矩是:

$\{M_{AB},M_{BA},M_{BC},M_{CB}=Pl\{0.140,0.143,-0.143,-0.145\}$。

11.25 框架左半部中的构件端力矩是(单位为 Pb):$M_{AB}=-1.19$,$M_{BA}=-0.31$,$M_{BC}=0.89$,

$M_{BC}=-0.58, M_{CB}=-0.68, M_{CF}=0.79, M_{CD}=-0.11$ 和 $M_{DC}=-0.89$。

右半部对应的端力矩与此相等。

11.26 框架左半部中的构件端力矩是(单位为 $Pb/10$):$M_{AB}=M_{FG}=-5.71, M_{BA}=M_{GF}=-5.54, M_{BC}=M_{GH}=-1.41, M_{CB}=M_{HG}=-2.34, M_{AF}=M_{FA}=5.71, M_{BG}=M_{GB}=6.95, M_{CH}=M_{HC}=0$。

右半部对应的端力矩与此大小相等,方向相反。

11.27 框架左半部中的构件端力矩是(单位为 Pb):$M_{AB}=-1.545, M_{BA}=-0.455, M_{BE}=0.614, M_{BC}=-0.159, M_{CB}=-M_{CD}=-0.341$。

右半部对应的端力矩与此相等。

第13章

13.1 效应线由与以下纵坐标相交的直线段组成:

B 处的反作用力:$\eta_A=0, \eta_D=1.2$ 和 $\eta_C=0$。

$E(l)$ 处的弯曲力矩:$\eta_A=0, \eta_E=0.234, \eta_D=-0.075$ 和 $\eta_C=0$。

E 处的剪切力:$\eta_A=0, \eta_{E左}=-\frac{3}{8}, \eta_{E右}=\frac{5}{8}, \eta_D=\frac{1}{5}$ 和 $\eta_C=0$。

13.2 效应线由与以下纵坐标相交的直线段组成:

构件 Z_1 中的力:$\eta_A=0, \eta_C=\frac{3}{4}$ 和 $\eta_B=0$

构件 Z_2 中的力:$\eta_A=0, \eta_C=-0.354, \eta_D=0.707$ 和 $\eta_B=0$。

13.3 以线 AB 为基准,效应线由与以下纵坐标相交的直线段组成:

A 处反作用力的水平分量(向内):$\eta_A=\eta_B=0$ 和 $\eta_C=\frac{1}{4h}$。

D 处的弯曲力矩:$\eta_A=\eta_B=0, \eta_D=\frac{3l}{32}$ 和 $\eta_C=-\frac{l}{16}$。

13.4 跨度中所求的三个纵坐标是:

n 处的弯曲力矩:

跨度 AB:{-89, -123, -117} $l/1\,000$。

跨度 BC:{-62, -65, -47) $l/1\,000$。

AB 中心的弯曲力矩:

跨度 AB:{105,189,92} $l/1\,000$。

跨度 BC:{-31, -33, -24} $l/1\,000$。

在 n 的剪切力:

跨度 AB:{-0.389, -0.623, -0.817}。

跨度 BC:{-0.062, -0.065, -0.047}。

13.5 R_A 的效应纵坐标:

$\{\eta_A, \eta_D, \eta_B, \eta_E, \eta_C\}=\{1.0, 0.902, 0.677, 0.404, 0.119\}$。

R_B 的效应纵坐标:

$\{\eta_A, \eta_D, \eta_B, \eta_E, \eta_C\}=\{0, 0.046, 0.126, 0.175, 0.199\}$。

A 处端力矩的效应纵坐标:

$\{\eta_A,\eta_D,\eta_B,\eta_E,\eta_C\}=l\{0,-0.350,-0.480,-0.483,-0.437\}$。

13.6　跨度中所求的三个纵坐标是：

跨度 AB：$\{1.36,1.88,1.79\}l/100$。

跨度 BC：$\{-1.79,-1.88,-1.36\}l/100$。

13.7　$\eta_G=0.132l,\eta_H=0.236l$，和 $\eta_I=0.132l$。

13.8　$\eta_G=0.125l,\eta_H=0.250l,\eta_I=0.125l$，和 $\eta_K=0.078l$。

13.11　效应线由与以下纵坐标相交的直线段组成：

对 X_A：$\{\eta_A,\eta_B,\eta_C,\eta_D,\eta_E\}=\{0,0.535,0.931,0.535,0\}$。

对 Y_A：$\{\eta_A,\eta_B,\eta_C,\eta_D,\eta_E\}=\{1.0,0.840,0.500,0.160,0\}$。

对 M_{AB}：$\{\eta_A,\eta_B,\eta_C,\eta_D,\eta_E\}=b\{0,-0.222,0.084,0.139,0\}$。

13.12　效应线由与以下纵坐标相交的直线段组成：

对 X_A：$\{\eta_C,\eta_D,\eta_E,\eta_F,\eta_G\}=\{0.036,0.427,0.643,0.427,0.036\}$。

对于 DE 中的力：$\{\eta_C,\eta_D,\eta_E,\eta_F,\eta_G\}=\{0.072,-0.146,-0.714,-0.146,0.072\}$。

13.13　效应线由与以下纵坐标相交的直线段组成：

对于 Z_1 中的力：$\{\eta_A,\eta_D,\eta_E,\eta_F,\eta_B\}=\{0,-0.333,-0.632,-0.860,0\}$且该线关于 B 对称。

对于 Z_2 中的力，跨度中的纵坐标是

跨度 AB：$\{\eta_A,\eta_D,\eta_E,\eta_F,\eta_B\}=\{0,-0.125,-0.197,-0.164,0\}$。

跨度 BC：$\{\eta_B,\eta_G,\eta_H,\eta_I,\eta_C=\{0,0.586,0.303,0.125,0\}$。

第 14 章

14.1　$M_{BC}=-M_{BA}=246.0$k ft；$M_{AB}=-165.6$k ft。

14.2　$M_{BC}=-M_{BA}=329.6$kN m；$M_{AB}=-226.1$kN m。

14.3　$\{M_{BA},M_{BC},M_{BD},M_{DB}\}=\{28.1,-25.8,-2.27,-11.7\}$ k ft。

14.4　$\{M_{BA},M_{BC},M_{BD},M_{DB}\}=\{38.6,-34.6,-3.99,-16.5\}$ kN m。

14.5　$\{M_{AB},M_{BA},M_{BC},M_{CB}\}=\{-0.589,-0.726,0.726,0.985\}EI/(10^3l)$。

14.8　$\{M_{AB},M_{BA},M_{BC},M_{CB}\}=ql^2\{-0.665,-0.366,0.366,0\}$。

14.9　当 $Q=1.82EI/b^2$ 时发生屈折。

14.10　$Q=93.2EI_{BC}/l^2$。

14.11　$Q=6.02EI/l^2$。

14.14　$Q=20.8EI/l^2$。

14.15　$Q=3.275EI/l^2$。

第 15 章

15.2　所求矩阵是：

$$[S_{11}]_r=\begin{bmatrix} \frac{2(S_1+t_1)}{h_1^2} & & & & \text{对} \\ \frac{-2(S_1+t_1)}{h_1^2} & \frac{2(S_1+t_1)}{h_1^2}+\frac{2(S_2+t_2)}{h_2^2} & & & \\ & -\frac{2(S_2+t_2)}{h_2^2} & \frac{2(S_2+t_2)}{h_2^2}+\frac{2(S_3+t_3)}{h_3^2} & & \text{称} \\ & \text{未显示的单元为零} & \cdots & \cdots & \\ & & & -\frac{2(S_{n-1}+t_{n-1})}{h_{n-1}^2} & \frac{2(S_{n-1}+t_{n-1})}{h_{n-1}^2}+\frac{2(S_n+t_n)}{h_n^2} \end{bmatrix}$$

$$[S_{21}]_r=[S_{12}]_r^{\mathrm{T}}=\begin{bmatrix} -\frac{(S_1+t_1)}{h_1} & \frac{(S_1+t_1)}{h_1} & & & \text{对} \\ -\frac{(S_1+t_1)}{h_1} & \frac{(S_1+t_1)}{h_1}-\frac{(S_2+t_2)}{h_2} & \frac{(S_2+t_2)}{h_2} & & \\ & -\frac{(S_2+t_2)}{h_2} & \frac{(S_2+t_2)}{h_2}-\frac{(S_3+t_3)}{h_3} & \frac{(S_3+t_3)}{h_3} & \text{称} \\ & & \cdots & \cdots & \\ & \text{未显示的单元为零} & & \frac{(S_{n-1}+t_{n-1})}{h_{n-1}} & \frac{(S_{n-1}+t_{n-1})}{h_{n-1}}-\frac{(S_n+t_n)}{h} \end{bmatrix}$$

$$[S_{22}]_r=\begin{bmatrix} S_1+3(I/l)_{bl} & & & \\ t_1 & S_1+S_2+3E(I/l)_{b2} & & \\ & t_2 & S_2+S_3+3E(I/l)_{b3} & \\ & & \cdots & \cdots \\ & \text{未显示的单元为零} & t_{n-1} & S_{n-1}+S_n+3E(I/l)_{bn} \end{bmatrix}$$

其中 $S_i=\dfrac{(4+\alpha_i)EI_{ci}}{(1+\alpha_i)\ h_i}$

$t_i=\dfrac{(2-\alpha_i)EI_{ci}}{(1+\alpha_i)\ h_i}$

$\alpha_i=\dfrac{12EI_{ci}}{h_i^2Ga_{rci}}$

以上方程式中 S,t,h,T_c,α 和 α_{rc} 的下标 i 为从顶层开始的楼层号。$(I/l)_{bi}$ 的下标 i 为从屋顶开始的楼层号。

15.3 墙中力矩的总和是:(参见图 15.7)

$\{M_A,M_B,M_C,M_D,M_E\}=\dfrac{Ph}{10}\{0,4.41,18.80,43.27,77.82\}$。

柱中力矩的总和是(单位为 $Ph/10$):

$M_{FG}=-0.318,M_{GF}=-0.271,M_{GH}=-0.287,M_{HG}=-0.316,M_{HI}=-0.260,M_{IH}=-0.275,M_{IJ}=-0.196,M_{JI}=-0.262$。

15.4 区段 A. A 的弯曲力矩是 $6.07Ph$。较低梁的每一端(与墙的交接处)的力矩是 $0.295Ph$。

15.6 墙上的力是:

$\{F_1,F_2,F_3\}_A=P\{0.0003,-0.1050,-0.03272b\}$

$\{F_1,F_2,F_3\}_B=P\{-0.0003,-0.3150,-0.00027b\}$

$\{F_1,F_2,F_3\}_C=P\{0,-0.580\,0,-0.000\,27b\}$

其中 F_1,F_2 分别是 x 和 y 方向的分量，F_3 是顺时针方向的力偶。

15.7 墙上的力是：

$\{F_1,F_2,F_3\}_A=P\{0.118\,3,0.273\,9,0.000\,72b\}$

$\{F_1,F_2,F_3\}_B=P\{0.000\,8,0.460\,3,0.000\,36b\}$

$\{F_1,F_2,F_3\}_C=P\{-0.117\,6,0.004\,7,0.000\,36b\}$

$\{F_1,F_2,F_3\}_D=P\{-0.001\,5,0.261\,1,0.000\,36b\}$

其中 F_1,F_2 分别是 x 和 y 方向的分量，F_3 是顺时针方向的力偶。

15.8 点 B 在 x 和 y 方向的平移以及桌子在顺时针方向的旋转是(单位 kip,ft)：

$10^{-6}P\{330.68,-2.51,-1.29\}$。

支撑构件上的力是(单位 kip,ft)：

$\{F_1,F_2,F_3\}_A=P\{0.457\,1,0.074\,8,-0.000\,2\}$

$\{F_1,F_2,F_3\}_B=P\{0.047\,5,-0.005\,6,-0.144\,8\}$

$\{F_1,F_2,F_3\}_C=P\{0.120\,7,0.119\,4,-0.144\,8\}$

$\{F_1,F_2,F_3\}_D=P\{0.374\,7,-0.188\,6,-0.000\,2\}$

其中 F_1,F_2 分别是 x 和 y 方向的分量，F_3 是顺时针方向的力偶。

15.9 点 B 在 x 和 y 方向的平移以及桌子在顺时针方向的旋转是(单位 N,m)：

$10^{-6}P\{0.023\,15,-0.000\,19,-0.000\,302\}$。

支撑构件上的力是(单位 N,m)：

$\{F_1,F_2,F_3\}_A=P\{0.455\,7,0.074\,7,0.000\,0\}$

$\{F_1,F_2,F_3\}_B=P\{0.048\,5,-0.006\,2,0.044\,6\}$

$\{F_1,F_2,F_3\}_C=P\{0.122\,6,0.120\,7,-0.044\,6\}$

$\{F_1,F_2,F_3\}_D=P\{0.373\,2,-0.189\,2,0.000\,0\}$

第 16 章

16.1 第一误差项 $=-\dfrac{\lambda^2}{8}y_{i+1/2}^{(5)}$。

16.2 第一误差项 $=-\dfrac{\lambda^3}{4}y_A^{(4)}$。

16.3 $\left(\dfrac{d^2y}{dx^2}\right)_B=\dfrac{4}{3\lambda^2}(2y_A-3y_B+y_C)$。

第一误差项 $=-\dfrac{\lambda}{6}y_B^{(3)}$。

16.4 $\{y_1,y_2,y_3\}=\dfrac{ql^4}{384EI_A}\{2.1,2.7,1.8\}$。

16.5 $\{y_1,y_2,y_3\}=\dfrac{ql^4}{1\,000EI}\{0.698,0.843,0.566\}$。

$\{M_1,M_2,M_3\}=(ql^2/100)\{0.885,0.675,0.462\}$。$M_B=-1.811$，$R_A=0.160ql$ 和 $R_B=0.432ql$。

16.6 A 处的旋转是 $l/(3.882EI)$。

16.7 $[f]=\begin{bmatrix}\dfrac{l^3}{2.842EI} & -\dfrac{l^2}{2EI}\\ -\dfrac{l^2}{2EI} & \dfrac{l}{EI}\end{bmatrix}$

16.8 端－旋转强度 $S=2.102EI/l$。传递力矩 $t=2.008EI/l$。由表 14.1 我们有：
$S=2.624EI/l$ 和 $t=2.411EI/l$。

16.9 $M_B=-0.324Ql$。

16.10 $\{y_1,y_2,y_3\}=10^{-3}\dfrac{\gamma l^5}{EI}\{0.571,0.480,0.469\}$。

16.11 节点 1,2,…,5 的向外辐射式偏移是：
$\dfrac{\gamma H^2}{10E}\{15.853,43.974,72.552,83.022,54.410\}$。
在节点上每单位高度的圆周力是：
$10^{-2}\times\gamma H^2\{6.605,21.987,42.322,55.348,40.807\}$。
节点上垂直方向的弯曲力矩是：
$10^{-3}\times\gamma H^3\{0,-0.01,0.77,2.48,2.32\}$。
在底部的辐射式反作用力 $=0.172\gamma H^2$（向内）。底座的固定力矩 $=0.013\gamma H^3$（在内侧产生拉抻应力）。当 $\lambda=H/20$ 时，解得高度的第 5 点上的节点的以下值。
节点 1,2,…,5 的向外辐射式偏移是：
$\dfrac{\gamma H^2}{10^3E}\{4.284,43.109,74.776,81.176,43.749\}$。
在节点上每单位高度的圆周力是：
$10^{-2}\times\gamma H^2\{1.758,21.554,43.619,54.117,32.811\}$。
节点上垂直方向的弯曲力矩是：
$10^{-3}\times\gamma H^3\{0,0.17,1.05,3.03,1.62\}$。
在底部的辐射式反作用力 $=0.190\gamma H^2$，底座的固定力矩 $=0.019\gamma H^3$。

16.12 $\{w\}=\dfrac{q\lambda^4}{N}\{1.2950,0.8456,0.6918,0.4586\}$。
$(M_y)_1=0.0241qb^2,(M_y)_2=0.0155qb^2$。

16.13 $\{w\}=\dfrac{qb^4}{N}\{0.00305,0.00235,0.00155,0.00122\}$。
$(M_y)_1=0.0375qb^2,(M_y)_2=0.0283qb^2$。

16.14 $\{w\}=\dfrac{M\lambda^2}{N}\{0.4494,0.3962,0.2332,0.2254\}$。
$(M_y)_1=0.2162M,(M_y)_2=0.1708M$。

16.15 $\{w\}=\dfrac{q\lambda^4}{N}\{1.0614,0.6764,0.5894,0.3869\}$。
$(M_y)_1=0.0189qb^2,(M_y)_2=0.0116qb^2$。
梁 EF 的弯曲力矩是：$M_1=0.0616qb^3$。

16.16 $\{w\}=\dfrac{q\lambda^2}{N}\{0.2981,0.2506,0.2006,0.8871,0.7423,0.6281\}$。

A,B,C 处的 M_y 是:

$\{M_y\}=P\{-0.596\ 2,-0.501\ 2,-0.401\ 2\}$

16.17 $\{w\}=\dfrac{q\lambda^2}{N}\{0.274\ 0,0.252\ 5,0.221\ 1,0.815\ 9,0.753\ 1,0.678\ 0\}$。

A,B,C 处的 M_y 是:

$\{M_y\}=-P\{0.548\ 0,0.505\ 0,0.442\ 2\}$

16.18 $\{w\}=\dfrac{q\lambda^2}{N}\{0.014\ 3,0.009\ 5,0.004\ 7\}$。

反作用力 $R_A=0.103\ 9qb^2$

第 17 章

17.1 $$[S^*]=\frac{EI_0}{l^3}\begin{bmatrix}18 & & & \\ 8l & 5l^2 & & \\ -18 & -8l & 18 & \\ 10 & 3l^2 & -10l & 7l^2\end{bmatrix}\text{（对称）}$$

$$[S^*]=\frac{EI_0}{l^3}\begin{bmatrix}17.45 & & & \\ 7.72l & 4.86l & & \\ -17.45 & -7.72l & 17.45 & \\ 9.72l & 2.86l^2 & -9.72l & 6.86l^2\end{bmatrix}\text{（对称）。}$$

17.2 采用有限元件法得出的偏移是 $0.192\ 3Pl^3/EI_0$。准确的答案是 $0.192\ 8Pl^3/EI_0$。

17.3 $[S]=\dfrac{Ea}{3l}\begin{bmatrix}7 & 1 & -8\\ 1 & 7 & -8\\ -8 & -8 & 16\end{bmatrix}$, $[S^*]=\dfrac{Ea}{l}\begin{bmatrix}1 & -1\\ -1 & 1\end{bmatrix}$。

17.4 $D_2=0.375\alpha T_0 l;D_3=0.062\ 5\alpha T_0 l;\sigma=-0.125E\alpha T_0$。

17.5 $S_{11}^*=Eh\left(0.347\dfrac{c}{b}+0.139\dfrac{b}{c}\right);S_{21}^*=0.156Eh;$

$S_{31}^*=Eh\left(-0.347\dfrac{c}{b}+0.069\dfrac{b}{c}\right);S_{41}^*=-0.52Eh;$

$S_{51}^*=Eh\left(-0.174\dfrac{c}{b}-0.069\dfrac{b}{c}\right)$。

17.6 $\{F_b\}=0.625\alpha TEh\ \{c,b,-c,b,-c,-b,c,-b\}$。

17.7 $$[S^*]=\frac{Eh}{1\ 000}\begin{bmatrix}486 & & & & & & & \\ 156 & 486 & & & & & & \\ -278 & 52 & 486 & & & & & \\ -52 & 35 & -156 & 486 & & & & \\ -243 & -156 & 35 & 52 & 486 & & & \\ -156 & -243 & -52 & -278 & 156 & 486 & & \\ 35 & -52 & -243 & 156 & -278 & 52 & 486 & \\ 52 & -278 & 156 & -243 & -52 & 35 & -156 & 486\end{bmatrix}\text{（对称）}$$

17.8 采用有限元件法得出的偏移是 $1.202Pb/Ehc$。采用梁理论得出的偏移是 $(P/Eh)[0.5(b/c)^3+1.44(b/c)]$。

17.9 $\{\sigma\}=\{0,0,-0.5P/hc\}$。

17.10 $\{F_b^*\}=\dfrac{\alpha EhT}{1-\gamma}\left\{\dfrac{c}{2},\dfrac{b}{2},\dfrac{b^2}{12},-\dfrac{c}{2},\dfrac{b}{2},-\dfrac{b^2}{12},-\dfrac{c}{2},-\dfrac{b}{2},\dfrac{b^2}{12},\dfrac{c}{2},-\dfrac{b}{2},\dfrac{b^2}{12}\right\}$。

17.11 $S_{11}^*=\dfrac{Eh^3}{(1-\gamma^2)cb}\left[\dfrac{1}{3}\left(\dfrac{b^2}{c^2}+\dfrac{c^2}{b^2}\right)-\dfrac{\gamma}{15}+\dfrac{7}{30}\right]$。矩形夹板中心的偏移 $D_1^*=(S_{11}^*)^{-1}(P/4)$。节点 2 的 M_x 是 $-[Eh^3/2(1-\gamma^2)b^2]D_1^*$。

17.12
$$[S^*]=\frac{Eh}{4}\begin{bmatrix} 3 & & & \text{对} & & \\ -1 & 3 & & & & \\ -1 & 1 & 1 & & & \\ 0 & -2 & 0 & 2 & & \text{称} \\ -2 & 0 & 0 & 0 & 2 & \\ 1 & -1 & -1 & 0 & 0 & 1 \end{bmatrix};[T]=\begin{bmatrix}[t] & [0] & [0]\\ [0] & [t] & [0]\\ [0] & [0] & [t]\end{bmatrix};$$

$[t]=\begin{bmatrix} c & s \\ -s & c\end{bmatrix}$其中 $c=\cos\alpha,s=\sin\alpha$。

对于(b)中的系统,$[S]=[T]^{\mathrm{T}}[S^*][T]$。对于(c)中的系统,代入 $\alpha=180°$;则 $[t]=-[I]$及$[\bar{S}]=[S^*]$。

17.13 非零节点位移是$\{v_1,v_2,v_3,u_4,v_4,u_5,v_5,u_6,v_6\}=\dfrac{P}{Eh}\{2.68,2.21,2.57,-0.44,1.16,0.03,1.19,0.39,1.28\}$。元件 2.6.3 的应力是$\{\sigma_x,\sigma_y,\tau_{xy}\}=\dfrac{P}{bh}\{0.392,0.358,-0.642\}$。

17.14
$$[\{B\}_1\{B\}_2\{B\}_3]=\begin{bmatrix} -(1-\eta)/b & 0 & 0 \\ 0 & -(1-3\xi^2+2\xi^3)/c & -\xi(\xi-1)^2b/c \\ -(1-\xi)/c & (-6\xi+6\xi^2)(1-\eta)/b & (3\xi^2-4\xi+1)(1-\eta) \end{bmatrix}$$

17.15

$$[S^*]=(Eh/1\,000)\times$$
$$\begin{bmatrix}
486 \\
156 & 552 \\
-8.7b & 68b & 28b^2 \\
-278 & 52 & 8.7b & 486 \\
-52 & -31 & 19b & -156 & 552 \\
8.68b & -19b & -12b^2 & -8.7b & -68b & 28b^2 \\
-243 & -156 & -26b & 35 & 52 & 26b & 486 \\
-156 & -219 & -40b & -52 & -302 & 47b & 156 & 552 \\
26b & 40b & 5.5b^2 & -26b & 47b & -0.3b^2 & 8.7b & -68b & 28b^2 \\
35 & -52 & 26b & -243 & 156 & -26b & -278 & 52 & -8.7b & 486 \\
52 & -302 & -47b & 156 & -219 & 40b & -52 & -31 & -19b & 156 & 552 \\
-26b & -47b & -0.3b^2 & 26b & -40b & 5.5b^2 & -8.7b & 19b & -12b^2 & 8.7b & 68b & 28b^2
\end{bmatrix}$$

第 18 章

18.1 $[S]=\dfrac{Ea_0}{l}\begin{bmatrix}3.775 & & 对\\ 0.442 & 2.443 & 称\\ -4.221 & -2.889 & 7.110\end{bmatrix}$。积分后的函数为四次曲线，三个样点足够满足准确的积分。

18.2 当 q 和位移均是二次项时，相容约束力是：$F_{b1}=-(b/30)(4q_1+2q_2-q_3)$；$F_{b2}=-(b/30)(2q_1+16q_2+2q_3)$；$F_{b3}=-(b/30)(-q_1+2q_2+4q_3)$。$q$ 是常量而位移是二次项时，用 q 代替 q_1,q_2 和 q_3，得出 $\{F_b\}=-qb\{1/6,2/3,1/6\}$。

18.4 $L_1=\dfrac{1}{32}\eta(1-\eta)(3\xi+1)(3\xi-1)(\xi-1)$；$L_2=-\dfrac{9}{32}\eta(1-\eta)(\xi+1)(3\xi-1)(\xi-1)$；

$L_{10}=-\dfrac{1}{16}(1-\eta^2)(3\xi+1)(3\xi-1)(\xi-1)$；$L_{11}=\dfrac{9}{16}(1-\eta^2)(\xi+1)(3\xi-1)(\xi-1)$。

节点 1 到 12 处 y 方向的相容约束力是

$-q_ybch\left\{\dfrac{1}{48},\dfrac{1}{16},\dfrac{1}{16},\dfrac{1}{48},\dfrac{1}{12},\dfrac{1}{48},\dfrac{1}{16},\dfrac{1}{16},\dfrac{1}{48},\dfrac{1}{12},\dfrac{1}{4},\dfrac{1}{4}\right\}$。

18.5 $\begin{Bmatrix}\{\varepsilon\}_1\\ \{\varepsilon\}_2\\ \{\varepsilon\}_3\end{Bmatrix}=[G]\begin{Bmatrix}D_1^*\\ D_2^*\end{Bmatrix}$；

$[G]^{\mathrm{T}}=\dfrac{1}{2\Delta}\begin{bmatrix}3b_1 & 0 & 3c_1 & -b_1 & 0 & -c_1 & -b_1 & 0 & c_1\\ 0 & 3c_1 & 3b_1 & 0 & -c_1 & -b_1 & 0 & -c_1 & -b_1\end{bmatrix}$。

18.6 $[\{B\}_1\{B\}_2]=\dfrac{1}{2\Delta}\begin{bmatrix}3b_1\alpha_1 & -b_1\alpha_2 & -b_1\alpha_3 & & 0 & \\ & 0 & & 3c_1\alpha_1 & -c_1\alpha_2 & -c_1\alpha_3\\ 3c_1\alpha_1 & -c_1\alpha_2 & -c_1\alpha_3 & 3b_1\alpha_1 & -b_1\alpha_2 & -b_1\alpha_3\end{bmatrix}$

18.7 $S_{11}^*=\dfrac{h}{4\Delta}(d_{11}d_1^2+d_{33}c_1^2)$；$S_{12}^*=(c_1b_1h/4\Delta)(d_{12}+d_{33})$。

18.8 $[B]=\dfrac{1}{l}\begin{bmatrix}-1/l & 2/l & -1/l & -1.732 & -1.732 & 0\\ 1/l & -2/l & 1/l & -0.577 & -0.577 & 2.309\\ -3.464/l & 0 & 3.464l & 2 & -2 & 0\end{bmatrix}$。

$[S^*]=\dfrac{\Delta Eh^3}{1\,000l^4}\begin{bmatrix}513 & & 对 & & & \\ -256 & 513 & & & & \\ -256 & -256 & 513 & & 称 & \\ -148l & -148l & 295l & 488l^2 & & \\ 296l & -148l & -148l & 232l^2 & 488l^2 & \\ 148l & -296l & 148l & -232l^2 & -232l^2 & 488l^2\end{bmatrix}$。

18.9 中心的偏移 $=1.154(Pl^2/Eh^3)$；$\{M_x,M_y,M_{xy}\}_A=(P/1\,000)\{192,0,0\}$。

18.10 无偏移。$\{M_x,M_y,M_{xy}\}_A=\alpha Eh^2T(0.119,0.119,0)$。

18.11 A 处的偏移 $=0.381qb^4/Eh^3$；$M_{xB}=-0.200qb^2$。

18.12 A 处的偏移 $=0.1536pb^3/Eh^3$；$M_{xB}=-0.074pb$。

18.13 由于对称，只需考虑一条。节点位移参数是：$\theta_{支撑处}=-0.1515ql^3/Eh^3$；$w_{中心}=0.0452ql^4/Eh^3$。

18.14 沿中心线的偏移 $=10^{-3}q_0(c^4/Eh^3)[58\sin(\pi y/l)-11\sin(2\pi y/l)+2.8\sin(3\pi y/l)]$。

18.15 梁的弯曲刚度 $=(EIl/2)(k\pi/l)^4$；梁的抗扭刚度 $=(GJl/2)(k\pi/l^2)$。中心的偏移 $=0.204Pl^2/Eh^3$；中跨度的边缘梁的弯曲力矩 $=0.045Pl$。

18.16 $S_{11}^*=\dfrac{Eh}{1-\nu^2}\left[\dfrac{c}{12b}(4-\nu^2)+\dfrac{b}{8c}(1-\nu)\right]$；$S_{21}^*=\dfrac{Eh}{8(1-\nu)}$；

$S_{31}^*=\dfrac{Eh}{1-\nu^2}\left[-\dfrac{c}{12b}(4-\nu^2)+\dfrac{b}{8c}(1-\nu)\right]$；$S_{41}^*=\dfrac{Eh(3\nu-1)}{8(1-\nu^2)}$；

$S_{51}^*=-\dfrac{Eh}{1-\nu^2}\left[\dfrac{c}{12b}(2+\nu^2)+\dfrac{b}{8c}(1-\nu)\right]$。

18.17
$$[S^*]=\frac{Eh}{1\,000}\begin{bmatrix} 448 & & & & \text{对} & & & \\ 156 & 448 & & & & & & \\ -240 & 52 & 448 & & & & & \\ -52 & 73 & -156 & 448 & & & & \\ -281 & -156 & 73 & 52 & 448 & & \text{称} & \\ -156 & -281 & -52 & -240 & 156 & 448 & & \\ 73 & -52 & -281 & 156 & -240 & 52 & 448 & \\ 52 & -240 & 156 & -281 & -52 & 73 & -156 & 448 \end{bmatrix}$$

第 19 章

19.1 (a)$M_p=0.1458ql^2$。(b)对于 AC，$M_p=0.0996ql^2$。对于 CD，$M_p=0.1656ql^2$。

19.2 (a)$M_p=0.29Pb$。(b)$M_p=0.1875Pl$。(c)$M_p=1.2Pb$。(d)$M_p=1.59qb^2$。(e)$M_p-0.11Wl$。

19.3 $M_p=0.1884Pl$。

19.4 $M_p=0.1461ql^2$。

第 20 章

20.1 (a)$m=0.090W$。(b)$m=W/18$。(c)$m=W/6$。(d)$m=W/14.14$。(e)$m=0.0637ql^2$。(f)$m=0.0262ql^2$。

20.2 (a)$m=0.00961ql^2$。(b)$m=0.299ql^2$。(c)$m=0.113ql^2$。(d)$m=25P/72$。(e)$m=0.1902qb^2$。

第 21 章

21.1 $\omega=7.0$ r/s，$T=0.898$ s。振幅 $=1.745$ in，$D_{t=1}=1.692$ in。

21.2 $\omega=7.10$ r/s，$T=0.885$ s。振幅 $=43.2$ mm，$D_{t=1}=42.8$ mm。

21.3 $\omega=5.714\ \mathrm{r/s}, T=1.09\ \mathrm{s}$。振幅 $=2.02\ \mathrm{in}, D_{t=1}=-0.101\ \mathrm{in}$。

21.4 $\omega=5.777\ \mathrm{r/s}, T=1.088\ \mathrm{s}$。振幅 $=50.0\ \mathrm{mm}, D_{t=1}=0.9\ \mathrm{mm}$。

21.5 $\omega_1=\dfrac{3.53}{l^2}\sqrt{\dfrac{EIl}{ml}}, \{D^{(1)}\}=\{1.00, -\dfrac{1.38}{l}\}$。

21.6 相容的集合矩阵是

$$m=\frac{\gamma l}{840}\begin{bmatrix}(240a_1+72a_2) & & \text{对} & \\ (30a_1+14a_2)l & (5a_1+3a_2)l^2 & & \text{称} \\ (54a_1+54a_2) & (-93a_1+119a_2)l & (72a_1+240a_2) & \\ -(14a_1+12a_2)l & -(3a_1+3a_2)l^2 & -(14a_1+30a_2)l & (3a_1+5a_2)l^2\end{bmatrix}$$

21.7 $D_{\tau=T/2}=2.107\ \mathrm{in}, \dot{D}_{\tau=T/2}=0, D_{\tau=11T/8}=1.488\ \mathrm{in}$。

21.8 $D_{\tau=T/2}=51.9\ \mathrm{mm}, \dot{D}_{\tau=T/2}=0, D_{\tau=11T/8}=3.67\ \mathrm{mm}$。

21.9 $D_{\tau=T/2}=1.342\ \mathrm{in}, \dot{D}_{\tau=T/2}=0, D_{\tau=11T/8}=0.95\ \mathrm{in}$。

21.10 $D_{\tau=T/2}=33.0\ \mathrm{mm}, \dot{D}_{\tau=T/2}=0, D_{\tau=11T/8}=23.3\ \mathrm{mm}$。

21.11 $\omega_d=6.964\ \mathrm{r/s}, T_d=0.902\ \mathrm{s}, D_{t=1}=0.866\ \mathrm{in}$。

21.12 $\omega_d=7.067\ \mathrm{r/s}, T_d=0.889\ \mathrm{s}, D_{t=1}=21.9\ \mathrm{mm}$。

21.13 $\xi=0.0368$。

21.14 (a)$D_{\max}=0.176\ \mathrm{in}$。(b)$D_{\max}=0.174\ \mathrm{in}$。

21.15 (a)$D_{\max}=4.49\ \mathrm{mm}$。(b)$D_{\max}=4.45\ \mathrm{mm}$。

21.16 $D_{\tau=T_d/2}=1.953\ \mathrm{in}$， 及 $D_{\tau=11T_d/8}=0.995\ \mathrm{m}$。

21.17 $D_{\tau=T_d/2}=48.1\ \mathrm{mm}$， 及 $D_{\tau=11T_d/8}=24.5\ \mathrm{mm}$。

21.18 $\omega_1^2=1.2\dfrac{EI}{ml^3}, \{D^{(1)}\}=\{1,1\}$。

$\omega_2^2=18.0\dfrac{EI}{ml^3}$， 及$\{D^{(2)}\}\{1, -1\}$。

21.19 $\omega_1^2=0.341\dfrac{EI}{ml^3}, \{D^{(1)}\}\{1,0.32\}$。

$\omega_2^2=15.088\dfrac{EI}{ml^3}$， 及$\{D^{(2)}\}=\{1, -3.12\}$。

21.20 $\{\eta\}$坐标中的运动方程式:

$$\eta+0.34\frac{El}{ml^3}\eta=0.906P_1/m。$$

$$\eta+15.09\frac{EI}{ml^3}\eta=0.103P_1/m。$$

$$\eta_1=\frac{P_1}{0.3758}\frac{l^3}{EI}\left[1-\cos\left(\tau\sqrt{0.341\frac{EI}{ml^3}}\right)\right]。$$

$$\eta_2=\frac{P_1}{131.78}\frac{l^3}{EI}\left[1-\cos\left(\tau\sqrt{15.09\frac{EI}{ml^3}}\right)\right]$$

$D_1 = \eta_1 + \eta_2, D_2 = 0.32\eta_1 - 3.12\eta_2$。

21.21 m_1 的振幅 $= \dfrac{P_0}{0.375\,8\dfrac{EI}{l^3} - 1.102\,4\, m\Omega^2}$。

21.22 BC 相对支撑的最大位移 = 2.01 in。

21.23 BC 相对支撑的最大位移 = 49.5 m。

21.24 集合 m_1 相对支撑的最大位移 $= \dfrac{(g/4)}{1.2EI/(ml^3) - \Omega^2}$。

第 23 章

23.1 $[t]_{AC} = \begin{bmatrix} 0.707 & 0.707 & 0 \\ 0 & 0 & 1 \\ 0.707 & -0.707 & 0 \end{bmatrix}, [t]_{DG} = \begin{bmatrix} 0.707 & 0 & 0.707 \\ 0 & 1 & 0 \\ -0.707 & 0 & 0.707 \end{bmatrix}$。

23.2 $[G]^T = E\begin{bmatrix} -ac/l & 12Is/l^3 & 6Is/l^2 & ac/l & -12Is/l^3 & 6Is/l^2 \\ -as/l & -12Ic/l^3 & -6Is/l^2 & as/l & 12Ic/l^3 & -6Ic/l^2 \\ 0 & 6I/l^2 & 2I/l & 0 & -6I/l^2 & 4I/l \end{bmatrix}$

其中 $c = \cos\alpha, s = \sin\alpha$。

23.3 $\{A_r\} = E\left\{-0.894\dfrac{a}{l}, -5.367\dfrac{I}{l_3}, -2.683\dfrac{I}{l_2}, 0.894\dfrac{a}{l}, 5.367\dfrac{I}{l_3}, 2.683\dfrac{I}{l_2}\right\}_{CD}$。习题 23.2 的答案中所给出的矩阵[$G$]可用于本习题。

23.6 节点 5 和 3 的构件端力是$\{A\} = \{8597, -8597\}N$。

23.7 节点 1 的反作用力是:$R_1 = 2.73P; R_2 = -24.4P; R_3 = 193Pb$。构件 2 的端力是 $\{A\} = \{-4.89, -24.8, -625, -22.0, -28.9, 1310\}$。

23.8 $[S^*] = \dfrac{Ebh}{l}\begin{bmatrix} 1.12 & & \text{对} & & & \\ 0 & 1.18h^2/l^2 & & & & \\ 0 & 1.09h^2/l^2 & 0.762h^2 & & & \\ -1.12 & 0 & 0 & 1.120 & \text{称} & \\ 0 & -1.81h^2/l & -1.09h^2/l^2 & 0 & 1.81h^2/l^2 & \\ 0 & 0.722h^2/l & 0.326h^2 & 0 & -0.722h^2/l & 0.396h^2 \end{bmatrix}$

23.9 对角线上下的刚度矩阵的元是:方程 22.12 中水平虚线以上的六个元不变;$S_{41} = -12EI/l^3; S_{42} = 0; S_{43} = -6EI/l^2; S_{44} = 12EI/l^3; S_{51} = -6EIs/l^2; S_{52} = -GJc/l;$ $S_{53} = -2EIs/l; S_{54} = 6EIs/l^2; S_{55} = GJc^2/l + 4EIs^2/l; S_{61} = 6EI_c/l^2; S_{62} = -GJs/l;$ $S_{63} = 2EIc/l; S_{64} = -6EIc/l^2; S_{65} = GJcs/l - 4EIcs/l; S_{66} = 4EIc^2/l + GJs^2/l$;其中 $c = \cos\gamma$, $s = \sin\gamma$。

23.10 [S]对角线上下的元是(单位为 Ea/l):$S_{11} = c_1^2; S_{21} = c_1s_1; S_{31} = -c_1c_2; S_{41} = -c_1s_2;$ $S_{22} = s_1^2; S_{32} = -c_2s_1; S_{42} = -s_1s_2; S_{33} = c_2^2; S_{43} = c_2s_2; S_{44} = s_2^2$;其中 $c_1 = \cos a_1, s_1 = \sin a_1, c_2 = \cos a_2, s_2 = \sin a_2$。

23.11 B 处的旋转:$\theta_z = -0.006\,58qb^3/EI; \theta_x = 0.091\,86qb^3/EI$。弯曲和抗扭力矩以 $10^{-3}qb^2$

为单位。在构件 EB 中，$M_E=181.8$，$M_B=-68.2$，和 $T_E=T_H=68.2$；在构件 BC 中，$M_B=-96.5$，$M_H=28.5$，和 $T_B=T_H=0$。正弯曲力矩在底部索中产生拉伸；扭曲力矩为一个绝对值。

23.12 单位为 $EI\alpha T/b$ 的构件端力矩：$M_{EB}=0$；$M_{BE}=-M_{BH}=-M_{HB}=2.59$。无扭曲。

23.13 弯曲和扭曲力矩的单位是 ql^2，反作用力的单位是 ql。正弯曲力矩在底部索中产生拉伸；扭曲力矩为一个绝对值。向上的反作用力为正。$M_E=M_F=-13.9\times10^{-3}$；$T_E=T_F=24.1\times10^{-3}$；$R_A=R_D=0.370$；$R_B=R_C=0.130$。

23.14 弯曲和扭曲力矩的单位是 $10^{-3}ql^2$，反作用力的单位是 ql。$M_E=M_F=-4.0$；$M_o=-123.0$；$T=6.9=$ 整个长度的常数；$R_A=R_D=0.225$；$R_B=R_C=0.156$；$R_G=R_H=-0.619$。正弯曲力矩在底部索中产生拉伸；扭曲力矩为一个绝对值。

23.15 B 处的位移分量：$\{D\}=(qb^3/EI)\{0.187b,0.023\,5,0.209\}$。

23.16 对于 $P/2$ 在 B,C,G 和 F 各点，B 的位移是 $\{D\}=(Pb^2/EI)\{0.054\,4b,0.006\,08,0.063\,5\}$。

对于 $P/2$ 在 B,C，$-P/2$ 在 F 和 G，B 的位移是 $\{D\}=(Pb^2/EI)\{0.017\,2b,-0.049\,3,0.026\,0\}$。

对于实际载荷，位移是 $\{D\}_B=(Pb^2/EI)\{0.071\,6b,-0.043\,2,0.084\,1\}$，$\{D\}_F=(Pb^2/EI)\{0.037\,2b,-0.055\,4,0.042\,9\}$。

23.17 E 的位移：向下偏移 $0.256ql^4/(EI)$；垂直于 AE 的旋转向量是 $0.262ql^3/(EI)$。

23.18 O 的偏移是 $7ql^4/(48EI)$。单位为 ql^2 的弯曲力矩：$M_1=0.125$；$M_2=-0.125$；$M_3=0.375$。正弯曲力矩在底部索中产生拉伸。

第 24 章

24.2 $\{D_x,D_y\}_B=10^{-3}\{-0.604,30.4\}$ m；$\{D_x,D_y\}_C=10^{-3}\{0.110,24.3\}$ m；$\{N_{AB},N_{BC},N_{CD}\}=\{146.8,146.2,146.5\}$ kN。

24.3 $\{D_x,D_y\}_B=\{-25.0\times10^{-3},1.23\}$ in；$\{D_x,D_y\}_C=\{4.52\times10^{-3},0.988\}$ in；$\{N_{AB},N_{BC},N_{CD}\}=\{32.50,32.37,32.45\}$ kip。

24.4 折断发生时的 F 值是 908.3。

24.5 $D_B=0.0605$m。在 AB 和 BC 的张力是 198.4 和 198.2 kN。

24.6 $D_B=2.67$ in。在 AB 和 BC 的张力是 45.01 和 44.98 kip。

24.7 $D_A=0.483$；任一构件中的力 = 190.1。

24.8 $P_{er}=21.86$（向上），对应节点 A 的向上的位移，$D_{Acr}=-0.42$。

24.9 在 x,y 和 z 方向的位移是：

$\{\{D_5\},\{D_6\},\{D_7\},\{D_{11}\}\}=10^{-3}l\{\{2.50,2.50,21.17\},\{3.30,-0.16,26.84\},\{2.68,-2.68,20.93\},\{0,0,34.65\}\}$

索缆中的力 $\{F_{5-6},F_{6-7},F_{1-5},F_{2-6},F_{6-11},F_{3-7}\}=\{31.1,31.3,30.9,32.0,32.0,31.6\}Q$。

24.10 $\{D_x,D_y,\theta\}_B=\{1.94\times10^{-3},0.317,3.724\times10^{-3}\}$；

AB 中的力 $=\{38.9,-0.146,-9.73,-38.9,0.146,-4.86\}$；

BC 中的力 = {3.89,0,4.86, −38.9,0, −4.86}。

24.11 位移和构件端力是(单位 c,F 或 cF):

$\{D_x, D_y, \theta\}_B = \{0.364\ 5, 0.031\ 1, 0.145\ 1\}$; $\{D_x, D_y, \theta\}_C = \{0.364\ 7, 0.031\ 7, 0.145\ 9\}$。

$\{F^*\}_{AB} = 10^3\{1341.0, -379.2, -558.3, -1341.0, 379.2, -350.5\}$。

$\{F^*\}_{BC} = 10^3\{-20.80, 116.9, 350.5, 20.80, -116.9, 351.2\}$。

$\{F^*\}_{CD} = 10^3\{1578.4, -373.8, -351.2, -1578.4, 373.8, -544.5\}$。

24.12 迭代 1:$D = 0.7l$;破坏平衡力 = 0.123Ca。迭代 2:$D = 0.889l$;破坏平衡力 = 0.009Ca。准确答案:$D = 0.905l$。

24.13 $D = 0.0075l$;$F_{AB} = 600a$;$F_{BC} = 400a$。

24.14 在 A 处的节点位移:$\{D_x, D_y\} = 10^{-3}l\{3.017, 2.300\}$。构件 AB,AC,AD 和 AE 中的力是:$a\{-292.6, 96.6, 460.0, 520.3\}$。

附录 A

A.1 (a) $[A][B]$:不可能。

(b) $[A]^{T}[B] = \begin{bmatrix} 10 & 11 \\ 2 & 3 \\ 10 & 7 \end{bmatrix}$。

(c) $[A]^{T}[B][A] = \begin{bmatrix} 43 & 11 & 31 \\ 11 & 3 & 7 \\ 31 & 7 & 27 \end{bmatrix}$。

(d) $[A][B]^{T}[A]^{T}$:不可能。

A.2 (a) $[B][A+C] = \begin{bmatrix} 24 & 10 & 14 \\ 20 & 7 & 13 \end{bmatrix}$。

(b) $[B][A] + [B][C] = \begin{bmatrix} 24 & 10 & 14 \\ 20 & 7 & 13 \end{bmatrix}$。

A.4 (a) $\frac{1}{11}\begin{bmatrix} 3 & 2 \\ 2 & 5 \end{bmatrix}$。

(b) $\begin{bmatrix} 0.750 & \text{对} & \\ 0.500 & 1.000 & \text{称} \\ 0.250 & 0.500 & 0.750 \end{bmatrix}$。

(c) $\begin{bmatrix} 0.591 & \text{对} & \\ 0.545 & 0.773 & \text{称} \\ 0.227 & 0.364 & 0.318 \end{bmatrix}$。

A.5 (a) $\{D\} = \left\{0, \quad \frac{Pl^2}{12EI}\right\}$。

(b) $S_{11} = \frac{4EI}{l}$,和 $S_{21} = \frac{6EI}{l^2}$。

(c)$S_{12}=\dfrac{6EI}{l^2}$,和 $S_{22}=\dfrac{12EI}{l^3}$。

A. 6 $[S]^{-1}=\dfrac{l^3}{18EI}\begin{bmatrix}8 & 7\\ 7 & 8\end{bmatrix}$。

A. 7 (a)$[S^*]=\dfrac{EI_0}{l}\begin{bmatrix}7.272 & 2.909\\ 2.909 & 4.364\end{bmatrix}$。

A. 8 (a)$\{x\}=\{2,-1\}$;(b)$\{x\}=\{1,3,4\}$;(c)$\{x\}=\{0.5,0,0.5\}$;
(d)$\{D\}=[10^{-3}Pl^2/(EI)]\{8.681l,135.4,-15.63\}$;(e)$\{F\}=(EI/l^2)\{1.6071,-0.4286,0.1071\}$。

A. 9 (a)$\lambda=12.372,6.628$。所求向量是$\{1.0,-2.186\}$。
(c)$\lambda=3.414,2.000,0.586$。所求向量是$\{1.0,1.414,1.0\}$。

A. 10 $\lambda=1.111$。

符 号 说 明

下面是本书各章中一些常用符号的列表,其余符号则在各单独章节中出现。本书中所有符号都会在第一次出现时对其进行定义。

a	任意作用力,可能是反力或者应力合力。框架结构截面的应力合力为内力:弯矩,剪力和轴力
α	横截面积
D_i 或 D_{ij}	坐标 i 的位移(转动或者平动)。第二个脚标 j 出现时表示引起该位移的力所沿的坐标
E	弹性模量
EI	抗弯刚度
F	广义力:一对力偶或者一个集中力
FEM	固端弯矩
f_{ij}	柔度矩阵元素
G	剪切模量
I	惯性矩或者面积二次矩
i,j,k,m,n,p,r	整数
J	扭转常数(长度^4),对圆形截面而言等于其极惯性矩
l	长度
M	截面弯矩。在梁和梁格中,弯矩以使底部纤维受拉为正
M_{AB}	杆件 AB 的 A 端弯矩。在空间结构中,杆端弯矩以沿顺时针方向为正。一般来说,当弯矩可以用沿 x,y 和 z 轴正方向的向量表示时,此弯矩为正
N	截面或者桁架杆件的轴力
P,Q	集中力
q	荷载集度
R	反力

S_{ij}	刚度矩阵元素
s	作为脚标以表示静定作用
T	截面扭矩
u	作为脚标,表示单位力或单位位移所产生的效应
V	截面剪力
W	外力所做的功
ε	应变
η	影响线坐标
ν	泊松比
σ	应力
τ	剪应力
{ }	大括号表示向量,例如矩阵的一列。为节省空间,有时候向量元素在两大括号之间以行的形式排列
[ ]	方括号表示矩阵或方阵
$[T]^{T}_{n\times m}$	上标 T 表示转置矩阵。$n\times m$ 表示矩阵的阶数,转置后形成 $m\times n$ 阶矩阵
→→	双头的箭头表示一对力偶或转角,其方向为绕箭头方向的右手螺旋旋转方向
→	单箭头表示一个荷载或者平动
z ┌→x ↓y	坐标轴:z 轴的正方向为远离读者方向

国际单位制

长度	米	m
	毫米 $=10^{-3}$m	mm
面积	平方米	m^2
	平方毫米 $=10^{-6}$m	mm^2
体积	立方米	m^3
频率	赫兹 = 1 周/秒	Hz
质量	公斤	kg
密度	公斤/立方米	kg/m^3
力	牛顿	N
	使 1kg 质量产生 $1m/s^2$ 加速度所需的力,即 $1N=1kgm/s^2$	
应力	牛顿/平方米	N/m^2
温度	摄氏度	deg C,℃

一些乘数术语

10^9	giga	G
10^6	mega	M
10^3	kilo	k
10^{-3}	milli	m
10^{-6}	micro	μ
10^{-9}	nano	n